Dr. Alfred Hilbert

MATHEMATIK

Dr. Alfred Hilbert

MATHE-MATIK

Grundlagenwissen

Mit 524 Bildern und 414 Beispielen

Bechtermünz Verlag

Genehmigte Lizenzausgabe für
Weltbild Verlag GmbH, Augsburg 1997

Umschlaggestaltung: Peter Engel, Grünwald
Gesamtherstellung: Ebner Ulm
Printed in Germany
ISBN 3-86047-149-X

Vorwort

Umfassende und anwendungsbereite mathematische Grundkenntnisse sind heute unbestreitbar in vielen Berufen nicht bloß sehr nützlich, sondern oft sogar notwendig. Sie sind für die Aufnahme eines Studiums der Naturwissenschaften, der technischen und der Wirtschaftswissenschaften unabdingbare Voraussetzung. Insofern besteht in weiten Kreisen der Werktätigen und Studenten das Bedürfnis nach schneller, ausführlicher und leicht verständlicher Information über mathematische Begriffe, Sätze, Regeln und Verfahren. Sei es, daß man in Vergessenheit geratenes Wissen reaktivieren, zumindest sich vergewissern will, sei es, daß man sich über neue Erkenntnisse und Verfahren informieren will, um die das mathematische Grundwissen in den letzten Jahrzehnten bereichert worden ist. So ist es ein Anliegen dieses Nachschlagebuches, diesen Wünschen dadurch gerecht zu werden, daß es einen **Überblick über das derzeitige mathematische Grundwissen** vermittelt, das aus grundlegenden Sach- und Verfahrenskenntnissen der Wissenschaft Mathematik besteht, und damit eine Basis für das Eindringen in Spezialgebiete der Mathematik schafft. Auf diese Weise soll ein *Beitrag zur Erhöhung der mathematischen Allgemeinbildung* geleistet werden.
So wird das mathematische Grundwissen in 13 Abschnitten systematisch geordnet zusammengetragen, durch Hinweise erläutert, an Hand vieler einprägsamer Beispiele verdeutlicht und durch zahlreiche Bilder veranschaulicht. Die neuere Entwicklung der Mathematik findet im Abschnitt »13. Aus der Informatik« Berücksichtigung, in dem ein Überblick über Programmiersprachen im allgemeinen und eine Einführung in die Programmiersprache BASIC mit Programmbeispielen zu kleineren mathematischen Aufgaben gegeben wird.
Das Nachschlagebuch will auf seine Weise *dem Anwender der Mathematik Hilfe bei der Bewältigung seiner Probleme gewähren.* Um auf das Wesentliche zu orientieren und um den Umfang des Buches zu beschränken, muß auf die Beweisführung einzelner Sätze verzichtet werden. Wichtige Begriffserklärungen und Sätze werden durch einen seitlichen Balken hervorgehoben. Im Text erfolgen Verweise auf andere Abschnitte im Buch, die dem Nutzer das Auffinden weiterer Informationen erleichtern. Durch diese Verweise und durch das ausführliche Sachwortverzeichnis soll eine kurze Zugriffszeit gewährleistet werden. Diesem Buch wird eine Übersicht der verwendeten Zeichen (aufgeschlüsselt auf die einzelnen Abschnitte, in denen die Zeichen eingeführt werden) vorangestellt. Auf diese Weise wurde versucht, einen praktikablen und

zuverlässigen Ratgeber über das mathematische Grundwissen zu schaffen.
Bei dieser umfangreichen und aufwendigen Arbeit hat mich der Gutachter, Herr Dr. Koch, Leipzig, tatkräftig unterstützt. Für viele Hinweise und Ratschläge bin ich ihm sehr dankbar. Dank gebührt auch dem Verlag, der auf meine Vorschläge und Wünsche bei der Gestaltung des Buches einging und mich in jeder Beziehung unterstützte. Nicht zuletzt möchte ich meiner Frau für ihre Hilfe bei der Anfertigung des Manuskripts und beim Lesen der Korrekturen herzlichst danken.
Für Vorschläge und Hinweise zur Verbesserung des vorliegenden Nachschlagebuchs sind Autor und Verlag stets dankbar.

Alfred Hilbert

Inhaltsverzeichnis

Bezeichnung der Zahlenbereiche

	im Buch	in anderen Darstellungen	
Menge aller natürlichen Zahlen	$\mathbf{N}$	$\mathbb{N}$	N
Menge aller von Null verschiedenen natürlichen Zahlen	$\mathbf{N}^*$	$\mathbb{N}^*$	
Menge aller ganzen Zahlen	$\mathbf{Z}$	$\mathbb{Z}$	G
Menge aller rationalen Zahlen	$\mathbf{Q}$	$\mathbb{Q}$	R
Menge aller reellen Zahlen	$\mathbf{R}$	$\mathbb{R}$	P
Menge aller komplexen Zahlen	$\mathbf{C}$	$\mathbb{C}$	
Menge aller gebrochenen Zahlen	$\mathbf{Q}_+$	$\mathbb{Q}_+$	R^*
Menge aller nichtnegativen reellen Zahlen	$\mathbf{R}_+$	$\mathbb{R}_+$	
Menge aller positiven reellen Zahlen	$\mathbf{R}_+^*$	$\mathbb{R}_+^*$	

Übersicht über die in den einzelnen Abschnitten eingeführten Zeichen und ihre Bedeutung

Zeichen	Bedeutung	Einführung auf Seite
1. Aus der mathematischen Logik		
H	Ausdruck	39
$H(x)$	Aussageform	33
$\neg$	»nicht«; Negation	35
$\wedge$	»und«; Konjunktion	35
$\vee$	»oder« (nichtausschließendes Oder); Alternative	35
$\succ\!\!-\!\!\prec$	»entweder – oder« (ausschließendes Oder); Antivalenz	37
$\Rightarrow$	»wenn – so«; Implikation	35
$\Leftrightarrow$	»genau dann, wenn«; Äquivalenz	35
W	Das Wahre	31
F	Das Falsche	31
äq	logisch äquivalent	40
$\bigvee_x$, $\exists x$	»es gibt ein x, für das gilt«; Existenzquantor	41
$\bigwedge_x$, $\forall x$	»für alle x gilt«, Allquantor	41
$=_{\mathrm{Def}}$	»bedeutet nach Definition«	51
2. Aus der Mengenlehre		
$\{\ldots\}$	Klammern zur Angabe von Mengen	58
$\in$	»ist Element von«	58
$\notin$	»ist nicht Element von«	58
$M^{(n)}$	Menge n-ter Stufe	59
$\emptyset$	die leere Menge	59
$=$	»gleich«	60
$\subseteqq$	»Teilmenge von«	60
$\subset$	»echte Teilmenge von«	61
$P(M)$	Potenzmenge von M	61
$\overline{M}$	Komplementärmenge von M	62
$\cap$	»geschnitten mit«; Durchschnitt zweier Mengen	62
$\bigcap_{=1}^{n}$	Durchschnitt von n Mengen	63

$\cup$	»vereinigt mit«; Vereinigung zweier Mengen	63
$\bigcup_{i=1}^{n}$	Vereinigung von n Mengen	64
$\setminus$	»minus«; Differenz zweier Mengen	65
(...; ...)	geordnetes Paar	66
(...; ... ;...)	geordnetes n-Tupel	68
$\times$	»Kreuz«; Produktmenge zweier Mengen	66
F	Abbildung F	68
$D(F)$	Definitionsbereich der Abbildung F	68
$W(F)$	Wertebereich der Abbildung F	68
F^{-1}	die zu F inverse Abbildung	70
$\circ$	»verkettet mit«; Verkettung zweier Abbildungen	70
f	Funktion f	70
R	»steht in Relation zu«; Relation	71
... ~ ... (R)	»ist äquivalent zu« (bezüglich R); Äquivalenzrelation	72
~	»gleichmächtig«; Gleichmächtigkeit von Mengen	77
V	Vektorraum V	75
$\boldsymbol{a}$	Vektor $\boldsymbol{a}$	75

3. Zahlen, Zahlenbereiche

N	Menge (Bereich) der natürlichen Zahlen	81
N*	N ohne die Zahl 0	
Z	Menge (Bereich) der ganzen Zahlen	120
Q	Menge (Bereich) der rationalen Zahlen	114
Q*	Q ohne die Zahl 0	
$\mathbf{Q}_+$	Menge (Bereich) der gebrochenen Zahlen	103
R	Menge (Bereich) der reellen Zahlen	125
$\mathbf{R}_+$	Menge der nichtnegativen reellen Zahlen	
$\mathbf{R}^*_+$	Menge der positiven reellen Zahlen	
$\mathbf{R}^*_-$	Menge der negativen reellen Zahlen	
C	Menge (Bereich) der komplexen Zahlen	136
$[\ldots]_g$	g-adische Darstellung einer natürlichen Zahl	82
+	»plus«; Addition von Zahlen	84
−	»minus«; Subtraktion von Zahlen	85
·	»mal«; Multiplikation von Zahlen	85
:, —	»dividiert durch«; Division von Zahlen, Bruchstrich	86
a^b	»a hoch b«; b-te Potenz der Zahl a	86
$\leqq$	»kleiner als oder gleich«	87
$<$	»kleiner als«	87
$\geqq$	»größer als oder gleich«	87

$>$	»größer als«	87
$\min M$	»Minimum von M«	87
$\max M$	»Maximum von M«	88
$\mid$	»teilt«; Teilbarkeitsrelation	89
$\nmid$	»teilt nicht«	89
$\sqcap$	»größter gemeinsamer Teiler (ggT) zweier Zahlen«	92
$\sqcup$	»kleinstes gemeinsames Vielfaches zweier Zahlen« (kgV)	94
$n!$	n-Fakultät	96
P_n	Anzahl der Permutationen von n Elementen ohne Wiederholung	96
${}^{W}P_n$	Anzahl der Permutationen von n Elementen mit Wiederholung	98
$V_n^{(k)}$	Anzahl der Variationen von n Elementen zur k-ten Klasse ohne Wiederholung	99
${}^{W}V_n^{(k)}$	Anzahl der Variationen von n Elementen zur k-ten Klasse mit Wiederholung	100
$C_n^{(k)}$	Anzahl der Kombinationen von n Elementen zur k-ten Klasse ohne Wiederholung	100
${}^{W}C_n^{(k)}$	Anzahl der Kombinationen von n Elementen zur k-ten Klasse mit Wiederholung	101
a^{-1}	»a hoch minus eins«; die zu a inverse (reziproke) Zahl	107
$-a$	»minus a«; negative rationale Zahl	114
$-a$	»minus a«; die zu a entgegengesetzte Zahl	115
$0{,}\bar{3}$	periodischer Dezimalbruch, Periode 3	111
$0{,}472\ldots$	unendlicher nichtperiodischer Dezimalbruch	111
$\lvert a\rvert$	(absoluter) Betrag einer rationalen Zahl	115
$\sup T$	Supremum von T in $\mathbf{Q}$	119
$\inf T$	Infimum von T in $\mathbf{Q}$	119
$\equiv \pmod{p}$	»kongruent modulo p«; Zahlenkongruenz	121
$[\ldots]_m$	Restklasse modulo m	122
$a \leqq x \leqq b$; $\langle a;\ b\rangle$	abgeschlossenes Intervall von a bis b	125
$a < x \leqq b$; $(a;\ b\rangle$	halboffenes (hier: linksoffenes) Intervall von a bis b	125
$a < x < b$; $(a;\ b)$	offenes Intervall von a bis b	125
$\sqrt[n]{a}$	»n-te Wurzel aus a«	127
$\sqrt{a}$	»Quadratwurzel aus a«	127
$\log_a b$	»Logarithmus von b zur Basis a«	132
$\ln$	natürlicher Logarithmus	134

lg	dekadischer Logarithmus	133
ld	dyadischer Logarithmus	133
i	imaginäre Einheit	136
$\bar{z}$	die zu z konjugiert komplexe Zahl	138

4. Zum praktischen Rechnen mit reellen Zahlen und mit Größen

$\sum_{i=1}^{n}$	Summenzeichen	143
$\prod_{i=1}^{n}$	Produktzeichen	143
$\binom{n}{k}$	»n über k«; Binomialkoeffizient	148
$\ll$	»sehr viel kleiner als«	159
ε	absoluter Fehler	161
Δa	Schranke für den absoluten Fehler eines Näherungswertes a	161
δ	Schranke für den relativen Fehler eines Näherungswertes a	161
$\approx$	»ist angenähert«	160

5. Gleichungen und Ungleichungen

$=$	»gleich«; Gleichheitszeichen	174
$\neq$	»nicht gleich«	174
$\sim$	»proportional«	184
$a:b$	Verhältnis der Zahlen a, b	184
%	Prozent	187
$\tilde{x}$	das im I. Quadranten liegende Argument beim Lösen einer goniometrischen Gleichung	203
$\bar{x}$	Hauptwert beim Lösen einer goniometrischen Gleichung	203

6. Funktionen

$\{0; x, y\}$	Kartesisches Koordinatensystem mit dem Koordinatenursprung 0, der x-Achse und der y-Achse	233
$D(f)$	Definitionsbereich der Funktion f	232
$W(f)$	Wertebereich der Funktion f	232
$x \mapsto y$	Zuordnungspfeil bei Funktionen	232
$P_1(x_1; y_1)$	Punkt der Ebene mit den Koordinaten x_1, y_1	233
f^{-1}	die zu f inverse Funktion	235
(a_k)	Folge mit dem allgemeinen Glied a_k	233
G_u	untere Grenze	273

G_o	obere Grenze	273
$u \circ v$	»u verkettet mit v«; Verkettung zweier Funktionen u, v	242
$x \to a$	»x konvergiert gegen a«	280
$\lim\limits_{n \to \infty} a_n$	»Limes a_n für n gegen Unendlich«	280

7. Vektorrechnung

$\boldsymbol{a}$	Vektor $\boldsymbol{a}$	295
$\boldsymbol{o}$	Nullvektor	295
$-\boldsymbol{a}$	der zu $\boldsymbol{a}$ entgegengesetzte Vektor	295
V^2	Vektorraum der geordneten Paare über **R**	296
V^3	Vektorraum der geordneten Tripel über **R**	296
V^n	Vektorraum der geordneten n-Tupel über **R**	296
E^2	ebene Punktmenge	297
E^3	dreidimensionale Punktmenge	297
V_0^2, V_0^3	Vektorraum der zwei- bzw. dreidimensionalen Ortsvektoren	298
$\overrightarrow{AB}$	Pfeil, gerichtete Strecke, freier Vektor	298
$\Vert\boldsymbol{a}\Vert$	Norm des Vektors $\boldsymbol{a}$	298
$\boldsymbol{b}^T$	der zu $\boldsymbol{b}$ transponierte Vektor	303
$\boldsymbol{a} \cdot \boldsymbol{b}$	Skalarprodukt der Vektoren $\boldsymbol{a}$, $\boldsymbol{b}$	306
$\boldsymbol{a} \times \boldsymbol{b}$	»$\boldsymbol{a}$ Kreuz $\boldsymbol{b}$;« Vektorprodukt der Vektoren $\boldsymbol{a}$, $\boldsymbol{b}$	312

8. Matrizenrechnung

$\boldsymbol{A} = (a_{ik})_{(m,n)}$	Matrix $\boldsymbol{A}$ vom Typ (m, n) mit dem allgemeinen Element a_{ik}	316
$\tau(\boldsymbol{A})$	Typ einer Matrix	316
$(\boldsymbol{A}, \boldsymbol{s})$	Systemmatrix	316
$\boldsymbol{O}$	die Nullmatrix	321
$-\boldsymbol{A}$	die zu $\boldsymbol{A}$ entgegengesetzte Matrix	321
$\boldsymbol{A}^T$	die transponierte Matrix der Matrix $\boldsymbol{A}$	322
$\boldsymbol{A}^{-1}$	die zu $\boldsymbol{A}$ inverse Matrix	340
Rg $\boldsymbol{A}$	Rang der Matrix $\boldsymbol{A}$	336
det $\boldsymbol{A} = \vert a_{ik}\vert$	Determinante der Matrix $\boldsymbol{A}$	348
$D^{(n)}$	Determinante n-ter Ordnung	348
sgn	Signum	349

9. Wahrscheinlichkeitsrechnung

$A = \{z\}$	zufälliges Ereignis	354
Ω	sicheres Ereignis	355
$\emptyset$	unmögliches Ereignis	355
$\subseteqq$	»zieht nach sich«	355
$A \cup B$	Summe der Ereignisse A, B	356

$A \cap B$	Produkt der Ereignisse A, B	356
$\bar{A}$	das zu A komplementäre Ereignis	358
$A \setminus B$	Differenz der Ereignisse A, B	358
$H_n(A)$	absolute Häufigkeit des Ereignisses A bei n Versuchen	359
$h_n(A)$	relative Häufigkeit des Ereignisses A bei n Versuchen	359
$P(A)$	Wahrscheinlichkeit des zufälligen Ereignisses A	360
$P(A \mid B)$	Wahrscheinlichkeit von A unter der Bedingung B	364
$\bar{x}$	arithmetischer Mittelwert	377
$\tilde{x}$	Median	378
$\hat{x}$	Modalwert (Mode)	378
$\mathring{x}$	geometrischer Mittelwert	379
$\bar{\bar{x}}$	harmonisches Mittel	379
s^2	Varianz	381
s	Standardabweichung	382

10. Elementare Geometrie

$g(AB)$	Gerade durch die Punkte A, B	383
$g \parallel h$	»g parallel zu h«	383
$h \nparallel k$	»h nicht parallel zu k«	
Zw(ABC)	»B liegt zwischen A und C«; Zwischenrelation	384
$A < B$	»A liegt vor B«	384
AP^+	»Strahl aus A durch P«	384
AP^-	der zu AP^+ entgegengesetzte Strahl	384
AB	Strecke AB	384
$\overrightarrow{AB}$	orientierte (gerichtete) Strecke	384
$\overline{AB}$	Länge der Strecke AB	393
sP^+ AB^+P^+	Fahne mit dem Anfangspunkt A, dem Punkt B auf dem Randstrahl s und dem in der offenen Halbebene liegenden Punkt P	385
$\sphericalangle\ AOB$ $\sphericalangle\ (p, q)$	Elementarwinkel	387
$\overline{\sphericalangle\ AOB}$ $\overline{\sphericalangle\ (p, q)}$	Größe des Winkels $\sphericalangle\ AOB$ bzw. $\sphericalangle\ (p, q)$	394
$\perp$	»senkrecht«	391
$\cong$	»kongruent«	392
$\sim$	»ähnlich«	406
$\triangle\ ABC$	Dreieck ABC	418
$k(M; r)$	Kreis um M mit Radius r	438

P^c	Bild des Punktes P bei Zentralprojektion	459
P^s	Bild des Punktes P bei schräger Parallelprojektion	459
P'	Bild des Punktes P bei senkrechter Parallelprojektion	459
π_1	Grundrißebene	463
π_2	Aufrißebene	463
π_3	Seitenrißtafel	471
A	Flächeninhalt	416
V	Rauminhalt, Volumen	481

11. Analytische Geometrie in der Ebene und im Raum

$\mathbf{p}$	Ortsvektor zum Punkt P	507
λ	Teilverhältnis	508
$\mathbf{n}$	Normalenvektor (Stellungsvektor)	517
$\mathbf{e}_n$	Normaleneinheitsvektor	519
$\mathbf{l}$	Lotvektor	519
m	Anstieg, Richtungsfaktor	522
ε	numerische Exzentrizität	550
p	Halbparameter	555

12. Infinitesimalrechnung

h; Δx	Argumentdifferenz	556
Δy	Funktionswertdifferenz	569
$\mathrm{d}x$, $\mathrm{d}y$	Differentiale	570
f'; $\frac{\mathrm{d}y}{\mathrm{d}x}$	Differentialquotient, 1. Ableitung der Funktion f	567
f''; $\frac{\mathrm{d}^2y}{\mathrm{d}x^2}$	2. Ableitung der Funktion f	586
$f^{(n)}$; $\frac{\mathrm{d}^ny}{\mathrm{d}x^n}$	n-te Ableitung der Funktion f	586
F	Stammfunktion der Funktion f	605
$\int f(x)\,\mathrm{d}x$	Unbestimmtes Integral f von x dx	606
$\int_a^b f(x)\,\mathrm{d}x$	Integral f von x dx von a bis b	608
$[F(x)]_a^b$	$F(b) - F(a)$	612

13. Aus der Informatik

$:=$	Ergibtzeichen	629

1. Aus der mathematischen Logik

Zur exakten Formulierung ihrer Aussagen bedient sich die Mathematik der **Logik** [logos (griech.) Gedanke, Wort]. Die **formale** Logik als Lehre von den Denkformen und Gesetzen des folgerichtigen Denkens wurde von ARISTOTELES (384 bis 322 v. Z.) begründet. Die **mathematische Logik** entwickelte sich als eine Teildisziplin der Mathematik; sie ist eine der Grundlagen der Mathematik und durchdringt alle Teilgebiete der Mathematik.

1.1. Wissenschaftssprache und natürliche Sprache

Das Denken ist untrennbar mit der Sprache verbunden. Im täglichen Leben äußert der Mensch seine Gedanken in der **natürlichen Sprache.** Sie ist aber als Fachsprache einer Wissenschaft allein ungeeignet, da die Bedeutung mancher Wörter nicht exakt festgelegt ist, z. B. kann ein Wort der natürlichen Sprache verschiedene Bedeutung oder es können verschiedene Wörter dieselbe Bedeutung haben. In jeder Fachwissenschaft wird eine eigene **Terminologie** durch zweckmäßige Festsetzungen von Begriffen und durch Verwendung von normierten Redewendungen unter Nutzung umgangssprachlicher Redeweisen geschaffen.
So ist auch in der Mathematik eine **Wissenschaftssprache** entstanden, die sich aus der natürlichen Sprache und einer speziellen Terminologie zusammensetzt. Dadurch verfügt die Mathematik über einen hohen Grad an Exaktheit und über eine kurze, klare, präzise und damit übersichtliche Ausdrucksweise.
Mathematik und Logik bedienen sich einer **symbolisierten Sprache.** Man verwendet an Stelle von Wörtern Zeichen, die künstlich geschaffen und mit einer bestimmten Bedeutung versehen wurden. In der Wissenschaftssprache der Mathematik ist es erforderlich, klar zwischen den **Objekten der Realität**, deren **mathematischen Abbildern** und den dafür verwendeten **mathematischen Zeichen** zu unterscheiden. Das Objekt wird vom Menschen wahrgenommen, es wird durch Abstraktion auf einen Begriff abgebildet, und seine Existenz ermöglicht die Konstruktion eines Zeichens. Das Abbild ist das **mathematische Objekt**, und es erhält eine **Bezeichnung**, die durch einen **Namen** und oft durch ein **Zeichen** erfolgt. So wird z. B. jede *natürliche Zahl* durch ein Zeichen, das *Zahlzeichen*, dargestellt. Dieses Zeichen heißt *Ziffer*. Eine solche Ziffer besteht aus *Grundziffern*; im dekadischen Positionssystem sind es die Grundziffern
0, 1, 2, 3, 4, 5, 6, 7, 8, 9.

BEISPIEL 1/1

Die natürliche Zahl »17« ist das durch Abstraktion gewonnene Abbild von siebzehn beliebigen Objekten der Realität (z. B. siebzehn Stühle). Die Zahl »siebzehn« (Zahlwort) wird im dekadischen Positionssystem durch das Zahlzeichen »17« dargestellt. 17 ist eine Ziffer, die aus den Grundziffern »1« und »7« besteht.

Für ein und dieselbe Zahl sind verschiedene Bezeichnungen möglich, z. B. das gleiche Zahlwort in verschiedenen Sprachen oder die symbolische Bezeichnung 17, $20 - 3$, $\frac{34}{2}$, XVII, LOOOL.

In der Wissenschaftssprache muß man zwischen verschiedenen **Sprachstufen** unterscheiden. In der Theorie werden die Objekte, deren Eigenschaften und ihre Beziehungen untereinander untersucht. Diese Objekttheorie wird in der **Objektsprache** formuliert. Spricht man aber über die Objekttheorie, indem man z. B. prüft, ob die Aussagen dieser Theorie wahr sind, ob sie eindeutig formuliert oder ob sie miteinander verträglich sind, so entwickelt man eine Theorie 2. Stufe und bedient sich einer ihr zugehörigen Sprache 2. Stufe, einer **Metasprache** [meta (griech.) mit, nach]. Oft wird in den Wissenschaften ein Wort in Anführungszeichen gesetzt, wenn man es objektsprachlich benutzt.

1.2. Einige Grundbegriffe der mathematischen Logik

1.2.1. Konstante, Variable, Terme

In der Mathematik werden Objekte, Beziehungen zwischen Objekten und Verknüpfungen von Objekten durch Zeichen (Symbole) dargestellt.

(1) **Mathematische Zeichen**

- **Zeichen für eine Konstante**; das ist ein Zeichen mit einer festgelegten Bedeutung, z. B. 7, 12, π, e;
- **Zeichen für eine Variable**; das ist ein Zeichen für ein beliebiges Element einer gegebenen Menge, die Variablengrundbereich oder Individuenbereich genannt wird. Deshalb heißen diese Elemente auch *Individuenvariablen*. Sie werden durch Buchstaben symbolisiert, z. B. a, b, x, A, V. Zur Unterscheidung von Elementen derselben Art dienen einfache und doppelte Indizes (Singular: Index), Querstrich, Stern, Dach, Tilde, z. B. x_1, a_{11}, $\bar{a}$, c^*, $\hat{x}$, $\tilde{y}$.
  Der **Variablengrundbereich** ist diejenige Objektmenge, aus der die Elemente genommen werden, deren Bezeichnungen an die Stelle von Variablen treten.
  Prädikatenvariablen sind Variablen für Eigenschaften, Relationen, Operationen, Funktionen, z. B. ist f in $f(x)$ eine Variable;
- **Relationszeichen**; das ist ein Zeichen für eine Beziehung zwischen Objekten, z. B. $<$, $=$;
- **Operationszeichen**; das ist ein Zeichen für eine Verknüpfung mathematischer Objekte, z. B. $+$, $:$;

– **technisches Zeichen**; das ist ein Zeichen zur Ergänzung der symbolisierten Fachsprache, z. B. Klammern, Komma, Semikolon.

Werden Konstanten, Variablen und Zusammensetzungen aus ihnen unter Verwendung von Relations-, Operations- und technischen Zeichen sinnvoll aneinandergefügt, so entsteht eine **Zeichenreihe.**

BEISPIEL 1/2

a) $144 + a - (2a + 1) \cdot 3$ ist eine Zeichenreihe
b) $(12 - b) \cdot (3a - 6 = 11x$ ist keine Zeichenreihe; die Zeichen sind nicht sinnvoll aneinandergefügt, da vor dem Gleichheitszeichen eine Klammer fehlt.

(2) **Terme**

Werden in einer Zeichenreihe nur Konstanten, Variablen, Operations- und technische Zeichen (also keine Relationszeichen) verwendet, so bezeichnet man diese Zeichenreihe als **Term.**

Zu jedem Term mit Variablen gehört die Angabe des **Definitionsbereichs.** Das ist eine echte oder unechte Teilmenge (↗ 2.2.2.) des Variablengrundbereichs, für die der Wert des Terms wieder ein Element des Grundbereichs ist. Werden die vorgeschriebenen Operationen ausgeführt, wobei die Variablen durch Bezeichnungen von Elementen aus dem Definitionsbereich belegt werden, so kann der **Wert des Terms** berechnet werden.
Terme, die keine Variablen enthalten, werden mit großen lateinischen Buchstaben (z. B. T, T_1, T_2) bezeichnet. Enthalten Terme Variablen, dann erfolgt eine zusätzliche Angabe der Variablen in Klammern, z. B. $T(a)$, $T(x; y)$.

BEISPIEL 1/3

a) $126 + \frac{3}{4}$ ist ein Term, der keine Variable enthält; er werde mit T_1 bezeichnet: $T_1 = 126 + \frac{3}{4}$.
b) Der Term $10 + 2x$ enthält die Variable x, also $T(x) = 10 + 2x$. Es sei der Variablengrundbereich des Terms die Menge N der natürlichen Zahlen. Der Definitionsbereich stimmt mit dem Grundbereich überein.
Wird in $T(x)$ die Variable x mit der natürlichen Zahl 2 belegt, so ist der Wert des Terms $T(2) = 14$.
c) $\frac{x + 2y}{x}$ ist ein Term mit zwei Variablen. Es sei der Variablengrundbereich die Menge N der natürlichen Zahlen. Dann ist für x der Definitionsbereich N*, für y jedoch N. Für $x = 0$ ist der Term nicht erklärt.
Die Berechnung des Wertes des Terms $T(x; y) = \frac{x + 2y}{x}$ mit $x = 2$ und $y = 3$ ergibt $T(2; 3) = \frac{2 + 6}{2} = 4$.

Zur Struktur von Termen ↗ 4.1.(5)

1.2.2. Aussagen

Da sich der Mensch mit den ihn umgebenden Dingen und Erscheinungen ständig auseinandersetzen muß, äußert er Fragen und Wünsche, gibt Aufforderungen und macht Aussagen, in denen sich die objektive Realität widerspiegelt. Eine sinnvolle Aussage ist genau dann wahr, wenn der in ihr formulierte Sachverhalt tatsächlich besteht, andernfalls ist sie falsch. Dabei wird vorausgesetzt, daß mit den derzeit der Mathematik zur Verfügung stehenden Mitteln dies festgestellt und entschieden werden kann.

Eine **Aussage** ist die gedankliche Widerspiegelung eines Sachverhalts, die sprachlich übermittelt bzw. fixiert werden kann.

Aussagen werden mit großen lateinischen Buchstaben bezeichnet, z. B. A, A_1.

Es gilt der **Satz der Zweiwertigkeit:**
Jede Aussage ist entweder wahr oder falsch.

Das heißt:

- Jede Aussage ist wahr oder falsch (Prinzip vom ausgeschlossenen Dritten) **und**
- Es gibt keine Aussage, die sowohl wahr als auch falsch ist (Prinzip vom ausgeschlossenen Widerspruch).

Die Klasse (↗ 2.5.3.) aller Aussagen kann also in zwei Teilklassen zerlegt werden:

- Klasse aller wahren Aussagen,
- Klasse aller falschen Aussagen.

Jede Aussage gehört genau einer dieser Klassen an.

Jeder Aussage wird ein **Wahrheitswert** zugeordnet:
entweder W (das Wahre), wenn die Aussage wahr ist,
oder F (das Falsche), wenn die Aussage falsch ist.

BEISPIEL 1/4

a) »$2 + 3$« ist keine Aussage, sondern ein Term.
b) »Erläutern Sie den Satz der Zweiwertigkeit!« ist keine Aussage, sondern eine Aufforderung.
c) »$2 + 3 = 5$« ist eine wahre Aussage (W).
d) »$6 + 1 < 3$« ist eine falsche Aussage (F).

ÜBERSICHT: **Aussagen**

Einzelaussagen	**Existenzaussagen**	**Universalaussagen**
	Variablenbindung durch	
	»Es gibt ein …«	»Für alle … gilt: …«

BEISPIEL 1/5

$2 \cdot (3 + 4) = 2 \cdot 3 + 2 \cdot 4$

Wahre Aussage, weil $T_l = 2 \cdot 7 = 14$ und $T_r = 6 + 8 = 14$, also $T_l = T_r$

Es gibt ein a, ein b, ein c ($a, b, c \in \mathbf{R}$), so daß gilt: $a \cdot (b + c) = a \cdot b + a \cdot c$

Wahre Aussage, weil durch die Belegung mit $a = 2$, $b = 3$, $c = 4$ (also mindestens eine Belegung) eine wahre Aussage existiert.

Für alle reellen Zahlen a, b, c gilt: $a \cdot (b + c) = a \cdot b + a \cdot c$

Ob eine wahre Aussage vorliegt, kann nur durch einen Beweis (↗ 1.6.4.) festgestellt werden.

Hinweis:
- »Es gibt mindestens ein ...« heißt: Es gibt ein oder mehrere Elemente, die die angegebene Eigenschaft haben (Existenzaussage).
- »Es gibt höchstens ein ...« heißt: Es gibt ein oder kein Element (d. h., es gibt nicht mehrere Elemente) mit der angegebenen Eigenschaft (Eindeutigkeitsaussage)
- »Es gibt genau ein ...« heißt: »Es gibt mindestens ein ...« und »Es gibt höchstens ein ...«. (Existenz- und Eindeutigkeitsaussage)

1.2.3. Aussageformen

Werden zwischen Terme, die Variablen enthalten, Relationszeichen gesetzt, entstehen Aussageformen. Eine Zeichenreihe mit mindestens einer Variablen, z. B. $3 + x < 5$ mit dem Variablengrundbereich **N**, ist weder wahr noch falsch. Sie ist also keine Aussage.
Erst durch die Belegung der Variablen mit 0, 1 entstehen wahre Aussagen. Bei Belegungen mit anderen Elementen des Grundbereichs erhält man falsche Aussagen. Da die Variablen durch beliebige Elemente aus dem vorgegebenen Grundbereich ersetzt werden können, werden sie als **freie Variablen** bezeichnet.

Eine **Aussageform** ist eine Zeichenreihe, die mindestens eine freie Variable enthält und die durch
- **Belegung** dieser Variablen mit Elementen des Grundbereichs oder durch
- **Bindung** dieser Variablen mittels Quantifikatoren (Quantoren) zu einer Aussage wird.

Durch
- **Belegung** der freien Variablen mit Elementen des Grundbereichs entsteht eine **Einzelaussage** (↗ 1.2.2.),
- **Bindung** der freien Variablen mittels
  - des **Existenzoperators** (Existenzquantors), bezeichnet mit $\bigvee$ (zuweilen auch $\exists$) (gelesen: Es gibt ein ..., für das gilt), entsteht eine **Existenzaussage** (↗ 1.2.2.),

- des **Alloperators** (Allquantors), bezeichnet mit $\bigwedge$ (zuweilen auch $\forall$) (gelesen: Für jedes ... gilt oder Für alle ... gilt), entsteht eine **Allaussage** (Universalaussage) (↗ 1.2.2.).

Die Variablen werden dann **gebundene Variablen** genannt; dabei muß der *Grundbereich festgelegt* sein.

Man bezeichnet Aussageformen, die z. B. die freien Variablen $x_1, x_2, \ldots, x_n$ enthalten, mit $H(x_1, x_2, \ldots, x_n)$.

BEISPIEL 1/6

Es sei die Aussageform gegeben: »a ist eine gerade Zahl«; der Grundbereich sei **N**.

a) Die Belegung mit dem Element 1 des Grundbereichs ergibt die Aussage: »1 ist eine gerade Zahl«; das ist eine falsche Aussage.
Die Belegung mit dem Element 2 des Grundbereichs ergibt die Aussage »2 ist eine gerade Zahl« (W).

b) Bindung durch den Existenzquantor: »Es gibt (mindestens) eine natürliche Zahl a, für die gilt: a ist eine gerade Zahl« (W).
Symbolische Darstellung: » $\bigvee\limits_{a \in \mathbf{N}} a$ ist eine gerade Zahl«.

c) Bindung durch den Allquantor: »Für alle natürlichen Zahlen a gilt: a ist eine gerade Zahl« (F, denn es gibt mindestens ein Element aus **N**, für das die Aussage nicht gilt, z. B. $a = 1$).
Symbolische Darstellung: » $\bigwedge\limits_{a \in \mathbf{N}} a$ ist eine gerade Zahl«.

Man faßt alle Elemente eines Grundbereichs G, durch die eine Aussageform in eine Aussage übergeführt wird, zur **Erfüllungsgrundmenge** G_E (bei Gleichungen auch Lösungsgrundmenge genannt ↗ 5.3.1.) dieser Aussageform zusammen.

Diejenigen Elemente der Erfüllungsgrundmenge G_E, durch die eine Aussageform *in eine wahre Aussage* übergeführt wird, bilden die **Erfüllungsmenge** L (bei Gleichungen auch Lösungsmenge genannt ↗ 5.3.1.).

Veranschaulichung in einem Mengendiagramm (↗ 2.1.) in Bild 1/1

Bild 1/1

BEISPIEL 1/7

Gegeben sei die Aussageform $\frac{3 - x}{x} > 1$ mit $x \in \mathbf{N}$.

Als Variablengrundbereich ist $G = \mathbf{N}$ festgelegt.

Die Erfüllungsgrundmenge ist $G_E = \mathbf{N}^*$, denn nur für das Element 0 ist der Term $\frac{3 - x}{x}$ nicht erklärt.

Die Erfüllungsmenge (Lösungsmenge) ist $L = \{1\}$; denn nur für $x = 1$ ist die Ungleichung $\frac{3 - x}{x} > 1$ eine wahre Aussage.

Eine Aussageform heißt **erfüllbar**, wenn sie durch mindestens eine Belegung der Variablen durch Elemente des Grundbereichs in eine wahre Aussage übergeht. Sonst heißt sie nicht erfüllbar. Eine erfüllbare Aussageform heißt **allgemeingültig**, wenn sie **für alle** Belegungen der Variablen durch Elemente der Erfüllungsgrundmenge erfüllt ist.

ÜBERSICHT: **Aussageformen**

Eine Aussageform H ist

erfüllbar		nicht erfüllbar
allgemeingültig	**nicht allgemeingültig**	(dann auch **nicht allgemeingültig**)
Jedes Element der Erfüllungsgrundmenge G_E ist ein Element der Erfüllungsmenge L.	Die Erfüllungsmenge L ist eine echte Teilmenge (↗ 2.2.2.) der Erfüllungsgrundmenge G_E.	Die Erfüllungsmenge L enthält kein Element der Erfüllungsgrundmenge. $L \cap G_E = \emptyset$ oder
$L = G_E$	$L \subset G_E$	$L = \emptyset$

Veranschaulichung in Mengendiagrammen Bild 1/2

H ist eine **Identität**	*H* ist eine **Neutralität**	*H* ist eine **Kontradiktion**

BEISPIEL 1/8

Die Aussageform $a(b + c) = a \cdot b + a \cdot c$ mit $a, b, c \in \mathbf{N}$ ist allgemeingültig bezüglich **N**, da sie **für alle** natürlichen Zahlen a, b, c erfüllbar ist.	Die Aussageform $3 + a < 8$ mit $a \in \mathbf{N}$ ist erfüllbar bezüglich **N**, da mindestens ein Element, z. B. 1, diese Aussageform in eine wahre Aussage überführt. Sie ist nicht allgemeingültig, da es Elemente gibt, z. B. 5, die zu einer falschen Aussage führen.	Die Aussageform $10 + a < 2$ mit $a \in \mathbf{N}$ ist nicht erfüllbar bezüglich **N**, da es kein Element der Grundmenge gibt, das bei Belegung der Variablen die Aussageform in eine wahre Aussage überführt.

1.3. Logische Operationen

1.3.1. Aussagenfunktionen

Werden zwei (oder mehr als zwei) Aussagen durch geeignete Bindewörter (z. B. »und«, »oder«, »sowohl ... als auch ...«) verknüpft, so entstehen **Aussagenverbindungen.** Das sind wieder Aussagen, deren Wahrheitswert (↗ 1.2.2.) von den Wahrheitswerten der in festgelegter Reihenfolge verknüpften Aussagen und der Art der Verknüpfung abhängt. Ist die neue Aussage durch die Verknüpfung zweier Aussagen entstanden, so spricht man von einer **zweistelligen logischen Operation.** (Auf mehr als zweistellige logische Operationen wird hier nicht eingegangen.) Die Verneinung einer gegebenen Aussage ist eine **einstellige logische Operation.** Da zwischen gegebenen Aussagen und der durch die Verknüpfung entstandenen neuen Aussage eine eindeutige Zuordnung besteht, nennt man diese Zuordnung **Aussagenfunktion** (↗ Funktionsbegriff 2.4.3.).

Unter einer **zweistelligen Aussagenfunktion** versteht man eine Funktion, die jedem geordneten Paar von Aussagen (Argumente der Aussagenfunktion) eine Aussage (Wert der Aussagenfunktion) zuordnet. Die Negation einer Aussage ist eine **einstellige Aussagenfunktion.**

BEISPIEL 1/9

Gegeben seien folgende Aussagen, deren Wahrheitswert in Klammern angegeben ist:
A_1: »2 ist eine Primzahl« (W)
A_2: »5 ist Teiler von 15« (W)
A_3: »$2 \cdot 5 = 11$« (F)
A_4: »$8 < 10$« (W)
Es werden folgende Verknüpfungen gebildet und die Wahrheitswerte der neuen Aussagen jeweils in Klammern beigefügt:
a) A_1 und A_3: »2 ist eine Primzahl und $2 \cdot 5 = 11$« (F)
b) A_1 oder A_3: »2 ist eine Primzahl oder $2 \cdot 5 = 11$« (W)
c) Wenn A_2, so A_3: »Wenn 5 Teiler von 15 ist, so ist $2 \cdot 5 = 11$« (F)
d) A_1 genau dann, wenn A_4: »2 ist eine Primzahl genau dann, wenn $8 < 10$« (W)
Außerdem wird die Negation als einstellige Aussagenfunktion gebildet:
e) nicht A_3: »Es gilt nicht: $2 \cdot 5 = 11$« (W)

Da der Wahrheitswert der zugeordneten Aussage nur von den Wahrheitswerten der Argumente der Aussagenfunktionen und nicht von den Inhalten abhängt, sind die Aussagenfunktionen **extensional.** (Kausale, konditionale und temporale Verbindungen sind nicht extensional.)
Alle extensionalen Aussagenfunktionen können durch die folgenden **klassischen Aussagenfunktionen** dargestellt werden:

ÜBERSICHT: Klassische Aussagenfunktionen

Name	Argumente	Aussagenfunktion	Festgelegte Wahrheitswerte der Aussagenfunktion
Negation	A	»nicht A«	**ist wahr genau dann, wenn A falsch ist.**
Konjunktion	A_1, A_2	»A_1 und A_2«	**ist wahr genau dann, wenn A_1 wahr und A_2 wahr ist.**
Alternative	A_1, A_2	»A_1 oder A_2«	**ist falsch genau dann, wenn A_1 falsch und A_2 falsch ist.**
Implikation	A_1, A_2	»Wenn A_1, so A_2«	**ist falsch genau dann, wenn A_1 wahr und A_2 falsch ist.**
Äquivalenz	A_1, A_2	»A_1 genau dann, wenn A_2«	**ist wahr genau dann, wenn A_1 und A_2 den gleichen Wahrheitswert haben.**

1.3.2. Wahrheitsfunktionen

Aus den Aussagenfunktionen erhält man durch Abstraktion die Wahrheitsfunktionen. So entspricht jeder zweistelligen Aussagenfunktion eine zweistellige Wahrheitsfunktion, die jedem geordneten Paar von Wahrheitswerten eindeutig einen Wahrheitswert (entweder W oder F) zuordnet. Die Negation als einstellige Wahrheitsfunktion ordnet jedem Wahrheitswert wieder einen Wahrheitswert zu.

Wird einem bzw. zwei Wahrheitswerten eindeutig ein Wahrheitswert zugeordnet, so heißt diese Zuordnung eine **einstellige** bzw. **zweistellige Wahrheitsfunktion.**

Als Variablen für Wahrheitswerte werden üblicherweise p und q verwendet. Da Aussagenfunktionen und Wahrheitsfunktionen verschiedenen Abstraktionsstufen angehören, wird zwischen den Argumenten der Aussagenfunktionen (das sind die Aussagen A, A_1, A_2, ...) und den Argumenten der Wahrheitsfunktionen (das sind die Wahrheitswerte w, w_1, w_2, ...) unterschieden.
Als Zeichen für die Aussagenfunktionen und für die Wahrheitsfunktionen werden die Funktoren $\neg$, $\wedge$, $\vee$, $\Rightarrow$, $\Leftrightarrow$ verwendet. (Für $\neg$ ist zuweilen auch $\sim$ gebräuchlich.)

ÜBERSICHT: Zusammenhang zwischen Aussagenfunktionen und Wahrheitsfunktionen

	Aussagen-funktion	Wahrheits-funktion	Symbolische Darstellung
Negation	Nicht A	non w	$\neg p$
Konjunktion	A_1 und A_2	w_1 et w_2	$p \wedge q$
Alternative	A_1 oder A_2	w_1 vel w_2	$p \vee q$
Implikation	Wenn A_1, so A_2	w_1 seq w_2	$p \Rightarrow q$
Äquivalenz	A_1 genau dann, wenn A_2	w_1 äq w_2	$p \Leftrightarrow q$

ÜBERSICHT: Werte der klassischen Wahrheitsfunktionen
(Wahrheitswertetafel)

p	q	$\neg p$	$p \wedge q$	$p \vee q$	$p \Rightarrow q$	$p \Leftrightarrow q$
W	W	F	W	W	W	W
W	F	F	F	W	F	F
F	W	W	F	W	W	F
F	F	W	F	F	W	W

Mit Hilfe dieser Tabellen kann der Wahrheitswert einer Aussagenverbindung ermittelt werden, wenn die Wahrheitswerte der verknüpften Aussagen bekannt sind (↗ Beispiel 1/15).

1.3.3. Zur Negation

Die Negation findet Anwendung bei der indirekten Beweisführung (↗ 1.6.4.2.).

Bei der **doppelten Negation** hebt die zweite Negation die erste auf. Die Aussage »nicht (nicht *A*)« ist gleichbedeutend mit der Aussage »*A*«.

1.3.4. Zur Konjunktion

Diese Verknüpfung kann auch durch die Bindewörter »sowohl A_1 als auch A_2«, »A_1, aber auch A_2«, »nicht nur A_1, sondern auch A_2« erfolgen.
Bei keiner Belegung von *A* kann die Aussagenfunktion »*A* und (nicht *A*)« eine wahre Aussage ergeben:

p	$q = \neg p$	$p \wedge \neg p$
W	F	F
F	W	F

Also ist diese Aussagenfunktion für jede Belegung von *A* eine falsche Aussage (Kontradiktion).
Demnach ergibt die Aussagenfunktion »nicht (*A* und nicht *A*)« bei jeder Belegung von *A* eine wahre Aussage (Identität). Sie entspricht dem Prinzip vom ausgeschlossenen Widerspruch.
Die Negation von »*a und b*« ist »nicht *a oder* nicht *b*«.

1.3.5. Zur Alternative, Antivalenz

In der natürlichen Sprache wird das Bindewort »oder« in unterschiedlicher Bedeutung gebraucht, meist im ausschließenden Sinn in der Bedeutung von »entweder … oder …«. Um Mißverständnisse zu vermeiden, wird in den Wissenschaftssprachen der Logik und der Mathematik die Bedeutung des Bindeworts »oder« präzisiert. Man unterscheidet

- die **Alternative**, in der das **nichtausschließende Oder** im Sinne von »entweder *p* oder *q* oder beides« gebraucht wird. Sie entspricht der klassischen Aussagenfunktion »A_1 oder A_2«.
- die **Antivalenz**, in der das **ausschließende Oder** im Sinne von »entweder *p* oder *q*« gebraucht wird. Sie ist wahr, wenn eine der beiden Aussagen wahr ist. Symbolische Darstellung: $p \succ\!\!-\!\!\prec q$. Wahrheitswertetafel:

p	q	$p \succ\!\!-\!\!\prec p$
W	W	F
W	F	W
F	W	W
F	F	F

Die Antivalenz kann in folgender Weise auf die klassischen Aussagenverbindungen zurückgeführt werden: $(p \vee q) \wedge \neg\, (p \wedge q)$

BEISPIEL 1/10

a) »Sind a, b beliebige natürliche Zahlen, so gilt $a \cdot b = 0$ genau dann, wenn $a = 0$ oder $b = 0$.« Nichtausschließende Bedeutung des Oder, Alternative.
b) »Für alle rationalen Zahlen a, b, c gilt: Entweder $a < b$ oder $a = b$ oder $a > b$.« Ausschließendes Oder, Antivalenz; Fallunterscheidung.

1.3.6. Zur Implikation

In der Implikation $p \Rightarrow q$ heißt p Prämisse, q Konklusion. Da *in der Logik* von kausalen, konditionalen, temporalen und anderen Zusammenhängen abgesehen wird und nur die Wahrheitswerte betrachtet werden, besitzt die Aussagenverbindung auch dann den Wahrheitswert W, wenn die Prämisse eine falsche Aussage, die Konklusion eine wahre Aussage enthält.

BEISPIEL 1/11

Die Aussagenverbindung »Wenn 6 eine Primzahl ist, so teilt 6 die Zahl 18« hat den Wahrheitswert W, weil die Implikation $p \Rightarrow q$ wahr ist, wenn p den Wahrheitswert F und q den Wahrheitswert W hat.

In der Umgangssprache und in der Mathematik werden besonders kausale Zusammenhänge durch die Aussagenverbindung »Wenn A_1, so A_2« ausgedrückt. (↗ Folgerungsbegriff, 1.5.1.)
Vertauscht man in der Implikation »Wenn A_1, so A_2« die Aussagen A_1 und A_2 miteinander, so entsteht die **Umkehrung** (Konversion) der ursprünglichen Aussagenverbindung: »Wenn A_2, so A_1«. Der Vergleich des Verlaufs der Wahrheitswerte der Implikation und ihrer Umkehrung zeigt keine Übereinstimmung:

p	q	$p \Rightarrow q$
W	W	W
W	F	F
F	W	W
F	F	W

q	p	$q \Rightarrow p$
W	W	W
F	W	W
W	F	F
F	F	W

Implikation und ihre Umkehrung sind **nicht wertverlaufsgleich.** Demnach sind auch die Aussagenverbindungen »Wenn A_1, so A_2« und »Wenn A_2, so A_1« nicht logisch gleichwertig (nicht logisch äquivalent).
Bildet man zu der Implikation »Wenn A_1, so A_2« die **Kontraposition** »Wenn (nicht A_2), so (nicht A_1)« und vergleicht man den Verlauf der Wahrheitswerte mit dem der Implikation, so stellt man **Wertverlaufsgleichheit** fest:

p	q	$p \Rightarrow q$
W	W	W
W	F	F
F	W	W
F	F	W

q	p	$\neg q$	$\neg p$	$\neg q \Rightarrow \neg p$
W	W	F	F	W
F	W	W	F	F
W	F	F	W	W
F	F	W	W	W

Das heißt, Implikation und Kontraposition sind logisch äquivalent. Von diesem Sachverhalt macht man bei Beweisführungen Gebrauch.

BEISPIEL 1/12

Implikation: Wenn ein Viereck ein Rechteck ist, so sind die Diagonalen gleich lang. (W)
Umkehrung: Wenn in einem Viereck die Diagonalen gleich lang sind, so ist es ein Rechteck. (F, Gegenbeispiel: gleichschenkliges Trapez)
Kontraposition: Wenn in einem Viereck die Diagonalen nicht gleich lang sind, so ist es kein Rechteck. (W)

1.3.7. Zur Äquivalenz

Wenn die Implikation »Wenn A_1, so A_2« und ihre Umkehrung »Wenn A_2, so A_1« gelten, dann gilt auch die Äquivalenz »A_1 genau dann, wenn A_2«, d. h., $p \Leftrightarrow q$ ist äquivalent zu $(p \Rightarrow q) \wedge (q \Rightarrow p)$.

BEISPIEL 1/13

Ein Viereck ist ein Parallelogramm genau dann, wenn die Diagonalen einander halbieren. (Äquivalenz)
Implikation: Wenn ein Viereck ein Parallelogramm ist, so halbieren die Diagonalen einander. (W)
Umkehrung: Wenn in einem Viereck die Diagonalen einander halbieren, so ist es ein Parallelogramm. (W)

Hinweis: Soll eine Äquivalenzaussage »A_1 genau dann, wenn A_2« bewiesen werden, so sind stets zwei Beweise erforderlich: der Beweis der Implikation »Wenn A_1, so A_2« **und** der Beweis der Umkehrung der Implikation »Wenn A_2, so A_1«.

1.4. Logische Ausdrücke

1.4.1. Aussagenlogische Ausdrücke

Unter einem **aussagenlogischen Ausdruck** versteht man eine Zeichenreihe Z, die aus den Aussagenvariablen $p, q, r, \ldots$, aus den aussagenlogischen Funktoren $\neg, \wedge, \vee, \Rightarrow, \Leftrightarrow$ und aus technischen Zeichen besteht und für die gilt: (induktive Definition ↗ 1.6.3.)

(1) Jede Aussagenvariable ist ein Ausdruck.
(2) Wenn Z ein Ausdruck ist, so ist auch $\neg Z$ ein Ausdruck.
(3) Wenn Z_1, Z_2 Ausdrücke sind, so sind auch $(Z_1 \wedge Z_2)$, $(Z_1 \vee Z_2)$, $(Z_1 \Rightarrow Z_2)$, $(Z_1 \Leftrightarrow Z_2)$ Ausdrücke.
(4) Eine Zeichenreihe ist nur dann ein Ausdruck, wenn er mit Hilfe von (1), (2), (3) gebildet werden kann.

Es ist festgelegt, daß der Funktor $\Leftrightarrow$ stärker trennt als die anderen und der Funktor $\Rightarrow$ stärker trennt als $\neg, \wedge, \vee$. Ausdrücke werden durch das Zeichen H symbolisiert.

BEISPIEL 1/14

a) $H_1 = \neg(p \Rightarrow q)$ ist ein Ausdruck, weil
- p, q Ausdrücke sind nach (1),
- die Zeichenreihe $p \Rightarrow q$ ein Ausdruck ist nach (3),
- die Zeichenreihe $\neg(p \Rightarrow q)$ ein Ausdruck ist nach (2).

b) $H_2 = p \vee\wedge q$ ist kein Ausdruck, weil gegen die Forderung (3) verstoßen wird.

Zur Ermittlung des Wahrheitswertes von Ausdrücken werden die Variablen p, q als Wahrheitswertvariablen genutzt und für jede Belegung der Variablen p und q mit Wahrheitswerten der zugehörige Wahrheitswert des Ausdrucks ermittelt. Dazu legt man zweckmäßigerweise eine Tabelle an, die bei allen möglichen Belegungen der Variablen mit Wahrheitswerten alle Werte von H enthält. In endlich vielen Schritten kann man von jedem Ausdruck den Wahrheitswert ermitteln.

BEISPIEL 1/15

Es ist der Wahrheitswert des Ausdrucks
$H = \neg(p \wedge q) \Leftrightarrow (\neg p \vee \neg q)$
zu ermitteln.

p	q	$p \wedge q$	$\neg(p \wedge q) = H_1$	$\neg p$	$\neg q$	$\neg p \vee \neg q = H_2$	$H_1 \Leftrightarrow H_2$
W	W	W	F	F	F	F	W
W	F	F	W	F	W	W	W
F	W	F	W	W	F	W	W
F	F	F	W	W	W	W	W

Der Ausdruck H im Beispiel 1/15 ist eine **aussagenlogische Identität** (auch aussagenlogisches Gesetz oder Tautologie genannt) (↗ 1.4.2.). Er ist ein **allgemeingültiger Ausdruck**, da bei jeder Belegung der Wahrheitswertvariablen der Ausdruck den Wahrheitswert W annimmt.

1.4.2. Aussagenlogische Äquivalenzen und Identitäten

Da im Beispiel 1/15 der Ausdruck H_1 bei jeder Belegung der Aussagenvariablen mit Wahrheitswerten stets den gleichen Wahrheitswert wie H_2 annimmt, sind die den Ausdrücken H_1 und H_2 entsprechenden Aussagenverbindungen **logisch äquivalent.** Man schreibt H_1 äq H_2. Deshalb ist eine **Ersetzung** des Ausdrucks H_1 durch den Ausdruck H_2 möglich. Dabei ist gleichgültig, welchen bestimmten Inhalt die einzelnen Aussagen haben.

Einige **äquivalente Ausdrücke** der Aussagenlogik:

(1) $p \wedge (q \vee r)$ äq $(p \wedge q) \vee (p \wedge r)$
(2) $\neg(p \wedge q)$ äq $\neg p \vee \neg q$
(3) $p \Rightarrow q$ äq $\neg(p \wedge \neg q)$
(4) $p \Rightarrow q$ äq $\neg q \Rightarrow \neg p$ (Kontraposition)
(5) $p \Rightarrow (q \vee r)$ äq $(p \wedge \neg q) \Rightarrow r$

(6) $(p \vee q) \Rightarrow r$ äq $(p \Rightarrow r) \wedge (q \Rightarrow r)$
(7) $p \Rightarrow (q \wedge r)$ äq $(p \Rightarrow q) \wedge (p \Rightarrow r)$
(8) $p \Rightarrow (q \Rightarrow r)$ äq $(p \wedge q) \Rightarrow r$ (Prämissenvereinigung)

BEISPIEL 1/16

Zu (2): »Es gilt nicht: 7 teilt 21 und 7 teilt 22« ist äquivalent mit »7 teilt nicht 21 oder 7 teilt nicht 22.«
Zu (5): »Wenn $a \cdot b = 0$, so ist $a = 0$ oder $b = 0$« ist äquivalent mit »Wenn $a \cdot b = 0$ und $a \neq 0$, so $b = 0$«.

Einige **aussagenlogische Identitäten** (Das sind solche Ausdrücke, die bei **jeder** Belegung der Aussagenvariablen mit Wahrheitswerten stets den Wahrheitswert W annehmen):

(1) $p \Rightarrow (q \Rightarrow p)$
(2) $p \wedge q \Rightarrow p$
(3) $p \wedge q \Rightarrow q$
(4) $p \Rightarrow (p \vee q)$
(5) $q \Rightarrow (p \vee q)$
(6) $(p \Leftrightarrow q) \Rightarrow (p \Rightarrow q)$
(7) $(p \Leftrightarrow q) \Rightarrow (q \Rightarrow p)$
(8) $(p \Rightarrow q) \Rightarrow [(q \Rightarrow p) \Rightarrow (p \Leftrightarrow q)]$
(9) $(p \Rightarrow q) \Leftrightarrow (\neg q \Rightarrow \neg p)$ (Kontraposition)
(10) $p \Rightarrow \neg\neg p$

1.4.3. Prädikatenlogische Ausdrücke

Der innere Aufbau von Einzelaussagen wird durch die Untersuchung der Beziehung zwischen Subjekt und Prädikat verfeinert: Welche Aussagen können über die Eigenschaften von und die Beziehungen zwischen Objekten gemacht werden? Die Objekte werden **Individuen**, die Eigenschaften und Beziehungen **Attribute** genannt. Die Attribute (auch Prädikate genannt) können ein-, zwei- oder mehrstellig sein.

BEISPIEL 1/17

a) »5 ist eine Primzahl«; das Attribut ist einstellig; »... ist eine Primzahl« ist eine Eigenschaft.
b) »10 ist größer als 7«; das Attribut ist zweistellig; »... ist größer als ...« ist eine Relation.

In 1.2.3. wurde gezeigt, daß jede Aussageform $H(x)$ in einem Variablengrundbereich X durch Bindung der Aussagenvariablen mit Hilfe der Quantoren $\bigvee$ (Es gibt (mindestens) ein ..., für das gilt) und $\bigwedge$ (Für alle ... gilt) in eine Aussage übergeführt wird.

Eine Funktion, die jedem Individuum x aus dem Grundbereich X eindeutig einen der Wahrheitswerte W oder F zuordnet, wird ein **einstelliges Attribut** in X genannt.
Entsprechend heißt eine Funktion, die jedem n-Tupel von Individuen aus X eindeutig einen der Wahrheitswerte W oder F zuordnet, ein ***n*-stelliges Attribut** in X.

Eine Quantifizierung durch den Allquantor $\bigwedge$ nennt man **Generalisierung**; es entsteht eine Allaussage.

Eine Quantifizierung durch den Existenzquantor $\bigvee$ nennt man **Partikularisierung**; es entsteht eine Existenzaussage.
Die Quantifizierungen sind **prädikatenlogische Operationen.** Es seien $H(x)$ bzw. $H(x, y)$ Aussageformen für ein- bzw. zweistellige Attribute, der Individuenbereich sei X bzw. Y, dann schreibt man symbolisch

$\bigvee_{x \in X} H(x)$ für »Es gibt ein x aus dem Individuenbereich X, für das $H(x)$ gilt«.

$\bigwedge_{x \in X} H(x)$ »Für alle x aus dem Individuenbereich X gilt $H(x)$.«

$\bigwedge_{x, y \in X} H(x, y)$ »Für alle x, y aus dem Individuenbereich X gilt $H(x, y)$«.

$\bigwedge_{x \in X} \bigvee_{y \in Y} H(x, y)$ »Für alle x aus dem Individuenbereich X gibt es ein y aus dem Individuenbereich Y, so daß $H(x, y)$ gilt«.

BEISPIEL 1/18

a) »Es gibt eine natürliche Zahl x, für die $2 - x = 1$ gilt«; symbolische Darstellung: $\bigvee_{x \in \mathbf{N}} 2 - x = 1$
b) »Für alle natürlichen Zahlen x gilt: $x + 2 = 2 + x$«; symbolische Darstellung: $\bigwedge_{x \in \mathbf{N}} x + 2 = 2 + x$
c) »Für alle reellen Zahlen x, y gilt die 2. binomische Formel«; symbolische Darstellung: $\bigwedge_{x, y \in \mathbf{R}} (x + y)(x - y) = x^2 - y^2$
d) »Zu jedem reellen x gibt es ein reelles y, so daß $x < y$ gilt«; symbolische Darstellung: $\bigwedge_{x \in \mathbf{R}} \bigvee_{y \in \mathbf{R}} x < y$

Besonders sorgfältig ist die **Negation** eines Ausdrucks mit einem einstelligen Attribut zu bilden: Individuenbereich X
Es sei gegeben: $\bigvee_{x} H(x)$ »Es gibt (mindestens) ein x mit der Eigenschaft H«.

$\neg \bigvee_{x} H(x)$ »Es gibt kein x mit der Eigenschaft H«.

$\bigvee_{x} \neg H(x)$ »Es gibt ein x, das die Eigenschaft H nicht besitzt«.

Es sei gegeben: $\bigwedge_{x} H(x)$ »Für alle x gilt die Eigenschaft H«.

$\neg \bigwedge_{x} H(x)$ »Nicht für alle x gilt die Eigenschaft H«.

$\bigwedge_{x} \neg H(x)$ »Für alle x gilt die Eigenschaft H nicht«.

Folgende **prädikatenlogische Ausdrücke** sind **äquivalent.** Sie ermöglichen es, ein und denselben Sachverhalt in unterschiedlicher, jedoch logisch gleichwertiger Weise darzustellen. Der Individuenbereich sei X.

(1) $\bigvee_{x} H(x)$ äq $\neg \bigwedge_{x} \neg H(x)$

(2) $\bigwedge_{x} H(x)$ äq $\neg \bigvee_{x} \neg H(x)$

(3) $\neg \bigvee_x H(x)$ äq $\bigwedge_x \neg H(x)$

(4) $\neg \bigwedge_x H(x)$ äq $\bigvee_x \neg H(x)$

BEISPIEL 1/19

a) Zu (1): »Es gibt eine natürliche Zahl x, für die $x^2 + 16 = 25$ gilt« ist äquivalent mit »Nicht für alle natürlichen Zahlen x gilt: $x^2 + 16 \neq 25$«.
b) Zu (2): »Für jede natürliche Zahl x gilt $4 + x > 3$« ist äquivalent mit »Es gibt keine natürliche Zahl x, für die $4 + x > 3$ nicht gilt«.
c) Zu (3): »Es gibt keine natürliche Zahl x, für die $4 + x < 3$« ist äquivalent mit »Für alle natürlichen Zahlen x gilt: Es ist nicht wahr, daß $4 + x < 3$«.
d) Zu (4): »Nicht für alle natürlichen Zahlen x gilt: $x^2 + 16 = 25$« ist äquivalent mit »Es gibt eine natürliche Zahl x, für die nicht gilt $x^2 + 16 = 25$ (bzw. für die $x^2 + 16 \neq 25$ gilt)«.

Zu beachten ist, daß die Ausdrücke $\neg \bigwedge_x H(x)$ und $\bigwedge_x \neg H(x)$ **nicht** logisch äquivalent sind.

BEISPIEL 1/20

$\neg \bigwedge_x H(x)$: »Nicht alle quadratischen Gleichungen haben reelle Lösungen«. Das ist eine wahre Aussage, denn z. B. hat die Gleichung $x^2 + 2 = 0$ keine reelle Lösung.

$\bigwedge_x \neg H(x)$: »Jede quadratische Gleichung hat keine reellen Lösungen«. Das ist eine falsche Aussage, denn z. B. hat die Gleichung $x^2 - 2 = 0$ die reellen Lösungen $x_1 = \sqrt{2}$ und $x_2 = -\sqrt{2}$.

1.5. Logisches Schließen

1.5.1. Zum Folgerungsbegriff

Während in der Logik bei der Implikation (↗ 1.3.6.) von inhaltlichen Zusammenhängen abgesehen wird, werden in der Mathematik (und auch in der Umgangssprache) mit Hilfe der Implikation auch kausale Beziehungen ausgedrückt.

Zur Vereinfachung der Darstellung sei in den folgenden Aussageformen nur eine Variable vorhanden, für deren Belegungen ein und derselbe Individuenbereich zur Verfügung stehe.

Die implikative Verbindung zweier Aussageformen $H_1(x)$ und $H_2(x)$ in der Form »Wenn $H_1(x)$, so $H_2(x)$« ist wieder eine Aussageform.

Wird die Variable mit Elementen (genauer: mit Bezeichnungen von Elementen) aus dem Grundbereich belegt, so können die Aussageformen entweder erfüllt oder nicht erfüllt werden (↗ 1.2.3.). Wenn **jede** Variablenbelegung, die $H_1(x)$ erfüllt, auch $H_2(x)$ erfüllt, so sagt man »Aus der Aussageform $H_1(x)$ folgt die Aussageform $H_2(x)$«.

$H_2(x)$ folgt also nur dann aus $H_1(x)$, wenn bei jeder Variableninterpretation $H_2(x)$ wahr ist, sofern $H_1(x)$ wahr ist.

Zusammengefaßt:

> Sind $H_1(x)$ und $H_2(x)$ Bezeichnungen für Aussageformen mit der freien Variablen x aus dem Individuenbereich X und ist die implikative Allaussage »Für alle $x \in X$ gilt: Wenn $H_1(x)$, so $H_2(x)$« wahr, so heißt die Aussage **Folgerungsaussage**, kurz Folgerung, geschrieben: »Aus $H_1(x)$ folgt $H_2(x)$«.

Die Erfüllungsmenge von $H_1(x)$ ist in der Erfüllungsmenge von $H_2(x)$ enthalten. Veranschaulichung in Bild 1/3

Bild 1/3

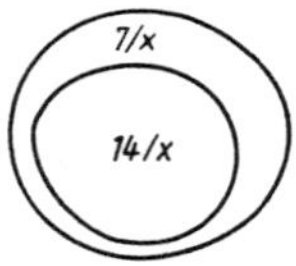

Bild 1/4

BEISPIEL 1/21

Gegeben sei die Aussageform »Wenn $14 \mid x$, so $7 \mid x$« mit dem Grundbereich **N**. ($14 \mid x$ wird gelesen: 14 teilt x, ↗ 3.1.6.1.)
Jede Zahl aus dem Grundbereich, die die Aussageform $14 \mid x$ erfüllt (d. h. sie in eine wahre Aussage überführt), erfüllt auch die Aussageform $7 \mid x$. (Zum Beispiel $14 \mid 14$ und $7 \mid 14$ oder $14 \mid 28$ und $7 \mid 28$). Da die Implikation »Wenn $14 \mid x$, so $7 \mid x$« bei **allen** Belegungen der Variablen mit Bezeichnungen für Elemente aus dem Grundbereich in eine wahre Aussage übergeführt wird, sagt man »Aus $14 \mid x$ folgt $7 \mid x$«. Aus der Teilbarkeit einer natürlichen Zahl durch 14 folgt ihre Teilbarkeit durch 7.

Ist die Allaussage »Für alle x aus dem Grundbereich X gilt: Wenn $H_1(x)$, so $H_2(x)$« wahr, so heißt
$H_1(x)$ in bezug auf $H_2(x)$ eine **hinreichende Bedingung** und
$H_2(x)$ in bezug auf $H_1(x)$ eine **notwendige Bedingung.**
Die Kenntnis der Wahrheit der auf $H_1(x)$ fundierten Aussage *reicht hin*, um zu wissen, daß die für das gleiche Element auf $H_2(x)$ fundierte Aussage auch wahr ist.
Die Erfüllung von $H_2(x)$ ist *notwendig* für die Erfüllung von $H_1(x)$ (↗ Beispiel 1/22), denn es kann bei einer Variableninterpretation $H_1(x)$ nicht wahr sein, wenn $H_2(x)$ falsch ist. (Nach der Wahrheitswertetafel (↗ 1.3.2.) ist für wahre Prämisse und falsche Konklusion der Wahrheitswert der Implikation falsch.)
Wenn $H_1(x)$ und $H_2(x)$ bei Variableninterpretation die gleiche Erfüllungsmenge haben, dann stimmt die Erfüllungsmenge mit den Erfüllungsmengen für die implikativen Aussageformen »Wenn $H_1(x)$, so $H_2(x)$« und »Wenn $H_2(x)$, so $H_1(x)$« überein, d. h., diese implikativen Aussageformen sind allgemeingültig, und es gilt »Aus $H_1(x)$ folgt $H_2(x)$« und »Aus $H_2(x)$ folgt $H_1(x)$«. In diesem Fall ist die

Aussageform $H_1(x)$ in bezug auf $H_2(x)$ eine **notwendige und hinreichende Bedingung** und umgekehrt. Die Aussageformen $H_1(x)$ und $H_2(x)$ sind dann zueinander äquivalent bezüglich des Individuenbereichs. Veranschaulichung in Bild 1/5

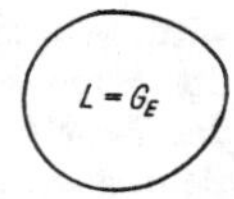

Bild 1/5

BEISPIEL 1/22

Gegeben sei die Aussageform »Wenn $2x + 5 = 11$, so $2x = 6$«, der Variablengrundbereich sei **R**.
Dann ist die Erfüllungsgrundmenge für »$2x + 5 = 11$« und auch für »$2x = 6$« die Menge **R**. Lösungsmenge ist in beiden Fällen $\{3\}$. Sie stimmt mit den implikativen Aussageformen überein. Über dem Variablengrundbereich **R** gilt »Aus $2x + 5 = 11$ folgt $2x = 6$« und »Aus $2x = 6$ folgt $2x + 5 = 11$«.
Die Gleichungen $2x + 5 = 11$ und $2x = 6$ sind bezüglich des Variablengrundbereichs **R** zueinander äquivalent.

Gelegentlich werden **Aussagen** statt Aussageformen in einer Folgerung verknüpft in der Form »Aus A_1 folgt A_2«. Wenn die Implikation $A_1 \Rightarrow A_2$ eine **logische Identität** (↗ 1.4.2.) ist, gilt stets: »Aus A_1 folgt A_2«.

BEISPIEL 1/23

Aus »Wenn ein konvexes Viereck ein Parallelogramm ist, dann sind jeweils die Gegenseiten gleich lang« folgt »Wenn in einem konvexen Viereck die Gegenseiten nicht gleich lang sind, dann ist es kein Parallelogramm«.
Diese Folgerung ist richtig, weil die zweite Aussage die Kontraposition (↗ 1.4.2.) der ersten Aussage ist.

Der Folgerungsbegriff wird auch für solche implikativen Aussagenverbindungen verwendet, denen zwar keine logische Identität zugrunde liegt, die aber auf einer allgemeingültigen Aussageform beruhen.

BEISPIEL 1/24

»Aus $7 \mid 42$ und $7 \mid 70$ folgt $7 \mid 112$« beruht zwar auf keiner logischen Identität, sondern auf der allgemeingültigen Aussageform im Bereich der natürlichen Zahlen: Wenn $a \mid b$ und $a \mid c$, so $a \mid (b + c)$.

1.5.2. Aussagenlogisches Schließen

Neben den bekannten Möglichkeiten zur Gewinnung von Aussagen, wie

- durch die Formulierung von Ergebnissen, die aus der Untersuchung von Sachverhalten der objektiven Realität stammen,
- durch die Verknüpfung von Aussagen zu Aussagenverbindungen,

gelangt man auch aus gegebenen Aussagen durch die Anwendung bestimmter **Schlußregeln** zu neuen Aussagen, das als **Schließen** bezeichnet wird. Will man durch das Schließen ein bestimmtes Ziel erreichen, z. B. den Nachweis der Wahrheit einer Aussage, so nennt man diesen Prozeß das **Beweisen.**

Beim aussagenlogischen Schließen werden die Schlüsse auf Grund von Schlußregeln ausgeführt, die aus Gesetzen der Aussagenlogik formuliert wurden. Die Schlußregeln sind so beschaffen, daß bei wahrer Prämisse mit Sicherheit auch die Konklusion wahr ist. Eine Schlußregel heißt **gültig**, wenn der Fall »Prämisse W, Konklusion F« nicht eintritt. Wird ein Schluß nach einer gültigen Schlußregel gezogen, so heißt er **zwingend.**

Gültige Schlußregeln (aus dem System der Regeln des natürlichen Schließens):

(1) Schluß aus einer Implikation

Wenn aus den gegebenen Voraussetzungen die Aussage »Wenn H_1, so H_2« beweisbar und aus diesen Voraussetzungen die Aussage H_1 beweisbar ist, so ist aus den Voraussetzungen die Aussage H_2 beweisbar.

Mögliche Schlußfiguren:

a) $\dfrac{H_1 \Rightarrow H_2 \quad H_1}{H_2}$ Abtrennungsregel

b) $\dfrac{H_1 \Rightarrow H_2 \quad \neg H_2}{\neg H_1}$ Aufhebungsregel

c) $\dfrac{H_1 \Rightarrow H_2}{\neg H_2 \Rightarrow \neg H_1}$ Kontraposition

Oberhalb des Querstrichs steht der Ausdruck, aus dem geschlossen wird, unterhalb der, auf den geschlossen wird.

BEISPIEL 1/25

Für alle natürlichen Zahlen *n* gilt:

a) Wenn die Quersumme von *n* durch 3 teilbar ist, so ist *n* durch 3 teilbar.	$H_1 \Rightarrow H_2$
Die Quersumme von 5322 ist durch 3 teilbar.	H_1
———	———
Die Zahl 5322 ist durch 3 teilbar.	H_2
b) wie unter a)	$H_1 \Rightarrow H_2$
Die Zahl 5321 ist nicht durch 3 teilbar.	$\neg H_2$
———	———
Die Quersumme von 5321 ist nicht durch 3 teilbar.	$\neg H_1$
c) wie unter a)	$H_1 \Rightarrow H_2$
———	———
Wenn *n* nicht durch 3 teilbar ist, so ist die Quersumme von *n* nicht durch 3 teilbar.	$\neg H_2 \Rightarrow \neg H_1$

(2) Schluß aus einer Alternative

Wenn aus gegebenen Voraussetzungen die Aussage »H_1 oder H_2« beweisbar ist und

wenn aus diesen Voraussetzungen und der Aussage H_1 eine Aussage H_3 beweisbar ist und

wenn aus diesen Voraussetzungen und der Aussage H_2 die Aussage H_3 beweisbar ist,
so ist allein aus den gegebenen Voraussetzungen die Aussage H_3 beweisbar.
Dieser Schluß führt auf **Fallunterscheidung:**
Aus der Wahrheit der Aussage »H_1 oder H_2« nimmt man an:

Fall 1: Die Aussage H_1 ist wahr. Nun ist die Aussage »Wenn H_1, so H_3« zu beweisen. Dann ist H_3 wahr. (Abtrennungsregel)
Fall 2: Die Aussage H_2 ist wahr. Nun ist die Aussage »Wenn H_2, so H_3« zu beweisen. Dann ist H_3 wahr. (Abtrennungsregel)

Damit ist H_3 bewiesen.

Schlußfigur
$$\begin{array}{c} H_1 \vee H_2 \\ H_1 \Rightarrow H_3 \\ H_2 \Rightarrow H_3 \\ \hline H_3 \end{array}$$

BEISPIEL 1/26

Es sei a eine nicht durch 3 teilbare natürliche Zahl. Dann läßt a^2 bei der Division durch 3 den Rest 1.
a läßt sich darstellen in den Formen

1. Fall		2. Fall	
$a = 3n + 1$		$a = 3n + 2$	$H_1 \vee H_2$
Durch Quadrieren erhält man			
$a^2 = 9n^2 + 6n + 1$	$H_1 \Rightarrow H_3$	$a^2 = 9n^2 + 12n + 4$	$H_2 \Rightarrow H_3$
bzw.			
$a^2 = 3(3n^2 + 2n) + 1$		$a^2 = 3(3n^2 + 4n + 1) + 1$	

a^2 läßt in beiden Fällen bei Division durch 3 den Rest 1. H_3

(3) **Schluß auf eine Negation**

Wenn aus den gegebenen Voraussetzungen und einer Aussage H_1 ein *Widerspruch* folgt, so ist aus den gegebenen Voraussetzungen die Aussage »nicht H_1« beweisbar.
Anwendung dieses Schlusses beim **indirekten Beweis** (↗ 1.6.4.2.)
Außer den Regeln des natürlichen Schließens kann auch eine *aussagenlogische Identität* als Schlußregel Anwendung finden:

(4) Auf dem Satz vom **Kettenschluß**

$$[(H_1 \Rightarrow H_2) \wedge (H_2 \Rightarrow H_3)] \Rightarrow (H_1 \Rightarrow H_3)$$

beruht die Schlußregel

$$\begin{array}{c} H_1 \Rightarrow H_2 \\ H_2 \Rightarrow H_3 \\ \hline H_1 \Rightarrow H_3 \end{array}$$

BEISPIEL 1/27

Wenn $a = 2n$, so $a^2 = 4n^2$	$H_1 \Rightarrow H_2$
Wenn $a^2 = 4n^2$, so $a^4 = 16n^4$	$H_2 \Rightarrow H_3$
Wenn $a = 2n$, so $a^4 = 16n^4$	$H_1 \Rightarrow H_3$

1.5.3. Prädikatenlogisches Schließen

Aus allgemeingültigen prädikatenlogischen Implikationen werden folgende Schlußregeln formuliert, deren Anwendung beim Beweisen mathematischer Aussagen erforderlich ist.

(1) **Schluß auf »Für jedes ...« (»Für alle ...«)**

Wenn ein Ausdruck $H(x)$ für ein beliebiges x des Grundbereichs beweisbar ist, so ist die Aussage »Für jedes a gilt $H(a)$« beweisbar.

Schlußfigur: $$\frac{H(x)}{\bigwedge_{a} H(a)}$$

(2) **Schluß aus »Für jedes ...« (»Für alle ...«)**

Wenn eine Aussage »Für jedes a gilt $H(a)$« beweisbar ist, so ist die Aussage für ein beliebiges Element x beweisbar.

Schlußfigur: $$\frac{\bigwedge_{a} H(a)}{H(x)}$$

(3) **Schluß auf »Es gibt ein ...«**

Wenn ein x angegeben werden kann, so daß die Aussage $H(x)$ beweisbar ist, dann ist die Aussage »Es gibt ein a, für das $H(a)$ gilt« beweisbar.

(4) **Schluß aus »Es gibt ein ...«**

Wenn die Aussage »Es gibt ein a, für das $H(a)$ gilt« beweisbar ist, dann ist $H(x)$ beweisbar. x bezeichnet ein Element, für das $H(x)$ gilt, d. h., x verliert den Charakter einer Variablen und bekommt den einer Konstanten. (Deshalb darf nicht mehr quantifiziert werden.)

BEISPIEL 1/28

Zu (1): Wenn gezeigt werden soll, daß »in jedem Trapez (für alle Trapeze) die Mittellinie halb so lang ist wie die Summe der beiden parallelen Seiten«, so ist erforderlich zu beweisen, daß diese Aussage »für ein beliebiges Trapez *ABCD* gilt«.

1.6. Zur Erkenntnisgewinnung in mathematischen Disziplinen

Der Prozeß der **Erkenntnisgewinnung** vollzieht sich in der Mathematik oft in zwei Phasen:

- **Erkenntnisfindung:** Aufstellung einer Aussage durch **reduktive Methoden**, die als »Vermutung« geäußert werden kann und deren Wahrheit eine gewisse Wahrscheinlichkeit besitzt,
- **Erkenntnissicherung:** Anwendung **deduktiver Methoden.** Erst nach Durchführung eines Beweises wird die Aussage als **Satz** (wahre Aussage) anerkannt.

Reduktive und deduktive Methoden ergänzen und durchdringen einander bei der Entwicklung, Darstellung und Anwendung mathematischer Disziplinen.

1.6.1. Reduktive Methoden der Erkenntnisfindung

Man unterscheidet zwei Hauptformen:

Induktive Verfahren	**Nichtinduktive Verfahren**
Aus der Untersuchung von Einzelfällen (z. B. aus der Anschauung, durch Messungen, durch Betrachten von Sonderfällen) werden Aussagen als »Vermutung« formuliert.	Durch Analogiebetrachtungen, Verallgemeinerungen, Umkehren von Sätzen entstehen neue Aussagen als »Vermutungen«.

BEISPIEL 1/29

a) Durch Ausmessen der entsprechenden Winkel eines Dreiecks findet man die Vermutung: »Jeder Außenwinkel eines Dreiecks ist gleich der Summe der beiden nichtanliegenden Innenwinkel.«

b) Durch *Analogiebetrachtung* wird aus der Ähnlichkeit von Erscheinungen in bestimmten Eigenschaften oder Relationen auf Ähnlichkeit auch in anderen Eigenschaften oder Relationen geschlossen: Übertragung der Potenzgesetze auf die Wurzelrechnung.

Es gilt $a^n b^n = (ab)^n$ und $\sqrt[n]{a} \cdot \sqrt[n]{b} = \sqrt[n]{a \cdot b}$.
Unbegründete Analogie: Es gilt **nicht** die Analogie

$$a^m \cdot a^n = a^{m+n} \quad \text{und} \quad \sqrt[m]{a} \cdot \sqrt[n]{a} = \sqrt[m+n]{a}.$$

c) Die Ähnlichkeitssätze für Dreiecke werden aus den entsprechenden Kongruenzsätzen durch *Verallgemeinerung* gewonnen, wenn die Voraussetzung $k = 1$ abgeschwächt wird durch $k > 0$, $k \in \mathbf{R}$.

1.6.2. Zur axiomatischen Methode

Beim Aufbau einer mathematischen Teildisziplin wird die **axiomatische Methode** als höchste Form der deduktiven Methode angewendet.
Gegeben seien

- eine Menge von vorgegebenen **Grundbegriffen** aus einem mathematischen Sachgebiet,

- eine Menge von **wahren Aussagen** über dieses Sachgebiet und
- **Regeln,** mit deren Hilfe diese Aussagen in andere Aussagen dieses Sachgebiets umgeformt werden können.

Mit Hilfe der Grundbegriffe können weitere Begriffe durch Definition (↗ 1.6.3.) festgelegt werden.
Die Menge der wahren Aussagen besteht aus zwei Teilmengen:

- Die systematisierte Teilmenge von Aussagen, aus der sich alle übrigen deduktiv ableiten lassen. Sie heißen **Axiome.** Sie werden als gegeben vorausgesetzt.
- Die Teilmenge der Aussagen, die mit Hilfe von Regeln (Schluß- und Umformungsregeln) aus den Axiomen und bereits bewiesenen wahren Aussagen gewonnen werden können. Sie werden **Theoreme, Lehrsätze** oder kurz **Sätze** genannt.

Was in einer mathematischen Theorie Axiom und was Theorem ist, hängt von dem Aufbau und der Struktur des entsprechenden Systems ab.
Die Gesamtheit aller Axiome einer Theorie bildet das **Axiomensystem** (z. B. das PEANOsche Axiomensystem zur Definition des Begriffs »natürliche Zahl« ↗ 3.1.1., das Axiomensystem der ebenen EUKLIDischen Geometrie, die axiomatische Definition der Wahrscheinlichkeit nach KOLMOGOROW ↗ 9.2.3.). An ein Axiomensystem werden folgende *Anforderungen* gestellt:

- **Widerspruchsfreiheit;** es darf nicht möglich sein, durch deduktives Schließen aus den Axiomen das Negat eines der Axiome oder einen Satz und seine Negation herzuleiten.
- **Vollständigkeit;** ein Axiomensystem ist vollständig, wenn aus ihm alle Sätze der Disziplin hergeleitet werden können.
- **Unabhängigkeit;** es darf keine Aussage als Axiom aufgenommen werden, die aus den übrigen Axiomen herleitbar ist.

Weiter wird verlangt, daß alle Herleitungen sich ausschließlich durch logische Deduktion ergeben und keine Anschauung herangezogen wird.
Von großer philosophischer und methodologischer Bedeutung ist das von DAVID HILBERT in seinem Werk »Grundlagen der Geometrie« aufgestellte Axiomensystem der Geometrie. Dort gab er den Grundriß einer modernen **Axiomatik** (Lehre von der Aufstellung von Axiomensystemen).

1.6.3. Zum Definieren mathematischer Begriffe

Unter einem **Begriff** versteht man die gedankliche Widerspiegelung einer Klasse (↗ 2.5.3.) von Elementen oder einer Klasse von Klassen, die unveränderliche Merkmale besitzen.

Beim Aufbau einer mathematischen Theorie werden Begriffe ohne Definition an den Anfang gestellt. Sie werden **Grundbegriffe** genannt. Solche

sind z. B. beim Aufbau der ebenen EUKLIDischen Geometrie »Punkt«, »Gerade«, »... liegt zwischen ...«.
Begriffe, die aus den Grundbegriffen und bereits definierten Begriffen durch Festlegung des Inhalts und des Umfangs gewonnen werden, heißen **abgeleitete Begriffe.** (Der *Umfang* widerspiegelt die Klasse von Elementen, auf die der Begriff zutrifft, der *Inhalt* die Gesamtheit der Merkmale, die allen Elementen dieser Klasse gemeinsam ist.) Diesen Vorgang der Begriffsbildung nennt man **Definieren.** Es werden Definitionen für mathematische Objekte, Eigenschaften, Relationen und Operationen oft nach Zweckmäßigkeit festgelegt. Deshalb kann man von einer Definition nicht sagen, daß sie wahr oder falsch ist. Welcher Begriff in einer mathematischen Theorie Grundbegriff und welcher Begriff abgeleiteter Begriff ist, hängt von dem gewählten Aufbau der Theorie ab. Durch eine Definition soll eine Abkürzung für eine evtl. sehr komplizierte und umständliche Beschreibung eines mathematischen Objekts, einer Relation oder einer Operation geschaffen werden, wobei auf präzise Formulierung geachtet werden muß. Deshalb dürfen zur Abkürzung nur solche Zeichen oder Bezeichnungen verwendet werden, die nicht durch eine andere Bedeutung schon vergeben sind.
Eine Definition hat meist die Form einer »logischen Gleichung«:

$$\text{Definiendum} =_{\text{Def}} \text{Definiens}$$

Definiendum: Das zu Definierende, der Name
Definiens: Das Bekannte, Verwendung bereits definierter Begriffe. Alle vorkommenden Zeichen müssen eine schon festgelegte Bedeutung haben.
Das Definiens enthält oft einen Gattungsbegriff und den artbildenden Unterschied.

Das Zeichen $=_{\text{Def}}$ heißt: »Das bedeutet nach Definition«.
Es gilt das **Ersetzbarkeitstheorem:** In beliebigen Zusammenhängen darf das Definiens durch das Definiendum ersetzt werden und umgekehrt.
Regeln, die beim Definieren beachtet werden müssen:

- Eine Definition muß widerspruchsfrei sein (in sich, aber auch gegenüber anderen Definitionen).
- Sie muß umfangsgleich sein; d. h., es darf keine Über-, aber auch keine Unterbestimmung erfolgen.
- Es muß ein »Zirkel« vermieden werden; d. h., der zu definierende Begriff darf nicht im Definiens auftreten.
- Eine Definition darf nicht »negativ« sein. Sie darf nicht festlegen, welche Objekte nicht zu dem Begriff gehören.

BEISPIEL 1/30

Beispiele für Definitionen:

a) Ein ebenflächig begrenzter Körper, der
   - von zwei zueinander parallelen und kongruenten n-Ecksflächen und
   - von n Parallelogrammflächen begrenzt wird, heißt Prisma.

b) $\log_b a$ ist diejenige reelle Zahl c, für die $b^c = a$ gilt.
c) Eine rationale Zahl wird subtrahiert, indem man die zu ihr entgegengesetzte Zahl zum Minuenden addiert.

Durch **induktive (rekursive) Definitionen** werden Funktionen erklärt, indem man von Anfangselementen ausgeht und festlegt, wie die folgenden Elemente gebildet werden.

BEISPIEL 1/31

a) Die Funktion $f(n) = n!$ mit $n \in \mathbf{N}$ ist diejenige Funktion f, für die gilt
 (1) $f(0) = 1$ (Rekursionsanfang)
 (2) $f(k+1) = (k+1) f(k)$ für alle $k \in \mathbf{N}$ (Rekursionsschritt)
b) Die Funktion $f(n) = a^n$ mit $a \in \mathbf{R}$, $n \in \mathbf{N}$ ist diejenige Funktion f, für die gilt
 (1) $f(0) = a^0 = 1$
 (2) $f(k+1) = a^{k+1} = a \cdot a^k \quad k \in \mathbf{N}$.
c) Man vergleiche die Definition für den Begriff »Aussagenlogischer Ausdruck« (↗ 1.4.1.).

1.6.4. Zum Beweisen mathematischer Sätze (Erkenntnissicherung)

Die mit Hilfe von reduktiven Methoden aufgestellte Vermutung muß durch die Anwendung deduktiver Methoden gesichert werden. Das geschieht durch einen **theoretischen Beweis.**
(Bei »praktischen Beweisen« in den Natur- und Gesellschaftswissenschaften wird das Praxiskriterium direkt angewandt und im Beweis unmittelbar wirksam. Beim theoretischen Beweis wird das Praxiskriterium nur mittelbar wirksam. Es wird durch sekundäre Wahrheitskriterien vermittelt und findet seinen Niederschlag in logischen Gesetzen und Schlußregeln.)

Unter einem **Beweis einer Aussage** A versteht man eine endliche Folge von wahren Aussagen, die von wahren Aussagen ausgeht, mit Hilfe gültiger Schlußregeln und unter Nutzung von Definitionen gebildet wird und zur Aussage A führt.

Zum Nachweis der Wahrheit einer *Allaussage* ist ein vollständiger Beweis erforderlich, zum Nachweis der Falschheit einer Allaussage genügt es, ein Gegenbeispiel anzugeben.
Zum Nachweis der Wahrheit einer *Existenzaussage* genügt es, ein Element der Grundmenge anzugeben. Zum Nachweis der Falschheit einer Existenzaussage ist ein vollständiger Beweis erforderlich.

Beweisverfahren

- Direkter Beweis
- Indirekter Beweis

- Beweis durch vollständige Induktion (der seinem Wesen nach ein direkter Beweis ist)

Die zu beweisende Aussage sei in der Form einer Implikation (Wenn-so-Form) gegeben. Ist dies nicht der Fall (wenn sie z. B. in der kategorischen Form [Merkform] gegeben ist), dann sollte diese Aussage als Implikation formuliert werden.

1.6.4.1. Direkter Beweis

Es ist zweckmäßig, die Implikation unter Verwendung von Variablen zu formulieren, die Beweismittel (die zur Begründung der Beweisschritte erforderlichen Sätze und Definitionen) bereitzustellen und bei geometrischen Beweisen eine Beweisfigur anzufertigen, die jedoch keine Beweiskraft hat.
Die Prämisse (↗ 1.3.6.) der Implikation bildet die Voraussetzung, die Konklusion (↗ 1.3.6.) die Behauptung; man beachte, daß stets die gesamte Aussage (die Behauptung bei Gültigkeit der Voraussetzung) zu beweisen ist.

BEISPIEL 1/32

Beweis einer geometrischen Aussage
Durch Ausmessen entsprechender Winkel sei folgende **Vermutung** formuliert worden: »Im Rhombus stehen die Diagonalen senkrecht aufeinander« (kategorische Form). (↗ 10.1.11.6.(2))
Umformulierung ist eine Implikation: »**Wenn** ein Parallelogramm ein Rhombus ist, **so** stehen die Diagonalen senkrecht aufeinander«. **Symbolische Darstellung** unter Verwendung von Variablen: »Wenn im Parallelogramm $ABCD$ gilt $\overline{AB} \cong \overline{BC}$, so $AC \perp BD$«.

Beweisfigur (Bild 1/6)

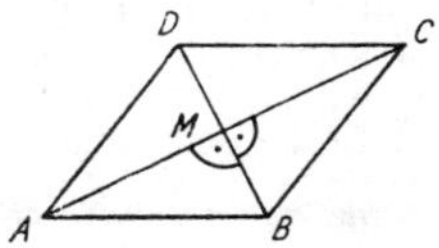

Bild 1/6

Bereitstellung der **Beweismittel:**

(1) Definition des Begriffs »Parallelogramm«: Jedes Viereck mit zwei Paaren paralleler Gegenseiten heißt Parallelogramm. (D 1)
(2) Definition des Begriffs »Rhombus«: Jedes Parallelogramm mit einem Paar gleich langer benachbarter Seiten heißt Rhombus. (D 2)
(3) Satz über die Diagonalen im Parallelogramm: In jedem Parallelogramm halbieren die Diagonalen einander. (S 1)
(4) Kongruenzsatz sss für Dreiecke: Zwei Dreiecke sind kongruent, wenn sie in den drei Seiten übereinstimmen. (S 2)
(5) Satz über die Summe zweier Nebenwinkel: Die Summe zweier Nebenwinkel beträgt 180°. (S 3)

Voraussetzung: Im Parallelogramm $ABCD$ gilt $\overline{AB} \cong \overline{BC}$
Behauptung: $AC \perp BD$

Beweis:
Der Schnittpunkt der Diagonalen AC und BD sei M.

Beweisschritte	Begründung
(1) $\overline{AB} \cong \overline{BC}$	Voraussetzung, D 2
$\overline{AM} \cong \overline{MC}$ $\overline{BM} \cong \overline{MD}$	} D 2, S 1
$\Delta\ ABM \cong \Delta\ BCM$	S 2
$\overline{\sphericalangle\ AMB} = \overline{\sphericalangle\ CMB}$	
(2) $\sphericalangle\ AMB$, $\sphericalangle\ CMB$ sind Nebenwinkel	
$\overline{\sphericalangle\ AMB} + \overline{\sphericalangle\ CMB} = 180°$	S 3
$\overline{\sphericalangle\ AMB} = \overline{\sphericalangle\ CMB}$	(1)
$\overline{\sphericalangle\ AMB} = \overline{\sphericalangle\ CMB} = 90°$	kongruente Nebenwinkel

$AC \perp BD$, w. z. b. w.

Damit ist die Vermutung bewiesen. Es gilt der Satz: »Im Rhombus stehen die Diagonalen senkrecht aufeinander.«

Beweis durch Fallunterscheidung (↗ 1.5.2.(2))

Kann ein Satz nicht für alle Individuen einer Grundmenge nach demselben Vorgehen bewiesen werden, dann muß die Grundmenge in Klassen zerlegt und für jede Klasse der Beweis geführt werden (vollständige Fallunterscheidung).

BEISPIEL 1/33

Um den Sinussatz der ebenen Trigonometrie (↗ 10.1.14.3.(1)) beweisen zu können, muß die Menge der ebenen Dreiecke in drei Klassen eingeteilt werden: die Menge der spitzwinkligen Dreiecke, die Menge der rechtwinkligen Dreiecke und die Menge der stumpfwinkligen Dreiecke. Dann ist der Beweis für jede Klasse getrennt zu führen.

Beweis einer Äquivalenzaussage

Ist ein Satz als Äquivalenzaussage $H_1 \Leftrightarrow H_2$ formuliert, dann sind zwei Beweise zu führen. Es sind die Implikationen $H_1 \Rightarrow H_2$ *und* $H_2 \Rightarrow H_1$ einzeln zu beweisen.

BEISPIEL 1/34

Der Beweis des Satzes »Ein konvexes Viereck ist ein Parallelogramm **genau dann, wenn** die Gegenseiten gleich lang sind« (↗ 10.1.11.5.) erfolgt durch Beweis der Implikation »Wenn Viereck $ABCD$ ein Parallelogramm ist, dann sind in diesem Viereck jeweils die Gegenseiten gleich lang« **und** durch Beweis der Implikation »Wenn in einem Viereck $ABCD$ jeweils die Gegenseiten gleich lang sind, dann ist es ein Parallelogramm«.

1.6.4.2. **Indirekter Beweis** (↗ 1.5.2.(3))

Der indirekte Beweis wird zur Erkenntnissicherung bei Existenz- und Eindeutigkeitsaussagen, beim Nachweis der Gültigkeit von Satzumkehrungen und negierten Aussagen angewendet.
Aus der implikativen Form der Aussage sind Voraussetzung und Behauptung zu entnehmen.
Bei der Durchführung des Beweises wird **angenommen**, daß die Behauptung nicht gilt (Negation der Behauptung). Ausgehend von wahren Aussagen schließt man unter Nutzung von gültigen Schlußregeln so lange, bis ein **Widerspruch** entweder zur Voraussetzung oder zur Annahme auftritt. Also muß die negierte Behauptung falsch sein, und es gilt die Behauptung.

BEISPIEL 1/35

Beweis des Satzes über die Irrationalität von lg 2 (↗ 3.4.6.(1))
Vermutung: Es gibt keine rationale Zahl a, für die $10^a = 2$ gilt.
Beweismittel: Satz: Jede natürliche Zahl läßt sich eindeutig in Primfaktoren zerlegen (S 1).
Beweis: (indirekt)
Angenommen, es gäbe eine rationale Zahl $a = \frac{p}{q}$ $(p, q \in \mathbf{Z},\ q > 0)$ mit $10^{\frac{p}{q}} = 2$. Dann erhielte man durch Potenzieren $10^p = 2^q$. Wegen $q > 0$ sei 2^q eine natürliche Zahl. Dann müsse auch 10^p eine natürliche Zahl sein.
Zerlegte man 10 in Primfaktoren, dann gelte $2^p \cdot 5^p = 2^q$.
Diese Zerlegung wäre nur für $p = q = 0$ eine wahre Aussage, weil jede natürliche Zahl eindeutig in Primfaktoren zerlegt werden kann (S 1).
Das ist ein **Widerspruch** zur Annahme $(q > 0)$. Also war die Annahme falsch, und es gilt der Satz: lg 2 ist eine irrationale Zahl, w. z. b. w.

1.6.4.3. **Beweis durch vollständige Induktion**

Das Verfahren des Beweises durch vollständige Induktion beruht auf dem Axiom V der PEANOschen Axiome (↗ 3.1.1.). Es sei n eine Variable für natürliche Zahlen und $H(n)$ eine Aussageform. Wenn gilt:

(1) $H(0)$ ist wahr und
(2) für jede natürliche Zahl n gilt, aus der Wahrheit von $H(n)$ folgt die Wahrheit von $H(n + 1)$,

so gilt $H(n)$ für alle natürlichen Zahlen n.
Dieser Rechtfertigungssatz gilt auch, wenn sich der Induktionsanfang (1) auf eine natürliche Zahl $n_1 > 0$ bezieht. Er gilt dann für alle natürlichen Zahlen $n \geqq n_1$.

Prinzip der vollständigen Induktion

Die Aussage »Für alle natürlichen Zahlen n gilt $H(n)$« ist wahr, wenn gilt:

(1) $H(n)$ ist wahr für $n = 0$ und

(2) Aus der Wahrheit von $H(n)$ für $n = k$ (mit $k \in \mathbf{N}$) folgt die Wahrheit für $n = k + 1$.

Demnach sind zwei Beweisschritte erforderlich:

(1) der **Induktionsanfang:** Es ist zu zeigen, daß $H(0)$ gilt.
(2) der **Induktionsschritt:** Es ist zu zeigen, daß aus der Wahrheit von $H(k)$ die Wahrheit von $H(k + 1)$ folgt.

$H(k)$ wird **Induktionsvoraussetzung,** $H(k + 1)$ **Induktionsbehauptung** genannt.

BEISPIEL 1/36

Für die Summe der ersten n ungeraden Zahlen, also

$$1 + 3 + 5 + \ldots + (2n - 1),$$

wird nach Untersuchung folgender Einzelfälle die Formel $s_n = n^2$ (mit $n > 0$) vermutet. Denn es gilt

$$\begin{array}{lll} \text{für } n = 1 & s_1 = 1 & = 1^2 \\ n = 2 & s_2 = 1 + 3 = 4 & = 2^2 \\ n = 3 & s_3 = 1 + 3 + 5 = 9 & = 3^2 \\ n = 4 & s_4 = 1 + 3 + 5 + 7 = 16 & = 4^2 \end{array}$$

Vermutung: Wenn die natürlichen Zahlen $1, 2, \ldots, n$ gegeben sind, so gilt für alle $n > 0$: $1 + 3 + \ldots + (2n - 1) = n^2$
Voraussetzung: $n \in \mathbf{N}^*$
Behauptung: Für alle $n > 0$ gilt: $1 + 3 + \ldots + (2n - 1) = n^2$
Beweis: durch vollständige Induktion

(1) **Induktionsanfang:** Es ist zu zeigen, daß die Behauptung für $n = 1$ wahr ist: Wenn $n = 1$, dann ist $s_1 = 1 = 1^2$, also Übereinstimmung mit der Behauptung.

(2) **Induktionsschritt:**

a) **Induktionsvoraussetzung:** Angenommen, die Behauptung sei für eine beliebige natürliche Zahl k wahr.
Es gelte $n = k$, dann sei $s_k = k^2$ wahr.

b) **Induktionsbehauptung:** Die Behauptung sei auch für den Nachfolger von k, nämlich $k + 1$, wahr.
Es gelte $n = k + 1$, dann lautet die Behauptung

$s_{k+1} = (k + 1)^2.$

c) **Beweis der Induktionsbehauptung:**

$$s_{k+1} = \underbrace{1 + 3 + \ldots + (2k - 1)}_{s_k} + (2k + 1)$$

Man beachte, daß das $(k + 1)$-te Glied $2k + 1$ ist.

$$s_{k+1} = s_k + (2k + 1)$$

Durch Einsetzen der Induktionsvoraussetzung erhält man

$$s_{k+1} = k^2 + 2k + 1 = (k + 1)^2, \text{ w. z. b. w.}$$

Damit ist die Induktionsbehauptung und auch die vermutete Formel für alle natürlichen Zahlen $n > 0$ bewiesen. Es gilt also: Die Summe der ersten n ungeraden Zahlen ist $s_n = n^2$.

1.6.5. Zum Modellbegriff in der Mathematik

Der Modellbegriff wird in der Mathematik in zweifacher Bedeutung verwendet:

1. In der mathematischen Logik, in der Algebra (in der theoretischen Mathematik) versteht man unter einem **Modell** eine konkrete Interpretation eines Axiomensystems, z. B. sind die Vektorräume der geordneten Zahlen-n-tupel, die Vektorräume der Ortsvektoren, die Vektorräume der Matrizen gleichen Typs Modelle der algebraischen Struktur »Vektorraum über dem Körper der reellen Zahlen«.
2. In der angewandten Mathematik wird der Modellbegriff im Sinne des Ergebnisses eines Abstraktionsprozesses verstanden. Bei den komplizierten Erscheinungen der objektiven Realität wird bei der Bildung eines Modells von vielen Nebensächlichkeiten abgesehen und nur diejenigen wesentlichen Seiten der Wirklichkeit, die unter einem spezifischen Aspekt von Bedeutung sind, berücksichtigt. Dadurch entsteht ein vereinfachtes und damit nützliches (praktikables) Abbild der Wirklichkeit, das **Modell** genannt wird.

Zu 2.

Werden zur Formulierung mathematische Ausdrucksmittel verwendet, erhöht sich seine Allgemeingültigkeit infolge der der Mathematik innewohnenden hohen Abstraktionsstufe. Wenn die einzelnen Teilprozesse quantifizierbar sind und der Sachverhalt mathematisch formulierbar ist, entsteht ein **mathematisches Modell**, das dann mit mathematischen Mitteln und Methoden bearbeitet werden kann.
Meist besteht ein mathematisches Modell aus einem System von Gleichungen bzw. Ungleichungen. Oft lassen sich mit dem gleichen Modell analoge Sachverhalte aus verschiedenen Wissenschaftszweigen charakterisieren.

Man unterscheidet

deterministische Modelle.
Die beeinflußbaren Größen sind konstant und haben bekannte Zahlenwerte,
z. B. Matrizenmodelle
- zur Berechnung von Gleichstromnetzen,
- für innerbetriebliche Verflechtungen

stochastische Modelle.
Wenigstens eine beeinflußbare Größe ist eine zufällige Größe.
Der Einzelfall ist nicht zu erfassen, aber für die Gesamtheit liegt eine bestimmte Gesetzmäßigkeit vor,
z. B. Weg eines Teilchens in der BROWNschen Molekularbewegung – BOYLE-MARIOTTEsches Gesetz;
Werfen eines Spielwürfels – Wahrscheinlichkeit

2. Aus der Mengenlehre

2.1. Mengenbildung

Die Mengenlehre wurde von dem deutschen Mathematiker GEORG CANTOR (1845 bis 1918) begründet. Von ihm stammt die folgende Erklärung:

> Unter einer **Menge** versteht man jede Zusammenfassung von bestimmten wohlunterschiedenen Objekten unserer Anschauung oder unseres Denkens zu einem Ganzen.

Die »wohlunterschiedenen Objekte« werden **Elemente** der Menge genannt.
Diese Erklärung kann zu logischen Widersprüchen führen. Die Mengenlehre wird deshalb axiomatisch (↗ 1.6.2.) aufgebaut, wobei der Begriff »Menge« als Grundbegriff dient, der nicht auf andere Begriffe zurückgeführt wird.
Mengen werden mit großen lateinischen Buchstaben, z. B. A, M, X, ihre Elemente mit kleinen lateinischen Buchstaben, z. B. a, m, x, bezeichnet. Sie werden auch durch Indizes unterschieden. Gehört z. B. das Element m_1 der Menge M an, so schreibt man $m_1 \in M$ (gelesen: m_1 ist Element der Menge M). Gehört das Element m_4 der Menge M nicht an, so schreibt man $m_4 \notin M$.
Mengen werden angegeben, indem

- alle zur Menge gehörenden Elemente **aus einem vorgegebenen Grundbereich** in geschweiften Klammern einzeln angegeben werden, z. B. $M = \{m_1, m_2, m_3\}$, oder
- die durch die Aussageform $H(x)$ erfaßten mengenbildenden Eigenschaften in geschweiften Klammern angegeben werden, die es ermöglichen, **aus dem Grundbereich** die Elemente x auszuwählen, für die die Aussageform $H(x)$ eine wahre Aussage wird, z. B. $M = \{x: x \in G \wedge H(x)\}$ (gelesen: Die Menge M enthält alle Elemente x, für die gilt: x ist Element des Grundbereichs G, und x in die Aussageform $H(x)$ eingesetzt, ergibt eine wahre Aussage.)

BEISPIEL 2/1

Die Menge P_1 der Primzahlen, die kleiner als 10 sind, wird angegeben durch $P_1 = \{2; 3; 5; 7\}$ oder durch $P_1 = \{x: x \in P \wedge x < 10\}$, wobei P die Menge der Primzahlen bezeichne.

Zur Bildung von Mengen muß entschieden werden können, ob ein Objekt des Grundbereichs als Element zur Menge gehört oder ob es nicht dazu gehört.

Es gilt das **Mengenbildungsaxiom für Mengen 1. Stufe:**

> Es gibt eine Menge M, die genau diejenigen Elemente x enthält, die die Aussageform $H(x)$ erfüllen.

In analoger Weise können Mengen 2. Stufe, **Mengensysteme** genannt, durch Zusammenfassung von Mengen 1. Stufe gebildet werden, z. B. ist $M^{(2)} = \{M_1, M_2, \dots, M_n\}$ eine Menge 2. Stufe.
Durch Zusammenfassen von Mengensystemen entstehen Mengen 3. Stufe, **Mengenfamilien** genannt.
In diesem Stufenaufbau der Mengenlehre können die Elemente als Mengen nullter Stufe aufgefaßt werden.
Allgemein gilt:

> Es gibt eine Menge $M^{(n)}$ mit der Eigenschaft »Für jedes $M^{(n-1)}$ gilt $M^{(n-1)} \in M^{(n)}$ genau dann, wenn $H(M^{(n-1)})$ mit $n = 1, 2, \dots$ wahr ist«.

Es gibt genau eine Menge, die kein Element der Grundmenge enthält. Sie heißt **leere Menge** und wird mit $\emptyset$ bezeichnet. Für die leere Menge gilt: Für jedes x gilt: $x \in \emptyset$ genau dann, wenn $x \neq x$.
Wenn alle Elemente der Grundmenge die Aussageform $H(x)$ erfüllen, wird die Menge $\{x: x \in G \wedge H(x)\}$ **Allmenge** genannt; sie wird mit A bezeichnet. Für die Allmenge gilt dann:
Für jedes x gilt: $x \in A$ genau dann, wenn $x = x$.

Nach der Anzahl der Elemente, die in einer Menge vorhanden sind, heißen
Mengen, die genau ein Element enthalten, Einermengen,
Mengen, die genau zwei Elemente enthalten, Zweiermengen usw.

BEISPIEL 2/2

a) Die Menge M_1 der geraden Primzahlen ist eine Einermenge; sie enthält nur das Element 2.
   Grundmenge: P (Menge der Primzahlen)
   Angabe der Menge durch $M_1 = \{2\}$ oder $M_1 = \{x: x \in P \wedge 2 \mid x\}$.
b) Die Lösungsmenge der quadratischen Gleichung $x^2 + 2x - 3 = 0$ ist eine Zweiermenge; sie enthält die Elemente 1 und -3.
   Grundmenge: $\mathbf{R}$ (Menge der reellen Zahlen)
   Angabe der Menge durch $M_1 = \{1; -3\}$ oder
   $M_2 = \{x: x \in \mathbf{R} \wedge x^2 + 2x - 3 = 0\}$

Eine Menge, die aus endlich vielen Elementen besteht, heißt **endliche Menge.** Eine Menge, die aus unendlich vielen Mengen besteht, heißt **unendliche Menge** (Präzisierung ↗ 2.8.).
Die Menge der natürlichen Zahlen z. B. ist eine unendliche Menge.
Mengen können veranschaulicht werden durch

1. VENN-Diagramme (durch geschlossene Kurven begrenzte Punktmengen der Ebene)
2. diskrete Punktmengen auf einem Zahlenstrahl oder einer Zahlengeraden (endliche Zahlenmengen)
3. Intervalle auf einer Zahlengeraden (unendliche Zahlenmengen).

BEISPIEL 2/3

a) Grundmenge: Menge P der Primzahlen.
Die Menge $P_1 = \{x: x \in P \wedge x < 10\}$ enthält die Elemente 2, 3, 5, 7 (vgl. Beispiel 2/1). Veranschaulichung in einem VENN-Diagramm (Bild 2/1) und durch eine diskrete Punktmenge auf einem Zahlenstrahl (Bild 2/2).

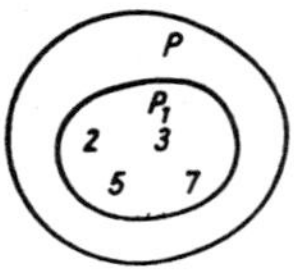

Bild 2/1

Bild 2/2

b) Grundmenge: Menge **R** der reellen Zahlen.
Dann enthält die Menge $M_1 = \{x: x \in \mathbf{R} \wedge -1 \leqq x < 4\}$ unendlich viele reelle Zahlen im Intervall $-1 \leqq x < 4$. Das Element -1 gehört zum Intervall (das Intervall ist linksseitig abgeschlossen), das Element 4 gehört nicht zum Intervall (das Intervall ist rechtsseitig offen).
Veranschaulichung in Bild 2/3

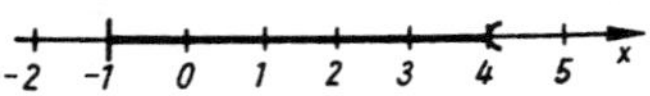

Bild 2/3

2.2. Beziehungen zwischen Mengen

2.2.1. Gleichheit von Mengen

Jede Menge soll durch die in ihr enthaltenen Elemente bestimmt sein, d. h. nur durch ihren Umfang, unabhängig davon, durch welche Eigenschaft der Elemente sie gebildet wurde. Es gilt das **Extensionalitätsprinzip:**

Zwei Mengen M_1, M_2 sind **gleich** genau dann, wenn sie dieselben Elemente enthalten, d. h.,

$M_1 = M_2$ genau dann, wenn für alle x gilt: $x \in M_1 \Leftrightarrow x \in M_2$.

Der Begriff »Gleichheit« wird also im Sinne von »Umfangsgleichheit« (Extension (lat.) Umfang) gebraucht.
Die Gleichheit von Mengen ist eine Äquivalenzrelation (↗ 2.5.3.). Man unterscheidet zwischen der Gleichheit von Mengen und der Gleichmächtigkeit von Mengen (↗ 2.8.).

BEISPIEL 2/4

Die im Beispiel 2/2b) genannten Mengen $M_2 = \{x: x \in \mathbf{R} \wedge x^2 + 2x - 3 = 0\}$ und $M_1 = \{1; -3\}$ sind gleich, und es gilt $M_1 = M_2$.

2.2.2. Inklusion von Mengen

Es seien M, M_1 beliebige Mengen über einem Grundbereich. Dann heißt die Menge M_1 eine **Teilmenge** der Menge M, wenn für alle x gilt: Wenn $x \in M_1$, so $x \in M$; in Zeichen $M_1 \subseteqq M$.

(Gelesen »M_1 ist Teilmenge von M« oder »M_1 ist enthalten in M«) M_1 ist dann Untermenge von M bzw. M ist Obermenge von M_1.
Veranschaulichung in Bild 2/4

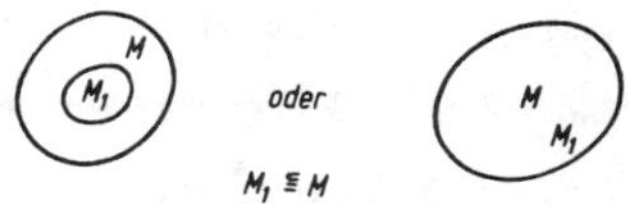

Bild 2/4

Es seien M_1, M beliebige Mengen, die durch die Aussageformen $H_1(x)$ bzw. $H(x)$ gebildet werden. Dann gilt $M_1 \subseteq M$ genau dann, wenn für alle x gilt: $H_1(x) \Rightarrow H(x)$ ist wahr.

Es seien M_1, M beliebige Mengen über einem Grundbereich. M_1 heißt **echte Teilmenge** von M genau dann, wenn für alle x gilt: Wenn $x \in M_1$, so $x \in M$, und es mindestens ein y gibt, so daß $y \in M$ und $y \notin M_1$; in Zeichen: $M_1 \subset M$.

M_1 ist *echte Untermenge* von M, M *echte Obermenge* von M_1. Veranschaulichung in Bild 2/5
Die leere Menge ist Teilmenge jeder Menge M. Es gilt: $\emptyset \subseteq M$.

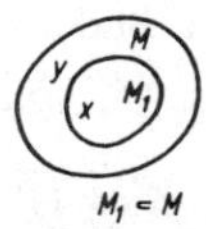

Bild 2/5

BEISPIEL 2/5

Es seien **N** die Menge der natürlichen Zahlen, **Z** die Menge der ganzen Zahlen, **Q** die Menge der rationalen Zahlen, **R** die Menge der reellen Zahlen, **C** die Menge der komplexen Zahlen, dann gilt folgende Teilmengenbeziehung:

$$\mathbf{N} \subset \mathbf{Z} \subset \mathbf{Q} \subset \mathbf{R} \subset \mathbf{C}.$$

Veranschaulichung in Bild 2/6

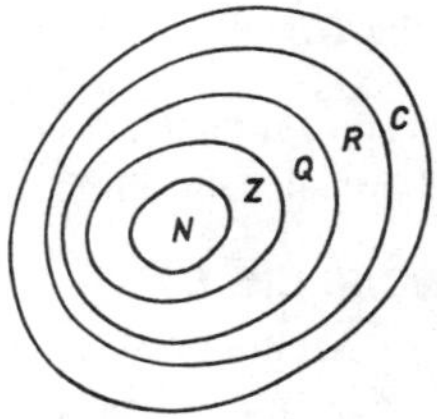

Bild 2/6

2.2.3. Potenzmengen

Wenn M eine beliebige Menge ist, dann heißt die Menge aller Teilmengen von M die **Potenzmenge** von M; in Zeichen: $P(M)$.

Die Potenzmenge ist eine Menge 2. Stufe.
Ist n die Mächtigkeit (↗ 2.8.) einer endlichen Menge M, so hat die Potenzmenge von M die Mächtigkeit 2^n.

BEISPIEL 2/6

Gegeben sei die Menge $M = \{1, 2, 3\}$. Dann hat die Potenzmenge $P(M) = \{\emptyset, \{1\}, \{2\}, \{3\}, \{1; 2\}, \{1; 3\}, \{2; 3\}, \{1; 2; 3\}\}$ genau 2^3 Elemente, also 8 Elemente.

2.3. Operationen mit Mengen

2.3.1. Komplementärmenge

Das Bilden der Komplementärmenge ist eine einstellige Mengenoperation. Sie ordnet jeder Teilmenge einer beliebigen Menge M eindeutig wieder eine Teilmenge von M zu.

> Wenn M eine beliebige Menge über der Grundmenge G ist, dann heißt diejenige Menge, die genau die Elemente von G enthält, die nicht zu M gehören, die **Komplementärmenge** von M bezüglich G und wird mit $\overline{M}$ bezeichnet (gelesen: Komplement von M).

Für $\overline{M}$ gilt: $\overline{M} = \{x\colon\ x \in G \wedge x \notin M\}$.
Veranschaulichung verschiedener Möglichkeiten in VENN-Diagrammen in Bild 2/7

Wenn $M = G$, so $\overline{M} = \emptyset$. | Wenn $M = \emptyset$, so $\overline{M} = G$.

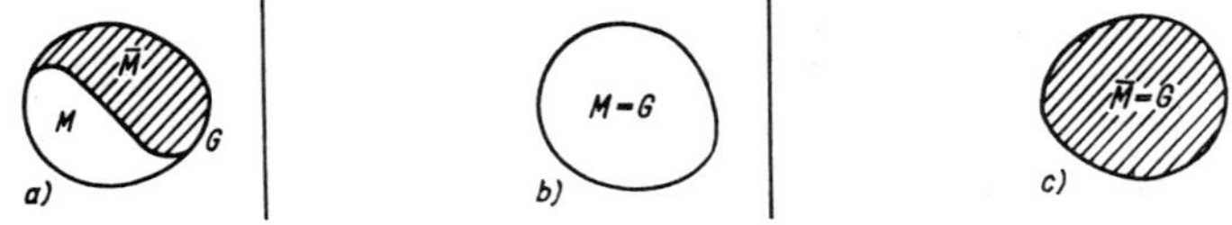

Bild 2/7

Wenn durch $H(x)$ eine Menge über der Grundmenge G erzeugt wird, dann entsteht durch $\neg H(x)$ über G die Komplementärmenge $\overline{M}$.

BEISPIEL 2/7

a) G sei die Bezeichnung für die Menge aller Dreiecke; M sei die Bezeichnung für die Menge aller gleichseitigen Dreiecke. Dann wird durch $\overline{M}$ die Menge aller ungleichseitigen Dreiecke bezeichnet.
b) G sei die Bezeichnung für die Menge aller natürlicher Zahlen (N); die Menge M sei gegeben durch $M = \{x\colon\ x \in \mathrm{N} \wedge x \geqq 0\}$. Dann ist die Komplementärmenge $\overline{M} = \emptyset$.

2.3.2. Durchschnitt von Mengen

Das Bilden des Durchschnitts zweier Mengen ist eine zweistellige Mengenoperation:

> **Zwei gegebenen Mengen M_1, M_2 wird eine Menge zugeordnet, die genau diejenigen Elemente enthält, die in M_1 und in M_2 (sowohl in M_1 als auch in M_2) enthalten sind. Diese Menge heißt der Durchschnitt** der Mengen M_1 und M_2 über dem Grundbereich G und wird mit $M_1 \cap M_2$ bezeichnet (gelesen: M_1 geschnitten mit M_2).

$$M_1 \cap M_2 = \{x\colon\ x \in G \wedge x \in M_1 \wedge x \in M_2\}.$$

Veranschaulichung in Bild 2/8

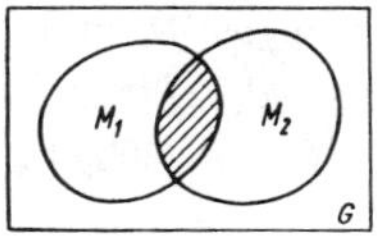

Bild 2/8

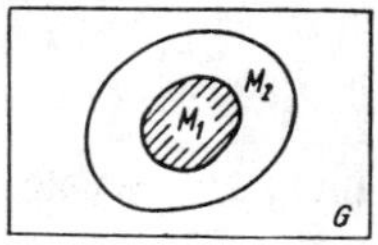

Bild 2/9

Wenn die Mengen M_1, M_2 durch die Aussageformen $H_1(x)$ bzw. $H_2(x)$ erzeugt wurden, dann gilt für den Durchschnitt der Mengen M_1, M_2:

$$M_1 \cap M_2 = \{x\colon\ x \in G \wedge H_1(x) \wedge H_2(x)\}.$$

Sonderfälle

1. Wenn M_1 Teilmenge von M_2 ist, so ist der Durchschnitt $M_1 \cap M_2$ gleich M_1.
   Wenn $M_1 \subseteqq M_2$, so ist $M_1 \cap M_2 = M_1$.
   Veranschaulichung in Bild 2/9
2. Wenn die Mengen M_1, M_2 kein Element gemeinsam haben, ist der Durchschnitt die leere Menge. $M_1 \cap M_2 = \emptyset$. Solche Mengen heißen *disjunkt* (oder elementefremd).
   Veranschaulichung in Bild 2/10

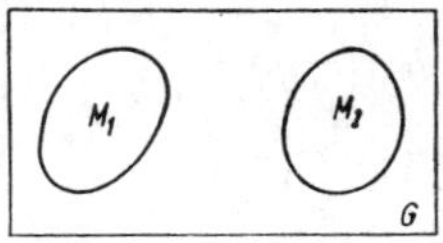

Bild 2/10

Die Bildung des Durchschnitts von Mengen kann auf mehr als zwei Mengen erweitert werden:

$$M_1 \cap M_2 \cap \ldots \cap M_n$$
$$= (\ldots((M_1 \cap M_2) \cap M_3) \cap \ldots \cap M_{n-1}) \cap M_n = \bigcap_{i=1}^{n} M_i$$

BEISPIEL 2/8

Wenn $M_1 = \{2, 3, 5, 7, \ldots\}$ (die Menge aller Primzahlen) und $M_2 = \{0, 3, 6, 9, \ldots\}$ (die Menge aller durch 3 teilbaren natürlichen Zahlen) gegeben sind, so ist der Durchschnitt $M_1 \cap M_2 = \{3\}$.

2.3.3. Vereinigung von Mengen

Das Bilden der Vereinigung zweier Mengen ist eine zweistellige Mengenoperation.

Zwei gegebenen Mengen M_1, M_2 wird eine Menge zugeordnet, die genau diejenigen Elemente enthält, die in M_1 oder in M_2 (d. h. wenigstens in einer der beiden Mengen) enthalten sind. Diese Menge heißt die **Vereinigung** der Mengen M_1, M_2 über dem Grundbereich G und wird mit $M_1 \cup M_2$ bezeichnet (gelesen: M_1 vereinigt mit M_2).

$$M_1 \cup M_2 = \{x\colon\ x \in G \wedge x \in M_1 \vee x \in M_2\}.$$

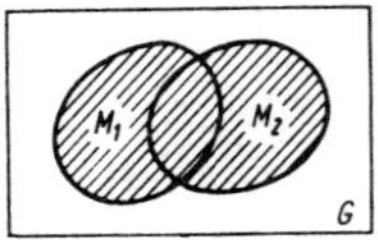

Bild 2/11

Veranschaulichung in Bild 2/11
Wenn M_1, M_2 die durch die Aussageformen $H_1(x)$ bzw. $H_2(x)$ erzeugten Mengen sind, dann gilt für die Vereinigung der Mengen M_1, M_2:

$$M_1 \cup M_2 = \{x\colon x \in G \wedge H_1(x) \vee H_2(x)\}.$$

Sonderfälle

1. M_2 ist Teilmenge von M_1:
   Wenn $M_2 \subseteqq M_1$ ist, so gilt $M_1 \cup M_2 = M_1$.
   Veranschaulichung in Bild 2/12
2. Im Falle disjunkter Mengen gehört jedes Element der einzelnen Mengen zur Vereinigungsmenge $M_1 \cup M_2$.
   Veranschaulichung in Bild 2/13

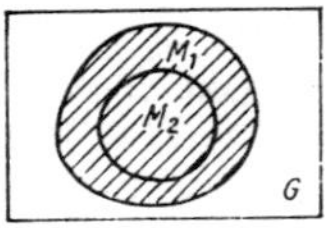

Bild 2/12

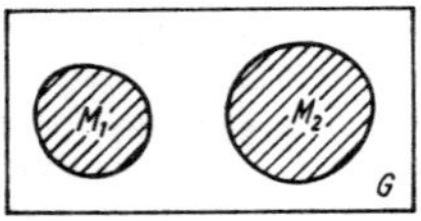

Bild 2/13

Die Bildung der Vereinigung von Mengen kann auf mehr als zwei Mengen erweitert werden:

$$M_1 \cup M_2 \cup \ldots \cup M_n$$
$$= (\ldots((M_1 \cup M_2) \cup M_3) \cup \ldots \cup M_{n-1}) \cup M_n = \bigcup_{i=1}^{n} M_i$$

BEISPIEL 2/9

a) Wenn $M_1 = \{2, 3, 5, 7\}$ und $M_2 = \{5, 7, 11, 13\}$ gegeben sind, so ist die Vereinigung $M_1 \cup M_2 = \{2, 3, 5, 7, 11, 13\}$.
   Veranschaulichung in Bild 2/14
b) Wenn $M_1 = \{x\colon x \in \mathbf{N} \wedge x \leqq 7\}$ und $M_2 = \{x\colon x \in \mathbf{N} \wedge 1 < x < 6\}$ gegeben sind, so ist die Vereinigung $M_1 \cup M_2 = M_1$.
   Veranschaulichung in Bild 2/15

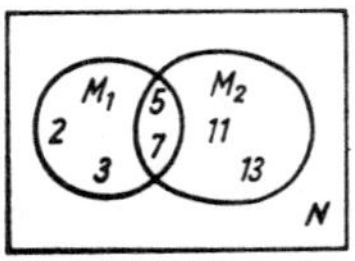

Bild 2/14

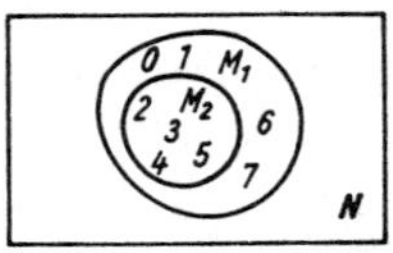

Bild 2/15

Wird eine beliebige Menge M mit der leeren Menge $\emptyset$ vereinigt, so ist die Vereinigung $M \cup \emptyset$ gleich der Menge M:

$$M \cup \emptyset = M.$$

Wird eine beliebige Menge M mit der Allmenge A vereinigt, so ist die Vereinigung $M \cup A$ gleich der Allmenge A:

$$M \cup A = A.$$

2.3.4. Differenz von Mengen

Das Bilden der Differenz zweier Mengen ist eine zweistellige Mengenoperation.

Zwei gegebenen Mengen M_1, M_2 wird eine Menge zugeordnet, die genau diejenigen Elemente enthält, die in M_1 und nicht in M_2 enthalten sind. Diese Menge heißt die **Differenz** der Mengen M_1, M_2 über dem Grundbereich G und wird mit $M_1 \setminus M_2$ bezeichnet (gelesen: M_1 minus M_2).

$$M_1 \setminus M_2 = \{x\colon\ x \in G \wedge x \in M_1 \wedge x \notin M_2\}$$

Veranschaulichung in Bild 2/16

Bild 2/16

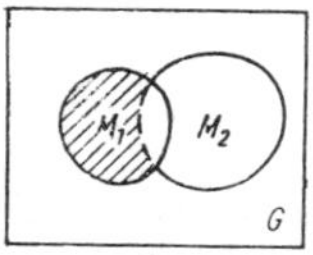

Bild 2/17

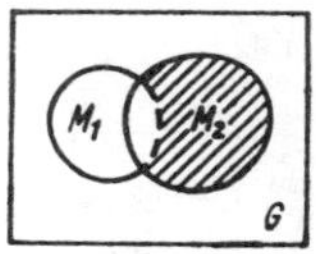

Für die Differenzmenge $M_2 \setminus M_1$ gilt:

$$M_2 \setminus M_1 = \{x\colon\ x \in G \wedge x \notin M_1 \wedge x \in M_2\}$$

Veranschaulichung in Bild 2/17
Wenn M_1, M_2 die durch die Aussageformen $H_1(x)$ bzw. $H_2(x)$ erzeugten Mengen sind, dann gilt für die Differenz der Mengen M_1, M_2:

$$M_1 \setminus M_2 = \{x\colon\ x \in G \wedge H_1(x) \wedge \neg H_2(x)\}.$$

Sonderfälle

1. Wenn M_2 Teilmenge von M_1 ist, dann ist die Differenzmenge $M_1 \setminus M_2$ gleich der Menge M_1 ohne die Teilmenge M_2.
   Veranschaulichung in Bild 2/18a
   Die Differenzmenge $M_2 \setminus M_1$ ist dann gleich der leeren Menge.
   Veranschaulichung in Bild 2/18b

$M_2 \setminus M_1 = \emptyset$

Bild 2/18

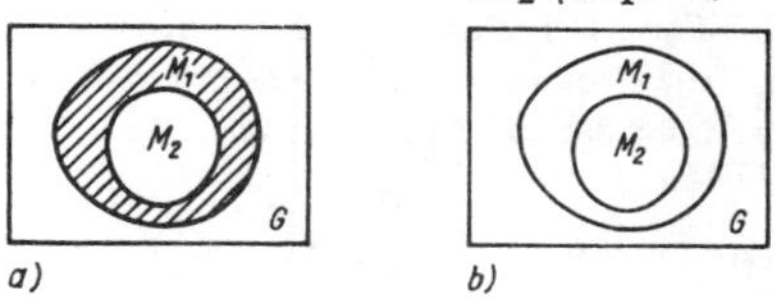

2. Im Falle disjunkter Mengen gilt:
$M_1 \setminus M_2 = M_1$ Veranschaulichung in Bild 2/19a
$M_2 \setminus M_1 = M_2$ Veranschaulichung in Bild 2/19b

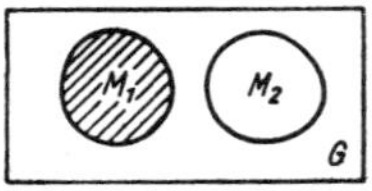

a)

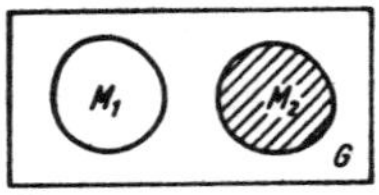

b)

Bild 2/19

BEISPIEL 2/10

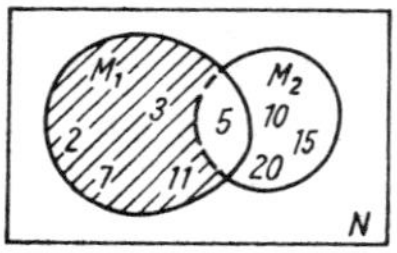

Bild 2/20

Gegeben seien die Mengen $M_1 = \{2, 3, 5, 7, 11\}$ und $M_2 = \{5, 10, 15, 20\}$. Die Differenzmenge $M_1 \setminus M_2$ ist dann $M_1 \setminus M_2 = \{2, 3, 7, 11\}$.
Veranschaulichung in Bild 2/20
Es gilt stets: $M \setminus M = \emptyset$ und $M \setminus \emptyset = M$ für alle Mengen M.

2.4. Abbildungen von Mengen

2.4.1. Produktmenge

Gegeben seien zwei Mengen A, B über möglicherweise unterschiedlichen Grundbereichen. Man wählt aus der Menge A das Element a, aus der Menge B das Element b aus und bildet nach der Festlegung, daß das Element a an erster, das Element b an zweiter Stelle steht, das **geordnete Paar**, das mit $(a;\ b)$ bezeichnet wird. a heißt die erste Komponente, b die zweite Komponente des geordneten Paares $(a; b)$.

Hinweis: Man unterscheide zwischen dem geordneten Paar $(a; b)$ und der Zweiermenge $\{a; b\}$, in der die Reihenfolge der Elemente ohne Bedeutung ist.

Das geordnete Paar ist eine Menge 2. Stufe, wenn a, b Elemente von Mengen 1. Stufe sind.
Wenn $a \neq b$ ist, so besteht zwischen $(a; b)$ und $(b; a)$ keine Übereinstimmung.

Zwei geordnete Paare $(a_1;\ b_1)$ und $(a_2;\ b_2)$ sind genau dann **gleich**, wenn $a_1 = a_2$ und $b_1 = b_2$ ist.

Alle geordneten Paare, deren erste Komponente aus der Menge A und deren zweite Komponente aus der Menge B stammt, können wieder zu einer Menge zusammengefaßt werden.

Die Menge aller geordneten Paare $(a;\ b)$ mit $a \in A$ und $b \in B$ heißt die **Produktmenge** der Mengen A, B und wird mit $A \times B$ bezeichnet. (gelesen: A Kreuz B).

$$A \times B = \{(a;\ b) \wedge a \in A \wedge b \in B\}.$$

Die Produktmenge ist eine Menge 3. Stufe.

BEISPIEL 2/11

Gegeben seien die Mengen $M_1 = \{a, b, c\}$ und $M_2 = \{1, 2\}$. Dann können folgende geordnete Paare gebildet werden:

$$(a; 1), (a; 2), (b; 1), (b; 2), (c; 1), (c; 2).$$

Die Produktmenge ist dann die Menge der geordneten Paare:

$$M_1 \times M_2 = \{(a; 1), (a; 2), (b; 1), (b; 2), (c; 1), (c; 2)\}.$$

Speziell gilt $A \times \emptyset = \emptyset$ und $\emptyset \times A = \emptyset$.
Für die Produktmenge zweier Mengen gilt im allgemeinen das Kommutativgesetz nicht: $A \times B \neq B \times A$.
Für $A \times A$ wird A^2 geschrieben.
Werden die Komponenten eines geordneten Paares als **Koordinaten eines Punktes** in einem kartesischen Koordinatensystem der Ebene aufgefaßt, dann kann die Produktmenge $A \times B$ veranschaulicht werden.

BEISPIEL 2/12

Gegeben seien die Mengen $M_1 = \{1, 3, 5\}$ und $M_2 = \{2, 4\}$. Dann ist die Produktmenge

$$M_1 \times M_2 = \{(1; 2), (1; 4), (3; 2), (3; 4), (5; 2), (5; 4)\}.$$

Veranschaulichung der Produktmenge $M_1 \times M_2$ in einem kartesischen Koordinatensystem der Ebene in Bild 2/21.

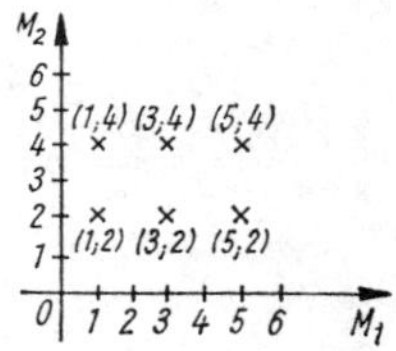

Bild 2/21

Wenn a ein Element der Menge A, b ein Element der Menge B, c ein Element der Menge C ist, dann wird mit Hilfe des geordneten Paares das **geordnete Tripel** (oder 3-Tupel) festgelegt: $((a; b); c) = (a; b; c)$. c heißt dann die dritte Komponente. Die Menge $(A \times B) \times C$ wird Menge aller geordneten Tripel $(a; b; c)$ genannt und mit $A \times B \times C$ bezeichnet.
Für die Operation »Produktmengenbildung« gilt das Assoziativgesetz nicht.
Für $A \times A \times A$ wird A^3 geschrieben.

BEISPIEL 2/13

Gegeben seien die Mengen $M_1 = \{1; 4\}$, $M_2 = \{2; 6\}$, $M_3 = \{3; 5\}$. Dann ist die Menge der geordneten Tripel die Produktmenge

$$M_1 \times M_2 \times M_3 = \{(1; 2; 3), (1; 2; 5), (1; 6; 3), (1; 6; 5), (4; 2; 3), (4; 2; 5), (4; 6; 3), (4; 6; 5)\}.$$

Eine Veranschaulichung der Menge der geordneten Tripel kann in einem räumlichen kartesischen Koordinatensystem erfolgen.

Ist $\mathbf{R}$ die Menge der reellen Zahlen, so kann die Menge $\mathbf{R} \times \mathbf{R} = \mathbf{R}^2$ eineindeutig auf die Menge der Punkte der Ebene, die Menge $\mathbf{R} \times \mathbf{R} \times \mathbf{R} = \mathbf{R}^3$ eineindeutig auf die Menge der Punkte des (Anschauungs-) Raums abgebildet werden.

Sind n Mengen $M_1, M_2, \ldots, M_n$ ($n \in \mathbf{N}$) gegeben und sind $m_1 \in M_1$, $m_2 \in M_2, \ldots, m_n \in M_n$, dann ist durch $(m_1; m_2; \ldots; m_n)$ ein **geordnetes n-Tupel** festgelegt. m_i ($i \in \mathbf{N}^*$) heißt die i-te Komponente des n-Tupels.

Zwei n-Tupel $(a_1; \ldots; a_n)$ und $(b_1; \ldots; b_n)$ sind genau dann gleich, wenn sie komponentenweise übereinstimmen.
Die Menge aller n-Tupel $(m_1; \ldots; m_n)$ ($n \in \mathbf{N}$, $n \geqq 2$) mit $m_1 \in M_1, \ldots, m_n \in M_n$ wird mit $M_1 \times M_2 \times \ldots \times M_n$ bezeichnet.

2.4.2. Zum Abbildungsbegriff

(1) Sind zwei Mengen A, B gegeben und gibt eine Vorschrift an, in welcher Weise aus Elementen $a \in A$ und $b \in B$ geordnete Paare $(a; b)$ gebildet werden, dann werden den Elementen $a \in A$ bestimmte Elemente $b \in B$ **zugeordnet.**

BEISPIEL 2/14

Gegeben seien die Mengen $M_1 = \{1; 2; 3; 4\}$ und $M_2 = \{a; b; c\}$. Durch eine Wortvorschrift werden Elementen der Menge M_1 bestimmte Elemente der Menge M_2 zugeordnet: Dem Element 1 werden die Elemente a und b, dem Element 3 das Element a, dem Element 4 das Element c zugeordnet. Dem Element 2 wird kein Element zugeordnet. Eine solche Vorschrift kann durch Pfeile veranschaulicht werden (Bild 2/22).

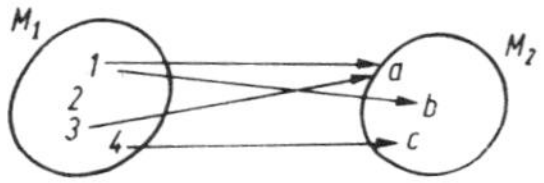

Bild 2/22

Die geordneten Paare können zu einer Menge F zusammengefaßt werden, die eine Teilmenge der Produktmenge $M_1 \times M_2$ ist:

$$F = \{(1; a), (1; b), (3; a), (4; c)\}$$

$$F \subseteqq M_1 \times M_2$$

Jede nichtleere Teilmenge F der Produktmenge $A \times B$ heißt **Abbildung** aus einer Menge A in eine Menge B.

Hinweis: Der Begriff »Abbildung« wird in der Mathematik nicht einheitlich gebraucht. Hier wird eine nicht notwendig eindeutige Zuordnung »Abbildung« genannt, die in anderen Darstellungen »Korrespondenz« heißt.

Ist $(a; b) \in F$, so heißt die erste Komponente a ein *Urbild* (auch *Original*) von b und die zweite Komponente b ein *Bild* von a bei der Abbildung F.
Die Menge aller Elemente aus A, denen bei der Abbildung F mindestens ein Element von B zugeordnet ist, heißt **Definitionsbereich** der Abbildung F und wird mit $D(F)$ bezeichnet. Er ist eine Teilmenge von A und enthält alle vorkommenden Urbilder.
Die Menge aller Elemente von B, die bei der Abbildung F mindestens einem Element von A zugeordnet sind, heißt **Wertebereich** der Abbil-

dung F und wird mit $W(F)$ bezeichnet. Er ist eine Teilmenge von B und enthält alle Elemente von B, die ein Urbild haben.
Je nachdem, ob der Definitionsbereich mit der Menge A und der Wertebereich mit der Menge B übereinstimmen oder nicht, unterscheidet man folgende Abbildungen:

F sei eine Abbildung aus A in B.
Ist der Definitionsbereich von F gleich A, so heißt F eine Abbildung **von** A in B.
Ist der Wertebereich von F gleich B, so heißt F eine Abbildung aus A **auf** B.
Ist der Definitionsbereich von F gleich A und ist der Wertebereich von F gleich B, so heißt F eine Abbildung **von** A **auf** B.
Veranschaulichung von Abbildungen durch *Pfeildiagramme* in

BEISPIEL 2/15

Gegeben seien die Mengen $A = \{1; 2; 3; 4\}$ und $B = \{a; b; c; d\}$.

Abbildung aus A in B	Abbildung von A in B	Abbildung aus A auf B	Abbildung von A auf B

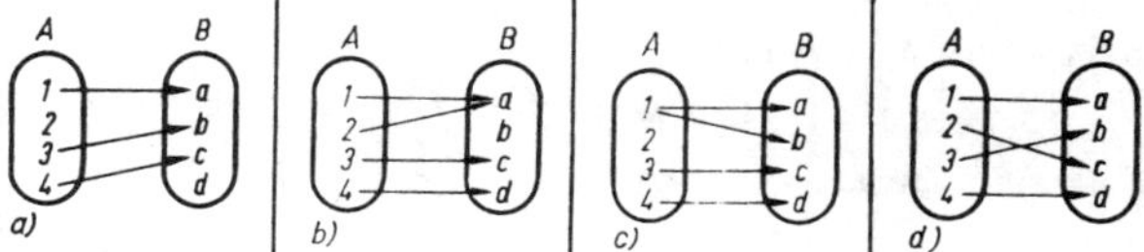

Bild 2/23

volle Ausschöpfung des

Definitionsbereichs	Wertebereichs	Definitions- und Wertebereichs

(2) Für Abbildungen aus A in B gilt: Eine Abbildung heißt

nicht eindeutig, wenn wenigstens einem Element des Definitionsbereichs zwei oder mehr als zwei verschiedene Elemente des Wertebereichs zugeordnet werden.

eindeutig, wenn jedem Element des Definitionsbereichs genau ein Element des Wertebereichs als Bild zugeordnet wird, das mit $F(x)$ bezeichnet wird.

eineindeutig (eindeutig umkehrbar), wenn jedem Element des Definitionsbereichs genau ein Element des Wertebereichs **und** jedem Element des Wertebereichs genau ein Element des Definitionsbereichs zugeordnet wird.

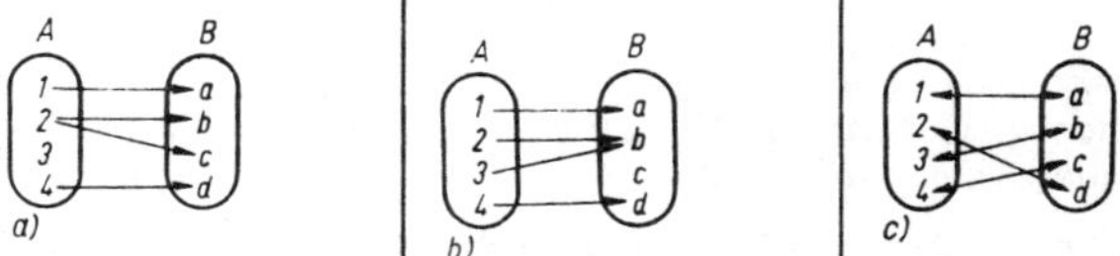

Bild 2/24

(3) Eine Abbildung, bei der alle Elemente des Originals auf sich selbst abgebildet werden, heißt **identische Abbildung.**
(4) Die zu einer Abbildung F **inverse Abbildung** (Umkehrabbildung) F^{-1} (gelesen: F hoch minus eins) ist die Menge aller geordneten Paare $(b; a)$, für die $(a; b) \in F$ gilt.

BEISPIEL 2/16

Die inverse Abbildung zu der in Beispiel 2/14 gebildeten Abbildung

$$F = \{(1; a), (1; b), (3; a), (4; c)\}$$

ist

$$F^{-1} = \{(a; 1), (b; 1), (a; 3), (c; 4)\}.$$

(5) Wenn F eine Abbildung aus A in B und G eine Abbildung aus B in C ist, so versteht man unter der **Verkettung** (oder Nacheinanderausführung) $G \circ F$ (gelesen: G nach F oder G verkettet mit F) die Abbildung aus A in C, bei der das Bild eines Elements a bei der Abbildung F das Original b bei der Abbildung G ist.

BEISPIEL 2/17

Gegeben seien die Mengen

$$A = \{1; 2; 3\}, \ B = \{1; 3; 5; 7; 9\}, \ C = \{9; 25; 49; 81\}$$

und die Abbildungen

$$F = \{(1; 1), (1; 3), (2; 5), (3; 7)\},$$

$$G = \{(3; 9), (5; 25), (7; 49), (9; 81)\}.$$

Dann ist die Verkettung »G nach F«:

$$G \circ F = \{(1; 9), (2; 25), (3; 49)\}.$$

Für die Verkettung von Abbildungen gelten folgende *Gesetze*:

$$H \circ (G \circ F) = (H \circ G) \circ F \quad \text{(Assoziativgesetz)}$$

$$(G \circ F)^{-1} = F^{-1} \circ G^{-1}$$

2.4.3. Funktionen

Eine eindeutige Abbildung aus X in Y wird **Funktion** genannt und mit f bezeichnet.

Ist die Menge X der Definitionsbereich und die Menge Y der Wertebereich der Funktion f, so ist f eine Funktion von X auf Y (↗ 6.1.1.).

Eine **Funktion** ist demnach die Menge f geordneter Paare $(x; y)$, wobei jedem Argument $x \in D(f)$ genau ein Funktionswert $y \in W(f)$ zugeordnet wird.

Für das Element $(x; y) \in f$ schreibt man auch $(x; f(x))$ oder $y = f(x)$ (gelesen: y gleich f von x).

BEISPIEL 2/18

a) Die Abbildung F aus der Menge $X = \{1;\ 2;\ 3;\ 4\}$ in die Menge $Y = \{0;\ 1;\ 4;\ 9\}$ ist eine Funktion: $F = \{(1;\ 1), (2;\ 4), (3;\ 9)\}$. Die Abbildung ist eindeutig.
b) Die Abbildung F von $X = \{1;2\}$ auf $Y = \{1;\ -1;\ 4\}$, $F = \{(1;\ 1), (1;\ -1), (2;\ 4)\}$, ist **keine Funktion**, da dem Element $x = 1$ zwei verschiedene Werte ($y_1 = 1$ und $y_2 = -1$) zugeordnet werden.

Zuordnungsvorschriften für Funktionen:

- Wortvorschriften
- Wertetafeln
- Darstellungen der Graphen von Funktionen (unter Beachtung des Definitionsbereichs)
- Gleichungen mit zwei Variablen (Funktionsgleichungen genannt)

Die häufigste Art der Darstellung einer Funktion ist deren Beschreibung durch eine *Funktionsgleichung mit Angabe des Definitionsbereichs* in

expliziter Form, wenn die abhängige Variable auf einer Seite der Gleichung isoliert ist; z. B. $y = 3x^2 + 7x$	*impliziter Form* z. B. $3x^2 + 7x - y = 0$

Weitere Ausführungen über Funktionen im Abschnitt 6.

2.5. Relationen zwischen Mengen

2.5.1. Zweistellige Relationen

Relationen drücken Beziehungen zwischen Elementen einer gegebenen Menge M aus. Insofern sind sie spezielle Abbildungen. Eine zweistellige Relation R in einer Menge M ist eine Abbildung aus M in M, also eine Teilmenge der Produktmenge $M \times M$.

Symbolisch werden Relationen dargestellt durch
$m_1\, R\, m_2$ (gelesen: m_1 steht in Relation zu m_2, oder: Zwischen m_1 und m_2 besteht die Relation R) oder durch $(m_1;\ m_2) \in R$.
Eine Relation kann auch mit Hilfe einer Aussageform formuliert werden. Dann muß entschieden werden, ob zwei beliebig herausgegriffene Elemente in dieser Relation stehen oder ob sie nicht in dieser Relation stehen.

BEISPIEL 2/19

Gegeben sei die Menge $M = \{2, 3, 4, 5\}$.
a) Die Relation R_1 sei »ist kleiner als«.
Es gilt $2\, R_1\, 3$ oder $2 < 3$ oder $(2;\ 3) \in R_1$.
$a < b$ bedeutet $\bigvee_{x \in M} a + x = b$.
b) Die Relation R_2 sei »teilt«.
Es gilt $2\, R_2\, 4$ oder $2 \mid 4$ oder $(2;\ 4) \in R_2$.
$a \mid b$ bedeutet $\bigvee_{x \in M} ax = b$

Einige Eigenschaften zweistelliger Relationen

Es sei eine Menge M und in M eine Relation R gegeben. Diese Relation R kann folgende Eigenschaften haben:

R ist	wenn gilt	R ist	wenn gilt
reflexiv	$\bigwedge_{a \in M} (aRa)$	irreflexiv	$\bigwedge_{a \in M} (\neg(aRa))$
symmetrisch	$\bigwedge_{a,b \in M} (aRb \Rightarrow bRa)$	asymmetrisch	$\bigwedge_{a,b \in M} (aRb \Rightarrow \neg (bRa))$
		antisymmetrisch	$\bigwedge_{a,b \in M} (aRb \wedge bRa) \Rightarrow a=b$
transitiv	$\bigwedge_{a,b,c \in M} ((aRb \wedge bRa) \Rightarrow aRc)$		

BEISPIEL 2/20

a) Die Gleichheitsrelation ist reflexiv, symmetrisch, transitiv in M; denn $a = a$; $a = b \Rightarrow b = a$; $a = b \wedge b = c \Rightarrow a = c$ für alle $a, b, c \in M$.

b) Die Kleinerrelation ist irreflexiv, asymmetrisch, transitiv in M; denn $\neg(a < a)$; $a < b \Rightarrow \neg (b < a)$; $a < b \wedge b < c \Rightarrow a < c$ für alle $a, b, c \in M$.

2.5.2. Ordnungsrelationen

Eine Menge M heißt **geordnet**, wenn in ihr eine Ordnungsrelation erklärt ist.

Eine Relation $R \subseteqq M \times M$ heißt

$\left\{\begin{matrix} \text{reflexive} \\ \\ \text{irreflexive} \end{matrix}\right\}$ **Halbordnung**, wenn sie $\left\{\begin{matrix} \text{reflexiv, transitiv, anti-} \\ \text{symmetrisch} \\ \text{irreflexiv, transitiv} \end{matrix}\right\}$ ist.

2.5.3. Äquivalenzrelationen

Eine Relation R, die reflexiv, symmetrisch und transitiv ist, heißt **Äquivalenzrelation.**

In diesem Falle schreibt man $a \sim b(R)$ (gelesen: b ist äquivalent zu a bezüglich (oder nach oder modulo) R) statt aRb.

Es gilt der **Hauptsatz über Äquivalenzrelationen:**

Jede in einer nichtleeren Menge M erklärte Äquivalenzrelation R bewirkt eine eindeutig bestimmte Zerlegung von M in nichtleere, paarweise (d. h. je zwei beliebige) disjunkte Teilmengen M_i, deren Vereinigung wieder die Menge M ergibt.

Das heißt:

$$M_1 \cup M_2 \cup \ldots \cup M_n = M \quad \text{und} \quad M_i \cap M_j = \emptyset \text{ für } i \neq j.$$

Jede solche Teilmenge M_i heißt **Äquivalenzklasse** (kurz: **Klasse**). Jedes Element von M_i heißt **Repräsentant** der Äquivalenzklasse M_i.

BEISPIEL 2/21

Äquivalenzrelationen sind:

a) die Gleichheitsrelation in einer beliebigen Menge,
b) die Relation »Gleichmächtigkeit von Mengen« (↗ 2.8.),
c) die Kongruenzrelation (Restgleichheit) in der Menge der ganzen Zahlen (a läßt bei der Division durch m mit $m \in \mathbf{Z}$ denselben Rest wie b). Es entstehen Restklassen modulo m. (↗ 3.3.7.3.)

Anwendung des Hauptsatzes über Äquivalenzrelationen bei der Begriffsbildung durch Abstraktion

Aus einer Menge werden alle diejenigen Elemente ausgesucht, die eine bestimmte gemeinsame charakteristische Eigenschaft haben. Dabei bleiben die unwesentlichen Merkmale unberücksichtigt. Diese Elemente werden zu einer Äquivalenzklasse (Klasse) zusammengefaßt. Für diese Klasse wird eine neue Bezeichnung eingeführt. Jedes Element dieser Klasse ist ein Repräsentant.

Im einzelnen werden folgende **Schritte** vollzogen:

1. Gegeben ist eine Menge M von Elementen.
2. In M wird eine Äquivalenzrelation R erklärt.
3. Alle jeweils zueinander äquivalenten Elemente der Menge werden zu Teilmengen M_i, Klassen genannt, zusammengefaßt. Dafür wird ein neuer Begriff eingeführt.
4. Die Menge M wird durch die Menge der Klassen ersetzt.

BEISPIEL 2/22

Es soll der Begriff »natürliche Zahl« mittels Abstraktion gebildet werden.

1. Es ist ein Mengensystem $M^{(2)}$ von endlichen Mengen 1. Stufe gegeben.
2. In dieser Menge wird die Äquivalenzrelation »Gleichmächtigkeit« erklärt (↗ 2.8.).
3. Alle gleichmächtigen Mengen werden zu Klassen zusammengefaßt. Jede dieser Klassen bezeichnet eine endliche Kardinalzahl, für die der Begriff »natürliche Zahl« festgelegt wird.
4. Das Mengensystem $M^{(2)}$ wird durch die Menge der natürlichen Zahlen ersetzt.

2.6. Algebraische Operationen

2.6.1. Ein- und zweistellige Operationen

Unter einer **zweistelligen Operation** O in einer Menge versteht man eine eindeutige Abbildung aus $M \times M$ in M,

Da eindeutige Abbildungen Funktionen genannt werden, ist eine zweistellige Operation in M eine Funktion aus $M \times M$ in M. Ihr Definitionsbereich ist eine Teilmenge von $M \times M$, ihr Wertebereich eine Teilmenge von M.
Dem geordneten Paar $(a; b) \in M \times M$ wird durch die Zuordnungsvorschrift »Operation O« eindeutig ein Element $c \in M$ zugeordnet. Dafür kann man schreiben:

$$(a;\ b;\ c) \in O \quad \text{oder} \quad O(a;\ b) = c \quad \text{oder} \quad aOb = c,$$

wobei für O das entsprechende Operationszeichen, z. B. $+$, $\cdot$, eingesetzt werden kann.
Jede zweistellige Operation kann als dreistellige Relation aufgefaßt werden, z. B. die zweistellige Operation »Addition« als Menge aller Tripel $(a; b; a + b)$, d. h. als dreistellige Relation.

BEISPIEL 2/23

Gegeben sei die Menge N der natürlichen Zahlen.

a) Für die Operation »Addition« in N gilt:

$$A = \{(a;\ b;\ c)\colon\ (a;\ b;\ c) \in (\mathrm{N} \times \mathrm{N}) \times \mathrm{N} \wedge c = a + b\}$$

b) Für die Operation »Multiplikation« in N gilt:

$$M = \{(a;\ b;\ c)\colon\ (a;\ b;\ c) \in (\mathrm{N} \times \mathrm{N}) \times \mathrm{N} \wedge c = a \cdot b\}$$

c) Die Subtraktion bildet in der Menge N der natürlichen Zahlen eine **partielle algebraische Operation**; denn die Differenz zweier natürlicher Zahlen ist nicht notwendigerweise wieder eine natürliche Zahl.

Eine **einstellige Operation** in einer Menge ist eine Funktion aus M in sich, z. B. sind die Operationen »Bilden des Nachfolgers«, »Verdreifachen«, »Quadrieren« einstellige Operationen.

2.6.2. Isomorphie von Mengen bezüglich der Operationen (Relationen)

Es seien zwei Mengen M_1, M_2 gegeben, in denen je eine Operation O_1 bzw. O_2 erklärt ist. Wenn es eine eineindeutige Abbildung von M_1 auf M_2 gibt, bei der die Operationen einander entsprechen, heißen die Mengen M_1, M_2 **isomorph** bezüglich der Operationen O_1, O_2. [isomorph (griech.) von gleicher Gestalt]
Man schreibt dann $M_1 \cong M_2$ (gelesen: M_1 isomorph M_2).

2.7. Algebraische Strukturen

Unter einer **algebraischen Struktur** versteht man eine nichtleere Menge M, in der mindestens eine Relation (oder eine Operation) erklärt ist. Sie wird mit $(M; R)$ bezeichnet; M heißt Trägermenge der Struktur. Man sagt: Die Menge M ist strukturiert.

2.7.1. Zur Struktur »Körper«

Eine nichtleere Menge M, in der eine Addition (+) und eine Multiplikation (·) erklärt sind, heißt **Körper**, wenn folgende Axiome erfüllt sind:

Gesetze der Addition

A 1 *Ausführbarkeit und Eindeutigkeit:* Zu je zwei Elementen $a, b \in M$ gibt es genau ein Element $a + b \in M$, das die **Summe** von a, b genannt wird.

A 2 *Assoziativität:* Für alle $a, b, c \in M$ gilt:
$a + (b + c) = (a + b) + c.$

A 3 *Kommutativität:* Für alle $a, b \in M$ gilt: $a + b = b + a.$

A 4 *Umkehrbarkeit:* Für alle $a, b \in M$ gibt es ein $x \in M$, so daß $a + x = b$ ist.

Gesetze der Multiplikation

M 1 *Ausführbarkeit und Eindeutigkeit:* Zu je zwei Elementen $a, b \in M$ gibt es genau ein Element $a \cdot b \in M$, das das **Produkt** von a, b genannt wird.

M 2 *Assoziativität:* Für alle $a, b, c \in M$ gilt:
$a \cdot (b \cdot c) = (a \cdot b) \cdot c.$

M 3 *Kommutativität:* Für alle $a, b \in M$ gilt: $a \cdot b = b \cdot a.$

M 4 *Umkehrbarkeit:* Für alle $a, b \in M$ gibt es ein $x \in M$, so daß $a \cdot x = b$ ist $(a \neq 0)$.

D *Distributivität der Multiplikation bezüglich der Addition:*
Für alle $a, b, c \in M$ gilt: $a \cdot (b + c) = a \cdot b + a \cdot c$
und $(a + b) \cdot c = a \cdot c + b \cdot c.$

Gelten nur einige der Axiome, tragen die Strukturen besondere Bezeichnungen, die aus der groben **Übersicht** Bild 2/25 zu entnehmen sind.
Ein Körper M wird durch das Tripel $(M, +, \cdot)$ bezeichnet. Die Elemente eines Körpers (bzw. Halbkörpers, Rings, Halbrings) werden **Zahlen** genannt.

2.7.2. Zur Struktur »Vektorraum«

Eine nichtleere Menge V, in der eine Addition und eine Multiplikation mit reellen Zahlen erklärt sind, heißt **Vektorraum über dem Körper der reellen Zahlen** (oder **reeller Vektorraum** oder **linearer Raum**), wenn die folgenden Axiome erfüllt sind. Die Elemente von V heißen **Vektoren**; sie werden mit halbfett gedruckten kleinen lateinischen Buchstaben (mitunter mit unterstrichenen) bezeichnet,

Übersicht

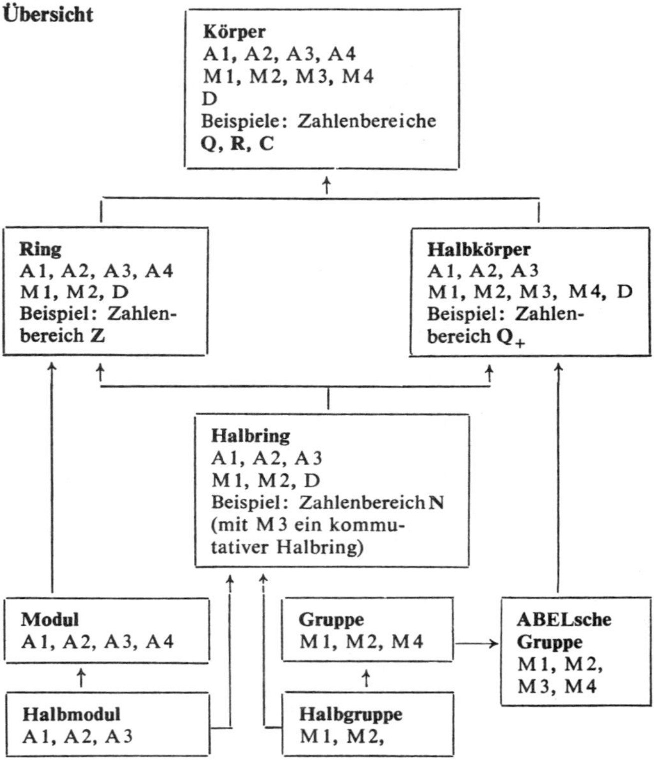

Bild 2/25

Gesetze der Addition

A 1 *Ausführbarkeit und Eindeutigkeit*: Zu je zwei Elementen $\mathbf{a}, \mathbf{b} \in V$ gibt es genau ein Element $\mathbf{a} + \mathbf{b} \in V$, das die **Summe** von $\mathbf{a}, \mathbf{b}$ genannt wird.

A 2 *Assoziativität:* Für alle $\mathbf{a}, \mathbf{b}, \mathbf{c} \in V$ gilt:
$\mathbf{a} + (\mathbf{b} + \mathbf{c}) = (\mathbf{a} + \mathbf{b}) + \mathbf{c}$.

A 3 *Kommutativität:* Für alle $\mathbf{a}, \mathbf{b} \in V$ gilt: $\mathbf{a} + \mathbf{b} = \mathbf{b} + \mathbf{a}$.

A 4 *Umkehrbarkeit:* Für alle $\mathbf{a}, \mathbf{b} \in V$ gibt es ein $\mathbf{x} \in V$, so daß $\mathbf{a} + \mathbf{x} = \mathbf{b}$ ist.

Gesetze der Multiplikation mit reellen Zahlen

B 1 *Ausführbarkeit und Eindeutigkeit:* Zu jedem Element $\mathbf{a} \in V$ und jeder reellen Zahl λ gibt es genau ein Element $\lambda\mathbf{a} \in V$.

B 2 *Assoziativität:* Für alle $\boldsymbol{a} \in V$ und alle $\lambda_1, \lambda_2 \in \mathbf{R}$ gilt:
$(\lambda_1\lambda_2)\,\boldsymbol{a} = \lambda_1(\lambda_2\boldsymbol{a})$.

B 3 Für alle $\boldsymbol{a} \in V$ gilt: $1\boldsymbol{a} = \boldsymbol{a}$.

D »*Distributivität*« *der Multiplikation mit reellen Zahlen bezüglich der Addition:*
Für alle $\boldsymbol{a}, \boldsymbol{b} \in V$ und alle $\lambda_1, \lambda_2 \in \mathbf{R}$ gilt:
$(\lambda_1 + \lambda_2)\,\boldsymbol{a} = \lambda_1\boldsymbol{a} + \lambda_2\boldsymbol{a}$ und
$\lambda_1(\boldsymbol{a} + \boldsymbol{b}) = \lambda_1\boldsymbol{a} + \lambda_1\boldsymbol{b}$.

Die daraus folgenden Rechenregeln sind in den Abschnitten 7. und 8. formuliert.

2.8. Mächtigkeit von Mengen

Sind zwei Mengen M_1, M_2 gegeben und gibt es eine eineindeutige Abbildung von M_1 auf M_2, so sind diese Mengen von gleicher Mächtigkeit. Sie werden **gleichmächtig** genannt und mit $M_1 \sim M_2$ bezeichnet (gelesen: M_1 gleichmächtig mit M_2).

BEISPIEL 2/24

Gegeben sind die Mengen $M_1 = \{k, l, m, n\}$ und $M_2 = \{1, 2, 3, 4\}$. Da $f_1 = \{(k; 1), (l; 2), (m; 3), (n; 4)\}$ eine eineindeutige Abbildung von M_1 auf M_2 ist, gilt $M_1 \sim M_2$. Veranschaulichung durch ein Pfeildiagramm in Bild 2/26.

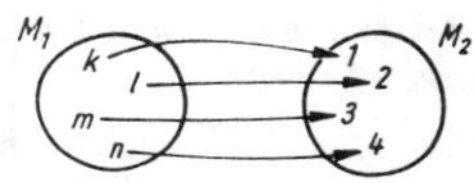

Bild 2/26

Es gibt noch weitere solche eineindeutigen Abbildungen, z. B.

$$f_2 = \{(k; 2), (l; 3), (m; 4), (n; 1)\}.$$

Ihre Gesamtzahl beträgt 4!, sie ist gleich der Anzahl der Permutationen von 4 Elementen (↗ 3.1.7.1.).

Für endliche Mengen bedeutet die Gleichmächtigkeit von verschiedenen Mengen, daß sie alle die gleiche Anzahl von Elementen besitzen.
Die Gleichmächtigkeit von Mengen ist eine Äquivalenzrelation (↗ 2.5.3.). Deshalb kann man für die gleichmächtigen Mengen M_1, M_2 schreiben $M_1 \sim M_2$ und den Begriff »äquivalent« verwenden: M_1 ist äquivalent zu M_2.
Da jede Äquivalenzrelation in einer Menge eine Klasseneinteilung (↗ 2.5.3.) in nichtleere disjunkte Teilmengen bewirkt, die nach der Vereinigung wieder die Menge ergeben, wird durch die Relation »Gleichmächtigkeit« jedes Mengensystem in untereinander gleichmächtige Mengen zerlegt.
Die Mächtigkeit einer endlichen Menge ist durch die Anzahl der Elemente bestimmt; sie wird endliche Kardinalzahl genannt.

Eine **endliche Kardinalzahl** ist eine Klasse aller derjenigen endlichen Mengen, die zu einer gegebenen Menge gleichmächtig sind.

Präzisierung des Begriffs »endliche Menge«:

Genau dann, wenn eine Menge M keine echte Teilmenge besitzt, die zu M gleichmächtig ist, heißt sie **endlich.** Eine Menge M heißt **unendlich**, wenn es wenigstens eine echte Teilmenge von M gibt, die zu M gleichmächtig ist.

BEISPIEL 2/25

Gegeben seien die Mengen $M_1 = \{0, 2, 4, 6\}$, $M_2 = \mathrm{N}$ (Menge der natürlichen Zahlen), $M_3 = \{x\colon\ x = 2n + 1 \wedge n \in \mathrm{N}\}$.
M_1 ist eine endliche Menge, da sie keine echte Teilmenge besitzt, die zu M_1 gleichmächtig ist.
M_2 hat die Menge M_3 der ungeraden natürlichen Zahlen als echte Teilmenge ($M_3 \subset M_2$). Es ist möglich, M_2 auf M_3 eineindeutig abzubilden (wenn das auch schwer vorstellbar ist!):

$n \in \mathrm{N}$	0	1	2	3	4	...
	$\updownarrow$	$\updownarrow$	$\updownarrow$	$\updownarrow$	$\updownarrow$	
$x \in M_3$	1	3	5	7	9	...

M_2 ist eine unendliche Menge.

Beziehung zwischen der Gleichheit von Mengen und der Gleichmächtigkeit von Mengen:

Aus der Gleichheit von Mengen folgt ihre Gleichmächtigkeit, d. h., wenn zwei Mengen M_1, M_2 gleich sind, so sind sie auch gleichmächtig. Die Umkehrung dieses Satzes gilt aber nicht, d. h., die Gleichheit ist hinreichend für die Gleichmächtigkeit, aber nicht notwendig. Die Gleichmächtigkeit ist notwendig für die Gleichheit, aber nicht hinreichend (↗ 1.5.1.).
Eine Menge M_1 heißt von **niederer Mächtigkeit** als eine Menge M_2, **wenn** M_1 gleichmächtig einer echten Teilmenge von M_2 ist.

BEISPIEL 2/26

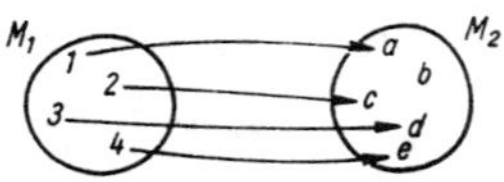

Bild 2/27

Gegeben sind die Mengen $M_1 = \{1, 2, 3, 4\}$ und $M_2 = \{a, b, c, d, e\}$.
M_1 hat eine niedere Mächtigkeit als M_2, M_2 eine höhere Mächtigkeit als M_1. Veranschaulichung der Abbildung in einem Pfeildiagramm in Bild 2/27.

Eine unendliche Menge heißt **abzählbar**, wenn sie gleichmächtig der Menge N der natürlichen Zahlen ist.

Hinweis: »Abzählbar« darf nicht mit »zählbar« verwechselt werden: »zählbar« heißt, es besteht die Möglichkeit, eine Anzahl anzugeben. Endliche Mengen sind zählbar.

Unendliche Mengen, die nicht abzählbar sind, heißen **überabzählbar.**

BEISPIEL 2/27

Folgende unendliche Mengen sind

abzählbar	überabzählbar
Die Menge der Primzahlen	Die Menge der reellen Zahlen
Die Menge der ganzen Zahlen	Die Menge der irrationalen Zahlen
Die Menge der rationalen Zahlen	Die Menge der Punkte einer Geraden
Unendliche Teilmengen der Menge der natürlichen Zahlen	Die Menge der Punkte einer Ebene

3. Zahlen, Zahlenbereiche

3.1. Der Bereich der natürlichen Zahlen

In der ständigen Auseinandersetzung der Menschen mit ihrer Umwelt ist in einem sehr langen Entwicklungsprozeß der Zahlbegriff entstanden. Mit Hilfe der Zahlen können gewisse Seiten der objektiven Realität **quantitativ** erfaßt werden.
Die natürlichen Zahlen dienen zum Zählen. Man benutzt sie

- zur Angabe der Anzahl der Elemente von endlichen Mengen, also als **Kardinalzahlen** (↗ 2.8.),
- zum Numerieren der Elemente einer endlichen Menge, also als **Ordinalzahlen.** (Auf Ordinalzahlen wird in diesem Buch nicht eingegangen.)

3.1.1. Zum Begriff »natürliche Zahl«

1. Möglichkeit: **Genetischer Aufbau** der Menge der natürlichen Zahlen

Unter einer **natürlichen Zahl** versteht man eine endliche Kardinalzahl. Eine endliche Kardinalzahl ist eine Äquivalenzklasse gleichmächtiger endlicher Mengen (↗ 2.8.).

Die Kardinalzahl der leeren Menge heißt *Null* und wird mit »0« bezeichnet. (»Null« ist das Zahlwort, »0« ist die Ziffer.)
Von einer endlichen Menge ausgehend, kann eine weitere endliche Menge gebildet werden, indem zu der vorhandenen endlichen Menge genau ein weiteres Element aus dem Grundbereich (↗ 2.1.) hinzugefügt wird. Die der natürlichen Zahl n folgende Zahl wird **Nachfolger** von n genannt und mit n' bezeichnet (Nachfolgeroperation).
Es sei der Grundbereich $G = \{a, b, c\}$ gegeben. Dann erhält man durch Vereinigung folgende endliche Mengen:

$M = \emptyset \cup \{a\}$, Einermenge genannt, also $M = \{a\}$
$M' = M \cup \{b\}$, Zweiermenge genannt, also $M' = \{a, b\}$
$M'' = M' \cup \{c\}$, Dreiermenge genannt, also $M'' = \{a, b, c\}$.

Sie bestimmen natürliche Zahlen, die »eins«, »zwei«, »drei« genannt und mit »1«, »2«, »3« bezeichnet werden. (»eins« usw. sind die Zahlwörter, »1« usw. die entsprechenden Ziffern.)
Bei Erweiterung des Grundbereichs können weitere endliche Mengen gebildet werden, die entsprechende natürliche Zahlen bestimmen, für die Zahlwörter gebildet werden und Ziffern bestehen.

Alle natürlichen Zahlen werden zu einer Menge zusammengefaßt, die **Menge der natürlichen Zahlen**; sie wird mit N bezeichnet.

Es gibt unendlich viele natürliche Zahlen, da zu jeder natürlichen Zahl der Nachfolger (also eine noch größere natürliche Zahl) gebildet werden kann.
Eine natürliche Zahl »Unendlich« gibt es nicht, weil eine natürliche Zahl eine *endliche* Kardinalzahl ist.

2. Möglichkeit: **Axiomatischer Aufbau** der Menge der natürlichen Zahlen (↗ 1.6.2.)

Der Begriff »natürliche Zahl« wird durch das **Peanosche Axiomensystem** definiert (Giuseppe Peano, 1858 bis 1932):

(I) Die Zahl Null ist eine natürliche Zahl.

(II) Zu jeder natürlichen Zahl m gibt es eine eindeutig bestimmte natürliche Zahl n, die der (unmittelbare) Nachfolger von m ist; für die also $n = m'$ gilt.

(III) Jede natürliche Zahl ist unmittelbarer Nachfolger höchstens einer natürlichen Zahl.

(IV) Es gibt keine natürliche Zahl m, deren Nachfolger die Zahl Null ist.

(V) Wenn die natürliche Zahl Null Element von M ist und wenn mit jeder natürlichen Zahl m auch deren unmittelbarer Nachfolger m' Element von M ist, dann enthält die Menge M alle natürlichen Zahlen.

3.1.2. Darstellung natürlicher Zahlen

Jede natürliche Zahl wird durch ein Zeichen, die **Ziffer**, dargestellt. Um nicht für jede Zahl ein neues Wort und ein neues Zeichen einführen zu müssen, werden Wörter und Zeichen für größere Zahlen aus solchen für kleinere Zahlen zusammengesetzt. Je nachdem, wie die Zeichen in Zahlensystemen zusammengefaßt und angeordnet werden, unterscheidet man Additionssysteme und Positionssysteme.
(1) Beim **Additionssystem** hat jede Grundziffer einen Ziffernwert. Die Addition der Ziffernwerte der aneinandergefügten Grundziffern ergibt die Zahl. Ein Beispiel für ein Additionssystem ist das *römische Zahlzeichensystem.* Es besteht aus den Grundziffern (in Klammern sind die entsprechenden Ziffern im dekadischen Positionssystem angegeben): I (1), X (10), C (100), M (1000), und den »Hilfszeichen«: V (5), L (50), D (500).
Die den einzelnen natürlichen Zahlen entsprechenden Ziffern werden durch Aneinanderfügen von möglichst wenig Zeichen gebildet: Dabei steht die Grundziffer für die größere Zahl links von der kleineren, z. B. CXX bedeutet C + X + X.
Wenn I, X oder C als kleinere Grundziffer links von einer größeren

steht, wird die kleinere Zahl von der größeren subtrahiert, z. B. XC bedeutet C − X.
Für die Darstellung einer Ziffer gilt, daß die Grundziffern I, X, C höchstens dreimal hintereinander, die Hilfszeichen V, L, D nur einmal auftreten dürfen.

BEISPIEL 3/1

a) MMDCCLXVIII	bedeutet	2768
b) MCMXXIX	bedeutet	1929
c) CCCIV	bedeutet	304

(2) Bei einem **Positionssystem** hat jede Grundziffer einen Ziffernwert und einen Stellenwert.

***g*-adisches Positionssystem:**

Die g-adische Darstellung der natürlichen Zahl n beruht darauf, daß bei gegebener Basis $g \geqq 2$ ($g \in \mathbb{N}$) jede natürliche Zahl $n \geqq 1$ eindeutig in der Form

$$n = a_k g^k + a_{k-1} g^{k-1} + \ldots + a_1 g + a_0$$

dargestellt werden kann.
Es werden g Grundziffern (Zahlzeichen) a_i mit $i = 0, 1, \ldots, k$ mit $k \geqq 0$ und $0 \leqq a_i \leqq g - 1$ und $a_k \neq 0$ benötigt.
Man schreibt dann

$$n = a_k a_{k-1} \ldots a_1 a_0$$

bzw., wenn Verwechslungen möglich sind, besser:

$$n = [a_k a_{k-1} \ldots a_1 a_0]_g$$

Dekadisches Positionssystem: Basis $g = 10$, die Grundziffern sind

$$0, 1, 2, 3, 4, 5, 6, 7, 8, 9.$$

Eine m-stellige natürliche Zahl n kann durch $n = \sum_{i=0}^{m-1} a_i \cdot 10^i$ mit $a_i = 0, 1, \ldots, 9$; $a_{m-1} \neq 0$ dargestellt werden:

$$n = a_{m-1} \cdot 10^{m-1} + a_{m-2} \cdot 10^{m-2} + \ldots + a_2 \cdot 10^2 + a_1 \cdot 10^1 + a_0 \cdot 10^0.$$

Stellenwerttafel

...	10^6	10^5	10^4	10^3	10^2	10^1	10^0	natürliche Zahl
						1	2	12
				3	5	9	6	3596
		6	1	7	0	4	3	617043

Dual- (dyadisches, Zweier- oder Binär-) **System:** Basis $g = 2$, zwei Grundziffern: 0, 1 (manchmal auch 0, L)

Die Zahl 74 im dekadischen Positionssystem kann mit Hilfe einer Stellenwerttafel in das Dualsystem umgewandelt werden:

Potenzen	2^6	2^5	2^4	2^3	2^2	2^1	2^0
a_i	1	0	0	1	0	1	0

Es ist also

$$n = 1 \cdot 2^6 + 0 \cdot 2^5 + 0 \cdot 2^4 + 1 \cdot 2^3 + 0 \cdot 2^2 + 1 \cdot 2^1 + 0 \cdot 2^0$$
$$[74]_{10} = [1001010]_2.$$

Das Umwandeln der Darstellung einer natürlichen Zahl in einem Positionssystem in die Darstellung in einem anderen Positionssystem wird **Konvertieren** genannt [convertere (lat.) wenden, umwandeln].
In einem Positionssystem mit einer kleinen Basis g wird die Darstellung der Zahlen sehr lang. Man braucht aber nur wenige Grundziffern und hat sehr einfache Rechenregeln zu beachten. Im Dualsystem gelten die folgenden Rechenregeln:

$$0 + 0 = 0 \qquad 0 \cdot 0 = 0$$
$$0 + 1 = 1 + 0 = 1 \qquad 0 \cdot 1 = 1 \cdot 0 = 0$$
$$1 + 1 = 10 \qquad 1 \cdot 1 = 1$$

BEISPIEL 3/2

a)
```
  10011
 +11001
 ------
 101100
```
19 + 25 = 44

b)
```
 101001
  -1100
  -----
  11101
```
41 − 12 = 29

c)
```
 1001 · 1101
 -----------
    1001
     10010
       1001
    -------
    1110101
```
9 · 13 = 117

d)
```
10000100:1100 = 1011
-1100
 ----
  10010
  -1100
   ----
   1100
  -1100
   ----
      0
```
132:12 = 11

Andere gebräuchliche Positionssysteme sind
- das Ternärsystem ($g = 3$), 3 Grundziffern 0, 1, 2
- das Oktalsystem ($g = 8$), 8 Grundziffern 0,1, 2, 3, 4, 5, 6, 7
- das Duodezimalsystem ($g = 12$), 12 Grundziffern 0, 1, 2, …, 9, A, B (A ist die Ziffer für 10, B die Ziffer für 11)

BEISPIEL 3/3

Die im dekadischen Positionssystem durch die Ziffer 2523 dargestellte natürliche Zahl soll durch das entsprechende Zahlzeichen im Oktalsystem dargestellt werden.

Lösung: Die wiederholte Division durch 8 ergibt als Reste die Koeffizienten der Potenzen von 8:

$$\begin{aligned} 2523 : 8 &= 315 \text{ Rest } 3 \quad &(3 \text{ ist der Koeffizient von } 8^0)\\ 315 : 8 &= 39 \text{ Rest } 3 \quad &(3 \text{ ist der Koeffizient von } 8^1)\\ 39 : 8 &= 4 \text{ Rest } 7 \quad &(7 \text{ ist der Koeffizient von } 8^2)\\ 4 : 8 &= 0 \text{ Rest } 4 \quad &(4 \text{ ist der Koeffizient von } 8^3) \end{aligned}$$

$$[2523]_{10} = [4733]_8;$$

denn es gilt: $4 \cdot 8^3 + 7 \cdot 8^2 + 3 \cdot 8^1 + 3 \cdot 8^0$
$= 2048 + 448 + 24 + 3 = 2523$

Das Umwandeln der Darstellung einer natürlichen Zahl aus einem Positionssystem zur Basis g mit $g \neq 10$ in das dekadische Positionssystem wird **Rekonvertieren** genannt.
Dabei nutzt man die Darstellung als Summe von Vielfachen der Potenzen zur Basis g.

BEISPIEL 3/4

Es soll $[132\text{B}]_{12}$ rekonvertiert werden.

$$\begin{aligned} [132\text{B}]_{12} &= 1 \cdot 12^3 + 3 \cdot 12^2 + 2 \cdot 12^1 + 11 \cdot 12^0\\ &= 1728 + 432 + 24 + 11 = [2195]_{10} \end{aligned}$$

3.1.3. Algebraische Operationen in der Menge der natürlichen Zahlen

3.1.3.1. Addition natürlicher Zahlen

Es seien a, b natürliche Zahlen und A und B disjunkte (elementefremde) Mengen mit den Kardinalzahlen a bzw. b, dann wird die eindeutig bestimmte Kardinalzahl s der Vereinigung $A \cup B$ die **Summe** von a und b genannt und mit $a + b$ bezeichnet.
a, b heißen **Summanden.**

Definition der Addition in N

mengentheoretisch	induktiv mit Hilfe der Nachfolgerrelation
Die eindeutige Abbildung von $\mathbf{N} \times \mathbf{N}$ in $\mathbf{N}$, die jedem geordneten Paar $(a; b)$ natürlicher Zahlen ihre Summe zuordnet, wird Addition in $\mathbf{N}$ genannt.	In der Menge $\mathbf{N}$ gibt es genau eine zweistellige Operation $+$, für die die Gleichungen $m + 0 = m$ und $m + n' = (m + n)'$ mit $m, n \in \mathbf{N}$ gelten. Das Ergebnis $m + n$ der Anwendung dieser Operation auf die natürlichen Zahlen m, n heißt Summe.

N ist gegenüber der Addition abgeschlossen, d. h., für alle Elemente $x \in \mathbf{N}$ führt diese Operation nicht aus **N** hinaus.

Eigenschaften der Addition in N

1. Für die Addition natürlicher Zahlen gelten folgende Strukturgesetze: A 1, A 2, A 3 (↗ 2.7.1.).
2. Die Gleichung $a + x = b$ ist im Bereich der natürlichen Zahlen nur für $b \geqq a$ lösbar.

Die eindeutige Abbildung aus $\mathbf{N} \times \mathbf{N}$ in **N** heißt **Subtraktion in N** genau dann, wenn jedem geordneten Paar $(b; a)$ natürlicher Zahlen b, a mit $b \geqq a$ die **Differenz** $d = b - a$ zugeordnet wird. Die Zahl b heißt **Minuend**, die Zahl a **Subtrahend**.

Für die Subtraktion natürlicher Zahlen gelten das Kommutativgesetz und das Assoziativgesetz nicht.
Addition und Subtraktion werden als Rechenoperationen 1. Stufe bezeichnet.

3.1.3.2. Multiplikation natürlicher Zahlen

Es seien a, b natürliche Zahlen und A und B disjunkte (elementefremde) Mengen mit den Kardinalzahlen a bzw. b, dann wird die eindeutig bestimmte Kardinalzahl p der Produktmenge $A \times B$ das **Produkt** von a und b genannt und mit $a \cdot b$ bezeichnet.
a, b heißen **Faktoren** (gelegentlich auch a Multiplikand, b Multiplikator).

Definition der Multiplikation in N

mengentheoretisch	induktiv mit Hilfe der Nachfolgerrelation
Die eindeutige Abbildung von $\mathbf{N} \times \mathbf{N}$ in **N**, die jedem geordneten Paar $(a; b)$ natürlicher Zahlen ihr Produkt zuordnet, wird Multiplikation in **N** genannt.	In der Menge **N** gibt es genau eine zweistellige Operation $\cdot$, für die die Gleichungen $m \cdot 0 = 0$ und $m \cdot n' = (m \cdot n) + m$ mit m, $n \in \mathbf{N}$ gelten. Das Ergebnis $m \cdot n$ der Anwendung dieser Operation auf die natürlichen Zahlen m, n heißt Produkt.

N ist gegenüber der Multiplikation abgeschlossen, d. h., für alle Elemente $x \in \mathbf{N}$ führt diese Operation nicht aus **N** hinaus.

Eigenschaften der Multiplikation in N

1. Für die Multiplikation natürlicher Zahlen gelten folgende Strukturgesetze: M 1, M 2, M 3, D (↗ 2.7.1.).
   Es gelten folgende *Vereinbarungen:*
   Die Multiplikation bindet stärker als die Addition.
   Bei Verwendung von Variablen kann der Malpunkt weggelassen werden, wenn Verwechslungen ausgeschlossen sind.
2. Die Lösung der Gleichung $a \cdot x = b$ führt auf die **Umkehrung** der Multiplikation, die im Bereich der natürlichen Zahlen beschränkt ausführbar ist.

Die eindeutige Abbildung aus **N** × **N** in **N** heißt **Division** in **N** genau dann, wenn jedem geordneten Paar $(b; a)$ natürlicher Zahlen b, a und $a \neq 0$ der **Quotient** $b : a = \frac{b}{a}$ zugeordnet wird. Die Zahl b heißt **Dividend**, die Zahl a **Divisor.**

Für die Division gelten das Kommutativgesetz und das Assoziativgesetz nicht.
Der Operation Division liegen zwei *inhaltlich verschiedene Sachverhalte* zugrunde: das **Teilen** und das **Enthaltensein.**

BEISPIEL 3/5

a) 10 Äpfel werden in 5 gleiche Teile geteilt, d. h., eine Menge von 10 Elementen wird in zwei Teilmengen mit gleicher Anzahl von Elementen zerlegt. Divisionsaufgabe: $10:5 = 2$
b) Wie oft ist eine Strecke von 5 cm Länge in einer Strecke von 10 cm Länge enthalten? Divisionsaufgabe: $10:5 = 2$

3.1.3.3. Potenzierung natürlicher Zahlen

Es seien a, b natürliche Zahlen. Dann heißt das Produkt c aus b ($b \geqq 2$) gleichen Faktoren a ($a \in$ **N**) **Potenz** und wird mit a^b bezeichnet (gelesen: a hoch b). a heißt die **Basis**, b der **Exponent**, c der **Potenzwert.**

Die zweistellige Operation Potenzierung kann durch folgende Rekursionsgleichungen induktiv definiert werden (↗ 1.6.3.):

Jedem geordneten Paar $(a; b) \in$ **N** × **N*** wird durch die Gleichungen

$$a^0 = 1 \quad \text{und} \quad a^{b+1} = a^b \cdot a$$

eindeutig eine natürliche Zahl $c = a^b$ zugeordnet.
Daraus folgen die *Potenzgesetze:* Für alle $a \in$ **N**, $b \in$ **N*** gilt:

$$a^{b_1+b_2} = a^{b_1} \cdot a^{b_2}$$
$$a^{b_1 \cdot b_2} = (a^{b_1})^{b_2}$$
$$(a_1 \cdot a_2)^b = a_1^b \cdot a_2^b$$

BEISPIEL 3/6

Nach den Potenzgesetzen gilt:

a) $2^3 \cdot 2^5 = 2^{3+5} = 2^8$

b) $(2^3)^5 = 2^{3 \cdot 5} = 2^{15}$

c) $2^3 \cdot 7^3 = (2 \cdot 7)^3 = 14^3$

3.1.4. Ordnungsrelationen in der Menge der natürlichen Zahlen

Eine beliebige natürliche Zahl a ist

kleiner als oder gleich	**kleiner als**

eine natürliche Zahl b, in Zeichen

$a \leqq b$,	$a < b$,

genau dann, wenn es eine natürliche Zahl x gibt, so daß

$a + x = b$	$a + x = b$ und $x \neq 0$

gilt. Dafür sagt man auch

b ist größer als oder gleich a;	b ist größer als a;

in Zeichen

$b \geqq a$.	$b > a$.
Die $\leqq$-Relation ist eine reflexive Ordnungsrelation in **N**.	Die $<$-Relation ist eine irreflexive Ordnungsrelation in **N**.

Ist n eine beliebige natürliche Zahl, so nennt man die Menge aller Zahlen $m \in \mathbf{N}$, für die $m < n$ gilt, den durch die Zahl n bestimmten **Abschnitt** der Menge der natürlichen Zahlen und bezeichnet ihn mit $A(n)$.

Monotoniegesetze

Die Monotoniegesetze geben einen Zusammenhang zwischen der Anordnung und der Addition bzw. Multiplikation natürlicher Zahlen:
Monotoniegesetz der Addition bezüglich der Ordnung: Für alle natürlichen Zahlen a, b, x gilt:

Wenn $a < b$ ist, so gibt es ein x, so daß $a + x < b + x$ ist.

Monotoniegesetz der Multiplikation bezüglich der Ordnung: Für alle natürlichen Zahlen a, b, x mit $x \neq 0$ gilt:

Wenn $a < b$ ist, so gibt es ein x, so daß $a \cdot x < b \cdot x$ ist.

Prinzip der kleinsten (größten) Zahl

In jeder nichtleeren Menge M von natürlichen Zahlen gibt es eine eindeutig bestimmte **kleinste** Zahl. Das ist die Zahl, die kleiner als alle anderen Zahlen der gegebenen Menge M ist. Sie wird mit min M bezeichnet (gelesen: Minimum von M).
In jeder nichtleeren Menge M von natürlichen Zahlen gibt es eine eindeutig bestimmte **größte** Zahl, wenn M nach oben beschränkt ist.

Eine Menge ist **nach oben beschränkt**, wenn es eine natürliche Zahl m_0 gibt, so daß alle Zahlen $m \in M$ kleiner oder gleich m_0 sind; d. h., wenn keine Zahl $m \in M$ größer als m_0 ist. Diese Zahl m_0 heißt **eine obere Schranke** für die Menge M.
Die größte Zahl in einer nichtleeren nach oben beschränkten Menge von natürlichen Zahlen wird mit max M bezeichnet (gelesen: Maximum von M).
So ist jede nichtleere endliche Menge von natürlichen Zahlen nach oben beschränkt.

BEISPIEL 3/7

Gegeben sei die Menge $M = \{5, 7, 9, 11, 13, 15\}$.
Die Zahl 5 ist die kleinste, die Zahl 15 ist die größte der Zahlen dieser Menge, also min $M = 5$, max $M = 15$.

3.1.5. Veranschaulichung von natürlichen Zahlen

Die Menge **N** der natürlichen Zahlen kann in die Menge M der Punkte P_i eines Strahls in folgender Weise abgebildet werden: Der Anfangspunkt des Strahls sei mit P_0 bezeichnet. Von P_0 aus wird auf dem Strahl wiederholt eine Strecke abgetragen. Dadurch erhält man Punkte, die mit $P_1, P_2, \ldots$ bezeichnet werden.

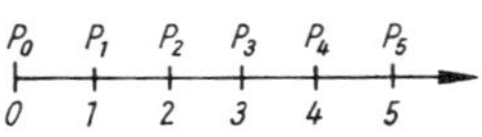

Bild 3/1

Bildet man die Zahl Null auf P_0, die Zahl eins auf P_1, die Zahl zwei auf P_2 usw. ab, so erhält man einen **Zahlenstrahl** (Bild 3/1).

Jeder natürlichen Zahl ist genau ein Punkt des Zahlenstrahls zugeordnet. Die Umkehrung gilt jedoch nicht.

So wie in der Menge **N** die <-Relation (als irreflexive Ordnungsrelation) erklärt ist, kann in der Menge M der Punkte P_i auf dem Zahlenstrahl eine Ordnungsrelation »liegt links von« eingeführt werden, die mit R_1 bezeichnet wird.
Aus Bild 3/1 erkennt man $P_3 R_1 P_4$ (»P_3 liegt links von P_4«) und $3 < 4$. Bezüglich der erklärten Relationen entsprechen die Mengen **N** und M einander. Die Menge **N** mit der in ihr erklärten <-Relation und die Menge M mit der in ihr erklärten Liegt-links-von-Relation R_1 sind **isomorph** bezüglich der in ihnen erklärten Ordnungsrelationen.
Werden den Punkten P_i die Strecken $P_0 P_i$ zugeordnet, dann kann man auf dem Zahlenstrahl eine **Streckenaddition** festlegen: Die Addition natürlicher Zahlen kann durch das Aneinanderlegen entsprechender gerichteter Strecken (Pfeile) [↗ 10.1.3.(3)] auf dem Zahlenstrahl veranschaulicht werden.

BEISPIEL 3/8

a) Addition von Strecken auf dem Zahlenstrahl: $3 + 4 = 7$
Veranschaulichung in Bild 3/2

b) Substraktion von Strecken auf dem Zahlenstrahl: $5 - 3 = 2$
Veranschaulichung in Bild 3/3

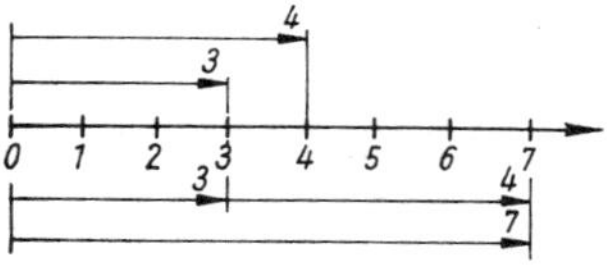

Bild 3/2

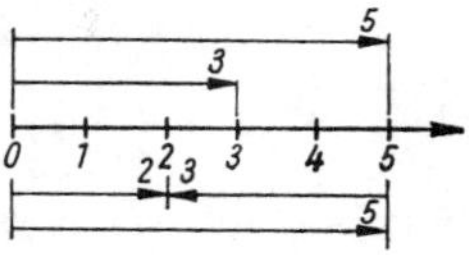

Bild 3/3

3.1.6. Teilbarkeitsrelation in der Menge der natürlichen Zahlen

3.1.6.1. Teiler und Vielfache natürlicher Zahlen

Eine natürliche Zahl $m \neq 0$ heißt ein **Teiler** der natürlichen Zahl n, wenn es eine natürliche Zahl q gibt, so daß $m \cdot q = n$ ist; in Zeichen $m \mid n$ (Gelesen: m teilt n oder m ist Teiler von n). Wenn m ein Teiler von n ist, so ist n ein **Vielfaches** von m.

BEISPIEL 3/9

a) 13 ist Teiler von 91, 13 teilt 91, $13 \mid 91$ oder 91 ist durch 13 teilbar, denn $91 : 13 = 7$ (Es gilt $13 \cdot 7 = 91$);
andere Formulierung: 91 ist ein Vielfaches von 13. Das Siebenfache von 13 ist gleich 91.

b) 13 teilt 92 nicht, $13 \nmid 92$; denn es gibt keine natürliche Zahl q, so daß $13 \cdot q = 92$ ist.

c) $13 \mid 0$, denn $13 \cdot 0 = 0$

Hinweis: Man beachte den **Unterschied** zwischen $a : b$ und $b \mid a$:
$a : b$ ist ein Term, der definiert ist, wenn $b \neq 0$ ist. $b \mid a$ ist eine Aussageform, die je nach der Belegung der Variablen mit natürlichen Zahlen in eine wahre oder eine falsche Aussage übergeht.

BEISPIEL 3/10

$b \mid a$ ergibt für $a = 6$ und $b = 2$ eine wahre Aussage, denn $2 \mid 6$.
$b \mid a$ ergibt für $a = 6$ und $b = 5$ eine falsche Aussage, denn $5 \nmid 6$.

Jede natürliche Zahl $n > 0$ hat die **trivialen Teiler** 1 und n. Alle von n verschiedenen Teiler heißen **echte Teiler** von n, z. B. hat die Zahl 12 die trivialen Teiler 1 und 12 und die echten Teiler 1; 2; 3; 4; 6.

Teilbarkeitssätze

Für beliebige natürliche Zahlen $n_1, n_2, n_3, n_4 \in \mathbf{N}^*$ gilt:

a) Aus $n_1 \mid n_2$ und $n_2 \mid n_3$ folgt $n_1 \mid n_3$.

b) Aus $n_1 \mid n_2$ und $n_2 \mid n_1$ folgt $n_1 = n_2$.

c) Aus $n_1 \mid n_2$ folgt $n_1 \mid n_2 \cdot n_3$.

d) Aus $n_1 \mid n_2$ und $n_3 \neq 0$ folgt $n_1 \cdot n_3 \mid n_2 \cdot n_3$ und aus $n_1 \cdot n_3 \mid n_2 \cdot n_3$ folgt $n_1 \mid n_2$.
e) Aus $n_1 \mid n_2$ und $n_3 \mid n_4$ folgt $n_1 \cdot n_3 \mid n_2 \cdot n_4$.
f) Aus $n_1 \mid n_2$ und $n_1 \mid n_3$ folgt $n_1 \mid n_2 + n_3$.
g) Aus $n_1 \mid n_2$ und $n_1 \mid n_3$ und $n_2 \geqq n_3$ folgt $n_1 \mid n_2 - n_3$.

BEISPIEL 3/11

Zu einigen Teilbarkeitssätzen
zu a) Aus $3 \mid 6$ und $6 \mid 18$ folgt $3 \mid 18$.
zu d) Aus $3 \mid 6$ folgt $3 \cdot 5 \mid 6 \cdot 5$, also $15 \mid 30$, und aus $15 \mid 30$ folgt $3 \mid 6$.
zu g) Aus $3 \mid 21$ und $3 \mid 9$ folgt $3 \mid 21 - 9$, also $3 \mid 12$.

Beziehung zwischen Teilbarkeitsrelation und $\leqq$-Relation:

Aus $n_1 \mid n_2$ und $n_2 \neq 0$ folgt $n_1 \leqq n_2$.

3.1.6.2. Primzahlen

Eine natürliche Zahl $p > 1$ ist eine **Primzahl** genau dann, wenn sie nur die trivialen Teiler 1 und p hat.

BEISPIEL 3/12

Die natürliche Zahl 17 ist eine Primzahl, weil sie nur die trivialen Teiler 1 und 17 hat.

Es gibt unendlich viele Primzahlen.
Jede natürliche Zahl $n > 1$ ist entweder eine Primzahl oder läßt sich als Produkt von Primzahlpotenzen darstellen (↗ 3.1.6.3.).

Mit Hilfe des Siebes des ERATOSTHENES (276 bis 194 v. u. Z.) können in einem Abschnitt der natürlichen Zahlen sämtliche Primzahlen ermittelt werden: In der Liste der natürlichen Zahlen $n > 1$ werden alle diejenigen gestrichen, die den echten Teiler 2, dann diejenigen, die den echten Teiler 3 usw. haben. Die nicht gestrichenen Zahlen sind dann die gesuchten Primzahlen.

	2	3	~~4~~	5	~~6~~	7	~~8~~	~~9~~	~~10~~	11	~~12~~
13	~~14~~	~~15~~	~~16~~	17	~~18~~	19	~~20~~	~~21~~	~~22~~	23	~~24~~
~~25~~	~~26~~	~~27~~	~~28~~	29	~~30~~						

Die Primzahlen im Abschnitt $1 < n < 110$ sind:

2, 3, 5, 7, 11, 13, 17, 19, 23, 29, 31, 37, 41, 43, 47, 53, 59, 61, 67, 71, 73, 79, 83, 89, 97, 101, 103, 107, 109.

Die Verteilung der Primzahlen unter den natürlichen Zahlen ist sehr unregelmäßig: Einerseits gibt es in der Folge der Primzahlen weite Abstände, andererseits treten **Primzahlzwillinge** auf, das sind Paare von Primzahlen p, q mit der Eigenschaft $q = p + 2$; z. B. sind 3, 5; 5, 7; 11, 13; 17, 19; 41, 43; 1451, 1453 Primzahlzwillinge. Es ist nicht bekannt, ob es endlich viele Primzahlzwillinge gibt.

Eine natürliche Zahl n wird **vollkommene Zahl** genannt, wenn sie gleich der Summe ihrer echten Teiler ist.
Für die geraden vollkommenen Zahlen gilt $2^r(2^{r+1} - 1)$, wobei $2^{r+1} - 1$ eine Primzahl ist.
Es ist nicht bekannt, ob es ungerade vollkommene Zahlen gibt.

BEISPIEL 3/13

6 ist eine vollkommene Zahl; denn es gilt $1 + 2 + 3 = 6$; ferner gilt $2^1(2^2 - 1) = 2 \cdot 3 = 6$.
28, 496 sind weitere vollkommene Zahlen.

Goldbachsche Vermutung (Ch. Goldbach, 1690 bis 1764): Jede gerade Zahl $n \geqq 6$ ist als Summe von zwei ungeraden Primzahlen darstellbar, z. B. ist $8 = 3 + 5$, $10 = 3 + 7 = 5 + 5$. Sie ist bisher nicht bewiesen oder widerlegt worden.

3.1.6.3. Zerlegung einer natürlichen Zahl in Primfaktoren

p_1 heißt **Primteiler** von n, wenn für $n > 1$ gilt: $n = p_1 \cdot q$ und p_1 ist Primzahl.

Jede natürliche Zahl $n > 1$ hat mindestens einen Primteiler. Ist $q > 1$, so hat auch q mindestens einen Primteiler, also $q = p_2 \cdot r$. Es gilt also: $n = p_1 \cdot p_2 \cdot r$. Es können also Primfaktoren von der natürlichen Zahl n abgespalten werden.
Dabei gilt der **Fundamentalsatz der elementaren Zahlentheorie:**

Jede natürliche Zahl $n > 1$ läßt sich (bis auf die Reihenfolge der Faktoren) eindeutig in ein Produkt endlich vieler (nicht notwendig verschiedener) Primzahlen $p_1, p_2, \ldots, p_k$ zerlegen:

$$n = p_1 \cdot p_2 \cdot \ldots \cdot p_k.$$

Die Produktdarstellung wird übersichtlicher, wenn die mehrfach auftretenden Primfaktoren zusammengefaßt werden. Sind $p_1, p_2, \ldots, p_k$ paarweise verschiedene Primzahlen und $b_1, b_2, \ldots, b_k$ von 0 verschiedene natürliche Zahlen, so lautet die Darstellung der natürlichen Zahl n als Produkt von Primzahlpotenzen

$$n = p_1^{b_1} \cdot p_2^{b_2} \cdot \ldots \cdot p_k^{b_k}.$$

Wird überdies noch gefordert, daß $p_1 < p_2 < \ldots < p_k$, so nennt man die Primzahlpotenzdarstellung die kanonische **Primzahlzerlegung** von n [canon (lat.) Regel, Richtschnur].

BEISPIEL 3/14

Die kanonische Primzahlzerlegung von 2520 ist

$$2520 = 2^3 \cdot 3^2 \cdot 5^1 \cdot 7^1.$$

3.1.6.4. Teilbarkeitsregeln

Für natürliche Zahlen gelten u. a. folgende **Teilbarkeitsregeln,** die bei der Primzahlzerlegung oft von Nutzen sind,

a) Eine Zahl ist durch 2 (4, 8, 16, ...) teilbar, wenn die aus der letzten Grundziffer (den letzten zwei, drei, vier ... Grundziffern) bestehende Zahl durch 2 (4, 8, 16, ...) teilbar ist.
   Eine durch 2 teilbare natürliche Zahl heißt **gerade Zahl.**
b) Eine Zahl ist durch 5 (25, 125, 625, ...) teilbar, wenn die aus der letzten Grundziffer (den letzten zwei, drei, vier, ... Grundziffern) bestehende Zahl durch 5 (25, 125, 625, ...) teilbar ist.
c) Eine Zahl ist durch 3 bzw. 9 teilbar, wenn ihre Quersumme durch diese Zahl teilbar ist.
   Unter der **Quersumme** einer natürlichen Zahl versteht man die Summe ihrer Grundziffern ohne Berücksichtigung ihrer Stellenwerte.
d) Eine Zahl ist durch 11 teilbar, wenn ihre alternierende Quersumme durch 11 teilbar ist.
   Unter der **alternierenden Quersumme** (auch Querdifferenz genannt) versteht man die Differenz aus den Summen der 1., 3., 5., ... Grundziffer und der 2., 4., 6., ... Grundziffer, vom Ende der Zahl aus gebildet, ohne Rücksicht auf die Stellenwerte.
e) Eine Zahl ist durch 37 teilbar, wenn die Summe der (vom Ende der Zahl aus gebildeten) Dreiergruppen durch 37 teilbar ist.
f) Eine Zahl ist durch 7 bzw. 13 teilbar, wenn ihre alternierende Summe der (vom Ende der Zahl aus gebildeten) Dreiergruppen durch 7 bzw. 13 teilbar ist.
g) Eine Zahl ist durch 101 teilbar, wenn die alternierende Summe der (vom Ende der Zahl aus gebildeten) Zweiergruppen durch 101 teilbar ist.

BEISPIEL 3/15

a) $6 \mid 86142$, denn $2 \mid 86142$ und $3 \mid 21$
b) $11 \mid 548076639$, denn $11 \mid (9 + 6 + 7 + 8 + 5) - (3 + 6 + 4)$, d. h., $11 \mid (35 - 13)$ bzw. $11 \mid 22$
c) $37 \mid 20216352448$, denn $37 \mid (448 + 352 + 216 + 20)$ bzw. $37 \mid 1036$
d) $7 \mid 37604$, denn $7 \mid (604 - 37)$ bzw. $7 \mid 567$
e) $13 \mid 96709293889$, denn $13 \mid (889 - 293 + 709 - 96)$ bzw. $13 \mid 1209$
f) $101 \mid 7903630669$, denn $101 \mid (69 - 06 + 63 - 03 + 79)$ bzw. $101 \mid 202$.

3.1.6.5. Gemeinsamer Teiler

Gibt es zu zwei beliebigen natürlichen Zahlen $m > 0, n > 0$ eine natürliche Zahl t mit der Eigenschaft $t \mid m$ und $t \mid n$, so heißt diese Zahl t **gemeinsamer Teiler** der Zahlen m, n.

BEISPIEL 3/16

Da $3 \mid 12$ und $3 \mid 36$, ist $t = 3$ ein gemeinsamer Teiler von 12 und 36. Ein weiterer gemeinsamer Teiler ist $t = 6$, denn $6 \mid 12$ und $6 \mid 36$.

Unter den gemeinsamen Teilern ist ein größter, d. h. ein Teiler g, der durch jeden anderen (kleineren) gemeinsamen Teiler dieser Zahlen teilbar ist. g heißt **größter gemeinsamer Teiler** (ggT) der Zahlen m, n und wird mit $m \sqcap n$ bezeichnet.

Eigenschaften des größten gemeinsamen Teilers:

Für beliebige natürliche Zahlen $m, n, n_1, n_2, n_3 \in \mathbf{N}^*$ gilt:

1. $m \sqcap n = n \sqcap m$
2. $n_1 \sqcap (n_2 \sqcap n_3) = (n_1 \sqcap n_2) \sqcap n_3 = n_1 \sqcap n_2 \sqcap n_3$
3. $m \sqcap m = m$
4. $m \mid n$ genau dann, wenn $m \sqcap n = m$.

Durch Erweiterung von 2. kann der größte gemeinsame Teiler von mehr als drei Zahlen ermittelt werden. Man nennt $n_1 \sqcap n_2 \sqcap \ldots \sqcap n_k$ den größten gemeinsamen Teiler der Zahlen $n_1, n_2, \ldots, n_k$. Es gilt der **Hauptsatz über den größten gemeinsamen Teiler:** Zu k natürlichen Zahlen n_i (mit $i = 1, \ldots, k$ und $n_i \neq 0$) gibt es genau einen größten gemeinsamen Teiler $g = n_1 \sqcap \ldots \sqcap n_k$. Ist $n_1 \sqcap \ldots \sqcap n_k = 1$, so heißen die natürlichen Zahlen **teilerfremd** (relativ prim oder prim).
Teilt eine Zahl k das Produkt $m \cdot n$ und ist sie zu einem der Faktoren teilerfremd, so teilt sie den anderen Faktor.
In der kanonischen Primzahlzerlegung wird der größte gemeinsame Teiler der natürlichen Zahlen n_i $(i = 1, \ldots, k)$, $n_i \neq 0$, als Produkt der in n_i auftretenden Primfaktoren in der *kleinsten* vorkommenden Potenz ermittelt, sofern der Primfaktor *in allen* zerlegten Zahlen n_i vorkommt.
Kurz: g ist das Produkt der gemeinsamen Faktoren der gegebenen Zahlen.

BEISPIEL 3/17

Der ggT der Zahlen 18, 36, 90 ist zu ermitteln.
Die kanonische Zerlegung ergibt:

$$\begin{aligned} 18 &= 2^1 \cdot 3^2 \\ 36 &= 2^2 \cdot 3^2 \\ 90 &= 2^1 \cdot 3^2 \cdot 5^1 \\ \hline g &= 2^1 \cdot 3^2 \end{aligned}$$

Eine weitere Möglichkeit zur Ermittlung des größten gemeinsamen Teilers natürlicher Zahlen ist der **Euklidische Algorithmus**, der auf der sukzessiven Anwendung des Satzes über die Division mit Rest beruht.

Division mit Rest

Es seien n, m natürliche Zahlen mit $m \neq 0$. Dann gibt es genau ein Paar $(q; r)$ natürlicher Zahlen, so daß $n = q \cdot m + r$ mit $0 \leqq r < m$ ist. q heißt der Quotient, r der Rest bei der Division von n durch m.
(↗ Zahlenkongruenzen 3.3.7.2.)

BEISPIEL 3/18

41:7 = 5 Rest 6, denn $5 \cdot 7 + 6 = 41$
9:11 = 0 Rest 9, denn $0 \cdot 11 + 9 = 9$

Euklidischer Algorithmus [Algorithmus ↗ 13.2. (1)]

Wie bei der Division mit Rest gilt $n = q_1 m + r_1$ mit $r_1 < m$ bzw. $n : m = q_1$ Rest r_1. Falls $r_1 = 0$ ist, ist das Verfahren beendet. Falls

$r_1 \neq 0$ ist, gilt entsprechend $m = q_2 \cdot r_1 + r_2$ mit $r_2 < r_1$ bzw. $m : r_1 = q_2$ Rest r_2. Falls $r_2 = 0$ ist, ist das Verfahren beendet. Falls $r_2 \neq 0$, läßt sich der Algorithmus fortsetzen durch $r_1 = q_3 \cdot r_2 + r_3$, allgemein: $r_k = q_{k+2} \cdot r_{k+1} + r_{k+2}$ bzw. $r_k : r_{k+1} = q_{k+2}$ Rest r_{k+2}. Wenn $r_{k+2} = 0$, also $r_k = q_{k+2} \cdot r_{k+1}$, ist, dann ist r_{k+1} der größte gemeinsame Teiler der Zahlen n und m.

BEISPIEL 3/19

a) Mit Hilfe des EUKLIDischen Algorithmus soll der größte gemeinsame Teiler der Zahlen 27720 und 546 ermittelt werden. Die einzelnen Schritte ergeben:

$$\begin{aligned}
27720 &= 50 \cdot 546 + 420 \quad &\text{bzw.}\quad 27720:546 &= 50 \text{ Rest } 420\\
546 &= 1 \cdot 420 + 126 & 546:420 &= 1 \text{ Rest } 126\\
420 &= 3 \cdot 126 + 42 & 420:126 &= 3 \text{ Rest } 42\\
126 &= 3 \cdot 42 + 0 & 126:42 &= 3 \text{ Rest } 0
\end{aligned}$$

Also ist $g = 27720 \sqcap 546 = 42$.

Der größte gemeinsame Teiler g von drei natürlichen Zahlen n_1, n_2, n_3 wird dadurch ermittelt, daß zuerst der größte gemeinsame Teiler g_1 der Zahlen n_1, n_2 gebildet und anschließend g aus g_1 und n_3 bestimmt wird.

BEISPIEL 3/19 (Fortsetzung)

b) Der größte gemeinsame Teiler der Zahlen 27720, 546 und 70 ist zu ermitteln.

Unter Nutzung des Ergebnisses aus Beispiel 3/19 a) ist der größte gemeinsame Teiler aus 42 und 70 zu bestimmen:

Einzelne Schritte:

$$\begin{aligned}
70 &= 1 \cdot 42 + 28\\
42 &= 1 \cdot 28 + 14\\
28 &= 2 \cdot 14
\end{aligned}$$

Also ist $g = 27720 \sqcap 546 \sqcap 70 = 14$.

3.1.6.6. Gemeinsames Vielfaches

Wenn m ein Teiler von n ($m \mid n$) ist, so ist n ein *Vielfaches* von m (↗ 3.1.6.1.). Wenn gilt $n = m \cdot q$, so ist n das q-fache von m.

Gibt es zu zwei beliebigen natürlichen Zahlen m, n eine natürliche Zahl v mit der Eigenschaft $m \mid v$ und $n \mid v$, so heißt v ein **gemeinsames Vielfaches** der Zahlen m, n.

BEISPIEL 3/20

Da $12 \mid 72$ und $18 \mid 72$, ist 72 ein gemeinsames Vielfaches von 12 und 18. Ein weiteres gemeinsames Vielfaches dieser Zahlen ist 144, denn $12 \mid 144$ und $18 \mid 144$.

Unter den gemeinsamen Vielfachen zweier Zahlen m, n gibt es ein kleinstes, d. h. ein Vielfaches w, das Teiler aller anderen (größeren) Vielfachen v dieser Zahlen ist. w heißt **kleinstes gemeinsames Vielfaches** (kgV) der Zahlen m, n und wird mit $m \sqcup n$ bezeichnet. Das kleinste

gemeinsame Vielfache w zweier natürlicher Zahlen m, n ist die kleinste natürliche Zahl ($w \neq 0$), die durch diese Zahlen teilbar ist.
Bei teilerfremden natürlichen Zahlen m, n ist das kleinste gemeinsame Vielfache gleich dem Produkt $m \cdot n$.

Eigenschaften des kleinsten gemeinsamen Vielfachen

Für beliebige natürliche Zahlen $m, n, n_1, n_2, n_3 \in \mathbf{N}^*$ gilt:

1. $m \sqcup n = n \sqcup m$
2. $n_1 \sqcup (n_2 \sqcup n_3) = (n_1 \sqcup n_2) \sqcup n_3 = n_1 \sqcup n_2 \sqcup n_3$
3. $m \sqcup m = m$
4. $m \mid n$ genau dann, wenn $m \sqcup n = n$.

Durch Erweiterung von 2. kann das kleinste gemeinsame Vielfache von mehr als drei Zahlen ermittelt werden. Man nennt $n_1 \sqcup n_2 \sqcup \ldots \sqcup n_k$ das kleinste gemeinsame Vielfache der Zahlen $n_1, n_2, \ldots, n_k$.
In der kanonischen Primzahlzerlegung wird das kleinste gemeinsame Vielfache der natürlichen Zahlen n_i ($i = 1, \ldots, k$), $n_i \neq 0$, als Produkt *aller* auftretenden Primfaktoren in der *größten* vorkommenden Potenz ermittelt.

BEISPIEL 3/21

Das kgV der Zahlen 18, 36, 90 ist zu ermitteln.

$$\begin{aligned} 18 &= 2^1 \cdot 3^2 \\ 36 &= 2^2 \cdot 3^2 \\ 90 &= 2^1 \cdot 3^2 \cdot 5^1 \\ \hline w &= 2^2 \cdot 3^2 \cdot 5^1 = 180 \end{aligned}$$

Beziehung zwischen dem größten gemeinsamen Teiler und dem kleinsten gemeinsamen Vielfachen zweier natürlicher Zahlen m, n:

$$m \sqcup n = \frac{m \cdot n}{m \sqcap n} \quad \text{mit} \quad (m \neq 0, n \neq 0)$$

BEISPIEL 3/22

a) Im Beispiel 3/19a) war der größte gemeinsame Teiler g von 27720 und 546 mit Hilfe des EUKLIDischen Algorithmus ermittelt worden: $g = 42$.
Das kleinste gemeinsame Vielfache von 27720 und 546 ist dann

$$w = m \sqcup n = \frac{m \cdot n}{m \sqcap n} = \frac{27720 \cdot 546}{42} = 360360$$

b) In der kanonischen Primzahlzerlegung erhält man

$$\begin{aligned} 27720 &= 2^3 \cdot 3^2 \cdot 5^1 \cdot 7^1 \cdot 11^1 \\ 546 &= 2^1 \cdot 3^1 \cdot 7^1 \cdot 13^1 \\ \hline w &= 2^3 \cdot 3^2 \cdot 5^1 \cdot 7^1 \cdot 11^1 \cdot 13^1 = 360360 \end{aligned}$$

3.1.7. Kombinatorische Anzahlbestimmungen

In der Kombinatorik werden die verschiedenen Möglichkeiten der Anordnung und Auswahl mathematischer Objekte aus einer vorgegebenen

Menge untersucht. Bei allen Aufgaben muß vom konkreten Inhalt abgesehen werden. Man unterscheidet

1. **Permutationen**, bei denen nur die Anordnung sämtlicher vorgegebener Elemente unterschiedlich ist,
2. **Variationen**, bei denen nur eine Auswahl aus der Menge der vorgegebenen Elemente auch in bezug auf ihre Anordnung untersucht wird,
3. **Kombinationen**, bei denen ebenfalls nur eine Auswahl aus der Menge der vorgegebenen Elemente untersucht wird, ohne die Anordnung zu berücksichtigen.

3.1.7.1. Permutationen

Eine Permutation p ist eine eineindeutige Abbildung einer endlichen Menge auf sich. Durch p wird jedes a_i mit $i = 1, \ldots, n$ auf $p(a_i)$ abgebildet.

$p(a_i)$ wird das Bild von a_i und a_i das Original von $p(a_i)$ genannt. Permutationen werden mit Hilfe von Permutationsmatrizen dargestellt:

$$p = \begin{pmatrix} a_1 & a_2 \ldots & a_n \\ p(a_1) & p(a_2) \ldots & p(a_n) \end{pmatrix}$$

Zum Beispiel sind

$$p_1 = \begin{pmatrix} 1 & 2 & 3 & 4 \\ 1 & 2 & 4 & 3 \end{pmatrix} \quad \text{und} \quad p_2 = \begin{pmatrix} 1 & 2 & 3 & 4 \\ 1 & 3 & 2 & 4 \end{pmatrix}$$

Permutationen von 4 Elementen. In den ersten Zeilen stehen die Elemente in der natürlichen Reihenfolge (s. u.). Die einzelnen Permutationen unterscheiden sich in den zweiten Zeilen. Die zweite Zeile drückt die verschiedenen (möglichen) Anordnungen aus, die durch Vertauschung [permutare (lat.) vertauschen] der Elemente der gegebenen Menge entstehen können. Deshalb genügt es, nur die zweite Zeile der Permutationsmatrix zu schreiben.

Es seien n verschiedene Elemente $a_1, a_2, \ldots, a_n$ gegeben. Jede Zusammenstellung (auch Komplexion genannt) dieser Elemente in beliebiger Anordnung heißt **Permutation**, und zwar
Permutation ohne Wiederholung, wenn paarweise verschiedene Elemente,
Permutation mit Wiederholung, wenn auch gleiche Elemente zur Zusammenstellung verwendet werden.

BEISPIEL 3/23

a) *abc, bac, cab,*
acb, bca, cba sind Permutationen der 3 Elemente a, b, c (ohne Wiederholung).

b) *aabbbc, aabbcb, aabcbb* sind Permutationen der 3 Elemente a, b, c (mit Wiederholung).

Die Anzahl P_n der Permutationen ohne Wiederholung von n verschiedenen Elementen ist gleich dem Produkt $1 \cdot 2 \cdot \ldots \cdot (n-1) \cdot n$ der natürlichen Zahlen 1 bis n, kurz $P_n = n!$

Wie in Beispiel 1/31a gezeigt, gilt für alle natürlichen Zahlen:

$$n! = \begin{cases} 1 & \text{für} \quad n = 0 \\ 1 & \text{für} \quad n = 1 \\ 1 \cdot 2 \cdot \ldots \cdot (n-1) \cdot n & \text{für} \quad n \geqq 2 \end{cases}$$

$n!$ wird »n Fakultät« gelesen.

Tabelle der Fakultäten von 1! bis 10!

n	$n!$
1	1
2	2
3	6
4	24
5	120

n	$n!$
6	720
7	5040
8	40320
9	362880
10	3628800

BEISPIEL 3/24

Die Anzahl der verschiedenen neunstelligen Zahlen, die aus den neun Grundziffern 1, 2, ..., 9 gebildet werden können, ohne daß eine dieser Ziffern mehrmals auftritt, ist

$$P_9 = 9! = 362880.$$

Lexikographische Anordnung von Permutationen

Wenn zwischen mehreren Elementen einer vorgegebenen endlichen Menge eine bestimmte Reihenfolge der Anordnung dadurch festgelegt ist, daß ein Element a vor einem anderen Element b steht, dann heißt diese Anordnung **natürliche Anordnung** der Elemente.
Besteht zwischen den verschiedenen Elementen eine solche natürliche Anordnung, dann entspricht dieser Anordnung der Elemente eine *bestimmte Anordnung der Permutationen*, die wie in einem Wörterbuch aufeinander folgen. Sie wird **lexikographische Anordnung** genannt:

An erster Stelle steht diejenige Permutation, die die gegebenen Elemente in der natürlichen Anordnung enthält. Die nachfolgende Permutation ergibt sich aus der vorangehenden jedesmal nach folgender Vorschrift:

- Suche in der vorangehenden Permutation von rechts nach links gehend das erste Element, das niedriger ist als ein rechts stehendes!
- Ersetze dieses Element durch das nächsthöhere aller hinter ihm stehenden Elemente! Dabei bleiben die vorangehenden Elemente unverändert. Die noch fehlenden Elemente folgen in der natürlichen Anordnung.

BEISPIEL 3/25

Die natürliche Anordnung von 4 Elementen sei gegeben:

1 2 3 4.

Dann wird die lexikographische Anordnung gebildet:

1	2	3	4	3 ersetzen durch 4, man erhält
1	2	4	3	2 ersetzen durch 3, man erhält
1	3	2	4	2 ersetzen durch 4, man erhält
1	3	4	2	usw.

Inversion: In einer Permutation bilden zwei Elemente eine **Inversion,** wenn ihre Anordnung umgekehrt zur natürlichen Anordnung ist.

BEISPIEL 3/26

In der aus den Elementen 1, 2, 3, 4, 5 gebildeten Permutation 4 2 3 1 5 stehen die Elemente 4 vor 2, 4 vor 3, 4 vor 1, 2 vor 1, 3 vor 1. Diese bilden je eine Inversion. Die angegebene Permutation enthält 5 Inversionen.

Eine Permutation ohne Wiederholung heißt gerade bzw. ungerade, wenn die Anzahl ihrer Inversionen eine gerade Zahl bzw. eine ungerade Zahl ist, z. B. ist die Permutation in Beispiel 3/26 ungerade.

Die Anzahl der **Permutationen mit Wiederholung** von n Elementen, unter denen sich n_1 gleiche einer ersten Art, n_2 gleiche einer zweiten Art, ..., n_k gleiche einer k-ten Art (mit $n_1 + n_2 + \ldots + n_k = n$) befinden, beträgt

$$^{w}P_n = \frac{n!}{n_1! \cdot n_2! \cdot \ldots \cdot n_k!}$$

BEISPIEL 3/27

Ein Kind will 10 Glasperlen gleicher Größe und gleicher Form auf einen Faden reihen. Diese Glasperlen unterscheiden sich nur durch die Farbe: es sind 3 rote, 1 weiße, 6 blaue Perlen. Wie viele Möglichkeiten der Anordnung gibt es?

Gegeben: $n = 10$, $n_1 = 3$, $n_2 = 1$, $n_3 = 6$; gesucht: $^{w}P_n$

Es gilt $n_1 + n_2 + n_3 = 3 + 1 + 6 = 10$.

$$^{w}P_{10} = \frac{n!}{n_1!\, n_2!\, n_3!} = \frac{10!}{3! \cdot 1! \cdot 6!} = 840$$

Permutationen können miteinander **verkettet** werden. Das ist eine Nacheinanderausführung von Permutationen (↗ 2.4.2.). Die Menge aller Permutationen der Zahlen 1, 2, ..., n bildet mit der Verknüpfung »Nacheinanderausführung« eine endliche **Gruppe** (↗ 2.7.1.).

BEISPIEL 3/28

Gegeben sei die Menge M der Permutationen aus den drei Elementen 1, 2, 3.

Dann seien $p_1 = \begin{pmatrix} 1 & 2 & 3 \\ 1 & 3 & 2 \end{pmatrix}$, $p_2 = \begin{pmatrix} 1 & 2 & 3 \\ 2 & 1 & 3 \end{pmatrix}$, $p_3 = \begin{pmatrix} 1 & 2 & 3 \\ 3 & 2 & 1 \end{pmatrix}$.

Es gelten:

1. $p = p_1 \circ p_2 = \begin{pmatrix} 1 & 2 & 3 \\ 1 & 3 & 2 \end{pmatrix} \circ \begin{pmatrix} 1 & 2 & 3 \\ 2 & 1 & 3 \end{pmatrix} = \begin{pmatrix} 1 & 2 & 3 \\ 2 & 3 & 1 \end{pmatrix}$

2. $(p_1 \circ p_2) \circ p_3 = p_1 \circ (p_2 \circ p_3)$
   Beide Seiten werden getrennt berechnet:

   linke Seite: $\begin{pmatrix} 1 & 2 & 3 \\ 2 & 3 & 1 \end{pmatrix} \circ \begin{pmatrix} 1 & 2 & 3 \\ 3 & 2 & 1 \end{pmatrix} = \begin{pmatrix} 1 & 2 & 3 \\ 2 & 1 & 3 \end{pmatrix}$

   rechte Seite: $\begin{pmatrix} 1 & 2 & 3 \\ 1 & 3 & 2 \end{pmatrix} \circ \begin{pmatrix} 1 & 2 & 3 \\ 2 & 3 & 1 \end{pmatrix} = \begin{pmatrix} 1 & 2 & 3 \\ 2 & 1 & 3 \end{pmatrix}$

   Der Vergleich beider Seiten zeigt Übereinstimmung.
3. Das neutrale Element ist $e = \begin{pmatrix} 1 & 2 & 3 \\ 1 & 2 & 3 \end{pmatrix}$
4. Das zu $p_1 = \begin{pmatrix} 1 & 2 & 3 \\ 1 & 3 & 2 \end{pmatrix}$ inverse Element p_1^{-1} ist $\begin{pmatrix} 1 & 2 & 3 \\ 1 & 3 & 2 \end{pmatrix}$.
   Denn es gilt $p_1 \circ p_1^{-1} = \begin{pmatrix} 1 & 2 & 3 \\ 1 & 2 & 3 \end{pmatrix} = e$.

3.1.7.2. Variationen

Es seien n verschiedene Elemente $a_1, a_2, \ldots, a_n$ gegeben. Jede Zusammenstellung von k solchen Elementen unter Berücksichtigung ihrer Anordnung heißt **Variation** von n Elementen zur k-ten Klasse, und zwar

Variation ohne Wiederholung, wenn paarweise verschiedene Elemente,

Variation mit Wiederholung, wenn auch untereinander gleiche Elemente zur Zusammenstellung verwendet werden.

»Unter Berücksichtigung ihrer Anordnung« bedeutet, daß zwei Komplexionen, die aus denselben Elementen bestehen, die Elemente jedoch in verschiedener Reihenfolge enthalten, als verschieden gelten.

BEISPIEL 3/29

Es seien die fünf Elemente a, b, c, d, e gegeben.

a) Die Komplexionen *abc* und *ade* sind Variationen von 5 Elementen zur 3. Klasse ohne Wiederholung, die Komplexionen *acde* und *adeb* Variationen von 5 Elementen zur 4. Klasse ohne Wiederholung.
b) Die Komplexionen *abb* und *aae* sind Variationen von 5 Elementen zur 3. Klasse mit Wiederholung.
c) Die Variationen *aed* und *ade* gelten als verschieden, obwohl die gleichen Elemente zur Bildung der Komplexionen verwendet wurden.

Die Anzahl der Variationen von n Elementen zur k-ten Klasse ohne Wiederholung beträgt

$$V_n^{(k)} = n \cdot (n-1) \cdot (n-2) \cdot \ldots \cdot (n-k+1) = \frac{n!}{(n-k)!}$$

BEISPIEL 3/30

Aus blauem, gelbem, rotem und weißem Fahnentuch sollen dreifarbige Fähnchen hergestellt werden. Wie viele verschiedene Fähnchen sind möglich?

Gegeben: $n = 4, k = 3$ Gesucht: $V_4^{(3)}$

$$V_4^{(3)} = \frac{4!}{(4-3)!} = 24.$$

Die Anzahl der Variationen von n Elementen zur k-ten Klasse mit Wiederholung beträgt

$$^{W}V_n^{(k)} = n^k.$$

BEISPIEL 3/31

Wie groß ist die Anzahl verschiedener Tippmöglichkeiten beim Fußballtoto?

Gegeben: $n = 3$ (Anzahl der Spielausgänge), $k = 13$ (Anzahl der Spiele),

Gesucht: $^{W}V_3^{(13)}$

$$^{W}V_3^{(13)} = 3^{13} = 1\,594\,323$$

3.1.7.3. Kombinationen

Es seien n verschiedene Elemente $a_1, a_2, \ldots, a_n$ gegeben. Jede Zusammenstellung von k solchen Elementen ohne Berücksichtigung ihrer Anordnung heißt **Kombination** von n Elementen zur k-ten Klasse, und zwar

Kombination ohne Wiederholung, wenn paarweise verschiedene Elemente,

Kombination mit Wiederholung, wenn auch untereinander gleiche Elemente zur Zusammenstellung verwendet werden.

BEISPIEL 3/32

Es seien die fünf Elemente a, b, c, d, e gegeben. Dann können folgende Kombinationen zur 2. Klasse ohne Wiederholung gebildet werden:

ab	*ac*	*ad*	*ae*
	bc	*bd*	*be*
		cd	*ce*
			de

Da die Anordnung der Elemente nicht berücksichtigt wird, werden die Komplexionen *ab* und *ba* nicht als verschieden angesehen.

Die Anzahl der Kombinationen von n Elementen zur k-ten Klasse ohne Wiederholung beträgt

$$C_n^{(k)} = \frac{n!}{k! \cdot (n-k)!} = \frac{n \cdot (n-1) \cdot \ldots \cdot (n-k+1)}{k!} = \binom{n}{k},$$

wobei $n \geqq k$.

$\binom{n}{k}$ heißt Binomialkoeffizient (↗ binomischer Lehrsatz 4.3.3.).

BEISPIEL 3/33

Die Anzahl der Tippmöglichkeiten beim Zahlenlotto (»5 aus 90«) beträgt

$$C_{90}^{(5)} = \binom{90}{5} = \frac{90 \cdot 89 \cdot 88 \cdot 87 \cdot 86}{1 \cdot 2 \cdot 3 \cdot 4 \cdot 5} = 43\,949\,268$$

Die Anzahl der Kombinationen von n Elementen zur k-ten Klasse mit Wiederholung beträgt

$$^{W}C_n^{(k)} = \binom{n+k-1}{k}.$$

BEISPIEL 3/34

Wie viele verschiedene Würfe können bei drei vollkommen gleichen Würfeln auftreten, wenn die Würfel gleichzeitig geworfen werden?

Gegeben: Anzahl der Elemente: $n = 6$ (die Ziffern 1 bis 6)
Auswahl von 3 Ziffern, also $k = 3$
Wiederholung ist möglich

Gesucht: $^{W}C_6^{(3)}$

$$^{W}C_6^{(3)} = \binom{6+3-1}{3} = \binom{8}{3} = 56$$

3.1.7.4. Übersicht über die Formeln zu kombinatorischen Anzahlbestimmungen (s. S. 102)

3.1.8. Notwendigkeit und Möglichkeiten der Erweiterung des Bereichs der natürlichen Zahlen

Im Bereich der natürlichen Zahlen wurden zwei algebraische Operationen (Addition, Multiplikation) und eine Ordnungsrelation festgelegt. Der Bereich der natürlichen Zahlen bildet einen **geordneten Halbring** (↗ 2.7.1.).
Im Bereich der natürlichen Zahlen können Gleichungen der Formen $a + x = b$, $a \cdot x = b$ und $x^n = b$ nicht uneingeschränkt gelöst werden. Deshalb muß der Bereich der natürlichen Zahlen erweitert werden, wobei gefordert wird, daß die oben genannten Strukturgesetze auch im neuen Zahlenbereich gültig bleiben (**Permanenzprinzip** von HERMANN HANKEL, 1839 bis 1873). Ferner sollen die Definitionen der Rechenoperationen und Ordnungsrelationen so erfolgen, daß Isomorphie (↗ 2.6.2.) zwischen einem Teilbereich des neuen Bereichs und dem Ausgangsbereich bezüglich dieser Operationen eintritt.

Wird zunächst die uneingeschränkte Ausführbarkeit der

Subtraktion	Division

gefordert, dann wird **N** zum

Bereich **Z** der **ganze Zahlen**	Bereich $\mathbf{Q}_+$ der **gebrochenen Zahlen**

erweitert. Anschließend erfolgt durch Forderung nach uneingeschränkter Ausführbarkeit der

Division	Subtraktion

die Erweiterung zum Bereich **Q** der **rationalen Zahlen**.

3.1.7.4. Übersicht über die Formeln zu kombinatorischen Anzahlbestimmungen

Berücksichtigung der Anordnung				**Berücksichtigung der Auswahl**	
Permutation		**Variation**		**Kombination**	
ohne Wiederholung	mit Wiederholung	ohne Wiederholung	mit Wiederholung	ohne Wiederholung	mit Wiederholung
$P_n = n!$	${}^{W}P_n = \frac{n!}{n_1! \cdot \ldots \cdot n_k!}$ mit $n_1 + \ldots + n_k = n$	$V_n^{(k)} = \frac{n!}{(n-k)!}$ $(1 \leqq k \leqq n)$	${}^{W}V_n^{(k)} = n^k$	$C_n^{(k)} = \binom{n}{k}$	${}^{W}C_n^{(k)} = \binom{n+k-1}{k}$

3.2. Der Bereich der gebrochenen Zahlen

3.2.1. Die Menge der gebrochenen Zahlen

(1) Notwendigkeit der Erweiterung des Bereichs der natürlichen Zahlen: Uneingeschränkte Ausführbarkeit der Division (ausgenommen Division durch 0); es sollen Gleichungen der Form $a \cdot x = b$ auch für den Fall $a \nmid b$ gelöst werden können, z. B. $3x = 5$.

Hinweis zur Division durch 0: $a:0$ $(a \neq 0)$ und $0:0$ sind nicht ausführbar.

Begründung:

Wenn $a : 0 = x$ $(a \neq 0)$, so ist $a = x \cdot 0$. Diese Gleichung ist wegen $a \neq 0$ für keine Zahl x erfüllbar.

Wenn $0 : 0 = x$, so ist $0 = x \cdot 0$. Diese Gleichung ist für jede Zahl x erfüllbar. Die Lösung ist nicht eindeutig.

(2) Die geordneten Paare $(m; n)$ mit $m, n \in \mathbf{N}$ und $n \neq 0$ heißen **Brüche** (auch gemeine Brüche genannt), die Zahl m heißt **Zähler**, die Zahl n **Nenner** des Bruches $(m; n)$.

Brüche, für die $m < n$ gilt, heißen **echte Brüche**; gilt $m \geqq n$, werden sie **unechte Brüche** genannt.
Zwei Brüche $(m_1; n_1)$ und $(m_2; n_2)$ sind genau dann **gleich**, wenn sowohl ihre Zähler m_1, m_2 als auch ihre Nenner n_1, n_2 übereinstimmen.
Zwei geordnete Paare $(m_1; n_1)$ und $(m_2; n_2)$ sind quotientengleich $(=_q)$ genau dann, wenn $m_1 \cdot n_2 = m_2 \cdot n_1$ gilt.

BEISPIEL 3/35

$(3; 5) =_q (6; 10)$, denn $3 \cdot 10 = 6 \cdot 5$
$(0; 2) =_q (0; 11)$, denn $0 \cdot 11 = 0 \cdot 2$

Die Relation »Quotientengleichheit« ist eine Äquivalenzrelation, denn sie ist reflexiv, symmetrisch und transitiv. Sie bewirkt in der Menge der geordneten Paare eine Klasseneinteilung. Die Äquivalenzklassen von $\mathbf{N} \times \mathbf{N}^*$ bezüglich der Quotientengleichheit heißen gebrochene Zahlen. Die Menge der gebrochenen Zahlen wird mit $\mathbf{Q}_+$ bezeichnet.

Eine **gebrochene Zahl** ist eine Klasse quotientengleicher geordneter Paare $(a; b)$ natürlicher Zahlen mit $b \neq 0$. Mit $\frac{m}{n}$ wird die Klasse der zum Paar $(m; n)$ quotientengleichen Paare $(a; b)$ bezeichnet.

$\frac{m}{n}$ (gelesen: m durch n) heißt Bruchdarstellung dieser gebrochenen Zahl. Andere Darstellungsformen für eine gebrochene Zahl sind: ein geordnetes Paar $(m; n)$, ein Quotient $m : n$, ein Dezimalbruch (↗ 3.2.5.). Gebrochene Zahlen, die durch echte Brüche dargestellt werden, heißen

echt gebrochene Zahlen; gebrochene Zahlen, die durch unechte Brüche dargestellt werden, **unecht gebrochene Zahlen.** Zwei gebrochene Zahlen $\frac{m_1}{n_1}$ und $\frac{m_2}{n_2}$ sind **gleich** genau dann, wenn die Brüche $(m_1; n_1)$ und $(m_2; n_2)$ quotientengleich sind.

Ist der Bruch $(m; n)$ ein Repräsentant der gebrochenen Zahl a, so ist auch der Bruch $(mk; nk)$ mit $k \in \mathbf{N}$ und $k > 1$ ein Repräsentant. Der Übergang von $(m; n)$ zu $(mk; nk)$ heißt **Erweitern mit** der Zahl $k > 1$, der Übergang von $(mk; nk)$ zu $(m; n)$ **Kürzen mit** der Zahl $k > 1$. Brüche, die durch Erweitern oder Kürzen auseinander hervorgehen, bilden eine Klasse. Demnach gibt es für jede gebrochene Zahl unendlich viele Zahlensymbole. Es ist deshalb zweckmäßig zu vereinbaren, zur Angabe einer gebrochenen Zahl a die **reduzierte Bruchdarstellung** von a zu benutzen. Das ist dann der Fall, wenn sein Zähler und sein Nenner teilerfremd sind.

BEISPIEL 3/36

In einer Klasse liegen die Brüche $\frac{12}{9}, \frac{20}{15}, \frac{8}{6}, \frac{16}{12}, \frac{24}{18}, \frac{4}{3}, \frac{28}{21}, \ldots$ Sie können alle zur Bezeichnung der gleichen gebrochenen Zahl dienen. Die reduzierte Bruchdarstellung ist $\frac{4}{3}$.

Veranschaulichung in einem Mengendiagramm in Bild 3/4

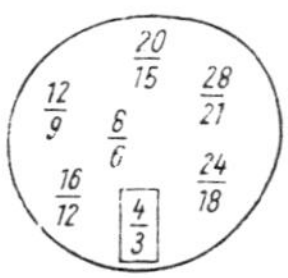

Bild 3/4

Brüche $(m_1; n)$, $(m_2; n)$ mit dem gleichen Nenner n heißen **gleichnamig.** Zwei gebrochene Zahlen a, b können durch gleichnamige Brüche repräsentiert werden.

Brüche der Form $(1; n)$ heißen **Stammbrüche.**

Jeder gebrochenen Zahl, die durch einen Bruch mit dem Nenner 1 dargestellt wird, entspricht eine natürliche Zahl und umgekehrt.

(3) **Veranschaulichung gebrochener Zahlen am Zahlenstrahl**

Vom Anfangspunkt eines Strahls trägt man eine Strecke einer vorgegebenen Länge (die Einheitsstrecke) ab. Dem Anfangspunkt wird die gebrochene Zahl $\frac{0}{1}$, dem Endpunkt dieser Strecke die gebrochene Zahl $\frac{1}{1}$ zugeordnet. Vom Endpunkt wird die Einheitsstrecke mehrmals nacheinander abgetragen; den Punkten werden die gebrochenen Zahlen $\frac{2}{1}$, $\frac{3}{1}$, ... zugeordnet. Die gebrochene Zahl $a = \frac{m}{n}$ wird dann denjenigen Punkten zugeordnet, die durch m-maliges Abtragen des n-ten Teils der Einheitsstrecke vom Anfangspunkt aus entstanden sind (Bild 3/5).

Hinweis: Gelegentlich wird in der Umgangssprache für einen unechten Bruch der Begriff »gemischte Zahl« verwendet. Sowohl die Bezeichnung als auch die Darstellung (an Stelle der Summe aus einer natürlichen Zahl und einem echten Bruch) sind unkorrekt. »Gemischte Zahlen« sollten deshalb bei Rechnungen vermieden werden (↗ Beispiel 4/5).

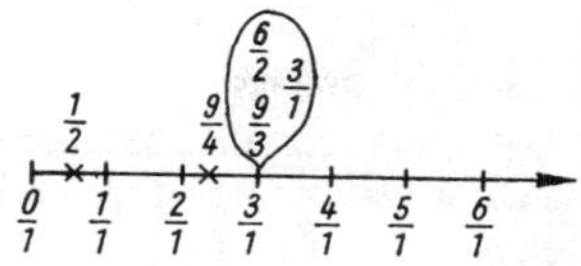

Bild 3/5

3.2.2. Ordnungsrelation in der Menge der gebrochenen Zahlen

Beim Vergleichen zweier gebrochener Zahlen miteinander wird – wie bei den natürlichen Zahlen – diejenige **kleiner** genannt, deren zugeordneter Punkt auf dem Zahlenstrahl weiter links liegt.

Werden die gebrochenen Zahlen a, b durch die Brüche $a = \frac{m_1}{n_1}$, $b = \frac{m_2}{n_2}$ mit $n_1, n_2 \neq 0$ dargestellt, so ist $a < b$ genau dann, wenn $m_1 \cdot n_2 < m_2 \cdot n_1$ ist.

BEISPIEL 3/37

Um die gebrochenen Zahlen $a = \frac{17}{5}$ und $b = \frac{11}{3}$ vergleichen zu können, ermittelt man $m_1 \cdot n_2 = 17 \cdot 3 = 51$ und $m_2 \cdot n_1 = 11 \cdot 5 = 55$. Es gilt $a < b$, da $51 < 55$ ist.

Während jede natürliche Zahl einen unmittelbaren Nachfolger hat, besitzt keine gebrochene Zahl einen unmittelbaren Nachfolger. In der Menge der gebrochenen Zahlen gibt es zwischen zwei voneinander verschiedenen gebrochenen Zahlen stets eine weitere gebrochene Zahl. Man sagt, die Menge der gebrochenen Zahlen ist **dicht.**

BEISPIEL 3/38

Zwischen den gebrochenen Zahlen $a = \frac{3}{10}$ und $b = \frac{4}{10}$ können durch Bildung des arithmetischen Mittels (↗ 9.4.2.(1)) beliebig viele weitere gebrochene Zahlen ermittelt werden. Es liegen $\frac{7}{20}, \frac{13}{40}, \ldots$ zwischen a, b.

3.2.3. Algebraische Operationen in der Menge der gebrochenen Zahlen

3.2.3.1. Addition gebrochener Zahlen

Es seien a, b gebrochene Zahlen, die durch die Brüche $a = \frac{m_1}{n}$ bzw. $b = \frac{m_2}{n}$ dargestellt seien. Dann heißt die gebrochene Zahl s die **Summe** von a, b, wenn s durch $\frac{m_1 + m_2}{n}$ dargestellt ist. Die Summe wird mit $a + b$ bezeichnet; sie existiert stets und ist eindeutig bestimmt.

Ungleichnamige Brüche müssen erst gleichnamig gemacht werden, indem der Hauptnenner ermittelt wird.

BEISPIEL 3/39

a) $\frac{3}{4} + \frac{7}{4} = \frac{3+7}{4} = \frac{10}{4} = \frac{5}{2}$

b) $\frac{2}{5} + \frac{7}{3} = \frac{6}{15} + \frac{35}{15} = \frac{6+35}{15} = \frac{41}{15}$

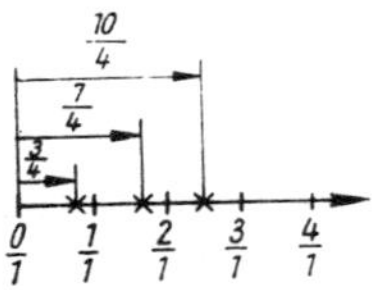

Bild 3/6

Veranschaulichung der Addition gebrochener Zahlen durch **Streckenaddition** (↗ 3.1.5.), für Beispiel 3/39a in Bild 3/6

Eigenschaften der Addition in $\mathbf{Q}_+$:

Für alle gebrochenen Zahlen gelten die Strukturgesetze A 1, A 2, A 3 (↗ 2.7.1.) und das Monotoniegesetz der Addition bezüglich der Ordnung.

Umkehrung der Addition gebrochener Zahlen: Subtraktion

Wenn $a, b \in \mathbf{Q}_+$ und $a \leqq b$ gilt, so existiert genau eine (eindeutig bestimmte) Lösung der Gleichung $a + x = b$ in $\mathbf{Q}_+$, die mit $b - a$ bezeichnet und die **Differenz** der gebrochenen Zahlen b, a genannt wird.

Wenn die gebrochenen Zahlen a, b durch die Brüche $\frac{m_1}{n}$ bzw. $\frac{m_2}{n}$ mit $m_1 < m_2$ dargestellt sind, dann ist die Differenz

$$b - a = \frac{m_2 - m_1}{n}.$$

BEISPIEL 3/40

a) $\frac{9}{5} - \frac{2}{5} = \frac{9-2}{5} = \frac{7}{5}$

b) $\frac{15}{7} - \frac{3}{4} = \frac{60}{28} - \frac{21}{28} = \frac{60-21}{28} = \frac{39}{28}$

c) $\frac{2}{3} - \frac{3}{4} = \frac{8}{12} - \frac{9}{12}$ ist im Bereich der gebrochenen Zahlen nicht lösbar.

Zwei Differenzen gebrochener Zahlen sind gleich, d. h., $b_1 - a_1 = b_2 - a_2$, wenn gilt $b_1 + a_2 = b_2 + a_1$.

3.2.3.2. Multiplikation gebrochener Zahlen

Es seien a, b gebrochene Zahlen mit den Bruchdarstellungen $a = \frac{m_1}{n_1}$ und $b = \frac{m_2}{n_2}$. Dann wird die gebrochene Zahl $p = \frac{m_1 \cdot m_2}{n_1 \cdot n_2}$ das **Produkt** von a und b genannt und mit $a \cdot b$ bezeichnet.

BEISPIEL 3/41

a) $\frac{3}{5} \cdot \frac{7}{11} = \frac{3 \cdot 7}{5 \cdot 11} = \frac{21}{55}$

b) $\frac{2}{3} \cdot \frac{7}{3} = \frac{2 \cdot 7}{3 \cdot 3} = \frac{14}{9}$

c) $\frac{2}{5} \cdot \frac{15}{3} = \frac{2 \cdot 15}{5 \cdot 3} = \frac{2 \cdot 3}{1 \cdot 3} = \frac{2 \cdot 1}{1 \cdot 1} = \frac{2}{1} = 2$

Eigenschaften der Multiplikation in Q_+^*

Für alle gebrochenen Zahlen gelten die Strukturgesetze M 1, M 2, M 3, M 4, D (↗ 2.7.1.) und das Monotoniegesetz der Multiplikation bezüglich der Ordnung. Der Bereich der gebrochenen Zahlen hat die Struktur eines **geordneten Halbkörpers.**
Die Gleichung $a \cdot x = 1$ besitzt für $a \neq 0$ genau eine Lösung, die mit a^{-1} bezeichnet und die zu a **inverse** gebrochene Zahl (auch reziproke gebrochene Zahl) genannt wird.

Umkehrung der Multiplikation gebrochener Zahlen: Division

Wenn $a, b \in \mathbf{Q}_+$ und $a \neq 0$, so existiert genau eine (eindeutig bestimmte) Lösung der Gleichung $a \cdot x = b$ in $\mathbf{Q}_+$, die mit $b : a$ bezeichnet und der **Quotient** der gebrochenen Zahlen b, a genannt wird.

Gebrochene Zahlen a, b, die durch die Brüche $a = \frac{m_1}{n_1}$ bzw. $b = \frac{m_2}{n_2}$ dargestellt sind, werden dividiert, indem man den Dividenden mit dem Reziproken des Divisors multipliziert:

$$a : b = \frac{m_1}{n_1} : \frac{m_2}{n_2} = \frac{m_1}{n_1} \cdot \frac{n_2}{m_2} = \frac{m_1 \cdot n_2}{n_1 \cdot m_2}$$

$$(n_1 \neq 0,\ n_2 \neq 0,\ m_2 \neq 0)$$

BEISPIEL 3/42

a) $\frac{2}{3} : \frac{4}{5} = \frac{2}{3} \cdot \frac{5}{4} = \frac{2 \cdot 5}{3 \cdot 4} = \frac{5}{6}$

b) $\dfrac{\frac{5}{3}}{\frac{2}{7}} = \frac{5}{3} : \frac{2}{7} = \frac{5}{3} \cdot \frac{7}{2} = \frac{5 \cdot 7}{3 \cdot 2} = \frac{35}{6}$

3.2.4. Die Menge der natürlichen Zahlen als Teilmenge der Menge der gebrochenen Zahlen

Das Rechnen mit gebrochenen Zahlen der Form $\frac{m}{1}$ ($m \in \mathbf{N}$) erfolgt wie das Rechnen mit natürlichen Zahlen, d. h., der Teilbereich $\mathbf{Q}_+'$ mit

$\mathbf{Q}_+' = \left\{\frac{m}{1} : m \in \mathbf{N}\right\}$ und der Bereich **N** der natürlichen Zahlen sind **isomorph** (↗ 2.6.2.) bezüglich der in beiden Bereichen erklärten Operationen Addition und Multiplikation. Deshalb soll die natürliche Zahl m nicht mehr von der gebrochenen Zahl $\frac{m}{1}$ unterschieden werden. Damit ist die Menge der natürlichen Zahlen eine Teilmenge der gebrochenen Zahlen. Man sagt, **N** ist eingebettet in $\mathbf{Q}_+$.
Nun kann die Summe und das Produkt aus einer natürlichen Zahl und einer gebrochenen Zahl gebildet werden:

$$m + \frac{m_1}{n_1} = \frac{m}{1} + \frac{m_1}{n_1} = \frac{m \cdot n_1 + m_1}{n_1}$$

$$m \cdot \frac{m_1}{n_1} = \frac{m}{1} \cdot \frac{m_1}{n_1} = \frac{m \cdot m_1}{n_1}$$

BEISPIEL 3/43

a) $2 + \frac{3}{5} = \frac{2 \cdot 5 + 3}{5} = \frac{13}{5}$

b) $2 \cdot \frac{3}{5} = \frac{2 \cdot 3}{5} = \frac{6}{5}$

Ferner kann jede Division natürlicher Zahlen (außer der Division durch 0) als Division gebrochener Zahlen aufgefaßt werden und umgekehrt kann jeder Bruch als Quotient natürlicher Zahlen dargestellt werden. Für beliebige natürliche Zahlen m, n $(n \neq 0)$ gilt $\frac{m}{n} = m : n$.

BEISPIEL 3/44

a) $2:3 = \frac{2}{1} : \frac{3}{1} = \frac{2}{1} \cdot \frac{1}{3} = \frac{2}{3}$; also $2:3 = \frac{2}{3}$

b) $3 : \frac{4}{7} = \frac{3}{1} \cdot \frac{7}{4} = \frac{3 \cdot 7}{1 \cdot 4} = \frac{21}{4}$

c) $\frac{3}{8} : 5 = \frac{3}{8} : \frac{5}{1} = \frac{3}{8} \cdot \frac{1}{5} = \frac{3 \cdot 1}{8 \cdot 5} = \frac{3}{40}$

Archimedisches Axiom: Zu jeder gebrochenen Zahl a gibt es eine natürliche Zahl n, für die $a < n$ gilt; z. B. gibt es zu der gebrochenen Zahl $a = \frac{3}{7}$ eine natürliche Zahl $n = 1$, so daß $\frac{3}{7} < 1$ ist.

3.2.5. Darstellung gebrochener Zahlen im dekadischen Positionssystem

3.2.5.1. Zehnerbrüche, Dezimalbrüche

Brüche, deren Nenner in der Form 10^n mit $n \in \mathbf{N}^*$ dargestellt werden können, heißen **Zehnerbrüche**, z. B. sind $\frac{3}{10}, \frac{17}{100}, \frac{159}{1000}, \frac{436}{10}$ Zehnerbrüche.

Erweitert man die aus Abschnitt 3.1.2. bekannte Stellenwerttafel des dekadischen Positionssystems nach rechts, so können Zehnerbrüche in dezimaler Schreibweise angegeben werden. Diese Brüche werden **Dezimalbrüche** genannt.

BEISPIEL 3/45

Zehnerbruch	10^1	10^0	$\frac{1}{10}$	$\frac{1}{10^2}$	$\frac{1}{10^3}$	Dezimalbruch
$\frac{3}{10}$		0	3			0,3
$\frac{17}{100}$		0	1	7		0,17
$\frac{159}{1000}$		0	1	5	9	0,159
$\frac{436}{10}$	4	3	6			43,6

Ein Dezimalbruch ist eine Folge (a_k) natürlicher Zahlen mit $a_k \leqq 9$ für alle $k \geqq 1$. Der Stellenwert jeder Ziffer ist der zehnte Teil des Stellenwertes der links von ihr stehenden Ziffer. Nach den Einern wird das Komma gesetzt. Die Stellen nach dem Komma heißen Dezimalstellen oder Dezimalen, z. B.

0,183 (gelesen: Null-Komma-Eins-Acht-Drei)
41,43 (gelesen: Einundvierzig-Komma-Vier-Drei).

Veranschaulichung von Teilmengen von $\mathbf{Q}_+$ in Bild 3/7 (Angabe einzelner Repräsentanten)

Zu jedem gemeinen Bruch kann ein Dezimalbruch angegeben werden, der die gleiche gebrochene Zahl darstellt. Dabei faßt man den Bruch $\frac{m}{n}$ als Quotient $m : n$ auf (↗ 3.2.4.).

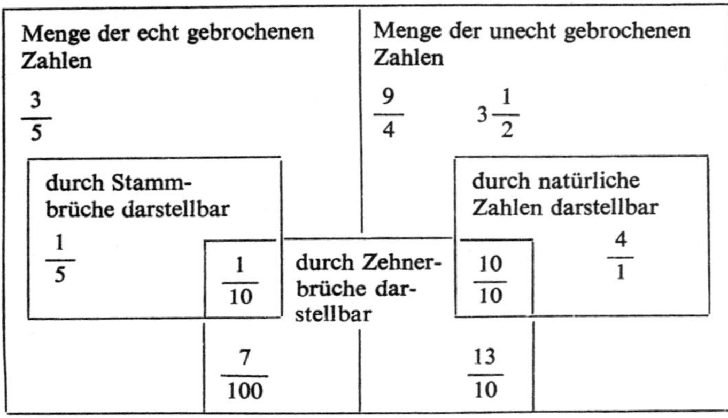

Bild 3/7

Ist der Nenner des Bruches Teiler einer Zehnerpotenz, so kann der Bruch durch Erweitern in einen Dezimalbruch umgewandelt werden oder der Quotient wird ermittelt.

BEISPIEL 3/46

$$\frac{3}{8} = \frac{3 \cdot 125}{8 \cdot 125} = \frac{375}{1000} = 0{,}375$$

$$\frac{3}{8} = 3:8 = 0{,}375$$

Ist der Nenner des Bruches kein Teiler einer Zehnerpotenz, so wird der Dezimalbruch durch Anwendung des Divisionsalgorithmus ermittelt.

BEISPIEL 3/47

$$\frac{5}{7} = 5:7 = 0{,}71428571\ldots = 0{,}\overline{714285}$$

Die drei Punkte sollen andeuten, daß noch weitere Dezimalstellen folgen. Der Dezimalbruch hat unendlich viele Dezimalstellen.

Ein Dezimalbruch heißt **endlicher Dezimalbruch**, wenn hinter dem Komma eine letzte von Null verschiedene Stelle auftritt.
Ein Dezimalbruch heißt **unendlicher Dezimalbruch**, wenn keine letzte von Null verschiedene Stelle auftritt.
Die in unendlichen Dezimalbrüchen auftretenden immer wiederkehrenden Ziffern oder Gruppen von Ziffern heißen **Perioden.**
Ein unendlicher Dezimalbruch heißt **periodischer Dezimalbruch**, wenn in den Dezimalstellen Perioden auftreten.

Ist $\frac{p}{q}$ die reduzierte Bruchdarstellung der gebrochenen Zahl a und enthält der Nenner q von 2 und 5 verschiedene Primfaktoren, so ist der zugehörige Dezimalbruch periodisch.
Je nach der Anzahl n der Ziffern spricht man von **n-stelligen Perioden.** Eine Periode hat höchstens $q - 1$ Ziffern. Eine Periode wird durch einen waagerechten Strich über den Ziffern gekennzeichnet, die die Periode bilden; sie wird nur einmal geschrieben. In Beispiel 3/47 ist die Periode sechsstellig.

Jeder gebrochenen Zahl kann entweder ein endlicher oder ein periodischer Dezimalbruch zugeordnet werden und umgekehrt.

Hinweis: Es gibt auch unendliche nichtperiodische Dezimalbrüche, z. B. 3,14159... oder 2,71828..., die jedoch keine gebrochenen Zahlen darstellen (↗ irrationale Zahlen, 3.4.1.).

Die **Umwandlung eines endlichen Dezimalbruchs** in einen gemeinen Bruch erfolgt durch Darstellung als Zehnerbruch und anschließendes Kürzen.

BEISPIEL 3/48

$$0{,}486 = \frac{486}{1000} = \frac{243}{500}$$

Die **Umwandlung eines periodischen Dezimalbruchs** in einen gemeinen Bruch erfolgt durch Anwendung der Summenformel einer geometrischen Reihe (↗ 6.8.9.(4)).

BEISPIEL 3/49

a) $$0{,}\overline{7} = \frac{7}{10} + \frac{7}{100} + \frac{7}{1000} + \ldots = \frac{\frac{7}{10}}{1 - \frac{1}{10}} = \frac{\frac{7}{10}}{\frac{9}{10}} = \frac{7}{9}$$

b) $$0{,}\overline{37} = \frac{37}{100} + \frac{37}{10000} + \ldots = \frac{\frac{37}{100}}{1 - \frac{1}{100}} = \frac{\frac{37}{100}}{\frac{99}{100}} = \frac{37}{99}$$

Dezimalbrüche heißen **reinperiodisch**, wenn die Periode sofort nach dem Komma beginnt (↗ Beispiel 3/49), sie heißen **gemischtperiodisch**, wenn zwischen Komma und Beginn der Periode weitere Ziffern, Vorziffern genannt, auftreten. Gemischtperiodische Dezimalbrüche entstehen dann, wenn der Nenner außer anderen Primfaktoren die Primfaktoren 2 und 5 enthält.

BEISPIEL 3/50

a) $\frac{11}{30} = 11:30 = 0{,}3\overline{6}$

$$\text{b) } 0{,}2\bar{3} = \frac{2}{10} + \frac{3}{100} + \frac{3}{1000} + \ldots = \frac{2}{10} + \frac{\frac{3}{100}}{1 - \frac{1}{10}}$$

$$= \frac{2}{10} + \frac{\frac{3}{100}}{\frac{9}{10}} = \frac{2}{10} + \frac{1}{30} = \frac{6+1}{30} = \frac{7}{30}$$

3.2.5.2. Ordnungsrelation für gebrochene Zahlen in Dezimalbruchdarstellung

Gebrochene Zahlen in Dezimalbruchdarstellung werden verglichen, indem die Dezimalbrüche zunächst gleichnamig gemacht werden (gleichnamige Dezimalbrüche haben die gleiche Anzahl von Dezimalstellen) und anschließend ohne Berücksichtigung des Kommas wie natürliche Zahlen verglichen werden.

BEISPIEL 3/51

35,13 und 35,236 sind zu vergleichen.
Gleichnamig machen: 35,130 bzw. 35,236
Vergleich der natürlichen Zahlen: 35130 < 35236; also 35,13 < 35,236.

3.2.5.3. Rechenoperationen für gebrochene Zahlen in Dezimalbruchdarstellung

Das **Addieren** und das **Subtrahieren** gebrochener Zahlen in Dezimalbruchdarstellung erfolgen nach den Regeln für die Addition bzw. Subtraktion im dekadischen Positionssystem. Dabei werden die Summanden so untereinander angeordnet, daß Stellen mit dem gleichen Stellenwert stets untereinander stehen (Komma unter Komma).

BEISPIEL 3/52

a)		b)
19,14[0]		573,37
43,782	□ ergänzt	− 35,41
6,1[00]		− 6,73
3,041		531,23
72,063		

Bei der Addition gebrochener Zahlen, von denen einige in Form gemeiner Brüche, andere in Dezimalbruchdarstellung gegeben sind, muß entschieden werden, welche einheitliche Darstellungsform für die Rechnung die vorteilhafteste ist.

BEISPIEL 3/53

a) In der Aufgabe $2{,}45 + \frac{5}{8} + 0{,}472 + \frac{11}{5}$ werden die gemeinen Brüche in Dezimalbrüche umgewandelt:

$2{,}45 + 0{,}625 + 0{,}472 + 2{,}2 = 5{,}747$

b) In der Aufgabe $17{,}8 + \frac{4}{7} + \frac{9}{4} + 6{,}2$ ist es nicht zweckmäßig, die gemeinen Brüche in Dezimalbrüche umzuwandeln, da der Bruch $\frac{4}{7}$ nicht als Zehnerbruch geschrieben werden kann. Er müßte durch einen Dezimalbruch angenähert werden; das bringt eine Ungenauigkeit in die Rechnung. Deshalb

$$\frac{178}{10} + \frac{4}{7} + \frac{9}{4} + \frac{62}{10} = \frac{4984 + 160 + 630 + 1736}{280} = \frac{7510}{280} = \frac{751}{28}$$

Multiplizieren gebrochener Zahlen in Dezimalbruchdarstellung erfolgt zunächst ohne Berücksichtigung des Kommas (wie bei der Multiplikation natürlicher Zahlen). Im Ergebnis trennt man durch das Komma so viele Dezimalstellen ab, wie beide Faktoren zusammen haben.

BEISPIEL 3/54

a)	b)
372,8 · 4,53	0,083 · 0,0216
14912	166
18640	83
11184	498
1688,784	0,0017928

Dividieren gebrochener Zahlen in Dezimalbruchdarstellung erfolgt in den Fällen, in denen der Dividend eine natürliche oder eine gebrochene Zahl und der Divisor eine natürliche Zahl ist, in der vom Dividieren natürlicher Zahlen bekannten Weise, jedoch wird nach dem Dividieren der Einer des Dividenden das Komma im Quotienten gesetzt.
In dem Fall, in dem Dividend und Divisor gebrochene Zahlen sind, müssen Dividend und Divisor mit einer Potenz von 10 erweitert werden, so daß der Divisor eine natürliche Zahl ist.

BEISPIEL 3/55

a) $436{,}184 : 14 = 31{,}156$

b) $4174 : 28 = 149{,}0\overline{714285}$

c) $187{,}38 : 4{,}5$
$1873{,}8 : 45 = 41{,}64$

3.3. Der Bereich der rationalen Zahlen

3.3.1. Die Menge der rationalen Zahlen

(1) Notwendigkeit der Erweiterung des Bereichs der gebrochenen Zahlen zum Bereich der rationalen Zahlen: Uneingeschränkte Ausführbarkeit der Subtraktion; d. h., es sollen Gleichungen der Form $a + x = b$ auch für $a > b$ gelöst werden können.

Die geordneten Paare $(a; b)$ mit $a, b \in \mathbf{Q}_+$ heißen **Differenzen**; sie werden mit $a - b$ bezeichnet.

Zwei geordnete Paare $(a_1; b_1)$, $(a_2; b_2)$ sind differenzengleich $(=_d)$ genau dann, wenn $a_1 + b_2 = a_2 + b_1$ gilt.

BEISPIEL 3/56

$(8 - 3) =_d (10 - 5)$, denn $8 + 5 = 10 + 3$
$(4 - 7) =_d (9 - 12)$, denn $4 + 12 = 9 + 7$

Die Relation Differenzengleichheit bewirkt in der Menge der geordneten Paare eine *Klasseneinteilung*. Die Äquivalenzklassen von $\mathbf{Q}_+ \times \mathbf{Q}_+$ bezüglich der Differenzengleichheit heißen rationale Zahlen. Die Menge der rationalen Zahlen wird mit $\mathbf{Q}$ bezeichnet.

(2) Eine **rationale Zahl** ist eine Klasse differenzengleicher geordneter Paare $(a; b)$ gebrochener Zahlen.

Eine Klasse gebrochener Zahlen, die die Differenzen

$(0 - a)$	$(0 - 0)$	$(a - 0)$
	mit $a \in \mathbf{Q}_+$ enthält, heißt	
negative rationale Zahl	die rationale Zahl **Null**	**positive** rationale Zahl
	und wird bezeichnet mit	
$-a$.	0.	$+a$.

Eine rationale Zahl a heißt

nichtpositiv, wenn $a \leqq 0$ ist.	nichtnegativ, wenn $a \geqq 0$ ist.

BEISPIEL 3/57

a) Die Differenzen $(5 - 4)$, $(4 - 3)$, $(2 - 1)$, $(1 - 0)$ liegen in einer Klasse, die mit $+1$ bezeichnet wird.

b) Die Differenzen $\left(\frac{13}{2} - \frac{8}{2}\right)$, $\left(\frac{6}{2} - \frac{1}{2}\right)$, $\left(\frac{5}{2} - 0\right)$ liegen in der Klasse, die mit $+\frac{5}{2}$ bezeichnet wird.

c) Die Differenzen $(5 - 7{,}1)$, $(3 - 5{,}1)$, $(1 - 3{,}1)$, $(0 - 2{,}1)$ liegen in der Klasse $-2{,}1$.

(3) Differenzen können durch Streckenabtragung *veranschaulicht* werden. Um auch Differenzen $a - b$ mit $a < b$ Punkte zuordnen zu können, wird statt des Zahlenstrahls (↗ 3.2.1.) eine Gerade verwendet, die **Zahlengerade** genannt wird. Die Punkte der Geraden, die rationale Zahlen repräsentieren, heißen **rationale Punkte.**

BEISPIEL 3/58

Veranschaulichung der Klassenbildung bei Differenzen durch Streckenabtragung für die Beispiele 3/57b, c in Bild 3/8

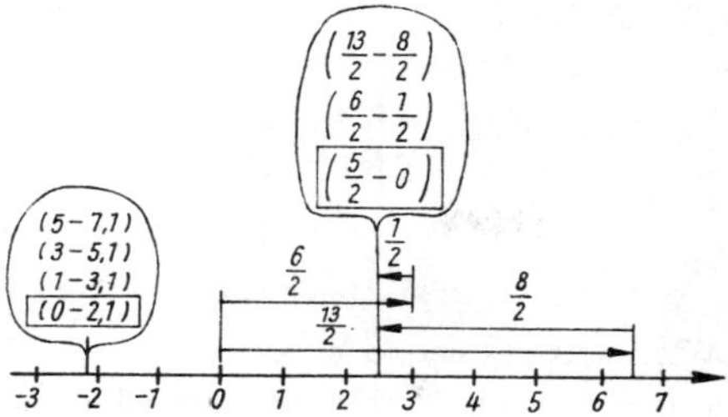

Bild 3/8

Jeder rationalen Zahl entspricht genau ein Punkt der Zahlengeraden, aber nicht jedem Punkt der Zahlengeraden entspricht eine rationale Zahl.
Die rationale Zahl $-a$ heißt die **zu a entgegengesetzte Zahl.**

Dann gilt

$$a + (-a) = 0$$
$$-(-a) = a$$
$$-a = (-1)a.$$

Hinweis: Verschiedene Bedeutung des Minuszeichens:

1. als Vorzeichen zur Bezeichnung einer negativen rationalen Zahl,
2. als Relationszeichen (Funktionszeichen) zur Bezeichnung einer entgegengesetzten Zahl,
3. als Operationszeichen zur Bezeichnung der Differenz zweier rationaler Zahlen.

3.3.2. Der absolute Betrag einer rationalen Zahl

Bei der Bildung des (absoluten) Betrags erfolgt eine Abbildung der Menge der rationalen Zahlen auf die Menge der nichtnegativen rationalen Zahlen. Der (absolute) Betrag ist demnach eine Funktion, die jeder rationalen Zahl a eine nichtnegative rationale Zahl $|a|$ zuordnet.

Für jede rationale Zahl a gilt:

$$|a| = \begin{cases} a & \text{für } a \geqq 0 \\ -a & \text{für } a < 0. \end{cases}$$

Entsprechend ist

$$|a+b| = \begin{cases} (a+b), & \text{falls } a+b \geqq 0, \text{ d. h., } a \geqq -b \\ -(a+b), & \text{falls } a+b < 0, \text{ d. h., } a < -b. \end{cases}$$

Zahlen, die sich nur durch das Vorzeichen unterscheiden, haben denselben absoluten Betrag.

BEISPIEL 3/59

a) $|+7| = 7$

$|-7| = -(-7) = 7$, weil $-7 < 0$ ist.

b) $|x + 5| = \begin{cases} x + 5, & \text{falls } x + 5 \geqq 0 \text{ ist, d. h., } x \geqq -5 \\ -(x + 5), & \text{falls } x + 5 < 0 \text{ ist, d. h., } x < -5 \end{cases}$

Eigenschaften des absoluten Betrags rationaler Zahlen

Wenn $a, b \in \mathbf{Q}$ sind, dann gilt:

1. $|a + b| \leqq |a| + |b|$ (Dreiecksungleichung)
2. $|a - b| \leqq |a| + |b|$ (weil $|a + (-b)| \leqq |a| + |-b|$ ist nach 1.)
3. $|a \cdot b| = |a| \cdot |b|$
4. $\left|\dfrac{a}{b}\right| = \dfrac{|a|}{|b|}$

3.3.3. Ordnungsrelationen und algebraische Operationen in der Menge der rationalen Zahlen

3.3.3.1. Ordnungsrelationen in Q

Es seien a, b rationale Zahlen mit $a = m_1 - n_1$ bzw. $b = m_2 - n_2$. Dann gilt $a < b$ genau dann, wenn $m_1 + n_2 < m_2 + n_1$ ist.
Eine rationale Zahl a ist kleiner als eine rationale Zahl b, wenn der rationale Punkt, der die Zahl a repräsentiert, auf der Zahlengeraden weiter links liegt als der rationale Punkt, der die Zahl b repräsentiert.

$(+a) < (+b)$ genau dann, wenn $a < b$,
$(-a) < (-b)$ genau dann, wenn $a > b$ ist.

Zwischen zwei rationalen Zahlen a, b mit $a < b$ liegen stets unendlich viele weitere rationale Zahlen, z. B. liegt $c = \dfrac{a + b}{2}$ zwischen a und b.

Werden die rationalen Zahlen als rationale Punkte auf der Zahlengeraden abgetragen, so liegen die rationalen Punkte **überall dicht**. Veranschaulichung in Bild 3/9

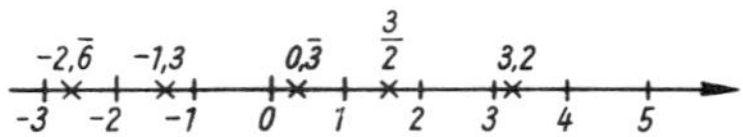

Bild 3/9

3.3.3.2. Algebraische Operationen in Q

(1) Die im Bereich $\mathbf{Q}_+$ gültigen Strukturgesetze (↗ 3.2.3.) gelten auch im Bereich mit der Erweiterung der uneingeschränkten Ausführbarkeit der Subtraktion. Der Bereich der rationalen Zahlen hat die algebraische Struktur eines **geordneten Körpers** (↗ 2.7.1.).

(2) Rechenregeln für die Addition rationaler Zahlen

Zwei rationale Zahlen

mit gleichen Vorzeichen	mit unterschiedlichen Vorzeichen
werden **addiert,** indem man die Beträge der rationalen Zahlen bildet und	
die Summe dieser Beträge bildet.	den kleineren Betrag vom größeren subtrahiert.
Die Summe hat dann das gemeinsame Vorzeichen der rationalen Zahlen.	Die Differenz hat das Vorzeichen, das der Summand mit dem größeren Betrag hat.

Es seien $a, b \in \mathbf{Q}$ und $a \geqq 0$, $b \geqq 0$, dann gilt

$(+a) + (+b) = a + b$	$(+a) + (-b) = a - b$
$(-a) + (-b) = -a - b$	$(-a) + (+b) = -a + b$

(3) Die **Subtraktion zweier rationaler Zahlen** wird durch

$$a - b = a + (-b)$$

auf die Addition rationaler Zahlen zurückgeführt.

(4) Rechenregeln für die Multiplikation rationaler Zahlen

Zwei rationale Zahlen

mit gleichen Vorzeichen	mit unterschiedlichen Vorzeichen
werden miteinander **multipliziert,** indem man das Produkt ihrer absoluten Beträge bildet.	
Das Produkt ist positiv.	Das Produkt ist negativ.

Es seien $a, b \in \mathbf{Q}$ und $a \geqq 0$, $b \geqq 0$, dann gilt

$(+a) \cdot (+b) = a \cdot b$	$(+a) \cdot (-b) = -a \cdot b$
$(-a) \cdot (-b) = a \cdot b$	$(-a) \cdot (+b) = -a \cdot b$

(5) Rechenregeln für die Division rationaler Zahlen

Zwei rationale Zahlen

mit gleichen Vorzeichen	mit unterschiedlichen Vorzeichen
werden **dividiert,** indem man den Quotienten ihrer absoluten Beträge bildet.	
Der Quotient ist positiv.	Der Quotient ist negativ.

Es seien $a, b \in \mathbf{Q}$ und $a \geqq 0$, $b \geqq 0$, dann gilt

$(+a) : (+b) = a : b$	$(+a) : (-b) = -(a : b)$
$(-a) : (-b) = a : b$	$(-a) : (+b) = -(a : b)$

Die Division durch Null ist auch im Bereich der rationalen Zahlen nicht erklärt.
(6) Für Potenzen der Form a^n mit $a \in \mathbf{Q}^*$ und $n \in \mathbf{N}$ gelten die Potenzgesetze (↗ 3.1.3.3.)

BEISPIEL 3/60

a) $\left(-\frac{5}{3}\right) + \left(+\frac{2}{7}\right) = -\frac{5}{3} + \frac{2}{7} = \frac{-35+6}{21} = -\frac{29}{21}$

b) $\left(-\frac{2}{3}\right) - \left(-\frac{4}{5}\right) = -\frac{2}{3} + \frac{4}{5} = \frac{-10+12}{15} = \frac{2}{15}$

c) $\left(+\frac{5}{4}\right) \cdot \left(-\frac{2}{3}\right) = -\frac{5 \cdot 2}{4 \cdot 3} = -\frac{5 \cdot 1}{2 \cdot 3} = -\frac{5}{6}$

d) $\left(-\frac{1}{8}\right) : \left(+\frac{2}{7}\right) = -\left(\frac{1}{8} : \frac{2}{7}\right) = -\frac{1 \cdot 7}{8 \cdot 2} = -\frac{7}{16}$

e) $\left(-\frac{2}{5}\right)^3 = -\frac{2^3}{5^3} = -\frac{8}{125}$

Eine allgemeingültige Aussageform in **Q** heißt **Formel** in **Q**.

3.3.4. Die Menge der gebrochenen Zahlen als Teilmenge der Menge der rationalen Zahlen

Das Rechnen mit nichtnegativen rationalen Zahlen erfolgt wie das Rechnen mit gebrochenen Zahlen, d. h., der Teilbereich der nichtnegativen rationalen Zahlen und der Bereich der gebrochenen Zahlen sind **isomorph** bezüglich der in beiden Bereichen erklärten Operationen Addition und Multiplikation. Deshalb soll nicht mehr zwischen der gebrochenen Zahl a und der rationalen Zahl $+a$ unterschieden werden. Damit ist die Menge der gebrochenen Zahlen eine Teilmenge der rationalen Zahlen; d. h., $\mathbf{Q}_+$ ist eingebettet in **Q**. Veranschaulichung der Teilmengenbeziehungen $\mathbf{N} \subset \mathbf{Q}_+ \subset \mathbf{Q}$ in Bild 3/10

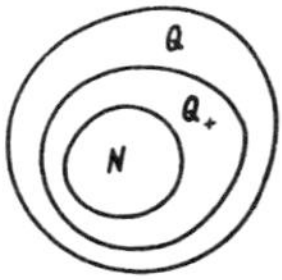

Bild 3/10

3.3.5. Beschränkte Teilmengen in Q

(1) Da die rationalen Zahlen eine geordnete Menge darstellen, können Teilmengen durch Berücksichtigung ihrer Lage in der gegebenen Menge charakterisiert werden.

Es sei $a \in \mathbf{Q}$ und $\leqq$ bezeichne eine Ordnungsrelation in **Q**. Ferner sei T eine nichtleere Teilmenge von **Q** und $s \in \mathbf{Q}$.

Dann heißt s eine

obere Schranke von T,	**untere Schranke** von T,

wenn für alle $a \in \mathbf{Q}$ gilt:

Wenn $a \in T$, so $a \leqq s$.	Wenn $a \in T$, so $a \geqq s$.

Man sagt auch,

T ist nach oben beschränkt in **Q**.	T ist nach unten beschränkt in **Q**.

BEISPIEL 3/61

a) Es sei $T_1 = \{a\colon a \in \mathbf{Q} \wedge 0 \leqq a < 1\}$.
Veranschaulichung in Bild 3/11
1 ist eine obere Schranke von T_1. Es gibt beliebig viele obere Schranken; jede Zahl größer als 1 ist eine obere Schranke.

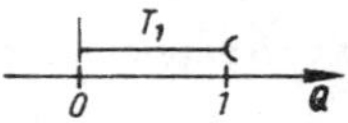

Bild 3/11

0 ist eine untere Schranke von T_1. Es gibt beliebig viele untere Schranken; jede Zahl kleiner als 0 ist eine untere Schranke.

b) Es sei $T_2 = \mathbf{N}$.
T_2 ist nach unten beschränkt, nach oben jedoch nicht.

(2) Das größte (bzw. kleinste) Element der Teilmenge T wird Maximum (bzw. Minimum) genannt und mit $\max T$ (bzw. $\min T$) bezeichnet (↗ 3.1.4.).

BEISPIEL 3/62

a) Die Teilmengen T_1, T_2 aus Beispiel 3/61 haben die Zahl 0 als Minimum, jedoch kein Maximum.

b) Die Teilmenge $T_3 = \{a\colon a \in \mathbf{Q} \wedge 0 < a \leqq 1\}$ hat kein Minimum, die Zahl 1 ist Maximum.

(3) Es sei T eine nichtleere Teilmenge von **Q** und $m \in \mathbf{Q}$.

m heißt $\left\{\begin{matrix}\textbf{obere Grenze} \text{ (oder } \textbf{Supremum}) \\ \textbf{untere Grenze} \text{ (oder } \textbf{Infimum})\end{matrix}\right\}$ von T in **Q** genau dann,

wenn m $\left\{\begin{matrix}\text{das Minimum} \\ \text{das Maximum}\end{matrix}\right\}$ der Menge der $\left\{\begin{matrix}\text{oberen} \\ \text{unteren}\end{matrix}\right\}$ Schranken

ist. Sie wird mit $\left\{\begin{matrix}\sup T \\ \inf T\end{matrix}\right\}$ bezeichnet.

Die Menge T besitzt dann ein Supremum (bzw. Infimum), wenn T nach oben (bzw. nach unten) beschränkt ist.

Das $\left\{\begin{matrix}\text{Supremum} \\ \text{Infimum}\end{matrix}\right\}$ ist die $\left\{\begin{matrix}\text{kleinste obere} \\ \text{größte untere}\end{matrix}\right\}$ Schranke.

In Beispiel 3/61 a) hat die Menge T_1 0 als Infimum, das mit dem Minimum übereinstimmt, und 1 als Supremum, aber kein Maximum.

Wenn m $\begin{Bmatrix}\text{Maximum}\\ \text{Minimum}\end{Bmatrix}$ von T ist, so ist m $\begin{Bmatrix}\text{Supremum}\\ \text{Infimum}\end{Bmatrix}$ von T.

Die Umkehrungen gelten nicht allgemein.

3.3.6. Der Bereich der ganzen Zahlen

Eine **ganze Zahl** ist eine Klasse differenzengleicher geordneter Paare $(a; b)$ natürlicher Zahlen (↗ 3.3.1.).

Eine Differenz $a - b$ der natürlichen Zahlen a, b ist für

$a \geqq b$ eine natürliche Zahl.	$a < b$ eine zu einer natürlichen Zahl entgegengesetzte Zahl.

Zwei ganze Zahlen, die sich nur durch ihr Vorzeichen unterscheiden, heißen **zueinander entgegengesetzt.**

Eine Klasse differenzengleicher Paare natürlicher Zahlen, die die Differenz

$(0 - a)$	$(0 - 0)$	$(a - 0)$

mit $a \in \mathbf{N}$ enthält, heißt

negative ganze Zahl	die ganze Zahl **Null**	**positive** ganze Zahl

und wird bezeichnet mit

$-a$	0	$+a$

0 und $+a$: nichtnegative ganze Zahlen

$-a$ und 0: nichtpositive ganze Zahlen

Die **Menge der ganzen Zahlen** wird mit **Z** bezeichnet. Sie besteht aus der Menge **N** der natürlichen Zahlen und der Menge der den natürlichen Zahlen entgegengesetzten Zahlen.

Veranschaulichung der ganzen Zahlen auf der Zahlengeraden in Bild 3/12

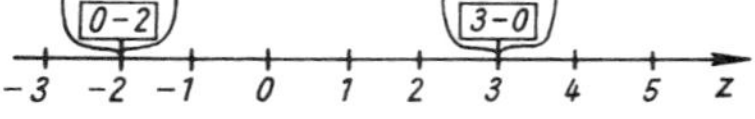

Bild 3/12

Die Menge **Z** der ganzen Zahlen ist eine Teilmenge der Menge **Q** der rationalen Zahlen und enthält als Teilmenge die Menge **N** der natürlichen Zahlen. Veranschaulichung in Bild 3/13

Da die Grundgesetze A 1, A 2, A 3, A 4, M 1, M 2, D gelten (↗ 2.7.), bildet die Menge der ganzen Zahlen als algebraische Struktur einen

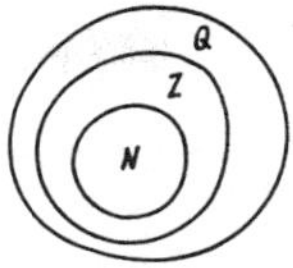

Bild 3/13

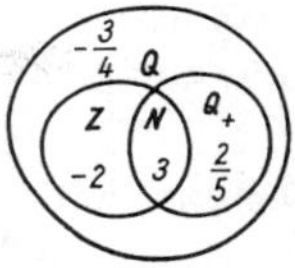

Bild 3/14

(geordneten) **Ring.** Die Division ganzer Zahlen ist nicht uneingeschränkt ausführbar.
Eine rationale Zahl a ist genau dann eine ganze Zahl, wenn $|a|$ eine natürliche Zahl ist. Die Gleichung $a \cdot x = b$ ist in **Z** genau dann lösbar, wenn $|a| \cdot x = |b|$ in **N** lösbar ist.
Mengendiagramm für Teilmengen der Menge der rationalen Zahlen mit Angabe einiger typischer Repräsentanten der Teilmengen in Bild 3/14.

3.3.7. Teilbarkeitsrelation in der Menge der ganzen Zahlen

3.3.7.1. Erweiterung der Teilbarkeitsrelation (↗ 3.1.6.) von der Menge der natürlichen Zahlen auf die Menge der ganzen Zahlen

Eine ganze Zahl a heißt **Teiler** einer ganzen Zahl b genau dann, wenn es eine ganze Zahl x gibt, für die $a \cdot x = b$ gilt.

Das heißt, wenn $a \mid b$ gilt, dann gilt auch $-a \mid b$, $a \mid -b$, $-a \mid -b$. Deshalb genügt es, die Teilbarkeitsbetrachtungen für nichtnegative ganze Zahlen durchzuführen.
Jede ganze Zahl $a \neq 0$ hat die **trivialen Teiler** $+1$, -1, $+a$, $-a$. Ein von a und $-a$ verschiedener Teiler von a wird **echter Teiler** von a genannt.
Für beliebige ganze Zahlen a, b, c gilt:

Wenn $a \mid b$ und $a \mid c$, so $a \mid b - c$. (Die im Teilbarkeitssatz g, Abschnitt 3.1.6.1. geforderte Einschränkung $b \geqq c$ entfällt in **Z**.)

3.3.7.2. Zahlenkongruenzen

Sind a, b, m ganze Zahlen, so gilt $a \equiv b \pmod{m}$ (gelesen: a ist kongruent zu b modulo m) genau dann, wenn $m \mid a - b$.

BEISPIEL 3/63

a) $17 \equiv 11\,(3)$; denn $17 = 5 \cdot 3 + 2$ und $11 = 3 \cdot 3 + 2$
b) $1 \equiv 6\,(5)$; denn $1 = 0 \cdot 5 + 1$ und $6 = 1 \cdot 5 + 1$
c) $-3 \equiv 29\,(4)$; denn $-3 = (-1) \cdot 4 + 1$ und $29 = 7 \cdot 4 + 1$
d) $-11 \equiv -18\,(7)$; denn $-11 = (-2) \cdot 7 + 3$ und $-18 = (-3) \cdot 7 + 3$
e) $12 \equiv 27(-5)$; denn $12 = 3 \cdot (-5) + 3$ und $27 = 6 \cdot (-5) + 3$

3.3.7.3. Restklassen modulo m

$a = b(m)$ bedeutet für $m \neq 0$, daß $b - a$ bei der Division durch m den Rest 0 ergibt.

Begründung: »a läßt bei der Division durch m den Rest r« wird ausgedrückt durch:

$$a = k \cdot m + r \quad (\text{mit } k \in \mathbf{Z},\ 0 \leqq r < m);$$

entsprechend:

$$b = l \cdot m + r \quad (\text{mit } l \in \mathbf{Z},\ 0 \leqq r < m).$$

Durch Subtraktion $b - a$ erhält man

$$b - a = (l - k) \cdot m \quad \text{mit} \quad (l - k) \in \mathbf{Z} \text{ bzw. } m \mid b - a.$$

BEISPIEL 3/64

a) $17 \equiv 11\,(3)$, denn $3 \mid 17 - 11$
b) $1 \equiv 6\,(5)$, denn $5 \mid 1 - 6$
c) $-3 \equiv 29\,(4)$, denn $4 \mid -3 - 29$
d) $-11 \equiv -18\,(7)$, denn $7 \mid -11 + 18$
e) $12 \equiv 27(-5)$, denn $-5 \mid 12 - 27$

Da in $a \equiv b(m)$ a und b bei der Division durch m den gleichen Rest r $(0 \leqq r < m)$ lassen, spricht man von der Relation **»Restgleichheit bei der Division durch m«.**

BEISPIEL 3/65

17 und 11 lassen bei der Division durch 3 den gleichen Rest $r = 2$. Aber auch ..., 14, 11, 8, 5, 2, −1, −4, ... lassen bei der Division durch 3 den Rest $r = 2$.

Die Relation »kongruent modulo m« (Restgleichheit bei der Division durch m) ist eine Äquivalenzrelation (↗ 2.5.3.) über der Menge der ganzen Zahlen. Sie bewirkt deshalb eine Einteilung der Menge der ganzen Zahlen in **Restklassen modulo** m. Zwei ganze Zahlen gehören genau dann zu derselben Restklasse modulo m, wenn sie bei der Division durch m den gleichen Rest r lassen.
Da m mögliche Reste $(0, 1, \ldots, m - 1)$ auftreten können, gibt es m Restklassen modulo m.
Dem Rest r entspricht die Restklasse, die alle Zahlen $a = k \cdot m + r$ enthält für $k \in \mathbf{Z}$. Es gilt $a \equiv r(m)$. Jede solche Zahl a heißt ein Repräsentant dieser Restklasse. Die Restklasse, in der der Repräsentant a liegt, wird mit $[a]_m$ bezeichnet. Jedes beliebige Element einer Restklasse kann als Stellvertreter für alle übrigen Elemente und damit für die ganze Klasse angesehen werden. Zweckmäßig wird die Restklasse durch den kleinsten nichtnegativen Repräsentanten der Klasse bezeichnet.

BEISPIEL 3/66

Im Beispiel 3/65 gibt es für die Relation $17 \equiv 11\ (3)$ drei Restklassen $[0]_3$, $[1]_3$, $[2]_3$.
Alle ganzen Zahlen a, die zu b kongruent modulo 3 sind, gehören in genau eine dieser Restklassen.
Veranschaulichung in Bild 3/15

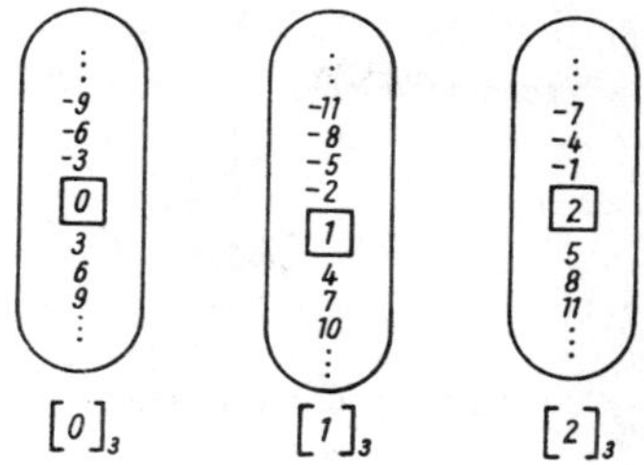

Bild 3/15

Mengenschreibweise für Restklassen: z. B.

$$[2]_3 = \{\ldots, -7, -4, -1, 2, 5, 8, 11, 14, 17, \ldots\}$$

Die Zahlen einer Restklasse mod m bilden eine nach beiden Seiten unbegrenzte arithmetische Folge (↗ 6.8.5.) mit der konstanten Differenz m.

3.3.7.4. Rechenregeln für Zahlenkongruenzen zu dem festen Modul m

Es seien $a, b, c, d, m \in \mathbf{Z}$.

1. Wenn $a \equiv b$ und $c \equiv d$, so $a + c \equiv b + d$ bzw. $a - c \equiv b - d$.
2. Wenn $a \equiv b$, so $a \cdot c \equiv b \cdot c$.
3. Wenn $a \equiv b$ und $c \equiv d$, so $a \cdot c \equiv b \cdot d$.
4. Wenn $a \equiv b$ und $n \in \mathrm{N}$, so $a^n \equiv b^n$.
5. Wenn $a \cdot c \equiv b \cdot c$, $c \neq 0$ und c und m teilerfremd sind, so $a \equiv b$.

BEISPIEL 3/67

a) Wenn $17 \equiv 2\ (5)$ und $32 \equiv 7\ (5)$, so $49 \equiv 9\ (5)$ bzw. $-15 \equiv -5\ (5)$.
b) Wenn $8 \equiv 14\ (3)$ und $c = 4$, so $32 \equiv 56\ (3)$.
c) Wenn $4 \equiv 11\ (7)$ und $2 \equiv 23\ (7)$, so $8 \equiv 253\ (7)$.
d) Wenn $6 \equiv 14\ (4)$ und $n = 2$, so $36 \equiv 196\ (4)$.
e) Wenn $8 \equiv 20\ (3)$, $c = 4$ und 4 und 3 sind teilerfremd, so $2 \equiv 5\ (3)$.

Anwendungen der Zahlenkongruenzen

BEISPIEL 3/68

a) Auf welche Grundziffer endet die Zahl 7^{76}?
Es ist $7 \equiv 7\ (10)$; dann ist $7^2 \equiv 9\ (10)$ und $7^4 \equiv 1\ (10)$.
Ferner gilt $7^{4n} \equiv 1\ (10)$.
Demnach ist $7^{76} = 7^{4 \cdot 19} \equiv 1\ (10)$
b) Welchen Rest läßt $1237^{41} + 36$ bei Teilung durch 7?
Es ist $1237 \equiv 5\ (7)$; dann ist $1237^{32} \equiv 4\ (7)$ und $1237^9 \equiv 6\ (7)$.
Demnach gilt: $1237^{41} = 1237^{32} \cdot 1237^9 \equiv 4\ (7) \cdot 6\ (7) \equiv 3\ (7)$;
Ferner ist $36 \equiv 1\ (7)$.
Damit erhält man $1237^{41} + 36 \equiv 3\ (7) + 1\ (7) \equiv 4\ (7)$.

c) Ist die Zahl $z = 8^{23} \cdot 183 - 3155 \cdot 17 + 4515$ durch 7 teilbar?

Nebenrechnungen; $8 \equiv 1\ (7),\ 8^{23} \equiv 1\ (7)$

$$183 \equiv 1\ (7)$$
$$3155 \equiv 5\ (7)$$
$$17 \equiv 3\ (7)$$
$$4515 \equiv 0\ (7)$$

Damit gilt $z \equiv 1\ (7) \cdot 1\ (7) - 5\ (7) \cdot 3\ (7) + 0\ (7)$

$\equiv 1\ (7) - 15\ (7) \equiv -14\ (7) = 0\ (7)$.

Die Zahl z ist durch 7 teilbar.

3.4. Der Bereich der reellen Zahlen

3.4.1. Die Menge der reellen Zahlen

(1) Obwohl die rationalen Zahlen überall dicht liegen (↗ 3.3.3.1.), füllen sie die Zahlengerade nicht vollständig aus; d. h., es gibt auf der Zahlengeraden außer den rationalen Punkten (↗ 3.3.1.) weitere Punkte, die nichtrationalen Zahlen zugeordnet sind. Die rationalen Zahlen sind als Zahlenwerte für kommensurable Längen geeignet. Zwei Strecken heißen **kommensurabel** (mit gemeinsamem Maß meßbar), wenn eine Strecke als Einheitsstrecke so gewählt werden kann, daß die Längen der beiden gegebenen Strecken ganzzahlige Vielfache der Länge dieser Einheitsstrecke sind.

BEISPIEL 3/69

Die Längen der Seite und der Diagonale eines Quadrats sind inkommensurabel, da ihr Quotient gleich $\sqrt{2}$ ist (Bild 3/16).

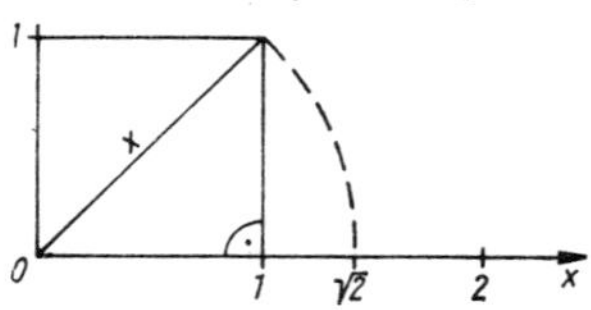

Bild 3/16

Es gilt der Satz über die Irrationalität von $\sqrt{2}$: Es gibt keine rationale Zahl x, für die $x^2 = 2$ gilt.

Im Bereich der rationalen Zahlen hat eine Gleichung der Form $x^n = a$ mit $a \geqq 0$, $n \in \mathbf{N}$, $n \geqq 2$ nur für spezielle gebrochene Zahlen a eine Lösung.

BEISPIEL 3/70

a) Die Gleichung $x^2 = 25$ hat im Bereich der rationalen Zahlen die Lösungen $x = 5$ und $x = -5$, denn $5^2 = 25$ bzw. $(-5)^2 = 25$.

b) Die Gleichung $x^2 = 20$ hat im Bereich der rationalen Zahlen keine Lösung. Eine (nichtrationale) Lösung dieser Gleichung liegt im Intervall $4 < x < 5$.

Um die Gleichung $x^n = a$ mit beliebigem $a > 0$, $n \in \mathbf{N}$ und $n \geqq 2$ uneingeschränkt lösen zu können, ist unter der Forderung, daß die Menge $\mathbf{Q}$ der rationalen Zahlen Teilbereich des neuen Bereichs ist und daß die in $\mathbf{Q}$ geltenden Strukturgesetze (Körperaxiome ↗ 2.7.1.) gültig sind, der Bereich der rationalen Zahlen zum Bereich der reellen Zahlen zu erweitern. Die Konstruktion des Bereichs der reellen Zahlen kann mit Hilfe von **Intervallschachtelungen** erfolgen.

(2) Unter einem **Intervall** werde hier die Menge aller rationalen Zahlen zwischen zwei gegebenen Zahlen a, b (Intervallenden genannt) mit $a < b$ verstanden. Die rationale Zahl $b - a$ heißt *Intervallänge* (↗ 3.4.2.).

Zu einem

abgeschlossenen Intervall	halboffenen Intervall	offenen Intervall
gehören alle rationalen Zahlen x mit		
$a \leqq x \leqq b$ (a und b gehören zum Intervall)	$a < x \leqq b$ bzw. $a \leqq x < b$ (nur b bzw. a gehört zum Intervall)	$a < x < b$ (a und b gehören nicht zum Intervall)

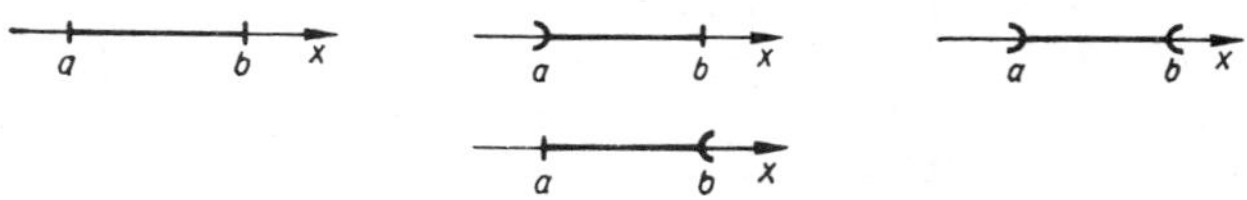

Bild 3/17

Hinweis: In anderen Darstellungen werden abgeschlossene Intervalle durch spitze Klammern $\langle a; b \rangle$, offene Intervalle durch runde Klammern $(a; b)$ symbolisiert. Das halboffene Intervall $a < x \leqq b$ wird dann durch $(a; b\rangle$ angegeben.

(3) Eine rationale Zahl bzw. eine nichtrationale Zahl wird durch eine Folge immer kürzer festgelegter abgeschlossener Intervalle eingeschlossen, wobei jedes Intervall das folgende Intervall umfaßt, so kann jeder Punkt der Zahlengeraden durch beliebig viele Intervallschachtelungen bestimmt werden. Alle Intervallschachtelungen, die ein und denselben Punkt der Zahlengeraden bestimmen, heißen **äquivalente Intervallschachtelungen.** Alle zu einer gegebenen Intervallschachtelung äquivalenten Intervallschachtelungen werden in einer Klasse zusammengefaßt.

Eine **reelle Zahl** ist eine Klasse aller zu einer gegebenen Schachtelung äquivalenten Intervallschachtelungen.

Die Menge der reellen Zahlen wird mit **R** bezeichnet.

Nun kann jeder reellen Zahl genau ein Punkt der Zahlengeraden und umgekehrt jedem Punkt der Zahlengeraden genau eine reelle Zahl zugeordnet werden. Es besteht eine eineindeutige Abbildung der reellen Zahlen auf die Punkte der Zahlengeraden.

Wird durch eine Intervallschachtelung eine rationale Zahl bestimmt, so heißt diese Klasse **rationale reelle Zahl.** Alle anderen Klassen werden **irrationale reelle Zahlen** genannt.
Die fortgesetzte Zehnteilung des Intervalls bei der Intervallschachtelung ermöglicht die Darstellung jeder reellen Zahl als **unendlicher Dezimal-**

bruch, da endliche Dezimalbrüche auch als unendliche Dezimalbrüche mit der Periode 0 geschrieben werden können.

BEISPIEL 3/71

a) Darstellung rationaler Zahlen als unendliche periodische Dezimalbrüche:

$$5{,}3 = 5{,}3000\ldots = 5{,}3\bar{0}$$
$$\frac{2}{3} = 0{,}666\ldots = 0{,}\bar{6}$$

b) Darstellung irrationaler Zahlen als unendliche nichtperiodische Dezimalbrüche:

$$\sqrt{2} = 1{,}4142135623730950488016887\ldots$$
$$\sqrt{3} = 1{,}732050807568877293527\ldots$$
$$\pi = 3{,}141592653589793238462643382279502\ldots$$

Wenn Dezimalbrüche mit der Periode 0 und mit der Periode 9 die gleiche Zahl bestimmen, wird die Neunerperiode bei der Angabe eines Dezimalbruchs ausgeschlossen. (Übrigens entsteht beim Anwenden des Divisionsalgorithmus niemals ein Dezimalbruch mit der Periode 9, z. B. bezeichnen die Dezimalbrüche $7{,}53\bar{0}$ und $7{,}52\bar{9}$ die gleiche reelle Zahl 7,530.)

Eine **reelle Zahl** ist ein unendlicher Dezimalbruch ohne Neunerperiode.

Wenn $a_0 \in \mathbb{N}$ und $0 \leqq a_n \leqq 9$ für alle a_n mit $n \geqq 1$ gilt, so kann ein rechts vom Nullpunkt liegender Punkt der Zahlengeraden durch eine Folge der Form $a_0, a_1a_2a_3 \ldots$ beschrieben werden. Die zugeordnete Zahl repräsentiert eine positive reelle Zahl, sie wird **positiver unendlicher Dezimalbruch** genannt. Durch Spiegelung eines Punktes, der rechts vom Nullpunkt liegt, an dem Nullpunkt erhält man einen Punkt, der einer negativen reellen Zahl zugeordnet ist; er wird **negativer unendlicher Dezimalbruch** genannt.

3.4.2. Ordnungsrelationen und Rechenoperationen in R

Das für rationale Zahlen festgelegte Ordnungsprinzip wird auf reelle Zahlen übertragen:
$a < b$ bedeutet geometrisch, daß der durch a festgelegte Punkt der Zahlengeraden links von dem durch b bestimmten Punkt liegt.
Durch die <-Relation wird die Menge der reellen Zahlen geordnet.

BEISPIEL 3/72

a) $a = 2{,}135790118\ldots$ $\quad b = 2{,}135790128\ldots$
$a < b$, denn $a_8 < b_8$
b) $a = -1{,}50783451\ldots$ $\quad b = -1{,}50783461\ldots$
$a > b$, denn $a_7 < b_7$ bei negativen unendlichen nichtperiodischen Dezimalbrüchen.

Die $<$-Relation hat als Ordnungsrelation folgende Eigenschaften:

1. Für alle $a, b \in \mathbf{R}$ gilt entweder $a < b$ oder $a = b$ oder $a > b$ (Trichotonie).
2. Für alle $a, b, c \in \mathbf{R}$ gilt:

   Wenn $a < b$ und $b < c$ ist, so ist $a < c$ (Transitivität).

Für das Rechnen mit reellen Zahlen gelten die Gesetze, die für das Rechnen mit rationalen Zahlen genannt wurden (Körper der reellen Zahlen ↗ 2.7.1. und Rechenregeln ↗ 3.3.3.2.).

Für irrationale Zahlen verwendet man beim numerischen Rechnen rationale Näherungswerte dieser Zahlen mit der erforderlichen Genauigkeit.

Die Menge **Q** der rationalen Zahlen ist eine Teilmenge der Menge **R** der reellen Zahlen.

Unter einem **Intervall** versteht man die Menge aller reellen Zahlen zwischen zwei gegebenen Zahlen a, b mit $a < b$ (↗ 3.4.1.(2)).

3.4.3. Definition des Wurzelbegriffs

Wenn a eine nichtnegative reelle Zahl und n eine natürliche Zahl mit $n \geqq 1$ ist, so gibt es stets genau eine nichtnegative reelle Zahl b, für die $b^n = a$ gilt. Diese eindeutig bestimmte Zahl b heißt die n-te **Wurzel** aus a und wird mit $\sqrt[n]{a}$ bezeichnet, d. h., $\sqrt[n]{a}$ ($a \geqq 0$, $n \in \mathbf{N}^*$) ist diejenige nichtnegative reelle Zahl b, für die $b^n = a$ gilt.

a heißt **Radikand**, n **Wurzelexponent**.
Die Operation, die den Zahlen a und n (mit den oben genannten Einschränkungen) die Zahl $b = \sqrt[n]{a}$ zuordnet, heißt **Radizieren** (Wurzelziehen).
Spezialfall für $n = 2$: $\sqrt[2]{a} = \sqrt{a}$ (Quadratwurzel)
Stets gilt $\sqrt[n]{a^n} = |a|$ (absoluter Betrag ↗ 3.3.2.)

BEISPIEL 3/73

a) $\sqrt{36} = 6$, denn $6^2 = 36$
$\sqrt[3]{8} = 2$, denn $2^3 = 8$

b) $\sqrt[3]{-8}$ ist im Bereich der reellen Zahlen nicht definiert.
$\sqrt{-25}$ ist im Bereich der reellen Zahlen nicht definiert.

c) $\sqrt{5^2} = 5$
$\sqrt{(-5)^2} = \sqrt{25} = 5$
$\sqrt{x^2} = |x|$

d) $\sqrt[n]{1} = 1$, denn $1^n = 1$ mit $n \in \mathbf{N}^*$
$\sqrt[n]{0} = 0$, denn $0^n = 0$ mit $n \in \mathbf{N}^*$.

Hinweis: Man beachte den Unterschied zwischen der Definition des Wurzelbegriffs in **R** und den reellen Lösungen einer Gleichung n-ten Grades (↗ 5.3.3.).

3.4.4. Potenzieren in R

(1) **Erweiterung des Potenzbegriffs** auf Potenzen mit negativen ganzzahligen Exponenten durch die Festlegung

$$a^{-k} = \frac{1}{a^k} \quad (k \in \mathbf{N}^*).$$

(2) Für alle reellen Zahlen $a, b (a \neq 0, b \neq 0)$ und beliebige ganze Zahlen m, n gelten die **Potenzgesetze** (↗ 3.1.3.3.):

1. $a^m \cdot b^m = (a \cdot b)^m$
2. $a^m : b^m = (a : b)^m$
3. $a^m \cdot a^n = a^{m+n}$
4. $a^m : a^n = a^{m-n}$
5. $(a^m)^n = a^{m \cdot n}$

BEISPIEL 3/74

a) $3^{-2} = \frac{1}{3^2}$; $\quad (-5{,}1)^{-6} = \frac{1}{(-5{,}1)^6} = \frac{1}{5{,}1^6}$;

$$(\sqrt{2})^{-3} = \frac{1}{(\sqrt{2})^3}$$

b) $\left(\frac{x}{y}\right)^{-k} = \frac{1}{\left(\frac{x}{y}\right)^k} = \left(\frac{y}{x}\right)^k$ mit $x \neq 0, y \neq 0, \quad k \in \mathbf{Z}$

c) Es seien $a, b \in \mathbf{R}$ mit $a \neq 0, b \neq 0$

$$a^{-3} \cdot b^{-3} = (ab)^{-3} = \frac{1}{(ab)^3}$$

$$a^{-5} : b^{-5} = (a : b)^{-5} = \left(\frac{a}{b}\right)^{-5} = \frac{1}{\left(\frac{a}{b}\right)^5} = \left(\frac{b}{a}\right)^5$$

$$a^2 \cdot a^{-3} = a^{2+(-3)} = a^{-1} = \frac{1}{a}$$

$$a^{-3} : a^{-5} = a^{(-3)-(-5)} = a^2$$

$$(a^{-2})^{-3} = a^{(-2)\cdot(-3)} = a^6$$

Quotienten können als Potenzen mit ganzzahligen Exponenten geschrieben werden (drucktechnischer Vorteil).

BEISPIEL 3/75

a) $\frac{x}{y} = x \cdot y^{-1} \quad (y \neq 0)$

b) $\frac{a^3 \cdot b \cdot c^{-1}}{a^5 \cdot b^{-1} \cdot c^{-2}} = a^{3-5} b^{1-(-1)} c^{-1-(-2)} = a^{-2} b^2 c$

mit $a \neq 0, b \neq 0, c \neq 0$

c) $\frac{11}{17} = 11 \cdot 17^{-1}$

3.4.5. Radizieren in R

(1) **Erweiterung des Potenzbegriffs** auf Potenzen mit rationalen Exponenten durch die Festlegung

$$a^{\frac{m}{n}} = \sqrt[n]{a^m} = (a^m)^{\frac{1}{n}} \quad \text{mit} \quad a \in \mathbf{R},\ a > 0,\ m \in \mathbf{Z},\ n \in \mathbf{N}^*$$

BEISPIEL 3/76

a) $3^{\frac{1}{2}} = \sqrt{3}$ b) $5^{\frac{7}{3}} = \sqrt[3]{5^7}$

c) $2^{-\frac{3}{4}} = 2^{\frac{-3}{4}} = (2^{-3})^{\frac{1}{4}} = \sqrt[4]{2^{-3}} = \sqrt[4]{\frac{1}{2^3}} = \frac{1}{\sqrt[4]{2^3}}$

(2) **Potenzgesetze für Potenzen mit rationalen Exponenten**

Für alle positiven reellen Zahlen a, b und alle ganzen Zahlen m, n, p, q ($n \neq 0$, $q \neq 0$) gilt:

1. $a^{\frac{m}{n}} \cdot b^{\frac{m}{n}} = (a \cdot b)^{\frac{m}{n}}$
2. $a^{\frac{m}{n}} : b^{\frac{m}{n}} = (a : b)^{\frac{m}{n}}$
3. $a^{\frac{m}{n}} \cdot a^{\frac{p}{q}} = a^{\frac{m}{n} + \frac{p}{q}}$
4. $a^{\frac{m}{n}} : a^{\frac{p}{q}} = a^{\frac{m}{n} - \frac{p}{q}}$
5. $\left(a^{\frac{m}{n}}\right)^{\frac{p}{q}} = a^{\frac{m}{n} \cdot \frac{p}{q}} = a^{\frac{mp}{nq}}$

BEISPIEL 3/77

a) $a^{\frac{3}{2}} \cdot b^{\frac{3}{2}} = (a \cdot b)^{\frac{3}{2}}$

b) $a^{\frac{1}{5}} : b^{\frac{1}{5}} = (a : b)^{\frac{1}{5}}$

c) $a^{\frac{1}{3}} \cdot a^{\frac{2}{3}} = a^{\frac{1}{3} + \frac{2}{3}} = a^{\frac{3}{3}} = a$

d) $a^{\frac{3}{4}} : a^{\frac{1}{2}} = a^{\frac{3}{4} - \frac{1}{2}} = a^{\frac{1}{4}}$

e) $\left(a^{\frac{2}{3}}\right)^{\frac{1}{2}} = a^{\frac{2}{3} \cdot \frac{1}{2}} = a^{\frac{1}{3}}$

Für alle positiven reellen Zahlen a und alle ganzen Zahlen m, n, p, q ($n \neq 0$, $q \neq 0$) gilt:

1. Wenn $\frac{m}{n} < \frac{p}{q}$ und $a > 1$, so ist $a^{\frac{m}{n}} < a^{\frac{p}{q}}$.
2. Wenn $\frac{m}{n} < \frac{p}{q}$ und $a < 1$, so ist $a^{\frac{m}{n}} > a^{\frac{p}{q}}$.

BEISPIEL 3/78

a) Es sei $\frac{m}{n} = \frac{1}{3}, \frac{p}{q} = \frac{1}{2}, a = 2$. Dann ist $2^{\frac{1}{3}} < 2^{\frac{1}{2}}$

b) Es sei $\frac{m}{n} = \frac{1}{3}, \frac{p}{q} = \frac{1}{2}, a = \frac{1}{5}$. Dann ist $\left(\frac{1}{5}\right)^{\frac{1}{3}} > \left(\frac{1}{5}\right)^{\frac{1}{2}}$

(3) Folgende **Wurzelgesetze** sind Spezialfälle der Potenzgesetze:

Für $n \in \mathbf{N}^*$, $n \neq 1$ gilt

1. $\sqrt[n]{a} \cdot \sqrt[n]{b} = \sqrt[n]{a \cdot b}$ mit $a \geqq 0, b \geqq 0$;
denn $a^{\frac{1}{n}} \cdot b^{\frac{1}{n}} = (a \cdot b)^{\frac{1}{n}}$

2. $\sqrt[n]{a} : \sqrt[n]{b} = \frac{\sqrt[n]{a}}{\sqrt[n]{b}} = \sqrt[n]{\frac{a}{b}}$ mit $a \geqq 0, b > 0$;
denn $a^{\frac{1}{n}} : b^{\frac{1}{n}} = \left(\frac{a}{b}\right)^{\frac{1}{n}}$

3. $\sqrt[q]{\sqrt[n]{a}} = \sqrt[n \cdot q]{a}$ mit $a \geqq 0, q \in \mathbf{N}^*, q \neq 1$;
denn $\left(a^{\frac{1}{n}}\right)^{\frac{1}{q}} = a^{\frac{1}{n} \cdot \frac{1}{q}} = a^{\frac{1}{n \cdot q}}$

4. $(\sqrt[n]{a})^p = \sqrt[n]{a^p}$ mit $a \geqq 0$; denn $\left(a^{\frac{1}{n}}\right)^p = a^{\frac{p}{n}}$

BEISPIEL 3/79

a) $\sqrt{2} \cdot \sqrt{3} = \sqrt{2 \cdot 3} = \sqrt{6}$

b) $\frac{\sqrt[3]{2}}{\sqrt[3]{3}} = \sqrt[3]{\frac{2}{3}}$

c) $\sqrt[3]{\sqrt{5}} = \sqrt[2\cdot 3]{5} = \sqrt[6]{5}$

d) $(\sqrt[3]{5})^2 = \sqrt[3]{5^2} = \sqrt[3]{25}$

Anwendung der Wurzelgesetze bei der Umformung von Termen, die Wurzeln enthalten, durch

1. Zerlegung des Radikanden in Faktoren und teilweises Radizieren
2. Zusammenfassen von Wurzeln

BEISPIEL 3/80

Zu 1. a) $\sqrt{147} = \sqrt{49 \cdot 3} = 7\sqrt{3}$

b) $\sqrt[3]{320a^5b^3c^2} = \sqrt[3]{64 \cdot 5 \cdot a^3 \cdot a^2 \cdot b^3 \cdot c^2} = 4ab\sqrt[3]{5a^2c^2}$

c) $\sqrt{75} - \sqrt{48} + \sqrt{108} = 5\sqrt{3} - 4\sqrt{3} + 6\sqrt{3} = 7\sqrt{3}$

Zu 2. a) $\sqrt[3]{2x^2y} \cdot \sqrt[3]{12x^2y} : \sqrt[3]{3y^2}$ mit $y \neq 0$

$$= \sqrt[3]{\frac{2x^2y \cdot 12x^2y}{3y^2}} = 2x\sqrt[3]{x}$$

b) $\sqrt{\sqrt[3]{a^5}} = \sqrt[6]{a^5}$

(4) Rationalmachen des Nenners

Enthält der Nenner eines Quotienten eine Wurzel, so ergibt die numerische Berechnung dieses Quotienten (weil durch einen unendlichen nichtperiodischen Dezimalbruch dividiert werden muß) eine größere Ungenauigkeit, als wenn eine irrationale Zahl durch eine rationale Zahl dividiert wird. Deshalb wird der Quotient so erweitert, daß der Nenner eine rationale Zahl ergibt. Ist der Nenner ein Binom, so ist beim Erweitern die zweite binomische Formel zu nutzen.

BEISPIEL 3/81

a) $\frac{5}{\sqrt{3}} = \frac{5\sqrt{3}}{\sqrt{3}\sqrt{3}} = \frac{5}{3}\sqrt{3}$

b) $\frac{7}{\sqrt{32}} = \frac{7}{\sqrt{16}\sqrt{2}} = \frac{7\sqrt{2}}{4 \cdot 2} = \frac{7}{8}\sqrt{2}$

c) $\frac{3}{\sqrt[3]{4}} = \frac{3 \cdot \sqrt[3]{4^2}}{\sqrt[3]{4} \cdot \sqrt[3]{4^2}} = \frac{3 \cdot \sqrt[3]{4^2}}{4} = \frac{3 \cdot \sqrt[3]{16}}{4}$

d) $\frac{3}{\sqrt{2} + \sqrt{5}} = \frac{3(\sqrt{2} - \sqrt{5})}{(\sqrt{2} + \sqrt{5})(\sqrt{2} - \sqrt{5})} = \frac{3(\sqrt{2} - \sqrt{5})}{2 - 5}$

$$= \frac{3(\sqrt{2} - \sqrt{5})}{-3} = -(\sqrt{2} - \sqrt{5}) = \sqrt{5} - \sqrt{2}$$

e) $\frac{a}{\sqrt{b} - \sqrt{c}} = \frac{a(\sqrt{b} + \sqrt{c})}{b - c}$ mit $b \geqq 0, c \geqq 0$

3.4.6. Logarithmieren in R

(1) Das Logarithmieren ist eine weitere Umkehrung des Potenzierens. Es gibt Gleichungen der Form $a^x = b$ mit $a, b \in \mathbf{R}$, die keine rationale Lösung haben.
Es genügt zu zeigen, daß es wenigstens eine solche Gleichung gibt, z. B. $10^x = 2$. Der Beweis wurde in Beispiel 1/35 geführt.
Erweiterung des Potenzbegriffs auf Potenzen mit reellen Exponenten: a^λ mit $\lambda \in \mathbf{R}$. λ kann mit Hilfe einer Intervallschachtelung festgelegt werden (↗ 3.4.1.). Danach können rationale Zahlen r so bestimmt werden,

daß z. B. die Zahl 7 durch Potenzen von 10^r mit jeder gewünschten Genauigkeit angenähert wird.

BEISPIEL 3/82

$$\begin{aligned}
10^0 &= 1 &< 7 <& 10 &= 10^1\\
10^{0,8} &= 6{,}310 &< 7 <& 7{,}943 &= 10^{0,9}\\
10^{0,84} &= 6{,}919 &< 7 <& 7{,}080 &= 10^{0,85}\\
10^{0,845} &= 6{,}998 &< 7 <& 7{,}015 &= 10^{0,846}
\end{aligned}$$

usw.

Jede Gleichung der Form $a^x = b$ mit $a > 0, a \neq 1, b > 0$ hat genau eine reelle Lösung. Diese eindeutig bestimmte Zahl heißt der **Logarithmus von b zur Basis a** und wird mit $\log_a b$ bezeichnet, d. h., $\log_a b = c$ $(a > 0,\ a \neq 1,\ b > 0)$ genau dann, wenn $a^c = b$ gilt.

a heißt Basis, b Logarithmand (oder Numerus), c Logarithmuswert. Durch die Operation »Logarithmieren« wird zwei reellen Zahlen a, b (Basis und Numerus) eindeutig eine reelle Zahl c (Logarithmuswert) zugeordnet.

BEISPIEL 3/83

a) $\log_{10} 10^2 = 2,$ denn $10^2 = 10^2.$

b) $\log_2 8 = 3,$ denn $2^3 = 8$

c) $\log_2 \frac{1}{16} = -4,$ denn $2^{-4} = \frac{1}{16}$

Der Wert des Logarithmus ist für Numeri $b > 1$ positiv, für Numeri $0 < b < 1$ negativ.

Der Logarithmus von 0 ist nicht definiert, Logarithmen von negativen Numeri sind nicht definiert.

Der Logarithmus zur Basis 1 ist ebenfalls nicht definiert.

Aus der Definition des Logarithmus folgt:

1. $\log_a (a^n) = n$, denn $a^n = a^n$
2. $a^{\log_a b} = b$, denn es kann $c = \log_a b$ in $a^c = b$ eingesetzt werden.

Sonderfälle:

1. $\log_a a = 1$, denn $a^1 = a$
2. $\log_a 1 = 0$, denn $a^0 = 1$

Weiter gilt für $a > 1$:

Wenn $b_1 \gtreqless b_2$ ist, dann ist $\log_a b_1 \gtreqless \log_a b_2$.

(2) **Logarithmengesetze**

1. $\log_a (b \cdot c) = \log_a b + \log_a c$

Beweis: $\log_a b = u \qquad \log_a c = v$

$$\underbrace{b = a^u \qquad c = a^v}_{b \cdot c = a^u \cdot a^v = a^{u+v}}$$

$$\log_a (b \cdot c) = u + v = \log_a b + \log_a c$$

2. $\log_a\left(\frac{b}{c}\right) = \log_a b - \log_a c$

3. $\log_a b^n = n \cdot \log_a b$

4. $\log_a \sqrt[n]{b} = \frac{1}{n} \log_a b$

BEISPIEL 3/84

a) $\log_2 32 = \log_2 4 + \log_2 8 = 2 + 3 = 5$
b) $\log_{10} 6 = \log_{10}(2 \cdot 3) = \log_{10} 2 + \log_{10} 3 = 0{,}3010 + 0{,}4771 = 0{,}7781$

(3) **Logarithmensysteme**

Die Menge aller Logarithmen zu ein und derselben Basis bildet ein Logarithmensystem.
Es gibt keine Logarithmensysteme mit negativen Basen, mit der Basis 0 und mit der Basis 1.
Praktische Bedeutung haben folgende Systeme:

1. **Das Logarithmensystem zur Basis 2** (dyadisches, duales oder binäres Logarithmensystem genannt); bezeichnet mit $\log_2 b = \operatorname{ld} b$

2^c	b	$\log_2 b$
2^0	1	$\log_2 1 = 0$
2^1	2	$\log_2 2 = 1$
2^2	4	$\log_2 4 = 2$
2^3	8	$\log_2 8 = 3$
2^4	16	$\log_2 16 = 4$
2^5	32	$\log_2 32 = 5$
⋮	⋮	⋮

2. **Das Logarithmensystem zur Basis 10** (dekadisches oder BRIGGSsches Logarithmensystem genannt); bezeichnet mit $\log_{10} b = \lg b$

Jede positive reelle Zahl b läßt sich in der Form $b = m \cdot 10^k$ mit $k \in \mathbf{Z}$ darstellen. Dann ist $\log_{10} b = \log_{10} m + \log_{10} 10^k$ bzw. $\lg b = \lg m + k$. $k \in \mathbf{Z}$ heißt Kennzahl, $\lg m$ Mantisse des Logarithmus. Die Mantissen sind echte Dezimalbrüche. Numeri mit gleicher Ziffernfolge haben bei verschiedener Größenordnung gleiche Mantissen.

10^c	b	$\lg b$
10^0	1	$\lg 1 = 0$
10^1	10	$\lg 10 = 1$
10^2	100	$\lg 100 = 2$
10^3	1000	$\lg 1000 = 3$
⋮	⋮	⋮

Die Logarithmen sind im allgemeinen irrationale Zahlen, man rechnet mit rationalen Näherungswerten. Die Logarithmentafeln enthalten nur die Mantissen. Ein Taschenrechner für wissenschaftliche Zwecke gibt sofort die BRIGGSschen Logarithmen an.

BEISPIEL 3/85

a) $x = 4{,}23 = 4{,}23 \cdot 10^0$
$\lg x = \lg 4{,}23 + 0 = 0{,}6263$

b) $x = 271 = 2{,}71 \cdot 10^2$
$\lg x = \lg 2{,}71 + 2 = 2{,}4330$

c) $x = 0{,}0735$
$\lg x = \lg 7{,}35 + 10^{-2} = 0{,}8663 - 2 = -1{,}1337$

3. **Das Logarithmensystem zur Basis e** (natürliches Logarithmensystem genannt) $e \approx 2{,}71828\ldots$; bezeichnet mit $\log_e b = \ln b$

(4) **Beziehungen zwischen Logarithmen verschiedener Basis**

1. Es seien a, b positive reelle Zahlen mit $a \neq 1$, $b \neq 1$, dann gilt:

$$\log_b a = \frac{1}{\log_a b}.$$

2. Die Logarithmen zweier beliebiger Systeme zu dem gleichen Numerus sind zueinander proportional.
Es seien p, b positive reelle Zahlen mit $p \neq 1$, $b \neq 1$, dann gilt:

$$\log_b p \cdot \log_a b = \log_a p.$$

Beweis:

$$\log_a b = u \Leftrightarrow a^u = b$$
$$\log_b p = v \Leftrightarrow b^v = p$$

$$b^v = (a^u)^v = a^{u \cdot v} = p$$

Durch Logarithmieren erhält man

$$u \cdot v = \log_a p$$

Ersetzt man u bzw. v wieder:

$$\log_a b \cdot \log_b p = \log_a p, \quad \text{w. z. b. w.}$$

Es gilt

$$\log_b p = \frac{\log_a p}{\log_a b},$$

wobei $\frac{1}{\log_a b}$ **Modul** der betreffenden Systeme genannt wird. Er ist ein konstanter Umrechnungsfaktor für Logarithmen verschiedener Systeme. Da die BRIGGSschen und die natürlichen Logarithmen tabelliert sind, ist es zweckmäßig, Logarithmen zu einer beliebigen Basis a ($a > 0$,

$a \neq 1$) mit Hilfe der BRIGGSschen bzw. natürlichen Logarithmen zu berechnen:

$$\log_a p = \frac{\lg p}{\lg a} \qquad \log_a p = \frac{\ln p}{\ln a}$$

Zwischen dem BRIGGSschen und den natürlichen Logarithmussystemen besteht die Beziehung:

Da $\ln p = \frac{\lg p}{\lg \mathrm{e}}$ ist, gilt $\ln 10 = \frac{1}{\lg \mathrm{e}} \approx 2{,}3026$

bzw. $\lg \mathrm{e} = \frac{1}{\ln 10} \approx 0{,}4343$

BEISPIEL 3/86

a) $\log_3 15 = \frac{\lg 15}{\lg 3} = \frac{1{,}1761}{0{,}4771} \approx 2{,}4649$

b) $\log_5 423 = \frac{\ln 423}{\ln 5} = \frac{6{,}0474}{1{,}6094} \approx 3{,}7574$

(5) **Beziehungen zwischen Potenzen verschiedener Basis**

Aus $a^x = b$ ($a > 0$, $a \neq 1$, $b > 0$) erhält man durch Logarithmieren zur Basis e

$\ln a^x = \ln b$ und durch Anwenden des 3. Logarithmengesetzes

$x \cdot \ln a = \ln b.$

Es sei $\ln b = c$. Dann gilt $\mathrm{e}^c = b$ nach Definition des Logarithmus. Also ist $b = \mathrm{e}^c = \mathrm{e}^{\ln b} = \mathrm{e}^{x \cdot \ln a}$. Andererseits ist $b = a^x$. Also gilt $a^x = \mathrm{e}^{x \cdot \ln a}$.

3.5. Der Bereich der komplexen Zahlen

3.5.1. Zum Begriff »komplexe Zahl«

Um auch Gleichungen der Form $x^n = a$ für $a < 0$, $n \in \mathbf{N}^*$ uneingeschränkt lösen zu können, ist die Erweiterung des Bereichs der reellen Zahlen nötig, d. h., es soll der Wurzelbegriff für beliebige reelle Radikanden erklärt werden.

Eine **komplexe Zahl** z ist ein geordnetes Paar reeller Zahlen, d. h., $z = (a; b)$ mit $a, b \in \mathbf{R}$.
a heißt der Realteil von z ($a = \operatorname{Re} z$), b heißt der Imaginärteil von z ($b = \operatorname{Im} z$).

Hinweis: Eine komplexe Zahl wird nicht als eine Klasse, sondern als **ein** geordnetes Paar reeller Zahlen erklärt.

Für diese geordneten Paare wird die **Gleichheit** festgelegt:
$(a_1; b_1) = (a_2; b_2)$ genau dann, wenn $a_1 = a_2$ und $b_1 = b_2$ ist. Ferner werden für die geordneten Paare **Rechenoperationen** erklärt:

$$(a_1;\ b_1) \pm (a_2;\ b_2) = (a_1 \pm a_2;\ b_1 \pm b_2)$$

$$(a_1;\ b_1) \cdot (a_2;\ b_2) = (a_1a_2 - b_1b_2;\ a_1b_2 + b_1a_2)$$

$$(a_1;\ b_1) : (a_2;\ b_2) = \left(\frac{a_1a_2 + b_1b_2}{a_2^2 + b_2^2};\quad \frac{b_1a_2 - a_1b_2}{a_2^2 + b_2^2}\right)$$

Mit den Paaren der Form $(a; 0)$ wird wie mit reellen Zahlen gerechnet. Man setzt für $(a; 0) = a$.
Die komplexen Zahlen $(0; b)$ heißen **imaginäre komplexe Zahlen.** Für das Paar (0; 1) setzt man das Zeichen i als imaginäre Einheit[1]). Es gilt $\mathrm{i} \cdot \mathrm{i} = \mathrm{i}^2 = -1$.
Also gilt $(0; b) = b\mathrm{i}$. Komplexe Zahlen der Form $z = b\mathrm{i}$ heißen rein imaginär.
Die komplexe Zahl $(a; b)$ kann in der Form $a + b\mathrm{i}$ dargestellt werden **(arithmetische Darstellung einer komplexen Zahl).**

3.5.2. Der Bereich der komplexen Zahlen

Die Menge der komplexen Zahlen bildet einen Körper (↗ 2.7.1.). Er heißt Bereich der komplexen Zahlen und wird mit **C** bezeichnet.
Im Körper der komplexen Zahlen kann **keine Ordnungsrelation** erklärt werden.
Zwei komplexe Zahlen (in arithmetischer Darstellung) $a_1 + b_1\mathrm{i}$ und $a_2 + b_2\mathrm{i}$ sind genau dann **gleich,** wenn $a_1 = a_2$ und $b_1 = b_2$ gilt.

Rechenoperationen für komplexe Zahlen in arithmetischer Darstellung

$$(a_1 + b_1\mathrm{i}) \pm (a_2 + b_2\mathrm{i}) = (a_1 \pm a_2) + (b_1 \pm b_2)\,\mathrm{i}$$

$$(a_1 + b_1\mathrm{i}) \cdot (a_2 + b_2\mathrm{i}) = (a_1a_2 - b_1b_2) + (a_1b_2 + b_1a_2)\,\mathrm{i}$$

$$\frac{a_1 + b_1\mathrm{i}}{a_2 + b_2\mathrm{i}} = \frac{a_1a_2 + b_1b_2}{a_2^2 + b_2^2} + \frac{b_1a_2 - a_1b_2}{a_2^2 + b_2^2}\,\mathrm{i}$$

BEISPIEL 3/87

a) $(3 + 2\mathrm{i}) + (2 - 3\mathrm{i}) = 5 - \mathrm{i}$

b) $(3 + 2\mathrm{i}) - (2 - 3\mathrm{i}) = 1 + 5\mathrm{i}$

c) $(3 + 2\mathrm{i}) \cdot (2 - 3\mathrm{i}) = (6 + 6) + (-9 + 4)\,\mathrm{i} = 12 - 5\mathrm{i}$

d) $\dfrac{3 + 2\mathrm{i}}{2 - 3\mathrm{i}} = \dfrac{6 - 6}{4 + 9} + \dfrac{4 + 9}{4 + 9}\mathrm{i} = 0 + \mathrm{i} = \mathrm{i}$

---

[1]) Oft wird auch das Zeichen j verwendet.

Veranschaulichung der komplexen Zahlen in der **Gaussschen Zahlenebene**

In einer Ebene sei ein kartesisches Koordinatensystem gegeben; als Koordinatenachsen dienen Zahlengeraden. Auf der x-Achse werden die komplexen Zahlen mit dem Imaginärteil 0 (also die reellen Zahlen), auf der y-Achse die komplexen Zahlen mit dem Realteil 0 (also die rein imaginären Zahlen) dargestellt. Jedem Punkt P dieser Ebene, der durch das geordnete Paar $(a; b)$ dargestellt wird, kann die komplexe Zahl $z = a + b\mathrm{i}$ zugeordnet werden (Bild 3/18).

Bild 3/18

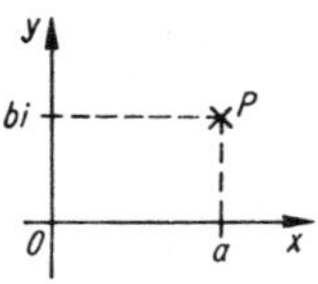

Bild 3/19

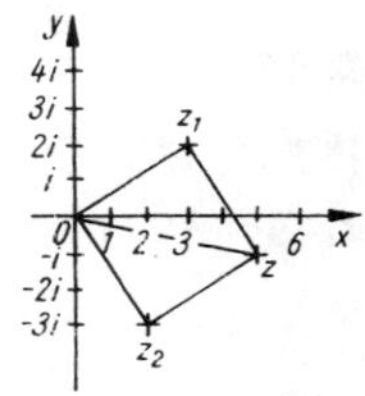

BEISPIEL 3/88

Darstellung der komplexen Zahlen $z_1 = 3 + 2\mathrm{i}$, $z_2 = 2 - 3\mathrm{i}$ sowie $z = z_1 + z_2$ in der Gaussschen Zahlenebene in Bild 3/19; $z = 5 - \mathrm{i}$ (vgl. Beispiel 3/87a)

Der **Betrag einer komplexen Zahl** z wird festgelegt:

$$|z| = \sqrt{a^2 + b^2}.$$

Er kann als Abstand des Punktes P vom Koordinatenursprung 0 geometrisch gedeutet werden (Bild 3/20).

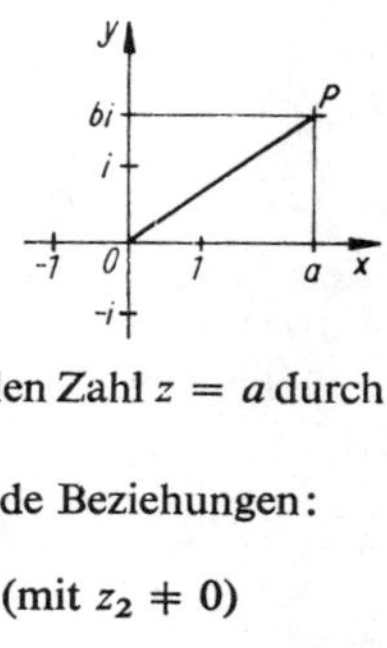

Bild 3/20

Durch diese Festlegung ist auch der Betrag einer reellen Zahl $z = a$ durch $\sqrt{a^2} = |a|$ erfaßt.

Für den Betrag einer komplexen Zahl gelten folgende Beziehungen:

1. Es gilt stets $|z| \geqq 0$.
2. $|z| = 0$ genau dann, wenn $z = 0$.
3. $|-z| = |z|$
4. $|z_1 - z_2| = |z_2 - z_1|$
5. $|z_1 \cdot z_2| = |z_1| \cdot |z_2|$
6. $\left|\frac{z_1}{z_2}\right| = \frac{|z_1|}{|z_2|}$ (mit $z_2 \neq 0$)
7. $|z^n| = |z|^n$
8. $|z_1 + z_2| \leqq |z_1| + |z_2|$ (Dreiecksungleichung)
9. $|z_1 - z_2| \leqq |z_1 - z_3| + |z_3 - z_2|$

BEISPIEL 3/89

Es sei $z_1 = 3 + 2\mathrm{i}$, $z_2 = 2 - 3\mathrm{i}$.

a) Zu 5.: $z_1 \cdot z_2 = 12 - 5\mathrm{i}$ (Beispiel 3/87c)

Dann ist $|z_1 \cdot z_2| = \sqrt{144 + 25} = \sqrt{169} = 13$,
$|z_1| = \sqrt{9 + 4} = \sqrt{13}$, $|z_2| = \sqrt{4 + 9} = \sqrt{13}$.
Also $|z_1 \cdot z_2| = 13$ und $|z_1| \cdot |z_2| = 13$.

b) Zu 8.: $|z_1 + z_2| = \sqrt{25 + 1} = \sqrt{26}$; $|z_1| = \sqrt{13}$, $|z_2| = \sqrt{13}$

Damit erhält man $\sqrt{26} < 2\sqrt{13}$ bzw. $5{,}099 < 7{,}211$.

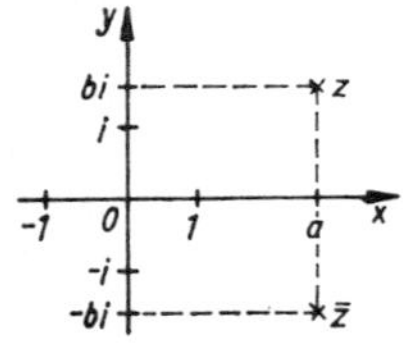

Bild 3/21

Zwei komplexe Zahlen $a_1 + b_1\mathrm{i}$ und $a_2 + b_2\mathrm{i}$ mit $a_1 = a_2$ und $b_2 = -b_1$ heißen **konjugiert komplex.** Die zu $z = a_1 + b_1\mathrm{i}$ konjugiert komplexe Zahl ist $\bar{z} = a_1 - b_1\mathrm{i}$.

Werden die komplexen Zahlen in der GAUSSschen Zahlenebene veranschaulicht, so bedeutet der Übergang von z zu $\bar{z}$ eine Spiegelung an der x-Achse (Bild 3/21).

Beziehungen zwischen konjugiert komplexen Zahlen

1. $|z| = \sqrt{z \cdot \bar{z}}$

2. $\operatorname{Re} z = \dfrac{z + \bar{z}}{2}$, $\quad \operatorname{Im} z = \dfrac{z - \bar{z}}{2}$

3. $\overline{z_1 + z_2} = \bar{z}_1 + \bar{z}_2$

4. $\overline{z_1 - z_2} = \bar{z}_1 - \bar{z}_2$

5. $\overline{z_1 \cdot z_2} = \bar{z}_1 \cdot \bar{z}_2$

6. $\overline{\left(\dfrac{z_1}{z_2}\right)} = \dfrac{\bar{z}_1}{\bar{z}_2}$

3.5.3. Trigonometrische Darstellung der komplexen Zahl

Eine komplexe Zahl z kann mit Hilfe des Betrags $|z| = r$ und des Winkels φ $(-\pi < \varphi \leqq \pi)$, den die Strecke OP mit dem positiven Teil der x-Achse bildet, dargestellt werden:

Da $|z| = r = \sqrt{a^2 + b^2}$, $\sin\varphi = \dfrac{b}{|z|}$, $\cos\varphi = \dfrac{a}{|z|}$ $(-\pi < \varphi \leqq \pi)$, gilt

$z = a + b\mathrm{i} = |z|\cos\varphi + |z|\sin\varphi\mathrm{i} = r(\cos\varphi + \mathrm{i}\sin\varphi)$

(trigonometrische Darstellung der komplexen Zahl z).

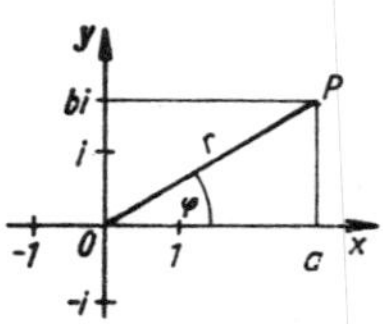

Bild 3/22

Veranschaulichung in Bild 3/22 (Punkten oberhalb der reellen Achse entsprechen positive Winkelgrößen, Punkten unterhalb der reellen Achse entsprechen negative Winkelgrößen.)

Multiplikation und Division komplexer Zahlen in trigonometrischer Form

Es gilt:

Multiplikation:

$$z_1 \cdot z_2 = r_1(\cos\varphi_1 + \mathrm{i}\sin\varphi_1) \cdot r_2(\cos\varphi_2 + \mathrm{i}\sin\varphi_2)$$
$$= r_1 r_2(\cos(\varphi_1 + \varphi_2) + \mathrm{i}\sin(\varphi_1 + \varphi_2))$$

Potenzieren:

$$z^n = [r(\cos\varphi + \mathrm{i}\sin\varphi)]^n = r^n(\cos n\varphi + \mathrm{i}\sin n\varphi) \quad (n \in \mathbf{Q})$$

(MOIVREsche Formel)

Division:

$$\frac{z_1}{z_2} = \frac{r_1(\cos\varphi_1 + \mathrm{i}\sin\varphi_1)}{r_2(\cos\varphi_2 + \mathrm{i}\sin\varphi_2)}$$

$$= \frac{r_1}{r_2}(\cos(\varphi_1 - \varphi_2) + \mathrm{i}\sin(\varphi_1 - \varphi_2)).$$

BEISPIEL 3/90

a) $z = 3 + 4\mathrm{i}$ wird durch $|z| = r = \sqrt{9 + 16} = \sqrt{25} = 5$ und $\tan\varphi = \frac{4}{3}$ $= 1{,}33$ in die trigonometrische Form übergeführt; $\varphi = 53{,}2°$:
$z = 5(\cos 53{,}2° + \mathrm{i}\sin 53{,}2°)$ (Bild 3/23)

b) $z_1 = 3(\cos 30° + \mathrm{i}\sin 30°)$, $z_2 = 4(\cos 45° + \mathrm{i}\sin 45°)$
Dann ist $z_1 \cdot z_2 = 12(\cos 75° + \mathrm{i}\sin 75°)$ (Bild 3/24)

c) $z = 2(\cos 30° + \mathrm{i}\sin 30°)$
z^n ist für $n = 3$: $z^3 = 8(\cos 90° + \mathrm{i}\sin 90°) = 8\mathrm{i}$

Bild 3/23

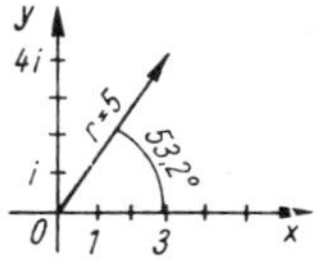

Bild 3/24

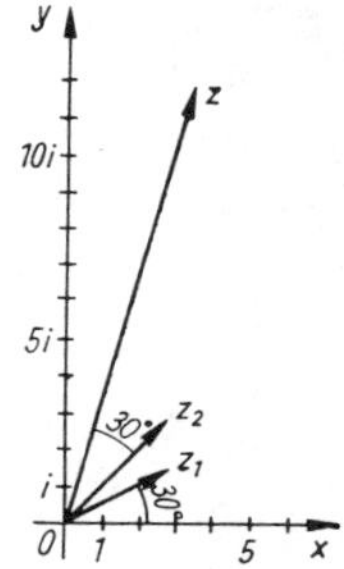

Geometrische Bedeutung der Addition und der Multiplikation komplexer Zahlen in der GAUSSschen Zahlenebene:
Der **Addition** komplexer Zahlen entspricht die Vektoraddition in der GAUSSschen Zahlenebene, der **Multiplikation** komplexer Zahlen (in trigonometrischer Darstellung) entspricht eine Drehung mit dem Zentrum *0* um den Winkel φ und anschließende Streckung des Vektors von *0* aus.

3.5.4. Exponentialform einer komplexen Zahl

Nach EULER kann für $\cos\varphi + \mathrm{i}\sin\varphi = \mathrm{e}^{\mathrm{i}\varphi}$ geschrieben werden. Deshalb kann jede komplexe Zahl z in der Exponentialform dargestellt werden: $z = r\mathrm{e}^{\mathrm{i}\varphi}$.

Es gelten dann

$$z_1 z_2 = r_1 r_2 e^{i(\varphi_1 + \varphi_2)}$$

$$\frac{z_1}{z_2} = \frac{r_1}{r_2} e^{i(\varphi_1 - \varphi_2)}$$

$$z^n = r^n e^{in\varphi} \quad n \in \mathbf{Z}$$

$$\sqrt[n]{z} = \sqrt[n]{r}\, e^{i\left(\frac{\varphi}{n} + k \cdot \frac{360°}{n}\right)} \quad n \in \mathbf{N}^*, \quad k \in \mathbf{Z}.$$

3.6. Übersicht über den Aufbau der Zahlenbereiche

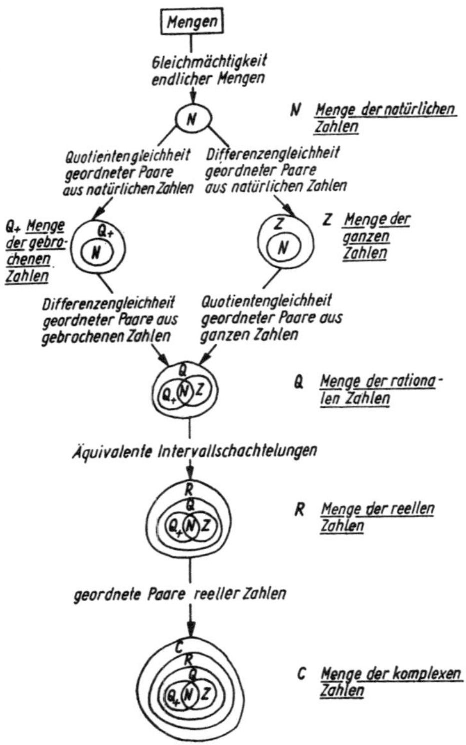

Bild 3/25

4. Zum praktischen Rechnen mit reellen Zahlen und mit Größen

4.1. Zum Termbegriff

(1) Zahlen, wie sie im Abschnitt 3. eingeführt worden sind, können mit Hilfe von *Ziffern* oder von Buchstaben, den *Variablen*, beschrieben werden. Für sie gelten Rechengesetze, die im Abschnitt 3. dargestellt sind.
Nach 1.2.1. werden Ziffern, Variablen und Zeichenreihen **Terme** genannt.

(2) Ein Term heißt **elementarer Term,** wenn er sich mit Hilfe endlich vieler elementarer Rechenoperationen zwischen reellen Zahlen oder Variablen mit dem Grundbereich **R** darstellen läßt. Elementare Rechenoperationen in **R** sind

- das Addieren und die Umkehroperation Subtrahieren (Rechenoperationen 1. Stufe),
- das Multiplizieren und die Umkehroperation Dividieren (mit einem von Null verschiedenen Divisor) (Rechenoperationen 2. Stufe),
- das Potenzieren und die Umkehroperationen Radizieren (mit nichtnegativen Radikanden und positiv ganzzahligen Wurzelexponenten) und Logarithmieren (mit positiven Numeri und positiven Basen ungleich 1),
- Verknüpfungen durch Winkelfunktionen und deren inverse Funktionen) (↗ 6.7.4.).

(3) Ein elementarer Term heißt

algebraischer Term, wenn nur Rechenoperationen 1. und 2. Stufe, das Potenzieren und das Radizieren	**transzendenter Term,** wenn auch das Logarithmieren und Verknüpfungen durch Winkelfunktionen und deren inverse Funktionen

auftreten.

Ein algebraischer Term heißt

rationaler Term, wenn er sich nur mit Hilfe endlich vieler Rechenoperationen 1. und 2.	**irrationaler Term,** wenn er sich mit Hilfe endlich vieler rationaler Rechenoperationen und

Stufe zwischen rationalen Zahlen oder Variablen mit dem Grundbereich **Q**	dem Radizieren oder mit Hilfe nicht nur endlich vieler rationaler Rechenoperationen

darstellen läßt.

Man nennt einen rationalen Term der Form

$$a_n x^n + a_{n-1} x^{n-1} + \ldots + a_1 x + a_0$$

mit $n \in \mathbf{N}$ und $a_i \in \mathbf{R}$, $a_n \neq 0$ ein **Polynom** in x vom Grade n.

(4) Terme, die keine Variablen enthalten, können *berechnet* werden. Zu jedem Term mit Variablen gehört die Angabe des Definitionsbereichs (↗ 1.2.1.(2)).
Terme, die bei jeder Belegung der Variablen durch gleiche Zahlen aus dem Variablengrundbereich gleiche Werte annehmen, heißen zueinander **äquivalent.**

BEISPIEL 4/1

a) Die Terme $(2x + 3x)$ und $5x$ sind bezüglich des Variablengrundbereichs **R** zueinander äquivalent.

b) Die rationalen Terme $\frac{x^2 + x}{x}$ und $x + 1$ sind im Variablengrundbereich **Q** nicht äquivalent, da $x = 0$ zum Definitionsbereich des Terms $x + 1$, jedoch nicht zum Definitionsbereich des Terms $\frac{x^2 + x}{x}$ gehört.

(5) Terme, die Variablen enthalten, können mit dem Ziel der Vereinfachung in einen zu dem gegebenen äquivalenten Term umgeformt werden. Solche Umformungen (↗ 4.3.) heißen äquivalente Termumformungen. Dabei muß die **Struktur** (der Aufbau) **des Terms** erkannt sein, denn danach richtet sich die Reihenfolge bei der Ausführung der vorgeschriebenen Operationen. Es gelten folgende Vereinbarungen:

- Die Rechenoperationen der 2. Stufe binden stärker als die Rechenoperationen der 1. Stufe (»Punktrechnung geht vor Strichrechnung«).
- Eine Division durch Null ist nicht erklärt.
- Da die reellen Zahlen als unendliche Dezimalbrüche ohne Neunerperiode erklärt sind (↗ 3.4.1.), wird beim praktischen Rechnen statt mit irrationalen Zahlen mit **rationalen Näherungswerten** für die betreffenden Zahlen gearbeitet (↗ 4.4.3.).

BEISPIEL 4/2

a) In dem Term $a \cdot b + c$ ist die Multiplikation zuerst auszuführen, anschließend sind das Produkt und c zu addieren.

b) In dem Term $a \cdot (b + c)$ ist das Produkt aus a und der Summe von b und c zu berechnen.

c) Zahlenbeispiel: $a = 2, b = 3, c = 4$

$a \cdot b + c = 2 \cdot 3 + 4 = 6 + 4 = 10$

$a \cdot (b + c) = 2 \cdot (3 + 4) = 2 \cdot 7 = 14$

(6) Bei Rechenoperationen der 2. Stufe können dann Unklarheiten entstehen, wenn nicht der Divisor durch Klammern zusammengefaßt wird; weil es für die Multiplikation gegenüber der Division keine Vorrangregel gibt.

BEISPIEL 4/3

In der Aufgabe $18abc : 3bc$ ist unklar, ob $3bc$ der Divisor sein soll oder ob die Aufgabe in der Form

$18 \cdot a \cdot b \cdot c : 3 \cdot b \cdot c$ aufgefaßt werden soll. Es gilt

$18abc : (3bc) = 6a$

$18 \cdot a \cdot b \cdot c : 3 \cdot b \cdot c = 6ab^2c^2$

4.2. Zum Rechnen mit dem Summen- und mit dem Produktzeichen

Als abkürzende Schreibweise von Summen reeller Zahlen verwendet man das Zeichen $\sum$ (sigma), als abkürzende Schreibweise von Produkten reeller Zahlen das Zeichen $\prod$ (pi).
Es gilt:

$\sum_{i=1}^{n} a_i = a_1 + a_2 + \ldots + a_n$; $\sum_{i=1}^{n} a_i$ wird gelesen: »Summe über a_i für i gleich 1 bis n«

$\prod_{i=1}^{n} a_i = a_1 \cdot a_2 \cdot \ldots \cdot a_n$; $\prod_{i=1}^{n} a_i$ wird gelesen: »Produkt über a_i für i gleich 1 bis n«.

i heißt der Laufindex (speziell Summations- bzw. Multiplikationsindex); er durchläuft die natürlichen Zahlen von 1 (bzw. 0) bis n. Die kleinste bzw. größte Zahl heißt untere bzw. obere Grenze.

BEISPIEL 4/4

a) $\sum_{i=1}^{3} a_i = a_1 + a_2 + a_3$

b) $\sum_{i=0}^{5} x_i = x_0 + x_1 + x_2 + x_3 + x_4 + x_5$

c) $\sum_{i=1}^{4} i = 1 + 2 + 3 + 4$

d) $\sum_{i=0}^{3} 2^i = 2^0 + 2^1 + 2^2 + 2^3$

e) $\sum_{i=1}^{3} \frac{1}{i} = \frac{1}{1} + \frac{1}{2} + \frac{1}{3}$

f) $\prod_{i=1}^{3} a_i = a_1 \cdot a_2 \cdot a_3$

g) $\prod_{i=0}^{5} x_i = x_0 \cdot x_1 \cdot x_2 \cdot x_3 \cdot x_4 \cdot x_5$

h) $\prod_{i=1}^{4} i = 1 \cdot 2 \cdot 3 \cdot 4$

Rechenregeln für Summen und Produkte unter Verwendung des Summen- bzw. Produktzeichens; $a_i, b_i \in \mathbf{R}, n, m \in \mathbf{Z}$

$\sum_{i=1}^{n} (a_i \pm b_i) = \sum_{i=1}^{n} a_i \pm \sum_{i=1}^{n} b_i$	$\prod_{i=1}^{n} a_i \cdot b_i = \prod_{i=1}^{n} a_i \cdot \prod_{i=1}^{n} b_i$
$\sum_{i=1}^{n} ca_i = c\sum_{i=1}^{n} a_i$	$\prod_{i=1}^{n} ca_i = c^n \cdot \prod_{i=1}^{n} a_i$
$\sum_{i=1}^{n} k = nk$	$\prod_{i=1}^{n} k = k^n$
$\sum_{i=1}^{m} a_i + \sum_{i=m+1}^{n} a_i = \sum_{i=1}^{n} a_i$	$\prod_{i=1}^{m} a_i \cdot \prod_{i=m+1}^{n} a_i = \prod_{i=1}^{n} a_i$

wobei $1 < m < n$

4.3. Umformungen von Termen mit Variablen im Bereich der reellen Zahlen

4.3.1. Addition von Termen, Auflösen und Setzen von Klammern

Da das Kommutativgesetz der Addition im Bereich der reellen Zahlen gilt, können einzelne Terme, die die gleiche Variable enthalten, zusammengefaßt werden. Die einzelnen Summanden heißen **Glieder,** diese Summen werden **mehrgliedrige Ausdrücke** genannt.

BEISPIEL 4/5

a) $2 + \frac{1}{3} - 4 + \frac{4}{3} = -2 + \frac{5}{3} = -\frac{6}{3} + \frac{5}{3} = \frac{-6+5}{3} = -\frac{1}{3}$

b) $5 + 3 \cdot \frac{1}{8} - 6\frac{1}{2} = 5 + \frac{3}{8} - \frac{13}{2} = \frac{40 + 3 - 52}{8} = -\frac{9}{8}$

Hinweis: $6\frac{1}{2}$ ist eine sog. »gemischte Zahl«; sie ist als Summe aus einer ganzen Zahl und einem echten Bruch aufzufassen. Wegen der möglichen Verwechslung mit einer Multiplikationsaufgabe sollte die Darstellung einer »gemischten Zahl« vermieden werden. (↗ 3.2.1.(3))

c) $3a - 2b + 5{,}1a + 3{,}7b = 8{,}1a + 1{,}7b$

Auflösen von Klammern, Setzen von Klammern

Sind mehrere Terme durch Klammern zusammengefaßt, so sollten die Operationen in der Klammer zunächst ausgeführt werden. Ist dies nicht möglich, ist das Assoziativgesetz der Addition anzuwenden.

Sind $a, b, c \in \mathbf{R}$, so gilt:

$$a + (b + c) \underset{\text{Setzen der Klammer}}{\overset{\text{Auflösen der Klammer}}{\rightleftarrows}} a + b + c$$

BEISPIEL 4/6

a) $6 + \left(\frac{2}{5} - \frac{3}{8} - \frac{1}{10} + \frac{1}{4}\right) = 6 + \frac{16 - 15 - 4 + 10}{40} = 6 + \frac{7}{40}$
$= \frac{247}{40}$

b) $2a + (3a - 2b) = 2a + 3a - 2b = 5a - 2b$

c) $2x + 3y - 5z = 2x + (3y - 5z)$
bzw.
$= (2x + 3y) - 5z$

Die **Subtraktion von Termen**, die durch eine Klammer zusammengefaßt sind, wird durch die Beziehung $m - n = m + (-n)$ auf die Addition der zu n entgegengesetzten Zahl $-n$ zurückgeführt.

Wenn $m = a$ und $n = b + c$ sind, dann gilt

$$a - (b + c) = a + (-b - c) = a - b - c$$

(Auflösen der Klammer: →; Setzen der Klammer: ←)

BEISPIEL 4/7

a) $14{,}3 - (5{,}1 + 6{,}8) - (0{,}4 - 2{,}8) = 14{,}3 - 11{,}9 - (-2{,}4)$
$= 14{,}3 - 11{,}9 + 2{,}4 = 4{,}8$

oder:
$14{,}3 - (5{,}1 + 6{,}8) - (0{,}4 - 2{,}8) = 14{,}3 - 5{,}1 - 6{,}8 - 0{,}4 + 2{,}8 = 4{,}8$

b) $2a - (4b + 3a) = 2a - 4b - 3a = -a - 4b$

c) $3c - (4c + 2d) + (8c - 3d) = 3c - 4c - 2d + 8c - 3d = 7c - 5d$

d) $2x + 3y - 5z = 2x - (-3y + 5z)$

Ineinandergeschachtelte Klammern (ausgedrückt durch runde, eckige, geschweifte Klammern) werden zweckmäßigerweise von innen nach außen aufgelöst, wobei entsprechende Operationen – wenn möglich – schon ausgeführt werden sollten.

BEISPIEL 4/8

$5x + [(2x - 3y) - (x + 5y)] = 5x + [2x - 3y - x - 5y]$
$= 5x + [x - 8y] = 5x + x - 8y = 6x - 8y$

4.3.2. Multiplizieren von Termen, Ausmultiplizieren von Klammern und Ausklammern

Sind die Terme **eingliedrig**, dann können die Produkte aus mehreren Faktoren durch Anwendung des Kommutativ- und des Assoziativgesetzes der Multiplikation möglicherweise zusammengefaßt werden.

BEISPIEL 4/9

a) $7 \cdot \frac{9}{2} \cdot 0{,}041 = 1{,}2915$

b) $2{,}3x \cdot (4y) = 2{,}3 \cdot 4 \cdot x \cdot y = 9{,}2xy$

c) $4rs \cdot 2{,}1s^2 \cdot \left(-\frac{1}{2}rt\right) = -4 \cdot 2{,}1 \cdot \frac{1}{2}r^2s^3t = -4{,}2r^2s^3t$

Bei **mehrgliedrigen** Termen kann das Distributivgesetz angewendet werden. Die Klammern werden **ausmultipliziert.**

Sind $a, b, c \in \mathbf{R}$, so gilt:

$$\xrightarrow{\text{Ausmultiplizieren}}$$
$$(a + b) \cdot c = ac + bc$$
$$\xleftarrow[\text{Ausklammern}]{}$$

Beim Ausmultiplizieren von Summen ist das Distributivgesetz zweimal anzuwenden:

$$\xrightarrow{\text{Ausmultiplizieren}}$$
$$(a + b) \cdot (c + d) = ac + bc + ad + bd \quad (a, b, c, d \in \mathbf{R})$$
$$\xleftarrow[\text{Ausklammern}]{}$$

BEISPIEL 4/10

a) $(5 + 2b) \cdot 3a = 15a + 6ab$

b) $(x + 3a) \cdot (2x - b) = 2x^2 - bx + 6ax - 3ab$

b) Ausklammern gemeinsamer Faktoren in den Summanden:
$3ab + 3ac + 6ad = 3a(b + c + 2d)$

c) Die Summe ist in ein Produkt umzuformen:
$4ax - 6ay - 2bx + 3by = 2a(2x - 3y) - b(2x - 3y)$
$= (2x - 3y)(2a - b)$

4.3.3. Binomische Formeln, binomischer Lehrsatz

(1) Die binomischen Formeln sind Spezialfälle der Multiplikation von Summen. Zweigliedrige Terme heißen **Binome.**

Für alle reellen Zahlen a, b gilt:

$$(a + b)^2 = a^2 + 2ab + b^2 \quad \text{(1. binomische Formel)}$$

$$(a + b)(a - b) = a^2 - b^2 \quad \text{(2. binomische Formel)}$$

Hinweis: Man beachte, daß in der 1. binomischen Formel der Summand $2ab$ für $b < 0$ negativ ist.

BEISPIEL 4/11

a) $(m + 2)^2 = m^2 + 4m + 4$

b) $(x - 3)^2 = [x + (-3)]^2 = x^2 + 2x(-3) + (-3)^2 = x^2 - 6x + 9$

c) $(2x + 3y)^2 = (2x)^2 + 2 \cdot (2x) \cdot (3y) + (3y)^2 = 4x^2 + 12xy + 9y^2$

d) $\left(m + \frac{1}{2}\right) \cdot \left(m - \frac{1}{2}\right) = m^2 - \frac{1}{4}$

Mit Hilfe der binomischen Formeln können in einzelnen Fällen Summen in Produkte umgeformt werden.

BEISPIEL 4/12

a) $x^2 + 10x + 25 = x^2 + 2 \cdot x \cdot 5 + 5^2 = (x + 5)^2$

b) $a^2 - 8a + 16 = a^2 + 2a(-4) + (-4)^2 = (a - 4)^2$

c) $x^2 - 49 = (x + 7)(x - 7)$

d) $x^2 + 49$ kann im Bereich der reellen Zahlen nicht in ein Produkt umgeformt werden.

(2) Für Potenzen von Binomen gilt der **binomische Lehrsatz**

Für alle reellen Zahlen a, b und für alle natürlichen Zahlen n gilt:

$$(a + b)^n = \sum_{k=0}^{n} \binom{n}{k} a^{n-k} b^k = \binom{n}{0} a^n + \binom{n}{1} a^{n-1} b + \binom{n}{2} a^{n-2} b^2 + \ldots + \binom{n}{n-1} a b^{n-1} + \binom{n}{n} b^n$$

Für $n = 0$ ist $(a + b)^0 = 1$

$n = 1$ $(a + b)^1 = a + b$

$n = 2$ $(a + b)^2 = a^2 + 2ab + b^2$

$n = 3$ $(a + b)^3 = a^3 + 3a^2b + 3ab^2 + b^3$

$n = 4$ $(a + b)^4 = a^4 + 4a^3b + 6a^2b^2 + 4ab^3 + b^4$

... ...

Werden die Binomialkoeffizienten $\binom{n}{k}$ in der PASCALschen Zahlenfigur angeordnet, dann können die Binomialkoeffizienten einer Zeile aus denen der vorangehenden Zeile durch die Beziehung

$$\binom{n}{k} + \binom{n}{k+1} = \binom{n+1}{k+1}$$

ermittelt werden.

$n = 0$					1				
$n = 1$				1		1			
$n = 2$			1		2		1		
$n = 3$		1		3		3		1	
$n = 4$	1		4		6		4		1

usw.

PASCALsche Zahlenfigur

BEISPIEL 4/13

a) $(x + y)^3 = x^3 + 3x^2y + 3xy^2 + y^3$

b) $(a - b)^4 = [a + (-b)]^4 = a^4 + 4a^3(-b) + 6a^2(-b)^2 + 4a(-b)^3 + (-b)^4$

$= a^4 - 4a^3b + 6a^2b^2 - 4ab^3 + b^4$

Sind n und k natürliche Zahlen, so heißt die reelle Zahl $\binom{n}{k}$ **Binomialkoeffizient.** Es gilt für $k \leqq n$

$$\binom{n}{k} = \frac{n!}{k!(n-k)!}$$

$$= \frac{n \cdot (n-1) \cdot (n-2) \cdot \ldots \cdot (n-k+1)}{k!}.$$

Es ist festgelegt $\binom{n}{k} = 1.$

BEISPIEL 4/14

$$\binom{6}{4} = \frac{6 \cdot 5 \cdot 4 \cdot 3}{1 \cdot 2 \cdot 3 \cdot 4} = 15$$

Einige **Eigenschaften** der Binomialkoeffizienten: $n \in \mathbf{N}$

1. $\binom{n}{1} = n$

2. $\binom{n}{n} = 1$

3. $\binom{n}{k} = \binom{n}{n-k} = \frac{n!}{k!(n-k)!}$

4. $\binom{n}{k} + \binom{n}{k+1} = \binom{n+1}{k+1}$

5. $\sum_{i=0}^{n} \binom{p+i}{i} = \binom{p}{0} + \binom{p+1}{1} + \ldots + \binom{p+n}{n} = \binom{p+n+1}{n}$

6. $\sum_{i=0}^{n} \binom{p+i}{p} = \binom{p}{p} + \binom{p+1}{p} + \ldots + \binom{p+n}{p} = \binom{p+n+1}{p+1}$

7. $\sum_{k=0}^{n} \binom{n}{k} = \binom{n}{0} + \binom{n}{1} + \ldots + \binom{n}{n} = 2^n$

BEISPIEL 4/15

a) $\binom{5}{3} = \binom{5}{5-3} = \binom{5}{2} = 10$

b) $\binom{4}{3} + \binom{4}{4} = \binom{5}{4}$, denn $4 + 1 = 5$

c) $\binom{3}{0} + \binom{4}{1} + \binom{5}{2} + \binom{6}{3} = \binom{7}{3}$, denn $1 + 4 + 10 + 20 = 35$

d) $\binom{3}{3} + \binom{4}{3} + \binom{5}{3} + \binom{6}{3} + \binom{7}{3} = \binom{8}{4}$,
denn $1 + 4 + 10 + 20 + 35 = 70$

e) $\binom{4}{0} + \binom{4}{1} + \binom{4}{2} + \binom{4}{3} + \binom{4}{4} = 1 + 4 + 6 + 4 + 1 = 16 = 2^4$

(3) Nach Erweiterung der Definition des Binomialkoeffizienten $\binom{n}{k}$ auf reelle Zahlen n mit $k \in \mathbf{N}^*$ gilt der **binomische Lehrsatz für reelle Exponenten** (Konvergenzbedingung: $|b| < |a|$)

$$(a + b)^n = \binom{n}{0} a^n + \binom{n}{1} a^{n-1}b + \binom{n}{2} a^{n-2}b^2 + \ldots$$

BEISPIEL 4/16

a) $$\binom{\frac{1}{3}}{3} = \frac{\frac{1}{3}\left(\frac{1}{3}-1\right)\left(\frac{1}{3}-2\right)\left(\frac{1}{3}-3\right)}{1\cdot 2\cdot 3\cdot 4}$$

$$= \frac{\frac{1}{3}\left(-\frac{2}{3}\right)\left(-\frac{5}{3}\right)\left(-\frac{8}{3}\right)}{1\cdot 2\cdot 3\cdot 4} = -\frac{1\cdot 2\cdot 5\cdot 8}{81\cdot 24} = -\frac{10}{243}$$

b) $$(1+x)^{\frac{1}{2}} = \binom{\frac{1}{2}}{0}\cdot 1 + \binom{\frac{1}{2}}{1}x + \binom{\frac{1}{2}}{2}x^2 + \binom{\frac{1}{2}}{3}x^3 + \ldots$$

$$= 1 + \frac{1}{2}x + \frac{\frac{1}{2}\left(-\frac{1}{2}\right)}{1\cdot 2}x^2 + \frac{\frac{1}{2}\left(-\frac{1}{2}\right)\left(-\frac{3}{2}\right)}{1\cdot 2\cdot 3}x^3 + \ldots$$

$$= 1 + \frac{1}{2}x - \frac{1}{8}x^2 + \frac{1}{16}x^3 - + \ldots$$

4.3.4. Dividieren von Summen in R

(1) Erweitern und Kürzen

Für alle reellen Zahlen a, b, c mit $b \neq 0$, $c \neq 0$ gilt:

Erweitern → Erweiterungsfaktor c

$$\frac{a}{b} = \frac{a\cdot c}{b\cdot c}$$

← Kürzen Kürzungsfaktor c

BEISPIEL 4/17

a) $\frac{14a}{2ab} = \frac{7}{b}$ $(a \neq 0;\ b \neq 0)$, Kürzungsfaktor $2a$

b) $\frac{32xy - 8y^2}{-16y} = \frac{4x - y}{-2} = \frac{y}{2} - 2x$ $(y \neq 0)$

c) $\frac{8ab}{a+2b}$ ist mit $a - 2b$ zu erweitern, $a + 2b \neq 0$.

$$\frac{8ab(a-2b)}{(a+2b)(a-2b)} = \frac{8a^2b - 16ab^2}{a^2 - 4b^2}$$

d) $\frac{x^2 - xy}{x^2 - y^2} = \frac{x(x-y)}{(x+y)(x-y)} = \frac{x}{x+y}$ mit $x + y \neq 0$ und $x - y \neq 0$

(2) **Division einer Summe durch einen eingliedrigen Divisor**

Für alle reellen Zahlen a, b, c ($c \neq 0$) gilt:

$$(a + b) : c = a : c + b : c$$

bzw.

$$(a + b) : c = \frac{a + b}{c} = \frac{a}{c} + \frac{b}{c}$$

Eine Summe wird durch eine von Null verschiedene (reelle) Zahl dividiert, indem jeder Summand durch diese Zahl dividiert wird.

BEISPIEL 4/18

a) $(5a + 3b) : (7a) = \frac{5}{7} + \frac{3b}{7a} \quad (a \neq 0)$

b) $(14x^2 - 32xy + 16y^2) : (-2x) = -7x + 16y - 8 \cdot \frac{y^2}{x} \quad (\text{mit} \quad x \neq 0)$

(3) **Division einer Summe durch eine Summe**

Anwendung des Divisionsalgorithmus (Division natürlicher Zahlen) auf die Division einer Summe durch eine Summe:

Rechenvorschrift

1. Suche einen Summanden im Dividenden, der durch einen Summanden des Divisors dividiert werden kann! Dividiere! (Im Beispiel 4/19a: $6a^2 : (3a) = 2a$)
2. Multipliziere diesen Teilquotienten mit jedem Summanden des Divisors! Schreibe das Produkt unter die entsprechenden Summanden des Dividenden! ($2a \cdot 3a + 2a \cdot 2b$)
3. Subtrahiere das im Schritt 2 erhaltene Produkt vom Dividenden! *Entweder* ist diese Differenz 0, dann ist die Division ohne Rest ausgeführt, *oder* ist diese Differenz bei Berücksichtigung aller Summanden im Dividenden nicht 0, dann wird das Verfahren mit Schritt 1 beginnend fortgesetzt.

BEISPIEL 4/19

a)
$$\begin{array}{l} (6a^2 + ab - 2b^2) : (3a + 2b) = 2a - b, \\ \underline{-(6a^2 + 4ab)} \qquad\qquad \text{wobei} \quad 3a + 2b \neq 0 \\ \qquad -3ab - 2b^2 \\ \qquad \underline{-(-3ab - 2b^2)} \\ \qquad\qquad 0 \end{array}$$

Probe: $(3a + 2b)(2a - b) = 6a^2 + ab - 2b^2$

b) $(27x^3 + 8y^3) : (3x + 2y)$ mit $3x + 2y \neq 0$

$$
\begin{array}{l}
(27x^3 \qquad\qquad\qquad + 8y^3) : (3x + 2y) = 9x^2 - 6xy + 4y^2 \\
\underline{-(27x^3 + 18x^2y)} \\
\quad -18x^2y \\
\quad \underline{-(-18x^2y - 12xy^2)} \\
\qquad\qquad 12xy^2 \\
\qquad\qquad \underline{-(12xy^2 + 8y^3)} \\
\qquad\qquad\qquad 0
\end{array}
$$

Bei der Durchführung des Algorithmus können zwei Fälle auftreten: *Entweder* ist nach endlich vielen Schritten die nach Schritt 3 ermittelte Differenz gleich 0, *oder* es zeigt sich, daß bei weiterem Anwenden dieses Algorithmus die im Schritt 3 ermittelte Differenz nicht 0 ist, dann wird das Verfahren abgebrochen (Division mit Rest).

BEISPIEL 4/20

$$
\begin{array}{l}
(3x^2 + 19x + 10) : (3x + 1) = x + 6 + \dfrac{4}{3x + 1} \\
\underline{-(3x^2 + \quad x)} \\
\qquad 18x \\
\quad \underline{-(18x + 6)} \\
\qquad\qquad 4
\end{array}
$$

Probe: $(3x + 1) \cdot \left(x + 6 + \dfrac{4}{3x + 1}\right) = 3x^2 + x + 18x + 6$

$$+ \frac{4(3x + 1)}{(3x + 1)} = 3x^2 + 19x + 10$$

4.3.5. Gemeinsames Vielfaches und gemeinsamer Nenner von Quotienten

In 3.1.6.6. wurde das kleinste gemeinsame Vielfache (kgV) von natürlichen Zahlen gebildet, indem die Zahlen in Potenzschreibweise dargestellt und die Potenzen mit dem größten Exponenten multipliziert werden (vgl. Beispiel 3/21). Bei Verwendung von Variablen kann mit diesem Verfahren nur ein **gemeinsames Vielfaches** ermittelt werden, weil die Variablen noch nicht mit reellen Zahlen belegt worden sind.

BEISPIEL 4/21

a) Gemeinsames Vielfaches von $5x^2y$, $10xy^2$, $35xy$

	Zerlegung in Faktoren
$5x^2y$	$5 \quad x^2 \cdot y$
$10xy^2$	$2 \cdot 5 \quad x \cdot y^2$
$35xy$	$5 \cdot 7 \cdot x \cdot y$
g. V.	$2 \cdot 5 \cdot 7 \cdot x^2 \cdot y^2$

b) Gemeinsames Vielfaches von $3a^2$, $6a - 3b$, $12a + 6b$

	Zerlegung in Faktoren
$3a^2$	$3 \cdot a^2$
$6a - 3b$	$3 \cdot (2a - b)$
$12a + 6b$	$2 \cdot 3 \cdot (2a + b)$
g. V.	$2 \cdot 3 \cdot a^2 \cdot (2a - b) \cdot (2a + b)$ $= 6a^2(4a^2 - b^2)$

Ein gemeinsames Vielfaches der Nenner von Quotienten heißt **gemeinsamer Nenner** dieser Quotienten.

BEISPIEL 4/22

Der gemeinsame Nenner der Quotienten ist zu ermitteln:

a) $\frac{x + 2y}{4a^2}, \quad \frac{2x - 3y}{8b}$; gemeinsamer Nenner: $8a^2b$

b) $\frac{2}{a + b}, \quad \frac{3}{a - b}, \quad \frac{7}{a^2 - b^2}$; gemeinsamer Nenner: $a^2 - b^2$

4.3.6. Grundrechenoperationen für Quotienten aus reellen Zahlen unter Verwendung von Variablen

Für alle reellen Zahlen a, b, c, d gilt:

(1) $$\frac{a}{c} + \frac{b}{c} = \frac{a + b}{c} \qquad (c \neq 0)$$

(2) $$\frac{a}{c} - \frac{b}{c} = \frac{a - b}{c} \qquad (c \neq 0)$$

(3) $$\frac{a}{c} \cdot \frac{b}{d} = \frac{a \cdot b}{c \cdot d} \qquad (c \neq 0; d \neq 0)$$

(4) $$\frac{a}{c} : \frac{b}{d} = \frac{a}{c} \cdot \frac{d}{b} = \frac{a \cdot d}{c \cdot b} \qquad (c \neq 0; b \neq 0; d \neq 0)$$

bzw.

als Doppelbruch:

$$\frac{\frac{a}{c}}{\frac{b}{d}} = \frac{a}{c} : \frac{b}{d}$$

BEISPIEL 4/23

a) $\frac{5}{a-b} - \frac{3a-b}{a^2-b^2} + \frac{4}{a+b}$ mit $a \neq b, a \neq -b$

Nebenrechnung:

Nenner	Zerlegung in Faktoren	Erweiterungsfaktoren
$a-b$	$(a-b)$	$(a+b)$
a^2-b^2	$(a-b)(a+b)$	1
$a+b$	$(a+b)$	$(a-b)$
g. N.	$(a-b)(a+b) = a^2-b^2$	

Die Umformung ergibt:

$$\frac{5(a+b)-(3a-b)+4(a-b)}{a^2-b^2} = \frac{5a+5b-3a+b+4a-4b}{a^2-b^2}$$

$$= \frac{6a-2b}{a^2-b^2} = \frac{2(3a-b)}{a^2-b^2}$$

b) $\frac{2rs}{ab} \cdot \frac{r}{2s} = \frac{\overset{1\,1}{\cancel{2}r\cancel{s}r}}{ab \cdot \underset{1\,1}{\cancel{2s}}} = \frac{r^2}{ab}$ $(a \neq 0,\ b \neq 0,\ s \neq 0)$

c) $\frac{\frac{x+3}{6}}{\frac{2x+6}{5}} = \frac{x+3}{6} : \frac{2x+6}{5} = \frac{x+3}{6} \cdot \frac{5}{2x+6}$

$$= \frac{\overset{1}{\cancel{(x+3)}} \cdot 5}{6 \cdot 2 \cdot \underset{1}{\cancel{(x+3)}}} = \frac{5}{12} \quad (x \neq -3)$$

4.4. Zum numerischen Rechnen

4.4.1. Regeln für das numerische Rechnen

Unter der **numerischen Darstellung** einer Zahl versteht man die ziffernmäßige Darstellung der durch das Zahlzeichen bezeichneten Zahl. Sie erfolgt meist im dekadischen Positionssystem (↗ 3.1.2. und 3.2.5.1.).
Das zahlenmäßige Rechnen im Unterschied zum Rechnen mit Symbolen wird **numerisches Rechnen** genannt.

Für das Rechnen mit Zahlen bzw. mit Näherungswerten von Zahlen (numerischer Wert der Zahl) gelten folgende **Regeln:**

1. **Erkennen der Struktur des Rechenausdrucks** (Rechenvorschrift als Term oder als Formel gegeben), um die festgelegte Reihenfolge der Operationen einzuhalten.

- Sind Vereinfachungen durch Umformungen des Terms möglich?
- Welche Schritte sind im einzelnen zu planen?
- Welche Daten werden für die Rechnung benötigt?
- Welche Werte müssen im Ergebnis zur Verfügung stehen? Welche Genauigkeit muß das Ergebnis haben?

2. **Übersichtliche Anordnung und Durchführung der Rechnung**

- Anlage eines Rechenschemas
- Trennung von Haupt- und Nebenrechnung
- **Bei irrationalen Zahlen verwendet man rationale Näherungswerte** der betreffenden Zahlen mit hinreichender Genauigkeit
- Rationalisierung der Rechenarbeit durch Nutzung von Tabellen oder elektronischem Taschenrechner (TR)

3. **Planung von Kontrollen der Rechnung**

- Durchführen eines Überschlags – wenn möglich – für das Ergebnis
- Welche Zwischenkontrollen können durchgeführt werden?
- Überprüfung des Ergebnisses durch eine Probe

4. **Berücksichtigung des Einflusses von möglichen Fehlern bei Verwendung von Näherungswerten auf die Rechnung und auf das Ergebnis**

- Welche Genauigkeit wird im Ergebnis gebraucht?
- Wie und wodurch können auftretende Fehler abgeschätzt werden?

4.4.2. Abgetrennte Zehnerpotenzen

Sehr große oder sehr kleine positive Zahlen bzw. Zahlenwerte von Größen (↗ 4.6.1) können mit Hilfe abgetrennter Zehnerpotenzen für die Rechnung vorteilhaft dargestellt werden.
Jede positive rationale Zahl a kann in der Form $a = a_0 \cdot 10^m$ geschrieben werden mit $a_0 \in \mathbf{Q}$, $1 \leqq a_0 < 10$, $m \in \mathbf{Z}$ (halblogarithmische Form einer rationalen Zahl).

BEISPIEL 4/24

a) $7230000 = 7{,}23 \cdot 10^6$

b) $0{,}000382 = 3{,}82 \cdot 10^{-4}$

c) Avogadro-Konstante $N_A = 6{,}022 \cdot 10^{26}\ \text{kmol}^{-1}$

d) Masse des Elektrons $m_e = 9{,}108 \cdot 10^{-31}\ \text{kg}$

Abgetrennte Zehnerpotenzen sind bei der Durchführung von Rechenoperationen besonders vorteilhaft.

BEISPIEL 4/25

Es ist der Term $\frac{a \cdot b}{c}$ zu berechnen mit $a = 3480000$, $b = 0{,}0782$, $c = 6730$.
Darstellung der Zahlen durch abgetrennte Zehnerpotenzen:
$a = 3{,}48 \cdot 10^6$, $b = 7{,}82 \cdot 10^{-2}$, $c = 6{,}73 \cdot 10^3$. Dann ist

$$\frac{a \cdot b}{c} = \frac{3{,}48 \cdot 7{,}82}{6{,}73} \cdot 10^{6-2-3} \approx 4{,}04 \cdot 10^1 = 40{,}4.$$

4.4.3. Näherungswerte und Arbeiten mit Näherungswerten

(1) Unter einem **Näherungswert** versteht man eine Zahlenangabe (eine Zahl oder den Zahlenwert einer Größe) mit begrenzter Genauigkeit. Näherungswerte treten auf

- beim *Messen* (Vergleichen mit einer festgelegten Einheit mit Hilfe von Meßinstrumenten) als Meßwerte,
- beim *Schätzen* (Vergleichen mit bekannten Größen ohne Einsatz von Meßinstrumenten) als geschätzte Werte,
- beim *Runden* (nach den Rundungsregeln ↗ 4.4.4.(1)) als gerundete Werte,
- beim *Ersetzen nichtrationaler Zahlen* durch rationale Näherungswerte (z. B. $\pi \approx 3{,}14$, $\sqrt{3} \approx 1{,}7321$, $\sin 10° \approx 0{,}1736$),
- beim *Verwenden von Näherungsformeln* (↗ 4.4.5.),
- beim Arbeiten mit *Rechenhilfsmitteln*,
- in *Ergebnissen von Rechnungen*, in denen mindestens einer der obengenannten Näherungswerte verwendet worden ist.

Aus der Anzahl der angegebenen Ziffern kann auf die Genauigkeit eines Meßwertes geschlossen werden. Als **Genauigkeit** soll die Größe der Abweichung von dem (meist unbekannten) genauen Wert verstanden werden. Die Abweichung ist im allgemeinen nicht größer als 0,5 Einheiten des Stellenwertes der letzten angegebenen Ziffer, z. B. liegt der Näherungswert 5,4 zwischen 5,35 und 5,45. Ein solcher Näherungswert hat nur zuverlässige Ziffern. (In der numerischen Mathematik wird oft der Begriff »Ziffer« im Sinne von »Grundziffer« verwendet.)
Ziffern eines Näherungswertes heißen **zuverlässig,** wenn der absolute Fehler dieses Näherungswertes nicht größer als 0,5 Einheiten des Stellenwertes der letzten angegebenen Ziffer beträgt. Eine Stelle heißt zuverlässig, wenn sie mit einer zuverlässigen Ziffer besetzt ist.
Somit wird durch einen Näherungswert, der aus zuverlässigen Ziffern besteht, ein Intervall angegeben, in dem der genaue Wert liegt, z. B. hat der Näherungswert 0,7 eine zuverlässige Ziffer. Der genaue Wert liegt im Intervall $0{,}65 \leqq x < 0{,}75$. Die Nullen, die links von der ersten von

Null verschiedenen Ziffer stehen, werden nicht mitgezählt. Der Näherungswert 6,8 hat zwei zuverlässige Ziffern; der genaue Wert liegt im Intervall $6{,}75 \leqq x < 6{,}85$. Wird ein Näherungswert mit drei zuverlässigen Ziffern, z. B. mit 4,30, angegeben, dann liegt der genaue Wert im Intervall $4{,}295 \leqq x < 4{,}305$.
(2) Um das Resultat einer Rechenaufgabe, die Näherungswerte enthält, *mit sinnvoller Genauigkeit* angeben zu können, werden folgende **Regeln** genutzt:

1. Bei *Addition bzw. Subtraktion* von Näherungswerten ist das Ergebnis bis zu der Stelle (von links gesehen) noch zuverlässig, die **bei allen** Ausgangswerten zuverlässig ist.
2. Bei der *Multiplikation bzw. Division* von Näherungswerten ist die Anzahl der zuverlässigen Ziffern im Ergebnis nicht größer als die **Anzahl** der zuverlässigen Ziffern desjenigen Ausgangswertes, bei dem diese **am kleinsten** ist.
3. Die Endergebnisse sind nach den Regeln 1. und 2. zu runden, je nachdem, welche Rechenoperationen angewendet wurden. Bei Zwischenergebnissen ist eine weitere Ziffer mitzuführen.

BEISPIEL 4/26

Gegeben seien die durch Runden entstandenen Näherungswerte $a \approx 3{,}847$, $b \approx 67{,}1$.
Dann ist

$$a + b = 3{,}847 + 67{,}1 = 70{,}947 \approx 70{,}9$$
$$a \cdot b = 3{,}847 \cdot 67{,}1 = 258{,}1337 \approx 258$$
$$a : b = 3{,}847 : 67{,}1 = 0{,}057332 \approx 0{,}0573$$

4.4.4. Ermitteln von Näherungswerten durch Runden, Überschlagen und Abschätzen von rationalen Zahlen

Beim praktischen Rechnen ist oft eine Beschränkung in der Angabe der Zahlen auf eine bestimmte Anzahl von Stellen erforderlich. Man gibt hinreichend genaue Näherungswerte an. Durch Runden, Überschlagen, Abschätzen erhält man Näherungswerte für Zahlen.

(1) Runden

Unter Runden versteht man das Ermitteln von Näherungswerten nach folgenden Regeln (Rundungsregeln):

- Es wird stets auf ein Vielfaches einer bestimmten Zehnerpotenz gerundet. Deshalb ist die Stelle (z. B. Hunderter, Tausender, Zehntel) anzugeben, auf die gerundet werden soll. Sie wird die k-te Stelle genannt (von links nach rechts gezählt).

- Steht an der $(k + 1)$-ten Stelle
  - eine 0, 1, 2, 3, 4, so wird **ab**gerundet; d. h., diese und die folgenden Grundziffern werden durch 0 ersetzt. Die vorangehende Ziffernfolge bleibt unverändert (Beispiel 4/27a),
  - eine 5, 6, 7, 8, 9, so wird **auf**gerundet; d. h., diese und die folgenden Grundziffern werden durch 0 ersetzt; die k-te Stelle wird um 1 erhöht (Beispiele 4/27b, c).
- Die Rundung auf die gewünschte Stellenzahl ist nach Möglichkeit direkt und nicht schrittweise durchzuführen (Beispiele 4/27d, e).

Hinweis: Sollte doch eine schrittweise Rundung erforderlich sein, dann gilt für den Fall, daß eine 5

- durch Aufrunden entstanden ist: Im nächsten Schritt wird abgerundet (Beispiel 4/27f),
- durch Abrunden entstanden ist: Im nächsten Schritt wird aufgerundet (Beispiel 4/27g).

BEISPIEL 4/27

Die zu rundende Stelle ist unterstrichen.

a) $37\underline{4}2 \approx 3740$	e) $62\underline{3},57 \approx 624$
b) $64,\underline{3}8 \approx 64,40$	f) $0,1\underline{4}7 \approx 0,1\underline{5} \approx 0,1$
c) $75\underline{2}50 \approx 75300$	g) $0,2\underline{5}4 \approx 0,\underline{2}5 \approx 0,3$
d) $62\underline{3},48 \approx 623$	

(2) **Überschlagen**

Unter dem Bilden eines Überschlags versteht man das Ermitteln von Näherungswerten für Terme, in denen Zahlen durch Operationszeichen verknüpft sind, durch Verändern der Zahlen mit dem Ziel, die Operationen mündlich ausführen zu können.
Das Verändern der Zahlen braucht nicht durch Anwenden der Rundungsregeln zu erfolgen.
Ein Überschlag kann zur Kontrolle für die Größenordnung des Ergebnisses dienen.

BEISPIEL 4/28

Bei der Multiplikation $48,6 \cdot 7,31$ ist der Überschlag $50 \cdot 7 = 350$. Die Rechnung liefert 355,266, gerundet auf 355, weil die Ausgangsdaten drei zuverlässige Ziffern haben.

(3) **Abschätzen**

Unter dem Abschätzen versteht man das Ermitteln von Näherungswerten für Terme, in denen Zahlen vorkommen oder Zahlen durch Operationszeichen verknüpft sind, durch Angabe von Schranken mit Hilfe von Ungleichungen bzw. Intervallen. Das Abschätzen ist oft ein zweimaliges Überschlagen.

BEISPIEL 4/29

Das Produkt 7,83 · 3,25 ist bestimmt nicht kleiner als 7 · 3 = 21 und nicht größer als 8 · 4 = 32, also

$$21 < 7{,}83 \cdot 3{,}25 < 32.$$

7,83 · 3,25 = 25,4475, gerundet auf drei zuverlässige Ziffern:
≈ 25,4

4.4.5. Näherungswerte von Potenzen

Aus dem binomischen Lehrsatz (↗ 4.3.3.)

$$(a + b)^n = \sum_{k=1}^{n} \binom{n}{k} a^{n-k} b^k \quad \text{für } a, b, n \in \mathbf{R}$$

erhält man für $a = 1$ und $b = x$

$$(1 + x)^n = 1 + nx + \frac{n(n-1)}{2} x^2 + \ldots + x^n \quad \text{mit}$$

$$n \neq -1.$$

Wenn x eine sehr kleine positive Zahl ist, ausgedrückt durch $|x| \ll 1$, werden die höheren Potenzen von x erst recht sehr klein (z. B. $x = 0{,}01$; $x^2 = 0{,}0001$).
Berücksichtigt man in dieser Entwicklung die Darstellung bis zum linearen Glied in x, so bezeichnet man diesen Näherungswert als **erste Näherung**, berücksichtigt man die Darstellung bis zum quadratischen Glied in x, dann heißt dieser Näherungswert **zweite Näherung** der Potenz des Binoms $(1 + x)$. In der Praxis wird oft nur die erste Näherung benötigt.
Im einzelnen erhält man folgende **Näherungsformel für Potenzen** in erster Näherung:

$$(1 + x)^n \approx 1 + nx \quad \text{mit} \quad x, n \in \mathbf{R} \quad \text{und} \quad |x| \ll 1$$

(1) $n \in \mathbf{N}$:

$(1 + x)^2 \approx 1 + 2x, \qquad (1 + x)^3 \approx 1 + 3x$ usw.

BEISPIEL 4/30

a) $1{,}021^2 = (1 + 0{,}021)^2 \approx 1 + 2 \cdot 0{,}021 = 1{,}042$

b) $0{,}988^3 = (1 - 0{,}012)^3 \approx 1 - 3 \cdot 0{,}012 = 1 - 0{,}036 = 0{,}964$

(2) $n \in \mathbf{Z},\ n < 0,\ x \neq -1$

$$\frac{1}{1 + x} = (1 + x)^{-1} \approx 1 - x$$

$$\frac{1}{(1 + x)^2} = (1 + x)^{-2} \approx 1 - 2x$$

BEISPIEL 4/31

a) $\dfrac{1}{1{,}03} = (1 + 0{,}03)^{-1} \approx 1 - 0{,}03 = 0{,}97$

b) $\dfrac{1}{0{,}98} = (1 - 0{,}02)^{-1} \approx 1 + 0{,}02 = 1{,}02$

c) $\dfrac{1}{1{,}024^2} = (1 + 0{,}024)^{-2} \approx 1 - 0{,}048 = 0{,}952$

(3) $n \in \mathbf{Q},\ x \neq -1$

$$\sqrt{1+x} = (1+x)^{\frac{1}{2}} \approx 1 + \frac{1}{2}x$$

$$\frac{1}{\sqrt{1+x}} = (1+x)^{-\frac{1}{2}} \approx 1 - \frac{1}{2}x$$

$$\left.\begin{aligned} \sqrt[q]{(1+x)^p} &= (1+x)^{\frac{p}{q}} \approx 1 + \frac{p}{q}x \\ \frac{1}{\sqrt[q]{(1+x)^p}} &= (1+x)^{-\frac{p}{q}} \approx 1 - \frac{p}{q}x \end{aligned}\right\} \quad (p, q \in \mathbf{N},\ q \geqq 2)$$

BEISPIEL 4/32

a) $\sqrt{1{,}015} = (1 + 0{,}015)^{\frac{1}{2}} \approx 1 + \frac{1}{2} \cdot 0{,}015 = 1 + 0{,}0075$
$= 1{,}0075$

b) $\dfrac{1}{\sqrt{1{,}03}} = (1 + 0{,}03)^{-\frac{1}{2}} \approx 1 - \frac{1}{2} \cdot 0{,}03 = 1 - 0{,}015 = 0{,}985$

4.4.6. Fehlerrechnung

4.4.6.1. Zum Begriff »Fehler«

Beim Verwenden von rationalen Näherungswerten für reelle Zahlen im Interesse des praktischen Rechnens oder beim Messen von Größen (↗ 4.6.) treten Abweichungen des Näherungswertes vom wahren Wert auf, die **Fehler** genannt werden. Bei Rechnungen mit Näherungswerten »pflanzen sich die Fehler fort«. Mit Hilfe der Fehlerrechnung wird der Genauigkeitsgrad von Näherungswerten und der von Rechnungen, die mit Näherungswerten ausgeführt werden, untersucht.

4.4.6.2. Absoluter und relativer Fehler, Fehlerschranken

Ist a ein Näherungswert (Ist-Wert) für den wahren Wert (Soll-Wert) x einer Zahl oder Größe (↗ 4.6.), so schreibt man $x \approx a$ (gelesen »x ist angenähert a«).

Die Abweichung eines Näherungswertes a vom wahren Wert x drückt die Güte des Näherungswertes aus: Je kleiner die Abweichung ist, desto genauer ist der Näherungswert.

Die Differenz zwischen dem Näherungswert a und dem wahren Wert x heißt **absoluter Fehler** und wird mit ε bezeichnet. Es gilt $\varepsilon = a - x$.

Für die Rechnung interessiert nur der Betrag des absoluten Fehlers:

$$|\varepsilon| = |a - x|.$$

Um verschiedene Näherungswerte vergleichen zu können, wird der **relative Fehler** eines Näherungswertes als Quotient aus dem Betrag des absoluten Fehlers und dem Betrag des wahren Wertes eingeführt: $\frac{|\varepsilon|}{|x|}$.
Der relative Fehler wird oft in Prozent angegeben: $\frac{|\varepsilon|}{|x|} \cdot 100\%$.

BEISPIEL 4/33

Wird die Zahl π mit dem Näherungswert 3,14 anstelle von 3,141 59... angegeben, so ist der absolute Fehler $\varepsilon = |3{,}14 - 3{,}141\,59| = 0{,}001\,59$, der relative Fehler $\frac{|\varepsilon|}{\pi} \approx \frac{0{,}001\,59}{3{,}141\,59} \approx 0{,}000\,506$ bzw. 0,05 % (bzw. 0,5 ‰).

Da in der Praxis (z. B. bei Messungen von Größen) der wahre Wert oft nicht bekannt ist, müssen Schranken für den absoluten bzw. relativen Fehler eines Näherungswertes angegeben werden. Eine positive Zahl $\Delta a \geqq |\varepsilon|$ heißt **Schranke für den absoluten Fehler** eines Näherungswertes a. Es gilt

$$-\Delta a \leqq \varepsilon \leqq \Delta a$$

bzw.

$$a - \Delta a \leqq x \leqq a + \Delta a,$$

dafür schreibt man auch $x = a \pm \Delta a$.
Eine **Schranke für den relativen Fehler** eines Näherungswertes a ist der Quotient aus der Schranke für den absoluten Fehler Δa und dem Betrag des Näherungswertes a; sie wird mit δ bezeichnet. Es gilt:

$$\delta = \frac{\Delta a}{|a|}.$$

4.4.6.3. Fehlerabschätzung beim Rechnen mit Näherungswerten

Bei der Ausführung der Grundrechenoperationen mit Näherungswerten sind die Ergebnisse ebenfalls Näherungswerte. Sind a, b Näherungswerte mit den Fehlerschranken $\Delta a, \Delta b$ für die Zahlen x, y (es seien $x = a \pm \Delta a$, $y = b \pm \Delta b$), dann gilt für die Schranken

bei der	für	für den absoluten Fehler	für den relativen Fehler
Addition	die Summe $s = x + y$	$\Delta(a + b) = \Delta a + \Delta b$	$\delta_S = \dfrac{\Delta a + \Delta b}{\lvert a + b\rvert}$
Subtraktion	die Differenz $d = x - y$	$\Delta(a - b) = \Delta a + \Delta b$	$\delta_D = \dfrac{\Delta a + \Delta b}{\lvert a - b\rvert}$
Multiplikation	das Produkt $p = x \cdot y$	$\Delta(a \cdot b) = \Delta a \cdot \lvert b\rvert + \Delta b \cdot \lvert a\rvert$	$\delta_P = \delta_a + \delta_b = \dfrac{\Delta a}{\lvert a\rvert} + \dfrac{\Delta b}{\lvert b\rvert}$
Division	den Quotienten $q = \dfrac{x}{y}$	$\Delta\left(\dfrac{a}{b}\right) = \dfrac{\Delta a \cdot \lvert b\rvert + \Delta b \cdot \lvert a\rvert}{b^2}$	$\delta_Q = \delta_a + \delta_b = \dfrac{\Delta a}{\lvert a\rvert} + \dfrac{\Delta b}{\lvert b\rvert}$

BEISPIEL 4/34

Gegeben seien $x = a \pm \Delta a = 5{,}21 \pm 0{,}03$ und $y = b \pm \Delta b = 4{,}47 \pm 0{,}02$.
In den Näherungswerten a, b sind nur die ersten beiden (Grund-) Ziffern zuverlässige Ziffern.
a) Schranken für den relativen Fehler der Näherungswerte a bzw. b:

$$\delta_a = \frac{\Delta a}{|a|} = \frac{0{,}03}{5{,}21} \approx 0{,}0058 \quad \text{bzw.} \quad 0{,}58\,\%$$

$$\delta_b = \frac{\Delta b}{|b|} = \frac{0{,}02}{4{,}47} \approx 0{,}0045 \quad \text{bzw.} \quad 0{,}45\,\%$$

b) Eine Schranke für den **absoluten Fehler des Produkts** $p = x \cdot y$:

$$\Delta(a \cdot b) = \Delta a \cdot |b| + \Delta b \cdot |a| = 0{,}03 \cdot 4{,}47 + 0{,}02 \cdot 5{,}21$$
$$= 0{,}1341 + 0{,}1042 \approx 0{,}24.$$

Da $a \cdot b = 5{,}21 \cdot 4{,}47 \approx 23{,}29$ ist, wird das Produkt durch $23{,}29 \pm 0{,}24$ angegeben. Die Angabe des Produkts $5{,}21 \cdot 4{,}47 = 23{,}2887$ würde eine unzulässige Genauigkeit vortäuschen, denn nur die ersten beiden Ziffern in jedem Näherungswert sind zuverlässige Ziffern.
Eine Schranke für den **relativen Fehler des Produkts** erhält man entweder durch $\delta_P = \dfrac{0{,}24}{23{,}29} \approx 0{,}0103$ oder durch $\delta_P = \delta_a + \delta_b \approx 0{,}0058 + 0{,}0045 \approx 0{,}0103$ bzw. $1{,}03\,\%$.

4.5. Rechenhilfsmittel

4.5.1. Zahlentafeln

In Tafelwerken sind neben Tafeln einiger Konstanten zur Erleichterung des numerischen Rechnens Funktionswerte elementarer Funktionen (quadratische, kubische Funktionen, Wurzel-, Logarithmus-, Exponential- und Winkelfunktionen) tabellarisch zusammengestellt. Diese »Zahlentafeln« enthalten Näherungswerte in der Form gerundeter Zahlen (also mit einer Genauigkeit von 0,5 Einheiten des Stellenwertes der letzten Stelle).
Es gibt Tafeln mit einem Eingang (z. B. Quadrattafel, Logarithmentafel) und solche mit zwei Eingängen (z. B. Tafeln der Winkelfunktionswerte).

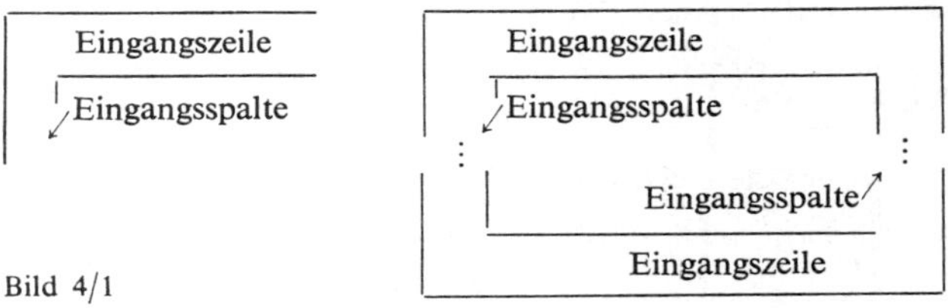

Bild 4/1

Zu jedem Eingang gehört eine Eingangsspalte und eine Eingangszeile, die die Argumente enthalten (Bild 4/1). Das Tafelfeld enthält die zugehörigen Funktionswerte.

4.5.2. Elektronische Taschenrechner

(1) Aufbau eines Taschenrechners

Die Entwicklung der Mikroelektronik ermöglichte die Konstruktion von leistungsstarken elektronischen Rechenanlagen im Kleinformat. Elektronische Taschenrechner (ETR) sind Digitalrechner [digit (engl.) Grundziffer], d. h., sie sind Zifferngeräte, in denen die einzelnen Ziffern einer Zahl als endliche Impulsfolgen dargestellt und verarbeitet werden. Sie dienen zur Erleichterung des Zahlenrechnens durch Entlastung von zeitraubender Tätigkeit. Ihre Bedienung erfordert mathematisches Verständnis und mathematische Kenntnisse, um sie voll einzusetzen.
Unter der Vielzahl von Typen elektronischer Taschenrechner sollen hier nur **ETR mit algebraischer Logik** erläutert und beschrieben werden. Sie unterscheiden sich von den ETR mit arithmetischer Logik äußerlich dadurch, daß sie eine besondere Ergebnistaste [=] haben. Es gibt ETR mit algebraischer Logik ohne Hierarchie bzw. mit Hierarchie und solche, die Klammertasten besitzen.
Die Aufgaben werden in der Weise eingegeben, wie sie schriftlich fixiert sind. Dabei wird von den Rechnern mit Hierarchie (griech. Rangord-

nung) die Punktrechnung (Rechenoperationen 2. Stufe) vorrangig vor der Strichrechnung (Rechenoperationen 1. Stufe) ausgeführt. Bei Rechnern mit Klammertasten wird die Rechnung der Klammersetzung entsprechend ausgeführt.
Um festzustellen, ob ein vorliegender Rechner eine Hierarchie besitzt, wird die Aufgabe $2 \cdot 3 + 4 \cdot 5$ mit dem Rechner gelöst. Ein Rechner ohne Hierarchie rechnet: $2 \cdot 3 = 6$, $6 + 4 = 10$, $10 \cdot 5 = 50$, Ergebnis 50; ein Rechner mit Hierarchie führt die Punktrechnung vor der Strichrechnung aus: $6 + 20 = 26$, Ergebnis 26.
(Auf ETR mit arithmetischer Logik, auf ETR mit Umgekehrter Polnischer Notation – zu erkennen an einer Taste [↑] oder [ENTER] – und auf programmierbare ETR wird hier nicht eingegangen.)
Zum äußeren Aufbau eines ETR gehören

- ein Ein- und Ausschalter, mit ON (engl. ein) bzw. OFF (engl. aus)
- eine Zahlenanzeige
- ein Tastenfeld
- evtl. weitere Schalter bei leistungsfähigeren Rechnern.

Grundsätzlich beachte man die Bedienungsanleitung des Rechners!
Das Tastenfeld besteht aus folgenden Tastengruppen: (↗ Bild 4/2)

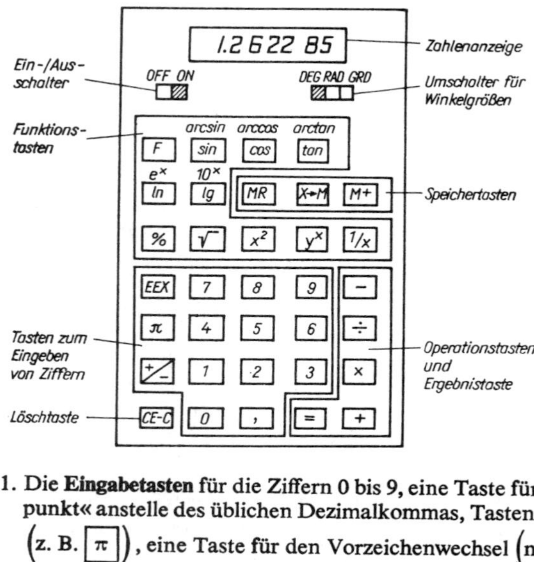

Bild 4/2

1. Die **Eingabetasten** für die Ziffern 0 bis 9, eine Taste für den »Dezimalpunkt« anstelle des üblichen Dezimalkommas, Tasten für Konstanten (z. B. [π]), eine Taste für den Vorzeichenwechsel (mit [+/−] oder [CHS] (change sign) bezeichnet).

Soll die gesamte Eingabe und die Rechnung gelöscht werden, ist die Taste [C] [für clear (engl.) reinigen], soll nur die letzte Eingabe gelöscht werden, ist die Taste [CE] zu drücken.

2. **Die Operationstasten** für die vier Grundrechenarten: [+] [−] [×] [÷] sowie die Ergebnistaste [=].

3. **Die Funktionstasten** für [$\frac{1}{x}$], [x^2], [$\sqrt{x}$], [x^n] finden sich auch auf einfachen Rechnern, kompliziertere Rechner für wissenschaftliche Arbeiten enthalten Tasten für [lg], [ln], [e^x], [10^x], [x^y], für die Winkelfunktionen [sin], [cos], [tan], deren Umkehrfunktionen (die Arcusfunktionen). Bei der Bedienung dieser Tasten ist zu beachten, daß zuerst die Taste für das Argument und danach die Taste für die Funktion zu drücken ist.
Bei manchen Rechnern sind die Tasten doppelt belegt. Vor der Benutzung dieser Tasten ist die Umschalttaste [F] zu drücken.
Bei Rechnern für wissenschaftliche Arbeiten gibt es einen Umschalter [DEG | RAD | GRD] (↗ 10.1.5.(3)), der bedient werden muß, je nachdem, ob das Argument einer Winkelfunktion im Altgradmaß, im Bogenmaß oder im Neugradmaß eingegeben wird.

4. **Die Speichertasten** dienen zur Aufbewahrung von Zwischenergebnissen im Rechner zur späteren Wiederverwendung. Durch Drücken der Taste [X→M] [Abkürzung für memory (engl.) Gedächtnis] wird der Inhalt des Registers X in den Speicher übertragen. Durch Drücken der Tasten [MR] oder [RM] (memory recall) erfolgt der Rückruf aus dem Speicher in das Eingaberegister X; der Inhalt des Speichers bleibt weiterhin erhalten. Durch Drücken der Taste [CM] oder [MC] (clear memory) wird der Speicherinhalt gelöscht.
Auf manchen ETR gibt es rechnende Speicher; deren Tasten sind folgendermaßen bezeichnet:
[M+] Der Inhalt des Eingaberegisters X wird zum bisherigen Speicherinhalt addiert. Entsprechende Bedeutung haben die Tasten: [M−], [M×], [M÷].

Viele Rechnertypen werden mit Batterien betrieben. Bei zu geringer Spannung können fehlerhafte Ergebnisse auftreten. Als Test für die Beanspruchung aller Teile der Zahlenanzeige wird die Aufgabe

1,2345679 · 7,2

angegeben. Funktionieren alle Teile richtig, muß das Ergebnis 8.8888888, bei automatischer Rundung 8.8888889 sein.
Zur Ausführung der Rechnungen besitzt jeder Rechner mindestens zwei **Register:** das Eingaberegister X mit Anzeige und das Rechenregister Y. Werden die Ziffern einer Zahl über die Tastatur in den Rechner eingegeben, dann gelangen sie in das Eingaberegister X und erscheinen sofort in der Zahlenanzeige. Durch das Drücken einer Operationstaste wird der Inhalt des Eingaberegisters X in das Rechenregister Y übertragen. Ist nun eine weitere Zahl über die Tastatur in das Eingaberegister X eingegeben worden, wird durch das Drücken der Ergebnistaste [=] oder durch das Drücken einer weiteren Operationstaste die vorher eingegebene Operation ausgeführt und das Ergebnis der Rechnung in das Eingaberegister übernommen und erscheint in der Zahlenanzeige. Durch das Drücken der Taste [X ↔ Y] wird der Registeraustausch bewirkt.

Kapazität eines Rechners: Zeigt ein Rechner ganze Zahlen bis zu 8 Stellen an, beträgt die Kapazität $\pm 10^{-7}$ bis $\pm 10^{8} - 1$. Der Rechner zeigt dann bis zu 7 Dezimalstellen an. Überschreitet der Dezimalbruch 8 Stellen, dann werden die weiteren Dezimalstellen unterdrückt (Maschinenzahl). Dezimalbrüche, die kleiner als 1 sind, werden mit höchstens 7 Dezimalen angegeben. Wird die Kapazität des Rechners in einem Zwischen- oder Endergebnis überschritten, erscheint die Überlaufanzeige durch ein E in der Zahlenanzeige bezeichnet, z. B. gibt ein einfacher Rechner bei der Aufgabe 12345 × 12345 als Ergebnis 1.5239902 E an, ein Rechner für wissenschaftliche Zwecke gibt 1.524 08, d. h. $1{,}524 \cdot 10^{8}$ an.
Wird eine mathematisch nicht erlaubte Operation eingegeben, z. B. 1 : 0, $\sqrt{-3}$, dann erscheint die Anzeige 0 E.
Eine negative Zahl wird bei vielen Rechnern durch ein Minuszeichen hinter der Zahl bezeichnet.
Neben dieser **Festkommadarstellung** von Zahlen verfügen Rechner für wissenschaftliche Arbeiten über eine **Gleitkommadarstellung** von Zahlen. Sie ist dann nützlich, wenn sich die zu verarbeitenden Zahlen in ihrer Größenordnung wesentlich voneinander unterscheiden. Eine Zahl z wird durch $z = m \cdot 10^{e}$ in Gleitkommadarstellung (4.4.2.) angegeben, wobei m die Mantisse (fünfstellig) und e der Exponent (höchstens zweistellig) heißen. In der Zahlenanzeige werden Mantisse und Exponent nacheinander angegeben. Mit Hilfe der Taste [EEX] oder [EXP] kann eine Zahl in Gleitkommadarstellung eingegeben werden.

BEISPIEL 4/35

Tastenfolge für die Eingabe von Zahlen in einen Taschenrechner für wissenschaftliche Arbeiten:

Zahl	Tastenfolge	Anzeige
a) 26,03	[2] [6] [·] [0] [3]	26.03
b) −7,49	[7] [·] [4] [9] [+/−]	−7.49
c) −0,031	[·] [0] [3] [1] [+/−]	−0.031
d) $2{,}307 \cdot 10^{7}$	[2] [·] [3] [0] [7] [EEX] [7]	2.307 07
e) $2{,}307 \cdot 10^{-7}$	[2] [·] [3] [0] [7] [EEX] [7] [+/−]	2.307 −07
f) $-2{,}307 \cdot 10^{-7}$	[2] [·] [3] [0] [7] [+/−] [EEX] [7] [+/−]	−2.307 −07

(2) **Zum Rechnen mit elektronischen Taschenrechnern**

Taschenrechner arbeiten schnell und sicher, wenn der Nutzer folgende *Hinweise* beachtet:

- Studieren Sie die Bedienungsanleitung Ihres Gerätes genau, damit Sie Ihren Rechner richtig einsetzen können!
- Analysieren Sie die Struktur des zu berechnenden Terms und durchdenken Sie die erforderliche Tastenfolge!
  Wenn erforderlich, notieren Sie die Tastenfolge in einem *Rechenablaufplan*!
- Überprüfen Sie vor Beginn einer Rechnung, daß alle Werte im Rechner (auch im Speicher) gelöscht sind!
- Führen Sie vor der Berechnung einen Überschlag für das Resultat durch und vergleichen Sie ihn später mit dem Resultat, das der Rechner anzeigt!
- Kontrollieren Sie die eingegebenen Werte stets mit einem Blick auf das Anzeigefeld!
- Konzentrieren Sie sich auf die Arbeit! Notieren Sie–falls erforderlich–Zwischenwerte!
- Beachten Sie die Regeln für das Arbeiten mit Näherungswerten (↗ 4.4.3.), und geben Sie bei Sach- und Anwendungsaufgaben das Ergebnis sinnvoll an!

Die folgenden Beispiele werden für Taschenrechner mit algebraischer Logik mit Vorrangautomatik, mit einem einfachen Speicher, aber ohne Klammertasten angegeben. Die gegebenen Zahlen seien rationale Näherungswerte. Im Rechenablaufplan werden die Ziffern vereinfacht (d. h. in einem Kästchen) dargestellt.

BEISPIEL 4/36

a) Aufgabe: $51{,}31 + 2{,}386 - 47{,}83 - 9{,}231 =$

Überschlag: $50 + 2 - 48 - 9 = -5$

Rechenablaufplan: | 51.31 | + | 2.386 | − | 47.83 | − | 9.231 | = |

Anzeige: −3.365; Vergleich mit dem Überschlag!

Ergebnis: −3,365

b) Aufgabe: $(3{,}19 + 4{,}28) \cdot (6{,}23 - 4{,}16) =$

Da der verwendete Rechner keine Klammertasten besitzt, muß das Ergebnis der Addition in der ersten Klammer gespeichert werden, bevor es mit dem Ergebnis der Subtraktion in der zweiten Klammer multipliziert werden kann.

Überschlag: $7 \cdot 2 = 14$

Rechenablaufplan:

| 3.19 | + | 4.28 | = | X → M | 6.23 | − | 4.16 | = | × | MR | = |

Anzeige: ^{M}15.4629; Vergleich mit dem Überschlag!

Ergebnis: $15{,}46 \approx 15{,}5$

c) Aufgabe: $2{,}13 \cdot 3{,}05 + 3{,}47 \cdot 4{,}61 =$

Da der verwendete Rechner Vorrangautomatik besitzt, können die Ziffern und Operationszeichen in der üblichen Weise (von links nach rechts) eingegeben werden. Das ermöglicht auch eine bequeme Berechnung des Skalarprodukts, ↗ 7.4.6.(1).

Überschlag: $6 + 15 = 21$

Rechenablaufplan: | 2.13 | × | 3.05 | + | 3.47 | × | 4.61 | = |

Anzeige: 22.4932; Vergleich mit dem Überschlag!

Ergebnis: $22{,}49 \approx 22{,}5$

d) Aufgabe: $\dfrac{5{,}43 \cdot 2{,}31 + 10{,}62 \cdot 3{,}25}{4{,}38 + 1{,}27} =$

Man berechnet zuerst den Nenner des Bruches und gibt das Resultat in den Speicher. Der Zähler wird nach Beispiel c) bearbeitet. Schließlich ist der Quotient aus Zähler und Nenner (aus dem Speicher zurückgerufen) zu ermitteln.

Überschlag: $\dfrac{10 + 30}{5} = \dfrac{40}{5} = 8$

Rechenablaufplan: | 4.38 | + | 1.27 | = | X → M | 5.43 | × | 2.31 |

| + | 10.62 | × | 3,25 | = | ÷ | MR | = |

Anzeige: ^{M}8.3289027; Vergleich mit dem Überschlag!

Ergebnis: $8{,}329 \approx 8{,}33$

e) Aufgabe: $\dfrac{1}{5{,}6} + \dfrac{1}{8{,}5} + \dfrac{1}{14{,}6} =$

Berechnung mit Hilfe der Reziproktaste | 1/x |

Überschlag: $0{,}2 + 0{,}1 + 0{,}07 = 0{,}37 \approx 0{,}4$

Rechenablaufplan:

5.6	1/x	+	8.5	1/x	+	14.6	1/x	=

Anzeige: 3.6471 −01; d. h. 0,36471; Vergleich mit dem Überschlag!
Ergebnis: 0,3647 ≈ 0,36

f) Aufgabe: $2{,}31^2 + 5{,}73^3 =$

Berechnung mit Hilfe der Quadrattaste und der Potenztaste [y^x]
Überschlag: 4 + 216 = 220

Rechenablaufplan:

2.31	x^2	+	5.73	y^x	3	=

Anzeige: 193.4691; Vergleich mit dem Überschlag!
Ergebnis: 193

g) Aufgabe: $\sqrt[3]{179{,}5 + 683{,}2} =$

Berechnung der Wurzel mit Hilfe der Potenztaste [y^x] und der Reziproktaste [1/x], da $\sqrt[3]{a} = a^{\frac{1}{3}}$ gilt

Überschlag: $\sqrt[3]{850} \approx \sqrt[3]{729} = 9$

Rechenablaufplan:

179.5	+	683.2	=	y^x	3	1/x	=

Anzeige: 9.51963; Vergleich mit dem Überschlag!
Ergebnis: 9,52

h) Aufgabe: $6{,}24 + \log_2 7 =$

Man beachte, daß $\log_2 7 = \frac{\lg 7}{\lg 2}$ (↗ 3.4.6.(3)).
Überschlag: 6 + 3 = 9

Rechenablaufplan:

6.24	+	7	lg	÷	2	lg	=

Anzeige: 9.0473549; Vergleich mit dem Überschlag!
Ergebnis: 9,05

i) Aufgabe: $\cos x = -0{,}7071$; gesucht wird die Größe des Winkels x in DEG, RAD, GRD (↗ 10.1.5.(3))

Rechenablaufplan:

DEG	0.7071	+/−	F	cos

Wird die Winkelgröße im Bogenmaß gesucht, dann ist RAD, wird sie im Neugradmaß gesucht, dann ist GRD einzustellen.

Anzeige: DEG 134.99945 ≈ 135
RAD 2.3561849 ≈ 2.36
GRD 149.99939 ≈ 150

Ergebnis: $x = 135°$; $x = 2{,}36$; $x = 150^g$

j) Aufgabe: $x = \frac{11{,}3 \cdot \sin 52{,}7°}{\sin 18{,}5°}$

Beziehung zur Berechnung des Zahlenwertes der Länge einer Dreiecksseite nach dem Sinussatz (↗ 10.1.14.3.(1))

Rechenablaufplan:

DEG	11.3	×	52.7	sin	÷	18,5	sin	=

Anzeige: 28.328769

Ergebnis: $x = 28{,}3$

k) Aufgabe: $x = \sqrt{6{,}4^2 + 5{,}3^2 - 2 \cdot 6{,}4 \cdot 5{,}3 \cdot \cos 115°}$

Beziehung zur Berechnung des Zahlenwertes der Länge einer Dreiecksseite nach dem Cosinussatz (↗ 10.1.14.3.(2)), vgl. Beispiel 10/21a

Rechenablaufplan:

DEG	6.4	x²	+	5.3	x²	−	2	×	6.4

×	5.3	×	115	cos	=	√‾

Anzeige: 9.8853641

Ergebnis: $x = 9{,}9$

4.6. Zum Rechnen mit Größen

4.6.1. Zum Begriff »Größe«

Geometrische Objekte, physikalische Objekte, Zustände und Vorgänge haben meßbare Eigenschaften. Das Merkmal eines solchen Objekts, das qualitativ charakterisiert und quantitativ ermittelt werden kann, wird **physikalische Größe** genannt (oft auch kurz »Größe«).

Der **Wert einer physikalischen Größe** kann mit Hilfe von *Messungen* auf experimentellem Weg bestimmt werden, wobei diese Größe mit einer vorgegebenen Größe der gleichen Art quantitativ verglichen wird (**Meßgröße** genannt). Das Messen (einschließlich Gebrauch der Meßinstrumente) ist jedoch nicht Gegenstand der Mathematik.

Eine physikalische Größe, deren Wert durch eine *Zählung* bestimmt wird, heißt **Zählgröße** (z. B. die Anzahl der Schüler einer Klasse, die Anzahl der Umdrehungen eines Rades, die Anzahl der Windungen einer Spule).

Dem Begriff »Meßgröße« liegt folgender mathematischer Sachverhalt **zugrunde**: Größen, die beim Messen zu derselben Ablesung führen, heißen **äquivalent**, z. B. sind Strecken, die zur gleichen Ablesung führen, äquivalent. Das ermöglicht die Bildung von *Äquivalenzklassen* in der Menge der Strecken. Jede Klasse äquivalenter (d. h. gleich langer) Strecken ist eine **Größe der Qualität** (Größenart) Länge. Eine spezielle Äquivalenzklasse, zu der eine Strecke gehört, die Licht im Vakuum während der Zeit von 1/299792458 Sekunden durchläuft, ist die Größe »Länge von einem Meter«. Sie dient als Einheit der Basisgröße »Länge« im SI (Système International d'Unités, dem Internationalen Einheitensystem).

Übersicht über die Basisgrößen des SI

Basisgröße (Formelzeichen)	Basiseinheit (Einheitenzeichen)
Länge (l)	Meter (m)
Masse (m)	Kilogramm (kg)
Zeit (t)	Sekunde (s)
Stromstärke (I)	Ampere (A)
Temperatur (T)	Kelvin (K)
Stoffmenge (n)	Mol (mol)
Lichtstärke (I_v)	Candela (cd)

Ergänzende SI-Einheiten

Ebener Winkel ($\alpha, \beta, \ldots$)	Radiant (rad)
Raumwinkel (Ω)	Steradiant (sr)

Über die aus den Basisgrößen abgeleiteten Größen informiere sich der Leser in dem Buch von Horst Kuchling, Physik. Größen gleicher Qualität heißen **gleichartige Größen.**

Um mit physikalischen Größen rechnen zu können, muß eine zugehörige algebraische Größenstruktur existieren, die das Rechnen nach den bekannten Regeln erlaubt. Das ist für die Basisgrößen der Vektorraum V der Dimension 1 über dem kommutativen Körper **R** (↗ 2.7.2.).

Ist V ein Vektorraum der Dimension 1 über dem Körper der reellen Zahlen, so heißt V **Größenstruktur erster Stufe** über **R,** und jedes Element von V heißt **Basisgröße.**

Insofern heißen Größen gleichartig, wenn sie demselben Vektorraum angehören.

Zusammenhang zwischen physikalischen Größen und der algebraischen Struktur Vektorraum:

Mathematik	Physik
Vektorraum V als Menge aller zueinander gleichartigen Größen	**Qualität der Größe** als gemeinsames Merkmal aller zueinander gleichartigen Größen
Basiselement $\boldsymbol{a}$	Einheit
$a \in \mathbf{R}$	Zahlenwert

Es existieren **Größenstrukturen 2. Stufe**, die Größenstrukturen 1. Stufe enthalten (d. h. solche, in denen Addition, Subtraktion und Multiplikation mit einer reellen Zahl möglich sind); außerdem ist das Bilden von Potenzen der Elemente von V möglich. Beispiele: Flächeninhalt (1 m^2), Volumen (1 m^3), Frequenz (1 s^{-1}).

In **Größenstrukturen 3. Stufe** können beliebige Elemente von V miteinander multipliziert und gleichartige Größen addiert werden. Beispiele: Kraft $\left(1 \text{ Newton} = 1\,\frac{\text{kg m}}{\text{s}^2}\right)$, Elektrizitätsmenge (1 Coulomb = 1 A s).

Es entspricht den Erfahrungen der Praxis, wenn eine physikalische Größe $\boldsymbol{a}$ als Element eines *eindimensionalen* Vektorraums A über dem Körper **R** der reellen Zahlen aufgefaßt wird.

Dann folgt aus den Axiomen der Struktur Vektorraum (↗ 2.7.2.):

1. Der Wert einer physikalischen Größe $\boldsymbol{a}$ kann als Multiplikation eines Vektors $\boldsymbol{b}$ mit einer reellen Zahl b oder als »Produkt« aus Zahlenwert b und Einheit $\boldsymbol{b}$ aufgefaßt werden. So schreibt der Praktiker oft: »Der Wert der Größe A ist das Produkt aus dem Zahlenwert von A und der Einheit von A«.
   Beim Umrechnen auf kleinere oder größere Einheiten gilt: $\boldsymbol{b} = 10^n \boldsymbol{b}_1$ mit $n \in \mathbf{Z}$.

2. Zwei *gleichartige* Größen $\boldsymbol{a}_1$, $\boldsymbol{a}_2$ mit $\boldsymbol{a}_1 = b_1\boldsymbol{b}$ bzw. $\boldsymbol{a}_2 = b_2\boldsymbol{b}$ sind gleich genau dann, wenn die Zahlenwerte b_1, b_2 gleich sind; d. h., $\boldsymbol{a}_1 = \boldsymbol{a}_2$ genau dann, wenn $b_1 = b_2$ ist.
   Für gleichartige Größen gilt die Kleiner- bzw. Größerbeziehung: $\boldsymbol{a}_1 < \boldsymbol{a}_2$ genau dann, wenn $b_1 < b_2$ ist.

3. **Rechenoperationen mit Größen**

   Es seien $\boldsymbol{a}_1 = b_1\boldsymbol{b}$; $\boldsymbol{a}_2 = b_2\boldsymbol{b}$ $(b_2 \neq 0)$, $\boldsymbol{a}_2 \neq \boldsymbol{o}$; $\boldsymbol{a}_3 = c\boldsymbol{c}$ $(c \neq 0)$, $\boldsymbol{a}_3 \neq \boldsymbol{o}$, dann gilt:

   (1) $\boldsymbol{a}_1 + \boldsymbol{a}_2 = b_1\boldsymbol{b} + b_2\boldsymbol{b} = (b_1 + b_2)\,\boldsymbol{b}$
   (2) $\boldsymbol{a}_1 - \boldsymbol{a}_2 = b_1\boldsymbol{b} - b_2\boldsymbol{b} = (b_1 - b_2)\,\boldsymbol{b}$
   (3) $\boldsymbol{a}_1 \cdot \boldsymbol{a}_2 = b_1\boldsymbol{b} \cdot b_2\boldsymbol{b} = (b_1 \cdot b_2)\,\boldsymbol{b}^2$
   (4) $\boldsymbol{a}_1 \cdot \boldsymbol{a}_3 = b_1\boldsymbol{b} \cdot c\boldsymbol{c} = (b_1 \cdot c)\,\boldsymbol{bc}$
   (5) $\boldsymbol{a}_1 : \boldsymbol{a}_2 = (b_1\boldsymbol{b}) : (b_2\boldsymbol{b}) = b_1 : b_2$
   (6) $\boldsymbol{a}_1 : \boldsymbol{a}_3 = (b_1\boldsymbol{b}) : (c\boldsymbol{c}) = \frac{b_1}{c}\,\boldsymbol{bc}^{-1}$

Damit ist gezeigt, daß man mit Größen wie mit Zahlen »rechnen« kann.

BEISPIEL 4/37

a) 3 m < 5 m

b) 3 m + 5 m = 8 m

c) 3 m · 5 m = 15 m²

d) 3 A · 5 s = 15 A s = 15 C

e) 3 m : 5 m = 0,6

f) 3 m : 5 s = 0,6 m s⁻¹

4.6.2. Zum Arbeiten mit Größen

(1) In 4.6.1. wurde begründet, daß mit Größen »gerechnet« werden kann. Bei der Verwendung von Variablen ist stets zu beachten, daß in ein und demselben Zusammenhang ein Zeichen entweder als Variable für eine Größe oder als Variable für den Zahlenwert dieser Größe verwendet wird.
(2) Bezeichnen in einer Aufgabe die Variablen Größen, so ist stets der Grundbereich der Variablen (mit evtl. erforderlichen Einschränkungen) anzugeben.
Beim Lösen von Gleichungen ist es zweckmäßig, eine ***Größengleichung*** (eine Gleichung, in der die Zeichen physikalische Größen bedeuten) so umzuformen, daß eine »allgemeine Lösung« der Gleichung angegeben werden kann. In diese Lösung werden anschließend die Größen mit Zahlenwert und Einheit eingesetzt, so daß die »numerische Lösung« entsteht.
(3) Da Größen oft durch Messungen ermittelt werden, sind deren Zahlenwerte auf Grund von objektiven und subjektiven Bedingungen stets mit Fehlern behaftet und deshalb *Näherungswerte*.
Zum Arbeiten mit Näherungswerten ↗ 4.4.3.

5. Gleichungen und Ungleichungen

5.1. Gleichheitsrelation, Begriffe »Gleichung« und »Ungleichung«

Besteht für die Elemente a, b einer Zahlenmenge M die **Gleichheitsrelation** R_G, dann schreibt man

$$(a, b) \in R_G \quad \text{oder} \quad aR_Gb \quad \text{oder} \quad a = b.$$

Das Gleichheitszeichen ist das Relationszeichen.
Die Relation R_G ist eine Äquivalenzrelation (↗ 2.5.3.).
Sind die Elemente a, b einer Zahlenmenge M verschieden voneinander (nicht gleich, ungleich), so schreibt man $a \neq b$. Dann ist

entweder a größer als b	oder a kleiner als b

in Zeichen

$a > b$	$a < b$ ($a < b$ ist gleichbedeutend mit $b > a$)

Ist $a \leqq b$ (ist a kleiner als b oder gleich b, gelesen: a kleiner gleich b), so sagt man auch, a ist **höchstens** gleich b. Und gilt $a \geqq b$ (ist a größer als b oder gleich b, gelesen: a größer gleich b), so sagt man auch, b ist **mindestens** gleich a. Ferner ist es bequem, $a \leqq b$ als »a ist nicht größer als b« und $a \geqq b$ als »a ist nicht kleiner als b« zu lesen.

Steht

das Gleichheitszeichen =	ein Ungleichheitszeichen $\neq$, $<, >, \leqq, \geqq$

zwischen zwei Termen, wird das neue Objekt

Gleichung	**Ungleichung**

genannt,

z. B. $T_1 = T_2,\ T_l = T_r$	$T_1 < T_2,\ T_l \leqq T_r$

T_1, T_l heißen linke Seite der Gleichung bzw. Ungleichung,
T_2, T_r rechte Seite der Gleichung bzw. Ungleichung.

Eine **Gleichung** bzw. eine **Ungleichung,** die

keine Variable	**mindestens eine Variable**
enthält, ist eine	
Gleichheitsaussage bzw. **Ungleichheitsaussage,** die entweder wahr (W) oder falsch (F) ist.	**Aussageform.** Sie ist weder wahr noch falsch. Werden an Stelle der auftretenden Variablen Bezeichnungen für Zahlen aus dem Grundbereich eingesetzt, dann entstehen wahre oder falsche Gleichheitsaussagen bzw. Ungleichheitsaussagen.

BEISPIEL 5/1

a) Die Gleichung $3 + 5 = 8$ ist eine wahre Aussage; die Gleichung $4 = 1 + 5$ ist eine falsche Aussage.
b) Die Ungleichung $7 < 11 + 2$ ist eine wahre Aussage, die Ungleichung $8 + 2 > 11$ ist eine falsche Aussage.
c) Die Gleichung mit einer Variablen: $2 + x = 3$ ist eine Aussageform. Der Variablengrundbereich sei die Menge der natürlichen Zahlen. Wird z. B. die Variable mit der natürlichen Zahl 1 belegt, geht die Aussageform in eine wahre Aussage, wird sie mit der natürlichen Zahl 2 belegt, geht die Aussageform in eine falsche Aussage über.
d) Die Gleichung mit zwei Variablen $y = 2x + 3$ ist eine Aussageform. Der Variablengrundbereich sei die Menge der rationalen Zahlen. Durch Belegen der Variablen mit dem geordneten Paar $\left(-\frac{5}{2};\ -2\right)$, d. h., setzt man $-\frac{5}{2}$ für x und -2 für y in die Gleichung ein, geht die Aussageform in eine wahre Aussage über.

5.2. Einteilung der Gleichungen

(1) nach der **Anzahl der auftretenden Variablen.** Es gibt Gleichungen mit einer, zwei, ..., einhundert, ... Variablen. Man sagt »eine Gleichung in x«, wenn die Gleichungsvariable mit x bezeichnet wurde.
Meist werden in Gleichungen mit zwei und drei Variablen die Variablen mit x, y, z bezeichnet. In Gleichungen mit mehr als drei Variablen werden die einzelnen Variablen durch Indizes unterschieden, z. B. $x_1, x_2, \ldots, x_{10}, \ldots$

(2) nach der **Art der Terme.** Es werden unterschieden

algebraische Gleichungen in x,	**transzendente Gleichungen** in x,
in denen nur algebraische Operationen (das sind rationale Operationen und das	deren Variable x Argument einer transzendenten Funktion (↗ 6.7.) ist, z. B.

Radizieren) mit den Gleichungsvariablen ausgeführt werden. Dabei können sowohl die Koeffizienten als auch die Lösungen transzendente Zahlen sein (↗ 3.5.1.).

Exponentialgleichungen, logarithmische Gleichungen, goniometrische Gleichungen.

(3) nach dem **Grad einer algebraischen Gleichung.** Algebraische Gleichungen können in der Form einer Summe von Potenzen einer freien Variablen, die hier mit x bezeichnet sei, dargestellt werden: (Polynomdarstellung einer Gleichung)

$$A_n x^n + A_{n-1} x^{n-1} + \dots + A_2 x^2 + A_1 x + A_0 = 0,$$

allgemeine Form einer algebraischen Gleichung n-ten Grades in x genannt.

Die reellen Zahlen A_i $(i = 1, \dots, n)$ mit $A_n \neq 0$ heißen **Koeffizienten**, der größte Exponent n $(n \in \mathbf{N})$ heißt der **Grad** der Gleichung.

Nach Division jedes Summanden der Gleichung durch A_n $(A_n \neq 0)$ erhält man die **Normalform** der Gleichung n-ten Grades:

$$x^n + a_{n-1} n^{n-1} + \dots + a_2 x^2 + a_1 x + a_0 = 0,$$

wobei

$$a_i = \frac{A_i}{A_n}, \quad n \in \mathbf{N}.$$

Eine Gleichung 1. Grades (lineare Gleichung) hat die allgemeine Form

$$A_1 x + A_0 = 0,$$

eine Gleichung 2. Grades (quadratische Gleichung) die allgemeine Form

$$A_2 x^2 + A_1 x + A_0 = 0,$$

eine Gleichung 3. Grades (kubische Gleichung) die allgemeine Form

$$A_3 x^3 + A_2 x^2 + A_1 x + A_0 = 0.$$

5.3. Zum Lösen von Gleichungen

5.3.1. Variablengrundbereich, Lösungsgrundmenge, Lösungsmenge

Da eine Gleichung mit Variablen eine Aussageform ist (↗ 1.2.3.), ist zur Ermittlung der Lösung dieser Gleichung (d. h. zum Lösen dieser Gleichung) die Angabe des Individuenbereichs für die auftretenden Variablen, **Variablengrundbereich** genannt, erforderlich. Der Variablengrundbereich kann ein Zahlenbereich oder eine Teilmenge eines Zahlenbereichs sein.

Alle Elemente des Variablengrundbereichs G, durch die eine Aussage-

form in eine Aussage (mit einem der beiden Wahrheitswerte W, F) übergeführt wird, werden zur **Lösungsgrundmenge** (oder Lösungsgrundbereich) G_E (auch Erfüllungsgrundmenge oder Definitionsmenge) dieser Aussageform (↗ Übersicht in 1.2.3.) zusammengefaßt. (Oft wird auch nur angegeben, welche Elemente des Variablengrundbereichs ausgeschlossen werden müssen.)
Der Lösungsgrundbereich einer Gleichung wird durch Bedingungen,

- die sich aus den Definitionsbereichen der auftretenden Terme (z. B. bei Wurzeln und Quotienten),
- die sich aus einer speziellen Aufgabenstellung (z. B. physikalische oder technische Bedingungen)

ergeben, festgelegt.

Die Lösungsgrundmenge G_E

einer **Gleichung mit genau einer Variablen** ist eine Teilmenge des Variablengrundbereichs G.	einer **Gleichung mit *n* Variablen** ($n \in \mathbf{N}$, $n > 1$) ist eine Teilmenge der Produktmenge G^n (↗ 2.4.1.).
Jede Zahl	Jedes geordnete *n*-Tupel

aus der Lösungsmenge, die bzw. das beim Belegen der Variablen eine gegebene Gleichung

mit genau einer Variablen	mit *n* Variablen

in eine **wahre Aussage** überführt, heißt eine **Lösung** der Gleichung bezüglich des Lösungsgrundbereichs.

Die Menge aller Lösungen einer Gleichung im Lösungsgrundbereich heißt **Lösungsmenge** L der Gleichung bezüglich des Lösungsgrundbereichs.

Eine Gleichung lösen heißt, die Lösungsmenge L einer gegebenen Gleichung mit Variablen zu ermitteln.
Veranschaulichung der Teilmengenbeziehung zwischen Variablengrundbereich G, Lösungsgrundmenge G_E und Lösungsmenge L in einem Mengendiagramm in Bild 1/1 (↗ 1.2.3.); $L \subseteqq G_E \subseteqq G$

BEISPIEL 5/2

Gegeben sei die Gleichung $\frac{2x+3}{x-1} = 5$; der Variablengrundbereich sei die Menge $\mathbf{Q}$ der rationalen Zahlen.
Die Lösungsgrundmenge ist $G_E = \mathbf{Q} \setminus \{1\}$, denn für $x = 1$ ist der Term $\frac{2x+3}{x-1}$ nicht erklärt.

Die Lösungsmenge ist $L = \left\{\frac{8}{3}\right\}$.

5.3.2. Lösungsverfahren für Gleichungen

(1) Inhaltliches Lösen und Lösen durch systematisches Probieren

Lösungen einer Gleichung können durch inhaltliche Betrachtungen, z. B. durch wörtliche Beschreibungen mit Begründungen, durch systematisches Probieren in Tabellen oder durch Anwenden der Umkehroperationen ermittelt werden.

BEISPIEL 5/3

Die Gleichung $3(x - 54) = 72$ soll im Bereich der natürlichen Zahlen inhaltlich gelöst werden.
Überlegungen: Wenn das Dreifache einer Differenz gleich 72 ist, dann ist die Differenz gleich 24 (Anwendung der Umkehroperation der Multiplikation), denn $3 \cdot 24 = 72$.
Wenn die Differenz aus der gesuchten Zahl und 54 gleich 24 ist, dann ist der Minuend gleich 78 (Anwendung der Umkehroperation der Subtraktion), denn $78 - 54 = 24$.
Also ist die gesuchte Zahl 78.

Probe: Linke Seite: $3 \cdot (78 - 54) = 3 \cdot 24 = 72$; rechte Seite: 72. Der Vergleich beider Seiten ergibt Übereinstimmung.

(2) Algorithmisch-kalkülmäßiges Lösen von Gleichungen

Zur Ermittlung der Lösungsmenge einer Gleichung zu einem vorgegebenen Lösungsgrundbereich gehören

- die **Auflösung der betreffenden Gleichung**; d. h., die gegebene Gleichung ist schrittweise durch Anwenden eines Systems von Regeln (↗ 5.3.4.) unter der Annahme »Es existiert eine Zahl des Lösungsgrundbereichs, die Lösung der betreffenden Gleichung ist« in dazu äquivalente Gleichungen umzuformen, bis eine »Grundgleichung« entsteht. Das ist eine sehr einfache Gleichung, deren Lösungen sofort abgelesen oder durch einen Algorithmus bestimmt werden können. Es entsteht eine Kette **zueinander äquivalenter Gleichungen.** Das sind solche Gleichungen, die im vorgegebenen Lösungsgrundbereich die gleiche Lösungsmenge haben.
- der **Nachweis**, daß die Zahlen des Lösungsgrundbereichs, die durch die Auflösung gefunden wurden, tatsächlich die Gleichungen erfüllen (**Probe** genannt).

Umformungen, die eine Gleichung in eine zu ihr äquivalente Gleichung über dem gleichen Lösungsgrundbereich überführen, werden **äquivalente Umformungen** genannt.
Die zueinander äquivalenten Gleichungen werden bei den Umformungen so untereinander geschrieben, daß Gleichheitszeichen unter Gleichheitszeichen steht.

Bei der Durchführung der Probe wird empfohlen, die Terme auf beiden Seiten nach Einsetzen der Lösungen an Stelle der Variablen getrennt zu berechnen und anschließend zu vergleichen.
Bei nichtäquivalenten Umformungen (z. B. beim Quadrieren beim Lösen von Wurzelgleichungen) kann die Lösungsmenge verändert werden. Durch eine Probe wird nachgewiesen, ob die ermittelten Zahlen die gegebene Gleichung erfüllen.
(3) **Näherungslösungen von Gleichungen**
Gleichungen können »graphisch gelöst« werden, indem die reellen Lösungen einer Gleichung der Form $f(x) = 0$ als Nullstellen der Funktion f mit der Gleichung $y = f(x)$ aus dem Graph der Funktion im kartesischen Koordinatensystem »abgelesen« werden.
Solche »Lösungen« sind Näherungswerte für die Lösungen einer Gleichung. Sie können die rechnerische Ermittlung der Lösungen nicht ersetzen. Die graphisch ermittelten Lösungen sind rechnerisch zu überprüfen, ob sie die gegebene Gleichung erfüllen. Näherungswerte für Lösungen von Gleichungen können durch Anwendung von Näherungsverfahren (Regula falsi (↗ 5.6.1.) bzw. NEWTONsches Verfahren (↗ 5.6.2.)) verbessert werden.

5.3.3. Fundamentalsatz der Algebra für algebraische Gleichungen

Für algebraische Gleichungen gilt der **Fundamentalsatz der Algebra:**

Jede algebraische Gleichung n-ten Grades

$$x^n + a_{n-1}x^{n-1} + a_{n-2}x^{n-2} + \dots + a_1x + a_0 = 0$$

mit reellen oder komplexen Koeffizienten hat im Bereich **C** der komplexen Zahlen mindestens eine Lösung.

Mit Hilfe dieses Satzes kann eine algebraische Gleichung n-ten Grades in die **Produktdarstellung** übergeführt werden:
Sind $x_1, \dots, x_n$ die (nicht notwendig verschiedenen) Lösungen einer algebraischen Gleichung n-ten Grades

$$x^n + a_{n-1}x^{n-1} + \dots + a_1x + a_0 = 0,$$

dann kann diese Gleichung als Produkt von n **Linearfaktoren** $(x - x_i)$ mit $i = 1, \dots, n$ dargestellt werden:

$$(x - x_1) \cdot (x - x_2) \cdot \dots \cdot (x - x_n) = 0$$

(Produktdarstellung einer Gleichung n-ten Grades).
Tritt eine Lösung x_i mehrfach auf (z. B. genau α-mal), dann hat die Lösung x_i die **Vielfachheit** α.
Unter Berücksichtigung der Vielfachheit der einzelnen Lösungen nimmt der Fundamentalsatz der Algebra folgende Formulierung an:

Jede algebraische Gleichung n-ten Grades mit reellen oder komplexen Koeffizienten in einer Variablen hat im Bereich C der komplexen Zahlen genau n Lösungen.

Der Fundamentalsatz ist ein *Existenzsatz*, d. h., er gewährleistet die Existenz der Lösungen für algebraische Gleichungen aller Grade. Er sagt aber nichts darüber aus, wie diese Lösungen gefunden werden können. Algebraische Gleichungen bis zum 4. Grade können durch **Radikale** (Lösungen reiner Gleichungen der Form $x^n - a = 0$ mit $a \in \mathbf{C}$ und $n \in \mathbf{N}^*$ im Körper der komplexen Zahlen) gelöst werden.
(Der Fundamentalsatz der Algebra wurde 1799 von CARL FRIEDRICH GAUSS, 1777 bis 1855, bewiesen; der norwegische Mathematiker NIELS HENRIK ABEL, 1802 bis 1829, hat 1824 bewiesen, daß algebraische Gleichungen 5. und höheren Grades durch Radikale nicht gelöst werden können.)

5.3.4. System von Regeln für äquivalente Umformungen von Gleichungen

Zwei Gleichungen heißen **zueinander äquivalent bezüglich eines gegebenen Lösungsgrundbereichs**, wenn ihre Lösungsmengen gleich sind.

BEISPIEL 5/4

a) Die Gleichungen $5x - 7 = 8$ und $10x = 30$ sind bezüglich der Menge Q der rationalen Zahlen zueinander äquivalent, denn ihre Lösungsmengen $L_1 = \{3\}$ und $L_2 = \{3\}$ sind gleich.
b) Die Gleichungen $x^2 = 9$ und $x - 3 = 0$ sind bezüglich der Menge N der natürlichen Zahlen zueinander äquivalent: $L_1 = L_2 = \{3\}$; bezüglich der Menge Q der rationalen Zahlen sind sie nicht zueinander äquivalent:
$L_1 = \{-3; 3\}$, $L_2 = \{3\}$, also $L_1 \neq L_2$.

Es gelten folgende **Regeln für äquivalente Umformungen** von **Gleichungen:**

Zu der gegebenen Gleichung $T_1 = T_2$ ist **äquivalent**

1. die Gleichung $T_2 = T_1$ (Vertauschung der Seiten),
2. die Gleichung $T_1 + T = T_2 + T$ (Addition eines Terms T zu jeder der beiden Seiten der Gleichung),
   bzw. die Gleichung $T_1 - T = T_2 - T$ (Subtraktion eines Terms T von jeder der beiden Seiten der Gleichung),
3. die Gleichung $T_1 \cdot T = T_2 \cdot T$ mit $T \neq 0$ (Multiplikation jeder Seite der Gleichung mit dem von Null verschiedenen Term T),
4. die Gleichung $T_1 : T = T_2 : T$ mit $T \neq 0$ (Division jeder Seite der Gleichung durch einen von Null verschiedenen Term T).

BEISPIEL 5/5

Die Lösungsgrundmenge G_E sei die Menge **Q** der rationalen Zahlen. Wenn $5x = 4$ ist, so ist zu dieser Gleichung äquivalent:

1. $4 = 5x$

2. $5x + 1 = 4 + 1$ bzw. $5x - 3 = 4 - 3$

3. $5x \cdot 2 = 4 \cdot 2$ 4. $\frac{5x}{7} = \frac{4}{7}$

In den einzelnen Termen einer oder beider Seiten einer Gleichung können folgende Termumformungen vorgenommen werden:

- Auflösen und Setzen von Klammern (↗ 4.3.1.)
- Ausmultiplizieren von Klammern und Ausklammern gleicher Faktoren in einzelnen Summanden (↗ 4.3.2.)
- Erweitern und Kürzen von rationalen Termen (↗ 4.3.4.)
- Anwenden der Gesetzmäßigkeiten der Addition und der Multiplikation reeller Zahlen (↗ 2.7.1.)
- Zusammenfassen von Termen.

5.4. Lösen algebraischer Gleichungen

5.4.1. Lineare Gleichungen mit einer Variablen

(1) **Zur Lösbarkeit linearer Gleichungen**

Eine Gleichung heißt **lineare Gleichung** (oder Gleichung 1. Grades) mit einer Variablen (oder in x), wenn sie durch äquivalente Umformungen in die Form $a_1 x + a_0 = 0$ (mit $a_1, a_0 \in \mathbf{R}$) übergeführt werden kann.

$a_1 x$ heißt das lineare Glied, a_0 das absolute Glied der Gleichung. Durch Subtraktion des Terms a_0 von beiden Seiten erhält man die **Grundform** einer linearen Gleichung $a_1 x = -a_0$.

Lösungsdiskussion durch Fallunterscheidung (der Variablengrundbereich sei **R**):

1. Fall: $a_1 \neq 0$; dann ist $x = \frac{-a_0}{a_1}$; die Lösungsmenge ist

$$L = \left\{\frac{-a_0}{a_1}\right\}.$$

2. Fall: $a_1 = 0$; dann gilt $0 \cdot x = -a_0$.

a) Ist $a_0 \neq 0$, dann hat die Gleichung $0 \cdot x = -a_0$ keine Lösung. Die Lösungsmenge ist $L = \emptyset$.

b) Ist $a_0 = 0$, dann wird die Gleichung $0 \cdot x = 0$ von allen reellen Zahlen erfüllt. $L = \mathbf{R}$.

Eine lineare Gleichung in der Form $a_1x + a_0 = 0$ (mit $a_1, a_0 \in \mathbf{R}$) hat im vorgegebenen Lösungsgrundbereich

entweder **keine Lösung**	oder **genau eine Lösung**	oder **unendlich viele Lösungen**
Die Gleichung ist in diesem Grundbereich nicht erfüllbar, nicht lösbar. Die Lösungsmenge ist $L = \emptyset$ für $a_1 = 0$, $a_0 \neq 0$	Die Gleichung wird von genau einem Element des Lösungsgrundbereichs erfüllt. Die Gleichung ist in diesem Grundbereich erfüllbar, lösbar. $L = \left\{-\frac{a_0}{a_1}\right\}$ für $a_1 \neq 0$	Die Gleichung wird von allen Zahlen des Lösungsgrundbereichs erfüllt. Sie ist in diesem Grundbereich allgemeingültig. $L = \mathbf{R}$ für $a_1 = 0$, $a_0 = 0$

BEISPIEL 5/6

Der Variablengrundbereich sei **R**.

a) Die Gleichung $5x + 7 - x - 2 = x + 3 + 3x + 4$ ist äquivalent zu der Gleichung $4x + 5 = 4x + 7$ bzw. $5 = 7$.
Das ist eine falsche Aussage; also ist $L = \emptyset$.

b) Die Gleichung $5x + 7 = 0$ ist äquivalent zu der Gleichung $x = -\frac{7}{5}$.
Die Lösung ist $-\frac{7}{5}$; die Lösungsmenge $L = \left\{-\frac{7}{5}\right\}$.

c) Die Gleichung $5x - 3 - 3x + 7 = 5 + 2x - 1$ ist äquivalent zu der Gleichung $2x + 4 = 2x + 4$ bzw. $0 = 0$.
Die gegebene Gleichung wird von allen Zahlen des Lösungsgrundbereichs erfüllt.

(2) Schritte beim Lösen linearer Gleichungen

Will man für eine Klasse von Gleichungen Aussagen *in allgemeiner Form* treffen, werden die Koeffizienten durch Hilfsvariablen, **Parameter** genannt, an Stelle der Konstanten ausgedrückt. Dabei muß der Grundbereich dieser Parameter festgelegt sein. Die Lösungsmenge ist dann in Abhängigkeit von der Wahl der Parameter anzugeben, wobei oft Fallunterscheidungen erforderlich sind. Im folgenden sei der Variablengrundbereich **R**.

1. Tritt die freie Variable x in Summanden auf beiden Seiten der Gleichung auf, dann werden durch äquivalente Umformungen mit dem Ziel der *Isolierung* von x die Glieder so **geordnet**, daß die Summanden, die die freie Variable x enthalten, auf der einen Seite, die von x freien Summanden auf der anderen Seite der Gleichung stehen.

Durch Ausklammern von x aus den auf einer Seite stehenden Summanden erhält man eine Grundform $a_1 x = -a_0$, aus der durch Division durch a_1 ($a_1 \neq 0$) die Lösung der Gleichung ermittelt werden kann.

2. Lineare Gleichungen mit *Klammern* werden durch Ausmultiplizieren der Klammern auf Gleichungen vom Typ 1 **zurückgeführt.**
3. Lineare Gleichungen in Bruchform, bei denen wenigstens eine freie Variable x mindestens einmal im Nenner eines Bruches auftritt, ***Bruchgleichung*** genannt, werden durch Multiplikation mit dem Hauptnenner (gemeinsamer Nenner) (↗ 4.3.6.) auf Gleichungen vom Typ 2 zurückgeführt.

BEISPIEL 5/7

Der Variablengrundbereich sei **R**. Auf die Probe wird bei der Aufgabe b) verzichtet.

a) Die Gleichung $\frac{3}{4}x + \frac{1}{5} = \frac{4}{3}x + \frac{1}{2} - \frac{4}{5}$ ist äquivalent zu der Gleichung $\left(\frac{3}{4} - \frac{4}{3}\right)x = \frac{1}{2} - \frac{4}{5} - \frac{1}{5}$

bzw. zu $-\frac{7}{12}x = -\frac{1}{2}$ (Grundform) bzw. zu $x = \frac{6}{7}$.

Die Lösung ist $\frac{6}{7}$.

Probe: T_l: $\frac{3}{4} \cdot \frac{6}{7} + \frac{1}{5} = \frac{9}{14} + \frac{1}{5} = \frac{45 + 14}{70} = \frac{59}{70}$

T_r: $\frac{4}{3} \cdot \frac{6}{7} + \frac{1}{2} - \frac{4}{5} = \frac{8}{7} + \frac{1}{2} - \frac{4}{5} = \frac{80 + 35 - 56}{70} = \frac{59}{70}$

Vergleich: $\frac{59}{70} = \frac{59}{70}$ (W, Übereinstimmung beider Terme)

Ergebnis: Die Lösungsmenge ist $L = \left\{\frac{6}{7}\right\}$.

b) Die Gleichung $\dfrac{x + \frac{3}{2}}{x - 2} = \dfrac{x - \frac{5}{4}}{x + \frac{1}{2}}$ $\left(\text{mit } x - 2 \neq 0, x + \frac{1}{2} \neq 0\right)$

ist äquivalent zu der Gleichung

$$\left(x + \frac{3}{2}\right)\left(x + \frac{1}{2}\right) = \left(x - \frac{5}{4}\right)(x - 2)$$

(Multiplikation mit dem Hauptnenner)

bzw. zu $4x + \frac{5}{4}x = \frac{5}{2} - \frac{3}{4}$ bzw. zu $\frac{21}{4}x = \frac{7}{4}$.

Aus $x = \frac{1}{3}$ erhält man die Lösung $\frac{1}{3}$. Die Lösungsmenge ist $L = \left\{\frac{1}{3}\right\}$.

(3) Näherungsweise Ermittlung der Lösung einer linearen Gleichung aus dem Graph der zugehörigen linearen Funktion

Da die Nullstelle einer linearen Funktion f mit $f(x) = ax + b$ (↗ 6.2.5.) die Lösung der linearen Gleichung $ax + b = 0$ ist, kann die Lösung der linearen Gleichung $ax + b = 0$ **näherungsweise** aus dem Graph der Funktion f ermittelt werden. Nach der »graphischen Ermittlung« der Lösung einer Gleichung ist eine rechnerische Überprüfung unbedingt erforderlich.

BEISPIEL 5/8

Die Lösung der Gleichung $\frac{1}{2}x - \frac{3}{2} = 0$ kann als Nullstelle der linearen Funktion f mit $f(x) = \frac{1}{2}x - \frac{3}{2}$ aus dem Graph dieser Funktion ermittelt werden. Der Zeichnung (Bild 5/1) wird als Abszisse des Schnittpunkts der Geraden mit der x-Achse (geometrische Deutung der Nullstelle einer linearen Funktion) $x_N \approx 3$ entnommen. Die rechnerische Überprüfung ergibt, daß 3 Lösung der gegebenen Gleichung ist:

$$\frac{1}{2} \cdot 3 - \frac{3}{2} = 0.$$

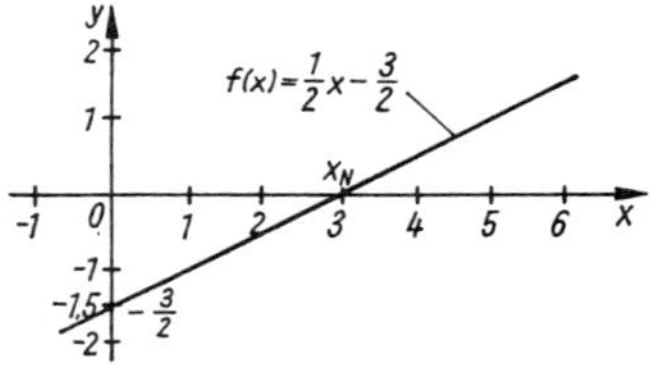

Bild 5/1

(4) Proportionalität von Zahlenfolgen und Größen

Zwei Zahlen können miteinander verglichen werden

- durch Angabe einer Ordnungsrelation (↗ 3.1.4., 3.4.2.)
- durch Angabe eines Verhältnisses dieser Zahlen.

Es seien a, b reelle Zahlen; dann versteht man unter dem **Verhältnis** $a:b$ $(b \neq 0)$ (gelesen: a zu b) den Quotienten $\frac{a}{b}$.

Sind zwei Zahlenfolgen (x), (y) gegeben (↗ 6.8.1.) und besteht zwischen einander zugeordneten Gliedern dieser Zahlenfolgen ein konstantes Verhältnis k, dann heißen diese Zahlenfolgen **zueinander (direkt) proportional**, in Zeichen $y \sim x$. Der konstante Faktor k heißt **Proportionalitätsfaktor.** Es gilt dann die Gleichung $y = k \cdot x$.

Sind zwei Zahlenfolgen (x), (y) gegeben und besteht zwischen jedem Glied der einen Folge und dem Reziproken des zugeordneten Gliedes der anderen Folge ein konstantes Verhältnis k, dann heißen diese Zahlenfolgen **zueinander umgekehrt proportional**, in Zeichen $y \sim \frac{1}{x}$. Es gilt dann die Gleichung $y = k \cdot \frac{1}{x}$. Zwischen einander zugeordneten Gliedern dieser Zahlenfolgen besteht *Produktgleichheit:* $y \cdot x = k$.

BEISPIEL 5/9

a) Für die direkt proportionalen Zahlenfolgen

x	1	3	5	7	9
y	6	18	30	42	54

gilt $y \sim x$; $y = 6x$.

b) Für die umgekehrt proportionalen Zahlenfolgen

x	2	4	6	8
y	4	2	$\frac{4}{3}$	1

gilt $y \sim \frac{1}{x}$; $y = \frac{8}{x}$ bzw. $y \cdot x = 8$.

Proportionalität von Größen

Zwei Größen können miteinander verglichen werden, indem der Quotient der Zahlenwerte dieser Größen gebildet wird. Der Quotient heißt das **Verhältnis dieser Größen.**

Zwei Größen a, b heißen

zueinander (direkt) proportional, in Zeichen $a \sim b$, wenn	**zueinander umgekehrt proportional,** in Zeichen $a \sim \frac{1}{b}$, wenn

zwei beliebig ausgewählte Folgen von einander zugeordneten Zahlenwerten der Größen

zueinander proportional sind.	zueinander umgekehrt proportional sind.

Dabei müssen für jede Größe gleiche Einheiten verwendet werden.

(5) Sind zwei Verhältnisse $a{:}b$ und $c{:}d$ gleich, dann gilt eine **Verhältnisgleichung** (oder **Proportion**)

$$a : b = c : d \quad (b \neq 0,\ d \neq 0)$$

(gelesen: a verhält sich zu b wie c zu d), die auch als Bruchgleichung aufgefaßt werden kann:

$$\frac{a}{b} = \frac{c}{d}.$$

Die Terme a, b, c, d werden auch *Proportionale*, die Terme b, c speziell *mittlere Proportionale* genannt.
Für die Proportionen

$$a:b = c:d \quad \text{und} \quad c:d = e:f$$

bzw.

$$a:c = b:d \quad \text{und} \quad c:e = d:f$$

kann eine Kurzform verwendet werden:

$$a:c:e = b:d:f,$$

die *fortlaufende Proportion* genannt wird.
Zu der Verhältnisgleichung

$$\frac{x}{b} = \frac{c}{d} \quad (b \neq 0,\, d \neq 0) \qquad \Big| \qquad \frac{a}{x} = \frac{c}{d} \quad (x \neq 0,\, d \neq 0)$$

ist die Gleichung

$$x = \frac{bc}{d} \quad (d \neq 0) \qquad \Big| \qquad x = \frac{ad}{c} \quad (c \neq 0)$$

äquivalent, aus der sich sofort die Lösung ergibt.
(6) Verhältnisgleichungen werden in der **Prozentrechnung** angewandt.
Zum Vergleich zweier oder mehrerer Zahlen- oder Größenverhältnisse bezieht man jedes auf eine gleiche Grundzahl, die in der Prozentrechnung 100 ist.
Sollen die Verhältnisse $\frac{w_1}{g_1}$ und $\frac{w_2}{g_2}$ verglichen werden, dann ergibt der jeweilige Quotient in Zehnerbruchdarstellung eine Vergleichsmöglichkeit:

$$\frac{w_1}{g_1} = \frac{a_1}{100}; \quad \frac{w_2}{g_2} = \frac{a_2}{100}$$

Wenn $a_1 \gtreqless a_2$ ist, dann gilt $\frac{w_1}{g_1} \gtreqless \frac{w_2}{g_2}$.

BEISPIEL 5/10

Es soll ermittelt werden, welche der beiden Klassen eine größere Beteiligung an Sportgemeinschaften aufzuweisen hat.

		Klasse 8a	Klasse 8b
Anzahl der Schüler	g	24	27
Anzahl der Teilnehmer an Sportgemeinschaften	w	19	22

Es gilt $\frac{w_1}{g_1} = \frac{19}{24} \approx 0{,}79 = \frac{79}{100}$ bzw. $\frac{w_2}{g_2} = \frac{22}{27} \approx 0{,}81 = \frac{81}{100}$

Wenn jede der beiden Klassen 100 Schüler hätte, dann beteiligten sich unter gleichbleibenden Bedingungen in der Klasse 8a 79 Schüler, in der Klasse 8b 81 Schüler, d. h., die Klasse 8b hat eine größere Beteiligung aufzuweisen.

Ein Prozent (1%) einer Zahl oder einer Größe g ist der hundertste Teil von g, also $\frac{g}{100}$.
a Prozent (a%) von g sind $\frac{g}{100} \cdot a$ bzw. $g \cdot \frac{a}{100}$.

Die Zahl oder Größe g, auf die in der Aufgabenstellung bezogen wird, heißt **Grundwert.** Ein Vielfaches (oder ein Teil) des Grundwertes wird **Prozentwert** genannt und mit w bezeichnet.
Es gilt die **Grundgleichung** der Prozentrechnung:

$$w : g = a : 100 \quad \text{bzw.} \quad \frac{w}{g} = \frac{a}{100},$$

wobei $a : 100 = \frac{a}{100} = a\% = p$ **Prozentsatz** genannt wird.
$p = 3\%$ bedeutet $p = \frac{3}{100}$.
In Beispiel 5/10 beteiligten sich in Klasse 8a 79%, in Klasse 8b 81% der Schüler an Sportgemeinschaften.

BEISPIEL 5/11

a) Berechne 17% von 459 kg!

Geg.: $g = 459$ kg, $p = 17\%$ Ges.: w

$$w = \frac{a \cdot g}{100} = \frac{17 \cdot 459\ \text{kg}}{100} \approx 78\ \text{kg}$$

b) Wieviel Prozent sind 2,3 t von 37,2 t?

Geg.: $g = 37{,}2$ t, $w = 2{,}3$ t Ges.: p

$$p = \frac{a}{100} = \frac{w}{g} = \frac{2{,}3\ \text{t}}{37{,}2\ \text{t}} \approx 0{,}06 = \frac{6}{100} = 6\%$$

c) 28,1 ha sind 63% des Grundwertes. Berechne den Grundwert!

Geg.: $w = 28{,}1$ ha, $p = 63\%$ Ges.: g

$$g = \frac{w \cdot 100}{a} = \frac{28{,}1\ \text{ha} \cdot 100}{63} \approx 44{,}6\ \text{ha}$$

Hinweise:

1. Man unterscheide zwischen »Steigerung um« und »Steigerung auf«: Eine Steigerung um 5% ergibt eine Steigerung auf 105%. Entsprechend bedeutet eine Senkung um 10% eine Senkung auf 90%.
2. In manchen Aufgaben wird an Stelle des Grundwertes ein **vermehrter** (bzw. **verminderter**) **Grundwert** gegeben. Dann ist es oft zweckmäßig, zuerst den Grundwert zu berechnen.
3. Bei allen Aufgaben zur Prozentrechnung ist zu überlegen, ob direkte oder

umgekehrte Proportionalität vorliegt. Im Falle von umgekehrter Proportionalität gilt

$$\frac{w}{g} = \frac{1}{p} = \frac{1}{\frac{a}{100}} = \frac{100}{a} \quad \text{bzw.} \quad w \cdot a = g \cdot 100.$$

Eine Anwendung der Prozentrechnung ist die **Zinsrechnung.** Für eine jährliche Verzinsung gilt die Verhältnisgleichung

$$z : g = a : 100 \quad \text{mit} \quad a : 100 = \frac{a}{100} = p,$$

wobei z die Zinsen für das Guthaben g und p den Prozentsatz bezeichnen. Die Berechnung der Zinsen für j Jahre erfolgt durch $z = g \cdot p \cdot j$, für t Tage durch $z = g \cdot p \cdot \frac{t}{360}$ mit $p = \frac{a}{100}$.

Ein **Promille** (1‰) einer Zahl oder einer Größe g ist der tausendste Teil von g, also $\frac{g}{1000}$.

5.4.2. Lineare Gleichungen mit mehr als einer Variablen

(1) Lineare Gleichungen mit n Variablen

Eine lineare Gleichung mit n Variablen hat die Form

$$a_1x_1 + a_2x_2 + \ldots + a_nx_n = b,$$

wobei die Koeffizienten $a_i \in \mathbf{R}$ mit $a_i \neq 0$ für $i = 1, \ldots, n$; $b \in \mathbf{R}$ sind.
Der *Variablengrundbereich* sei $\mathbf{R}$.
Der *Lösungsgrundbereich* ist dann die Produktmenge von n Mengen $\mathbf{R}$, nämlich $\mathbf{R} \times \mathbf{R} \times \ldots \times \mathbf{R}$ bzw. $\mathbf{R}^n$ (↗ 2.4.1.).
Die *Lösungsmenge* ist eine Teilmenge der Produktmenge $\mathbf{R}^n$, nämlich die Menge aller geordneten n-Tupel $(x_1, x_2, \ldots, x_n)$, die die gegebene Gleichung in eine wahre Aussage überführen.
Werden die Variablen $x_1, x_2, \ldots, x_{n-1}$ mit beliebigen Elementen aus dem vorgegebenen Variablengrundbereich belegt, so kann x_n ermittelt werden.

BEISPIEL 5/12

Gegeben sei die lineare Gleichung mit vier Variablen

$$2x_1 + 5x_2 - 3x_3 - x_4 = 33{,}8.$$

Der Variablengrundbereich sei $\mathbf{R}$.
Dann ist der Lösungsgrundbereich $\mathbf{R}^4$.
Werden die Variablen x_1, x_2, x_3 z. B. mit den reellen Zahlen $x_1 = 3$, $x_2 = 1{,}08$, $x_3 = -2{,}57$ belegt, dann erhält man $x_4 = -14{,}69$. Das geordnete Zahlenquadrupel $(3; 1{,}08; -2{,}57; -14{,}69)$ ist eine Lösung der gegebenen Gleichung. Die Lösungsmenge besteht aus unendlich vielen geordneten Zahlen-4-tupeln.

(2) Lineare Gleichungen mit zwei bzw. drei Variablen
Enthält eine lineare Gleichung nur *zwei Variablen*, z. B.

$$a_1x_1 + a_2x_2 = b \quad \text{mit} \quad a_1, a_2, b \in \mathbf{R},\ a_1 \neq 0,\ a_2 \neq 0,$$

und sei der Variablengrundbereich **R**, so ist die Lösungsmenge die Menge geordneter Paare $(x_1; x_2)$ reeller Zahlen, die die gegebene Gleichung erfüllen. Gelegentlich werden die Variablen mit x, y bezeichnet.

$$a_1x + a_2y = b.$$

Bei linearen Gleichungen mit *drei Variablen* werden die Variablen oft mit x, y, z bezeichnet:

$$a_1x + a_2y + a_3z = b.$$

Bei Gleichungen mit mehr als drei Variablen werden die Variablen (z. B. x) durch Indizes unterschieden.

BEISPIEL 5/13

Gegeben sei die Gleichung $2x + 3y = 5$, der Variablengrundbereich sei **R**.
Dann ist der Lösungsgrundbereich $\mathbf{R} \times \mathbf{R}$ bzw. $\mathbf{R}^2$.

$$\text{Für } x = 0 \quad \text{ist} \quad y = \frac{5}{3},$$

$$x = 1 \qquad y = \frac{5-2}{3} = 1$$

$$x = -3 \qquad y = \frac{11}{3}.$$

Die geordneten Paare $\left(0; \frac{5}{3}\right)$, $(1; 1)$, $\left(-3; \frac{11}{3}\right)$ sind Lösungen der gegebenen Gleichung mit zwei Variablen.

Die Lösungsmenge ist $L = \left\{(x; y) : (x; y) \in \mathbf{R}^2 \text{ und } y = \frac{5-2x}{3}\right\}$.

(3) Homogene lineare Gleichungen
Eine lineare Gleichung mit n Variablen der Form

$$a_1x_1 + a_2x_2 + \ldots + a_nx_n = 0 \quad (a_i \neq 0 \text{ für } i = 1, \ldots, n)$$

heißt *homogene lineare Gleichung*. Sie hat im Lösungsgrundbereich $\mathbf{R}^n$ unendlich viele Lösungen.

5.4.3. Lineare diophantische Gleichungen mit zwei Variablen

Wird für eine lineare Gleichung mit zwei Variablen in der Form

$$a_1x_1 + a_2x_2 = b \quad (a_1, a_2, b \in \mathbf{Z},\ a_1 \neq 0,\ a_2 \neq 0)$$

als Lösungsgrundbereich $\mathbf{Z} \times \mathbf{Z}$ vorgeschrieben, dann heißt diese Gleichung **diophantische Gleichung** (benannt nach dem griechischen Mathematiker DIOPHANTOS von Alexandria (um 250 u. Z.)). Das bedeutet, daß DIOPHANTische Gleichungen Gleichungen mit ganzzahligen Lösungen sind.
Für DIOPHANTische Gleichungen sind verschiedene Lösungsverfahren bekannt; hier wird die Lösung mit Hilfe von Zahlenkongruenzen (↗ 3.3.7.2.) dargestellt.
Jede lineare Gleichung mit zwei Variablen der Form $a_1x_1 + a_2x_2 = b$ läßt sich auch als Kongruenz $a_1x_1 \equiv b \pmod{a_2}$ schreiben. Deshalb können Rechenregeln für lineare Kongruenzen auf das Lösen von DIOPHANTischen Gleichungen angewandt werden.

BEISPIEL 5/14

Es sind die ganzzahligen Lösungen der Gleichung

$$7x_1 + 17x_2 = 83$$

zu ermitteln.
Jeder Summand wird kongruent modulo 7 betrachtet:

$$7x_1 \equiv 0 \pmod 7;\ 17x_2 \equiv 3x_2 \pmod 7;\ 83 \equiv 6 \pmod 7.$$

Es gilt also $3x_2 \equiv 6 \pmod 7$ bzw. $x_2 \equiv 2 \pmod 7$, d. h., $x_2 = 7k + 2$.
Wird x_2 in die gegebene Gleichung eingesetzt, so erhält man

$$7x_1 + 17(7k + 2) - 83 = 0.$$

Durch äquivalente Umformungen erhält man $x_1 = -17k + 7$. Durchläuft k die Menge der ganzen Zahlen, so können die Komponenten x_1, x_2 der geordneten Paare $(x_1;\ x_2)$ der unendlichen Lösungsmenge ermittelt werden:

k	$x_1 = -17k + 7$	$x_2 = 7k + 2$	$(x_1;\ x_2)$
⋮			
-1	$+17 + 7 = 24$	$-7 + 2 = -5$	$(24;\ -5)$
0	7	2	$(7;\ 2)$
1	$-17 + 7 = -10$	$7 + 2 = 9$	$(-10;\ 9)$
2	$-34 + 7 = -27$	$14 + 2 = 16$	$(-27;\ 16)$
⋮			

Die geordneten Paare $(24;\ -5)$, $(7;\ 2)$, $(-10;\ 9)$, $(-27;\ 16)$ gehören zur Lösungsmenge der gegebenen Gleichung.

5.4.4. Gleichungen mit Beträgen

Gleichungen, in denen die Variable in der 1. Potenz in dem Betragszeichen auftritt, werden unter Anwendung der Definition des absoluten Betrags einer reellen Zahl (↗ 3.3.2.) durch Fallunterscheidung gelöst.

Es gilt

$$|x| = \begin{cases} x & \text{für} \quad x \geqq 0 \\ -x & \text{für} \quad x < 0. \end{cases} \qquad (\nearrow 3.3.2.)$$

BEISPIEL 5/15

a) Zur Lösung der Gleichung $|x| = 2{,}5$ werden die beiden Fälle unterschieden:

1. Fall: Angenommen, $x \geqq 0$, dann ist $|x| = x$, also $x = 2{,}5$.
2. Fall: Angenommen, $x < 0$, dann ist $|x| = -x$, also $-x = 2{,}5$ bzw. $x = -2{,}5$.

Die Gleichung $|x| = 2{,}5$ hat die beiden Lösungen $x_1 = 2{,}5$ und $x_2 = -2{,}5$, denn $|2{,}5| = 2{,}5$ (W) und $|-2{,}5| = 2{,}5$ (W). Die Lösungsmenge ist $L = \{2{,}5;\ -2{,}5\}$.

b) Fallunterscheidung zur Lösung der Gleichung $|x - 3{,}21| = 1{,}07$:
1. Fall: Angenommen, $x - 3{,}21 \geqq 0$, dann gilt $|x - 3{,}21| = x - 3{,}21$. Wird in der gegebenen Gleichung $|x - 3{,}21|$ durch $x - 3{,}21$ ersetzt, erhält man $x - 3{,}21 = 1{,}07$ bzw. $x = 4{,}28$.
2. Fall: Angenommen, $x - 3{,}21 < 0$, dann gilt $|x - 3{,}21| = -(x - 3{,}21)$. Wird in der gegebenen Gleichung $|x - 3{,}21|$ durch $-(x - 3{,}21)$ ersetzt, erhält man $-(x - 3{,}21) = 1{,}07$ bzw. $-x = -2{,}14$ und daraus $x = 2{,}14$.

5.4.5. Quadratische Gleichungen

(1) Eine Gleichung heißt **quadratische Gleichung** (oder Gleichung 2. Grades) mit einer Variablen, wenn sie durch äquivalente Umformungen in die Form $A_2x^2 + A_1x + A_0 = 0$ ($A_i \in \mathbf{R}$ mit $i = 0, 1, 2,$ und $A_2 \neq 0$) übergeführt werden kann.

$A_2x^2 + A_1x + A_0 = 0$ heißt die **allgemeine Form** der quadratischen Gleichung. A_2x^2 wird das quadratische Glied, A_1x das lineare Glied, A_0 das absolute Glied genannt. Der Variablengrundbereich sei **R**. Wird die allgemeine Form durch A_2 dividiert, so erhält man die **Normalform** der quadratischen Gleichung $x^2 + px + q = 0$ mit $p = \frac{A_1}{A_2}$, $q = \frac{A_0}{A_2}$.

Sonderformen der Normalform der quadratischen Gleichung sind:

- die reinquadratische Gleichung $x^2 + q = 0$ (hier ist $p = 0$)
- die gemischtquadratische Gleichung $x^2 + px = 0$ (hier ist das Absolutglied $q = 0$).

(2) **Lösungsverfahren für quadratische Gleichungen**

1. **Lösungsformel für eine quadratische Gleichung in Normalform**
   Herleitung:

$$x^2 + px + q = 0 \quad | -q$$

$$x^2 + px = -q$$

Herstellen eines vollständigen Quadrats auf der linken Seite erfordert die Addition der quadratischen Ergänzung auf beiden Seiten:

$$x^2 + px + \left(\frac{p}{2}\right)^2 = -q + \left(\frac{p}{2}\right)^2$$

$$\left(x + \frac{p}{2}\right)^2 = \left(\frac{p}{2}\right)^2 - q$$

Beim Radizieren ist zu beachten, daß $\sqrt{a^2} = |a|$ ist (↗ 3.4.3.)

$$\left|x + \frac{p}{2}\right| = \sqrt{\left(\frac{p}{2}\right)^2 - q}$$

Der Radikand $\left(\frac{p}{2}\right)^2 - q = D$ heißt **Diskriminante.**

Es sei $D > 0$.
Fallunterscheidung:

Wenn $x + \frac{p}{2} \geqq 0$ ist, so ist	Wenn $x + \frac{p}{2} < 0$ ist, so ist
$+\left(x + \frac{p}{2}\right) = \sqrt{\left(\frac{p}{2}\right)^2 - q}$	$-\left(x + \frac{p}{2}\right) = \sqrt{\left(\frac{p}{2}\right)^2 - q}$

bzw. $x_1 = -\frac{p}{2} + \sqrt{\left(\frac{p}{2}\right)^2 - q}$ und $x_2 = -\frac{p}{2} - \sqrt{\left(\frac{p}{2}\right)^2 - q}$.

Die Lösungen x_1 und x_2 einer quadratischen Gleichung (in Normalform) werden nach der Lösungsformel ermittelt:

$$x_{1,2} = -\frac{p}{2} \pm \sqrt{\left(\frac{p}{2}\right)^2 - q}\,.$$

Ist $D > 0$, so hat die quadratische Gleichung zwei reelle Lösungen x_1 und x_2; ist $D = 0$, so hat sie eine reelle Doppellösung $x_1 = x_2$; ist $D < 0$, so sind die Lösungen x_1 und x_2 komplex.

2. Für die **Sonderformen** der quadratischen Gleichung gilt auch die Lösungsformel (für $p = 0$ bzw. $q = 0$), wenn auch einfachere Wege zweckmäßiger sind:

Die **reinquadratische Gleichung** $x^2 + q = 0$ hat nur dann reelle Lösungen, wenn $q \leqq 0$ ist: Es gilt $x^2 = -q$ bzw. $|x| = \sqrt{-q}$. Die Lösungen sind dann $x_1 = \sqrt{-q}$ und $x_2 = -\sqrt{-q}$.
Für $q > 0$ sind im Bereich **C** der komplexen Zahlen die Lösungen imaginäre Zahlen: $x_{1,2} = \pm\mathrm{i}\sqrt{q}$. (↗ 3.5.)

Die **Gleichung der Form** $x^2 + px = 0$ wird durch Ausklammern des beiden Gliedern der linken Seite gemeinsamen Faktors x umgeformt: $x(x + p) = 0$.
Ein Produkt zweier reeller Zahlen a, b ist Null ($a \cdot b = 0$) genau dann, wenn $a = 0$ oder $b = 0$ ist (Das »Oder« im nichtausschließenden Sinn, ↗ 1.3.5.). Also sind $x_1 = 0$ oder $x_2 + p = 0$. Die Gleichung $x^2 + px = 0$ hat stets die Lösungen 0 und $-p$.

BEISPIEL 5/16

a) Die Gleichung $3x^2 + 15x + 18 = 0$ wird durch Division durch 3 in die Normalform übergeführt: $x^2 + 5x + 6 = 0$. Da $p = 5$ und $q = 6$ sind, ergibt die Lösungsformel:

$$x_{1,2} = -\frac{5}{2} \pm \sqrt{\left(-\frac{5}{2}\right)^2 - 6} = -\frac{5}{2} \pm \sqrt{\frac{25}{4} - \frac{24}{4}}$$

$$= -\frac{5}{2} \pm \sqrt{\frac{1}{4}} = -\frac{5}{2} \pm \frac{1}{2}$$

$$x_1 = -\frac{4}{2} = -2 \quad \text{und} \quad x_2 = -\frac{6}{2} = -3$$

Probe:

Für $x_1 = -2$: l. S.: $3 \cdot (-2)^2 + 15 \cdot (-2) + 18 = 12 - 30 + 18 = 0.$
r. S.: 0; Vergleich: $0 = 0$ (W)
Für $x_2 = -3$: l. S.: $3 \cdot (-3)^2 + 15 \cdot (-3) + 18 = 27 - 45 + 18 = 0$
r. S.: 0; Vergleich: $0 = 0$ (W)
Die Lösungsmenge ist $L = \{-2; -3\}$

b) Die Gleichung $x^2 + 4x + 13 = 0$ hat im Bereich **R** keine Lösungen, wohl aber im Bereich **C** der komplexen Zahlen:

$$x_{1,2} = -2 \pm \sqrt{(-2)^2 - 13} = -2 \pm \sqrt{4 - 13}$$

$$= -2 \pm \sqrt{-9} = -2 \pm 3\mathrm{i}$$

$x_1 = -2 + 3\mathrm{i}$ und $x_2 = -2 - 3\mathrm{i}$

Probe:

Für $x_1 = -2 + 3\mathrm{i}$: l. S.: $(-2 + 3\mathrm{i})^2 + 4(-2 + 3\mathrm{i}) + 13$
$= 4 - 12\mathrm{i} + 9\mathrm{i}^2 - 8 + 12\mathrm{i} + 13 = 0$ (da $9\mathrm{i}^2 = -9$ ist)
r. S.: 0; Vergleich: $0 = 0$ (W)

(3) **Beziehungen zwischen den Koeffizienten und den Lösungen der Normalform der quadratischen Gleichung (Vietascher Wurzelsatz)** (François Viëta, 1540 bis 1603)
(Die Lösungen algebraischer Gleichungen werden gelegentlich auch »Wurzeln« genannt.)

Die Zahlen x_1 und x_2 sind die Lösungen der Normalform der quadratischen Gleichung $x^2 + px + q = 0$ genau dann, wenn $x_1 + x_2 = -p$ und $x_1 \cdot x_2 = q$ gilt.

Durch Einsetzen der Lösungen $x_1 = -\frac{p}{2} + \sqrt{\left(\frac{p}{2}\right)^2 - q}$ und $x_2 = -\frac{p}{2} - \sqrt{\left(\frac{p}{2}\right)^2 - q}$ in den Term $x_1 + x_2$ erhält man $x_1 + x_2 = -\frac{p}{2} + \sqrt{\left(\frac{p}{2}\right)^2 - q} - \frac{p}{2} - \sqrt{\left(\frac{p}{2}\right)^2 - q} = -2 \cdot \frac{p}{2} = -p$; beim Einsetzen der Lösungen x_1, x_2 in den Term $x_1 \cdot x_2$ erhält man

$$x_1 \cdot x_2 = \left(-\frac{p}{2} + \sqrt{\left(\frac{p}{2}\right)^2 - q}\right)\left(-\frac{p}{2} - \sqrt{\left(\frac{p}{2}\right)^2 - q}\right) = \left(-\frac{p}{2}\right)^2 - \left(\sqrt{\left(\frac{p}{2}\right)^2 - q}\right)^2 = \left(\frac{p}{2}\right)^2 - \left(\frac{p}{2}\right)^2 + q = q.$$

Mit Hilfe des VIËTAschen Wurzelsatzes kann die Richtigkeit der Lösungen der Normalform der quadratischen Gleichung bequem überprüft werden (Probe).

BEISPIEL 5/17

Die Lösungen der quadratischen Gleichung in Normalform $x^2 + 5x + 6 = 0$ sind $x_1 = -2$ und $x_2 = -3$ (↗ Beispiel 5/16a). Nach dem VIËTAschen Wurzelsatz ergibt die Summe der beiden Lösungen $-2 - 3 = -5$, den negativen Koeffizienten des linearen Gliedes, das Produkt der beiden Lösungen $(-2)(-3) = 6$, das Absolutglied der Normalform der quadratischen Gleichung.

Setzt man in die Normalform der quadratischen Gleichung die Beziehungen aus dem VIËTAschen Wurzelsatz ein, so erhält man aus

$$x^2 + px + q = 0$$

die Gleichung

$$x^2 - (x_1 + x_2)\,x + x_1 x_2 = 0.$$

Nach Ausmultiplizieren und anschließendem Ausklammern gemeinsamer Faktoren in den Summanden erhält man

$$x^2 - x_1 x - x_2 x + x_1 x_2 = 0 \quad \text{bzw.}$$

$$x(x - x_1) - x_2(x - x_1) = 0 \quad \text{bzw.}$$

$$(x - x_1)(x - x_2) = 0.$$

Nach 5.3.3. heißt diese Darstellung die **Produktform** einer quadratischen Gleichung, und die Faktoren $(x - x_1)$, $(x - x_2)$ sind **Linearfaktoren.**

BEISPIEL 5/18

Da $x_1 = -2$ und $x_2 = -3$ Lösungen der quadratischen Gleichung $x^2 + 5x + 6 = 0$ sind, lautet deren Produktform $(x + 2)(x + 3) = 0$.

Das Lösen von **Bruchgleichungen** führt oft auf das Lösen von quadratischen Gleichungen.

BEISPIEL 5/19

Der Variablengrundbereich sei **R**.

Die Gleichung $\frac{x}{x+1} + \frac{3x}{x-1} = \frac{5x^2-8}{x^2-1}$ (mit $x \neq -1, x \neq 1$)

wird durch Multiplikation mit dem gemeinsamen Nenner (Hauptnenner), $x^2 - 1$, auf eine quadratische Gleichung zurückgeführt:

$$x(x-1) + 3x(x+1) = 5x^2 - 8,$$

die äquivalent umgeformt wird:

$$x^2 - 2x - 8 = 0.$$

Auf die in Normalform vorliegende quadratische Gleichung kann die Lösungsformel angewendet werden:

$$x_{1,2} = 1 \pm \sqrt{1+8} = 1 \pm 3.$$

Die Lösungen sind $x_1 = 4$ und $x_2 = -2$.
Die Lösungsmenge ist $L = \{4;\ -2\}$.

(4) Näherungsweise Ermittlung der Lösungen einer quadratischen Gleichung aus dem Graph der zugehörigen quadratischen Funktion

Da die Nullstellen einer quadratischen Funktion f mit $f(x) = a_2x^2 + a_1x + a_0$ die reellen Lösungen der quadratischen Gleichung $a_2x^2 + a_1x + a_0 = 0$ sind, können die reellen Lösungen dieser quadratischen Gleichung **näherungsweise** aus dem Graph der Funktion f ermittelt werden.

Die Nullstellen einer quadratischen Funktion werden geometrisch als Abszissen der Schnittpunkte des Graphen der Funktion f mit der x-Achse gedeutet. Die graphisch ermittelten Lösungen einer Gleichung müssen rechnerisch bestätigt werden.

BEISPIEL 5/20

Die reellen Lösungen der quadratischen Gleichungen

$x^2 - 6x + 7 = 0$	$x^2 - 6x + 9 = 0$	$x^2 - 6x + 11 = 0$

sind die Nullstellen der quadratischen Funktionen

$y = f(x) = x^2 - 6x + 7$	$y = f(x) = x^2 - 6x + 9$	$y = f(x) = x^2 - 6x + 11$

Ermittlung der Scheitel dieser Funktionen:

$y - 7 = x^2 - 6x$	$y - 9 = x^2 - 6x$	$y - 11 = x^2 - 6x$

durch quadratische Ergänzung

$y - 7 + 9 = (x-3)^2$	$y - 9 + 9 = (x-3)^2$	$y - 11 + 9 = (x-3)^2$
$y + 2 = (x-3)^2$	$y = (x-3)^2$	$y - 2 = (x-3)^2$
$A\ (3;\ -2)$	$A\ (3;\ 0)$	$A\ (3;\ 2)$.

Aus dem Graph der Funktion f können die Nullstellen ermittelt werden:

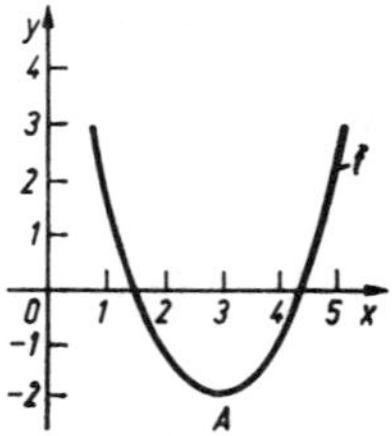

Bild 5/2

$x_1 \approx 1{,}6$; $x_2 \approx 4{,}4$

Die rechnerische Überprüfung ergibt annähernde Übereinstimmung beider Seiten der Gleichung für x_1 bzw. x_2.

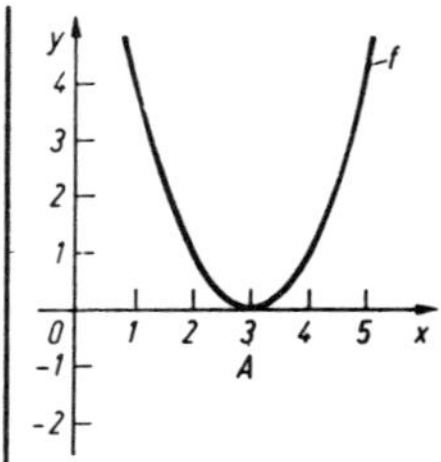

Bild 5/3

$x_1 = x_2 \approx 3$

Probe für $x_1 = 3$; $x_2 = 3$:
T_l: 0; T_r: 0
V: $0 = 0$ (W)

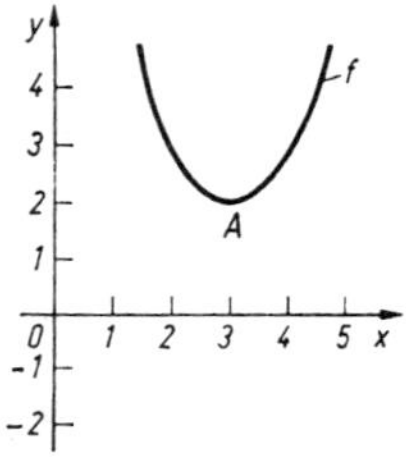

Bild 5/4

Es existieren keine Nullstellen.

5.4.6. Zu Gleichungen 3. und 4. Grades

(1) Eine Gleichung heißt **kubische Gleichung** (oder Gleichung dritten Grades) mit einer Variablen, wenn sie durch äquivalente Umformungen in die Form

$$A_3x^3 + A_2x^2 + A_1x + A_0 = 0$$

(mit $A_i \in \mathbf{R}$, $i = 0, 1, 2, 3$; $A_3 \neq 0$) übergeführt werden kann.

Auf Grund des Fundamentalsatzes der Algebra (↗ 5.3.3.) hat eine kubische Gleichung im Variablengrundbereich der komplexen Zahlen drei Lösungen.

$$A_3x^3 + A_2x^2 + A_1x + A_0 = 0$$

heißt die **allgemeine Form** der kubischen Gleichung; der Term A_3x^3 heißt das kubische, A_2x^2 das quadratische, A_1x das lineare, A_0 das absolute Glied.
Wird die allgemeine Form durch A_3 dividiert, so erhält man die **Normalform** der kubischen Gleichung:

$$x^3 + rx^2 + sx + t = 0$$

mit

$$r = \frac{A_2}{A_3}, \qquad s = \frac{A_1}{A_3}, \qquad t = \frac{A_0}{A_3}.$$

Sind x_1, x_2, x_3 Lösungen der kubischen Gleichung, dann heißt die Gleichung $(x - x_1)(x - x_2)(x - x_3) = 0$ die **Produktform** der kubischen Gleichung.

Die Terme $x - x_1$, $x - x_2$, $x - x_3$ heißen Linearfaktoren.
Einige **Sonderformen** der Normalform einer kubischen Gleichung sind

- die rein-kubische Gleichung $x^3 - t = 0$
- die gemischt-kubische Gleichung (ohne Absolutglied) $x^3 + rx^2 + sx = 0$ bzw. (ohne lineares Glied und ohne Absolutglied) $x^3 + rx^2 = 0$.

(2) **Einige Lösungsverfahren für kubische Gleichungen**

1. **Systematisches Suchen einer Lösung**

Ist durch systematisches Probieren [↗ 5.3.2.(1)] eine (meist ganzzahlige) Lösung x_1 einer kubischen Gleichung ermittelt worden, kann die Normalform der kubischen Gleichung durch Division durch den Linearfaktor $(x - x_1)$ auf die Normalform einer quadratischen Gleichung zurückgeführt werden, deren Lösungen mit Hilfe der Lösungsformel bestimmt werden können.

BEISPIEL 5/21

Durch systematisches Probieren sei die Lösung 2 der kubischen Gleichung $x^3 + 2x^2 - 5x - 6 = 0$ gefunden worden, denn es gilt:

$8 + 8 - 10 - 6 = 0.$

Bei Division des Terms $x^3 + 2x^2 - 5x - 6$ durch den Linearfaktor $(x - 2)$ erhält man [↗ 4.3.4.(3)]

$$\begin{array}{l}
(x^3 + 2x^2 - 5x - 6) : (x - 2) = x^2 + 4x + 3 \\
\underline{-(x^3 - 2x^2)} \\
\qquad 4x^2 \\
\quad \underline{-(4x^2 - 8x)} \\
\qquad\qquad 3x \\
\qquad\quad \underline{-(3x - 6)} \\
\qquad\qquad\quad 0
\end{array}$$

Der Term auf der linken Seite der gegebenen Gleichung kann als Produkt dargestellt werden:

$$x^3 + 2x^2 - 5x - 6 = (x - 2) \cdot (x^2 + 4x + 3).$$

Demnach ist die Gleichung

$$(x - 2)(x^2 + 4x + 3) = 0$$

zu lösen.

Da für alle komplexen Zahlen z_1, z_2 gilt: $z_1 \cdot z_2 = 0$ genau dann, wenn $z_1 = 0$ oder $z_2 = 0$ ist, gilt für die Gleichung in Produktform: $x - 2 = 0$ oder $x^2 + 4x + 3 = 0$.
Die Lösungen der quadratischen Gleichung sind -1 und -3. Die Lösungsmenge der gegebenen Gleichung ist $L = \{2; -1; -3\}$.

2. **Lösungsverfahren für Sonderformen der kubischen Gleichungen**

Die **reinkubische Gleichung** $x^3 + t = 0$ hat im Variablengrundbereich der reellen Zahlen für $t < 0$ nur die Lösung $x = \sqrt[3]{-t}$ und für $t \geqq 0$ nur die Lösung $x = \sqrt[3]{t}$.

Im Bereich der komplexen Zahlen hat die reinkubische Gleichung drei Lösungen (Fundamentalsatz der Algebra, ↗ 5.3.3.). Aus $x^3 + t = 0$ folgt $x^3 = -t$ bzw. $x = \sqrt[3]{-t} = \sqrt[3]{t} \cdot \sqrt[3]{-1}$, wobei

$$\sqrt[3]{-1} = \cos \frac{180° + k \cdot 360°}{3} + \mathrm{i} \sin \frac{180° + k \cdot 360°}{3} \quad \text{mit} \quad k = 0, 1, 2$$

(MOIVREsche Formel, ↗ 3.5.3.) ist. Damit erhält man folgende Lösungen:

Für

$$k = 0:\ x_1 = \sqrt[3]{t} \cdot (\cos 60° + \mathrm{i} \sin 60°) = \left(\frac{1}{2} + \frac{1}{2}\sqrt{3}\,\mathrm{i}\right) \cdot \sqrt[3]{t}$$

$$k = 1:\ x_2 = \sqrt[3]{t} \cdot (\cos 180° + \mathrm{i} \sin 180°) = -1 \cdot \sqrt[3]{t}$$

$$k = 2:\ x_3 = \sqrt[3]{t} \cdot (\cos 300° + \mathrm{i} \sin 300°) = \left(\frac{1}{2} - \frac{1}{2}\sqrt{3}\,\mathrm{i}\right) \cdot \sqrt[3]{t}$$

Eine Gleichung der Form $z^n - 1 = 0$ mit $n \in \mathbf{N}$ heißt **Kreisteilungsgleichung.** Ihre n verschiedenen Lösungen im Bereich der komplexen Zahlen werden nach der MOIVREschen Formel berechnet: $z = \sqrt[n]{1} = \cos k \cdot \frac{360°}{n} + \mathrm{i} \sin k \cdot \frac{360°}{n}$ für $k = 0, \ldots, n-1$ und **n-te Einheitswurzeln** genannt, die mit $\varepsilon_1, \ldots, \varepsilon_n$ bezeichnet werden. Bei Darstellung der Einheitswurzeln in der GAUSSschen Zahlenebene (↗ 3.5.2.) zerlegen sie den Umfang des Einheitskreises um den Nullpunkt in n gleiche Teile.

BEISPIEL 5/22

Zur Ermittlung der Lösungsmenge der reinkubischen Gleichung $x^3 - 8 = 0$ erhält man $x = \sqrt[3]{8} \cdot \sqrt[3]{1}$. Mit den dritten Einheitswurzeln

für $k = 0:\ \varepsilon_1 = \cos 0° + \mathrm{i} \sin 0° = 1$

$$k = 1:\ \varepsilon_2 = \cos 120° + \mathrm{i} \sin 120° = -\frac{1}{2} + \frac{1}{2}\sqrt{3}\,\mathrm{i}$$

$$k = 2:\ \varepsilon_3 = \cos 240° + \mathrm{i} \sin 240° = -\frac{1}{2} - \frac{1}{2}\sqrt{3}\,\mathrm{i}$$

ergeben sich die Lösungen der Gleichung:

$x_1 = 2 \cdot \varepsilon_1 = 2 \cdot 1 = 2$

$$x_2 = 2 \cdot \varepsilon_2 = 2 \cdot \left(-\frac{1}{2} + \frac{1}{2}\sqrt{3}\,\mathrm{i}\right) = -1 + \sqrt{3}\,\mathrm{i}$$

$$x_3 = 2 \cdot \varepsilon_3 = 2 \cdot \left(-\frac{1}{2} - \frac{1}{2}\sqrt{3}\,\mathrm{i}\right) = -1 - \sqrt{3}\,\mathrm{i}$$

Die Lösungsmenge der reinkubischen Gleichung ist

$$L = \{2;\ -1 + \sqrt{3}\,\mathrm{i};\ -1 - \sqrt{3}\,\mathrm{i}\}.$$

Gemischt-kubische Gleichungen, in denen das Absolutglied Null ist, werden durch Ausklammern des allen Summanden gemeinsamen Faktors x in eine Produktdarstellung übergeführt, aus der die einzelnen Lösungen ermittelt werden können.

BEISPIEL 5/23

Die Gleichung $x^3 - 5x^2 + 6x = 0$ wird durch Ausklammern von x in ein Produkt umgeformt: $x \cdot (x^2 - 5x + 6) = 0$.
Daraus folgt $x = 0$ oder $x^2 - 5x + 6 = 0$.
Die Lösungen dieser Gleichungen sind $x_1 = 0$ und $x_2 = 3$, $x_3 = 2$. In der Tat ist für x_1: $0 = 0$, für x_2: $27 - 45 + 18 = 0$, für x_3: $8 - 20 + 12 = 0$.
Die Lösungsmenge ist $L = \{0;\ 2;\ 3\}$.

(3) Eine **Sonderform** einer Gleichung 4. Grades in Normalform ist die biquadratische Gleichung $x^4 + sx^2 + u = 0$.
Eine **biquadratische Gleichung** wird durch die Substitution $x^2 = z$ in die quadratische Gleichung $z^2 + pz + q = 0$ übergeführt, aus deren Lösungen z_1, z_2 sich mit Hilfe von $x^2 = z_1$ und $x^2 = z_2$ die Lösungen der biquadratischen Gleichung ergeben.
Die biquadratische Gleichung $x^4 - 3x^2 - 4 = 0$ wird durch die Substitution $x^2 = z$ auf eine quadratische Gleichung in z zurückgeführt:

$$z^2 - 3z - 4 = 0,$$

deren Lösungen mit Hilfe der Lösungsformel für die Normalform der quadratischen Gleichung ermittelt werden können:

$$z_1 = 4, \qquad z_2 = -1.$$

Aus den Gleichungen $x^2 = 4$ und $x^2 = -1$ erhält man im Bereich der komplexen Zahlen die Lösungen $x_1 = 2$, $x_2 = -2$, $x_3 = \mathrm{i}$, $x_4 = -\mathrm{i}$.
Im Variablengrundbereich **C** hat die gegebene Gleichung die Lösungsmenge $L = \{2;\ -2;\ \mathrm{i};\ -\mathrm{i}\}$, im Variablengrundbereich **R** jedoch die Lösungsmenge $L_1 = \{2;\ -2)$.

5.4.7. Wurzelgleichungen mit einer Variablen

Gleichungen, in denen die Gleichungsvariable mindestens einmal im Radikanden einer Wurzel auftritt, heißen **Wurzelgleichungen**.

Im folgenden werden Wurzelgleichungen gelöst, die **Quadratwurzeln** enthalten.
Der Variablengrundbereich sei der Bereich **R** der reellen Zahlen. Auf Grund der Definition der Wurzel (hier besonders der Quadratwurzel) (↗ 3.4.3.) ist vor dem Lösen der Wurzelgleichung der **Lösungsgrundbereich** (Definitionsmenge) anzugeben.

Wurzelgleichungen, die Quadratwurzeln enthalten, werden durch **Quadrieren** beider Seiten der Gleichung in eine allgemeine Form einer algebraischen Gleichung übergeführt. Da das Quadrieren einer Gleichung im allgemeinen **keine äquivalente Umformung** ist, sind unter den Lösungen der umgeformten Gleichung Zahlen zu erwarten, die die gegebene Gleichung nicht erfüllen. Deshalb ist stets der Nachweis zu führen, ob die bei der Auflösung gefundenen Zahlen des Lösungsgrundbereichs auch tatsächlich die gegebene Gleichung erfüllen [↗ 5.3.2.(2)].

BEISPIEL 5/24

Der Variablengrundbereich sei **R**.
Gegeben sei die Gleichung $\sqrt{3x + 4} - 5 = 0$.
Die Lösungsgrundmenge ist $G_B = \left\{x\colon\ x \in \mathbf{R} \wedge x \geqq -\frac{4}{3}\right\}$, da auf Grund der Wurzeldefinition der Radikand $3x + 4 \geqq 0$ sein muß.
Vor dem Quadrieren wird die Gleichung umgeformt mit dem Ziel, die Wurzel zu isolieren: $\sqrt{3x + 4} = 5$

Quadrieren: $3x + 4 = 25$
Ordnen: $3x = 21$ (Grundform)
$x = 7$

x ist Element der Lösungsgrundmenge.

Probe: T_l: $\sqrt{21 + 4} - 5 = \sqrt{25} - 5 = 5 - 5 = 0$
T_r: 0 V.: $0 = 0$ (W)

Die Lösungsmenge ist $L = \{7\}$.

5.5. Lösen transzendenter Gleichungen

5.5.1. Exponentialgleichungen

Gleichungen, in denen die Gleichungsvariable im Exponenten einer Potenz auftritt, heißen **Exponentialgleichungen.** Dabei ist nicht ausgeschlossen, daß die Variable auch in der Basis vorkommt.

BEISPIEL 5/25

Beispiele für Exponentialgleichungen:
a) $2^x - 8 = 0$
b) $5^x - 3^{x+2} = 0$
c) $e^{2x} + 2e^x - 3 = 0$ (transzendent in x, algebraisch in e^x)
d) $2^x + x - 3 = 0$

Lösungsverfahren für Exponentialgleichungen

1. Einfachste Exponentialgleichungen, in denen die Variable nur im Exponenten auftritt, können durch inhaltliche Betrachtungen (z. B. Exponentenvergleich bei gleichen Basen der Potenzen) [5.3.2.(1)] gelöst werden.

2. Ziel des algorithmisch-kalkülmäßigen Lösens von Exponentialgleichungen ist die Überführung der gegebenen Gleichung in die Grundform $a^x = b$ einer Exponentialgleichung, deren Lösung $x = \log_a b = \frac{\lg b}{\lg a}$ ist, denn die Gleichungen $a^x = b$ und $x = \log_a b$ (mit $a > 0$, $a \neq 1$, $b > 0$) sind über dem Variablengrundbereich **R** äquivalent.
   Es gilt der **Satz:** Jede Gleichung $a^x = b$ (mit $a, b \in \mathbf{R}$, $a > 0, b > 0$, $a \neq 1$) hat genau eine reelle Lösung.
   In einigen Fällen (z. B. Beispiel 5/25c) kann die gegebene Exponentialgleichung in eine algebraische Gleichung übergeführt werden.
3. Die Lösungen komplizierterer Exponentialgleichungen, besonders solcher, bei denen die Variable nicht nur im Exponenten von Potenzen auftritt (Beispiel 5/25d), können näherungsweise als Nullstelle der entsprechenden Exponentialfunktionen bzw. als Abszisse des Schnittpunkts der Graphen einer Exponentialfunktion $f(x) = a^x$ und einer rationalen Funktion ermittelt werden.

BEISPIEL 5/26

Der Variablengrundbereich sei für alle Gleichungen die Menge **R** der reellen Zahlen.

a) Die Gleichung $3^x - 81 = 0$ ist zu der Gleichung $3^x = 3^4$ äquivalent. Durch Vergleich der Exponenten (bei gleicher Basis) erhält man $x = 4$. Die Lösungsmenge ist $L = \{4\}$.
b) Die Gleichung $17^x = 5377$ besitzt schon die Grundform $a^x = b$. Durch Logarithmieren beider Seiten der Gleichung zur Basis 10 und nachfolgender Anwendung des Logarithmengesetzes 3 (↗ 3.4.6.) erhält man

$$x = \frac{\lg 5377}{\lg 17} \approx \frac{3{,}7306}{1{,}2304} \approx 3{,}03.$$

c) Die Gleichung $5^x - 3^{x+2} = 0$ wird in folgender Weise äquivalent umgeformt:

$$\begin{aligned} 5^x &= 3^{x+2} \\ \lg 5^x &= \lg 3^{x+2} \\ x \cdot \lg 5 &= (x + 2) \cdot \lg 3 \\ x \cdot \lg 5 &= x \cdot \lg 3 + 2 \cdot \lg 3 \\ x \cdot (\lg 5 - \lg 3) &= 2 \lg 3 \\ x &= \frac{2 \lg 3}{\lg 5 - \lg 3} \approx 4{,}3 \end{aligned}$$

5.5.2. Logarithmische Gleichungen

Gleichungen, in denen die Gleichungsvariable im Argument eines Logarithmus auftritt, heißen **logarithmische Gleichungen.** Dabei ist zu beachten, daß der Logarithmus nur für positive reelle Zahlen a (mit $a \neq 1$) als Basis und positive reelle Argumente definiert ist.

Ziel des kalkülmäßigen Lösens logarithmischer Gleichungen ist die Umformung der gegebenen Gleichung in die Grundform $\log_a x = c$ einer logarithmischen Gleichung, die zu der Gleichung $a^c = x$ äquivalent ist und die die Lösung sofort ergibt.
In den Fällen, in denen die Gleichungsvariable nicht nur im Argument eines Logarithmus vorkommt, sind die Lösungen der logarithmischen Gleichung näherungsweise als Nullstellen der entsprechenden Funktion oder als Abszissen der Schnittpunkte der Funktion f mit $f(x) = \log_a x$ und einer rationalen Funktion graphisch zu ermitteln.

BEISPIEL 5/27

a) Zu der Gleichung $5 - \log_3 (x - 2) = 0$ (Lösungsgrundbereich $G_E = \{x: x \in \mathbf{R} \text{ und } x - 2 > 0\}$) ist die Gleichung $\log_3 (x - 2) = 5$ bzw. $3^5 = x - 2$ äquivalent.
Da $3^5 = 243$ ist, ist $x = 243 + 2 = 245$.
In der Tat ist $5 - \log_3 243 = 5 - 5 = 0$.
Die Lösungsmenge ist $L = \{243\}$.

b) Die Gleichung $2 \lg x = \lg (4x - 3)$ $\left(\text{mit } G_E = \left\{x: x \in \mathbf{R} \text{ und } x > \frac{3}{4}\right\}\right)$ ist zu der Gleichung $\lg x^2 = \lg (4x - 3)$ äquivalent. Durch Vergleich der Argumente (bei gleicher Basis) erhält man die quadratische Gleichung

$$x^2 = 4x - 3$$

bzw.

$$x^2 - 4x + 3 = 0,$$

deren Lösungen $x_1 = 3$, $x_2 = 1$ sind. Die Lösungsmenge ist $L = \{3; 1\}$.

5.5.3. Goniometrische Gleichungen

(1) Formen goniometrischer Gleichungen

Gleichungen, in denen die Gleichungsvariable im Argument einer Winkelfunktion auftritt, heißen **goniometrische Gleichungen.** Tritt die Gleichungsvariable nur im Argument von Winkelfunktionen auf, werden diese Gleichungen **rein-goniometrisch** genannt, andernfalls **gemischt-goniometrisch.**

BEISPIEL 5/28

a) $\sin x = \frac{1}{2}\sqrt{2}$ ist eine rein-goniometrische Gleichung.

b) $\sin \frac{x}{2} = x - 2$ ist eine gemischt-goniometrische Gleichung.

(2) Lösen rein-goniometrischer Gleichungen

Ziel der Umformungen beim Lösen rein-goniometrischer Gleichungen ist es, die gegebene Gleichung in eine Grundform einer goniometrischen Gleichung, in $f(x) = c$ bzw. $f(ax + b) = c$, zu überführen, wobei f eine der vier Winkelfunktionen sin, cos, tan, cot ist und a, b, c, d Konstanten sind.

Der Variablengrundbereich sei der Bereich **R** der reellen Zahlen, wenn in den Aufgaben keine einschränkenden Bedingungen gestellt werden. Über den Lösungsgrundbereich muß bei jeder Aufgabe nachgedacht werden. Dabei beachte man, daß die Funktion $f(x) = \tan x$ für $x = (2k + 1)\frac{\pi}{2}$ bzw. die Funktion $f(x) = \cot x$ für $x = k\pi$ $(k \in \mathbf{Z})$ nicht definiert ist.
Wegen der Periodizität der Winkelfunktionen sind die rein-goniometrischen Gleichungen über dem Variablengrundbereich **R** nicht eindeutig lösbar. In der Lösung muß die Periodizität der Winkelfunktionen berücksichtigt werden. Die Lösungen können im Gradmaß oder im Bogenmaß angegeben werden.

(3) Gleichungen mit nur einer Winkelfunktion

Diese Gleichungen können durch äquivalente Umformungen in eine Grundform einer goniometrischen Gleichung übergeführt werden.

BEISPIEL 5/29

a) Die Gleichung $\frac{1}{2} - \cos x = 0$ ist äquivalent zu der Gleichung $\cos x = \frac{1}{2}$ (Grundform einer goniometrischen Gleichung). Der Sinustafel entnimmt man das Argument der Cosinusfunktion, dem der Funktionswert $\frac{1}{2}$ zugeordnet ist. Das im Intervall $0 \leqq x \leqq \frac{\pi}{2}$ (I. Quadrant) liegende Argument wird mit $\tilde{x}$ (gelesen: x Tilde) bezeichnet: $\tilde{x} = \frac{\pi}{3}$.
Die im Intervall $0 \leqq x < 2\pi$ liegenden Lösungen werden *Hauptwerte* genannt und mit $\bar{x}$ bezeichnet: $\bar{x}_1 = \frac{\pi}{3}$, $\bar{x}_2 = 2\pi - \frac{\pi}{3} = \frac{5\pi}{3}$. Unter Berücksichtigung der Periodizität der Cosinusfunktion erhält man die **Lösungen** der gegebenen Gleichung:

$$x_1 = \frac{\pi}{3} + k \cdot 2\pi, \qquad x_2 = \frac{5\pi}{3} + k \cdot 2\pi \quad (k \in \mathbf{Z})$$

Probe für $x_1 = \frac{\pi}{3}$: T_1: $\frac{1}{2} - \cos\frac{\pi}{3} = \frac{1}{2} - \frac{1}{2} = 0$, T_r: 0

V.: 0 = 0 (W)

für $x_2 = \frac{5\pi}{3}$: T_1: $\frac{1}{2} - \cos\frac{5\pi}{3} = \frac{1}{2} - \frac{1}{2} = 0$, T_r: 0

V.: 0 = 0 (W)

Die Lösungsmenge ist $L = \left\{\frac{\pi}{3} + 2k\pi;\ k \in \mathbf{Z}\right\} \cup \left\{\frac{5}{3}\pi + 2k\pi;\ k \in \mathbf{Z}\right\}$.

b) Die Gleichung $4\sin^2 x - 4\sin x + 1 = 0$ wird durch Substitution $\sin x = z$ in eine quadratische Gleichung in z übergeführt: $4z^2 - 4z + 1 = 0$ bzw. in die Normalform der quadratischen Gleichung: $z^2 - z + \frac{1}{4} = 0$, deren Lösungen $z_1 = z_2 = \frac{1}{2}$ sind. Aus $\sin x = \frac{1}{2}$ erhält man die Lösungen der gegebenen Gleichung: $x_1 = \frac{\pi}{6} + 2\pi k$, $x_2 = \frac{5\pi}{6} + 2\pi k$ (mit $k \in \mathbf{Z}$).

(4) Gleichungen mit mehreren Winkelfunktionen des gleichen Arguments

Das Ziel der Umformungen besteht darin, die gegebene Gleichung auf eine goniometrische Gleichung mit nur einer Winkelfunktion zurückzuführen. Dazu können goniometrische Beziehungen (↗ 6.7.4.) dienen.

BEISPIEL 5/30

Die Gleichung $3 \sin^2 x + 18 \cos x + 18 = 0$ ist äquivalent zu der Gleichung $\sin^2 x + 6 \cos x + 6 = 0$ und kann durch die Substitution $\cos x = \sqrt{1 - \sin^2 x}$ auf eine Wurzelgleichung in $\sin^2 x$ zurückgeführt werden. Zweckmäßiger ist jedoch eine Substitution $\sin^2 x = 1 - \cos^2 x$. Man erhält dann

$$\cos^2 x - 6 \cos x - 7 = 0.$$

Setzt man $\cos x = z$, dann ist die folgende Normalform einer quadratischen Gleichung zu lösen: $z^2 - 6z - 7 = 0$. Ihre Lösungen sind nach der Lösungsformel $z_1 = 7$, $z_2 = -1$.
Da für $\cos x$ gilt: $-1 \leqq \cos x \leqq 1$, scheidet z_1 für die weitere Rechnung aus. Aus $z_2 = -1$ bzw. $\cos x = -1$ erhält man $x = \pi + k \cdot 2\pi$ bzw. $x = (2k + 1)\pi$ mit $k \in \mathbf{Z}$ als Lösung der gegebenen goniometrischen Gleichung.

(5) Gleichungen mit Winkelfunktionen verschiedener Argumente

Das Ziel der Umformungen besteht darin, die gegebene Gleichung zunächst auf eine goniometrische Gleichung mit Winkelfunktionen gleicher Argumente [↗ (4)] zurückzuführen. Dazu dienen Beziehungen zwischen Winkelfunktionen, besonders die Additionstheoreme.

BEISPIEL 5/31

a) Die Gleichung $\sin 2x + \sin x = 0$ wird durch Anwenden der Beziehung

$\sin 2x = 2 \sin x \cos x$ auf die Gleichung
$2 \sin x \cos x + \sin x = 0,$

die Winkelfunktionen des gleichen Arguments x enthält, zurückgeführt. Durch Ausklammern von $\sin x$ erhält man

$$\sin x\,(2 \cos x + 1) = 0.$$

Da das Produkt $a \cdot b$ reeller Zahlen a, b genau dann Null ist, wenn $a = 0$ oder $b = 0$ ist, gilt:

$$\sin x = 0 \text{ oder } 2 \cos x + 1 = 0 \text{ bzw. } \cos x = -\frac{1}{2}.$$

Die Lösungen dieser Gleichungen sind $x_1 = k\pi$, $x_2 = \frac{2\pi}{3} + k \cdot 2\pi$, $x_3 = \frac{4\pi}{3} + k \cdot 2\pi$ mit $k \in \mathbf{Z}$.

b) Die Gleichung $\sin\left(x - \frac{\pi}{3}\right) + \sin\left(x + \frac{\pi}{2}\right) = \frac{1}{4}$ ist zu der Gleichung

$$2 \cdot \sin \frac{x - \frac{\pi}{3} + x + \frac{\pi}{2}}{2} \cdot \cos \frac{x - \frac{\pi}{3} - x - \frac{\pi}{2}}{2} = \frac{1}{4}$$

äquivalent bzw. zu

$$\sin \frac{2x + \frac{\pi}{6}}{2} \cdot \cos \left(\frac{-\frac{5\pi}{6}}{2}\right) = \frac{1}{8}$$

$$\sin\left(x + \frac{\pi}{12}\right) \cdot \cos\left(-\frac{5\pi}{12}\right) = 0{,}125$$

$$\sin(x + 15°) \cdot \cos(-75°) = 0{,}125$$

$$\sin(x + 15°) = \frac{0{,}125}{0{,}2588} = 0{,}4830$$

Aus dieser Grundform erhält man $\left.\begin{array}{l} x_1 = 13{,}88° + k \cdot 360° \\ x_2 = 136{,}12° + k \cdot 360° \end{array}\right\} k \in \mathbf{Z}$

(6) Lösen gemischt-goniometrischer Gleichungen

Lösungen gemischt-goniometrischer Gleichungen können im allgemeinen nur **näherungsweise** mit Hilfe der Graphen von Winkelfunktionen und rationalen Funktionen (insbesondere linearen Funktionen) ermittelt werden [↗ 5.3.2.(3)]. Die gemischt-goniometrische Gleichung wird als Zusammenfassung zweier Funktionsgleichungen, wobei eine davon eine Winkelfunktion darstellt, aufgefaßt. Die Abszisse x_1 eines Schnittpunkts der Graphen beider Funktionen ist dann ein Näherungswert für eine Lösung dieser Gleichung. Eine rechnerische Überprüfung der Lösung ist anschließend erforderlich, wobei die Angabe eines Winkels sowohl im Gradmaß als auch im Bogenmaß erforderlich ist.

BEISPIEL 5/32

Die Gleichung

$$\sin x + 2x - 3 = 0$$

bzw.

$$\sin x = -2x + 3$$

kann in zwei Funktionsgleichungen

$$y = f(x) = \sin x \quad \text{und} \quad y = g(x) = -2x + 3$$

zerlegt werden. Die Abszisse x_1 des Schnittpunkts der Graphen dieser Funktionen f und g ist ein Näherungswert für eine Lösung der gegebenen Gleichung. In Bild 5/5 kann näherungsweise eine Lösung $x_1 \approx 63°$, im Bogenmaß $x_1 \approx 1{,}0996$, ermittelt werden.

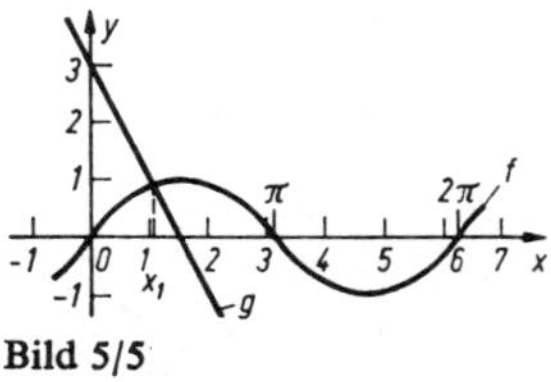

Bild 5/5

Die rechnerische Überprüfung an der gegebenen Aufgabe

$$\sin 63° + 2 \cdot \operatorname{arc} 63° - 3 = 0{,}8910 + 2 \cdot 1{,}0996 - 3$$
$$= 0{,}0902 \approx 0$$

zeigt, daß $x = 63°$ als Näherungswert anerkannt werden kann.

5.6. Verfahren zur Verbesserung von Näherungswerten für Lösungen von Gleichungen

5.6.1. Sekantennäherungsverfahren (Regula falsi)

Eine zu ermittelnde Lösung der Gleichung $f(x) = 0$ sei mit $\bar{x}$ bezeichnet, d. h., eine Nullstelle der Funktion f sei $\bar{x}$.

Hat man aus dem Graph der Funktion f oder aus einer Wertetabelle zwei Argumente x_1, x_2 (Startwerte genannt) mit $x_1 < \bar{x} < x_2$ gefunden, für die gilt $f(x_1) \cdot f(x_2) < 0$ (d. h., deren Funktionswerte verschiedene Vorzeichen haben), und verbindet man die Punkte $P_1(x_1; f(x_1))$ und $P_2(x_2; f(x_2))$ durch eine Gerade (Sekante), dann ist die Abszisse x_3 des Schnittpunkts dieser Geraden mit der x-Achse (Nullstelle einer linearen Funktion) im allgemeinen ein besserer Näherungswert für $\bar{x}$, als es die Näherungswerte x_1 und x_2 waren (Bild 5/6).

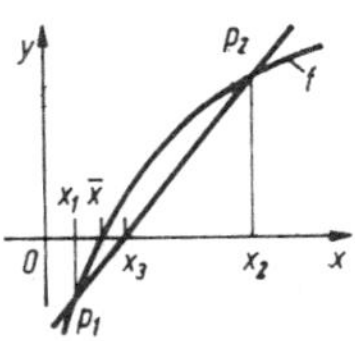

Bild 5/6

Zur Berechnung des besseren Näherungswertes x_3 dient die Beziehung

$$x_3 = x_1 - \frac{(x_2 - x_1) \cdot f(x_1)}{f(x_2) - f(x_1)}.$$

Besitzt x_3 die vorgeschriebene Genauigkeit von ε mit $|x_{n+1} - x_n| < \varepsilon$ noch nicht (wobei x_{n+1} der verbesserte Näherungswert sei, dessen Funktionswert das gleiche Vorzeichen wie x_n hat), dann wird dieses Verfahren zur Verbesserung des Näherungswertes fortgesetzt. Dabei ersetzt x_3 den Startwert, dessen Funktionswert das gleiche Vorzeichen wie $f(x_3)$ hat (z. B. wird in Bild 5/6 x_2 durch x_3 ersetzt). Es entsteht eine Folge von Näherungswerten, die gegen die Nullstelle $\bar{x}$ der Funktion f konvergiert.

BEISPIEL 5/33

Es ist eine Lösung der Gleichung

$$x^3 - 2x^2 + 0{,}8 = 0$$

mit Hilfe der Regula falsi mit einer Genauigkeit von $\varepsilon = 0{,}01$ zu ermitteln. Eine Lösung existiert im Intervall $1{,}6 < x < 1{,}8$, denn für $x_1 = 1{,}6$ ist $f(x_1) = -0{,}224$ und für $x_2 = 1{,}8$ ist $f(x_2) = 0{,}152$ (Berechnung im HORNERschen Schema ↗ 6.5.5.).

Mit den Startwerten x_1, x_2 erhält man x_3 aus

$$x_3 = x_1 - \frac{(x_2 - x_1) f(x_1)}{f(x_2) - f(x_1)} = 1{,}6 - \frac{0{,}2 \cdot (-0{,}224)}{0{,}152 + 0{,}224} \approx 1{,}72.$$

Da $|x_3 - x_1| = |1{,}72 - 1{,}6| = 0{,}12 > 0{,}01$ ist, wird der Näherungswert x_3 weiter verbessert.
Für x_5 gilt $|1{,}734 - 1{,}733| = 0{,}001 < 0{,}01$. Die vorgeschriebene Genauigkeit ist erreicht. Der zugehörige Funktionswert ist $f(x_5) = 0{,}0002$ (siehe HORNERsches Schema).
Die im Intervall $1{,}6 < x < 1{,}8$ befindliche Lösung der gegebenen Gleichung ist $\bar{x} = 1{,}734$.

Hornersches Schema zu dieser Aufgabe: (↗ 6.5.5.)

	1	−2	0	0,8
1,6	1	1,6	−0,64	−1,024
		−0,4	−0,64	−0,224
1,8	1	1,8	−0,36	−0,648
		−0,2	−0,36	0,152
1,72	1	1,72	−0,4816	−0,8284
		−0,28	−0,4816	−0,0284
1,733	1	1,733	−0,4627	−0,801878
		−0,267	−0,4627	−0,001878
1,734	1	1,734	−0,4612	−0,7998
		−0,266	−0,4612	0,0002

5.6.2. Tangentennäherungsverfahren (Newtonsches Verfahren)

Es sei x_1 ein Näherungswert (Startwert) für die Lösung $\bar{x}$ einer gegebenen Gleichung $f(x) = 0$, d. h., x_1 sei ein benachbartes Argument der Nullstelle $\bar{x}$ der Funktion f, die im Intervall I mit $x_m < x_1 < x_n$ mindestens zweimal differenzierbar ist, und für alle $x \in I$ gilt $f'(x) \neq 0$. Wird im Punkt $P_1(x_1;\, f(x_1))$ eine Tangente an den Graph der Funktion f gelegt und gilt $f(x_1) \cdot f''(x_1) > 0$, so ist die Abszisse x_2 des Schnittpunkts der Tangente mit der x-Achse (Nullstelle der linearen Funktion) ein besserer Näherungswert für die Lösung $\bar{x}$ der gegebenen Gleichung, als es x_1 war (Bild 5/7).

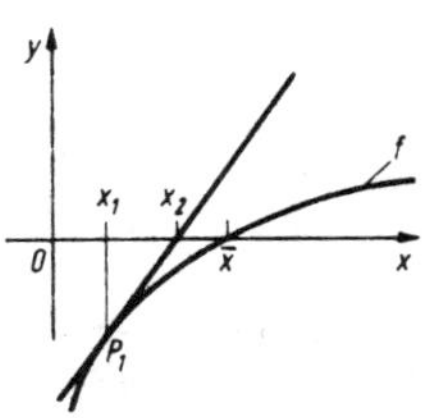

Bild 5/7

Zur Berechnung des besseren Näherungswertes x_2 dient unter Verwendung der 1. Ableitung der Funktion f (↗ 12.1.) die Beziehung

$$x_2 = x_1 - \frac{f(x_1)}{f'(x_1)}.$$

Besitzt x_2 die vorgeschriebene Genauigkeit von ε noch nicht, so kann dieses Verfahren zur Verbesserung des Näherungswertes fortgesetzt werden.

BEISPIEL 5/34

Es ist eine Lösung der Gleichung

$$x^3 - 2x^2 + 0{,}2 = 0$$

mit Hilfe des NEWTONschen Verfahrens mit einer Genauigkeit von $\varepsilon = 0{,}01$ zu ermitteln.
Man bildet zunächst die 1. und 2. Ableitung der Funktion f mit

$$f(x) = x^3 - 2x^2 + 0{,}2;\ f'(x) = 3x^2 - 4x;\ f''(x) = 6x - 4.$$

Die Berechnung der erforderlichen Funktionswerte erfolgt im HORNERschen Schema.
Als Startwert wurde $x_1 = 0{,}5$ gewählt; denn es ist $f(0{,}5) = -0{,}175$ und $f''(0{,}5) = -1$, also $f(0{,}5) \cdot f''(0{,}5) > 0$.
Dann erhält man mit $f'(0{,}5) = -1{,}25$

$$x_2 = x_1 - \frac{f(x_1)}{f'(x_1)} = 0{,}5 - \frac{-0{,}175}{-1{,}25} \approx 0{,}5 - 0{,}14 = 0{,}36.$$

Da $|x_2 - x_1| = |0{,}36 - 0{,}5| = |-0{,}14| = 0{,}14 > 0{,}01$ ist, ist eine weitere Verbesserung des Näherungswertes erforderlich: Nun gilt $|x_4 - x_3| = |0{,}3474 - 0{,}348| = 0{,}0006 < 0{,}01$. Eine Lösung der Gleichung $x^3 - 2x^2 + 0{,}2 = 0$ ist $\bar{x} = 0{,}3474$.
Berechnung in einem HORNER-Schema (↗ 6.5.5.).

5.7. Lösen von Gleichungssystemen

5.7.1. Lösungsgrundbereich und Lösungsmenge eines Gleichungssystems

Werden m Gleichungen mit n Variablen durch die logische Verknüpfung »und« (↗ 1.3.) verbunden, erhält man ein **System** von m Gleichungen mit n Variablen ($m, n \in \mathbf{N}$). Das System heißt **linear**, wenn nur lineare Gleichungen (↗ 5.4.2.) mit mehreren Variablen verbunden sind, sonst heißt es nichtlinear.
Der Variablengrundbereich sei $\mathbf{R}$. Dann versteht man unter dem **Lösungsgrundbereich** G_E eines Systems von n Gleichungen mit n Variablen die Menge aller geordneten Zahlen-n-tupel $(c_1, \ldots, c_n) \in \mathbf{R}^n$, die bei der Ersetzung der Variablen x_1 durch $c_1, \ldots, x_n$ durch c_n alle Gleichungen in (wahre oder falsche) Aussagen überführen.
Ein Element des Lösungsgrundbereichs (das ist ein geordnetes Zahlen-n-tupel), das bei Ersetzung der Variablen x_i durch c_i (mit $i = 1, \ldots, n$) **alle** Gleichungen in **wahre** Aussagen überführt, heißt **Lösung** des Gleichungssystems.

Die **Lösungsmenge** L eines Gleichungssystems bezüglich des Lösungsgrundbereichs ist die Menge aller Lösungen dieses Systems. Sie ist gleich dem Durchschnitt der Lösungsmengen der einzelnen Gleichungen: $L = L_1 \cap L_2 \cap \ldots \cap L_n$, wenn n die Anzahl der Gleichungen ist.

BEISPIEL 5/35

Gegeben sei das Gleichungssystem von 2 Gleichungen mit 2 Variablen

$$\text{(I)} \quad 2x_1 + x_2 = 4$$
$$\text{(II)} \quad 6x_1 - 2x_2 = 2.$$

Der Variablengrundbereich sei **R**.
Der Lösungsgrundbereich G_E ist die Menge aller geordneten Zahlenpaare $(c_1; c_2) \in \mathbf{R}^2$, die bei Ersetzung der Variablen x_1 durch c_1 und x_2 durch c_2 beide Gleichungen in Aussagen überführen.

Die Lösungsmenge der Gleichung (I) ist

$$L_1 = \{(x_1; x_2) : (x_1; x_2) \in \mathbf{R}^2 \wedge x_2 = -2x_1 + 4\},$$

die der Gleichung (II) ist

$$L_2 = \{(x_1; x_2) : (x_1; x_2) \in \mathbf{R}^2 \wedge x_2 = 3x_1 - 1\}.$$

Die Lösungsmenge L des Gleichungssystems ist der Durchschnitt der Lösungsmengen L_1, L_2:

$$L = L_1 \cap L_2 = \{(1; 2)\}.$$

5.7.2. Lösen linearer Gleichungssysteme

(1) **Allgemeine Form** eines linearen Gleichungssystems von n Gleichungen mit n Variablen:

$$a_{11}x_1 + a_{12}x_2 + \ldots + a_{1n}x_n = s_1$$
$$a_{21}x_1 + a_{22}x_2 + \ldots + a_{2n}x_n = s_2$$
$$\cdots\cdots\cdots\cdots\cdots\cdots\cdots\cdots\cdots$$
$$a_{n1}x_1 + a_{n2}x_2 + \ldots + a_{nn}x_n = s_n$$

Der Variablengrundbereich sei **R**.
Die Koeffizienten tragen Doppelindizes, z. B. a_{ik} mit $i, k = 1, \ldots, n$. Dabei gibt der erste Index i die Zugehörigkeit zur Gleichung, der zweite Index k die zur Variablen x_k an. $a_{ik}, s_i \in \mathbf{R}$.

(2) Äquivalente Gleichungssysteme

Zwei Systeme von n linearen Gleichungen mit den Variablen $x_1, x_2, \ldots, x_n$ heißen **äquivalent** bezüglich eines Lösungsgrundbereichs, wenn sie die gleiche Lösungsmenge haben.

Aus einem linearen Gleichungssystem entsteht ein dazu äquivalentes System, wenn

- zwei oder mehrere Gleichungen miteinander vertauscht werden,
- eine Gleichung mit einer von Null verschiedenen reellen Zahl multipliziert wird,
- zu einer Gleichung des Systems das Vielfache einer anderen Gleichung dieses Systems addiert wird. Diese neue Gleichung nennt man eine **Linearkombination** der beiden Gleichungen.

(3) **Überblick über Verfahren zum Lösen linearer Gleichungssysteme**
Ein Gleichungssystem lösen heißt, die Lösungsmenge L eines gegebenen Gleichungssystems mit Variablen zu ermitteln.

Lösungsverfahren:

1. Schrittweise Elimination der einzelnen Variablen im **Additions-** bzw. **Substitutionsverfahren** (geeignet für Gleichungssysteme bis zu drei Gleichungen mit drei Variablen)
2. CRAMERsche Regel (↗ 8.8.5.)
3. GAUSSscher Algorithmus, verkettete Form des Gaussschen Algorithmus nach BANACHIEWICZ (↗ 8.6.2.)
4. Austauschverfahren nach GAUSS-JORDAN mit Spaltentilgung (↗ 8.7.2.)

(4) **Schrittweise Elimination** der einzelnen Variablen im **Additions-** bzw. **Substitutionsverfahren** beim Lösen eines linearen Gleichungssystems von zwei Gleichungen mit zwei Variablen:

Additionsverfahren

Aus den beiden Gleichungen des Systems wird durch Multiplikation mit einer geeigneten reellen Zahl eine Linearkombination gebildet, die nur noch eine Variable enthält.

Substitutionsverfahren
(Einsetzungsverfahren)
Eine der beiden Gleichungen wird nach einer der beiden Variablen (z. B. nach x_2) aufgelöst. Dieser Term wird in die andere Gleichung an Stelle dieser Variablen (z. B. x_2) eingesetzt.

Dadurch wird das Problem auf die Lösung einer linearen Gleichung mit einer Variablen zurückgeführt. Wurde die Lösung dieser Gleichung ermittelt, kann durch rückläufiges Einsetzen der Wert der anderen Variablen dieses Gleichungssystems bestimmt werden.

BEISPIEL 5/36

Lösen des linearen Gleichungssystems

(I) $2x_1 + 3x_2 = 4$
(II) $3x_1 + 4x_2 = 5$

(*Hinweis:* Oft werden in Gleichungssystemen mit zwei Gleichungen und zwei Variablen die Variablen mit x und y bezeichnet.)

(Lösungsgrundbereich: $\mathbf{R}^2$) mit Hilfe des

Additionsverfahrens

Bildung einer Linearkombination, die nur noch eine Variable enthält:

$$2x_1 + 3x_2 = 4 \;\Big|\cdot\left(-\frac{3}{2}\right)$$
$$3x_1 + 4x_2 = 5$$
$$-3x_1 - \frac{9}{2}x_2 = -6$$
$$3x_1 + 4x_2 = 5$$
$$\overline{\quad -\frac{1}{2}x_2 = -1 \quad}$$
$$x_2 = 2.$$

Für x_1 erhält man dann aus Gleichung (I):

$$x_1 = \frac{4 - 3x_2}{2}$$
$$= \frac{4 - 3\cdot 2}{2} = -1.$$

Substitutionsverfahrens

Wird Gleichung (I) nach x_1 aufgelöst:

$$x_1 = \frac{4 - 3\,x_2}{2}$$

und an Stelle von x_1 in Gleichung (II) eingesetzt:

$$3\cdot\frac{4 - 3x_2}{2} + 4x_2 = 5,$$

so erhält man

$$12 - 9x_2 + 8x_2 = 10 \quad \text{bzw.}$$
$$-x_2 = -2$$
$$x_2 = 2.$$

Für x_1 erhält man

$$x_1 = \frac{4 - 3x_2}{2}$$
$$= \frac{4 - 3\cdot 2}{2} = -1.$$

Die Lösungsmenge ist $L = \{(-1;\ 2)\}$.

Hinweis: Gelegentlich ist es bei der Durchführung des Additionsverfahrens üblich, die Gleichung (I) mit $-a_{21}$ und die Gleichung (II) mit a_{11} zu multiplizieren und anschließend beide Gleichungen zu addieren.

$$2x_1 + 3x_2 = 4 \mid \cdot(-3)$$
$$3x_1 + 4x_2 = 5 \mid \cdot 2$$
$$-6x_1 - 9x_2 = -12$$
$$6x_1 + 8x_2 = 10$$
$$\overline{\quad -x_2 = -2 \quad}$$
$$x_2 = 2$$

(5) Bedingungen für die Lösbarkeit linearer Gleichungssysteme von zwei Gleichungen mit zwei Variablen

Es sei ein Gleichungssystem von zwei Gleichungen mit zwei Variablen in allgemeiner Form gegeben:

$$a_{11}x_1 + a_{12}x_2 = s_1$$

$$a_{21}x_1 + a_{22}x_2 = s_2.$$

Führt die Umformung des Gleichungssystems auf eine Gleichung mit einer Variablen der Form:

$cx_2 = d$ (mit $c, d \in \mathbf{R}$, $c \neq 0, d \neq 0$), so ist das Gleichungssystem **lösbar.** Es gibt **genau eine Lösung**; die Lösungsmenge ist $L = \{(x_1;\ x_2)\}$.	$0x_2 = d$ (mit $d \in \mathbf{R}$, $d \neq 0$), so hat das Gleichungssystem **keine Lösung**; die Lösungsmenge ist die leere Menge: $L = \emptyset$. Die Gleichungen des Systems sind nicht miteinander verträglich.	$0x_2 = 0$, so hat das Gleichungssystem **unendlich viele Lösungen.** Eine Gleichung ist ein Vielfaches der anderen. Die Gleichungen sind **voneinander linear abhängig.** Die Lösungsmenge ist $L = \left\{(x_1;\ x_2):\ (x_1;\ x_2) \in \mathbf{R}^2 \wedge x_2 = \dfrac{s_1 - a_{11}x_1}{a_{12}}\right\}$.

BEISPIEL 5/37

$x_1 + x_2 = 3$ $-x_1 + x_2 = 1$ ——— $2x_2 = 4$ $x_2 = 2$ $x_1 = 1$ $L = \{(1;\ 2)\}$	$x_1 + x_2 = 3$ $-x_1 - x_2 = -1$ ——— $0x_2 = 2$ $L = \emptyset$	$x_1 + x_2 = 3$ $-2x_1 - 2x_2 = -6$ ——— $0x_2 = 0$ $L = \{(x_1;\ x_2):$ $(x_1;\ x_2) \in \mathbf{R}^2$ und $x_2 = 3 - x_1\}$

Veranschaulichung im kartesischen Koordinatensystem:

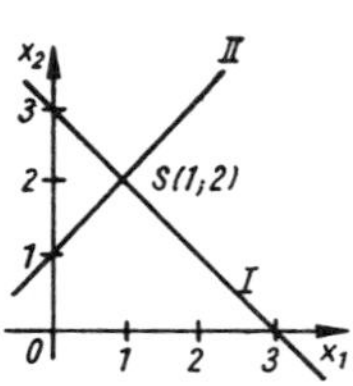

Bild 5/8

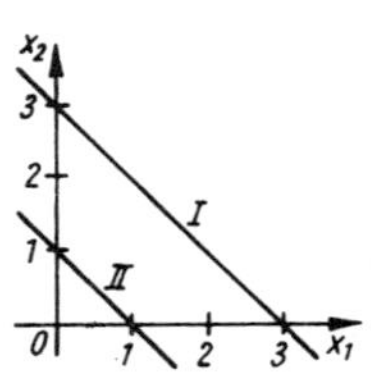

Bild 5/9

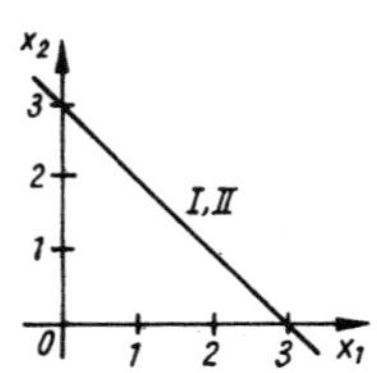

Bild 5/10

(6) Lineare Systeme von drei Gleichungen mit drei Variablen

Das Additions- und das Substitutionsverfahren eignen sich auch zur Lösung von drei Gleichungen mit drei Variablen. Dabei entsteht ein Zwischengleichungssystem von zwei Gleichungen mit zwei Variablen.

BEISPIEL 5/38

Das Gleichungssystem

$$\begin{array}{ll} \text{(I)} & x_1 + 2x_2 + 4x_3 = 4 \\ \text{(II)} & 2x_1 + 3x_2 + 6x_3 = 7 \\ \text{(III)} & 3x_1 + 5x_2 + 2x_3 = 3 \end{array}$$

soll mit Hilfe des Additionsverfahrens gelöst werden.
Wird die Gleichung (I) mit (-2) multipliziert und anschließend Gleichung (II) addiert, so erhält man Gleichung (IV):

$$\begin{array}{ll} \text{(I')} & -2x_1 - 4x_2 - 8x_3 = -8 \\ \text{(II)} & \underline{2x_1 + 3x_2 + 6x_3 = 7} \\ \text{(IV)} & - x_2 - 2x_3 = -1 \end{array}$$

Wird die Gleichung (I) mit (-3) multipliziert und anschließend Gleichung (III) addiert, so erhält man Gleichung (V):

$$\begin{array}{ll} \text{(I')} & -3x_1 - 6x_2 - 12x_3 = -12 \\ \text{(III)} & \underline{3x_1 + 5x_2 + 2x_3 = 3} \\ \text{(V)} & - x_2 - 10x_3 = -9 \end{array}$$

Die Gleichungen (IV) und (V) bilden ein lineares Gleichungssystem von zwei Gleichungen mit zwei Variablen (Zwischengleichungssystem):

$$\begin{array}{ll} \text{(IV)} & -x_2 - 2x_3 = -1 \\ \text{(V)} & -x_2 - 10x_3 = -9 \end{array}$$

Wird die Gleichung (IV) mit (-1) multipliziert und Gleichung (V) addiert, so erhält man Gleichung (VI):

$$\begin{array}{ll} \text{(IV')} & x_2 + 2x_3 = 1 \\ \text{(V)} & \underline{-x_2 - 10x_3 = -9} \\ \text{(VI)} & - 8x_3 = -8 \end{array}$$

Aus Gleichung (VI) erhält man $x_3 = 1$; aus Gleichung (IV) durch Einsetzen von x_3 ergibt sich $x_2 = -1$; aus Gleichung (I) erhält man durch Einsetzen von x_3 und x_2: $x_1 = 2$.
Die Probe wird an den Gleichungen (I), (II) und (III) durchgeführt. Die Lösung des gegebenen Gleichungssystems ist das geordnete Tripel $(2;\ -1;\ 1)$; die Lösungsmenge ist $L = \{(2;\ -1;\ 1)\}$.

(7) **Lineare Gleichungssysteme von mehr als drei Gleichungen mit mehr als drei Variablen** werden zweckmäßigerweise mit Hilfe des GAUSSschen Algorithmus (↗ 8.6.1.), des verketteten Algorithmus (↗ 8.6.2.) bzw. des Austauschverfahrens (↗ 8.7.2.) gelöst.

(8) Enthalten Gleichungssysteme **Parameter** (Hilfsvariablen), so muß auch für die Parameter ein Variablengrundbereich festgelegt sein. Dabei ist zu berücksichtigen, daß für gewisse Variablenbelegungen einige Terme nicht definiert sein können.

BEISPIEL 5/39

Es seien a, b beliebige reelle Zahlen.

Das Gleichungssystem

$$\frac{x_1}{a+b} + \frac{x_2}{a-b} = \frac{1}{a-b}$$

$$\frac{x_1}{a+b} - \frac{x_2}{a-b} = \frac{1}{a+b}$$

mit $(x_1; x_2) \in \mathbf{R}^2$ ist nur für $a - b \neq 0$ und $a + b \neq 0$ erklärt.
Durch Addition beider Gleichungen erhält man

$$\frac{2x_1}{a+b} = \frac{1}{a-b} + \frac{1}{a+b}$$

bzw.

$$x_1 = \frac{a}{a-b},$$

sowie

$$x_2 = \frac{b}{a+b}.$$

Die Lösungsmenge ist

$$L = \left\{\left(\frac{a}{a-b};\quad \frac{b}{a+b}\right)\right\},$$

wobei $a, b \in \mathbf{R}$ und $a \neq b$, $a \neq -b$.

5.7.3. Lösen nichtlinearer Gleichungssysteme von zwei Gleichungen mit zwei Variablen

Sind die Gleichungen eines Systems voneinander unabhängig und miteinander verträglich, dann können die Lösungen eines Gleichungssystems mit mindestens einer quadratischen Gleichung mit Hilfe der Eliminationsmethode rechnerisch ermittelt werden. Die Lösungsmenge enthält alle geordneten Paare, die beide Gleichungen des Systems erfüllen. Die Variablen seien hier mit x, y bezeichnet.

BEISPIEL 5/40

Gegeben sei das Gleichungssystem

$$\text{(I)} \qquad x^2 + 4x - y = -1$$

$$\text{(II)} \qquad - x + y = 1$$

Die Anwendung des Substitutionsverfahrens führt zur Elimination der Variablen y: $x^2 + 3x = 0$ bzw. $x(x + 3) = 0$.
Daraus erhält man $x_1 = 0$, $x_2 = -3$.
Durch Einsetzen von $x_1 = 0$ bzw. $x_2 = -3$ in Gleichung (II) ermittelt man $y_1 = 1$ bzw. $y_2 = -2$.
Die geordneten Paare $(0; 1)$ und $(-3; -2)$ sind Lösungen des gegebenen Gleichungssystems. Die Lösungsmenge ist

$$L = \{(0; 1), (-3; -2)\}.$$

Geometrische Veranschaulichung:

(I) $y = x^2 + 4x + 1$ ist die Gleichung einer nach oben geöffneten Parabel mit dem Scheitel $A(-2;\ -3)$,

(II) $y = x + 1$ ist die Gleichung einer linearen Funktion, deren Graph eine Gerade ist.

Die Lösungen des Gleichungssystems ergeben die Koordinaten der Schnittpunkte beider Kurven (Bild 5/11).

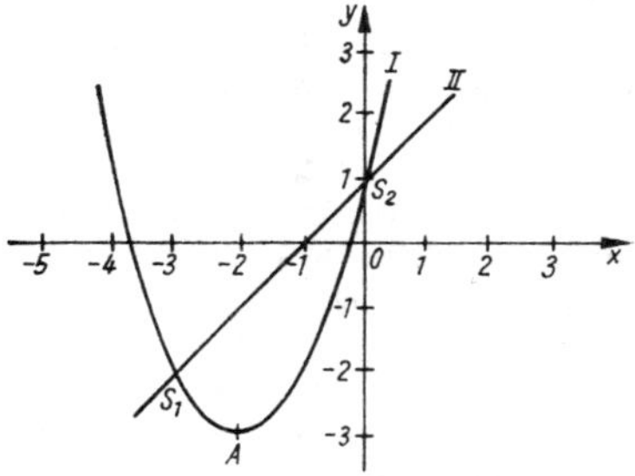

Bild 5/11

5.8. Textaufgaben, die auf Gleichungen führen; Größengleichungen

Um in Textform gekleidete Aufgaben algorithmisch-kalkülmäßig lösen zu können, ist ein **mathematisches Modell** (↗ 1.6.5.) in der Form einer Gleichung oder eines Systems von Gleichungen aufzustellen, das den Sachverhalt adäquat beschreibt. (Über die Gleichheit von Zahlen ↗ 5.1., über die Gleichheit von Größen ↗ 4.6.1.).

Beim Lösen von Textaufgaben ist folgende **Handlungsvorschrift** zweckmäßig:

1. Erfasse und analysiere die Aufgabe!

- Lies die Aufgabe gründlich durch!
- Kläre, wenn nötig, in der Aufgabenstellung auftretende Begriffe und ungewohnte sprachliche Formulierungen!
- Gib den Sachverhalt mit eigenen Worten wieder!
- Schreibe die gegebenen und die gesuchten Zahlen bzw. Größen unter Verwendung geeigneter Bezeichnungen mit Hilfe von Variablen auf!
  Beachte, daß eine Variable in einer Aufgabe entweder zur Bezeichnung einer Größe oder zur Bezeichnung des Zahlenwertes einer Größe verwendet wird!
- Fertige, wenn möglich, eine Skizze oder eine Tabelle an, die Beziehungen zwischen gegebenen und gesuchten Größen verdeutlicht!
- Schätze das Ergebnis ab!

2. **Suche den mathematischen Ansatz der Aufgabe** (das mathematische Modell)!

   - Formuliere eine Antwort auf die Frage der Aufgabe unter Verwendung der eingeführten Variablen für die gesuchte Größe!
   - Überlege, wodurch die gesuchte Größe mathematisch ausgedrückt werden kann und welche Beziehungen zwischen den gegebenen und den gesuchten Größen bestehen!

Ist eine Formel anwendbar? Überlege, welche Bedeutung die Variablen in der Formel haben! Übertrage die in der Aufgabe gewählten Bezeichnungen der Variablen auf die Symbole der Formel!	Zwischen welchen Größen besteht Gleichheit? Stelle eine Gleichung ($T_1 = T_r$) bzw. ein System von Gleichungen evtl. unter Nutzung der Skizze bzw. Tabelle auf! Sind Hilfsgrößen zu ermitteln? Welche Beziehungen bestehen zwischen gegebenen Größen und Hilfsgrößen bzw. zwischen Hilfsgrößen und den gesuchten Größen?

   - Überlege, ob alle Bedingungen der Aufgabenstellung berücksichtigt worden sind!
   - Überlege, welcher Lösungsgrundbereich durch die Bedingungen, die sich aus den Definitionsbereichen der einzelnen Terme und aus der speziellen Aufgabenstellung ergeben, festgelegt ist!

3. **Löse die Gleichung bzw. das Gleichungssystem**!

   - Mache einen Überschlag!
   - Überlege, welche Art der Gleichung bzw. des Gleichungssystems vorliegt! Wähle ein geeignetes Lösungsverfahren!
   - Löse die Gleichung zuerst allgemein (unter Verwendung von Variablen)!
   - Ermittle die numerische Lösung der Gleichung! Gib die Lösungsmenge der Gleichung unter Berücksichtigung des Lösungsgrundbereichs an!

4. **Überprüfe das Ergebnis**!

   - Vergleiche das Ergebnis mit dem Überschlag und mit der Schätzung!
   - Mache die Probe am Text der Aufgabenstellung!

5. **Formuliere einen Antwortsatz**!

   - Beantworte die in der Aufgabe gestellte Frage unter Verwendung des Ergebnisses!

BEISPIEL 5/41

Multipliziert man eine negative reelle Zahl mit der um 12 größeren Zahl, so erhält man 133. Wie lauten die Zahlen, die dieser Bedingung genügen?
Festsetzung: Eine dieser Zahlen sei mit x bezeichnet. Für x gilt dann $x \in \mathbf{R}$ und $x < 0$.
Überlegungen zur Formulierung einer Gleichung: Die um 12 größere Zahl ist dann mit $(x + 12)$ bezeichnet. Das Produkt aus x und $(x + 12)$ soll 133 sein. Also gilt die Gleichung:

$$x(x + 12) = 133 \quad (\text{mit } x \in \mathbf{R} \text{ und } x < 0).$$

Die äquivalente Umformung ergibt die Normalform der quadratischen Gleichung:

$$x^2 + 12x - 133 = 0,$$

für die die Lösungsformel angewendet werden kann:

$$x_{1,2} = -6 \pm \sqrt{36 + 133} = -6 \pm \sqrt{169} = -6 \pm 13.$$

Als Lösungen der Normalform wurden ermittelt $x_1 = 7$ und $x_2 = -19$. Unter Beachtung der Lösungsgrundmenge ($x \in \mathbf{R}$ und $x < 0$) ist nur -19 die Lösung der Textaufgabe. Die um 12 größere Zahl ist -7.
Die *Probe* an der Aufgabenstellung bestätigt die Richtigkeit der Lösung: Das Produkt aus -19 und -7 ergibt 133.

5.9. Zum Lösen von Ungleichungen

5.9.1. Zum Ungleichungsbegriff

(1) Nach 5.1. sind $a < b$, $a > b$ bzw. $T_l < T_r$, $T_l > T_r$ Ungleichungen zwischen Zahlen bzw. Termen.
Wenn $a < b$ und $b < c$ gelten, können beide Ungleichungen zu einer **Doppelungleichung** $a < b < c$ zusammengefaßt werden. Doppelungleichungen werden zur Kennzeichnung von Intervallen genutzt (↗ 3.4.1.).
(2) **Ungleichungen mit Variablen** sind Aussageformen, die erst nach dem Ersetzen der Variablen durch Bezeichnungen für Zahlen aus dem **Variablengrundbereich** der Ungleichung in (wahre oder falsche) Aussagen übergehen. Alle Elemente des Variablengrundbereichs, durch die eine Aussageform in eine Aussage übergeführt wird, bilden die **Lösungsgrundmenge** (Lösungsgrundbereich)

Jede Zahl	Jedes geordnete n-Tupel

aus der Lösungsgrundmenge, die bzw. das beim Belegen der Variablen eine gegebene Ungleichung

mit genau einer Variablen	mit n Variablen

in eine wahre Aussage überführt, heißt **Lösung** der Ungleichung bezüglich des Lösungsgrundbereichs.

Die Menge aller Lösungen einer Ungleichung im Lösungsgrundbereich heißt die **Lösungsmenge** L der Ungleichung bezüglich des Lösungsgrundbereichs,

5.9.2. Lösungsverfahren für Ungleichungen

(1) Inhaltliches Lösen von Ungleichungen

Einfache lineare Ungleichungen können durch inhaltliche Betrachtungen gelöst werden, z. B. durch systematisches Probieren in Tabellen, Anwenden der Umkehroperationen, Veranschaulichungen auf dem Zahlenstrahl bzw. der Zahlengeraden.

BEISPIEL 5/42

Die Ungleichung $x + 4 < 8$ hat im Bereich der natürlichen Zahlen die in der Tabelle ermittelten Lösungen:

x	0	1	2	3
$x + 4$	4	5	6	7

Die Lösungsmenge ist $L = \{0;\ 1;\ 2;\ 3\}$.
Veranschaulichung am Zahlenstrahl (Bild 5/12)
Diese Ungleichung $x + 4 < 8$ hat im Bereich Q_+ der gebrochenen Zahlen die Lösungsmenge $L = \{x\colon\ x \in Q_+ \wedge x < 4\}$.
Veranschaulichung am Zahlenstrahl (Bild 5/13)

Bild 5/12

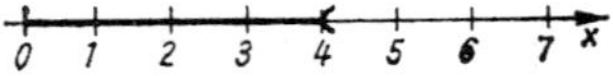

Bild 5/13

(2) Kalkülmäßiges Lösen von Ungleichungen

Ziel des Lösens von Ungleichungen ist es, die gegebene Ungleichung durch äquivalente Umformungen in eine Grundform (einfachste Form) zu überführen, aus der die Lösungen ermittelt werden können.
Für das äquivalente Umformen von Ungleichungen gelten folgende **Regeln:**

Wenn für die Terme T_1, T_2 keine Einschränkungen gelten, dann ist zu der gegebenen Ungleichung $T_1 < T_2$ äquivalent

1. die Ungleichung $T_2 > T_1$,
2. die Ungleichung $T_1 + T < T_2 + T$ bzw. $T_1 - T < T_2 - T$,
   wobei T im gesamten Variablengrundbereich definiert ist,
3. die Ungleichung $T_1 \cdot T < T_2 \cdot T$ bzw. $\frac{T_1}{T} < \frac{T_2}{T}$,
   wobei T im gesamten Variablengrundbereich definiert und **positiv** ist,
4. die Ungleichung $T_1 \cdot T > T_2 \cdot T$ bzw. $\frac{T_1}{T} > \frac{T_2}{T}$,
   wobei T im gesamten Variablengrundbereich definiert und **negativ** ist.

(3) Zur Probe bei linearen Ungleichungen mit einer Variablen

Um den Nachweis zu führen, daß die bei der Auflösung gefundenen Zahlen bzw. geordnete n-Tupel des Lösungsgrundbereichs tatsächlich die gegebene Ungleichung erfüllen, gibt es zwei Verfahren:

1. Ist die Lösungsmenge endlich, so kann für jede einzelne Lösung nachgewiesen werden, daß sie die Ungleichung erfüllt.
2. Ist die Anzahl der einzelnen Lösungen sehr groß oder ist die Lösungsmenge unendlich, so stellt man die Lösung unter Nutzung einer neuen Variablen als Gleichung dar, berechnet die Terme getrennt und vergleicht sie anschließend.

BEISPIEL 5/43

Es sei als Lösung der Ungleichung $3x + 5 > x + 9$ im Grundbereich der rationalen Zahlen $x > 2$ gefunden worden.
Dann wird die Variable x ersetzt durch $x = 2 + r$ mit $r \in \mathbf{Q}_+$. Die einzelnen Terme werden getrennt berechnet und anschließend verglichen:

T_l: $3(2 + r) + 5 = 6 + 3r + 5 = 11 + 3r$
T_r: $2 + r + 9 = 11 + r$

Vergleich: $11 + 3r > 11 + r$ bzw. $3r > r$,
und, da $r > 0$ ist, gilt $3 > 1$ (W).

5.10. Lösen algebraischer Ungleichungen

5.10.1. Lineare Ungleichungen mit genau einer Variablen

Untersuchung der Abhängigkeit der Lösungsmenge einer Ungleichung vom Typ $ax + b < 0$ von den Zahlen $a, b \in \mathbf{Q}$ mittels *Fallunterscheidung:* (Der Lösungsgrundbereich sei $\mathbf{Q}$)

1. Ist $a = 0$ und

$b \geqq 0$,	$b < 0$,

dann hat die Ungleichung $ax + b < 0$

keine Lösung, denn es gibt keine Belegung für x, die die Ungleichung $0 \cdot x + b < 0$ bei $b \geqq 0$ in eine wahre Aussage überführt. $L = \emptyset$	unendlich viele Lösungen, denn jede Zahl aus dem Grundbereich $\mathbf{Q}$ erfüllt die Ungleichung $0 \cdot x + b < 0$. $L = \mathbf{Q}$

2. Ist $a \neq 0$, so muß zwischen $a > 0$ und $a < 0$ unterschieden werden:

(1) Ist $a > 0$ und

$b \neq 0$,	$b = 0$,

dann hat die Ungleichung $ax + b < 0$ die Lösungsmenge

$L = \left\{x\colon x \in \mathbf{Q} \wedge x < -\dfrac{b}{a}\right\}$,	$L = \{x\colon x \in \mathbf{Q} \wedge x < 0\}$,

denn aus

$ax + b < 0$ mit $a > 0$, $b \neq 0$	$ax + 0 < 0$ mit $a > 0$

folgt

$ax < -b$ bzw. $x < -\frac{b}{a}$.	$ax < 0$ bzw. $x < 0$.

(2) Ist $a < 0$ und

$b \neq 0$,	$b = 0$,

dann hat die Ungleichung $ax + b < 0$ die Lösungsmenge

$L = \left\{x\colon x \in \mathbf{Q} \wedge x > -\frac{b}{a}\right\}$,	$L = \{x\colon x \in \mathbf{Q} \wedge x > 0\}$,

denn aus

$ax + b < 0$ mit $a < 0$, $b \neq 0$	$ax + 0 < 0$ mit $a < 0$

folgt

$ax < -b$ bzw. $x > -\frac{b}{a}$.	$ax < 0$ bzw. $x > 0$.

Jede Ungleichung der Form $a'x + b' > 0$ läßt sich durch Multiplikation mit -1 in die Form $ax + b < 0$ überführen.

BEISPIEL 5/44

a) Die Lösungsmenge der Ungleichung $3x - 15 < 0$ ist über den Grundbereichen **N**, **Z**, **Q**, **R** anzugeben.
Aus $3x - 15 < 0$ folgt $3x < 15$ bzw. $x < 5$.
Die Lösungsmenge L ist im Bereich

der natürlichen Zahlen: $L = \{x\colon x \in \mathbf{N} \wedge x < 5\} = \{0;\ 1;\ 2;\ 3;\ 4\}$,
der ganzen Zahlen: $L = \{x\colon x \in \mathbf{Z} \wedge x < 5\} = \{\ldots, -2;\ -1;\ 0;\ 1;\ 2;\ 3;\ 4\}$,
der rationalen Zahlen: $L = \{x\colon x \in \mathbf{Q} \wedge x < 5\}$,
der reellen Zahlen: $L = \{x\colon x \in \mathbf{R} \wedge x < 5\}$.

b) Beim Lösen der Ungleichung

$$3(2x - 1) < x + 2(3 + 4x) + 1 \quad \text{(Gundbereich } \mathbf{R}\text{)}$$

sind die Regeln für äquivalente Umformungen von Ungleichungen anzuwenden:

$$\begin{aligned} 6x - 3 &< x + 6 + 8x + 1 \\ -3x &< 10 \\ x &> -\frac{10}{3} \end{aligned}$$

Probe: Es sei $x = -\frac{10}{3} + r$ mit $r \in \mathbf{R}$ und $r > 0$.

$$T_l\colon\ 3\left[2 \cdot \left(-\frac{10}{3} + r\right)\right] - 1 = -23 + 6r$$

$$T_r\colon\ -\frac{10}{3} + r + 2 \cdot \left[3 + 4 \cdot \left(-\frac{10}{3} + r\right)\right] + 1 = -23 + 9r$$

Vergleich: Aus $-23 + 6r < -23 + 9r$ mit $r > 0$ folgt $6r < 9r$ (W)

Die Lösungsmenge ist $L = \left\{x\colon\ x \in \mathbf{R} \wedge x > -\frac{10}{3}\right\}$.

5.10.2. Simultane Ungleichungen mit einer Variablen

Systeme von mehreren Ungleichungen mit nur einer Variablen heißen simultane Ungleichungen. Die Lösungsmenge des Systems ist der Durchschnitt der Lösungsmengen der einzelnen Ungleichungen.

BEISPIEL 5/45

Gegeben sei das Ungleichungssystem

(I) $4x - 3 < 3x + 1$

(II) $x + 1 < 2x + 3$.

Der Grundbereich sei **Q**.
Die Lösungsmenge L_1 ist $L_1 = \{x\colon\ x \in \mathbf{Q} \wedge x < 4\}$, denn aus $4x - 3 < 3x + 1$ folgt $x < 4$.
Die Lösungsmenge L_2 ist $L_2 = \{x\colon\ x \in \mathbf{Q} \wedge x > -2\}$, denn aus $x + 1 < 2x + 3$ folgt $-x < 2$ bzw. $x > -2$.
Die Lösungsmenge L des Systems ist der Durchschnitt von L_1 und L_2:

$$L = L_1 \cap L_2 = \{x\colon\ x \in \mathbf{Q} \wedge -2 < x < 4\}.$$

Die Probe wird für jede Ungleichung gesondert durchgeführt. Veranschaulichung der Lösungsmenge an der Zahlengeraden (Bild 5/14)

Bild 5/14

5.10.3. Linear gebrochene Ungleichungen mit einer Variablen

Ungleichungen vom Typ $\frac{ax + b}{cx + d} < 0$ werden linear gebrochene Ungleichungen genannt. Sie werden durch Fallunterscheidungen gelöst, wobei simultane Ungleichungen auftreten (↗ 5.10.2.).

BEISPIEL 5/46

a) Die Ungleichung $\frac{4x + 1}{x - 3} < 2$ ist im Bereich **Q** der rationalen Zahlen für $x \neq 3$ erklärt. (Der Lösungsgrundbereich ist $G_E = \mathbf{Q} \setminus \{3\}$.)

Umformung in eine Ungleichung vom Typ $\frac{ax+b}{cx+d} < 0$:

$$\frac{4x+1}{x-3} - 2 < 0$$

$$\frac{4x+1-2x+6}{x-3} < 0$$

$$\frac{2x+7}{x-3} < 0$$

Fallunterscheidung: Ein Bruch ist negativ, wenn entweder sein Zähler positiv und sein Nenner negativ (1. Fall) oder sein Zähler negativ und sein Nenner positiv (2. Fall) ist.

1. Fall	**2. Fall**
$2x + 7 > 0$ und $x - 3 < 0$	$2x + 7 < 0$ und $x - 3 > 0$
bzw. $x > -\frac{7}{2}$ und $x < 3$	bzw. $x < -\frac{7}{2}$ und $x > 3$

Da die Lösungsmenge zweier simultaner Ungleichungen der Durchschnitt der Teilmengen ist, gilt

$$L_1 = \left\{x\colon x \in \mathbb{Q} \wedge -\frac{7}{2} < x < 3\right\} \quad \Big| \quad L_2 = \emptyset.$$

Die Gesamtlösungsmenge im Lösungsgrundbereich ist die Vereinigung von L_1 und L_2:

$$L = L_1 \cup L_2 = \left\{x\colon x \in \mathbb{Q} \wedge -\frac{7}{2} < x < 3\right\}.$$

Veranschaulichung der Lösungsmenge durch die Graphen der Funktionen f mit $f(x) = \frac{4x+1}{x-3}$ und g mit $g(x) = 2$ in Bild 5/15

b) Ist die Lösungsmenge einer Doppelungleichung

$$-1 < \frac{2x+1}{4x-3} < 1 \text{ (Variablengrundbereich } \mathbb{R})$$

zu ermitteln, dann ist ein System von zwei linear gebrochenen Ungleichungen mit einer Variablen zu lösen:

$$\text{(I)} \qquad -1 < \frac{2x+1}{4x-3}$$

$$\text{(II)} \qquad \frac{2x+1}{4x-3} < -1$$

Die Anwendung des in Beispiel a) angegebenen Lösungsverfahrens ergibt die Lösungsmengen

$$L_{\text{I}} = \left\{x\colon\ x \in \mathbf{R} \wedge -\infty < x < \frac{1}{3} \wedge \frac{3}{4} < x < \infty\right\},$$

$$L_{\text{II}} = \left\{x\colon\ x \in \mathbf{R} \wedge -\infty < x < \frac{3}{4} \wedge 2 < x < \infty\right\}.$$

Die Lösungsmenge L der Doppelungleichung ist der Durchschnitt der Lösungsmengen L_{I} und L_{II}:

$$L = \left\{x\colon\ x \in \mathbf{R} \wedge -\infty < x < \frac{1}{3} \wedge 2 < x < \infty\right\}.$$

Veranschaulichung der Lösungsmenge mit Hilfe der Graphen der Funktionen $f(x) = \frac{2x+1}{4x-3}$, $g(x) = -1$, $h(x) = 1$ auf der x-Achse (Bild 5/16).
In der graphischen Darstellung der Funktionen f, g, h wird deutlich, daß nur für die Argumente $x < \frac{1}{3}$ und $x > 2$ die Funktionswerte der Funktion f mit $f(x) = \frac{2x+1}{4x-3}$ im Intervall $-1 < f(x) < 1$ liegen.

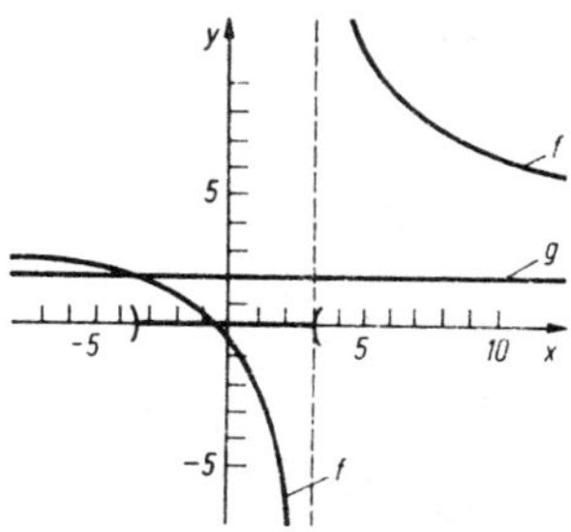

Bild 5/15

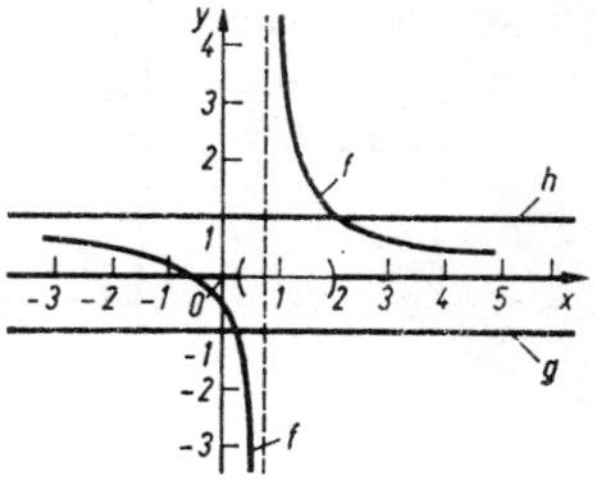

Bild 5/16

5.10.4. Lineare Ungleichungen mit genau zwei Variablen

Eine lineare Ungleichung mit zwei Variablen von der Form

$$ax + by + c < 0$$

mit reellen Zahlen a, b, c hat im Variablengrundbereich $\mathbf{R}$ stets unendlich viele Lösungen. Demnach gibt es zu jedem $x \in \mathbf{R}$ mindestens ein $y \in \mathbf{R}$, das die gegebene Ungleichung erfüllt. Die Lösungsmenge ist die Menge aller geordneten Paare $(x; y)$ mit $(x; y) \in \mathbf{R}^2$, die die gegebene Ungleichung erfüllen.

BEISPIEL 5/47

a) Gegeben sei die Ungleichung $x + y - 5 < 0$. Es sollen alle natürlichen Zahlen x angegeben werden, für die $y \in \mathbf{N}$ ist. Die Umformung der Ungleichung ergibt $y < -x + 5$.

Für $x = 0$ ist $y < 5$. Die Lösungsteilmenge L_1 ist

$$L_1 = \{(0;\ 0), (0;\ 1), (0;\ 2)\ (0;\ 3), (0;\ 4)\}.$$

Für $x = 1$ ist $y < 4$. Die Lösungsteilmenge L_2 ist

$$L_2 = \{(1;\ 0), (1;\ 1), (1;\ 2), (1;\ 3)\}.$$

Entsprechend erhält man für

$x = 2$ die Lösungsteilmenge $L_3 = \{(2;\ 0), (2;\ 1), (2;\ 2)\}$,
$x = 3$ die Lösungsteilmenge $L_4 = \{(3;\ 0), (3;\ 1)\}$,
$x = 4$ die Lösungsteilmenge $L_5 = \{(4;\ 0)\}$.

Die Lösungsmenge L der gegebenen Ungleichung ist

$$L = L_1 \cup L_2 \cup L_3 \cup L_4 \cup L_5.$$

b) Durch äquivalente Umformung der Ungleichung $2x + 3y - 6 < 0$ mit $(x;\ y) \in \mathbf{R}^2$ erhält man $y < -\frac{2}{3}x + 2$.

Die Lösungsmenge enthält alle geordneten Zahlenpaare $(x;\ y)$ mit $y < -\frac{2}{3}x + 2$. Sie kann veranschaulicht werden durch die Punkte der Halbebene unterhalb der Geraden mit der Gleichung $y = -\frac{2}{3}x + 2$ (Bild 5/17). Die Punkte der Geraden gehören nicht mit zur Lösungsmenge (offene Punktmenge); die Gerade wird deshalb gestrichelt gezeichnet.

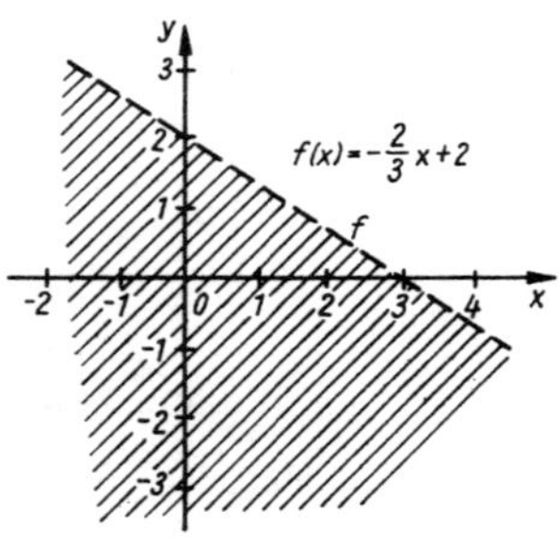

Bild 5/17

5.10.5. Ungleichungen mit absoluten Beträgen

Ungleichungen, in denen die Variable in der ersten Potenz in dem Betragszeichen auftritt, werden unter Anwendung der Definition des absoluten Betrags einer rationalen bzw. reellen Zahl umgeformt. Nach 3.3.2. gilt für jede rationale bzw. reelle Zahl a

$$|a| = \begin{cases} a & \text{für } a \geqq 0 \\ -a & \text{für } a < 0. \end{cases}$$

BEISPIEL 5/48

a) Die Ungleichung $|x| < 3$ $(x \in \mathbf{R})$ wird durch Anwenden der Definition des absoluten Betrags einer reellen Zahl in zwei simultane Ungleichungen zerlegt (Fallunterscheidung):

Wenn $x \geqq 0$ ist, so gilt

$x < 3$.

$x < 3$ zusammen mit $x \geqq 0$ liefert $0 \leqq x < 3$.

Die Lösungsteilmenge L_1 ist

$L_1 = \{x\colon x \in \mathbf{R} \land 0 \leqq x < 3\}$.

Wenn $x < 0$ ist, so gilt

$-x < 3$ bzw. $x > -3$.

$x > -3$ zusammen mit $x < 0$ liefert $-3 < x < 0$.

Die Lösungsteilmenge L_2 ist

$L_2 = \{x\colon x \in \mathbf{R} \land -3 < x < 0\}$.

Die Lösungsmenge L der Ungleichung ist die Vereinigung der Lösungsteilmengen L_1 und L_2: $L = L_1 \cup L_2$

$$L = \{x\colon x \in \mathbf{R} \land -3 < x < 3\}.$$

Veranschaulichung in Bild 5/18

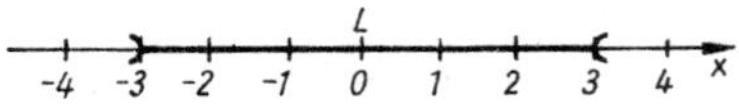

Bild 5/18

b) In entsprechender Weise erhält man die Lösungsmenge L der Ungleichung $|x| > 3$. Es ist $L = \{x\colon x \in \mathbf{R} \land x > 3 \land x < -3\}$. Veranschaulichung in Bild 5/19

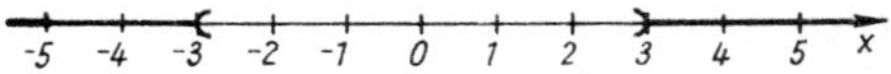

Bild 5/19

c) Die Ungleichung $|x + 2| < 5$ $(x \in \mathbf{R})$ wird durch Fallunterscheidung in zwei simultane Ungleichungen zerlegt:

Wenn $x + 2 \geqq 0$ ist, so gilt

$x + 2 < 5$ bzw. $x < 3$.

$x < 3$ zusammen mit $x + 2 \geqq 0$ liefert $-2 \leqq x < 3$.

Wenn $x + 2 < 0$ ist, so gilt

$-(x + 2) < 5$ bzw. $x + 2 > -5$ bzw. $x > -7$.

$x > -7$ zusammen mit $x + 2 < 0$ liefert $-7 < x < -2$.

Die Lösungsmenge der gegebenen Ungleichung ist die Vereinigung der beiden Lösungsteilmengen der simultanen Ungleichungen:

$$L = \{x\colon x \in \mathbf{R} \land -7 < x < 3\}.$$

Veranschaulichung der Lösungsmenge an der Zahlengeraden in Bild 5/20

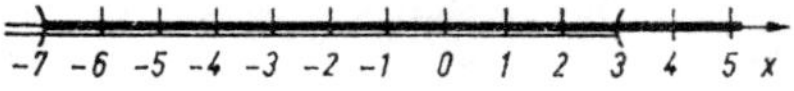

Bild 5/20

5.10.6. Quadratische Ungleichungen

Quadratische Ungleichungen werden nach Bildung des vollständigen Quadrats in Analogie zur Lösung einer quadratischen Gleichung in Normalform (↗ 5.4.5.(2)) auf zwei simultane Ungleichungen zurückgeführt. Die Lösungsmenge der gegebenen quadratischen Ungleichung ist die

Vereinigung der Lösungsteilmengen der beiden simultanen Ungleichungen.

BEISPIEL 5/49

a) Die linke Seite der Ungleichung $x^2 - 2x < 8$ $(x \in \mathbf{R})$ wird zunächst zu einem vollständigen Quadrat ergänzt:

$$x^2 - 2x + 1 < 8 + 1$$
$$(x - 1)^2 < 9.$$

Werden beide Seiten der Ungleichung radiziert, so ist zu beachten, daß $\sqrt{a^2} = |a|$ gilt (↗ 3.4.3.):

$$|x - 1| < 3$$

Wenn $x - 1 \geqq 0$ ist, so gilt
$x - 1 < 3$ bzw. $x < 4$.

$x < 4$ zusammen mit $x - 1 \geqq 0$ liefert $1 \leqq x < 4$.
$L_1 = \{x\colon x \in \mathbf{R} \wedge 1 \leqq x < 4\}$.

Wenn $x - 1 < 0$ ist, so gilt
$-(x - 1) < 3$ bzw. $x - 1 > -3$ bzw. $x > -2$.

$x > -2$ zusammen mit $x - 1 < 0$ liefert $-2 < x < 1$.
$L_2 = \{x\colon x \in \mathbf{R} \wedge -2 < x < 1.\}$

Die Lösungsmenge der gegebenen Ungleichung ist die Vereinigung der beiden Lösungsteilmengen, $L = L_1 \cup L_2$.

$$L = \{x\colon x \in \mathbf{R} \wedge -2 < x < 4\},$$

Veranschaulichung in Bild 5/21

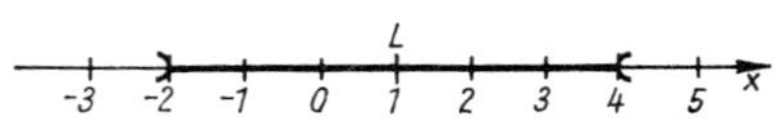

Bild 5/21

b) Die Ungleichung $x^2 + 16 < 0$ $(x \in \mathbf{R})$ ist nicht lösbar, da $x^2 + 16 > 0$ für jede reelle Zahl x ist.

5.10.7. Wurzelungleichungen

Beim Lösen von Ungleichungen, die Quadratwurzeln enthalten, ist stets der Lösungsgrundbereich der Variablen zu beachten (↗ Definition der Quadratwurzel in 3.4.3.). Ungleichungen, die Quadratwurzeln enthalten, werden häufig durch Quadrieren gelöst. Da das Quadrieren im allgemeinen eine nichtäquivalente Umformung ist, sind die ermittelten Lösungen zu überprüfen, ob sie auch tatsächlich die gegebene Ungleichung erfüllen.

BEISPIEL 5/50

In allen Beispielen sei der Variablengrundbereich **R**.

a) Gegeben sei die Ungleichung $\sqrt{x + 3} < 5$.
Der Lösungsgrundbereich ist durch $x + 3 \geqq 0$ bzw. $x \geqq -3$ festgelegt. Nach dem Quadrieren der Ungleichung erhält man $x + 3 < 25$ bzw. $x < 22$.

Unter Beachtung des Lösungsgrundbereichs ist die Lösungsmenge

$$L = \{x\colon x \in \mathbf{R} \text{ und } -3 \leqq x < 22\}.$$

Probe: Es sei $r \in \mathbf{R}$ mit $0 < r \leqq 25$. Dann ist $x = 22 - r$. In der Tat ist $\sqrt{22 - r + 3} = \sqrt{25 - r} < 5$.

b) Gegeben sei die Ungleichung $\sqrt{5 - 4x} > x$.
Auf Grund der Wurzeldefinition ist der Lösungsgrundbereich durch $x \leqq \frac{5}{4}$ festgelegt.

Fallunterscheidung:

1. Fall: Für $x < 0$ ist die Ungleichung stets erfüllt, da dann der Radikand stets positiv ist; $L_1 = \{x\colon x \in \mathbf{R} \text{ und } x < 0\}$.
2. Fall: Für $x \geqq 0$ wird die Ungleichung quadriert:

$$5 - 4x > x^2$$

Diese Ungleichung wird nach 5.10.6. gelöst:

$$x^2 + 4x < 5$$

Bilden des vollständigen Quadrats:

$$(x + 2)^2 < 5 + 4 \quad \text{bzw.}$$
$$(x + 2)^2 < 9$$

Radizieren: $|x + 2| < 3$.

Erneute Fallunterscheidung:

(a)	(b)
Wenn $x + 2 \geqq 0$ ist, so gilt $x + 2 < 3$ bzw. $x < 1$.	Wenn $x + 2 < 0$ ist, so gilt $-(x + 2) < 3$ bzw. $x + 2 > -3$ bzw. $x > -5$.
$x < 1$ zusammen mit $x + 2 \geqq 0$ liefert $-2 \leqq x < 1$.	$x > -5$ zusammen mit $x + 2 < 0$ liefert $-5 < x < -2$.

Daraus erhält man $-5 < x < 1$.
Unter Beachtung der Bedingung für den 2. Fall ($x \geqq 0$) ergibt sich die Lösungsmenge L_2 als Durchschnitt der beiden Teilmengen:

$$L_2 = \{x\colon x \in \mathbf{R} \wedge 0 \leqq x < 1\}.$$

Die Lösungsmenge der gegebenen Ungleichung ist die Vereinigung von L_1 und L_2: $L = L_1 \cup L_2 = \{x\colon x \in \mathbf{R} \text{ und } x < 1\}$.

c) Gegeben sei die Ungleichung $\sqrt{x + 3} - \sqrt{5 - x} > 2$.

Durch die Radikanden ist der Lösungsgrundbereich festgelegt:

$$-3 \leqq x \leqq 5.$$

Da $x + 3 > 5 - x$ sein muß, wird der Lösungsgrundbereich weiter eingeschränkt. Es muß $2x > 2$ bzw. $x > 1$ sein. Also gilt

$$1 < x \leqq 5.$$

Unter dieser Bedingung kann die Ungleichung quadriert werden:

$$x + 3 - 2\sqrt{15 + 2x - x^2} + 5 - x > 4.$$

Die weitere Umformung ergibt:

$$-2\sqrt{15 + 2x - x^2} > -4$$
$$15 + 2x - x^2 < 4$$
$$-x^2 + 2x < 4 - 15$$
$$x^2 - 2x > 11$$
$$(x-1)^2 > 12$$
$$|x-1| > \sqrt{12}$$

Fallunterscheidung:

Wenn $x - 1 \geqq 0$ ist, so gilt	Wenn $x - 1 < 0$ ist, so gilt
$x - 1 > \sqrt{12}$ bzw.	$-(x - 1) > 12$ bzw.
$x > 1 + \sqrt{12}$	$x < 1 - \sqrt{12}$.

Der Durchschnitt mit dem eingeschränkten Lösungsgrundbereich $1 < x \leqq 5$ ergibt dann die Lösungsmenge der gegebenen Ungleichung:

$$L = \{x\colon x \in \mathbf{R} \wedge 1 + \sqrt{12} < x \leqq 5\}.$$

5.11. Ungleichungssysteme

5.11.1. Lineare Ungleichungssysteme

Ein System von n linearen Ungleichungen mit n Variablen hat die Form

$$a_{11}x_1 + a_{12}x_2 + \ldots + a_{1n}x_n < s_1$$
$$a_{21}x_1 + a_{22}x_2 + \ldots + a_{2n}x_n < s_2$$
$$\cdots\cdots\cdots\cdots\cdots\cdots\cdots\cdots$$
$$a_{n1}x_1 + a_{n2}x_2 + \ldots + a_{nn}x_n < s_n$$

in Kurzform $\boldsymbol{A}\boldsymbol{x} < \boldsymbol{s}$ (↗ 8.7.1. Matrizenschreibweise linearer Gleichungssysteme).

In einem Ungleichungssystem können auch die Zeichen $>$, $\leqq$, $\geqq$ auftreten. Nicht alle a_{ik} müssen ungleich Null sein. Lösungsgrundbereich G_E sei die Menge der geordneten n-Tupel reeller Zahlen, wenn kein anderer Zahlenbereich festgelegt ist.

Systeme von zwei linearen Ungleichungen mit zwei Variablen können geometrisch veranschaulicht werden: Die Lösungsbereiche können als Punktmengen in einem ebenen kartesischen Koordinatensystem dargestellt werden.

Die Lösungsbereiche der einzelnen Ungleichungen sind jeweils Halbebenen. Lösungsbereiche können

- konvex und beschränkt (Beispiel 5/51 b)
- unbeschränkt (Beispiel 5/51 a)
- leer sein (Beispiel 5/51 c)

Der Lösungsbereich eines Ungleichungssystems ist der Durchschnitt der Lösungsbereiche der einzelnen Ungleichungen.

BEISPIEL 5/51

a) Es soll der Lösungsbereich des Ungleichungssystems

$$5x - y > 3$$
$$2x - y < 2$$

über der Menge der geordneten Paare reeller Zahlen ermittelt werden. Werden die einzelnen Ungleichungen nach y aufgelöst, erhält man $y < 5x - 3$ bzw. $y > 2x - 2$. Die Grenzgeraden $y = 5x - 3$ und $y = 2x - 2$ schneiden einander im Punkt $P\left(\frac{1}{3}; -\frac{4}{3}\right)$.
Aus $2x - 2 < y < 5x - 3$ folgt $2x - 2 < 5x - 3$ bzw. $-3x < -1$ bzw. $x > \frac{1}{3}$.

Der Lösungsbereich ist demnach

$$L = \left\{(x;\ y)\colon (x;\ y) \in \mathbf{R}^2;\quad x < \frac{1}{3} \text{ und } 2x - 2 < y < 5x - 3\right\}.$$

Geometrische Veranschaulichung in Bild 5/22

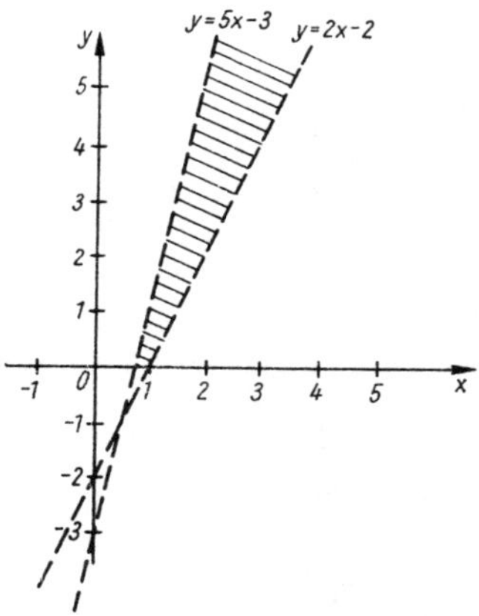

Bild 5/22

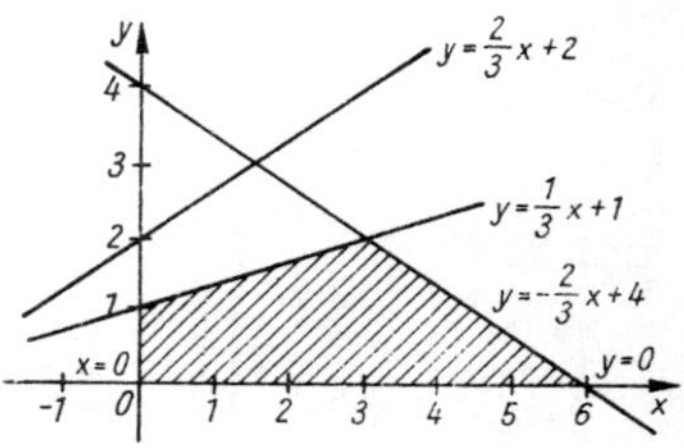

Bild 5/23

b) Das Ungleichungssystem

(I)	$2x + 3y \leqq 12$
(II)	$-x + 3y \leqq 3$
(III)	$x \geqq 0$
(IV)	$y \geqq 0$

enthält in den Ungleichungen (III) und (IV) **Nichtnegativitätsbedingungen** für die Variablen x und y.

Durch die Grenzgeraden mit den Gleichungen

$y = -\frac{2}{3}x + 4$ für den Lösungsbereich der Ungleichung (I),

$y = \frac{1}{3}x + 1$ für den Lösungsbereich der Ungleichung (II),

$x = 0$ für den Lösungsbereich der Ungleichung (III),

$y = 0$ für den Lösungsbereich der Ungleichung (IV)

wird der Lösungsbereich des Ungleichungssystems als Fläche eines konvexen Vierecks veranschaulicht (Bild 5/23). Der Lösungsbereich

$$L = \left\{(x;\ y)\colon (x;\ y) \in \mathbf{R}^2;\ 0 \leqq x \leqq 3,\ 0 \leqq y \leqq \frac{1}{3}x + 1 \text{ und } 3 \leqq x \leqq 6,\ 0 \leqq y \leqq -\frac{2}{3}x + 4\right\}$$ ist konvex und beschränkt.

c) Der Lösungsbereich des Ungleichungssystems

$$\begin{array}{ll} \text{(I)} & 2x + y \leqq -3 \\ \text{(II)} & -2x + y \leqq 5 \\ \text{(III)} & x \geqq 0 \\ \text{(IV)} & y \geqq 0 \end{array}$$

ist leer. Geometrische Veranschaulichung in Bild 5/24.

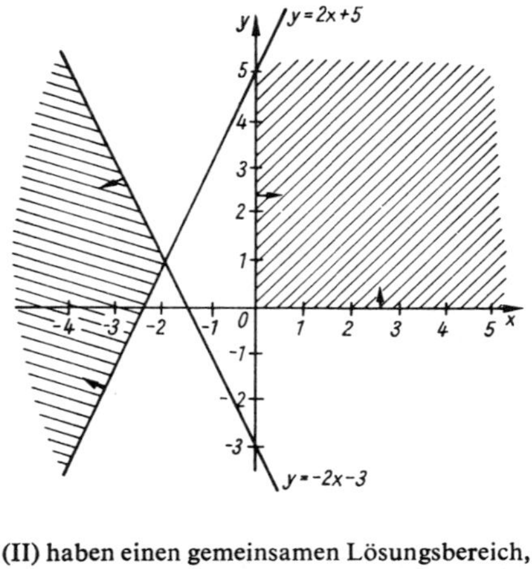

Bild 5/24

Die Ungleichungen (I) und (II) haben einen gemeinsamen Lösungsbereich, die Ungleichungen (III) und (IV) haben ebenfalls einen (anderen) gemeinsamen Lösungsbereich. Alle vier Ungleichungen des Systems haben jedoch keinen gemeinsamen Lösungsbereich.

Eine Ungleichung eines Systems, die keinen Einfluß auf die Bildung des Lösungsbereichs hat und die nicht im Widerspruch zu anderen Ungleichungen des Systems steht, heißt **überflüssig.** Sie kann aus dem System

ausgesondert werden, z. B. wäre die Ungleichung $y < \frac{2}{3}x + 2$ im Beispiel 5/51 b) überflüssig (↗ Bild 5/23).
Lineare Ungleichungssysteme finden bei der Lösung von Problemen der **linearen Optimierung** Anwendung, die im Falle von zwei Variablen graphisch veranschaulicht werden können.

5.11.2. Quadratische Ungleichungssysteme mit zwei Variablen

Das in 5.11.1. dargestellte Verfahren zur Ermittlung des Lösungsbereichs von Ungleichungssystemen kann auch auf Systeme von zwei Ungleichungen (von denen wenigstens eine in einer Variablen quadratisch ist) mit zwei Variablen übertragen werden.

BEISPIEL 5/52

Gegeben sei das Ungleichungssystem

$$\text{(I)} \quad x^2 - 4x - y + 3 < 0$$
$$\text{(II)} \quad x - y + 3 > 0.$$

Gleichungen der Grenzkurven sind
$y = x^2 - 4x + 3$ (veranschaulicht durch eine nach oben geöffnete Parabel mit dem Scheitel $A(2;\ -1)$) bzw. $y = x + 3$ (veranschaulicht durch eine Gerade).
Für das Ungleichungssystem gilt

$$\text{(I)} \quad y > (x - 2)^2 - 1$$
$$\text{(II)} \quad y < x + 3$$

Darstellung der Lösungsbereiche in Bild 5/25
Ermittlung der Schnittpunkte der Grenzkurven:

$$x^2 - 4x + 3 = x + 3$$
$$x^2 - 5x \quad = 0$$
$$x_1 = 0 \qquad x_2 = 5$$
$$y_1 = 3 \qquad y_2 = 8$$

also $S_1(0;\ 3)$, $S_2(5;\ 8)$.
Der Lösungsbereich des Ungleichungssystems ist
$L = \{(x;\ y)\colon (x;\ y) \in \mathbf{R}^2;\ 0 < x < 5,\ (x - 2)^2 - 1 < y < x + 3\}$.

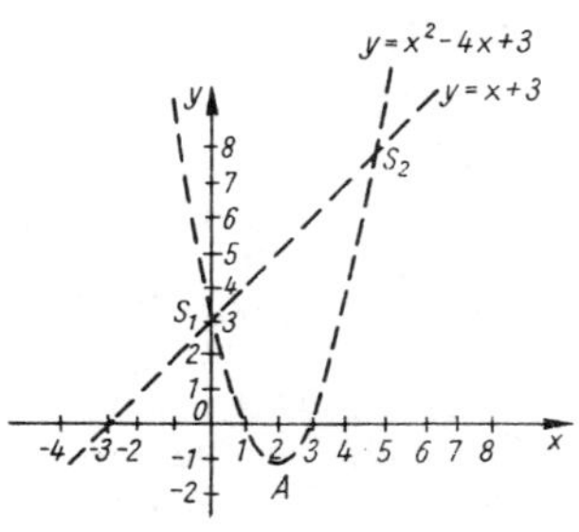

Bild 5/25

6. Reelle Funktionen

6.1. Zum Funktionsbegriff

6.1.1. Definition des Begriffs »Funktion«

(1) Eine eindeutige Abbildung von einer Menge X auf eine Menge Y heißt **Funktion** (↗ 2.4.3.).

Funktionen werden im allgemeinen mit kleinen lateinischen Buchstaben, z. B. f, bezeichnet.
Die Menge X heißt **Definitionsbereich** der Funktion f (Bezeichnung mit $D(f)$), ihre Elemente werden **Argumente** genannt. Die Menge Y heißt **Wertebereich** der Funktion f (Bezeichnung mit $W(f)$), ihre Elemente werden **Funktionswerte** genannt. Eine Funktion ist eine Teilmenge der Produktmenge $X \times Y$ (↗ 2.4.1.). Sie ist demnach **eine Menge geordneter Paare** $(x; y)$, wobei jedem Argument $x \in D(f)$ genau ein Funktionswert $y \in W(f)$ zugeordnet wird.
Die Zuordnung eines Funktionswertes y zu dem Argument $x \in D(f)$ wird bei der Funktion f durch

$$f\colon\ x \mapsto y = f(x) \quad (x \in D(f))$$

oder kurz durch

$$y = f(x) \quad (x \in D(f))$$

ausgedrückt.

(2) Häufigste Art der Angabe einer Zuordnungsvorschrift für eine Funktion (↗ 2.4.3.) ist eine **Funktionsgleichung** (mit zwei Variablen) **und die Angabe des Definitionsbereichs.**

Zusammenhang zwischen Funktion und Gleichung

Funktionen	**Gleichungen**
Es gibt Funktionen, deren Zuordnungsvorschrift durch eine Gleichung mit zwei Variablen angegeben werden kann. Es gibt aber auch Funktionen, deren Zuordnungsvorschrift nicht durch eine Gleichung (sondern durch eine Wortvorschrift, Wertetafel oder	Es gibt Gleichungen, die als Zuordnungsvorschrift für Funktionen aufgefaßt werden können (z. B. lineare Gleichungen mit zwei Variablen). Es gibt aber auch Gleichungen, die nicht als Zuordnungsvorschrift für Funktionen aufgefaßt wer-

graphische Darstellung) gegeben ist.

den können; z. B. sind

$x = 5, \qquad x^2 + y^2 = 16$

nicht eindeutige Zuordnungsvorschriften.

Für Funktionen, die durch eine Gleichung und Angabe des Definitionsbereichs beschrieben sind, ist **die Menge der geordneten Paare, die die Funktion darstellt,** genau die **Lösungsmenge der Gleichung** (mit zwei Variablen).

(3) **Veranschaulichung einer Funktion durch den Graphen von f**
Funktionen können in einem ebenen **kartesischen Koordinatensystem** (RENÉ DESCARTES, 1596 bis 1650) graphisch dargestellt und damit veranschaulicht werden. Es besteht aus zwei senkrecht zueinander verlaufenden Geraden, den **Koordinatenachsen,** die einander im **Koordinatenursprung** *0* schneiden und auf denen lineare Skalen abgetragen sind. Wird die horizontale Achse als x-Achse (*Abszissenachse*), die vertikale Achse als y-Achse (*Ordinatenachse*) bezeichnet und wird auf jeder Achse ein von O verschiedener Koordinateneinheitspunkt E_1 bzw. E_2 festgelegt, dem die Zahl 1 zugeordnet wird, dann kann in diesem Koordinatensystem $\{0; x, y\}$ *jedem geordneten Zahlenpaar* $(x_1; y_1) \in f$ *eindeutig umkehrbar ein Punkt der Ebene zugeordnet* werden, der mit $P_1(x_1; y_1)$ bezeichnet wird (Bild 6/1).

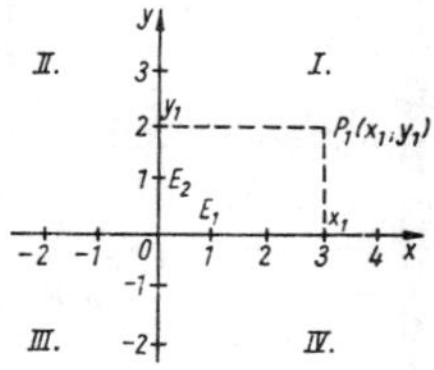

Bild 6/1

Dem Argument x_1 eines geordneten Paares entspricht die Abszisse x_1 des Punktes P_1 der Ebene, dem Funktionswert y_1 eines geordneten Paares entspricht die Ordinate y_1 dieses Punktes.
Die Koordinatenachsen teilen die $x;y$-Ebene in vier Quadranten (Bild 6/1).
Da eine Funktion eine Menge geordneter Paare ist und da jedem geordneten Zahlenpaar im kartesischen Koordinatensystem eineindeutig ein Punkt der Ebene zugeordnet werden kann, kann eine Funktion durch eine eindeutig bestimmte Punktmenge veranschaulicht werden, die **Graph der Funktion** (oder **Kurve**) genannt wird. Bei der Zeichnung des Graphen einer Funktion ist der Definitionsbereich genau zu beachten, d. h., der Graph ist nur in dem angegebenen Intervall zu zeichnen.
(4) Eine Funktion f heißt **konstant,** wenn es ein Element c mit $f(x) = c$ für alle $x \in D(f)$ gibt.
(5) Eine Funktion, deren Definitionsbereich die Menge **N** der natürlichen Zahlen ist, heißt **Folge.** Sie wird eine **reelle Zahlenfolge** genannt, wenn der Wertebereich eine Teilmenge der Menge der reellen Zahlen ist. Jedes Element des Wertebereichs heißt **Glied der Folge.**
Wird der natürlichen Zahl k durch eine Folge das Glied a_k zugeordnet, so wird die Folge mit (a_k) bezeichnet. (Weiteres über Folgen ↗ 6.8.).

(6) Eine Funktion f aus einer beliebigen Menge in die Menge **R** der reellen Zahlen wird **reellwertige Funktion**, eine Funktion aus **R** in **R** wird **reelle Funktion** genannt.

6.1.2. Einteilung der reellen Funktionen

(1) Übersicht

Reelle Funktionen

- elementare Funktionen
  - algebraische Funktionen
    - irrationale Funktionen
    - rationale Funktionen
      - ganzrationale Funktionen
      - gebrochenrationale Funktionen
        - echt gebrochenrationale Funktionen
        - unecht gebrochenrationale Funktionen
  - transzendente Funktionen
- nichtelementare Funktionen

(2) Eine reelle Funktion f heißt (in einem offenen Intervall) **elementar**, wenn sie sich in diesem Intervall mit Hilfe endlich vieler Verknüpfungen $u \pm v$, $u \cdot v$, $u : v$, $u \circ v$ aus Potenzfunktionen, Exponentialfunktionen, Winkelfunktionen und deren Umkehrfunktionen in Form einer Gleichung darstellen läßt. Andernfalls heißt sie *nichtelementar*, z. B. ist die »Betragsfunktion« $f(x) = |x|$ mit $x \in \mathbf{R}$ nichtelementar.

(3) Eine elementare Funktion heißt **algebraisch**, wenn die Zuordnungsvorschrift durch eine Gleichung gegeben ist, in der mit den Gleichungsvariablen in den Termen nur algebraische Operationen [Addition, Subtraktion, Multiplikation, Division (Divisor verschieden von Null), Potenzieren und Radizieren (Potenz- und Wurzelexponent positiv und ganzzahlig, Radikand nichtnegativ)] ausgeführt werden.

Nichtalgebraische Funktionen heißen **transzendent**, z. B. sind die Exponential-, Logarithmus- und Winkelfunktionen transzendente Funktionen.

(4) Eine algebraische Funktion heißt **rationale** Funktion, wenn die Zuordnungsvorschrift durch eine Gleichung gegeben ist, in der mit den Gleichungsvariablen endlich viele rationale Rechenoperationen (Addi-

tion, Subtraktion, Multiplikation, Division (Divisor verschieden von Null)) ausgeführt werden.
Eine Funktion u heißt **ganzrationale** Funktion, wenn sie sich in der Form

$$u(x) = a_n x^n + a_{n-1} x^{n-1} + \dots + a_1 x + a_0 = \sum_{i=0}^{n} a_i x^i \quad (i \in \mathbf{N})$$

mit $n \in \mathbf{N}$ und $a_i \in \mathbf{R}$ darstellen läßt.
Dann kann eine **rationale** Funktion f als Quotient zweier ganzrationaler Funktionen u, v aufgefaßt werden:

$$f(x) = \frac{u(x)}{v(x)} \quad \text{mit} \quad v(x) \neq 0$$

bzw.

$$f(x) = \frac{\sum_{i=0}^{n} a_i x^i}{\sum_{i=0}^{m} b_i x^i} \quad \text{mit} \quad \sum_{i=0}^{m} b_i x^i \neq 0.$$

Nichtrationale (irrationale) Funktionen sind solche Funktionen, deren Zuordnungsvorschrift zwar durch einen Rechenausdruck angebbar ist, in dem aber nicht nur endlich viele oder nicht nur rationale Rechenoperationen auftreten, z. B. sind Wurzelfunktionen nichtrationale Funktionen, weil das Radizieren keine rationale Operation ist; Exponentialfunktionen sind nichtrationale Funktionen, weil ihre Zuordnungsvorschriften nicht durch explizite Rechenausdrücke mit endlich vielen rationalen Rechenoperationen angegeben werden können.

6.1.3. Umkehrfunktionen

Da jede Funktion eine eindeutige Abbildung ist, gibt es zu jeder Funktion f eine Umkehrabbildung (inverse Abbildung ↗ 2.4.2.), die nicht eine Funktion sein muß. Ist jedoch die Umkehrabbildung eine eindeutige Abbildung, also eine Funktion, so heißt sie **Umkehrfunktion (inverse Funktion)** zu f und wird mit f^{-1} bezeichnet.
Eine Funktion, die eine Umkehrfunktion besitzt, heißt **umkehrbare Funktion.** Eine umkehrbare Funktion ist eine *eineindeutige Funktion* (einc eindeutig umkehrbare Funktion).
Die Funktionen f und f^{-1} sind *zueinander invers:*

	f	f^{-1}
Zuordnungsvorschrift	$y = f(x)$	$x = f^{-1}(y)$
Definitionsbereich	X	Y
Wertebereich	Y	X
geordnete Paare	$(x; y)$	$(y; x)$

BEISPIEL 6/1

Gegeben sei die Funktion f mit $y = f(x) = \sqrt{x}$; der Definitionsbereich sei $D(f) = X = \{4;\ 9;\ 16;\ 25\}$; der Wertebereich ist $W(f) = Y = \{2;\ 3;\ 4;\ 5\}$.
Dann ist die Funktion f die Menge der geordneten Paare:

$$f = \{(4;\ 2),\ (9;\ 3),\ (16;\ 4),\ (25;\ 5)\}.$$

Die Umkehrfunktion von f ist f^{-1}. Es gilt $x = f^{-1}(y) = y^2$ mit dem Definitionsbereich $D(f^{-1}) = Y = \{2;\ 3;\ 4;\ 5\}$. Der Wertebereich ist $W(f^{-1}) = X = \{4;\ 9;\ 16;\ 25\}$.
Dann ist die zu f inverse Funktion f^{-1}

$$f^{-1} = \{(2;\ 4),\ (3;\ 9),\ (4;\ 16),\ (5;\ 25)\}.$$

In ein und demselben Koordinatensystem werden zwei zueinander inverse Funktionen $y = f(x)$ und $x = f^{-1}(y)$ durch denselben Graphen dargestellt, nur Definitionsbereich und Wertebereich sind gegeneinander ausgetauscht. Werden jedoch die Variablen in der Funktionsgleichung der Umkehrfunktion $x = f^{-1}(y)$ nachträglich ausgetauscht [also $y = f^{-1}(x)$], dann ist der Graph der Funktion f^{-1} das an der Winkelhalbierenden des I. und III. Quadranten gespiegelte Bild der Funktion f (vgl. Bild 6/38).

Jede streng monotone Funktion (↗ 6.2.3.) besitzt eine Umkehrfunktion: Die Umkehrfunktion einer streng monoton wachsenden (fallenden) Funktion ist wieder eine streng monoton wachsende (fallende) Funktion, d. h., die Eigenschaft der strengen Monotonie von f überträgt sich wegen der Eineindeutigkeit von f auf die Umkehrfunktion f^{-1}.

6.2. Allgemeine Eigenschaften von reellen Funktionen

6.2.1. Beschränkte Funktionen

Eine Funktion f mit $y = f(x)$ heißt in einem Intervall

nach unten beschränkt, | **nach oben beschränkt,**

wenn es eine reelle Zahl k_u bzw. k_o gibt, so daß für alle x aus diesem Intervall gilt

$f(x) \geqq k_u$. | $f(x) \leqq k_o$.

Dann heißt für diese Funktion in diesem Intervall

k_u eine **untere Schranke** | k_o eine **obere Schranke.**

Entsprechend dieser Erklärung ist dann auch jedes

$k'_u < k_u$ eine untere Schranke. | $k'_o > k_o$ eine obere Schranke.

Unter diesen Schranken heißt die

größte die **untere Grenze** G_u. | kleinste die **obere Grenze** G_o.

Besitzt eine Funktion f in einem Intervall sowohl eine untere Schranke k_u als auch eine obere Schranke k_o, gilt also $k_u \leqq f(x) \leqq k_o$ für alle x aus diesem Intervall, so heißt die Funktion f **beschränkt** in diesem Intervall.
Besitzt eine reellwertige Funktion keine untere oder obere Schranke, so wird sie **unbeschränkt** genannt.

BEISPIEL 6/2

a) Die Funktion f mit $f(x) = x^2$ ($x \in \mathbf{R}$) ist nach unten beschränkt. Reelle Zahlen $k_u \leqq 0$ sind untere Schranken. $G_u = 0$ ist die untere Grenze (Bild 6/2).

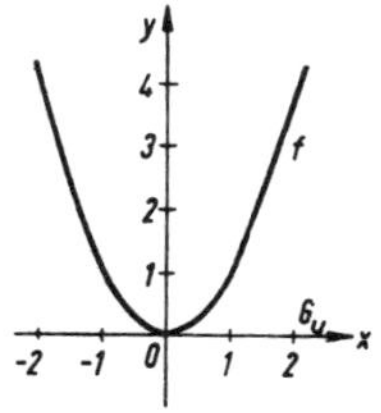

Bild 6/2

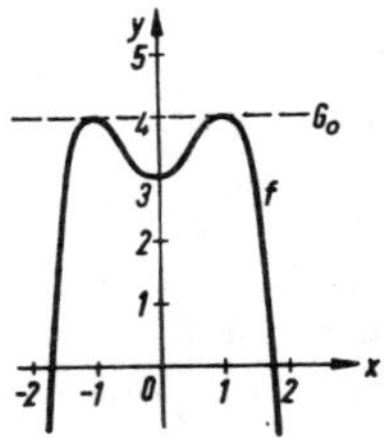

Bild 6/3

b) Die Funktion f mit $f(x) = -x^4 + 2x^2 + 3$ ($x \in \mathbf{R}$) ist nach oben beschränkt. Reelle Zahlen $k_o \geqq 4$ sind obere Schranken. $G_o = 4$ ist die obere Grenze (Bild 6/3).

c) Die Funktion f mit $f(x) = \sin x - \frac{1}{2}$ ($x \in \mathbf{R}$) ist beschränkt, da reelle Zahlen $k_u \leqq -\frac{3}{2}$ bzw. reelle Zahlen $k_o \geqq \frac{1}{2}$ untere bzw. obere Schranken für f sind (Bild 6/4).

d) Die Funktion f mit $f(x) = 2x - 3$ ($x \in \mathbf{R}$) ist unbeschränkt (Bild 6/5).

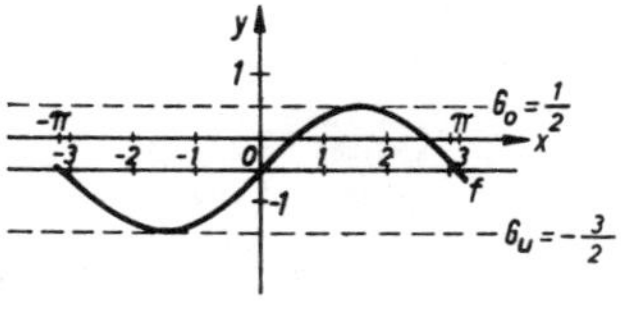

Bild 6/4

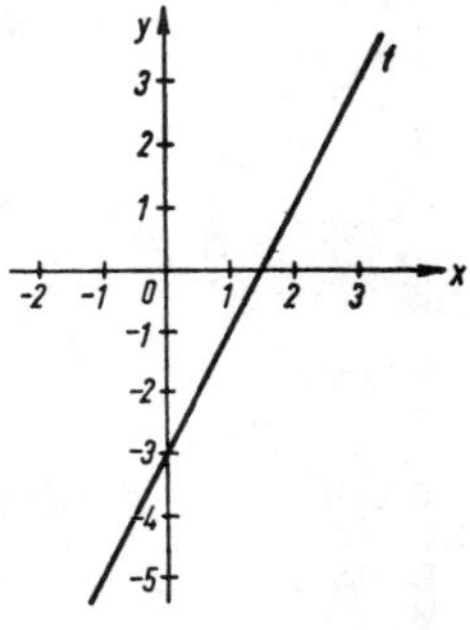

Bild 6/5

6.2.2. Gerade und ungerade Funktionen (Symmetrieeigenschaften)

Eine Funktion f mit $y = f(x)$ heißt

gerade,	**ungerade,**

wenn für alle $x \in D(f)$ mit $D(f) = \mathbf{R}$ gilt

$f(-x) = f(x)$	$f(-x) = -f(x)$.

Zu jedem Punkt auf dem Graphen der Funktion f existiert dann ein zweiter Punkt, der

achsensymmetrisch zur y-Achse	zentralsymmetrisch zum Koordinatenursprung

liegt, so daß für den Graph der Funktion

die y-Achse die Symmetrieachse ist.	der Koordinatenursprung das Symmetriezentrum ist.

BEISPIEL 6/3

a) Gerade Funktionen sind (↗ Bild 6/6):

$f(x) = x^2 - 1;$ denn $(-x)^2 - 1 = x^2 - 1,$

$g(x) = \cos x;$ denn $\cos(-x) = \cos x$

$h(x) = |x|;$ denn $|-x| = |x|$

b) Ungerade Funktionen sind (↗ Bild 6/7):

$f(x) = x^3;$ denn $(-x)^3 = -x^3$

$g(x) = \sin x;$ denn $\sin(-x) = -\sin x$

$h(x) = -\frac{1}{2}x;$ denn $-\frac{1}{2}(-x) = -\left(-\frac{1}{2}x\right)$

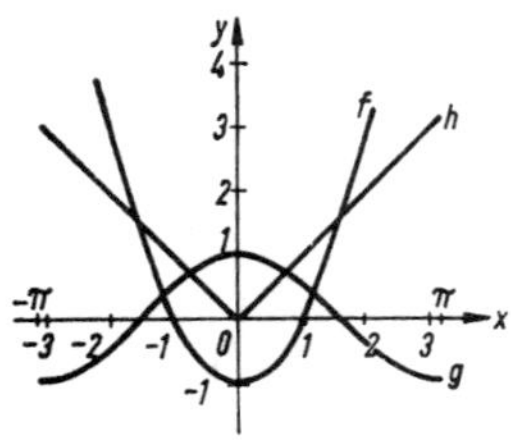

Bild 6/6

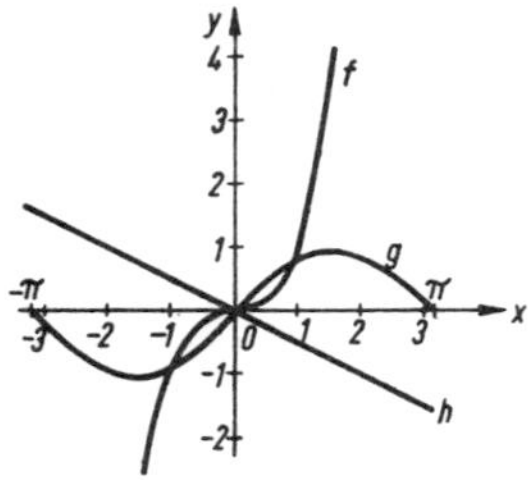

Bild 6/7

6.2.3. Monotone Funktionen

Wenn für eine Funktion f für alle $x_1 < x_2$ aus einem Intervall gilt

$f(x_1) \leqq f(x_2)$,	$f(x_1) \geqq f(x_2)$,

so heißt diese Funktion in diesem Intervall

monoton wachsend	**monoton fallend.**

Wird $f(x_1) = f(x_2)$ ausgeschlossen, gilt also die strengere Bedingung

$f(x_1) < f(x_2)$,	$f(x_1) > f(x_2)$,

so heißt diese Funktion in diesem Intervall

streng monoton wachsend.	**streng monoton fallend.**

Jedes Intervall, in dem eine Funktion monoton ist, heißt ein **Monotonieintervall** der Funktion und der entsprechende Teil des Graphen der Funktion ein **Monotoniebogen.**

BEISPIEL 6/4

a) Die Funktion f mit $f(x) = \lg x$ ($x \in \mathbf{R}_+^*$) ist im ganzen Definitionsbereich streng monoton wachsend (Bild 6/8).
b) Die Funktion g mit $g(x) = \cos x$ ($x \in \mathbf{R}$) ist im Intervall $0 \leqq x \leqq \pi$ streng monoton fallend (Bild 6/8).
c) Die Funktion h mit $h(x) = \frac{1}{2} x^2$ ($x \in \mathbf{R}$) ist im Intervall

$$\left\{\begin{matrix} -\infty < x < 0 \\ 0 \leqq x < \infty \end{matrix}\right\} \text{ streng monoton } \left\{\begin{matrix} \text{fallend} \\ \text{wachsend} \end{matrix}\right\} \text{ (Bild 6/8).}$$

Bild 6/8

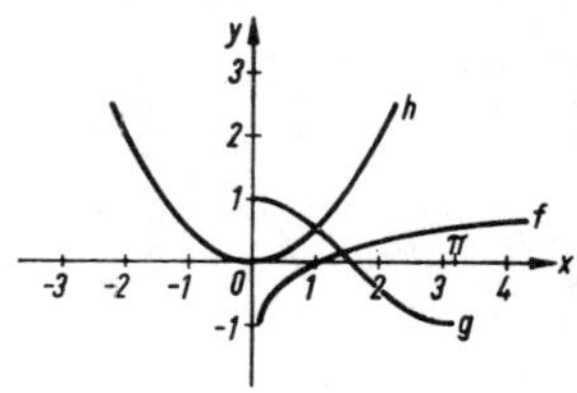

6.2.4. Periodische Funktionen

Wenn es zu einer reellen Funktion f eine reelle Zahl $p > 0$ gibt, so daß für alle $x \in D(f)$ gilt: $f(x) = f(x + p)$, so heißt die Funktion **periodisch** und p eine **Periode** von f.
Gibt es zu einer reellen Funktion eine kleinste positive reelle Zahl p, die die Bedingung $f(x) = f(x + p)$ für alle $x \in D(f)$ erfüllt, so wird p die **primitive** (oder kleinste) **Periode** der Funktion f genannt.

BEISPIEL 6/5

Die Funktion f mit $f(x) = \sin x$ ist eine periodische Funktion; denn es gilt für alle $x \in D(f)$: $\sin x = \sin(x + k \cdot 2\pi)$ mit $k \in \mathbf{Z}$ (Bild 6/9). Die kleinste Periode ist $p = 2\pi$.

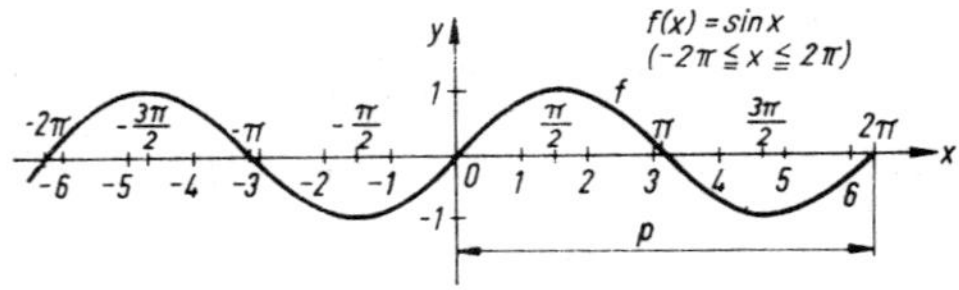

Bild 6/9

6.2.5. Nullstellen einer Funktion

Zur Charakterisierung einer Funktion dient die Ermittlung von Nullstellen.

Ein Element x_N des Definitionsbereichs einer reellen Funktion f heißt **Nullstelle** der Funktion, wenn $f(x_N) = 0$ ist.

Zur Ermittlung der Nullstellen einer Funktion f ist die Gleichung $f(x) = 0$ zu lösen, d. h., die Nullstellen der Funktion f sind alle reellen Lösungen der Gleichung $f(x) = 0$.
Einfache Nullstellen einer Funktion f können als Abszissen der Schnittpunkte, zweifache Nullstellen als Abszissen der Berührungspunkte des Graphen der Funktion f mit der x-Achse geometrisch veranschaulicht werden.

BEISPIEL 6/6

a) Die Nullstelle der linearen Funktion f mit $f(x) = 3x - 1$ wird als Lösung der Gleichung $3x - 1 = 0$ ermittelt: $x_N = \frac{1}{3}$ (Bild 6/10)

b) Die Nullstellen der quadratischen Funktion f mit $f(x) = x^2 - 6x + 9$ sind die Lösungen der Gleichung $x^2 - 6x + 9 = 0$, nämlich $x_{N1} = 3$, $x_{N2} = 3$ (Doppelnullstelle) (Bild 6/11).

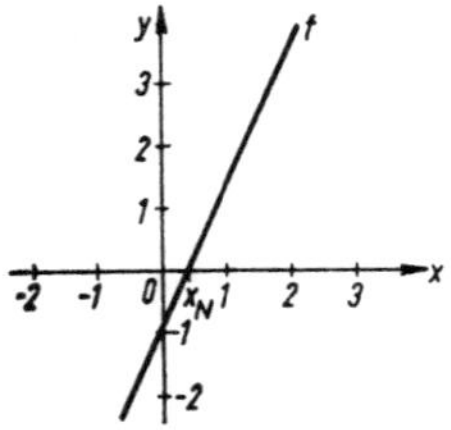

Bild 6/10

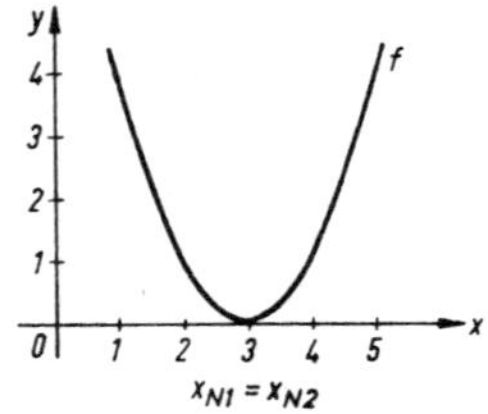

Bild 6/11

6.3. Verknüpfungen von reellen Funktionen

6.3.1. Bildung neuer Funktionen durch rationale Rechenoperationen

Aus gegebenen Funktionen können durch Anwendung rationaler Rechenoperationen neue Funktionen gebildet werden:

(1) Vervielfachung einer Funktion

Es sei f eine Funktion und λ eine reelle Zahl, dann ist

$$\lambda f\colon\ x \mapsto y = \lambda f(x) \quad [x \in D(f)]$$

f und λf haben denselben Definitionsbereich.

(2) **Summe und Differenz zweier Funktionen** u, v

Für die Summe bzw. Differenz der Funktionen u, v gilt:

$$u \pm v\colon\ x \mapsto y = u(x) \pm v(x)$$

Der Definitionsbereich der Funktion $u + v$ bzw. $u - v$ ist gleich dem Durchschnitt der Definitionsbereiche $D(u)$ und $D(v)$

$$[x \in D(u) \cap D(v)].$$

(3) **Produkt zweier Funktionen** u, v

Für das Produkt der Funktionen u, v gilt:

$$u \cdot v\colon\ x \mapsto y = u(x) \cdot v(x) \quad [x \in D(u) \cap D(v)]$$

(4) **Kehrwert einer Funktion** f

$$\frac{1}{f}\colon\ x \mapsto y = \frac{1}{f(x)} \quad [x \in D(f) \quad \text{und} \quad f(x) \neq 0]$$

Beachte: Die Nullstellen der Funktion f gehören nicht mit zum Definitionsbereich der Funktion $\frac{1}{f}$.

(5) **Quotient zweier Funktionen** u, v

Für den Quotienten der Funktionen u, v gilt:

$$\frac{u}{v}\colon\ x \mapsto y = \frac{u(x)}{v(x)} \quad [x \in D(u) \cap D(v) \quad \text{und} \quad v(x) \neq 0]$$

Die Menge aller reellen Funktionen mit gemeinsamem Definitionsbereich bildet einen Vektorraum (↗ 2.7.2.).

BEISPIEL 6/7

Gegeben seien die Funktionen $u(x) = x^2$ und $v(x) = 3x$ mit $x \in \mathbf{R}$. Dann können folgende Funktionen gebildet werden: $(x \in \mathbf{R})$

$$f_1(x) = \lambda u(x) = 5x^2 \quad (\lambda = 5)$$

$$f_2(x) = u(x) + v(x) = x^2 + 3x$$

$$f_3(x) = u(x) - v(x) = x^2 - 3x$$

$$f_4(x) = u(x) \cdot v(x) = x^2 \cdot 3x = 3x^3$$

$$f_5(x) = \frac{1}{u(x)} = \frac{1}{x^2} \quad (x \neq 0)$$

$$f_6(x) = \frac{u(x)}{v(x)} = \frac{x^2}{3x} \quad (x \neq 0)$$

6.3.2. Verkettung von Funktionen

Ist v eine Funktion von einer Menge X in eine Menge Y und u eine Funktion von dieser Menge Y in eine Menge Z, so wird die Funktion f von X in Z, die jedem Element $x \in X$ das Element $u(v(x))$ aus Z zuordnet, die **Verkettung** von u nach v genannt und mit $f = u \circ v$ (gelesen »u nach v«) bezeichnet.

$$u \circ v \colon x \mapsto y = u(v(x))$$

Dabei heißt u die **äußere** und v die **innere Funktion** von f.

Zur Ausführung der Verkettung der Funktion u mit der Funktion v ist es erforderlich, daß $W(v)$ und $D(u)$ gemeinsame Elemente z haben.
Veranschaulichung der Verkettung $u \circ v$ durch Nacheinanderausführung der Funktionen u, v in Bild 6/12

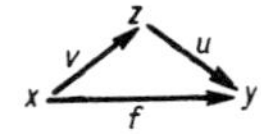

Bild 6/12

BEISPIEL 6/8

Gegeben sei die Funktion f mit $f(x) = (x^2 + 1)^3$ mit $D(f) = \mathbf{R}$. Dann ist die innere Funktion $v(x) = x^2 + 1 = z$ mit dem Wertebereich $W(v) = \{z\colon z \in \mathbf{R} \text{ und } 1 \leqq z < +\infty\}$. Die äußere Funktion ist $u(z) = z^3$ mit dem Definitionsbereich $D(u) = \{z\colon z \in \mathbf{R} \text{ und } -\infty < z < +\infty\}$.
Gemeinsame Elemente von $W(v)$ und $D(u)$ sind die reellen Zahlen im Intervall $1 \leqq z < +\infty$.
Der Definitionsbereich der Funktion f ist $D(f) = \{x\colon x \in \mathbf{R}$ und $-\infty < x < +\infty\}$.
Veranschaulichung in Bild 6/13

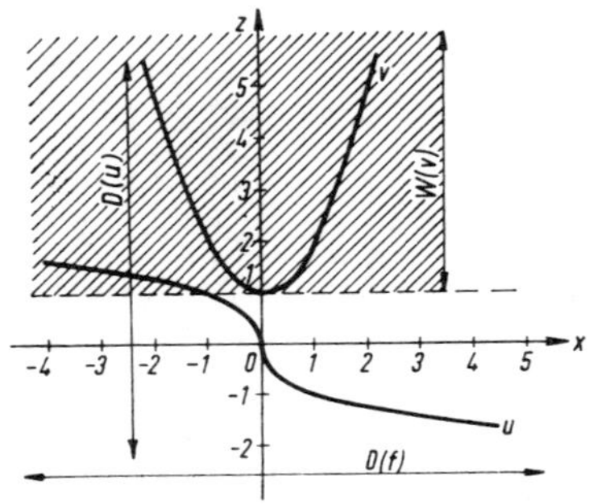

Bild 6/13

Für verkettete Funktionen gelten folgende *Gesetze:*

$$h \circ (g \circ f) = (h \circ g) \circ f \quad \text{(Assoziativgesetz)}$$

$$(g \circ f)^{-1} = f^{-1} \circ g^{-1}.$$

6.4. Geometrische Transformationen der Graphen reeller Funktionen

Aus dem Graphen einer Funktion u entsteht bei Anwendung einer geometrischen Transformation der Graph einer Funktion f.

Unter einer **Transformation** versteht man eine eineindeutige (eindeutig umkehrbare) Abbildung einer Menge **auf sich**, unter einer **geometrischen Transformation** eine eineindeutige Abbildung einer Punktmenge auf sich.

6.4.1. Spiegelungen [↗ 10.1.2.(3)]

Durch Spiegelung des Graphen der Funktion u

an	erhält man den Graphen der Funktion	Veranschaulichung Bild
der y-Achse	$f\colon x \mapsto y = u(-x) \quad [-x \in D(u)]$	6/14
der x-Achse	$f\colon x \mapsto y = -u(x) \quad [x \in D(u)]$	6/15
dem Ursprung	$f\colon x \mapsto y = -u(-x) \quad [-x \in D(u)]$	6/16

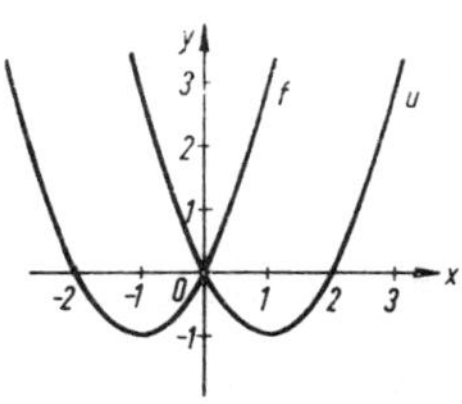

Bild 6/14

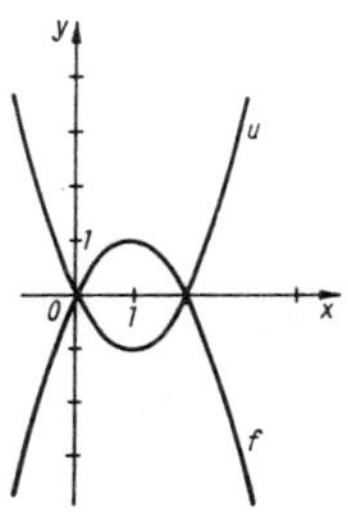

Bild 6/15

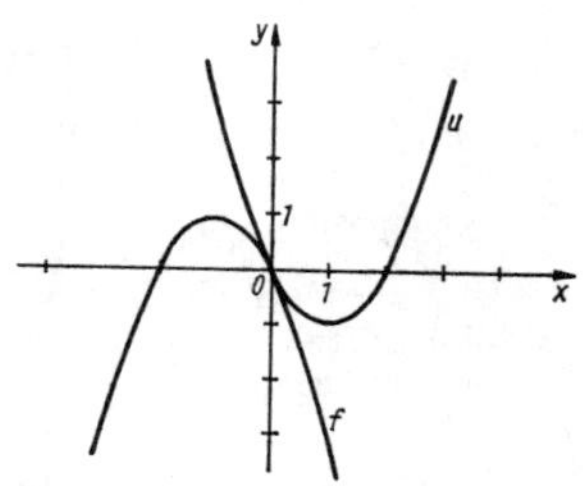

Bild 6/16

6.4.2. Translationen [↗ 10.1.2.(2)]

Durch Translation (Verschiebung) des Graphen der Funktion u um den Vektor $\boldsymbol{a} = (a_1; a_2)$ (↗ 7.2.3.) erhält man den Graphen von f, für den gilt:

$$f\colon x \mapsto y = u(x - a_1) + a_2 \quad [x - a_1 \in D(u)]$$

Veranschaulichung in Bild 6/17

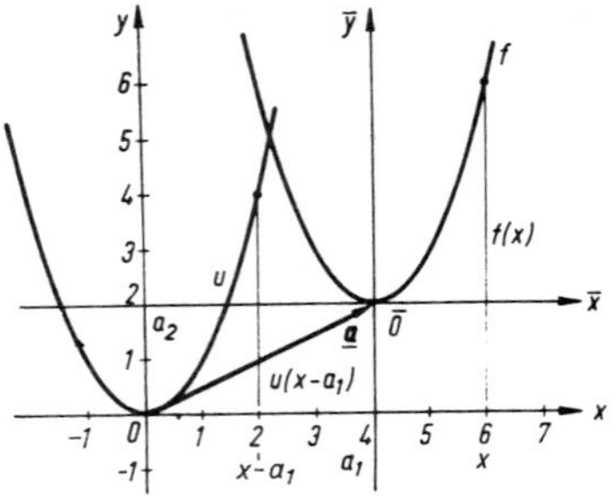

Bild 6/17

6.4.3. Streckungen (Dehnungen bzw. Stauchungen)

Durch Streckung des Graphen der Funktion u im Verhältnis $a:1$ ($a > 0$) in Richtung der

x-Achse von der y-Achse aus	**y-Achse** von der x-Achse aus

erhält man den Graphen von f, für den gilt:

$f\colon x \mapsto y = u\left(\frac{x}{a}\right)$ $\left[\frac{x}{a} \in D(u)\right]$	$f\colon x \mapsto y = a\,u(x)$ $[x \in D(u)]$
Für $0 < a < 1$ | Für $a > 1$	Für $0 < a < 1$ | Für $a > 1$

erfolgt eine

Stauchung	Dehnung	Stauchung	Dehnung

des Graphen der Funktion u.

BEISPIEL 6/9

Gegeben sei die Funktion u mit $u(x) = \sin x$ im Intervall $-\pi \leqq x \leqq \pi$ (Bild 6/18).

a) Bei Streckung in Richtung der x-Achse (von der y-Achse aus) erhält man

für $a = \frac{1}{2}$ die Funktion f mit

$$f(x) = \sin \frac{x}{\frac{1}{2}} = \sin 2x$$

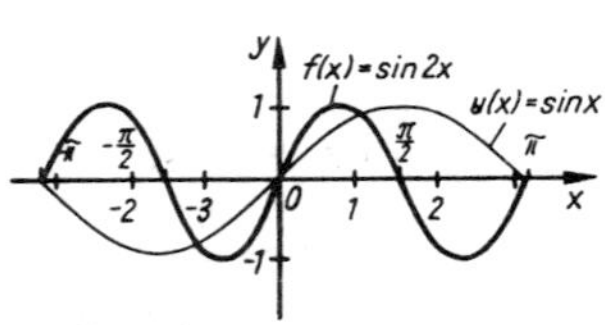

Bild 6/18

für $a = 2$ die Funktion f mit

$$f(x) = \sin \frac{x}{2}$$

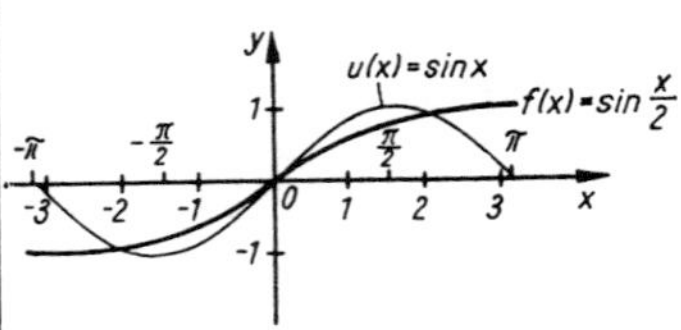

Bild 6/19

b) Bei Streckung in Richtung der y-Achse (von der x-Achse aus) erhält man

für $a = \frac{1}{2}$ die Funktion f mit
$f(x) = \frac{1}{2} \sin x$

für $a = 2$ die Funktion f mit
$f(x) = 2 \sin x$

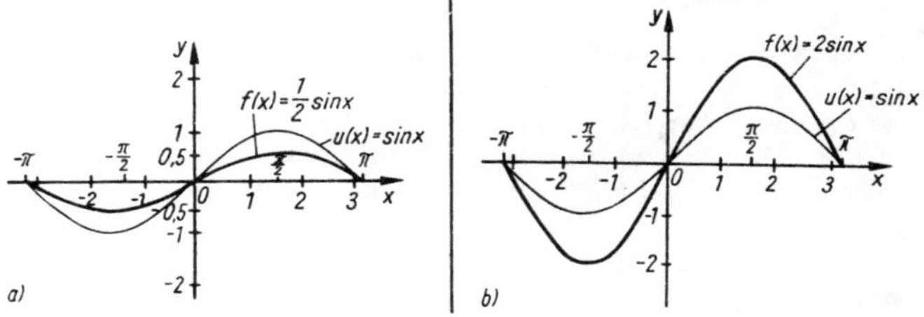

Bild 6/20

6.5. Rationale Funktionen

6.5.1. Zum Begriff »rationale Funktion«

Durch Anwendung der rationalen Rechenoperationen Addition, Subtraktion und Multiplikation auf das Argument x entsteht ein Term der Form

$$a_0 + a_1x + a_2x^2 + \dots + a_nx^n \quad \text{mit} \quad a_n \neq 0,$$

Polynom n-ten Grades in x genannt, dem eindeutig umkehrbar eine Funktion f zugeordnet werden kann, so daß für alle $x \in \mathbf{R}$ gilt

$$f(x) = a_nx^n + a_{n-1}x^{n-1} + \dots + a_1x + a_0 = \sum_{i=0}^{n} a_ix^i.$$

mit $i \in \mathbf{N}$, $n \in \mathbf{N}$, $a_i \in \mathbf{R}$ und $a_n \neq 0$.
Diese Funktion f heißt **reelle ganzrationale Funktion.**
n heißt der **Grad**, die reellen Zahlen a_i heißen die **Koeffizienten** der ganzrationalen Funktion f.

BEISPIEL 6/10

a) Die Funktion f mit $f(x) = 3x^4 - 2x^3 + \frac{1}{2}x^2 - 0{,}3x + \frac{1}{3}$ ist eine ganzrationale Funktion 4. Grades.
b) Jede konstante Funktion f mit $f(x) = c$ $(c \in \mathbf{R})$ ist eine ganzrationale Funktion 0. Grades.

Eine Funktion f heißt **reelle rationale Funktion**, wenn sie als Quotient zweier ganzrationaler Funktionen u, v dargestellt werden kann, so daß

$$f(x) = \frac{u(x)}{v(x)} \quad \text{mit} \quad v(x) \neq 0 \quad \text{gilt } [\nearrow 6.1.2.(4)].$$

Die Funktion f mit

$$f(x) = \frac{\sum_{i=0}^{n} a_i x^i}{\sum_{i=0}^{m} b_i x^i}$$

ist für $m = 0$ eine ganzrationale Funktion.
Ist $m > n$, heißt f echt gebrochen.
Ist dies nicht der Fall, kann die Funktion f nach dem Verfahren der Division einer Summe durch eine Summe [↗ 4.3.4. (3)] als Summe einer ganzrationalen und einer echt gebrochenen rationalen Funktion dargestellt werden.

BEISPIEL 6/11

a) Die Funktion f mit $f(x) = \frac{x+3}{x^2-5}$ ist eine echt gebrochene rationale Funktion.

b) Die Funktion f mit $f(x) = \frac{x^3 + 5x^2 + 3x - 4}{x+2}$ kann als Summe $g + h$ der Funktionen g und h dargestellt werden:

$$g(x) = x^2 + 3x - 3; \qquad h(x) = \frac{-2}{x+2}.$$

Denn

$$\begin{array}{l} (x^3 + 5x^2 + 3x - 4) : (x + 2) = x^2 + 3x - 3 - \dfrac{2}{x+2} \\ \underline{-(x^3 + 2x^2)} \\ \quad 3x^2 + 3x \\ \quad \underline{-(3x^2 + 6x)} \\ \qquad -3x - 4 \\ \qquad \underline{-(-3x - 6)} \\ \qquad\qquad -2 \end{array}$$

6.5.2. Ganzrationale Funktionen in mehreren Variablen

Sind $m_1, \ldots, m_r$ beliebige natürliche Zahlen, so heißt die Funktion

$$f\colon (x_1, \ldots, x_r) \mapsto y = x_1^{m_1} \cdot \ldots \cdot x_r^{m_r}$$

eine **reelle Potenzproduktfunktion** der r reellen Variablen $x_1, \ldots, x_r$, z. B. ist $y = 5x_1^3 x_2 x_3^2$ eine reelle Potenzproduktfunktion der drei Variablen x_1, x_2, x_3.
Jede Linearkombination von reellen Potenzproduktfunktionen mit reellen Koeffizienten heißt eine reelle **ganzrationale Funktion von mehreren Variablen,** z. B. ist

$$y = 2x_1^3 x_2 x_3^2 + 4x_1^2 x_3 + 3x_2 x_3^2 \quad (x \in \mathbf{R})$$

eine ganzrationale Funktion in den Variablen x_1, x_2, x_3.
Im Falle einer **ganzrationalen Funktion von zwei Variablen** werden die

Variablen mit x, y bezeichnet; z. B. ist $f(x; y) = x^2 - y$ eine ganzrationale Funktion in den Variablen x, y.
Die Menge $\{(x; y): x, y \in \mathbf{R} \text{ und } F(x; y) = 0\}$ kann als eine Punktmenge der Ebene aufgefaßt werden, deren Graph sich aus einer oder mehreren Kurven zusammensetzt. Durch sie wird jedoch im allgemeinen ***keine Funktion*** definiert.

BEISPIEL 6/12

Der Graph der ganzrationalen Funktion $F(x, y) = x^2 + y^2 - 25$ mit dem Definitionsbereich $-5 \leqq x \leqq 5$ und dem Wertebereich $0 \leqq y \leqq 5$ ist der obere Teil eines Kreises um den Koordinatenursprung mit dem Radius $r = 5$.

6.5.3. Eigenschaften der Potenzfunktionen mit natürlichen Exponenten

Die Graphen der Potenzfunktionen $y = f(x) = x^n (x \in \mathbf{R}, n \in \mathbf{N})$ heißen **Parabeln** n-ten Grades.

Gerade Potenzfunktionen	**Ungerade Potenzfunktionen**
$y = f(x) = x^n = x^{2m} (m = 1, 2, \dots)$	$y = g(x) = x^n = x^{2m-1}$ $(m = 1, 2, \dots)$

Graphen der Funktionen

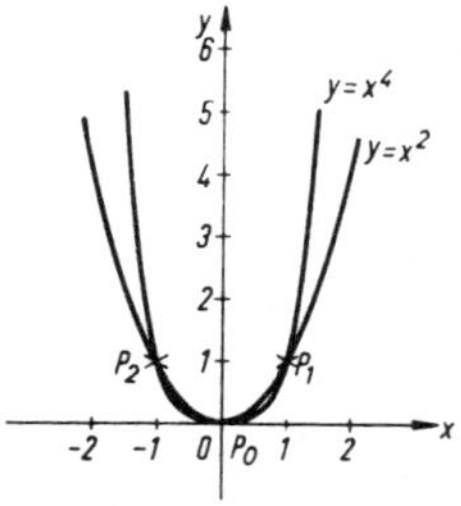

Bild 6/21

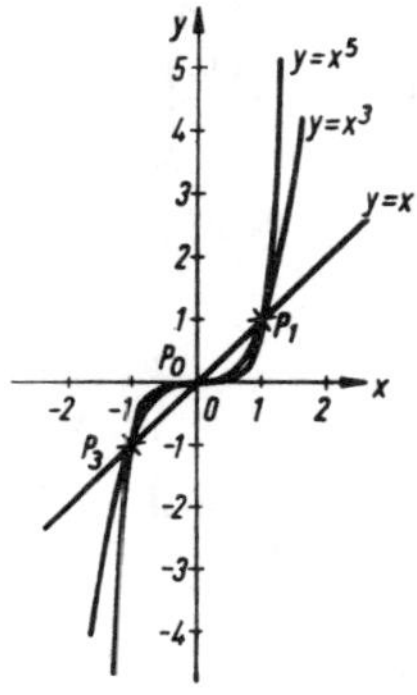

Bild 6/22

Gemeinsame Eigenschaften der Kurvenscharen

Wertebereich: $0 \leqq y < +\infty$	Wertebereich: $-\infty < y < +\infty$
nach unten beschränkte Funktionen;	unbeschränkte Funktionen;
achsensymmetrisch zur y-Achse;	zentralsymmetrisch in bezug auf den Koordinatenursprung;

streng monoton fallend für $x \leqq 0$; streng monoton wachsend für $x \geqq 0$; Verlauf im II. und I. Quadranten.	streng monoton wachsend für alle $x \in \mathbf{R}$; Verlauf im III. und I. Quadranten.

Gemeinsame Punkte aller Graphen

$P_0(0; 0)$, $P_1(1; 1)$, $P_2(-1; 1)$	$P_0(0; 0)$, $P_1(1; 1)$, $P_2(-1; -1)$

(Mehrfache) Nullstellen der Funktionen

$x_0 = 0$	$x_0 = 0$

6.5.4. Einige Eigenschaften ganzrationaler Funktionen

(1) Funktionen mit Gleichungen der Form $f(x) = a_1x + a_0$ ($a_1, a_0 \in \mathbf{R}$; $a_1 \neq 0$) heißen **lineare Funktionen.** Der Koeffizient a_1 heißt **Anstieg** oder **Richtungsfaktor.** Es gilt $a_1 = \tan\alpha$, wenn α die Größe des Winkels zwischen dem Graphen der linearen Funktion und der positiven Richtung der x-Achse ist.
Die Graphen linearer Funktionen sind **Geraden.**
Der Graph einer linearen Funktion $f(x) = a_1x + a_0$ geht aus dem Graphen der Funktion $u(x) = a_1x$ durch Verschiebung um a_0 in Richtung der positiven y-Achse hervor (Bild 6/23). a_0 ist der Abschnitt auf der y-Achse.
Wenn $a_1 \gtrless 0$ ist, dann ist $\tan\alpha \gtrless 0$ bzw. $\begin{Bmatrix} 0° < \alpha < 90° \\ 90° < \alpha < 180° \end{Bmatrix}$, d. h., f ist streng monoton $\begin{Bmatrix} \text{wachsend} \\ \text{fallend} \end{Bmatrix}$ (Bild 6/24).

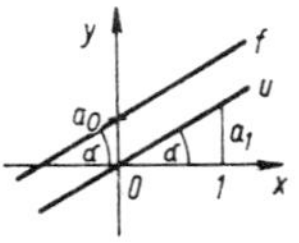

Bild 6/23

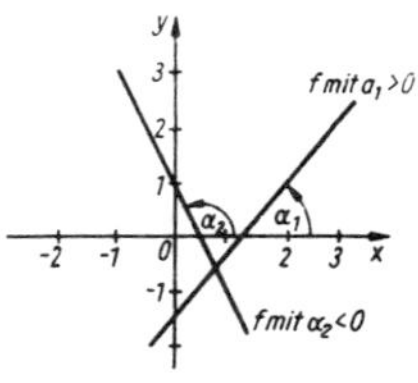

Bild 6/24

BEISPIEL 6/13

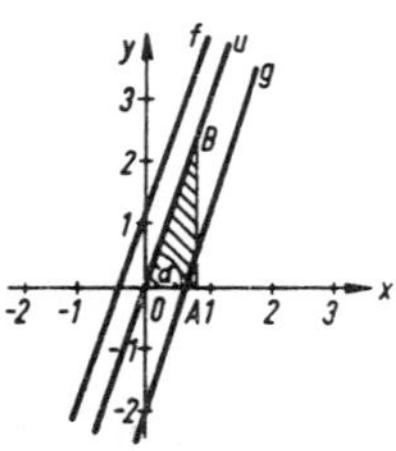

Die Graphen der Funktionen f, g mit $f(x) = 3x + 1$ bzw. $g(x) = 3x - 2$ gehen aus dem Graphen der Funktion $u(x) = 3x$ durch Verschiebung um 1 bzw. -2 in Richtung der positiven y-Achse hervor (Bild 6/25). Der Graph der Funktion u hat den Anstieg $a_1 = \tan\alpha = 3 = \frac{3}{1}$ (Anstiegsdreieck OAB).

Bild 6/25

Die Nullstelle einer linearen Funktion f mit $f(x) = a_1x + a_0$ wird als Lösung der linearen Gleichung $a_1x + a_0 = 0$ ermittelt:

$$x_N = -\frac{a_0}{a_1}.$$

(2) Funktionen mit Gleichungen der Form

$$f(x) = a_2x^2 + a_1x + a_0 \quad (a_2, a_1, a_0 \in \mathbf{R} \quad \text{und} \quad a_2 \neq 0)$$

heißen **quadratische Funktionen** (in *allgemeiner Form*).
Man nennt a_2x^2 das quadratische Glied, a_1x das lineare Glied und a_0 das absolute Glied der quadratischen Funktion f. Die Graphen quadratischer Funktionen sind Parabeln 2. Grades. Durch den Koeffizienten $a_2 > 0$ wird der Graph der Funktion $y = a_2x^2$ gegenüber dem Graph der Potenzfunktion $y = x^2$ einer **Streckung** in Richtung der positiven y-Achse unterworfen. Ist $a_2 \gtrless 1$, dann wird der Graph gegenüber dem Graphen von $y = x^2$ $\left\{\begin{matrix}\text{gedehnt} \\ \text{gestaucht}\end{matrix}\right\}$.
Die Parabeln sind nach oben geöffnet (Bild 6/26).
Ist $a_2 < 0$, dann erfolgt eine Streckung in Richtung der y-Achse und eine Spiegelung an der x-Achse (Bild 6/27). Die Parabeln sind nach unten geöffnet.

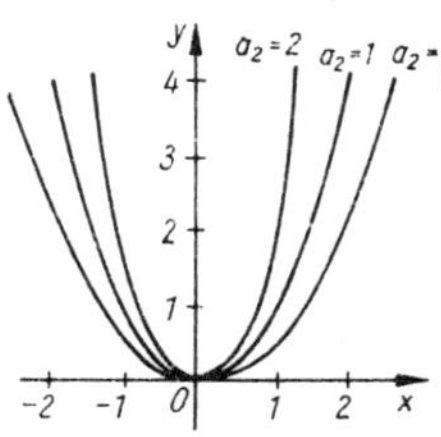

Bild 6/26

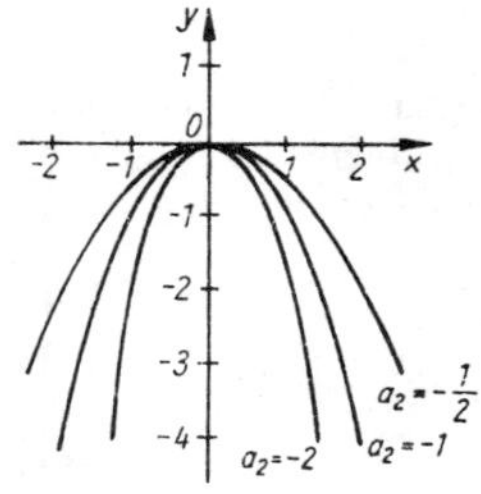

Bild 6/27

Die Gleichung $f(x) = x^2 + px + q$ heißt **Normalform** einer quadratischen Funktion. In diesem Falle ist $a_2 = 1$.
Die Lage des Graphen einer quadratischen Funktion im Koordinatensystem kann mit Hilfe einer **Koordinatentransformation** (vgl. 6.4.2.) ermittelt werden (Bild 6/28).
Es seien zwei Koordinatensysteme $\{O; x; y\}$ und $\{\bar{O}; \bar{x}; \bar{y}\}$ mit zueinander parallelen Achsen gegeben. Der Ursprung $\bar{O}(x_A; y_A)$ sei der Scheitel A einer Parabel mit der Gleichung $\bar{y} = \bar{x}^2$.

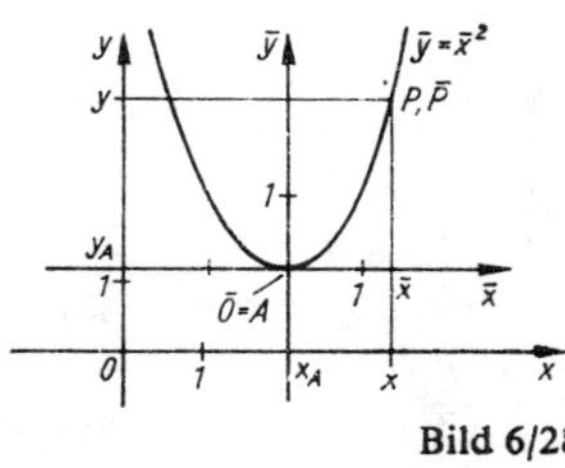

Bild 6/28

Dann kann ein beliebiger Punkt $P(x; y) = \bar{P}(\bar{x}; \bar{y})$ in beiden Systemen ausgedrückt werden, weil zwischen den Koordinaten folgende Beziehungen bestehen:

$$x = x_A + \bar{x} \qquad y = y_A + \bar{y}$$

bzw.

$$\bar{x} = x - x_A \qquad \bar{y} = y - y_A.$$

Die im System $\{\bar{O}; \bar{x}; \bar{y}\}$ gegebene Gleichung der Parabel $\bar{y} = \bar{x}^2$ kann im System $\{O; x; y\}$ durch

$$y - y_A = (x - x_A)^2 \quad (*)$$

angegeben werden, wobei x_A, y_A die Koordinaten des Scheitels der Parabel sind.

Ist die quadratische Funktion *f in Normalform* gegeben, so werden die Koordinaten des Scheitels der Parabel mit Hilfe der *quadratischen Ergänzung* ermittelt:

Aus

$$y = x^2 + px + q$$

bzw.

$$y - q = x^2 + 2x\frac{p}{2}$$

erhält man durch quadratische Ergänzung (Ergänzung der rechten Seite zu einem vollständigen Quadrat und Berücksichtigung des Zusatzgliedes auf der linken Seite)

$$y - q + \left(\frac{p}{2}\right)^2 = x^2 + 2x\frac{p}{2} + \left(\frac{p}{2}\right)^2$$

bzw.

$$y - q + \left(\frac{p}{2}\right)^2 = \left(x + \frac{p}{2}\right)^2$$

Durch Vergleich mit Gleichung (*) erhält man die Koordinaten des Scheitels

$$x_A = -\frac{p}{2}; \quad y_A = q - \frac{p^2}{4},$$

also

$$A\left(-\frac{p}{2}; \quad q - \frac{p^2}{4}\right).$$

Entsprechend erhält man die Koordinaten des Scheitels A einer Parabel, wenn die quadratische Funktion *in allgemeiner Form* gegeben ist:

Aus

$$y = a_2x^2 + a_1x + a_0$$

bzw.

$$y - a_0 = a_2 \left(x^2 + \frac{a_1}{a_2} x\right)$$

erhält man durch quadratische Ergänzung

$$y - a_0 + \frac{a_1^2}{4a_2} = a_2 \left(x + \frac{a_1}{2a_2}\right)^2$$

und daraus die Koordinaten des Scheitels der Parabel

$$A\left(-\frac{a_1}{2a_2}; \quad a_0 - \frac{a_1^2}{4a_2}\right).$$

BEISPIEL 6/14

Zur Ermittlung der Koordinaten des Scheitels der Parabel, die der Graph der quadratischen Funktion $y = f(x) = x^2 - 6x + 7$ ist, wird die quadratische Ergänzung gebildet:

$$y - 7 + 9 = (x - 3)^2$$

bzw.

$$y + 2 = (x - 3)^2.$$

Der Scheitel der Parabel ist $A(3; -2)$ (Bild 6/29).

(3) Jede ganzrationale Funktion ist stetig (↗ 6.9.4.).

(4) Jede ganzrationale Funktion n-ten Grades hat n Nullstellen, die nicht alle reell zu sein brauchen und von denen einige auch mehrfache Nullstellen sein können.
Ist n ungerade, so ist die Funktion unbeschränkt; sie hat mindestens eine Nullstelle.
Ist n gerade, so ist die Funktion einseitig beschränkt; sie hat entweder keine reelle Nullstelle oder eine gerade Anzahl von Nullstellen.

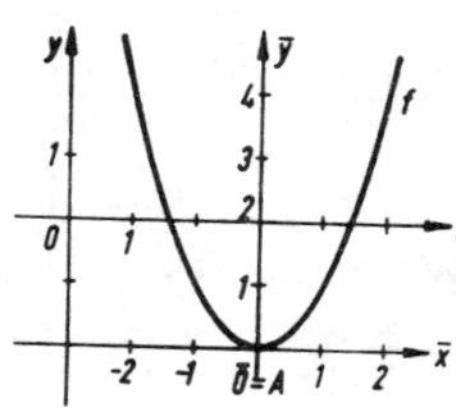

Bild 6/29

(5) Hat eine ganzrationale Funktion f mit

$$f(x) = a_n x^n + a_{n-1} x^{n-1} + \ldots + a_1 x + a_0$$

genau n reelle Nullstellen $x_1, x_2, \ldots, x_n$, so kann sie als Produkt von n **Linearfaktoren** dargestellt werden:

$$f(x) = a_n \cdot (x - x_1) \cdot (x - x_2) \cdot \ldots \cdot (x - x_n).$$

Auf weitere Eigenschaften und weitere charakteristische Punkte im Graphen einer ganzrationalen Funktion wird in Abschnitt 12.3. eingegangen.

6.5.5. Hornersches Schema

Zur Berechnung von Funktionswerten ganzer rationaler Funktionen dient das HORNERsche Schema, das auch den Einsatz eines Taschenrechners ermöglicht.
Am Beispiel einer Funktion 3. Grades soll der Aufbau des Schemas erläutert werden:
Gegeben sei $f(x) = a_3x^3 + a_2x^2 + a_1x + a_0$.
Durch Ausklammern von x erhält man

$$f(x) = [a_3x^2 + a_2x + a_1]\,x + a_0$$

bzw.

$$f(x) = [(a_3x + a_2)\,x + a_1]\,x + a_0 .$$

Daraus erhält man folgendes Schema, in dessen Kopfleiste die Koeffizienten stehen:

	a_3	a_2	a_1	a_0
x	a_3	a_3x $a_3x + a_2$	$(a_3x + a_2)\,x$ $(a_3x + a_2)\,x + a_1$	$[(a_3x + a_2)x + a_1]\,x$ $[(a_3x + a_2)x + a_1]\,x + a_0$

Rechenablaufplan für Taschenrechner (Verwendung des Speichers)

x	$x \to$ M	MR	$\times$	a_3	$+$	a_2	$=$	$\times$	MR	$+$	a_1

$=$	$\times$	MR	$+$	a_0	$=$

BEISPIEL 6/15

Es sind die Funktionswerte der Funktion f mit der Gleichung $f(x) = x^3 - 2x^2 + 0{,}8$ an den Stellen $x_1 = 1{,}6$; $x_2 = 1{,}8$; $x_3 = 1{,}72$; $x_4 = 1{,}733$; $x_5 = 1{,}734$ zu berechnen (↗ Beispiel 5/33).

6.5.6. Einige Eigenschaften gebrochenrationaler Funktionen

Sind $u(x)$, $v(x)$ ganzrationale Funktionen, dann heißt die Funktion f mit

$f(x) = \dfrac{u(x)}{v(x)}$ $[v(x) \neq 0]$ **gebrochenrationale** Funktion.

(1) Der Definitionsbereich umfaßt im allgemeinen den Bereich der reellen Zahlen, jedoch ist die Funktion f für solche Argumente x_P nicht erklärt, für die $v(x_P) = 0$ und $u(x_P) \neq 0$ ist. An diesen Stellen ist der Graph der Funktion unterbrochen. Solche Argumente heißen **Polstellen** der Funktion f. Die Senkrechte zur x-Achse mit der Gleichung $x = x_P$ ist **Asymptote** des Graphen der Funktion. Der Graph der Funktion f kommt bei Annäherung an die Polstelle der Geraden mit der Gleichung $x = x_P$ beliebig nahe.

Für die Annäherung der Kurve an die Asymptote sind vier Fälle zu unterscheiden (Bild 6/30).

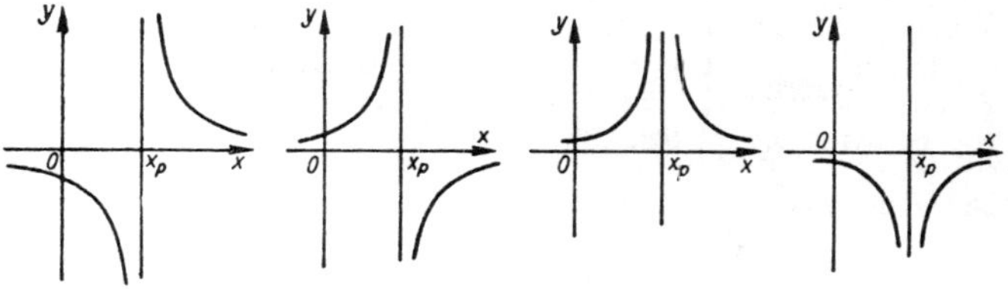

Bild 6/30

(2) **Nullstellen** der gebrochenrationalen Funktion f sind solche Argumente x_N, für die $u(x_N) = 0$ und $v(x_N) \neq 0$ gilt.

BEISPIEL 6/16

Gegeben sei die Funktion f mit $f(x) = \dfrac{u(x)}{v(x)} = \dfrac{x^2 - 4}{x^2 + 2x - 3}$

Ermittlung der Nullstellen: $x^2 - 4 = 0$ ergibt

$x_{N1} = 2$; dabei ist $v(2) = 5$, also $v(2) \neq 0$

$x_{N2} = -2$; dabei ist $v(-2) = -3$, also $v(-2) \neq 0$.

Ermittlung der Polstellen: $x^2 + 2x - 3 = 0$ ergibt

$x_{P1} = 1$; dabei ist $u(1) = -3$, also $u(1) \neq 0$

$x_{P2} = -3$; dabei ist $u(-3) = 5$, also $u(-3) \neq 0$.

Graph der Funktion f in Bild 6/31

Bild 6/31

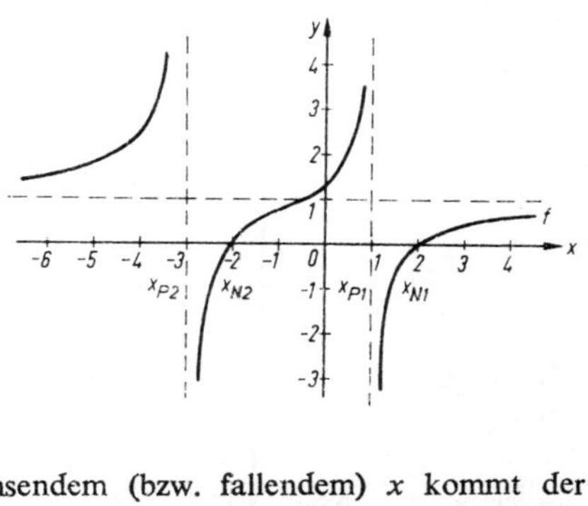

(3) Bei unbeschränkt wachsendem (bzw. fallendem) x kommt der Graph der Funktion f der Geraden mit der Gleichung $y = b$ beliebig nahe. Die Gerade $y = b$ ist eine **Asymptote** der Kurve.

Da sich jede gebrochenrationale Funktion f mit $f(x) = \frac{u(x)}{v(x)}$ mit Hilfe der Division $u(x) : v(x)$ in eine Summe aus einer ganzrationalen Funktion g und einer echt gebrochenrationalen Funktion h umformen läßt (↗ Beispiel 6/11 b): $f(x) = g(x) + h(x)$ und eine echt gebrochenrationale Funktion h für $x \to \pm\infty$ sich der x-Achse beliebig nähert, ist der Graph von g Asymptote für den Graph der Funktion f.

BEISPIEL 6/17

f	$f(x) = g(x) + h(x)$	Asymptote	Bild
echt gebrochen ($n < m$)	$\frac{x}{x^2 - 4} = 0 + \frac{x}{x^2 - 4}$	x-Achse	6/32
unecht gebrochen ($n = m$)	$\frac{2x + 3}{x - 4} = 2 + \frac{11}{x - 4}$	Parallele zur x-Achse im Abstand 2	6/33
unecht gebrochen ($n > m$)	$\frac{x^2 - 3}{x - 2} = x + 2 + \frac{1}{x - 2}$	Gerade mit der Gleichung $y = x + 2$	6/34

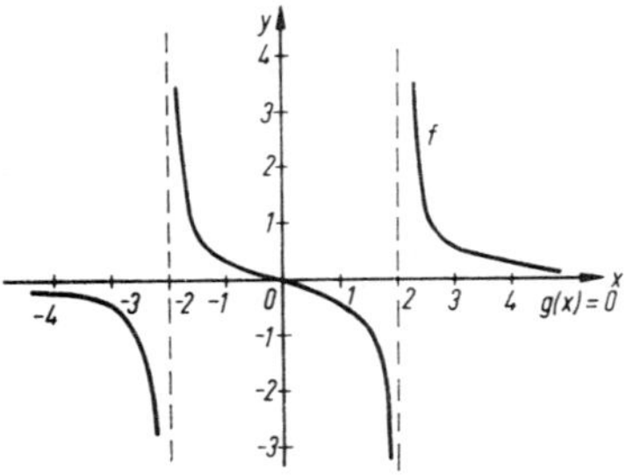

Bild 6/32

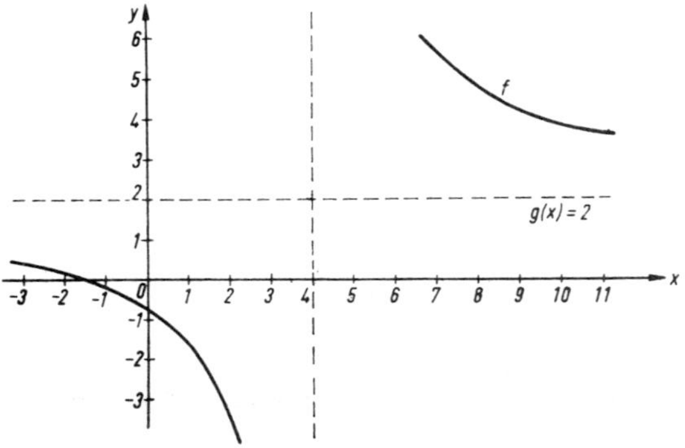

Bild 6/33

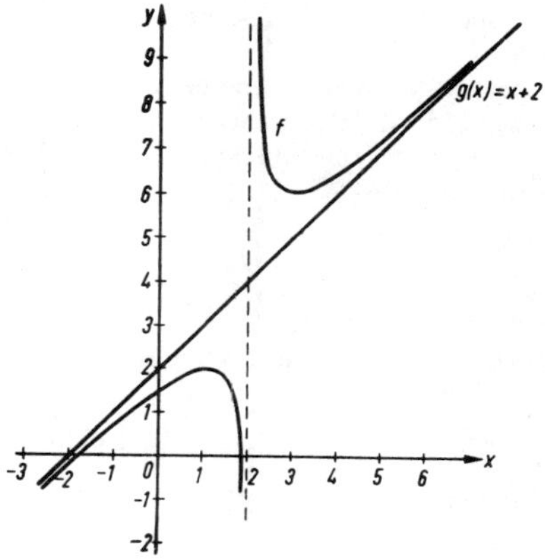

Bild 6/34

6.5.7. Eigenschaften der Potenzfunktionen mit negativen ganzzahligen Exponenten

Die einfachsten Vertreter gebrochenrationaler Funktionen sind die Potenzfunktionen $y = f(x) = x^n$ mit $x \in \mathbf{R}^*$, $n \in \mathbf{Z}$, $n < 0$.
Die Graphen dieser Potenzfunktionen mit negativen ganzzahligen Exponenten heißen **Hyperbeln n-ten Grades.**
Eigenschaften dieser Potenzfunktionen bzw. ihrer Graphen:

Ungerade Funktionen	**Gerade Funktionen**
$f(x) = x^n$, $n \leqq -1$, $\|n\|$ ungerade	$f(x) = x^n$, $n \leqq -2$, $\|n\|$ gerade

Graphen der Funktionen

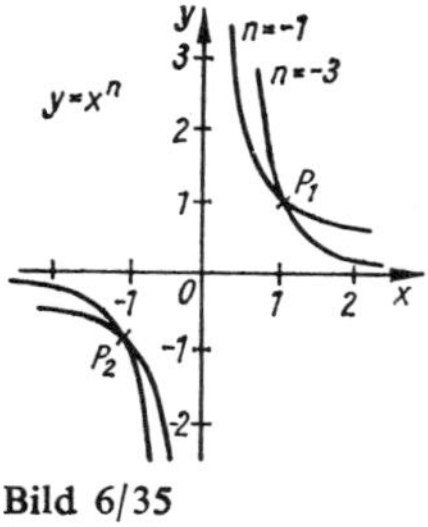

Bild 6/35

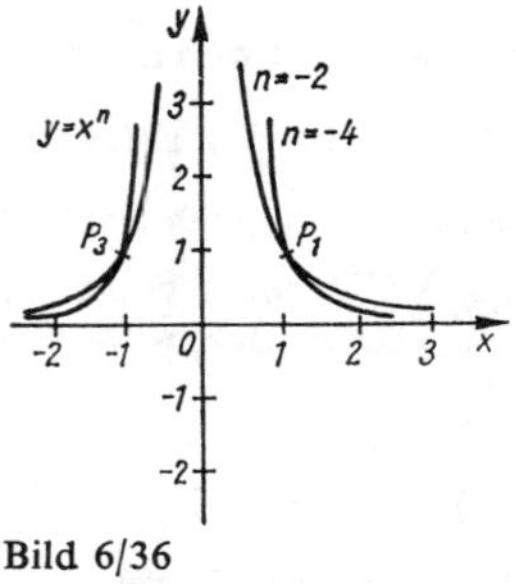

Bild 6/36

Gemeinsame Eigenschaften der Kurvenscharen

Wertebereich: $-\infty < y < 0$ und $0 < y < +\infty$	Wertebereich: $0 < y < +\infty$

unbeschränkte Funktionen;	nach unten beschränkte Funktionen $G_u = 0$;
zentralsymmetrisch in bezug auf den Koordinatenursprung;	achsensymmetrisch zur y-Achse;
streng monoton fallend für $x < 0$ und $x > 0$;	streng monoton wachsend für $x < 0$, streng monoton fallend für $x > 0$;

x- und y-Achse sind Asymptoten; zwei getrennte Äste;

Verlauf im III. und I. Quadranten	Verlauf im II. und I. Quadranten

Gemeinsame Punkte aller Graphen

$P_1(1; 1)$, $P_2(-1; -1)$	$P_1(1; 1)$, $P_3(-1; 1)$

6.6. Irrationale Funktionen

6.6.1. Zum Begriff »irrationale Funktion«

Zu den irrationalen (nichtrationalen) Funktionen [↗ 6.1.2.(4)] gehören

die algebraisch-irrationalen Funktionen, z. B. die Potenzfunktionen mit rationalen Exponenten, speziell die Wurzelfunktionen.	die transzendenten Funktionen (↗ 6.7.), z. B. die Exponentialfunktionen, Logarithmusfunktionen, Winkelfunktionen.

6.6.2. Potenzfunktionen mit rationalen Exponenten

Nach Erweiterung des Potenzbegriffs auf Potenzen mit rationalen Exponenten (↗ 3.4.5.) durch $x^{\frac{p}{q}} = \sqrt[q]{x^p}$ $(x \in \mathbf{R}_+^*\; p,\, q \in \mathbf{Z},\; q > 0)$ können Potenzfunktionen f mit $f(x) = x^n$ mit $n = \frac{p}{q}$ $(p, q \in \mathbf{Z}, q > 0$, p ist nicht Vielfaches von $q)$ untersucht werden. Diese Funktionen sind

- bei $p > 0$ für alle nichtnegativen reellen Zahlen,
- bei $p < 0$ für alle positiven reellen Zahlen

definiert.

BEISPIEL 6/18

Der Graph der folgenden Potenzfunktion f mit rationalen Exponenten ist zu skizzieren.

$f(x) = x^{\frac{2}{3}}$; Anfertigung einer Wertetafel für $y = x^{\frac{2}{3}} = \sqrt[3]{x^2}$ mit $x \in \mathbf{R}$ und $x \geqq 0$ für das Intervall $0 \leqq x \leqq 6$

x	0	1	2	3	4	5	6
y	0	1	1,6	2,1	2,5	2,9	3,3

z. B. $\sqrt[3]{4^2} = \sqrt[3]{16} \approx 2,5$

Bild 6/37

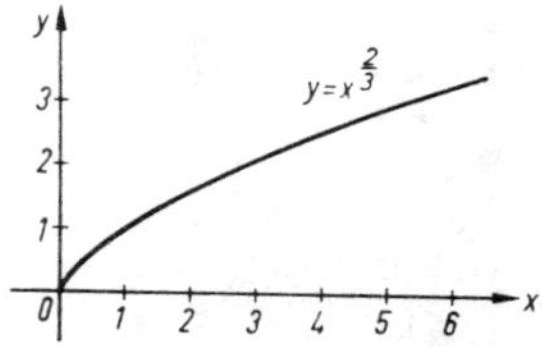

6.6.3. Wurzelfunktionen

Spezielle Potenzfunktionen mit rationalen Exponenten sind die Wurzelfunktionen. Sie sind Umkehrfunktionen von Potenzfunktionen g mit $g(x) = x^n$ ($x \geqq 0$, $n \in \mathbf{N}$, $n \geqq 2$).

Jede Funktion f mit $f(x) = \sqrt[n]{x}$ ($x \geqq 0$, $n \in \mathbf{N}$, $n \geqq 2$) heißt **Wurzelfunktion.**

Die Funktionen g und $f = g^{-1}$ sind zueinander invers.
Zum Bilden der Umkehrfunktion muß

- der Definitionsbereich von $g(x) = x^n$ in Monotonieintervalle zerlegt werden (Forderung nach Eineindeutigkeit der Funktion g) und
- die Definition der n-ten Wurzel (↗ 3.4.3.) (für nichtnegative Radikanden) beachtet werden.

Für **geradzahliges** n gibt es für jedes der beiden Monotonieintervalle $-\infty < x \leqq 0$ und $0 \leqq x < +\infty$ der Potenzfunktion $y = x^n$ eine Wurzelfunktion $u(x) = \sqrt[n]{x}$ bzw. $v(x) = -\sqrt[n]{x}$ im Intervall $0 < x < +\infty$. Ihre Graphen sind Parabeläste, axialsymmetrisch zur x-Achse gelegen.

Für **ungeradzahliges** n gibt es im gesamten Definitionsbereich eine eindeutig bestimmte Umkehrfunktion. Sie kann aber *nicht geschlossen durch eine Gleichung* dargestellt werden. Sie wird

für $x \geqq 0$ durch	für $x < 0$ durch
$y = \sqrt[n]{x}$	$y = -\sqrt[n]{-x}$

beschrieben.

BEISPIEL 6/19

a) Die Funktion f mit $f(x) = x^2$ hat zwei Monotonieintervalle. Deshalb gibt es zwei Umkehrfunktionen:

Zu $f(x) = x^2$ mit $x \geqq 0$ und $y \geqq 0$ ist die Umkehrfunktion $u(x) = f^{-1}(x) = \sqrt{x}$ mit $x \geqq 0$ und $y \geqq 0$.

Eigenschaften der Funktion u:

- monoton wachsend
- nach unten beschränkt, $G_u = 0$
- Nullstelle $x_N = 0$

Der *Graph der Funktion u* verläuft im I. Quadranten.

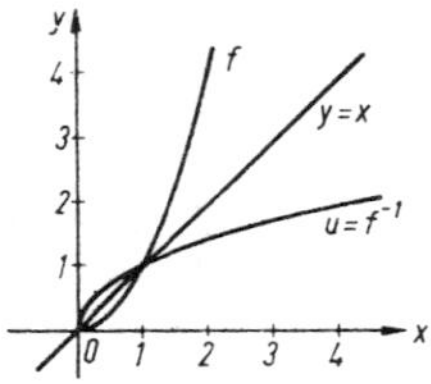

Bild 6/38

Zu $f(x) = x^2$ mit $x \leqq 0$ und $y \geqq 0$ ist die Umkehrfunktion $v(x) = f^{-1}(x) = -\sqrt{x}$ mit $x \geqq 0$ und $y \leqq 0$.

Eigenschaften der Funktion v:

- monoton fallend
- nach oben beschränkt, $G_o = 0$
- Nullstelle $x_N = 0$

Der *Graph der Funktion v* verläuft im IV. Quadranten.

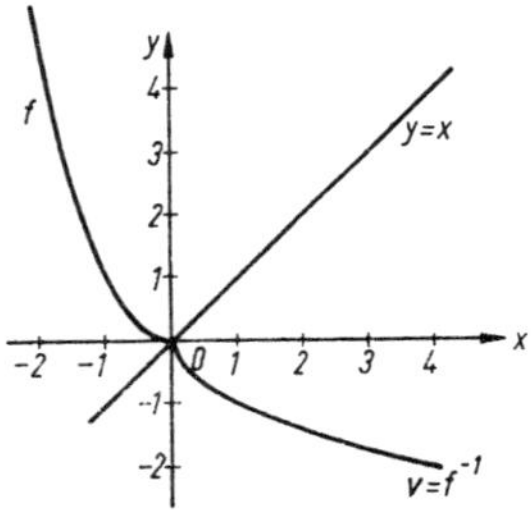

Bild 6/39

b) Die Umkehrfunktion der Funktion f mit $f(x) = x^3$ kann wegen der Wurzeldefinition nicht durch eine Gleichung beschrieben werden. Die zu $f(x) = x^3$ inverse Funktion ist

$$g(x) = f^{-1}(x) = \begin{cases} \sqrt[3]{x} & \text{für } x \geqq 0 \\ -\sqrt[3]{-x} & \text{für } x < 0. \end{cases}$$

Eigenschaften der Funktion g:

- streng monoton wachsend
- unbeschränkt
- ungerade Funktion
- Nullstelle $x_N = 0$.

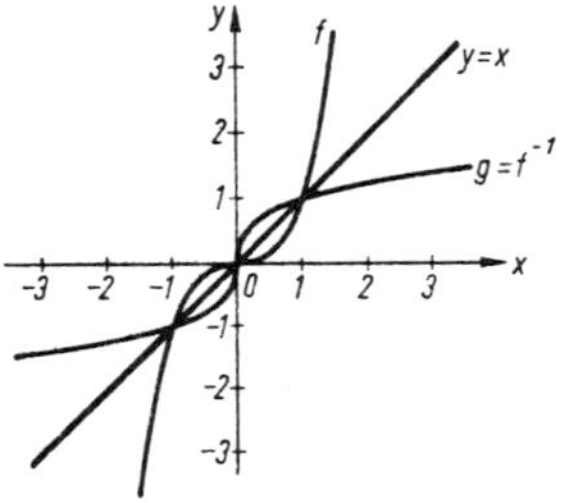

Der *Graph der Funktion g* verläuft im III. und I. Quadranten; er ist zentralsymmetrisch zu Punkt $O(0; 0)$ (Bild 6/40).

Bild 6/40

6.7. Transzendente Funktionen

6.7.1. Zum Begriff »transzendente Funktion«

Transzendente Funktionen sind nichtalgebraische Funktionen, d. h. Funktionen, deren Zuordnungsvorschrift nicht durch eine algebraische Gleichung [↗ 5.2.(2)] dargestellt werden kann.
Zu den transzendenten Funktionen gehören

- die zueinander inversen Funktionen: die Exponentialfunktionen und die Logarithmusfunktionen,
- die zueinander inversen Funktionen: die Winkelfunktionen und die zyklometrischen Funktionen.

6.7.2. Exponentialfunktionen

Funktionen f mit $f(x) = a^x$ ($a \in \mathbf{R}$, $a > 0$, $a \neq 1$) heißen **Exponentialfunktionen.** Sie sind für alle reellen x definiert. a heißt Basis, x Exponent.
Eigenschaften der Exponentialfunktionen f zur Basis a und ihrer Graphen:

Für $0 < a < 1$ ist f streng monoton fallend, nach unten beschränkt, $G_u = 0$.	Für $a > 1$ ist f streng monoton wachsend, nach unten beschränkt, $G_u = 0$.

Die Graphen verlaufen im II. und I. Quadranten (Bild 6/41).

Alle Graphen gehen durch den Punkt $P(0; 1)$.
Die x-Achse ist Asymptote an die Graphen der Exponentialfunktionen.

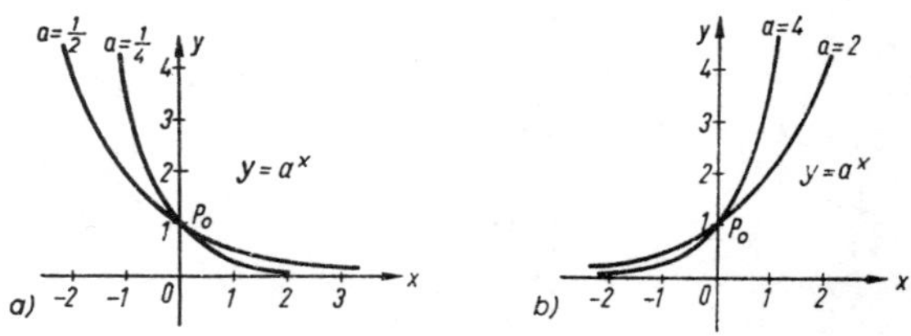

Bild 6/41

Die Graphen der Funktionen $f(x) = a^x$ und $g(x) = a^{-x}$ liegen achsensymmetrisch zur y-Achse, Bild 6/42.

Da $a^{x_1} \cdot a^{x_2} = a^{x_1+x_2}$ ist (↗ 3.1.3.3. und 3.4.4.), gilt für jede Exponentialfunktion zur Basis a das Additionstheorem

$$f(x_1) \cdot f(x_2) = f(x_1 + x_2).$$

Wählt man als Basis einer Exponentialfunktion die EULERsche Zahl $e = \lim\limits_{n \to \infty} \left(1 + \frac{1}{n}\right)^n \approx 2{,}718281\ldots$ [↗ 6.8.7.(5)], so erhält man die

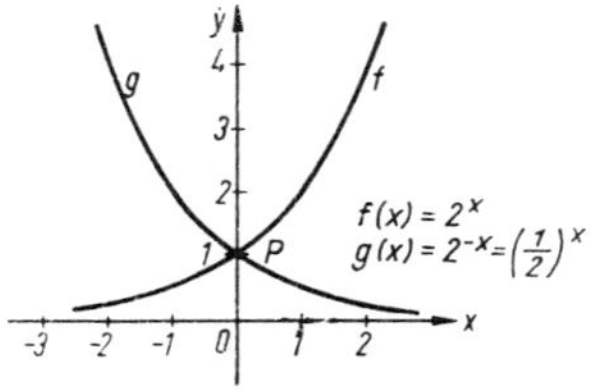

Bild 6/42

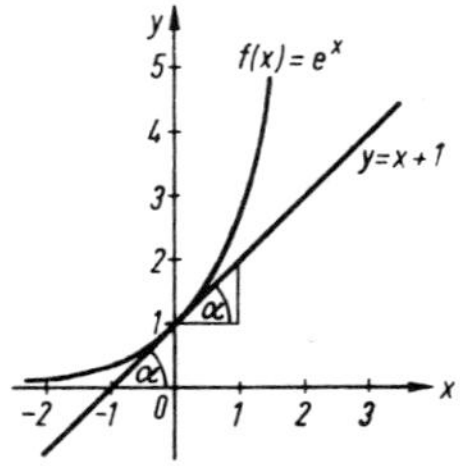

Bild 6/43

natürliche Exponentialfunktion (auch e-Funktion genannt). Sie hat im Punkt $P(0;\,1)$ den Anstieg 1, d. h., die Tangente an den Graph der e-Funktion bildet im Punkt $P(0;\,1)$ mit der Parallelen zur x-Achse den Winkel $\alpha = 45°$ (Bild 6/43).

6.7.3. Logarithmusfunktionen

Die zur Exponentialfunktion g mit $g(x) = a^x$ ($a \in \mathbf{R}$, $a > 0$, $a \neq 1$) inverse Funktion heißt **Logarithmusfunktion** zur Basis a und wird mit $f(x) = \log_a x$ ($x \in \mathbf{R}$, $x > 0$, $a > 0$, $a \neq 1$) bezeichnet (gelesen: f von x gleich Logarithmus von x zur Basis a).
Graphen der zueinander inversen Funktionen g, f für $a > 1$ in Bild 6/44, für $0 < a < 1$ in Bild 6/45

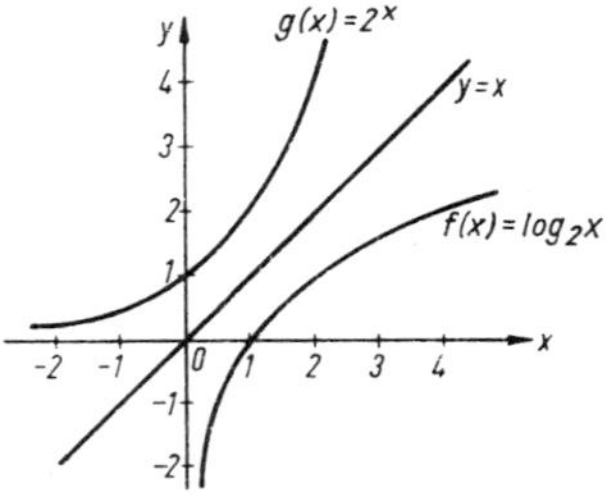

Bild 6/44

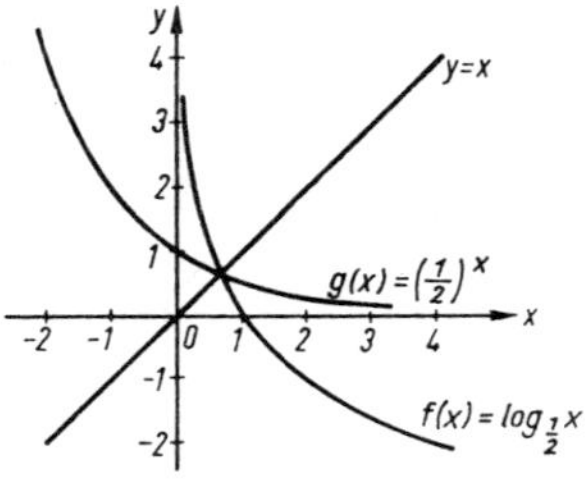

Bild 6/45

Zur Definition des Logarithmus ↗ 3.4.6.
Eigenschaften der Logarithmusfunktion $f(x) = \log_a x$ und ihrer Graphen:

Für $0 < a < 1$ ist f	Für $a > 1$ ist f
– streng monoton fallend	– streng monoton wachsend
– unbeschränkt	– unbeschränkt
– Nullstelle $x_N = 1$	– Nullstelle $x_N = 1$

Die Graphen aller Logarithmusfunktionen verlaufen im I. und IV. Quadranten und gehen durch den Punkt $P(1; 0)$.
Die y-Achse ist Asymptote an die Graphen der Logarithmusfunktionen (Bild 6/46).

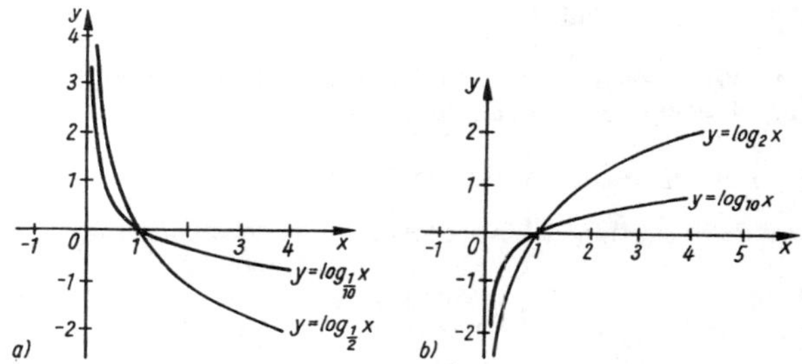

Bild 6/46

Die Graphen der Funktionen $f(x) = \log_a x$ und $g(x) = \log_{\frac{1}{a}} x$ liegen achsensymmetrisch zur x-Achse (Bild 6/47).
Man beachte, daß $\log_{\frac{1}{2}} x = -\log_2 x$ ist; denn aus $\log_{\frac{1}{2}} x = y$ folgt $\left(\frac{1}{2}\right)^y = x$ bzw. $(2^{-1})^y = x$ bzw. $2^{-y} = x$, und aus $2^{-y} = x$ folgt $\log_2 x = -y$ bzw. $-\log_2 x = y$.

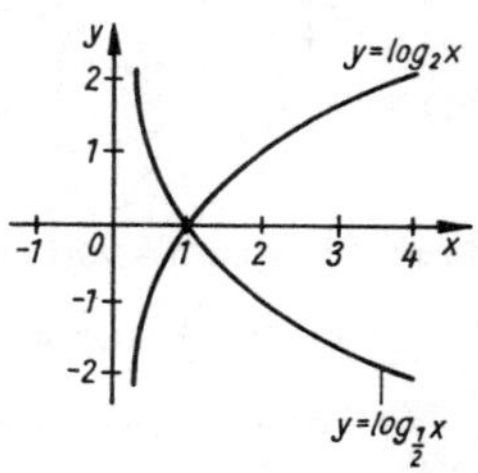

Bild 6/47

Logarithmusfunktionen zu speziellen Basen

Basis a	Funktionsgleichung	Name
e	$f(x) = \log_e x = \ln x$	Funktion der natürlichen Logarithmen
10	$f(x) = \log_{10} x = \lg x$	Funktion der BRIGGSschen (oder Zehner- oder dekadischen) Logarithmen
2	$f(x) = \log_2 x = \mathrm{lb}\, x$	Funktion der Zweier- (oder dyadischen oder binären) Logarithmen

Wegen $\log_a (x_1 \cdot x_2) = \log_a x_1 + \log_a x_2$ erfüllt jede Logarithmusfunktion die Gleichung $f(x_1 \cdot x_2) = f(x_1) + f(x_2)$.
Beziehungen zwischen Logarithmen verschiedener Basen ↗ 3.4.6.

6.7.4. Winkelfunktionen

Zum Winkelbegriff ↗ 10.1.1.(7), zur Kongruenz von Winkeln ↗ 10.1.3.(4), zur Messung von Winkeln ↗ 10.1.5.(3)

(1) Definitionen der Winkelfunktionen

Um den Ursprung O eines ebenen kartesischen Koordinatensystems sei ein Kreis mit dem Radius $r > 0$ gezeichnet. Auf seiner Peripherie befinde sich ein beliebiger Punkt $P(u; v)$. Verbindet man P mit O, so entsteht der orientierte Winkel $\sphericalangle QOP = \sphericalangle x$, wobei Q der Fußpunkt des Lotes von P auf die u-Achse sei (Bild 6/48).

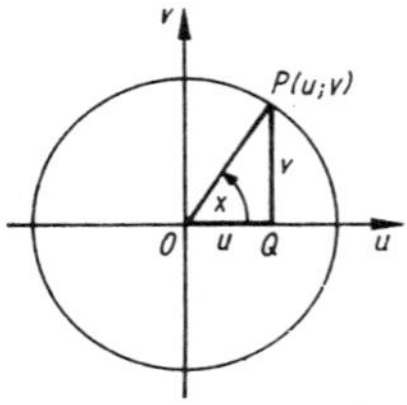

Bild 6/48

Jedem Winkel x können Zahlenverhältnisse zugeordnet werden, die aus der Abszisse u, der Ordinate v des Punktes P und dem Radius r des Kreises gebildet werden ($u, v, r \in \mathbf{R}$, $r > 0$).

Das Verhältnis von Ordinate v des Punktes P zum Radius r ist eine reelle Zahl, die mit $\sin x$ bezeichnet wird: $\sin x = \frac{v}{r}$. Aus den reellen Zahlen x und $\sin x$ können geordnete Paare $(x; \sin x)$ gebildet werden. Die Menge dieser geordneten Paare $(x; \sin x)$ heißt **Sinusfunktion** und wird mit $y = f(x) = \sin x$ bezeichnet.

Der Graph der Sinusfunktion wird punktweise mit Hilfe des Einheitskreises ermittelt, indem die den Winkeln x entsprechenden Funktionswerte den im Bogenmaß auf der x-Achse abgetragenen Winkeln zugeordnet werden, Bild 6/49.

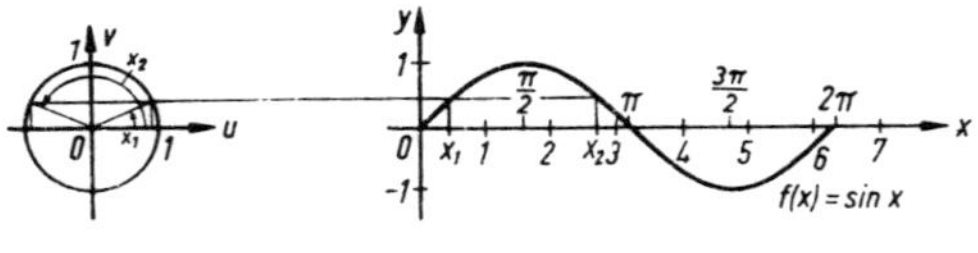

Bild 6/49

Für zueinander äquivalente Winkel [↗ 10.1.5.(3)] erhält man gleiche Funktionswerte (Bild 6/50). Es gilt $\sin (x + 2k\pi) = \sin x$, $k \in Z$.

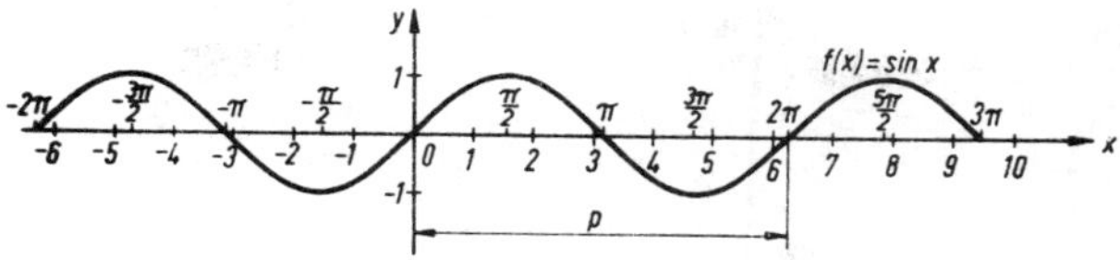

Bild 6/50

Das Verhältnis von Abszisse u zu Radius r ist eine reelle Zahl, die mit $\cos x$ bezeichnet wird: $\cos x = \frac{u}{r}$.
Die Menge der geordneten Paare $(x; \cos x)$ heißt **Cosinusfunktion** und wird mit $y = f(x) = \cos x$ bezeichnet.

Der Graph der Cosinusfunktion wird punktweise mit Hilfe des Einheitskreises ermittelt, wobei aus Zweckmäßigkeit das $u;v$-Koordinatensystem um 90° im mathematisch positiven Sinn gedreht wird, Bild 6/51.

Bild 6/51

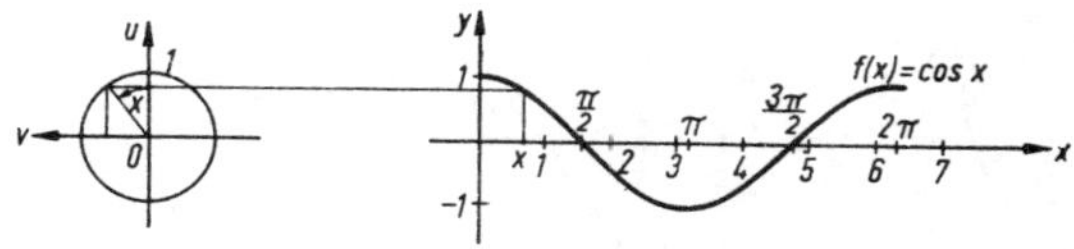

Für zueinander äquivalente Winkel erhält man gleiche Funktionswerte (Bild 6/52). Es gilt $\cos(x + 2k\pi) = \cos x,\ k \in \mathbb{Z}$.

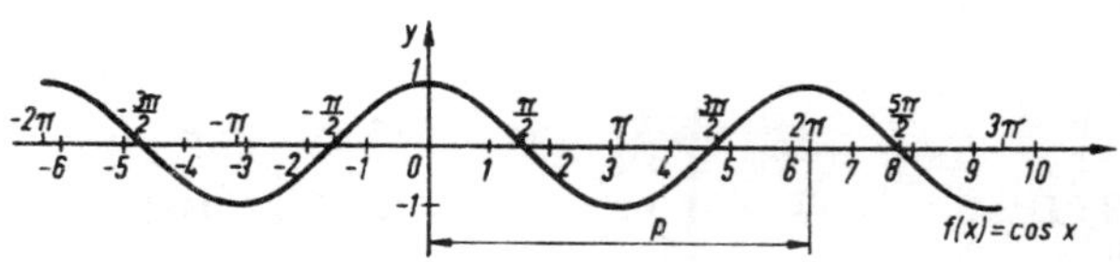

Bild 6/52

Das Verhältnis von Ordinate v zu Abszisse u eines Punktes P ist eine reelle Zahl, die mit $\tan x$ bezeichnet wird: $\tan x = \frac{v}{u}$ mit $u \neq 0$.
Da $\sin x = \frac{v}{r}$ und $\cos x = \frac{u}{r}$ ist, kann $\tan x$ auch als Quotient von $\sin x$ und $\cos x$ dargestellt werden: $\tan x = \frac{\sin x}{\cos x}$ mit $\cos x \neq 0$.
Die Menge der geordneten Paare $(x; \tan x)$ mit $x \neq (2k + 1)\frac{\pi}{2}$, $k \in \mathbb{Z}$, heißt **Tangensfunktion** und wird mit $y = f(x) = \tan x$ bezeichnet.

Der Graph der Tangensfunktion wird punktweise mit Hilfe des Einheitskreises ermittelt, Bild 6/53.

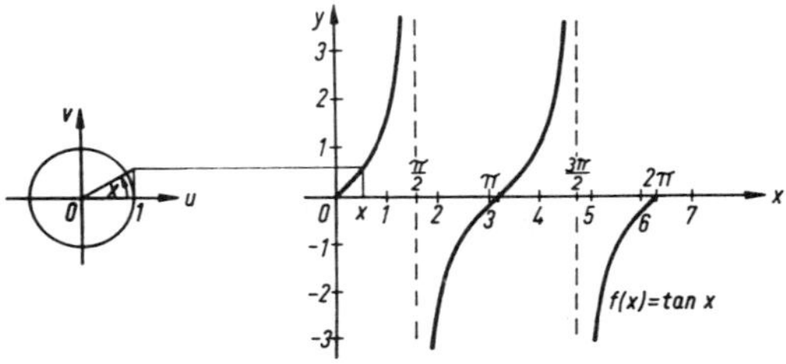

Bild 6/53

Für zueinander äquivalente Winkel erhält man gleiche Funktionswerte (Bild 6/54). Es gilt $\tan(x + k\pi) = \tan x$, $k \in \mathbf{Z}$.

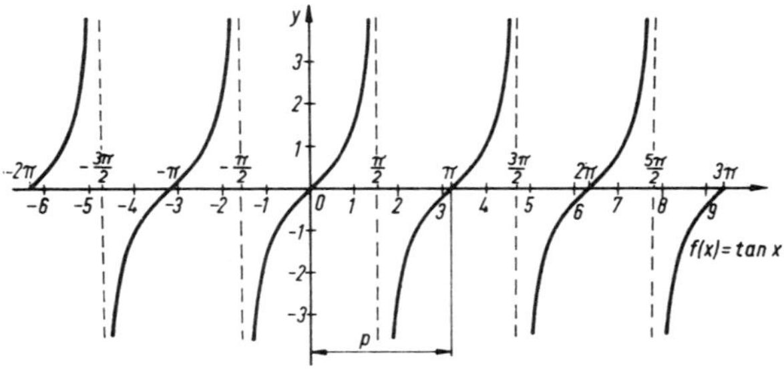

Bild 6/54

Das Verhältnis von Abszisse u zu Ordinate v eines Punktes P ist eine reelle Zahl, die mit $\cot x$ bezeichnet wird: $\cot x = \frac{u}{v}$ mit $v \neq 0$.
Da $\cos x = \frac{u}{r}$ und $\sin x = \frac{v}{r}$ ist, kann $\cot x$ auch als Quotient von $\cos x$ und $\sin x$ dargestellt werden: $\cot x = \frac{\cos x}{\sin x}$ mit $\sin x \neq 0$.
Die Menge der geordneten Paare $(x; \cot x)$ mit $x \neq k\pi$ $(k \in \mathbf{Z})$ heißt **Cotangensfunktion** und wird mit $y = f(x) = \cot x$ bezeichnet.

Der Graph der Cotangensfunktion wird punktweise mit Hilfe des Einheitskreises ermittelt, wobei das $u;v$-Koordinatensystem um 90° im mathematisch positiven Sinn gedreht wird, Bild 6/55.
Für zueinander äquivalente Winkel erhält man gleiche Funktionswerte (Bild 6/56). Es gilt $\cot(x + k\pi) = \cot x$, $k \in \mathbf{Z}$.

Bild 6/55

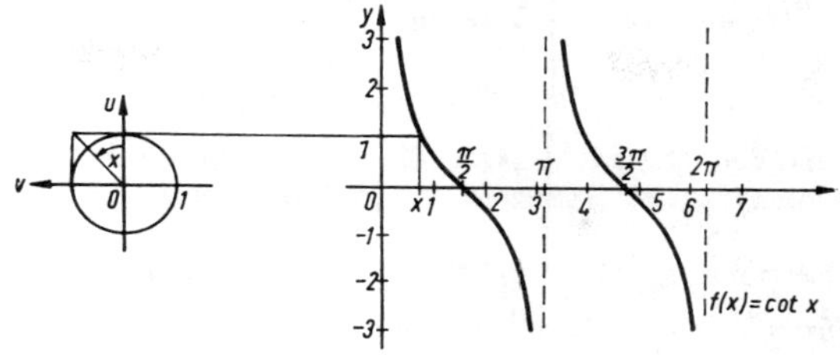

Bild 6/56

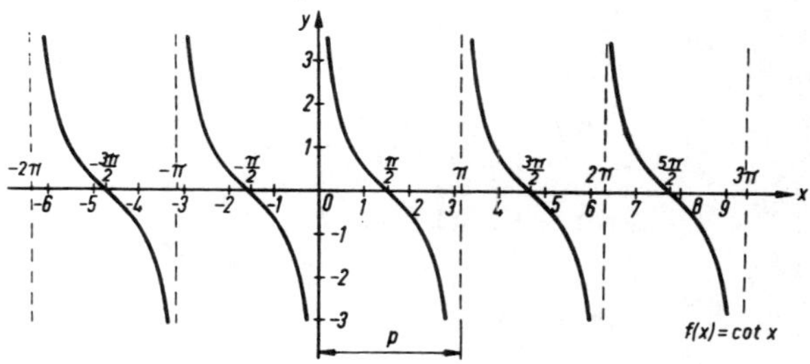

(2) Winkelfunktionen im rechtwinkligen Dreieck

Unter Beschränkung des Definitionsbereichs von α auf $0° < \alpha < 90°$ können die Winkelfunktionen am rechtwinkligen Dreieck erklärt werden. Im Dreieck $\triangle ABC$ (Bild 6/57) sei a der Zahlenwert der Länge der Gegenkathete des Winkels α, b der Zahlenwert der Länge der Ankathete dieses Winkels, c der Zahlenwert der Länge der Hypotenuse.

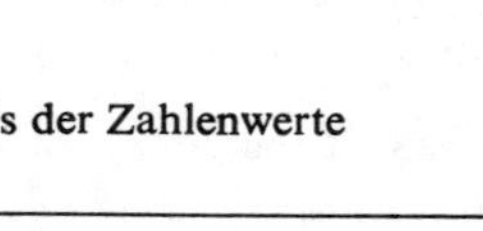

Bild 6/57

Dann gilt für die

Winkelfunktion		das Verhältnis der Zahlenwerte der Längen
Sinus	$\sin\alpha = \frac{a}{c}$	von Gegenkathete und Hypotenuse
Cosinus	$\cos\alpha = \frac{b}{c}$	von Ankathete und Hypotenuse
Tangens	$\tan\alpha = \frac{a}{b}$	von Gegenkathete und Ankathete
Cotangens	$\cot\alpha = \frac{b}{a}$	von Ankathete und Gegenkathete

(3) **Komplementwinkelbeziehungen**

Da $\sin\alpha = \frac{a}{c}$ und $\cos\beta = \frac{a}{c}$ ist, gilt $\sin\alpha = \cos\beta$. (*) Da im rechtwinkligen Dreieck $\triangle ABC$ die Größe des Winkels β die Größe des Winkels α zu 90° ergänzt [d.h., α, β sind Komplementwinkel (↗ 10.4.(1))], gilt $\beta = 90° - \alpha$.
Ersetzt man in (*) β durch $90° - \alpha$, so erhält man $\sin\alpha = \cos(90° - \alpha)$.

Für beliebige reelle Zahlen x gilt

$$\sin\left(\frac{\pi}{2} - x\right) = \cos x$$

$$\cos\left(\frac{\pi}{2} - x\right) = \sin x$$

$$\left.\begin{aligned}\tan\left(\frac{\pi}{2} - x\right) &= \cot x\\ \cot\left(\frac{\pi}{2} - x\right) &= \tan x\end{aligned}\right\} \quad \text{wobei} \quad x \neq k\frac{\pi}{2} \quad \text{mit} \quad k \in \mathbf{Z}$$

Da x und $\frac{\pi}{2} - x$ Komplementwinkel sind, heißen die Funktionen sin und cos bzw. tan und cot **Cofunktionen.**

(4) **Geometrische Transformationen der Graphen der Winkelfunktionen**
Ist die Gleichung einer Winkelfunktion in der Form

$$y = f(x) = y_0 + a\sin[b(x - x_0)]$$

gegeben, dann ist bei der Zeichnung des Graphen der Funktion nacheinander eine Streckung des Graphen der Funktion $g(x) = \sin x$ in Richtung der x-Achse (↗ 6.4.3.), eine Streckung in Richtung der y-Achse (↗ 6.4.3.), eine Translation (↗ 6.4.2.) und evtl. eine Spiegelung an der x-Achse (bei negativem a) (↗ 6.4.1.) durchzuführen.

BEISPIEL 6/20

Um den Graph der Funktion

$$y = f(x) = 1{,}5 + 2\sin\left(\frac{x}{2} - \frac{\pi}{4}\right)$$

darzustellen, wird diese Gleichung umgeformt:

$$y - 1{,}5 = 2\sin\left[\frac{1}{2}\left(x - \frac{\pi}{2}\right)\right].$$

Dann ist der Koordinatenursprung $\bar{O}$ gegeben durch $x_0 = \frac{\pi}{2}$, $y_0 = 1{,}5$.
Ferner ist $a = 2$ und $b = \frac{1}{2}$.

Darstellung des Graphen im Intervall $-\frac{\pi}{2} \leqq x \leqq \frac{5\pi}{2}$ in Bild 6/58

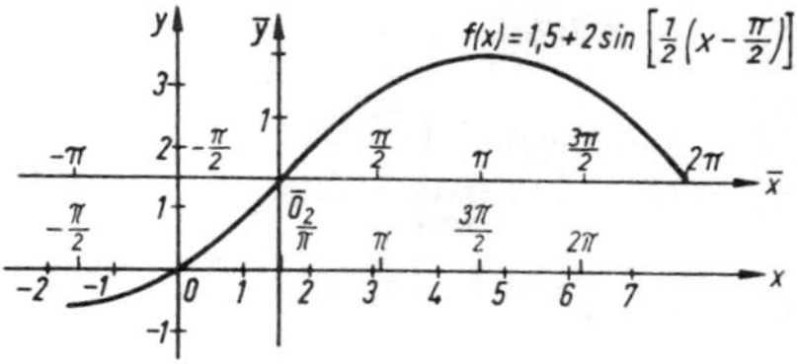

Bild 6/58

(5) **Ermitteln von Funktionswerten der Winkelfunktionen**

Die meisten Funktionswerte der Winkelfunktionen sind irrationale Zahlen. Ein elektronischer Taschenrechner für wissenschaftliche Arbeiten (vgl. Bild 4/2) gibt die Winkelfunktionswerte näherungsweise direkt an.
Steht kein elektronischer Taschenrechner zur Verfügung, sind zur Ermittlung der Funktionswerte Tafeln für Winkelfunktionswerte oder ein Rechenstab zu nutzen.
In den Tafeln der Winkelfunktionswerte sind auf Grund der Komplementbeziehungen [↗ 6.7.4.(2)] die Funktionswerte der Winkelfunktionen als Näherungswerte für den I. Quadranten tabelliert. Diese Tabellen besitzen zwei gegenläufige Eingänge, so daß die Funktionswerte von sin und cos bzw. tan/cot in je einer Tabelle zusammengefaßt sind (↗ 4.5.1.).
Zur Erhöhung der Genauigkeit der Näherungswerte kann die **lineare Interpolation** (Zwischenschalten von Funktionswerten) dienen.

(6) **Einfache Zusammenhänge zwischen Winkelfunktionen**

- Für beliebige Winkelgrößen x gilt: $\sin^2 x + \cos^2 x = 1$, wobei $\sin^2 x = (\sin x)^2$ ist.
- Für beliebige Winkelgrößen x mit $x \neq \frac{k\pi}{2}$ $(k \in \mathbf{Z})$ gilt: $\tan x \cdot \cot x = 1$.

Daraus folgt $\tan x = \frac{1}{\cot x}$ bzw. $\cot x = \frac{1}{\tan x}$.

(7) **Winkelfunktionen von Summen und Differenzen von Argumenten (Additionstheoreme der Winkelfunktionen)**

Mit Hilfe der Additionstheoreme können Winkelfunktionswerte der Argumente $x + y$ bzw. $x - y$ aus den Winkelfunktionswerten der Winkelgrößen x und y ermittelt werden.
Für beliebige Winkelgrößen x, y gilt:

(I) $\sin(x \pm y) = \sin x \cos y \pm \cos x \sin y$

(II) $\cos(x \pm y) = \cos x \cos y \mp \sin x \sin y$

(III) $\tan(x \pm y) = \dfrac{\tan x \pm \tan y}{1 \mp \tan x \cdot \tan y}$ mit $\tan x \cdot \tan y \neq \pm 1$

(IV) $\cot(x \pm y) = \dfrac{\cot x \cdot \cot y \mp 1}{\cot x \pm \cot y}$ mit $\cot x \pm \cot y \neq 0$

(8) **Summen und Differenzen zweier Winkelfunktionen**

Für beliebige Winkelgrößen x, y gilt:

(I) $\sin x + \sin y = 2 \cdot \sin \dfrac{x+y}{2} \cdot \cos \dfrac{x-y}{2}$

(II) $\sin x - \sin y = 2 \cdot \sin \dfrac{x-y}{2} \cdot \cos \dfrac{x+y}{2}$

(III) $\cos x + \cos y = 2 \cdot \cos \dfrac{x+y}{2} \cdot \cos \dfrac{x-y}{2}$

(IV) $\cos x - \cos y = -2 \cdot \sin \dfrac{x+y}{2} \cdot \sin \dfrac{x-y}{2}$

(V) $\tan x + \tan y = \dfrac{\sin(x+y)}{\cos x \cdot \cos y}$ mit $\cos x \cdot \cos y \neq 0$

(VI) $\tan x - \tan y = \dfrac{\sin(x-y)}{\cos x \cdot \cos y}$ mit $\cos x \cdot \cos y \neq 0$

(VII) $\cot x + \cot y = \dfrac{\sin(x+y)}{\sin x \cdot \sin y}$ mit $\sin x \cdot \sin y \neq 0$

(VIII) $\cot x - \cot y = \dfrac{-\sin(x-y)}{\sin x \cdot \sin y}$ mit $\sin x \cdot \sin y \neq 0$

(9) **Produkte zweier Winkelfunktionen**

Für beliebige Winkelgrößen x, y gilt:

(I) $2 \cdot \sin x \cdot \sin y = \cos(x-y) - \cos(x+y)$

(II) $2 \cdot \sin x \cdot \cos y = \sin(x+y) + \sin(x-y)$

(III) $2 \cdot \cos x \cdot \sin y = \sin(x+y) - \sin(x-y)$

(IV) $2 \cdot \cos x \cdot \cos y = \cos(x-y) + \cos(x+y)$

(V) $\tan x \cdot \tan y = \dfrac{\tan x + \tan y}{\cot x + \cot y}$ mit $\cot x + \cot y \neq 0$

(VI) $\tan x \cdot \cot y = \dfrac{\tan x + \cot y}{\cot x + \tan y}$ mit $\cot x + \tan y \neq 0$

(VII) $\cot x \cdot \cot y = \dfrac{\cot x + \cot y}{\tan x + \tan y}$ mit $\tan x + \tan y \neq 0$

(10) **Winkelfunktionen des doppelten Winkels**

Für beliebige Winkelgrößen x gilt:

(I) $\sin 2x = 2 \cdot \sin x \cdot \cos x$

(II) $\cos 2x = \cos^2 x - \sin^2 x = 1 - 2 \cdot \sin^2 x = 2 \cdot \cos^2 x - 1$

(III) $\tan 2x = \dfrac{2 \cdot \tan x}{1 - \tan^2 x}$ mit $\tan^2 x \neq 1$

(IV) $\cot 2x = \dfrac{\cot^2 x - 1}{2 \cdot \cot x}$ mit $\cot x \neq 0$

(11) **Winkelfunktionen des halben Winkels**

Für beliebige Winkelgrößen x gilt:

(I) $\sin^2 \dfrac{x}{2} = \dfrac{1 - \cos x}{2}$ (II) $\cos^2 \dfrac{x}{2} = \dfrac{1 + \cos x}{2}$

(III) $\tan^2 \dfrac{x}{2} = \dfrac{1 - \cos x}{1 + \cos x}$ mit $\cos x \neq -1$

(IV) $\cot^2 \dfrac{x}{2} = \dfrac{1 + \cos x}{1 - \cos x}$ mit $\cos x \neq 1$

(12) **Winkelfunktionen des dreifachen Winkels**

(I) $\sin 3x = 3 \cdot \sin x - 4 \cdot \sin^3 x$

(II) $\cos 3x = 4 \cdot \cos^3 x - 3 \cdot \cos x$

(III) $\tan 3x = \dfrac{3 \cdot \tan x - \tan^3 x}{1 - 3 \cdot \tan^2 x}$ mit $3 \cdot \tan x \neq 1$

(IV) $\cot 3x = \dfrac{\cot^3 x - 3 \cdot \cot x}{3 \cdot \cot^2 x - 1}$ mit $3 \cdot \cot^2 x \neq 1$

(13) **Potenzen von Winkelfunktionen**

(I) $\sin^2 x = \dfrac{1 - \cos 2x}{2}$ (II) $\sin^3 x = \dfrac{3 \cdot \sin x - \sin 3x}{4}$

(III) $\sin^4 x = \dfrac{\cos 4x - 4 \cdot \cos 2x + 3}{8}$ (IV) $\cos^2 x = \dfrac{1 + \cos 2x}{2}$

(V) $\cos^3 x = \dfrac{3 \cdot \cos x + \cos 3x}{4}$

(VI) $\cos^4 x = \dfrac{\cos 4x + 4 \cdot \cos 2x + 3}{8}$

6.7.5. Die Arcusfunktionen

Die inversen Funktionen zu den streng monotonen Funktionen

$$y = g(x) = \sin x \quad \text{mit} \quad -\frac{\pi}{2} \leqq x \leqq \frac{\pi}{2}$$

$$y = g(x) = \cos x \quad \text{mit} \quad 0 \leqq x \leqq \pi$$

$$y = g(x) = \tan x \quad \text{mit} \quad -\frac{\pi}{2} < x < \frac{\pi}{2}$$

$$y = g(x) = \cot x \quad \text{mit} \quad 0 < x < \pi.$$

heißen **Arcusfunktionen (oder zyklometrische Funktionen)** und werden bezeichnet mit:

$$y = f(x) = \arcsin x \quad \text{mit} \quad -1 \leqq x \leqq 1 \quad \text{(Bild 6/59)}$$

$$y = f(x) = \arccos x \quad \text{mit} \quad -1 \leqq x \leqq 1 \quad \text{(Bild 6/60)}$$

$$y = f(x) = \arctan x \quad \text{mit} \quad -\infty < x < +\infty \quad \text{(Bild 6/61)}$$

$$y = f(x) = \operatorname{arccot} x \quad \text{mit} \quad -\infty < x < +\infty \quad \text{(Bild 6/62)}$$

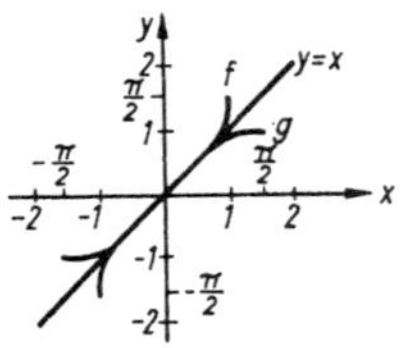

Bild 6/59

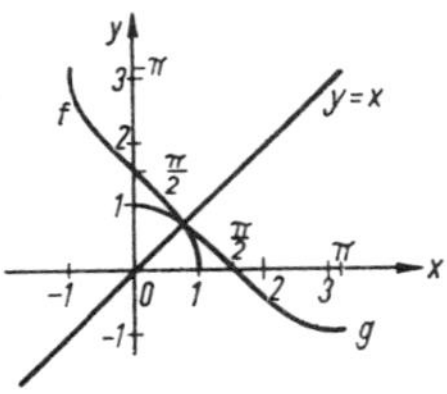

Bild 6/60

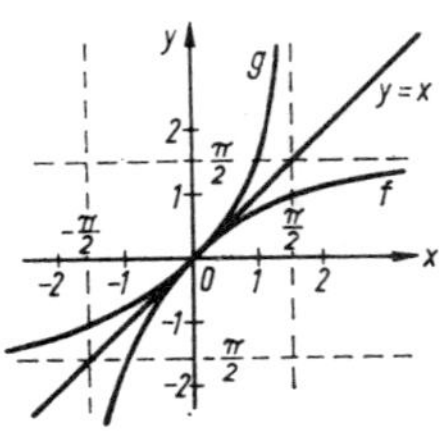

Bild 6/61

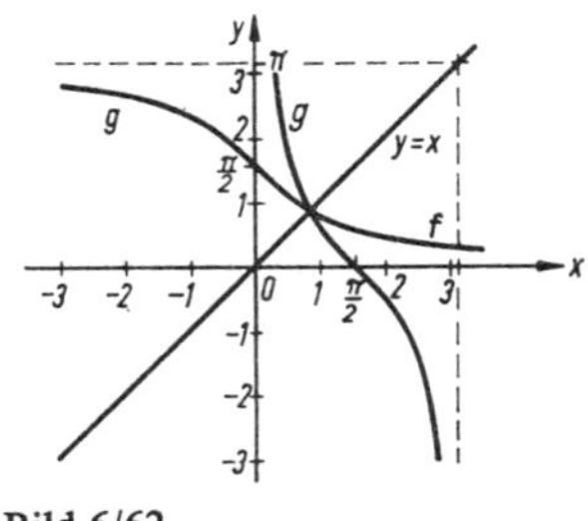

Bild 6/62

6.8. Zahlenfolgen und Reihen

6.8.1. Zum Begriff »Zahlenfolge«

(1) Eine Funktion, deren Definitionsbereich eine Menge natürlicher Zahlen ist, heißt **reelle Zahlenfolge,** wenn der Wertebereich eine Teilmenge der Menge der reellen Zahlen ist.

Jedes Element des Wertebereichs heißt **Glied** der Zahlenfolge. Wird der natürlichen Zahl k durch eine Bildungsvorschrift in Form einer Glei-

chung das Glied a_k zugeordnet, so wird die Zahlenfolge mit (a_k) bezeichnet.
Ist der Definitionsbereich eine endliche Menge natürlicher Zahlen, so heißt die Zahlenfolge **endlich**, andernfalls **unendlich.**
a_k heißt das **allgemeine Glied** einer Zahlenfolge,
a_0 bzw. a_1 das **Anfangsglied**, je nachdem, ob der Definitionsbereich mit Null oder mit eins beginnt,
a_n das **Endglied** einer endlichen Zahlenfolge.

BEISPIEL 6/21

a) Die Zahlenfolge $(a_k) = (1; 3; 5; 7; 9)$ ist endlich. Sie enthält alle ungeraden Zahlen, die kleiner als 10 sind. Das Anfangsglied ist $a_1 = 1$, das Endglied ist $a_5 = 9$. Das allgemeine Glied ist $a_k = 2k - 1$ mit $k \in \mathbf{N}^*$ und $k \leqq 5$.
b) Die Zahlenfolge $(a_k) = (0; 2; 4; 6; \ldots)$ ist eine unendliche Zahlenfolge, die alle geraden Zahlen enthalten soll. Das Anfangsglied ist $a_0 = 0$, das allgemeine Glied ist $a_k = 2k$ mit $k \in \mathbf{N}$.

(2) Die **Zuordnungsvorschrift** der Zahlenfolge kann explizit oder rekursiv erfolgen:

Explizite Zuordnungsvorschrift in Form einer Gleichung $a_k = f(k)$; eine **rekursive** Zuordnungsvorschrift legt durch eine Gleichung fest, wie jedes Glied a_{k+1} aus seinem Vorgänger a_k gebildet wird.

BEISPIEL 6/22

a) Die Zahlenfolge (a_k) mit der expliziten Zuordnungsvorschrift $a_k = 3k + 1$ mit $k \in \mathbf{N}$ ist unendlich: $(a_k) = (1; 4; 7; 10; \ldots)$. Man schreibt auch $(a_k) = (3k + 1)$, $k \in \mathbf{N}$.
b) Gegeben seien das Anfangsglied $a_1 = 2$ und die rekursive Zuordnungsvorschrift $a_{k+1} = a_k + 2k$.

Dann ist $a_2 = a_1 + 2 \cdot 1 = 2 + 2 = 4,$

$a_3 = a_2 + 2 \cdot 2 = 4 + 4 = 8,$

$a_4 = a_3 + 2 \cdot 3 = 8 + 6 = 14$ usw.

Die Zahlenfolge (a_k) ist unendlich; $(a_k) = (2; 4; 8; 14; \ldots)$.

Es gibt auch Zahlenfolgen, deren Zuordnungsvorschriften weder explizit noch rekursiv angegeben werden können, z. B. die Folge der Primzahlen.

(3) Eine **Veranschaulichung** von Zahlenfolgen kann in einem kartesischen Koordinatensystem oder auf der Zahlengeraden erfolgen. In einem kartesischen Koordinatensystem besteht der Graph einer Zahlenfolge aus allen Punkten $(k; a_k)$ mit $k \in \mathbf{N}$ bzw. $k \in \mathbf{N}^*$. Auf der Zahlengeraden wird der k zugeordnete Funktionswert a_k abgetragen und mit a_k symbolisiert.

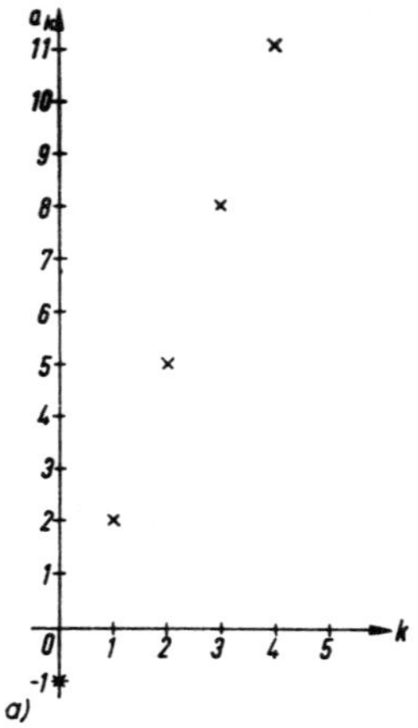

BEISPIEL 6/23

Die Zahlenfolge $(a_k) = (3k - 1)$ mit $k \in \mathbf{N}$, $k \leqq 4$ ist $(a_k) = (-1; 2; 5; 8; 11)$. Der Graph dieser Zahlenfolge ist im Bild 6/63 a im kartesischen Koordinatensystem, in Bild 6/63 b auf der Zahlengeraden dargestellt.

Bild 6/63

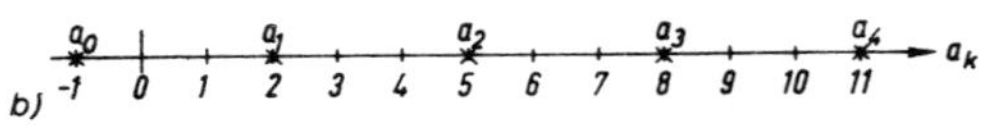

6.8.2. Eigenschaften von Zahlenfolgen

Da Zahlenfolgen spezielle Funktionen sind, können die Eigenschaften von Funktionen auf Zahlenfolgen übertragen werden:

(1) Monotonie von Zahlenfolgen

Eine Zahlenfolge (a_k) heißt

- monoton wachsend, wenn $a_k \leqq a_{k+1}$,
- streng monoton wachsend, wenn $a_k < a_{k+1}$,
- monoton fallend, wenn $a_k \geqq a_{k+1}$,
- streng monoton fallend, wenn $a_k > a_{k+1}$

für jedes k gilt.

Eine Zahlenfolge (a_k) mit $a_k = a_{k+1}$ für jedes k heißt **konstante** Zahlenfolge.

BEISPIEL 6/24

a) Die Zahlenfolge (a_k) mit $a_k = \frac{1}{2}k$, $k \in \mathbf{N}^*$, wächst streng monoton; $(a_k) = \left(\frac{1}{2}; 1; \frac{3}{2}; 2; \frac{5}{2}; \dots\right)$. Graph der Zahlenfolge in Bild 6/64

b) Die Zahlenfolge $(a_k) = \left(\frac{3}{k^2}\right)$, $k \in \mathbf{N}^*$, fällt streng monoton:
$(a_k) = \left(3; \frac{3}{4}; \frac{3}{9}; \frac{3}{16}; \dots\right)$. Graph der Zahlenfolge in Bild 6/65

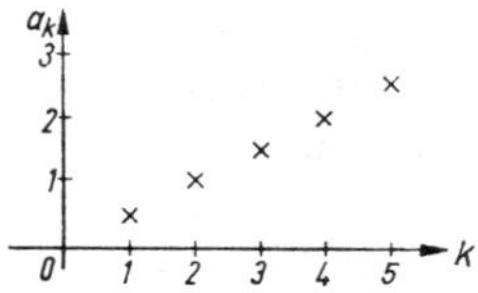

Bild 6/64

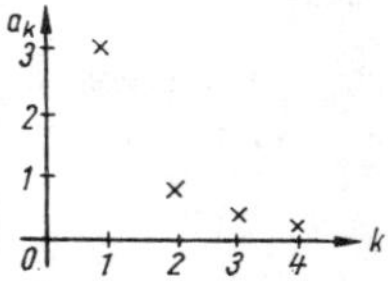

Bild 6/65

(2) **Schranken und Grenzen von Zahlenfolgen**

S heißt eine $\begin{Bmatrix}\text{untere Schranke}\\ \text{obere Schranke}\end{Bmatrix}$ einer Zahlenfolge (a_k), wenn für jedes k gilt $\begin{Bmatrix} S \leqq a_k \\ S \geqq a_k \end{Bmatrix}$.

Wenn es eine obere (bzw. untere) Schranke einer Zahlenfolge gibt, so heißt die Folge **nach oben (bzw. nach unten) beschränkt.** Ist sie nach beiden Seiten beschränkt, so sagt man, die Zahlenfolge ist beschränkt.

G_u heißt **untere Grenze** einer Zahlenfolge (a_k), wenn G_u die größte aller unteren Schranken von (a_k) ist.

G_o heißt **obere Grenze** einer Zahlenfolge (a_k), wenn G_o die kleinste aller oberen Schranken von (a_k) ist.

BEISPIEL 6/25

Die Zahlenfolge $(a_k) = \left(\frac{1}{3^k}\right)$ mit $k \in \mathbf{N}$ ist streng monoton fallend; $(a_k) = \left(1; \frac{1}{3}; \frac{1}{9}; \ldots\right)$.

Obere Schranken sind z. B. 2; 1,5; 1,1; 1,01.
Die obere Grenze ist $G_o = 1$.
Untere Schranken sind z. B. −1; −0,5; −0,1; −0,01.
Die untere Grenze ist $G_u = 0$.
Veranschaulichung in Bild 6/66

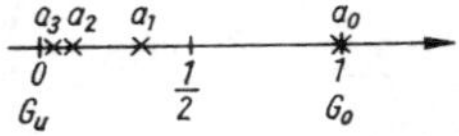

Bild 6/66

6.8.3. Verknüpfungen von Zahlenfolgen

Aus gegebenen Zahlenfolgen (a_k) und (b_k) können durch Anwendung rationaler Rechenoperationen neue Zahlenfolgen gebildet werden: Die Zahlenfolge $(a_k + b_k)$ heißt die **Summe** der Zahlenfolgen (a_k), (b_k); $(a_k - b_k)$ die **Differenz**, $(a_k \cdot b_k)$ das **Produkt**, $\left(\frac{a_k}{b_k}\right)$ der **Quotient** (wenn $b_k \neq 0$ für alle k) der Zahlenfolgen (a_k), (b_k).

Ist $(c_k) = (c_1; c_2; \ldots; c_n; \ldots)$ eine streng monoton wachsende Zahlenfolge von natürlichen Zahlen, so heißt (c_n) eine **Teilfolge** der Zahlenfolge der natürlichen Zahlen, z. B. ist

$(0; 2; 4; \ldots; 2n; \ldots)$ eine Teilfolge der Folge
$(0; 1; 2; 3; \ldots; n; \ldots)$.

6.8.4. Partialsummen

Aus einer Zahlenfolge (a_k) können durch Summation der Glieder a_k für $k = 1; 2; ...; n$ Partialsummen gebildet werden.
Man nennt

$$s_n = \sum_{k=1}^{n} a_k = a_1 + a_2 + \dots + a_k + \dots + a_n$$

die n-te **Partialsumme** der Folge (a_k).
Im einzelnen erhält man folgende Partialsummen:

$$s_1 = a_1$$

$$s_2 = a_1 + a_2$$

$$s_3 = a_1 + a_2 + a_3$$

$$\dots$$

$$s_n = a_1 + a_2 + a_3 + \dots + a_n.$$

Die einzelnen Partialsummen bilden die Glieder einer Partialsummenfolge $(s_1; s_2; ...; s_n; ...)$, die mit (s_k) bezeichnet wird.
(Zur Partialsummenfolge einer unendlichen Zahlenfolge ↗ 6.8.9. Reihen)

BEISPIEL 6/26

Die Zahlenfolge $(a_k) = (k^2)$ mit $k \in \mathbf{N}^*$ und $k \leqq 10$ ist

$$(a_k) = (1;\ 4;\ 9;\ 16;\ ...;\ 100).$$

Dann ist die zehnte Partialsumme

$$s_{10} = \sum_{k=1}^{10} k^2 = 1 + 4 + 9 + 16 + \dots + 100 = 385.$$

Die Folge (s_k) der Partialsummen ist $(s_k) = (1; 5; 14; 30; ... ; 385)$.

6.8.5. Arithmetische Folgen

Eine Zahlenfolge (a_k) heißt **arithmetische Folge**, wenn es eine Zahl d gibt, so daß für jedes k gilt: $a_{k+1} = a_k + d$.

Jedes Glied einer arithmetischen Folge unterscheidet sich also von seinem Vorgänger durch eine konstante Differenz

$$d = a_{k+1} - a_k.$$

$a_{k+1} = a_k + d$ ist eine *rekursive* Zuordnungsvorschrift für arithmetische Folgen. Eine *explizite* Bildungsvorschrift ist

$$a_k = a_1 + (k - 1) \cdot d.$$

Wenn $d > 0$ ist, dann ist (a_k) eine wachsende Folge,
wenn $d < 0$ ist, dann ist (a_k) eine fallende Folge.
Jedes Glied a_k mit $k > 1$ ist das arithmetische Mittel seiner Nachbarglieder:

$$a_k = \frac{a_{k-1} + a_{k+1}}{2}.$$

Für die n**-te Partialsumme** einer arithmetischen Folge, nämlich

$$s_n = a_1 + (a_1 + d) + (a_1 + 2d) + \ldots + [a_1 + (n-1)\,d],$$

gilt

$$s_n = \sum_{k=1}^{n} a_k = \frac{n}{2}(a_1 + a_n)$$

bzw. mit $a_n = a_1 + (n-1)\,d$

$$s_n = \frac{n}{2}[2a_1 + (n-1)\,d] = na_1 + \frac{n(n-1)}{2}d.$$

BEISPIEL 6/27

(a_k) sei eine arithmetische Folge mit $a_1 = 4$, $d = 3$. Gesucht werden a_{12} und s_{12}.

$$a_{12} = a_1 + (n-1)\,d = 4 + 11 \cdot 3 = 37$$

$$(a_k) = (4;\ 7;\ 10;\ 13;\ 16;\ \ldots;\ 37;\ \ldots)$$

Die Partialsumme für $n = 12$ ist

$$s_{12} = \frac{n}{2}(a_1 + a_{12}) = 6 \cdot (4 + 37) = 6 \cdot 41 = 246$$

6.8.6. Geometrische Folgen

Eine Zahlenfolge (a_k) heißt **geometrische Folge,** wenn es eine Zahl q (mit $q \neq 0$) gibt, so daß für jedes k gilt: $a_{k+1} = a_k \cdot q$ mit Anfangsglied $a_1 \neq 0$.

Jedes Glied einer geometrischen Folge unterscheidet sich also von seinem Vorgänger durch einen konstanten Quotienten

$$q = \frac{a_{k+1}}{a_k} \quad (a_k \neq 0).$$

$a_{k+1} = a_k \cdot q$ ist eine *rekursive* Zuordnungsvorschrift für geometrische Folgen. Eine *explizite* Zuordnungsvorschrift ist $a_k = a_1 \cdot q^{k-1}$ $(a_1 \neq 0,$ $q \neq 0)$.

Eine geometrische Folge ist

monoton wachsend, wenn		**monoton fallend**, wenn	
$a_1 > 0$,	$a_1 < 0$,	$a_1 > 0$	$a_1 < 0$
$q > 1$;	$0 < q < 1$;	$0 < q < 1$;	$q > 1$;
nach oben unbeschränkt; Beispiel 6/28a	obere Grenze $G_o = 0$	untere Grenze $G_u = 0$ Beispiel 6/28b	nach unten unbeschränkt

Eine geometrische Folge heißt **alternierend**, wenn zwei aufeinander folgende Glieder verschiedene Vorzeichen haben.

Eine alternierende geometrische Folge ist

unbeschränkt, wenn	**beschränkt**, wenn
$a_1 > 0,\ q < -1$ oder $a_1 < 0,\ q < -1$ (Beispiel 6/28c)	$a_1 > 0,\ -1 < q < 0$ oder $a_1 < 0,\ -1 < q < 0$

Jedes Glied a_k mit $k > 1$ ist das geometrische Mittel seiner Nachbarglieder:

$$a_k = \sqrt{a_{k-1} \cdot a_{k+1}}\,.$$

Für die n-**te Partialsumme** einer geometrischen Folge, nämlich

$$s_n = a_1 + a_1 q + a_1 q^2 + \ldots + a_1 q^{n-1},$$

gilt

$$s_n = \sum_{k=1}^{n} a_k = a_1 \frac{q^n - 1}{q - 1} = a_1 \frac{1 - q^n}{1 - q} \quad (\text{mit } q \neq 1)$$

bzw. mit $a_n = a_1 \cdot q^{n-1}$

$$s_n = \frac{a_1 q^{n-1} q - a_1}{q - 1} = \frac{a_n q - a_1}{q - 1}.$$

BEISPIEL 6/28

a) (a_k) sei eine geometrische Zahlenfolge mit $a_1 = 1, q = \frac{3}{2}$. Gesucht werden a_6, s_6.

$$a_6 = a_1 q^5 = 1 \cdot \left(\frac{3}{2}\right)^5 = \frac{3^5}{2^5} = \frac{243}{32}$$

$$s_6 = a_1 \frac{q^6 - 1}{q - 1} = 1 \cdot \frac{\left(\frac{3}{2}\right)^6 - 1}{\left(\frac{3}{2}\right) - 1} = \frac{\frac{729}{64} - 1}{\frac{1}{2}} = \frac{665}{32}$$

$$(a_k) = \left(1; \frac{3}{2}; \frac{9}{4}; \frac{27}{8}; \frac{81}{16}; \frac{243}{32}\right);$$

b) Von der geometrischen Zahlenfolge (a_k) mit $a_1 = 8, q = \frac{1}{2}$ sind a_5 und s_5 zu ermitteln.

$$a_5 = 8 \cdot \left(\frac{1}{2}\right)^4 = 8 \cdot \frac{1}{2^4} = \frac{1}{2}$$

$$s_5 = 8 \cdot \frac{1 - \left(\frac{1}{2}\right)^5}{1 - \frac{1}{2}} = 16 \cdot \left(\frac{31}{32}\right) = \frac{31}{2}$$

c) Eine alternierende Zahlenfolge (a_k) sei gegeben durch

$$a_1 = -2, \qquad q = -\frac{3}{2}.$$

Gesucht werden a_5 und s_5.

$$a_5 = -2 \cdot \left(-\frac{3}{2}\right)^4 = -\frac{81}{8}$$

$$s_5 \triangleq -2 \cdot \frac{1 - \left(-\frac{3}{2}\right)^5}{1 + \frac{3}{2}} = -\frac{55}{8}$$

6.8.7. Konvergente Zahlenfolgen

Da in diesem und den folgenden Abschnitten **unendliche Zahlenfolgen** betrachtet werden, soll die unabhängige Variable in der Zuordnungsvorschrift für die Zahlenfolge mit n bezeichnet werden.

(1) **Nullfolgen**

Die Zahlenfolge (a_n) mit $a_n = \frac{1}{n}$ $(n > 0)$ ist streng monoton fallend und beschränkt. Diese Folge $(a_n) = \left(1; \frac{1}{2}; \frac{1}{3}; \frac{1}{4}; \frac{1}{5}; \ldots\right)$ heißt **harmonische** Folge.
Die obere Grenze der Folge ist $G_o = 1$.
Alle Glieder a_n liegen im Intervall $0 < a_n \leqq 1$.
Bei wachsendem n »nähern sich die Glieder der Folge von rechts immer mehr der Zahl 0«. Aber kein Glied der Folge nimmt den Wert 0 an.
Da die monoton wachsende und nach oben beschränkte Folge unendlich viele Glieder hat, liegen »fast alle« Glieder in einer (beliebig kleinen) Umgebung von 0. Das heißt, es gibt endlich viele Glieder, die außerhalb dieser Umgebung liegen.
Bei der *alternierenden* Zahlenfolge (a_n) mit $\left(\frac{-1}{n}\right)^n$, $n > 0$, nämlich $\left(-1; \frac{1}{4}; -\frac{1}{27}; \frac{1}{256}; \ldots\right)$, nähern sich die Glieder der Folge *von beiden Seiten* der Zahl 0.

Zur mathematischen Erfassung des Annäherns der Glieder einer Folge an eine Zahl (hier die Zahl 0) wird der Begriff »ε-Umgebung« eingeführt: Unter einer **ε-Umgebung** einer reellen Zahl a versteht man das offene Intervall (↗ 3.4.1.)

$$a - \varepsilon < x < a + \varepsilon,$$

wobei ε eine positive reelle Zahl ist.
In den beiden oben genannten Zahlenfolgen kann man stets eine positive reelle Zahl ε angeben, so daß fast alle Folgenglieder a_n im Intervall $-\varepsilon < a_n < \varepsilon$, einer ε-Umgebung von Null, liegen.

Es sei ε eine positive reelle Zahl. Dann heißt die Zahlenfolge (a_n) eine **Nullfolge**, wenn für fast alle n gilt: $|a_n| < \varepsilon$.

Wählt man für die Zahlenfolge $(a_n) = \left(\frac{1}{n}\right)$ eine Zahl $\varepsilon > 0$, so kann man eine natürliche Zahl n_0 ermitteln, von der ab alle Folgenglieder im Intervall $0 < x < \varepsilon$ liegen. Diese Zahl n_0 ist dann der Index desjenigen Gliedes a_n, von dem ab alle weiteren Folgenglieder in der ε-Umgebung liegen.

BEISPIEL 6/29

Für die Zahlenfolge $(a_n) = \left(\frac{1}{n}\right)$ gelte die Ungleichung $\frac{1}{n} < \varepsilon$ für beliebige $\varepsilon > 0$. Durch Umformung erhält man $\frac{1}{\varepsilon} < n$ bzw. $n_0 > \frac{1}{\varepsilon}$.
Wählt man $\varepsilon = \frac{1}{10}$, so ist $n_0 > \frac{1}{\frac{1}{10}}$ bzw. $n_0 > 10$.

Vom Glied a_{11} an liegen alle weiteren Folgenglieder in dem Intervall $0 < x < \varepsilon$, der $\frac{1}{10}$-Umgebung.

Wählt man $\varepsilon = \frac{1}{100}$, so ist $n_0 > 100$. Vom Glied a_{101} an liegen alle weiteren Folgenglieder in der $\frac{1}{100}$-Umgebung.

Hinweis: Erst dann, wenn die Zahl n_0 als Index desjenigen Gliedes der Folge ermittelt worden ist, von dem ab alle Folgenglieder dem Betrag nach kleiner als ε sind, ist eine Zahlenfolge als Nullfolge nachgewiesen.

BEISPIEL 6/30

Beispiele für Nullfolgen: Es gilt stets $n \neq 0$.

a) $\left(\frac{1}{2n}\right) = \left(\frac{1}{2}; \frac{1}{4}; \frac{1}{6}; \frac{1}{8}; \ldots\right)$ ist eine Nullfolge, denn aus $\frac{1}{2n} < \varepsilon$ folgt $n > \frac{1}{2\varepsilon}$. Wählt man $\varepsilon = \frac{1}{10}$, so ist $n_0 > 5$. Wählt man $\varepsilon = \frac{1}{100}$, so ist $n_0 > 50$.

b) Weitere Nullfolgen sind

$$\left(\frac{1}{n^2}\right) = \left(1; \frac{1}{4}; \frac{1}{9}; \frac{1}{16}; \ldots\right)$$

$$\left(\frac{2n+1}{n^2}\right) = \left(\frac{3}{1}; \frac{5}{4}; \frac{7}{9}; \frac{9}{16}; \ldots\right)$$

$$\left(\frac{10}{n^3}\right) = \left(\frac{10}{1}; \frac{10}{8}; \frac{10}{27}; \frac{10}{64}; \ldots\right)$$

$$\left(\frac{2n}{n^2+n}\right) = \left(\frac{2}{2}; \frac{4}{6}; \frac{6}{12}; \frac{8}{20}; \ldots\right)$$

Ist eine Zahlenfolge (a_n) eine Nullfolge, dann sagt man, die Zahlenfolge (a_n) konvergiert gegen 0.

(2) **Konvergenz von Zahlenfolgen, Grenzwert einer Zahlenfolge**

Es gibt Zahlenfolgen, die nicht gegen Null, sondern gegen eine andere reelle Zahl g konvergieren. Der Begriff »Konvergenz einer Zahlenfolge« wird auf den Begriff »Nullfolge« zurückgeführt.

BEISPIEL 6/31

Die Zahlenfolge $(a_n) = \left(\frac{n-1}{2n}\right)$ mit $n > 0$ ist streng monoton wachsend und beschränkt. Die Glieder der Folge

$$(a_n) = \left(0; \frac{1}{4}; \frac{2}{6}; \frac{3}{8}; \frac{4}{10}; \frac{5}{12}; \frac{6}{14}; \frac{7}{16}; \frac{8}{18}; \frac{9}{20}; \ldots\right)$$

liegen im Intervall $0 \leqq a_n < \frac{1}{2}$.

Die Zahlenfolge hat die untere Grenze $G_u = 0$ und konvergiert gegen die Zahl $\frac{1}{2}$.

Für jedes Glied a_n gilt mit $n \neq 0$:

$v_n = \frac{n-1}{2n} = \frac{1}{2} - \frac{1}{2n}$. Da $\left(\frac{1}{2n}\right)$ eine Nullfolge ist (Beispiel 6/30 a), konvergiert die Zahlenfolge $(a_n) = \left(\frac{n-1}{2n}\right)$ gegen die Zahl $g = \frac{1}{2}$.

Eine reelle Zahlenfolge (a_n) heißt **konvergent**, wenn es eine reelle Zahl g gibt, so daß die Folge $(a_n - g)$ eine Nullfolge ist.

BEISPIEL 6/32

Nachweis der Konvergenz für die Zahlenfolge $(a_n) = \left(\frac{n-1}{2n}\right)$. Es gilt

$|a_n - g| < \varepsilon$ mit $g = \frac{1}{2}$

$$\left|\frac{n-1}{2n} - \frac{1}{2}\right| < \varepsilon \quad \text{bzw.} \quad \left|-\frac{1}{2n}\right| < \varepsilon.$$

Daraus erhält man $n > \frac{1}{2\varepsilon}$.
Wählt man $\varepsilon = \frac{1}{10}$, so ist $n_0 > 5$. Ab a_6 liegen alle weiteren Folgenglieder im Intervall $\frac{4}{10} < a_n < \frac{1}{2}$. Endlich viele Glieder der Folge liegen außerhalb dieses Intervalls, nämlich $0; \frac{1}{4}; \frac{3}{8}; \frac{4}{10}$. Fast alle Glieder liegen innerhalb des Intervalls.
Für die Glieder dieser Folge läßt sich kein kleinster Abstand von der Zahl $\frac{1}{2}$ angeben. Die Zahl $\frac{1}{2}$ gehört nicht zur Folge. Die Zahl $\frac{1}{2}$ heißt der Grenzwert der Zahlenfolge.

Die reelle Zahl g heißt **Grenzwert** der reellen Zahlenfolge (a_n), wenn $(a_n - g)$ eine Nullfolge ist. Sie wird mit $g = \lim\limits_{n \to \infty} a_n$ bezeichnet. (Gelesen »g gleich Limes a_n für n gegen Unendlich«). Man sagt auch, **die Zahlenfolge (a_n) konvergiert gegen g.**

Dabei ist stets nachzuweisen, daß es einen Index $n \geqq N(\varepsilon)$ gibt, von dem ab alle weiteren Folgenglieder in der ε-Umgebung von g liegen

$$g - \varepsilon < a_n < g + \varepsilon.$$

BEISPIEL 6/33

Die Zahlenfolge $(a_n) = \left(\frac{6n+1}{2n}\right)$ hat den Grenzwert $g = 3$. Man findet diese Zahl 3 durch geeignete Umformung des Terms

$$\frac{6n+1}{2n} = \frac{2n\left(3 + \frac{3}{6n}\right)}{2n} = 3 + \frac{1}{2n} \quad (\text{mit } n \neq 0).$$

Es ist zu zeigen, daß $(a_n - g)$ eine Nullfolge ist: $\left(3 + \frac{1}{2n} - 3\right) = \left(\frac{1}{2n}\right)$ ist im Beispiel 6/30a als Nullfolge nachgewiesen worden.

(3) **Sätze über konvergente Zahlenfolgen**

(I) Jede konvergente reelle Zahlenfolge ist beschränkt.

(II) Hat eine konvergente Zahlenfolge (a_n) nur $\begin{Bmatrix}\text{positive}\\\text{negative}\end{Bmatrix}$ Glieder, so ist der Grenzwert $g = \lim\limits_{n \to \infty} a_n \begin{Bmatrix}\text{nicht negativ}\\\text{nicht positiv}\end{Bmatrix}$.

(III) Jede nach $\begin{Bmatrix}\text{oben}\\\text{unten}\end{Bmatrix}$ beschränkte, monoton $\begin{Bmatrix}\text{wachsende}\\\text{fallende}\end{Bmatrix}$ Zahlenfolge (a_n) konvergiert gegen ihre $\begin{Bmatrix}\text{obere}\\\text{untere}\end{Bmatrix}$ Grenze.
Die $\begin{Bmatrix}\text{obere}\\\text{untere}\end{Bmatrix}$ Grenze ist nicht Glied der Folge.

(IV) Wenn für zwei konvergente Zahlenfolgen (a_n) und (b_n) gilt: $a_n \leqq b_n$ für alle n, so ist $\lim\limits_{n\to\infty} a_n \leqq \lim\limits_{n\to\infty} b_n$.

(V) Ist (a'_n) Teilfolge einer konvergenten Folge (a_n), so ist (a'_n) konvergent und hat den gleichen Grenzwert wie (a_n).

BEISPIEL 6/34

a) Zu (III)

Die Zahlenfolge $(a_n) = \left(2 + \frac{1}{n}\right)$ hat die untere Grenze $G_u = 2$.

Der Grenzwert ist $\lim\limits_{n\to\infty} \left(2 + \frac{1}{n}\right) = 2$.

Die Zahl 2 ist nicht Glied der Folge.

b) Zu (IV)

Es sei $(a_n) = \left(\frac{n}{n+1}\right)$ und $(b_n) = \left(\frac{2n}{n+1}\right)$. Dann ist stets $a_n < b_n$ und $\lim\limits_{n\to\infty} a_n < \lim\limits_{n\to\infty} b_n$ in Übereinstimmung mit $\lim\limits_{n\to\infty} a_n = 1$, $\lim\limits_{n\to\infty} b_n = 2$.

c) Zu (V)

$(a'_n) = \left(\frac{1}{n^2}\right)$ ist Teilfolge der konvergenten Folge $(a_n) = \left(\frac{1}{n}\right)$, denn

$$\left(\frac{1}{n}\right) = \left(\frac{1}{1}; \frac{1}{2}; \frac{1}{3}; \frac{1}{4}; \frac{1}{5}; \frac{1}{6}; \frac{1}{7}; \frac{1}{8}; \frac{1}{9}; \frac{1}{10}; \ldots\right)$$

$$\left(\frac{1}{n^2}\right) = \left(\frac{1}{1}; \qquad \frac{1}{4}; \qquad \frac{1}{9}; \qquad \ldots\right).$$

Die Teilfolge $(a'_n) = \left(\frac{1}{n^2}\right)$ ist konvergent und hat den gleichen Grenzwert $g = 0$ wie die Folge $(a_n) = \left(\frac{1}{n}\right)$.

(4) Grenzwertsätze für konvergente Zahlenfolgen

Sind die Zahlenfolgen (a_n) und (b_n) konvergent, d. h., gilt $\lim\limits_{n\to\infty} a_n = a$ und $\lim\limits_{n\to\infty} b_n = b$, so gelten die Sätze:

(I) $\lim\limits_{n\to\infty} (a_n + b_n) = \lim\limits_{n\to\infty} a_n + \lim\limits_{n\to\infty} b_n = a + b$

(II) $\lim\limits_{n\to\infty} (a_n - b_n) = \lim\limits_{n\to\infty} a_n - \lim\limits_{n\to\infty} b_n = a - b$

(III) $\lim\limits_{n\to\infty} (a_n \cdot b_n) = \lim\limits_{n\to\infty} a_n \cdot \lim\limits_{n\to\infty} b_n = a \cdot b$

(IV) $\lim\limits_{n\to\infty} \left(\frac{a_n}{b_n}\right) = \frac{\lim\limits_{n\to\infty} a_n}{\lim\limits_{n\to\infty} b_n} = \frac{a}{b}$

[$b_n \neq 0$ für alle n; (b_n) keine Nullfolge]

BEISPIEL 6/35

a) $\lim\limits_{n\to\infty}\left(\frac{1}{2n}+\frac{1}{n^2}\right)=\lim\limits_{n\to\infty}\frac{1}{2n}+\lim\limits_{n\to\infty}\frac{1}{n^2}=0+0=0$

b) $\lim\limits_{n\to\infty}\left(2-\frac{1}{n^3}\right)=\lim\limits_{n\to\infty}2-\lim\limits_{n\to\infty}\frac{1}{n^3}=2-0=2$

c) $\lim\limits_{n\to\infty}\frac{3}{2n}=\lim\limits_{n\to\infty}\left(3\cdot\frac{1}{2n}\right)=\lim\limits_{n\to\infty}3\cdot\lim\limits_{n\to\infty}\frac{1}{2n}=3\cdot 0=0$

d) $\lim\limits_{n\to\infty}\frac{2n^2+3n}{3n^2-2}=\lim\limits_{n\to\infty}\frac{2+\frac{3}{n}}{3-\frac{2}{n^2}}=\frac{\lim\limits_{n\to\infty}\left(2+\frac{3}{n}\right)}{\lim\limits_{n\to\infty}\left(3-\frac{2}{n^2}\right)}=\frac{2+0}{3-0}=\frac{2}{3}$

(5) **Grenzwert der Zahlenfolge** $(a_n)=\left(\left(1+\frac{1}{n}\right)^n\right)$ mit $n>0$

Auf Grund der folgenden Wertetafel

n	$\left(1+\frac{1}{n}\right)^n$	n	$\left(1+\frac{1}{n}\right)^n$
1	2,00000	10	2,59375...
2	2,25000	100	2,70483...
3	2,37037...	1000	2,71706...
4	2,44141...	10000	2,71824...
⋮	⋮	100000	2,71826...
		⋮	⋮

gelangt man zu der Vermutung, daß die Folge $(a_n)=\left(\left(1+\frac{1}{n}\right)^n\right)$ konvergiert; denn die Zahlenfolge wächst monoton und ist beschränkt. Da monotone und beschränkte Zahlenfolgen konvergent sind [nach (3), Satz (III)], konvergiert auch die Folge (a_n). Der Grenzwert ist eine irrationale Zahl, die mit e bezeichnet wird. Es ist $\lim\limits_{n\to\infty}\left(1+\frac{1}{n}\right)^n=e=$ 2,718281828459... (EULERsche Zahl).

6.8.8. Divergente Zahlenfolgen

Jede Zahlenfolge (a_n), die nicht konvergent ist, heißt **divergent.** Es gibt natürliche Zahlen n, für die $a_n > K$ ist, wobei K eine (beliebig große) positive reelle Zahl ist.
Wenn bei jeder positiven reellen Zahl K für fast alle n gilt:

Wenn $a_n \begin{Bmatrix} > & K \\ < & -K \end{Bmatrix}$, so heißt die Zahlenfolge (a_n) unbeschränkt $\begin{Bmatrix} \text{wachsend} \\ \text{fallend} \end{Bmatrix}$, und man schreibt $\begin{Bmatrix} \lim\limits_{n\to\infty} a_n = +\infty \\ \lim\limits_{n\to\infty} a_n = -\infty \end{Bmatrix}$

BEISPIEL 6/36

Die Zahlenfolge $(a_n) = \left(\frac{n^2+1}{n}\right)$ mit $n > 0$ ist divergent.

$(a_n) = \left(\frac{2}{1}; \frac{5}{2}; \frac{10}{3}; \frac{17}{4}; \ldots\right)$ ist streng monoton wachsend und nach oben unbeschränkt. Denn es gibt für jede noch so große reelle Zahl K natürliche Zahlen n, für die $\frac{n^2+1}{n} > K$ ist. Es gilt:

$$\lim_{n\to\infty} a_n = \lim_{n\to\infty} \frac{n^2+1}{n} = \lim_{n\to\infty} \left(n + \frac{1}{n}\right) = +\infty .$$

6.8.9. Reihen

(1) **Summe einer Reihe**

In 6.8.4. wurde aus den Gliedern einer Zahlenfolge (a_k) eine neue Folge, die Folge (s_k) der Partialsummen, gebildet.
Auch aus den Gliedern einer unendlichen Zahlenfolge (a_n) kann man schrittweise die (unendliche) Folge (s_n) der Partialsummen bilden:

$$(s_n) = \left(\sum_{i=1}^{n} a_i\right).$$

Man nennt (s_n) eine Reihe und bezeichnet sie mit $\sum_{n=1}^{\infty} a_n$ oder $a_1 + a_2 + a_3 + \ldots$
$a_1, a_2, \ldots$ heißen **Glieder** der Reihe.

Eine Reihe $\sum_{n=1}^{\infty} a_n$ heißt **konvergent**, wenn die Folge (s_n) ihrer Partialsummen konvergent ist, d. h. $\lim_{n\to\infty} s_n = s$ ist. Man nennt s die **Summe der Reihe.**

Hinweis:

Man beachte, daß $\sum_{n=1}^{\infty} a_n$ zwei Bedeutungen hat:

1. $\sum_{n=1}^{\infty} a_n$ bezeichnet die Reihe [das ist die Folge (s_n) der Partialsummen, die zur Folge (a_n) gehört],
2. $\sum_{n=1}^{\infty} a_n$ bezeichnet im Falle der Konvergenz die Summe s der unter 1. genannten Reihe, also den Grenzwert der Folge (s_n).

BEISPIEL 6/37

Die Reihe $\sum_{n=1}^{\infty} \frac{1}{2^n} = \frac{1}{2} + \frac{1}{4} + \frac{1}{8} + \frac{1}{16} + \ldots$ ist konvergent, weil die Folge (s_n) der Partialsummen konvergiert:

$$(s_n) = \left(\frac{1}{2}; \frac{3}{4}; \frac{7}{8}; \frac{15}{16}; \ldots\right).$$

Die Folge (s_n) ist monoton wachsend und nach oben beschränkt. Sie konvergiert gegen die obere Grenze $G_0 = 1$.
Eine explizite Zuordnungsvorschrift für (s_n) ist

$$s_n = \frac{2^n - 1}{2^n} \quad \text{bzw.} \quad s_n = 1 - \frac{1}{2^n}.$$

Der Grenzwert der Partialsummenfolge ist

$$\lim_{n \to \infty} s_n = \lim_{n \to \infty} \left(1 - \frac{1}{2^n}\right) = \lim_{n \to \infty} 1 - \lim_{n \to \infty} \frac{1}{2^n} = 1 - 0 = 1,$$

denn $\left(\frac{1}{2^n}\right)$ ist eine Nullfolge.

(2) Einige Sätze über konvergente Reihen (Konvergenzkriterien)

(I) Konvergiert die Reihe $\sum\limits_{n=1}^{\infty} a_n$, so konvergiert auch die Reihe $\sum\limits_{n=1}^{\infty} ka_n$, $k \in \mathbf{R}$. Es gilt $\sum\limits_{n=1}^{\infty} ka_n = k \sum\limits_{n=1}^{\infty} a_n$.

(II) Konvergieren die Reihen $\sum\limits_{n=1}^{\infty} a_n$ und $\sum\limits_{n=1}^{\infty} b_n$, so konvergiert auch die Reihe $\sum\limits_{n=1}^{\infty} (a_n + b_n)$, und es gilt

$$\sum_{n=1}^{\infty} (a_n \pm b_n) = \sum_{n=1}^{\infty} a_n \pm \sum_{n=1}^{\infty} b_n.$$

(III) Wenn die Reihe $\sum\limits_{n=1}^{\infty} a_n$ konvergent ist, so bilden ihre Glieder eine Nullfolge.
Diese Bedingung $\lim\limits_{n \to \infty} a_n = 0$ ist zwar notwendig, jedoch nicht hinreichend für die Konvergenz einer Reihe, wie das Beispiel der harmonischen Reihe zeigt (Beispiel 6/38a)

(IV) **Reihenvergleich:** Wenn eine Reihe $\sum\limits_{n=1}^{\infty} u_n$ mit positiven Gliedern konvergiert, so konvergiert jede Reihe $\sum\limits_{n=1}^{\infty} v_n$ mit $v_n \geqq 0$, für die $v_n \leqq u_n$ ist. Man nennt die Reihe $\sum\limits_{n=1}^{\infty} u_n$ eine Oberreihe (Majorante) der Reihe $\sum\limits_{n=1}^{\infty} v_n$ (Beispiel 6/38b).

(V) Eine alternierende Reihe ist konvergent, wenn die absoluten Beträge der Glieder dieser Reihe eine monotone Nullfolge ergeben (Beispiel 6/38c).

BEISPIEL 6/38

a) Die Glieder der harmonischen Reihe

$$\sum_{n=1}^{\infty} \frac{1}{n} = 1 + \frac{1}{2} + \frac{1}{3} + \frac{1}{4} + \dots$$

bilden eine Nullfolge: $\lim\limits_{n \to \infty} a_n = \lim\limits_{n \to \infty} \frac{1}{n} = 0.$

Die Glieder dieser Reihe kann man in folgender Weise zusammenfassen:

$$s = 1 + \frac{1}{2} + \left(\frac{1}{3} + \frac{1}{4}\right) + \left(\frac{1}{5} + \frac{1}{6} + \frac{1}{7} + \frac{1}{8}\right) + \left(\frac{1}{9} + \dots + \frac{1}{16}\right) + \dots$$

und mit der Reihe

$$\sigma = 1 + \frac{1}{2} + \quad \frac{1}{2} \quad + \quad \frac{1}{2} \quad + \quad \frac{1}{2} \quad + \dots$$

vergleichen. Dabei erkennt man, daß $s > \sigma$ und σ divergent ist. Wenn σ nicht konvergent ist, dann ist auch s nicht konvergent.

b) Die Reihe $\sum\limits_{n=1}^{\infty} v_n = \sum\limits_{n=1}^{\infty} \frac{1}{2^n + n} = \frac{1}{3} + \frac{1}{6} + \frac{1}{11} + \frac{1}{20} + \dots$ ist konvergent, weil es eine Vergleichsreihe, die geometrische Reihe [↗ (3)]

$$\sum_{n=1}^{\infty} u_n = \sum_{n=1}^{\infty} \frac{1}{2^n} = \frac{1}{2} + \frac{1}{4} + \frac{1}{8} + \frac{1}{16} + \dots,$$

als Majorante gibt, die konvergiert und für die $v_n < u_n$ gilt.

c) Die Reihe $\sum\limits_{n=1}^{\infty} (-1)^{n-1} \frac{1}{2n-1} = 1 - \frac{1}{3} + \frac{1}{5} - \frac{1}{7} + \frac{1}{9} - + \dots$ ist konvergent, da die Folge $\left(1; \frac{1}{3}; \frac{1}{5}; \frac{1}{7}; \frac{1}{9}; \dots\right)$ eine monotone Nullfolge ist.

(3) Geometrische Reihen

Aus der geometrischen Folge (↗ 6.8.6.) $(a_n) = (a_1; a_1q; a_1q^2; \dots)$ erhält man durch Bildung der Partialsummen

$$s_1 = a_1$$

$$s_2 = a_1 + a_1q$$

$$s_3 = a_1 + a_1q + a_1q^2$$

$$\dots$$

die **geometrische Reihe** $\sum\limits_{n=1}^{\infty} a_1q^{n-1} = a_1 + a_1q + a_1q^2 + \dots$

Nach 6.8.6. gilt für die n-te Partialsumme einer geometrischen Folge

$$s_n = \sum_{k=1}^{n} a_k = a_1 \frac{1-q^n}{1-q}$$

(konvergent für $|q| < 1$).

Für $n \to \infty$ erhält man dann

$$s = \lim_{n\to\infty} s_n = \lim_{n\to\infty} \sum_{n=1}^{\infty} a_n = \lim_{n\to\infty} a_1 \frac{1-q^n}{1-q}$$

$$= a_1 \lim_{n\to\infty} \frac{1-q^n}{1-q} = a_1 \frac{\lim\limits_{n\to\infty}(1-q^n)}{\lim\limits_{n\to\infty}(1-q)}$$

$$= \frac{a_1}{1-q} \lim_{n\to\infty}(1-q^n) = \frac{a_1}{1-q}\cdot 1 - \frac{a_1}{1-q} \lim_{n\to\infty} q^n,$$

wobei (q^n) wegen $|q| < 1$ eine Nullfolge ist.

Die Summe der konvergenten geometrischen Reihe $\sum\limits_{n=1}^{\infty} a_1 q^{n-1}$ ist

$$s = \frac{a_1}{1-q}.$$

BEISPIEL 6/39

Die geometrische Reihe $\sum\limits_{n=1}^{\infty} a_1 q^{n-1}$ mit $a_1 = \frac{4}{5}$ und $q = \frac{1}{3}$ ist

$$\sum_{n=1}^{\infty} \frac{4}{5}\left(\frac{1}{3}\right)^{n-1} = \frac{4}{5}\left(\frac{1}{3}\right)^0 + \frac{4}{5}\left(\frac{1}{3}\right)^1 + \frac{4}{5}\left(\frac{1}{3}\right)^2 + \frac{4}{5}\left(\frac{1}{3}\right)^3$$

$$+ \ldots = \frac{4}{5} + \frac{4}{15} + \frac{4}{45} + \frac{4}{135} + \ldots.$$

Sie ist konvergent, da $q = \frac{1}{3} < 1$ ist. Ihre Summe ist

$$s = \frac{\frac{4}{5}}{1 - \frac{1}{3}} = \frac{\frac{4}{5}}{\frac{2}{3}} = \frac{4}{5}\cdot\frac{3}{2} = \frac{12}{10} = \frac{6}{5}.$$

(4) Periodische Dezimalbrüche

Periodische Dezimalbrüche können als geometrische Reihen mit $q = \left(\frac{1}{10}\right)^p$ (p sei die Periodenlänge) dargestellt werden. Dadurch ist es möglich, einen periodischen Dezimalbruch in einen gemeinen Bruch umzuformen (↗ 3.2.5.1.).

BEISPIEL 6/40

a) $0,\overline{3} = 0,333\ldots = \frac{3}{10} + \frac{3}{100} + \frac{3}{1000} + \ldots = \sum\limits_{n=1}^{\infty} \frac{3}{10^n}$

$$= \sum_{n=1}^{\infty} \frac{3}{10}\cdot\left(\frac{1}{10}\right)^{n-1} \quad \text{(vgl. Beispiel 3/49)}$$

Demnach ist $a_1 = \frac{3}{10}$, $q = \frac{1}{10}$ und damit $s = \frac{\frac{3}{10}}{1 - \frac{1}{10}} = \frac{1}{3}$.

b) $0{,}\overline{24} = \sum_{n=1}^{\infty} \frac{24}{100} \left(\frac{1}{100}\right)^{n-1} = \frac{24}{99} = \frac{8}{33}$

c) $0{,}35\overline{711} = \frac{35}{100} + \sum_{n=1}^{\infty} \frac{711}{10^5} \left(\frac{1}{1000}\right)^{n-1} = \frac{35}{100} + \frac{711}{10^5\left(1 - \frac{1}{1000}\right)}$

$= \frac{35}{100} + \frac{711}{99900} = \frac{35}{100} + \frac{79}{11100} = \frac{3964}{11100} = \frac{991}{2775}$

6.9. Grenzwerte von Funktionen, stetige Funktionen

6.9.1. Grenzwert einer Funktion an einer Stelle x_0

Es gibt Funktionen, die an gewissen Stellen nicht definiert sind, d. h., für ein Argument x_0 kann der zugehörige Funktionswert nicht berechnet werden.

BEISPIEL 6/41

a) Die Funktion f mit $f(x) = \frac{1}{x}$ hat an der Stelle $x_0 = 0$ keinen Funktionswert. Sie hat an der Stelle 0 einen **Pol** (↗ 6.5.6.). (Bild 6/67 a)

b) Die Funktion f mit $f(x) = \frac{x^2 - 4}{x + 2}$ ist für $x_0 = -2$ nicht definiert. Der Graph der Funktion f hat an der Stelle -2 eine **Lücke.** (Bild 6/67b)

c) Die Funktion f mit $f(x) = \frac{|x + 1|}{x + 1}$ ist an der Stelle -1 nicht definiert. Es ist

$$f(x) = \begin{cases} 1 & \text{für } x > -1 \\ -1 & \text{für } x < -1. \end{cases}$$

Der Graph der Funktion f hat an der Stelle $x_0 = -1$ einen **Sprung.** Die Punkte $P_1(-1;\ 1)$, $P_2(-1;\ -1)$ gehören nicht zum Graphen der Funktion. (Bild 6/67c)

Um zu untersuchen, wie sich die Funktionswerte einer Funktion f, die in einer Umgebung von x_0 (evtl. mit Ausnahme von x_0 selbst) definiert ist, bei Annäherung an die Stelle x_0 verhalten, wird

- eine Folge (x_n) von Zahlen aus dem Definitionsbereich von f gewählt, die den Grenzwert x_0 hat, und
- zu jedem x_n dieser Folge der Funktionswert $f(x_n)$ ermittelt.

Damit wird jeder Folge (x_n) mit $x_n \neq x_0$ eindeutig eine Folge $(f(x_n))$ der Funktionswerte zugeordnet, die das Verhalten der Funktion f in einer Umgebung von x_0 beschreibt.

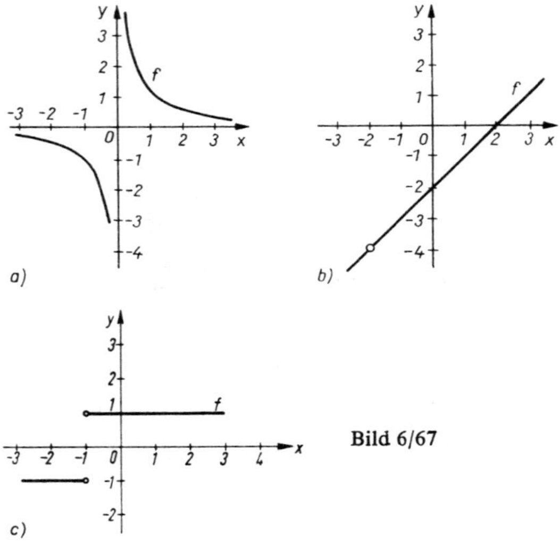

Bild 6/67

Es wird ersichtlich, daß die Untersuchungen bei Annäherung an x_0 von links und von rechts getrennt geführt werden können. Dabei leisten Nullfolgen gute Dienste.

BEISPIEL 6/42

a) Die Funktion f mit $f(x) = \dfrac{1}{x}$ hat an der Stelle $x_0 = 0$ keinen Funktionswert. Bei Annäherung an $x_0 = 0$ wird die Folge $(x_n) = \left(\dfrac{1}{n}\right)$ gewählt. Die Folge der zugehörigen Funktionswerte

$$(f(x)) = \left(\frac{1}{x_n}\right) = \left(\frac{1}{\frac{1}{n}}\right) = (n) \text{ ist}$$

für $n > 0$ eine unbeschränkt wachsende Folge,
für $n < 0$ eine unbeschränkt fallende Folge.

Das heißt, die Funktion $f(x) = \dfrac{1}{x}$ hat an der Stelle 0 keinen Grenzwert.

b) Die Funktion f mit $f(x) = \dfrac{x^2 - 4}{x + 2}$ hat an der Stelle -2 einen Grenzwert.

Bei *Annäherung an* $x_0 = -2$ *von rechts* wird die Folge

$$(x_n) = \left(-2 + \frac{1}{n}\right)$$

gewählt. Sie konvergiert gegen -2.

Die Folge der zugehörigen Funktionswerte

$$(f(x)) = \left(\frac{\left(-2+\frac{1}{n}\right)^2 - 4}{-2+\frac{1}{n}+2}\right)$$

$$= \left(\frac{4-\frac{4}{n}+\frac{1}{n^2}-4}{\frac{1}{n}}\right) = \left(-4+\frac{1}{n}\right)$$

ist konvergent, und es gilt

$$\lim_{n\to\infty}\left(-4+\frac{1}{n}\right) = -4.$$

Wählt man eine andere Folge $(x_n) = \left(-2 - \frac{1}{n}\right)$ bei *Annäherung an x_0 von links*, so ist die Folge der zugehörigen Funktionswerte $(f(x_n)) = \left(-4 - \frac{1}{n}\right)$ auch konvergent, und es gilt

$$\lim_{n\to\infty}\left(-4-\frac{1}{n}\right) = -4.$$

Dann sagt man, die Funktion f mit $f(x) = \frac{x^2-4}{x+2}$ hat an der Stelle -2 den Grenzwert -4, und man schreibt

$$\lim_{x\to -2}\left(\frac{x^2-4}{x+2}\right) = -4.$$

Es sei f eine Funktion, x_0 und g seien reelle Zahlen. Wenn

(1) die Funktion f in einer Umgebung der Stelle x_0 (eventuell mit Ausschluß von x_0) definiert ist und

(2) für jede gegen x_0 konvergierende Folge (x_n) mit $x_n \neq x_0$ für jedes n die Folge der zugehörigen Funktionswerte $(f(x_n))$ gegen die Zahl g konvergiert,

so hat die Funktion f an der Stelle x_0 den **Grenzwert** g.

BEISPIEL 6/43

a) Die Funktion f mit $f(x) = x^3$ hat an der Stelle 2 den Grenzwert 8.
Es sei (x_n) eine beliebige Folge, die gegen 2 konvergiert. Dann konvergiert die Folge der zugehörigen Funktionswerte $(f(x_n)) = (x_n^3)$ gegen 8, d. h., $\lim\limits_{x\to 2} x^3 = 8$.

b) Die Funktion f mit $f(x) = x^0$ hat an der Stelle 0 den Grenzwert 1.
Denn sowohl bei der Wahl der Folge $(x_n) = \left(\frac{1}{n}\right)$ als auch bei der Wahl

der Folge $(x_n) = \left(-\frac{1}{n}\right) = \left(\frac{1}{-n}\right)$ erhält man als Folge der zugehörigen Funktionswerte

$(f(x_n)) = (x_n^0) = \left(\left(\frac{1}{n}\right)^0\right) = \left(\frac{1^0}{n^0}\right) = (1)$, d. h., $\lim\limits_{x \to 0} x^0 = 1$.

c) Die Funktion f mit $f(x) = \frac{x^2 - 9}{x - 3}$ hat an der Stelle 3 den Grenzwert 6.

Zunächst gilt für $x \neq 3$: $f(x) = \frac{x^2 - 9}{x - 3} = \frac{(x + 3)(x - 3)}{(x - 3)} = x + 3$.

Damit ist $\lim\limits_{x \to 3} \frac{x^2 - 9}{x - 3} = \lim\limits_{x \to 3} (x + 3) = 6$.

6.9.2. Grenzwerte einiger nichtrationaler Funktionen

(1) Grenzwert der Funktion $f(x) = \frac{\log_a (1 + x)}{x}$ für $x \to 0$

Vorbemerkung: Da die Logarithmusfunktion $f(x) = \log_a x$ $(a > 0, a \neq 1)$ im gesamten Definitionsbereich $0 < x < \infty$ stetig ist (↗ 6.9.4.), folgt:

Konvergiert x in $\log_a x$ gegen die Zahl c, so konvergiert $\log_a x$ gegen $\log_a c$; d. h., $\lim\limits_{x \to c} (\log_a x) = \log_a \left(\lim\limits_{x \to c} x\right) = \log_a c$. Wird der Term $\frac{\log_a (1 + x)}{x} = \frac{1}{x} \cdot \log_a (1 + x)$ unter Anwendung des 3. Logarithmengesetzes (↗ 3.4.6.) umgeformt in $\log_a (1 + x)^{\frac{1}{x}}$ und wird x durch $\frac{1}{n}$ ersetzt, so erhält man $\log_a \left(1 + \frac{1}{n}\right)^n$.

Da der Grenzwert der Funktion $f(x) = \frac{\log_a (1 + x)}{x}$ für $x \to 0$ gesucht wird, besteht jetzt die Aufgabe, den Grenzwert der Funktion $f(x) = \log_a \left(1 + \frac{1}{n}\right)^n$ für $n \to \infty$ zu ermitteln:

Nach der Vorbemerkung gilt $\lim\limits_{n \to \infty} \log_a \left(1 + \frac{1}{n}\right)^n = \log_a \lim\limits_{n \to \infty} \left(1 + \frac{1}{n}\right)^n$.

Nach 6.8.7.(5) ist $\lim\limits_{n \to \infty} \left(1 + \frac{1}{n}\right)^n = \mathrm{e}$.

Daraus folgt

$$\lim_{x \to 0} \frac{\log_a (1 + x)}{x} = \log_a \mathrm{e}$$

mit e = 2,71828...

(2) Grenzwert der Funktion $f(x) = \frac{\sin x}{x}$ für $x \to 0$

Für die Flächeninhalte der Dreiecke △ *ODB*, △ *OAC* und des Kreissektors OAB gilt die Beziehung (Bild 6/68)

$$A_{\Delta ODB} \leqq A_{\text{Sektor}} \leqq A_{\Delta OAC}$$

$$\frac{1}{2} r^2 \sin x \cos x \leqq \frac{1}{2} r^2 x \leqq \frac{1}{2} r^2 \frac{\sin x}{\cos x}$$

$$\sin x \cos x \leqq x \leqq \frac{\sin x}{\cos x}$$

$$\cos x \leqq \frac{x}{\sin x} \leqq \frac{1}{\cos x}$$

bzw.

$$\frac{1}{\cos x} \geqq \frac{\sin x}{x} \geqq \cos x$$

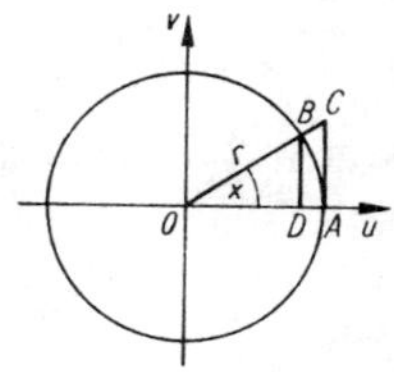

Bild 6/68

Bei Bildung des Grenzwertes für $x > 0$ ist

$$\lim_{x \to 0} \frac{1}{\cos x} \geqq \lim_{x \to 0} \frac{\sin x}{x} \geqq \lim_{x \to 0} \cos x$$

$$1 \geqq \lim_{x \to 0} \frac{\sin x}{x} \geqq 1,$$

d. h.,

$$\lim_{x \to 0} \frac{\sin x}{x} = 1.$$

6.9.3. Grenzwertsätze für Funktionen

Aus den Grenzwertsätzen für Folgen [↗ 6.8.7.(4)] ergeben sich die **Grenzwertsätze für Funktionen:**

Es seien u, v Funktionen, die an der Stelle x_0 die Grenzwerte $\lim\limits_{x \to x_0} u(x) = g_1$ und $\lim\limits_{x \to x_0} v(x) = g_2$ haben. Dann existiert

(I) der Grenzwert der **Summe** $u + v$ zweier Funktionen, und es ist $\lim\limits_{x \to x_0} [u(x) + v(x)] = \lim\limits_{x \to x_0} u(x) + \lim\limits_{x \to x_0} v(x) = g_1 + g_2;$

(II) der Grenzwert der **Differenz** $u - v$ zweier Funktionen, und es ist $\lim\limits_{x \to x_0} [u(x) - v(x)] = \lim\limits_{x \to x_0} u(x) - \lim\limits_{x \to x_0} v(x) = g_1 - g_2;$

(III) der Grenzwert des **Produkts** $u \cdot v$ zweier Funktionen, und es ist
$\lim\limits_{x \to x_0} [u(x) \cdot v(x)] = \lim\limits_{x \to x_0} u(x) \cdot \lim\limits_{x \to x_0} v(x) = g_1 \cdot g_2$;

(IV) der Grenzwert des **Quotienten** $\frac{u}{v}$ [mit $v(x) \neq 0$] zweier Funktionen, und es ist

$$\lim_{x \to x_0} \frac{u(x)}{v(x)} = \frac{\lim\limits_{x \to x_0} u(x)}{\lim\limits_{x \to x_0} v(x)} = \frac{g_1}{g_2} \quad (g_2 \neq 0).$$

BEISPIEL 6/44

a) $\lim\limits_{x \to 1} (x^3 + 5x^2 - 3x + 4) = \lim\limits_{x \to 1} x^3 + 5 \lim\limits_{x \to 1} x^2 - 3 \lim\limits_{x \to 1} x + 4$
$= 1 + 5 - 3 + 4 = 7$

b) $\lim\limits_{x \to 0} \frac{x^2 - 2x}{x^2 + 3x} = \lim\limits_{x \to 0} \frac{x - 2}{x + 3}$ (mit $x \neq 0$)

$$= \frac{\lim\limits_{x \to 0} (x - 2)}{\lim\limits_{x \to 0} (x + 3)} = -\frac{2}{3}$$

6.9.4. Stetige Funktionen

(1) **Zum Begriff »stetige Funktion«**

Bei der Definition des Grenzwertes einer Funktion f an einer Stelle x_0 ist die Existenz des Funktionswertes an dieser Stelle nicht erforderlich. Stimmt bei einer Funktion f der Funktionswert an der Stelle x_0 mit dem Grenzwert der Funktion an dieser Stelle überein, so liegt eine stetige Funktion vor.

> Eine Funktion f ist **an der Stelle x_0 stetig,** wenn
> f an der Stelle x_0 definiert ist,
> $\lim\limits_{x \to x_0} f(x)$ existiert und
> $\lim\limits_{x \to x_0} f(x) = f(x_0)$ ist.

Es müssen alle drei Bedingungen erfüllt sein. Sonst heißt die Funktion **unstetig** an der Stelle x_0.

BEISPIEL 6/45

a) Die Funktion f mit $f(x) = x^3$ ist an der Stelle 2 stetig, denn $f(x) = x^3$ ist an der Stelle 2 definiert,
der Grenzwert $\lim\limits_{x \to 2} x^3$ existiert, er ist gleich 8 und $\lim\limits_{x \to 2} x^3 = f(2) = 8$.

b) Die Funktion f mit $f(x) = \frac{x^2 - 4}{x + 2}$ ist an der Stelle -2 nicht stetig, denn f ist an der Stelle -2 nicht definiert.

Der Grenzwert existiert jedoch: $\lim\limits_{x \to -2} (x - 2) = -4$.

Bildet man eine neue Funktion g mit

$$g(x) = \begin{cases} f(x) \text{ für } x \neq -2 \\ -4 \text{ für } x = -2, \end{cases}$$

so ist g an der Stelle -2 stetig und stimmt mit der Funktion h mit $h(x) = x - 2$ überein. Eine solche Unstetigkeit einer Funktion wird *hebbar* genannt.

Eine Funktion ist **in einem Intervall I stetig**, wenn sie für jedes $x \in I$ stetig ist.

BEISPIEL 6/46

Die Funktion f mit $f(x) = \frac{1}{x^2}$ ist an der Stelle 0 nicht stetig, da sie an dieser Stelle nicht definiert ist. Sie ist aber im Intervall $1 \leqq x \leqq 3$ stetig.

Ist eine Funktion f an **jeder Stelle ihres Definitionsbereiches** stetig, so sagt man, **f ist stetig.**

BEISPIEL 6/47

a) Da die Funktion $f(x) = \frac{1}{x^2}$ an der Stelle 0 nicht definiert ist, ist f an jeder Stelle des Definitionsbereichs stetig. Man sagt, $f(x) = \frac{1}{x^2}$ ist stetig.

b) Die Funktionen sin, cos, tan, cot, die Exponentialfunktionen und die Logarithmusfunktionen sind stetig, weil sie an jeder Stelle ihres Definitionsbereichs stetig sind.

(2) **Eigenschaften stetiger Funktionen**

Es sei f eine im abgeschlossenen Intervall $a \leqq x \leqq b$ stetige Funktion, dann gelten folgende Sätze:

(I) Wenn die Funktionswerte $f(a)$, $f(b)$ an den Endpunkten des Intervalls unterschiedliche Vorzeichen haben, so existiert wenigstens eine Nullstelle der Funktion in diesem Intervall (Satz von BOLZANO über die Existenz einer Nullstelle einer Funktion).

(II) Wenn für die Funktionswerte $f(a)$, $f(b)$ an den Endpunkten des Intervalls gilt: $f(a) \neq f(b)$, so nimmt f in diesem Intervall jeden Wert zwischen $f(a)$ und $f(b)$ in wenigstens einem Punkt des Intervalls als Funktionswert an (Zwischenwertsatz).

(III) Der Wertebereich jeder stetigen Funktion f besitzt im abgeschlossenen Intervall $a \leqq x \leqq b$ ein Maximum und ein Minimum, das ist die größte bzw. kleinste Zahl unter den Funktionswerten (Satz vom Maximum und Minimum).

BEISPIEL 6/48

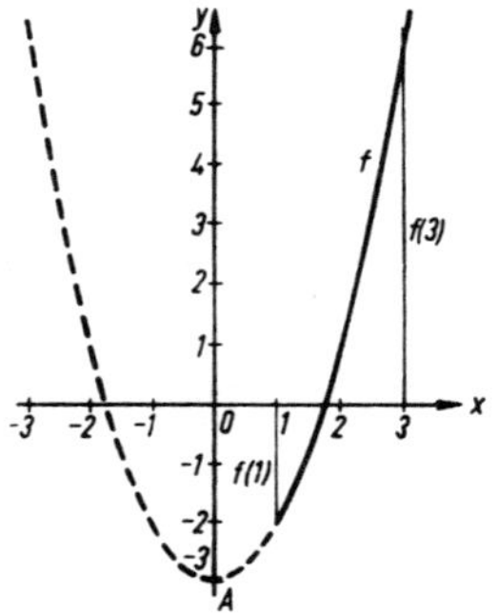

Bild 6/69

Die Funktion f mit $f(x) = x^2 - 3$ hat im Intervall $1 \leqq x \leqq 3$ eine Nullstelle, denn $f(1) = -2$ und $f(3) = 6$ [Satz (I)]. Diesen Satz kann man benutzen, um eine Nullstelle näherungsweise zu ermitteln: Eine Nullstelle liegt im Intervall $1{,}7 \leqq x \leqq 1{,}8$, denn $f(1{,}7) = -0{,}11$ und $f(1{,}8) = +0{,}24$. (Verfahren zur Verbesserung von Näherungswerten für Lösungen von Gleichungen ↗ 5.6.)
Im Intervall $1 \leqq x \leqq 3$ nimmt die Funktion $f(x) = x^2 - 3$ jeden Funktionswert im Intervall $-2 \leqq f(x) \leqq 6$ an [Satz (II)]. Die Funktion f hat an der Stelle $a = 1$ den kleinsten Funktionswert (Minimum), an der Stelle $b = 3$ den größten Funktionswert (Maximum) [Satz (III)].
Veranschaulichung in Bild 6/69

7. Vektorrechnung

7.1. Zum Begriff »Vektor«

(1) Vektorraum über dem Körper der reellen Zahlen

In 2.7.2. wird die algebraische Struktur »Vektorraum über dem Körper der reellen Zahlen« als ein Beispiel für ein Axiomensystem genannt: Ist V eine nichtleere Menge mathematischer Objekte, für die eine Operation »Addition« erklärt ist, ist **R** der Körper der reellen Zahlen (↗ 2.7.1.) und ist für V und **R** eine Verknüpfung »Multiplikation mit einer reellen Zahl« erklärt, so daß die in 2.7.2. genannten Axiome gelten, dann heißt die Menge V zusammen mit diesen Operationen ein **Vektorraum über dem Körper der reellen Zahlen.**

Die Elemente eines Vektorraums heißen **Vektoren.**

Vektoren werden hier in der international üblichen Weise durch halbfett gedruckte kleine lateinische Buchstaben bezeichnet. (In der deutschsprachigen Literatur werden häufig kleine Frakturbuchstaben, manchmal unterstrichene Buchstaben, zur Bezeichnung von Vektoren verwendet.)
Ist $\boldsymbol{a}$ ein Element des Vektorraums V, schreibt man $\boldsymbol{a} \in V$.

(2) Eigenschaften von Vektoren

Aus den in 2.7.2. genannten Axiomen ergeben sich folgende Eigenschaften von Vektoren:

1. Es gibt in jedem Vektorraum V bezüglich der Vektoraddition genau ein **neutrales Element**, das der **Nullvektor** von V genannt und mit $\boldsymbol{o}$ bezeichnet wird.
   Für jedes $\boldsymbol{a} \in V$ gilt: $\boldsymbol{a} + \boldsymbol{o} = \boldsymbol{a}$.
2. Zu jedem Element $\boldsymbol{a} \in V$ gibt es genau ein bezüglich der Vektoraddition **inverses Element**, das mit $-\boldsymbol{a}$ bezeichnet und der **zu $\boldsymbol{a}$ entgegengesetzte Vektor** genannt wird.
   Für jedes $\boldsymbol{a} \in V$ gilt: $\boldsymbol{a} + (-\boldsymbol{a}) = \boldsymbol{o}$.
3. Jede Gleichung $\boldsymbol{a} + \boldsymbol{x} = \boldsymbol{b}$ mit $\boldsymbol{a}, \boldsymbol{b} \in V$ hat genau eine Lösung, die mit $\boldsymbol{x} = \boldsymbol{b} - \boldsymbol{a}$ bezeichnet und die **Differenz** von $\boldsymbol{b}$ und $\boldsymbol{a}$ genannt wird.

4. Für Vektoren $\boldsymbol{a}, \boldsymbol{b} \in V$ und $\lambda \in \mathbf{R}$ gelten folgende Beziehungen:

$$\boldsymbol{a} + (-\boldsymbol{b}) = \boldsymbol{a} - \boldsymbol{b}$$

$$-(-\boldsymbol{a}) = \boldsymbol{a}$$

$$-(\boldsymbol{a} + \boldsymbol{b}) = -\boldsymbol{a} - \boldsymbol{b} \qquad -(\boldsymbol{a} - \boldsymbol{b}) = -\boldsymbol{a} + \boldsymbol{b}$$

$$0\boldsymbol{a} = \boldsymbol{o} \qquad \lambda\boldsymbol{o} = \boldsymbol{o}$$

$$(-\lambda)\,\boldsymbol{a} = \lambda(-\boldsymbol{a})$$

7.2. Beispiele für Vektorräume

7.2.1. Vektorräume der geordneten Zahlen-n-tupel

Es sei $\mathbf{R}$ der Körper der reellen Zahlen. Dann ist

$$V = \{(x_1;\, x_2)\colon\ (x_1;\, x_2) \in \mathbf{R}^2\}$$

die Menge aller geordneten Paare über $\mathbf{R}$.
Die Menge V ist nicht leer. Werden eine Addition und eine Multiplikation mit einer reellen Zahl λ erklärt:

$$(x_1;\, x_2) + (y_1;\, y_2) = (x_1 + y_1;\ x_2 + y_2)$$

$$\lambda(x_1;\, x_2) = (\lambda x_1;\, \lambda x_2),$$

so daß die in 2.7.2. genannten Axiome gelten, dann ist die Menge ein **Vektorraum der geordneten Paare über dem Körper der reellen Zahlen.** Er wird mit V^2 (gelesen: vau oben zwei) bezeichnet.
Analog ist $V = \{(x_1;x_2;x_3)\colon (x_1;x_2;x_3) \in \mathbf{R}^3\}$ die Menge aller geordneten Tripel über $\mathbf{R}$. Werden eine Addition und eine Multiplikation mit einer reellen Zahl λ in entsprechender Weise erklärt und gelten die in 2.7.2. genannten Axiome, dann ist V der **Vektorraum der geordneten Tripel über dem Körper der reellen Zahlen** und wird mit V^3 bezeichnet.
Entsprechend erhält man den Vektorraum V^4 der geordneten Quadrupel über dem Körper der reellen Zahlen und allgemein den **Vektorraum V^n der geordneten n-Tupel über dem Körper der reellen Zahlen:**

$$V^n = \{(x_1;\, \ldots;\, x_n)\colon\quad (x_1;\, \ldots;\, x_n) \in \mathbf{R}^n\}.$$

BEISPIEL 7/1

Gegeben seien die Vektoren $\boldsymbol{a}, \boldsymbol{b} \in V^4$ mit $\boldsymbol{a} = (2;3;5;-4)$, $\boldsymbol{b} = (7;\,-2;\,4;\,1)$ sowie die reellen Zahlen $\lambda = 4{,}3$, $\lambda_1 = -2{,}13$, $\lambda_2 = 0{,}57$. Dann ist

a) die Summe $\boldsymbol{s}$ der Vektoren $\boldsymbol{a}, \boldsymbol{b}$
$\boldsymbol{s} = \boldsymbol{a} + \boldsymbol{b} = (2;\ 3;\ 5;\ -4) + (7;\ -2;\ 4;\ 1) =$
$= (2 + 7;\ 3 + (-2);\ 5 + 4;\ -4 + 1) = (9;\ 1;\ 9;\ -3);$

b) die Differenz $\boldsymbol{d}$ der Vektoren $\boldsymbol{a}, \boldsymbol{b}$
$\boldsymbol{d} = \boldsymbol{a} - \boldsymbol{b} = (2;\ 3;\ 5;\ -4) - (7;\ -2;\ 4;\ 1) = (-5;\ 5;\ 1;\ -5);$

c) das λ-fache des Vektors $\boldsymbol{a}$
$\boldsymbol{c} = \lambda\boldsymbol{a} = 4{,}3(2;\ 3;\ 5;\ -4) = (8{,}6;\ 12{,}9;\ 21{,}5;\ -17{,}2);$

d) der mit der Summe $\lambda_1 + \lambda_2$ multiplizierte Vektor $\boldsymbol{a}$
$f = \lambda_1 \boldsymbol{a} + \lambda_2 \boldsymbol{a} = (\lambda_1 + \lambda_2)\,\boldsymbol{a}$
$= -2{,}13\boldsymbol{a} + 0{,}57\boldsymbol{a} = -1{,}56(2;\ 3;\ 5;\ -4)$
$= (-3{,}12;\ -4{,}68;\ -7{,}80;\ 6{,}24)$;
e) die mit λ multiplizierte Summe der Vektoren $\boldsymbol{a}, \boldsymbol{b}$
$\boldsymbol{g} = \lambda\boldsymbol{a} + \lambda\boldsymbol{b} = \lambda(\boldsymbol{a} + \boldsymbol{b}) = 4{,}3(9;\ 1;\ 9;\ -3)$
$= (38{,}7;\ 4{,}3;\ 38{,}7;\ -12{,}9)$.

Zwei Vektoren $\boldsymbol{a}, \boldsymbol{b}$ sind **gleich**, wenn sie Elemente des gleichen Vektorraums V^n sind und wenn sie in den entsprechenden **Komponenten** der geordneten n-Tupel übereinstimmen.

BEISPIEL 7/2

Gegeben seien die Vektoren $\boldsymbol{a}, \boldsymbol{b}$ mit $\boldsymbol{a} = (2;\ 4;\ 8;\ 16)$ und $\boldsymbol{b} = (2^1;\ 2^2;\ 2^3;\ 2^4)$. Dann ist $\boldsymbol{a} = \boldsymbol{b}$, weil $\boldsymbol{a} \in V^4$, $\boldsymbol{b} \in V^4$ und $2 = 2^1$, $4 = 2^2$, $8 = 2^3$, $16 = 2^4$ ist.

7.2.2. Vektorräume der Ortsvektoren

(1) Ein geometrischer Punktraum werde mit E^n (mit $n = 0, 1, 2, 3$) bezeichnet, dann ist

E^0 die Bezeichnung für einen Punkt,
E^1 die Bezeichnung für eine Gerade,
E^2 die Bezeichnung für eine Ebene,
E^3 die Bezeichnung für den dreidimensionalen Anschauungsraum, kurz »Raum« genannt.

Werden zwei Punkte A, B einer Ebene E^2 bzw. eines Raums E^3 so verbunden, daß A der Anfangspunkt, B der Endpunkt einer gerichteten Strecke ist, so entsteht ein **geordnetes Punktepaar** (A ist der erste Punkt, B ist der zweite Punkt), das **Pfeil** genannt und mit $\overrightarrow{AB}$ bezeichnet wird.

Die Pfeile $\overrightarrow{AB}$ und $\overrightarrow{BA}$ heißen **zueinander entgegengesetzt.**

Der Pfeil $\overrightarrow{AA}$ heißt **Nullpfeil.**

Zwei Pfeile $\overrightarrow{AB}$, $\overrightarrow{CD}$ heißen **parallelgleich**, wenn bei der (eindeutig existierenden) Parallelverschiebung, die A in C abbildet, der Punkt B in den Punkt D übergeht. In Zeichen $\overrightarrow{AB} \# \overrightarrow{CD}$ (Bild 7/1).

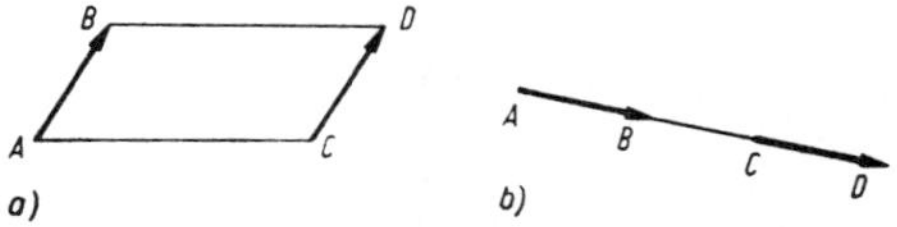

Bild 7/1

(2) Ist der Anfangspunkt ein fester Punkt von E^2 bzw. E^3, der mit O bezeichnet wird, X ein beliebiger Punkt von E^2 bzw. E^3, und $\mathbf{R}$ sei der Körper der reellen Zahlen, dann ist V_O^2 bzw. V_O^3 die Menge aller Pfeile

der Ebene E^2 bzw. des Raums E^3, die den Punkt O als Anfangspunkt haben. Dafür wird geschrieben:

$$V_0^2 = \{\overrightarrow{OX}: X \in E^2\} \quad \text{(Bild 7/2a)}$$

$$V_0^3 = \{\overrightarrow{OX}: X \in E^3\} \quad \text{(Bild 7/2b)}$$

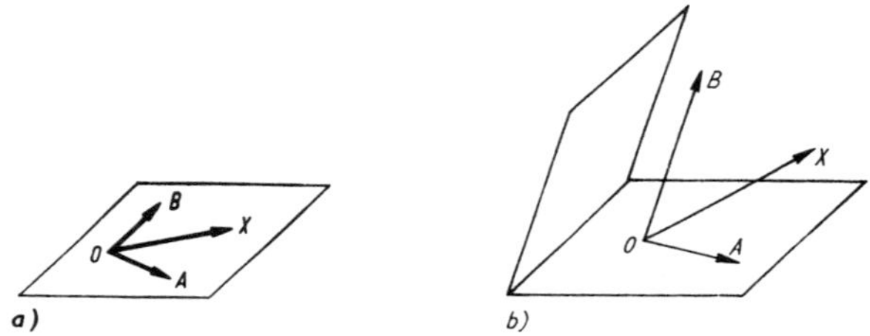

Bild 7/2

Die Menge V_0^n mit $n = 2$ bzw. $n = 3$ ist nicht leer. Sind in der Menge V_0^n eine Addition und eine Multiplikation mit einer reellen Zahl λ erklärt und gelten die in 2.7.2. genannten Axiome, dann ist die Menge V_0^2 bzw. V_0^3 ein Vektorraum über **R**, und **jeder Pfeil mit dem Anfangspunkt O repräsentiert einen Vektor.**
Jeder Punkt X der Ebene E^2 bzw. des Raumes E^3 wird eindeutig durch einen Vektor $\boldsymbol{x} = \overrightarrow{OX} \in V_0^2$ bzw. $\boldsymbol{x} = \overrightarrow{OX} \in V_0^3$ beschrieben.
Vektoren, die durch Pfeile mit dem Anfangspunkt O repräsentiert werden, werden **Ortsvektoren** genannt und in der für Vektoren üblichen Weise bezeichnet.
Unter der **Norm** eines Ortsvektors $\boldsymbol{a}$ versteht man den Abstand der Punkte O und A in der Ebene E^2 bzw. im Raum E^3. Die Norm entspricht der Länge der Strecke OA. Wenn ein Ortsvektor $\overrightarrow{OA}$ mit $\boldsymbol{a}$ bezeichnet wird, dann ist die Norm $\|\boldsymbol{a}\| = \overline{OA}$. Die Norm ist eine Abbildung des Vektorraums V_0^n (mit $n = 2$ bzw. $n = 3$) in den Körper **R** der reellen Zahlen.

Hinweis: Der Begriff »Betrag« sollte der Abbildung von **R** in **R** vorbehalten bleiben (↗ 3.3.2.).

Der Ortsvektor $\boldsymbol{e} \in V_0^n$ $(n = 2, \quad n = 3)$ heißt **Einheitsvektor,** wenn $\|\boldsymbol{e}\| = 1$ gilt.
Zwei Ortsvektoren $\boldsymbol{a}, \boldsymbol{b} \in V_0^n$ $(n = 2$ bzw. $n = 3)$ sind **gleich,** wenn sie gleichgerichtet sind und gleiche Norm $\|\boldsymbol{a}\| = \|\boldsymbol{b}\|$ haben, in Zeichen $\boldsymbol{a} = \boldsymbol{b}$.

BEISPIEL 7/3

Gegeben seien die Ortsvektoren $\boldsymbol{a}, \boldsymbol{b} \in V_0^2$, die durch die Pfeile $\overrightarrow{OA} = \boldsymbol{a}$ und $\overrightarrow{OB} = \boldsymbol{b}$ in Bild 7/3 dargestellt sind; ferner seien $\|\boldsymbol{a}\| = 4$, $\|\boldsymbol{b}\| = 5$, der Winkel zwischen den Vektoren $\boldsymbol{a}, \boldsymbol{b}$ sei 30° ($\sphericalangle (\boldsymbol{a}, \boldsymbol{b}) = 30°$).

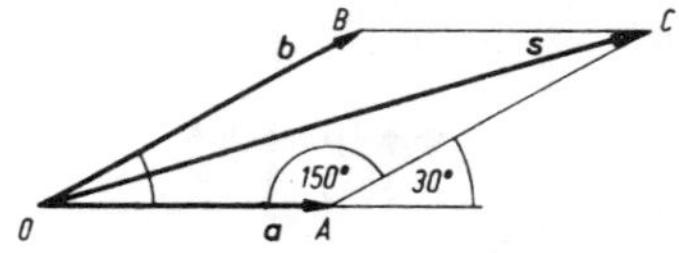

Bild 7/3

Die Norm des Summenvektors $\boldsymbol{s}$, d. h. die Länge der Strecke OC, wird mit Hilfe des Cosinussatzes berechnet:

$$\overline{OC} = \sqrt{\overline{OA}^2 + \overline{OB}^2 - 2\overline{OA}\,\overline{OB}\cos 150°}$$

$$= \sqrt{16 + 25 - 2 \cdot 4 \cdot 5 \cdot (-\sin 60°)} = \sqrt{75{,}64} \approx 8{,}7$$

$\overline{OC} = 8{,}7$ bzw. $\|\boldsymbol{s}\| = 8{,}7$.

7.2.3. Vektorräume der Translationen eines geometrischen Punktraums

Es sei T^2 bzw. T^3 die Menge der Translationen (Parallelverschiebungen) der Ebene E^2 bzw. des Raums E^3 und $\mathbf{R}$ der Körper der reellen Zahlen. Da jede Parallelverschiebung eine Abbildung der Ebene E^2 bzw. des Raums E^3 auf sich ist (↗ 6.4.), wird bei einer Translation einem beliebigen Punkt $P \in E^2$ bzw. $P \in E^3$ ein eindeutig bestimmter Punkt $P' = Q \in E^2$ bzw. $P' = Q \in E^3$ zugeordnet. Der Pfeil $\overrightarrow{PQ}$ beschreibt die Translation (Parallelverschiebung) eindeutig.
Sind in der nichtleeren Menge T^2 bzw. T^3 eine Addition und eine Multiplikation mit einer reellen Zahl λ erklärt und genügen die Verschiebungen den Vektorraumaxiomen, dann ist die Menge T^2 bzw. T^3 ein Vektorraum über $\mathbf{R}$; d. h., **jede Verschiebung repräsentiert einen Vektor** und wird in der für Vektoren üblichen Weise bezeichnet.
Der **Vektorraum der Translationen** eines geometrischen Punktraums ist ein Vektorraum aus »**freien Vektoren**«.
Die Länge der Repräsentanten einer Verschiebung $\boldsymbol{a} = \overrightarrow{AB}$ nennt man die **Verschiebungsweite** oder *Norm* $\|\boldsymbol{a}\|$ bzw. $\overline{AB}$.
Die **Einheitsverschiebung** in Richtung von $\boldsymbol{a}$ wird mit $\boldsymbol{a}^0$ bezeichnet. Sie kann durch $\boldsymbol{a}^0 = \frac{\boldsymbol{a}}{\|\boldsymbol{a}\|}$ dargestellt werden.
Die **Nacheinanderausführung zweier Verschiebungen** $\overrightarrow{AB} = \boldsymbol{a}$, $\overrightarrow{BC} = \boldsymbol{b}$ kann als Addition der Verschiebungen (bzw. Vektoren) aufgefaßt wer-

den: $\overrightarrow{AB} + \overrightarrow{BC} = \overrightarrow{AC}$ bzw. $\boldsymbol{a} + \boldsymbol{b} = \boldsymbol{s}$ (Bild 7/4). Die Verschiebung $\overrightarrow{AA}$ heißt **Nullverschiebung.**

Zwei Verschiebungen $\boldsymbol{a} \neq \boldsymbol{o}$, $\boldsymbol{b} \neq \boldsymbol{o}$ sind **parallel** zueinander, wenn es eine reelle Zahl λ gibt, so daß $\boldsymbol{a} = \lambda\boldsymbol{b}$ ist; in Zeichen $\boldsymbol{a} \parallel \boldsymbol{b}$. Solche Verschiebungen heißen **kollinear.**

Ist $\lambda \begin{Bmatrix} >0 \\ <0 \end{Bmatrix}$, so sind die Verschiebungen $\begin{Bmatrix} \text{gleichgerichtet} \\ \text{entgegengesetzt gerichtet} \end{Bmatrix}$.

BEISPIEL 7/4

Die Verschiebungen $\boldsymbol{a}$, $\boldsymbol{b}$, $\boldsymbol{c}$ mit $\boldsymbol{a} + \boldsymbol{b} + \boldsymbol{c} = \boldsymbol{o}$ »spannen« ein Dreieck $\triangle ABC$ auf, Bild 7/5.

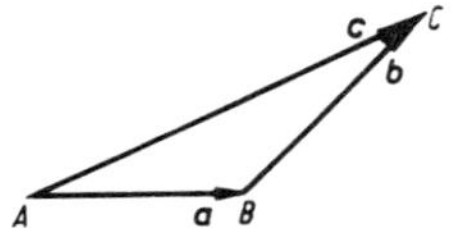

Bild 7/4

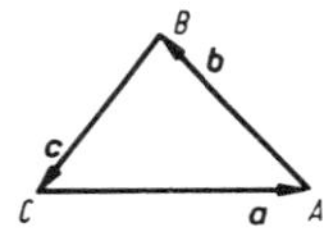

Bild 7/5

7.2.4. Weitere Beispiele für Vektorräume

In der mathematischen Logik nennt man eine konkrete Interpretation eines Axiomensystems ein **Modell.** Die Vektorräume der geordneten Zahlen-n-tupel, die Vektorräume der Ortsvektoren, die Vektorräume der Translationen eines geometrischen Punktraums sind Modelle der algebraischen Struktur »Vektorraum über **R**«.

Weitere Modelle der Vektorraumstruktur sind z. B.

- die Vektorräume der konvergenten Folgen reeller Zahlen mit den Verknüpfungen

$$(a_n) + (b_n) = (a_n + b_n)$$
$$\lambda(a_n) = (\lambda a_n);$$

- die Vektorräume der Polynome $\sum_{i=1}^{n} a_i x^i$ mit reellen Koeffizienten a_i, wenn die Addition und Multiplikation in der für Zahlen üblichen Weise erfolgt;
- die Vektorräume der im Intervall $a \leqq x \leqq b$ stetigen reellen Funktionen f, g mit den Verknüpfungen

$$[f + g](x) = f(x) + g(x)$$
$$[\lambda f](x) = \lambda f(x)$$

Die Elemente der genannten Vektorräume sind von unterschiedlicher Art; sie stimmen jedoch in der Eigenschaft, die Axiome der erklärten Operationen »Addition« und »Multiplikation mit einer reellen Zahl« zu erfüllen, überein. Geordnete Zahlen-n-tupel, Pfeile, Parallelverschiebungen ... sind Vektoren (das Umgekehrte gilt nicht). Die folgenden Ausführungen beziehen sich auf Vektoren, und es wird angegeben – wenn es für das Verständnis erforderlich ist –, welcher Vektorraum zugrunde liegt.

7.3. Endlichdimensionale Vektorräume

7.3.1. Linearkombinationen von Vektoren

Sind n Elemente $\boldsymbol{a}_1, \ldots, \boldsymbol{a}_n$ ($n \in \mathbf{N}^*$) eines Vektorraums V^n gegeben und sind $\lambda_1, \ldots, \lambda_n$ Zahlen des Körpers $\mathbf{R}$, dann heißt der Vektor $\boldsymbol{b} \in V^n$ mit

$$\boldsymbol{b} = \lambda_1 \boldsymbol{a}_1 + \ldots + \lambda_n \boldsymbol{a}_n = \sum_{i=1}^{n} \lambda_i \boldsymbol{a}_i$$

eine **Linearkombination** der Vektoren $\boldsymbol{a}_1, \ldots, \boldsymbol{a}_n$.
Die reellen Zahlen λ_i werden die Koeffizienten der Linearkombination genannt.

BEISPIEL 7/5

Gegeben seien die Vektoren $\boldsymbol{a}_1, \boldsymbol{a}_2, \boldsymbol{a}_3, \boldsymbol{a}_4$ des Vektorraums V_0^2 (Bild 7/6a). Dann ist der Vektor $\boldsymbol{b} = 2\boldsymbol{a}_1 + 2{,}5\boldsymbol{a}_2 + 1{,}75\boldsymbol{a}_3 + 1{,}8\boldsymbol{a}_4$ eine Linearkombination der gegebenen Vektoren (Bild 7/6b).

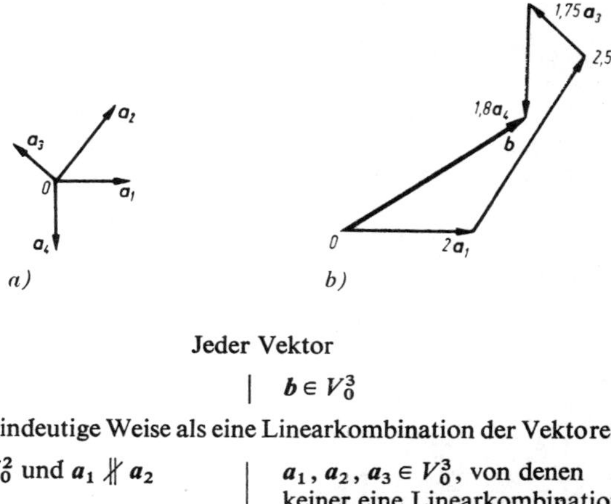

Bild 7/6

Jeder Vektor

$\boldsymbol{b} \in V_0^2$	$\boldsymbol{b} \in V_0^3$

kann auf eindeutige Weise als eine Linearkombination der Vektoren

$\boldsymbol{a}_1, \boldsymbol{a}_2 \in V_0^2$ und $\boldsymbol{a}_1 \nparallel \boldsymbol{a}_2$	$\boldsymbol{a}_1, \boldsymbol{a}_2, \boldsymbol{a}_3 \in V_0^3$, von denen keiner eine Linearkombination der anderen Vektoren ist,

dargestellt werden:

$\boldsymbol{b} = \lambda_1 \boldsymbol{a}_1 + \lambda_2 \boldsymbol{a}_2$	$\boldsymbol{b} = \lambda_1 \boldsymbol{a}_1 + \lambda_2 \boldsymbol{a}_2 + \lambda_3 \boldsymbol{a}_3$

Veranschaulichung

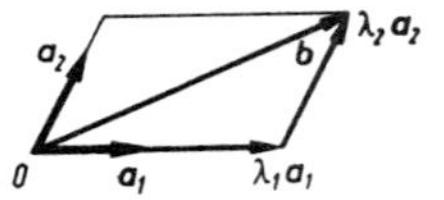

Bild 7/7

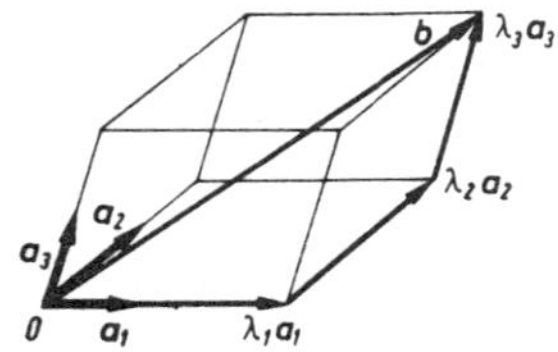

Bild 7/8

Linear unabhängige und linear abhängige Vektoren

Ergibt sich der Nullvektor $\boldsymbol{o}$ eines Vektorraums V über $\mathbf{R}$ als Linearkombination der Vektoren $\boldsymbol{a}_1, \ldots, \boldsymbol{a}_n \in V$

nur, wenn alle $\lambda_i = 0$ sind,	**auch**, wenn wenigstens ein $\lambda_i \neq 0$ ist,

so heißen die Vektoren $\boldsymbol{a}_1, \ldots, \boldsymbol{a}_n$

linear unabhängig:	**linear abhängig:**
$\boldsymbol{o} = 0\boldsymbol{a}_1 + \ldots + 0\boldsymbol{a}_n$	$\boldsymbol{o} = \lambda_1\boldsymbol{a}_1 + \ldots + \lambda_n\boldsymbol{a}_n$
(triviale Darstellung des Nullvektors).	mit wenigstens einem $\lambda_i \neq 0$.

Vektoren, die parallel zu

einer Geraden	einer Ebene

liegen, heißen

kollinear.	**komplanar.**
Zwei kollineare Vektoren	Drei komplanare Vektoren

sind linear abhängig.

BEISPIEL 7/6

$\boldsymbol{a}_1 \parallel \boldsymbol{a}_2$
Für die Vektoren in Bild 7/9 gilt

$3\boldsymbol{a}_1 + (-1)\,\boldsymbol{a}_2 = \boldsymbol{o}$

Bild 7/9

Für die Vektoren in Bild 7/10a gilt

$2{,}5\boldsymbol{a}_1 + (-2)\,\boldsymbol{a}_2 + 1{,}5\boldsymbol{a}_3 = \boldsymbol{o}$
(Bild 7/10b)

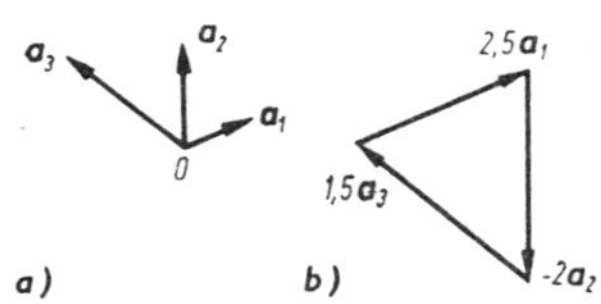

Bild 7/10

7.3.2. Basis und Dimension von Vektorräumen

Sind in einem Vektorraum V über **R** n Vektoren ($n \in \mathbf{N}^*$) linear unabhängig und sind stets je $n + 1$ Vektoren aus V linear abhängig, dann heißt V **endlichdimensionaler Vektorraum**, der mit V^n bezeichnet wird; n ist seine Dimension, in Zeichen: $n = \dim V$.

n linear unabhängige Vektoren $\boldsymbol{a}_1, \ldots, \boldsymbol{a}_n$ des Vektorraums V^n nennt man eine **Basis** B von V^n, geschrieben $B = \{\boldsymbol{a}_1, \ldots, \boldsymbol{a}_n\}$ mit fester Reihenfolge der Vektoren.

Ist $B = \{\boldsymbol{a}_1, \ldots, \boldsymbol{a}_n\}$ eine Basis von V^n, so ist jeder Vektor $\boldsymbol{b} \in V^n$ eindeutig als Linearkombination

$$\boldsymbol{b} = \lambda_1 \boldsymbol{a}_1 + \ldots + \lambda_n \boldsymbol{a}_n = \sum_{i=1}^{n} \lambda_i \boldsymbol{a}_i$$

von Elementen aus B darstellbar.
Die Vektoren $\boldsymbol{a}_i$ heißen **Basisvektoren**, die Vektoren $\lambda_i \boldsymbol{a}_i$ **Komponenten**, die eindeutig bestimmten reellen Koeffizienten λ_i die **Koordinaten** von $\boldsymbol{b}$ bezüglich der Basis B.
Da die Reihenfolge der Basisvektoren festgelegt ist, kann der Vektor $\boldsymbol{b}$ durch die Koordinaten in der Form eines **Spaltenvektors** dargestellt werden:

$$\boldsymbol{b}_B = \begin{pmatrix} \lambda_1 \\ \vdots \\ \lambda_n \end{pmatrix} \quad \text{bzw.} \quad \boldsymbol{b} = \begin{pmatrix} \lambda_1 \\ \vdots \\ \lambda_n \end{pmatrix},$$

wenn keine Verwechslungen möglich sind.
Dadurch ist eine bezüglich einer festen Basis von V^n eineindeutige Zuordnung der Vektoren von V^n zu den geordneten n-Tupeln reeller Zahlen festgelegt. Deshalb gilt: Jeder reelle n-dimensionale Vektorraum ist **isomorph** zum Vektorraum der geordneten n-Tupel reeller Zahlen.
Durch das »**Transponieren**« (↗ 8.4.) entsteht aus einem Spaltenvektor ein Zeilenvektor. Der zu $\boldsymbol{b} = \begin{pmatrix} \lambda_1 \\ \vdots \\ \lambda_n \end{pmatrix}$ transponierte Vektor ist $\boldsymbol{b}^{\mathrm{T}} = (\lambda_1, \ldots, \lambda_n)$.
Ferner ist $(\boldsymbol{b}^{\mathrm{T}})^{\mathrm{T}} = \boldsymbol{b}$.
Um im Druck Platz zu sparen, wird ein Spaltenvektor oft in seiner transponierten Form dargestellt:

$$\boldsymbol{b} = \begin{pmatrix} \lambda_1 \\ \vdots \\ \lambda_n \end{pmatrix} = (\lambda_1, \ldots, \lambda_n)^{\mathrm{T}}.$$

7.3.3. Koordinatensysteme in geometrischen Punkträumen

(1) Der Vektorraum V_0^2	Der Vektorraum V_0^3

beschreibe den geometrischen Punktraum

E^2 (Ebene)	E^3 (Raum).

Gegeben sei eine Basis B mit

$B = \{\boldsymbol{a}_1, \boldsymbol{a}_2\}$	$B = \{\boldsymbol{a}_1, \boldsymbol{a}_2, \boldsymbol{a}_3\}$.

Dann heißt

$\{0; \boldsymbol{a}_1, \boldsymbol{a}_2\}$	$\{0; \boldsymbol{a}_1, \boldsymbol{a}_2, \boldsymbol{a}_3\}$

ein (im allgemeinen schiefwinkliges) Koordinatensystem

der Ebene.	des Raumes.

Veranschaulichung

Punkt $P(\lambda_1, \lambda_2)$

Der Ortsvektor des Punktes P ist

$$\boldsymbol{p} = \overrightarrow{OP} = \lambda_1\boldsymbol{a}_1 + \lambda_2\boldsymbol{a}_2$$

bzw.

$$\boldsymbol{p} = \begin{pmatrix} \lambda_1 \\ \lambda_2 \end{pmatrix}$$

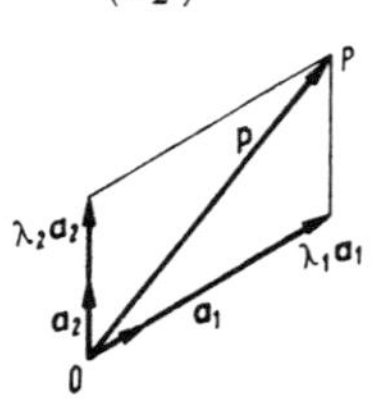

Bild 7/11

Punkt $P(\lambda_1, \lambda_2, \lambda_3)$

Der Ortsvektor des Punktes P ist

$$\boldsymbol{p} = \overrightarrow{OP} = \lambda_1\boldsymbol{a}_1 + \lambda_2\boldsymbol{a}_2 + \lambda_3\boldsymbol{a}_3$$

bzw.

$$\boldsymbol{p} = \begin{pmatrix} \lambda_1 \\ \lambda_2 \\ \lambda_3 \end{pmatrix}$$

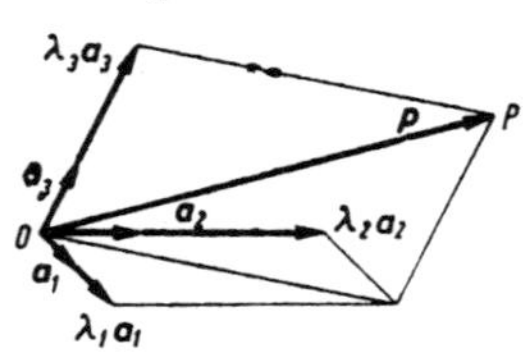

Bild 7/12

(2) Stehen die Basisvektoren (paarweise) senkrecht aufeinander, so heißt die Basis orthogonal und jedes dieser Basis entsprechende **Koordinatensystem orthogonal.**

(3) Sind die Basisvektoren Einheitsvektoren, so heißen Basis und **Koordinatensystem normiert.**

(4) Orthogonale und normierte Basen bzw. Koordinatensysteme heißen **orthonormiert.** Ein orthonormiertes Koordinatensystem wird **kartesisches Koordinatensystem** genannt.

Veranschaulichung

Es seien $\boldsymbol{i}, \boldsymbol{j}$ Einheitsvektoren, Gegeben sei der Punkt $P(x, y)$ im ebenen kartesischen Koordinatensystem $\{O; \boldsymbol{i}, \boldsymbol{j}\}$

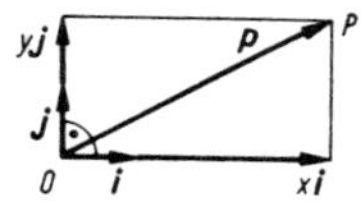

Bild 7/13

Ortsvektor des Punktes P:

$$\boldsymbol{p} = \overrightarrow{OP} = x\boldsymbol{i} + y\boldsymbol{j} \quad \text{bzw.}$$

$$\boldsymbol{p} = \begin{pmatrix} x \\ y \end{pmatrix}$$

Es seien $\boldsymbol{i}, \boldsymbol{j}, \boldsymbol{k}$ Einheitsvektoren, die ein *Rechtssystem*[1]) bilden. Gegeben sei der Punkt $P(x, y, z)$ im räumlichen Koordinatensystem $\{O; \boldsymbol{i}, \boldsymbol{j}, \boldsymbol{k}\}$

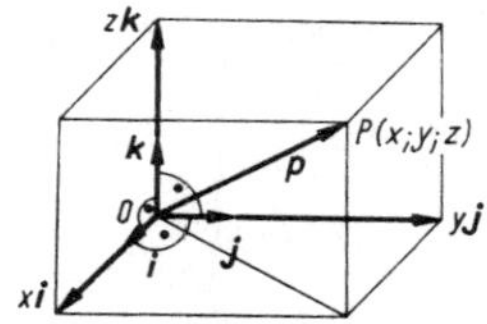

Bild 7/14

Ortsvektor des Punktes P:

$$\boldsymbol{p} = \overrightarrow{OP} = x\boldsymbol{i} + y\boldsymbol{j} + z\boldsymbol{k}$$

bzw.

$$\boldsymbol{p} = \begin{pmatrix} x \\ y \\ z \end{pmatrix}$$

Die Komponenten $x\boldsymbol{i}$, $y\boldsymbol{j}$ bzw. $x\boldsymbol{i}$, $y\boldsymbol{j}$, $z\boldsymbol{k}$ sind die senkrechten Projektionen des Vektors $\boldsymbol{p}$ auf die Koordinatenachsen.

[1]) *Hinweis zum Rechtssystem:* Wird der Vektor $\boldsymbol{a}$ in der von $\boldsymbol{a}$ und $\boldsymbol{b}$ aufgespannten Ebene in die Richtung des Vektors $\boldsymbol{b}$ gedreht, so ergibt sich bei einer Rechtsschraubung ein Fortschreiten in Richtung von $\boldsymbol{c}$. Veranschaulichung in den Bildern 7/15a, b.

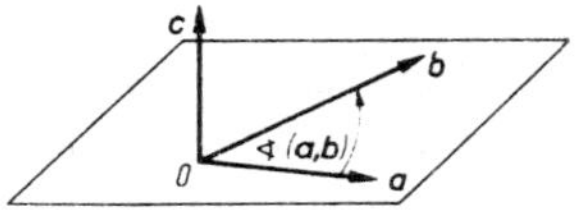

Bild 7/15 a

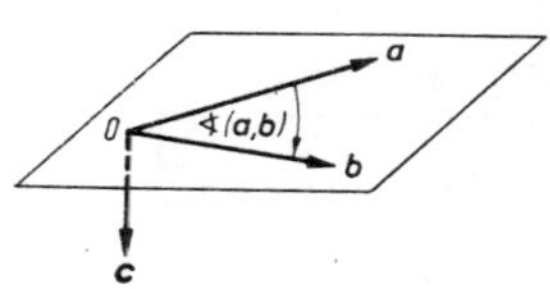

Bild 7/15 b

BEISPIEL 7/7

a) Die Punkte $P_1(2;\ 3)$,
$P_2(-3;\ 1)$,
$P_3(-1;\ -2)$,
$P_4(4;\ -3)$

b) Die Punkte $P_1(1;\ 3;\ 2{,}5)$,
$P_2(-3;\ -3;\ 2)$

werden durch die zugehörigen Ortsvektoren $\boldsymbol{p}$ im kartesischen Koordinatensystem veranschaulicht:

$\boldsymbol{p}_1 = 2\boldsymbol{i} + 3\boldsymbol{j}$; $\quad \boldsymbol{p}_1 = \begin{pmatrix} 2 \\ 3 \end{pmatrix}$

$\boldsymbol{p}_2 = -3\boldsymbol{i} + 3\boldsymbol{j}$; $\quad \boldsymbol{p}_2 = \begin{pmatrix} -3 \\ 1 \end{pmatrix}$

$\boldsymbol{p}_3 = -\boldsymbol{i} - 2\boldsymbol{j}$; $\quad \boldsymbol{p}_3 = \begin{pmatrix} -1 \\ -2 \end{pmatrix}$

$\boldsymbol{p}_4 = 4\boldsymbol{i} - 3\boldsymbol{j}$; $\quad \boldsymbol{p}_4 = \begin{pmatrix} 4 \\ -3 \end{pmatrix}$

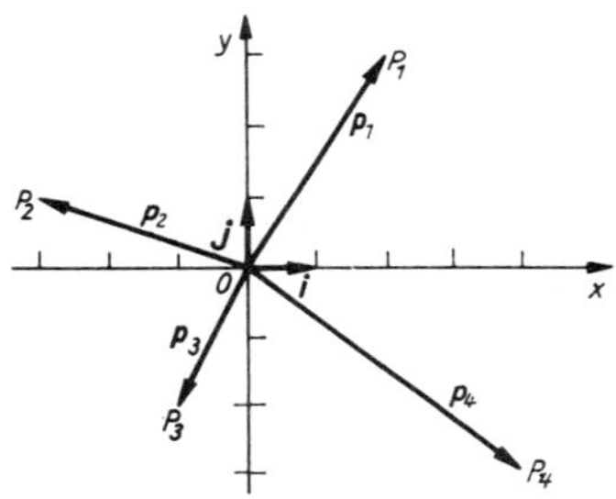

Bild 7/16

$\boldsymbol{p}_1 = \boldsymbol{i} + 3\boldsymbol{j} + 2{,}5\boldsymbol{k}$; $\boldsymbol{p}_1 = \begin{pmatrix} 1 \\ 3 \\ 2{,}5 \end{pmatrix}$

$\boldsymbol{p}_2 = -3\boldsymbol{i} - 3\boldsymbol{j} + 2\boldsymbol{k}$;

$\boldsymbol{p}_2 = \begin{pmatrix} -3 \\ -3 \\ 2 \end{pmatrix}$

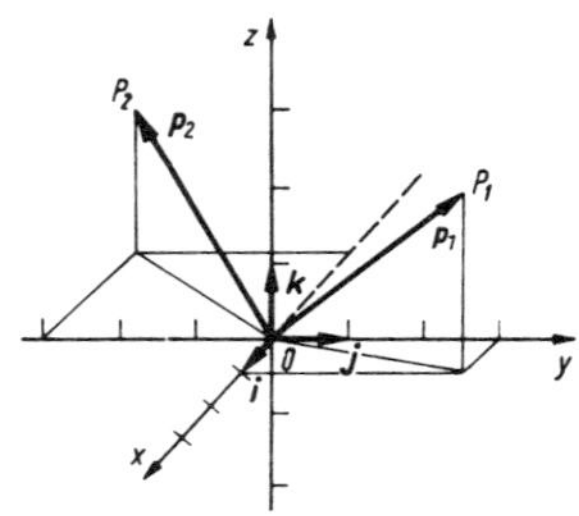

Bild 7/17

7.4. Das Skalarprodukt

7.4.1. Der Winkel zwischen zwei Vektoren

Es seien $\boldsymbol{a}, \boldsymbol{b}$ Ortsvektoren mit $\boldsymbol{a}, \boldsymbol{b} \in V_0^n$ $(n = 2, n = 3)$ und $\boldsymbol{a} \neq \boldsymbol{o}$, $\boldsymbol{b} \neq \boldsymbol{o}$, dann versteht man unter dem **Winkel zwischen den Vektoren** $\boldsymbol{a}, \boldsymbol{b}$, in Zeichen $\sphericalangle(\boldsymbol{a}, \boldsymbol{b})$, den Elementarwinkel (↗ 10.1.1.(7)) zwischen zwei Strahlen mit dem gemeinsamen Anfangspunkt O im geometrischen Raum E^n $(n = 2, n = 3)$. Bild 7/18

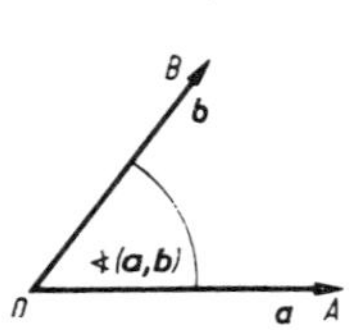

Bild 7/18

Die Größe des Winkels werde im Grad- bzw. im Bogenmaß angegeben. Es gelte $\overline{\sphericalangle(\boldsymbol{a}, \boldsymbol{b})} = \overline{\sphericalangle(\boldsymbol{b}, \boldsymbol{a})}$ und

$$0^\circ \leqq \overline{\sphericalangle(\boldsymbol{a}, \boldsymbol{b})} \leqq 180^\circ \quad \text{bzw.} \quad 0 \leqq \overline{\sphericalangle(\boldsymbol{a}, \boldsymbol{b})} \leqq \pi.$$

7.4.2. Definition des Skalarprodukts

Sind $\boldsymbol{a}, \boldsymbol{b}$ beliebige Vektoren des Vektorraums V_0^2 bzw. V_0^3 mit $\boldsymbol{a} \neq 0$, $\boldsymbol{b} \neq 0$, so heißt die reelle Zahl

$$c = \boldsymbol{a} \cdot \boldsymbol{b} = \|\boldsymbol{a}\| \, \|\boldsymbol{b}\| \cos \overline{\sphericalangle(\boldsymbol{a}, \boldsymbol{b})}$$

das **Skalarprodukt** (auch inneres Produkt genannt) der Vektoren $\boldsymbol{a}, \boldsymbol{b}$.

Es ist

$$a \cdot b \begin{cases} > 0, \text{ wenn } 0 < \overline{\sphericalangle(a, b)} < \frac{\pi}{2}, \\ = 0, \text{ wenn } a = o \text{ oder } b = o \text{ oder } a \perp b, \\ < 0, \text{ wenn } \frac{\pi}{2} < \overline{\sphericalangle(a, b)} < \pi \text{ ist.} \end{cases}$$

Ein reeller Vektorraum, für den ein Skalarprodukt definiert ist, heißt **Euklidischer Vektorraum.**
Für *kollineare Vektoren* $a, b \in T^n$ $(n = 2, n = 3)$ mit $a \neq o$; $b \neq o$ (↗ 7.3.1.) gilt

bei gleichgerichteten Vektoren wegen $\cos \overline{\sphericalangle(a, b)} = \cos 0° = 1$:

$$a \cdot b = \|a\| \, \|b\|$$

bzw. bei entgegengesetzt gerichteten Vektoren wegen $\cos \overline{\sphericalangle(a, b)} = \cos 180° = -1$:

$$a \cdot b = -\|a\| \, \|b\|.$$

Sind die Vektoren a, b **gleich,** d. h., gilt $a = b$, so ist $a \cdot a = \|a\|^2$.
Für $a \cdot a$ schreibt man auch a^2.
Umgekehrt gilt

$$\sqrt{a^2} = \|a\|.$$

Aus der Definitionsgleichung für das Skalarprodukt kann der Winkel zwischen den Vektoren $a, b \in V_0^2$ bzw. $a, b \in V_0^3$ ermittelt werden:

$$\cos \overline{\sphericalangle(a, b)} = \frac{a \cdot b}{\|a\| \, \|b\|}.$$

BEISPIEL 7/8

a) Gegeben seien die Vektoren $a, b \in V_0^2$ mit $\|a\| = 2{,}9$, $\|b\| = 6{,}4$ und $\overline{\sphericalangle(a, b)} = 132°$. Dann ist das Skalarprodukt $a \cdot b = 2{,}9 \cdot 6{,}4 \cdot \cos 132° = 2{,}9 \cdot 6{,}4 \cdot (-\sin 42°) = -12{,}42$.
b) Gegeben seien die Vektoren $a, b \in V_0^2$ mit $\|a\| = 2{,}5$, $\|b\| = 4{,}3$ sowie das Skalarprodukt $a \cdot b = 9{,}309$.
Da $\cos \overline{\sphericalangle(a, b)} = \frac{a \cdot b}{\|a\| \, \|b\|} = \frac{9{,}309}{2{,}5 \cdot 4{,}3} = 0{,}866$ ist, schließen die Vektoren a, b den Winkel $\overline{\sphericalangle(a, b)} = 30°$ ein.

7.4.3. Geometrische Deutung des Skalarprodukts

Es seien $a, b \in V_0^2$ mit $\overrightarrow{OA} = a \neq o$ und $\overrightarrow{OB} = b \neq o$ sowie $\overline{\sphericalangle(a, b)} = \varphi$.
Da $\cos \varphi \begin{cases} >0 \\ <0 \end{cases}$ für $\begin{cases} 0° \leqq \varphi < 90° \\ 90° < \varphi \leqq 180° \end{cases}$ ist, gilt für die Länge $\overline{OB'}$ der

Normalprojektion von $\boldsymbol{b}$ auf die Gerade g durch O mit dem Richtungsvektor $\boldsymbol{a}$: $\overline{OB'} \begin{cases} >0 \\ <0 \end{cases}$ (Bild 7/19)

$$\overline{OB'} = \|\boldsymbol{b}\| \cos \gamma = \frac{\boldsymbol{a} \cdot \boldsymbol{b}}{\|\boldsymbol{a}\|}$$

Bild 7/19

Die Normalprojektion von $\boldsymbol{b}$ ist ein Vektor $\overrightarrow{OB'} = \boldsymbol{b}'$ mit

$$\boldsymbol{b}' = \frac{\boldsymbol{a} \cdot \boldsymbol{b}}{\|\boldsymbol{a}\|} \boldsymbol{a}^0 \quad \text{bzw.} \quad \boldsymbol{b}' = \frac{\boldsymbol{a} \cdot \boldsymbol{b}}{\|\boldsymbol{a}\|} \cdot \frac{\boldsymbol{a}}{\|\boldsymbol{a}\|}.$$

Man sagt auch, $\boldsymbol{b}'$ ist die Projektion des Vektors $\boldsymbol{b}$ auf den Vektor $\boldsymbol{a}$ und bezeichnet $\boldsymbol{b}'$ mit $\boldsymbol{b}_{\boldsymbol{a}}$.

Die Projektion des Vektors $\boldsymbol{b}$ auf den Vektor $\boldsymbol{a}$ ist eindeutig, aber nicht eindeutig umkehrbar; es gibt unendlich viele Vektoren $\boldsymbol{b}_1, \boldsymbol{b}_2, \ldots$, die jeweils die Winkel $\varphi_1, \varphi_2, \ldots$ mit $\boldsymbol{a}$ bilden und deren Projektionen auf den Vektor $\boldsymbol{a}$ den gleichen Vektor $\boldsymbol{b}_{\boldsymbol{a}}$ ergeben. Veranschaulichung Bild 7/20

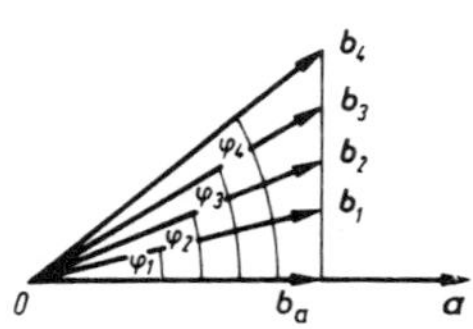

Bild 7/20

Da die Projektion des Vektors $\boldsymbol{b}$ auf den Vektor $\boldsymbol{a}$ nicht eindeutig umkehrbar ist, ist die **Operation »Skalarprodukt« nicht umkehrbar.**

7.4.4. Eigenschaften des Skalarprodukts

Es seien $\boldsymbol{a}, \boldsymbol{b}, \boldsymbol{c} \in V_0^n$ ($n = 2, n = 3$), $\lambda \in \mathbf{R}$. Dann gilt das Kommutativgesetz

$$\boldsymbol{a} \cdot \boldsymbol{b} = \boldsymbol{b} \cdot \boldsymbol{a},$$

das Distributivgesetz

$$\boldsymbol{a} \cdot (\boldsymbol{b} + \boldsymbol{c}) = \boldsymbol{a} \cdot \boldsymbol{b} + \boldsymbol{a} \cdot \boldsymbol{c},$$

das Assoziativgesetz für die Multiplikation des Skalarprodukts mit einer reellen Zahl

$$(\lambda \boldsymbol{a}) \cdot \boldsymbol{b} = \boldsymbol{a} \cdot (\lambda \boldsymbol{b}) = \lambda(\boldsymbol{a} \cdot \boldsymbol{b}).$$

Ein Assoziativgesetz für das Skalarprodukt ist nicht gültig, weil das Skalarprodukt zweier Vektoren eine reelle Zahl (und kein Vektor) ist.

Eine weitere Skalarproduktbildung mit einem Vektor ist deshalb nicht möglich.

7.4.5. Skalarprodukt zweier Ortsvektoren aus V_0^3

(1) Für die Basisvektoren $\boldsymbol{i}, \boldsymbol{j}, \boldsymbol{k}$ gilt

wegen der Kollinearität:

$$\boldsymbol{i} \cdot \boldsymbol{i} = \boldsymbol{j} \cdot \boldsymbol{j} = \boldsymbol{k} \cdot \boldsymbol{k} = 1,$$

wegen der Orthogonalität:

$$\boldsymbol{i} \cdot \boldsymbol{j} = \boldsymbol{j} \cdot \boldsymbol{k} = \boldsymbol{k} \cdot \boldsymbol{i} = 0.$$

(2) Für zwei Ortsvektoren $\boldsymbol{a}, \boldsymbol{b} \in V_0^3$ und $\boldsymbol{a} = a_x\boldsymbol{i} + a_y\boldsymbol{j} + a_z\boldsymbol{k}$ und $\boldsymbol{b} = b_x\boldsymbol{i} + b_y\boldsymbol{j} + b_z\boldsymbol{k}$ gilt

$$\boldsymbol{a} \cdot \boldsymbol{b} = (a_x\boldsymbol{i} + a_y\boldsymbol{j} + a_z\boldsymbol{k}) \cdot (b_x\boldsymbol{i} + b_y\boldsymbol{j} + b_z\boldsymbol{k})$$

und auf Grund des Distributivgesetzes und nach (1)

$$\boldsymbol{a} \cdot \boldsymbol{b} = a_x b_x + a_y b_y + a_z b_z.$$

BEISPIEL 7/9

Gegeben seien die Vektoren $\boldsymbol{a}, \boldsymbol{b}$ mit $\boldsymbol{a} = 8\boldsymbol{i} + 2\boldsymbol{j} - \boldsymbol{k}$ und $\boldsymbol{b} = 2\boldsymbol{i} + 5\boldsymbol{j} - 4\,\boldsymbol{k}$. Dann ist das Skalarprodukt $\boldsymbol{a} \cdot \boldsymbol{b} = 8 \cdot 2 + 2 \cdot 5 + (-1) \cdot (-4)$ $= 16 + 10 + 4 = 30$.

(3) Die **Norm** des Vektors $\boldsymbol{a} \in V_0^3$ mit $\boldsymbol{a} = a_x\boldsymbol{i} + a_y\boldsymbol{j} + a_z\boldsymbol{k}$ ist

$$\|\boldsymbol{a}\| = \sqrt{\boldsymbol{a}^2} = \sqrt{\boldsymbol{a} \cdot \boldsymbol{a}} = \sqrt{a_x^2 + a_y^2 + a_z^2}\,.$$

BEISPIEL 7/10

Die Norm des Vektors $\boldsymbol{a}$ mit $\boldsymbol{a} = 3\boldsymbol{i} + 4\boldsymbol{j} + 5\boldsymbol{k}$ ist

$$\|\boldsymbol{a}\| = \sqrt{9 + 16 + 25} = \sqrt{50} = 5\sqrt{2}.$$

(4) **Der Winkel zwischen den Vektoren $\boldsymbol{a}, \boldsymbol{b} \in V_0^3$** wird durch

$$\cos \overline{\sphericalangle(\boldsymbol{a}, \boldsymbol{b})} = \frac{\boldsymbol{a} \cdot \boldsymbol{b}}{\|\boldsymbol{a}\|\,\|\boldsymbol{b}\|} = \frac{a_x b_x + a_y b_y + a_z b_z}{\sqrt{a_x^2 + a_y^2 + a_z^2}\sqrt{b_x^2 + b_y^2 + b_z^2}}$$

ermittelt.

BEISPIEL 7/11

a) Für den Winkel zwischen den Vektoren $\boldsymbol{a}, \boldsymbol{b}$ mit $\boldsymbol{a} = 3\boldsymbol{i} + 2\boldsymbol{j} + \boldsymbol{k}$ und $\boldsymbol{b} = \boldsymbol{i} + 2\boldsymbol{j} + 5\boldsymbol{k}$ gilt

$$\cos \overline{\sphericalangle(\boldsymbol{a}, \boldsymbol{b})} = \frac{3 + 4 + 5}{\sqrt{9 + 4 + 1}\sqrt{1 + 4 + 25}} = \frac{12}{\sqrt{420}} \approx 0{,}5855,$$

daraus erhält man den Winkel der Größe $\overline{\sphericalangle(\boldsymbol{a}, \boldsymbol{b})} \approx 54{,}16°$.

b) Der Winkel zwischen den Vektoren $\boldsymbol{a}$, $\boldsymbol{b}$ mit $\boldsymbol{a} = 2\boldsymbol{i} + 3\boldsymbol{j} + \boldsymbol{k}$ und $\boldsymbol{b} = 4\boldsymbol{i} + 6\boldsymbol{j} + 2\boldsymbol{k}$ ist 0°, da

$$\cos \overline{\sphericalangle(\boldsymbol{a},\boldsymbol{b})} = \frac{8+18+2}{\sqrt{4+9+1}\sqrt{16+36+4}} = \frac{28}{\sqrt{14}\sqrt{56}}\,\frac{28}{28} = 1$$

ist; die Vektoren $\boldsymbol{a}$, $\boldsymbol{b}$ sind kollinear.

c) Die Vektoren $\boldsymbol{a}, \boldsymbol{b}$ mit $\boldsymbol{a} = 2\boldsymbol{i} + 3\boldsymbol{j} - 2\boldsymbol{k}$ und $\boldsymbol{b} = \boldsymbol{i} + 2\boldsymbol{j} + 4\boldsymbol{k}$ stehen aufeinander senkrecht, da $\boldsymbol{a} \cdot \boldsymbol{b} = 2 + 6 - 8 = 0$ ist.

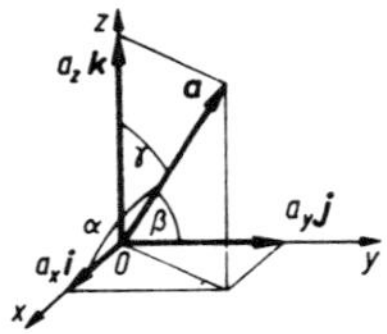

Bild 7/21

(5) Zur Ermittlung der Größen der **Winkel zwischen dem Vektor $\boldsymbol{a} \in V_0^3$ und den Koordinatenachsen** werden die Winkel zwischen dem Vektor $\boldsymbol{a}$ und den Basisvektoren $\boldsymbol{i}$, $\boldsymbol{j}$, $\boldsymbol{k}$ mit Hilfe der **Richtungscosinus** bestimmt (Bild 7/21):

$$\cos\alpha = \cos\overline{\sphericalangle(\boldsymbol{a},\boldsymbol{i})} = \frac{a_x}{\|\boldsymbol{a}\|}$$

$$\cos\beta = \cos\overline{\sphericalangle(\boldsymbol{a},\boldsymbol{j})} = \frac{a_y}{\|\boldsymbol{a}\|}$$

$$\cos\gamma = \cos\overline{\sphericalangle(\boldsymbol{a},\boldsymbol{k})} = \frac{a_z}{\|\boldsymbol{a}\|}$$

Für die Richtungscosinus gilt: $\cos^2\alpha + \cos^2\beta + \cos^2\gamma = 1$, denn es ist

$$\cos^2\alpha = \frac{a_x^2}{\|\boldsymbol{a}\|^2}, \quad \cos^2\beta = \frac{a_y^2}{\|\boldsymbol{a}\|^2},$$

$$\cos^2\gamma = \frac{a_z^2}{\|\boldsymbol{a}\|^2} \quad \text{und} \quad \|\boldsymbol{a}\|^2 = \boldsymbol{a}^2;$$

damit erhält man

$$\cos^2\alpha + \cos^2\beta + \cos^2\gamma = \frac{a_x^2 + a_y^2 + a_z^2}{\|\boldsymbol{a}\|^2} = \frac{\|\boldsymbol{a}\|^2}{\|\boldsymbol{a}\|^2} = 1$$

BEISPIEL 7/12

Um die Größen der Winkel zu berechnen, die der Vektor $\boldsymbol{a} = 3\boldsymbol{i} + 2\boldsymbol{j} + 2{,}5\boldsymbol{k}$ mit den Koordinatenachsen bildet, werden zunächst die Richtungscosinus ermittelt:

$$\cos\alpha = \frac{3}{\sqrt{9+4+6{,}25}} = \frac{3}{\sqrt{19{,}25}} = \frac{3}{4{,}3874} = 0{,}6838;$$

$$\cos\beta = \frac{2}{\sqrt{19{,}25}} = 0{,}4559;$$

$$\cos\gamma = \frac{2{,}5}{\sqrt{19{,}25}} = 0{,}5698.$$

Daraus erhält man die gesuchten Winkel: $\alpha = 46{,}86°$, $\beta = 62{,}88°$, $\gamma = 55{,}26°$ (Bild 7/22).

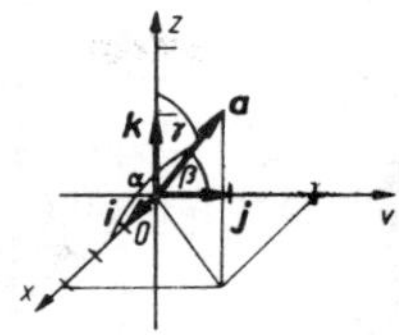

Bild 7/22

7.4.6. Skalarprodukt zweier Vektoren des Vektorraums der geordneten *n*-Tupel

(1) Das Skalarprodukt der Vektoren $\boldsymbol{a}, \boldsymbol{b} \in V^n$ wird mit Hilfe des transponierten Vektors formuliert:

$$\boldsymbol{a}^{\mathrm{T}} \cdot \boldsymbol{b} = (a_1, \ldots, a_n) \begin{pmatrix} b_1 \\ \vdots \\ b_n \end{pmatrix} = \sum_{i=1}^{n} a_i b_i = a_1 b_1 + \ldots + a_n b_n$$

Man nennt diese Summe von n Produkten $a_i b_i$ auch **Produktsumme.** Sie ist mit Hilfe eines Taschenrechners leicht zu bilden, weil die Produkte im Speicher addiert werden können.

BEISPIEL 7/13

Gegeben seien die Vektoren $\boldsymbol{a} = \begin{pmatrix} 5 \\ 3 \\ 2 \\ 1 \end{pmatrix}$, $\boldsymbol{b} = \begin{pmatrix} 1 \\ 2 \\ 5 \\ 3 \end{pmatrix}$. Dann ist

$$\boldsymbol{a}^{\mathrm{T}} \cdot \boldsymbol{b} = (5\ 3\ 2\ 1) \cdot \begin{pmatrix} 1 \\ 2 \\ 5 \\ 3 \end{pmatrix} = 5 + 6 + 10 + 3 = 24$$

(2) Die in 7.4.4. genannten **Gesetze für das Skalarprodukt** werden unter Nutzung des transponierten Vektors formuliert:

Es seien $\boldsymbol{a}, \boldsymbol{b}, \boldsymbol{c} \in V^n$. Dann gelten

das Kommutativgesetz

$$\boldsymbol{a}^{\mathrm{T}} \cdot \boldsymbol{b} = \boldsymbol{b}^{\mathrm{T}} \cdot \boldsymbol{a},$$

zwei Distributivgesetze

$$\boldsymbol{a}^{\mathrm{T}} \cdot (\boldsymbol{b} + \boldsymbol{c}) = \boldsymbol{a}^{\mathrm{T}} \cdot \boldsymbol{b} + \boldsymbol{a}^{\mathrm{T}} \cdot \boldsymbol{c}$$

$$(\boldsymbol{a}^{\mathrm{T}} + \boldsymbol{b}^{\mathrm{T}}) \cdot \boldsymbol{c} = \boldsymbol{a}^{\mathrm{T}} \cdot \boldsymbol{c} + \boldsymbol{b}^{\mathrm{T}} \cdot \boldsymbol{c}$$

das Assoziativgesetz für die Multiplikation des Skalarprodukts mit einer reellen Zahl $(\ \boldsymbol{a}^{\mathrm{T}}) \cdot \boldsymbol{b} = \boldsymbol{a}^{\mathrm{T}} \cdot (\lambda \boldsymbol{b}) = \lambda(\boldsymbol{a}^{\mathrm{T}} \cdot \boldsymbol{b})$.

7.5. Das Vektorprodukt

7.5.1. Definition des Vektorprodukts

Sind $\boldsymbol{a}$, $\boldsymbol{b}$ Vektoren des Vektorraums V^3, so heißt der Vektor $\boldsymbol{c}$ das **Vektorprodukt** (auch äußeres Produkt genannt) von $\boldsymbol{a}$, $\boldsymbol{b}$, wenn gilt:

$$\|\boldsymbol{c}\| = \|\boldsymbol{a}\|\,\|\boldsymbol{b}\| \sin \overline{\sphericalangle(\boldsymbol{a}, \boldsymbol{b})} \quad \text{und}$$

$$0 \leqq \overline{\sphericalangle(\boldsymbol{a}, \boldsymbol{b})} \leqq \pi, \quad \boldsymbol{c} \perp \boldsymbol{a}, \quad \boldsymbol{c} \perp \boldsymbol{b},$$

die Vektoren $\boldsymbol{a}$, $\boldsymbol{b}$, $\boldsymbol{c}$ bilden in dieser Reihenfolge ein Rechtssystem. Es wird mit $\boldsymbol{c} = \boldsymbol{a} \times \boldsymbol{b}$ (gelesen: $\boldsymbol{a}$ Kreuz $\boldsymbol{b}$) bezeichnet.

Gilt $\boldsymbol{a} \parallel \boldsymbol{b}$ mit $\boldsymbol{a} \neq \boldsymbol{o}$ und $\boldsymbol{b} \neq \boldsymbol{o}$, dann ist $\|\boldsymbol{c}\| = \|\boldsymbol{a}\|\,\|\boldsymbol{b}\| \sin 0° = 0$. Daraus folgt: $\boldsymbol{a} \times \boldsymbol{b} = \boldsymbol{o}$ mit $\boldsymbol{a} \neq \boldsymbol{o}$ und $\boldsymbol{b} \neq \boldsymbol{o}$ gilt genau dann, wenn $\boldsymbol{a} \parallel \boldsymbol{b}$ ist.

BEISPIEL 7/14

Die Vektoren $\boldsymbol{a}$, $\boldsymbol{b}$ mit $\|\boldsymbol{a}\| = 3$, $\|\boldsymbol{b}\| = 4$ bilden den Winkel $\sphericalangle(\boldsymbol{a}, \boldsymbol{b})$ mit der Größe $\delta = 30°$.
Gesucht wird das Vektorprodukt $\boldsymbol{c} = \boldsymbol{a} \times \boldsymbol{b}$.
Die Norm des Vektors $\boldsymbol{c}$ ist $\|\boldsymbol{c}\| = \|\boldsymbol{a}\|\,\|\boldsymbol{b}\| \sin \overline{\sphericalangle(\boldsymbol{a}, \boldsymbol{b})} = 3 \cdot 4 \cdot \sin 30°$ $= 12 \cdot \frac{1}{2} = 6$.
Der Vektor $\boldsymbol{c}$ steht auf der durch die Vektoren $\boldsymbol{a}$, $\boldsymbol{b}$ aufgespannten Ebene senkrecht und zeigt (nach dem Rechtssystem) nach oben (Bild 7/23).

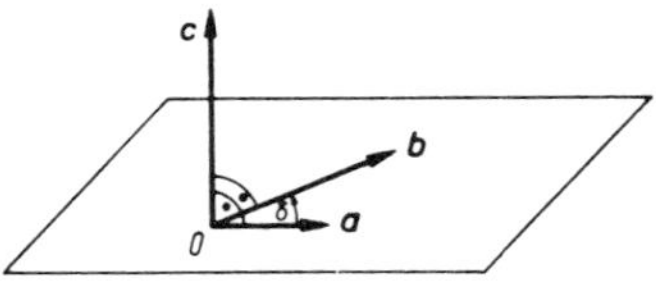

Bild 7/23

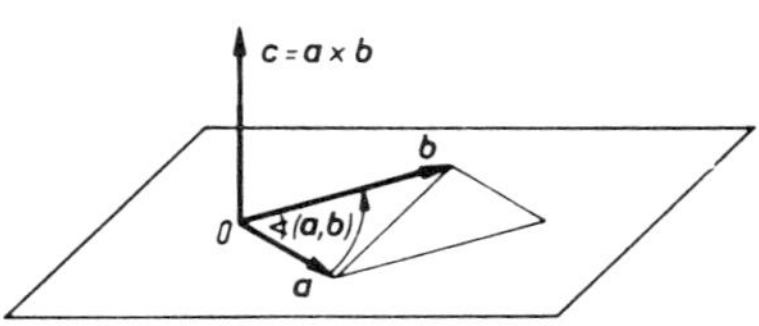

Bild 7/24

7.5.2. Geometrische Deutung des Vektorprodukts

Die Norm $\|\boldsymbol{a} \times \boldsymbol{b}\|$ des Vektorprodukts der Vektoren $\boldsymbol{a}, \boldsymbol{b}$ kann als Zahlenwert des Flächeninhalts des von den Vektoren $\boldsymbol{a}$, $\boldsymbol{b}$ aufgespannten Parallelogramms geometrisch gedeutet werden. Nach der Formel für den Flächeninhalt eines Dreiecks [↗ 10.1.14.3.(3)] gilt $A_\triangle = \frac{1}{2} ab \sin \gamma$ (Bild 7/24).

Der **Winkel** $\sphericalangle(\boldsymbol{a}, \boldsymbol{b})$ zwischen den Vektoren $\boldsymbol{a}, \boldsymbol{b}$ kann über die Beziehung

$$\sin \overline{\sphericalangle(\boldsymbol{a}, \boldsymbol{b})} = \frac{\boldsymbol{a} \times \boldsymbol{b}}{\|\boldsymbol{a}\| \, \|\boldsymbol{b}\|}$$

wegen $\sin \alpha = \sin(\pi - \alpha)$ nicht eindeutig bestimmt werden. Die Operation »Vektorprodukt« ist **nicht umkehrbar.** Man kann zu $\boldsymbol{c}$ und $\boldsymbol{a}$ nicht eindeutig einen Vektor $\boldsymbol{b}$ angeben, für den gelten würde: $\boldsymbol{a} \times \boldsymbol{b} = \boldsymbol{c}$, denn die Vektoren $\boldsymbol{b}_i$ mit $i = 1, 2, \ldots$ ergeben die gleiche Norm des projizierten Vektors $\boldsymbol{p}$:

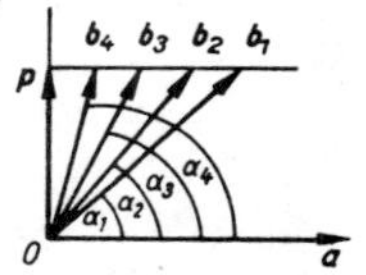

Bild 7/25

$$\|\boldsymbol{p}\| = \|\boldsymbol{b}_1\| \sin \alpha_1 = \|\boldsymbol{b}_2\| \sin \alpha_2 = \ldots$$

(Bild 7/25)

7.5.3. Eigenschaften des Vektorprodukts

Für das Vektorprodukt gelten folgende **Gesetze:**

Es seien $\boldsymbol{a}, \boldsymbol{b}, \boldsymbol{c} \in V^3$ und $\lambda \in \mathbf{R}$, dann gelten

das Alternativgesetz

$$\boldsymbol{a} \times \boldsymbol{b} = -(\boldsymbol{b} \times \boldsymbol{a}),$$

(ein Kommutativgesetz gibt es für das Vektorprodukt nicht),
die Distributivgesetze

$$\boldsymbol{a} \times (\boldsymbol{b} + \boldsymbol{c}) = \boldsymbol{a} \times \boldsymbol{b} + \boldsymbol{a} \times \boldsymbol{c}$$

$$(\boldsymbol{a} + \boldsymbol{b}) \times \boldsymbol{c} = \boldsymbol{a} \times \boldsymbol{c} + \boldsymbol{b} \times \boldsymbol{c},$$

das Assoziativgesetz für die Multiplikation des Vektorprodukts mit einer reellen Zahl

$$(\lambda \boldsymbol{a}) \times \boldsymbol{b} = \lambda(\boldsymbol{a} \times \boldsymbol{b})$$

bzw.

$$\boldsymbol{a} \times (\lambda \boldsymbol{b}) = \lambda(\boldsymbol{a} \times \boldsymbol{b}),$$

(ein Assoziativgesetz für das Vektorprodukt gibt es nicht).

7.5.4. Vektorprodukt zweier Vektoren des Vektorraums der geordneten Tripel

Für die Basisvektoren $\boldsymbol{i}, \boldsymbol{j}, \boldsymbol{k}$ gilt auf Grund der Definition des Vektorprodukts

$$\begin{array}{lll} \boldsymbol{i} \times \boldsymbol{i} = \boldsymbol{o} & \boldsymbol{i} \times \boldsymbol{j} = \boldsymbol{k} & \boldsymbol{j} \times \boldsymbol{i} = -\boldsymbol{k} \\ \boldsymbol{j} \times \boldsymbol{j} = \boldsymbol{o} & \boldsymbol{j} \times \boldsymbol{k} = \boldsymbol{i} & \boldsymbol{k} \times \boldsymbol{j} = -\boldsymbol{i} \\ \boldsymbol{k} \times \boldsymbol{k} = \boldsymbol{o} & \boldsymbol{k} \times \boldsymbol{i} = \boldsymbol{j} & \boldsymbol{i} \times \boldsymbol{k} = -\boldsymbol{j} \end{array}$$

(2) Für zwei Vektoren $\boldsymbol{a}, \boldsymbol{b} \in V^3$ mit $\boldsymbol{a} = a_x\boldsymbol{i} + a_y\boldsymbol{j} + a_z\boldsymbol{k}$ und $\boldsymbol{b} = b_x\boldsymbol{i} + b_y\boldsymbol{j} + b_z\boldsymbol{k}$ gilt

$$\begin{aligned}\boldsymbol{a} \times \boldsymbol{b} &= (a_x\boldsymbol{i} + a_y\boldsymbol{j} + a_z\boldsymbol{k}) \times (b_x\boldsymbol{i} + b_y\boldsymbol{j} + b_z\boldsymbol{k})\\ &= a_xb_x(\boldsymbol{i} \times \boldsymbol{i}) + a_xb_y(\boldsymbol{i} \times \boldsymbol{j}) + a_xb_z(\boldsymbol{i} \times \boldsymbol{k})\\ &\quad + a_yb_x(\boldsymbol{j} \times \boldsymbol{i}) + a_yb_y(\boldsymbol{j} \times \boldsymbol{j}) + a_yb_z(\boldsymbol{j} \times \boldsymbol{k})\\ &\quad + a_zb_x(\boldsymbol{k} \times \boldsymbol{i}) + a_zb_y(\boldsymbol{k} \times \boldsymbol{j}) + a_zb_z(\boldsymbol{k} \times \boldsymbol{k})\\ &= (a_yb_z - a_zb_y)\boldsymbol{i} + (a_zb_x - a_xb_z)\boldsymbol{j} + (a_xb_y - a_yb_x)\boldsymbol{k}.\end{aligned}$$

Mit Hilfe einer dreireihigen Determinante (↗ 8.9.1.) läßt sich das Vektorprodukt übersichtlich darstellen:

$$\boldsymbol{a} \times \boldsymbol{b} = \begin{vmatrix} \boldsymbol{i} & \boldsymbol{j} & \boldsymbol{k} \\ a_x & a_y & a_z \\ b_x & b_y & b_z \end{vmatrix}$$

BEISPIEL 7/15

Gegeben seien die Vektoren $\boldsymbol{a} = 8\boldsymbol{i} + 2\boldsymbol{j} - \boldsymbol{k}$ und $\boldsymbol{b} = 2\boldsymbol{i} + 5\boldsymbol{j} - 4\boldsymbol{k}$. Dann ist das Vektorprodukt $\boldsymbol{a} \times \boldsymbol{b}$ gleich dem Vektor $\boldsymbol{c}$ mit $\boldsymbol{c} = [2 \cdot (-4) - (-1) \cdot 5]\,\boldsymbol{i} + [(-1) \cdot 2 - 8 \cdot (-4)]\,\boldsymbol{j} + [8 \cdot 5 - 2 \cdot 2]\,\boldsymbol{k} = -3\boldsymbol{i} + 30\boldsymbol{j} + 36\boldsymbol{k}$. Die Norm des Vektors $\boldsymbol{c}$ ist
$\|\boldsymbol{c}\| = \sqrt{9 + 900 + 1296} = \sqrt{2205} \approx 47.$

8. Matrizenrechnung

8.1. Zum Begriff »Matrix«

8.1.1. Die Koeffizientenmatrix

In der **allgemeinen Form** eines Systems von m linearen Gleichungen mit n Variablen $x_1, \ldots, x_n$

$$a_{11}x_1 + a_{12}x_2 + \ldots + a_{1n}x_n = s_1$$

$$a_{21}x_1 + a_{22}x_2 + \ldots + a_{2n}x_n = s_2$$

$$\ldots$$

$$a_{m1}x_1 + a_{m2}x_2 + \ldots + a_{mn}x_n = s_m$$

bzw. unter Verwendung des Summenzeichens

$$\sum_{k=1}^{n} a_{ik}x_k = s_i \quad \text{mit} \quad i = 1, 2, \ldots, m$$

ist die Stellung jedes Koeffizienten a_{ik} durch die Doppelindizes festgelegt [↗ 5.7.2.(1)]. Deshalb genügt es, statt der linken Seite des Gleichungssystems nur dessen Koeffizienten aufzuführen.

Ein System von $m \cdot n$ Elementen, die in einem rechteckigen Schema von m Zeilen und n Spalten angeordnet sind, wird **Matrix** genannt.

Zahlen, Größen, Vektoren oder selbst Matrizen können **Elemente** einer Matrix sein.
Matrizen werden durch fettgedruckte große Kursivbuchstaben (manchmal durch Frakturbuchstaben bzw. unterstrichene große Buchstaben) bezeichnet.
Werden die Koeffizienten des gegebenen Gleichungssystems zu einer Matrix, der **Koeffizientenmatrix**, zusammengefaßt, wird das Koeffizientenfeld durch große runde Klammern eingeschlossen:

$$\boldsymbol{A} = \begin{pmatrix} a_{11} & a_{12} & \ldots & a_{1n} \\ a_{21} & a_{22} & \ldots & a_{2n} \\ \ldots \\ a_{m1} & a_{m2} & \ldots & a_{mn} \end{pmatrix}$$

Gelegentlich wird unter Nutzung des **allgemeinen Elements** a_{ik} eine Kurzschreibweise verwendet:

$$A = (a_{ik})_{(m,n)}.$$

Das allgemeine Element a_{ik} wird in runde Klammern gesetzt. Die nachfolgenden Indizes m, n (in dieser Reihenfolge ebenfalls in runden Klammern) geben an, daß der Zeilenindex i alle natürlichen Zahlen von 1 bis m, der Spaltenindex k alle natürlichen Zahlen von 1 bis n durchlaufen soll. Das Zahlenpaar (m, n) ist der **Typ der Matrix.** Wenn eine Matrix vom Typ (m, n) ist, schreibt man $\tau(A) = (m, n)$.
(Gemeinsame Bezeichnung für Zeilen und Spalten ist »Reihen«.)
Die Matrizen vom Typ (m, n) bilden eine Menge, die mit $M_{(m,n)}$ bezeichnet wird. Ist die Matrix A Element der Menge $M_{(m,n)}$, so schreibt man $A_{(m,n)}$.
Ist $m \neq n$, so heißt die Matrix **rechteckig**; ist $m = n$, so heißt sie **quadratisch.** Bei quadratischen Matrizen gibt $m = n$ die **Ordnung** an.
Zwei Matrizen sind nur dann vom gleichen Typ, wenn sie die gleiche Anzahl von Zeilen und die gleiche Anzahl von Spalten haben.
Alle Elemente a_{ik} einer quadratischen Matrix, für die $i = k$ gilt, bilden die **Hauptdiagonale.**

BEISPIEL 8/1

a) Die Koeffizientenmatrix des Gleichungssystems

$$\begin{aligned} 2x_1 + 3x_2 + x_3 - 2x_4 &= 5 \\ x_1 - 2x_2 - 3x_3 + x_4 &= 3 \\ 3x_1 + 2x_2 - 4x_3 + 4x_4 &= -2 \\ x_1 - 3x_2 - 2x_3 - 3x_4 &= -3 \end{aligned}$$

ist

$$A = \begin{pmatrix} 2 & 3 & 1 & -2 \\ 1 & -2 & -3 & 1 \\ 3 & 2 & -4 & 4 \\ 1 & -3 & -2 & -3 \end{pmatrix},$$

sie ist eine quadratische Matrix vom Typ $\tau(A) = (4, 4)$.
Die Elemente $a_{11} = 2$, $a_{22} = -2$, $a_{33} = -4$, $a_{44} = -3$ bilden die Hauptdiagonale.

b) Die Matrix

$$B = \begin{pmatrix} 2 & -1 \\ 1 & 4 \\ -1 & 2 \end{pmatrix}$$

ist eine rechteckige Matrix vom Typ $\tau(B) = (3, 2)$.

Eine einspaltige Matrix vom Typ $(m, 1)$ wird als **Spaltenvektor**, eine einzeilige Matrix vom Typ $(1, n)$ als **Zeilenvektor** aufgefaßt.
Wird eine Koeffizientenmatrix A eines inhomogenen linearen Gleichungssystems um den Vektor s der Absolutglieder erweitert, wird die Matrix (A, s) **Systemmatrix** dieses Gleichungssystems genannt.

8.1.2. Die Inzidenzmatrix

In Ökonomie und Technologie werden Zusammenhänge zwischen einzelnen Objekten in **Verflechtungen** untersucht, z. B.: Wie viele Einzelteile verschiedener Art werden bei der Herstellung bestimmter Enderzeugnisse benötigt? Dabei werden die einzelnen Objekte als Punkte eines Netzwerkes veranschaulicht, und es interessiert nur, welche Punkte miteinander auf Grund einer Relation, z. B. der Relation »... werden benötigt zur Herstellung von ...«, verbunden sind.
Verbindet eine Strecke a zwei Punkte, so sagt man, diese Punkte inzidieren mit der Strecke. Führt eine Strecke vom Punkt i zum Punkt k einer Verflechtung, so ist das Element a_{ik} einer Matrix gleich 1. Ist jedoch der Punkt i nicht mit dem Punkt k verbunden, so ist $a_{ik} = 0$. Die auf diese Weise entstehende Matrix heißt **Inzidenzmatrix** eines Graphen.
Die Hauptdiagonalelemente einer Inzidenzmatrix sind Null, da kein Punkt mit sich selbst verbunden sein soll.
Werden r Teile des Gegenstands i zur Herstellung des Gegenstands k benötigt, so ist das Element a_{ik} der Inzidenzmatrix gleich r.

BEISPIEL 8/2

Werden zur Herstellung eines Enderzeugnisses 4

2 Stück des Teils 1, 3 Stück des Teils 2 und 4 Stück des Teils 3

und zur Herstellung eines anderen Erzeugnisses 5

3 Stück des Teils 1 und 2 Stück des Teils 3

benötigt, so kann dieser Sachverhalt in einem Netzwerk graphisch dargestellt werden (Bild 8/1).

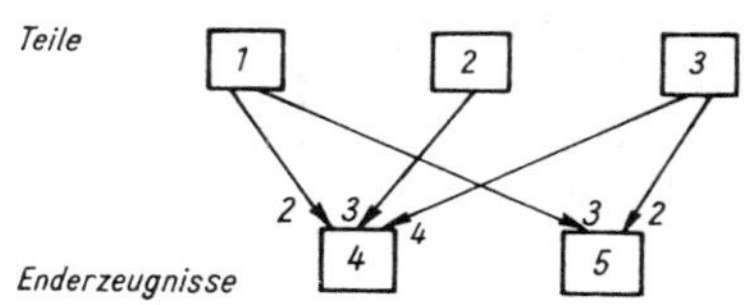

Bild 8/1

Die zugehörige Inzidenzmatrix ist

$$\begin{pmatrix} 0 & 0 & 0 & 2 & 3 \\ 0 & 0 & 0 & 3 & 0 \\ 0 & 0 & 0 & 4 & 2 \\ 0 & 0 & 0 & 0 & 0 \\ 0 & 0 & 0 & 0 & 0 \end{pmatrix}$$

8.1.3. Spezielle Formen quadratischer Matrizen

(1) **Diagonalmatrix:** Alle Elemente außerhalb der Hauptdiagonalen sind gleich Null, in der Hauptdiagonalen gibt es mindestens ein Element ungleich Null.

Sonderfall: **Skalarmatrix:** Alle Elemente in der Hauptdiagonalen einer Diagonalmatrix sind untereinander gleich.

BEISPIEL 8/3

$$D = \begin{pmatrix} 3 & 0 & 0 & 0 \\ 0 & 2 & 0 & 0 \\ 0 & 0 & 4 & 0 \\ 0 & 0 & 0 & 1 \end{pmatrix}$$ ist eine Diagonalmatrix vierter Ordnung,

$$S = \begin{pmatrix} 5 & 0 & 0 \\ 0 & 5 & 0 \\ 0 & 0 & 5 \end{pmatrix}$$ ist eine Skalarmatrix dritter Ordnung.

(2) **Einheitsmatrix:** Alle Elemente in der Hauptdiagonalen einer Skalarmatrix sind gleich 1.

(3) **Dreiecksmatrix:**

Obere Dreiecksmatrix

Alle Elemente unterhalb der Hauptdiagonalen sind gleich Null.

BEISPIEL 8/4

$$A = \begin{pmatrix} 2 & 3 & 1 & 6 \\ 0 & 4 & 2 & 7 \\ 0 & 0 & 3 & 1 \\ 0 & 0 & 0 & 7 \end{pmatrix}$$

ist eine obere Dreiecksmatrix 4. Ordnung

Untere Dreiecksmatrix

Alle Elemente oberhalb der Hauptdiagonalen sind gleich Null.

$$B = \begin{pmatrix} 6 & 0 & 0 & 0 \\ 2 & 3 & 0 & 0 \\ 1 & 7 & 3 & 0 \\ 4 & 2 & 7 & 9 \end{pmatrix}$$

ist eine untere Dreiecksmatrix 4. Ordnung

8.2. Relationen zwischen Matrizen

8.2.1. Gleichheit von Matrizen

Zwei Matrizen $A = (a_{ik})_{(m,n)}$, $B = (b_{ik})_{(p,q)}$ sind **gleich** genau dann, wenn sie im Typ übereinstimmen (d. h., $\tau(A) = \tau(B)$) und wenn $a_{ik} = b_{ik}$ für alle i und für alle k gilt. Man schreibt dann $A = B$.
Andernfalls heißen die Matrizen ungleich, und man schreibt $A \neq B$.

BEISPIEL 8/5

Die Matrizen A, B mit

$$A = \begin{pmatrix} 1 & 3 & 9 \\ 4 & 9 & 25 \end{pmatrix}, \qquad B = \begin{pmatrix} 3^0 & 3^1 & 3^2 \\ 2^2 & 3^2 & 5^2 \end{pmatrix}$$

sind gleich, weil $\tau(A) = \tau(B)$ und $a_{ik} = b_{ik}$ für $i = 1, 2$ und $k = 1, 2, 3$. Also $A = B$.

8.2.2. Kleiner-/Größer-Relation zwischen Matrizen

Eine Matrix A heißt **kleiner** (bzw. **größer**) als eine Matrix B, wenn beide Matrizen vom gleichen Typ sind und wenn für alle Elemente von A, B gilt: $a_{ik} < b_{ik}$ (bzw. $a_{ik} > b_{ik}$). Man schreibt $A < B$ (bzw. $A > B$).
Eine Matrix A heißt **kleiner oder gleich** (bzw. **größer oder gleich**) als eine Matrix B, wenn beide Matrizen vom gleichen Typ sind und wenn für alle Elemente von A und B gilt: $a_{ik} \leqq b_{ik}$ (bzw. $a_{ik} \geqq b_{ik}$). Man schreibt $A \leqq B$ (bzw. $A \geqq B$).

BEISPIEL 8/6

a) Für die Matrizen A, B mit

$$A = \begin{pmatrix} 3 & 1 & 2 \\ 2 & 4 & 3 \end{pmatrix}, \qquad B = \begin{pmatrix} 4 & 5 & 3 \\ 4 & 7 & 5 \end{pmatrix}$$

gilt $A < B$, denn $\tau(A) = \tau(B)$, und für alle Elemente von A, B ist $a_{ik} < b_{ik}$;
b) Für die Matrizen A, B mit

$$A = \begin{pmatrix} 7 & 3 \\ 8 & 6 \end{pmatrix}, \qquad B = \begin{pmatrix} 7 & 2 \\ 6 & 6 \end{pmatrix}$$

gilt $A \geqq B$, denn $\tau(A) = \tau(B)$, und für alle Elemente von A, B ist $a_{ik} \geqq b_{ik}$.

8.3. Der Vektorraum der Matrizen gleichen Typs

Die Matrizen eines festen Typs bilden einen Vektorraum (↗ 2.7.2.), d. h., für die Menge $M_{(m,n)}$ der Matrizen gleichen Typs werden eine Operation »Addition« und für diese Menge $M_{(m,n)}$ und die Menge **R** der reellen Zahlen eine Verknüpfung »Multiplikation einer Matrix mit einer reellen Zahl« erklärt, so daß die Vektorraumaxiome (↗ 2.7.2.) gelten.

8.3.1. Addition von Matrizen

Die Matrizenaddition ordnet jedem geordneten Paar (A, B) von Matrizen $A, B \in M_{(m,n)}$ eindeutig ein Element C aus $M_{(m,n)}$ zu, das die Summe von A, B genannt und mit $A + B$ bezeichnet wird.

Schreibweise: $A + B = C$ (Matrizengleichung)

in Kurzschreibweise:

$$(a_{ik})_{(m,n)} + (b_{ik})_{(m,n)} = (a_{ik} + b_{ik})_{(m,n)} = (c_{ik})_{(m,n)}$$

$$\text{für} \quad i = 1, \ldots, m \quad \text{und} \quad k = 1, \ldots, n$$

in ausführlicher Schreibweise:

$$\begin{pmatrix} a_{11} & a_{12} \dots a_{1n} \\ a_{21} & a_{22} \dots a_{2n} \\ \dots & \\ a_{m1} & a_{m2} \dots a_{mn} \end{pmatrix} + \begin{pmatrix} b_{11} & b_{12} \dots b_{1n} \\ b_{21} & b_{22} \dots b_{2n} \\ \dots & \\ b_{m1} & b_{m2} \dots b_{mn} \end{pmatrix}$$

$$= \begin{pmatrix} a_{11} + b_{11} & a_{12} + b_{12} \dots a_{1n} + b_{1n} \\ a_{21} + b_{21} & a_{22} + b_{22} \dots a_{2n} + b_{2n} \\ \dots & \\ a_{m1} + b_{m1} & a_{m2} + b_{m2} \dots a_{mn} + b_{mn} \end{pmatrix}$$

$$= \begin{pmatrix} c_{11} & c_{12} \dots c_{1n} \\ c_{21} & c_{22} \dots c_{2n} \\ \dots & \\ c_{m1} & c_{m2} \dots c_{mn} \end{pmatrix}$$

BEISPIEL 8/7

Gegeben seien die Matrizen $\boldsymbol{A}$, $\boldsymbol{B}$ mit

$$\boldsymbol{A} = \begin{pmatrix} 3 & -1 & 6 \\ 1 & 5 & 2 \end{pmatrix}, \qquad \boldsymbol{B} = \begin{pmatrix} 2 & 4 & 2 \\ 5 & 3 & -2 \end{pmatrix}.$$

Dann ist die Summenmatrix $\boldsymbol{C}$

$$\boldsymbol{C} = \boldsymbol{A} + \boldsymbol{B} = \begin{pmatrix} 5 & 3 & 8 \\ 6 & 8 & 0 \end{pmatrix}$$

Programmablaufplan für die Addition zweier Matrizen (Bild 8/2)

Auf Grund der Vektorraumaxiome (↗ 2.7.2.) gelten für die Matrizenaddition folgende *Gesetze*:

- Für alle $\boldsymbol{A}, \boldsymbol{B}, \boldsymbol{C} \in M_{(m,n)}$ gilt: $(\boldsymbol{A} + \boldsymbol{B}) + \boldsymbol{C} = \boldsymbol{A} + (\boldsymbol{B} + \boldsymbol{C})$ (Assoziativgesetz).
- Für alle $\boldsymbol{A}, \boldsymbol{B} \in M_{(m,n)}$ gilt: $\boldsymbol{A} + \boldsymbol{B} = \boldsymbol{B} + \boldsymbol{A}$ (Kommutativgesetz).
- Zu je zwei Matrizen $\boldsymbol{A}, \boldsymbol{B} \in M_{(m,n)}$ gibt es stets eine Matrix $\boldsymbol{X}$, so daß $\boldsymbol{A} + \boldsymbol{X} = \boldsymbol{B}$ gilt (Umkehrung der Matrizenaddition).

Aus diesen Axiomen ergeben sich folgende *Eigenschaften:*

1. Es gibt in jeder Menge $M_{(m,n)}$ bezüglich der Matrizenaddition genau ein **neutrales Element,**

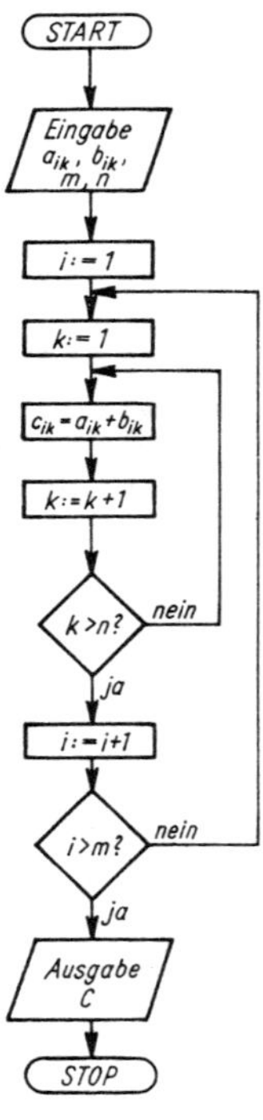

Bild 8/2

das die **Nullmatrix** von $M_{(m,n)}$ genannt und mit $\boldsymbol{O}$ bezeichnet wird.
Für jede Matrix $\boldsymbol{A} \in M_{(m,n)}$ gilt: $\boldsymbol{A} + \boldsymbol{O} = \boldsymbol{A}$.

2. Zu jeder Matrix $\boldsymbol{A} \in M_{(m,n)}$ gibt es genau ein bezüglich der Matrizenaddition **inverses Element,** das mit $-\boldsymbol{A}$ bezeichnet und die **zu $\boldsymbol{A}$ entgegengesetzte Matrix** genannt wird.
3. Jede Gleichung $\boldsymbol{A} + \boldsymbol{X} = \boldsymbol{B}$ mit $\boldsymbol{A}, \boldsymbol{B} \in M_{(m,n)}$ hat genau eine Lösung, die mit $\boldsymbol{X} = \boldsymbol{B} - \boldsymbol{A}$ bezeichnet und die **Differenz** von $\boldsymbol{B}$ und $\boldsymbol{A}$ genannt wird **(Subtraktion von Matrizen).**
Kurzschreibweise:

$$\begin{aligned} \boldsymbol{X} &= (b_{ik})_{(m,n)} - (a_{ik})_{(m,n)} \\ &= (b_{ik} - a_{ik})_{(m,n)} \quad \text{für} \quad i = 1, \ldots, m \quad \text{und} \quad k = 1, \ldots, n \end{aligned}$$

Ausführliche Schreibweise:

$$\boldsymbol{X} = \boldsymbol{B} - \boldsymbol{A} = \begin{pmatrix} b_{11} - a_{11} & b_{12} - a_{12} & \ldots & b_{1n} - a_{1n} \\ b_{21} - a_{21} & b_{22} - a_{22} & \ldots & b_{2n} - a_{2n} \\ \ldots \\ b_{m1} - a_{m1} & b_{m2} - a_{m2} & \ldots & b_{mn} - a_{mn} \end{pmatrix}$$

$$= \begin{pmatrix} x_{11} & x_{12} & \ldots & x_{1n} \\ x_{21} & x_{22} & \ldots & x_{2n} \\ \ldots \\ x_{m1} & x_{m2} & \ldots & x_{mn} \end{pmatrix}$$

Mit Hilfe der entgegengesetzten Matrix kann die Subtraktion von Matrizen gleichen Typs auf die Addition dieser Matrizen zurückgeführt werden:

$$\boldsymbol{B} - \boldsymbol{A} = \boldsymbol{B} + (-\boldsymbol{A}).$$

BEISPIEL 8/8

Gegeben seien die Matrizen $\boldsymbol{A}$, $\boldsymbol{B}$ mit

$$\boldsymbol{A} = \begin{pmatrix} 3 & 2 & 5 \\ 1 & 8 & 6 \end{pmatrix}, \qquad \boldsymbol{B} = \begin{pmatrix} 7 & -5 & 1 \\ 3 & 4 & -3 \end{pmatrix}.$$

Die Differenz der Matrizen $\boldsymbol{B}$, $\boldsymbol{A}$ ist

$$\boldsymbol{B} - \boldsymbol{A} = \begin{pmatrix} 4 & -7 & -4 \\ 2 & -4 & -9 \end{pmatrix}.$$

8.3.2. Multiplikation einer Matrix mit einer reellen Zahl

Die Multiplikation einer Matrix mit einer reellen Zahl ordnet jedem Paar $(\lambda; \boldsymbol{A})$ mit $\lambda \in \mathbf{R}$ und $\boldsymbol{A} \in M_{(m,n)}$ eindeutig eine Matrix aus $M_{(m,n)}$ zu, die mit $\lambda \boldsymbol{A}$ bezeichnet wird.

In Kurzschreibweise: $\lambda \boldsymbol{A} = \lambda(a_{ik}) = (\lambda a_{ik})$.

BEISPIEL 8/9

Gegeben sei die Matrix $A = \begin{pmatrix} 3 & -2 & 5 \\ 4 & 1 & 7 \end{pmatrix}$ und die reelle Zahl $\lambda = 5$.

Dann ist

$$\lambda A = 5 \begin{pmatrix} 3 & -2 & 5 \\ 4 & 1 & 7 \end{pmatrix} = \begin{pmatrix} 15 & -10 & 25 \\ 20 & 5 & 35 \end{pmatrix}.$$

Auf Grund der Vektorraumaxiome gelten für die Multiplikation einer Matrix mit einer reellen Zahl folgende *Gesetze:*

- Für alle $\lambda_1, \lambda_2 \in \mathbf{R}$ und alle Matrizen $A \in M_{(m,n)}$ gilt:

$$(\lambda_1 \lambda_2) A = \lambda_1(\lambda_2 A) \quad \text{(Assoziativgesetz)}$$

- Für alle $\lambda_1, \lambda_2 \in \mathbf{R}$ und alle Matrizen $A \in M_{(m,n)}$ gilt:

$$(\lambda_1 + \lambda_2) A = \lambda_1 A + \lambda_2 A \quad \text{(1. Distributivgesetz)}$$

- Für alle $\lambda \in \mathbf{R}$ und alle Matrizen $A, B \in M_{(m,n)}$ gilt:

$$\lambda(A + B) = \lambda A + \lambda B \quad \text{(2. Distributivgesetz)}$$

8.4. Das Transponieren einer Matrix

Werden in der Matrix $A = (a_{ik})_{(m,n)}$ die Zeilen mit den entsprechenden Spalten vertauscht, so heißt die dadurch entstehende Matrix vom Typ (n, m) die **transponierte Matrix** der Matrix A und wird mit A^{T} bezeichnet. Werden die Elemente der transponierten Matrix A^{T} mit a_{ik}^{T} bezeichnet, so gilt

$$A^{\mathrm{T}} = (a_{ik}^{\mathrm{T}}) = (a_{ki}).$$

BEISPIEL 8/10

Gegeben sei die Matrix $A = \begin{pmatrix} 5 & 3 & 4 \\ 1 & 6 & 2 \end{pmatrix}$

Die transponierte Matrix A^{T} ist dann

$$A^{\mathrm{T}} = \begin{pmatrix} 5 & 1 \\ 3 & 6 \\ 4 & 2 \end{pmatrix}$$

Ist A eine *quadratische Matrix* n-ter Ordnung, so gehören A und A^{T} der gleichen Matrizenmenge $M_{(n,n)}$ an. Die Elemente der quadratischen Matrix werden beim Transponieren an der Hauptdiagonalen »gespiegelt«.

BEISPIEL 8/11

Die transponierte Matrix A^{T} der Matrix $A = \begin{pmatrix} 4 & 2 & 7 \\ 1 & 3 & 4 \\ 8 & -4 & 5 \end{pmatrix}$

ist $A^{\mathrm{T}} = \begin{pmatrix} 4 & 1 & 8 \\ 2 & 3 & -4 \\ 7 & 4 & 5 \end{pmatrix}$.

Eigenschaften transponierter Matrizen

Sind $A, B \in M_{(n,n)}$ und $\lambda \in \mathbf{R}$, so gilt:

1. $(A^T)^T = A$
2. $(A + B)^T = A^T + B^T$
3. $(\lambda A)^T = \lambda A^T$.

Eine Matrix A heißt **symmetrisch**, wenn $A = A^T$ gilt.
Eine Matrix A heißt **antimetrisch** (oder auch schiefsymmetrisch), wenn $A = -A^T$ gilt.

BEISPIEL 8/12

a) Die Matrix $A = \begin{pmatrix} 2 & 7 & 5 \\ 7 & -3 & 8 \\ 5 & 8 & -1 \end{pmatrix}$ ist symmetrisch, weil $A = A^T$ gilt.

b) Die Matrix $A = \begin{pmatrix} 0 & 3 & -1 \\ -3 & 0 & 4 \\ 1 & -4 & 0 \end{pmatrix}$ ist antimetrisch, weil $A = -A^T$ gilt.

Ferner sind die Elemente in der Hauptdiagonalen gleich Null.

Jede quadratische Matrix A kann als Summe aus einer symmetrischen Matrix A_s und einer antimetrischen Matrix A_a dargestellt werden. Es gilt:

$$A_s = \frac{A + A^T}{2}, \qquad A_a = \frac{A - A^T}{2}.$$

BEISPIEL 8/13

Die Matrix $A = \begin{pmatrix} 4 & -3 & 1 \\ 5 & 2 & 6 \\ 3 & 1 & 7 \end{pmatrix}$ soll in einen symmetrischen und einen antimetrischen Anteil zerlegt werden.

Die transponierte Matrix A^T ist $A^T = \begin{pmatrix} 4 & 5 & 3 \\ -3 & 2 & 1 \\ 1 & 6 & 7 \end{pmatrix}$

Dann gilt $A_s = \dfrac{A + A^T}{2} = \begin{pmatrix} 4 & 1 & 2 \\ 1 & 2 & 3{,}5 \\ 2 & 3{,}5 & 7 \end{pmatrix}$

$$A_a = \frac{A - A^T}{2} = \frac{1}{2}\begin{pmatrix} 0 & -8 & -2 \\ 8 & 0 & 5 \\ 2 & -5 & 0 \end{pmatrix} = \begin{pmatrix} 0 & -4 & -1 \\ 4 & 0 & 2{,}5 \\ 1 & -2{,}5 & 0 \end{pmatrix}$$

Unter der **Spur** sp A einer quadratischen Matrix A versteht man die Summe der Elemente in der Hauptdiagonalen, also

$$\operatorname{sp} A = a_{11} + a_{22} + \ldots + a_{nn} = \sum_{i=1}^{n} a_{ii}.$$

Es gilt: Die Spur der Summe zweier Matrizen ist gleich der Summe der Spuren der einzelnen Matrizen.

8.5. Multiplikation von Matrizen

8.5.1. Multiplikation einer Matrix mit einem Vektor

Die Multiplikation einer Matrix mit einem Vektor wird auf die Bildung des Skalarprodukts zweier Vektoren zurückgeführt (↗ 7.4.6.).
Eine Matrix wird zeilenweise mit dem Vektor multipliziert, d. h., Matrix und Vektor müssen (in dieser Reihenfolge) **verkettbar** sein: Die Anzahl der Spalten der Matrix $\boldsymbol{A}$ muß gleich der Anzahl der Zeilen des Vektors $\boldsymbol{b}$ sein.
Ist die Matrix $\boldsymbol{A} = (a_{ik})_{(m,n)}$ mit dem Vektor $\boldsymbol{b} \in V^n$ verkettbar, wird das Produkt $\boldsymbol{A} \cdot \boldsymbol{b} = \boldsymbol{c}$ in folgender Weise gebildet:

$$\boldsymbol{A} \cdot \boldsymbol{b} = \begin{pmatrix} a_{11} & a_{12} & \dots a_{1n} \\ a_{21} & a_{22} & \dots a_{2n} \\ \dots & & \\ a_{m1} & a_{m2} & \dots a_{mn} \end{pmatrix} \begin{pmatrix} b_1 \\ b_2 \\ \vdots \\ b_n \end{pmatrix} = \begin{pmatrix} c_1 \\ c_2 \\ \vdots \\ c_n \end{pmatrix} = \boldsymbol{c},$$

wobei

$$c_1 = a_{11}b_1 + a_{12}b_2 + \dots + a_{1n}b_n$$
$$c_2 = a_{21}b_1 + a_{22}b_2 + \dots + a_{2n}b_n$$
$$\dots$$
$$c_n = a_{m1}b_1 + a_{m2}b_2 + \dots + a_{mn}b_n$$

bzw. unter Verwendung des Summenzeichens

$$c_i = \sum_{j=1}^{n} a_{ij}b_j \quad \text{mit} \quad i = 1, 2, \dots, m$$

BEISPIEL 8/14

Gegeben seien die Matrix $\boldsymbol{A}$ und der Vektor $\boldsymbol{b}$ mit

$$\boldsymbol{A} = \begin{pmatrix} 2 & 1 & 3 & 0 \\ 4 & 2 & -1 & 6 \\ 3 & 2 & 5 & 1 \end{pmatrix}, \qquad \boldsymbol{b} = \begin{pmatrix} 1 \\ 3 \\ 4 \\ 2 \end{pmatrix}$$

Es soll das Produkt $\boldsymbol{A} \cdot \boldsymbol{b} = \boldsymbol{c}$ gebildet werden.
$\boldsymbol{A}$ ist mit $\boldsymbol{b}$ verkettbar, da $\tau(\boldsymbol{A}) = (3;\ 4)$ und $\tau(\boldsymbol{B}) = (4;\ 1)$. Der Vektor $\boldsymbol{c}$ ist dann vom Typ $(3;\ 1)$.
Veranschaulichung der Verkettbarkeitsbedingung in Bild 8/3

$\tau(\boldsymbol{c}) = (3;\ 1)$

$\tau(\boldsymbol{A}) = (3;\ 4) \qquad (4;\ 1) = \tau(\boldsymbol{b})$

Verkettbarkeit

Bild 8/3

Nun werden die Elemente des Vektors $\boldsymbol{c}$ als Skalarprodukte (Produktsummen) der Zeilen der Matrix $\boldsymbol{A}$ mit den Elementen des Vektors $\boldsymbol{b}$ gebildet:

$$\boldsymbol{A} \cdot \boldsymbol{b} = \boldsymbol{c}$$

$$\begin{pmatrix} 2 & 1 & 3 & 0 \\ 4 & 2 & -1 & 6 \\ 3 & 2 & 5 & 1 \end{pmatrix} \begin{pmatrix} 1 \\ 3 \\ 4 \\ 2 \end{pmatrix} = \begin{pmatrix} c_1 \\ c_2 \\ c_3 \end{pmatrix}$$

Berechnung der Elemente des Vektors $\boldsymbol{c}$:

$c_1 = 2 \cdot 1 + 1 \cdot 3 + 3 \cdot 4 + 0 \cdot 2 = 17$

$c_2 = 4 \cdot 1 + 2 \cdot 3 + (-1) \cdot 4 + 6 \cdot 2 = 18$

$c_3 = 3 \cdot 1 + 2 \cdot 3 + 5 \cdot 4 + 1 \cdot 2 = 31$

Der Vektor $\boldsymbol{c}$ ist $\boldsymbol{c} = (17 \;\; 18 \;\; 31)^{\mathrm{T}}$.

8.5.2. Multiplikation zweier Matrizen

Die Multiplikation zweier Matrizen wird auf die Multiplikation einer Matrix mit einem Vektor zurückgeführt. Dazu ist es erforderlich, daß die Matrix $\boldsymbol{A}$ mit der Matrix $\boldsymbol{B}$ verkettbar ist.

Die Matrix $\boldsymbol{A}$ ist mit der Matrix $\boldsymbol{B}$ **verkettbar**, wenn die Anzahl der Spalten der Matrix $\boldsymbol{A}$ gleich der Anzahl der Zeilen der Matrix $\boldsymbol{B}$ ist.

Veranschaulichung der Verkettbarkeitsbedingung in Bild 8/4

$$\tau(\boldsymbol{C}) = (m;\; q)$$

$$\tau(\boldsymbol{A}) = (m;\; n) \qquad (n;\; q) = \tau(\boldsymbol{B})$$

Verkettbarkeit

Bild 8/4

BEISPIEL 8/15

Die Matrix $\boldsymbol{A} = \begin{pmatrix} 3 & 4 \\ 2 & 0 \\ 1 & 6 \end{pmatrix}$ ist mit der Matrix

$\boldsymbol{B} = \begin{pmatrix} 2 & 4 & 1 & 8 \\ 6 & 5 & 0 & 2 \end{pmatrix}$ verkettbar, weil $\tau(\boldsymbol{A}) = (3;\, 2)$ und $\tau(\boldsymbol{B}) = (2;\, 4)$ sind.

Es ist jedoch die Matrix $\boldsymbol{B}$ mit der Matrix $\boldsymbol{A}$ nicht verkettbar, weil $\tau(\boldsymbol{B}) = (2;\, 4)$ und $\tau(\boldsymbol{A}) = (3;\, 2)$ sind.

Ist die Matrix $\boldsymbol{A}_{(m,n)}$ mit der Matrix $\boldsymbol{B}_{(n,q)}$ verkettbar, dann heißt die Matrix $\boldsymbol{C}_{(m,q)} = \boldsymbol{A} \cdot \boldsymbol{B}$ das **Produkt** der Matrizen $\boldsymbol{A}$, $\boldsymbol{B}$. Ihre Elemente c_{ik} werden durch das Skalarprodukt der i-ten Zeile von $\boldsymbol{A}$ mit der k-ten Spalte von $\boldsymbol{B}$ gebildet.

Für die Matrizenmultiplikation gilt also:

$$\boldsymbol{A} \cdot \boldsymbol{B} = \boldsymbol{C} \quad \text{mit} \quad c_{ik} = \boldsymbol{a}_i^{\mathrm{T}} \cdot \boldsymbol{b}_k = \sum_{j=1}^{n} a_{ij} b_{jk}, \quad i = 1, \ldots, m, \quad k = 1, \ldots, q$$

BEISPIEL 8/16

Gegeben seien die Matrizen $\boldsymbol{A}$, $\boldsymbol{B}$. Gesucht wird die Produktmatrix $\boldsymbol{C} = \boldsymbol{A} \cdot \boldsymbol{B}$.

$$\boldsymbol{A} = \begin{pmatrix} \boxed{3 \quad 7} \\ 2 \quad 4 \\ 1 \quad 5 \end{pmatrix}, \qquad \boldsymbol{B} = \begin{pmatrix} 4 & 3 & \boxed{\begin{matrix} 6 \\ 5 \end{matrix}} \\ 3 & 2 & \end{pmatrix}$$

Da $\tau(\boldsymbol{A}) = (3;\ 2)$ und $\tau(\boldsymbol{B}) = (2;\ 3)$ sind, sind die Matrizen $\boldsymbol{A}$, $\boldsymbol{B}$ in der geforderten Reihenfolge verkettbar. Die Matrix $\boldsymbol{C}$ ist dann vom Typ $\tau(\boldsymbol{C}) = (3;\ 3)$.
Die Elemente c_{ik} der Matrix $\boldsymbol{C}$ werden durch das Skalarprodukt der i-ten Zeile von $\boldsymbol{A}$ mit der k-ten Spalte von $\boldsymbol{B}$ berechnet, z. B. $c_{13} = 3 \cdot 6 + 7 \cdot 5 = 18 + 35 = 53$ (Umrahmung der Vektoren $\boldsymbol{a}_1^T$ und $\boldsymbol{b}_3$ in den Matrizen $\boldsymbol{A}$ bzw. $\boldsymbol{B}$ und des Elements c_{13} in der Matrix $\boldsymbol{C}$).
Die Produktmatrix $\boldsymbol{C}$ ist

$$\boldsymbol{C} = \boldsymbol{A} \cdot \boldsymbol{B} = \begin{pmatrix} 33 & 23 & \boxed{53} \\ 20 & 14 & 32 \\ 19 & 13 & 31 \end{pmatrix}.$$

8.5.3. Gesetzmäßigkeiten der Multiplikation von Matrizen

(1) Ein **Kommutativgesetz** der Multiplikation von Matrizen ist **nicht** gültig.

Es gibt jedoch quadratische Matrizen $\boldsymbol{A}$, $\boldsymbol{B}$, für die $\boldsymbol{A} \cdot \boldsymbol{B} = \boldsymbol{B} \cdot \boldsymbol{A}$ gilt. Solche Matrizen heißen **vertauschbar.**

BEISPIEL 8/17

Die Matrizen $\boldsymbol{A} = \begin{pmatrix} 2 & 1 \\ -1 & 2 \end{pmatrix}$ und $\boldsymbol{B} = \begin{pmatrix} -1 & -3 \\ 3 & -1 \end{pmatrix}$ sind vertauschbar; denn

$$\boldsymbol{A} \cdot \boldsymbol{B} = \begin{pmatrix} 1 & -7 \\ 7 & 1 \end{pmatrix} \text{ und } \boldsymbol{B} \cdot \boldsymbol{A} = \begin{pmatrix} 1 & -7 \\ 7 & 1 \end{pmatrix}, \text{ also } \boldsymbol{A} \cdot \boldsymbol{B} = \boldsymbol{B} \cdot \boldsymbol{A}.$$

Jede quadratische Matrix und die Einheitsmatrix gleicher Ordnung bilden stets ein Paar vertauschbarer Matrizen. Da $\boldsymbol{A} \cdot \boldsymbol{E} = \boldsymbol{A}$ und $\boldsymbol{E} \cdot \boldsymbol{A} = \boldsymbol{A}$ ist, gilt $\boldsymbol{A} \cdot \boldsymbol{E} = \boldsymbol{E} \cdot \boldsymbol{A}$.
Sind $\boldsymbol{A}$ und $\boldsymbol{O}$ verkettbare Matrizen, so gilt stets $\boldsymbol{A} \cdot \boldsymbol{O} = \boldsymbol{O}$ und $\boldsymbol{O} \cdot \boldsymbol{A} = \boldsymbol{O}$, wobei gegebenenfalls die vorkommenden Nullmatrizen von unterschiedlichem Typ sein können.
Es gibt aber auch verkettbare Matrizen $\boldsymbol{A}$, $\boldsymbol{B}$, für die $\boldsymbol{A} \cdot \boldsymbol{B} = \boldsymbol{O}$ ist, wobei $\boldsymbol{A} \neq \boldsymbol{O}$ und $\boldsymbol{B} \neq \boldsymbol{O}$ sind. Solche Matrizen heißen **Nullteiler.**

BEISPIEL 8/18

Die Matrizen $\boldsymbol{A} = \begin{pmatrix} 1 & 2 \\ 2 & 4 \end{pmatrix}$ und $\boldsymbol{B} = \begin{pmatrix} 2 & -2 \\ -1 & 1 \end{pmatrix}$ sind Nullteiler, weil

$$\boldsymbol{A} \cdot \boldsymbol{B} = \begin{pmatrix} 1 & 2 \\ 2 & 4 \end{pmatrix} \begin{pmatrix} 2 & -2 \\ -1 & 1 \end{pmatrix} = \begin{pmatrix} 0 & 0 \\ 0 & 0 \end{pmatrix} = \boldsymbol{O} \quad \text{ist.}$$

(2) Es gelten folgende **Gesetze** der Multiplikation von Matrizen

Das **Assoziativgesetz:** Wenn A mit B und B mit C verkettbar sind, dann gilt $(A \cdot B) \cdot C = A \cdot (B \cdot C) = A \cdot B \cdot C$.

Die **Distributivgesetze:**

1. Wenn die Matrizen $B, C \in M_{(m,n)}$ und A mit B verkettbar ist, dann gilt $A \cdot (B + C) = A \cdot B + A \cdot C$.
2. Wenn die Matrizen $A, B \in M_{(m,n)}$ und A mit C verkettbar ist, dann gilt $(A + B) \cdot C = A \cdot C + B \cdot C$.

Da die Matrizenmultiplikation nicht kommutativ ist, sind zwei Distributivgesetze erforderlich.

(3) Unter Anwendung des Assoziativgesetzes kann die r-te **Potenz** ($r \geqq 2$, $r \in \mathbb{N}$) der quadratischen Matrix A gebildet werden:

$$A^r = \underbrace{A \cdot A \cdot \ldots \cdot A}_{r \text{ Faktoren}}.$$

Ferner wird festgelegt: $A^1 = A$, $A^0 = E$.
Es gelten die Potenzgesetze:

$$A^r \cdot A^s = A^{r+s}$$

$$(A^r)^s = A^{r \cdot s}$$

BEISPIEL 8/19

Gegeben sei die Matrix $A = \begin{pmatrix} 1 & 2 \\ 3 & 0 \end{pmatrix}$.

Dann ist

$$A^2 = \begin{pmatrix} 1 & 2 \\ 3 & 0 \end{pmatrix} \begin{pmatrix} 1 & 2 \\ 3 & 0 \end{pmatrix} = \begin{pmatrix} 7 & 2 \\ 3 & 6 \end{pmatrix},$$

$$A^3 = A^2 \cdot A = \begin{pmatrix} 7 & 2 \\ 3 & 6 \end{pmatrix} \begin{pmatrix} 1 & 2 \\ 3 & 0 \end{pmatrix} = \begin{pmatrix} 13 & 14 \\ 21 & 6 \end{pmatrix},$$

$$A^6 = (A^3)^2 = \begin{pmatrix} 13 & 14 \\ 21 & 6 \end{pmatrix} \begin{pmatrix} 13 & 14 \\ 21 & 6 \end{pmatrix} = \begin{pmatrix} 463 & 266 \\ 399 & 330 \end{pmatrix}$$

8.5.4. Der Ring der quadratischen Matrizen gleicher Ordnung

Da in der Menge der quadratischen Matrizen gleicher Ordnung die Operationen »Addition« und »Multiplikation« erklärt sind, diese Menge bezüglich der Addition eine ABELsche Gruppe ist, das Assoziativgesetz der Multiplikation und die Distributivgesetze gültig sind, bildet diese Menge einen **Ring** (↗ 2.7.1.), der nicht kommutativ ist. Er besitzt Nullteiler. Die Einheitsmatrix ist neutrales Element der Multiplikation.

8.6. Der Gaußsche Algorithmus zur Lösung linearer Gleichungssysteme

8.6.1. Der Gaußsche Algorithmus für ein System von drei Gleichungen mit drei Variablen

Bei der Lösung eines linearen Gleichungssystems von n Gleichungen mit n Variablen, in Matrizenschreibweise

$$\boldsymbol{A}\boldsymbol{x} = \boldsymbol{s} \quad \text{mit} \quad \boldsymbol{A} \in M_{(n,n)}, \; a_{ik} \in \mathbf{R}, \quad \boldsymbol{s} \in V^n, \; \boldsymbol{x} \in V^n$$

bzw. in **allgemeiner Form**

(A)
$$\begin{aligned} a_{11}\ x_1 + a_{12}\ x_2 + \ldots + a_{1n}\ x_n &= s_1 \quad (a_{11} \neq 0) \\ a_{21}\ x_1 + a_{22}\ x_2 + \ldots + a_{2n}\ x_n &= s_2 \\ \ldots \\ a_{n1}\ x_1 + a_{n2}\ x_2 + \ldots + a_{nn}\ x_n &= s_n \end{aligned}$$

wird mit Hilfe der Eliminationsmethode bzw. durch Bildung von Linearkombinationen der Gleichung die Anzahl der Variablen verringert, bis nur noch eine Gleichung mit einer Variablen übrigbleibt.

Faßt man die dabei entstehenden ersten Gleichungen von »Zwischengleichungssystemen« zu einem neuen Gleichungssystem zusammen, so hat dieses neue System eine gestaffelte Form, **Normalform** genannt:

(B)
$$\begin{aligned} b_{11}\ x_1 + b_{12}\ x_2 + \ldots + b_{1n}\ x_n &= t_1 \\ b_{22}\ x_2 + \ldots + b_{2n}\ x_n &= t_2 \\ \ldots \\ b_{nn}\ x_n &= t_n, \end{aligned}$$

bzw. in Matrizenschreibweise $\boldsymbol{B} \cdot \boldsymbol{x} = \boldsymbol{t}$.

Die Gleichungssysteme (A) und (B) sind bezüglich eines Variablengrundbereichs **zueinander äquivalent**, denn sie haben die gleiche Lösungsmenge.

Zur Transformation eines linearen Gleichungssystems aus der allgemeinen Form in die Normalform und zum Ermitteln der Lösung aus der Normalform wird eine Rechenvorschrift angegeben, die **Gaußscher Algorithmus** genannt wird.

Beim GAUSSschen Algorithmus (zum Begriff »Algorithmus« ↗ 13.2.1.) werden Linearkombinationen gebildet, indem die erste Gleichung des Systems mit einem Faktor, dem Eliminationskoeffizienten, multipliziert und anschließend zu einer anderen Gleichung dieses Systems addiert wird. Zur Bildung der Eliminationskoeffizienten ist es erforderlich, daß $a_{11} \neq 0$ ist. Sollte $a_{11} = 0$ sein, dann sind die Gleichungen des Systems so anzuordnen, daß der Koeffizient von x_1 in der ersten Gleichung des Systems von Null verschieden ist.

Der GAUSSsche Algorithmus besteht aus folgenden **Schritten:**

1. Festlegen der Eliminationsgleichung. Das ist im allgemeinen die erste Gleichung, wenn $a_{11} \neq 0$ ist.

2. Elimination der Variablen x_1 aus sämtlichen Gleichungen durch Bildung von Linearkombinationen (Multiplikation der Gleichung (I) mit dem Eliminationskoeffizienten c_{i1} und anschließende Addition zur i-ten Gleichung). Dadurch entsteht das erste Zwischengleichungssystem mit $(n-1)$ Gleichungen und $(n-1)$ Variablen.
3. Elimination der weiteren Variablen $x_2, x_3, \ldots, x_{n-1}$ aus den vorangehenden Zwischengleichungssystemen, bis nur noch eine Gleichung mit der Variablen x_n verbleibt.
4. Zusammenfassung der ersten Gleichungen eines jeden Zwischengleichungssystems zur Normalform des linearen Gleichungssystems.
5. Auflösen der Normalform des Gleichungssystems nach den Variablen $x_n, x_{n-1}, \ldots, x_2, x_1$ durch rückläufiges Einsetzen der bereits ermittelten Elemente des Lösungsvektors in die jeweils vorangehende Gleichung.

Gaußscher Algorithmus für ein System von drei linearen Gleichungen mit drei Variablen

Allgemeine Form:

$$\text{(I)} \qquad a_{11}\,x_1 + a_{12}\,x_2 + a_{13}\,x_3 = s_1$$

$$\text{(II)} \qquad a_{21}\,x_1 + a_{22}\,x_2 + a_{23}\,x_3 = s_2$$

$$\text{(III)} \qquad a_{31}\,x_1 + a_{32}\,x_2 + a_{33}\,x_3 = s_3$$

Umformung in die Normalform durch zwei Eliminationsstufen:

1. Eliminationsstufe (Elimination von x_1):

Es werden zwei Linearkombinationen gebildet:

- Multiplikation der Gleichung (I) mit dem Eliminationskoeffizienten $c_{21} = \dfrac{a_{21}}{-a_{11}}$ und anschließende Addition dieser Gleichung und Gleichung (II)
- Multiplikation der Gleichung (I) mit dem Eliminationskoeffizienten $c_{31} = \dfrac{a_{31}}{-a_{11}}$ und anschließende Addition dieser Gleichung und Gleichung (III).

Im einzelnen

$$\frac{a_{21}}{-a_{11}}\,a_{11}x_1 + \frac{a_{21}}{-a_{11}}\,a_{12}x_2 + \frac{a_{21}}{-a_{11}}\,a_{13}x_3 = \frac{a_{21}}{-a_{11}}\,s_1$$

$$a_{21}x_1 + a_{22}x_2 + a_{23}x_3 = s_2$$

$$\text{(II')} \qquad \left(-\frac{a_{21}}{a_{11}}\,a_{12} + a_{22}\right)x_2 + \left(-\frac{a_{21}}{a_{11}}\,a_{13} + a_{23}\right)x_3 = -\frac{a_{21}}{a_{11}}\,s_1 + s_2$$

Dafür schreibt man abkürzend

$$a'_{22}x_2 + a'_{23}x_3 = s'_2.$$

bzw.

$$\begin{array}{rrrl} \dfrac{a_{31}}{-a_{11}}a_{11}x_1 + & \dfrac{a_{31}}{-a_{11}}a_{12}x_2 + & \dfrac{a_{31}}{-a_{11}}a_{13}x_3 = & \dfrac{a_{31}}{-a_{11}}s_1 \\ a_{31}x_1 + & a_{32}x_2 + & a_{33}x_3 = & s_3 \\ \hline \end{array}$$

$$\text{(III')} \quad \left(-\frac{a_{31}}{a_{11}}a_{12} + a_{32}\right)x_2 + \left(-\frac{a_{31}}{a_{11}}a_{13} + a_{33}\right)x_3 = -\frac{a_{31}}{a_{11}}s_1 + s_3$$

Dafür schreibt man abkürzend

$$a'_{32}x_2 + a'_{33}x_3 = s'_3.$$

Es ist folgendes Zwischengleichungssystem entstanden

$$\begin{array}{ll} \text{(II')} & a'_{22}x_2 + a'_{23}x_3 = s'_2 \\ \text{(III')} & a'_{32}x_2 + a'_{33}x_3 = s'_3. \end{array}$$

2. Eliminationsstufe (Elimination von x_2):

Es wird folgende Linearkombination gebildet:

- Multiplikation der Gleichung (II′) mit dem Eliminationskoeffizienten $c_{32} = \dfrac{a'_{32}}{-a'_{22}}$ und anschließende Addition dieser Gleichung und Gleichung (III′).

Im einzelnen

$$\begin{array}{rrl} \dfrac{a'_{32}}{-a'_{22}}a'_{22}x_2 + & \dfrac{a'_{32}}{-a'_{22}}a'_{23}x_3 = & \dfrac{a'_{32}}{-a'_{22}}s'_2 \\ a'_{32}x_2 + & a'_{33}x_3 = & s'_3 \\ \hline \end{array}$$

$$\text{(III'')} \quad \left(-\frac{a'_{32}}{a'_{22}}a'_{23} + a'_{33}\right)x_3 = -\frac{a'_{32}}{a'_{22}}s'_2 + s'_3$$

Dafür schreibt man abkürzend

$$a''_{33}x_3 = s''_3.$$

Die Normalform eines linearen Gleichungssystems erhält man durch Zusammenfassung der jeweils ersten Gleichungen des Gleichungssystems in allgemeiner Form und der Zwischengleichungssysteme zu einem neuen Gleichungssystem:

$$\begin{array}{rrrl} a_{11}x_1 + & a_{12}x_2 + & a_{13}x_3 = & s_1 \\ & a'_{22}x_2 + & a'_{23}x_3 = & s'_2 \\ & & a''_{33}x_3 = & s''_3 \end{array}$$

Werden die Koeffizienten dieses Gleichungssystems in Normalform mit b_{ik} und die Absolutglieder mit t_i bezeichnet, so erhält man

$$\begin{aligned} b_{11}x_1 + b_{12}x_2 + b_{13}x_3 &= t_1 \\ b_{22}x_2 + b_{23}x_3 &= t_2 \\ b_{33}x_3 &= t_3 . \end{aligned}$$

Die Lösung der Normalform des Gleichungssystems erfolgt durch Ermitteln von x_3 aus der letzten Gleichung dieses Systems und rückläufiges Einsetzen der bereits bestimmten Elemente des Lösungsvektors in die jeweils vorangehende Gleichung.

BEISPIEL 8/20

Das lineare Gleichungssystem

$$\begin{aligned} &\text{(I)} & x_1 + 2x_2 + 3x_3 &= 4 \\ &\text{(II)} & 2x_1 + 3x_2 - 2x_3 &= 1 \\ &\text{(III)} & 3x_1 - 4x_2 - 5x_3 &= 8 \end{aligned}$$

ist mit Hilfe des GAUSSschen Algorithmus zu lösen.

1. Eliminationsstufe

$$c_{21} = \frac{a_{21}}{-a_{11}} = \frac{2}{-1} = -2$$

$$\begin{aligned} -2x_1 - 4x_2 - 6x_3 &= -8 \\ 2x_1 + 3x_2 - 2x_3 &= 1 \\ \hline \text{(II')} \qquad - x_2 - 8x_3 &= -7 \end{aligned}$$

$$c_{31} = \frac{a_{31}}{-a_{11}} = \frac{3}{-1} = -3$$

$$\begin{aligned} -3x_1 - 6x_2 - 9x_3 &= -12 \\ 3x_1 - 4x_2 - 5x_3 &= 8 \\ \hline \text{(III')} \qquad -10x_2 - 14x_3 &= -4 \end{aligned}$$

Zwischengleichungssystem

$$\begin{aligned} &\text{(II')} & - x_2 - 8x_3 &= -7 \\ &\text{(III')} & -10x_2 - 14x_3 &= -4 \end{aligned}$$

2. Eliminationsstufe

$$c_{32} = \frac{a'_{32}}{-a'_{22}} = \frac{-10}{1} = -10$$

$$\begin{aligned} 10x_2 + 80x_3 &= 70 \\ -10x_2 - 14x_3 &= -4 \\ \hline \text{(III')} \qquad 66x_3 &= 66 \end{aligned}$$

Normalform des linearen Gleichungssystems

$$\begin{aligned} &\text{(I)} & x_1 + 2x_2 + 3x_3 &= 4 \\ &\text{(II')} & - x_2 - 8x_3 &= -7 \\ &\text{(III'')} & 66x_3 &= 66 \end{aligned}$$

Bei der Lösung der Normalform des Gleichungssystems erhält man aus

(III″) $x_3 = 1,$

(II′) $-x_2 - 8 = -7$ bzw. $x_2 = -1$

(I) $x_1 - 2 + 3 = 4$ bzw. $x_1 = 3.$

Das geordnete Tripel (3; −1; 1) ist Lösung des gegebenen Gleichungssystems. Angabe des Lösungsvektors: $\boldsymbol{x} = (3;\ -1;\ 1)^{\mathrm{T}}$, die Lösungsmenge ist

$$L = \{(3;\ -1;\ 1)^{\mathrm{T}}\}.$$

8.6.2. Verkettete Form des Gaußschen Algorithmus

Da der Aufwand an Schreibarbeit beim Lösen linearer Gleichungssysteme mit Hilfe des Gaussschen Algorithmus durch das Niederschreiben der Zwischengleichungssysteme noch beträchtlich groß ist, wird die verkettete Form des Gaussschen Algorithmus nach Banachiewicz eingeführt. Sie beruht auf der Zerlegung einer quadratischen Koeffizientenmatrix $\boldsymbol{A}$ in eine obere Dreiecksmatrix $\boldsymbol{B}$ (Koeffizientenmatrix der Normalform des linearen Gleichungssystems) und eine untere Dreiecksmatrix $\boldsymbol{C}$ (Matrix der Eliminationskoeffizienten).
Die Matrizen werden untereinander angeordnet, die Elemente der Matrizen $\boldsymbol{B}$ und $\boldsymbol{C}$ durch einen Linienzug voneinander getrennt. Die Vektoren der Absolutglieder schließen sich rechts an, außerdem wird eine Kontrollspalte zur Überprüfung der Rechnung angefügt (Bild 8/5).

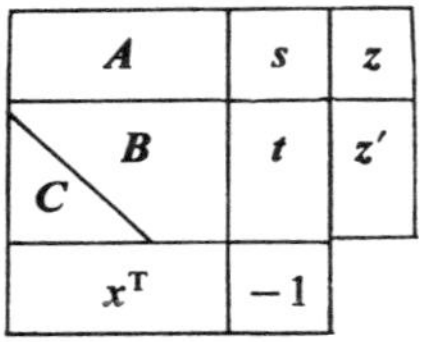

Bild 8/5

					Kontrollspalte
$\boldsymbol{A}$	a_{11}	a_{12}	a_{13}	s_1	
	a_{21}	a_{22}	a_{23}	s_2	
	a_{31}	a_{32}	a_{33}	s_3	
$\boldsymbol{B}$	b_{11}	b_{12}	b_{13}	t_1	
	c_{21}	b_{22}	b_{23}	t_2	
$\boldsymbol{C}$	c_{31}	c_{32}	b_{33}	t_3	
$\boldsymbol{x}^{\mathrm{T}}$	x_1	x_2	x_3	-1	

Bild 8/6

In Bild 8/6 wird ein Tableau für die Lösung eines Systems von drei linearen Gleichungen mit drei Variablen angegeben.

Schrittfolge für den verketteten Algorithmus

Es sei $a_{11} \neq 0$.

1. Berechnung der Elemente der Matrizen $\boldsymbol{C}$ und $\boldsymbol{B}$ sowie des Vektors $\boldsymbol{t}$:

   1.1. Die erste Zeile der Matrix $\boldsymbol{A}$ wird in die **erste Zeile** der Matrix $\boldsymbol{B}$ übernommen: $a_{1k} = b_{1k}$ für $k = 1, \ldots, n$.

   1.2. Berechnung der Elemente der **ersten Spalte** der Matrix $\boldsymbol{C}$ der Eliminationskoeffizienten:

$$c_{i1} = \frac{a_{i1}}{-b_{11}} \quad \text{für } i = 2, \ldots, n.$$

   1.3. Berechnung der Elemente der Matrix $\boldsymbol{B}$:

   2. Zeile der Matrix $\boldsymbol{B}$ in Bild 8/6:

$$b_{22} = c_{21}b_{12} + a_{22}; \qquad b_{23} = c_{21}b_{13} + a_{23}$$

   allgemein:

$$b_{ik} = a_{ik} + \sum_{j=1}^{i-1} c_{ij}b_{jk} \quad \text{für } i = 2, \ldots, n \text{ und } k = i, \ldots, n$$

   (Skalarprodukt aus der i-ten Zeile von $\boldsymbol{C}$ und der k-ten Spalte von $\boldsymbol{B}$, plus Element a_{ik})

   1.4. Berechnung der Eliminationskoeffizienten c_{ik}:
   Element c_{32} der Matrix $\boldsymbol{C}$ in Bild 8/6:

$$c_{32} = \frac{c_{31}b_{12} + a_{32}}{-b_{22}}$$

   allgemein:

$$c_{ik} = \frac{a_{ik} + \sum_{j=1}^{k-1} c_{ij}b_{jk}}{-b_{kk}} \quad \text{für } i = 3, \ldots, n \quad \text{und} \quad k = 2, \ldots, i-1$$

   (Skalarprodukt aus der i-ten Zeile von $\boldsymbol{C}$ und der k-ten Spalte von $\boldsymbol{B}$, plus Element a_{ik}, dividiert durch das negative Diagonalelement b_{kk} von $\boldsymbol{B}$)

   1.5. Berechnung der Elemente des Vektors $\boldsymbol{t}$:

   Analog zur Berechnung der Elemente der Matrix $\boldsymbol{B}$
   allgemein:

$$t_i = s_i + \sum_{j=1}^{i-1} c_{ij}s_j \quad \text{für } i = 1, \ldots, n.$$

2. Berechnung der Elemente des Lösungsvektors $\boldsymbol{x}$:

Die Berechnung erfolgt rückläufig, beginnend mit x_n:

In Bild 8/6 erhält man

$$x_3 = \frac{(-1)\,t_3}{-b_{33}}$$

und daraus

$$x_2 = \frac{(-1)\,t_2 + x_3 b_{23}}{-b_{22}},$$

$$x_1 = \frac{(-1)\,t_1 + x_3 b_{13} + x_2 b_{12}}{-b_{11}}$$

allgemein:

$$x_n = \frac{(-1)\,t_n}{-b_{nn}}$$

und damit

$$x_{n-p} = \frac{(-1)\,t_{n-p} + \sum_{q=0}^{n-2} x_{n-q} b_{n-p,n-q}}{-b_{n-p,n-p}}$$

für $p = 1, \ldots, n-1$

3. Rechenkontrolle

Die Elemente der Kontrollspalte werden auf zwei verschiedenen Wegen berechnet und miteinander verglichen:

3.1. Man bildet das Skalarprodukt aus den Eliminationskoeffizienten einer Zeile und den Elementen der Kontrollspalte, plus entsprechendes Element des Vektors $\boldsymbol{z}$ (analog zu 1.5.).

3.2. Man bildet die Summe der Elemente einer Zeile der Matrix $\boldsymbol{B}$ (einschließlich der Absolutglieder).

3.3. Vergleich der in 3.1. und 3.2. berechneten Elemente der Kontrollspalte.

BEISPIEL 8/21

Das im Beispiel 8/20 behandelte Gleichungssystem ist mit Hilfe des verketteten Algorithmus (einschließlich Rechenkontrolle) zu lösen.

(I) $\quad x_1 + 2x_2 + 3x_3 = 4$

(II) $\quad 2x_1 + 3x_2 - 2x_3 = 1$

(III) $\quad 3x_1 - 4x_2 - 5x_3 = 8$

Lösung in folgendem Tableau (Bild 8/7)

				s	z	
	1	2	3	4	10	
A	2	3	−2	1	4	
	3	−4	−5	8	2	
B	1	2	3	4	10	
C	−2	−1	−8	−7	−16	
	−3	−10	66	66	132	z
x^T	3	−1	1	−1		

Bild 8/7

Der Lösungsvektor ist $x = (3;\ -1;\ 1)^T$

Erläuterung der Rechnungen:

Es wird jede Zeilensumme der Systemmatrix (A, s) gebildet. Die erste Zeile der Matrix A ($a_{11} \neq 0$) wird als erste Zeile der Matrix B übernommen.
Berechnung von c_{21}, c_{31}:

$$c_{21} = \frac{2}{-1} = -2, \qquad c_{31} = \frac{3}{-1} = -3$$

Berechnung der Elemente der 2. Zeile der Matrix B, des Elements t_2 und des Elements z'_2 der Kontrollspalte:

$$b_{22} = (-2) \cdot 2 + 3 = -4 + 3 = -1$$
$$b_{23} = (-2) \cdot 3 - 2 = -6 - 2 = -8$$
$$t_2 = (-2) \cdot 4 + 1 = -8 + 1 = -7$$
$$z'_2 = (-2) \cdot 10 + 4 = -20 + 4 = -16$$

Kontrolle: Vergleich von z'_2 mit der Zeilensumme der 2. Zeile der Systemmatrix (B, t): $z'_2 = -1 - 8 - 7 = -16$ (Übereinstimmung).
Hinweis: Um zu vermeiden, daß mit Fehlern behaftete Elemente in der weiteren Rechnung verwendet werden, ist diese Überprüfung nach der Berechnung der Elemente jeder Zeile durchzuführen.
Berechnung des Elements c_{32}:

$$c_{32} = \frac{(-3) \cdot 2 - 4}{-(-1)} = \frac{-6 - 4}{1} = -10$$

Berechnung von b_{33}, t_3, z'_3:

$$b_{33} = (-3) \cdot 3 + (-10) \cdot (-8) - 5 = -9 + 80 - 5 = 66$$
$$t_3 = (-3) \cdot 4 + (-10) \cdot (-7) + 8 = -12 + 70 + 8 = 66$$
$$z'_3 = (-3) \cdot 10 + (-10) \cdot (-16) + 2 = -30 + 160 + 2 = 132$$

Kontrolle: Vergleich von z'_3 mit der Zeilensumme der 3. Zeile der Systemmatrix (B, t): $z'_3 = 66 + 66 = 132$ (Übereinstimmung).

8.6.3. Rang einer Matrix, Lösbarkeit linearer Gleichungssysteme

(1) Ein lineares Gleichungssystem der Form $\boldsymbol{Ax} = \boldsymbol{s}$ mit $\boldsymbol{s} \neq \boldsymbol{o}$ heißt *inhomogen*, mit $\boldsymbol{s} = \boldsymbol{o}$ *homogen*.
(2) Der **Rang einer Matrix** $\boldsymbol{A}$ mit $\boldsymbol{A} \neq \boldsymbol{O}$ ist die maximale Anzahl linear unabhängiger Spaltenvektoren (↗ 7.3.1.). Er wird mit $\mathrm{Rg}(\boldsymbol{A})$ bezeichnet. Der Rang einer Matrix ändert sich nicht, wenn

- zwei Zeilen bzw. Spalten miteinander vertauscht werden,
- eine Zeile bzw. eine Spalte mit einer reellen Zahl $\lambda \neq 0$ multipliziert wird,
- ein beliebiges Vielfaches einer Zeile zu einer anderen Zeile bzw. ein Vielfaches einer Spalte zu einer anderen Spalte addiert wird [↗ 5.7.2.(2)].

Der Rang einer Matrix kann mit Hilfe des verketteten Algorithmus bestimmt werden.

BEISPIEL 8/22

a) Die Matrix $\boldsymbol{A} = \begin{pmatrix} 1 & 2 & 3 \\ 2 & 3 & -2 \\ 3 & -4 & -5 \end{pmatrix}$ hat den Rang $\mathrm{Rg}(\boldsymbol{A}) = 3$, denn mit Hilfe des verketteten Algorithmus erhält man $b_{33} \neq 0$, d. h., es gibt drei linear unabhängige Spalten- bzw. drei linear unabhängige Zeilenvektoren (Bild 8/8).

$\boldsymbol{A}$	1	2	3
	2	3	−2
	3	−4	−5
$\boldsymbol{B}$	1	2	3
$\boldsymbol{C}$	−2	−1	−8
	−3	−10	66

Bild 8/8

$\boldsymbol{A}$	1	2	3
	2	3	−2
	3	5	1
$\boldsymbol{B}$	1	2	3
$\boldsymbol{C}$	−2	−1	−8
	−3	−1	0

Bild 8/9

b) Die Matrix $\boldsymbol{A} = \begin{pmatrix} 1 & 2 & 3 \\ 2 & 3 & -2 \\ 3 & 5 & 1 \end{pmatrix}$ hat den Rang $\mathrm{Rg}(\boldsymbol{A}) = 2$, denn das Element $b_{33} = 0$, d. h., es gibt nur zwei linear unabhängige Spaltenvektoren bzw. zwei linear unabhängige Zeilenvektoren. Der dritte Zeilenvektor ist eine Linearkombination des ersten und des zweiten Zeilenvektors (Bild 8/9).

(3) Ein **inhomogenes lineares Gleichungssystem** $\boldsymbol{Ax} = \boldsymbol{s}$ ist genau dann **lösbar**, wenn der Rang der Koeffizientenmatrix mit dem Rang der Systemmatrix übereinstimmt: $\mathrm{Rg}(\boldsymbol{A}) = \mathrm{Rg}(\boldsymbol{A}, \boldsymbol{s}) = r$. Dieses Gleichungssystem ist **eindeutig lösbar** genau dann, wenn $\mathrm{Rg}(\boldsymbol{A}) = \mathrm{Rg}(\boldsymbol{A}, \boldsymbol{s})$

$= r = n$ ist, n ist die Anzahl der Variablen. Ist die Anzahl m der Gleichungen größer als der Rang r, gilt also $m > r$, so gibt es $(m - r)$ **überzählige Gleichungen.** Ist die Anzahl n der Variablen größer als der Rang r, gilt also $n > r$, so ist die Lösungsmannigfaltigkeit $(n - r)$fach, d. h., es gibt $(n - r)$ **freie Parameter.**

BEISPIEL 8/23

a) In dem Gleichungssystem

$$\begin{aligned} x_1 + 2x_2 + 3x_3 &= 4 \\ 2x_1 + 3x_2 - 2x_3 &= 1 \\ 3x_1 - 4x_2 - 5x_3 &= 8 \end{aligned}$$

(↗ Beispiel 8/21) haben die Koeffizientenmatrix A und die Systemmatrix (A, s) den gleichen Rang, der mit der Anzahl n der Variablen übereinstimmt:

$\mathrm{Rg}(A) = \mathrm{Rg}(A, s) = r = 3 = n.$

Das Gleichungssystem ist eindeutig lösbar.

b) In dem Gleichungssystem

$$\begin{aligned} x_1 + 2x_2 + 3x_3 &= 4 \\ 2x_1 + 3x_2 - 2x_3 &= 1 \\ 3x_1 - 4x_2 - 5x_3 &= 8 \\ 4x_1 - 2x_2 - 2x_3 &= 12 \end{aligned}$$

ist die Anzahl m der Gleichungen größer als der Rang $r = 3$, also $m > r$. Es gibt eine überzählige Gleichung: Die vierte Gleichung ist eine Linearkombination der ersten und der dritten Gleichung.

c) In dem Gleichungssystem

$$\begin{aligned} x_1 + 2x_2 + 3x_3 &= 4 \\ 2x_1 + 3x_2 - 2x_3 &= 1 \\ 3x_1 + 5x_2 + x_3 &= 5 \end{aligned}$$

haben die Koeffizientenmatrix A und die Systemmatrix (A, s) den gleichen Rang, $\mathrm{Rg}(A) = \mathrm{Rg}(A, s) = r = 2$, denn $b_{33} = 0$ und $t_3 = 0$ (Bild 8/10). Die dritte Gleichung ist eine Linearkombination der ersten und der zweiten Gleichung.

1	2	3	4
2	3	−2	1
3	5	1	5
1	2	3	4
−2	−1	−8	−7
−3	−1	0	0

Bild 8/10

Die Anzahl n der Variablen ist größer als der Rang $r = 2$. Somit gibt es einen freien Parameter, d. h., eine Variable, z. B. x_3, kann beliebig vorgegeben werden. Wählt man $x_3 = 1$, so sind $x_2 = -1$ und $x_1 = 3$. Da man für x_3 jede beliebige reelle Zahl einsetzen kann, ist die Lösungsmenge unendlich.

(4) **Homogene lineare Gleichungssysteme** $\boldsymbol{A} \cdot \boldsymbol{x} = \boldsymbol{o}$ haben im Falle der Übereinstimmung von Rang r der Koeffizientenmatrix $\boldsymbol{A}$ und Anzahl n der Variablen nur die triviale Lösung $\boldsymbol{x} = \boldsymbol{o}$.
Ist die Anzahl n der Variablen größer als der Rang r der Koeffizientenmatrix $\boldsymbol{A}$, dann besteht lineare Abhängigkeit zwischen den Zeilenvektoren der Koeffizientenmatrix. Die Lösungsmannigfaltigkeit ist $(n - r)$-fach.

BEISPIEL 8/24

a) Das homogene lineare Gleichungssystem

$$\begin{aligned} x_1 + 2x_2 + 3x_3 &= 0 \\ 2x_1 + 3x_2 - 2x_3 &= 0 \\ 3x_1 - 4x_2 - 5x_3 &= 0 \end{aligned}$$

(vergleiche Beispiel 8/22a) hat wegen $r = n = 3$ nur die triviale Lösung $x_1 = 0$, $x_2 = 0$, $x_3 = 0$, d. h., $\boldsymbol{x} = \boldsymbol{o}$.

b) Der Rang der Koeffizientenmatrix $\boldsymbol{A}$ des homogenen linearen Gleichungssystems

$$\begin{aligned} x_1 + 2x_2 + 3x_3 &= 0 \\ 2x_1 + 3x_2 - 2x_3 &= 0 \\ 3x_1 + 5x_2 + x_3 &= 0 \end{aligned}$$

ist $r = 2$ (vergleiche Beispiel 8/22b); also gilt $n > r$. Es gibt einen freien Parameter. Wählt man $x_3 = 1$, so sind $x_2 = -8$ und $x_1 = 13$.
Da man für x_3 jede beliebige reelle Zahl einsetzen kann, gibt es unendlich viele nichttriviale Lösungen. Für $x_3 = 0$ erhält man die triviale Lösung $\boldsymbol{x} = \boldsymbol{o}$.

8.6.4. Die Determinante einer quadratischen Matrix, reguläre Matrizen

(1) Jeder quadratischen Matrix $\boldsymbol{A}$ kann eine reelle Zahl $\det \boldsymbol{A}$, die **Determinante** der Matrix $\boldsymbol{A}$ genannt, zugeordnet werden. Weiteres über Determinanten in Abschnitt 8.8.
Mit Hilfe des verketteten Algorithmus kann die Determinante einer Matrix $\boldsymbol{A}$ berechnet werden.
Die Determinante der Matrix $\boldsymbol{A}$ mit

$$\boldsymbol{A} = \begin{pmatrix} a_{11} & a_{12} & \dots & a_{1n} \\ a_{21} & a_{22} & \dots & a_{2n} \\ \dots & & & \\ a_{n1} & a_{n2} & \dots & a_{nn} \end{pmatrix}$$

wird mit

$$\det A = \begin{vmatrix} a_{11} & a_{12} & \dots & a_{1n} \\ a_{21} & a_{22} & \dots & a_{2n} \\ \dots & & & \\ a_{n1} & a_{n2} & \dots & a_{nn} \end{vmatrix}$$

bezeichnet.

Da bei der Umwandlung der Koeffizientendeterminante $\det A$ in die Determinante $\det B$ der Normalform Linearkombinationen der Zeilen gebildet werden, ändert sich auf Grund der Determinantengesetze (↗ 8.8.2.) der Wert der Determinante nicht, und es gilt:

$$\det A = \det B = b_{11} \cdot b_{22} \cdot \ldots \cdot b_{nn} = \prod_{i=1}^{n} b_{ii}.$$

BEISPIEL 8/25

Gegeben sei die Matrix A mit $A = \begin{pmatrix} 1 & 2 & 3 \\ 2 & 3 & -2 \\ 3 & -4 & -5 \end{pmatrix}$.
Gesucht wird $\det A$.

Anwendung des verketteten Algorithmus in Bild 8/11 (vergleiche Bild 8/8)

A	1	2	3
	2	3	−2
	3	−4	−5
B	1	2	3
C	−2	−1	−8
	−3	−10	66

Bild 8/11

Es gilt $\det A = \det B = b_{11} \cdot b_{22} \cdot b_{33} = -66$.

(2) Eine quadratische Matrix A heißt **regulär**, wenn $\det A \neq 0$ ist; sie heißt **singulär**, wenn $\det A = 0$ ist.

Eine quadratische Matrix ist dann regulär, wenn das System ihrer Zeilenvektoren und das System ihrer Spaltenvektoren linear unabhängig ist.

8.6.5. Die Inverse einer quadratischen Matrix

Es seien n lineare Gleichungssysteme gegeben:

$$Ax_1 = e_1, \qquad Ax_2 = e_2, \ldots, Ax_n = e_n,$$

wobei $e_1, e_2, \ldots, e_n$ Einheitsvektoren des Vektorraums V^n sind. A sei regulär. Diese Gleichungssysteme können zu einer Matrizengleichung der Form $AX = E$ zusammengefaßt werden.

Es gibt genau eine Matrix X, die die Gleichung $A \cdot X = E$ erfüllt. Diese Matrix X heißt die zu A **inverse Matrix** (oder die **Inverse** der Matrix A) und wird mit A^{-1} bezeichnet.
Es gilt $A \cdot A^{-1} = A^{-1} \cdot A = E$.
Berechnung der inversen Matrix einer Matrix A mit Hilfe des verketteten Algorithmus in Bild 8/12

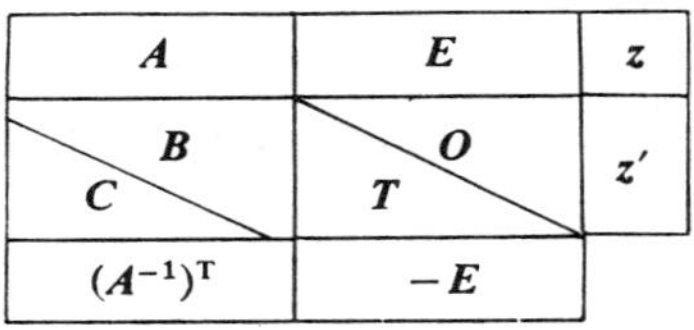

Bild 8/12

BEISPIEL 8/26

Gegeben sei die Matrix A mit $A = \begin{pmatrix} 1 & -2 & 1 \\ 0 & 1 & 2 \\ 1 & -1 & 2 \end{pmatrix}$.
Gesucht wird die zu A inverse Matrix A^{-1}.
Lösung mit Hilfe des verketteten Algorithmus in Bild 8/13

					E			
	1	−2	1	1	0	0	1	
A	0	1	2	0	1	0	4	z
	1	−1	2	0	0	1	3	
B	1	−2	1	1	0	0	1	
	0	1	2	0	1	0	4	z'
C	−1	−1	−1	−1	−1	1	−2	
	−4	−2	1	−1	0	0		
$(A^{-1})^T$	−3	−1	1	0	−1	0	$-E$	
	5	2	−1	0	0	−1		

Bild 8/13

Dabei ist zu beachten, daß die inverse Matrix in ihrer transponierten Form entsteht. Es ist

$$A^{-1} = \begin{pmatrix} -4 & -3 & 5 \\ -2 & -1 & 2 \\ 1 & 1 & -1 \end{pmatrix}.$$

In der Menge der regulären Matrizen n-ter Ordnung ist die **Multiplikation umkehrbar.** Es gelten folgende Gesetze:

$$(A^{-1})^{-1} = A \quad \text{und} \quad (A \cdot B)^{-1} = B^{-1} \cdot A^{-1}.$$

8.6.6. Die Gruppe der regulären Matrizen

Die Menge $M_{(n,n)}$ aller n-reihigen regulären Matrizen, deren Elemente reelle Zahlen sind, hat folgende **Eigenschaften:**

1. Das Produkt zweier Matrizen aus $M_{(n,n)}$ ist wieder eine Matrix aus $M_{(n,n)}$.
2. Es gilt das Assoziationsgesetz der Multiplikation.
3. Die Menge $M_{(n,n)}$ enthält die Einheitsmatrix $\boldsymbol{E}$ mit der Eigenschaft $\boldsymbol{E} \cdot \boldsymbol{A} = \boldsymbol{A} \cdot \boldsymbol{E} = \boldsymbol{A}$ für jede Matrix $\boldsymbol{A} \in M_{(n,n)}$. $\boldsymbol{E}$ ist das neutrale Element der Matrizenmultiplikation.
4. Zu jeder Matrix $\boldsymbol{A} \in M_{(n,n)}$ existiert in $M_{(n,n)}$ genau eine Matrix $\boldsymbol{A}^{-1}$, die inverse Matrix genannt wird, mit der Eigenschaft $\boldsymbol{A}^{-1} \cdot \boldsymbol{A} = \boldsymbol{A} \cdot \boldsymbol{A}^{-1} = \boldsymbol{E}$.

Das sind die Eigenschaften einer nichtleeren Menge, die die algebraische Struktur Gruppe (↗ 2.7.1.) kennzeichnen. Die Menge $M_{(n,n)}$ der n-reihigen regulären Matrizen bildet hinsichtlich der Matrizenmultiplikation eine **Gruppe.**

8.6.7. Lösen von Matrizengleichungen mit Hilfe des verketteten Algorithmus

Es seien n Gleichungssysteme gegeben:

$$\boldsymbol{A} \cdot \boldsymbol{x}_1 = \boldsymbol{s}_1, \quad \boldsymbol{A} \cdot \boldsymbol{x}_2 = \boldsymbol{s}_2, \quad \ldots, \quad \boldsymbol{A} \cdot \boldsymbol{x}_n = \boldsymbol{s}_n,$$

die zu der Matrizengleichung $\boldsymbol{A} \cdot \boldsymbol{X} = \boldsymbol{S}$ zusammengefaßt werden. Beim Lösen dieser Matrizengleichung ist die Matrix $\boldsymbol{X}$ zu ermitteln, die die Gleichung $\boldsymbol{A} \cdot \boldsymbol{X} = \boldsymbol{S}$ erfüllt. Nach 8.6.5. ist die Multiplikation in der Menge der regulären n-reihigen Matrizen umkehrbar. Zur Lösung der Matrizengleichung $\boldsymbol{A} \cdot \boldsymbol{X} = \boldsymbol{S}$ dient der verkettete Algorithmus (Bild 8/14).

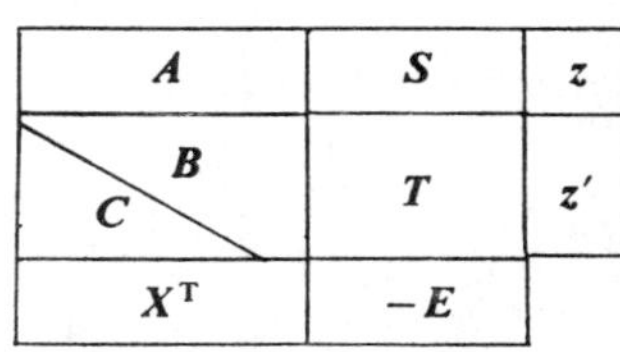

Bild 8/14

BEISPIEL 8/27

Gegeben sei die Matrizengleichung $\boldsymbol{A} \cdot \boldsymbol{X} = \boldsymbol{S}$ mit

$$\boldsymbol{A} = \begin{pmatrix} 1 & 2 & 0 \\ 2 & 5 & 3 \\ 1 & 0 & -5 \end{pmatrix}, \quad \boldsymbol{S} = \begin{pmatrix} 2 & 0 & 1 \\ 0 & 1 & 2 \\ 4 & 2 & 0 \end{pmatrix}$$

Gesucht wird die Matrix $\boldsymbol{X}$.

Die Berechnung wird mit Hilfe des verketteten Algorithmus in Bild 8/15 durchgeführt.

				S			z	
	1	2	0	2	0	1	6	
A	2	5	3	0	1	2	13	
	1	0	−5	4	2	0	2	
B	1	2	0	2	0	1	6	
	−2	1	3	−4	1	0	1	z
C	−1	2	1	−6	4	−1	−2	
	−26	14	−6	−1	0	0		
X^T	22	−11	4	0	−1	0	$-E$	
	−5	3	−1	0	0	−1		

Bild 8/15

8.7. Das Austauschverfahren

8.7.1. Bestimmung der inversen Matrix mit Hilfe des Austauschverfahrens, Austauschregeln

Es sei ein **System linearer Funktionen** gegeben: mit $x_1, x_2, \ldots, x_n$ seien die unabhängigen Variablen, mit $y_1, y_2, \ldots, y_n$ die abhängigen Variablen bezeichnet.

$$y_1 = a_{11}\ x_1 + a_{12}\ x_2 + \ldots + a_{1n}\ x_n$$

$$y_2 = a_{21}\ x_1 + a_{22}\ x_2 + \ldots + a_{2n}\ x_n$$

$$\ldots$$

$$y_n = a_{n1}\ x_1 + a_{n2}\ x_2 + \ldots + a_{nn}\ x_n$$

Darstellung in Tabellenform

	x_1	x_2	$\ldots$	x_n
y_1	a_{11}	a_{12}	$\ldots$	a_{1n}
y_2	a_{21}	a_{22}	$\ldots$	a_{2n}
$\vdots$				
y_n	a_{n1}	a_{n2}	$\ldots$	a_{nn}

Darstellung in Matrizenform: $\boldsymbol{y} = \boldsymbol{A} \cdot \boldsymbol{x}$
mit

$\boldsymbol{x}$ dem Vektor der unabhängigen Variablen,
$\boldsymbol{y}$ dem Vektor der abhängigen Variablen,
$\boldsymbol{A}$ der Koeffizientenmatrix.

Wird in einem System linearer Funktionen bei gegebenem Vektor $\boldsymbol{y}$ und gegebener Koeffizientenmatrix $\boldsymbol{A}$ der Vektor $\boldsymbol{x}$ ermittelt, so erhält man das **inverses System linearer Funktionen**

$$
\begin{aligned}
x_1 &= b_{11}y_1 + b_{12}y_2 + \ldots + b_{1n}y_n \\
x_2 &= b_{21}y_1 + b_{22}y_2 + \ldots + b_{2n}y_n \\
&\ldots \\
x_n &= b_{n1}y_1 + b_{n2}y_2 + \ldots + b_{nn}y_n
\end{aligned}
$$

Darstellung in Tabellenform

	y_1	y_2	$\ldots$	y_n
x_1	b_{11}	b_{12}	$\ldots$	b_{1n}
x_2	b_{21}	b_{22}	$\ldots$	b_{2n}
$\vdots$				
x_n	b_{n1}	b_{n2}	$\ldots$	b_{nn}

Darstellung in Matrizenform: $\boldsymbol{x} = \boldsymbol{B}\boldsymbol{y} = \boldsymbol{A}^{-1}\boldsymbol{y}$, wobei $\boldsymbol{A}^{-1}$ die zu $\boldsymbol{A}$ inverse Matrix ist.
Die Bildung der inversen Matrix erfolgt durch **schrittweisen Austausch der Variablen.**
Wird in der Tabelle T 0 in einem Schritt y_u gegen x_v ausgetauscht, so ist das Element a_{uv} **Hauptelement** (auch Pivotelement genannt). Es steht im Schnittpunkt der u-ten Zeile mit der v-ten Spalte der Koeffizientenmatrix $\boldsymbol{A}$. Die Elemente der u-ten Zeile bilden die **Hauptzeile**, die Elemente der v-ten Spalte die **Hauptspalte** (Bild 8/16).

T 0	x_1	x_2	$\ldots$	x_v	$\ldots$	x_n
y_1	a_{11}	a_{12}	$\ldots$	a_{1v}	$\ldots$	a_{1n}
y_2	a_{21}	a_{22}	$\ldots$	a_{2v}	$\ldots$	a_{2n}
$\vdots$						
y_u	a_{u1}	a_{u2}	$\ldots$	$\boxed{a_{uv}}$	$\ldots$	a_{un}
$\vdots$						
y_n	a_{n1}	a_{n2}	$\ldots$	a_{nv}	$\ldots$	a_{nn}

Bild 8/16

Für einen Austauschschritt gelten folgende **Austauschregeln:**

In der Tabelle T 1 entsteht ein Zwischensystem, dessen Elemente folgendermaßen gebildet werden:

1. Das Hauptelement: $b_{uv} = \dfrac{1}{a_{uv}}$ mit $a_{uv} \neq 0$
2. Die Elemente der Hauptzeile: $b_{uk} = \dfrac{a_{uk}}{-a_{uv}}$ für $k = 1, \ldots, n$ und $k \neq v$

3. Die Elemente der Hauptspalte: $b_{iv} = \dfrac{a_{iv}}{a_{uv}}$ für $i = 1, \ldots, n$ und $i \neq u$
4. Alle übrigen Elemente: $b_{ik} = a_{ik} + b_{uk}a_{iv}$ für $i = 1, \ldots, n;\ i \neq u$ und $k = 1, \ldots, n;\ k \neq v$.

T 1	x_1	x_2	$\ldots$	y_u	$\ldots$	x_n
y_1	b_{11}	b_{12}	$\ldots$	b_{1v}	$\ldots$	b_{1n}
y_2	b_{21}	b_{22}	$\ldots$	b_{2v}	$\ldots$	b_{2n}
$\vdots$						
x_v	b_{u1}	b_{u2}	$\ldots$	b_{uv}	$\ldots$	b_{un}
$\vdots$						
y_n	b_{n1}	b_{n2}	$\ldots$	b_{nv}	$\ldots$	b_{nn}

Für die Berechnung der Produkte $b_{uk}a_{iv}$ ist es zweckmäßig, die neue Hauptzeile b_{uk} unter das vorangehende System, die Tabelle T 0, als »**Kellerzeile**« zu schreiben.
Bei einem weiteren Austauschschritt werden die Elemente der Tabelle T 1 wieder mit a_{ik} bezeichnet, um die allgemein formulierten Austauschregeln benutzen zu können.
Eine **Rechenkontrolle** erfolgt mit Hilfe der »**Einsprobe**«. In einer Zusatzspalte der Tabelle T 0 wird das Element p_i der i-ten Zeile so gewählt, daß die Zeilensumme der Elemente einschließlich des Probenelements p_i gleich 1 ist. Auf die Elemente der Zusatzspalte werden auch die Austauschregeln angewendet. Die Überprüfung besteht darin, daß die Zeilensumme in der Tabelle wieder 1 ergeben muß.
Die Probe ist nach der Berechnung der Elemente jeder Zeile, die mit Hilfe der Austauschregeln vorgenommen wurde, sofort auszuführen, um einen möglichen Rechenfehler sofort lokalisieren zu können.

BEISPIEL 8/28

Es soll die zur Matrix $A = \begin{pmatrix} 1 & 2 & -1 \\ -1 & 4 & 2 \\ 2 & -2 & -2 \end{pmatrix}$ inverse Matrix A^{-1} mit Hilfe des Austauschverfahrens ermittelt werden.
Aufstellung der Tabelle T 0, dabei Berechnung der Probenelemente p_i:

T 0	x_1	x_2	x_3	p_i
y_1	1	2	−1	−1
y_2	−1	4	2	−4
y_3	2	−2	−2	3
Keller-zeile		−2	1	1

1. Austauschschritt: y_1 wird gegen x_1 ausgetauscht; in der Tabelle T 0 ist das Hauptelement $a_{11} = 1$ durch ein Quadrat umrahmt. (Rechnerischen Vorteil beachten, wenn das Hauptelement $a_{uv} = 1$ ist!)
Es entsteht bei Anwendung der Austauschregeln die Tabelle T 1:

T 1	y_1	x_2	x_3	p_i
x_1	1	-2	1	1
y_2	-1	6	$\boxed{1}$	-5
y_3	2	-6	0	5
Keller-zeile	1	-6		5

Berechnung der einzelnen Elemente:
Hauptelement

$$b_{11} = \frac{1}{a_{11}} = \frac{1}{1} = 1;$$

Hauptzeile

$$b_{12} = \frac{a_{12}}{-a_{11}} = \frac{2}{-1} = -2; \quad b_{13} = \frac{-1}{-1} = 1; \quad p'_1 = \frac{-1}{-1} = 1$$

Überprüfung der Zeilensumme der 1. Zeile: $1 - 2 + 1 + 1 = 1$ (Übereinstimmung).
Die Elemente b_{12}, b_{13}, p'_1 werden in die Kellerzeile von T 0 übernommen.
Hauptspalte

$$b_{21} = \frac{a_{21}}{a_{11}} = \frac{-1}{1} = -1; \quad b_{31} = \frac{2}{1} = 2$$

Restliche Elemente
Symbolische Merkregel bei Benutzung der Kellerzeile:

$$b_{ik} = \langle a_{ik} \rangle + (b_{uk})(a_{iv})$$

$$b_{22} = a_{22} + b_{12}a_{21} = 4 + (-2) \cdot (-1) = 4 + 2 = 6$$

$$b_{23} = a_{23} + b_{13}a_{21} = 2 + 1 \cdot (-1) = 2 - 1 = 1$$

$$p'_2 = p_2 + p'_1 a_{21} = -4 + 1 \cdot (-1) = -4 - 1 = -5$$

Überprüfung der Zeilensumme der 2. Zeile: $-1 + 6 + 1 - 5 = 1$ (Übereinstimmung).

$$b_{32} = -6, \qquad b_{33} = 0, \qquad p'_3 = 5.$$

2. Austauschschritt: In T 1 wird y_2 gegen x_3 ausgetauscht, weil dann das Hauptelement $a_{23} = 1$ ist.

T 2	y_1	x_2	y_2	p_i
x_1	2	-8	1	6
x_3	1	-6	1	5
y_3	2	$\boxed{-6}$	0	5
Keller-zeile	$\frac{1}{3}$		0	$\frac{5}{6}$

3. Austauschschritt: In T 2 muß y_3 gegen x_2 ausgetauscht werden; Hauptelement $a_{32} = -6$

T 3	y_1	y_3	y_2	p_i
x_1	$-\frac{2}{3}$	$\frac{4}{3}$	1	$-\frac{2}{3}$
x_3	-1	1	1	0
x_2	$\frac{1}{3}$	$-\frac{1}{6}$	0	$\frac{5}{6}$

Die Elemente der inversen Matrix werden noch nach ihren Indizes geordnet:

$$A^{-1} = \begin{pmatrix} -\frac{2}{3} & 1 & \frac{4}{3} \\ \frac{1}{3} & 0 & -\frac{1}{6} \\ -1 & 1 & 1 \end{pmatrix}$$

8.7.2. Lösen linearer Gleichungssysteme mit Hilfe des Austauschverfahrens (mit Spaltentilgung)

Ein gegebenes System linearer Gleichungen $\boldsymbol{Ax} + \boldsymbol{s} = \boldsymbol{o}$ wird als System linearer Funktionen dargestellt: $\boldsymbol{y} = \boldsymbol{Ax} + \boldsymbol{s}$.

$$y_1 = a_{11}x_1 + a_{12}x_2 + \ldots + a_{1n}x_n + s_1$$
$$y_2 = a_{21}x_1 + a_{22}x_2 + \ldots + a_{2n}x_n + s_2$$
$$\ldots$$
$$y_n = a_{n1}x_1 + a_{n2}x_2 + \ldots + a_{nn}x_n + s_n$$

Tabellenform:

T 0	x_1	x_2	…	x_n	s
y_1	a_{11}	a_{12}	…	a_{1n}	s_1
y_2	a_{21}	a_{22}	…	a_{2n}	s_2
⋮					
y_n	a_{n1}	a_{n2}	…	a_{nn}	s_n
Keller-zeile					

Die Auswahl der Hauptelemente in den ersten Austauschschritten ist zwar beliebig, doch sollten bei numerischer Berechnung von Hand gewisse **Rechenvorteile** beachtet werden, z. B. die Wahl des Hauptelements, die die Anwendung der Austauschregeln rechnerisch erleichtern.
Da die Elemente in der Hauptspalte eines Austauschschrittes für die weitere Rechnung nicht mehr benötigt werden, kann das Verfahren dadurch abgekürzt werden, daß die Elemente der Hauptspalte beim Lösen linearer Gleichungssysteme gar nicht berechnet werden. Man nennt dieses Verfahren **Spaltentilgung.** Das bedingt eine **Änderung der Rechenkontrolle:** In der Tabelle T 0 werden die Elemente p_i so bestimmt, daß die Zeilensumme $z_i = 0$ ist. Bei richtiger Rechnung ergeben in den folgenden Tabellen die »y-Zeilen« die Zeilensummen $z_i' = 0$, die »x-Zeilen« die Zeilensummen $z_i' = 1$.

BEISPIEL 8/29

Das Gleichungssystem

$$\begin{aligned} x_1 + 2x_2 + 3x_3 &= 4 \\ 2x_1 + 3x_2 - 2x_3 &= 1 \\ 3x_1 - 4x_2 - 5x_3 &= 8 \end{aligned}$$

(vergleiche Beispiele 8/20, 8/21) ist mit Hilfe des Austauschverfahrens mit Spaltentilgung und Rechenkontrolle zu lösen. Dem System linearer Funktionen

$$\begin{aligned} y_1 &= x_1 + 2x_2 + 3x_3 - 4 \\ y_2 &= 2x_1 + 3x_2 - 2x_3 - 1 \\ y_3 &= 3x_1 - 4x_2 - 5x_3 - 8 \end{aligned}$$

entspricht die Darstellung in Tabelle T 0

T 0	x_1	x_2	x_3	s	p	z
y_1	1	2	3	−4	−2	0
y_2	2	3	−2	−1	−2	0
y_3	3	−4	−5	−8	14	0
Keller-zeile		−2	−3	4	2	

1. Austauschschritt: Hauptelement a_{11}

T 1	y_1	x_2	x_3	s	p	z
x_1		-2	-3	4	2	1
y_2		-1	-8	7	2	0
y_3		-10	-14	4	20	0
Keller-zeile			-8	7	2	

2. Austauschschritt: Hauptelement a_{22}

T 2	y_1	y_2	x_3	s	p	z
x_1			13	-10	-2	1
x_2			-8	7	2	1
y_3			66	-66	0	0
Keller-zeile				1	0	

3. Austauschschritt: Hauptelement a_{33}

T 3	y_1	y_2	y_3	s	p	z
x_1				3	-2	1
x_2				-1	2	1
x_3				1	0	1

Der Lösungsvektor ist $\boldsymbol{x} = (3; -1; 1)^T$.

8.8. Determinanten

8.8.1. Zum Determinantenbegriff

Unter einer **Determinante** versteht man eine Funktion, die jeder n-reihigen quadratischen Matrix $\boldsymbol{A} = (a_{ik})$ mit reellen Elementen eindeutig eine reelle Zahl zuordnet und mit

$$D^{(n)} = \det \boldsymbol{A} = \begin{vmatrix} a_{11} & a_{12} & \dots & a_{1n} \\ a_{21} & a_{22} & \dots & a_{2n} \\ \dots & & & \\ a_{n1} & a_{n2} & \dots & a_{nn} \end{vmatrix} = |a_{ik}|$$

bezeichnet wird. n heißt die **Ordnung** der Determinante.

Die Determinante $D^{(n)}$ wird nach LEIBNIZ durch

$$D^{(n)} = \sum_{P_n} \operatorname{sgn}(i_1, i_2, \ldots, i_n)\, a_{1i_1} \cdot a_{2i_2} \cdot \ldots \cdot a_{ni_n}$$

definiert.

Erläuterung dieser Formel:

Es ist eine Summe aller der Produkte zu bilden, die aus jeder Zeile und aus jeder Spalte genau ein Element als Faktor enthalten. Dabei ist **jeder Summand** der Determinante ein Produkt aus n Faktoren $a_{1i_1} \cdot a_{2i_2} \cdot \ldots \cdot a_{ni_n}$. Der erste Index gibt die Zeile an, der zweite die Spalte, wobei die Indizes $i_1, i_2, \ldots, i_n$ eine Permutation der Zahlen 1 bis n bilden.
Da es bei n Elementen $n!$ Permutationen gibt, besitzt die Summe $n!$ Summanden.
Das Vorzeichen jedes Summanden wird durch $\operatorname{sgn}(i_1, \ldots, i_n) = (-1)^I$ festgelegt, wobei I die Anzahl der Inversionen (entgegengesetzte Reihenfolge der Elemente, ↗ 3.1.7.1.) einer Permutation ist. Ist I gerade, so ist $\operatorname{sgn}(i_1, \ldots, i_n) = +1$, ist I ungerade, so ist $\operatorname{sgn}(i_1, \ldots, i_n) = -1$. Es gibt $\frac{n!}{2}$ positive und $\frac{n!}{2}$ negative Summanden.

BEISPIEL 8/30

a) Die Determinante 2. Ordnung $D^{(2)} = \begin{vmatrix} a_{11} & a_{12} \\ a_{21} & a_{22} \end{vmatrix}$ ist mit Hilfe der LEIBNIZschen Determinantenformel zu berechnen. Da $n = 2$ ist, ist $n! = 2! = 2$ die Anzahl der Permutationen; also gibt es 2 Summanden, wobei jeder Summand ein Produkt aus $n = 2$ Faktoren ist: a_{1i_1}, a_{2i_2}.
Die zwei Permutationen sind (1, 2) (2, 1).
Die beiden Summanden sind demnach $a_{11} \cdot a_{22}$ und $a_{12} \cdot a_{21}$.
Das Vorzeichen der Summanden ergibt sich aus der Anzahl der Inversionen der Permutationen:

Bei (1, 2) ist $I = 0$, also $(-1)^0 = +1$;
bei (2, 1) ist $I = 1$, also $(-1)^1 = -1$.

Demnach ist

$$D^{(2)} = \begin{vmatrix} a_{11} & a_{12} \\ a_{21} & a_{22} \end{vmatrix} = a_{11} \cdot a_{22} - a_{12} \cdot a_{21}.$$

Daraus ergibt sich die Regel zur Berechnung einer Determinante 2. Ordnung: Produkt der Elemente der Hauptdiagonalen minus Produkt der Elemente der Nebendiagonalen. Merkhilfe in Bild 8/17.

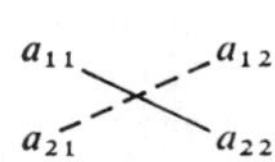

Bild 8/17

b) Die Determinante 3. Ordnung

$$D^{(3)} = \begin{vmatrix} a_{11} & a_{12} & a_{13} \\ a_{21} & a_{22} & a_{23} \\ a_{31} & a_{32} & a_{33} \end{vmatrix}$$

ist mit Hilfe der LEIBNIZschen Determinantenformel zu berechnen.

Da $n = 3$ ist, ist $n! = 3! = 6$ die Anzahl der Permutationen; also gibt es 6 Summanden, wobei jeder Summand ein Produkt aus $n = 3$ Faktoren ist: $a_{1i_1}, a_{2i_2}, a_{3i_3}$.
Die 6 Permutationen ergeben

Permutation i_1 i_2 i_3	Anzahl I der Inversionen	$(-1)^I$	Summanden
1 2 3	0	$+1$	$+a_{11}\, a_{22}\, a_{33}$
1 3 2	1	-1	$-a_{11}\, a_{23}\, a_{32}$
2 1 3	1	-1	$-a_{12}\, a_{21}\, a_{33}$
2 3 1	2	$+1$	$+a_{12}\, a_{23}\, a_{31}$
3 1 2	2	$+1$	$+a_{13}\, a_{21}\, a_{32}$
3 2 1	3	-1	$-a_{13}\, a_{22}\, a_{31}$

Damit erhält man

$$D^{(3)} = a_{11}\, a_{22}\, a_{33} + a_{12}\, a_{23}\, a_{31} + a_{13}\, a_{21}\, a_{32} \\ -a_{13}\, a_{22}\, a_{31} - a_{11}\, a_{23}\, a_{32} - a_{12}\, a_{21}\, a_{33}$$

Daraus ergibt sich die **Regel von Sarrus** zur Berechnung von **drei**reihigen Determinanten: Die ersten beiden Spalten der Matrix werden rechts neben der Matrix noch einmal aufgeschrieben. Dann bildet man die Summe der drei in der Richtung der Hauptdiagonalen stehenden Produkte und subtrahiert die Summe der drei Produkte, die in der Richtung der Nebendiagonalen stehen. Merkhilfe in Bild 8/18.

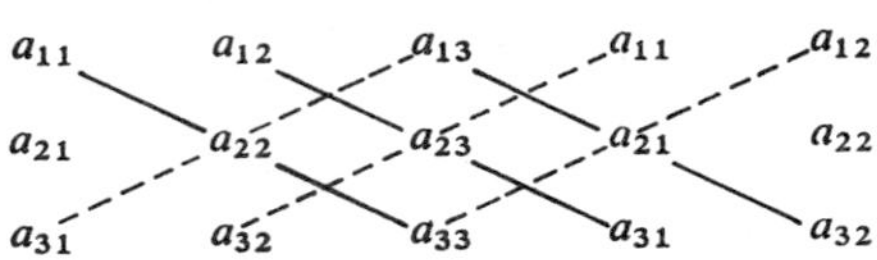

Bild 8/18

8.8.2. Eigenschaften der Determinanten

n-reihige Determinanten haben folgende Eigenschaften:

1. Eine Determinante bleibt ungeändert, wenn man die Zeilen mit den Spalten vertauscht.
2. Eine Determinante ändert ihr Vorzeichen, wenn zwei Zeilen oder zwei Spalten miteinander vertauscht werden.
3. Eine Determinante hat den Wert Null, wenn die Elemente einer Reihe den entsprechenden Elementen einer parallelen Reihe proportional sind (d. h., wenn zwischen den Zeilenvektoren bzw. Spaltenvektoren lineare Abhängigkeit besteht).
4. Eine Determinante wird mit einer reellen Zahl λ multipliziert, indem man die Elemente nur einer Reihe mit λ multipliziert.

Andererseits kann ein den Elementen einer Zeile (oder einer Spalte) gemeinsamer Faktor λ vor die Determinante gezogen werden.

5. Addiert man zu einer Zeile bzw. zu einer Spalte ein Vielfaches einer anderen Zeile bzw. Spalte, so ändert sich der Wert der Determinante nicht.
6. Zwei Determinanten, die sich nur in einer Reihe unterscheiden, können addiert werden.

BEISPIEL 8/31

Obwohl die Eigenschaften der Determinanten für n-reihige Determinanten gelten, sollen sie am Beispiel von zweireihigen Determinanten verdeutlicht werden.

Nach 1 gilt: $\begin{vmatrix} 3 & 5 \\ 1 & 2 \end{vmatrix} = \begin{vmatrix} 3 & 1 \\ 5 & 2 \end{vmatrix}$,

nach 2: $\begin{vmatrix} 3 & 5 \\ 1 & 3 \end{vmatrix} = 9 - 5 = 4; \quad \begin{vmatrix} 1 & 3 \\ 3 & 5 \end{vmatrix} = 5 - 9 = -4,$

nach 3: $\begin{vmatrix} 3 & 5 \\ 6 & 10 \end{vmatrix} = 30 - 30 = 0$

nach 4: $\begin{vmatrix} 3 & 5 \\ 4 & 6 \end{vmatrix} = 2 \cdot \begin{vmatrix} 3 & 5 \\ 2 & 3 \end{vmatrix}$

nach 5: $\begin{vmatrix} 2 & 3 \\ 1 & 4 \end{vmatrix} = 8 - 3 = 5$

Wird zur 2. Zeile das Fünffache der 1. Zeile addiert:

$$\begin{vmatrix} 2 & 3 \\ 1 + 10 & 4 + 15 \end{vmatrix} = \begin{vmatrix} 2 & 3 \\ 11 & 19 \end{vmatrix} = 38 - 33 = 5$$

nach 6: $\begin{vmatrix} 2 & 3 \\ 1 & 4 \end{vmatrix} + \begin{vmatrix} 2 & 3 \\ 5 & 2 \end{vmatrix} = \begin{vmatrix} 2 & 3 \\ 6 & 6 \end{vmatrix}$

8.8.3. Unterdeterminanten, Adjunkten

Durch Streichen der i-ten Zeile und der k-ten Spalte in einer n-reihigen Determinante $|a_{ik}|$ erhält man die **Unterdeterminante** D_{ik} von $(n-1)$-ter Ordnung des Elements a_{ik}.

Wird die Unterdeterminante D_{ik} mit dem Vorzeichen $(-1)^{i+k}$ versehen, so erhält man die **Adjunkte** $A_{ik} = (-1)^{i+k} D_{ik}$ des Elements a_{ik}.

Die Summe der Produkte aller Elemente einer Zeile bzw. Spalte mit ihren Adjunkten ergibt die Determinante $D^{(n)}$:

$$D^{(n)} = \sum_{i=1}^{n} a_{ik} A_{ik}.$$

BEISPIEL 8/32

Die Determinante $D^{(3)}$ ist unter Verwendung der Adjunkten darstellbar:

$$D^{(3)} = \begin{vmatrix} a_{11} & a_{12} & a_{13} \\ a_{21} & a_{22} & a_{23} \\ a_{31} & a_{32} & a_{33} \end{vmatrix} = \begin{cases} a_{11}A_{11} + a_{12}A_{12} + a_{13}A_{13} \\ a_{21}A_{21} + a_{22}A_{22} + a_{23}A_{23} \\ a_{31}A_{31} + a_{32}A_{32} + a_{33}A_{33} \end{cases}$$

Die Darstellung einer Determinante mit Hilfe ihrer Adjunkten wird als **Entwicklung einer Determinante nach den Elementen einer Zeile** (bzw. **Spalte**) bezeichnet.

BEISPIEL 8/33

Die Determinante $D^{(3)}$ soll nach den Elementen der ersten Zeile entwickelt werden.

$$D^{(3)} = \begin{vmatrix} a_{11} & a_{12} & a_{13} \\ a_{21} & a_{22} & a_{23} \\ a_{31} & a_{32} & a_{33} \end{vmatrix} = a_{11}A_{11} + a_{12}A_{12} + a_{13}A_{13}$$

$$= a_{11}\begin{vmatrix} a_{22} & a_{23} \\ a_{32} & a_{33} \end{vmatrix} - a_{12}\begin{vmatrix} a_{21} & a_{23} \\ a_{31} & a_{33} \end{vmatrix} + a_{13}\begin{vmatrix} a_{21} & a_{22} \\ a_{31} & a_{32} \end{vmatrix}.$$

8.8.4. Zur Berechnung von Determinanten

(1) Zwei- und dreireihige Determinanten sind nach den in Abschnitt 8.8.1., Beispiel 8/30a, b, entwickelten Formeln leicht zu berechnen.

(2) Da die Berechnung einer n-reihigen Determinante nach der LEIBNIZschen Formel sehr aufwendig ist, entwickelt man die Determinante $D^{(n)}$ nach den Elementen einer Zeile oder einer Spalte und führt somit die Berechnung einer n-reihigen Determinante auf die Berechnung von $(n-1)$-reihigen Determinanten zurück. Möglicherweise muß dieses Verfahren mehrmals angewendet werden.

BEISPIEL 8/34

Die Berechnung der Determinante $D^{(4)}$ mit

$$D^{(4)} = \begin{vmatrix} 3 & 0 & 5 & 4 \\ 1 & -2 & 3 & 0 \\ 2 & 3 & -1 & 2 \\ 6 & 2 & -1 & 1 \end{vmatrix}$$

wird durch Entwicklung der Determinante nach den Elementen der ersten Zeile auf eine Berechnung von dreireihigen Determinanten zurückgeführt.

$$D^{(4)} = \begin{vmatrix} 3 & 0 & 5 & 4 \\ 1 & -2 & 3 & 0 \\ 2 & 3 & -1 & 2 \\ 6 & 2 & -1 & 1 \end{vmatrix} = 3\begin{vmatrix} -2 & 3 & 0 \\ 3 & -1 & 2 \\ 2 & -1 & 1 \end{vmatrix} - 0 + 5\begin{vmatrix} 1 & -2 & 0 \\ 2 & 3 & 2 \\ 6 & 2 & 1 \end{vmatrix}$$

$$- 4\begin{vmatrix} 1 & -2 & 3 \\ 2 & 3 & -1 \\ 6 & 2 & -1 \end{vmatrix} = 3 \cdot 1 - 0 + 5 \cdot (-21) - 4 \cdot (-35) = 38$$

(3) n-reihige Determinanten können weiterhin mit Hilfe des **verketteten Algorithmus** berechnet werden (↗ 8.6.4.).

8.8.5. Lösen linearer Gleichungssysteme mit Hilfe von Determinanten

Zum Lösen eines Systems von n linearen Gleichungen mit n Variablen dient die **Cramersche Regel:**

Ein System von n linearen Gleichungen mit n Variablen hat eine Lösung genau dann, wenn die Koeffizientendeterminante verschieden von Null ist. Die Elemente x_i des Lösungs-n-tupels erhält man als Quotient von Zählerdeterminante D_i und Koeffizientendeterminante $D^{(n)}$, $x_i = \dfrac{D_i}{D^{(n)}}$.

Die Zählerdeterminante D_i wird gebildet, indem die i-te Spalte in der Koeffizientendeterminante durch die Absolutglieder des Gleichungssystems ersetzt wird.

BEISPIEL 8/35

Das Gleichungssystem

$$\begin{aligned} x_1 + 2x_2 + 3x_3 &= 4 \\ 2x_1 + 3x_2 - 2x_3 &= 1 \\ 3x_1 - 4x_2 - 5x_3 &= 8 \end{aligned}$$

(vergleiche Beispiele 8/20, 8/21, 8/29) wird mit Hilfe der CRAMERschen Regel gelöst.

Nach der Regel von SARRUS gilt

$$D = \begin{vmatrix} 1 & 2 & 3 \\ 2 & 3 & -2 \\ 3 & -4 & -5 \end{vmatrix} = -15 - 12 - 24 - 27 - 8 + 20 = -66$$

$$D_1 = \begin{vmatrix} 4 & 2 & 3 \\ 1 & 3 & -2 \\ 8 & -4 & -5 \end{vmatrix} = -60 - 32 - 12 - 72 - 32 + 10 = -198$$

$$D_2 = \begin{vmatrix} 1 & 4 & 3 \\ 2 & 1 & -2 \\ 3 & 8 & -5 \end{vmatrix} = -5 - 24 + 48 - 9 + 16 + 40 = 66$$

$$D_3 = \begin{vmatrix} 1 & 2 & 4 \\ 2 & 3 & 1 \\ 3 & -4 & 8 \end{vmatrix} = 24 + 6 - 32 - 36 + 4 - 32 = -66$$

Dann gilt nach der Regel von CRAMER

$$x_1 = \frac{D_1}{D} = \frac{-198}{-66} = 3; \qquad x_2 = \frac{D_2}{D} = \frac{66}{-66} = -1;$$

$$x_3 = \frac{D_3}{D} = \frac{-66}{-66} = 1$$

Der Lösungsvektor ist $\boldsymbol{x} = (3;\ -1;\ 1)^{\mathrm{T}}$.

9. Aus der Wahrscheinlichkeitsrechnung; beschreibende Statistik

9.1. Zufällige Ereignisse

9.1.1. Zum Begriff »zufälliges Ereignis«

Bei der Durchführung eines Versuchs (z. B. Werfen einer Münze, Werfen eines Spielwürfels, Durchführen einer Stichprobe auf Einhaltung einer Toleranz) können zufällige Einflüsse einwirken, die den Ausgang eines »zufälligen Versuchs« ungewiß sein lassen. Deshalb nennt man das Ergebnis eines zufälligen Versuchs, der bei Einhaltung der Bedingungen beliebig oft wiederholt werden kann, ein **»zufälliges Ereignis«**. Es folgt nicht mit innerer Notwendigkeit aus einer Menge von Bedingungen. Ein solches zufälliges Ereignis kann, muß aber nicht eintreten. Ein zufälliger Versuch könnte auch ein anderes zufälliges Ereignis haben. Zufällige Ereignisse werden als **Mengen** aufgefaßt und mit großen lateinischen Buchstaben bezeichnet. Der Ausgang (bzw. die Möglichkeiten des Ausgangs) eines Versuchs wird als Elemente in geschweifte Klammern geschrieben. Zufällige Ereignisse können als Punktmengen auf der Zahlengeraden oder in der Ebene veranschaulicht werden.

BEISPIEL 9/1

Zufälliger Versuch	Zufälliges Ereignis	Darstellung
Werfen einer Münze	Zahl liegt oben Wappen liegt oben	$A = \{z\}$ $B = \{w\}$
Werfen eines Würfels	»1« liegt oben »4« liegt oben	$C = \{1\}$ $D = \{4\}$
Stichprobe auf Einhaltung einer Toleranz aus einer Gesamtheit von Erzeugnissen	Gegenstand ist maßhaltig Gegenstand ist nicht maßhaltig	$E = \{m\}$ (m: maßhaltig) $F = \{n\}$ (n: nicht maßhaltig)

Einem zu einem zufälligen Versuch gehörenden System von Ereignissen kann ein System von Teilmengen einer Grundmenge zugeordnet werden. Beim Würfeln mit einem Spielwürfel werden die möglichen Ausgänge dieses zufälligen Versuchs durch die oben erscheinende Augenzahl, d. h. durch die Zahlen 1, 2, 3, 4, 5, 6, beschrieben. Das zu dem zufälligen Versuch »Würfeln mit einem Spielwürfel« gehörende System von Ereignissen ist die Grundmenge {1, 2, 3, 4, 5, 6}, denn genau ein Element dieser Grundmenge tritt notwendig als Ergebnis dieses Versuchs ein.

Grenzfälle zufälliger Ereignisse

Sicheres Ereignis (mit Ω bezeichnet)	**Unmögliches Ereignis** (mit $\emptyset$ bezeichnet)
Unter den gegebenen Bedingungen	
muß bei dem zufälligen Versuch das Ereignis eintreten.	**kann** bei dem zufälligen Versuch das Ereignis **nicht** eintreten.

BEISPIEL 9/2

Beim einmaligen Werfen von drei Spielwürfeln ist die Summe der Augenzahlen

mindestens 3 und höchstens 18, ist ein sicheres Ereignis.	kleiner als 3, ist ein unmögliches Ereignis.

Veranschaulichung in Bild 9/1

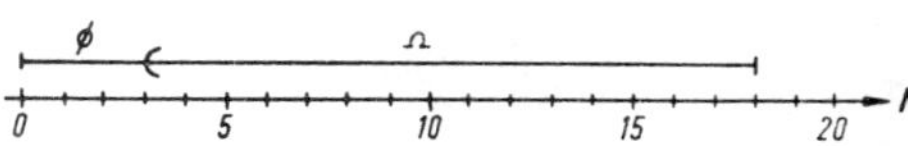

Bild 9/1

9.1.2. Relationen zwischen zufälligen Ereignissen

(1) Mit dem Eintreten des zufälligen Ereignisses A kann das Eintreten des zufälligen Ereignisses B verbunden sein. Man sagt dann: »Das zufällige Ereignis A **zieht** das zufällige Ereignis B **nach sich**« oder kurz: »A zieht B nach sich«. In Zeichen: $A \subseteq B$. Dieser Relation entspricht die Teilmengenrelation der Mengenlehre.

BEISPIEL 9/3

Das Ereignis A sei: »Die Augenzahl beim Würfeln mit einem Spielwürfel ist gleich 1«.
Das Ereignis B sei: »Die Augenzahl beim Würfeln mit einem Spielwürfel ist ungerade«.
Es gilt: A zieht B nach sich, in Zeichen $A \subseteq B$.
Veranschaulichung in Bild 9/2

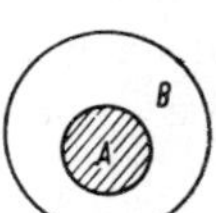

Bild 9/2

Ferner gilt:

Wenn A stets B nach sich zieht und B stets C nach sich zieht, so zieht A stets das Ereignis C nach sich.
In Zeichen: Wenn $A \subseteq B$ und $B \subseteq C$, so $A \subseteq C$.

(2) **Gleichheit zweier zufälliger Ereignisse**

Zwei zufällige Ereignisse heißen **gleich**, wenn das Ereignis A das Ereignis B und umgekehrt das Ereignis B das Ereignis A nach sich zieht. In Zeichen: $A = B$.

Zwei zufällige Ereignisse sind genau dann gleich, wenn bei jeder Wiederholung des zufälligen Versuchs entweder beide Ereignisse eintreten oder beide Ereignisse nicht eintreten. Sind zwei zufällige Ereignisse nicht gleich, so schreibt man $A \neq B$.

9.1.3. Operationen mit zufälligen Ereignissen

(1) Summe von Ereignissen

Wenn A, B zufällige Ereignisse sind, so heißt das Ereignis, das dann eintritt, wenn **mindestens** eines der Ereignisse A, B eintritt, die **Summe** von A, B. Sie wird mit $A \cup B$ bezeichnet und »Summe von A und B« gelesen.

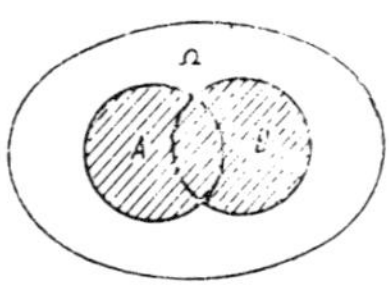

Der Summe der Ereignisse A, B entspricht die Vereinigung der die Ereignisse A, B darstellenden Mengen.
Veranschaulichung in Bild 9/3

Bild 9/3

BEISPIEL 9/4

A: Beim Würfeln erscheint eine gerade Zahl, die größer als oder gleich 4 ist.
B: Es erscheint eine ungerade Zahl.
$A \cup B$: Beim Würfeln erscheint eine von 2 verschiedene Zahl.
Mengendarstellung: $A = \{4, 6\}$, $B = \{1, 3, 5\}$. Dann ist $A \cup B = \{1, 3, 4, 5, 6\}$.

Gesetze für die Summe von zufälligen Ereignissen

Kommutativgesetz: $A \cup B = B \cup A$

Assoziativgesetz: $A \cup (B \cup C) = (A \cup B) \cup C$

Das Assoziativgesetz gilt für die Summe von n zufälligen Ereignissen:

$$A_1 \cup A_2 \cup \ldots \cup A_n = \bigcup_{i=1}^{n} A_i.$$

Das Ereignis $\bigcup_{i=1}^{n} A_i$ tritt dann und nur dann ein, wenn wenigstens eines der Ereignisse $A_1, A_2, \ldots, A_n$ eintritt.

(2) Produkt von Ereignissen

Wenn A, B zufällige Ereignisse sind, so heißt das Ereignis, das dann eintritt, wenn sowohl A als auch B eintritt, das **Produkt** von A, B. Es wird mit $A \cap B$ bezeichnet und »Produkt von A und B« gelesen.

Dem Produkt der Ereignisse A, B entspricht der Durchschnitt der die Ereignisse A, B darstellenden Mengen.
Veranschaulichung in Bild 9/4

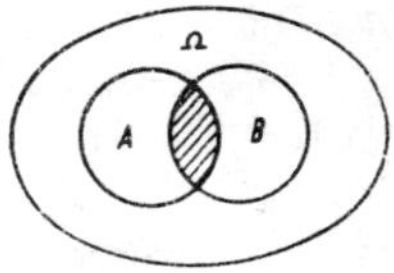

Bild 9/4

BEISPIEL 9/5

A: Beim Würfeln erscheint eine ungerade Zahl.
B: Es erscheint eine Zahl, die größer als 3 ist.
$A \cap B$: Beim Würfeln erscheint die Zahl 5.
Mengendarstellung: $A = \{1, 3, 5\}, B = \{4, 5, 6\}$. Dann ist $A \cap B = \{5\}$.

Gesetze für das Produkt von zufälligen Ereignissen
Kommutativgesetz: $A \cap B = B \cap A$
Assoziativgesetz: $A \cap (B \cap C) = (A \cap B) \cap C$
Das Assoziativgesetz gilt für das Produkt von n zufälligen Ereignissen:

$$A_1 \cap A_2 \cap \ldots \cap A_n = \bigcap_{i=1}^{n} A_i .$$

Das Ereignis $\bigcap_{i=1}^{n} A_i$ tritt dann und nur dann ein, wenn jedes der Ereignisse $A_1, A_2, \ldots, A_n$ eintritt.

(3) **Unvereinbare Ereignisse**

Zwei zufällige Ereignisse A, B heißen **unvereinbar**, wenn das Eintreten des einen Ereignisses das Eintreten des anderen Ereignisses ausschließt. In Zeichen: $A \cap B = \emptyset$, d. h., es ist nicht möglich, daß beide zufälligen Ereignisse gemeinsam eintreten.

Den unvereinbaren zufälligen Ereignissen A, B entsprechen die disjunkten Mengen, die die Ereignisse A, B darstellen. Veranschaulichung in Bild 9/5

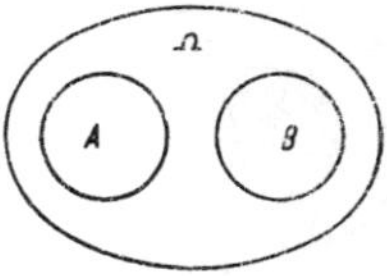

Bild 9/5

BEISPIEL 9/6

Beim Werfen einer Münze sind »Zahl« und »Wappen« unvereinbare Ereignisse. Wenn $A = \{z\}$, $B = \{w\}$ ist, so ist $A \cap B = \emptyset$.

(4) Werden die zufälligen Ereignisse $A_1, A_2, \ldots, A_n$ zu einer Menge zusammengefaßt und gelten

$$A_i \cap A_j = \emptyset \quad (\text{für } i \neq j)$$

und

$$A_1 \cup A_2 \cup \ldots \cup A_n = \Omega ,$$

so heißt die Menge ein **vollständiges System von Ereignissen.**

BEISPIEL 9/7

Beim Werfen eines Spielwürfels können nur die zufälligen Ereignisse $A_1 = \{1\}$, $A_2 = \{2\}$, $A_3 = \{3\}$, $A_4 = \{4\}$, $A_5 = \{5\}$, $A_6 = \{6\}$ eintreten. Es gelten $A_i \cap A_j = \emptyset$ für $i \neq j$ und $A_1 \cup A_2 \cup \ldots \cup A_6 = \Omega$. Also ist $\{1, 2, 3, 4, 5, 6\}$ ein vollständiges System von Ereignissen.

(5) Ist A ein zufälliges Ereignis, so heißt das Ereignis, das dann eintritt, wenn A nicht eintritt, das zu A **entgegengesetzte (komplementäre) Ereignis** und wird mit $\bar{A}$ bezeichnet.

Dem entgegengesetzten Ereignis $\bar{A}$ entspricht die Komplementärmenge der das Ereignis A darstellenden Menge.
Es gelten

$$A \cup \bar{A} = \Omega \quad \text{und} \quad A \cap \bar{A} = \emptyset .$$

Ferner gelten folgende Beziehungen:

$$\overline{A \cap B} = \bar{A} \cup \bar{B}, \qquad \overline{A \cup B} = \bar{A} \cap \bar{B}$$

Wenn $A \subset B$ ist, so gilt $\bar{B} \subset \bar{A}$.

BEISPIEL 9/8

»Wappen« und »Zahl« sind beim Werfen einer Münze zueinander entgegengesetzte Ereignisse, $A = \{w\}$, $\bar{A} = \{z\}$. Eines der beiden Ereignisse muß eintreten ($A \cup \bar{A} = \Omega$), es ist aber nicht möglich, daß beide Ereignisse gleichzeitig eintreten ($A \cap \bar{A} = \emptyset$).

(6) **Differenz von Ereignissen**

Wenn A, B zufällige Ereignisse sind, so heißt das Ereignis, das dann eintritt, wenn das Ereignis A, aber nicht das Ereignis B eintritt, die **Differenz** von A, B und wird mit $A \setminus B$ bezeichnet (gelesen: Differenz von A und B).

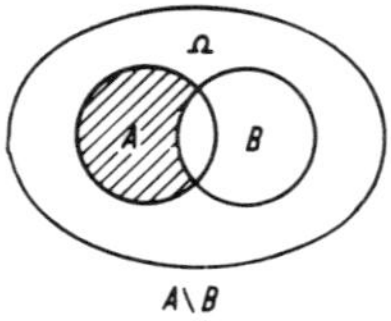

Bild 9/6

Der Differenz der Ereignisse A und B entspricht die Differenz der die Ereignisse A, B darstellenden Mengen.
Veranschaulichung in Bild 9/6

A: Beim Würfeln erscheint eine ungerade Zahl.
B: Es erscheint die Zahl »1«.
$A \setminus B$: Beim Würfeln erscheint entweder »3« oder »5«.

Mengendarstellung: $A = \{1, 3, 5\}$, $B = \{1\}$. Dann ist $A \setminus B = \{3, 5\}$.

9.1.4. Das Ereignisfeld

Eine Menge von zufälligen Ereignissen heißt ein **Ereignisfeld**, wenn sie die folgenden Eigenschaften besitzt:

1. Das sichere Ereignis ist Element des Ereignisfeldes.

2. Wenn das zufällige Ereignis A Element des Ereignisfeldes ist, so gehört auch das entgegengesetzte Ereignis $\bar{A}$ zu dem Ereignisfeld.
3. Wenn A, B Elemente des Ereignisfeldes sind, so ist auch die Summe von A und B Element dieses Ereignisfeldes.

Ein Ereignisfeld ist eine Menge 2. Stufe.
Aus diesen Eigenschaften folgt:

4. Das unmögliche Ereignis $\emptyset$ ist Element des Ereignisfeldes.
5. Das Produkt und die Differenz zweier zufälliger Ereignisse A, B sind Elemente des Ereignisfeldes, wenn A und B Elemente dieses Ereignisfeldes sind.

Ein Ereignis $A \neq \emptyset$ heißt **Elementarereignis** (oder **atomares Ereignis**), wenn A Element eines Ereignisfeldes ist und wenn es kein Ereignis B dieses Ereignisfeldes (mit $B \neq A$ und $B \neq \emptyset$) gibt, das A nach sich zieht.
Ist A kein Elementarereignis, so ist es ein **zusammengesetztes Ereignis.**

9.2. Wahrscheinlichkeitsbegriff

9.2.1. Relative Häufigkeit

Bei einem zufälligen Versuch sei A ein zufälliges Ereignis. Wird dieser Versuch n-mal wiederholt und ist dabei das Ereignis m-mal eingetreten, so nennt man m die **absolute Häufigkeit** und den Quotienten $\frac{m}{n}$ die **relative Häufigkeit** des Ereignisses A in n Versuchen. Die absolute Häufigkeit wird mit $H_n(A)$, die relative Häufigkeit mit $h_n(A)$ bezeichnet.

Absolute und relative Häufigkeit hängen vom Zufall ab, sie können bei einer Versuchsreihe nicht mit Sicherheit vorausgesagt werden. Man nennt sie (diskrete) **Zufallsgrößen.**

BEISPIEL 9/9

Das zufällige Ereignis A sei das einmalige Würfeln einer »3« mit einem Spielwürfel. Bei einer Versuchsreihe von $n = 360$ ist die »3« $m = 62$mal eingetreten. Die absolute Häufigkeit ist $H_{360}(A) = 62$, die relative Häufigkeit ist $h_{360}(A) = \frac{62}{360} = 0{,}1722$.

Bei sehr langen Versuchsreihen stabilisiert sich die relative Häufigkeit, d. h., die relativen Häufigkeiten schwanken nur wenig um einen (unbekannten) Wert. Je größer die Anzahl n der Versuche ist, desto mehr nähert sich die relative Häufigkeit von A der »Wahrscheinlichkeit des zufälligen Ereignisses A«. Man bezeichnet die **Wahrscheinlichkeit des zufälligen Ereignisses** A mit $P(A)$.

Diese Überlegung basiert auf dem **Gesetz der großen Zahlen.** Zufällige Ereignisse, deren Eintreten oder Nichteintreten sehr oft beobachtet worden ist, wiederholen sich auch weiterhin in gleichem Verhältnis. Deshalb wird die relative Häufigkeit von A als die Wahrscheinlichkeit von A angesehen, wenn zur Berechnung der relativen Häufigkeit hinreichend viele Versuche zugrunde liegen.

9.2.2. Klassische Definition der Wahrscheinlichkeit

Einem zufälligen Versuch sei ein Ereignisfeld zugeordnet.
Wenn dieses Ereignisfeld folgende Eigenschaften erfüllt:

1. Endlich viele Elementarereignisse $A_1, A_2, \ldots, A_n$ bilden ein vollständiges System von Ereignissen, d. h., es gelten

$$A_1 \cup A_2 \cup \ldots \cup A_n = \Omega \quad \text{und} \quad A_i \cap A_j = \emptyset \quad \text{für } i \neq j.$$

2. Die zufälligen Ereignisse $A_1, A_2, \ldots, A_n$ sind gleichmöglich,

dann heißt dieses Ereignisfeld **Laplacesches Ereignisfeld.**

Wenn ein zufälliger Versuch endlich viele gleichmögliche Ausgänge hat, so gilt für die **Wahrscheinlichkeit** $P(A)$ des Ereignisses A

$$P(A) = \frac{g(A)}{n},$$

wobei $g(A)$ die Anzahl der günstigen Ausgänge (bei denen das Ereignis A eintritt) und n die Gesamtanzahl aller möglichen Versuchsausgänge ist.

Man beachte, daß der Gleichmöglichkeit der Versuchsausgänge A_i die Gleichwahrscheinlichkeit der Elementarereignisse A_i entspricht.

Mit Hilfe dieser **klassischen Definition der Wahrscheinlichkeit** können Wahrscheinlichkeiten berechnet werden.
Für die Wahrscheinlichkeiten der gleichmöglichen Elementarereignisse $A_1, A_2, \ldots, A_n$ gilt

$$P(A_1) = P(A_2) = \ldots = P(A_n) = \frac{1}{n}.$$

BEISPIEL 9/10

a) Beim einmaligen Würfeln mit einem Spielwürfel ist die Wahrscheinlichkeit für die Ereignisse

A: »1 gewürfelt«: $P(A) = \frac{1}{6}$

B: »1 oder 6 gewürfelt«: $P(B) = \frac{2}{6} = \frac{1}{3}$

C: »Eine ungerade Zahl gewürfelt«: $P(C) = \frac{3}{6} = \frac{1}{2}$

D: »Weder 3 noch 4 gewürfelt«: $P(D) = \frac{4}{6} = \frac{2}{3}$

E: »Keine 6 gewürfelt«: $P(E) = \frac{5}{6}$

b) In einem Kästchen liegen 3 weiße, 5 rote und 6 blaue Kugeln. Wie groß ist die Wahrscheinlichkeit, beim einmaligen Ziehen
- eine rote Kugel (zufälliges Ereignis A),
- eine weiße oder eine blaue Kugel (zufälliges Ereignis B)

zu erfassen?

$$P(A) = \frac{5}{14} = 0{,}3571\,, \qquad P(B) = \frac{9}{14} = 0{,}6428$$

c) Wie groß ist die Wahrscheinlichkeit, im Lotto (5 aus 35) einen »Fünfer« (5 richtig getippte Zahlen) zu erzielen? Es bestehen $n = \binom{35}{5} = 324632$ Tipmöglichkeiten (vgl. 3.1.7.3.). Die Anzahl der günstigen Ausgänge ist $g(A) = 1$. Also ist die Wahrscheinlichkeit $P(A) = \frac{g(A)}{n} = \frac{1}{324632} = 0{,}000003$.

Eigenschaften der klassischen Wahrscheinlichkeit

1. Für alle zufälligen Ereignisse aus einem LAPLACEschen Ereignisfeld ist die Wahrscheinlichkeit eines Ereignisses eine reelle Zahl, die zwischen 0 und 1 liegt.
   $0 \leqq P(A) \leqq 1$
2. Die Wahrscheinlichkeit des sicheren Ereignisses Ω ist gleich 1.
   $P(\Omega) = 1$
3. Die Wahrscheinlichkeit des unmöglichen Ereignisses $\emptyset$ ist gleich 0.
   $P(\emptyset) = 0.$

Rechenregeln für die klassische Wahrscheinlichkeit

Die zufälligen Ereignisse A, B, A_i seien Elemente eines LAPLACEschen Ereignisfeldes.

1. Für die Wahrscheinlichkeit des zu einem Ereignis A entgegengesetzten Ereignisses $\bar{A}$ gilt: $P(\bar{A}) = 1 - P(A)$.
2. Die Wahrscheinlichkeit für das Eintreten mindestens eines von zwei **unvereinbaren** Ereignissen A, B (also entweder A oder B) ist gleich der Summe der Wahrscheinlichkeiten von A und B (Additionsgesetz).

   $$P(A \cup B) = P(A) + P(B) \quad \text{für} \quad A \cap B = \emptyset$$

   Erweiterung des Additionsgesetzes auf n paarweise unvereinbare zufällige Ereignisse $A_1, A_2, \ldots, A_n$:

   $$P(A_1 \cup A_2 \cup \ldots \cup A_n) = P(A_1) + P(A_2) + \ldots + P(A_n)$$

bzw.

$$P\left(\bigcup_{i=1}^{n} A_i\right) = \sum_{i=1}^{n} P(A_i).$$

3. Die Wahrscheinlichkeit für das Eintreten mindestens eines von zwei beliebigen **(einander nicht ausschließenden)** zufälligen Ereignissen A, B ist

$$P(A \cup B) = P(A) + P(B) - P(A \cap B).$$

4. Wenn das Ereignis A das Ereignis B nach sich zieht, so gilt

$$P(A) \leqq P(B).$$

BEISPIEL 9/11

Wie groß ist die Wahrscheinlichkeit für das Auftreten
a) genau einer Acht, b) mindestens einer Acht
unter zwei aus einem Skatspiel gezogenen Karten?
Die Anzahl n der möglichen Versuchsausgänge ist $n = \binom{32}{2} = 496$.

a) Eine Acht wird auf $C_4^{(1)}$ Arten ausgewählt. Die zweite Karte, die keine Acht sein darf, auf $C_{28}^{(1)}$ Arten.
Die Anzahl der günstigen Versuchsausgänge ist

$$g(A) = C_4^{(1)} \cdot C_{28}^{(1)} = 4 \cdot 28 = 112.$$

Damit ist $P(A) = \dfrac{g(A)}{n} = \dfrac{112}{496} = 0{,}2258$

b) Das Ereignis B »mindestens eine Acht« ist das entgegengesetzte Ereignis zu B, nämlich $\overline{B}$ »keine Acht«.

$$P(B) = 1 - P(\overline{B}) = 1 - \frac{C_4^{(0)} \cdot C_{28}^{(2)}}{C_{32}^{(2)}} = 1 - \frac{\binom{4}{0} \cdot \binom{28}{2}}{\binom{32}{2}}$$

$$= 1 - \frac{378}{496} = 1 - 0{,}7621 = 0{,}2379$$

9.2.3. Axiomatischer Aufbau der Wahrscheinlichkeitsrechnung

Da der klassische Wahrscheinlichkeitsbegriff nur auf Ereignisse aus LAPLACEschen Ereignisfeldern (charakterisiert durch endlich viele gleichmögliche Ereignisse) anwendbar ist, bedeutet das bei vielen praxisbezogenen Versuchen (z. B. Lebensdauer von Glühlampen, Wartezeiten bei Vermittlung von Telefongesprächen, Ausfall von Maschinen, Auftreten bestimmter Krankheiten), die unendlich viele verschiedene Versuchsausgänge haben können, eine große Einschränkung. In dem Bestreben, der Wahrscheinlichkeitsrechnung eine exakte mathematische Begründung zu geben, hat der sowjetische Mathematiker A. N. KOLMOGOROW 1933 die Wahrscheinlichkeitsrechnung axiomatisch aufgebaut (↗ 1.6.2. Zur axiomatischen Methode).

Ω sei die Menge der Elementarereignisse $A_1, A_2, \ldots$ (die einander ausschließenden möglichen Ausgänge eines zufälligen Versuchs), die Elemente eines Ereignisfeldes F sind. Dann gehören auch zum Ereignisfeld das sichere Ereignis Ω, das unmögliche Ereignis $\emptyset$, das zu A entgegengesetzte Ereignis $\bar{A}$, die Summe, das Produkt und die Differenz zweier Ereignisse.
Auf dem Ereignisfeld F wird eine Wahrscheinlichkeit P definiert, wobei P eine Funktion ist, die die in den folgenden Axiomen angegebenen Eigenschaften hat. Diese Axiome bilden das **Axiomensystem:**

1. Jedem zufälligen Ereignis $A \in F$ ist eine Zahl $P(A)$ mit $0 \leqq P(A) \leqq 1$ eindeutig zugeordnet. Diese Zahl heißt die **Wahrscheinlichkeit von** A.
2. Die Wahrscheinlichkeit des sicheren Ereignisses Ω ist 1.
3. Additionsaxiom: Wenn $A_1, A_2 \in F$ zwei unvereinbare zufällige Ereignisse sind (d. h., $A_1 \cap A_2 = \emptyset$), so ist die Wahrscheinlichkeit für das Eintreten eines dieser Ereignisse gleich der Summe ihrer Wahrscheinlichkeiten.

   $$P(A_1 \cup A_2) = P(A_1) + P(A_2).$$

   Erweiterung des Additionsaxioms auf abzählbar-unendlich viele paarweise unvereinbare Ereignisse $A_1, A_2, \ldots$ durch

   $$P(A_1 \cup A_2 \cup \ldots \cup A_n \cup \ldots)$$
   $$= P(A_1) + P(A_2) + \ldots + P(A_n) + \ldots$$

Ist F ein Ereignisfeld und P eine Wahrscheinlichkeit auf F, so heißt das Paar $(F; P)$ ein **Wahrscheinlichkeitsfeld.**

Aus dem Axiomensystem können folgende **Aussagen für das Rechnen mit Wahrscheinlichkeiten** abgeleitet werden:

Sätze

1. Wenn A ein unmögliches Ereignis ist, so ist $P(A) = 0$, d. h.,

   $$P(\emptyset) = 0.$$

   Die Umkehrung dieses Satzes gilt nicht.
2. Für jedes zufällige Ereignis $A \in F$ gilt $P(\bar{A}) = 1 - P(A)$.
3. Für beliebige (einander nicht ausschließende) Ereignisse $A, B \in F$ gilt $P(A \cup B) = P(A) + P(B) - P(A \cap B)$.
4. Wenn das Ereignis A das Ereignis B nach sich zieht $(A \subseteq B)$, dann gilt $P(A) \leqq P(B)$.
5. Ist die Menge $\{A_1, A_2, \ldots, A_n, \ldots\}$ ein vollständiges System von zufälligen Ereignissen, so gilt $\sum_{i=1}^{\infty} P(A_i) = 1$.

Es wird folgende Redeweise festgelegt:

Wenn $P(A) = 1$ bzw. $P(A) = 0$ gilt, so wird das zufällige Ereignis $A \in F$ ein **fast sicheres Ereignis** bzw. ein **fast unmögliches Ereignis** genannt.
Der klassische Wahrscheinlichkeitsbegriff ist als **Spezialfall** im allgemeinen Wahrscheinlichkeitsbegriff enthalten, und es gelten für endlich viele gleichmögliche Elementarereignisse die bekannten Gesetze
$P(A_i) = \frac{1}{n}$ $(i = 1, \ldots, n)$ und $P(A) = \frac{g(A)}{n}$ (↗ 9.2.2.).

BEISPIEL 9/12

Bei der Überprüfung der Brenndauer von Glühlampen wurde festgestellt, daß unter je 1000 Stück beliebig ausgewählter Glühlampen 3 Stück 40-Watt-Lampen, 2 Stück 60-Watt-Lampen, 2 Stück 100-Watt-Lampen die vorgeschriebene Brenndauer nicht erreichten. Wie groß ist die Wahrscheinlichkeit, daß sich unter 3 Glühlampen (je eine 40-Watt-Lampe, 60-Watt-Lampe, 100-Watt-Lampe) eine Glühlampe befindet, die die vorgeschriebene Brenndauer nicht besitzt?
Ereignis A sei: »40-Watt-Lampe hat die vorgeschriebene Brenndauer nicht erreicht«. Entsprechend werden die Ereignisse B und C formuliert. A, B, C sind unvereinbare Ereignisse. Deshalb gilt
$P(A \cup B \cup C) = P(A) + P(B) + P(C) = 0{,}003 + 0{,}002 + 0{,}002$
$= 0{,}007$.

9.3. Bedingte Wahrscheinlichkeit und Unabhängigkeit zufälliger Ereignisse

9.3.1. Zum Begriff »bedingte Wahrscheinlichkeit«

Unter der **bedingten Wahrscheinlichkeit** versteht man die Wahrscheinlichkeit eines Ereignisses A unter der Bedingung, daß ein anderes Ereignis B mit $P(B) \neq 0$ bereits eingetreten ist. Sie wird mit $P(A|B)$ bezeichnet und »Wahrscheinlichkeit von A unter der Bedingung B« gelesen.
Ist F ein LAPLACEsches Ereignisfeld, so wird die bedingte Wahrscheinlichkeit durch

$$P(A|B) = \frac{P(A \cap B)}{P(B)} \quad \text{bzw.} \quad P(B|A) = \frac{P(A \cap B)}{P(A)}$$

berechnet, wobei zwischen $P(A|B)$ und $P(B|A)$ zu unterscheiden ist.

Beim axiomatischen Aufbau der Wahrscheinlichkeitsrechnung wird die Beziehung

$$P(A|B) = \frac{P(A \cap B)}{P(B)}$$

zur Definition der bedingten Wahrscheinlichkeit benutzt:

Wenn F ein Ereignisfeld, P eine auf F definierte Funktion, die dem Axiomensystem der Wahrscheinlichkeitsrechnung genügt, sowie $A, B \in F$ [mit $P(B) > 0$] sind, so heißt

$$P(A \mid B) = \frac{P(A \cap B)}{P(B)}$$

die bedingte Wahrscheinlichkeit des Ereignisses A bezüglich des Ereignisses B.

BEISPIEL 9/13

Beim Würfeln mit zwei Spielwürfeln seien
das Ereignis A: »Augensumme mindestens 9«,
das Ereignis B: »Augensumme ungerade«.
Unter der Bedingung B (Augensumme ungerade) kann das Ereignis A (Augensumme mindestens 9) bei folgenden Zusammenstellungen eintreten: $3 + 6$, $4 + 5$, $5 + 4$, $5 + 6$, $6 + 3$, $6 + 5$.
Ferner ist $g(A) = 10$, $g(B) = 18$, $g(A \cap B) = 6$.

Daraus erhält man

$$P(A) = \frac{10}{36} = \frac{5}{18}, \quad P(B) = \frac{18}{36} = \frac{1}{2},$$

$$P(A \cap B) = \frac{6}{36} = \frac{1}{6},$$

und die bedingte Wahrscheinlichkeit des Ereignisses A unter der Bedingung B ist

$$P(A|B) = \frac{P(A \cap B)}{P(B)} = \frac{1}{6} : \frac{1}{2} = \frac{1}{3};$$

die bedingte Wahrscheinlichkeit des Ereignisses B unter der Bedingung A ist

$$P(B|A) = \frac{P(A \cap B)}{P(A)} = \frac{1}{6} : \frac{5}{18} = \frac{3}{5}.$$

Eigenschaften für bedingte Wahrscheinlichkeiten

1. Für alle $A \in F$ gilt $0 \leqq P(A|B) \leqq 1$
2. $P(\Omega \mid B) = 1$
3. Wenn A_1, A_2 unvereinbare Ereignisse (d. h., A_1, $A_2 \in F$ und $A_1 \cap A_2 = \emptyset$) sind, so ist
   $P(A_1 \cup A_1|B) = P(A_1|B) + P(A_2|B)$
4. $P(\emptyset|B) = 0$
5. $P(\bar{A}|B) = 1 - P(A|B)$
6. $P(A_1 \cup A_2|B) = P(A_1|B) + P(A_2|B) - P(A_1 \cap A_2|B)$

9.3.2. Multiplikationsregel für Wahrscheinlichkeiten

Aus der Definitionsgleichung der bedingten Wahrscheinlichkeit

$$P(A|B) = \frac{P(A \cap B)}{P(B)} \quad [\text{mit } P(B) > 0]$$

bzw.

$$P(B|A) = \frac{P(A \cap B)}{P(A)} \quad [\text{mit } P(A) > 0]$$

erhält man durch Umformung

$$P(A \cap B) = P(A|B) \cdot P(B)$$

bzw.

$$P(A \cap B) = P(B|A) \cdot P(A)$$

Die Wahrscheinlichkeit des Produkts der Ereignisse A, B (d. h. die Wahrscheinlichkeit dafür, daß sowohl das Ereignis A als auch das Ereignis B eintritt) ist gleich dem Produkt aus bedingter Wahrscheinlichkeit $P(A|B)$ bzw. $P(B|A)$ und der Wahrscheinlichkeit $P(B)$ bzw. $P(A)$. **Multiplikationsregel für Wahrscheinlichkeiten**

BEISPIEL 9/14

In einem Kästchen befinden sich 7 rote und 10 blaue Kugeln. Nacheinander wird je eine Kugel »blindlings« entnommen. Die erste Kugel darf aber nicht zurückgelegt werden.
Wie groß ist die Wahrscheinlichkeit dafür, daß die beiden entnommenen Kugeln von roter Farbe sind?
Ereignis A: »Die zuerst gezogene Kugel ist rot«.
Ereignis B: »Die an zweiter Stelle gezogene Kugel ist rot«.
Es ist die Wahrscheinlichkeit des Produkts der Ereignisse A, B [also $P(A \cap B)$], d. h. die Wahrscheinlichkeit dafür, daß sowohl das Ereignis A als auch das Ereignis B eintritt, zu berechnen. Es ist $P(A) = \frac{7}{17}$, $P(B|A) = \frac{6}{16} = \frac{3}{8}$, und damit erhält man $P(A \cap B) = P(B|A) \cdot P(A)$ $= \frac{3}{8} \cdot \frac{7}{17} = \frac{21}{136} \approx 0{,}15$.

Für das **Produkt von drei zufälligen Ereignissen** A, B, C gilt

$$P(A \cap B \cap C) = P(C \mid B \cap A) \cdot P(B \cap A),$$

und unter Nutzung der Multiplikationsregel

$$P(B \cap A) = P(B \mid A) \cdot P(A)$$

erhält man

$$P(A \cap B \cap C) = P(C \mid B \cap A) \cdot P(B \mid A) \cdot P(A),$$

wobei die Wahrscheinlichkeiten der als Bedingung genannten Ereignisse positiv sein müssen.

BEISPIEL 9/15

In einer Schachtel befinden sich 20 Stück 6-A-Sicherungen, unter denen sich 4 defekte befinden. Es sollen 3 Sicherungen nacheinander entnommen werden, ohne daß eine Sicherung wieder in die Schachtel zurückgelegt wird.
Wie groß ist die Wahrscheinlichkeit dafür, daß alle drei Sicherungen defekt sind?
Ereignis A: »Die zuerst entnommene Sicherung ist defekt«.
Ereignis B: »Die an zweiter Stelle entnommene Sicherung ist defekt«.
Ereignis C: »Die zuletzt entnommene Sicherung ist defekt«.
Die Wahrscheinlichkeit des Produkts der Ereignisse A, B, C ist

$$P(A \cap B \cap C) = P(C \mid B \cap A) \cdot P(B \mid A) \cdot P(A).$$

Man erhält

$$P(A) = \frac{4}{20} = \frac{1}{5}, \quad P(B \mid A) = \frac{3}{19},$$

$$P(C|B \cap A) = \frac{2}{18} = \frac{1}{9},$$

und daraus

$$P(A \cap B \cap C) = \frac{1}{5} \cdot \frac{3}{19} \cdot \frac{1}{9} = \frac{1}{285} = 0{,}0035 \approx 0{,}004.$$

Berechnung der Wahrscheinlichkeit eines Produkts von n zufälligen Ereignissen $A_1, A_2, \ldots, A_n$

$P(A_1 \cap A_2 \cap \ldots \cap A_n) = P(A_n | A_1 \cap \ldots \cap A_{n-1}) \cdot \ldots \cdot P(A_2 | A_1) \cdot P(A_1)$, wobei die Wahrscheinlichkeiten der als Bedingung genannten Ereignisse positiv sein müssen.

9.3.3. Unabhängigkeit zufälliger Ereignisse

Sind zwei Ereignisse A, B mit den Wahrscheinlichkeiten $P(A)$ bzw. $P(B)$ gegeben und beeinflußt das Eintreten des Ereignisses A nicht die Wahrscheinlichkeit des Ereignisses B, so heißt das Ereignis B **unabhängig** von A. Es gilt $P(B|A) = P(B)$.

Beim axiomatischen Aufbau der Wahrscheinlichkeitsrechnung wird die Beziehung $P(B|A) = P(B)$ zur Definition der Unabhängigkeit des zufälligen Ereignisses B vom zufälligen Ereignis A genutzt: Das zufällige Ereignis B heißt unabhängig vom zufälligen Ereignis A, wenn $P(B|A) = P(B)$ gilt.
Die Unabhängigkeit von Ereignissen ist wechselseitig: Wenn das Ereignis B unabhängig vom Ereignis A ist, so ist auch das Ereignis A unabhängig vom Ereignis B.

Multiplikationsregel für unabhängige Ereignisse

Die Wahrscheinlichkeit des Produkts der **unabhängigen** Ereignisse A, B (d. h. die Wahrscheinlichkeit dafür, daß sowohl das unabhängige Ereignis A als auch das unabhängige Ereignis B eintritt) ist gleich dem Produkt der Wahrscheinlichkeiten der beiden Ereignisse: $P(A \cap B) = P(A) \cdot P(B)$.

BEISPIEL 9/16

Zwei in einer Schicht unabhängig voneinander automatisch arbeitende Maschinen M_1, M_2 können durch technische Störungen an jeder der Maschinen unabhängig voneinander ausfallen. (Das Abschalten der Spannung für beide Maschinen sei ausgeschlossen.)
Das Ereignis A sei: »M_1 ist ausgefallen«, das Ereignis B sei: »M_2 ist ausgefallen«.
Die Wahrscheinlichkeit für das Ausfallen der Maschine M_1 (in einer Schicht) sei $P(A) = 12\%$, für die Maschine M_2 sei $P(B) = 7\%$. Wie groß ist die Wahrscheinlichkeit dafür, daß in einer Schicht beide Maschinen ausfallen?
Da die Ereignisse A, B unabhängig voneinander sind, gilt

$$P(A \cap B) = P(A) \cdot P(B) = 0{,}12 \cdot 0{,}07 = 0{,}0084 \approx 0{,}01.$$

Die Wahrscheinlichkeit dafür, daß in einer Schicht beide Maschinen ausfallen, beträgt 1%.

Hinweis auf den Unterschied zwischen den Begriffen »unvereinbare Ereignisse« und »unabhängige Ereignisse«:

Für die **Unvereinbarkeit** zweier Ereignisse A, B gilt:	Für die **Unabhängigkeit** zweier Ereignisse A, B gilt:
$A \cap B = \emptyset$; daraus folgt $P(A \cap B) = 0$.	$P(A \cap B) = P(A) \cdot P(B)$.

Zwei unvereinbare Ereignisse A, B mit $P(A) > 0, P(B) > 0$ sind nicht voneinander unabhängig.
Sind die Ereignisse A, B voneinander unabhängig, so sind auch die Ereignisse $\bar{A}$, B; A, $\bar{B}$; $\bar{A}$, $\bar{B}$ voneinander unabhängig.

Erweiterung der Multiplikationsregel für n voneinander unabhängige Ereignisse:

$$P(A_1 \cap A_2 \cap \ldots \cap A_n) = P(A_1) \cdot P(A_2) \cdot \ldots \cdot P(A_n).$$

9.3.4. Spezieller Additionssatz

Wird der Additionssatz (↗ 9.2.3., Satz 3) auf 3 einander nicht ausschließende (also verträgliche) Ereignisse erweitert, so erhält man für die Wahrscheinlichkeit, daß mindestens eines der Ereignisse A, B, C eintritt:

$$P(A \cup B \cup C) = P(A) + P(B) + P(C) - P(A \cap B) - P(A \cap C) - P(B \cap C) + P(A \cap B \cap C).$$

Da für drei und mehr Ereignisse der Additionssatz sehr kompliziert ist, wird der **spezielle Additionssatz** angewendet, der im folgenden hergeleitet wird.

Sind die Ereignisse $A_1, A_2, \ldots, A_n$ unabhängig voneinander (d. h., sie schließen einander nicht aus), dann ist die Wahrscheinlichkeit dafür, daß mindestens eines der Ereignisse A_i mit $i = 1, \ldots, n$ eintritt,

$$P(A) = 1 - [(1 - P(A_1)) \cdot \ldots \cdot (1 - P(A_n))].$$

Denn

$$\begin{aligned} P(A) &= P(A_1 \cup A_2 \cup \ldots \cup A_n) \\ &= 1 - P(\overline{A_1 \cup A_2 \cup \ldots \cup A_n}) \\ &= 1 - P(\bar{A}_1 \cap \bar{A}_2 \cap \ldots \cap \bar{A}_n) \\ &= 1 - P(\bar{A}_1) \cdot P(\bar{A}_2) \cdot \ldots \cdot P(\bar{A}_n) \\ P(A) &= 1 - [(1 - P(A_1))(1 - P(A_2)) \ldots (1 - P(A_n))] \end{aligned}$$

BEISPIEL 9/17

Drei automatisch arbeitende Sortiergeräte besitzen unterschiedliche Qualität: Sortiergerät S_1 sortiert mit einer Wahrscheinlichkeit von 94%, Sortiergerät S_2 mit 97%, Sortiergerät S_3 mit 88% alle fehlerhaften Teile aus.
Wie groß ist die Wahrscheinlichkeit, alle fehlerhaften Teile auszuscheiden, wenn alle Teile die hintereinander geschalteten Sortiergeräte durchlaufen?
Ereignis A_i mit $i = 1, 2, 3$: »Sortiergerät S_i hat aussortiert«. Nach dem speziellen Additionssatz erhält man

$$\begin{aligned} P(A) = P(A_1 \cup A_2 \cup A_3) &= 1 - [(1 - 0{,}94) \cdot (1 - 0{,}97) \cdot (1 - 0{,}88)] \\ &= 1 - [0{,}06 \cdot 0{,}03 \cdot 0{,}12] = 1 - 0{,}000216 = 0{,}999784 \approx 1. \end{aligned}$$

Wenn bei einem zufälligen Versuch ein zufälliges Ereignis A mit einer **konstanten Wahrscheinlichkeit** $P(A) > 0$ eintritt und wenn der Versuch n**-mal unabhängig voneinander wiederholt** wird, dann ist die Wahrscheinlichkeit dafür, daß das Ereignis A in diesen n Versuchen mindestens einmal eintritt

$$P_n(A) = 1 - (1 - p)^n \quad \text{mit} \quad p = P(A).$$

BEISPIEL 9/18

6 Widerstände, die unabhängig voneinander ausfallen können, haben in einem vorgegebenen Zeitraum die gleiche Ausfallswahrscheinlichkeit

$P(A_i) = p = 0{,}09$ (mit $i = 1, \ldots, 6$).

Wie groß ist die Wahrscheinlichkeit dafür, daß ein System aus diesen 6 Widerständen bei
a) Reihenschaltung, b) Parallelschaltung ausfällt? (Bild 9/7)
Ereignis A sei: »Das System ist ausgefallen«.
Ereignis A_i mit $i = 1, \ldots, n$ sei: »Der Widerstand R_i ist ausgefallen«.

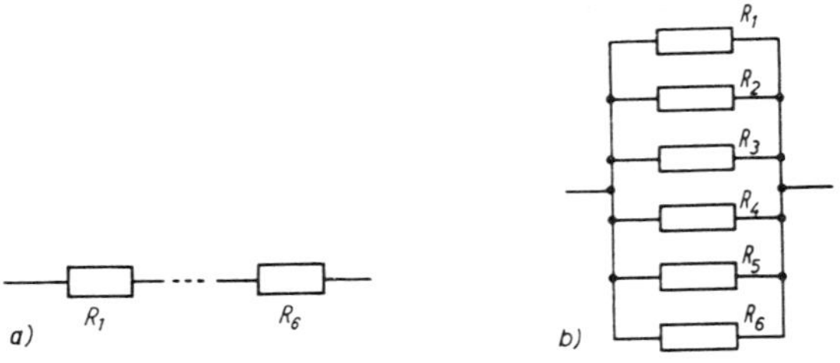

Bild 9/7

a) Bei Reihenschaltung fällt das System aus, wenn mindestens ein Widerstand ausfällt. Es ist also die Wahrscheinlichkeit der Summe von 6 zufälligen Ereignissen zu berechnen:

$$P(A) = P(A_1 \cup A_2 \cup \ldots \cup A_6) = 1 - (1 - p)^6 = 1 - (1 - 0{,}09)^6$$
$$= 1 - 0{,}91^6 = 1 - 0{,}5679 = 0{,}4321.$$

Mit einer Wahrscheinlichkeit von 43 % fällt das System bei Reihenschaltung aus.

b) Bei Parallelschaltung fällt das System aus, wenn sowohl R_1 als auch $R_2, \ldots,$ als auch R_6 ausfällt. Es ist also die Wahrscheinlichkeit des Produkts von 6 zufälligen Ereignissen zu berechnen:

$$P(A) = P(A_1 \cap A_2 \cap \ldots \cap A_6) = P(A_1) \cdot P(A_2) \cdot \ldots \cdot P(A_6).$$

Da $P(A_i) = p$ mit $i = 1, \ldots, 6$ ist, gilt

$$P(A) = p^6 = 0{,}09^6 = 0{,}0000005.$$

Mit einer Wahrscheinlichkeit von 0,00005 % fällt das System bei Parallelschaltung aus, d. h., es fällt praktisch nicht aus.

9.3.5. Totale Wahrscheinlichkeit

Sind die Wahrscheinlichkeiten $P(A_i)$ der zufälligen Ereignisse A_i (eines vollständigen Systems von Ereignissen) und die bedingten Wahrscheinlichkeiten $P(B|A_i)$ eines Ereignisses B bezüglich der Ereignisse A_i $(i = 1, \ldots, n)$ gegeben, so gilt der **Satz über die totale Wahrscheinlichkeit** zur Berechnung der Wahrscheinlichkeit des Ereignisses B:

$$P(B) = P(B|A_1) \cdot P(A_1) + P(B|A_2) \cdot P(A_2) + \ldots + P(B|A_n) \cdot P(A_n)$$

bzw.

$$P(B) = \sum_{i=1}^{n} P(B|A_i) \cdot P(A_i).$$

BEISPIEL 9/19

In einem Materiallager befinden sich 6000 Stück Gehwegplatten. Vom Betrieb B_1 wurden 2500 Stück mit einer Ausschußwahrscheinlichkeit von 3 %, vom Betrieb B_2 wurden 3500 Stück mit einer Ausschußwahrscheinlichkeit-

lichkeit von 4,5 % geliefert. Wie groß ist die Wahrscheinlichkeit, daß beim Abholen von Gehwegplatten ein Ausschußteil erfaßt wird?
Gegeben sind

$$P(B|A_1) = 0{,}03 \qquad P(A_1) = \frac{2500}{6000} = 0{,}4167$$

$$P(B|A_2) = 0{,}045 \qquad P(A_2) = \frac{3500}{6000} = 0{,}5833$$

Gesucht: $P(B)$
Es gilt der Satz über die totale Wahrscheinlichkeit:

$$\begin{aligned} P(B) &= P(B|A_1) \cdot P(A_1) + P(B|A_2) \cdot P(A_2) \\ &= 0{,}03 \cdot 0{,}4167 + 0{,}045 \cdot 0{,}5833 = 0{,}0125 + 0{,}0262 \\ &= 0{,}0387 \approx 0{,}04. \end{aligned}$$

Mit einer Wahrscheinlichkeit von annähernd 4 % wird beim Abholen von Gehwegplatten ein Ausschußteil erfaßt.

9.3.6. Der Satz von Bayes

Sind zwei zufällige Ereignisse A, B mit den positiven Wahrscheinlichkeiten $P(A)$, $P(B)$ gegeben und ist die bedingte Wahrscheinlichkeit $P(B|A)$ von B bezüglich A bekannt, so kann die bedingte Wahrscheinlichkeit $P(A|B)$ von A bezüglich B berechnet werden.

Nach der Multiplikationsregel für Wahrscheinlichkeiten (↗ 9.3.2.) gilt

$$P(A|B) \cdot P(B) = P(B|A) \cdot P(A)$$

bzw.

$$P(A|B) = \frac{P(B|A) \cdot P(A)}{P(B)}$$

Verallgemeinerung dieser Beziehung auf die bedingte Wahrscheinlichkeit von k Ereignissen A_k bezüglich des Ereignisses B: Sind $A_1, \ldots, A_n$ paarweise unvereinbare Ereignisse mit den positiven Wahrscheinlichkeiten $P(A_1), \ldots, P(A_n)$, deren Summe das sichere Ereignis ist, und ist B ein zufälliges Ereignis mit $P(B) > 0$, so gilt für die bedingte Wahrscheinlichkeit $P(A_k \mid B)$ des Ereignisses A_k bezüglich des Ereignisses B:

$$P(A_k \mid B) = \frac{P(B \mid A_k) \cdot P(A_k)}{P(B)} \qquad (k = 1, \ldots, n)$$

Ersetzt man $P(B)$ nach dem Satz über die totale Wahrscheinlichkeit (↗ 9.3.5.) durch $P(B) = \sum_{i=1}^{n} P(B|A_i) \cdot P(A_i)$, so erhält man die **Bayessche Formel:**

$$P(A_k \mid B) = \frac{P(B|A_k) \cdot P(A_k)}{\sum_{i=1}^{n} P(B|A_i) \cdot P(A_i)} \qquad (k = 1, \ldots, n)$$

BEISPIEL 9/20

Drei Betriebe haben Glühlampen an ein Lager geliefert mit folgenden Ausschußquoten

Betrieb	gelieferte Stückzahl	Ausschußquote
1	3500	2,0%
2	2000	2,5%
3	1500	1,5%

Mit welcher Wahrscheinlichkeit stammt eine entnommene defekte Glühlampe aus Betrieb 3?
Berechnung der Wahrscheinlichkeiten:

$$P(B_1) = \frac{3500}{7000} = 0{,}5 \qquad P(A|B_1) = 0{,}02$$

$$P(B_2) = 0{,}29 \qquad P(A|B_2) = 0{,}025$$

$$P(B_3) = 0{,}21 \qquad P(A|B_3) = 0{,}015$$

Dann ist

$$P(B_3 \mid A) = \frac{P(A|B_3) \cdot P(B_3)}{P(A|B_1) \cdot P(B_1) + P(A|B_2) \cdot P(B_2) + P(A|B_3) \cdot P(B_3)}$$

$$= \frac{0{,}015 \cdot 0{,}21}{0{,}02 \cdot 0{,}5 + 0{,}025 \cdot 0{,}29 + 0{,}015 \cdot 0{,}21}$$

$$= \frac{0{,}00315}{0{,}01 + 0{,}00725 + 0{,}00315} = \frac{0{,}00315}{0{,}0204} = 0{,}154.$$

Mit einer Wahrscheinlichkeit von 15% stammt eine entnommene defekte Glühlampe aus dem Betrieb 3.

9.4. Beschreibende Statistik

In der Statistik werden Massenerscheinungen in Gesellschaft, Naturwissenschaften, Technik und Medizin mit Mitteln der Wahrscheinlichkeitsrechnung untersucht.
In der **beschreibenden Statistik** werden Methoden zur Erfassung, übersichtlichen und anschaulichen Darstellung und Wiedergabe empirischen Zahlenmaterials, in der **mathematischen Statistik** Methoden zur weiteren wissenschaftlichen Auswertung dieses Zahlenmaterials entwickelt.
Hier sollen nur Methoden der beschreibenden Statistik dargestellt werden.

9.4.1. Erfassung und Darstellung statistischen Zahlenmaterials

(1) Stichprobe, Grundgesamtheit

Da in der Produktion von massenhaft anfallenden Erzeugnissen nicht jedes einzelne Stück auf seine Funktionstüchtigkeit, auf Maßgerechtheit

und andere Eigenschaften – kurz auf seine Qualität – überprüft werden kann, zumal manches Erzeugnis bei der Prüfung zerstört würde, beschränkt man sich auf eine Stichprobe, die zur Untersuchung herangezogen wird.
Mit Hilfe dieser **Stichprobe** will man aus den Kenntnissen über bestimmte Eigenschaften einer Teilmenge von Objekten, die einer Menge, der **Grundgesamtheit**, entnommen sind, etwas über die entsprechenden Eigenschaften der Grundgesamtheit aussagen, d. h., man will von der Stichprobe (und ihren Eigenschaften) auf die Verteilung der Grundgesamtheit **schließen.**
Eine Eigenschaft eines Objekts äußert sich in einem bestimmten zu untersuchenden **Merkmal**, das dem Zufall unterworfen ist und das quantitativ oder qualitativ erfaßt werden kann. Solchen Merkmalen werden Zufallsgrößen zugeordnet, die mit X, Y, ... bezeichnet werden.
Man versteht unter einer **Stichprobenentnahme vom Umfang** n eine zufällige, unabhängig voneinander vollzogene Auswahl von n Objekten aus der Grundgesamtheit mit anschließender Untersuchung des interessierenden Materials. Als Ergebnis der Stichprobenentnahme erhält man eine Folge von **Merkmalswerten** unter den möglichen **Merkmalsausprägungen**, die zu einem n-Tupel $(x_1, \ldots, x_n)$ zusammengefaßt werden können.
Sind die Merkmalswerte durch Messung entstanden (d. h. quantitativ erfaßbar), dann heißen sie **Meßwerte**; werden bestimmte Meßwerte in einem Intervall zusammengefaßt, nennt man diese dann **Rangwerte**; sind die Merkmalswerte qualitativer Art, so heißen sie **Kategorien.**
Die beobachteten Merkmalswerte $x_1, \ldots, x_n$ werden Realisierungen der Zufallsgröße X genannt.

BEISPIEL 9/21

Die **Untersuchungsobjekte** seien Menschen.
Die Grundgesamtheit: Einwohner eines bestimmten Ortes

Das untersuchte Merkmal X	Körpergröße	Körpergröße	Familienstand
Merkmalsausprägungen	mögliche Meßergebnisse	Klassen: »klein« »mittelgroß« »groß« »sehr groß«	»ledig« »verheiratet« »verwitwet« »geschieden«
Merkmalswerte x_i	Meßwerte	Rangwerte (↗ Bild 9/8)	Kategorien

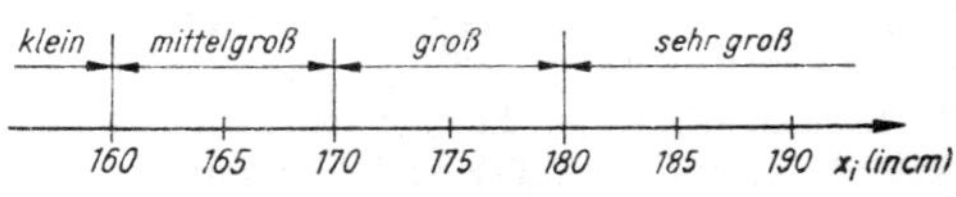

Bild 9/8

(2) Häufigkeitstabellen und graphische Darstellungen von Häufigkeitsverteilungen

Bei einer Stichprobe werden die Merkmalswerte in der Reihenfolge ihrer Erfassung in einer **Urliste** gesammelt. Anschließend werden sie unter Angabe der Häufigkeit ihres Auftretens in einer **Strichliste** bzw. **Häufigkeitstabelle, primäre Verteilungstafel** genannt, geordnet (meist nach der Größe). Eine Häufigkeitstabelle gibt eine **Häufigkeitsverteilung** an, die durch ein **Streckendiagramm** oder ein **Liniendiagramm** veranschaulicht werden kann.

BEISPIEL 9/22

Untersuchung der Körpergröße (in cm) von 30 Schülern einer Altersstufe einer Schule (Stichprobe)

k	x_k	Strichliste	Häufigkeit f_k
1	158	ǀ	1
2	159	ǀ	1
3	160	ǀǀǀǀ	4
4	163	ǀǀǀǀ	4
5	164	卌	5
6	165	卌 ǀ	6
7	167	ǀǀǀǀ	4
8	169	ǀǀ	2
9	171	ǀǀ	2
10	172	ǀ	1

Veranschaulichung in einem Streckendiagramm (Bild 9/9) bzw. in einem Liniendiagramm (Bild 9/10)

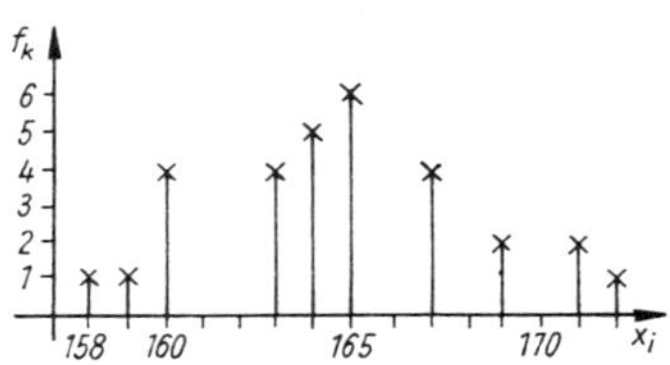

Bild 9/9

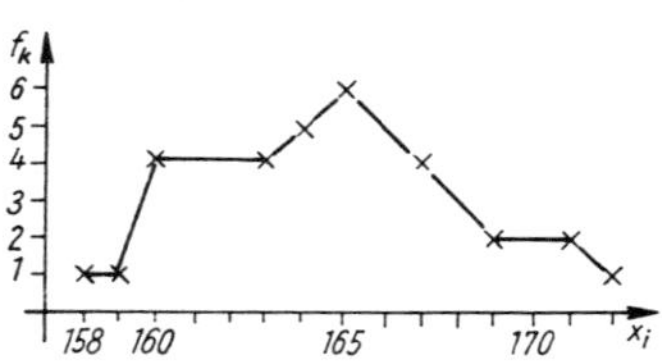

Bild 9/10

Soll das Wesentliche einer Verteilung noch deutlicher herausgearbeitet werden, wird das Abszissenintervall, in dem die Merkmalswerte x_i der Stichprobe liegen, in endlich viele aneinander grenzende Intervalle K_j ($j = 1, \ldots, m$), **Klassen** genannt, eingeteilt, und man zählt ab, wie viele Meßwerte der Stichprobe in K_j liegen. F_j sei dann die **Klassenhäufigkeit.**
Unter einer **Klasse** (↗ 2.5.3.) versteht man eine Menge von Objekten, die alle eine charakteristische Eigenschaft (das gleiche Merkmal) haben.

Es muß gelten

$$K_1 \cup K_2 \cup \ldots \cup K_m = K$$

K ist die Grundgesamtheit und

$$K_i \cap K_j = \emptyset \quad \text{für} \quad i \neq j.$$

Die Begriffe »Klassenanzahl«, »Klassenbreite«, »Klassengrenze«, »Klassenmitte« sind aus der Bedeutung ihres Wortes verständlich. Der Gewinn an Übersichtlichkeit bei einer Klassifikation bringt jedoch einen Verlust an Information.

Durch die Klasseneinteilung entsteht eine **sekundäre Verteilungstafel** für die Häufigkeitsverteilung, die durch ein **Streifendiagramm** oder ein Liniendiagramm (**Häufigkeitspolygon** genannt) veranschaulicht werden kann. Bei einem Häufigkeitspolygonzug zeichnet man über den Klassenmitten Punkte mit den Ordinaten F_j bei absoluter Häufigkeit (bzw. mit den Ordinaten $\frac{F_j}{n}$ bei relativer Häufigkeit) (↗ 9.2.1.) und verbindet sie durch einen Streckenzug.

BEISPIEL 9/23

Werden die Meßwerte im Beispiel 9/22 in Klassen mit den Merkmalsausprägungen zusammengefaßt

j	K_j	F_j	$\frac{F_j}{n}$
1	bis 159,9	2	0,067
2	160 bis 164,9	13	0,433
3	165 bis 169,9	12	0,400
4	170 bis 174,9	3	0,100
5	175 und darüber	0	0,000

so gilt $F_1 = \sum_{k=1}^{2} f_k = 2, \qquad F_2 = \sum_{k=3}^{5} f_k = 13$ usw.

Veranschaulichung der absoluten Häufigkeit in einem Streifendiagramm (Bild 9/11), der relativen Häufigkeit in einem Häufigkeitspolygonzug (Bild 9/12).

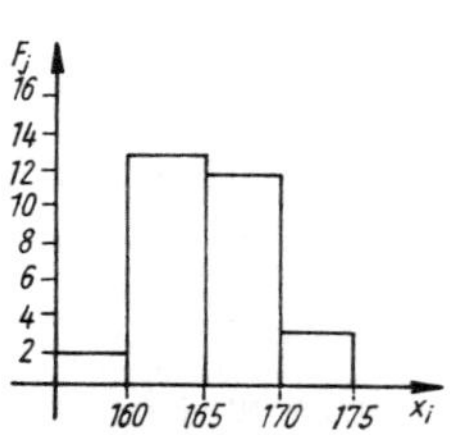

Bild 9/11

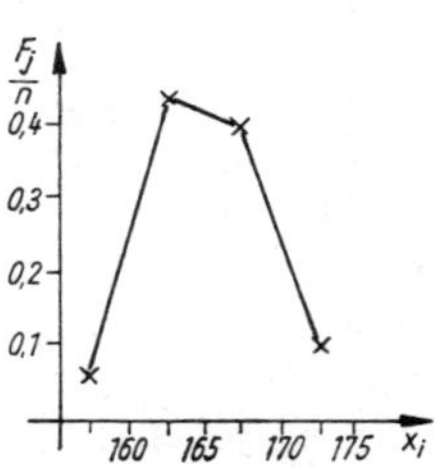

Bild 9/12

Zum Vergleich der Beobachtungsergebnisse aus zwei Untersuchungen zieht man die relativen Häufigkeiten heran und berechnet die **Summenhäufigkeiten** durch

$$s_j = \sum_{j=1}^{m} F_j .$$

Die Summenhäufigkeit kann in einem Streifendiagramm oder einem Häufigkeitspolygonzug veranschaulicht werden.

BEISPIEL 9/24

Außer der 1. Untersuchung (30 Meßwerte) mit der Klassenhäufigkeit F_j in Beispiel 9/22 stehe eine 2. Untersuchung (40 Meßwerte) mit der Klassenhäufigkeit G_j zum Vergleich der Beobachtungsergebnisse zur Verfügung. Dazu werden die relativen Summenhäufigkeiten in folgender Tabelle berechnet und in Bild 9/13 veranschaulicht.

		1. Untersuchung				2. Untersuchung			
j	K_j	F_j	$\frac{F_j}{n}$	s_j	$\frac{s_j}{n}$	G_j	$\frac{G_j}{n}$	s_j	$\frac{s_j}{n}$
1	bis 159,9	2	0,067	2	0,067	5	0,125	5	0,125
2	160 bis 164,9	13	0,433	15	0,500	15	0,375	20	0,500
3	165 bis 169,9	12	0,400	27	0,900	12	0,300	32	0,800
4	170 bis 174,9	3	0,100	30	1,000	7	0,175	39	0,975
5	über 175	0	0,000	30	1,000	1	0,025	40	1,000

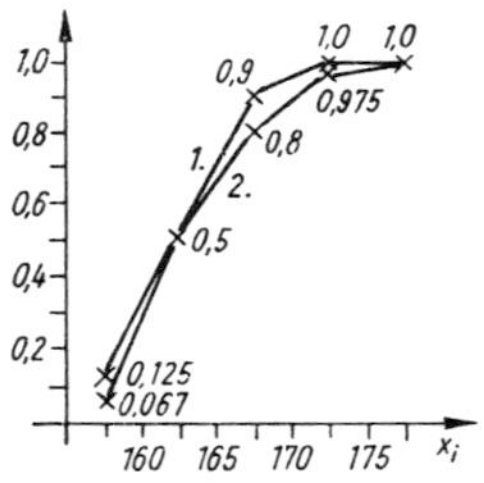

Bild 9/13

9.4.2. Mittelwerte

Zur Beurteilung einer Meßreihe werden folgende **statistische Maßzahlen** (das sind Größen, die aus den Meßwerten ermittelt wurden) genutzt:

- Mittelwerte (Maßzahlen zur Beschreibung der Lage des Zentrums einer Stichprobe),
- Streuungsmaße (Maßzahlen zur Beschreibung der Ausbreitung der Meßwerte in einer Meßreihe der Stichprobenwerte).

(1) Arithmetischer Mittelwert

Es seien n Meßwerte x_i als eine Stichprobe aus der Grundgesamtheit X gegeben, dann heißt $\bar{x} = \frac{1}{n} \sum_{i=1}^{n} x_i$ der **arithmetische Mittelwert** (das arithmetische Mittel) der Stichprobe.

BEISPIEL 9/25

Bei einer Stichprobe seien folgende fünf Meßwerte ermittelt worden: $x_1 = 2{,}1$, $x_2 = 2{,}7$, $x_3 = 1{,}7$, $x_4 = 2{,}0$, $x_5 = 2{,}2$. Der arithmetische Mittelwert ist

$$\bar{x} = \frac{1}{5} \sum_{i=1}^{5} x_i = \frac{1}{5}(2{,}1 + 2{,}7 + 1{,}7 + 2{,}0 + 2{,}2) = 2{,}14.$$

Für das arithmetische Mittel $\bar{x}$ der n Meßwerte $x_1, x_2, \ldots, x_n$ gilt

$$\sum_{i=1}^{n} (x_i - \bar{x}) = 0.$$

Berechnung des arithmetischen Mittelwertes **bei Klasseneinteilung** des vorliegenden Zahlenmaterials:
Es seien m die Anzahl der Klassen, ξ_k die Klassenmitte der k-ten Klasse und F_k die Klassenhäufigkeit der k-ten Klasse, dann wird das arithmetische Mittel $\bar{x}$ berechnet durch

$$\bar{x} = \frac{1}{n} \sum_{k=1}^{m} \xi_k F_k \quad \text{mit} \quad \sum_{k=1}^{m} F_k = n.$$

BEISPIEL 9/26

Bei der Bestimmung des arithmetischen Mittelwerts für den Durchmesser automatisch hergestellter Bolzen hat man innerhalb folgender Klassengrenzen die Klassenhäufigkeit F_k ermittelt:

k	Klassengrenzen	F_k	Klassenmitte ξ_k
1	25,3 ... 25,4	1	25,35
2	25,4 ... 25,5	6	25,45
3	25,5 ... 25,6	12	25,55
4	25,6 ... 25,7	14	25,65
5	25,7 ... 25,8	7	25,75

Der arithmetische Mittelwert ist dann

$$\bar{x} = \frac{1}{40}(25{,}35 \cdot 1 + 25{,}45 \cdot 6 + 25{,}55 \cdot 12 + 25{,}65 \cdot 14 + 25{,}75 \cdot 7)$$

$$= \frac{1024}{40} = 25{,}6.$$

(2) **Gewogenes arithmetisches Mittel**

Gehen in das arithmetische Mittel $\bar{x}$ einer Stichprobe die arithmetischen Mittel x_i der Einzelstichproben »mit Wichtung« (d. h. entsprechend der Anzahl ihrer Elemente) ein, so heißt

$$\bar{x} = \frac{1}{n} \sum_{i=1}^{k} n_i \bar{x}_i \quad \text{mit} \quad \sum_{i=1}^{k} n_i = n$$

das **gewogene arithmetische Mittel** von $x_1, x_2, \ldots, x_k$.

BEISPIEL 9/27

Aus einer Grundgesamtheit von 5000 Stück Bolzen (Durchmesser x in mm) sind drei Stichproben entnommen worden:

1. Stichprobe: $n_1 = 20$, $\bar{x}_1 = 31{,}5$
2. Stichprobe: $n_2 = 30$, $\bar{x}_2 = 31{,}8$
3. Stichprobe: $n_3 = 50$, $\bar{x}_3 = 31{,}4$.

Das gewogene arithmetische Mittel ist

$$\bar{x} = \frac{1}{100}(20 \cdot 31{,}5 + 30 \cdot 31{,}8 + 50 \cdot 31{,}4) = \frac{1}{100} \cdot 3154 = 31{,}54.$$

(3) **Der Median** (Zentralwert)

Wenn unter den Beobachtungswerten (Meß- bzw. Rangwerten) einige extreme Werte auftreten, die das arithmetische Mittel stark beeinflussen, zieht man dem arithmetischen Mittel den Median vor.

In einer der Größe nach geordneten Folge von n Meß- oder Rangwerten $x_1, \ldots, x_n$ $\left\{\begin{matrix}\text{ungerader}\\ \text{gerader}\end{matrix}\right\}$ Anzahl ist der **Median** $\tilde{x}$ (gelesen »x Schlange«) $\left\{\begin{matrix}\text{der in der Mitte stehende Wert}\\ \text{das arithmetische Mittel der beiden}\\ \text{in der Mitte stehenden Werte.}\end{matrix}\right\}$

Rechts und links vom Median liegt jeweils die Hälfte der Meßwerte.

BEISPIEL 9/28

In den folgenden Meßreihen soll der Median ermittelt werden.

a) 3,1; 3,7; 3,8; 3,8; 3,9.
Der in der Mitte stehende Wert einer ungeraden Anzahl von Meßwerten ist $\tilde{x} = 3{,}8$.

b) 3,1; 3,8; 3,8; 3,9; 3,9; 4,0.
Das arithmetische Mittel der beiden in der Mitte stehenden Werte einer geraden Anzahl von Meßwerten ist $\tilde{x} = 3{,}85$.

(4) **Der Modalwert** (der Mode)

Der **Modalwert** $\hat{x}$ (gelesen »x Dach«) ist der in einer Meßreihe mit größter Häufigkeit auftretende Meßwert. Er kommt mindestens ebenso oft in einer Meßreihe vor wie jeder andere Wert.

BEISPIEL 9/29

Unter den Meßwerten 3,1; 3,7; 3,8; 3,8; 3,8; 3,9 tritt der Meßwert 3,8 am häufigsten auf. Der Modalwert ist $\hat{x} = 3{,}8$.

(5) **Der geometrische Mittelwert**

Der **geometrische Mittelwert** $\mathring{x}$ ist nur für Meßreihen mit positiven Gliedern definiert:

$$\mathring{x} = \sqrt[n]{x_1 \cdot \ldots \cdot x_n} = \sqrt[n]{\prod_{i=1}^{n} x_i}.$$

In der Wirtschaftsstatistik wird er zur Charakterisierung von zeitabhängigen Entwicklungen verwendet.

BEISPIEL 9/30

Der geometrische Mittelwert der Meßreihe 3,1; 3,7; 3,8; 3,8; 3,9 ist

$$\mathring{x} = \sqrt[5]{3{,}1 \cdot 3{,}7 \cdot 3{,}8 \cdot 3{,}8 \cdot 3{,}9} = \sqrt[5]{645{,}94}$$

Die logarithmische Berechnung ergibt

$$\lg \mathring{x} = \frac{1}{5} \lg 645{,}94 = \frac{2{,}8102}{5} = 0{,}5620$$

$$\mathring{x} = 3{,}65.$$

(6) **Das harmonische Mittel**

Das **harmonische Mittel** $\bar{\bar{x}}$ ist der reziproke Wert des arithmetischen Mittels aus den reziproken Werten $\frac{1}{x_i}$ für $i = 1, \ldots, n$.

$$\bar{\bar{x}} = \frac{n}{\frac{1}{x_1} + \ldots + \frac{1}{x_n}}$$

BEISPIEL 9/31

Das harmonische Mittel der Meßreihe 3,1; 3,7; 3,8; 3,8; 3,9 ist

$$\bar{\bar{x}} = \frac{5}{\frac{1}{3{,}1} + \frac{1}{3{,}7} + \frac{1}{3{,}8} + \frac{1}{3{,}8} + \frac{1}{3{,}9}} = \frac{5}{1{,}3756} = 3{,}635.$$

Für positive Meßwerte x_i gilt stets $\bar{\bar{x}} \leqq \mathring{x} \leqq \bar{x}$.

BEISPIEL 9/32

Für die Meßreihe 3,1; 3,7; 3,8; 3,8; 3,9 gilt

$$\bar{x} = \frac{18{,}3}{5} = 3{,}66; \qquad \mathring{x} = 3{,}65 \text{ (Beispiel 9/30)};$$

$$\bar{\bar{x}} = 3{,}63 \text{ (Beispiel 9/31)}.$$

Also $\bar{\bar{x}} < \mathring{x} < \bar{x}$.

9.4.3. Streuungsmaße

Empirische Verteilungen können nicht allein durch Angabe der Mittelwerte charakterisiert werden. Ihre Beschreibung erfordert noch eine Angabe über die Ausbreitung der Meßwerte dieser Meßreihe um den Mittelwert, die **Streuung** genannt wird.
Als Streuungsmaße dienen

- die Variationsbreite,
- die durchschnittliche Abweichung,
- die Varianz und Standardabweichung.

(1) **Die Variationsbreite**

Die **Variationsbreite** δ ist ein sehr grobes Streuungsmaß. Sie ist festgelegt durch $\delta = x_{\text{max}} - x_{\text{min}}$, als Differenz zwischen dem größten und dem kleinsten Meßwert, also zwischen den extremen Meßwerten.
Da nur zwei Meßwerte herangezogen werden, wendet man die Variationsbreite nur bei Meßreihen mit einer geringen Anzahl von Meßwerten an.

BEISPIEL 9/33

In der Meßreihe 3,1; 3,7; 3,8; 3,8; 3,9 ist die Variationsbreite

$$\delta = 3{,}9 - 3{,}1 = 0{,}8.$$

(2) **Die durchschnittliche Abweichung**

Die **durchschnittliche Abweichung** d von n Meßwerten x_i $(i = 1, \ldots, n)$ ist das arithmetische Mittel aus den Beträgen $|x_i - \bar{x}|$:

$$d = \frac{1}{n} \sum_{i=1}^{n} |x_i - \bar{x}|.$$

BEISPIEL 9/34

In der Meßreihe 3,1; 3,7; 3,8; 3,8; 3,9 ist der arithmetische Mittelwert $\bar{x} = 3{,}66$ (↗ Beispiel 9/32).
Ermittlung der durchschnittlichen Abweichung:

i	x_i	$\lvert x_i - \bar{x}\rvert$
1	3,1	0,56
2	3,7	0,04
3	3,8	0,14
4	3,8	0,14
5	3,9	0,24

$$\sum_{i=1}^{5} |x_i - \bar{x}| = 1{,}12$$

$$d = \frac{1{,}12}{5} = 0{,}224.$$

Wenn bei einer **Klasseneinteilung des Zahlenmaterials** die n Meßwerte x_i $(i = 1, \ldots, n)$ auf m Merkmalsausprägungen ξ_k $(k = 1, \ldots, m)$ mit der Klassenhäufigkeit F_k verteilt sind, dann gilt

$$d = \frac{1}{n} \sum_{k=1}^{m} |\xi_k - \bar{x}| F_k \quad \text{mit} \quad \sum_{k=1}^{m} F_k = n.$$

BEISPIEL 9/35

Bei einer Stichprobe seien die in der dritten Spalte der folgenden Tabelle aufgeführten Klassenhäufigkeiten festgestellt worden:

k	ξ_k	F_k	$\|\xi_k - \bar{x}\|$
1	17	2	1,85
2	18	5	0,85
3	19	8	0,15
4	20	4	1,15
5	21	1	2,15

Man ermittelt zunächst

$$n = \sum_{k=1}^{5} F_k = 20,$$

$$\bar{x} = \frac{1}{n} \sum_{k=1}^{5} \xi_k F_k = \frac{1}{20}(17 \cdot 2 + 18 \cdot 5 + 19 \cdot 8 + 20 \cdot 4 + 21 \cdot 1)$$

$$= \frac{377}{20} = 18{,}85$$

und bildet die Beträge der Abweichungen des arithmetischen Mittels von den einzelnen Merkmalsausprägungen (vierte Spalte). Berechnung der durchschnittlichen Abweichung

$$d = \frac{1}{n} \sum_{k=1}^{5} |\xi_k - \bar{x}| \cdot F_k$$

$$= \frac{1}{20}(1{,}85 \cdot 2 + 0{,}85 \cdot 5 + 0{,}15 \cdot 8 + 1{,}15 \cdot 4 + 2{,}15 \cdot 1)$$

$$= \frac{15{,}90}{20} = 0{,}795.$$

(3) **Varianz und Standardabweichung**

Sind n Meßwerte x_i $(i = 1, \ldots, n)$ gegeben und ist $\bar{x}$ der arithmetische Mittelwert, so ist die **Varianz** durch

$$s^2 = \frac{1}{n-1} \sum_{i=1}^{n} (x_i - \bar{x})^2$$

und die **Standardabweichung** durch

$$s = \sqrt{\frac{1}{n-1} \sum_{i=1}^{n} (x_i - \bar{x})^2}$$

festgelegt.
Die Standardabweichung (auch mittlere quadratische Abweichung genannt) ist das in der Statistik am häufigsten benutzte Streuungsmaß, weil große Abweichungen stark ins Gewicht fallen, kleine dagegen schwach.

BEISPIEL 9/36

Die Meßwerte x_i seien gegeben durch 3,1; 3,7; 3,8; 3,8; 3,9. Dann ist der arithmetische Mittelwert $\bar{x} = 3{,}66$.
Ferner ist

i	x_i	$(x_i - \bar{x})^2$
1	3,1	$0{,}56^2 = 0{,}3136$
2	3,7	$0{,}04^2 = 0{,}0016$
3	3,8	$0{,}14^2 = 0{,}0196$
4	3,8	$0{,}14^2 = 0{,}0196$
5	3,9	$0{,}24^2 = 0{,}0576$

$$\sum (x_i - \bar{x})^2 = 0{,}4120.$$

Die Varianz ist dann $s^2 = \frac{1}{4} \cdot 0{,}4120 = 0{,}103$. Daraus erhält man die Standardabweichung $s = 0{,}32$.

Für praktische Berechnungen der Varianz ist die folgende Beziehung vorteilhafter:

$$s^2 = \frac{1}{n-1} \left[\sum_{i=1}^{n} x_i^2 - \frac{1}{n} \left(\sum_{i=1}^{n} x_i \right)^2 \right]$$

i	x_i	x_i^2
1	3,1	9,61
2	3,7	13,69
3	3,8	14,44
4	3,8	14,44
5	3,9	15,21
	$\sum x_i = 18{,}3$	$\sum x_i^2 = 67{,}39$

Ferner ist

$$\left(\sum_{i=1}^{5} x_i \right)^2 = 18{,}3^2 = 334{,}89.$$

Damit erhält man

$$s^2 = \frac{1}{4} \left(67{,}39 - \frac{334{,}89}{5} \right) = \frac{1}{4} (67{,}39 - 66{,}98) = \frac{0{,}41}{4} = 0{,}103.$$

10. Elementare Geometrie

10.1. Geometrie der Ebene

10.1.1. Grundlagen

(1) Punkt, Gerade, Ebene

Die Ebene wird als eine Menge festgelegt, deren Elemente **Punkte** genannt und durch große lateinische Buchstaben bezeichnet werden. In der Ebene ist ein System von Teilmengen ausgezeichnet, dessen Elemente **Geraden** genannt und durch kleine lateinische Buchstaben bezeichnet werden.

Ist der Punkt P ein Element der Geraden g ($P \in g$), so sagt man: »Der Punkt P *liegt auf* der Geraden g« oder »Die Gerade *geht durch* den Punkt P«.
Zu zwei voneinander verschiedenen Punkten A, B gibt es genau eine Gerade g, die A und B enthält. Sie heißt die **Verbindungsgerade** durch A und B und wird durch $g(AB)$ bezeichnet.
Sind g und h zwei verschiedene Geraden und ist P sowohl ein Punkt von g als auch ein Punkt von h, so heißt P **Schnittpunkt** von g und h. Man sagt auch: »g und h schneiden einander in P«. Die Menge aller Geraden einer Ebene, die einander in genau einem Punkt schneiden, heißt **Geradenbüschel.**

(2) Parallele Geraden

Haben zwei Geraden g, h keinen Punkt gemeinsam oder gilt $g = h$, dann heißen diese Geraden **parallel** oder Parallelen, in Zeichen $g \parallel h$ (gelesen »g ist zu h parallel«).

Ist g eine beliebige Gerade und P ein beliebiger Punkt, so gibt es genau eine Gerade h, die P enthält und zu g parallel ist. Die zweistellige Relation »parallel« ist eine Äquivalenzrelation (↗ 2.5.3.) in der Menge aller Geraden. Deshalb kann die Menge aller Geraden in Klassen zueinander paralleler Geraden zerlegt werden. Jede solche Klasse heißt **Parallelenklasse.**

(3) Eine **geometrische Figur** ist eine beliebige nicht leere Punktmenge. Sie heißt

linear (oder eindimensional), wenn sie in einer Geraden liegt und kein Punkt ist.

eben (oder zweidimensional), wenn sie in einer Ebene, jedoch nicht in einer Geraden liegt.

(4) **Zwischenrelation**

In der Menge der Punkte einer Ebene ist eine dreistellige Relation, **Zwischenrelation** genannt, erklärt. Wenn sie für die Punkte A, B, C gilt, werde sie mit Zw(ABC) bezeichnet.

Bild 10/1

Liegt ein Punkt B zwischen A und C [d. h. Zw(ABC)], so sind A, B, C drei verschiedene Punkte einer Geraden (Bild 10/1).

$A < B$ bedeute »A liegt vor B« auf einer Geraden g, d. h., beim Durchlaufen von g trifft man zuerst auf A, dann auf B. So wird durch die Zwischenrelation eine **Gerade orientiert.** Zw(ABC) bedeutet entweder $A < B < C$ oder $C < B < A$; d. h., jede Gerade kann auf zwei Arten orientiert werden.

Ist g eine orientierte Gerade und A ein Punkt von g, so kann die Menge der von A verschiedenen Punkte von g in zwei Teilmengen zerlegt werden:

$$\{X\colon X \in g \text{ und } X < A\}, \qquad \{Y\colon Y \in g \text{ und } Y > A\}.$$

Fügt man den beiden Mengen den Punkt A hinzu, dann entstehen die beiden von A auf g erzeugten **Strahlen.** A heißt Anfangspunkt, g Trägergerade der beiden zueinander entgegengesetzten Strahlen bezüglich A.

Ein Strahl ist durch die Angabe seines Anfangspunktes A und eines zu dem Strahl gehörenden Punktes P ($P \neq A$) eindeutig bestimmt. Er wird mit AP^+ bezeichnet. Der zu AP^+ entgegengesetzte Strahl wird dann mit AP^- bezeichnet. Es gilt stets: $AP^+ \cap AP^- = \{A\}$ und $AP^+ \cup AP^- = g(AP)$.

Sind A, B zwei Punkte, so wird die Menge

$$\{X\colon \text{Zw}(AXB) \text{ oder } \quad X = A \quad \text{ oder } X = B\}$$

die **Strecke** AB genannt und mit AB bezeichnet. Eine Strecke ist demnach die Punktmenge, die die Endpunkte A, B und alle zwischen A und B liegenden Punkte (innere Punkte genannt) enthält.

Durch die Festlegung, welcher Endpunkt einer Strecke vor dem anderen liegt, wird eine **Strecke orientiert.** Liegt A vor B, so bezeichnet man die orientierte Strecke mit $\overrightarrow{AB}$. In der Zeichnung wird die Orientierung einer Strecke durch eine Pfeilspitze am Endpunkt der Strecke veranschaulicht.

$\overrightarrow{AB}$ und $\overrightarrow{BA}$ sind zueinander entgegengesetzt orientierte Strecken.

Ein **Streckenzug** ist die Vereinigung von n Strecken, in der je zwei aufeinanderfolgende Strecken genau einen Endpunkt gemeinsam haben.

(5) **Halbebenen**

Jede Gerade g zerlegt die Menge der nicht zu ihr gehörenden Punkte einer Ebene in zwei **offene Halbebenen.** Zwei Punkte liegen genau dann in derselben offenen Halbebene, wenn zwischen ihnen kein Punkt von g liegt. g heißt **Randgerade** jeder der beiden offenen Halbebenen.
Die Vereinigung einer offenen Halbebene und der Randgeraden heißt **Halbebene.** Die beiden zueiner Randgeraden gehörenden Halbebenen werden **zueinander entgegengesetzt** genannt.

Liegen A und B in derselben von g erzeugten Halbebene, so sagt man: »A und B liegen auf derselben Seite von g«.
Eine Halbebene ist durch die Angabe ihrer Randgeraden g und eines zur Halbebene (aber nicht zur Randgeraden) gehörenden Punktes P bestimmt.

(6) Eine Punktmenge, die aus einem Strahl und einer offenen Halbebene besteht, heißt **Fahne.** Dabei ist die Randgerade der offenen Halbebene Trägergerade des Strahls.

Der Strahl wird *Randstrahl* der Fahne, sein Anfangspunkt wird *Anfangspunkt* der Fahne genannt. Eine Fahne f mit dem Randstrahl s und dem in ihrer offenen Halbebene liegenden Punkt P wird mit sP^+ bezeichnet. Die Fahne mit dem gleichen Randstrahl s und der offenen Halbebene, die zu der von sP^+ entgegengesetzt ist, wird mit sP^- bezeichnet (Bild 10/2a).
Wird in sP^+ bzw. in sP^- das Symbol s durch die oben eingeführte Symbolik für einen Strahl aus A durch B, AB^+ bzw. AB^-, ersetzt, dann werden durch die Symbole AB^+P^+, AB^+P^-, AB^-P^+, AB^-P^- bestimmte Fahnen charakterisiert (Bild 10/2b).

Bild 10/2 a

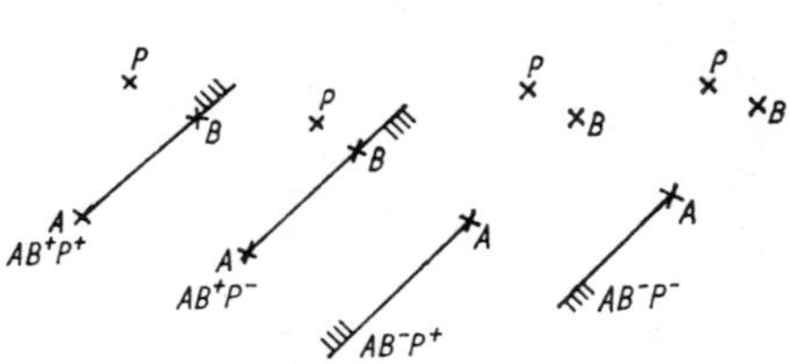

Bild 10/2 b

Die Fahnen AB^+P^+ und AB^-P^- sind **entgegengesetzt,** weil sowohl ihre Randstrahlen als auch ihre Halbebenen entgegengesetzt sind.

Zwei Fahnen f_1, f_2 (mit gleichem Anfangspunkt) sind **gleichorientiert** bezüglich des Anfangspunktes A

bei kollinearen Randstrahlen, wenn $f_1 = f_2$ oder f_1 zu f_2 entgegengesetzt ist.

bei nicht kollinearen Randstrahlen, wenn entweder der Randstrahl von f_1 in f_2 oder der Randstrahl von f_2 in f_1 enthalten ist, jedoch beides nicht gilt.

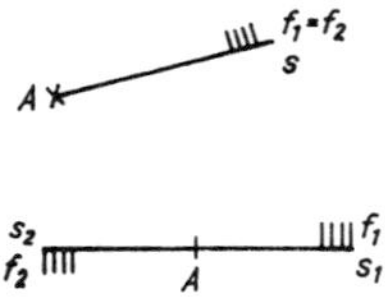

Bild 10/3a

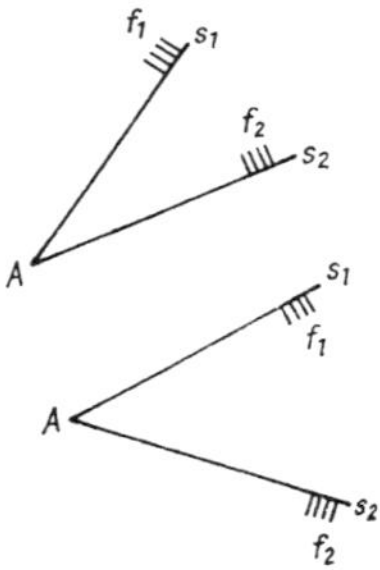

Bild 10/3b

Die Relation »gleichorientiert« ist eine Äquivalenzrelation (↗ 2.5.3.) in der Menge aller Fahnen. Sie bewirkt eine Zerlegung der Menge in zwei Klassen.
Fahnen, die nicht gleichorientiert sind, werden **entgegengesetzt orientiert** genannt. Beispiele für entgegengesetzt orientierte Fahnen sind in Bild 10/4 dargestellt.
Ist eine solche Orientierungsklasse ausgezeichnet, dann sagt man, die **Ebene ist orientiert.**

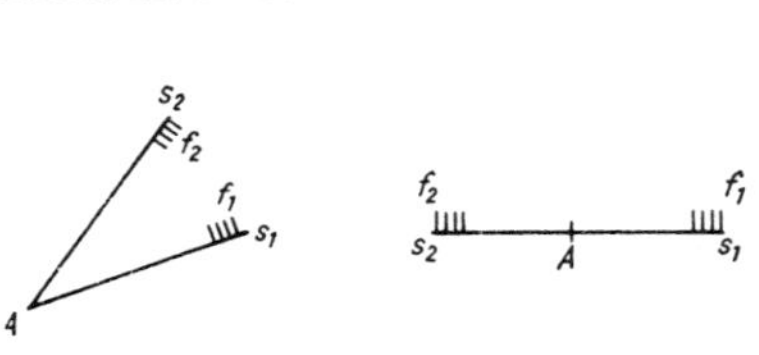

Bild 10/4

Zwei geordnete Tripel von nicht kollinearen Punkten (A, B, C) und (D, E, F) haben denselben Umlaufsinn genau dann, wenn die Fahnen AB^+C^+ und DE^+F^+ gleichorientiert sind. Unter dem **Umlaufsinn** eines geordneten nicht kollinearen Punktetripels (A, B, C) versteht man die Orientierungsklasse der Fahne AB^+C^+.

(7) Zum Winkelbegriff

Folgende Winkelarten werden unterschieden, je nachdem, ob die Reihenfolge der Schenkel festgelegt und ob ein Inneres ausgezeichnet ist.

	Die Reihenfolge der Schenkel ist nicht festgelegt	 festgelegt
Ein Inneres ist nicht ausgezeichnet	**Elementarwinkel:** (Ungeordnetes) Paar von Strahlen p, q mit gemeinsamem Anfangspunkt 0; in Zeichen $\sphericalangle\,(p, q)$, $\sphericalangle\,A0B$ mit $A \in p$, $B \in q$ 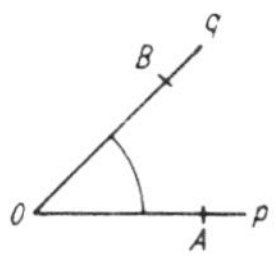 Bild 10/5a 0 ist der **Scheitel,** p, q sind die **Schenkel** des Winkels.	**Orientierter Elementarwinkel:** Geordnetes Paar von Strahlen p, q mit gemeinsamem Anfangspunkt 0; in Zeichen $\sphericalangle\,(p, q)$, $\sphericalangle\,A0B$ mit $A \in p$, $B \in q$ 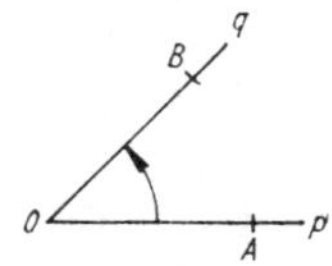 Bild 10/5b 0 ist der **Scheitel,** p ist der **erste Schenkel,** q der **zweite Schenkel** des Winkels. Positive Orientierung im mathematisch positiven Drehsinn.

Wenn $p = q$ ist, so ist $\sphericalangle\,(p, q)$ der **Null-Elementarwinkel**; wenn p und q entgegengesetzte Strahlen in einer Geraden sind, so ist $\sphericalangle\,(p, q)$ ein **gestreckter Elementarwinkel**; wenn $p \perp q$ ist, so ist $\sphericalangle\,(p, q)$ **rechter Elementarwinkel.**

Zwei orientierte Elementarwinkel $\sphericalangle\,A0B$ und $\sphericalangle\,CQD$ sind genau dann **gleichorientiert,** wenn die Fahnen $0A^+B^+$ und QC^+D^+ gleichorientiert sind (Bild 10/6).

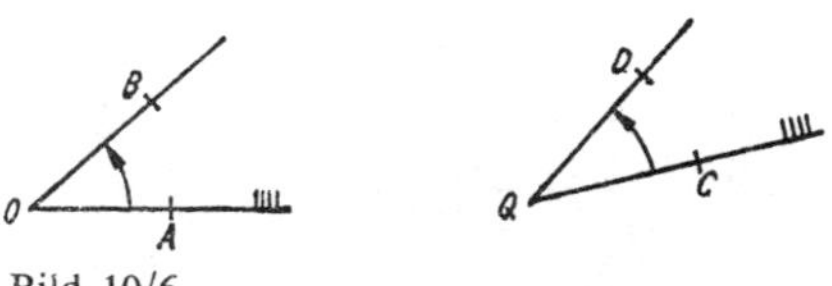

Bild 10/6

	Die Reihenfolge der Schenkel ist nicht festgelegt	 festgelegt
Ein Inneres ist ausgezeichnet	**(Gewöhnlicher) Winkel:** Jeder Elementarwinkel zerlegt die Ebene in zwei offene Teilmengen M_1, M_2. Die (z. B. durch den Punkt P) ausgezeichnete Teilmenge heißt das Innere des Winkels (Winkelfläche); in Zeichen $\sphericalangle\,(p, q; P)$, $\sphericalangle\,(AOB; P)$ 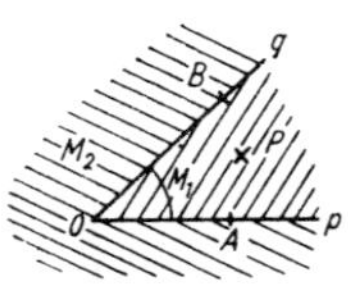 a) Bild 10/7	**Orientierter Winkel:** Orientierter Elementarwinkel und Inneres; in Zeichen $\measuredangle\,(p, q; P)$. Wenn $p \neq q$ ist, so sind $\measuredangle\,(p, q; P)$ und $\measuredangle\,(q, p; P)$ verschieden orientiert. 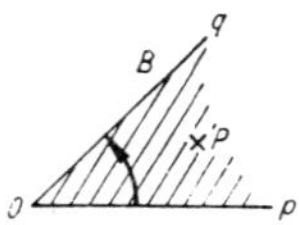 b) 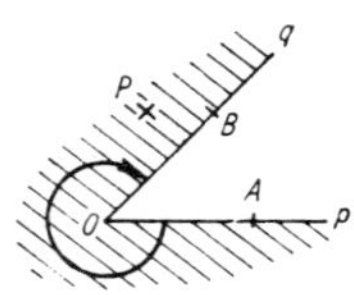
	Ist das Innere die leere Menge, so ist $\sphericalangle\,(p, q; P)$ der **Nullwinkel.**	
Drehprozeß		**Drehwinkel:** Orientierter Winkel, dem die Angabe einer natürlichen Zahl von Umdrehungen des zweiten Schenkels q in einem festgelegten Drehsinn beigefügt ist; p bleibt fest. 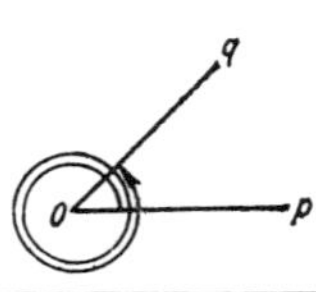 Bild 10/8

10.1.2. Bewegungen

(1) Eineindeutige Abbildungen der Ebene auf sich heißen **Bewegungen** und werden mit φ bezeichnet, wenn sie folgende Eigenschaften haben:

1. Die Bildmenge einer geometrischen Figur (Gerade, Strahl, Strecke, Halbebene) ist eine geometrische Figur, wobei Anfangspunkt, Endpunkte, Randgerade auf Anfangspunkt, Endpunkte, Randgerade der entsprechenden Bildmengen abgebildet werden.
2. Sind f_1, f_2 zwei beliebige Fahnen, dann gibt es genau eine Bewegung φ mit $\varphi(f_1) = f_2$.
3. Sind A, B zwei beliebige Punkte, dann gibt es eine Bewegung φ mit $\varphi(A) = B$ und $\varphi(B) = A$.
4. Sind p, q zwei Strahlen mit gemeinsamem Anfangspunkt, dann gibt es eine Bewegung φ mit $\varphi(p) = q$ und $\varphi(q) = p$.
5. Die Menge der Bewegungen ist bezüglich der Nacheinanderausführung der Abbildungen eine **Gruppe** (↗ 2.7.1.)

Spezielle Typen von Bewegungen sind

- Verschiebungen, bezeichnet mit τ
- Spiegelungen, bezeichnet mit σ
- Drehungen, bezeichnet mit δ.

Ein Punkt bzw. eine Gerade, der bzw. die bei einer Abbildung auf sich selbst abgebildet wird, heißt **Fixpunkt** bzw. **Fixgerade** der betreffenden Abbildung.

(2) Eine **Verschiebung** τ ist eine Bewegung mit folgenden speziellen Eigenschaften:

V 1: Das Bild einer beliebigen Geraden g ist eine zu g parallele Gerade.
V 2: Wenn die Abbildung nicht die identische Abbildung ist, so ist jeder Bildpunkt von seinem Originalpunkt verschieden.

Ist τ eine Verschiebung, die nicht die identische Abbildung ist,

ist P ein beliebiger Punkt und g die Verbindungsgerade von P und $\tau(P)$, so wird die Gerade g bei der Verschiebung auf sich selbst abgebildet.

Bild 10/9

sind P und Q zwei Punkte, so ist die Verbindungsgerade von P und $\tau(P)$ parallel zu der Verbindungsgeraden von Q und $\tau(Q)$.

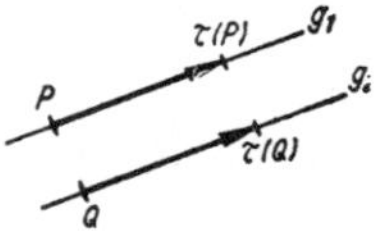

Bild 10/10

Für eine feste Verschiebung τ ist die Menge aller Verbindungsgeraden von Original- und zugehörigen Bildpunkten eine Parallelenklasse, die **Verschiebungsrichtung** genannt wird.

Sind M_1 und M_2 Punktmengen der Ebene und gibt es eine Verschiebung τ, bei der M_1 auf M_2 abgebildet wird, dann ist M_1 **verschiebungsgleich** zu M_2.

Die Relation »verschiebungsgleich« ist eine Äquivalenzrelation (↗ 2.5.3.), die eine Klasseneinteilung ermöglicht, z. B. wird in der Menge aller Strahlen jede solche Klasse ein **Richtungssinn** genannt. Eine Klasse verschiebungsgleicher geordneter Paare von Punkten P, Q wird **Verschiebungspfeil** (orientierte Strecke) oder **Vektor** genannt (↗ 7.2.3.) und mit $\overrightarrow{PQ}$ bezeichnet. Die Länge der Strecke PQ heißt **Verschiebungsweite.**

BEISPIEL 10/1

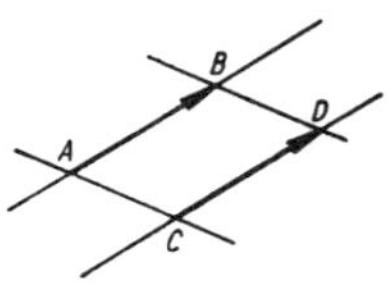

Bild 10/11

Gehören die Punktepaare (A, B) und (C, D) zu ein und demselben Vektor, so sind sowohl die Geraden $g(AB)$ und $g(CD)$ zueinander parallel als auch die Geraden $g(AC)$ und $g(BD)$ zueinander parallel.

Alle Punktepaare (A, B) und (C, D), die zu dem gleichen Vektor gehören, nennt man **parallelgleich** (↗ 7.2.2.).

(3) Es gibt zwei Typen von **Spiegelungen:**

Spiegelung σ_g an einer Geraden g, **Geradenspiegelung** genannt,

Spiegelung σ_A an einem Punkt A, **Punktspiegelung** genannt,

ist eine Bewegung mit folgenden Eigenschaften:

S 1: Jeder Punkt der Geraden g ist Fixpunkt, d. h., die Gerade g, **Spiegelgerade** genannt, ist Fixpunktgerade.

S 2: Die beiden offenen Halbebenen der Geraden g werden miteinander vertauscht.

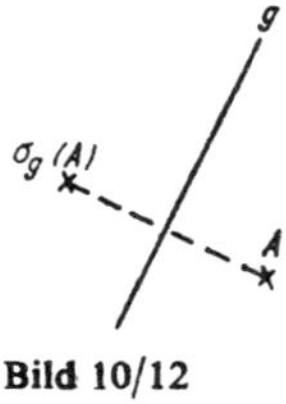

Bild 10/12

P 1: Jede Gerade durch A wird so auf sich abgebildet, daß ihre beiden durch den Punkt A erzeugten Strahlen miteinander vertauscht werden.

P 2: Jede Gerade wird auf eine zu ihr parallele Gerade abgebildet.

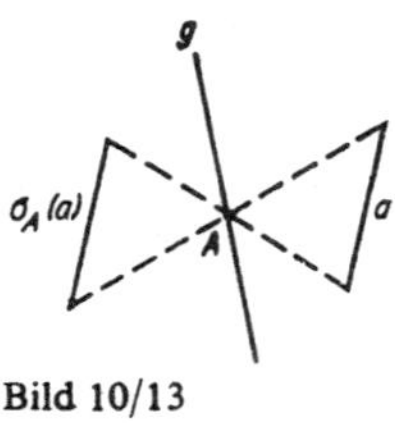

Bild 10/13

Mit Hilfe der Spiegelung an einer Geraden wird die Relation »senkrecht sein« festgelegt. Die Fixgeraden einer Geradenspiegelung, die von der Spiegelgeraden verschieden sind, werden **senkrecht** zur Spiegelgeraden genannt (Zeichen: $\perp$).
$g \perp h$ wird gelesen: »g senkrecht zu h« oder »g ist ein Lot zu h«. Ist a eine Gerade und P ein beliebiger Punkt, so gibt es genau ein Lot l zu a, das den Punkt P enthält. Der Schnittpunkt von a und l heißt Lotfußpunkt L von l auf a.

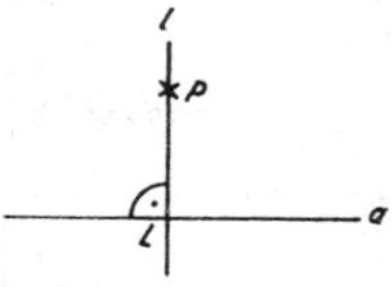

Bild 10/14

Hinweis: Gelegentlich wird die Strecke PL als Lot bezeichnet. Dann ist l die Trägergerade des Lots PL.

Unter dem **Abstand eines Punktes P von einer Geraden** versteht man die Länge der Strecke PL (zu Länge ↗ 10.1.3.).
Unter dem **Abstand zweier paralleler Geraden** a, b versteht man die Länge einer Strecke AB mit $A \in a$ und $B \in b$ sowie $g(AB) \perp a$ und $g(AB) \perp b$ (Bild 10/15a).

Bild 10/15a
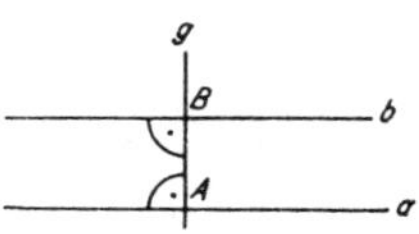

Bild 10/15b
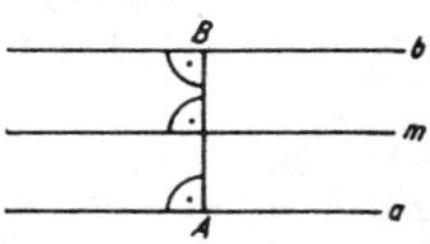

Die Gerade, deren Punkte von zwei verschiedenen parallelen Geraden den gleichen Abstand haben, heißt **Mittelparallele** oder **Mittellinie** (Bild 10/15b).

(4) Eine Bewegung φ ist

gleichsinnig	**ungleichsinnig**
genau dann, wenn jede Figur F	
mit $\varphi(F)$ gleichorientiert ist.	zu $\varphi(F)$ entgegengesetzt orientiert ist.

BEISPIEL 10/2

Eine Verschiebung ist eine gleichsinnige Bewegung.	Eine Geradenspiegelung ist eine ungleichsinnige Bewegung.

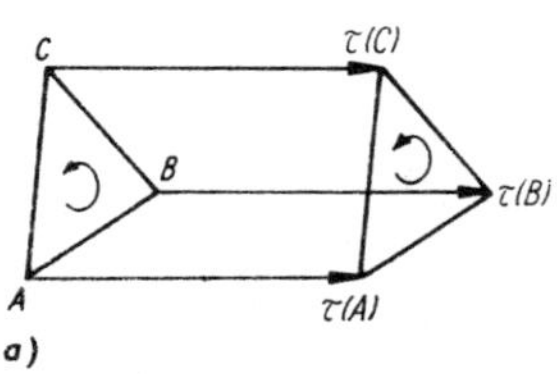

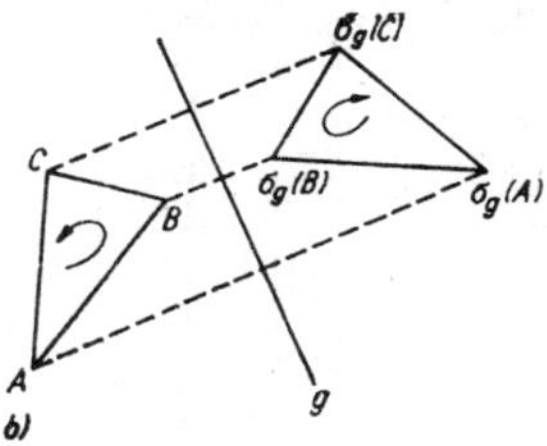

Bild 10/16

Eine Bewegung heißt **Drehung** δ mit dem Zentrum M genau dann, wenn δ eine gleichsinnige Bewegung ist, die M als Fixpunkt hat.

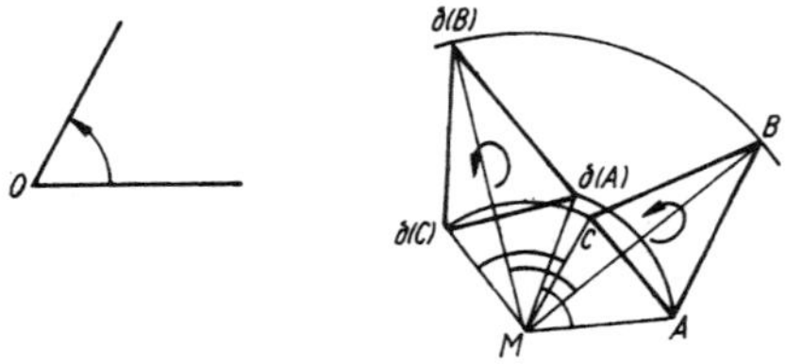

Bild 10/17

10.1.3. Kongruenz geometrischer Figuren

(1) Geometrische Figuren F_1, F_2 heißen **kongruent** genau dann, wenn es eine Bewegung φ gibt, die F_1 auf F_2 abbildet; in Zeichen $F_1 \cong F_2$ (gelesen: F_1 kongruent zu F_2).

Das heißt, F_2 ist das Bild von F_1; in Zeichen $F_2 = \varphi(F_1)$.
Die Kongruenz ist eine Äquivalenzrelation (↗ 2.5.3.).
(2) Ein Spezialfall der Kongruenz ist die **Symmetrie:**

Zwei Figuren F_1, F_2 liegen **spiegelsymmetrisch** oder **symmetrisch** zur Geraden g, wenn $\sigma_g(F_1) = F_2$ ist.
Werden F_1 und F_2 zu einer Menge zusammengefaßt, dann nennt man $F_1 \cup F_2$ eine **symmetrische Figur.** Eine ebene Figur heißt symmetrisch, wenn es eine Bewegung gibt, bei der die Figur *auf sich selbst* abgebildet wird.

Eine ebene Figur heißt

axialsymmetrisch,	**zentralsymmetrisch,**

wenn es eine Spiegelung an

einer Geraden s	einem Punkt S

gibt, so daß die Figur auf sich selbst abgebildet wird.

BEISPIEL 10/3

Axialsymmetrische Figuren:

a) Rechteck mit Mittellinien

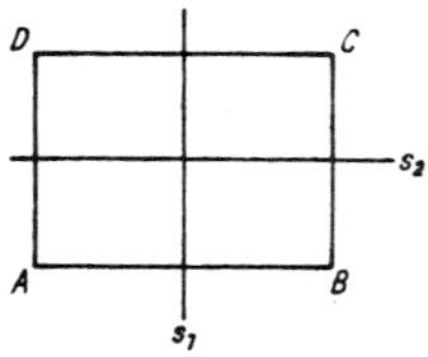

Bild 10/18

Zentralsymmetrische Figuren:

c) Strecke mit Mittelpunkt

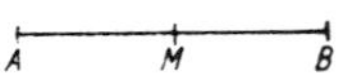

Bild 10/19

b) Gleichseitiges Dreieck mit Winkelhalbierenden

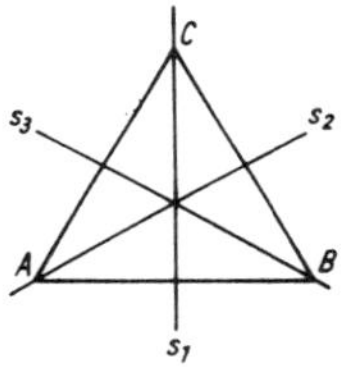

Bild 10/20

d) Parallelogramm mit Schnittpunkt der Diagonalen

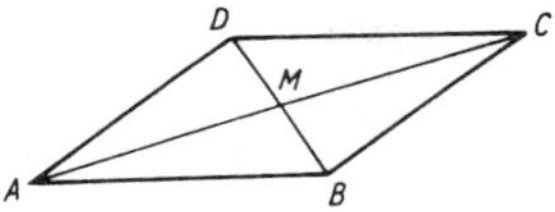

Bild 10/21

Eine ebene Figur heißt **radialsymmetrisch** von der Ordnung k mit $k = 2, 3, \ldots, n$, wenn es in der Ebene einen Punkt D gibt, so daß bei Drehung mit dem Zentrum D um einen Winkel der Größe $\frac{360°}{k}$ die Figur auf sich selbst abgebildet wird.

Für $k = 2$ geht die radiale Symmetrie in die zentrale Symmetrie über.

BEISPIEL 10/4

a) Das regelmäßige Sechseck ist radialsymmetrisch von der Ordnung $k = 6$ mit seinem Mittelpunkt als Zentrum (Bild 10/22).

b) Der Kreis ist radialsymmetrisch bezüglich jeder Drehung um seinen Mittelpunkt (Bild 10/23).

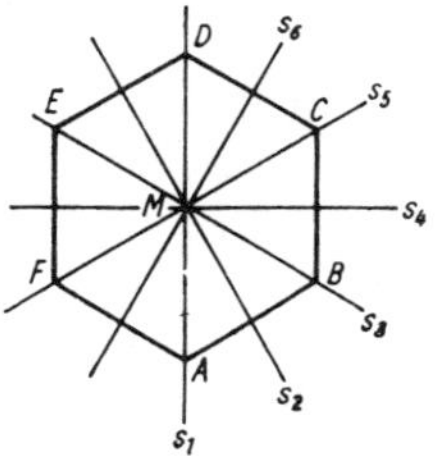

Bild 10/22

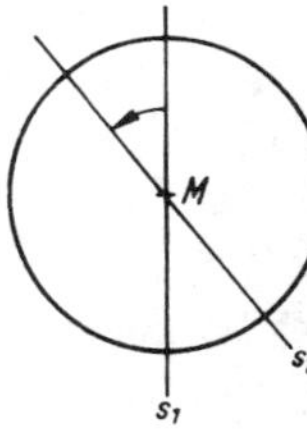

Bild 10/23

(3) **Kongruenz von Strecken**

Zwei Strecken AB und CD sind **kongruent** genau dann, wenn es eine Bewegung φ gibt, die AB auf CD abbildet.

Die Äquivalenzrelation »kongruent« zerlegt die Menge S aller Strecken in Klassen, die **Längen** genannt werden. Die Länge, der die Strecke AB angehört, wird mit $\overline{AB}$ bezeichnet und die Länge von AB genannt.

Es ist auch üblich, die Längen von Strecken mit kleinen lateinischen Buchstaben zu bezeichnen.

Ist $\overline{PQ}$ eine Länge und AS^+ ein Strahl, dann gibt es genau einen Punkt B mit $B \in AS^+$ und $\overline{AB} = \overline{PQ}$ (Streckenabtragung) (Bild 10/24).

Im System der kongruenten Strecken ist eine Operation »**Addition der Längen**« erklärt: Es seien s_1, s_2 beliebige Längen, dann ist $s = s_1 + s_2$

die Summe der Längen s_1, s_2. Veranschaulicht als geradliniges Aneinanderlegen von Strecken in Bild 10/25. $\overline{AB} = s_1$, $\overline{BC} = s_2$, $\overline{AC} = s$

Bild 10/24

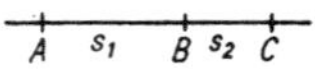

Bild 10/25

Die Addition der Längen ist assoziativ und kommutativ.
Ordnungsrelation für Längen: Wenn s_1 und s_2 beliebige Längen sind, so gilt $s_1 < s_2$, wenn es eine Länge x gibt, so daß $s_1 + x = s_2$ ist.
Diese Ordnungsrelation für Längen kann (teilweise) auf Strecken übertragen werden: $AB < CD$ genau dann, wenn $\overline{AB} < \overline{CD}$ ist, wobei A, B, C, D kollinear sein müssen.
Für Längen gilt das **Monotoniegesetz:**
Wenn s_1, s_2, s Längen sind und $s_1 < s_2$ gilt, so gilt auch $s_1 + s < s_2 + s$.

Mittelpunkt einer Strecke: M ist Mittelpunkt der Strecke AB, wenn $M \in g(AB)$ und $MA \cong MB$ ist.
Eine Gerade, die durch den Mittelpunkt M einer Strecke AB verläuft und senkrecht zur Strecke AB ist, heißt **Mittelsenkrechte der Strecke** AB.
Sie hat folgende Eigenschaften:

1. Jeder Punkt P der Mittelsenkrechten der Strecke AB hat von A und von B gleichen Abstand, d. h., $\overline{PA} = \overline{PB}$.
2. Jeder Punkt P der Ebene, der von zwei festen Punkten A, B gleichen Abstand hat, liegt auf der Mittelsenkrechten der Strecke AB.

(4) Kongruenz von Winkeln

Zwei (gewöhnliche) Winkel $\sphericalangle(p, q)$ und $\sphericalangle(r, s)$ sind **kongruent** genau dann, wenn es eine Bewegung φ gibt, die $\sphericalangle(p, q)$ auf $\sphericalangle(r, s)$ abbildet.
Die Äquivalenzrelation »kongruent« zerlegt die Menge W aller Winkel in Klassen, die **Winkelgrößen** heißen.
Die Winkelgröße, zu der der Winkel $\sphericalangle(p, q)$ gehört, wird mit $\overline{\sphericalangle(p, q)}$ bezeichnet. Es ist auch üblich, die Größen von Winkeln mit kleinen griechischen Buchstaben zu bezeichnen.

Ist α eine Winkelgröße und p ein Strahl, so gibt es genau einen Strahl q, so daß $\sphericalangle(p, q)$ ein Winkel aus α ist (Winkelantragung).

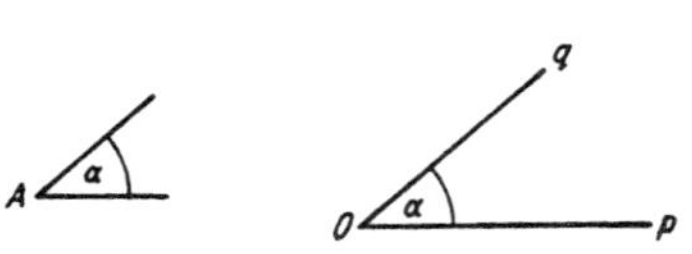

Bild 10/26

In der Menge der Winkelgrößen ist eine (partielle) Operation »**Addition von Winkelgrößen**« erklärt: Es seien α_1, α_2 beliebige Winkelgrößen, dann ist $\alpha = \alpha_1 + \alpha_2$ die Summe der Winkelgrößen α_1, α_2; veranschaulicht als Aneinanderlegen von Winkeln in Bild 10/27.

$$\overline{\sphericalangle(p, q)} = \alpha_1, \quad \overline{\sphericalangle(r, s)} = \alpha_2, \quad \overline{\sphericalangle(p, s)} = \alpha$$

Die Addition von Winkelgrößen ist assoziativ und kommutativ, jedoch nur teilweise ausführbar.
Ordnungsrelation in der Menge der Winkelgrößen: Wenn $\alpha_1 < \alpha_2$ ist, dann gibt es eine Winkelgröße x, so daß $\alpha_1 + x = \alpha_2$ ist. Diese Ordnungsrelation für Winkelgrößen kann auf Winkel übertragen werden:

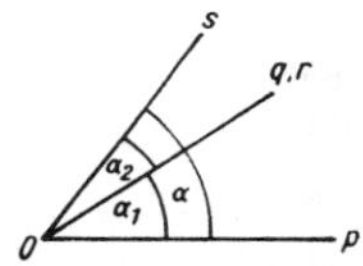

Bild 10/27

$$\sphericalangle(p, q) < \sphericalangle(r, s)$$

genau dann, wenn

$$\overline{\sphericalangle(p, q)} < \overline{\sphericalangle(r, s)}$$

ist.
Einteilung der (gewöhnlichen) Winkel nach ihrer Größe:

Größe des Winkels	Bezeichnung	Bild 10/28
kleiner als die Größe eines rechten Winkels	spitz	a) 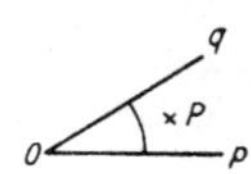
größer als die Größe eines rechten Winkels, aber kleiner als die Größe eines gestreckten Winkels	stumpf	b) 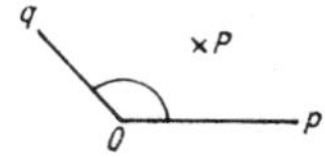
größer als die Größe eines gestreckten Winkels	überstumpf	c) 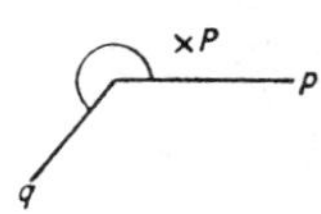

Die Bezeichnungen spitz, stumpf, überstumpf werden auch für Winkel (nicht bloß für Winkelgrößen) verwendet.
Monotoniegesetz für Winkelgrößen: Wenn $\alpha_1, \alpha_2, \alpha$ Winkelgrößen sind, für die $\alpha_1 < \alpha_2$ gilt, dann gilt auch $\alpha_1 + \alpha < \alpha_2 + \alpha$.
Halbierung von Winkelgrößen: Ist α eine gegebene Winkelgröße, so hat die Gleichung $x + x = \alpha$ genau eine Lösung. Diese Lösung ist keine überstumpfe Winkelgröße.

Daraus folgt: Zu jedem Winkel gibt es genau eine **Winkelhalbierende.** Das ist ein Strahl, der den Winkelscheitel als Anfangspunkt hat; die beiden Teilwinkel gehören zur gleichen Winkelgröße, und die Addition der Winkelgrößen beider Teilwinkel ergibt die Größe des Winkels.
Eigenschaften der Halbierenden eines Winkels:

1. Jeder Punkt P der Winkelhalbierenden hat von den Schenkeln des Winkels gleichen Abstand.
2. Jeder Punkt P im Innern eines Winkels, der von den Schenkeln gleichen Abstand hat, liegt auf der Winkelhalbierenden des Winkels.

10.1.4. Beziehungen zwischen Winkeln

(1) Zwei beliebige Winkel, die einander zu einem

gestreckten Winkel	rechten Winkel

ergänzen, heißen

Supplementwinkel.	**Komplementwinkel.**

(2) Schneiden zwei Geraden h, k einander im Punkt S, dann entstehen Winkelpaare, die gemeinsamen Scheitel S haben und Scheitelwinkel bzw. Nebenwinkel genannt werden.

Zwei Winkel mit gemeinsamem Scheitel, deren Schenkel jeweils eine Gerade bilden, heißen **Scheitelwinkel.**

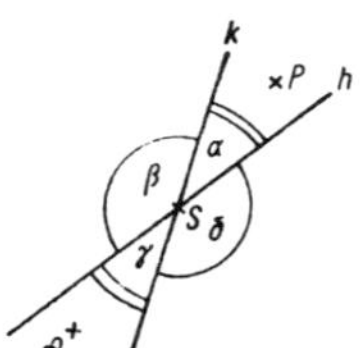

Bild 10/29

Scheitelwinkelpaare:

α, γ und β, δ

Satz über Scheitelwinkel:

Scheitelwinkel sind kongruent.

Zwei Winkel, die einen Schenkel gemeinsam haben und deren andere Schenkel eine Gerade bilden, heißen **Nebenwinkel.**

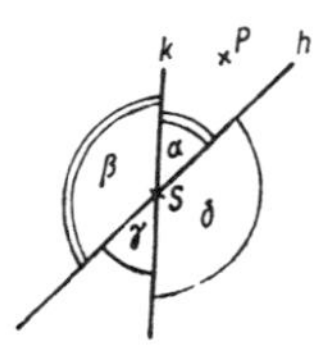

Bild 10/30

Nebenwinkelpaare:

α, β; β, γ; γ, δ; δ, α

Satz über Nebenwinkel:

Jeder der beiden Nebenwinkel ist Supplementwinkel zum gegebenen. Oder: Die Summe der Winkelgrößen zweier Nebenwinkel ist 180°.

(3) **Satz über rechte Winkel:** Ein nicht überstumpfer und nicht gestreckter Winkel ist genau dann ein **rechter Winkel**, wenn er zu seinen Nebenwinkeln kongruent ist.

(4) Schneidet eine Gerade zwei andere Geraden, so entstehen außer 8 Nebenwinkelpaaren und 4 Scheitelwinkelpaaren weitere Winkelpaare, deren Winkel voneinander verschiedene Scheitel haben. (Dabei sei ausgeschlossen, daß die schneidende Gerade durch den Schnittpunkt der geschnittenen Geraden geht.) (Bild 10/31) g sei die schneidende Gerade; h, k seien die geschnittenen Geraden.

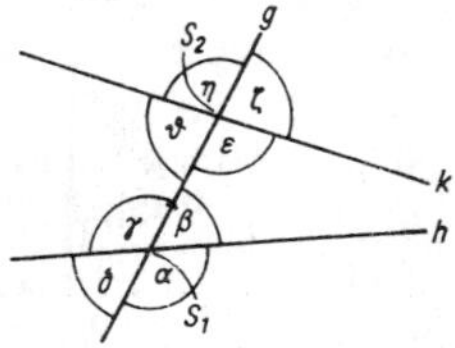

Bild 10/31

Zwei Winkel an den von der Geraden g geschnittenen Geraden h, k heißen

Stufenwinkel,	**Wechselwinkel,**	**entgegengesetzt liegende Winkel,**

wenn sie folgende Eigenschaften haben:

1. Sie haben verschiedene Scheitel.
2. Die Schenkel auf der schneidenden Geraden sind

gleich orientiert.	entgegengesetzt orientiert.	

3. Die Schenkel auf den geschnittenen Geraden liegen auf

derselben Seite	verschiedenen Seiten	derselben Seite

der schneidenden Geraden.

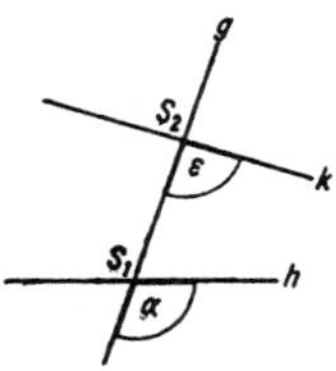

Bild 10/32

Stufenwinkelpaare:

α, ε; β, ζ; γ, η; δ, ϑ

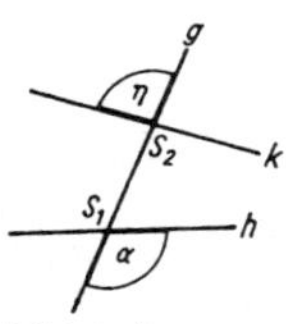

Bild 10/33

Wechselwinkelpaare:

α, η; β, ϑ; γ, ε; δ, ζ

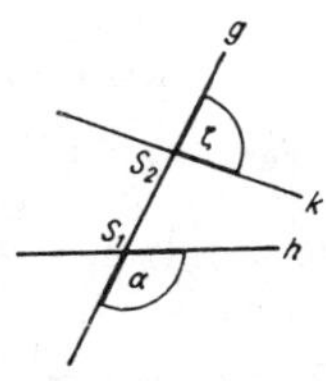

Bild 10/34

Paare entgegengesetzt liegender Winkel:

α, ζ; β, ε; γ, ϑ; δ, η

Sind die *geschnittenen Geraden h, k parallel zueinander*, dann gelten die **Sätze:**

Sind zwei Winkel

Stufenwinkel	Wechselwinkel	entgegengesetzt liegende Winkel

und sind die geschnittenen Geraden zueinander parallel, so sind die beiden Winkel

kongruent. (Satz über Stufenwinkel an geschnittenen Parallelen)	kongruent. (Satz über Wechselwinkel an geschnittenen Parallelen)	Supplementwinkel. (Satz über entgegengesetzt liegende Winkel an geschnittenen Parallelen)

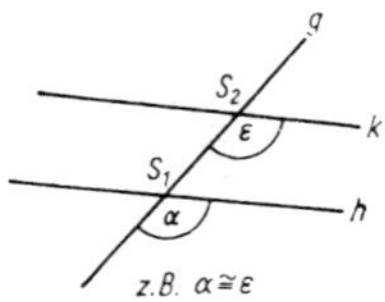

Bild 10/35

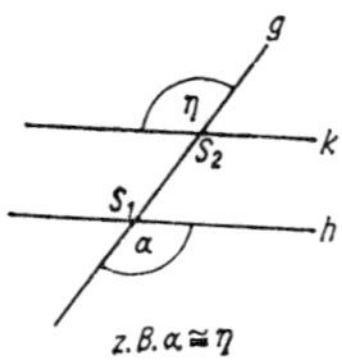

Bild 10/36

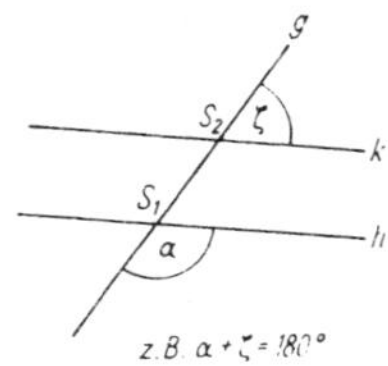

Bild 10/37

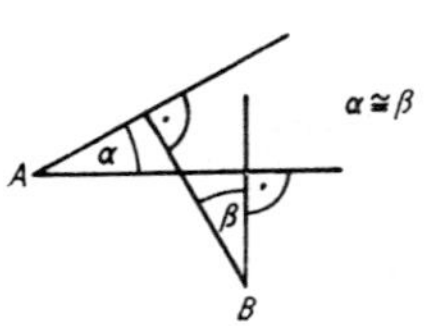

(5) Zwei Winkel, deren Schenkel paarweise senkrecht aufeinander stehen, sind kongruent, wenn der Scheitel des einen Winkels nicht im Innern oder auf einem Schenkel des anderen Winkels liegt.

Bild 10/38

10.1.5. Messung von Strecken und Winkeln

(1) Zu jedem Strahl auf der Trägergeraden g mit dem Anfangspunkt P_0, zu jeder Strecke AB mit $A \neq B$ und zu jedem Punkt Q von g kann man eine natürliche Zahl $n \geqq 1$ finden, so daß nach n-maligem sukzessivem Abtragen von Strecken der Länge $\overline{AB} = \overline{P_nP_{n+1}}$ auf g von P_0 aus der Punkt Q erreicht bzw. überschritten wird, so daß $n \cdot \overline{AB} = \overline{P_0Q}$ ist (ARCHIMEDisches Axiom).

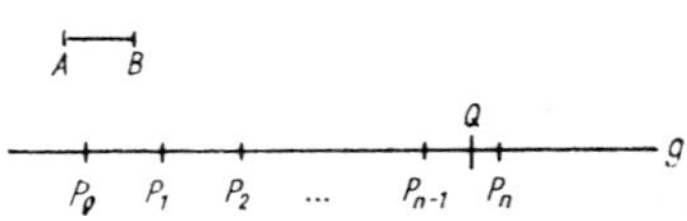

Bild 10/39

Das heißt, jede noch so große Strecke P_0Q kann durch eine endliche Anzahl von Abtragungen einer noch so kleinen Strecke AB ausgemessen werden.

(2) Unter einer **Streckenmessung** versteht man die Angabe einer Abbildung l der Menge aller Strecken in die Menge $\mathbf{R}_+$ der nichtnegativen reellen Zahlen. Das Bild $l(PQ)$ der Strecke PQ heißt **Zahlenwert** (früher Maßzahl genannt). Diese Abbildung hat folgende Eigenschaften:

1. Aus $PQ \cong ST$ folgt $l(PQ) = l(ST)$ (Bewegungsinvarianz), d. h., Strecken, die durch eine Bewegung ineinander übergehen, haben denselben Zahlenwert.
2. Liegt Z zwischen P und Q, so gilt $l(PQ) = l(PZ) + l(ZQ)$ (Additivität), d. h., der Zahlenwert einer in Teilstrecken zerlegten Strecke ist gleich der Summe der Zahlenwerte dieser Teilstrecken.
3. Es gibt eine Strecke AB ($A \neq B$) mit $l(AB) = 1$ (Normiertheit), d. h., es existiert ein Maßstab.

Der Zahlenwert $l(PQ)$ einer Strecke PQ hängt von der Wahl der Einheitsstrecke AB, dem Maßstab, ab. Deshalb wird bei fester Wahl von AB die Länge $\overline{PQ}$ der Strecke PQ als **formales Produkt aus Zahlenwert und Einheit** geschrieben: $\overline{PQ} = \lambda \cdot \overline{AB}$, wobei $\lambda \in \mathbf{R}$ der Zahlenwert der Länge von PQ und $\overline{AB}$ die Einheit genannt werden. Die Einheit ist also die Länge mit dem Zahlenwert 1.

Die Basiseinheit der Größe »Länge« ist im Internationalen Einheitensystem (SI) das **Meter** (m). Das Meter ist die Länge der Strecke, die Licht im Vakuum während der Dauer von 1/299 792 458 Sekunden durchläuft.

Zwei Strecken AB, CD heißen

kommensurabel	**inkommensurabel**
genau dann, wenn $z \cdot \overline{AB} = \overline{CD}$ gilt und	
z eine rationale Zahl ist.	z eine irrationale Zahl ist.

(3) Unter einer **Winkelmessung** versteht man die Angabe einer Abbildung ω der Menge aller Drehwinkel in die Menge $\mathbf{R}$ der reellen Zahlen. Das Bild $\omega(\sphericalangle(p, q))$ des Winkels $\sphericalangle(p, q)$ heißt **Zahlenwert**. Diese Abbildung hat folgende Eigenschaften:

1. Winkel, die durch eine Bewegung ineinander übergehen, haben den selben Zahlenwert (Bewegungsinvarianz).
2. Der Zahlenwert eines in Teilwinkel zerlegten Winkels ist gleich der Summe der Zahlenwerte dieser Teilwinkel (Additivität).
3. Es gibt einen Winkel $\sphericalangle(a, b)$ ($a \neq b$) mit $\omega(\sphericalangle(a, b)) = 1$ (Normiertheit), d. h., es existiert ein Maßstab.

Der Zahlenwert $\omega(\sphericalangle(p, q))$ eines Winkels $\sphericalangle(p, q)$ hängt von der Wahl des Einheitswinkels $\sphericalangle(a, b)$ ab. Bei fester Wahl von $\sphericalangle(a, b)$ wird die Größe $\overline{\sphericalangle(p, q)}$ des Winkels $\sphericalangle(p, q)$ als **formales Produkt aus Zahlen-**

wert und Einheit geschrieben: $\overline{\sphericalangle (p,q)} = \lambda \cdot \overline{\sphericalangle (a,b)}$, wobei $\lambda \in \mathbf{R}$ der Zahlenwert der Winkelgröße des Winkels $\sphericalangle (p,q)$ und $\overline{\sphericalangle (a,b)}$ die Einheit genannt werden.
Im Internationalen Einheitensystem (SI) ist die Einheit der Größe »ebener Winkel« die ergänzende SI-Einheit **Radiant** (rad). Dort wird dazu bemerkt: »Der Radiant ist die Größe des Winkels zwischen zwei Kreisradien, die aus dem Kreisumfang einen Bogen ausschneiden, dessen Länge gleich dem Radius ist.«
Der Radiant wird als Verhältnisgröße aufgefaßt: $1 \text{ rad} = 1 \dfrac{\text{m}}{\text{m}}$; »und darf durch die Einheit Eins ersetzt werden«.
Daneben sind die SI-fremden Einheiten der Größe »ebener Winkel« **Grad** (°) und Gon (gon; früher Neugrad) gültig. Es gilt

Grad DEG	Radiant RAD	Gon GRD
180°	π	200 gon
$x°$	y	z gon

Daraus erhält man folgende Beziehungen

$$x° = \frac{180° \cdot y}{\pi} = \frac{180° \cdot z \text{ gon}}{200 \text{ gon}}$$

$$y = \frac{x° \cdot \pi}{180°} = \frac{z \text{ gon} \cdot \pi}{200 \text{ gon}}$$

$$z \text{ gon} = \frac{x° \cdot 200 \text{ gon}}{180°} = \frac{y \cdot 200 \text{ gon}}{\pi}$$

Der Einheit	entspricht	
1°	$\frac{\pi}{180}$ rad $= 0{,}01745$ rad	$\frac{200}{180}$ gon $= 1{,}\overline{1}$ gon
1 rad	$\frac{180°}{\pi} = 57{,}296°$	$\frac{200}{\pi}$ gon $= 63{,}66$ gon
1 gon	$\frac{180}{200}$ gon $= 0{,}9°$	$\frac{\pi}{200}$ rad $= 0{,}01571$ rad

Die Einheit »rad« kann auch weggelassen werden.

BEISPIEL 10/5

Umrechnungen:

a) $17° = 0{,}01745 \cdot 17$ rad $=$ **0,297 rad** $= 1{,}111 \cdot 17$ gon $=$ **18,89 gon**
b) 3,87 rad $= 57{,}295 \cdot 3{,}87° =$ **221,73°** $= 63{,}66 \cdot 3{,}87$ gon $=$ **246,37 gon**
c) 41,5 gon $= 0{,}9 \cdot 41{,}5° =$ **37,35°** $= 0{,}01571 \cdot 41{,}5$ rad $=$ **0,652 rad**

Wird festgelegt, daß der Strahl p im mathematisch positiven (bzw. negativen) Drehsinn bis zur Deckung mit q gedreht werden soll, spricht man vom **positiv** (bzw. **negativ**) **orientierten Winkel.** Einem solchen Winkel werden positive (bzw. negative) Zahlenwerte zugeordnet.

Winkel, deren Gradmaße sich um ein ganzzahliges Vielfaches von 360° (bzw. deren Bogenmaße sich um ein ganzzahliges Vielfaches von 2π) unterscheiden, heißen **zueinander äquivalente Winkel.** Sie bilden jeweils eine Klasse (Restklasse ↗ 3.3.7.3.). Die im Intervall $0° \leqq \alpha < 360°$ (bzw. $0 \leqq \alpha < 2\pi$) liegende Winkelgröße wird als **Hauptwert** bezeichnet.

10.1.6. Ähnlichkeitsabbildungen

10.1.6.1. Strahlensatz

(1) **Streckenverhältnisse**

Gegeben seien zwei Strecken PQ und ST mit $\overline{PQ} = \lambda_1 \cdot \overline{AB}$, $\overline{ST} = \lambda_2 \cdot \overline{AB}$; λ_1, λ_2 seien Zahlenwerte. Dann heißt der Quotient $\frac{\lambda_1}{\lambda_2}$ der nichtnegativen reellen Zahlen λ_1, λ_2 bei gleicher Einheit der Länge **Streckenverhältnis** der Strecken PQ und ST.

(2) Beim Schnitt eines Strahlenbüschels mit den Strahlen s_1, s_2, s_3 durch eine Parallelenschar mit den paarweise parallelen Geraden g_1, g_2, g_3 entstehen Strahlenabschnitte und Parallelenabschnitte (Bild 10/40), zwischen denen Streckenverhältnisse gebildet werden können.

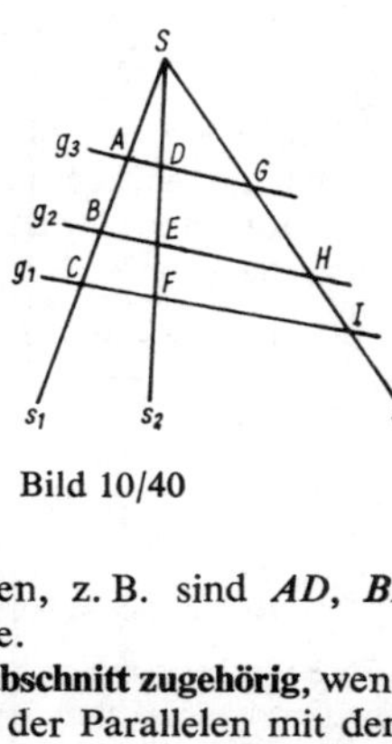

Bild 10/40

Zwei *Strahlenabschnitte* heißen **gleichliegend**, wenn sie auf verschiedenen Strahlen, aber zwischen Scheitel und ein und derselben Parallelen oder zwischen denselben zwei Parallelen liegen, z. B. sind SA, SD bzw. DE, GH gleichliegende Strahlenabschnitte.

Zwei *Parallelenabschnitte* heißen gleichliegend, wenn sie auf verschiedenen Parallelen, aber zwischen denselben Strahlen liegen, z. B. sind AD, BE bzw. DG, FI gleichliegende Parallelenabschnitte.

Ein Strahlenabschnitt heißt **zu einem Parallelenabschnitt zugehörig**, wenn ein Endpunkt dieser Strecke der Schnittpunkt der Parallelen mit dem Strahl, der andere Endpunkt der Scheitel ist, z. B. ist der Strahlenabschnitt SE dem Parallelenabschnitt BE zugehörig.

Mit Hilfe des **Strahlensatzes** können Verhältnisgleichungen zwischen Strahlenabschnitten und Parallelenabschnitten angegeben werden:

1. Teil: Werden die Strahlen eines Büschels von einer Parallelenschar geschnitten, dann verhalten sich zwei Abschnitte auf einem Strahl zueinander wie die *gleichliegenden* Abschnitte auf einem anderen Strahl.

Es können z. B. folgende Verhältnisgleichungen zwischen Längen der Strecken angegeben werden:

$$\frac{\overline{SA}}{\overline{SB}} = \frac{\overline{SD}}{\overline{SE}}; \quad \frac{\overline{SA}}{\overline{SB}} = \frac{\overline{SG}}{\overline{SH}}$$

$$\frac{\overline{SA}}{\overline{AB}} = \frac{\overline{SD}}{\overline{DE}}; \quad \frac{\overline{SD}}{\overline{DE}} = \frac{\overline{SG}}{\overline{GH}}$$

$$\frac{\overline{AB}}{\overline{BC}} = \frac{\overline{DE}}{\overline{EF}}; \quad \frac{\overline{AB}}{\overline{AC}} = \frac{\overline{GH}}{\overline{GI}}$$

2. Teil: Werden die Strahlen eines Büschels von einer Parallelenschar geschnitten, so verhalten sich je zwei gleichliegende Parallelenabschnitte zueinander wie die *zugehörigen* Abschnitte auf ein und demselben Strahl.

Es können z. B. folgende Verhältnisgleichungen zwischen Längen der Strecken angegeben werden:

$$\frac{\overline{AD}}{\overline{BE}} = \frac{\overline{SA}}{\overline{SB}}; \quad \frac{\overline{AD}}{\overline{CF}} = \frac{\overline{SD}}{\overline{SF}}.$$

3. Teil: Werden die Strahlen eines Büschels von einer Parallelenschar geschnitten, so verhalten sich zwei Abschnitte auf einer Parallelen zueinander wie die *gleichliegenden* Abschnitte auf einer anderen Parallelen.

Zum Beispiel können folgende Verhältnisgleichungen zwischen Längen der Strecken angegeben werden:

$$\frac{\overline{AD}}{\overline{DG}} = \frac{\overline{BE}}{\overline{EH}}; \quad \frac{\overline{AD}}{\overline{AG}} = \frac{\overline{CF}}{\overline{CI}}.$$

(3) Wahre Umkehrungen der einzelnen Teile des Strahlensatzes:

Wahre Umkehrung des 1. Teils: Werden die Strahlen eines Büschels von Geraden geschnitten und verhalten sich zwei Abschnitte auf einem Strahl wie die gleichliegenden Abschnitte auf einem anderen Strahl, dann sind die schneidenden Geraden zueinander parallel.

Wahre Umkehrung des 2. Teils: Wird eine Parallelenschar von einem Strahl s aus S und von nicht zu s parallelen Geraden geschnitten und verhalten sich zwei gleichliegende Parallelenabschnitte wie die zugehörigen Strahlenabschnitte auf s, so gehen die schneidenden Geraden durch S.

Wahre Umkehrung des 3. Teils: Wird eine Parallelenschar von paarweise nicht parallelen Geraden geschnitten und verhalten sich zwei Abschnitte auf einer Parallelen zueinander wie die gleichliegenden Abschnitte auf einer anderen Parallelen, dann gehen die schneidenden Geraden durch einen gemeinsamen Punkt; d. h., sie sind Strahlen eines Büschels.

10.1.6.2. Anwendungen des Strahlensatzes

(1) Vervielfachen einer Strecke

Es soll das k-fache einer Strecke AB konstruiert werden.

- Ist k eine natürliche Zahl, dann wird die Strecke AB $(k - 1)$mal auf der Verlängerung der Strecke AB abgetragen.
- Ist k eine rationale Zahl, so wird der 1. Teil des Strahlensatzes angewendet: Ist $k = \frac{p}{q}$, so wird die Strecke AB in q kongruente Teilstrecken zerlegt. Anschließend ist das p-fache einer Teilstrecke zu konstruieren.
- Ist k eine irrationale Zahl, so wird k durch einen rationalen Näherungswert ersetzt. Es gibt aber auch irrationale Zahlen, für die die zugehörigen Punkte unmittelbar konstruiert werden können (Anwendung des Satzes des PYTHAGORAS ↗ 10.1.10.5. Punkt 6). Beim Vervielfachen einer Strecke entsteht für $0 < k < 1$ eine kürzere Strecke, bei $k > 1$ eine längere Strecke als die gegebene Strecke.

BEISPIEL 10/6

Die Strecke AB mit $\overline{AB} = 2$ cm soll vervielfacht werden.

a) $k = 2$, b) $k = \frac{1}{3}$, c) $k = \frac{5}{3}$

a) Auf der Verlängerung von AB über B hinaus wird die Länge der Strecke AB von B aus abgetragen. Der Endpunkt sei C. Dann ist $\overline{AC} = 2 \cdot \overline{AB}$ (Bild 10/41).

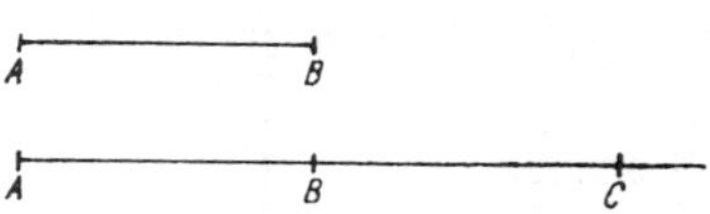

Bild 10/41

b) Vom Punkt A der Strecke AB aus wird ein Strahl s gezeichnet, auf dem eine Strecke beliebiger Länge dreimal nacheinander abgetragen wird. Der Endpunkt E wird mit B verbunden und zu EB durch C die Parallele gezeichnet, die die Strecke AB in F schneidet. Dann ist $\overline{AF} = \frac{1}{3} \cdot \overline{AB}$ (Bild 10/42).

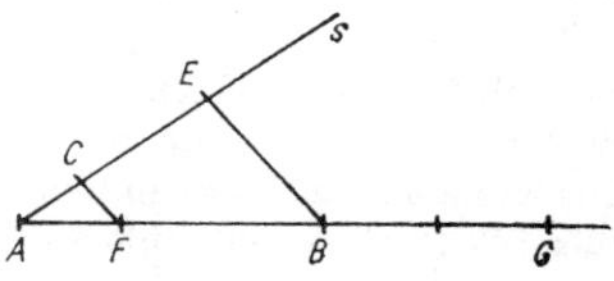

Bild 10/42

c) Nach Beispiel 10.6.b wird $\overline{AF} = \frac{1}{3}\,\overline{AB}$ konstruiert. Auf der Strecke AB bzw. deren Verlängerung wird die Strecke AF von F aus weitere viermal nacheinander abgetragen. Der Endpunkt sei G. Dann ist $\overline{AG} = \frac{5}{3}\,\overline{AB}$.

(2) Innere und äußere Teilung einer Strecke

Um eine Strecke AB innen und außen im Verhältnis $p:q$ zu teilen, wird der 2. Teil des Strahlensatzes angewandt:

Innere Teilung	**Äußere Teilung**

der Strecke AB mit $\overline{AB} = 2$ cm, $p:q = 3:2$.

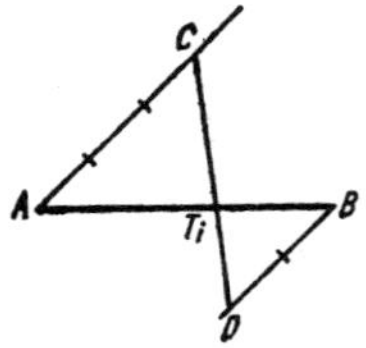

Bild 10/43

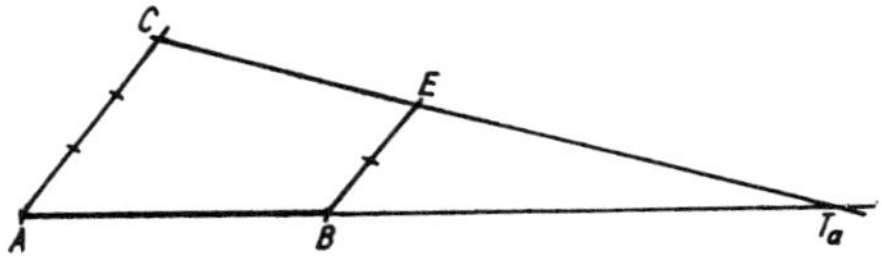

Bild 10/44

Von den Endpunkten A, B der Strecke AB aus wird je ein Strahl auf parallelen Geraden in

unterschiedliche Halbebenen	die gleiche Halbebene

gezeichnet. Auf dem von A ausgehenden Strahl wird die Strecke PQ beliebiger Länge p-mal, auf dem von B ausgehenden Strahl diese Länge $\overline{PQ}$ q-mal abgetragen. Die Endpunkte C und D bzw. E werden verbunden. Der Schnittpunkt

der Strecke CD mit der Strecke AB	des Strahls von C aus durch E mit dem Strahl von A aus durch B

ist der

innere Teilpunkt T_i,	äußere Teilpunkt T_a,

und es gilt

$\frac{\overline{AT_i}}{\overline{T_iB}} = \frac{\overline{AC}}{\overline{BD}} = \frac{p}{q} = \lambda.$	$\frac{\overline{AT_a}}{\overline{T_aB}} = \frac{\overline{AC}}{\overline{BE}} = \frac{p}{q} = \lambda.$

Die Zahl λ wird das **Teilverhältnis** der Punkte A, B, T genannt. Es ist das Verhältnis der Längen orientierter Teilstrecken, die ein Punkt T einer Geraden mit den Endpunkten A, B der orientierten Strecke AB auf g bildet. (Der Teilpunkt soll nicht mit A oder B zusammenfallen.)

Bei **innerer Teilung** der Strecke AB ist $\lambda > 0$.

Für den Mittelpunkt M der Strecke AB ist

$$\lambda = \frac{\overline{AM}}{\overline{MB}} = +1.$$

Bei **äußerer Teilung** der Strecke AB ist $\lambda < 0$.

Wird eine Strecke AB innen und außen im gleichen Verhältnis $p:q$ geteilt, dann nennt man die Punkte A, B, T_i, T_a die zu AB und $p:q$ gehörenden vier **harmonischen Punkte** und diese Teilung **harmonische Teilung** einer Strecke AB im Verhältnis $p:q$.

BEISPIEL 10/7

Die Strecke $AB = 4{,}0$ cm soll im Verhältnis $2:5$ harmonisch geteilt werden.
Die Strecke AB wird innen und außen im Verhältnis $2:5$ geteilt.

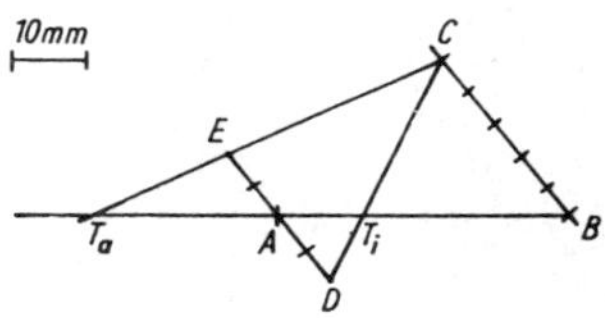

Bild 10/45

10.1.6.3. Zentrische Streckung

Eine **zentrische Streckung** $\varkappa$ mit dem Punkt Z als Streckungszentrum und einer nichtnegativen reellen Zahl k als Streckungsfaktor ist eine eineindeutige Abbildung der Ebene auf sich mit folgenden Eigenschaften (Bild 10/46):

1. Das Bild $\varkappa(P) = P'$ des Punktes P liegt auf dem Strahl ZP mit $\overline{ZP'} = k \cdot \overline{ZP}$ für $P \neq Z$.
2. Der Bildpunkt von Z liegt im Streckungszentrum Z.

Die zentrische Streckung $\varkappa$ wird durch das geordnete Paar $(Z; k)$ bezeichnet.

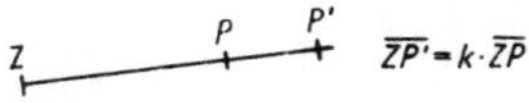

Bild 10/46

Eine Streckung $(Z; k)$ mit $k \in \mathbf{R}_+^*$ und

$0 < k < 1$	$k = 1$	$k > 1$
ergibt		
eine maßstäbliche Verkleinerung, **Stauchung** genannt.	die **identische Abbildung** (alle Punkte des Originals werden auf sich selbst abgebildet).	eine maßstäbliche Vergrößerung, **Dehnung** genannt.

10.1.6.4. Ähnlichkeit

Jede Nacheinanderausführung einer zentrischen Streckung $\varkappa$ und einer Bewegung φ heißt **Ähnlichkeitsabbildung** (oder äquiforme Abbildung) und wird mit ϑ bezeichnet. $k \in \mathbf{R}$ wird *Ähnlichkeitsfaktor* genannt. Z heißt *Ähnlichkeitspunkt*.

(1) Geometrische Figuren F_1, F_2 heißen **ähnlich** genau dann, wenn es eine Ähnlichkeitsabbildung gibt, bei der F_2 das Bild von F_1 ist, in Zeichen: $F_1 \sim F_2$ (gelesen: F_1 ähnlich F_2).

Kongruente Figuren sind ähnliche Figuren mit dem Ähnlichkeitsfaktor $k = 1$.

(2) Eine Ähnlichkeitsabbildung $(Z; k)$ mit $k < 0$ wird als Nacheinanderausführung einer Streckung $(Z; k_1)$ mit $k_1 > 0$ und einer Punktspiegelung σ_Z am Punkt Z erklärt.

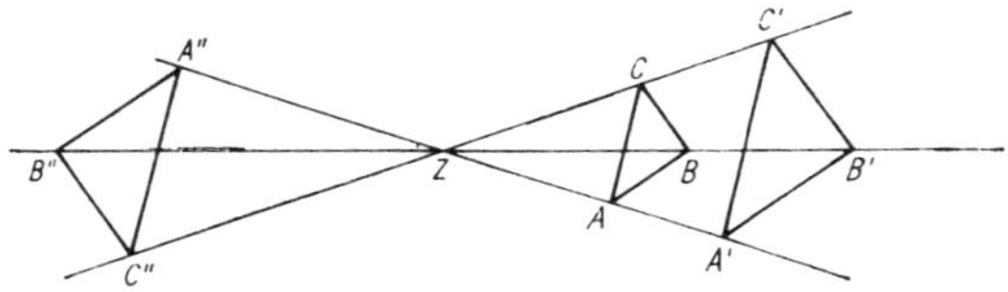

Bild 10/47

Zwei Figuren sind

gleichsinnig ähnlich	**ungleichsinnig ähnlich**

genau dann, wenn jede Figur F

mit $\vartheta(F)$ gleichorientiert ist.	zu $\vartheta(F)$ entgegengesetzt orientiert ist. Eine ungleichsinnige Ähnlichkeitsabbildung entsteht als Nacheinanderausführung einer Streckung $(Z; k)$ mit $k > 0$ und einer Geradenspiegelung σ_g an einer Geraden g.

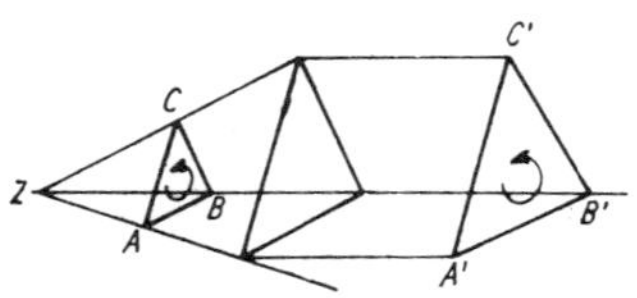

Bild 10/48

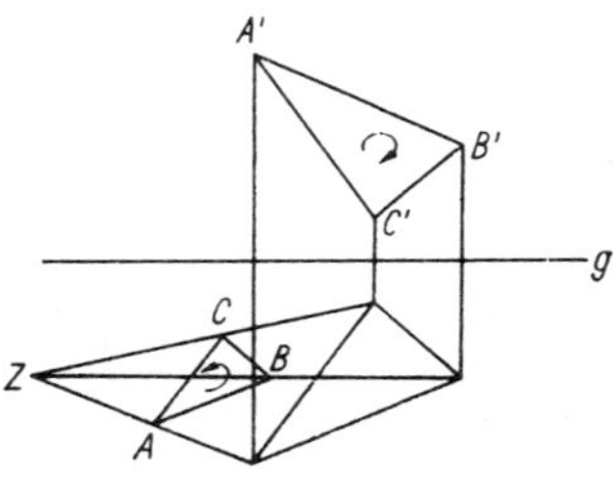

Bild 10/49

10.1.7. Affine Abbildungen

Unter einer **affinen Abbildung** versteht man jede eineindeutige Abbildung einer Punktmenge der Ebene auf sich, bei der die Parallelität von Geraden und das Teilverhältnis dreier (kollinearer) Punkte [↗ 10.1.6.2.(2)] erhalten bleibt.

Affine Abbildungen heißen

- **gleichsinnig,** wenn die Orientierung aller Figuren erhalten bleibt,
- **inhaltstreu,** wenn der Flächeninhalt aller Figuren dem Betrag nach erhalten bleibt,
- **ähnlich,** wenn sie winkeltreu sind,
- **kongruent,** wenn sie winkeltreu und streckentreu sind.

Zwei Figuren der Ebene heißen **affin** genau dann, wenn sie durch eine affine Abbildung ineinander übergeführt werden können. Dann schneiden einander entsprechende Strecken im Original und im Bild nach Verlängerung einander auf ein und derselben Geraden, **Affinitätsachse** genannt, und
dann verlaufen die Verbindungsgeraden einander entsprechender Punkte im Original und im Bild, **Affinitätsstrahlen** genannt, zueinander parallel.

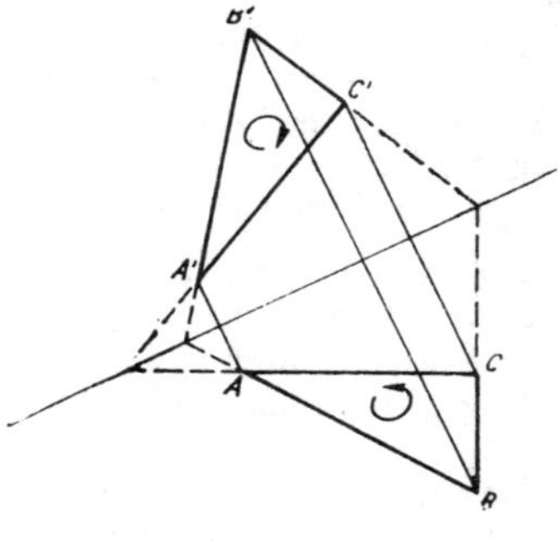

Bild 10/50

10.1.8. Zum Konstruieren geometrischer Figuren

(1) Unter einer **geometrischen Konstruktion** versteht man das Zeichnen einer geometrischen Figur, indem man von gegebenen Punkten ausgeht und bestimmte Konstruktionsmittel verwendet. Neben den üblichen Zeichengeräten (Lineal, Zeichendreiecke, Zirkel, Winkelmesser) können auch Präzisionsgeräte (Zeichenmaschinen) benutzt werden. Beim Lösen einer Konstruktionsaufgabe sind stets zwei Fragen zu beantworten:

1. Wie kann die geforderte Figur konstruiert werden?
2. Wie viele (paarweise voneinander verschiedene) Figuren der geforderten Art gibt es?

Unter den Konstruktionsaufgaben sind die **Konstruktionen im klassischen Sinne** mathematisch interessant, zu denen als Hilfsmittel nur Zirkel und Lineal zugelassen sind.
Mit Zirkel und Lineal sind die *Elementarkonstruktionen* [↗ (2)], die *Grundkonstruktionen* [↗ (3)] und mit deren Hilfe Konstruktionen gewisser geometrischer Objekte (Dreiecke, Vierecke, ...) ausführbar.
Jede Konstruktionsaufgabe kann so umgeformt werden, daß nur Punkte und Beziehungen zwischen Punkten gegeben sind und nur Punkte gesucht werden. Selbst wenn nur Zirkel und Lineal als Konstruktionshilfsmittel zugelassen sind, sind stets Punkte zu konstruieren, weil als zu konstruierende Objekte nur Punkte, Geraden, Strahlen, Strecken, Kreise auftreten, die sich als Punktmengen eindeutig festlegen lassen. Jeder Punkt läßt sich als Durchschnitt zweier Punktmengen, auch »geometrische Örter« [↗ (4)] genannt, konstruieren.
Die höchste Abstraktionsstufe liegt vor, wenn in solchen Konstruktionsaufgaben die Bestimmungsstücke durch Variablen gegeben sind. Dann stehen mathematische Untersuchungen über die Lösbarkeit der Konstruktionsaufgabe im Mittelpunkt. Dabei sind Fallunterscheidungen für die gegebenen Größen durchzuführen. Zeichnungen dienen lediglich zur Veranschaulichung und als Gedächtnisstütze, keinesfalls als Beweis und sind mathematisch gesehen überflüssig. Deshalb wird dann die Konstruktion nur als Konstruktionsbeschreibung gegeben und der Existenz- und der Einzigkeitsnachweis erbracht. Für die *vollständige Lösung einer Konstruktionsaufgabe* eignet sich ein aus vier Teilen bestehendes Schema [↗ (5)].
Folgende Konstruktionsaufgaben sind unter alleiniger Zuhilfenahme von Zirkel und Lineal **nicht zu lösen**:

- allgemeine Lösung der Dreiteilung eines Winkels (d. h., einen gegebenen Winkel in drei kongruente Winkel zu teilen)
- *Quadratur des Kreises* (d. h., die Seite eines Quadrats zu konstruieren, dessen Flächeninhalt gleich dem Flächeninhalt eines gegebenen Kreises ist)
- *Verdoppelung des Würfels* (d. h., zu einer gegebenen Würfelkante die Kante des Würfels mit doppeltem Volumen zu konstruieren).

(2) Elementarkonstruktionen

1. Durch zwei gegebene Punkte P_1, P_2 kann stets eine Gerade gezeichnet werden (Bild 10/51)
2. Der Schnittpunkt S zweier nichtparalleler Geraden g_1, g_2 kann stets eindeutig ermittelt werden (Bild 10/52).
3. Es kann stets genau ein Kreis gezeichnet werden, wenn sein Mittelpunkt und wenigstens ein Punkt seiner Peripherie gegeben sind (Bild 10/53).
4. Die Schnittpunkte S_1, S_2 zweier einander schneidender Kreise k_1, k_2 können stets eindeutig konstruiert werden (Bild 10/54).

Bild 10/51

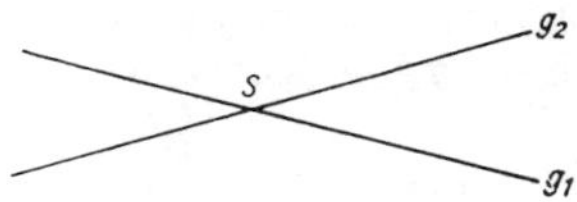

Bild 10/52

5. Die Schnittpunkte S_1, S_2 eines Kreises k um M mit Radius r mit einer Geraden g, die diesen Kreis schneidet, können stets eindeutig konstruiert werden (Bild 10/55).

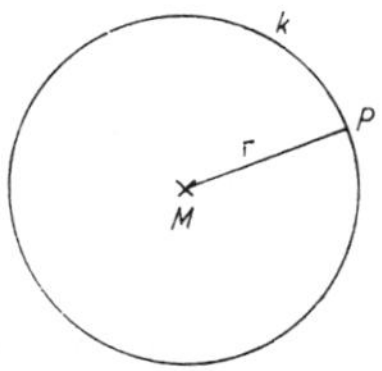

Bild 10/53

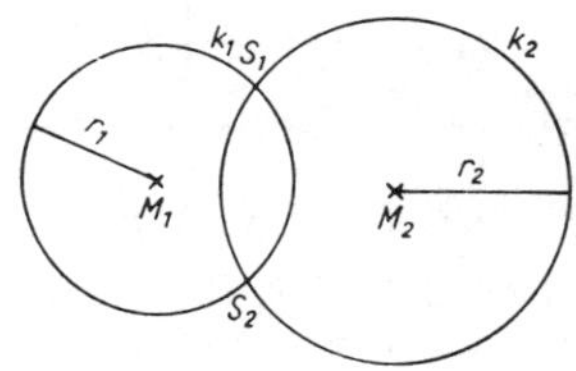

Bild 10/54

Ferner unter Anwendung dieser Elementarkonstruktionen:

6. **Strecke abtragen:** Auf einer Geraden g wird vom Punkt P aus die Strecke AB mit der Länge $\overline{AB}$ abgetragen, indem um P mit Radius $\overline{AB}$ der Kreis gezeichnet wird, der die Gerade in den Punkten Q_1 und Q_2 schneidet. Dabei ist anzugeben, in welcher Richtung die Strecke AB abgetragen werden soll (Bild 10/56).

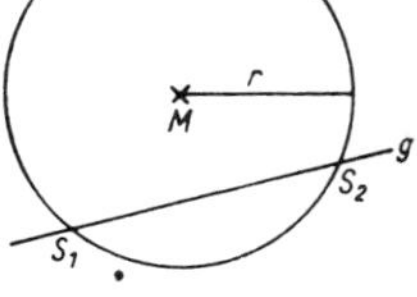

Bild 10/55

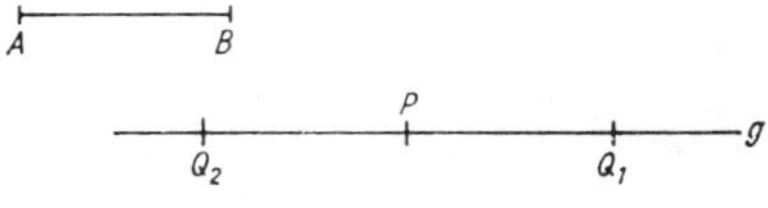

Bild 10/56

7. **Winkel antragen:** Im Punkt P wird an die Gerade g der Winkel $\sphericalangle AOB$ der Größe $\overline{\sphericalangle AOB}$ angetragen, indem um O und um P je ein Kreis mit beliebigem, jedoch konstantem Radius gezeichnet wird, der die Schenkel des Winkels $\sphericalangle AOB$ in den Punkten C und D und die Gerade g im Punkt E schneidet. Um E wird ein Kreis mit einem Radius der Länge $\overline{CD}$ beschrieben, der den Kreis um P in F schneidet. Der Strahl PF ist freier Schenkel des in P an die Gerade g angetrage-

nen Winkels. Dabei ist anzugeben, nach welcher Seite von g der Winkel AOB an die Gerade angetragen werden soll (Bild 10/57).

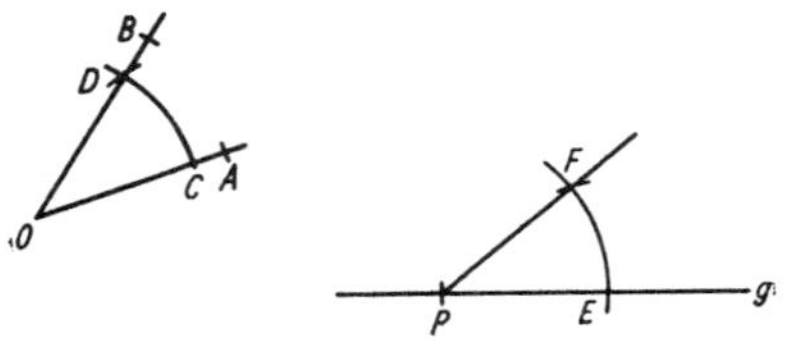

Bild 10/57

(3) **Grundkonstruktionen**

1. **Strecke halbieren:** Um die Endpunkte A und B der Strecke AB wird je ein Kreisbogen mit einem Radius der Länge $r > \frac{\overline{AB}}{2}$ gezeichnet, deren Schnittpunkte C und D genannt werden. Die Verbindungsgerade durch C und D schneidet die Strecke AB im Mittelpunkt M der Strecke AB (Bild 10/58). Die Gerade $g(CD)$ heißt *Mittelsenkrechte* der Strecke AB.
2. **Winkel halbieren:** Um den Scheitel O des Winkels $\sphericalangle\ (p, q)$ wird ein Kreisbogen mit einem Radius beliebiger Länge gezeichnet, der die Schenkel p, q in den Punkten A, B schneidet. Um A und B wird je ein Kreisbogen mit einem Radius der Länge $r > \frac{\overline{AB}}{2}$ gezeichnet, deren Schnittpunkt mit C bezeichnet wird. Der Strahl OC ist die gesuchte *Winkelhalbierende* (Bild 10/59).

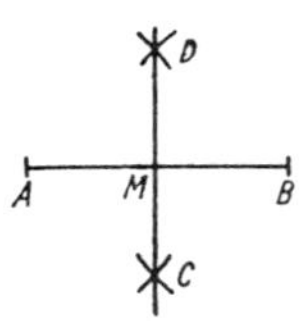

Bild 10/58

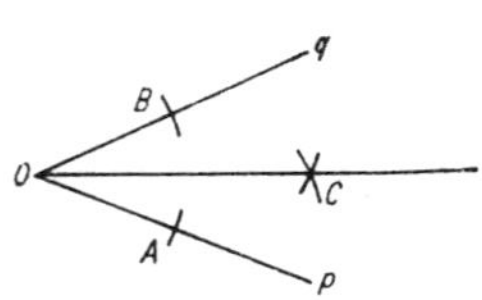

Bild 10/59

3. **Senkrechte errichten:** Im Punkt A wird auf der Geraden g die Senkrechte errichtet, indem um A ein Kreis mit einem Radius beliebiger Länge gezeichnet wird, der g in den Punkten B und C schneidet. Um B und um C wird je ein Kreisbogen mit einem Radius der Länge $r > \overline{AB}$ gezeichnet. Einer ihrer Schnittpunkte werde mit D bezeichnet. Die Gerade durch die Punkte A und D ist die gesuchte Senkrechte. (Der andere Schnittpunkt beider Kreisbögen, mit E bezeichnet, dient als Zeichenkontrolle.) (Bild 10/60)

4. **Lot fällen:** Vom Punkt A wird auf die Gerade g das Lot gefällt, indem um A ein Kreis mit einem Radius einer solchen Länge gezeichnet wird, daß die Gerade g in den Punkten B und C geschnitten wird. Um B und um C wird je ein Kreisbogen mit einem Radius der Länge $r > \frac{\overline{BC}}{2}$ gezeichnet, deren Schnittpunkt mit D bezeichnet wird. Die Gerade durch A und D ist das gesuchte Lot (Bild 10/61). Der Schnittpunkt der Geraden $g(AD)$ und der gegebenen Geraden heißt Lotfußpunkt und wird mit L bezeichnet.

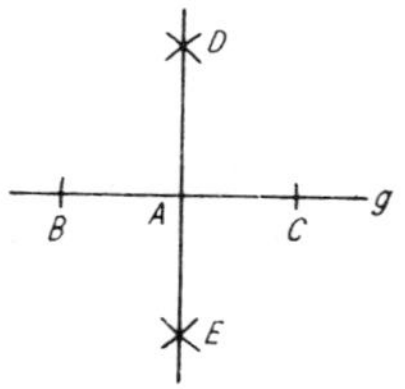

Bild 10/60

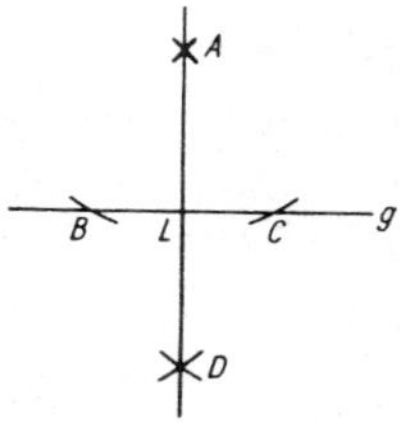

Bild 10/61

5. **Parallele zeichnen:** Um zu einer Geraden g

durch den Punkt P ($P \notin g$) die Parallele zu zeichnen, wird von P das Lot auf g gefällt und im Punkt P die Senkrechte auf diesem Lot errichtet; kurz: Parallelverschiebung mit Hilfe zweier Zeichendreiecke zu g durch P (Bild 10/62).

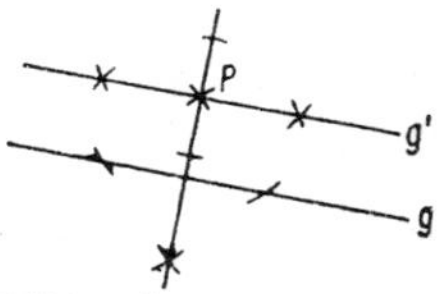

Bild 10/62

im Abstand a eine Parallele zu zeichnen, wird in einem beliebigen Punkt A auf g die Senkrechte errichtet, auf der die Länge a des gegebenen Abstands vom Punkt A aus abgetragen wird. Der Endpunkt dieser Strecke sei P. Konstruktion der Parallelen zu g durch P nach dem nebenstehenden Verfahren (Bild 10/63).

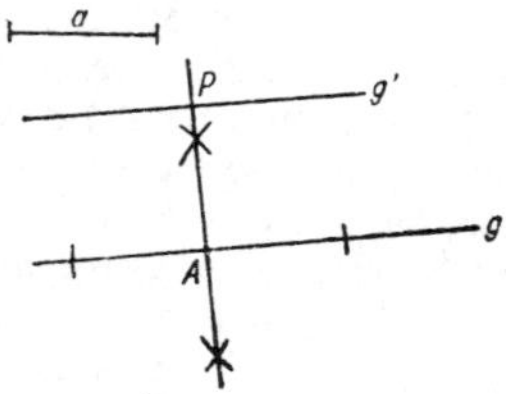

Bild 10/63

(4) Geometrische Örter

Unter einem geometrischen Ort versteht man die Menge aller Punkte, die einer geometrischen Bedingung genügen.
Die Aussage »M ist die Menge aller Punkte P, die der Bedingung B genügen« ist gleichwertig mit den beiden Sätzen:

»Wenn $P \in M$ ist, so genügt P der Bedingung B« und »Wenn P der Bedingung B genügt, so ist $P \in M$«.

Die Kenntnis solcher Punktmengen, die bestimmten Bedingungen genügen, ist für die Konstruktion geometrischer Figuren vorteilhaft.

BEISPIEL 10/8

Beispiele für geometrische Örter:

Der geometrische Ort für alle Punkte der Ebene, die

a) von einem festen Punkt M den gleichen Abstand r haben, ist der **Kreis** um M mit Radius r.
b) von zwei festen Punkten A, B gleichen Abstand haben, ist die **Mittelsenkrechte** zur Strecke AB.
c) von einer Geraden g den Abstand a haben, ist das **Parallelenpaar** zur Geraden g im Abstand a.
d) von zwei einander schneidenden Geraden g_1, g_2 gleichen Abstand haben, ist das Geradenpaar, das die von g_1, g_2 gebildeten Winkel halbiert. Diese beiden **Winkelhalbierenden** stehen aufeinander senkrecht.
e) von zwei Parallelen gleichen Abstand haben, ist die **Mittelparallele** dieser Parallelen.

(5) Schema für die vollständige Lösung einer Konstruktionsaufgabe

Die »gegebenen Stücke« seien durch ihre Größen vorgegeben. Es soll eine Zeichnung angefertigt werden (vgl. Beispiel 10/13).

(I) **Analyse:** Es wird angenommen, daß es eine allen Bedingungen der Aufgabe genügende Figur gibt. Unter Nutzung einer *Planfigur* wird angegeben, wie die zu konstruierende Figur in Teilfiguren zerlegt werden kann, die nacheinander mit Hilfe von bekannten Verfahren aus den gegebenen Stücken konstruierbar sind. Die Analyse schließt mit der Formulierung des Satzes: »Wenn es eine allen Bedingungen der Aufgabe genügende Figur gibt, so kann sie auf folgende Weise konstruiert werden.«

(II) **Konstruktion:** Das »Bereitstellen der gegebenen Stücke« durch Zeichnung mit Lineal und Winkelmesser auf das Blatt und das anschließende Übertragen der Stücke mit dem Zirkel bei der Konstruktion wird heute oft nicht mehr durchgeführt, weil es eine Quelle zusätzlicher Ungenauigkeiten sei.
In der *Konstruktionsbeschreibung* (zweckmäßig in der unpersönlichen Form) wird eine endliche Folge von Schritten angegeben, die es ermöglichen, eine gesuchte Figur zu erhalten. Es wird nicht

gesagt, daß eine solche Figur nur auf die angegebene Weise konstruiert werden kann. Es kann auch andere Konstruktionsmöglichkeiten für die gesuchte Figur geben, die jedoch auf einer anderen Analyse beruhen.
Die Ausführung von Elementarkonstruktionen und von Grundkonstruktionen wird nicht im einzelnen beschrieben.

(III) **Beweis:** Der in (I) formulierte Satz ist umzukehren und zu beweisen: »Wenn jeder der in der Konstruktionsbeschreibung angegebenen Schritte ausführbar ist, so genügt jede dabei entstehende Figur allen Bedingungen der Aufgabe« und ist somit Lösung der Konstruktionsaufgabe.

(IV) **Determination:**
Existenz: Es wird gezeigt, in welchen Fällen jeder der in (II) angegebenen Schritte ausführbar ist und in welchen Fällen ein Schritt nicht ausführbar ist.
Eindeutigkeit: Es wird gezeigt, welche verschiedenen Möglichkeiten bei der Ausführung der Konstruktionsschritte bestehen und welche Folgen sich für die Konstruktion der geometrischen Figur ergeben, d. h., wie viele *nicht kongruente* Endfiguren entstehen, wenn die Lage unberücksichtigt bleibt.

10.1.9. Ebene n-Ecke, elementarer Inhalt

10.1.9.1. Zum Begriff »n-Eck«

(1) Ein geschlossener Streckenzug $A_1A_2 \dots A_n$, dessen n Eckpunkte in einer Ebene liegen, heißt **n-Eck** (oder Vieleck oder Polygon) und wird mit $\boldsymbol{A}$ bezeichnet.
In einem n-Eck liegen drei benachbarte Eckpunkte nicht auf einer Geraden.
Die Verbindungsstrecke zweier benachbarter Eckpunkte heißt **n-Ecksseite** (Polygonseite). Ein n-Eck ($n > 2$) besitzt genau n Seiten.
Die Menge der Punkte aller n Seiten des n-Ecks heißt **Rand des n-Ecks.**
Ein n-Eck heißt **einfach**, wenn zwei aufeinanderfolgende (aber nicht benachbarte) Seiten des n-Ecks keinen Punkt gemeinsam haben. Andernfalls heißt ein n-Eck **nicht einfach.** Ein nicht einfaches n-Eck heißt **überschlagen**, wenn mindestens zwei Seiten einander schneiden. Es heißt **nicht überschlagen**, wenn ein Eckpunkt auf einer ihm nicht unmittelbar vorangehenden Seite liegt.
Der Rand eines ebenen einfachen n-Ecks zerlegt die Ebene in zwei disjunkte Punktmengen, die das **Innere des n-Ecks** und das **Äußere des n-Ecks** genannt werden.
Ein einfaches n-Eck heißt **konvex**, wenn die Verbindungsstrecke zweier beliebiger Punkte P, Q des Innern nur Punkte des Innern des n-Ecks enthält. Ein einfaches nicht konvexes n-Eck heißt **konkav.**

ÜBERSICHT

n-**Eck** (Beispiel Fünfeck)

- **einfach**
  - **konvex**
  - **konkav**
- **nicht einfach**
  - **überschlagen**
  - **nicht überschlagen**

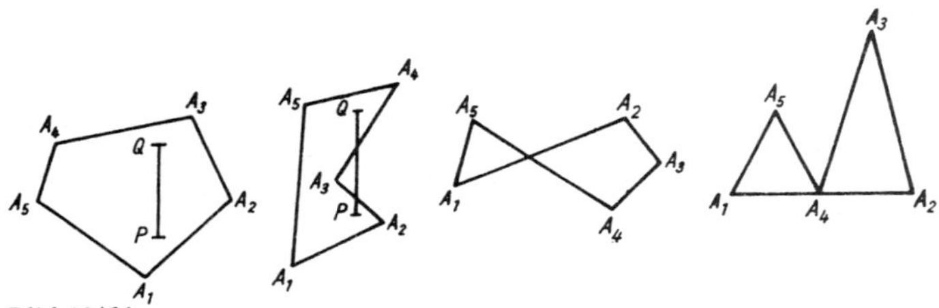

Bild 10/64

Ein konvexes n-Eck heißt **eigentlich**, wenn $n > 2$ ist. Es wird mit $\boldsymbol{A} = A_1A_2 \ldots A_n$ bezeichnet, wobei A_i ($i = 1, \ldots, n$) die Eckpunkte sind. $\boldsymbol{A}$ ist im Fall $n = 2$ eine Strecke, für $n = 1$ ein Punkt und für $n = 0$ das »leere n-Eck« $\emptyset$.

Strecken, Punkte (und das leere n-Eck) heißen **uneigentliche** n-**Ecke.**

Im folgenden werden nur **eigentliche konvexe** n-**Ecke** betrachtet. Der Zahlenwert $u(\boldsymbol{A})$ des Umfangs ist gleich der Summe der Zahlenwerte aller Seitenlängen von $\boldsymbol{A}$.

Eine Verbindungsstrecke zweier nicht benachbarter Eckpunkte eines n-Ecks ($n > 3$) heißt **Diagonale.** Ein n-Eck besitzt $\frac{n \cdot (n-3)}{2}$ Diagonalen.

(2) Der Rand und das Innere eines n-Ecks heißen die **Fläche des** n-**Ecks** (zuweilen auch nur als n-Eck bezeichnet).

(3) In einem n-Eck heißen die Winkel, deren Scheitel mit einem Eckpunkt zusammenfällt und deren Schenkel zwei benachbarte Seiten eines n-Ecks bilden, so daß in seiner offenen Winkelfläche das n-Eck liegt, **Innenwinkel** (Bild 10/65). Jedes n-Eck hat n Innenwinkel. Die Größe jedes Innenwinkels ist kleiner als 180°. Die Summe der Größen der Innenwinkel eines n-Ecks ist $(n - 2) \cdot 180°$. Jeder der beiden Nebenwinkel eines Innenwinkels heißt **Außenwinkel** des n-Ecks (Bild 10/65).

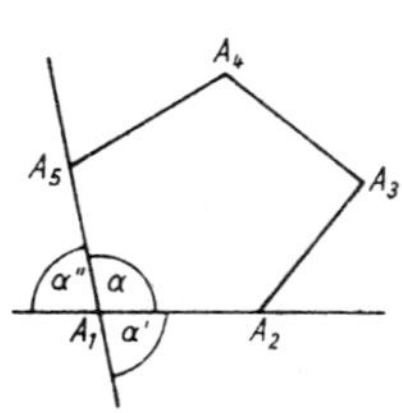

Bild 10/65

(4) Jedes beliebige n-Eck ist durch $2n - 3$ Stücke vollständig bestimmt.

10.1.9.2. Regelmäßige n-Ecke

Ein konvexes n-Eck heißt **regelmäßig**, wenn die n Seiten die gleiche Länge s_n und die Innenwinkel die gleiche Größe α haben. Aus $n \cdot \alpha = (n - 2) \cdot 180°$ folgt für die Größe jedes Innenwinkels eines regelmäßigen n-Ecks $\alpha = \frac{(n-2) \cdot 180°}{n}$. Um jedes regelmäßige n-Eck läßt sich durch die Eckpunkte ein Umkreis (Radius r) und in jedes regelmäßige n-Eck durch die Seitenmitten ein dazu konzentrischer Inkreis (Radius ϱ) zeichnen.

Verbindet man den Mittelpunkt M des Umkreises (bzw. Inkreises) mit jedem der Eckpunkte, so wird das n-Eck in n kongruente gleichschenklige Dreiecke, Bestimmungsdreiecke genannt, zerlegt. Die Basis dieses Dreiecks ist eine Seite des n-Ecks, die Schenkel haben die Länge r des Umkreisradius. Jeder Basiswinkel dieses Dreiecks hat die Größe der halben Innenwinkelgröße, $\frac{\alpha}{2} = \frac{(n-2) \cdot 180°}{2n}$. Jeder Winkel γ an der Spitze des Bestimmungsdreiecks hat die Größe $\frac{360°}{n}$; er wird auch Mittelpunktswinkel genannt (Bild 10/66).

Jeder Außenwinkel eines regelmäßigen n-Ecks hat die Größe des Mittelpunktswinkels (Bild 10/66).

Jedes regelmäßige n-Eck hat n Symmetrieachsen und ist radialsymmetrisch von der Ordnung n mit M als Symmetriezentrum. M wird *Mittelpunkt* des regelmäßigen n-Ecks genannt.

Aus der Seitenlänge s_n eines regelmäßigen n-Ecks wird die Länge s_{2n} eines regelmäßigen $2n$-Ecks konstruiert, indem das von M auf die Seite AB gefällte Lot MF bis zum Schnittpunkt L mit dem Umkreis verlängert wird. Dann ist $\overline{AL}$ die Länge der Seite des $2n$-Ecks (Bild 10/67).

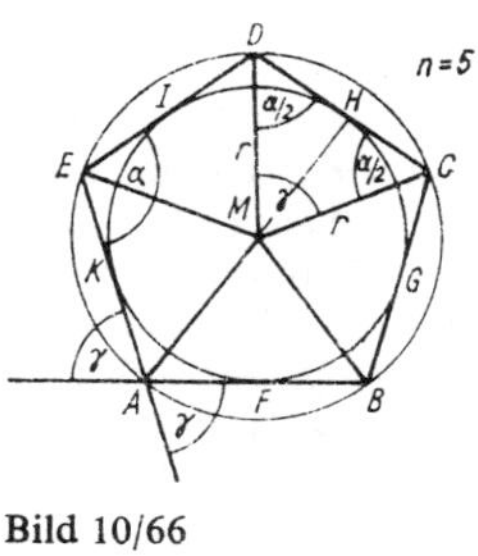

Bild 10/66

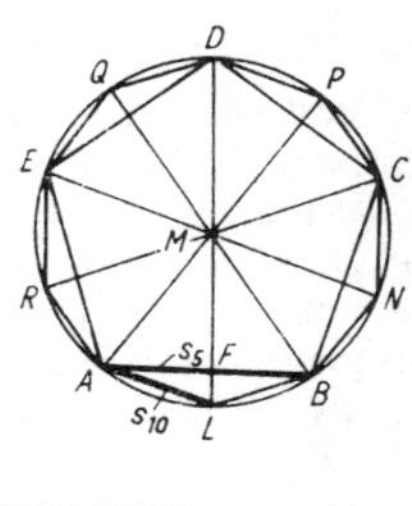

Bild 10/67

10.1.9.3. Inhalt von n-Ecksflächen

(1) Eine n-Ecksfläche kann in Teil-n-Ecksflächen zerlegt werden. Als Teil-n-Ecksflächen sind besonders Dreiecksflächen, Trapezflächen und Quadratflächen geeignet.

BEISPIEL 10/9

Eine Fünfecksfläche kann durch Einzeichnen von zwei Diagonalen in drei Dreiecksflächen (Bild 10/68 a) oder durch Einzeichnen einer Diagonale und zweier Lote von Eckpunkten des Fünfecks auf die Diagonale in drei Dreiecksflächen und eine Trapezfläche (Bild 10/68 b) zerlegt werden.

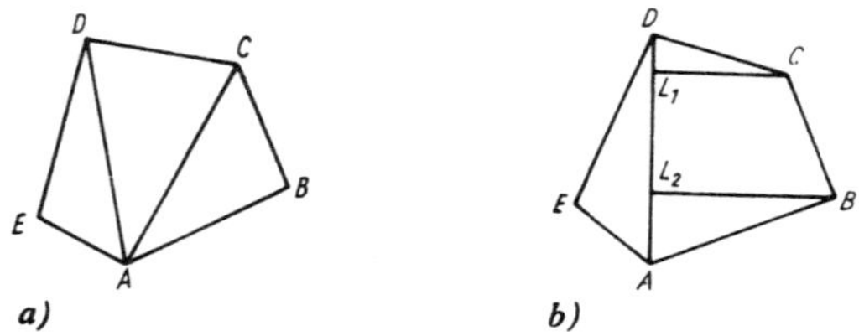

Bild 10/68

(2) In Analogie zur Streckenmessung [10.1.5.(2)] bzw. zur Winkelmessung [↗ 10.1.5.(3)] versteht man unter einer **Inhaltsmessung von n-Ecksflächen** die Angabe einer Abbildung J der Menge aller eigentlichen n-Ecksflächen in die Menge $\mathbf{R}_+$ der nichtnegativen reellen Zahlen. Das Bild $J(\boldsymbol{A})$ der n-Ecksfläche $\boldsymbol{A}$ heißt **Zahlenwert** der Größe »elementarer Inhalt« von $\boldsymbol{A}$. Diese Abbildung hat folgende Eigenschaften:

1. Aus $\boldsymbol{A} \cong \boldsymbol{B}$ folgt $J(\boldsymbol{A}) = J(\boldsymbol{B})$ (Bewegungsinvarianz), d. h., n-Ecksflächen, die durch eine Bewegung ineinander übergehen, haben denselben Zahlenwert des Flächeninhalts.
2. Aus $\boldsymbol{C} = \boldsymbol{A} + \boldsymbol{B}$ folgt $J(\boldsymbol{C}) = J(\boldsymbol{A}) + J(\boldsymbol{B})$ (Additivität), d. h., der Zahlenwert des Flächeninhalts einer in Teil-n-Ecksflächen zerlegten n-Ecksfläche ist gleich der Summe der Zahlenwerte der Flächeninhalte dieser Teil-n-Ecksflächen.
3. Es gibt ein eigentliches n-Eck $\boldsymbol{Q}$ mit $J(\boldsymbol{Q}) = 1$ (Normiertheit), d. h., es gibt ein Einheitsquadrat.

Zur Bestimmung des elementaren Inhalts einer n-Ecksfläche $\boldsymbol{A}$ (zum »Ausmessen« von $\boldsymbol{A}$) wird festgestellt, wie oft das Einheitsquadrat $\boldsymbol{Q}$ in $\boldsymbol{A}$ enthalten ist. Deshalb wird der Flächeninhalt $\boldsymbol{A}$ als formales Produkt $\boldsymbol{A} = \lambda \cdot \boldsymbol{Q}$ geschrieben, wobei die reelle Zahl $\lambda = J(\boldsymbol{A})$ als Zahlenwert und $\boldsymbol{Q}$ als Einheit bezeichnet wird. Hat die Seitenlänge des Einheitsquadrats $\boldsymbol{Q}$ den Zahlenwert 1 bei Verwendung der Einheit »Meter«, dann ist die Einheit der Inhaltsmessung das Quadratmeter (m^2).

Das Produkt zweier Längen wird als Flächeninhalt aufgefaßt, und es gilt der **Satz vom Inhalt des Rechtecks:** Ist $\boldsymbol{R}$ ein Rechteck mit den Zahlenwerten a, b der Seitenlängen, dann gilt $J(\boldsymbol{R}) = a \cdot b$.

(3) Zwei Flächen sind **inhaltsgleich** (oder flächengleich), wenn sie folgende Eigenschaften haben:

Entweder sind sie kongruent,	oder sie können in paarweise kongruente Teilflächen zerlegt werden.

BEISPIEL 10/10

Aus der Kongruenz der Dreiecke *ABC* und *DEF* folgt ihre Flächengleichheit.

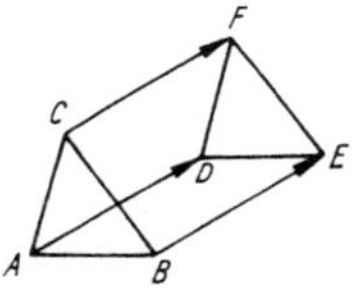

Bild 10/69

Da das Trapez *ABED* in beiden Teilfiguren *ABCD* und *ABEF* enthalten und $\triangle ADF \cong \triangle BCE$ ist, sind das Parallelogramm *ABCD* und das Rechteck *ABEF* flächengleich.

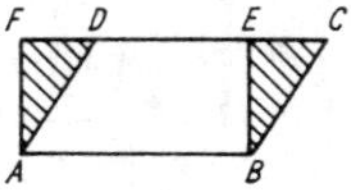

Bild 10/70

10.1.9.4. Ähnlichkeit von *n*-Ecken

(1) Nach 10.1.6.4. sind zwei *n*-Ecke F_1, F_2 ($n > 2$) einander **ähnlich** genau dann, wenn es eine Ähnlichkeitsabbildung ϑ gibt, die F_1 in F_2 überführt.
Es gilt der **Satz:**

> Wenn zwei *n*-Ecke ($n > 2$) einander ähnlich sind, dann sind die Winkelgrößen gleichliegender Winkel gleich, und dann bilden Paare gleichliegender Seiten gleiche Verhältnisse.

Es gilt auch die **Umkehrung dieses Satzes:** Wenn es zwischen den Eckpunkten zweier *n*-Ecke ($n > 2$) bei Beachtung der Reihenfolge eine eineindeutige Zuordnung gibt, so daß die Winkelgrößen gleichliegender Winkel gleich sind und gleichliegende Seiten gleiche Verhältnisse bilden, so sind die beiden *n*-Ecke ähnlich.

BEISPIEL 10/11

Aus der Ähnlichkeit der Vierecke *ABCD* und *EFGH* (Bild 10/71) folgt $\alpha = \varepsilon$, $\beta = \varsigma$, $\gamma = \eta$, $\delta = \iota$ und $\overline{AB}:\overline{EF} = \overline{BC}:\overline{FG}$ (sowie weitere Verhältnisgleichungen).

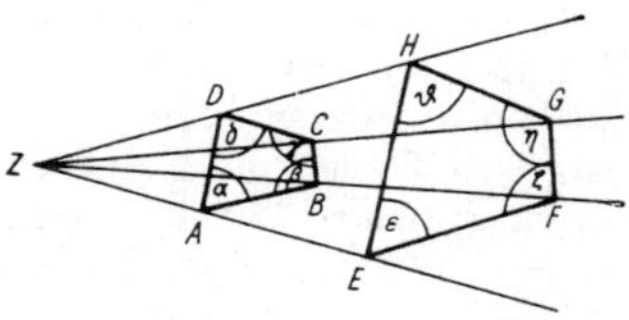

Bild 10/71

(2) Zwei *n*-Ecke F_1, F_2 befinden sich in Ähnlichkeitslage genau dann, wenn es eine Streckung $\varkappa$ gibt, die F_1 auf F_2 abbildet (Bild 10/71).

(3) Für die Umfänge ähnlicher n-Ecke ($n > 2$) gilt: $\frac{u'}{u} = \frac{a'}{a}$ (Bild 10/71).

(4) Für die Inhalte ähnlicher n-Ecksflächen ($n > 2$) gilt: $\frac{A'}{A} = \frac{a'^2}{a^2}$.

10.1.10. Dreiecke

10.1.10.1. Zum Begriff »Dreieck«

Ein n-Eck mit $n = 3$ heißt Dreieck. Ein Dreieck mit den Eckpunkten A, B, C wird mit $\triangle ABC$ bezeichnet. Die den Eckpunkten A, B, C gegenüberliegenden Seiten werden mit a, b, c bezeichnet. Oft werden die Längen der Seiten mit a, b, c bezeichnet.

Einteilung der Menge aller Dreiecke

nach Seiten
(Teilmengenbeziehung)

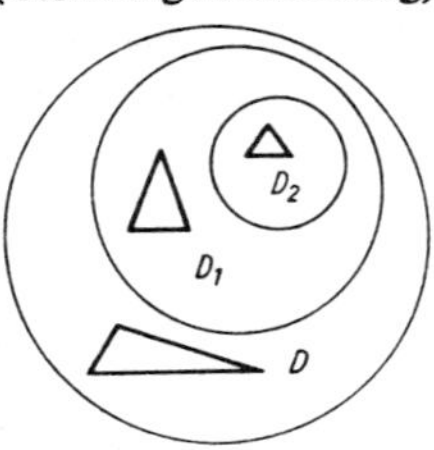

Bild 10/72

D ... Menge aller Dreiecke
D_1 ... Menge aller gleichschenkligen Dreiecke
D_2 ... Menge aller gleichseitigen Dreiecke

nach Winkeln
(Klassenbildung)

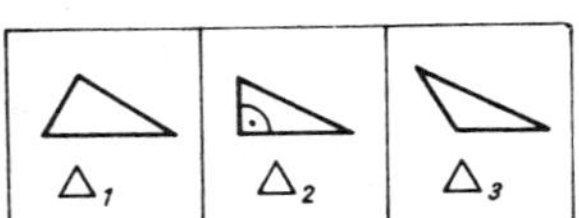

Bild 10/73

$\triangle_1$ ... Menge aller spitzwinkligen Dreiecke
$\triangle_2$ ... Menge aller rechtwinkligen Dreiecke
$\triangle_3$ ... Menge aller stumpfwinkligen Dreiecke

10.1.10.2. Beliebige Dreiecke

(1) *Geraden*, die ein Dreieck schneiden, heißen **Dreieckstransversalen.** Wenn sie durch einen Eckpunkt des Dreiecks verlaufen, werden sie auch **Ecktransversalen** genannt.

Aus jeder Dreieckstransversalen wird durch das Dreieck eine *Strecke* einer bestimmten Länge herausgeschnitten, die zu Konstruktionen von Dreiecken verwendet werden kann. In anderen Zusammenhängen werden die Dreieckstransversalen auch als *Strahlen* aufgefaßt. Dann gehen in jedem beliebigen Dreieck von jeder Ecke drei Transversalen aus: die Seitenhalbierenden s, die Winkelhalbierenden w, die Höhen h und von jeder Seitenmitte die Mittelsenkrechten m. Sie werden auch **besondere**

Linien des Dreiecks genannt. Vom Punkt C bzw. vom Mittelpunkt der Seite c ausgehende Transversalen zeigt Bild 10/74.

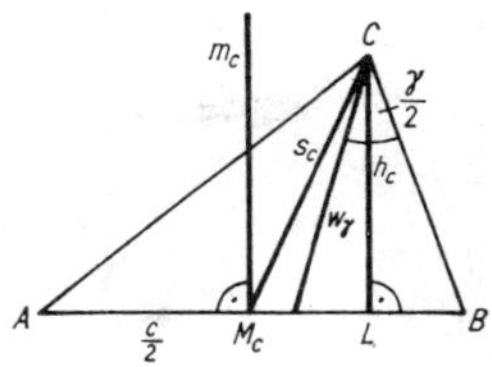

Bild 10/74

Jeweils drei gleichartige besondere Linien eines Dreiecks schneiden einander in einem Punkt,

- dem Schnittpunkt S der Seitenhalbierenden (Bild 10/75)
- dem Schnittpunkt W der Winkelhalbierenden (Bild 10/76)
- dem Schnittpunkt M der Mittelsenkrechten (Bild 10/77)
- dem Schnittpunkt H der Höhen (Bild 10/78),

die **merkwürdigen Punkte eines Dreiecks** genannt.

Von diesen ist S der Schwerpunkt des Dreiecks,
W der Mittelpunkt des Inkreises (Radius ϱ),
M der Mittelpunkt des Umkreises (Radius r).

Bild 10/75

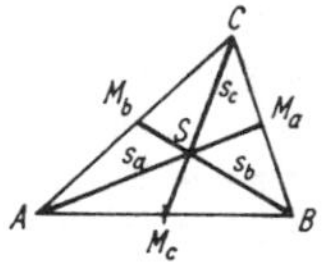

Bild 10/76

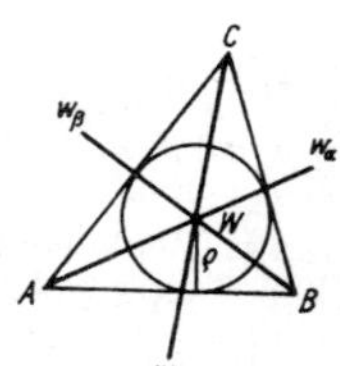

Bild 10/77

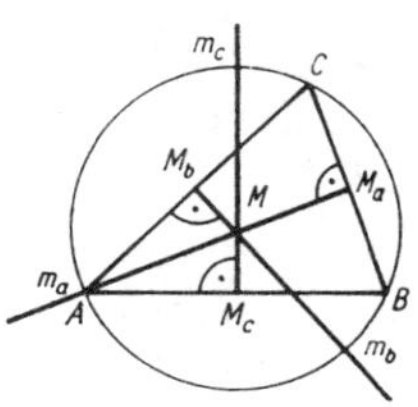

Bild 10/78

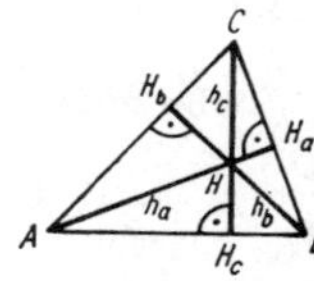

Die Halbierende eines Innenwinkels und die Halbierenden der beiden diesem Winkel nicht anliegenden Außenwinkel eines Dreiecks schneiden einander in einem Punkt M_A, dem Mittelpunkt des Ankreises (Bild 10/79).

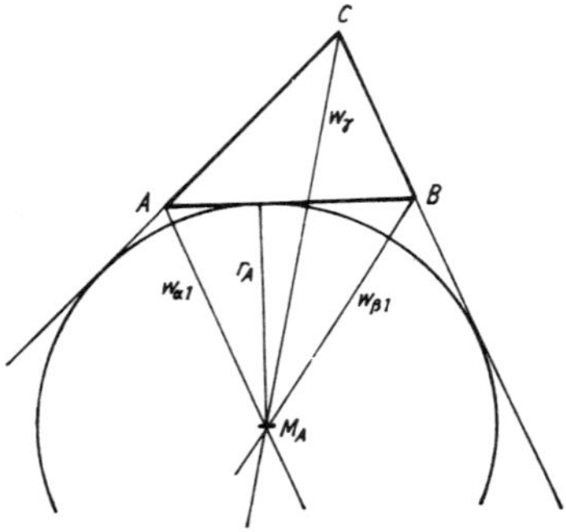

Bild 10/79

(2) **Sätze über beliebige Dreiecke**

1. In jedem Dreieck ist die Summe der Längen zweier Dreieckseiten stets größer, ihre Differenz stets kleiner als die Länge der dritten Seite **(Dreiecksungleichung):**

$$a + b > c, \quad b + c > a, \quad c + a > b$$
$$b - a < c, \quad c - b < a, \quad c - a < b \quad (\text{falls } a \leqq b \leqq c)$$

2. In jedem Dreieck liegen einander gegenüber:
   - die größte Seite und der größte Winkel,
   - die kleinste Seite und der kleinste Winkel,
   - gleich lange Seiten und gleich große Winkel.
3. In jedem Dreieck ist die **Summe der Innenwinkelgrößen** gleich 180°, d. h., sind α, β, γ Innenwinkelgrößen eines Dreiecks *ABC*, so gilt $\alpha + \beta + \gamma = 180°$.
4. Die Winkelhalbierende eines **Innenwinkels** eines Dreiecks halbiert den Winkel zwischen der Höhe und dem Umkreisradius vom gleichen Eckpunkt aus (Satz über die Winkelhalbierende eines Dreieckswinkels) (Bild 10/80).
5. Die Winkelgröße jedes **Außenwinkels** eines Dreiecks ist gleich der Summe der Winkelgrößen der beiden nicht anliegenden Innenwinkel, d. h., sind α, β, γ Innenwinkelgrößen des Dreiecks *ABC* und α_1 die Größe eines Außenwinkels von α, so gilt $\alpha_1 = \beta + \gamma$ (Bild 10/81).

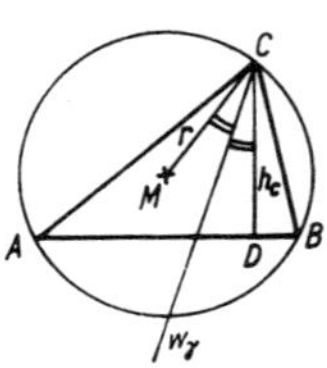

Bild 10/80

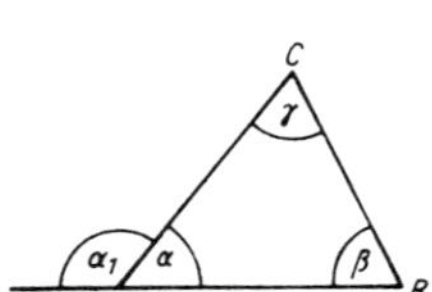

Bild 10/81

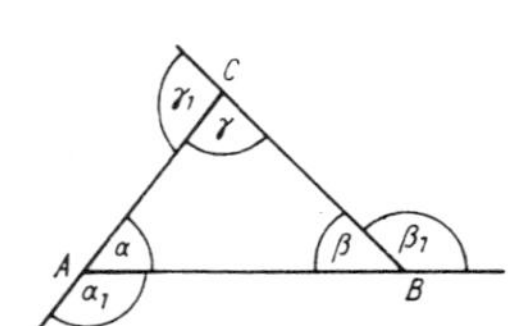

Bild 10/82

6. In jedem Dreieck ist die **Summe der Außenwinkelgrößen** gleich 360°, d. h., sind $\alpha_1, \beta_1, \gamma_1$ Außenwinkelgrößen des Dreiecks *ABC*, so gilt $\alpha_1 + \beta_1 + \gamma_1 = 360°$ (Bild 10/82).
7. Die merkwürdigen Punkte *H*, *S*, *M* eines Dreiecks *ABC* (mit Ausnahme des gleichseitigen Dreiecks) liegen stets auf einer Geraden, die **Eulersche Gerade** genannt wird (Bild 10/83). Der Punkt *S* teilt die Strecke *HM* im Verhältnis $\overline{HS}:\overline{SM} = 2:1$.

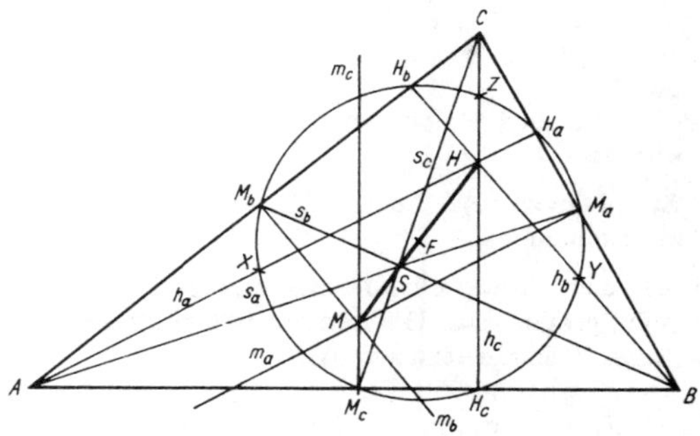

Bild 10/83

Der Mittelpunkt *F* der Strecke *HM* ist der Mittelpunkt des **Feuerbachschen Kreises,** auf dem folgende neun Punkte liegen:

- die Höhenfußpunkte H_a, H_b, H_c,
- die Mittelpunkte M_a, M_b, M_c der Dreieckseiten und
- die Mittelpunkte *X*, *Y*, *Z* der oberen Höhenabschnitte *HA*, *HB*, *HC* (Bild 10/83)

8. **Kongruenz von Dreiecken**
Zwei Dreiecke *ABC* und *DEF* sind **kongruent** genau dann, wenn es eine Bewegung φ gibt, bei der das Dreieck *DEF* das Bild des Dreiecks *ABC* ist; in Zeichen: $\triangle ABC \cong \triangle DEF$.
Kongruenzsätze (Aussagen, unter welchen Bedingungen zwei Dreiecke *ABC* und *DEF* kongruent sind):

Zwei Dreiecke *ABC* und *DEF* sind kongruent, wenn sie übereinstimmen

- in den Längen aller drei Seiten (sss),
- in den Längen zweier Seiten und in der Größe des von diesen Seiten eingeschlossenen Winkels (sws),
- in den Längen zweier Seiten und in der Größe desjenigen Innenwinkels, der der größeren dieser beiden Seiten gegenüberliegt (ssw),
- in der Länge einer Seite und den Größen zweier Innenwinkel [d. h. in der Länge einer Seite und in den Größen der beiden anliegenden

Winkel (wsw) bzw. in der Länge einer Seite und in den Größen eines anliegenden und eines dieser Seite gegenüberliegenden Winkels (sww)].
Auf den Kongruenzsätzen beruhen die vier Grundaufgaben der Dreieckskonstruktionen (↗ 10.1.10.6.).

9. **Ähnlichkeit von Dreiecken**
Zwei Dreiecke *ABC* und *DEF* sind einander **ähnlich** genau dann, wenn es eine Ähnlichkeitsabbildung ϑ gibt, bei der das Dreieck *DEF* das Bild des Dreiecks *ABC* ist: $\triangle ABC \sim \triangle DEF$. Zwei Dreiecke können durch eine Bewegung φ in Ähnlichkeitslage übergeführt werden.
Ähnlichkeitssätze für Dreiecke (Verallgemeinerung der Kongruenzsätze):

Zwei Dreiecke *ABC* und *DEF* sind einander ähnlich, wenn sie übereinstimmen

- in dem Verhältnis der Längen je zweier Seiten,
- im Verhältnis der Längen zweier Seiten und in der Größe des von diesen Seiten eingeschlossenen Winkels,
- im Verhältnis der Längen zweier Seiten und in der Größe desjenigen Innenwinkels, der der größeren der beiden Seiten gegenüberliegt,
- in den Größen zweier Innenwinkel (Hauptähnlichkeitssatz).

10. In jedem Dreieck verläuft die Strecke, die die Mittelpunkte zweier Seiten verbindet (eine **Mittellinie** des Dreiecks), parallel zur dritten Seite dieses Dreiecks. Ihre Länge ist gleich der halben Länge dieser Seite.
Es gilt:

$$M_bM_a \parallel AB; \qquad \overline{M_bM_a} = \frac{1}{2}\,\overline{AB}.$$

11. In jedem Dreieck verhalten sich die Längen zweier **Höhen** wie die Reziproken der Längen der zugehörigen Seiten.
Es gilt:

$$h_a : h_b = \frac{1}{a} : \frac{1}{b}.$$

12. Der Schnittpunkt *S* der Seitenhalbierenden teilt jede Seitenhalbierende eines Dreiecks so, daß der der Ecke anliegende Abschnitt (oberer Abschnitt) doppelt so lang ist wie der der Seite anliegende (untere) Abschnitt.
Es gilt:

$$\overline{AS} : \overline{SM_a} = 2:1, \qquad \overline{BS} : \overline{SM_b} = 2:1,$$

$$\overline{CS} : \overline{SM_c} = 2:1. \qquad \text{(Bild 10/83)}$$

13. Jede Seite eines Dreiecks *ABC* wird von der Winkelhalbierenden des gegenüberliegenden Innenwinkels innen und von der Winkelhalbierenden eines diesem Innenwinkel anliegenden Außenwinkels außen im Verhältnis der beiden anderen Seitenlängen geteilt, z. B. wird die Seite *AB* durch die Winkelhalbierenden w_γ und w_{γ_1} harmonisch geteilt [↗ 10.1.6.2.(2)] (Bild 10/84).

Bild 10/84

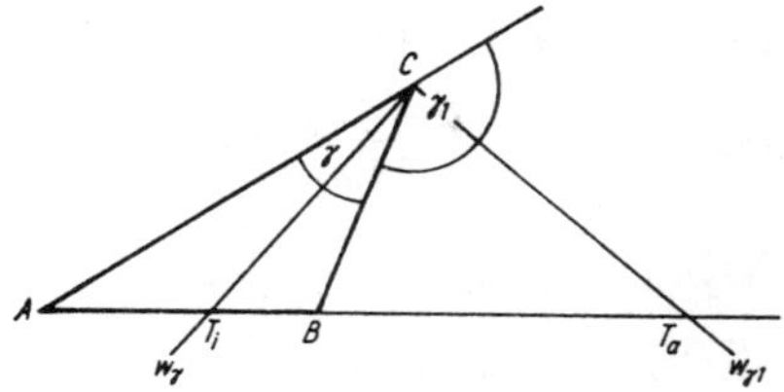

14. Die Länge des **Umfangs** eines Dreiecks *ABC* mit den Seitenlängen

$$\overline{AB} = c, \quad \overline{BC} = a, \quad \overline{CA} = b \quad \text{ist} \quad u_\triangle = a + b + c.$$

Der **Flächeninhalt** dieses Dreiecks ist

$$A_\triangle = \frac{1}{2} a \cdot h_a \quad \text{bzw.} \quad A_\triangle = \frac{1}{2} b \cdot h_b, \quad A_\triangle = \frac{1}{2} c \cdot h_c,$$

wenn h_a, h_b, h_c die Längen der auf *BC* bzw. *CA*, *AB* senkrecht stehenden Höhen sind.

Weitere Beziehungen zur Dreiecksberechnung ↗ 10.1.14.3.

10.1.10.3. Gleichschenklige Dreiecke

Jedes Dreieck mit zwei kongruenten Seiten heißt **gleichschenkliges Dreieck.** Die kongruenten Seiten werden **Schenkel** genannt, die dritte Seite heißt **Basis.**

Die der Basis anliegenden Winkel heißen **Basiswinkel.** Der der Basis gegenüberliegende Winkel wird **Winkel an der Spitze** genannt. Da die Menge der gleichschenkligen Dreiecke eine Teilmenge der Menge aller Dreiecke ist (↗ 10.1.10.1.), gelten für gleichschenklige Dreiecke alle in 10.1.10.2. für beliebige Dreiecke aufgestellten Beziehungen. Darüber hinaus gelten für gleichschenklige Dreiecke folgende **spezielle Beziehungen:**

1. Jedes gleichschenklige Dreieck ist axialsymmetrisch.
2. Die Symmetrieachse ist die Mittelsenkrechte der Basis; sie ist zugleich Höhe auf die Basis, Seitenhalbierende der Basis und Winkelhalbierende des Winkels an der Spitze.

3. Die Basiswinkel eines jeden gleichschenkligen Dreiecks sind gleich groß ($\alpha = \beta$). Es gilt $\alpha = \beta = 90° - \frac{\gamma}{2}$ bzw. $\gamma = 180° - 2\alpha = 180° - 2\beta$.
   Die Größe jedes Basiswinkels eines jeden gleichschenklig-rechtwinkligen Dreiecks ist 45°.
4. Für jedes gleichschenklige Dreieck gilt:

   Umfangslänge $u = c + 2a = c + 2b$,

   Flächeninhalt $A = \frac{1}{2} ch_c = \frac{1}{4} c \sqrt{4a^2 - c^2} = \frac{1}{4} c \sqrt{4b^2 - c^2}$

10.1.10.4. Gleichseitige Dreiecke

Jedes gleichschenklige Dreieck mit drei gleich langen Seiten heißt **gleichseitiges Dreieck.**
Da die Menge der gleichseitigen Dreiecke eine Teilmenge der Menge der gleichschenkligen Dreiecke und damit auch eine Teilmenge der Menge aller Dreiecke ist, gelten die in 10.1.10.2. und 10.1.10.3. genannten Beziehungen auch für gleichseitige Dreiecke.
Da außerdem die gleichseitigen Dreiecke regelmäßige n-Ecke mit $n = 3$ sind, gelten überdies die in 10.1.9.2. aufgeführten Beziehungen.
Darüber hinaus gelten für gleichseitige Dreiecke folgende **spezielle Sätze:**

1. Die Innenwinkel eines gleichseitigen Dreiecks sind paarweise gleich groß; d. h., die Größe jedes Innenwinkels ist 60°.
2. Jedes gleichseitige Dreieck besitzt drei Symmetrieachsen, die Mittelsenkrechten der Dreiecksseiten sind. Sie sind zugleich Höhen auf die Seiten, Seitenhalbierenden und Winkelhalbierenden.
3. Umkreis und Inkreis sind konzentrische Kreise. Die Radiuslänge des Umkreises ist $r = \frac{a}{3}\sqrt{3}$, die des Inkreises $\varrho = \frac{a}{6}\sqrt{3}$, wenn a die Seitenlänge des gleichseitigen Dreiecks ist.

   Es gilt $r + \varrho = h = w = s = \frac{a}{2}\sqrt{3}$, wobei h die Länge der Höhe, w die Länge der Winkelhalbierenden, s die Länge der Seitenhalbierenden (als Strecken aufgefaßt) ist.
4. Die Länge des Umfangs eines gleichseitigen Dreiecks ist $u = 3a$, der Flächeninhalt ist $A = \frac{a^2}{4}\sqrt{3}$.

10.1.10.5. Rechtwinklige Dreiecke

In einem rechtwinkligen Dreieck ABC (Bild 10/85) heißen die dem rechten Winkel anliegenden Seiten **Katheten**, die dem rechten Winkel gegenüberliegende Seite **Hypotenuse.** Die Projektion der Kathete a bzw. b auf

die Hypotenuse heißt der zu a bzw. b gehörige Hypotenusenabschnitt und wird mit p bzw. q bezeichnet.
Für rechtwinklige Dreiecke gelten die in 10.1.10.2. zusammengestellten Beziehungen sowie folgende **spezielle Sätze:**

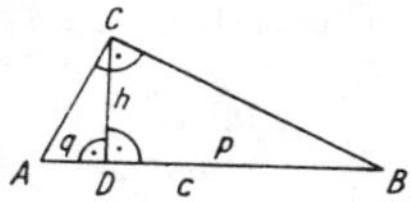

Bild 10/85

1. In jedem rechtwinkligen Dreieck ist die Hypotenuse c die größte Seite, ihre Länge ist aber kleiner als die Summe der Längen der Katheten:

   $c > a,\ c > b,\ c < a + b.$

2. In jedem rechtwinkligen Dreieck sind die beiden spitzen Winkel Komplementwinkel; d.h., für die Winkelgrößen α, β gilt $\alpha + \beta = 90°$.
3. Die Höhe zerlegt jedes rechtwinklige Dreieck in zwei rechtwinklige Teildreiecke, die untereinander und zum gesamten Dreieck ähnlich sind (Bild 10/85).

   $\triangle ADC \sim \triangle CDB;\quad \triangle ADC \sim ACB;$
   $\triangle BDC \sim \triangle ACB$

4. **Höhensatz:** In jedem rechtwinkligen Dreieck ist das Quadrat über der Höhe flächengleich dem Rechteck aus den beiden Hypotenusenabschnitten, d. h., wenn im Dreieck ABC gilt $\overline{\sphericalangle ACB} = 90°$, so ist $h^2 = p \cdot q$.
   Umkehrung des Höhensatzes: Wenn die größte Seite c eines Dreiecks ABC durch die zugehörige Höhe h so in zwei Abschnitte p, q geteilt wird, daß $h^2 = p \cdot q$ gilt, dann ist das Dreieck ABC rechtwinklig, und p, q sind Abschnitte der Hypotenuse c.

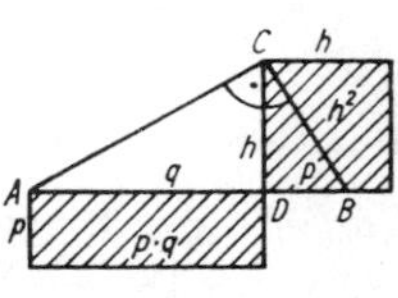

Bild 10/86

5. **Kathetensatz:** In jedem rechtwinkligen Dreieck ist das Quadrat über jeder Kathete flächengleich dem Rechteck aus Hypotenuse und dem zugehörigen Hypotenusenabschnitt, d. h., wenn im Dreieck ABC gilt $\overline{\sphericalangle ACB} = 90°$, so ist $a^2 = p \cdot c$ bzw. $b^2 = q \cdot c$. (Bild 10/87)

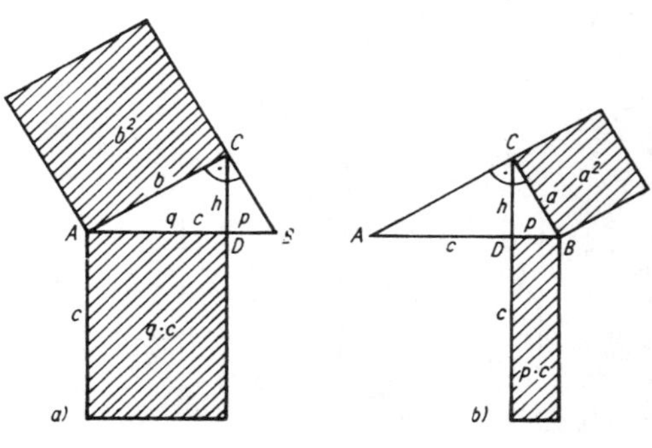

Bild 10/87

Umkehrung des Kathetensatzes: Wenn für die Seiten a, b und $c=p+q$ des Dreiecks ABC die Beziehungen $a^2 = p \cdot c$ und $b^2 = q \cdot c$ gelten, so ist das Dreieck rechtwinklig, a, b sind die Katheten, und c ist die Hypotenuse des Dreiecks ABC.

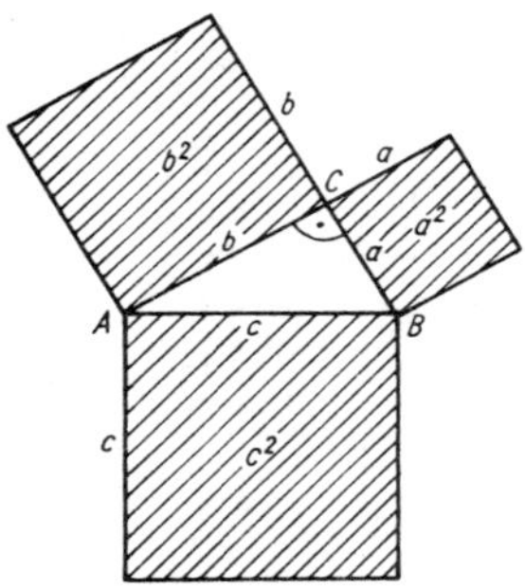

Bild 10/88

6. **Satz des Pythagoras:** In jedem rechtwinkligen Dreieck ist die Summe der Kathetenquadrate flächengleich dem Quadrat über der Hypotenuse, d. h., wenn im Dreieck ABC gilt $\overline{\sphericalangle ACB} = 90°$, so ist $a^2 + b^2 = c^2$ (Bild 10/88).
   Umkehrung des Satzes des Pythagoras: Wenn für die Seiten a, b, c des Dreiecks ABC die Beziehung $a^2 + b^2 = c^2$ gilt, so ist das Dreieck ABC rechtwinklig, und c ist die Hypotenuse.
7. Die Länge des Umfangs eines rechtwinkligen Dreiecks ist $u=a+b+c$, der Flächeninhalt ist $A = \frac{1}{2} a \cdot b$.

10.1.10.6. Dreieckskonstruktionen

Um ein Dreieck unter alleiniger Verwendung von Zirkel und Lineal konstruieren zu können (↗ 10.1.8.), ist die Vorgabe von drei Stücken erforderlich. Bei der Konstruktion spezieller Dreiecke verringert sich die Anzahl der vorzugebenden Stücke.

(1) **Grundaufgaben der Dreieckskonstruktionen** (Dreiecke, die nach einem Kongruenzsatz zu konstruieren sind)

Komplex	(a, b, c)	(a, b, γ)	(a, b, β)				(c, α, β)
Kongruenzsatz	sss	sws	ssw				sww
	lösbar, wenn $a+b>c>a-b$ ist.	stets lösbar	$\beta \geqq 90°$ und		$\beta < 90°$ und		lösbar, wenn $\alpha+\beta<180°$ ist.
			$b>a$, eine Lösung	$b \leqq a$, keine Lösung	$b \geqq a$, eine Lösung	$b<a$, zwei, eine oder keine Lösung	

BEISPIEL 10/12

a) Es ist ein Dreieck ABC zu konstruieren, in dem gilt:

$a = 4{,}5$ cm, $b = 4{,}0$ cm, $\beta = 50°$

Lösungsidee: Das Dreieck ABC ist konstruierbar nach Kongruenzsatz ssw.
Konstruktion: (Bild 10/89a)

- Man trage im Endpunkt B der Strecke BC den Winkel β an.
- Man zeichne um C den Kreis mit Radius b, der den freien Schenkel des Winkels β in den Punkten A_1 und A_2 schneidet.
- Man verbinde A_1 bzw. A_2 mit C. Dann sind die Dreiecke A_1BC und A_2BC Lösungen der Aufgabe.

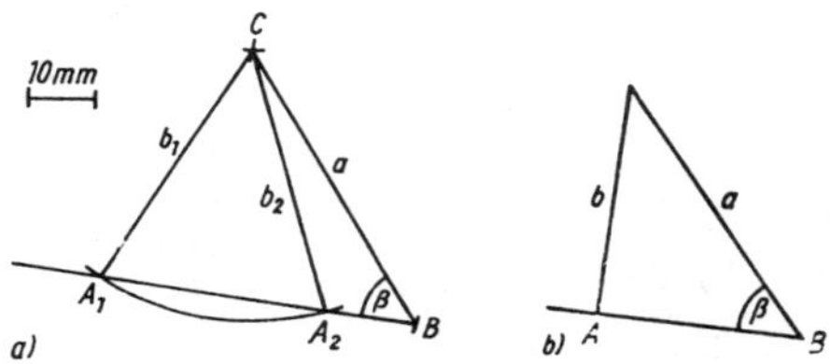

Bild 10/89

b) Wird die Aufgabe im Beispiel a) abgeändert: $b = 3{,}45$ cm, dann gibt es nur ein Dreieck, das die Bedingungen der Aufgabe erfüllt (Bild 10/89b).
Ist jedoch $b < 3{,}45$ cm, dann schneidet der Kreis um C mit Radius b den freien Schenkel des Winkels β nicht. Es gibt keine Lösung dieser Aufgabe.

(2) Dreieckskonstruktionen mit Hilfe von Teildreiecken

Können in einem zu konstruierenden Dreieck Teildreiecke nach Kongruenzsätzen konstruiert werden, werden die noch fehlenden Punkte als Schnittpunkte zweier geometrischer Örter ermittelt.

BEISPIEL 10/13

Es ist ein Dreieck ABC zu konstruieren, für das gilt:

$$\alpha = 60°, \; \beta = 35°, \; w_\alpha = 5{,}5 \text{ cm}.$$

Dabei sind α bzw. β die Größen der Winkel $\sphericalangle\, BAC$ bzw. $\sphericalangle\, ABC$ und w_α die Länge der Winkelhalbierenden des Winkels $\sphericalangle\, BAC$.
Es ist die vollständige Lösung der Konstruktionsaufgabe anzugeben [↗ 10.1.8.(5)].

Lösung:

(I) Angenommen, $\triangle\, ABC$ sei das gesuchte, dann ist $\overline{AD} = w_\alpha$, $\overline{\sphericalangle\, BAD} = \overline{\sphericalangle\, DAC} = \frac{\alpha}{2}$, $\overline{\sphericalangle\, ABC} = \beta$. Das Teildreieck ABD ist konstruierbar nach Kongruenzsatz sww. Der Punkt C liegt

1. auf dem freien Schenkel des in A an AB nach derselben Seite der Geraden $g(AB)$, auf der D liegt, angetragenen Winkels α,

2. auf dem Strahl aus *B* durch *D*.

Planfigur (Bild 10/90)
Daraus folgt, daß ein Dreieck nur dann den Bedingungen der Aufgabe entspricht, wenn es durch folgende Konstruktion erhalten werden kann:

(II) *Konstruktion* (Bild 10/91)

1. Man konstruiere das Dreieck *ABD* aus $\overline{AD} = 5{,}5$ cm, $\overline{\sphericalangle BAD} = 30°$, $\overline{\sphericalangle ABD} = 35°$.
2. Man trage in *A* an *AB* einen Winkel der Größe 60° an nach derselben Seite der Geraden *g*(*AB*), auf der *D* liegt.
3. Man zeichne den Strahl aus *B* durch *D*. Sein Schnittpunkt mit dem freien Schenkel des in *A* an *AB* angetragenen Winkels werde *C* genannt.

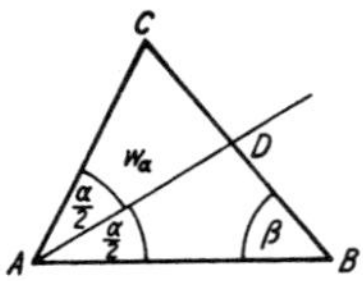

Bild 10/90

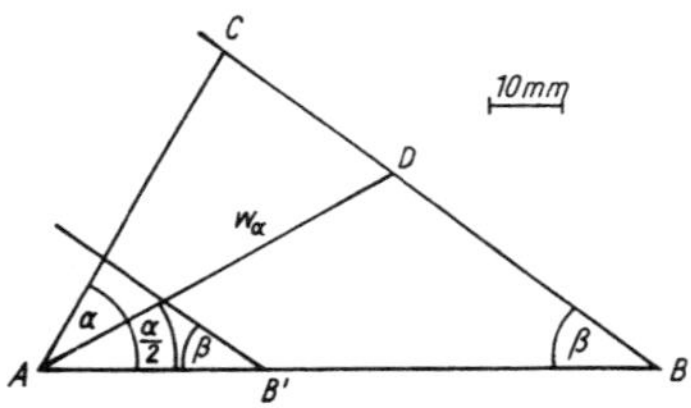

Bild 10/91

(III) Jedes so konstruierte Dreieck *ABC* entspricht den Bedingungen der Aufgabe.
Beweis: Der Winkel *BAC* hat nach Konstruktion die Größe 60°, der Winkel *ABC* nach Konstruktion die Größe 35°. Nach Konstruktion ist *AD* die Halbierende des Winkels *BAC* und hat die Länge 5,5 cm.
(IV) Konstruktionsschritt 1. ist bis auf Kongruenz eindeutig ausführbar. Die Konstruktionsschritte 2. und 3. sind ebenfalls eindeutig ausführbar. Da $\sphericalangle$ *BAC* und $\sphericalangle$ *ABD* spitze Winkel sind, gibt es genau einen Schnittpunkt *C*.
Also ist Dreieck *ABC* durch die gegebenen Stücke bis auf Kongruenz eindeutig bestimmt.

Weitere Verfahren zur Lösung von Aufgaben zur Konstruktion von Dreiecken findet der interessierte Leser in dem Bändchen »Ebene Geometrie«.

10.1.11. Vierecke

10.1.11.1. Zum Begriff »Viereck«

Nach 10.1.9.1. versteht man unter einem **Viereck** einen geschlossenen Streckenzug *ABCD*, in dem drei benachbarte Eckpunkte nicht auf einer Geraden liegen (Bild 10/92).
Die einzelnen Strecken heißen **Seiten** des Vierecks. Die Länge der

Seite AB wird mit a, die der Seite BC mit b usw. bezeichnet. Die Länge des Streckenzugs $ABCD$ heißt **Umfang** des Vierecks.
Haben zwei Seiten eines Vierecks

einen gemeinsamen Eckpunkt,	keinen gemeinsamen Eckpunkt,

werden sie

benachbarte Seiten	**Gegenseiten**

genannt.

Die Strecken AC und BD heißen **Diagonalen** des Vierecks $ABCD$. Ihre Länge wird mit e bzw. f bezeichnet (Bild 10/92).

Bild 10/92

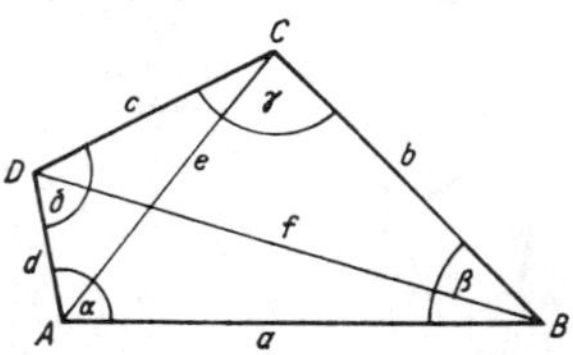

Im folgenden werden nur konvexe Vierecke behandelt (↗ 10.1.9.1.).
Jede Diagonale zerlegt ein Viereck in zwei Dreiecke.
Die Größen der Innenwinkel werden unter Berücksichtigung des Scheitels im allgemeinen mit α, β, γ, δ bezeichnet.
Zwei Innenwinkel eines Vierecks heißen

benachbarte Winkel,	**Gegenwinkel,**

wenn ihre Scheitel Endpunkte

ein und derselben Seite	ein und derselben Diagonalen

sind.

In jedem Viereck ist die **Summe der Größen der Innenwinkel** gleich 360°, da ein Viereck durch eine Diagonale in zwei Dreiecke zerlegt werden kann und die Summe der Größen der Innenwinkel jedes Dreiecks 180° ist.
Stücke eines Vierecks sind die Seiten, die Diagonalen, die Innenwinkel und die Winkel, die von einer Seite und einer Diagonalen mit gemeinsamem Eckpunkt gebildet werden.
Zur Konstruktion eines Vierecks sind fünf geeignete Stücke erforderlich, unter denen wenigstens eine Seite oder eine Diagonale gegeben sein muß.
Unter der zum Viereck $ABCD$ gehörenden **Vierecksfläche** versteht man die Menge aller Punkte, die auf dem Viereck oder im Innern des Vierecks liegen.

10.1.11.2. Konstruktion von Vierecken

Die Konstruktion von Vierecken wird auf die Konstruktion von Dreiecken, die Teilfiguren dieser Vierecke sind, zurückgeführt.

BEISPIEL 10/14

Es ist ein Viereck $ABCD$ zu konstruieren, in dem gilt:

$b = 4$ cm, $c = 6{,}5$ cm, $f = 7$ cm, $\beta = 130°$, $\delta = 78°$.
Lösungsidee: Bild 10/93
Das Dreieck BCD ist nach Kongruenzsatz sss konstruierbar. Der Punkt A liegt 1. auf dem freien Schenkel des in B an BC angetragenen Winkels β, 2. auf dem freien Schenkel des in C an CD angetragenen Winkels δ.

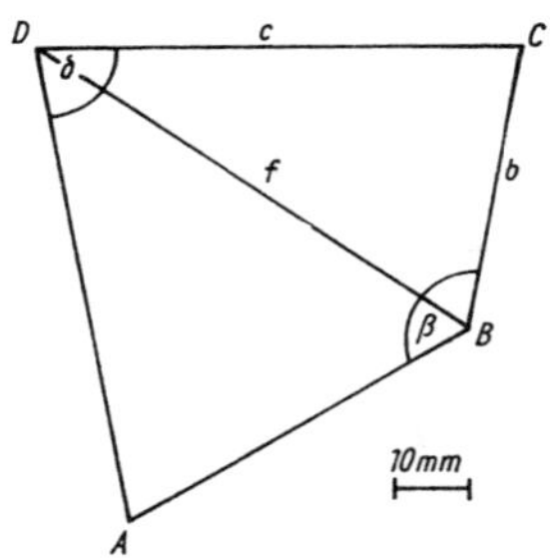

Bild 10/93

10.1.11.3. Übersicht über Arten der Vierecke

Bild 10/94 siehe S. 431

Mengendiagramm für Viereckarten

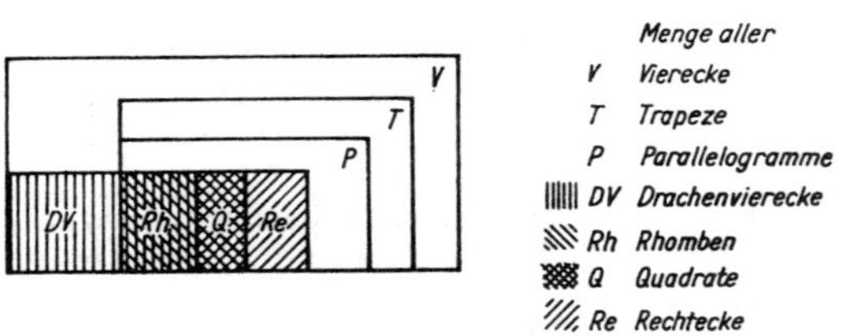

Bild 10/95

10.1.11.4. Trapeze

(1) Ein Viereck heißt **Trapez**, wenn zwei Gegenseiten zueinander parallel sind.

Übersicht

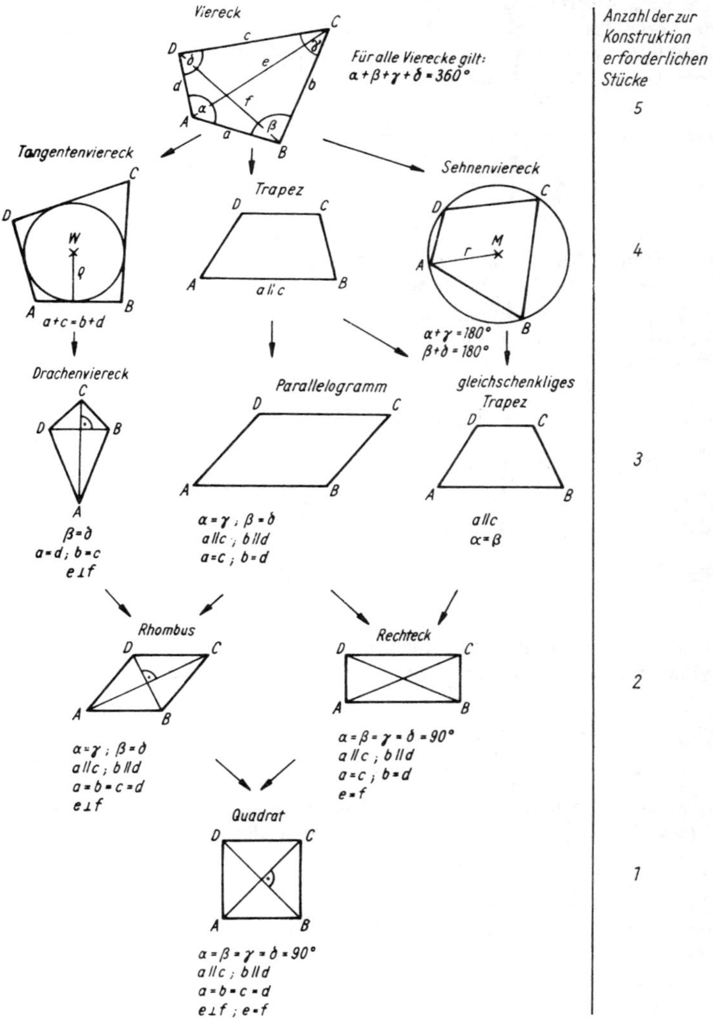

Bild 10/94

Die parallelen Gegenseiten werden **Grundseiten**, die nicht parallelen Gegenseiten **Schenkel** des Trapezes genannt.
Die Verbindungsstrecke der Mittelpunkte der Schenkel nennt man **Mittellinie**, das Lot von einem Eckpunkt auf die gegenüberliegende Grundseite Höhe im Trapez (Bild 10/96).

Bezeichnungen: AB, CD ... Grundseiten
BC, AD ... Schenkel
EF ... Mittellinie
DG ... Höhe

(2) Die Summe der Größen der Innenwinkel eines Trapezes, die ein und demselben Schenkel anliegen, ist 180°.
Es gilt: $\alpha + \delta = 180°, \beta + \gamma = 180°$; weil α, δ bzw. β, γ Größen entgegengesetzt liegender Winkel an geschnittenen Parallelen sind [↗ 10.1.4.(4)].

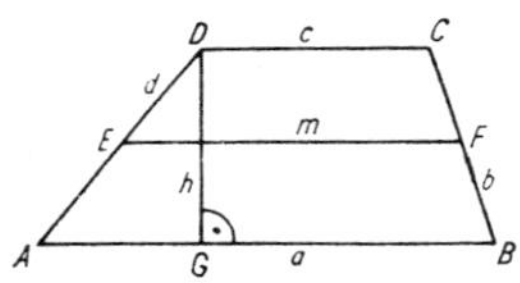

Bild 10/96

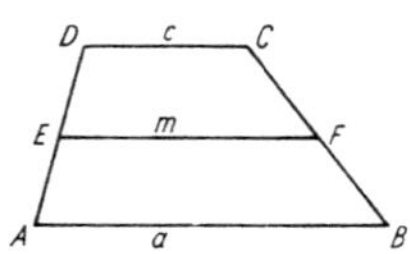

Bild 10/97

In jedem Trapez ist die Mittellinie parallel zu den Grundseiten und halb so lang wie die Summe der Längen der beiden Grundseiten (Bild 10/97).

$$EF \parallel AB, \qquad EF \parallel DC, \qquad m = \frac{a + c}{2}$$

(3) Es seien a, c die Längen der Grundseiten, h die Länge der Höhe des Trapezes $ABCD$, dann ist der Inhalt der Trapezfläche

$$A = \frac{a + c}{2} \cdot h.$$

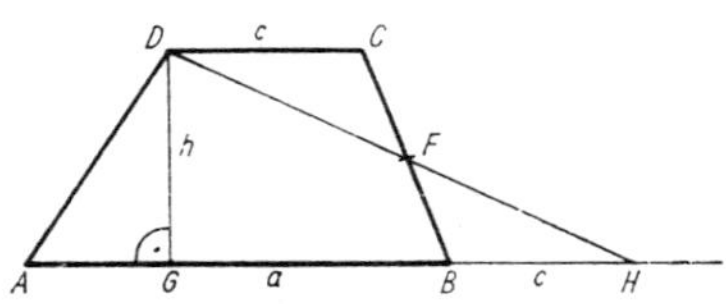

Bild 10/98

Da $\triangle FCD \cong \triangle BHF$ ist, ist der Flächeninhalt des Trapezes $ABCD$ gleich dem Flächeninhalt des Dreiecks AHD, der mit Hilfe von $A_{\triangle} = \frac{g \cdot h}{2}$ berechnet wird.

(4) Ein Trapez heißt **rechtwinklig**, wenn ein Innenwinkel ein rechter Winkel ist.

(5) Ein Trapez heißt **gleichschenklig**, wenn die einer Grundseite anliegenden Winkel kongruent, aber nicht rechte Winkel sind.

In jedem gleichschenkligen Trapez sind die Schenkel gleich lang.

10.1.11.5. Parallelogramme

(1) Ein Viereck heißt **Parallelogramm**, wenn die Gegenseiten zueinander parallel sind.

Das Lot von einem Eckpunkt auf die Gegenseite (oder deren Verlängerung) heißt die zu dieser Seite gehörende Höhe im Parallelogramm (Bild 10/99).

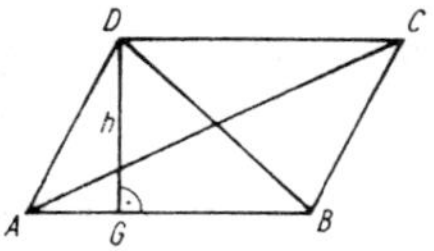

Bild 10/99

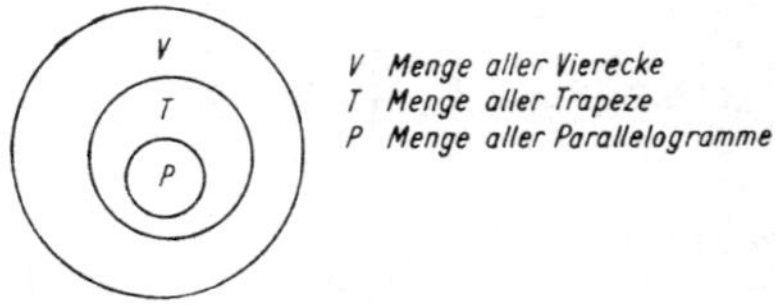

Bild 10/100

Die Menge aller Parallelogramme ist eine Teilmenge der Menge aller Trapeze (Bild 10/100).
(2) Ein (konvexes) Viereck ist genau dann ein Parallelogramm, wenn

- jeweils die Gegenseiten gleich lang sind oder
- jeweils die Gegenwinkel gleich groß sind oder
- die Diagonalen einander halbieren.

Jedes Parallelogramm ist **zentralsymmetrisch** bezüglich des Schnittpunktes der Diagonalen, der **Mittelpunkt** des Parallelogramms genannt wird.
In jedem Parallelogramm sind benachbarte Winkel Supplementwinkel, da benachbarte Winkel im Parallelogramm entgegengesetzt liegende Winkel an geschnittenen Parallelen sind.

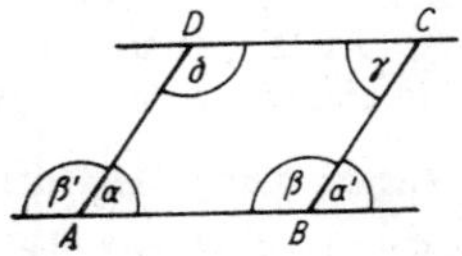

Bild 10/101

(3) Der **Inhalt von Parallelogrammflächen** ist gleich dem Produkt aus den Längen einer Seite und der zugehörigen Höhe:

$$A_P = g \cdot h.$$

10.1.11.6. Rhomben, Rechtecke, Quadrate

(1) Ein Parallelogramm heißt

Rhombus,	**Quadrat,**	**Rechteck,**
	wenn	
zwei benachbarte Seiten gleich lang sind.	zwei benachbarte Seiten gleich lang sind und ein Innenwinkel ein rechter Winkel ist.	ein Innenwinkel ein rechter Winkel ist.

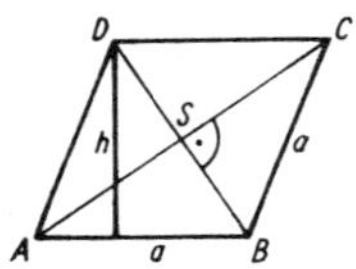

Bild 10/102

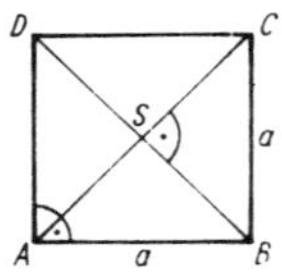

Bild 10/103

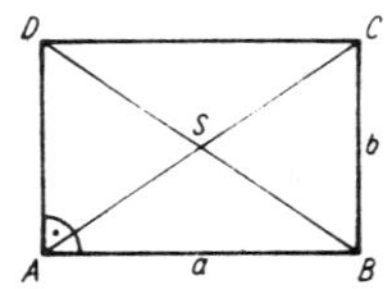

Bild 10/104

Mengendiagramm

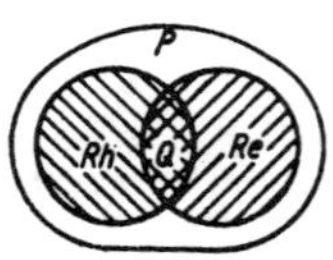

Bild 10/105

(2) **Eigenschaften des Rhombus**

- Jede Diagonale zerlegt den Rhombus in zwei gleichschenklige Dreiecke und halbiert die Innenwinkel.
- Ein Parallelogramm ist genau dann ein **Rhombus,** wenn die Diagonalen aufeinander senkrecht stehen (↗ Beispiel 1/32).

(3) **Eigenschaften des Rechtecks**

Wenn ein Parallelogramm ein **Rechteck** ist, dann

- sind die Gegenseiten gleich lang oder
- halbieren die Diagonalen einander oder
- sind die Diagonalen gleich lang oder
- sind alle Innenwinkel rechte Winkel.

(4) **Eigenschaften des Quadrats**

Da das Quadrat sowohl ein Rechteck als auch ein Rhombus ist, besitzt es die Eigenschaften des Rechtecks und die des Rhombus.

(5) **Inhalt der**

Rhombusfläche	**Quadratfläche**	**Rechteckfläche**
$A = g \cdot h$, g Länge der Seite h Länge der Höhe $A = \frac{e \cdot f}{2}$ e, f Längen der Diagonalen	$A = a^2$ a Länge der Seite	$A = a \cdot b$ a, b Längen der benachbarten Seiten

10.1.11.7. Drachenvierecke

Ein konvexes Viereck, in dem jede Seite mindestens eine gleich lange benachbarte Seite hat, heißt **Drachenviereck.**

Jedes Drachenviereck besitzt eine Symmetrieachse.
Im Drachenviereck stehen die Diagonalen senkrecht aufeinander.
Inhalt der Drachenvierecksfläche:

$$A = \frac{e \cdot f}{2}.$$

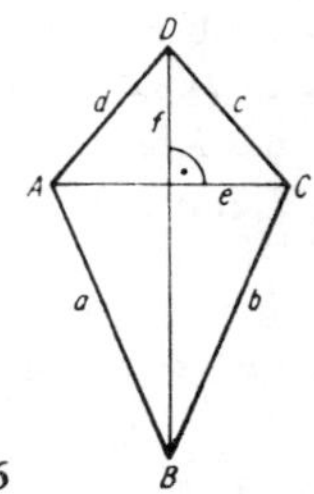

Bild 10/106

10.1.12. Zur Konstruktion regelmäßiger n-Ecke

(1) C. F. GAUSS hat 1799 bewiesen, daß sich die Kreislinie mit Zirkel und Lineal in n Bogen gleicher Länge teilen läßt, wenn der Exponent n in der Kreisteilungsgleichung $x^n - 1 = 0$ (↗ 3.5.) eine Primzahl der Gestalt $2^{2^k} + 1$ mit $k = 0, 1, 2, \ldots$ ist. Für $k = 0$ erhält man $n = 3$, für $k = 1$ ist $n = 5$, für $k = 2$ ist $n = 17$, für $k = 3$ ist $n = 257, \ldots$, d. h., mit Zirkel und Lineal sind das regelmäßige Dreieck, das regelmäßige Fünfeck, das regelmäßige Siebzehneck, ... konstruierbar, jedoch nicht das regelmäßige Siebeneck, das regelmäßige Neuneck, ...
Mit einfachen Mitteln sind nur das regelmäßige Viereck, Sechseck, Zehneck, Fünfzehneck und wenn man immer einen Eckpunkt überspringt, das regelmäßige Dreieck und das regelmäßige Fünfeck zu konstruieren. Ferner sind alle regelmäßigen n-Ecke konstruierbar, die man erhält, wenn man den Winkel an der Spitze der Bestimmungsdreiecke der oben genannten n-Ecke fortgesetzt halbiert.

(2) Regelmäßiges Zehneck und regelmäßiges Fünfeck

Der Mittelpunktswinkel des **regelmäßigen Zehnecks** hat die Größe 36° und jeder Basiswinkel die Größe 72°. Die Länge s_{10} der Seite eines regelmäßigen Zehnecks ist der größere Abschnitt des stetig geteilten Radius.
Konstruktionsbeschreibung: (Bild 10/107)

- Zeichne um den Mittelpunkt M_1 des Radius CM den Kreis k_1 mit Radius $\overline{CM_1}$!
- Zeichne die Strecke AM_1, die den Kreis k_1 in D schneidet!
- Zeichne um A mit Radius AD den Kreis, der den Durchmesser AB des gegebenen Kreises k in E schneidet!

  Dann ist die Strecke AM in E stetig geteilt. $\overline{AE}$ ist die Länge der Zehneckseite.

Die Konstruktion des **regelmäßigen Fünfecks** kann auf die des regelmäßigen Zehnecks zurückgeführt werden, indem nur jeder zweite Punkt des Zehnecks verbunden wird.
Darüber hinaus gibt es für die Konstruktion der Länge des regelmäßigen Fünfecks eine weitere Möglichkeit: (Bild 10/108)

- Halbiere den Radius AM! Der Mittelpunkt sei M_1.
- Zeichne um M_1 mit Radius $\overline{M_1B}$ den Kreis, der den Durchmesser AD des Kreises k in C schneidet.

  Dann ist $\overline{BC}$ die Länge der Seite des regelmäßigen Fünfecks.

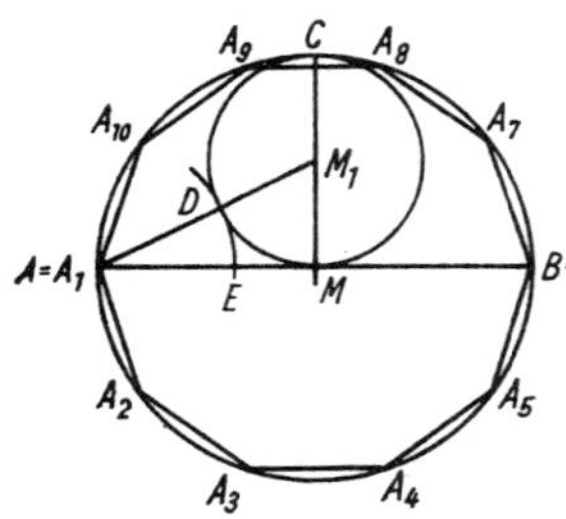

Bild 10/107

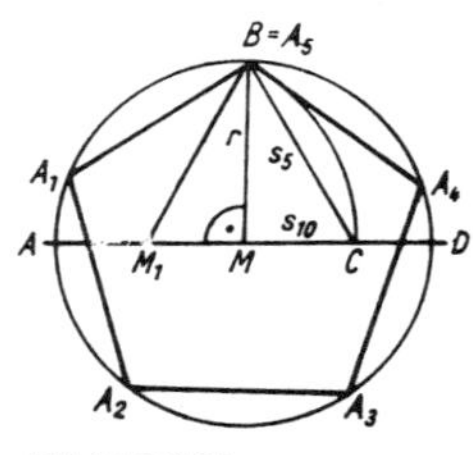

Bild 10/108

(3)* Regelmäßiges Sechseck und regelmäßiges Fünfzehneck

Da die Größe des Mittelpunktswinkels jedes Bestimmungsdreiecks im **regelmäßigen Sechseck** $\frac{360°}{6} = 60°$ ist, sind auch die Basiswinkel 60°.
Die Bestimmungsdreiecke sind gleichseitige Dreiecke mit der Seitenlänge r (Bild 10/109).
Da die Größe des Mittelpunktswinkels jedes Bestimmungsdreiecks im **regelmäßigen Fünfzehneck** $\frac{360°}{15} = 24°$ ist und $60° - 36° = 24°$ ist, kann man in einem gegebenen Kreis von einem beliebigen Punkt A des

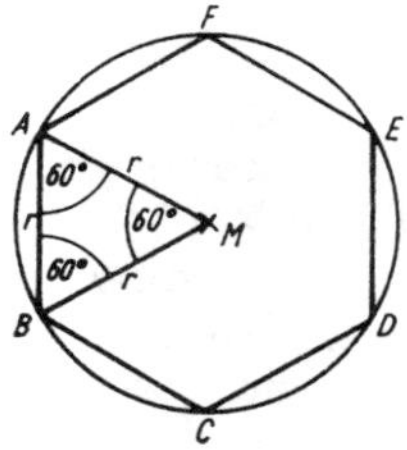

Bild 10/109

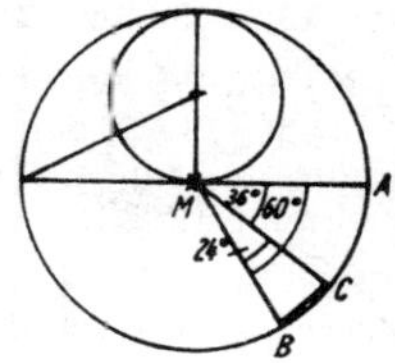

Bild 10/110

Kreisumfangs aus nach derselben Richtung die Seite des Sechsecks (mit der Länge $\overline{AB}$) und die Seite des Zehnecks (mit der Länge $\overline{AC}$) als Sehnen abtragen. Dann ist die Sehne BC die Seite des regelmäßigen Fünfzehnecks (Bild 10/110).

(4) Berechnung der Länge s_{2n} der Seite des **regelmäßigen 2n-Ecks:** Es sei r die Länge des Umkreisradius. Aus s_n berechnet man zunächst

$$\varrho_n = \overline{MD} = \sqrt{r^2 - \left(\frac{s_n}{2}\right)^2}$$

(Bild 10/111) und anschließend

$$s_{2n} = \sqrt{2r^2 - 2r\varrho_n}\,.$$

BEISPIEL 10/15

Es ist die Länge der Seite des 24ecks zu berechnen.

Lösung: $\varrho_6 = \frac{r}{2}\sqrt{3}; \quad s_{12} = \sqrt{2r^2 - 2\frac{r^2}{2}\sqrt{3}}$

$$= r\sqrt{2 - \sqrt{3}} \approx 0{,}518r$$

$$\varrho_{12} = \sqrt{r^2 - \left(\frac{s_{12}}{2}\right)^2} = \frac{r}{2}\sqrt{2 + \sqrt{3}}$$

$$s_{24} = \sqrt{2r^2 - 2r\frac{r}{2}\sqrt{2 + \sqrt{3}}} = r\sqrt{2 - \sqrt{2 + \sqrt{3}}}$$

$$\approx 0{,}261r$$

Bild 10/111

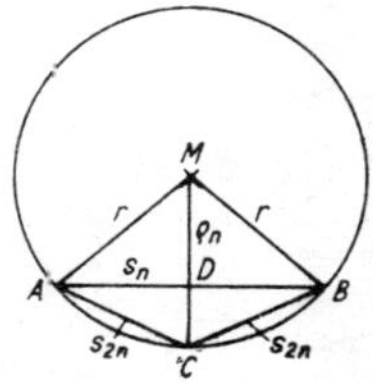

10.1.13. Der Kreis

10.1.13.1. Zum Begriff »Kreis«

(1) Die Menge aller Punkte der Ebene, die von einem festen Punkt *M* der Ebene den gleichen Abstand *r* haben, heißt **Kreis**, in Zeichen $k(M; r)$, Bild 10/112.

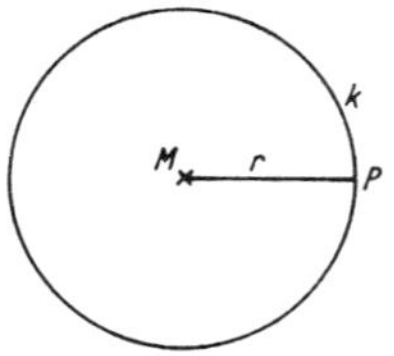

M wird der **Mittelpunkt**, die Länge *r* **Radius** genannt. Oft nennt man auch eine Strecke, die einen Punkt des Kreises (der Kreislinie oder Kreisperipherie) mit seinem Mittelpunkt verbindet, Radius.

Bild 10/112

(2) Ein Punkt *Q* heißt	von $k(M; r)$ genau dann, wenn
Randpunkt	$\overline{MQ} = r$
innerer Punkt	$\overline{MQ} < r$
äußerer Punkt	$\overline{MQ} > r$ ist.

(3) Die Menge aller Randpunkte und die Menge aller inneren Punkte von $k(M; r)$ heißen die Fläche von $k(M; r)$, die **Kreisfläche.**

(4) Eine Gerade, die mit einem Kreis

genau zwei Punkte	genau einen Punkt
gemeinsam hat, heißt	
Sekante.	**Tangente.**
Diese Gerade	
schneidet den Kreis in zwei Punkten. Eine Sekante durch den Mittelpunkt *M* des Kreises heißt **Zentrale.**	berührt den Kreis in einem Punkt (Berührungspunkt).

Eine Strecke *AB*, deren Endpunkte *A*, *B* auf einem Kreis liegen, heißt **Sehne** des Kreises. Eine Sehne durch den Mittelpunkt *M* des Kreises wird **Durchmesser** des Kreises genannt (Bild 10/113).

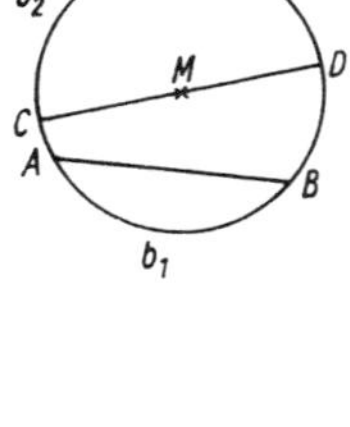

Bild 10/113

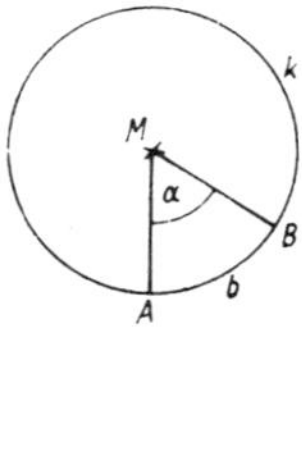

Bild 10/114

(5) Ein (gewöhnlicher) Winkel heißt **Zentriwinkel** (oder Mittelpunktswinkel) von $k(M; r)$ genau dann, wenn sein Scheitel im Mittelpunkt des Kreises liegt (Bild 10/114).
Jedem Zentriwinkel eines Kreises ist ein **Kreisbogen** b zugeordnet, der innerhalb des Winkels liegt.
Der einem gestreckten Zentriwinkel zugeordnete Kreisbogen heißt **Halbkreis.**
Ein Kreis wird durch eine Sehne in zwei zueinander entgegengesetzte Kreisbögen von k zerlegt (Bild 10/113).
(6) Eine Kreisfläche wird

durch eine Sehne
in zwei **Segmente** zerlegt.

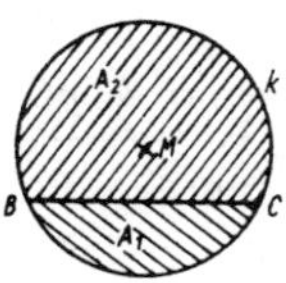

Bild 10/115

durch zwei Radien
in zwei **Sektoren** zerlegt.

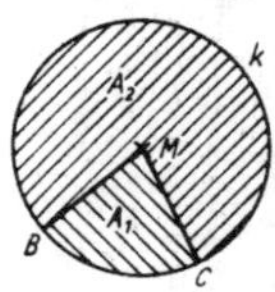

Bild 10/116

10.1.13.2. Kreis und Tangente

Der Radius, der den Berührungspunkt einer Tangente mit dem Mittelpunkt des Kreises verbindet, heißt **Berührungsradius.**
Eine Gerade g durch einen Punkt A eines Kreises $k(M; r)$ ist Tangente dieses Kreises genau dann, wenn der Radius MA senkrecht auf g steht (Bild 10/117).

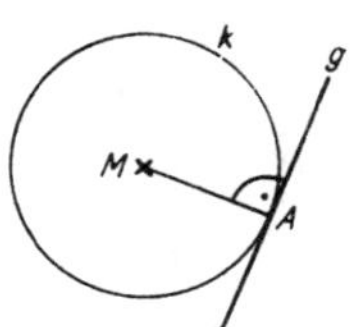

Bild 10/117

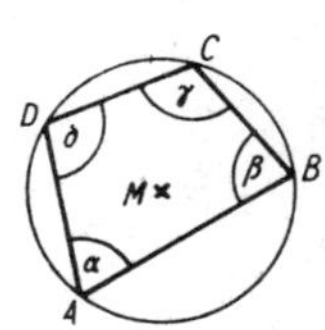

Bild 10/118

10.1.13.3. Kreis und Viereck

(1) Ein Viereck, dessen Seiten $\left\{\begin{matrix}\text{Sehnen}\\ \text{Tangenten}\end{matrix}\right\}$ eines Kreises sind, heißt $\left\{\begin{matrix}\text{Sehnenviereck}\\ \text{Tangentenviereck}\end{matrix}\right\}$ (Bild 10/94).
(2) **Satz vom Sehnenviereck:** In jedem Sehnenviereck ist die Summe der Größen der Gegenwinkel gleich 180°, d. h., wenn ein Viereck $ABCD$ Sehnenviereck ist, dann ist $\alpha + \gamma = 180°$ und $\beta + \delta = 180°$ (Bild 10/118).

(3) **Ptolemäischer Satz:** In jedem Sehnenviereck ist das Produkt aus den Längen der Diagonalen gleich der Summe aus den Produkten der Längen zweier Gegenseiten, d. h., wenn Viereck *ABCD* Sehnenviereck ist, dann gilt: $\overline{AC} \cdot \overline{BD} = \overline{AB} \cdot \overline{CD} + \overline{BC} \cdot \overline{AD}$ (Bild 10/119).

(4) **Satz vom Tangentenviereck:** In jedem Tangentenviereck sind die Summen der Längen je zweier Gegenseiten einander gleich, d. h., wenn Viereck *ABCD* Tangentenviereck ist, dann gilt:

$$a + c = b + d$$

(Bild 10/120).

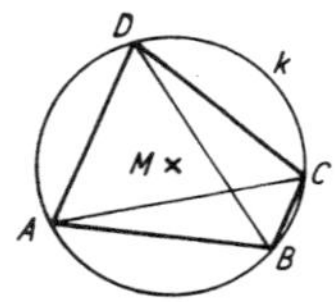

Bild 10/119

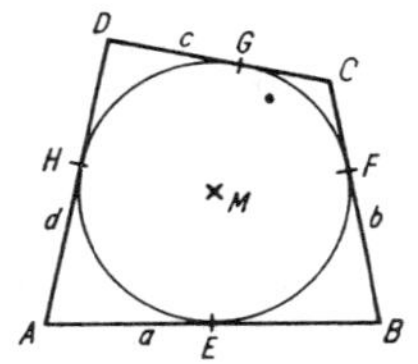

Bild 10/120

10.1.13.4. Kreis und Winkel

(1) Ein Winkel heißt

Zentriwinkel α,	**Peripheriewinkel** β,	**Sehnentangentenwinkel** γ,
	wenn sein Scheitel	
im Mittelpunkt des Kreises liegt.	auf dem Kreis liegt und	
	die Schenkel den Kreis schneiden.	ein Schenkel den Kreis schneidet, der andere Schenkel den Kreis berührt.
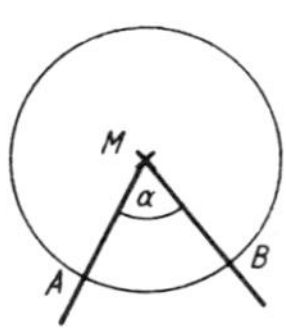 Bild 10/121	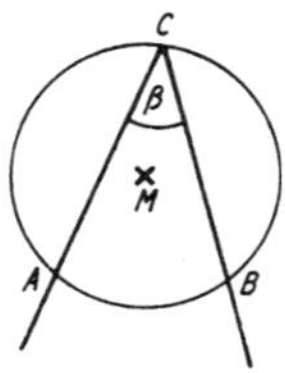 Bild 10/122	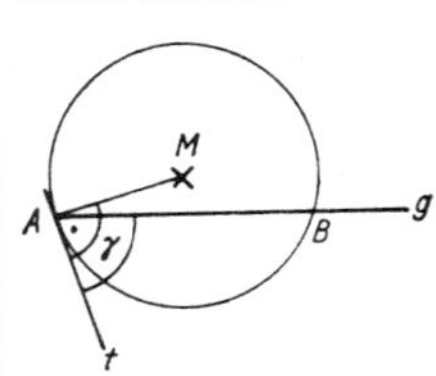 Bild 10/123

(2) Zentriwinkel *AMB* und Peripheriewinkel *ACB* sind **einander zugehörig**, wenn der Scheitel *M* des Zentriwinkels und der Scheitel *C* des Peripheriewinkels auf *derselben*

Peripheriewinkel *ACB* und Sehnentangentenwinkel *BAD* sind **einander zugehörig**, wenn der Scheitel *C* des Peripheriewinkels und der Punkt *D* auf

Seite der Sehne *AB* liegen (oder »der Zentriwinkel *AMB* und der Peripheriewinkel *ACB* über derselben Sehne liegen«).

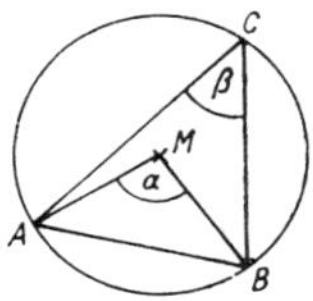

Bild 10/124

dem freien Schenkel des Sehnentangentenwinkels auf *verschiedenen* Seiten der Sehne *AB* liegen.

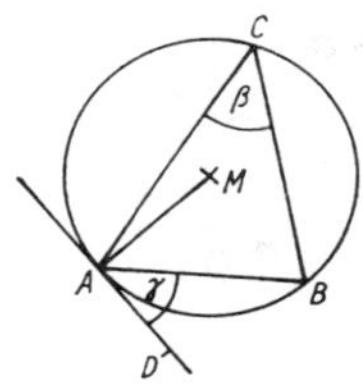

Bild 10/125

(3) **Sätze über Winkel am Kreis**

1. **Peripheriewinkelsatz:** Peripheriewinkel über derselben Sehne eines Kreises sind gleich groß, d. h., wenn α_1, α_2 Größen der Peripheriewinkel BA_1D, BA_2D über derselben Sehne *BD* eines Kreises sind, dann gilt: $\alpha_1 = \alpha_2$ (Bild 10/126).

2. **Satz des Thales:** Jeder Peripheriewinkel über einem Durchmesser eines Kreises ist ein rechter Winkel, d. h., wenn $\sphericalangle\, ACB$ ein Peripheriewinkel über dem Durchmesser *AB* eines Kreises $k(M; r)$ ist, dann gilt: $\overline{\sphericalangle\, ACB} = 90°$ (Bild 10/127).

Wahre Umkehrung des Satzes des Thales: Wenn $\sphericalangle\, ACB$ ein rechter Winkel und *AB* Durchmesser eines Kreises ist, so ist $\sphericalangle\, ACB$ Peripheriewinkel über *AB*.

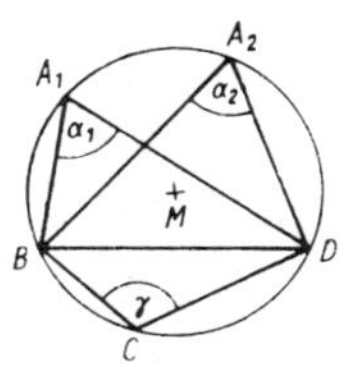

Bild 10/126

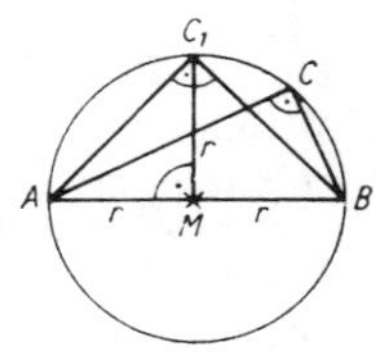

Bild 10/127

3. **Zentriwinkel-Peripheriewinkelsatz:** Jeder Zentriwinkel ist doppelt so groß wie jeder Peripheriewinkel über derselben Sehne, d. h., wenn $\overline{\sphericalangle\, AMB} = \alpha$ die Größe des Zentriwinkels über der Sehne *AB* und $\overline{\sphericalangle\, ACB} = \beta$ die Größe eines Peripheriewinkels über derselben Sehne *AB* ist, dann gilt: $\alpha = 2\beta$ (Bild 10/128).

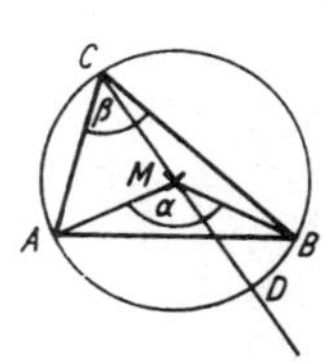

Bild 10/128

4. Sätze über Sehnentangentenwinkel

Die Größe jedes Sehnentangentenwinkels eines Kreises ist

gleich der halben Größe jedes zugehörigen Zentriwinkels.

$$\gamma = \frac{\alpha}{2}$$

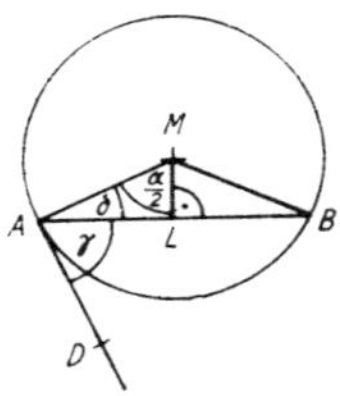

Bild 10/129

gleich der Größe jedes zugehörigen Peripheriewinkels.

$$\gamma = \beta$$

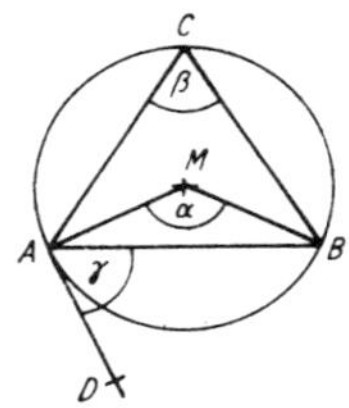

Bild 10/130

(4) Konstruktion der Tangenten von einem Punkt außerhalb eines Kreises an diesen Kreis

Von jedem Punkt *P* außerhalb des Kreises $k(M; r)$ können zwei Tangenten an diesen Kreis konstruiert werden. Wegen der Orthogonalität von Tangente und Berührungsradius (↗ 10.1.13.2.) liegen die Berührungspunkte T_1, T_2 auf dem Kreis des THALES (↗ (3)2.) mit dem Durchmesser *MP*.

BEISPIEL 10/16

Vom Punkt *P* sollen die Tangenten an den Kreis $k(M; r)$ konstruiert werden.

Lösung: Bild 10/131

- Konstruiere den Mittelpunkt M_1 der Strecke *MP*!
- Zeichne den Kreis um M_1 mit Radius $\overline{MM_1}$! Bezeichne seine Schnittpunkte mit dem Kreis *k* mit T_1, T_2!
- Zeichne die Strahlen von *P* aus durch T_1 bzw. T_2!

Die Strecken PT_1 und PT_2 haben gleiche Länge, da sie symmetrisch bezüglich der Geraden $g(PM)$ liegen.

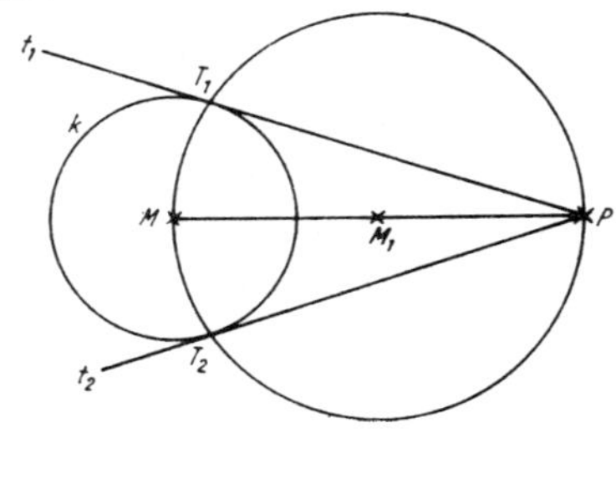

Bild 10/131

10.1.13.5. Zwei Kreise

(1) **Gegenseitige Lage zweier Kreise**: Es sei $r_1 > r_2$.

Fall 1

Die Kreise haben keinen Punkt gemeinsam.

a) $\overline{M_1M_2} > r_1 + r_2$

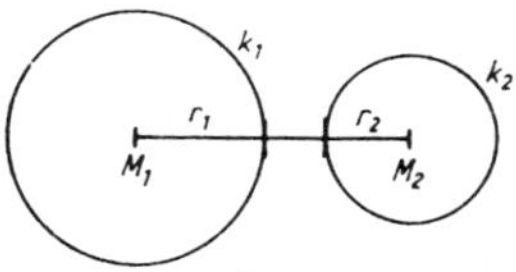

Bild 10/132

Jeder Kreis liegt außerhalb des anderen.

b) $\overline{M_1M_2} < r_1 - r_2$

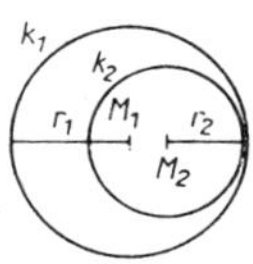

Bild 10/135

Einer der Kreise liegt innerhalb des anderen.

c) $M_1 = M_2$, $r_1 \neq r_2$

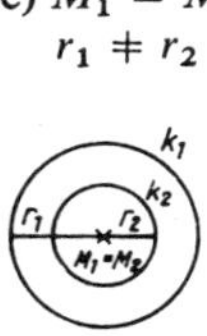

Bild 10/137

Einer der Kreise liegt innerhalb des anderen. *Konzentrische Kreise.*

Fall 2

Die Kreise haben genau einen Punkt gemeinsam.

a) $\overline{M_1M_2} = r_1 + r_2$

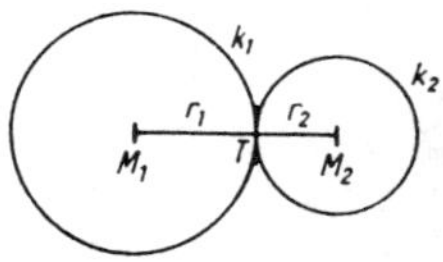

Bild 10/133

Die Kreise berühren einander von außen.

b) $\overline{M_1M_2} = r_1 - r_2$

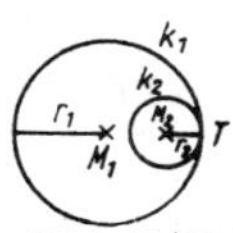

Bild 10/136

Die Kreise berühren einander von innen.

Fall 3

Die Kreise haben genau zwei Punkte gemeinsam.

$r_1 - r_2 < \overline{M_1M_2} < r_1 + r_2$

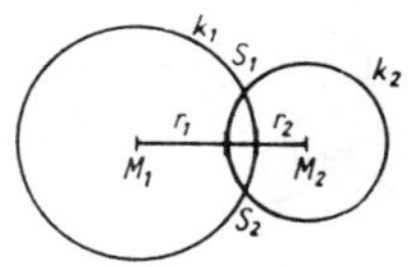

Bild 10/134

Die Kreise schneiden einander.

Fall 4

Haben zwei Kreise (mindestens) drei Punkte gemeinsam, dann stimmen die Kreise völlig überein. Man sagt: »Die Kreise sind identisch«.

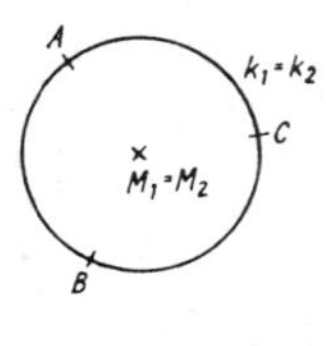

Bild 10/138

(2) **Konstruktion gemeinsamer Tangenten zweier Kreise**

Ist eine Gerade sowohl Tangente des Kreises $k_1(M_1; r_1)$ als auch Tangente des Kreises $k_2(M_2; r_2)$, dann heißt sie **gemeinsame Tangente beider Kreise.**

Schneidet eine gemeinsame Tangente zweier Kreise $k_1(M_1; r_1)$, $k_2(M_2; r_2)$

die Strecke M_1M_2,	die Strecke M_1M_2 nicht,

dann wird sie

gemeinsame innere Tangente	**gemeinsame äußere Tangente**

der beiden Kreise genannt.

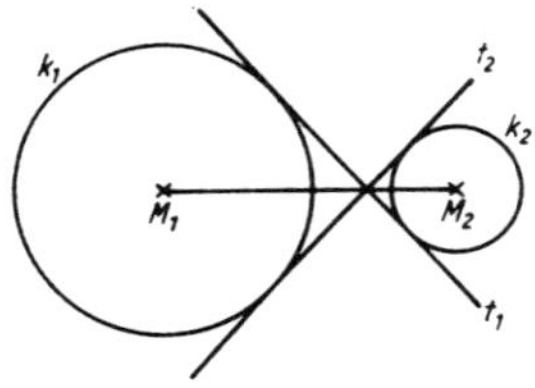

Bild 10/139

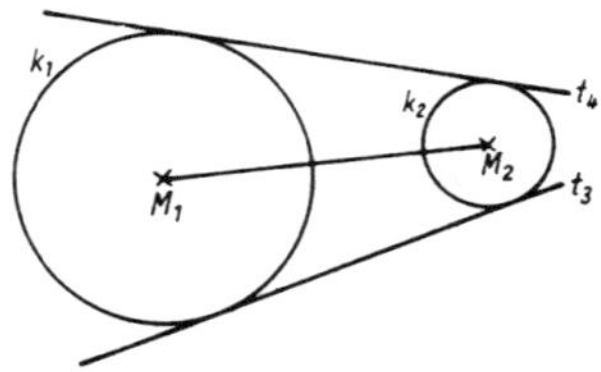

Bild 10/140

BEISPIEL 10/17

Es sind die gemeinsamen

inneren Tangenten	äußeren Tangenten

der Kreise $k_1(M_1;\ r_1)$ und $k_2(M_2;\ r_2)$ zu konstruieren.

Lösung:

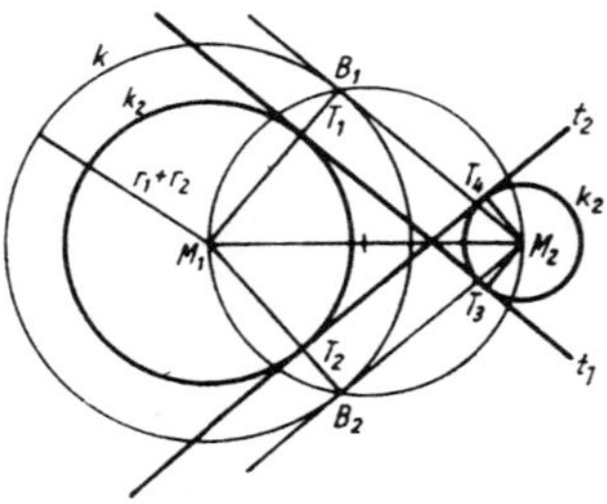

Bild 10/141

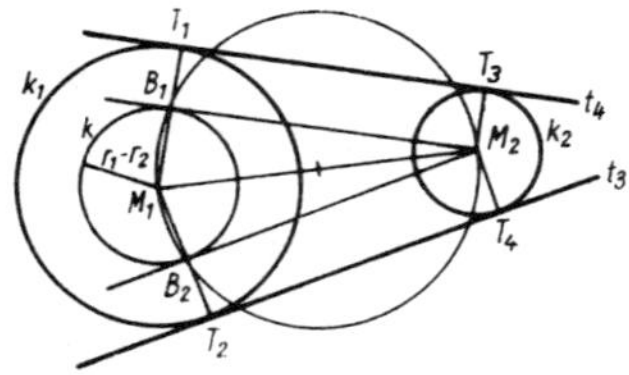

Bild 10/142

- Zeichne um M_1 den Kreis k mit Radius

$r_1 + r_2$!	$r_1 - r_2$!

- Konstruiere die Tangenten vom Punkt M_2 an den Kreis k (Beispiel 10/16)! Die Berührungspunkte werden mit B_1 bzw. B_2 bezeichnet.
- Zeichne die Strahlen M_1B_1, M_1B_2! Ihre Schnittpunkte mit dem Kreis k_1 werden mit T_1 bzw. T_2 bezeichnet.
- Errichte in M_2 je eine Senkrechte auf M_2B_1 und auf M_2B_2! Ihre Schnittpunkte mit dem Kreis k_2 werden mit T_3 bzw. T_4 bezeichnet.
- Die Geraden durch T_1 und T_3 bzw. durch T_2 und T_4 sind die gesuchten gemeinsamen

inneren	äußeren

Tangenten der Kreise k_1, k_2.

10.1.13.6. Verhältnisbeziehungen am Kreis

(1) **Sehnensatz:** Schneiden zwei Sehnen eines Kreises einander im Punkt S, so ist das Produkt der Abschnitte der einen Sehne gleich dem Produkt der Abschnitte der anderen Sehne; d. h., es gilt

$$\overline{AS} \cdot \overline{SB} = \overline{CS} \cdot \overline{SD}$$

(Bild 10/143).

(2) **Sekantensatz:** Schneiden zwei Sekanten eines Kreises einander außerhalb des Kreises im Punkt S, so ist das Produkt der vom Schnittpunkt aus gemessenen Sekantenabschnitte auf beiden Sekanten gleich; d. h., es gilt

$$\overline{AS} \cdot \overline{BS} = \overline{CS} \cdot \overline{DS}$$

(Bild 10/144).

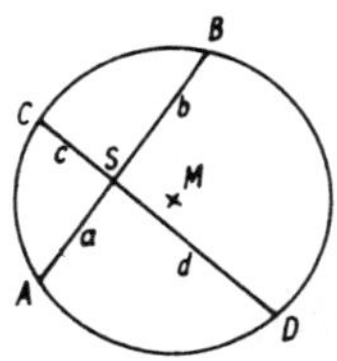

Bild 10/143

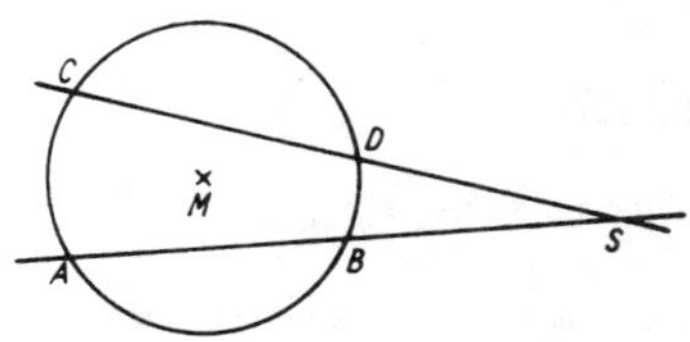

Bild 10/144

(3) **Sekantentangentensatz:** Schneiden eine Tangente und eine Sekante eines Kreises einander im Punkt S, so ist der Tangentenabschnitt mittlere Proportionale zwischen den vom Schnittpunkt S aus gemessenen Sekantenabschnitten; d. h., es gilt

$$\overline{CS} : \overline{AS} = \overline{AS} : \overline{DS} \quad \text{bzw.} \quad \overline{AS}^2 = \overline{CS} \cdot \overline{DS}$$

(Bild 10/145).

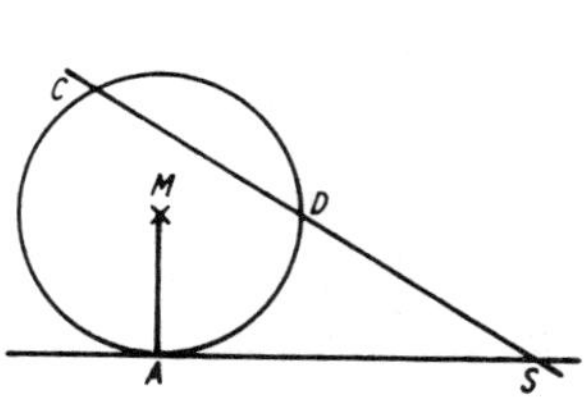

Bild 10/145

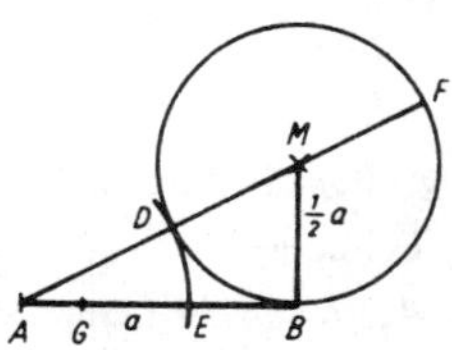

Bild 10/146

(4) **Stetige Teilung einer Strecke** (Teilung nach dem **goldenen Schnitt**)
Eine Strecke heißt **stetig geteilt**, wenn der größere Abschnitt die mittlere Proportionale zwischen der ganzen Strecke und dem kleineren Abschnitt ist.

Mit Hilfe des Sekantentangentensatzes kann eine Strecke stetig geteilt werden: Bild 10/146

- Errichte im Endpunkt B der Strecke AB die Senkrechte, und trage darauf vom Punkt B aus eine Strecke der Länge $\frac{\overline{AB}}{2}$ ab!
- Zeichne um den Endpunkt M dieser Strecke den Kreis mit dem Radius $\overline{MB}$, der den Strahl aus A durch M in D und F schneidet!
- Zeichne um A den Kreis mit Radius $\overline{AD}$, der die Strecke AB in E schneidet! Dann ist die Strecke AB in E stetig geteilt. Es gilt

$$\overline{AB} : \overline{AE} = \overline{AE} : \overline{EB}.$$

Wird nun der kleinere Abschnitt dieser stetig geteilten Strecke auf dem größeren Abschnitt abgetragen, so wird der größere Abschnitt wieder stetig geteilt:

$$\overline{AE} : \overline{EG} = \overline{EG} : \overline{GA}$$

(Bild 10/146).

10.1.13.7. Kreisberechnung

(1) Zur **Berechnung des Kreisumfangs** wird dem Kreis ein regelmäßiges n-Eck (z. B. ein Sechseck)

einbeschrieben.	umbeschrieben.

Der Umfang eines n-Ecks ist ein geschlossener Streckenzug; er besteht aus n Strecken

der Länge s_n, also	der Länge S_n, also
$u_n = n \cdot s_n$.	$U_n = n \cdot S_n$.

Er ist

kleiner als	größer als

der Kreisumfang u

$$n \cdot s_n < u < n \cdot S_n.$$

Je größer die Anzahl der Ecken ist, d. h., je größer die Anzahl

der Sehnen	der Tangentenstrecken

ist, desto stärker nähert sich die Summe der

Sehnen	Tangentenstrecken

dem Kreisumfang u. Es kann gezeigt werden, daß die Folgen der Umfänge eines einbeschriebenen und die eines umbeschriebenen n-Ecks für wachsendes n einen gemeinsamen Grenzwert haben.
Durch fortgesetzte Verdoppelung der Anzahl der Ecken des n-Ecks (Übergang zum $2n$-Eck) kann der Kreisumfang beliebig genau berechnet

werden, z. B. gilt für das 192eck: $u_{192} = 3{,}1415 \cdot 2r$, $U_{192} = 3{,}1419 \cdot 2r$, so daß der Umfang u des Kreises eingeschlossen wird:

$$3{,}1415 \cdot 2r < u < 3{,}1419 \cdot 2r.$$

Der gemeinsame Grenzwert solcher Folgen heißt Umfang des Kreises. Mit vier zuverlässigen Ziffern ist $u = 3{,}141 \cdot 2r$.
Wird für den Proportionalitätsfaktor 3,141 ... die Zahl π geschrieben, gilt für den **Umfang u des Kreises**

$$u = 2\pi r \quad \text{bzw.} \quad u = \pi d,$$

wobei r die Länge des Radius, d die Länge des Durchmessers ist. Die irrationale Zahl π ist $\pi = 3{,}1415926535\ldots$, Näherungswerte für π sind $\frac{22}{7}$ ($\approx 3{,}1429$) bzw. $\frac{355}{113}$ ($\approx 3{,}1415929$).

(2) **Zur Berechnung des Inhalts der Kreisfläche** wird ein Viertelkreis näherungsweise in eine gerade Anzahl Streifen gleicher Breite zerlegt, indem der Radius in gleiche Teile geteilt wird und in den Teilpunkten Senkrechten bis zur Kreislinie errichtet werden. Die Endpunkte je zweier aufeinanderfolgender Senkrechten werden durch Sehnen verbunden. Dadurch entstehen Trapeze, z. B. das Trapez $A_1A_2B_2B_1$ (Bild 10/147).
Die Summe A_t der Inhalte dieser inneren Trapezflächen ist kleiner als der Inhalt A_V der Viertelkreisfläche.
Werden Trapeze doppelter Breite gebildet, indem im Endpunkt der 1., 3., 5. Senkrechten Tangenten an den Kreis gelegt werden, z. B. Trapez $MA_2C_2C_0$, dann ist die Summe A_T der Inhalte der äußeren Trapezflächen größer als der Inhalt A_V der Viertelkreisfläche:

$$A_t < A_V < A_T.$$

Teilt man z. B. den Radius in ***10 gleiche Teile***, berechnet die Länge der Senkrechten, den Inhalt der Trapezflächen und die Summe der inneren bzw. äußeren Trapezflächen, erhält man

$$0{,}776r^2 < A_V < 0{,}793r^2.$$

Für den Inhalt der Kreisfläche gilt dann die Abschätzung

$$3{,}104r^2 < A < 3{,}172r^2.$$

Für 100 Streifen erhält man

$$3{,}1404r^2 < A < 3{,}1425r^2.$$

Der gemeinsame Grenzwert A solcher Folgen für wachsendes n heißt **Inhalt der Kreisfläche.**
Unter Verwendung von π für 3,14159... gilt für den **Inhalt der Kreisfläche**

$$A = \pi r^2 \quad \text{bzw.} \quad A = \frac{\pi}{4} d^2,$$

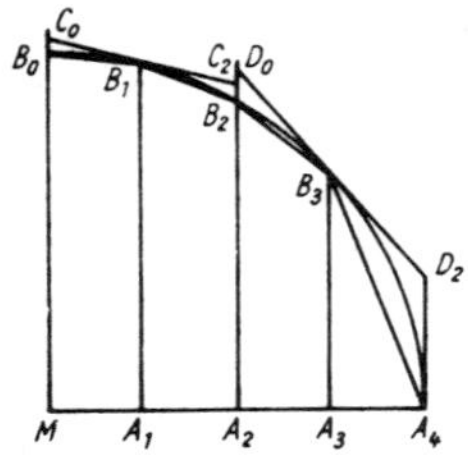

Bild 10/147

wobei r die Länge des Radius, d die Länge des Durchmessers ist.

(3) **Inhalt einer Kreisringfläche**

Durch Anwendung der Formel für den Inhalt einer Kreisfläche auf die Kreisringfläche erhält man, wenn $r_1 > r_2$ ist,

$$A_R = \pi r_1^2 - \pi r_2^2 \quad \text{bzw.}$$
$$A_R = \pi(r_1^2 - r_2^2),$$

(Bild 10/148).

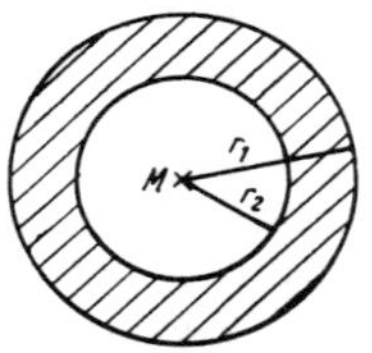

Bild 10/148

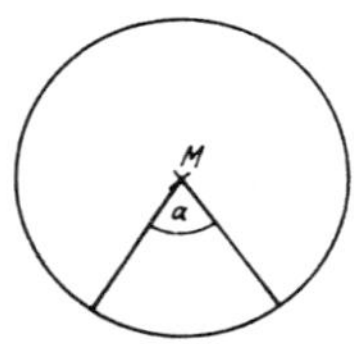

Bild 10/149

(4) **Inhalt einer Kreissektorfläche**

Ist α die Größe des Zentriwinkels, A_α der Inhalt eines Kreissektors und A der Inhalt der Kreisfläche, dann gilt die Verhältnisgleichung

$$\frac{A_\alpha}{A} = \frac{\alpha}{360°} \quad \text{bzw.} \quad A_\alpha = \frac{\alpha}{360°} A$$

Bild 10/149).

10.1.14. Trigonometrische Berechnungen an ebenen Figuren

10.1.14.1. Zur Anwendung der Winkelfunktionen in der ebenen Geometrie

Während bisher in der ebenen Geometrie nur Berechnungen entweder zwischen Seiten oder zwischen Winkeln möglich waren, werden durch Anwendung der Winkelfunktionen (↗ 6.7.4.) Berechnungen zwischen Seiten und Winkeln ermöglicht. Man nennt dieses Teilgebiet der Mathematik Trigonometrie.

10.1.14.2. Berechnungen an rechtwinkligen und gleichschenkligen Dreiecken

(1) Bei Beschränkung des Definitionsbereichs von α auf $0° < \alpha < 90°$ können die Winkelfunktionen [↗ 6.7.4.(2) und (3)] am rechtwinkligen Dreieck ABC erklärt werden (Bild 6/57).

Im rechtwinkligen Dreieck ABC sei der Länge der Kathete BC die Zahl a, der Länge der Kathete AC die Zahl b, der Länge der Hypotenuse AB die Zahl c zugeordnet. Dann gilt

$$\sin\alpha = \frac{a}{c} \qquad \tan\alpha = \frac{a}{b}$$

$$\cos\alpha = \frac{b}{c} \qquad \cot\alpha = \frac{b}{a}.$$

Wie bei Konstruktionsaufgaben sind auch bei Aufgaben zur Berechnung von einzelnen Stücken des Dreiecks drei Stücke – bei rechtwinkligen Dreiecken zwei Stücke – vorzugeben.

Grundaufgaben der Berechnungen an rechtwinkligen Dreiecken:

Grundaufgabe	gegeben	gesucht	benötigte Winkelfunktionen
1	H, K_1	W K_2	sin sin oder tan
2	K_1, K_2	W H	tan sin
3	H, W	K_1, K_2	sin
4	K_1, W	K_2 H	tan sin

Dabei bedeuten: H die Länge der Hypotenuse,
K_1, K_2 die Längen der Katheten,
W die Größe eines Winkels.

BEISPIEL 10/18

In einem rechtwinkligen Dreieck ABC ($\sphericalangle \overline{ACB} = 90°$) sind gegeben: $c = 6{,}5$ cm, $a = 5{,}5$ cm. Es sind die fehlenden Stücke sowie der Flächeninhalt des Dreiecks zu berechnen.

Lösung: Gegeben: $c = 6{,}5$ cm, $a = 5{,}5$ cm

Gesucht: b, α, β, A

● Berechnung von α:

$$\sin\alpha = \frac{a}{c} = \frac{5{,}5 \text{ cm}}{6{,}5 \text{ cm}} = 0{,}8462$$

$$\alpha = 57{,}8°$$

● Berechnung von β:

$$\beta = 90° - \alpha = 90° - 57{,}8° = 32{,}2°$$

● Berechnung von b:

$$\tan\alpha = \frac{a}{b} \quad \text{oder} \quad \cot\alpha = \frac{b}{a}$$

$$b = \frac{a}{\tan\alpha} \qquad b = a\cot\alpha$$

$$b = \frac{5{,}5\ \text{cm}}{1{,}588} \qquad b = 5{,}5\ \text{cm}\cdot 0{,}6297$$

$$b \approx 3{,}5\ \text{cm} \qquad b \approx 3{,}5\ \text{cm}$$

oder mit Hilfe des Satzes des PYTHAGORAS:

$$b^2 = c^2 - a^2 = (6{,}5^2 - 5{,}5^2)\ \text{cm}^2$$

$$b = \sqrt{42{,}25 - 30{,}25}\ \text{cm} = \sqrt{12}\ \text{cm} \approx 3{,}46\ \text{cm} \approx 3{,}5\ \text{cm}$$

● Berechnung von A:

$$A = \frac{1}{2}a\cdot b = \frac{5{,}5\ \text{cm}\cdot 3{,}46\ \text{cm}}{2} \approx 9{,}52\ \text{cm}^2 \approx 9{,}5\ \text{cm}^2$$

(2) Ein **gleichschenkliges Dreieck** wird durch das Lot von der Spitze auf die Basis in zwei kongruente rechtwinklige Dreiecke zerlegt. Damit ist die Berechnung von Stücken gleichschenkliger Dreiecke auf die Berechnung dieser Stücke an rechtwinkligen Dreiecken zurückgeführt.

(3) Die **Bestimmungsdreiecke regelmäßiger n-Ecke** sind gleichschenklige Dreiecke. Dadurch kann die Berechnung von Stücken in regelmäßigen n-Ecken auf die Berechnung dieser Stücke in gleichschenkligen Dreiecken zurückgeführt werden.

BEISPIEL 10/19

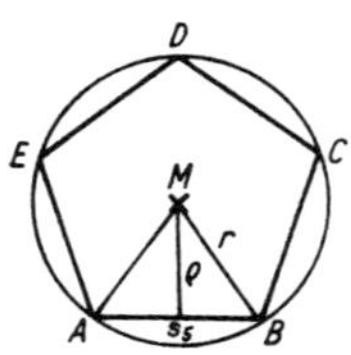

Einem Kreis mit Radius $r = 5{,}0$ cm ist ein regelmäßiges Fünfeck einbeschrieben. Es sind die Länge s_5 der Fünfecksseite, die Länge ϱ des Inkreisradius und der Inhalt der Fünfecksfläche zu berechnen. Lösung: Bild 10/150

Bild 10/150

Der halbe Mittelpunktswinkel α ist 36°. Dann gilt

● $\sin 36° = \dfrac{\frac{s_5}{2}}{r}$ bzw. $s_5 = 2r\sin 36° = 10\cdot 0{,}5878$ cm

$s_5 \approx 5{,}9$ cm

● $\cos 36° = \dfrac{\varrho}{r}$ bzw. $\varrho = r\cos 36° = 5\cdot 0{,}8090$ cm

$\varrho \approx 4{,}0$ cm

● $A = 5\cdot\dfrac{1}{2}\cdot s_5\cdot\varrho = \dfrac{5}{2}\cdot 5{,}9\cdot 4{,}0\ \text{cm}^2 = 59\ \text{cm}^2$

10.1.14.3. Berechnungen an beliebigen Dreiecken

(1) **Sinussatz:** In jedem Dreieck ist der Quotient aus der Länge einer Seite und dem Sinus des Gegenwinkels konstant. Es gilt

$$\frac{a}{\sin\alpha} = \frac{b}{\sin\beta} = \frac{c}{\sin\gamma}$$

bzw. als fortlaufende Proportion geschrieben:

$$a : b : c = \sin\alpha : \sin\beta : \sin\gamma.$$

Der Sinussatz kann zur Lösung von Grundaufgaben angewendet werden, die den Kongruenzsätzen sww und ssw entsprechen.

Hinweis: Da die Werte der Sinusfunktion für Winkel im I. und II. Quadranten positiv sind, gehören zu einem positiven Sinuswert (ausgenommen $\sin\alpha = 1$) stets zwei Winkel, einer im I. und einer im II. Quadranten. An Hand der jeweiligen Aufgabenstellung ist zu untersuchen, ob beide Winkel Lösungen der Aufgabe sind.

BEISPIEL 10/20

a) Gegeben: $a = 4{,}0$ cm, $\alpha = 62°$, $\gamma = 44°$
Gesucht: c (Fall sww)
Lösung: Nach dem Sinussatz gilt $c : a = \sin\gamma : \sin\alpha$ bzw.

$$c = \frac{\sin\gamma}{\sin\alpha} \cdot a$$

Numerische Lösung: $c = \dfrac{\sin 44°}{\sin 62°} \cdot 4\text{ cm} = \dfrac{0{,}6947}{0{,}8829} \cdot 4\text{ cm}$

$$c \approx 3{,}1\text{ cm}$$

b) Gegeben: $a = 7{,}2$ cm, $b = 5{,}2$ cm, $\beta = 35°$
Gesucht: α (Fall ssw)
Lösung: Nach dem Sinussatz gilt $a : b = \sin\alpha : \sin\beta$ bzw.

$$\sin\alpha = \frac{a}{b} \cdot \sin\beta$$

Numerische Lösung: $\sin\alpha = \dfrac{7{,}2\text{ cm}}{5{,}2\text{ cm}} \cdot \sin 35° = \dfrac{7{,}2}{5{,}2} \cdot 0{,}5736$

$$\sin\alpha = 0{,}7942$$

$$\alpha = 52{,}58° \approx 52{,}6°$$

Da β der kleineren von beiden gegebenen Seiten gegenüberliegt, gibt es noch einen zweiten Winkel α, der die Bedingung $\sin\alpha = 0{,}7942$ erfüllt: $\alpha_2 = 180° - 52{,}6° = 127{,}4°$.

(2) **Cosinussatz:** In jedem Dreieck *ABC* gilt

$$a^2 = b^2 + c^2 - 2bc\cos\alpha$$

bzw. nach zyklischer Vertauschung

$$b^2 = c^2 + a^2 - 2ca \cos \beta$$
$$c^2 = a^2 + b^2 - 2ab \cos \gamma$$

Wird nach dem Cosinus des Winkels aufgelöst, erhält man

$$\cos \alpha = \frac{b^2 + c^2 - a^2}{2bc}$$

$$\cos \beta = \frac{c^2 + a^2 - b^2}{2ca}$$

$$\cos \gamma = \frac{a^2 + b^2 - c^2}{2ab}$$

Der Cosinussatz kann zur Lösung von Grundaufgaben angewandt werden, die den Kongruenzsätzen sws und sss entsprechen.

Hinweis: Da der Wert der Cosinusfunktion für Winkel im I. Quadranten positiv, für Winkel im II. Quadranten negativ ist, ergibt die Berechnung mit Hilfe des Cosinussatzes stets ein eindeutiges Ergebnis.

BEISPIEL 10/21

a) Gegeben: $a = 6{,}4$ cm, $b = 5{,}3$ cm, $\gamma = 115°$

Gesucht: c (Fall sws)

Lösung: Nach dem Cosinussatz ist $c^2 = a^2 + b^2 - 2ab \cos \gamma$.

Werden die gegebenen Größen eingesetzt, erhält man

$$c^2 = (6{,}4^2 + 5{,}3^2 - 2 \cdot 6{,}4 \cdot 5{,}3 \cdot \cos 115°)\ \text{cm}^2.$$

Da $\cos 115° = -\sin 25°$ ist, ergibt sich

$$c^2 = (6{,}4^2 + 5{,}3^2 + 2 \cdot 6{,}4 \cdot 5{,}3 \cdot \sin 25°)\ \text{cm}^2$$
$$= (40{,}96 + 28{,}09 + 28{,}67)\ \text{cm}^2 = 97{,}72\ \text{cm}^2$$
$$c \approx 9{,}88\ \text{cm} \approx 9{,}9\ \text{cm}$$

b) Gegeben: $a = 6{,}3$ cm, $b = 5{,}7$ cm, $c = 4{,}5$ cm

Gesucht: α (Fall sss)

Lösung: Aus dem Cosinussatz erhält man $\cos \alpha = \frac{b^2 + c^2 - a^2}{2bc}$ und nach Einsetzen der gegebenen Größen

$$\cos \alpha = \frac{(5{,}7^2 + 4{,}5^2 - 6{,}3^2)\ \text{cm}^2}{2 \cdot 5{,}7 \cdot 4{,}5\ \text{cm}^2}$$
$$= \frac{32{,}49 + 20{,}25 - 39{,}69}{51{,}3}$$

$$\cos \alpha = 0{,}2544; \qquad \alpha = 75{,}26° \approx 75{,}3°$$

(3) Flächeninhalt beliebiger Dreiecke

Aus der Formel für die Berechnung des Inhalts der Dreiecksfläche $A = \frac{1}{2} g \cdot h$ bzw. $A = \frac{1}{2} c \cdot h_c$ erhält man, da $h_c = b \cdot \sin \alpha$ ist,

$$A = \frac{1}{2} b \cdot c \cdot \sin \alpha$$

bzw. unter Beachtung der zyklischen Vertauschung

$$A = \frac{1}{2} c \cdot a \cdot \sin \beta$$

bzw.

$$A = \frac{1}{2} a \cdot b \cdot \sin \gamma .$$

Diese Formel ist zur Berechnung des Inhalts der Dreiecksfläche dann anzuwenden, wenn die Längen zweier Seiten und die Größe des eingeschlossenen Winkels gegeben sind.

BEISPIEL 10/22

Gegeben: $a = 4{,}2$ cm, $c = 6{,}7$ cm, $\beta = 36°$

Gesucht: A

Lösung: Aus $A = \frac{1}{2} ac \sin \beta$ erhält man

$$A = \frac{1}{2} \cdot 4{,}2 \cdot 6{,}7 \cdot \sin 36° \text{ cm}^2 = 14{,}07 \cdot 0{,}5878 \text{ cm}^2$$

$$A = 8{,}27 \text{ cm}^2 \approx 8{,}3 \text{ cm}^2$$

Weitere Formeln zur Berechnung des Inhalts der Dreiecksfläche

- Sind ϱ die Länge des Inkreisradius und $s = \frac{a + b + c}{2}$ die halbe Summe der Längen der Dreieckseiten (Bild 10/151), dann ist der Inhalt A der Dreiecksfläche

$$A = \varrho \cdot s .$$

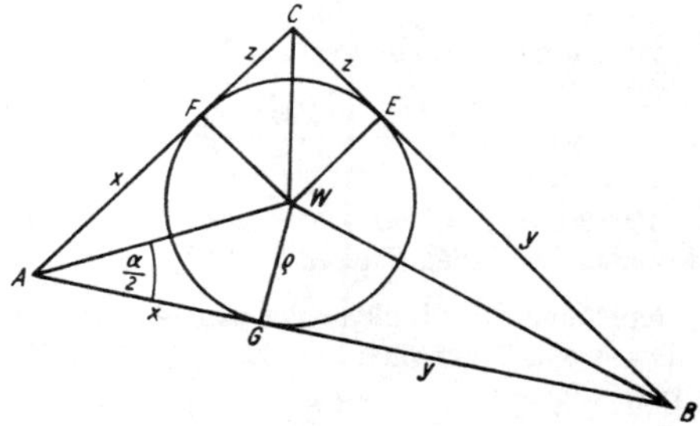

Bild 10/151

Es seien x, y, z Längen der Tangentenabschnitte, dann gilt:

$$\begin{aligned} y + z &= a \\ x \quad + z &= b \\ x + y \quad &= c. \end{aligned}$$

Nach Addition der drei Gleichungen erhält man

$$2x + 2y + 2z = a + b + c = 2s.$$

Daraus ergibt sich $x = s - a$, $y = s - b$, $z = s - c$. Im Dreieck AGW gilt

$$\tan\frac{\alpha}{2} = \frac{\varrho}{s - a}$$

(Bild 10/151).
Da nach dem Halbwinkelsatz

$$\tan\frac{\alpha}{2} = \sqrt{\frac{(s - b)(s - c)}{s(s - a)}}$$

ist, ist

$$\varrho = \sqrt{\frac{(s - b)(s - c)(s - a)}{s}}$$

bzw.

$$\varrho \cdot s = \sqrt{s(s - a)(s - b)(s - c)},$$

die HERONische Dreiecksformel.

- Da $A = \frac{1}{2}ac\sin\beta$ und $a = 2r\sin\alpha$, $c = 2r\sin\gamma$ ist, gilt $A = 2r^2\sin\alpha\sin\beta\sin\gamma$.

- Ersetzt man in dieser Formel r durch $\frac{a}{2\sin\alpha}$, so erhält man

$$A = \frac{a^2\sin\beta\sin\gamma}{2\sin\alpha}$$

bzw. nach zyklischer Vertauschung

$$A = \frac{b^2\sin\gamma\sin\alpha}{2\sin\beta}, \quad A = \frac{c^2\sin\alpha\sin\beta}{2\sin\gamma}.$$

(4) Berechnung des Radius r des umbeschriebenen Kreises bzw. des Radius ϱ des einbeschriebenen Kreises

- **Berechnung des Radius r des umbeschriebenen Kreises** (Bild 10/152)
  Da $\sphericalangle\, ACB$ Peripheriewinkel und $\sphericalangle\, AMB$ Zentriwinkel über der Sehne AB des Kreises k sind und da $\overline{\sphericalangle\, AMD} = \overline{\sphericalangle\, DMB}$ ist, gilt

$\overline{\sphericalangle\ AMD} = \gamma$. Da $\overline{AD} = \frac{1}{2}\overline{AB} = \frac{c}{2}$ ist, gilt im rechtwinkligen Dreieck *ADM* die Beziehung $\sin\gamma = \frac{\frac{c}{2}}{r}$. Daraus kann r berechnet werden:

$$r = \frac{c}{2\sin\gamma}$$

bzw. bei Beachtung der zyklischen Vertauschung

$$r = \frac{a}{2\sin\alpha},$$

$$r = \frac{b}{2\sin\beta}.$$

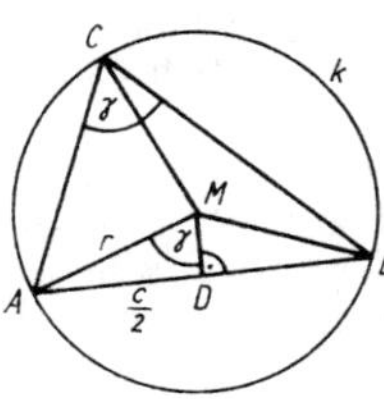

Bild 10/152

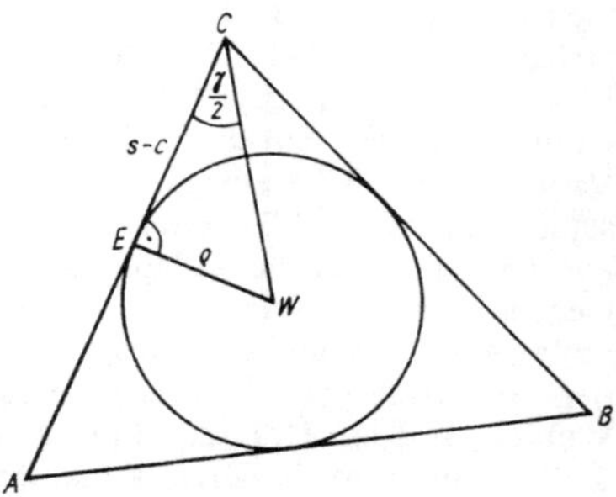

Bild 10/153

- **Berechnung des Radius ϱ des einbeschriebenen Kreises** (Bild 10/153)

Ist s die halbe Summe der Seitenlängen eines Dreiecks *ABC*, dann ist $\overline{CE} = s - c$. Im rechtwinkligen Dreieck *CEW* gilt

$$\tan\frac{\gamma}{2} = \frac{\varrho}{s - c}$$

Daraus erhält man

$$\varrho = (s - c)\tan\frac{\gamma}{2}$$

bzw.

$$\varrho = (s - a)\tan\frac{\alpha}{2},$$

$$\varrho = (s - b)\tan\frac{\beta}{2}.$$

BEISPIEL 10/23

Gegeben: $a = 5{,}1$ cm, $b = 6{,}0$ cm, $\gamma = 80^\circ$
Gesucht: r, ϱ
Wurde mit Hilfe des Cosinussatzes c berechnet ($c \approx 7{,}2$ cm), dann ist der Radius r des Umkreises

$$r = \frac{c}{2\sin\gamma} = \frac{7{,}2\text{ cm}}{2\sin 80^\circ} = \frac{3{,}6\text{ cm}}{0{,}9848} = 3{,}655\text{ cm} \approx 3{,}7\text{ cm}.$$

Mit $s = \dfrac{a+b+c}{2}$ erhält man für den Radius ϱ des Inkreises

$$\varrho = (s-c)\tan\frac{\gamma}{2} = (9{,}15 - 7{,}2)\tan 40^\circ\text{ cm} = 1{,}95 \cdot 0{,}8391\text{ cm},\ \varrho \approx 1{,}6\text{ cm}.$$

(5) Den vier Grundaufgaben der Dreieckskonstruktion [↗ 10.1.10.6.(2)1.] entsprechen folgende vier **Grundaufgaben der Dreiecksberechnung:**

1. Gegeben sind die Längen der drei Seiten **(Fall sss).** Dann können die Größen aller Winkel mit Hilfe des Cosinussatzes ermittelt werden. Es ist aber auch möglich, nur die Größe eines Winkels mit Hilfe des Cosinussatzes zu berechnen, die Größe des zweiten Winkels (unter Verwendung des bereits berechneten Winkels) mit Hilfe des Sinussatzes zu ermitteln. Die Größe des dritten Winkels ergibt sich dann aus der Winkelsumme im Dreieck.
2. Gegeben sind die Längen zweier Seiten und die Größe des eingeschlossenen Winkels **(Fall sws).** Dann wird die Länge der dritten Seite mit Hilfe des Cosinussatzes ermittelt. Die Größe des zweiten Winkels wird mit Hilfe des Sinussatzes, die des dritten Winkels aus der Winkelsumme im Dreieck berechnet.
3. Gegeben sind die Längen zweier Seiten und die Größe desjenigen Innenwinkels, der der größeren dieser beiden Seiten gegenüber liegt **(Fall ssw).** Dann wird die Größe des zweiten Winkels mit Hilfe des Sinussatzes, die des dritten Winkels aus der Winkelsumme im Dreieck ermittelt. Die Länge der dritten Seite wird mit Hilfe des Sinussatzes berechnet.
4. Gegeben sind die Länge einer Seite und die Größe zweier Winkel **(Fall sww).** Dann kann die Größe des dritten Winkels aus der Winkelsumme im Dreieck ermittelt werden. Mit Hilfe des Sinussatzes werden die Längen der fehlenden Seiten berechnet.

Hinweis: Die mit Hilfe des Cosinussatzes durchgeführten *Berechnungen von Winkeln* führen stets auf eindeutige Ergebnisse; bei den mit Hilfe des Sinussatzes durchgeführten Berechnungen muß im einzelnen untersucht werden, ob beide im I. und II. Quadranten liegende Winkel Lösungen der Aufgabe sein können.

BEISPIEL 10/24

Gegeben sind $a = 4{,}5$ cm, $b = 4{,}0$ cm, $\beta = 50^\circ$ (↗ Beispiel 10/12). Gesucht sind die fehlenden Stücke des Dreiecks ABC, der Inhalt der Drei-

ecksfläche, die Länge des Radius r des Umkreises und die Länge ϱ des Radius des Inkreises.
Lösung: Fall ssw, der Winkel β liegt nicht der größeren der gegebenen Seiten gegenüber!

- *Berechnung von α:*
  Nach dem Sinussatz gilt $\frac{\sin\alpha}{\sin\beta} = \frac{a}{b}$ bzw.

$$\sin\alpha = \frac{a}{b}\sin\beta = \frac{4{,}5\text{ cm}}{4{,}0\text{ cm}} \cdot \sin 50° = \frac{4{,}5}{4} \cdot 0{,}766 = 0{,}8618.$$

  Daraus erhält man $\alpha_1 = 59{,}52° \approx 59{,}5°$ und $\alpha_2 = 180° - 59{,}9° = 120{,}5°$.
  Beide Winkel erfüllen die Bedingung $\alpha > \beta$, die aus $a > b$ folgt.

- *Berechnung von γ:*
  Aus der Winkelsumme im Dreieck ergibt sich

$$\gamma_1 = 180° - (\alpha_1 + \beta) = 180° - (59{,}5° + 50°) = 180° - 109{,}5°$$
$$\gamma_1 = 70{,}5°$$
$$\gamma_2 = 180° - (\alpha_2 + \beta) = 180° - 170{,}5° = 9{,}5°$$

- *Berechnung von c:*
  Nach dem Sinussatz gilt $\frac{c}{b} = \frac{\sin\gamma}{\sin\beta}$ bzw.

$$c_1 = b\,\frac{\sin\gamma_1}{\sin\beta} = 4\text{ cm} \cdot \frac{\sin 70{,}5°}{\sin 50°} = 4\text{ cm} \cdot \frac{0{,}9426}{0{,}766} \approx 4{,}9\text{ cm}$$

$$c_2 = b\,\frac{\sin\gamma_2}{\sin\beta} = 4\text{ cm} \cdot \frac{\sin 9{,}5°}{\sin 50°} = 4\text{ cm} \cdot \frac{0{,}165}{0{,}766} \approx 0{,}9\text{ cm}$$

- *Berechnung des Inhalts A der Dreiecksfläche:*

$$A_1 = \frac{1}{2}\,a \cdot c_1 \cdot \sin\beta = \frac{1}{2} \cdot 4{,}5 \cdot 4{,}9 \cdot \sin 50°\text{ cm}^2 \approx 8{,}4\text{ cm}^2$$

$$A_2 = \frac{1}{2}\,a \cdot c_2 \cdot \sin\beta = \frac{1}{2} \cdot 4{,}5 \cdot 0{,}9 \cdot \sin 50°\text{ cm}^2 \approx 1{,}6\text{ cm}^2$$

- *Berechnung von r:*

$$r_1 = \frac{a}{2\sin\alpha_1} = \frac{4{,}5\text{ cm}}{2\sin 59{,}5°} = 2{,}61\text{ cm} \approx 2{,}6\text{ cm}$$

$$r_2 = \frac{a}{2\sin\alpha_2} = \frac{4{,}5\text{ cm}}{2\sin 120{,}5°} = \frac{4{,}5\text{ cm}}{2\cos 30{,}5°} = 2{,}61\text{ cm} \approx 2{,}6\text{ cm}$$

- *Berechnung von ϱ:*

$$\varrho_1 = (s - b)\tan\frac{\beta}{2} = (6{,}7 - 4)\text{ cm} \cdot \tan 25° \approx 1{,}26\text{ cm}$$

$$\varrho_2 = (s - b)\tan\frac{\beta}{2} = (4{,}7 - 4)\text{ cm} \cdot \tan 25° \approx 0{,}3\text{ cm}.$$

10.2. Aus der darstellenden Geometrie

10.2.1. Zum Projektionsbegriff

(1) Die darstellende Geometrie ist die Lehre von den Gesetzmäßigkeiten bei der Abbildung von geometrischen Objekten des dreidimensionalen Raumes auf eine zweidimensionale Ebene. Zur Ausführung der Konstruktionen werden Zirkel und Lineal benutzt. Die Abbildung erfolgt so, daß aus der ebenen Zeichnung auf das räumliche Objekt wieder geschlossen werden kann, d. h., daß der Betrachter der Zeichnung das räumliche Objekt sich vorstellen und evtl. auch herstellen kann.
Die in der darstellenden Geometrie entwickelten Verfahren liefern entweder anschauliche oder maßgerechte Zeichnungen. Anschaulichkeit und Maßgerechtheit sind zwei Forderungen, die nicht gleichzeitig optimal von einer Zeichnung erfüllt werden können. Deshalb hängt die Wahl des Verfahrens vom Zweck der Zeichnung ab.
Die Abbildung r der Punkte P_i des (dreidimensionalen) Raumes auf eine Bildebene ε durch die Geraden g_i eines durch den Punkt Z verlaufenden Geradenbündels, wobei Z nicht in ε liegt und Z verschieden von P_i ist, heißt **Projektion** (Bild 10/154). Die Abbildung ist eindeutig, jedoch nicht eineindeutig. Der Punkt Z wird das Projektionszentrum, ε die Projektionsebene (Rißebene oder Rißtafel) genannt. Die Geraden g_i heißen Projektionsgeraden, die von Z ausgehenden Strahlen Projektionsstrahlen. Das Bild eines Punktes P ist der Durchstoßpunkt der Geraden $g(ZP)$ durch die Bildebene ε und wird *seine Projektion* genannt. Alle Punkte einer Projektionsgeraden haben dasselbe Bild.
Das Bild des Punktes P werde zunächst mit P^c bezeichnet. Der Fall, daß ein Punkt P_1 in einer zu ε durch Z parallelen Ebene ε_1 liegt, sei ausgeschlossen (Bild 10/155).

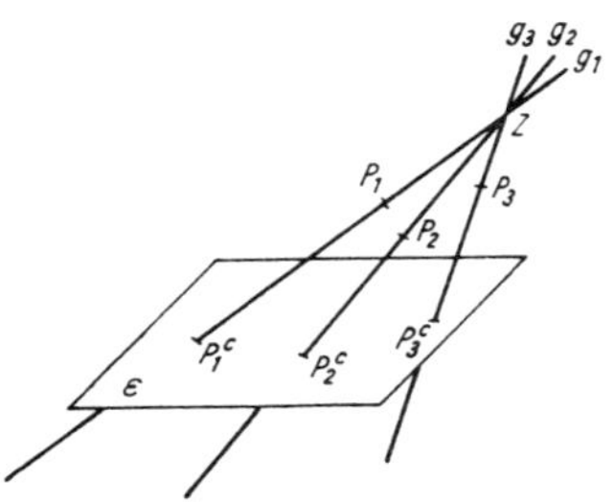

Bild 10/154

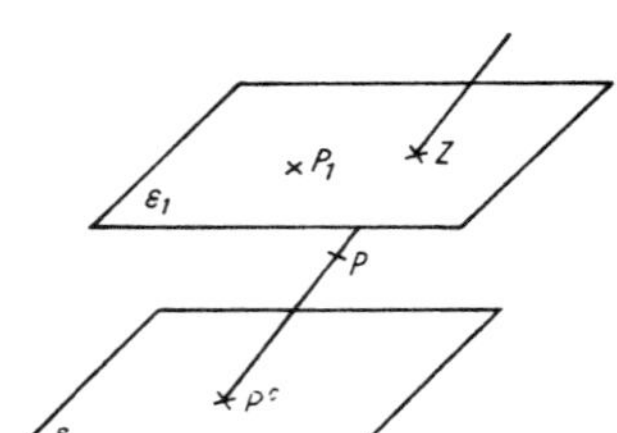

Bild 10/155

(2) **Projektionsarten**

Verlaufen alle Projektionsgeraden

durch einen Punkt Z, | parallel zueinander,

so heißt die Projektion

Zentralprojektion.

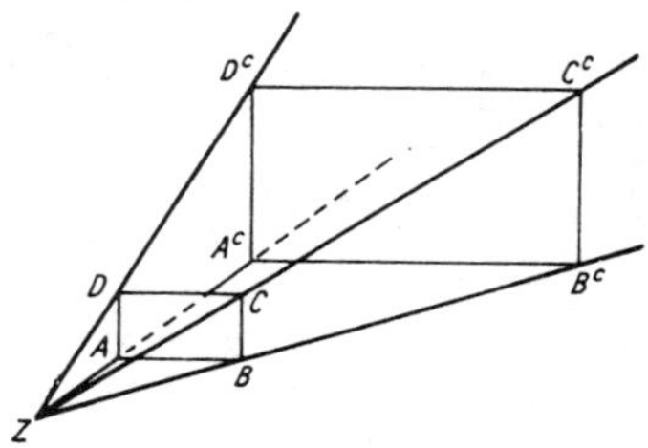

Bild 10/156

Bezeichnung des Bildes von P mit P^c

Parallelprojektion.

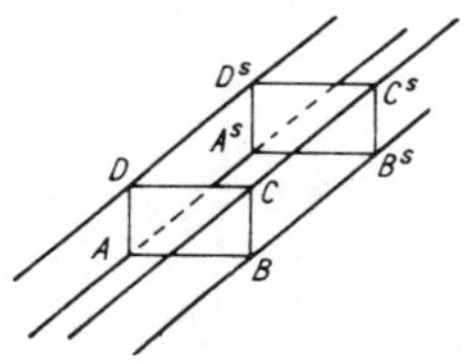

Bild 10/157

Verlaufen die Projektionsgeraden

schräg | senkrecht

zur Bildebene, dann heißt die Projektionsart

schräge Parallelprojektion

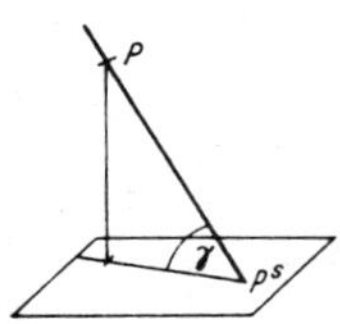

Bild 10/158a

senkrechte Parallelprojektion (auch Normalprojektion)

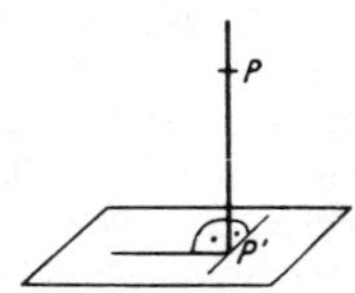

Bild 10/158b

Bezeichnung des Bildes von P

mit P^s | mit P'

(3) Gesetzmäßigkeiten der Parallelprojektion

Die Abbildung erfolgt durch ein Parallelgeradenbündel. Dann gilt:

1. Zueinander parallele Geraden des Raumes, die nicht in Richtung der Projektionsstrahlen liegen, werden als zueinander parallele Geraden abgebildet.
2. Das von drei auf einer Geraden liegenden Punkten A, B, C festgelegte Teilverhältnis $\lambda = \overline{AC} : \overline{CB}$ bleibt bei der Parallelprojektion erhalten.
3. Ebene Figuren, die parallel zur Bildebene liegen, werden in wahrer Gestalt abgebildet.

4. Zwischen Figuren in Ebenen in allgemeiner Lage und ihren Bildern besteht eine geometrische Verwandtschaft, die **perspektive Affinität** genannt wird (↗ 10.1.7.).

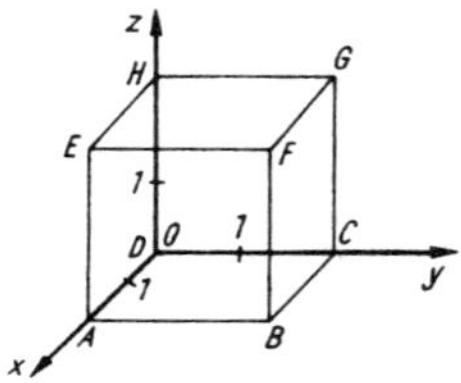

Bild 10/159

Als Hilfsmittel zur Maßübertragung wird bei Parallelprojektion ein orthogonales und normiertes Dreibein eingeführt (Bild 10/159), z. B. kann ein Quader so angeordnet werden, daß je vier Kanten in x-, y-, z-Richtung liegen (Bild 10/159). Die x-Richtung wird *Tiefenrichtung*, die y-Richtung *Breitenrichtung*, die z-Richtung *Höhenrichtung* genannt.

10.2.2. Schräge Parallelprojektion

(1) Die schräge Parallelprojektion (auch Schrägrißverfahren genannt) ergibt anschauliche Bilder räumlicher Objekte.
Wird die Kante BF der Länge s in Bild 10/159 durch schräg einfallende Parallelstrahlen abgebildet, so hängt die Länge s' der Bilder von der Größe des Einfallswinkels ab.

Das Verhältnis $q = \frac{s'}{s}$ heißt **Verzerrungsverhältnis** (oder auch **Verkürzungsverhältnis**). Es wird stets für Strecken angegeben, die zur Rißtafel senkrecht stehen (Tiefenstrecken).
Je nach der Einfallsrichtung der Projektionsstrahlen haben die Bilder der Tiefenstrecken in der Bildebene verschiedene Lage. Wird die Bildebene lotrecht angenommen, so wird die Lage durch den Winkel α gegen eine waagerecht gedachte Gerade festgelegt, der **Verzerrungswinkel** genannt wird.
Beim Zeichnen der Bilder in schräger Parallelprojektion können q und α willkürlich gewählt werden. Dabei wird nicht nach der Einfallsrichtung des Parallelgeradenbündels gefragt, das ein solches Bild ergibt. In der Praxis werden solche Verhältniszahlen q und Winkelgrößen α gewählt, die anschauliche Bilder mit Hilfe einfacher Konstruktionen ergeben, z. B. wählt man $q = \frac{1}{2}$ und $\alpha = 45°$, solche Bilder nennt man **Schrägbilder**, oder $q = 1$ und $\alpha = 90°$ oder bei krummflächig begrenzten Körpern oft $q = \frac{1}{2}$ und $\alpha = 90°$.

(2) Konstruktion von Bildern ebener Figuren in schräger Parallelprojektion:

Sind Strecken in Breiten- und Tiefenrichtung vorhanden (Bild 10/160), ist die Konstruktion leicht auszuführen. Andernfalls müssen erst Hilfsstrecken in Breiten- oder Tiefenrichtung eingezeichnet werden. Zur Erleichterung der Konstruktion bevorzugt man eine »einfache Lage« der abzubildenden Figuren, bei der möglichst viele Originalstrecken in Breiten-, Tiefen- und Höhenrichtung verlaufen.

BEISPIEL 10/25

a) Das Schrägbild des Rechtecks $ABCD$ (Bild 10/160a) ist zu zeichnen. Da die Strecken AB, CD in Breitenrichtung, die Strecken BC, AD in Tiefenrichtung liegen, werden die Strecken AB, CD in wahrer Größe, die Strecken BC, AD auf die Hälfte ihrer Länge verkürzt und unter einem Winkel von 45° an die Strecke AB in A^s bzw. B^s angetragen (Bild 10/160b).

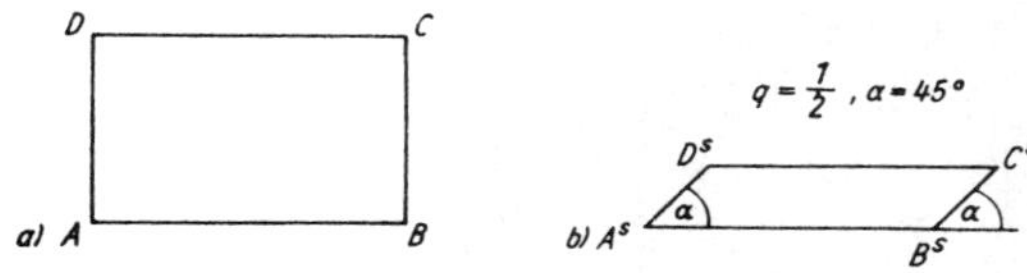

Bild 10/160

b) Das Schrägbild des gleichschenkligen Dreiecks ABC (Bild 10/161a) ist zu zeichnen.
Die Strecke AB liegt in Breitenrichtung; sie wird deshalb in wahrer Größe abgebildet. Da eine Strecke in Tiefenrichtung nicht vorhanden ist, wird die Höhe CD als Hilfslinie in Tiefenrichtung eingeführt, für die gilt $q = \frac{1}{2}$ und $\alpha = 45°$ (Bild 10/161b).

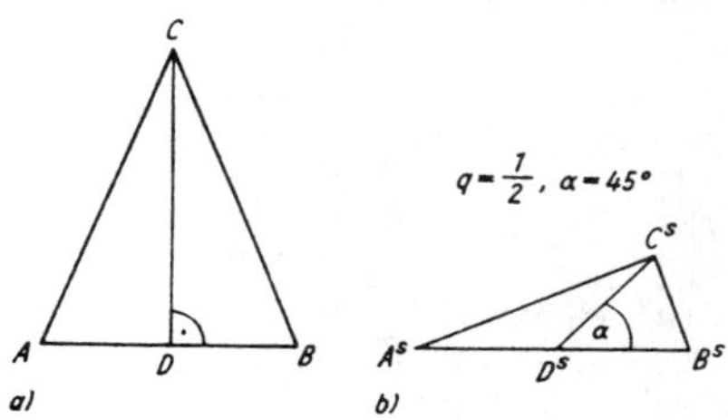

Bild 10/161

c) Der Kreis k (Bild 10/162a) ist im Schrägbild (Bild 10/162b) und in schräger Parallelprojektion mit $q = \frac{1}{2}$ und $\alpha = 90°$ (Bild 10/162c) zu zeichnen.
Hilfsstrecken sind der waagerechte Durchmesser AB in Breitenrichtung sowie dazu senkrechte Sehnen in Tiefenrichtung.

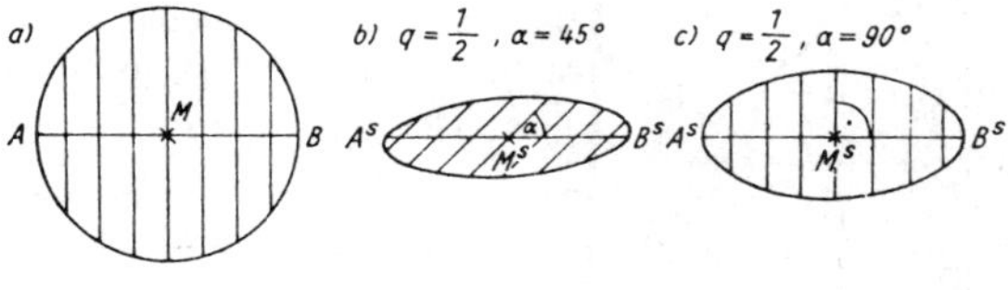

Bild 10/162

(3) Schrägbilder von **Körpern** werden so konstruiert, daß das Schrägbild der Grundfläche und anschließend die Strecken in Höhenrichtung in wahrer Größe gezeichnet werden. Unsichtbare Körperkanten werden gestrichelt gezeichnet.

BEISPIEL 10/26

a) Eine regelmäßige sechsseitige gerade Pyramide (Länge der Grundkante $a = 2{,}0$ cm, Länge der Höhe $h = 3{,}0$ cm) ist im Schrägbild zu zeichnen. Grundfläche in wahrer Größe in Bild 10/163a, der Körper im Schrägbild ist in Bild 10/163b dargestellt.

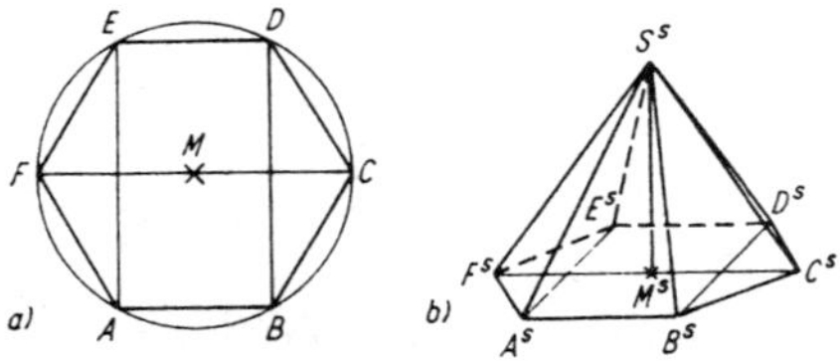

Bild 10/163

b) Ein gerader Kegel mit $d = 4{,}0$ cm und $h = 3{,}0$ cm ist im Schrägbild (Bild 10/164b) und in schräger Parallelprojektion mit $q = \frac{1}{2}$ und $\alpha = 90°$ dargestellt (Bild 10/164c). Bild 10/164a enthält einige zur Konstruktion erforderliche Hilfsstrecken.

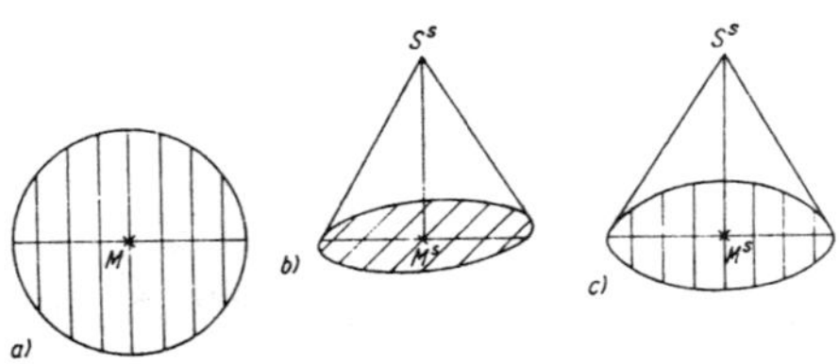

Bild 10/164

10.2.3. Senkrechte Parallelprojektion (Normalprojektion)

10.2.3.1. Ein- und Zweitafelverfahren

Da die Projektion eines Punktes des Raumes auf eine Bildebene eine eindeutige, aber keine eineindeutige Abbildung ist (Bild 10/165), sind weitere Angaben erforderlich, um aus dem Bild die Lage eines Punktes im Raum zu bestimmen. Das Bild des Punktes *P* wird in der senkrechten Parallelprojektion **Riß** genannt und mit *P′* bezeichnet.

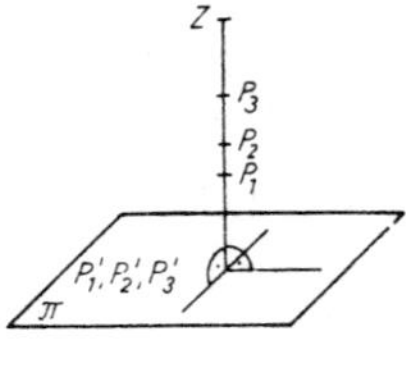

Bild 10/165

Eintafelprojektion

Zu dem Riß des geometrischen Objekts werden die Tafelabstände, d. h. die Längen der von den Punkten auf die Rißtafel gefällten Lote, als **Koten** (Zahlen) oder durch **Höhenmaßstab** angegeben (Bild 10/166).

Zweitafelprojektion

Zwei Rißebenen stehen aufeinander senkrecht: die Grundrißebene π_1 und die Aufrißebene π_2. Sie teilen den Raum in vier Quadranten (I bis IV) (Bild 10/167). Die Schnittgerade beider Tafeln heißt **Rißachse** und wird mit x_{12} bezeichnet.
Das Bild des Punktes P in der Grundrißebene heißt **Grundriß** und wird mit P' bezeichnet. Das Bild des Punktes P in der Aufrißebene heißt **Aufriß** und wird mit P'' bezeichnet.
Im folgenden werden nur geometrische Objekte im I. Quadranten betrachtet.
Wird die Aufrißebene um 90° um die Rißachse umgeklappt, so daß ihre obere Halbebene mit der hinteren Halbebene der Grundrißtafel zusammenfällt, so entsteht für jeden Punkt P des Raumes die **Ordnungslinie** durch P' und P'', die senkrecht zur Rißachse ist (Bild 10/167).

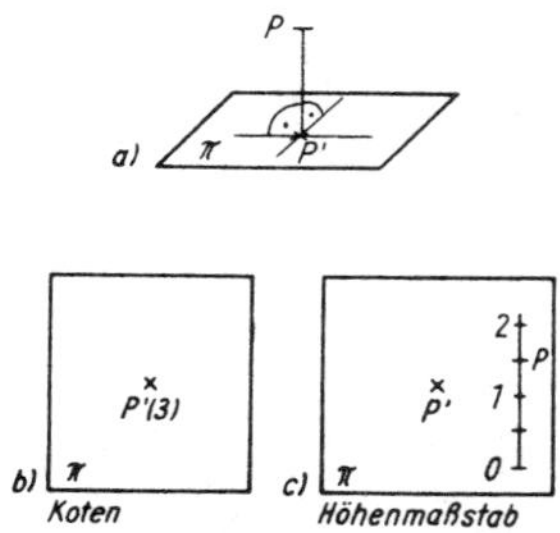

Bild 10/166

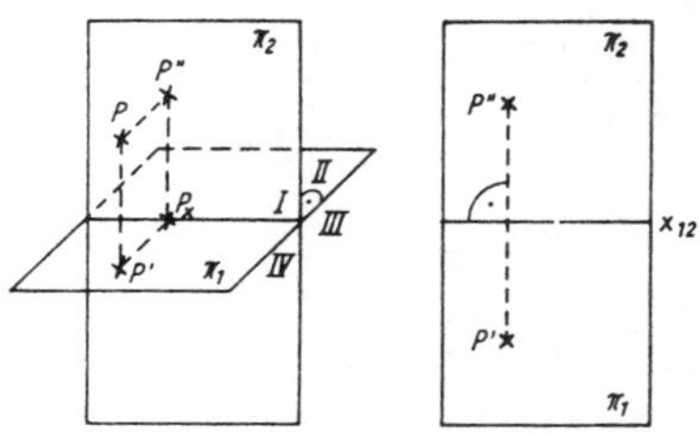

Bild 10/167

BEISPIEL 10/27

Der in Bild 10/168a im Schrägbild dargestellte pultförmige Körper ist in Zweitafelprojektion zu zeichnen. Lösung in Bild 10/168b

Bild 10/168

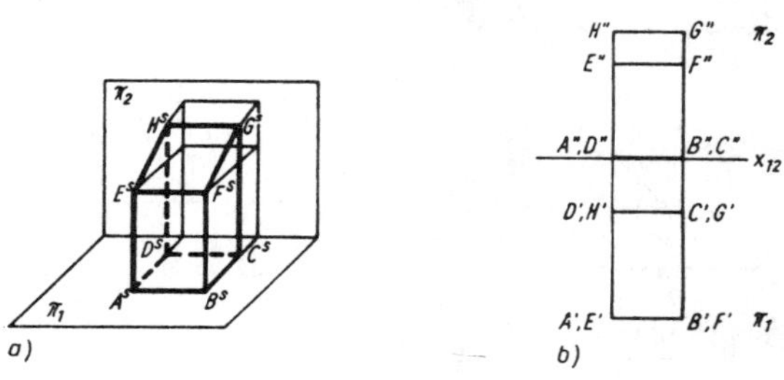

10.2.3.2. Darstellung von Strecken und Geraden in Zweitafelprojektion

(1) In Bild 10/169 sind *verschiedene Lagemöglichkeiten* von Strecken im Raum im Schrägbild dargestellt.

Darstellung in Zweitafelprojektion in Bild 10/170

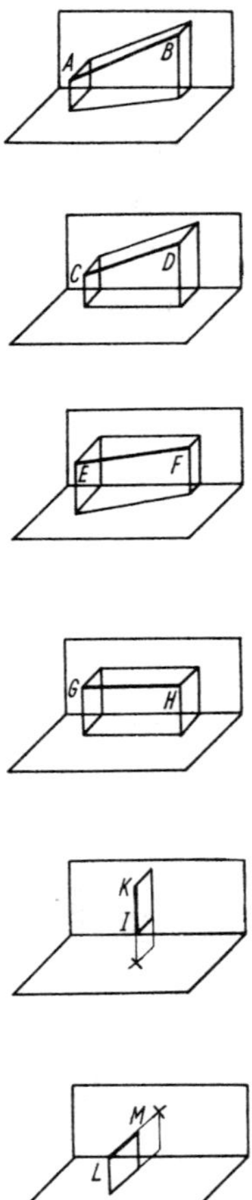

Bild 10/169

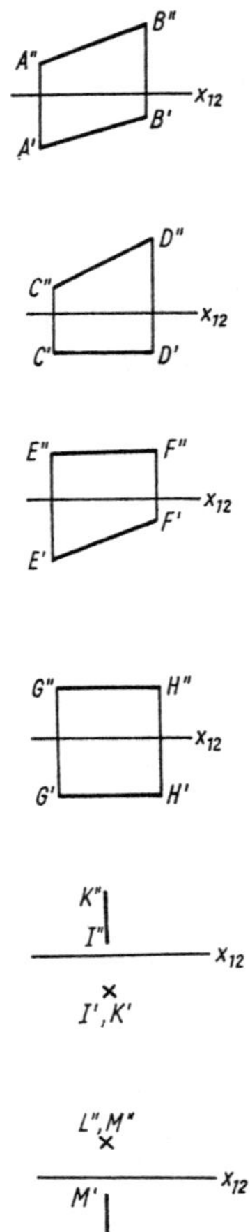

Strecke *AB* geneigt zu beiden Rißtafeln

Strecke *CD* parallel zur Aufrißtafel

Strecke *EF* parallel zur Grundrißtafel

Strecke *GH* parallel zu Grund- und Aufrißtafel

Strecke *IK* senkrecht zur Grundrißtafel

Strecke *LM* senkrecht zur Aufrißtafel

Bild 10/170

(2) Wahre Länge und Neigungswinkel einer Strecke (1. Grundaufgabe)

Zur zeichnerischen Ermittlung der wahren Länge der in Bild 10/171 im Schrägbild dargestellten Strecke AB kann das **»Stütztrapez«** $A'B'BA$

um die Strecke $A'B'$ in die Grundrißebene **umgeklappt** werden.

Dann ist $\overline{A_0B_0}$ die **wahre Länge** der Strecke AB (Bild 10/172a).

um die Strecke BB' in eine zur Aufrißebene parallele Ebene **gedreht** werden. Dann entsteht im Aufriß die wahre Größe der Fläche des Stütztrapezes, und es ist $\overline{(A)''B''}$ die **wahre Länge** der Strecke AB (Bild 10/172b).

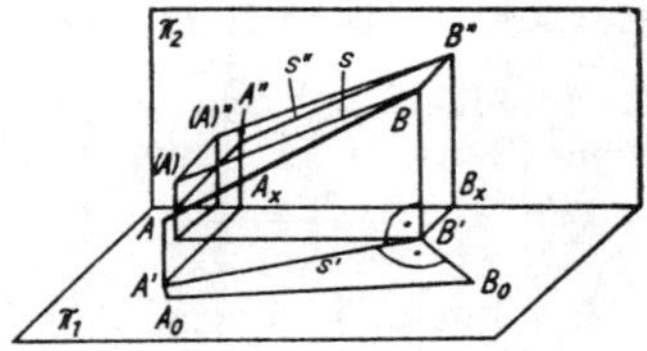

Bild 10/171

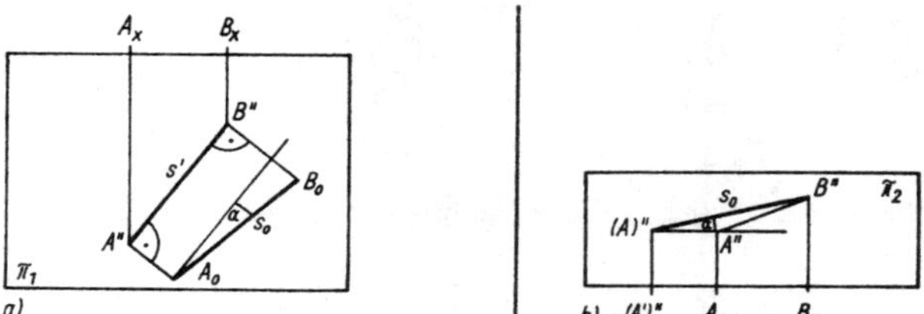

Bild 10/172

Der **Neigungswinkel** α der Strecke AB gegenüber der Grundrißtafel wird bei

Umklappung | Drehung

des Stütztrapezes nach Zeichnen der Parallelen

zu $A'B'$ durch A_0 | zur Rißachse durch $(A)''$

ermittelt.

(3) Projektion von Geraden im I. Quadranten

Jede Gerade, die nicht parallel zur Rißachse verläuft, durchstößt wenigstens eine der beiden Rißtafeln. Die Durchstoßpunkte werden **Spurpunkte** genannt und mit S_1 (in π_1) bzw. S_2 (in π_2) bezeichnet.

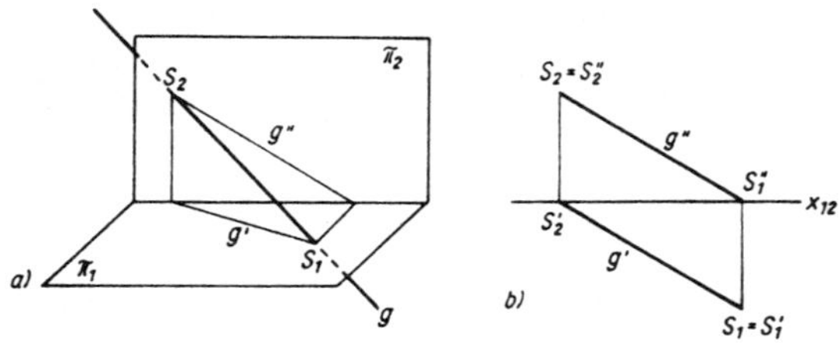

Bild 10/173

Der Aufriß des Grundrißspurpunktes und der Grundriß des Aufrißspurpunktes liegen auf der Rißachse.

10.2.3.3. Darstellung von ebenen Figuren in Zweitafelprojektion

(1) In Bild 10/174 sind *verschiedene Lagemöglichkeiten* einer ebenen Figur (Rechteck) im Raum im Schrägbild dargestellt.

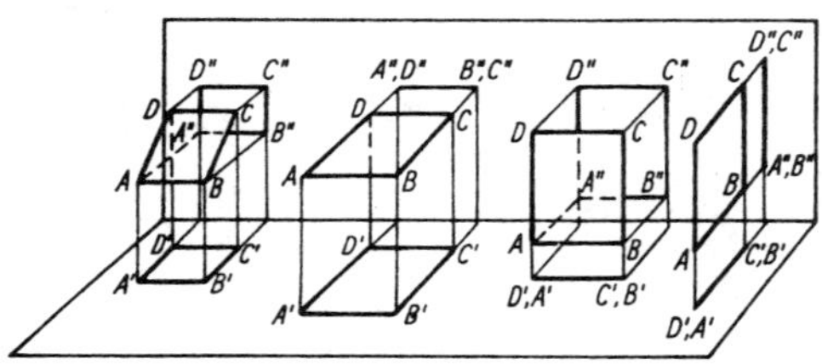

Bild 10/174

Darstellung dieser Figuren in Zweitafelprojektion in Bild 10/175.

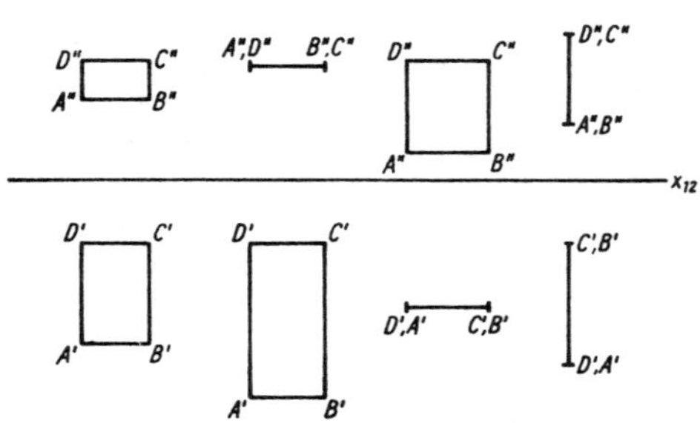

Bild 10/175

(2) Neigungswinkel einer Ebene gegenüber der Grundrißtafel

(2. Grundaufgabe)

Der Neigungswinkel α der im Schrägbild dargestellten Ebene *ABCD* gegenüber der Grundrißtafel (Bild 10/176a) wird im Zweitafelverfahren (Bild 10/176b) in wahrer Größe zeichnerisch ermittelt, indem das »Stützdreieck« $BC'C$ um die Strecke BC' in die Grundrißtafel umgeklappt wird ($\sphericalangle\ \overline{BC'C_0} = 90^\circ$ und $\overline{CC'} = \overline{C'C_0}$). Der Winkel $C'B'C_0$ ist der gesuchte Neigungswinkel.

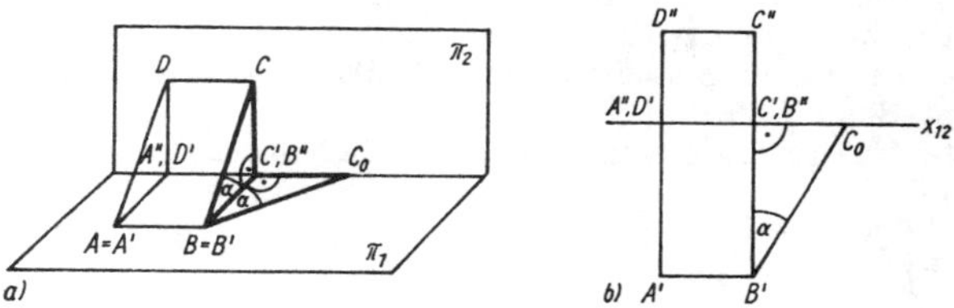

Bild 10/176

(3) Ebene n-Ecke im I. Quadranten

Drei beliebige, nicht kollineare Punkte bestimmen stets ein im Raum liegendes *Dreieck* (Bild 10/177).

Bild 10/177

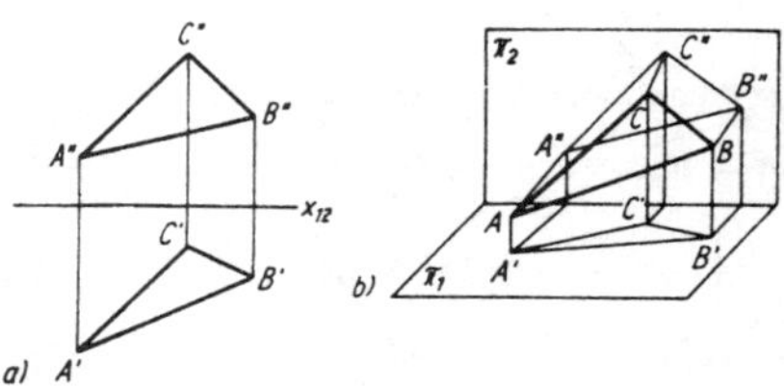

Vier beliebige Punkte bestimmen nur dann ein *ebenes Viereck*, wenn die Verbindungsstrecken gegenüberliegender Punkte einen Schnittpunkt S haben, d.h., wenn S' und S'' auf einer Ordnungslinie liegen (Bild 10/178). Andernfalls bestimmen sie eine *dreiseitige Pyramide* (Bild 10/179).

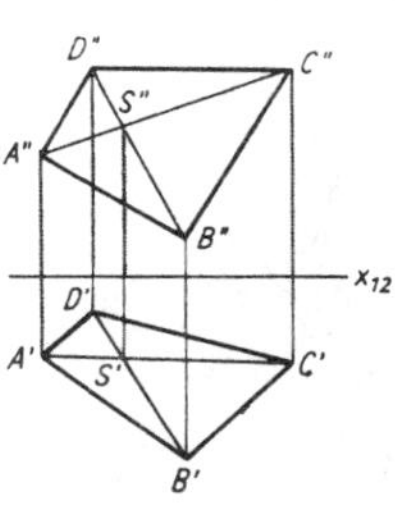

Bild 10/178

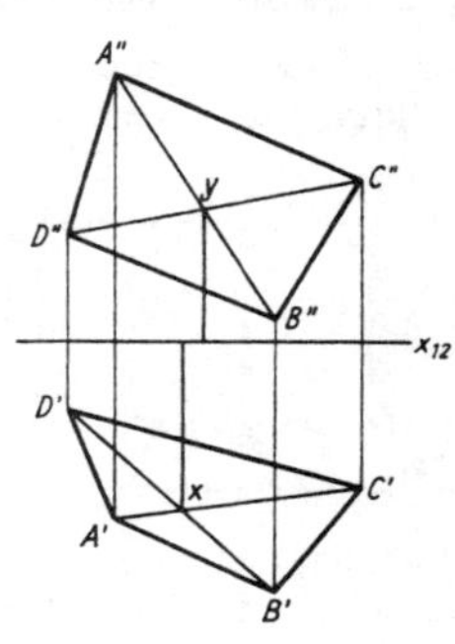

Bild 10/179

Entsprechend gilt für n-Ecke ($n > 4$), daß die Schnittpunkte aller Transversalen von Aufriß und Grundriß Risse von Schnittpunkten sein müssen.

(4) Projektion von Ebenen

Ebenen, die weder parallel zu einer Rißtafel noch parallel zur Rißachse liegen, schneiden die Rißtafeln in Geraden, die **Spurgeraden** genannt und mit e_1 (in π_1) bzw. e_2 (in π_2) bezeichnet werden. Die Spurgeraden einer Ebene schneiden einander in einem Punkt K, der **Knotenpunkt** genannt wird (Bild 10/180).

Eine Senkrechte zur Spurgeraden e_1 heißt **Fallinie.**

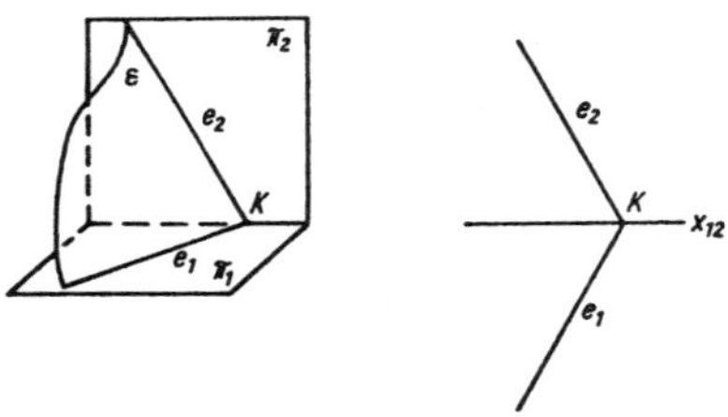

Bild 10/180

Besondere Lagemöglichkeiten von Ebenen im I. Quadranten

a) $\varepsilon \perp \pi_1$ b) $\varepsilon \perp \pi_2$ c) $\varepsilon \perp \pi_1$ und $\varepsilon \perp \pi_2$

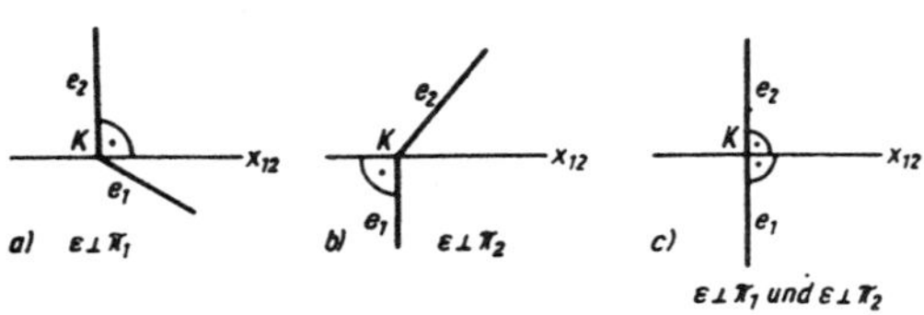

Bild 10/181

(5) Schnittgerade zweier Ebenen (3. Grundaufgabe)

Schneiden zwei Ebenen einander, so liegen die Spurpunkte S_1, S_2 der Schnittgeraden s auf den Spurgeraden e_1 und d_1 bzw. e_2 und d_2 der

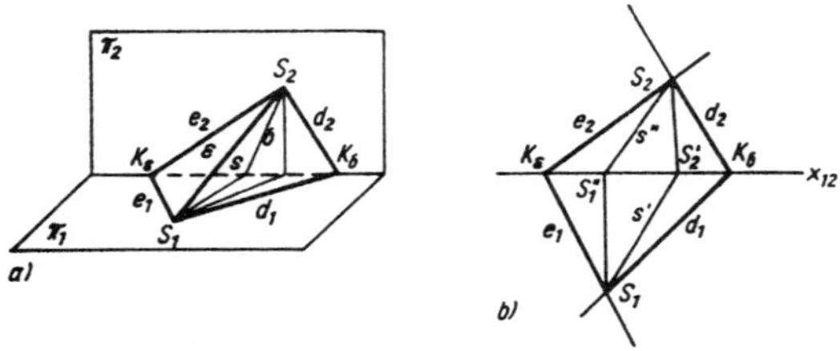

Bild 10/182

Ebenen ε und δ. Die Projektionen der Schnittgeraden sind in Bild 10/182 mit s' und s'' bezeichnet.

(6) **Hauptlinien einer Ebene**

Wird eine Ebene ε durch zu einer Rißtafel parallele Ebenen geschnitten, so entstehen Schnittgeraden, die **Hauptlinien** oder **Spurparallelen** der Ebene genannt werden.

Liegt die Schnittebene parallel zur

Grundrißtafel,	Aufrißtafel,

dann heißt die Hauptlinie

Höhenlinie h.	**Frontlinie** f.

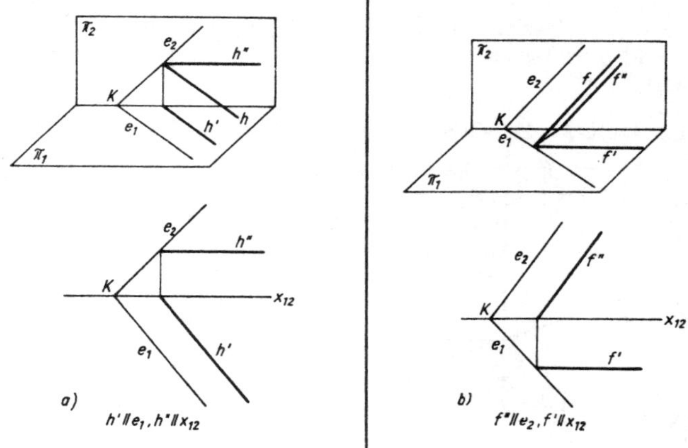

Bild 10/183

10.2.3.4. Inzidenz von Punkten, Geraden und ebenen Figuren mit Ebenen

(1) Liegt ein Punkt (eine Gerade, eine ebene Figur) in einer Ebene, so sagt man, sie **inzidieren.**

Mit der Ebene ε inzidiert

der Punkt P_1	die Gerade g_1	die ebene Figur Dreieck *ABC*

	genau dann, wenn	
durch P_1 eine Hauptlinie von ε verläuft.	die Spurpunkte S_1, S_2 der Geraden mit den Spurgeraden von ε inzidieren.	für alle Punkte, Strecken usw. Inzidenz vorliegt.

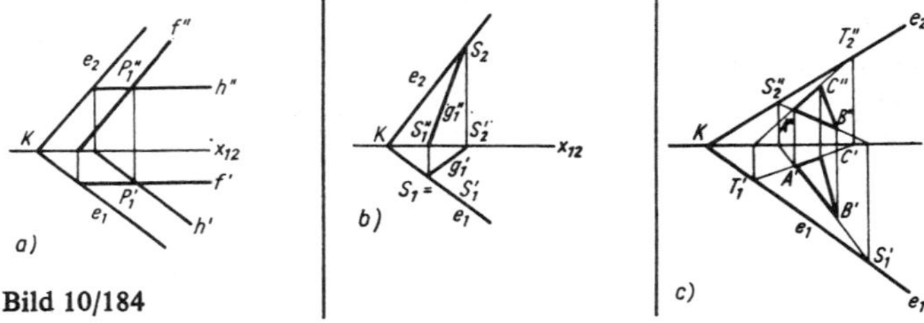

Bild 10/184

Mit Hilfe der Inzidenzbeziehung ist es möglich, für eine beliebige, durch Grund- und Aufriß gegebene ebene Figur die Spuren ihrer Ebene zu konstruieren.

(2) Durchstoßpunkt einer Geraden durch eine Ebene (4. Grundaufgabe)

Um den Durchstoßpunkt D einer Geraden g durch eine Ebene ε zu ermitteln, wird durch g eine Hilfsebene ζ gelegt, die senkrecht zu einer der Rißtafeln ist, und man konstruiert nach 10.2.3.3.(5) die Risse der Schnittgeraden s von ε und ζ. Dann liegt D auf s.

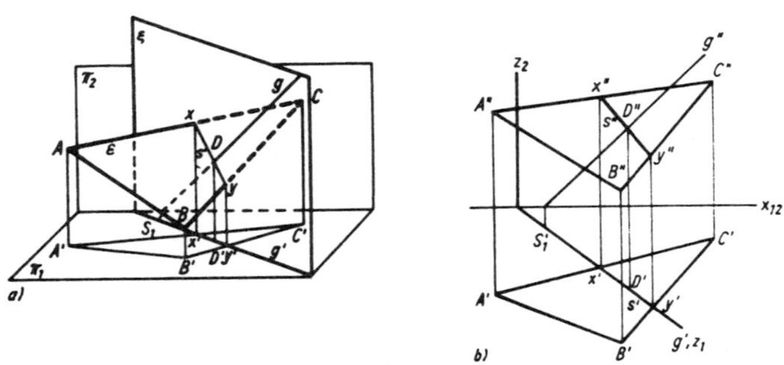

Bild 10/185

10.2.3.5. Projektion von Körpern

(1) Zur Darstellung von Körpern und zur Ausführung von räumlichen Konstruktionen genügt im allgemeinen die Darstellung in Zweitafel-

projektion. Wenn jedoch aus der Zweitafelprojektion nur schwer auf die Gestalt eines geometrischen Objekts geschlossen werden kann, wird ein weiterer Riß auf einer dritten Tafel, die zu einer der vorhandenen Bildtafeln senkrecht steht, beigefügt: der **Seitenriß.** Bezeichnung der Seitenrißtafel mit π_3.
Die Abbildung der räumlichen Objekte auf π_3 erfolgt ebenfalls durch senkrechte Parallelprojektion (Normalprojektion). Anschließend wird π_3 um die Spurgerade in diejenige Projektionstafel umgeklappt, die mit π_3 einen rechten Winkel einschließt. Diese Spurgerade ist dann die neue Rißachse, die mit x_{13} bzw. x_{23} bezeichnet wird, wenn sich π_3 an den Grundriß bzw. Aufriß anschließt. In Bild 10/186 steht π_3 auf der Grundrißtafel senkrecht. Dann ist x_{13} neue Rißachse.

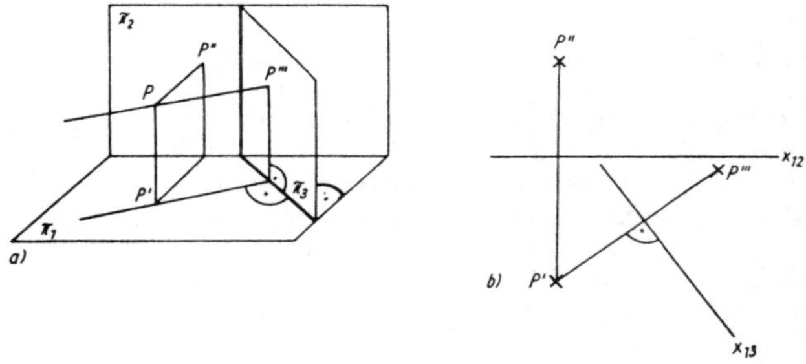

Bild 10/186

In Bild 10/187 ist die Lage der Seitenrißebene so gewählt, daß die wahre Länge einer Seitenkante der Pyramide zu erkennen ist.
(2) Ein Sonderfall des Seitenrißverfahrens ist die **Dreitafelprojektion.** Steht die Seitenrißtafel zu jeder der beiden vorhandenen Projektionstafeln senkrecht, dann wird die dritte Tafel Kreuzrißtafel genannt, und der entstehende Riß heißt **Kreuzriß.**
Die Kreuzrißtafel wird zuerst in die Aufrißebene und dann mit dieser in die Grundrißebene geklappt, so daß der Kreuzriß in aufrechter Lage erscheint.

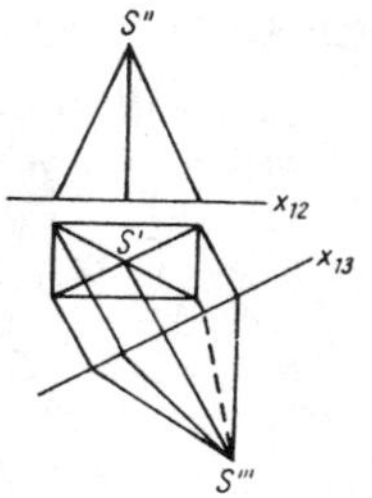

Bild 10/187

BEISPIEL 10/28

In Bild 10/188 wird eine Pyramide mit rechteckigem Grundriß (in einfacher Lage) in Dreitafelprojektion dargestellt.

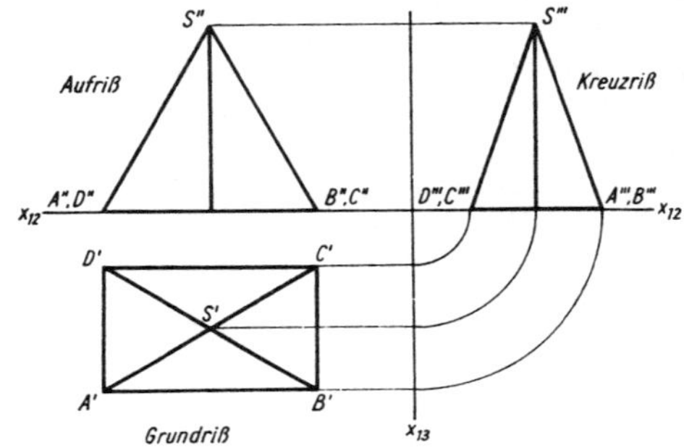

Bild 10/188

10.2.3.6. Schnitte durch ebenflächige Körper

Um die wahre Größe und Gestalt eines durch einen Körper gelegten Schnittes (die Schnittebene ε soll den Winkel α gegen die Grundrißebene bilden und senkrecht zur Aufrißebene stehen) zu ermitteln, wird zunächst der Grundriß der Schnittfigur konstruiert. Die wahre Größe und Gestalt der Schnittfigur erhält man durch Umklappung der Schnittebene um die Grundrißspur e_1 in die Grundrißtafel.
In Zweitafelprojektion liegt ein Punkt P_0 der umgeklappten Schnittfigur

1. auf der Parallelen zur Rißachse durch P' und
2. auf der Parallelen zu e_1 im Abstand KP''.

BEISPIEL 10/29

In Bild 10/189 wird ein ebener Schnitt durch eine dreiseitige Pyramide gelegt und die wahre Größe und Gestalt der Schnittfläche ermittelt.

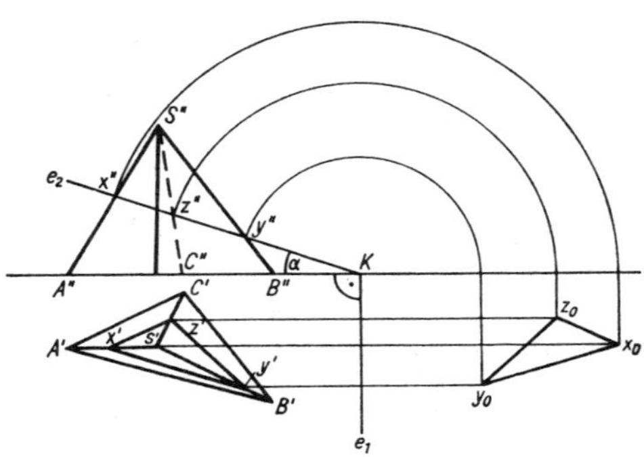

Bild 10/189

10.2.3.7. Ebene Schnitte durch Kreiskegel

(1) Wird ein Kegel von einer Ebene ε geschnitten, so heißt die Menge aller Punkte, die sowohl der Ebene ε als auch der Kreiskegelfläche (↗ 10.3.5.2.) angehören, **Kegelschnitt.**
Es sei α die Größe des halben Öffnungswinkels eines Doppelkegels, β die Größe des Neigungswinkels der Schnittebene mit Kegelachse der (Bild 10/190). Dann heißt

für	die Schnittfigur
$\beta = 90°$	Kreis (I)
$\alpha < \beta < 90°$	Ellipse (II)
$\beta = \alpha$	Parabel (III)
$0° < \beta < \alpha$	Hyperbel (IV)

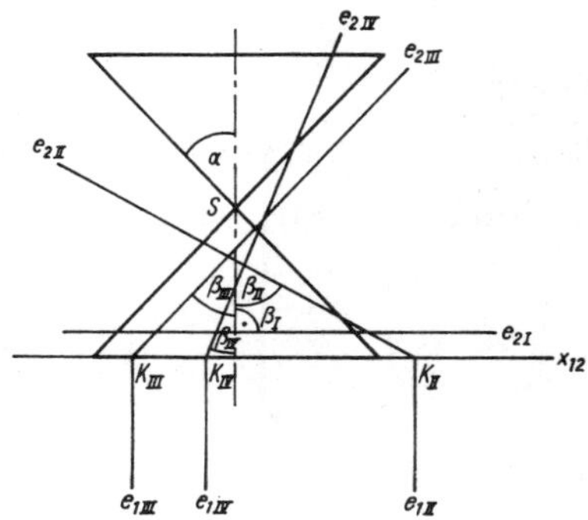

Bild 10/190

Ein *entarteter Kegelschnitt* entsteht, wenn die Schnittebene ε die Spitze S des Kegels enthält:

Für $\alpha < \beta \leqq 90°$ entsteht ein Punkt,
$\beta = \alpha$ eine Gerade,
$0° \leqq \beta < \alpha$ zwei einander schneidende Geraden.

(2) Die **Konstruktion** der nichtkreisförmigen (nichtentarteten) Kegelschnitte erfolgt

- durch punktweise Konstruktion des Grundrisses der Schnittfigur mittels beliebiger Mantellinien als Hilfslinien oder mittels beliebiger zur Grundrißtafel paralleler Ebenen als Hilfsschnittebenen und
- durch anschließende Umklappung der Schnittfigur um e_1 in die Grundrißtafel.

BEISPIEL 10/30

a) Konstruktion einer Ellipse (Bild 10/191)

b) Konstruktion einer Parabel (Bild 10/192)

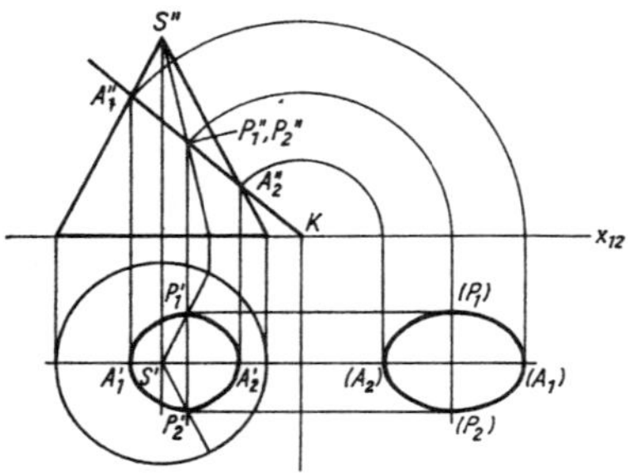

Bild 10/191

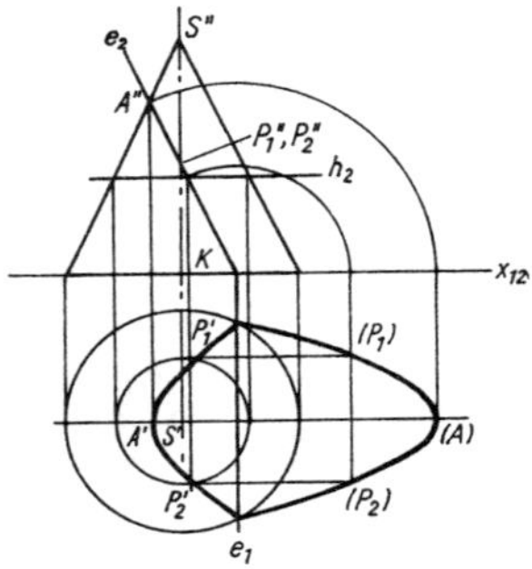

Bild 10/192

c) Konstruktion einer Hyperbel (Bild 10/193)

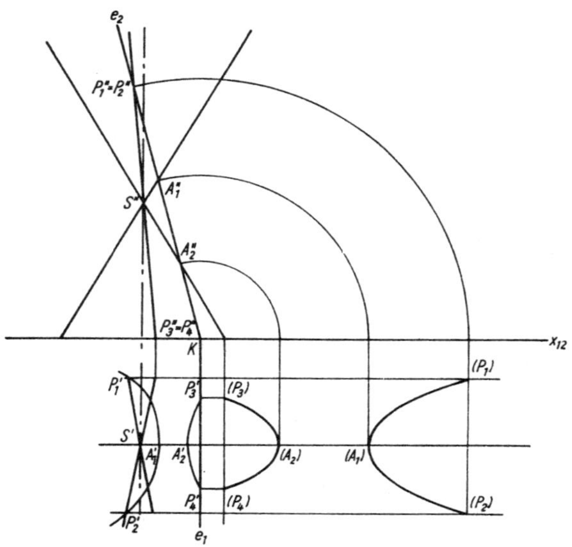

Bild 10/193

Einige Eigenschaften der (nichtkreisförmigen nichtentarteten) **Kegelschnitte**

In jeden Kreiskegel, in dem durch eine Schnittebene ε ein Kegelschnitt erzeugt wird, läßt sich eine Kugel bzw. eine zweite Kugel legen, die die Mantelfläche des Körpers innen längs eines Kreises und ε in einem Punkt berührt. Diese Kugeln werden **Dandelinsche Kugeln** genannt (in Bild 10/194 für eine Ellipse).

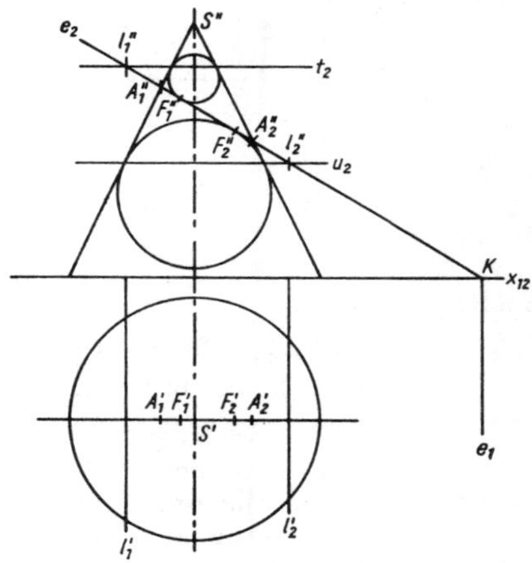

Bild 10/194

Die Berührungspunkte der DANDELINschen Kugeln mit der Schnittebene ε heißen *Brennpunkte* der Kegelschnitte und werden mit F bezeichnet; die Schnittpunkte der parallel zu π_2 verlaufenden Kegelmantellinien mit der Schnittebene ε heißen *Scheitel* und werden mit A bezeichnet.

Die Ebenen, in denen die Berührungskreise liegen, liegen parallel zu π_1 und schneiden die Ebene ε in Geraden, die senkrecht zu π_2 verlaufen. Diese Geraden heißen *Leitlinien* der Kegelschnitte und werden mit l bebezeichnet (Bild 10/195).

Wenn P ein beliebiger Punkt des Kegelschnitts, F_1 ein Brennpunkt und L_1 der Fußpunkt des Lotes von P auf die Leitlinie l_1 ist, dann läßt sich zeigen, daß für alle Kegelschnitte gilt

$$\overline{PF_1} : \overline{PL_1} = \cos\beta : \cos\alpha = \text{const.}$$

Die Konstante heißt **numerische Exzentrizität** des Kegelschnitts und werde hier mit ν bezeichnet (gewöhnlich mit ε).

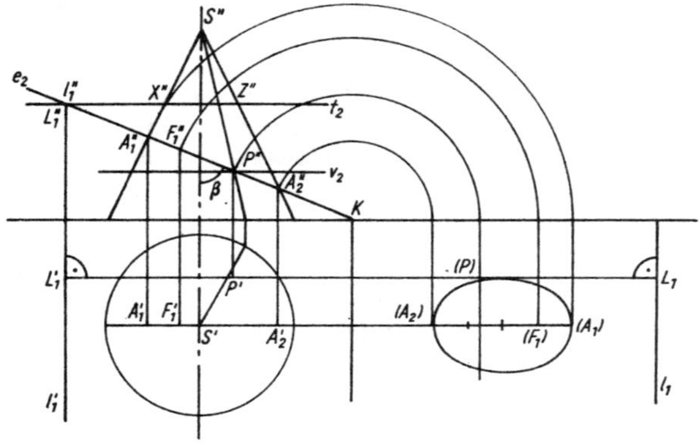

Bild 10/195

Ein Kegelschnitt ist

eine Ellipse für $0 < \nu < 1$,
eine Parabel für $\nu = 1$,
eine Hyperbel für $\nu > 1$.

Damit ergibt sich eine Definition für alle (nichtkreisförmigen) Kegelschnitte: Ein **Kegelschnitt** ist die Menge aller Punkte einer Ebene, die von einem festen Punkt und einer festen Geraden dieser Ebene ein konstantes Abstandsverhältnis haben.

10.3. Geometrie des (dreidimensionalen) Raumes

10.3.1. Grundlagen

(1) Grundlegende Aussage ist: Der **Raum** ist eine Menge, deren Elemente **Punkte** genannt werden.
Zwei nicht leere Mengen von nicht leeren Teilmengen des Raumes sind ausgezeichnet:

Die Elemente einer Teilmenge heißen **Geraden.** Jede Teilmenge einer Geraden wird **kollinear** genannt.	Die Elemente einer anderen Teilmenge heißen **Ebenen.** Jede Teilmenge einer Ebene wird **komplanar** genannt.

Für Punkte, Geraden, Ebenen des Raumes gilt:

Jede Gerade	Jede Ebene
enthält	
mindestens zwei Punkte.	mindestens drei nicht kollineare Punkte.

Wenn A, B zwei beliebige (voneinander verschiedene) Punkte sind, so gibt es genau eine Gerade, die A und B enthält; sie werde mit $g(AB)$ bezeichnet.
Wenn A, B, C drei nicht kollineare Punkte sind, so gibt es genau eine Ebene, die A, B, C enthält; sie werde mit $\varepsilon(ABC)$ bezeichnet (Bild 10/196).
Der Durchschnitt einer Geraden mit einer Ebene ist entweder leer oder genau ein Punkt oder die Gerade selbst (Bild 10/197). Zu zwei Geraden, die genau einen gemeinsamen Punkt haben, gibt es eine Ebene, die beide Geraden enthält (Bild 10/198).
Der Durchschnitt zweier voneinander verschiedener Ebenen ist entweder leer oder eine Gerade (Bild 10/199).
Es gibt keine Ebene, die sämtliche Punkte des Raumes enthält.

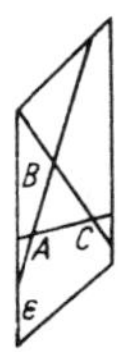

Bild 10/196

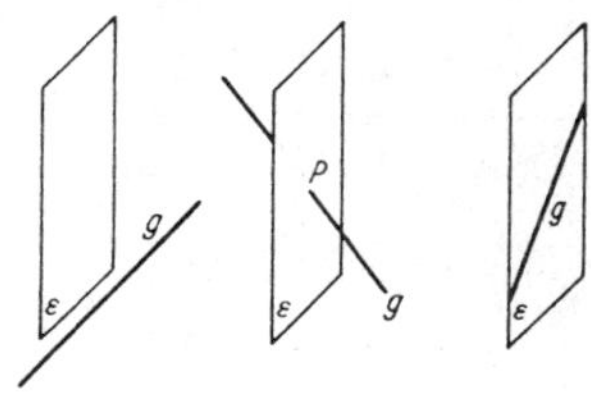

Bild 10/197

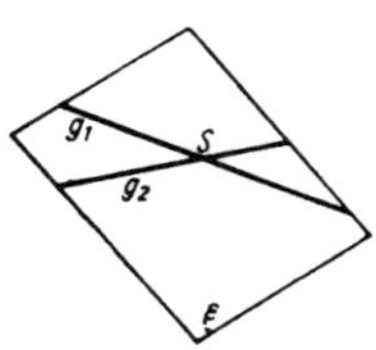

Bild 10/198

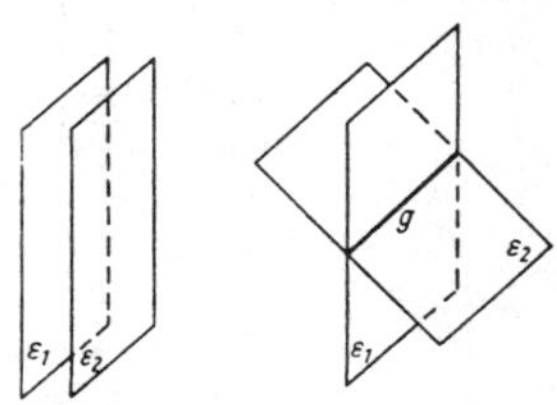

Bild 10/199

(2) Parallelität von Geraden und Ebenen

Parallele Geraden: Sind g, h zwei Geraden im Raum, so bedeutet $g \parallel h$, daß $g \cup h$ komplanar ist und daß $g \cap h = \emptyset$ oder $g = h$ ist (Bild 10/200).
Wenn g eine beliebige Gerade ist und P ein beliebiger Punkt, so gibt es genau eine Gerade g', die P enthält und die zu g parallel ist (Bild 10/201).

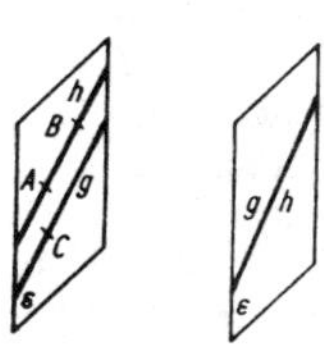

Bild 10/200 g//h

Bild 10/201

Die Parallelität von Geraden ist auch im Raum eine Äquivalenzrelation. Zu zwei verschiedenen parallelen Geraden gibt es genau eine Ebene, die beide Geraden enthält (Bild 10/202).
Parallele Ebenen: Sind ε_1, ε_2 zwei Ebenen, so bedeutet $\varepsilon_1 \parallel \varepsilon_2$, daß $\varepsilon_1 \cap \varepsilon_2 = \emptyset$ oder $\varepsilon_1 = \varepsilon_2$ ist (Bild 10/203).
Die Parallelität von Ebenen ist eine Äquivalenzrelation.
Parallelität von Gerade und Ebene: Es sei g eine Gerade und ε eine Ebene, so bedeutet $g \parallel \varepsilon$, daß $g \cap \varepsilon = \emptyset$ oder $g \in \varepsilon$ ist. Ist $g \cap \varepsilon = \emptyset$, dann gibt es eine Ebene ε' mit $g \in \varepsilon'$ und $\varepsilon' \parallel \varepsilon$ (Bild 10/204).

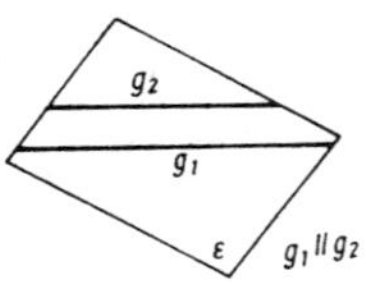

Bild 10/202

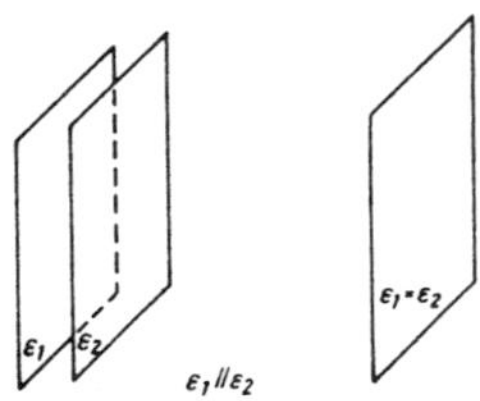

Bild 10/203

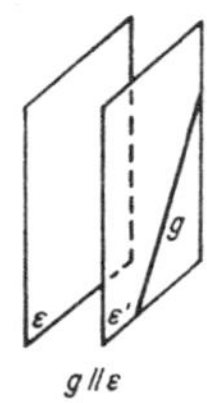

Bild 10/204

Die Parallelität zwischen Geraden und Ebenen ist nicht eine Äquivalenzrelation.

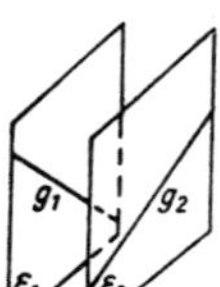

Bild 10/205

Zwei nicht parallele Geraden ohne gemeinsame Punkte heißen zueinander **windschief.**
Zu jedem Paar windschiefer Geraden gibt es genau ein Paar paralleler Ebenen, so daß jede Ebene dieses Paares je eine der windschiefen Geraden enthält (Bild 10/205).
(3) In Analogie zu den Definitionen der Begriffe »orientierte Gerade«, »Strahl«, »Zwischenrelation«, »Strecke«, »Richtungssinn«, »Halbebene« in der Ebene erfolgen die Definitionen dieser Begriffe für den Raum.
(4) **Halbraum:** Durch eine Ebene ε wird die Menge der nicht zu ε gehörenden Punkte des Raumes in zwei Teilmengen η_1, η_2 zerlegt: Die Punktmengen η_1, η_2 heißen die von ε erzeugten **offenen Halbräume.** η_1 und η_2 werden zueinander **entgegengesetzt** genannt. Die Mengen $\eta_1 \cup \varepsilon$ und $\eta_2 \cup \varepsilon$ heißen **Halbräume,** ε heißt **Randebene.**
Zwei Punkte A, B liegen dann auf verschiedenen Seiten von ε, wenn es einen Punkt X mit $X \in \varepsilon$ gibt, so daß Zw(AXB) gilt.
(5) **Bewegungen:** *Räumliche Verschiebungen* werden in Analogie zur Verschiebung in der Ebene [↗ 10.1.2.(2)] definiert: Zu zwei beliebigen Punkten A, B gibt es genau eine Verschiebung, die A auf B abbildet.
Eine Bewegung, für die es eine aus Fixpunkten bestehende Ebene ε gibt, bei der die beiden Halbräume von ε vertauscht werden, heißt *Ebenenspiegelung* und wird mit σ_ε bezeichnet. Zu jeder Ebene gibt es genau eine Ebenenspiegelung.

Die *Kongruenz* von Figuren im Raum wird wie in der Ebene definiert: Zwei geometrische Figuren F_1, F_2 sind kongruent genau dann, wenn es eine Bewegung φ gibt mit $\varphi(F_1) = F_2$.

(6) Mit Hilfe des Begriffs »Ebenenspiegelung« kann das **Senkrechtsein von Ebenen** definiert werden: Sind ε_1, ε_2 Ebenen, so gilt $\varepsilon_1 \perp \varepsilon_2$ genau dann, wenn $\sigma_{\varepsilon_1}(\varepsilon_2) = \varepsilon_2$ und $\varepsilon_1 \neq \varepsilon_2$ ist (Bild 10/206).

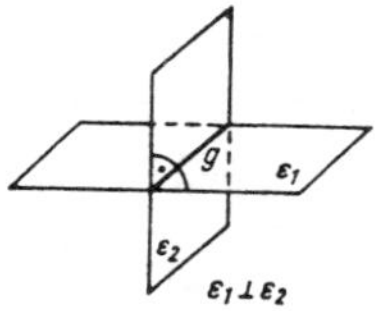

Bild 10/206

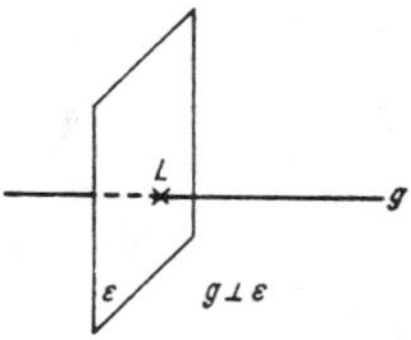

Bild 10/207

Der Durchschnitt zueinander senkrechter Ebenen ist stets eine Gerade.

Senkrechtsein von Gerade und Ebene: Eine Gerade g steht senkrecht auf der Ebene ε, in Zeichen $g \perp \varepsilon$, genau dann, wenn $\sigma_\varepsilon(g) = g$ und $g \cap \varepsilon \neq g$ ist. Man nennt dann g ein *Lot* zu ε (Bild 10/207).

Der Durchschnitt $g \cap \varepsilon$ ist stets ein Punkt. Er heißt Lotfußpunkt. Ferner gilt:

- »Wenn $g \perp \varepsilon_1$, so $g \perp \varepsilon_2$« gilt genau dann, wenn $\varepsilon_1 \parallel \varepsilon_2$ ist (Bild 10/208).
- Zu einem beliebigen Punkt P und zu einer beliebigen Ebene ε gibt es genau eine Gerade durch P, die zu ε senkrecht ist (Bild 10/209).

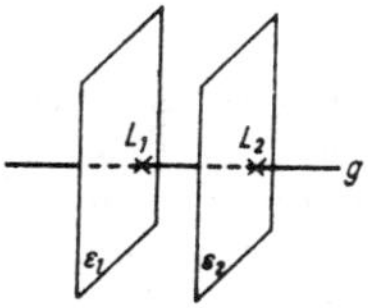

Bild 10/208

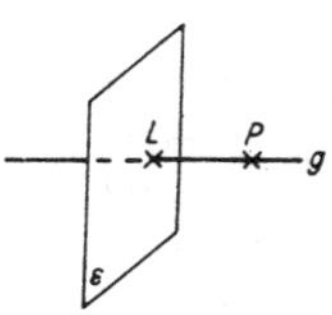

Bild 10/209

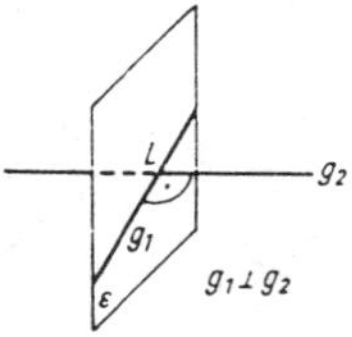

Bild 10/210

Senkrechtsein zweier Geraden: $g_1 \perp g_2$ genau dann, wenn $g_1 \cap g_2 \neq \emptyset$ ist und wenn es eine Ebene ε gibt, die g_1 enthält, so daß $g_2 \perp \varepsilon$ ist (Bild 10/210).

(7) Da das ARCHIMEDische Axiom [↗ 10.1.5.(1)] auch für den Raum gilt, kann im Raum eine **Streckenmessung** festgelegt werden, die der Streckenmessung in der Ebene entspricht.

Unter dem **Abstand zweier Punkte** A, B versteht man die Länge $\overline{AB}$ der Strecke AB.

Unter dem **Abstand eines Punktes** P

von einer Geraden g	**von einer Ebene** ε

versteht man die Länge $\overline{PQ}$, wobei Q der Fußpunkt des Lotes von P

auf g ist.	auf ε ist.

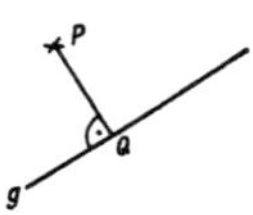

Bild 10/211

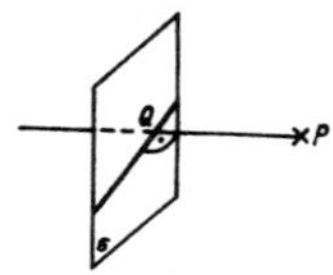

Bild 10/212

Unter dem **Abstand zweier**

paralleler Ebenen $\varepsilon_1, \varepsilon_2$	**paralleler Geraden** g_1, g_2

versteht man die Länge $\overline{P_1P_2}$ mit $P_1 \in \varepsilon_1$, $P_2 \in \varepsilon_2$ und $g(P_1P_2) \perp \varepsilon_i$ $(i = 1, 2)$.

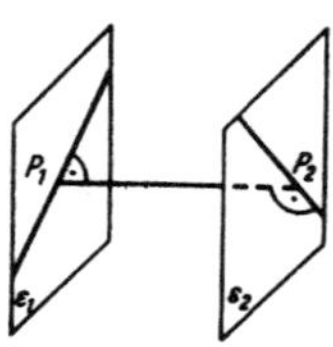

Bild 10/213

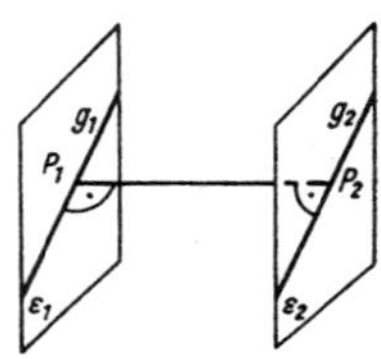

Bild 10/214

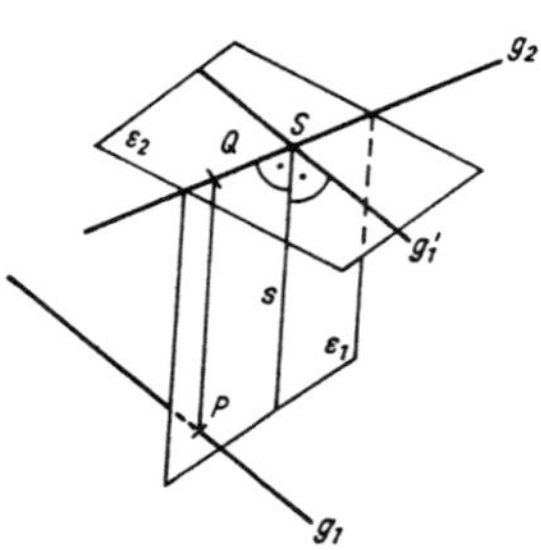

Bild 10/215

Unter dem **Abstand zweier windschiefer Geraden** g_1, g_2 versteht man die Länge der Strecke PQ, die g_1 und g_2 miteinander verbindet und die auf beiden Geraden senkrecht steht.

Konstruktion der Strecke PQ (Bild 10/215):

- Zeichne eine Parallele g_1' zu g_1, die die Gerade g_2 im Punkt S schneidet!
- Errichte in S auf der durch g_1' und g_2 bestimmten Ebene ε_2 die Senkrechte s!
- Die Gerade g_1 durchstößt in P die durch s und g_2 bestimmte Ebene ε_1. Zeichne die Parallele durch P zu s, die g_2 in Q schneidet! Dann ist $\overline{PQ}$ der Abstand der windschiefen Geraden g_1, g_2.

10.3.2. Zum Inhaltsbegriff im Raum

(1) Der Inhalt heißt **elementar**, wenn er sich auf eine geradlinig begrenzte ebene bzw. ebenflächig begrenzte räumliche Punktmenge bezieht. Eine solche beschränkte dreidimensionale Punktmenge des dreidimensionalen Raumes, die allseitig von endlich vielen ebenen Flächenstücken begrenzt wird, heißt (konvexes) **Polyeder** (↗ 10.3.4.).
Unter der Inhalts- bzw. Volumenmessung von Polyedern wird die Angabe einer Abbildung V der Menge aller Polyeder in die Menge $\mathbf{R}_+$ der nichtnegativen reellen Zahlen verstanden mit den Eigenschaften Bewegungsinvarianz, Additivität und Normiertheit. Das Bild $V(P)$ eines Polyeders P heißt Zahlenwert des elementaren Inhalts oder des Volumens von P. Ist die Längeneinheit das Meter (m), dann wird das Volumen in Kubikmeter (m^3) gemessen, d. h., das Volumen kann als formales Produkt aus Zahlenwert und Einheit (m^3) aufgefaßt werden.
Jede Punktmenge, die einen Rauminhalt hat, heißt **quadrierbar.** Sind räumliche Punktmengen z. T. krummflächig begrenzt, aber quadrierbar, dann spricht man von der Messung des **allgemeinen Inhalts** und in dem Fall, da zur Berechnung die Integralrechnung verwendet werden kann, vom **Jordanschen** oder **Riemannschen Inhalt.**
(2) Zur elementaren Berechnung des Volumens von Körpern dient das **Cavalierische Prinzip:** Zwei Körper mit gleichen Grundflächeninhalten und gleich langen Höhen haben gleiche Volumina, wenn die parallel zur Grundflächenebene in beliebigen, aber gleichen Abständen geführten Schnitte Schnittflächen mit gleichen Flächeninhalten haben (Bild 10/216). Dabei ist zu beachten, daß Flächengleichheit, nicht aber Kongruenz der Grundflächen und der Schnittflächen in beiden Körpern gefordert wird.

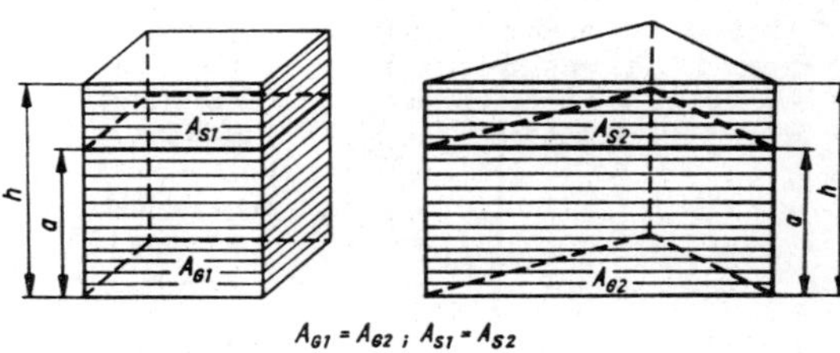

Bild 10/216

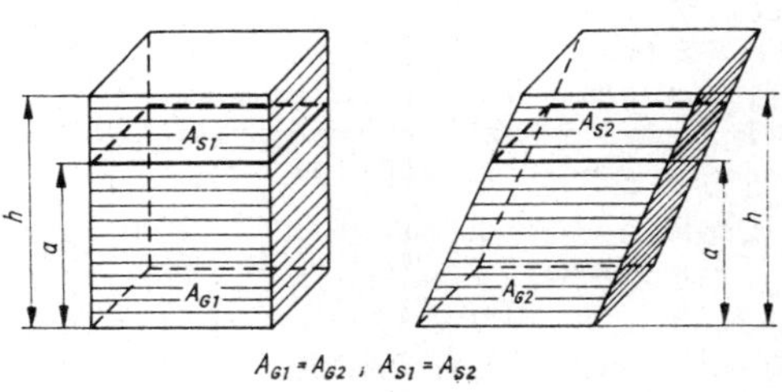

Bild 10/217

Zur Veranschaulichung der Anwendung des CAVALIERIschen Prinzips bei der Berechnung des Volumens von schiefen Körpern dient eine Zerlegung des schiefen Körpers in immer feiner werdende Schichten und Vergleich mit dem Volumen eines in immer feiner werdende Schichten zerlegten geraden Körpers mit gleichem Grundflächeninhalt, gleich langer Höhe und gleichem Flächeninhalt der in gleichen Abständen von der Grundfläche geführten Schnitte (Bild 10/217).

10.3.3. Zum geometrischen Körperbegriff

Unter einem **Körper** versteht man jede dreidimensionale Punktmenge des dreidimensionalen Raumes, die von endlich vielen, ebenen oder gekrümmten Flächenstücken begrenzt wird. Die begrenzenden Flächenstücke gehören mit zum Körper.

Die Vereinigung der begrenzenden Flächenstücke heißt **Oberfläche des Körpers.**

Ein

ebenflächiger Körper (*Polyeder* genannt) wird nur von ebenen Flächenstücken begrenzt.	**krummflächig begrenzter Körper** kann auch	kann nur
	von gekrümmten Flächenstücken begrenzt sein.	

BEISPIEL 10/31

Ebenflächige Körper sind z. B.	*Krummflächig begrenzte Körper* sind z. B.	
Prisma (Spat, Quader, Würfel) **Pyramide** (Pyramidenstumpf) **beliebige ebenflächige Körper** (Rhombendodekaeder)	**Zylinder** **Kegel** (Kegelstumpf) **Kugelteile** **Paraboloid** **Hyperboloid**	**Kugel** **Ellipsoid**

Ein Körper heißt **konvex,** wenn die Verbindungsstrecke zweier beliebiger Punkte des Körpers nur Punkte des Körpers enthält.
Ein **Rotationskörper** entsteht bei Drehung eines ebenen Flächenstücks um eine Gerade dieser Ebene. Diese Gerade heißt *Rotationsachse.*
Bei einigen Körpern kann eine Begrenzungsfläche *als Grundfläche ausgezeichnet* werden; z. B. kann bei einem

Tetraeder bzw. Parallelepiped jede Seitenfläche	Pyramiden- bzw. Kegelstumpf jede der beiden parallelen Flächen

als Grundfläche gewählt werden.

Eine zur Grundfläche parallele Begrenzungsfläche heißt **Deckfläche.**
Unter dem **Mantel** versteht man die Vereinigung aller von der Grund- und Deckfläche verschiedenen Begrenzungsflächen.
An *ebenflächigen Körpern* heißen Strecken, die Seiten von genau zwei Begrenzungsflächen sind, **Kanten.**

Kanten,	
die in der Grund- oder in der Deckfläche liegen,	die weder in der Grund- noch in der Deckfläche liegen,
heißen	
Grundkanten.	**Seitenkanten.**

Wird die Oberfläche eines ebenflächigen Körpers entlang von Körperkanten aufgeschnitten und in die Ebene ausgebreitet, so entsteht ein **Netz des Körpers** als zusammenhängendes ebenes System der den Körper begrenzenden Flächen.
Unter einem **ebenen Schnitt** versteht man ein ebenes Flächenstück, das von einer Linie begrenzt wird, die durch die Schnittebene aus der Oberfläche des Körpers herausgeschnitten wird. Gelegentlich wird auch nur die Begrenzungslinie des Flächenstücks als Schnitt verstanden.
Ein ebener Schnitt heißt **Achsenschnitt**, wenn die Schnittfläche eine vorhandene Rotations- oder Symmetrieachse des Körpers enthält; er heißt **Querschnitt**, wenn die Achse senkrecht zur Schnittfläche ist.

10.3.4. Ebenflächige Körper (Polyeder)

10.3.4.1. Allgemeines Polyeder

Die folgenden Ausführungen beschränken sich auf konvexe Polyeder.
Die Vereinigungsmenge endlich vieler konvexer Polyeder heißt **allgemeines Polyeder.** Umgekehrt kann ein (allgemeines) Polyeder in Polyeder zerlegt werden. Zwei Polyeder heißen **zerlegungsgleich,** wenn sie in paarweise kongruente Polyeder zerlegbar sind.
Eulerscher Polyedersatz: Für alle konvexen Polyeder gilt: Wenn die Anzahl der Ecken mit E, die Anzahl der Flächen mit F und die Anzahl der Kanten mit K bezeichnet werden, so ist

$$E + F = K + 2 .$$

BEISPIEL 10/32

Polyeder	E	F	K	$E+F$	$K+2$
Quader	8	6	12	14	14
Dreiseitige Pyramide	4	4	6	8	8
Sechsseitiges Prisma	12	8	18	20	20

10.3.4.2. Prismen

(1) Unter einem **Prisma** versteht man einen ebenflächigen Körper, der begrenzt wird

- von zwei in parallelen Ebenen liegenden kongruenten n-Eckflächen (genannt Grund- und Deckfläche) und
- von den n Parallelogrammflächen, die die beiden kongruenten n-Ecke verbinden (Bild 10/218).

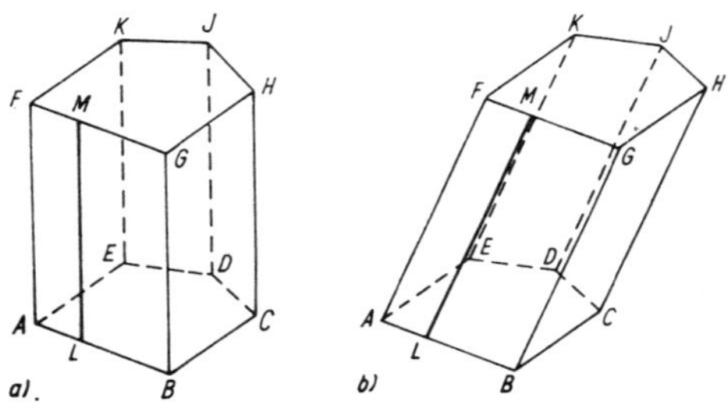

Bild 10/218

Jede n-Ecksseite heißt **Grundkante**, jede Strecke, die einen Eckpunkt der Grundfläche mit dem entsprechenden Eckpunkt der Deckfläche verbindet, heißt **Seitenkante.**
Jede zu den Seitenkanten parallele Strecke, deren Endpunkte auf zwei einander entsprechenden Grundkanten liegen, heißt **Mantellinie**, z. B. ist die Strecke LM in Bild 10/218 eine Mantellinie.
Ein Prisma heißt **gerade** (Bild 10/218 a), wenn die Seitenkanten senkrecht auf der Grundfläche stehen (die Seitenflächen sind dann Rechtecke), andernfalls **schief** (Bild 10/218 b).
Ein Prisma heißt **regelmäßig**, wenn Grund- und Deckfläche regelmäßige n-Ecksflächen sind (↗ 10.1.9.2.).
Regelmäßige Prismen haben eine Symmetrieachse, die die Mittelpunkte der Grund- und der Deckfläche verbindet.

Berechnung

des Rauminhalts V eines Prismas durch $V = A_G \cdot h$,	der Oberfläche A_O eines Prismas durch $A_O = 2 \cdot A_G + A_M$,

wobei A_G der Flächeninhalt der Grundfläche,
A_M der Flächeninhalt des Mantels,
h die Länge der Höhe (Abstand der beiden parallelen Ebenen) ist.

(2) **Spezialfälle von Prismen**

- Ein Prisma, dessen Grundfläche ein Parallelogramm ist, heißt **Parallelepiped** oder **Spat** (Bild 10/219).

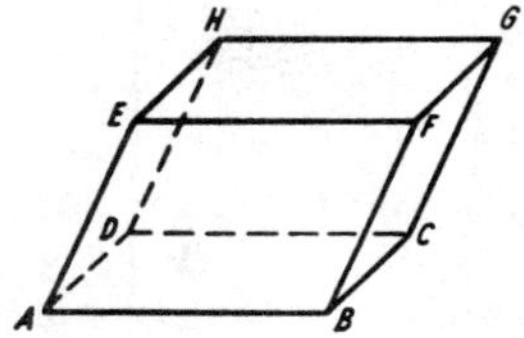

Bild 10/219

● Ein Parallelepiped, dessen Parallelogramme Rechtecke sind, heißt **Quader** (Bild 10/220).

Berechnung

des Rauminhalts V eines Quaders durch	der Oberfläche A_O eines Quaders durch
$V = a \cdot b \cdot c,$	$A_O = 2(ab + bc + ca),$

wenn a, b, c die Längen der Kanten sind.

Berechnung

der Längen der Flächendiagonalen durch	der Länge der Raumdiagonalen durch
$d_1 = \sqrt{a^2 + b^2}, \quad d_2 = \sqrt{b^2 + c^2}$ $d_3 = \sqrt{c^2 + a^2}$	$e = \sqrt{a^2 + b^2 + c^2}$

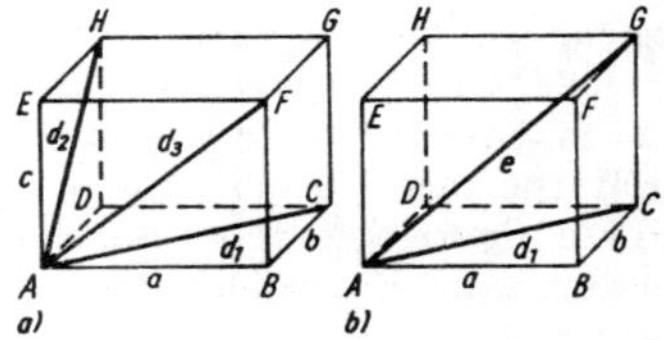

Bild 10/220

● Ein Quader, dessen Grundfläche ein Quadrat ist und dessen Seitenkante die Länge der Grundkante hat, heißt **Würfel.**

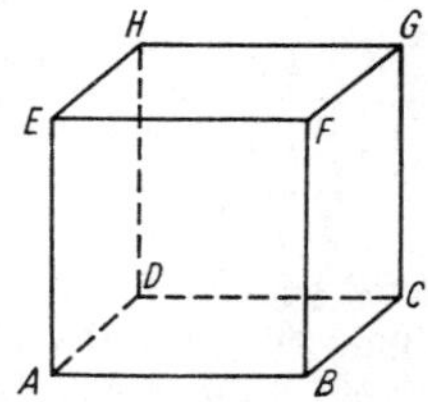

Bild 10/221

Berechnung

des Rauminhalts V eines Würfels durch $V = a^3$,	der Oberfläche A_O eines Würfels durch $A_O = 6a^2$,

wobei a die Länge der Grundkante ist.

10.3.4.3. Pyramide und Pyramidenstumpf

(1) Jeder ebenflächige Körper, der von einer n-Ecksfläche und von n Dreiecksflächen, die einen gemeinsamen Eckpunkt außerhalb der n-Ecksfläche haben, begrenzt wird, heißt **n-seitige Pyramide** (Bild 10/222).

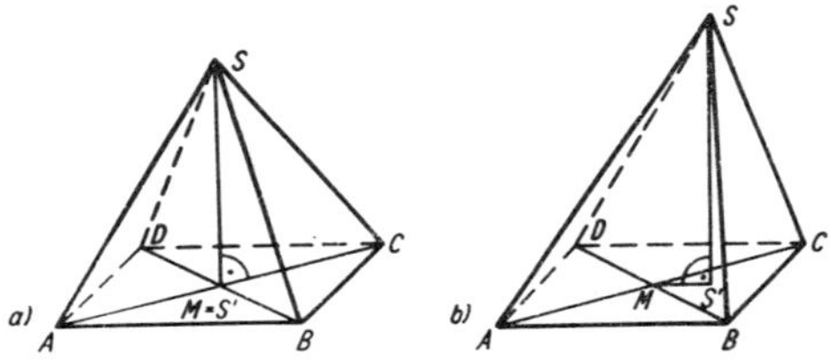

Bild 10/222

Bezeichnungen:

n-Ecksfläche: Grundfläche
Dreiecksflächen: Seitenflächen
Gemeinsamer Punkt aller Seitenflächen: Spitze
Abstand der Spitze von der Grundflächenebene: Länge der Höhe
Seiten der Grundfläche: Grundkanten der Pyramide
Die von der Spitze ausgehenden Kanten: Seitenkanten
Vereinigung der Seitenflächen: Mantel
Verbindungsstrecken von S mit einem Punkt des n-Ecks: Mantellinien
Die auf einer Grundkante senkrecht stehende Mantellinie: Höhe der Seitenfläche.

Grundfläche und Seitenflächen bilden die **Pyramidenfläche.**
Der **Pyramidenkörper** ist die Vereinigung der Punkte des Inneren mit den Punkten der Pyramidenfläche.
Hat die Grundfläche einen Mittelpunkt und liegt die Spitze der Pyramide senkrecht über diesem Mittelpunkt, so heißt die Pyramide **gerade** (Bild 10/222a), alle anderen Pyramiden heißen **schief** (Bild 10/222b).
Ist die Grundfläche ein regelmäßiges n-Eck (↗ 10.1.9.) und sind die Seitenflächen kongruente gleichschenklige Dreiecke, dann heißt die Pyramide **regelmäßig** und ist eine gerade Pyramide.
In jeder geraden Pyramide ist die Gerade durch die Spitze und den Mittelpunkt der Grundfläche *Symmetrieachse*, und ein ebener Schnitt, der die Symmetrieachse enthält, ist ein *Achsenschnitt*.

Nach Aufschneiden der Pyramidenfläche entlang den Seitenkanten und Umlegen der Seitenflächen in die Ebene der Grundfläche entsteht das **Netz** der Pyramide.

Berechnung des Oberflächeninhalts einer geraden Pyramide:

$$A_0 = A_G + nA_\triangle,$$

wobei A_G der Inhalt der Grundfläche,
$A_\triangle$ der Inhalt einer Dreiecksfläche ist.

Berechnung des Volumens einer Pyramide:

$$V = \frac{1}{3} A_G \cdot h,$$

wobei A_G der Inhalt der Grundfläche
h die Länge der Höhe der Pyramide ist.

(2) Ein **Pyramidenstumpf** ist ein ebenflächiger Körper, der von zwei ähnlichen, aber nicht kongruenten n-Ecksflächen (in Ähnlichkeitslage), die in parallelen Ebenen liegen, und n Trapezflächen begrenzt wird (Bild 10/223).

Jede Pyramide kann durch einen zur Grundfläche parallelen Schnitt in einen Pyramidenstumpf und eine Ergänzungspyramide zerlegt werden (Bild 10/224).

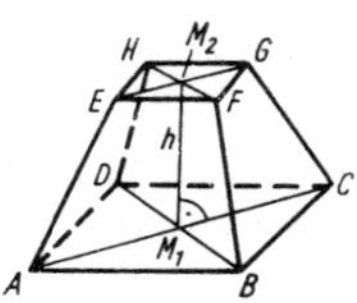

Bild 10/223

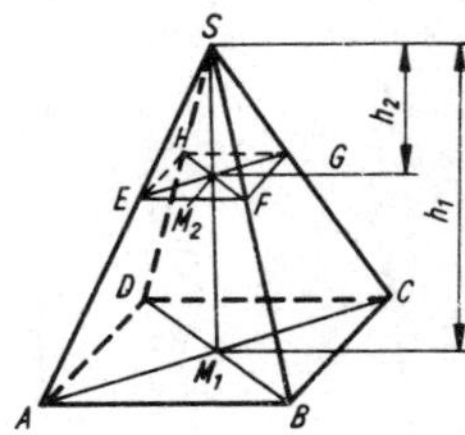

Bild 10/224

Bezeichnungen:

Die in parallelen Ebenen liegenden ähnlichen n-Ecksflächen: Grund- bzw. Deckfläche

Die Trapezflächen: Seitenflächen

Die Vereinigung der Seitenflächen: Mantel oder Mantelfläche

Abstand der Grund- und Deckfläche voneinander: Länge der Höhe

Die Flächeninhalte A_G, A_D der Grund- bzw. Deckfläche bilden das gleiche Verhältnis wie die Quadrate ihrer Abstände h_1, h_2 von der Spitze [↗ 10.1.9.4.(4)]:

$$\frac{A_D}{A_G} = \frac{h_2^2}{h_1^2} \quad \text{(Bild 10/224)}$$

Berechnung des Volumens eines Pyramidenstumpfs:

$$V = \frac{h}{3}\left(A_G + \sqrt{A_G A_D} + A_D\right).$$

Speziell wird das Volumen eines quadratischen Pyramidenstumpfs, dessen Grundkanten die Längen a, b haben, berechnet:

$$V = \frac{h}{3}(a^2 + ab + b^2).$$

Der Inhalt der Oberfläche eines Pyramidenstumpfs wird als Summe der Inhalte der Grundfläche, der Deckfläche und der n Seitenflächen (Trapeze) ermittelt.

10.3.4.4. Reguläre Polyeder

Ein konvexes Polyeder heißt **regulär** (oder regelmäßig), wenn es nur von regelmäßigen, untereinander kongruenten n-Ecksflächen begrenzt wird und in jeder Ecke dieselbe Anzahl von Kanten zusammentreffen.
Es gibt fünf reguläre Polyeder.
a sei die Länge einer Kante.

Tetraeder Begrenzungsflächen: 4 gleichseitige Dreiecke; 4 Ecken, 6 Kanten

$$V = \frac{1}{12}a^3\sqrt{2}, \qquad A_O = a^2\sqrt{3}$$

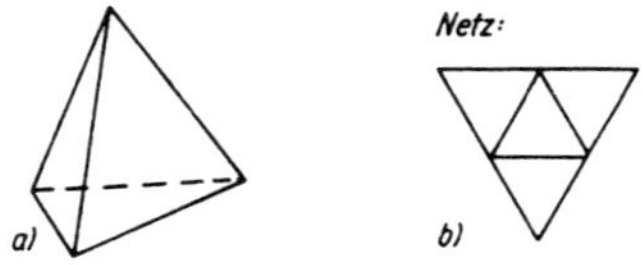

Bild 10/225

Oktaeder Begrenzungsflächen: 8 gleichseitige Dreiecke; 6 Ecken, 12 Kanten

$$V = \frac{1}{3}a^3\sqrt{2}, \qquad A_O = 2a^2\sqrt{3}$$

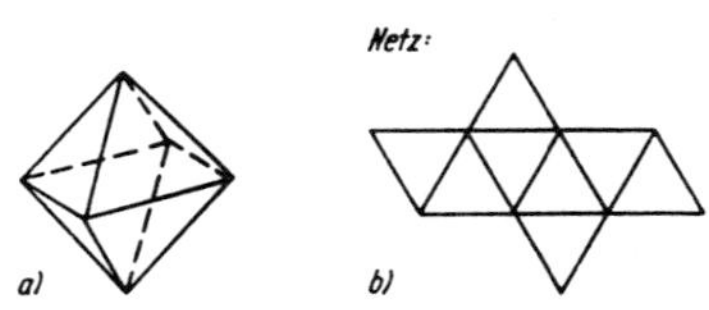

Bild 10/226

Ikosaeder Begrenzungsflächen: 20 gleichseitige Dreiecke;
12 Ecken, 30 Kanten

$$V = \frac{5}{12} a^3 (3 + \sqrt{5}), \qquad A_O = 5a^2 \sqrt{3}$$

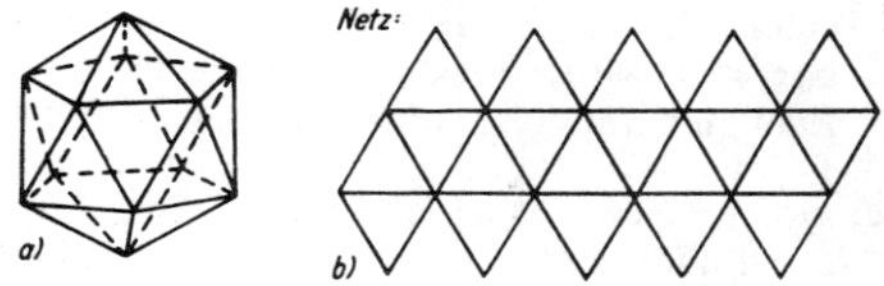

Bild 10/227

Hexaeder (Würfel) Begrenzungsflächen: 6 Quadrate;
8 Ecken, 12 Kanten

$$V = a^3, \qquad A_O = 6a^2$$

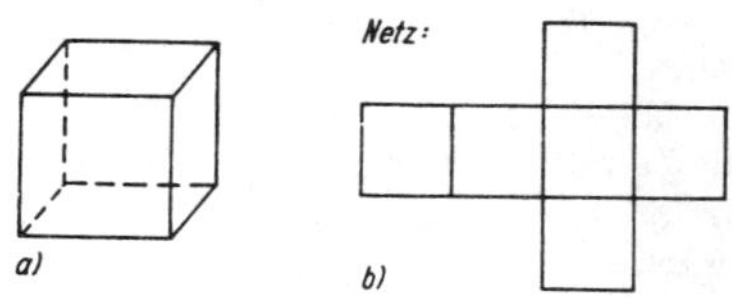

Bild 10/228

Dodekaeder Begrenzungsflächen: 12 regelmäßige Fünfecke;
20 Ecken, 30 Kanten

$$V = \frac{1}{4} a^3 (15 + 7\sqrt{5}), \qquad A_O = 3a^2 \sqrt{5(5 + 2\sqrt{5})}$$

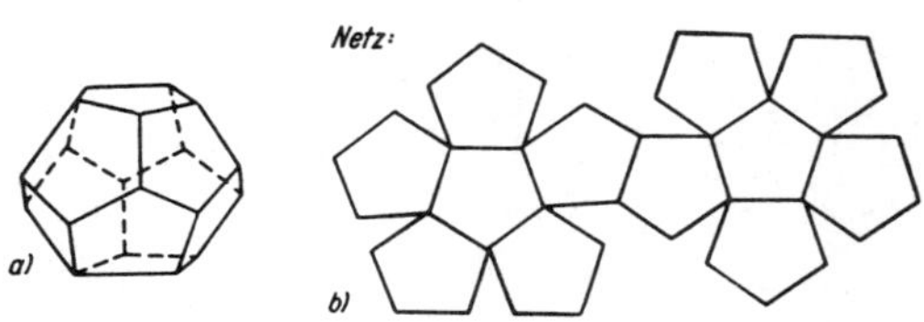

Bild 10/229

10.3.5. Teils krummflächig begrenzte Körper

10.3.5.1. Zylinder und Zylinderstumpf

(1) Gleitet eine Gerade g entlang einer Kurve k, die die Gerade g nicht enthält, ohne Änderung der Richtung, dann beschreibt sie eine Fläche, die **Zylinderfläche** genannt wird.

Die Gerade g und die Parallelen zu ihr entlang der Kurve k heißen **Erzeugenden** der Zylinderfläche, k heißt **Leitkurve.**

Die Zylinderfläche ist in die Ebene abwickelbar.
Zylinderflächen werden nach den Kurven eingeteilt, die sich ergeben, wenn ein ebener Schnitt senkrecht zu den Erzeugenden gelegt wird; z. B. Kreiszylinderfläche, elliptische Zylinderfläche.

(2) Unter einem **Zylinderkörper** versteht man einen Körper, der von einem Teil der Zylinderfläche und von kongruenten Ebenenstücken begrenzt wird, die durch die Zylinderfläche aus zwei parallelen Ebenen herausgeschnitten werden.

Seine *Oberfläche* setzt sich aus der Grundfläche, der Deckfläche und dem Zylindermantel, einem Teil der Zylinderfläche, zusammen. Die Abschnitte der Erzeugenden auf dem Mantel heißen **Mantellinien.**
Der Abstand der parallelen Ebenen ist die Länge der **Höhe** des Zylinders.
Ein Zylinder heißt **gerade** (Bild 10/230a), wenn die Mantellinien senkrecht auf der Grundfläche stehen, sonst heißt er **schief** (Bild 10/230b).
Ist die Grundfläche ein Kreis, so wird der Zylinder **Kreiszylinder** genannt.
Ein gerader Kreiszylinder ist ein *Rotationskörper*. Er entsteht bei Drehung eines Rechtecks um eine seiner Seiten. Seine Symmetrieachse verbindet die Mittelpunkte der Grund- und der Deckfläche; sie heißt **Zylinderachse.**
Der Mantel eines geraden Kreiszylinders ist nach dem Aufschneiden entlang einer Mantellinie abwickelbar. Er ergibt eine Rechtecksfläche mit den Seitenlängen $2\pi r$ und h (Bild 10/231).

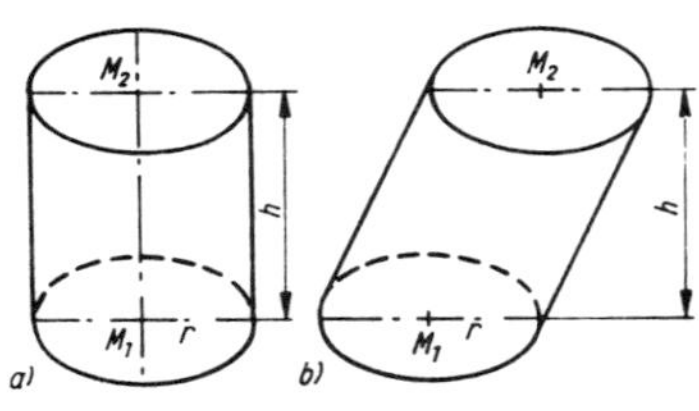

Bild 10/230

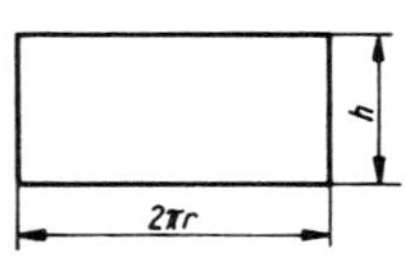

Bild 10/231

Berechnung des Volumens V eines geraden oder schiefen Zylinders: $V = A_G \cdot h$, speziell des eines Kreiszylinders:

$$V = \pi r^2 h = \frac{\pi}{4} d^2 h,$$

mit A_G Inhalt der Grundfläche
h Länge der Höhe
r Länge des Radius
d Länge des Durchmessers

Berechnung der Oberfläche A_O eines geraden Kreiszylinders:

$$A_O = 2\pi r^2 + 2\pi rh = \frac{\pi}{2} d^2 + \pi dh.$$

Die Oberfläche eines schiefen Kreiszylinders ist mit elementaren Mitteln nicht zu berechnen, da die Abwicklung des Mantels eine von zwei Strecken und zwei gekrümmten Linien begrenzte Fläche ergibt, deren Inhalt nicht elementar zu berechnen ist.

(3) Wird ein gerader Kreiszylinder von einer Ebene so geschnitten, daß alle Mantellinien geschnitten werden, dann entstehen zwei Teilkörper, die **Zylinderstumpf** genannt werden (Bild 10/232).

Wird der größte bzw. kleinste Abstand der Schnittfläche von der Grundfläche mit h_1 bzw. h_2 bezeichnet, so ist das Volumen dieses Zylinderstumpfs

$$V = \pi r^2 \cdot \frac{h_1 + h_2}{2}.$$

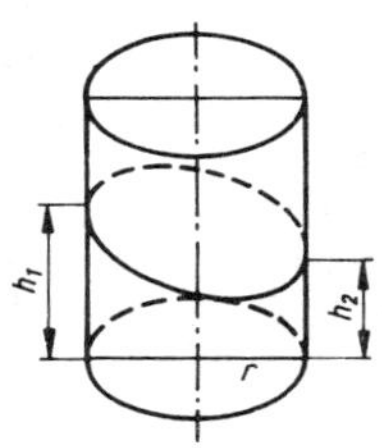

Bild 10/232

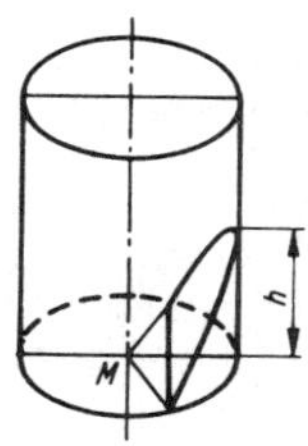

Bild 10/233

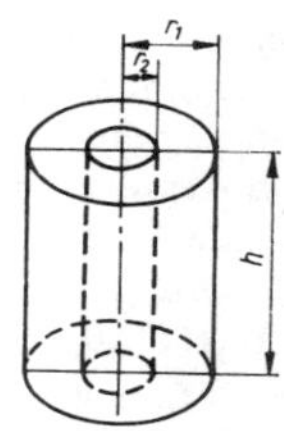

Bild 10/234

Wird ein gerader Kreiszylinder von einer Ebene so geschnitten, daß entweder die Grundfläche oder die Deckfläche geschnitten wird, so heißt der kleinere der beiden Teilkörper **Zylinderhuf.** Seine Grundfläche ist ein Kreissegment (Bild 10/233).

(4) Wird aus einem geraden Kreiszylinder mit r_1, h ein Kreiszylinder mit r_2, h ($r_2 < r_1$, die Grundflächen seien konzentrische Kreise) ausgebohrt, so entsteht ein **Hohlzylinder** (Bild 10/234), dessen Rauminhalt

$$V = \pi h(r_1^2 - r_2^2)$$

ist.

10.3.5.2. Kegel und Kegelstumpf

(1) Gleitet eine Gerade g, die durch den festen Punkt S verläuft, entlang einer Kurve k, die S nicht enthält, dann beschreibt sie eine Fläche, die **Kegelfläche** genannt wird.

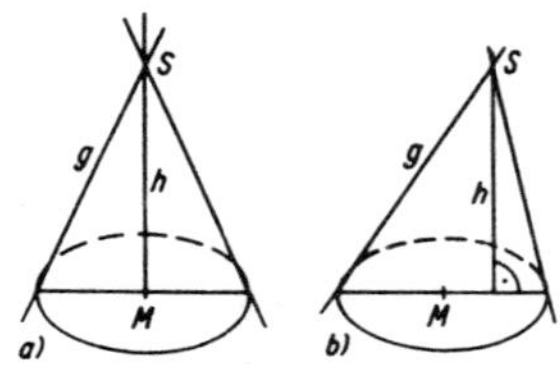

Bild 10/235

Die Geraden g (durch S und einen Punkt von k) heißen Erzeugende des Kegels, S die Spitze und k die Leitkurve.

Ist die Leitkurve ein Kreis, so heißt die Fläche **Kreiskegel** (Bild 10/235).

Ein Kreiskegel heißt **gerade** (Bild 10/235a), wenn die im Mittelpunkt des Kreises auf seiner Ebene senkrechte Gerade durch die Spitze S verläuft, sonst heißt er **schief** (Bild 10/235b).

Unter einem **Kegelkörper** versteht man einen Körper, der von einer Ebene und einer Kegelfläche begrenzt wird.

Seine Oberfläche setzt sich aus der Grundfläche und dem Kegelmantel, einem Teil der Kegelfläche, zusammen.

Die von der Spitze und von der Grundfläche begrenzten Strecken auf den Erzeugenden heißen **Mantellinien** und werden mit s bezeichnet.

Der Abstand der Kegelspitze von der Grundflächenebene ist die Länge der **Höhe** des Kegels.

Ein gerader Kreiskegel ist ein *Rotationskörper*. Er entsteht bei Drehung eines rechtwinkligen Dreiecks um eine seiner Katheten (Bild 10/236).

Im Achsenschnitt eines geraden Kreiskegels bilden zwei einander schneidende Mantellinien den Öffnungswinkel φ des Kegels (Bild 10/236).

Der Mantel eines geraden Kreiskegels ist in die Zeichenebene abwickelbar (Bild 10/237). Der Inhalt der Mantelfläche ist $A_M = \pi r s$, mit der Länge der Mantellinie $s = \sqrt{r^2 + h^2}$, da die Abwicklung einen Kreissektor ergibt [↗ 10.1.13.7.(4)].

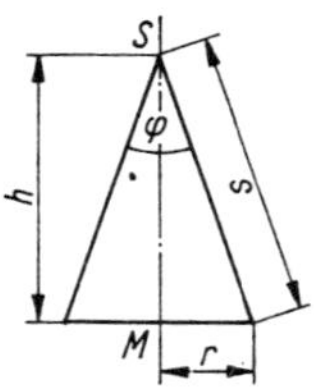

Bild 10/236

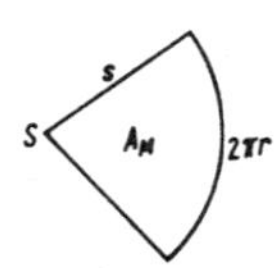

Bild 10/237

Berechnung des Volumens eines geraden oder schiefen Kegels:

$$V = \frac{A_G \cdot h}{3};$$

speziell des eines Kreiskegels:

$$V = \frac{1}{3}\pi r^2 h.$$

Berechnung der Oberfläche eines geraden Kreiskegels:

$$A_O = \pi r^2 + \pi rs = \pi r(r + s).$$

Die Oberfläche eines schiefen Kreiskegels ist mit elementaren Mitteln nicht zu berechnen.
(2) Wird ein gerader Kreiskegel von einer zur Grundfläche parallelen Ebene geschnitten, so entsteht ein **Kegelstumpf** und ein Ergänzungskegel (Bild 10/238).

Ein **Kreiskegelstumpf** ist ein Körper, der begrenzt wird

- von zwei in parallelen Ebenen liegenden Kreisflächen verschiedenen Radius (Grund- bzw. Deckfläche genannt) und
- von einer in die Ebene abwickelbaren gekrümmten Fläche (Mantel genannt).

Bezeichnungen:

Verbindungsstrecke der Mittelpunkte der Grundfläche und der Deckfläche: Achse des Kegelstumpfs
Strecken, die einen Punkt der Begrenzungslinie der Grundfläche mit einem Punkt der Begrenzungslinie der Deckfläche verbinden, so daß ihre Verlängerungen in der Spitze des Ergänzungskegels einander schneiden: Mantellinien

In Analogie zum Kreiskegel unterscheidet man gerade und schiefe Kreiskegelstümpfe.
Berechnung des Volumens V eines geraden oder schiefen Kreiskegelstumpfs: $V = \frac{\pi}{3} h(r_1^2 + r_1 r_2 + r_2^2)$, wobei

r_1 der Radius des Kreises der Grundfläche
r_2 der Radius des Kreises der Deckfläche und
h die Länge der Höhe des Kegelstumpfs sind.

Berechnung der Oberfläche A_O eines geraden Kreiskegelstumpfs:

$$A_O = A_G + A_D + A_M = \pi r_1^2 + \pi r_2^2 + \pi(r_1 + r_2)\, s$$

mit

$$s = \sqrt{(r_1 - r_2)^2 + h^2}.$$

Die Mantelfläche eines geraden Kreiskegelstumpfs ergibt beim Abwickeln einen Kreisringausschnitt (Bild 10/239), dessen Flächeninhalt

$$A_M = \pi \cdot (r_1 + r_2) \cdot s$$

ist.

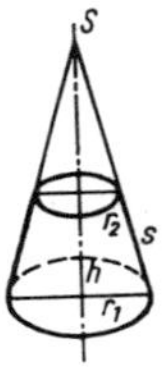

Bild 10/238

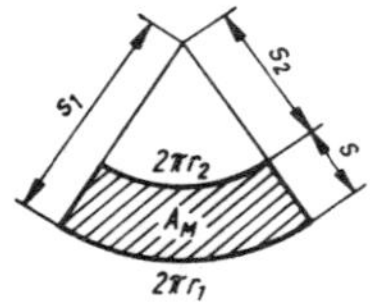

Bild 10/239

10.3.6. Kugel und Kugelteile

(1) Ist M ein fester Punkt und r eine feste Länge, so ist die Menge aller Punkte des dreidimensionalen Raums, die von M den Abstand r haben, eine Fläche, die **Kugelfläche** genannt wird. M ist der Mittelpunkt, r der Radius der Kugelfläche.

Eine Kugelfläche ist eine Rotationsfläche. Sie entsteht bei Drehung einer Kreislinie um einen Kreisdurchmesser. Sie wird auch als Kugeloberfläche bezeichnet.

Die Kugelfläche teilt den Raum in zwei Teilmengen, von denen eine konvex ist. Diese Teilmenge heißt das **Innere** der Kugel. Die Vereinigung der Punkte des Innern mit denen der Kugeloberfläche heißt **Kugelkörper** (Bild 10/240).

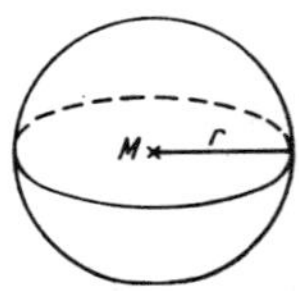

Bild 10/240

Beachte: Oft wird der Begriff »Kugel« zur Bezeichnung eines Kugelkörpers als auch zur Bezeichnung einer Kugeloberfläche verwendet. Dann muß aber aus dem Zusammenhang hervorgehen, welcher der Begriffe gemeint ist.

(2) **Gerade und Kugel:**

Jede Gerade g, die mit einer Kugelfläche

genau zwei Punkte	genau einen Punkt

gemeinsam hat, heißt

Sekante.	**Tangente.**
Die Strecke, die diese Punkte verbindet, heißt **Sehne.** Die Länge der Sehne ist $s = 2\sqrt{r^2 - a^2}$, wobei a der Abstand der Sehne vom Mittelpunkt ist. Jede Sehne durch den Kugelmittelpunkt heißt **Kugeldurchmesser.** Sie sind die größten Sehnen. Ihre Länge ist $d = 2r$.	Der gemeinsame Punkt heißt **Berührungspunkt.** Die Strecke, die den Berührungspunkt mit dem Kugelmittelpunkt verbindet, heißt **Berührungsradius.** Eine Gerade durch den Punkt A einer Kugelfläche ist genau dann Tangente an die Kugel, wenn sie auf dem Berührungsradius senkrecht steht. In jedem Punkt der Kugelfläche

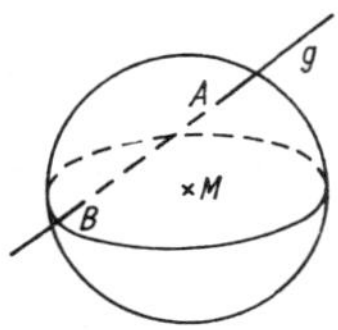

Bild 10/241

gibt es beliebig viele Tangenten. Alle Tangenten durch einen festen Kugelpunkt liegen in einer Ebene, die **Tangentialebene** genannt wird.

(3) **Ebene und Kugel**

Eine Ebene

ist entweder Tangentialebene τ.

oder sie hat mit der Kugelfläche entweder keinen Punkt gemeinsam.

oder sie schneidet die Kugelfläche in einer Kreislinie, genannt

Großkreis,	**Kleinkreis,**
wenn die schneidende Ebene den Kugelmittelpunkt	
enthält.	nicht enthält.

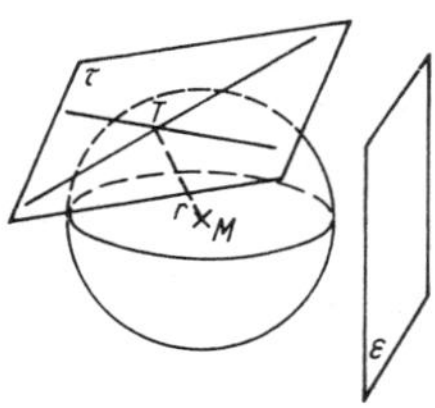

Bild 10/242

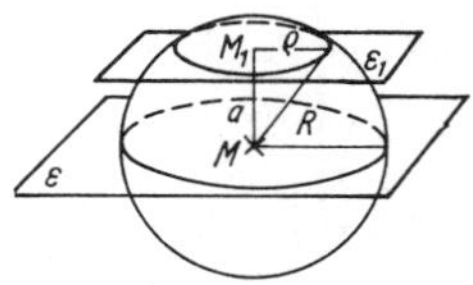

Bild 10/243

Wenn ϱ der Radius des Schnittkreises und a der Abstand des Kugelmittelpunkts von der Schnittebene ist, dann gilt
$\varrho = \sqrt{r^2 - a^2}$.

(4) **Kugelteile**

Wird eine Kugel von einer Ebene geschnitten, so wird

die Kugeloberfläche in zwei **Kugelkappen**	der Kugelkörper in zwei **Kugelsegmente**

zerlegt.

Die Höhe h bzw. h' dieser Kugelteile ist die Strecke, die auf dem Kugeldurchmesser, der im Mittelpunkt M_1 der Schnittebene senkrecht auf

dieser steht, durch $h = r - a$ bzw. $h' = r + a$ festgelegt ist, wobei a der Abstand der Schnittebene vom Kugelmittelpunkt M sei.
Enthält die Schnittebene den Kugelmittelpunkt, dann entstehen zwei **Halbkugelflächen** bzw. zwei **Halbkugelkörper**, deren Höhe gleich dem Radius ist.

Wird eine Kugel von zwei zueinander parallelen Ebenen geschnitten, so wird

aus der Kugeloberfläche eine **Kugelzone** | aus dem Kugelkörper eine **Kugelschicht**

(Bild 10/245) herausgeschnitten, deren Höhe h gleich dem Abstand der beiden parallelen Ebenen ist.

Wenn ein Kugelradius entlang einem Kugelkreis gleitet, so wird aus dem Kugelkörper ein **Kugelsektor** herausgeschnitten. Er wird von einer Kugelkappe und dem Mantel eines geraden Kreiskegels begrenzt (Bild 10/246).

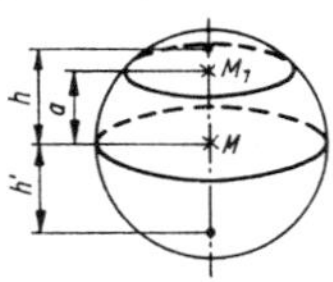

Bild 10/244

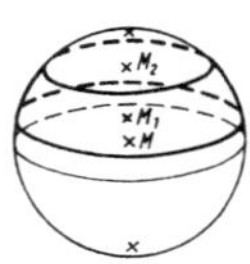

Bild 10/245

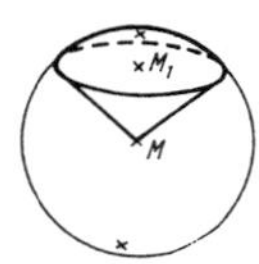

Bild 10/246

(5) *Berechnung des Volumens V* einer Kugel: $V = \frac{4}{3}\pi r^3$ (↗ Beispiel 12/49)
Berechnung des Inhalts A_O der Kugeloberfläche: $A_O = 4\pi r^2 = \pi d^2$ (↗ Beispiel 12/48)

(6) *Formeln für die Berechnung der Volumina und Oberflächeninhalte einzelner Kugelteile* (vgl. Tabelle auf Seite 497)

10.4. Geometrie auf der Kugelfläche

10.4.1. Grundlagen

(1) Schneidet eine Ebene eine Kugelfläche, so entsteht als Schnittfigur ein Kreis, der **sphärischer Kreis** genannt wird. Enthält die Schnittebene den Kugelmittelpunkt, dann wird der Kreis **Großkreis** genannt, sonst **Kleinkreis** (Bild 10/250).

Radius des Großkreises (Radius der Kugel): R

Radius des Kleinkreises: $\varrho = R\cos\varphi$,
Umfang des Kleinkreises: $u = 2\pi R\cos\varphi$ mit

$$\varphi = \frac{\pi}{2} - r$$

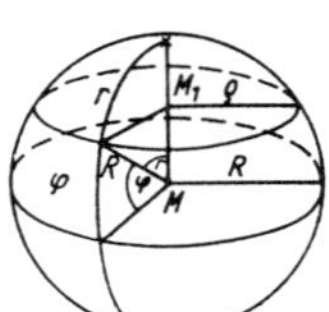

Bild 10/250

Übersicht

Kugelflächenteile	Achsenschnitt	Kugelkörperteile
Kugelkappe $A = 2\pi rh$	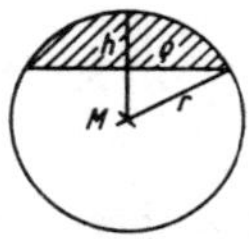 Bild 10/247	Kugelsegment $V = \frac{\pi h^2}{3}(3r - h)$
Kugelzone $A = 2\pi rh$	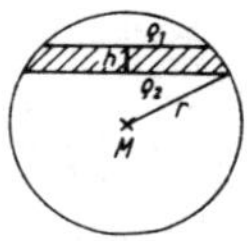 Bild 10/248	Kugelschicht $V = \frac{\pi h}{6}(3\varrho_1^2 + 3\varrho_2^2 + h^2)$
	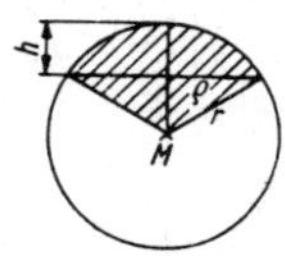 Bild 10/249	Kugelsektor $V = \frac{2}{3}\pi r^2 h$

Dabei bedeuten r den Kugelradius, h die Höhe des Abschnitts.

(2) Zwei durch den Kugelmittelpunkt gehende Ebenen zerlegen die Kugelfläche in vier **Kugelzweiecke** (Bild 10/251).
Die Eckpunkte A, B sind Endpunkte des Kugeldurchmessers. In der Geometrie auf der Kugelfläche kann es »parallele« Geraden nicht geben.

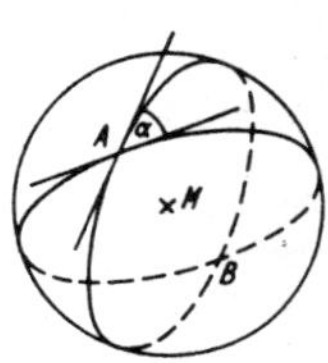

Bild 10/251

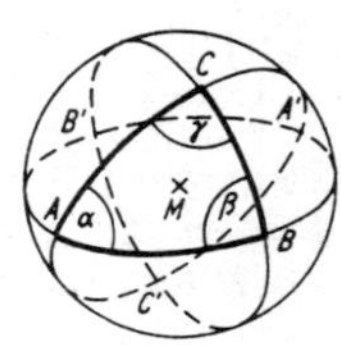

Bild 10/252

Die Seiten haben die Länge πR, wobei R die Länge des Kugelradius ist.
Unter dem Winkel α eines Kugelzweiecks versteht man den Schnittwinkel der beiden Ebenen, die das Zweieck erzeugen. Diesen Winkel bilden auch die beiden Tangenten, die man in einem Eckpunkt des Zweiecks an die Großkreise legt (Bild 10/251).
Ist α der im Bogenmaß angegebene Winkel eines Kugelzweiecks, dann ist der Inhalt A_Z der Fläche des Zweiecks $A_Z = 2R^2\alpha$.

Durch das sphärische Zweieck und die Großkreisebenen wird ein Teil der Vollkugel abgeschnitten, der Kugelkeil genannt wird.

(3) **Sphärisches Dreieck** (auch **Kugeldreieck** genannt)

Zu den Punkten A, B, C auf der Kugelfläche, die nicht auf ein und demselben Großkreisbogen liegen, gibt es vier sphärische Dreiecke, die A, B, C als Eckpunkte haben. Ein sphärisches Dreieck ist ein von drei Großkreisen begrenztes Stück der Kugelfläche (Bild 10/252). Die drei Großkreise schneiden einander auch in den Gegenpunkten A', B', C', so daß die Kugelfläche durch drei Großkreise in acht Dreiecke zerlegt wird, wobei je zwei zentralsymmetrisch zum Kugelmittelpunkt sind (Bild 10/252).
Meist werden Großkreisbögen auf die Einheitskugel bezogen (Kugel mit dem Radius $R = 1$), so daß die Bögen im Grad- oder Bogenmaß angegeben werden.
Bei Berechnungen werden solche Dreiecke verwendet, deren Seiten kleiner als π (kleiner als ein Halbkreis) sind; sie werden **Eulersche Dreiecke** genannt. In EULERschen Dreiecken ist jeder Winkel kleiner als π. Im folgenden werden alle Rechnungen an EULERschen Dreiecken ausgeführt.
In jedem EULERschen Dreieck ist die Winkelsumme größer als π. Die π überschreitende Winkelgröße heißt **sphärischer Exzeß** und wird mit ε bezeichnet:

$$\varepsilon = \alpha + \beta + \gamma - \pi .$$

Der *Flächeninhalt* des sphärischen Dreiecks ist $A_\Delta = \varepsilon R^2$, wobei R der Kugelradius und ε der sphärische Exzeß im Bogenmaß ist.

Allgemeine Beziehungen in sphärischen Dreiecken

1. In jedem EULERschen Dreieck gilt für die Summe der

Winkelgrößen	Seitengrößen
$\pi < \alpha + \beta + \gamma < 3\pi .$	$0 < a + b + c < 2\pi .$

2. Der größten Seite liegt der größte Winkel gegenüber.
3. Die Summe der Größen zweier Seiten ist stets größer als die Größe der dritten Seite.

   $a + b > c, \qquad b + c > a, \qquad c + a > b.$

   Der Betrag der Differenz der Größen zweier Seiten ist stets kleiner als die dritte Seite.

   $|a - b| < c, \qquad |b - c| < a, \qquad |c - a| < b$

4. Die Summe der Größen zweier Winkel ist stets kleiner als die Größe des um π vergrößerten dritten Winkels.

   $\alpha + \beta < \gamma + \pi$

5. Ist die Summe der Größen zweier Seiten größer (bzw. kleiner) als π, so ist auch die Summe der Größen der beiden gegenüberliegenden Winkel größer (kleiner) als π.

(4) Sphärisches Dreieck, körperliche Ecke, Polarecke, Polardreieck

Stoßen n Kanten ($n > 2$), von denen keine drei in einer Ebene liegen, in einem Punkt P zusammen, so bilden sie eine n-seitige **körperliche Ecke**; P heißt der Scheitel dieser körperlichen Ecke.
Die drei Seiten eines EULERschen Dreiecks ABC und der Mittelpunkt M der Kugel bestimmen drei Ebenen, die einander paarweise in drei Geraden MA, MB, MC schneiden. Diese Geraden sind die **Kanten** einer **dreiseitigen körperlichen Ecke,** und M ist ihr Scheitel (Bild 10/253).

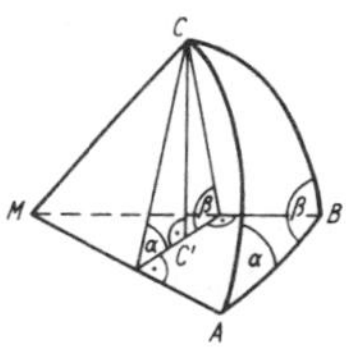

Bild 10/253

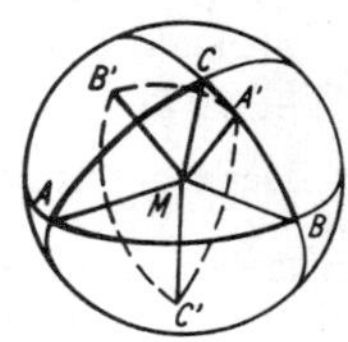

Bild 10/254

Errichtet man im Scheitel M einer dreiseitigen körperlichen Ecke auf den das sphärische Dreieck erzeugenden Ebenen MAB, MBC, MCA die Senkrechten, dann sind diese die Kanten einer körperlichen Ecke, die **Polarecke** genannt wird. Diese Kanten durchstoßen die Kugeloberfläche in den Punkten A', B', C', die ein sphärisches Dreieck bilden, das **Polardreieck** $A'B'C'$ genannt wird (Bild 10/254).

Für jedes sphärische Dreieck gilt:
Jede Seite eines sphärischen Dreiecks und der entsprechende Winkel des Polardreiecks bzw. jeder Winkel eines sphärischen Dreiecks und die entsprechende Seite des Polardreiecks ergänzen einander zu 180°, d. h., $a + \alpha' = 180°$, $b + \beta' = 180°$, $c + \gamma' = 180°$, $a' + \alpha = 180°$, $b' + \beta = 180°$, $c' + \gamma = 180°$.

10.4.2. Sphärische Trigonometrie

In der sphärischen Trigonometrie werden Beziehungen zwischen Seiten und Winkeln des sphärischen Dreiecks angegeben, so daß mit diesen Beziehungen aus gegebenen Stücken andere Stücke berechnet werden können.
(1) Ein sphärisches Dreieck heißt **rechtwinklig**, wenn ein Winkel ein rechter ist. Die ihm gegenüberliegende Seite heißt Hypotenuse, die beiden ihm anliegenden Seiten heißen Katheten (Bild 10/255).

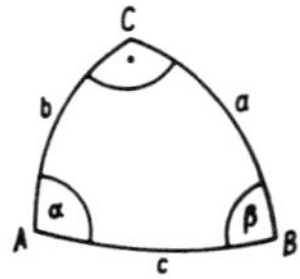

Bild 10/255

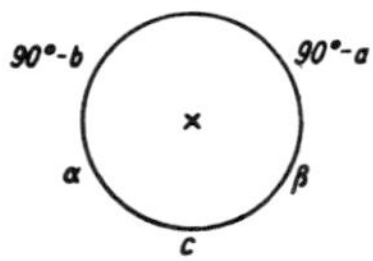

Bild 10/256

Zur Berechnung von Stücken im rechtwinkligen sphärischen Dreieck dient die **Nepersche Regel:** (Bild 10/256)

- Schreibe die Seiten und Winkel des rechtwinkligen Dreiecks in der Reihenfolge, wie sie im Dreieck vorkommen, auf! Dabei wird der rechte Winkel γ ausgelassen, und die Katheten sind durch ihre Komplemente ($90° - a$ bzw. $90° - b$) zu ersetzen.
- Dann gilt:

Der Cosinus eines jeden Stücks ist gleich

- dem Produkt der Kot**an**genten der **an**liegenden Stücke oder
- dem Produkt der S**in**us der **n**ichtanliegenden Stücke.

Damit können folgende zehn einzelnen Beziehungen zwischen Stücken des rechtwinkligen Dreiecks angegeben werden:

1. $\cos\alpha = \cot c \cdot \tan b$
2. $\cos c = \cot\alpha \cdot \cot\beta$
3. $\cos\beta = \cot c \cdot \tan a$
4. $\sin a = \cot\beta \cdot \tan b$
5. $\sin b = \cot\alpha \cdot \tan a$
6. $\cos\alpha = \sin\beta \cdot \cos a$
7. $\cos c = \cos a \cdot \cos b$
8. $\cos\beta = \sin\alpha \cdot \cos b$
9. $\sin a = \sin c \cdot \sin\alpha$
10. $\sin b = \sin c \cdot \sin\beta$

BEISPIEL 10/33

In einem rechtwinkligen sphärischen Dreieck ABC ($\gamma = 90°$) seien die Hypotenuse $c = 53°$ und der anliegende Winkel $\alpha = 14°$ gegeben. Es sind die Größen der Katheten a, b, die Größe des Winkels β und der Flächeninhalt des Dreiecks ($R = 1$) zu berechnen.

Lösung: Nach der NEPERschen Regel gilt: (Bild 10/256)

(1) $\sin a = \sin c \cdot \sin\alpha$

$$= \sin 53° \cdot \sin 14°$$

$$= 0{,}7986 \cdot 0{,}2419 = 0{,}1932$$

$$a = 11{,}14° \approx 11{,}1°$$

(2) $\cos c = \cot\alpha \cdot \cot\beta$

$$\cot\beta = \frac{\cos c}{\cot\alpha} = \cos c \cdot \tan\alpha$$

$$= \cos 53° \cdot \tan 14°$$

$$= 0{,}1500$$

$$\beta = 81{,}46° \approx 81{,}5°$$

(3) $\cos\alpha = \cot c \cdot \tan b$

$$\tan b = \frac{\cos\alpha}{\cot c} = \cos\alpha \cdot \tan c$$

$$= \cos 14° \cdot \tan 53°$$

$$b = 52{,}16° \approx 52°$$

(4) $A_\Delta = \varepsilon R^2$

$$= \frac{\pi\varepsilon°}{180°} R^2$$

$$= \frac{\pi \cdot 5{,}5°}{180°} \cdot 1^2$$

$$= 0{,}096 \approx 0{,}1$$

Ein **gleichschenkliges** sphärisches **Dreieck** (Grundlinie *a*, Schenkel *b*) (Bild 10/257) bzw. **gleichseitiges** sphärisches **Dreieck** (Seite *a*) (Bild 10/258) kann durch Einzeichnen der sphärischen Höhe *h* zur Grundlinie in zwei gleiche rechtwinklige sphärische Dreiecke zerlegt werden.

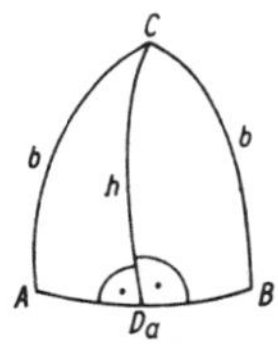

Bild 10/257

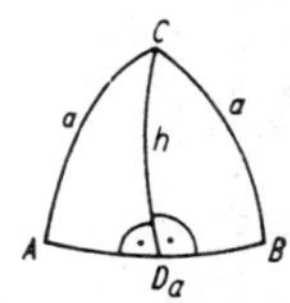

Bild 10/258

(2) Zur Berechnung der Größen fehlender Stücke in **schiefwinkligen sphärischen Dreiecken** dienen der Sinussatz, der Seitencosinussatz, der Winkelcosinussatz.

Sinussatz

In jedem sphärischen Dreieck verhalten sich die Sinus der Seiten wie die Sinus der gegenüberliegenden Winkel; d. h.,

$$\sin a : \sin b : \sin c = \sin\alpha : \sin\beta : \sin\gamma \quad \text{bzw.}$$

$$\frac{\sin a}{\sin\alpha} = \frac{\sin b}{\sin\beta} = \frac{\sin c}{\sin\gamma}.$$

Seitencosinussatz

In jedem sphärischen Dreieck *ABC* gilt

$$\cos a = \cos b \cdot \cos c + \sin b \cdot \sin c \cdot \cos\alpha$$

bzw. nach zyklischer Vertauschung

$$\cos b = \cos a \cdot \cos c + \sin a \cdot \sin c \cdot \cos\beta,$$

$$\cos c = \cos a \cdot \cos b + \sin a \cdot \sin b \cdot \cos\gamma.$$

Winkelcosinussatz

In jedem sphärischen Dreieck *ABC* gilt

$$\cos\alpha = -\cos\beta \cdot \cos\gamma + \sin\beta \cdot \sin\gamma \cdot \cos a$$

bzw. nach zyklischer Vertauschung

$$\cos\beta = -\cos\alpha \cdot \cos\gamma + \sin\alpha \cdot \sin\gamma \cdot \cos b$$

$$\cos\gamma = -\cos\alpha \cdot \cos\beta + \sin\alpha \cdot \sin\beta \cdot \cos c$$

(3) Anwendung dieser Sätze bei der Lösung der **Grundaufgaben des sphärischen Dreiecks**
Vorbemerkungen:

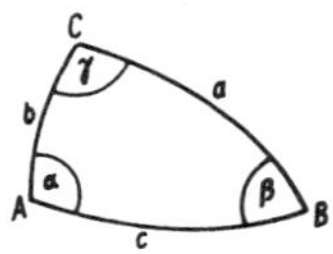

Bild 10/259

1. Die Winkelsumme im sphärischen Dreieck ist nicht konstant.
2. Bei Anwendung des Sinussatzes ist zu beachten, daß die Sinusfunktionswerte im I. und II. Quadranten gleiche Vorzeichen haben, so daß sich die Lösung nicht eindeutig ergeben kann. Deshalb beachte man die Beziehungen 2 und 5 in 10.4.1.(3).

1. Grundaufgabe

Gegeben: Die Größen dreier Seiten (Fall sss)

Berechnung
der Größe jedes Winkels durch den Seitencosinussatz

oder der Größe eines Winkels durch den Seitencosinussatz und der Größen der beiden anderen Winkel durch den Sinussatz.

BEISPIEL 10/34

In einem sphärischen Dreieck ABC seien gegeben a, b, c.
Dann ist

1. $\cos\alpha = \dfrac{\cos a - \cos b \cdot \cos c}{\sin b \cdot \sin c}$

2. $\cos\beta = \dfrac{\cos b - \cos a \cdot \cos c}{\sin a \cdot \sin c}$ oder $\sin\beta = \dfrac{\sin\alpha \cdot \sin b}{\sin a}$

3. $\cos\gamma = \dfrac{\cos c - \cos a \cdot \cos b}{\sin a \cdot \sin b}$ oder $\sin\gamma = \dfrac{\sin\alpha \cdot \sin c}{\sin a}$

2. Grundaufgabe

Gegeben: Die Größen dreier Winkel (Fall www)

Berechnung
der Größe jeder Seite durch den Winkelcosinussatz

oder der Größe einer Seite durch den Winkelcosinussatz und der Größen der beiden anderen Seiten durch den Sinussatz.

BEISPIEL 10/35

In einem sphärischen Dreieck *ABC* seien gegeben α, β, γ. Dann ist

1. $\cos a = \dfrac{\cos\alpha + \cos\beta\cdot\cos\gamma}{\sin\beta\cdot\sin\gamma}$
2. $\cos b = \dfrac{\cos\beta + \cos\alpha\cdot\cos\gamma}{\sin\alpha\cdot\sin\gamma}$ oder $\sin b = \dfrac{\sin\beta\cdot\sin a}{\sin\alpha}$
3. $\cos c = \dfrac{\cos\gamma + \cos\alpha\cdot\cos\beta}{\sin\alpha\cdot\sin\beta}$ oder $\sin c = \dfrac{\sin\gamma\cdot\sin a}{\sin\alpha}$

3. Grundaufgabe

Gegeben: Die Größen zweier Seiten und die Größe des eingeschlossenen Winkels (Fall sws)

Berechnung

der Größen der dritten Seite und der fehlenden Winkel durch den Seitencosinussatz	der Größe der dritten Seite durch den Seitencosinussatz und der Größen der fehlenden Winkel durch den Sinussatz.

BEISPIEL 10/36

In einem sphärischen Dreieck *ABC* seien gegeben a, b, γ. Dann ist

1. $\cos c = \cos a\cdot\cos b + \sin a\cdot\sin b\cdot\cos\gamma$
2. $\cos\alpha = \dfrac{\cos a - \cos b\cdot\cos c}{\sin b\cdot\sin c}$ oder $\sin\alpha = \dfrac{\sin\gamma\cdot\sin a}{\sin c}$
3. $\cos\beta = \dfrac{\cos b - \cos c\cdot\cos a}{\sin c\cdot\sin a}$ oder $\sin\beta = \dfrac{\sin\gamma\cdot\sin b}{\sin c}$

4. Grundaufgabe

Gegeben: Die Größen zweier Winkel und die Größe der eingeschlossenen Seite (Fall wsw)

Berechnung

der Größen des dritten Winkels und der fehlenden Seiten durch den Winkelcosinussatz	der Größe des dritten Winkels durch den Winkelcosinussatz und der Größen der fehlenden Seiten durch den Sinussatz

BEISPIEL 10/37

In einem sphärischen Dreieck *ABC* seien gegeben α, c, β. Dann ist

1. $\cos\gamma = -\cos\alpha\cdot\cos\beta + \sin\alpha\cdot\sin\beta\cdot\cos c$
2. $\cos a = \dfrac{\cos\alpha + \cos\beta\cdot\cos\gamma}{\sin\beta\cdot\sin\gamma}$ oder $\sin a = \dfrac{\sin c\cdot\sin\alpha}{\sin\gamma}$
3. $\cos b = \dfrac{\cos\beta + \cos\gamma\cdot\cos\alpha}{\sin\gamma\cdot\sin\alpha}$ oder $\sin b = \dfrac{\sin c\cdot\sin\beta}{\sin\gamma}$

5. Grundaufgabe

Gegeben: Die Größen zweier Seiten und die Größe eines gegenüberliegenden Winkels (Fall ssw)

Berechnung der Größe des anderen gegenüberliegenden Winkels durch den Sinussatz. (Dabei gibt es genau eine oder genau zwei Lösungen für den Winkel, je nachdem, ob der gegebene Winkel der größeren oder der kleineren der gegebenen Seiten gegenüberliegt.)

Zur Berechnung der Größen der noch fehlenden Seite und des dieser Seite gegenüberliegenden Winkels gibt es drei Wege:

1. Weg	2. Weg	3. Weg
Durch Einzeichnen der Höhe wird das Dreieck in zwei **rechtwinklige Teildreiecke** zerlegt. Durch Anwenden der NEPERschen Regel werden zwei Teile der gesuchten Seite berechnet.	Anwendung des Seitencosinussatzes, der auf eine schon bekannte Seite führt, und Einführung eines Hilfswinkels; **Hilfswinkelmethode.**	Anwendung des Seitencosinussatzes und des Winkelcosinussatzes führt auf ein **Gleichungssystem** von zwei Gleichungen mit zwei Variablen.
Berechnung der Größe des dritten Winkels		
durch Anwendung der NEPERschen Regel.	durch Sinussatz	

BEISPIEL 10/38

In einem sphärischen Dreieck ABC seien gegeben a, b, α. Dann ist

1. $\sin\beta = \dfrac{\sin\alpha \cdot \sin b}{\sin a}$

   Ist $a \gtrless b$, so gibt es genau $\begin{matrix}\text{eine}\\ \text{zwei}\end{matrix}$ Lösungen für β.

2. 1. Weg: Nach der NEPERschen Regel (Bild 10/260) gilt

$$\cos\alpha = \cot b \cdot \tan q \qquad \cos\beta = \cot a \cdot \tan p$$
$$\tan q = \cos\alpha \cdot \tan b \qquad \tan p = \cos\beta \cdot \tan a$$
$$c = p + q$$

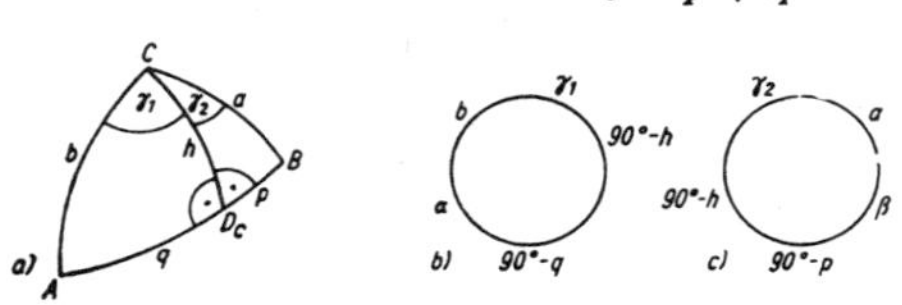

Bild 10/260

2. Weg: Berechnung von c nach der Hilfswinkelmethode
Nach dem Seitencosinussatz gilt

$$\cos a = \cos b \cdot \cos c + \sin b \cdot \sin c \cdot \cos\alpha \; (*)$$

Die Seite $AD = q$ sei Hilfsgröße; dann gilt nach der NEPERschen Regel (Bild 10/260b)

$$\cos \alpha = \cot b \cdot \tan q \; (**)$$

und, da $\cot b = \dfrac{\cos b}{\sin b}$ ist, gilt

$$\cos \alpha = \frac{\cos b}{\sin b} \cdot \tan q.$$

Diese Beziehung wird in die Gleichung (*) eingesetzt:

$$\cos a = \cos b \cdot \cos c + \sin c \cdot \cos b \cdot \tan q.$$

Da $\tan q = \dfrac{\sin q}{\cos q}$ ist, erhält man

$$\cos a \cdot \cos q = \cos b \cdot \cos c \cdot \cos q + \sin c \cdot \sin b \cdot \sin q$$

bzw.

$$\cos a \cdot \cos q = \cos b \cdot (\cos c \cdot \cos q + \sin c \cdot \sin q)$$

und nach Anwendung eines Additionstheorems

$$\cos a \cdot \cos q = \cos b \cdot \cos (c - q)$$

bzw.

$$\cos (c - q) = \frac{\cos a \cdot \cos q}{\cos b}.$$

Da q nach (**) ermittelt werden kann, kann c berechnet werden.

3. Zur Berechnung der Größe des Winkels γ

1. Weg: Anwendung der NEPERschen Regel: Nach Bild 10/260 ist

$\cos b = \cot \gamma_1 \cdot \cot \alpha$	$\cos a = \cot \gamma_2 \cdot \cot \beta$
$\cot \gamma_1 = \cos b \cdot \tan \alpha$	$\cot \gamma_2 = \cos a \cdot \tan \beta$

$$\gamma = \gamma_1 + \gamma_2.$$

2. Weg: Anwendung des Sinussatzes

$$\sin \gamma = \frac{\sin \alpha \cdot \sin c}{\sin a}$$

2. und 3. auf 3. Weg: Die Anwendung des Seitencosinussatzes und des Winkelcosinussatzes führen auf ein Gleichungssystem

$$\cos c = \cos a \cdot \cos b + \sin a \cdot \sin b \cdot \cos \gamma$$

$$\cos \gamma = -\cos \alpha \cdot \cos \beta + \sin \alpha \cdot \sin \beta \cdot \cos c$$

bzw.

$$\cos c = d + m \cos \gamma$$

$$\cos \gamma = -e + n \cos c$$

Lösung dieses Gleichungssystems ergibt

$$\cos c = \frac{d - me}{1 - mn}; \quad \cos \gamma = \frac{nd - e}{1 - mn}$$

mit

$$d = \cos a \cdot \cos b \qquad m = \sin a \cdot \sin b$$
$$e = \cos\alpha \cdot \cos\beta \qquad n = \sin\alpha \cdot \sin\beta$$

6. Grundaufgabe

Gegeben: Die Größen zweier Winkel und die Größe einer gegenüberliegenden Seite (Fall wws)
Berechnung der Größe der anderen gegenüberliegenden Seite durch den Sinussatz. (Dabei gibt es genau eine oder genau zwei Lösungen für diese Seite, je nachdem, ob die gegebene Seite dem größeren oder dem kleineren der gegebenen Winkel gegenüberliegt.)
Zur Berechnung der Größe der noch fehlenden Seite und der Größe des dieser Seite gegenüberliegenden Winkels gibt es die in der 5. Grundaufgabe genannten Wege.

BEISPIEL 10/39

In einem sphärischen Dreieck ABC seien gegeben α, β, a.
Dann ist

1. $\sin b = \dfrac{\sin a \cdot \sin\beta}{\sin\alpha}$

   Ist $\alpha \gtrless \beta$, so gibt es genau $\begin{matrix}\text{eine}\\ \text{zwei}\end{matrix}$ Lösungen für b.
2. Vergleiche 5. Grundaufgabe; hier sei nur der 1. Weg genannt:

   $\tan q = \cos\alpha \cdot \tan b \qquad \tan p = \cos\beta \cdot \tan a$

   $c = p + q$
3. $\sin\gamma = \dfrac{\sin\alpha \cdot \sin c}{\sin a}$

11. Analytische Geometrie in der Ebene und im Raum

In der analytischen Geometrie werden geometrische Probleme mit rechnerischen Mitteln und Methoden untersucht. Mit Hilfe eines Koordinatensystems wird eine eineindeutige Abbildung einer Menge geometrischer Objekte auf eine Menge von Objekten, die aus Zahlen gebildet werden, hergestellt. In der analytischen Geometrie der Ebene werden Punkte auf Zahlenpaare $(x, y) \in \mathbf{R} \times \mathbf{R}$, in der analytischen Geometrie des Raums auf Zahlentripel $(x, y, z) \in \mathbf{R} \times \mathbf{R} \times \mathbf{R}$ abgebildet.
Da geometrische Objekte durch Punktmengen im kartesischen Koordinatensystem der Ebene oder des dreidimensionalen Raums darstellbar sind, kann jedem Punkt eines geometrischen Objekts in der Ebene bzw. im Raum eineindeutig ein **Ortsvektor** des zwei- bzw. dreidimensionalen Vektorraums V_0^2 bzw. V_0^3 zugeordnet werden. Deshalb eignen sich die Methoden der Vektorrechnung (↗ Abschnitt 7.) zur Untersuchung geometrischer Objekte. Dem wird durch Paralleldarstellung des ebenen und des räumlichen Problems – soweit möglich – in den Abschnitten 11.1. bis 11.4. Rechnung getragen. In 11.5. (analytische Geometrie der Kegelschnitte), in dem nur geometrische Probleme der Ebene untersucht werden, wird auf eine vektorielle Darstellung verzichtet (obwohl dies auch möglich wäre).

11.1. Punkte im kartesischen Koordinatensystem

11.1.1. Punkt und Strecke

(1) Nach 7.3.3.(4) wird im kartesischen Koordinatensystem $\{0; \boldsymbol{i}, \boldsymbol{j}\}$ bzw. $\{0; \boldsymbol{i}, \boldsymbol{j}, \boldsymbol{k}\}$ der **Punkt** P_1

in der Ebene	**im Raum**
mit $P_1(x_1; y_1)$	mit $P_1(x_1; y_1; z_1)$

durch den Ortsvektor

$\boldsymbol{p}_1 = x_1\boldsymbol{i} + y_1\boldsymbol{j}$	$\boldsymbol{p}_1 = x_1\boldsymbol{i} + y_1\boldsymbol{j} + z_1\boldsymbol{k}$

eindeutig festgelegt (Bild 11/1).

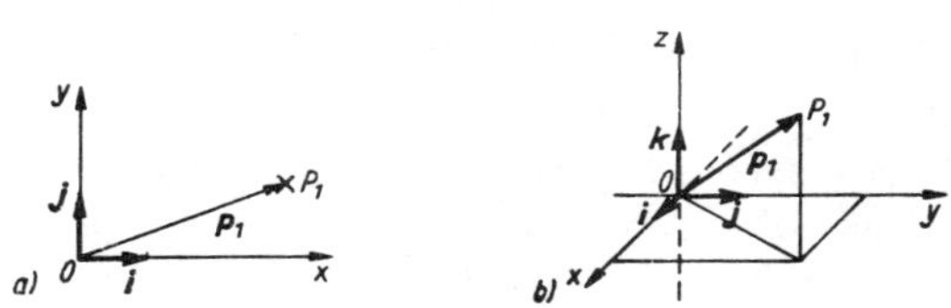

Bild 11/1

(2) Der **Abstand zweier Punkte** P_1, P_2, die durch die Ortsvektoren

$\boldsymbol{p}_1 = x_1\boldsymbol{i} + y_1\boldsymbol{j}$	$\boldsymbol{p}_1 = x_1\boldsymbol{i} + y_1\boldsymbol{j} + z_1\boldsymbol{k}$
$\boldsymbol{p}_2 = x_2\boldsymbol{i} + y_2\boldsymbol{j}$	$\boldsymbol{p}_2 = x_2\boldsymbol{i} + y_2\boldsymbol{j} + z_2\boldsymbol{k}$

festgelegt sind, ist gleich der **Länge der Strecke** P_1P_2 und damit gleich der Norm des Vektors $\overrightarrow{P_1P_2} = \boldsymbol{a}$ (Veranschaulichung in Bild 11/2).

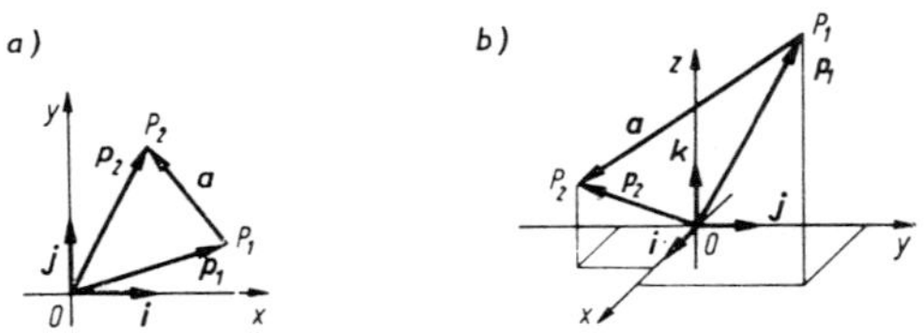

Bild 11/2

Es gilt $\boldsymbol{p}_1 + \boldsymbol{a} = \boldsymbol{p}_2$ bzw. $\boldsymbol{a} = \boldsymbol{p}_2 - \boldsymbol{p}_1$.
Die Länge der Strecke P_1P_2 (d. h. der Abstand der Punkte P_1, P_2 oder die Norm des Vektors $\boldsymbol{a}$) ist

$$\overline{P_1P_2} = \|\boldsymbol{a}\| = \sqrt{\boldsymbol{a}\cdot\boldsymbol{a}} = \sqrt{(\boldsymbol{p}_2 - \boldsymbol{p}_1)^2}$$

$$= \sqrt{(x_2 - x_1)^2 + (y_2 - y_1)^2}$$

$$= \sqrt{(x_2 - x_1)^2 + (y_2 - y_1)^2 + (z_2 - z_1)^2}$$

BEISPIEL 11/1

Gegeben seien die Punkte

$P_1(2;\ 3)$	$P_1(2;\ 3;\ 1)$
$P_2(-1;\ 1)$.	$P_2(1;\ -1;\ 5)$.

Dann sind die Ortsvektoren

$\boldsymbol{p}_1 = 2\boldsymbol{i} + 3\boldsymbol{j}$	$\boldsymbol{p}_1 = 2\boldsymbol{i} + 3\boldsymbol{j} + \boldsymbol{k}$
$\boldsymbol{p}_2 = -\boldsymbol{i} + \boldsymbol{j}$.	$\boldsymbol{p}_2 = \boldsymbol{i} - \boldsymbol{j} + 5\boldsymbol{k}$.

Für den Vektor $\boldsymbol{a}$ gilt: $\boldsymbol{a} = \boldsymbol{p}_2 - \boldsymbol{p}_1$,

$\boldsymbol{a} = -3\boldsymbol{i} - 2\boldsymbol{j}$.	$\boldsymbol{a} = -\boldsymbol{i} - 4\boldsymbol{j} + 4\boldsymbol{k}$.

Der Abstand der Punkte P_1, P_2, d. h. die Länge der Strecke P_1P_2, ist gleich der Norm des Vektors $\boldsymbol{a}$:

$\|\boldsymbol{a}\| = \sqrt{9 + 4} = \sqrt{13}$	$\|\boldsymbol{a}\| = \sqrt{1 + 16 + 16} = \sqrt{33}$.

(3) **Teilpunkt** T **einer Strecke** P_1P_2

Es sei T ein Punkt auf der Geraden g durch die Punkte P_1, P_2. Dann sind die Vektoren $\overrightarrow{P_1T}$, $\overrightarrow{TP_2}$ und $\overrightarrow{P_1P_2}$ kollinear.
Die Zahl λ, für die $\overline{P_1T} = \lambda\overline{TP_2}$ gilt, heißt das **Teilverhältnis**, in dem der Punkt T die Strecke P_1P_2 teilt.

Liegt T zwischen P_1 und P_2 (Bild 11/3), so sind $\overrightarrow{P_1T}$ und $\overrightarrow{TP_2}$ gleichgerichtet, und λ ist positiv. T ist **innerer Teilpunkt.**
Liegt T nicht zwischen P_1 und P_2 (Bild 11/4), so sind $\overrightarrow{P_1T}$ und $\overrightarrow{TP_2}$ entgegengesetzt gerichtet, und λ ist negativ. T ist **äußerer Teilpunkt.**

Bild 11/3
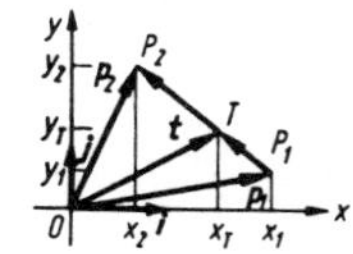

Bild 11/4
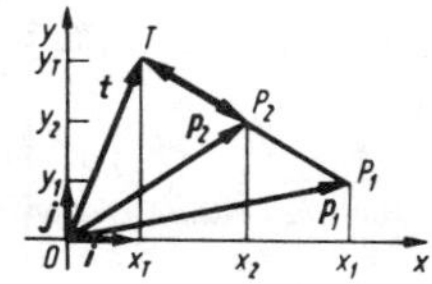

Wenn $\lambda = 0$ ist, so gilt $T = P_1$.
Wenn $\lambda = 1$ ist, so gilt $\overline{P_1T} = \overline{TP_2}$, d. h., T ist Mittelpunkt der Strecke P_1P_2.
In Bild 11/3 ist $\boldsymbol{p}_1 + \overrightarrow{P_1T} = \boldsymbol{t}$ bzw. $\overrightarrow{P_1T} = \boldsymbol{t} - \boldsymbol{p}_1$
und $\boldsymbol{t} + \overrightarrow{TP_2} = \boldsymbol{p}_2$ bzw. $\overrightarrow{TP_2} = \boldsymbol{p}_2 - \boldsymbol{t}$.
Da $\overrightarrow{P_1T} = \lambda\overrightarrow{TP_2}$ gilt, ist $\boldsymbol{t} - \boldsymbol{p}_1 = \lambda(\boldsymbol{p}_2 - \boldsymbol{t})$
bzw. $\boldsymbol{t}(1 + \lambda) = \boldsymbol{p}_1 + \lambda\boldsymbol{p}_2$

$$\boldsymbol{t} = \frac{\boldsymbol{p}_1 + \lambda\boldsymbol{p}_2}{1 + \lambda} \quad (\lambda \neq -1).$$

In Koordinatendarstellung

für die **Ebene:**

Wenn

$$\boldsymbol{t} = x_t\boldsymbol{i} + y_t\boldsymbol{j}$$
$$\boldsymbol{p}_1 = x_1\boldsymbol{i} + y_1\boldsymbol{j}$$
$$\boldsymbol{p}_2 = x_2\boldsymbol{i} + y_2\boldsymbol{j},$$

so

$$x_t\boldsymbol{i} + y_t\boldsymbol{j} = \frac{x_1 + \lambda x_2}{1 + \lambda}\boldsymbol{i} + \frac{y_1 + \lambda y_2}{1 + \lambda}\boldsymbol{j}$$

für den **Raum:**

Wenn

$$\boldsymbol{t} = x_t\boldsymbol{i} + y_t\boldsymbol{j} + z_t\boldsymbol{k}$$
$$\boldsymbol{p}_1 = x_1\boldsymbol{i} + y_1\boldsymbol{j} + z_1\boldsymbol{k}$$
$$\boldsymbol{p}_2 = x_2\boldsymbol{i} + y_2\boldsymbol{j} + z_2\boldsymbol{k},$$

so

$$x_t\boldsymbol{i} + y_t\boldsymbol{j} + z_t\boldsymbol{k} = \frac{x_1 + \lambda x_2}{1 + \lambda}\boldsymbol{i} + \frac{y_1 + \lambda y_2}{1 + \lambda}\boldsymbol{j} + \frac{z_1 + \lambda z_2}{1 + \lambda}\boldsymbol{k}$$

Daraus erhält man durch *Koordinatenvergleich*

Ebene:

$$x_t = \frac{x_1 + \lambda x_2}{1 + \lambda} = x_T$$
$$y_t = \frac{y_1 + \lambda y_2}{1 + \lambda} = y_T$$

Raum:

$$x_t = \frac{x_1 + \lambda x_2}{1 + \lambda} = x_T$$
$$y_t = \frac{y_1 + \lambda y_2}{1 + \lambda} = y_T$$
$$z_t = \frac{z_1 + \lambda z_2}{1 + \lambda} = z_T$$

BEISPIEL 11/2

Die Strecke P_1P_2 mit $P_1(2;\ 3;\ -1)$, $P_2(3;\ 5;\ 4)$ soll innen im Verhältnis $\lambda_1 = \frac{3}{2}$ und außen im Verhältnis $\lambda_2 = -\frac{3}{2}$ geteilt werden.

Es gilt $\boldsymbol{t} = \dfrac{\boldsymbol{p}_1 + \lambda \boldsymbol{p}_2}{1 + \lambda}$ mit $\boldsymbol{p}_1 = 2\boldsymbol{i} + 3\boldsymbol{j} - \boldsymbol{k}$,

$\boldsymbol{p}_2 = 3\boldsymbol{i} + 5\boldsymbol{j} + 4\boldsymbol{k}$.

Innere Teilung der Strecke P_1P_2 mit $\lambda_1 = \frac{3}{2} = 1{,}5$

$$\boldsymbol{t} = x_t\boldsymbol{i} + y_t\boldsymbol{j} + z_t\boldsymbol{k} = \frac{2\boldsymbol{i} + 3\boldsymbol{j} - \boldsymbol{k} + 1{,}5(3\boldsymbol{i} + 5\boldsymbol{j} + 4\boldsymbol{k})}{1 + 1{,}5}$$

$$= \frac{6{,}5\boldsymbol{i} + 10{,}5\boldsymbol{j} + 5\boldsymbol{k}}{2{,}5}$$

$$\boldsymbol{t} = 2{,}6\boldsymbol{i} + 4{,}2\boldsymbol{j} + 2\boldsymbol{k}$$

Äußere Teilung der Strecke P_1P_2 mit $\lambda_2 = -\frac{3}{2} = -1{,}5$

$$\boldsymbol{t} = \frac{2\boldsymbol{i} + 3\boldsymbol{j} - \boldsymbol{k} - 1{,}5(3\boldsymbol{i} + 5\boldsymbol{j} + 4\boldsymbol{k})}{1 - 1{,}5} = 5\boldsymbol{i} + 9\boldsymbol{j} + 14\boldsymbol{k}$$

Dann ist der innere Teilpunkt $T_i(2{,}6;\ 4{,}2;\ 2)$, der äußere Teilpunkt $T_a\ (5;\ 9;\ 14)$.

11.1.2. Flächeninhalt eines Dreiecks

Die Eckpunkte eines Dreiecks $P_1P_2P_3$ seien festgelegt

in der Ebene durch $P_1(x_1;\ y_1)$, $P_2(x_2;\ y_2)$, $P_3(x_3;\ y_3)$	im Raum durch $P_1(x_1;\ y_1;\ z_1)$, $P_2(x_2;\ y_2;\ z_2)$, $P_3(x_3;\ y_3;\ z_3)$

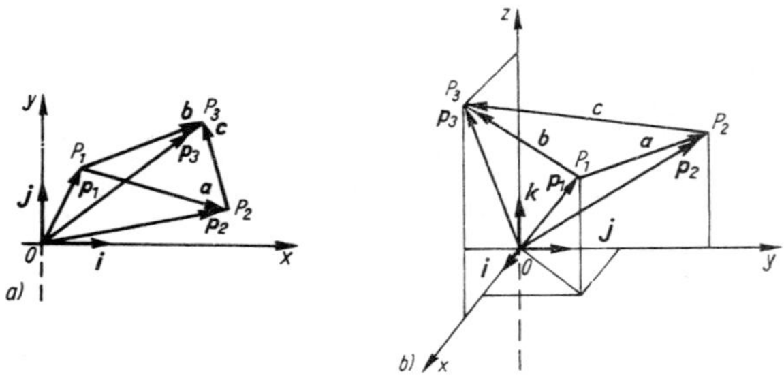

Bild 11/5

Da die Norm des Vektorprodukts der Vektoren $\boldsymbol{a}$, $\boldsymbol{b}$ als Zahlenwert des Flächeninhalts des von den Vektoren $\boldsymbol{a}$, $\boldsymbol{b}$ aufgespannten Parallelogramms gedeutet werden kann (↗ 7.5.2.), ist der Zahlenwert des Flächeninhalts eines Dreiecks durch

$$A_\Delta = \frac{1}{2} \| \boldsymbol{a} \times \boldsymbol{b} \|$$

gegeben.
Zur Berechnung des Flächeninhalts eines Dreiecks werden somit zwei Vektoren benötigt, z. B. $\overrightarrow{P_1P_2} = \boldsymbol{a}$ und $\overrightarrow{P_1P_3} = \boldsymbol{b}$.
Es sei $\boldsymbol{p}_1 + \boldsymbol{a} = \boldsymbol{p}_2$ bzw. $\boldsymbol{a} = \boldsymbol{p}_2 - \boldsymbol{p}_1$
und $\boldsymbol{p}_1 + \boldsymbol{b} = \boldsymbol{p}_3$ bzw. $\boldsymbol{b} = \boldsymbol{p}_3 - \boldsymbol{p}_1$.
Dann ist $A_\Delta = \frac{1}{2} \|\boldsymbol{a} \times \boldsymbol{b}\| = \frac{1}{2} \|(\boldsymbol{p}_2 - \boldsymbol{p}_1) \times (\boldsymbol{p}_3 - \boldsymbol{p}_1)\|$.
Durch zweimalige Anwendung eines Distributivgesetzes für das Vektorprodukt (↗ 7.5.3.) ist folgende Umformung möglich:

$$A_\Delta = \frac{1}{2} \|\boldsymbol{p}_2 \times \boldsymbol{p}_3 - \boldsymbol{p}_2 \times \boldsymbol{p}_1 - \boldsymbol{p}_1 \times \boldsymbol{p}_3 + \boldsymbol{p}_1 \times \boldsymbol{p}_1\|$$

Nun ist

$$\boldsymbol{p}_1 \times \boldsymbol{p}_1 = \boldsymbol{o}, \qquad -\boldsymbol{p}_2 \times \boldsymbol{p}_1 = \boldsymbol{p}_1 \times \boldsymbol{p}_2,$$
$$-\boldsymbol{p}_1 \times \boldsymbol{p}_3 = \boldsymbol{p}_3 \times \boldsymbol{p}_1,$$

so daß

$$A_\Delta = \frac{1}{2} \|\boldsymbol{p}_1 \times \boldsymbol{p}_2 + \boldsymbol{p}_2 \times \boldsymbol{p}_3 + \boldsymbol{p}_3 \times \boldsymbol{p}_1\|$$

gilt.
(Die Vektoren sind bei der Bildung der Vektorprodukte zyklisch vertauscht.)

BEISPIEL 11/3

Die Eckpunkte des Dreiecks $P_1P_2P_3$ seien festgelegt

in der **Ebene** durch
P_1: $\boldsymbol{p}_1 = \boldsymbol{i} + \boldsymbol{j}$
P_2: $\boldsymbol{p}_2 = 3\boldsymbol{i} + 2\boldsymbol{j}$
P_3: $\boldsymbol{p}_3 = 2\boldsymbol{i} + 4\boldsymbol{j}$

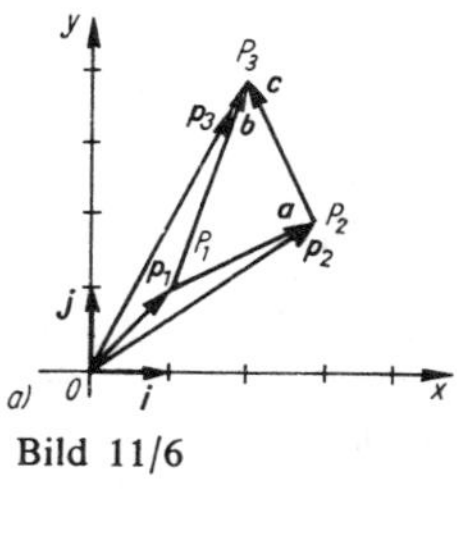

im **Raum** durch
P_1: $\boldsymbol{p}_1 = \boldsymbol{i} + 2\boldsymbol{j} + \boldsymbol{k}$
P_2: $\boldsymbol{p}_2 = 2\boldsymbol{i} + 3\boldsymbol{j} + 4\boldsymbol{k}$
P_3: $\boldsymbol{p}_3 = -\boldsymbol{i} - 2\boldsymbol{j} + 2\boldsymbol{k}$

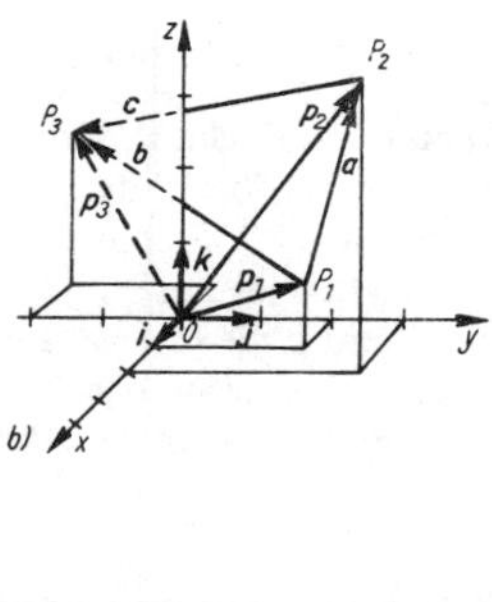

Bild 11/6

Man erhält	Man erhält
$\boldsymbol{a} = 2\boldsymbol{i} + \boldsymbol{j}$	$\boldsymbol{a} = \boldsymbol{i} + \boldsymbol{j} + 3\boldsymbol{k}$
$\boldsymbol{b} = \boldsymbol{i} + 3\boldsymbol{j}$	$\boldsymbol{b} = -2\boldsymbol{i} - 4\boldsymbol{j} + \boldsymbol{k}$

und daraus das Vektorprodukt $\boldsymbol{a} \times \boldsymbol{b}$

$\boldsymbol{a} \times \boldsymbol{b} = 6\boldsymbol{k} - \boldsymbol{k} = 5\boldsymbol{k}.$	$\boldsymbol{a} \times \boldsymbol{b} = 13\boldsymbol{i} - 7\boldsymbol{j} - 2\boldsymbol{k}.$

Der Zahlenwert des Flächeninhalts des Dreiecks ist

$A_\Delta = \frac{1}{2} \lVert\boldsymbol{a} \times \boldsymbol{b}\rVert = \frac{5}{2}$	$A_\Delta = \frac{1}{2} \lVert\boldsymbol{a} \times \boldsymbol{b}\rVert = \frac{1}{2}\sqrt{13^2 + 7^2 + 2^2} = \frac{1}{2}\sqrt{222} \approx 7{,}4$

11.1.3. Koordinatentransformation in der Ebene

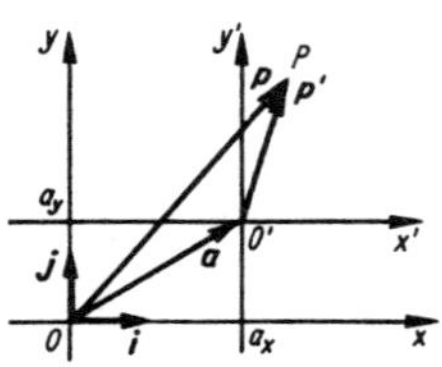

Bild 11/7

Wird das kartesische Koordinatensystem $\{0; \boldsymbol{i}, \boldsymbol{j}\}$ durch eine **Translation** (Verschiebung) um den Vektor $\boldsymbol{a}$ in das kartesische Koordinatensystem $\{0'; \boldsymbol{i}', \boldsymbol{j}'\}$ übergeführt, so gilt für alle Punkte der Ebene:

$$\boldsymbol{p} = \boldsymbol{a} + \boldsymbol{p}' \quad \text{bzw.} \quad \boldsymbol{p}' = \boldsymbol{p} - \boldsymbol{a} \qquad \text{(Bild 11/7)}$$

Es sei $\quad \boldsymbol{p} = x\boldsymbol{i} + y\boldsymbol{j}, \quad \boldsymbol{a} = a_x\boldsymbol{i} + a_x\boldsymbol{j}, \quad \boldsymbol{p}' = x'\boldsymbol{i} + y'\boldsymbol{j}.$

Dann gilt für die Koordinatentransformation

$$x'\boldsymbol{i} + y'\boldsymbol{j} = (x - a_x)\,\boldsymbol{i} + (y - a_y)\,\boldsymbol{j}.$$

Durch *Koordinatenvergleich* erhält man

$$x' = x - a_x \quad \text{und} \quad y' = y - a_y.$$

11.2. Analytische Geometrie der Geraden

11.2.1. Punktrichtungsgleichung einer Geraden

Eine Gerade g soll durch den vorgegebenen Punkt P_1 verlaufen, ihre Richtung werde durch den Vektor $\boldsymbol{a}$ (Richtungsvektor genannt) mit $\boldsymbol{a} \in V^2$ bzw. $\boldsymbol{a} \in V^3$ beschrieben. Jeder Punkt P der Geraden g kann durch ein Vielfaches des Vektors $\boldsymbol{a}$ erfaßt werden:
Es seien $\boldsymbol{p}_1$ und $\boldsymbol{p}$ die Ortsvektoren, die die Punkte P_1 bzw. P festlegen, dann heißt die Gleichung $\boldsymbol{p} = \boldsymbol{p}_1 + \lambda\boldsymbol{a}$, wobei $\lambda \in \mathbf{R}$ eine Hilfsvariable (**Parameter** genannt) ist, **Punktrichtungsgleichung einer Geraden in Vek-**

torform oder **Parameterdarstellung der Punktrichtungsgleichung einer Geraden.** Die Gerade ist durch den Vektor $\boldsymbol{a}$ orientiert (Bild 11/8).

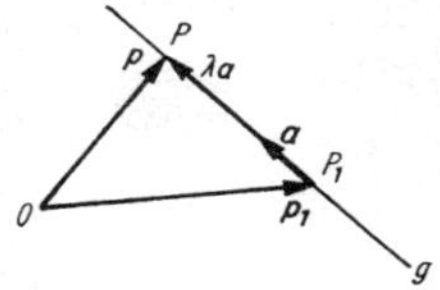

Bild 11/8

Eine **parameterfreie Darstellung der Punktrichtungsgleichung einer Geraden** erhält man

in der **Ebene**	im **Raum**

durch Einsetzen von

in der Ebene	im Raum
$\boldsymbol{p} = x\boldsymbol{i} + y\boldsymbol{j}$	$\boldsymbol{p} = x\boldsymbol{i} + y\boldsymbol{j} + z\boldsymbol{k}$
$\boldsymbol{p}_1 = x_1\boldsymbol{i} + y_1\boldsymbol{j}$	$\boldsymbol{p}_1 = x_1\boldsymbol{i} + y_1\boldsymbol{j} + z_1\boldsymbol{k}$
$\boldsymbol{a} = a_x\boldsymbol{i} + a_y\boldsymbol{j}$	$\boldsymbol{a} = a_x\boldsymbol{i} + a_y\boldsymbol{j} + a_z\boldsymbol{k}$

in die Parameterdarstellung einer Geraden $\boldsymbol{p} = \boldsymbol{p}_1 + \lambda\boldsymbol{a}$, Koordinatenvergleich und anschließende Elimination von λ:

in der Ebene	im Raum
$\boldsymbol{p} = x\boldsymbol{i} + y\boldsymbol{j} = (x_1 + \lambda a_x)\,\boldsymbol{i} + (y_1 + \lambda a_y)\,\boldsymbol{j}$	$\boldsymbol{p} = x\boldsymbol{i} + y\boldsymbol{j} + z\boldsymbol{k} = (x_1 + \lambda a_x)\,\boldsymbol{i} + (y_1 + \lambda a_y)\,\boldsymbol{j} + (z_1 + \lambda a_z)\,\boldsymbol{k}$

Koordinatenvergleich:

$$x = x_1 + \lambda a_x \quad \text{bzw.} \quad \lambda a_x = x - x_1$$

$$y = y_1 + \lambda a_y \quad \text{bzw.} \quad \lambda a_y = y - y_1$$

im Raum zusätzlich: $z = z_1 + \lambda a_z$ bzw. $\lambda a_z = z - z_1$

Elimination von λ durch Quotientenbildung:

$$\frac{a_y}{a_x} = \frac{y - y_1}{x - x_1} \quad (x \neq x_1)$$

Punktrichtungsgleichung (der Projektion) der Geraden in der $x;y$-Ebene mit dem Anstieg $m_{xy} = a_y : a_x$ $(a_x \neq 0)$

im Raum zusätzlich:

$\dfrac{a_z}{a_y} = \dfrac{z - z_1}{y - y_1}$ $(y \neq y_1)$ Punktrichtungsgleichung der Projektion der Geraden in der $y;z$-Ebene mit dem Anstieg $m_{yz} = a_z : a_y$ $(a_y \neq 0)$

$\dfrac{a_x}{a_z} = \dfrac{x - x_1}{z - z_1}$ $(z \neq z_1)$ Punktrichtungsgleichung der Projektion der Geraden in der $x;z$-Ebene mit dem Anstieg $m_{xz} = a_z : a_x$ $(a_x \neq 0)$

BEISPIEL 11/4

Ebene	**Raum**
Gegeben: $P_1(1;\ 3)$	$P_1(1;\ 3;\ 4)$
$\boldsymbol{a} = 2\boldsymbol{i} + \boldsymbol{j}$	$\boldsymbol{a} = 3\boldsymbol{i} - 2\boldsymbol{j} - \boldsymbol{k}$

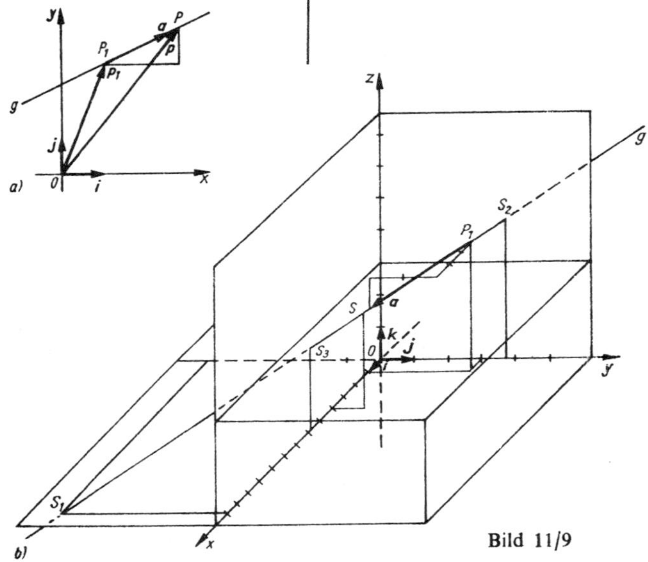

Bild 11/9

Gesucht: a) Punktrichtungsgleichung der Geraden in Vektorform
b) Parameterfreie Darstellung der Gleichung der Geraden

Ebene:

a) $\boldsymbol{p} = \boldsymbol{p}_1 + \lambda \boldsymbol{a}$ bzw.

$$x\boldsymbol{i} + y\boldsymbol{j} = (1 + 2\lambda)\,\boldsymbol{i} + (3 + \lambda)\,\boldsymbol{j}$$

Raum:

a) $\boldsymbol{p} = \boldsymbol{p}_1 + \lambda \boldsymbol{a}$ bzw.

$$x\boldsymbol{i} + y\boldsymbol{j} + z\boldsymbol{k} = (1 + 3\lambda)\,\boldsymbol{i} + (3 - 2\,\lambda)\,\boldsymbol{j} + (4 - \lambda)\,\boldsymbol{k}$$

b) Durch Koordinatenvergleich erhält man:

Ebene:

$x = 1 + 2\lambda;\quad 2\lambda = x - 1$

$y = 3 + \lambda;\quad \lambda = y - 3$

Raum:

$x = 1 + 3\lambda;\quad 3\lambda = x - 1$

$y = 3 - 2\lambda;\quad 2\lambda = -y + 3$

$z = 4 - \lambda;\quad \lambda = -z + 4$

Durch Quotientenbildung wird λ eliminiert; der Anstieg ist

Ebene:

$$m = \frac{1}{2} = \frac{y - 3}{x - 1}$$

Raum:

$$m_{xy} = \frac{2}{3} = \frac{-y + 3}{x - 1}$$

$$m_{yz} = \frac{1}{2} = \frac{-z + 4}{-y + 3}$$

$$m_{zx} = \frac{1}{3} = \frac{x - 1}{-z + 4}$$

Der Punktrichtungsgleichung in Vektordarstellung entsprechen drei parameterfreie Gleichungen:

$$y = -\frac{2}{3}x + \frac{11}{3}$$

$$z = \frac{1}{2}y + \frac{5}{2}$$

$$x = -3z + 13$$

[*Hinweis:* Zur Zeichnung verwende man die Achsenabschnittsgleichung ↗ 11.2.3.(2)],

die Gleichungen der Projektionen der Geraden in die $x;y$-Ebene, $y;z$-Ebene; $z;x$-Ebene darstellen.

Untersuchung, ob ein Punkt P_2 auf der Geraden g liegt, deren Parameterdarstellung gegeben ist: Liegt P_2 auf der Geraden g, so muß der Vektor $\boldsymbol{p}_2$ die Parametergleichung der Geraden für ein bestimmtes λ erfüllen, sonst liegt er nicht auf der Geraden.

BEISPIEL 11/5

Gegeben sei die Parametergleichung der Geraden g mit

$$\boldsymbol{p} = 3\boldsymbol{i} + 2\boldsymbol{j} + 4\boldsymbol{k} + \lambda(-\boldsymbol{i} - 3\boldsymbol{j} - 2\boldsymbol{k}).$$

Es soll untersucht werden, ob die Punkte $P_2(2;\ -1;\ 2)$, $P_3(2;\ 1;\ 5)$ auf der Geraden g liegen.
Wenn P_2 auf der Geraden g liegt, so muß der Vektor $\boldsymbol{p}_2 = 2\boldsymbol{i} - \boldsymbol{j} + 2\boldsymbol{k}$ die Parametergleichung der Geraden für einen noch zu bestimmenden Wert von λ erfüllen. Wird für $\boldsymbol{p}$ der Vektor $\boldsymbol{p}_2$ in die Geradengleichung eingesetzt, so erhält man

$$2\boldsymbol{i} - \boldsymbol{j} + 2\boldsymbol{k} = (3 - \lambda)\,\boldsymbol{i} + (2 - 3\lambda)\,\boldsymbol{j} + (4 - 2\lambda)\,\boldsymbol{k}$$

und durch Koordinatenvergleich des Vektors $\boldsymbol{i}$

$$2 = 3 - \lambda \quad \text{bzw.} \quad \lambda = 1.$$

Mit $\lambda = 1$ sind die Koordinaten von $\boldsymbol{j}$ und $\boldsymbol{k}$ zu überprüfen:

Für $\boldsymbol{j}$ erhält man: $-1 = 2 - 3 \cdot 1 = -1$ (W).

Für $\boldsymbol{k}$ erhält man: $2 = 4 - 2 \cdot 1 = 2$ (W).

Das heißt, für $\lambda = 1$ wird die Parametergleichung erfüllt, also liegt der Punkt P_2 auf der Geraden g.
Um zu überprüfen, ob auch P_3 auf der Geraden g liegt, wird $\boldsymbol{p}_3$ in die Parametergleichung der Geraden eingesetzt:

$$2\boldsymbol{i} + \boldsymbol{j} + 5\boldsymbol{k} = (3 - \lambda)\,\boldsymbol{i} + (2 - 3\lambda)\,\boldsymbol{j} + (4 - 2\lambda)\,\boldsymbol{k}.$$

Durch Vergleich der Koordinaten des Vektors $\boldsymbol{i}$ erhält man $\lambda = 1$. Die Überprüfung der Koordinaten der Vektoren $\boldsymbol{j}$ und $\boldsymbol{k}$ für $\lambda = 1$ ergibt keine Übereinstimmung; d.h., der Punkt P_3 liegt nicht auf der Geraden g.

11.2.2. Zweipunktegleichung einer Geraden

Eine Gerade g ist durch zwei Punkte festgelegt. Ihre Ortsvektoren seien $\boldsymbol{p}_1, \boldsymbol{p}_2$ mit $\boldsymbol{p}_1, \boldsymbol{p}_2 \in V_0^2$ bzw. V_0^3. Für einen beliebigen Punkt P der Geraden g gilt dann $\boldsymbol{p} = \boldsymbol{p}_1 + \lambda(\boldsymbol{p}_2 - \boldsymbol{p}_1)$, **Zweipunktegleichung einer Geraden in Vektorform** oder **Parameterdarstellung der Zweipunktegleichung einer Geraden** genannt (Veranschaulichung in der Ebene in Bild 11/10).

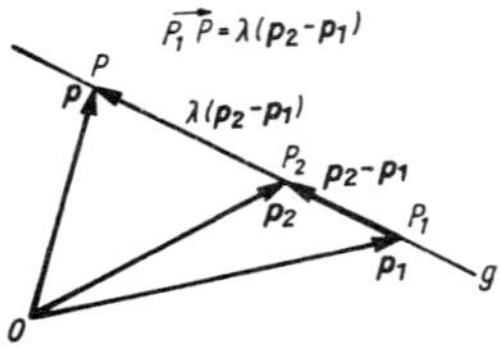

Bild 11/10

Die parameterfreie Darstellung der Zweipunktegleichung einer Geraden erhält man in Analogie zur parameterfreien Darstellung der Punktrichtungsgleichung durch Koordinatenvergleich und anschließende Elimination von λ: (Hier für den Raum)

Da

$$x\boldsymbol{i} + y\boldsymbol{j} + z\boldsymbol{k} = [x_1 + \lambda(x_2 - x_1)]\,\boldsymbol{i} + [y_1 + \lambda(y_2 + y_1)]\,\boldsymbol{j} + [z_1 + \lambda(z_2 - z_1)]\,\boldsymbol{k}$$

ist, gilt

$$\lambda(x_2 - x_1) = x - x_1; \; \lambda(y_2 - y_1) = y - y_1; \; \lambda(z_2 - z_1) = z - z_1$$

und nach Quotientenbildung

$$\frac{y - y_1}{x - x_1} = \frac{y_2 - y_1}{x_2 - x_1} \quad \text{mit} \quad x \neq x_1;\; x_2 \neq x_1,$$

$$\frac{z - z_1}{y - y_1} = \frac{z_2 - z_1}{y_2 - y_1} \quad \text{mit} \quad y \neq y_1;\; y_2 \neq y_1,$$

$$\frac{x - x_1}{z - z_1} = \frac{x_2 - x_1}{z_2 - z_1} \quad \text{mit} \quad z \neq z_1;\; z_2 \neq z_1.$$

Der Zweipunktegleichung einer Geraden in Vektorform entsprechen im Raum drei parameterfreie Gleichungen, die Gleichungen der Projektionen der Geraden in die $x;y$-Ebene, in die $y;z$-Ebene und in die $z;x$-Ebene darstellen.

Die parameterfreie Darstellung der Zweipunktegleichung einer Geraden für die Ebene ($x;y$-Ebene) ist

$$\frac{y - y_1}{x - x_1} = \frac{y_2 - y_1}{x_2 - x_1} \quad \text{mit} \quad x \neq x_1;\; x_2 \neq x_1.$$

BEISPIEL 11/6

Gegeben seien die Punkte $P_1(3;\; -2;\; 1)$, $P_2(4;\; 1;\; 5)$. Es soll die Parametergleichung der Geraden g durch die Punkte P_1, P_2 angegeben werden.

Die Ortsvektoren sind $\boldsymbol{p}_1 = 3\boldsymbol{i} - 2\boldsymbol{j} + \boldsymbol{k}$ und $\boldsymbol{p}_2 = 4\boldsymbol{i} + \boldsymbol{j} + 5\boldsymbol{k}$. Die Parametergleichung der Geraden g ist (mit $\lambda \in \mathbf{R}$)

$$\boldsymbol{p} = \boldsymbol{p}_1 + \lambda(\boldsymbol{p}_2 - \boldsymbol{p}_1) = 3\boldsymbol{i} - 2\boldsymbol{j} + \boldsymbol{k} + \lambda(\boldsymbol{i} + 3\boldsymbol{j} + 4\boldsymbol{k})$$

bzw.

$$\boldsymbol{p} = (3 + \lambda)\,\boldsymbol{i} + (-2 + 3\lambda)\,\boldsymbol{j} + (1 + 4\lambda)\,\boldsymbol{k}.$$

11.2.3. Allgemeine Form der Gleichung einer Geraden in der Ebene

(1) In der Punktrichtungsgleichung $\boldsymbol{p} = \boldsymbol{p}_1 + \lambda\boldsymbol{a}$ ist die Orientierung der Geraden g durch den Richtungsvektor $\boldsymbol{a}$ festgelegt. Eine andere Möglichkeit, eine Gleichung einer Geraden g **in einer Ebene** anzugeben, besteht darin, einen Vektor $\boldsymbol{n} \neq \boldsymbol{o}$, der auf der Geraden senkrecht steht, zu nutzen. Dieser Vektor heißt **Normalenvektor** (oder **Stellungsvektor**) der Geraden g.

Gegeben sei der Punkt P_1 auf der Geraden g, zu dem der Ortsvektor $\boldsymbol{p}_1$ zeigt, sowie ein Normalenvektor $\boldsymbol{n}$ der Geraden g. P sei ein beliebiger Punkt der Geraden mit dem Ortsvektor $\boldsymbol{p}$ (Veranschaulichung in Bild 11/11).

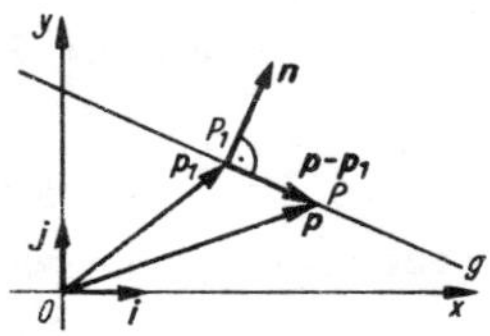

Bild 11/11

Da die Vektoren $(\boldsymbol{p} - \boldsymbol{p}_1)$ und $\boldsymbol{n}$ orthogonal sind, ist ihr Skalarprodukt Null:

$$\boldsymbol{n} \cdot (\boldsymbol{p} - \boldsymbol{p}_1) = 0.$$

Diese Gleichung heißt **allgemeine Form der Gleichung einer Geraden in Vektordarstellung.**

In der Ebene seien gegeben

$$\boldsymbol{n} = A\boldsymbol{i} + B\boldsymbol{j}, \qquad \boldsymbol{p} = x\boldsymbol{i} + y\boldsymbol{j}, \qquad \boldsymbol{p}_1 = x_1\boldsymbol{i} + y_1\boldsymbol{j}.$$

Dann gilt $\boldsymbol{n} \cdot (\boldsymbol{p} - \boldsymbol{p}_1) = 0$ bzw. $\boldsymbol{n} \cdot \boldsymbol{p} = \boldsymbol{n} \cdot \boldsymbol{p}_1$ und nach Einsetzen von $\boldsymbol{n}, \boldsymbol{p}$ und $\boldsymbol{p}_1$

$$(A\boldsymbol{i} + B\boldsymbol{j}) \cdot (x\boldsymbol{i} + y\boldsymbol{j}) = (A\boldsymbol{i} + B\boldsymbol{j}) \cdot (x_1\boldsymbol{i} + y_1\boldsymbol{j}).$$

Die Berechnung der Skalarprodukte ergibt

$$Ax + By = Ax_1 + By_1 \text{ und,}$$

wenn

$$Ax_1 + By_1 = -C \text{ gesetzt wird,}$$

$$Ax + By + C = 0,$$

genannt **allgemeine Form der Gleichung einer Geraden in Koordinatendarstellung in der $x;y$-Ebene**, wobei A und B nicht zugleich Null sind.

Aus

$$Ax + By + C = 0$$

erhält man

$$y = -\frac{A}{B}x - \frac{C}{B}$$

und mit

$$-\frac{A}{B} = m \quad \text{und} \quad -\frac{C}{B} = b$$

$$y = mx + b,$$

die **Normalform der Gleichung einer Geraden**, wobei m der Anstieg der Geraden und b der Abschnitt auf der y-Achse ist.

BEISPIEL 11/7

Gegeben seien $P_1(1;\ 3)$ und $\boldsymbol{n} = 2\boldsymbol{i} + \boldsymbol{j}$.
Die Gleichung der Geraden g, die P_1 enthält und senkrecht zu $\boldsymbol{n}$ verläuft, ist $\boldsymbol{n} \cdot (\boldsymbol{p} - \boldsymbol{p}_1) = 0$ (allgemeine Form der Gleichung der Geraden g in Vektordarstellung) bzw.

$$(2\boldsymbol{i} + \boldsymbol{j}) \cdot (x\boldsymbol{i} + y\boldsymbol{j}) = (2\boldsymbol{i} + \boldsymbol{j}) \cdot (\boldsymbol{i} + 3\boldsymbol{j}).$$

Nach Berechnung der Skalarprodukte erhält man

$$2x + y = 2 + 3 = 5$$

bzw.

$$2x + y - 5 = 0$$

(allgemeine Gleichung der Geraden g in Koordinatendarstellung) bzw.

$$y = -2x + 5$$

(Normalform der Gleichung der Geraden).

(2) Wird die in Koordinatendarstellung gegebene allgemeine Form der Geradengleichung durch $-C$ dividiert, so erhält man die **Achsenabschnittsform der Gleichung einer Geraden:**

$$\frac{x}{\frac{-C}{A}} + \frac{y}{\frac{-C}{B}} = 1 \quad \text{bzw. mit} \quad \frac{-C}{A} = a, \quad \frac{-C}{B} = b$$

$$\frac{x}{a} + \frac{y}{b} = 1,$$

wobei a, b die Abschnitte auf der x- bzw. y-Achse sind.

BEISPIEL 11/8

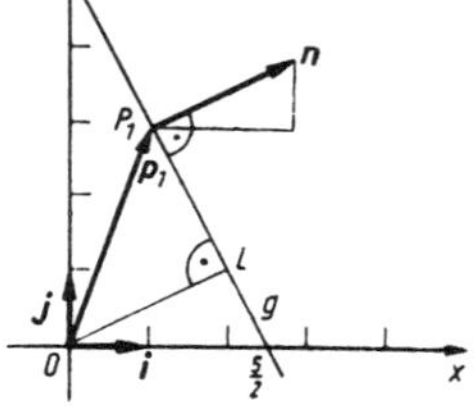

Bild 11/12

Umformung der Gleichung $2x + y - 5 = 0$ aus Beispiel 11/7 in die Achsenabschnittsform: $2x + y = 5$ und Division durch 5 ergibt

$$\frac{x}{\frac{5}{2}} + \frac{y}{5} = 1.$$

Mit Hilfe der Achsenabschnitte $a = \frac{5}{2}$, $b = 5$ ist die Gerade leicht zu zeichnen (Bild 11/12).
$y = -2x + 5$ ist die Normalform dieser Geradengleichung.

11.2.4. Hessesche Normalform der Gleichung einer Geraden

Da jede Gerade **in der Ebene** unendlich viele Gleichungen der allgemeinen Form in vektorieller Darstellung hat, soll eine *Normierung* durch Einführen des *Normaleneinheitsvektors* $\boldsymbol{e}_n = \frac{\boldsymbol{n}}{\|\boldsymbol{n}\|}$ erfolgen (Bild 11/13):

$$\boldsymbol{e}_n \cdot (\boldsymbol{p} - \boldsymbol{p}_1) = 0.$$

Diese Gleichung heißt **Hessesche Normalform einer Geraden g in Vektordarstellung.**
Aus $\boldsymbol{e}_n \cdot (\boldsymbol{p} - \boldsymbol{p}_1) = 0$ bzw. $\frac{n}{\|n\|} \cdot (\boldsymbol{p} - \boldsymbol{p}_1) = 0$ mit $\boldsymbol{n} = A\boldsymbol{i} + B\boldsymbol{j}$ und der Norm $\|\boldsymbol{n}\| = \sqrt{A^2 + B^2}$ erhält man

$$\frac{\boldsymbol{n}}{\|\boldsymbol{n}\|} \cdot \boldsymbol{p} = \frac{\boldsymbol{n}}{\|\boldsymbol{n}\|} \cdot \boldsymbol{p}_1$$

und mit $\boldsymbol{n} \cdot \boldsymbol{p}_1 = -C$

$$\frac{Ax + By + C}{\sqrt{A^2 + B^2}} = 0.$$

Diese Gleichung heißt **Hessesche Normalform einer Geraden g in Koordinatendarstellung.**

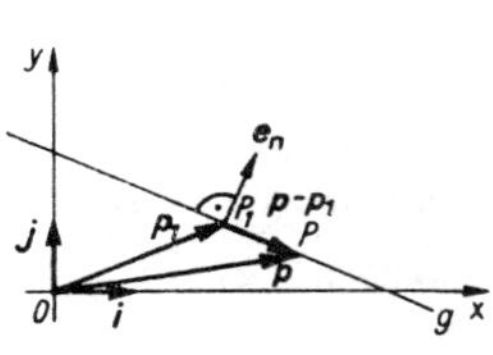

Bild 11/13

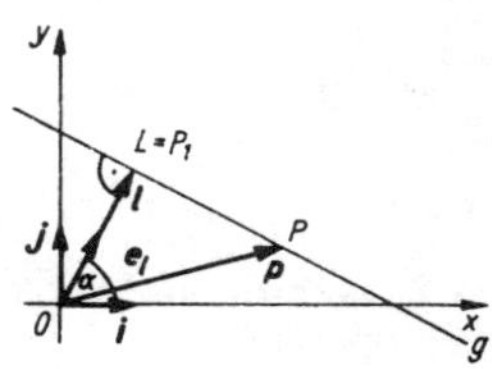

Bild 11/14

Wird als Punkt P_1 der Fußpunkt L des von O auf die Gerade g gefällten Lotes gewählt, dann kann mit Hilfe der HESSEschen Normalform der Abstand des Koordinatenursprungs von der Geraden g ermittelt werden:

$\overrightarrow{OL} = \boldsymbol{l}$ sei der »Lotvektor«, $\boldsymbol{e}_l$ sein Einheitsvektor (Bild 11/14). Aus $\boldsymbol{e}_l \cdot (\boldsymbol{p} - \boldsymbol{l}) = 0$ bzw. $\boldsymbol{e}_l \cdot \boldsymbol{p} - \boldsymbol{e}_l \cdot \boldsymbol{l} = 0$ folgt mit $\boldsymbol{e}_l \cdot \boldsymbol{l} = \|\boldsymbol{e}_l\| \, \|\boldsymbol{l}\| \cos 0° = l$ $\quad \boldsymbol{e}_l \cdot \boldsymbol{p} - l = 0.$
Mit $\boldsymbol{e}_l = \cos \alpha \boldsymbol{i} + \sin \alpha \boldsymbol{j}$ (Bild 11/14) erhält man

$$x \cos \alpha + y \sin \alpha - l = 0,$$

wobei l der Abstand des Koordinatenursprungs von der Geraden g ist.

BEISPIEL 11/9

Gegeben seien $P_1(1; 3)$ und $\boldsymbol{n} = 2\boldsymbol{i} + \boldsymbol{j}$ (vgl. Beispiel 11/7). Dann ist

$$\|\boldsymbol{n}\| = \sqrt{4 + 1} = \sqrt{5}.$$

Die HESSEsche Normalform der Geraden g in Vektordarstellung

$$\boldsymbol{e}_n \cdot (\boldsymbol{p} - \boldsymbol{p}_1) = 0 \quad \text{mit} \quad \boldsymbol{e}_n = \frac{\boldsymbol{n}}{\|\boldsymbol{n}\|} \quad \text{bzw.}$$

$$\frac{\boldsymbol{n}}{\|\boldsymbol{n}\|} \cdot \boldsymbol{p} = \frac{\boldsymbol{n}}{\|\boldsymbol{n}\|} \cdot \boldsymbol{p}_1$$

wird mit $\boldsymbol{n} \cdot \boldsymbol{p}_1 = -C$

in die Gleichung der Geraden g in Koordinatendarstellung umgeformt:

$$\frac{(2\boldsymbol{i} + \boldsymbol{j}) \cdot (x\boldsymbol{i} + y\boldsymbol{j})}{\sqrt{5}} = \frac{(2\boldsymbol{i} + \boldsymbol{j}) \cdot (\boldsymbol{i} + 3\boldsymbol{j})}{\sqrt{5}}$$

$$\frac{2x + y}{\sqrt{5}} = \frac{5}{\sqrt{5}}.$$

Daraus erhält man

$$\cos \alpha = \frac{2}{\sqrt{5}} = \frac{2}{5}\sqrt{5} \approx 0{,}8944$$

$$\sin \alpha = \frac{1}{\sqrt{5}} = \frac{1}{5}\sqrt{5} \approx 0{,}4472; \quad \text{daraus } \alpha \approx 26{,}6°,$$

$$l = \frac{5}{\sqrt{5}} = \sqrt{5} \approx 2{,}2$$

(Abstand des Koordinatenursprungs von der Geraden g).

11.2.5. Spurpunkt einer Geraden in einer Koordinatenebene

(1) Der gemeinsame Punkt einer Geraden g und einer Koordinatenebene heißt Spurpunkt.
Die Koordinaten des Spurpunkts müssen somit die Geradengleichung in Parameterdarstellung erfüllen, und es gilt überdies

für den Spurpunkt S_1 in der $x;y$-Ebene die Bedingung $z = 0$,
für den Spurpunkt S_2 in der $y;z$-Ebene die Bedingung $x = 0$,
für den Spurpunkt S_3 in der $z;x$-Ebene die Bedingung $y = 0$.

Aus der jeweiligen Bedingung kann der Parameter in der Geradengleichung ermittelt werden, mit dessen Hilfe dann die weiteren Koordinaten des entsprechenden Spurpunkts berechnet werden können.

BEISPIEL 11/10

Die Parameterdarstellung der Gleichung der Geraden g sei

$$\boldsymbol{p} = \boldsymbol{i} + 3\boldsymbol{j} + 4\boldsymbol{k} + \lambda(3\boldsymbol{i} - 2\boldsymbol{j} - \boldsymbol{k})$$

(vgl. Beispiel 11/4) bzw.

$$\boldsymbol{p} = (1 + 3\lambda)\,\boldsymbol{i} + (3 - 2\lambda)\,\boldsymbol{j} + (4 - \lambda)\,\boldsymbol{k}.$$

Für den Spurpunkt S_1 in der $x;y$-Ebene gilt $z = 0$, also ist $4 - \lambda = 0$ bzw. $\lambda = 4$.
Damit ergeben sich die Koordinaten $x_1 = 13$ und $y_1 = -5$, also $S_1(13;\ -5;\ 0)$.
In analoger Weise erhält man für den Spurpunkt S_2 in der $y;z$-Ebene $\lambda = -\frac{1}{3}$ und $S_2\left(0;\ \frac{11}{3};\ \frac{13}{3}\right)$ und für den Spurpunkt S_3 in der $z;x$-Ebene $\lambda = \frac{3}{2}$ und $S_3\left(\frac{11}{2};\ 0;\ \frac{5}{2}\right)$. Veranschaulichung in Bild 11/9 b.

(2) Eine **zur $x;y$-Ebene parallele Ebene** wird in einem Punkt S durchstoßen, dessen Applikate (z-Koordinate) gleich dem Abstand der parallelen Ebene von der $x;y$-Ebene ist.

BEISPIEL 11/11

Es soll der Spurpunkt S der Geraden g mit

$$\boldsymbol{p} = \boldsymbol{i} + 3\boldsymbol{j} + 4\boldsymbol{k} + \lambda(3\boldsymbol{i} - 2\boldsymbol{j} - \boldsymbol{k})$$

(vgl. Beispiel 11/10) in einer zur $x;y$-Ebene parallelen Ebene mit dem Abstand $z = 3$ ermittelt werden.
Es gilt $4 - \lambda = 3$ bzw. $\lambda = 1$. Damit erhält man $x_S = 4$, $y_S = 1$; also $S(4;\ 1;\ 3)$ (Bild 11/9 b).

11.2.6. Lagebeziehungen zweier Geraden

(1) Zwei Geraden in vektorieller Darstellung

Zwei Geraden g_1 mit $\boldsymbol{p}_{\mathrm{I}} = \boldsymbol{p}_1 + \lambda\boldsymbol{a}$ und g_2 mit $\boldsymbol{p}_{\mathrm{II}} = \boldsymbol{p}_2 + \mu\boldsymbol{b}$
($\boldsymbol{p}_{\mathrm{I}}, \boldsymbol{p}_{\mathrm{II}} \in V_0^2$ bzw. V_0^3)

in der Ebene bzw. im Raum			nur im Raum
sind parallel,	sind parallel,	schneiden einander,	sind windschief,
wenn			
$\boldsymbol{a} \parallel \boldsymbol{b}$ und $(\boldsymbol{p}_2 - \boldsymbol{p}_1) \parallel \boldsymbol{a}$	$\boldsymbol{a} \parallel \boldsymbol{b}$ und $(\boldsymbol{p}_2 - \boldsymbol{p}_1) \nparallel \boldsymbol{a}$	$\boldsymbol{a} \nparallel \boldsymbol{b}$ und $\boldsymbol{a}, \boldsymbol{b}, (\boldsymbol{p}_2 - \boldsymbol{p}_1)$ sind linear abhängig	$\boldsymbol{a} \nparallel \boldsymbol{b}$ und $\boldsymbol{a}, \boldsymbol{b}, (\boldsymbol{p}_2 - \boldsymbol{p}_1)$ sind linear unabhängig

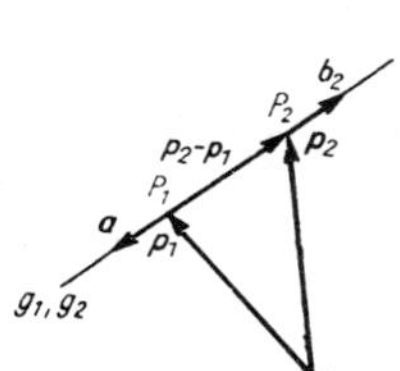

Bild 11/15

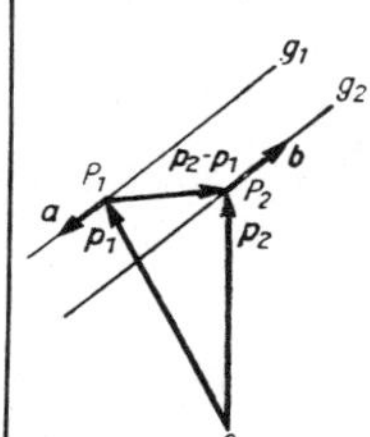

Bild 11/16

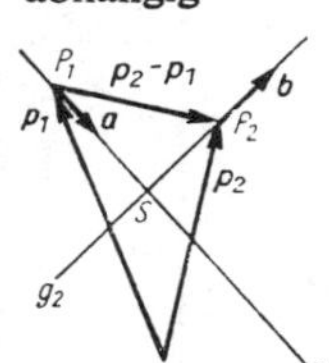

Bild 11/17

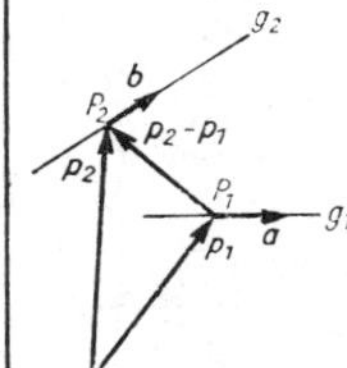

Bild 11/18

(2) **Zwei Geraden in der $x;y$-Ebene** (in Koordinatendarstellung)

Zwei Geraden g_1 mit $y = m_1x + b_1$ und g_2 mit $y = m_2x + b_2$

sind parallel,
wenn $m_1 = m_2$
und $b_1 = b_2$
sind.

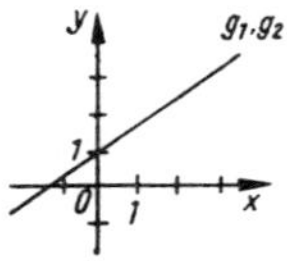

Bild 11/19

sind parallel,
wenn $m_1 = m_2$
und $b_1 \neq b_2$
sind.

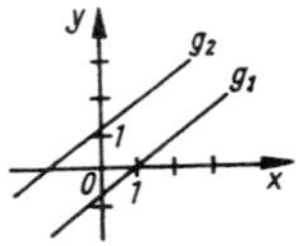

Bild 11/20

schneiden einander,
wenn $m_1 \neq m_2$
und $b_1 \neq b_2$
sind.

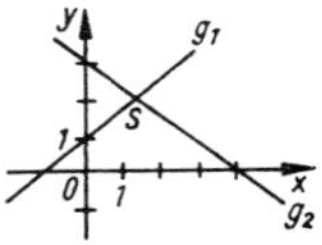

Bild 11/21

11.2.7. Schnittpunkt zweier Geraden

(1) **Schnittpunkt zweier Geraden in der $x;y$-Ebene**

Für den Schnittpunkt $S(x_S; y_S)$ gilt:

$$y_S = m_1x_S + b_1 \quad \text{und} \quad y_S = m_2x_S + b_2$$

bzw.

$$m_1x_S + b_1 = m_2x_S + b_2$$

und daraus

$$x_S = \frac{b_2 - b_1}{m_1 - m_2} \quad \text{mit} \quad m_1 \neq m_2 .$$

BEISPIEL 11/12

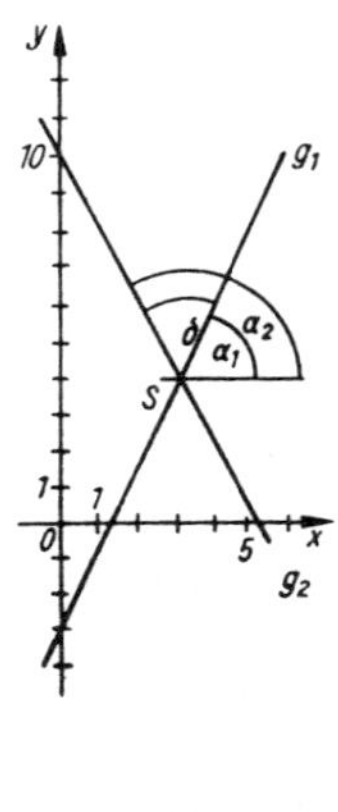

Bild 11/22

Die Geraden g_1, g_2 seien in der Normalform einer Geradengleichung gegeben,

$$g_1 \text{ durch } y = \frac{7}{3}x - 3,$$

$$g_2 \text{ durch } y = -2x + 10 \text{ (Bild 11/22).}$$

Dann gilt für den Schnittpunkt S

$$\frac{7}{3}x_S - 3 = -2x_S + 10 \quad \text{bzw.}$$

$$\frac{13}{3}x_S = 13$$

$$x_S = 3, \qquad y_S = 4$$

(2) **Schnittpunkt zweier Geraden im Raum**

Es seien zwei orientierte Geraden g_1 mit $\boldsymbol{p}_\mathrm{I} = \boldsymbol{p}_1 + \lambda\boldsymbol{a}$ und g_2 mit $\boldsymbol{p}_\mathrm{II} = \boldsymbol{p}_2 + \mu\boldsymbol{b}$ gegeben.
Für den Schnittpunkt gilt $\boldsymbol{p}_\mathrm{I} = \boldsymbol{p}_\mathrm{II}$.
Rechnerisch erhält man durch Koordinatenvergleich ein Gleichungssystem mit den Variablen λ und μ. Nach Einsetzen von λ bzw. μ in die entsprechende Geradengleichung können die Koordinaten des Schnittpunkts berechnet werden.

BEISPIEL 11/13

Gegeben seien die Geraden

g_1 mit $\boldsymbol{p}_\mathrm{I} = \boldsymbol{p}_1 + \lambda\boldsymbol{a} = 3\boldsymbol{i} - \boldsymbol{j} + \boldsymbol{k} + \lambda(\boldsymbol{i} - 4\boldsymbol{j} - 2\boldsymbol{k})$
und
g_2 mit $\boldsymbol{p}_\mathrm{II} = \boldsymbol{p}_2 + \mu\boldsymbol{b} = 4\boldsymbol{i} + 5\boldsymbol{j} + 2\boldsymbol{k} + \mu(2\boldsymbol{i} + 2\boldsymbol{j} - \boldsymbol{k})$.

Zur Berechnung der Koordinaten des Schnittpunkts der beiden Geraden im Raum gilt $\boldsymbol{p}_\mathrm{I} = \boldsymbol{p}_\mathrm{II}$; d. h.,

$$3\boldsymbol{i} - \boldsymbol{j} + \boldsymbol{k} + \lambda(\boldsymbol{i} - 4\boldsymbol{j} - 2\boldsymbol{k}) = 4\boldsymbol{i} + 5\boldsymbol{j} + 2\boldsymbol{k} + \mu(2\boldsymbol{i} + 2\boldsymbol{j} - \boldsymbol{k})$$

bzw.

$$-\boldsymbol{i} - 6\boldsymbol{j} - \boldsymbol{k} + \lambda(\boldsymbol{i} - 4\boldsymbol{j} - 2\boldsymbol{k}) - \mu(2\boldsymbol{i} + 2\boldsymbol{j} - \boldsymbol{k}) = \boldsymbol{o}$$
$$(-1 + \lambda - 2\mu)\,\boldsymbol{i} + (-6 - 4\lambda - 2\mu)\,\boldsymbol{j} + (-1 - 2\lambda + \mu)\,\boldsymbol{k} = \boldsymbol{o}.$$

Durch Koordinatenvergleich erhält man folgende Gleichungen mit den Variablen λ und μ:

$$\left.\begin{array}{l} -1 + \lambda - 2\mu = 0 \\ -6 - 4\lambda - 2\mu = 0 \end{array}\right\} \quad \text{daraus} \quad 5 + 5\lambda = 0 \quad \text{bzw.} \quad \lambda = -1 \quad \text{und} \quad \mu = -1$$
$$-1 - 2\lambda + \mu = 0$$

Werden λ, μ in die dritte Gleichung eingesetzt und erfüllen sie diese Gleichung, so erfüllen λ, μ das Gleichungssystem; d. h., $\lambda = -1$ und $\mu = -1$ erfüllen in der Tat das Gleichungssystem.
Die Koordinaten des Schnittpunkts werden durch Einsetzen von $\lambda = -1$ oder $\mu = -1$ in eine der beiden Geradengleichungen berechnet. Man erhält $\boldsymbol{p}_S = 2\boldsymbol{i} + 3\boldsymbol{j} + 3\boldsymbol{k}$. Der Schnittpunkt S hat die Koordinaten $S(2;\ 3;\ 3)$. (In Bild 11/23 wurden die Spurpunkte der Geraden in den Koordinatenebenen nicht eingezeichnet.)

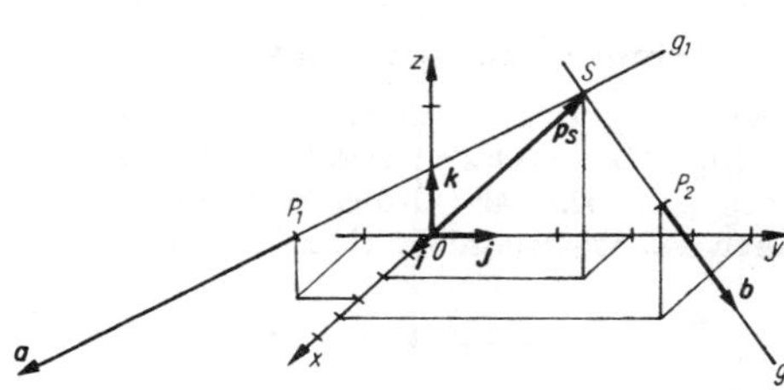

Bild 11/23

10.2.8. Schnittwinkel zweier Geraden

(1) Schnittwinkel zweier Geraden in der $x;y$-Ebene

Die Geraden g_1, g_2 seien in der Normalform gegeben:

$$g_1\colon\ y = m_1 x + b_1 \quad \text{mit} \quad m_1 = \tan\alpha_1$$

$$g_2\colon\ y = m_2 x + b_2 \quad \text{mit} \quad m_2 = \tan\alpha_2$$

Der Schnittwinkel δ sei $\delta = \alpha_2 - \alpha_1$ (Bild 11/22).
Nach einem Additionstheorem der Tangensfunktion

$$\tan\delta = \tan(\alpha_2 - \alpha_1) = \frac{\tan\alpha_2 - \tan\alpha_1}{1 + \tan\alpha_1 \tan\alpha_2}$$

gilt

$$\tan\delta = \frac{m_2 - m_1}{1 + m_1 m_2} \quad \text{mit} \quad m_1 m_2 \neq -1$$

zur Berechnung des Schnittwinkels δ.

Wenn $m_1 m_2 = -1$ bzw. $m_2 = -\dfrac{1}{m_1}$ ist, dann sind die Geraden senkrecht zueinander; *Orthogonalitätsbedingung*.

Wenn $m_1 = m_2$ ist, dann sind die Geraden parallel zueinander; *Parallelitätsbedingung*.

BEISPIEL 11/14

Der Schnittwinkel der im Beispiel 11/12 angegebenen Geraden g_1, g_2 wird mittels

$$\tan\delta = \frac{m_2 - m_1}{1 + m_1 m_2}$$

berechnet.

Mit $m_1 = \dfrac{7}{3}$, $m_2 = -2$ erhält man

$$\tan\delta = \frac{-2 - \frac{7}{3}}{1 - 2\cdot\frac{7}{3}} = \frac{-\frac{13}{3}}{1 - \frac{14}{3}} = \frac{-\frac{13}{3}}{-\frac{11}{3}} = \frac{13}{11} \approx 1{,}182$$

und daraus $\delta \approx 49{,}8°$.

(2) Schnittwinkel zweier Geraden im Raum

Nach 11.2.1. wird die Richtung einer Geraden in Parameterdarstellung, $\boldsymbol{p} = \boldsymbol{p}_1 + \lambda\boldsymbol{a}$, durch den Vektor $\boldsymbol{a}$ festgelegt.
Nach 7.4.5. kann die Größe des Winkels zwischen zwei Vektoren $\boldsymbol{a}$, $\boldsymbol{b}$ durch das Skalarprodukt dieser Vektoren ermittelt werden. Es gilt

$$\cos\overline{\sphericalangle(\boldsymbol{a}, \boldsymbol{b})} = \frac{\boldsymbol{a}\cdot\boldsymbol{b}}{\|\boldsymbol{a}\|\,\|\boldsymbol{b}\|}.$$

Demnach kann die Größe des Winkels P_1SP_2, den die Geraden g_1 und g_2 miteinander im Schnittpunkt S (↗ Bild 11/23) bilden, **Schnittwinkel** genannt, durch das Skalarprodukt der Vektoren $\boldsymbol{a}$, $\boldsymbol{b}$ berechnet werden.

BEISPIEL 11/15

In den im Beispiel 11/13 angegebenen Parametergleichungen der Geraden g_1, g_2 sind die die Richtung festlegenden Vektoren $\boldsymbol{a} = \boldsymbol{i} - 4\boldsymbol{j} - 2\boldsymbol{k}$ und $\boldsymbol{b} = 2\boldsymbol{i} + 2\boldsymbol{j} - \boldsymbol{k}$ (Bild 11/23). Dann ist

$$\cos \overline{\sphericalangle(\boldsymbol{a}, \boldsymbol{b})} = \frac{\boldsymbol{a} \cdot \boldsymbol{b}}{\|\boldsymbol{a}\| \, \|\boldsymbol{b}\|} = \frac{2 - 8 + 2}{\sqrt{1 + 16 + 4}\sqrt{4 + 4 + 1}}$$

$$= \frac{-4}{\sqrt{21} \cdot 3} \approx -0{,}2910.$$

Daraus erhält man die Größe des Winkels $\overline{\sphericalangle(\boldsymbol{a}, \boldsymbol{b})} = 180° - 73{,}1° = 106{,}9°$.

11.2.9. Abstand eines Punkts von einer Geraden

(1) Die Gleichung der Geraden ist in Parameterform gegeben

Damit ist die Bearbeitung des **räumlichen** Problems möglich. Der Abstand eines Punktes P_0 von der Geraden g mit der Gleichung $\boldsymbol{p} = \boldsymbol{p}_1 + \lambda\boldsymbol{a}$ ist gleich der Länge des Lotes $\boldsymbol{l}$ von P_0 auf g. P_0 sei durch den Ortsvektor $\boldsymbol{p}_0$, der Fußpunkt P des Lotes durch den Ortsvektor $\boldsymbol{p}$ festgelegt (Bild 11/24).

Da das Lot senkrecht auf der Geraden steht, gilt $\boldsymbol{a} \cdot \boldsymbol{l} = 0$. Ferner gelten folgende Vektorgleichungen

$$\boldsymbol{p}_0 + \boldsymbol{l} = \boldsymbol{p}$$

und $$\boldsymbol{p}_1 + \lambda_P\boldsymbol{a} = \boldsymbol{p}, \quad \text{wobei} \quad \overrightarrow{P_1P} = \lambda_P\boldsymbol{a} \quad \text{ist.}$$

Bild 11/24

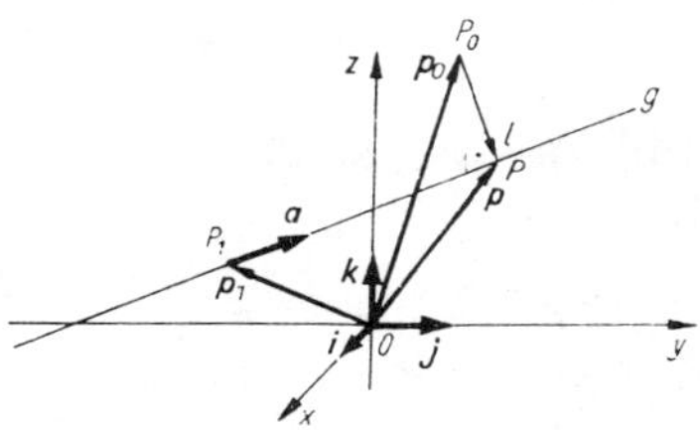

Wird $\boldsymbol{p}$ durch Gleichsetzen der linken Seiten beider Gleichungen eliminiert, so erhält man $\boldsymbol{p}_0 + \boldsymbol{l} = \boldsymbol{p}_1 + \lambda_P\boldsymbol{a}$ (*).

Die Orthogonalität von $\boldsymbol{l}$ und $\boldsymbol{a}$ wird dadurch berücksichtigt, daß diese Gleichung skalar mit $\boldsymbol{a}$ multipliziert wird:

$$\boldsymbol{a} \cdot \boldsymbol{p}_0 + \boldsymbol{a} \cdot \boldsymbol{l} = \boldsymbol{a} \cdot \boldsymbol{p}_1 + \lambda_P\boldsymbol{a}^2, \quad \text{wobei} \quad \boldsymbol{a} \cdot \boldsymbol{l} = 0 \quad \text{ist.}$$

Löst man diese Gleichung nach λ_P auf:

$$\lambda_P = \frac{\boldsymbol{a} \cdot (\boldsymbol{p}_0 - \boldsymbol{p}_1)}{\boldsymbol{a}^2}$$

und setzt λ_P in die Gleichung (*) ein, so erhält man

$$\boldsymbol{l} = \boldsymbol{p}_1 - \boldsymbol{p}_0 + \frac{\boldsymbol{a} \cdot (\boldsymbol{p}_0 - \boldsymbol{p}_1)}{\boldsymbol{a}^2}\,\boldsymbol{a}.$$

Die Norm des Vektors $\boldsymbol{l}$ ist dann der Zahlenwert des gesuchten Abstands.

BEISPIEL 11/16

Es ist der Abstand des Punkts $P_0(1;\ 2;\ 1)$ von der Geraden g mit $\boldsymbol{p} = 4\boldsymbol{i} + 5\boldsymbol{j} + 2\boldsymbol{k} + \lambda(2\boldsymbol{i} + 2\boldsymbol{j} - \boldsymbol{k})$ zu ermitteln. Es gilt

$$\begin{aligned} \boldsymbol{p}_0 &= \boldsymbol{i} + 2\boldsymbol{j} + \boldsymbol{k}, \\ \boldsymbol{p}_1 &= 4\boldsymbol{i} + 5\boldsymbol{j} + 2\boldsymbol{k}, \\ \boldsymbol{a} &= 2\boldsymbol{i} + 2\boldsymbol{j} - \boldsymbol{k}. \end{aligned}$$

Für den Vektor $\boldsymbol{l}$ erhält man

$$\begin{aligned} \boldsymbol{l} &= 4\boldsymbol{i} + 5\boldsymbol{j} + 2\boldsymbol{k} - \boldsymbol{i} - 2\boldsymbol{j} - \boldsymbol{k} \\ &\quad + \frac{(2\boldsymbol{i}+2\boldsymbol{j}-\boldsymbol{k})\cdot(\boldsymbol{i}+2\boldsymbol{j}+\boldsymbol{k}-4\boldsymbol{i}-5\boldsymbol{j}-2\boldsymbol{k})}{4+4+1} \cdot (2\boldsymbol{i} + 2\boldsymbol{j} - \boldsymbol{k}) \\ &= 3\boldsymbol{i} + 3\boldsymbol{j} + \boldsymbol{k} - \frac{11}{9}(2\boldsymbol{i} + 2\boldsymbol{j} - \boldsymbol{k}) \\ &= \frac{5}{9}\boldsymbol{i} + \frac{5}{9}\boldsymbol{j} + \frac{20}{9}\boldsymbol{k}. \end{aligned}$$

Der Zahlenwert des Abstands ist $\|\boldsymbol{l}\| = \sqrt{\dfrac{25 + 25 + 400}{81}} \approx 2{,}36$

(2) **Die Gleichung der Geraden ist in allgemeiner Form gegeben**

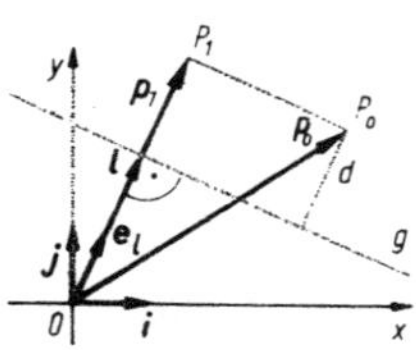

Dann ist nur die Bearbeitung eines **ebenen** Problems möglich. Der Abstand d eines Punkts P_0 mit dem Ortsvektor $\boldsymbol{p}_0 = x_0\boldsymbol{i} + y_0\boldsymbol{j}$ von der Geraden g in der HESSEschen Normalform (↗ 11.2.4.) ist zu ermitteln. Es gilt $\boldsymbol{e}_l \cdot \boldsymbol{p} - \boldsymbol{e}_l \cdot \boldsymbol{p}_1 = 0$, wobei $\boldsymbol{e}_l \cdot \boldsymbol{p}_1 = l + d$ ist.

Bild 11/25

Andererseits ist die Projektion des Vektors $\boldsymbol{p}_0$ auf $\boldsymbol{e}_l$ gleich $\boldsymbol{e}_l \cdot \boldsymbol{p}_0$. Also gilt

$$\boldsymbol{e}_l \cdot \boldsymbol{p}_0 = l + d \quad \text{bzw.} \quad d = \boldsymbol{e}_l \cdot \boldsymbol{p}_0 - l.$$

Wird der Vektor $\boldsymbol{p}_0$ in die HESSEsche Normalform eingesetzt, so erhält man den Abstand d des Punkts P_0 von der Geraden g. In Koordinatendarstellung gilt:
Da $\boldsymbol{e}_l = \cos\alpha\boldsymbol{i} + \sin\alpha\boldsymbol{j}$ ist [↗ 11.2.4.], wird der Abstand d des Punkts P_0 von der Geraden g durch

$$d = x_0 \cos\alpha + y_0 \sin\alpha - l$$

berechnet.

BEISPIEL 11/17

Um den Abstand des Punkts $P_0(5;\ 4)$ von der Geraden g mit der Gleichung $6x + 8y - 24 = 0$ zu berechnen, werden in die HESSEsche Normalform der Geraden g in Koordinatendarstellung [↗ 11.2.4.]

$$\frac{6x + 8y - 24}{\sqrt{36 + 64}} = 0$$

die Koordinaten des Punkts $P_0(5;\ 4)$ eingesetzt:

$$d = \frac{30 + 32 - 24}{10} = \frac{38}{10} = 3{,}8 \text{ (Bild 11/26).}$$

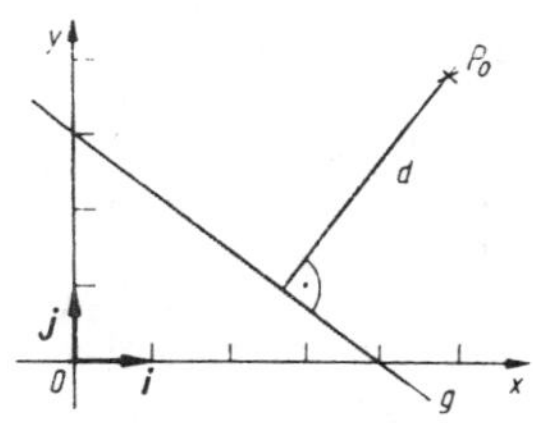

Bild 11/26

11.2.10. Abstand zweier windschiefer Geraden

Nach 11.2.6. heißen zwei verschiedene Geraden des Raumes **windschief**, wenn sie weder einander schneiden noch parallel zueinander verlaufen. Sie liegen in zwei verschiedenen zueinander parallelen Ebenen. Der Abstand der beiden Ebenen ist dann der Abstand der beiden Geraden.

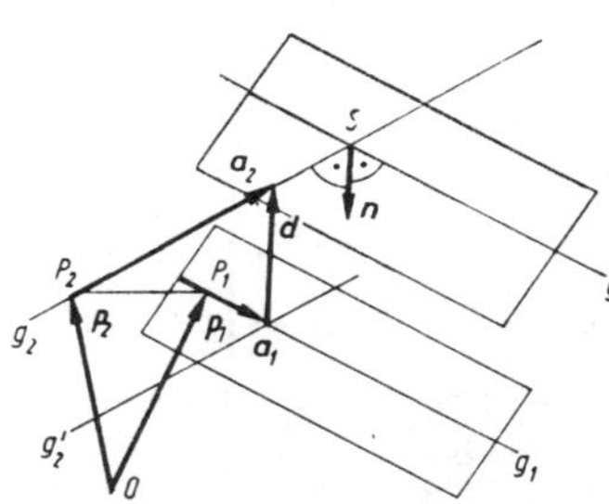

Bild 11/27

In Bild 11/27 seien g_1 und g_2 mit $\boldsymbol{p} = \boldsymbol{p}_1 + \lambda_1 \boldsymbol{a}_1$ bzw. $\boldsymbol{p} = \boldsymbol{p}_2 + \lambda_2 \boldsymbol{a}_2$ zwei windschiefe Geraden.

Schrittfolge zur Berechnung des Abstands der windschiefen Geraden:

1. Der Normalenvektor $\boldsymbol{n}$ der beiden Ebenen wird durch das Vektorprodukt $\boldsymbol{n} = \boldsymbol{a}_1 \times \boldsymbol{a}_2$ festgelegt.
2. Die Projektion des Vektors $(\boldsymbol{p}_2 - \boldsymbol{p}_1)$ auf den Normalenvektor $\boldsymbol{n}$ ist $(\boldsymbol{p}_2 - \boldsymbol{p}_1)_{\boldsymbol{n}} = \boldsymbol{d}$.
3. Das Skalarprodukt von $\boldsymbol{n}$ und $\boldsymbol{d}$ ist
$$\boldsymbol{n} \cdot \boldsymbol{d} = \boldsymbol{n} \cdot (\boldsymbol{p}_2 - \boldsymbol{p}_1)_{\boldsymbol{n}} = \boldsymbol{n} \cdot (\boldsymbol{p}_2 - \boldsymbol{p}_1) = \|\boldsymbol{n}\| \, \|\boldsymbol{d}\|,$$
weil $\boldsymbol{n} \parallel \boldsymbol{d}$ ist.
4. Daraus erhält man unter Verwendung von $\boldsymbol{n} = \boldsymbol{a}_1 \times \boldsymbol{a}_2$:
$$d = \left| \frac{\boldsymbol{n} \cdot (\boldsymbol{p}_2 - \boldsymbol{p}_1)}{\|\boldsymbol{n}\|} \right| = \left| \frac{(\boldsymbol{a}_1 \times \boldsymbol{a}_2) \cdot (\boldsymbol{p}_2 - \boldsymbol{p}_1)}{\|\boldsymbol{a}_1 \times \boldsymbol{a}_2\|} \right|.$$

BEISPIEL 11/18

Gegeben seien die Geraden
$$g_1 \text{ mit } \boldsymbol{p} = 3\boldsymbol{i} + 2\boldsymbol{j} - \boldsymbol{k} + \lambda_1(\boldsymbol{i} - 3\boldsymbol{j} + 2\boldsymbol{k})$$
und
$$g_2 \text{ mit } \boldsymbol{p} = 2\boldsymbol{i} - \boldsymbol{j} + 3\boldsymbol{k} + \lambda_2(-2\boldsymbol{i} + \boldsymbol{j} - 4\boldsymbol{k}).$$

Es soll der Abstand der beiden Geraden ermittelt werden. Nach der Schrittfolge erhält man

1. Es ist
$$\boldsymbol{n} = \boldsymbol{a}_1 \times \boldsymbol{a}_2 = (\boldsymbol{i} - 3\boldsymbol{j} + 2\boldsymbol{k}) \times (-2\boldsymbol{i} + \boldsymbol{j} - 4\boldsymbol{k})$$
$$= 12\boldsymbol{i} - 4\boldsymbol{j} + \boldsymbol{k} - 2\boldsymbol{i} + 4\boldsymbol{j} - 6\boldsymbol{k} = 10\boldsymbol{i} - 5\boldsymbol{k}.$$
2. Die Norm des Normalenvektors ist
$$\|\boldsymbol{a}_1 \times \boldsymbol{a}_2\| = \sqrt{100 + 25} = \sqrt{125} \approx 11{,}18.$$
3. Der Differenzvektor $\boldsymbol{p}_2 - \boldsymbol{p}_1$ ist
$$\boldsymbol{p}_2 - \boldsymbol{p}_1 = 2\boldsymbol{i} - \boldsymbol{j} + 3\boldsymbol{k} - 3\boldsymbol{i} - 2\boldsymbol{j} + \boldsymbol{k} = -\boldsymbol{i} - 3\boldsymbol{j} + 4\boldsymbol{k}.$$
4. Damit ergibt sich für den Abstand d der beiden Geraden
$$d = \left| \frac{(10\boldsymbol{i} - 5\boldsymbol{k}) \cdot (-\boldsymbol{i} - 3\boldsymbol{j} + 4\boldsymbol{k})}{\sqrt{125}} \right|$$
$$= \left| \frac{-10 - 20}{\sqrt{125}} \right| = \frac{30}{\sqrt{125}} \approx 2{,}68.$$

11.3. Analytische Geometrie der Ebene im Raum

11.3.1. Parametergleichungen einer Ebene

(1) Eine Ebene E^2 werde durch die beiden nicht kollinearen Vektoren $\boldsymbol{a}$, $\boldsymbol{b}$ aufgespannt. In dieser Ebene sei der Punkt P_1 durch den Ortsvektor $\boldsymbol{p}_1 \in V_0^3$ festgelegt.

Für jeden in dieser Ebene liegenden Punkt P (festgelegt durch den Ortsvektor $\boldsymbol{p} \in V_0^3$) gilt (Veranschaulichung in Bild 11/28)

$$\boldsymbol{p}_1 + \overrightarrow{P_1P} = \boldsymbol{p} \quad \text{mit} \quad \overrightarrow{P_1P} = \lambda_1 \boldsymbol{a} + \lambda_2 \boldsymbol{b}$$

bzw.

$$\boldsymbol{p} = \boldsymbol{p}_1 + \lambda_1 \boldsymbol{a} + \lambda_2 \boldsymbol{b},$$

Punktrichtungsgleichung einer Ebene genannt.

(2) Eine Ebene kann auch durch drei paarweise verschiedene Punkte P_1, P_2, P_3 gebildet werden. Es sei $\boldsymbol{a} = \overrightarrow{P_1P_2}$, $\boldsymbol{b} = \overrightarrow{P_1P_3}$, dann ist

$$\boldsymbol{p}_1 + \boldsymbol{a} = \boldsymbol{p}_2 \quad \text{bzw.} \quad \boldsymbol{a} = \boldsymbol{p}_2 - \boldsymbol{p}_1$$

und

$$\boldsymbol{p}_1 + \boldsymbol{b} = \boldsymbol{p}_3 \quad \text{bzw.} \quad \boldsymbol{b} = \boldsymbol{p}_3 - \boldsymbol{p}_1$$

(Veranschaulichung in Bild 11/29).

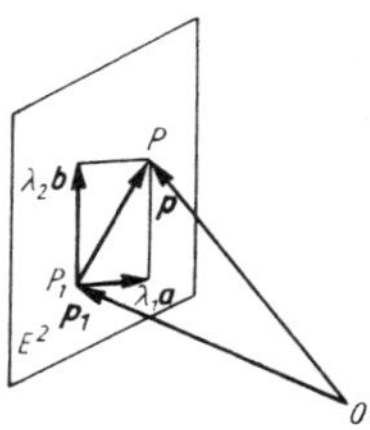

Bild 11/28

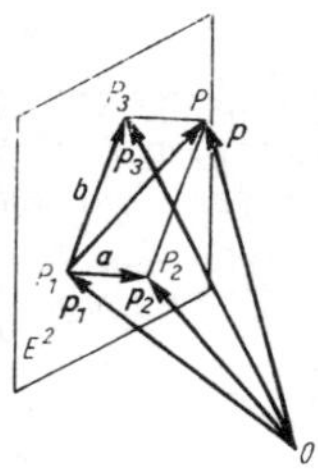

Bild 11/29

Werden $\boldsymbol{a}$ und $\boldsymbol{b}$ in die Punktrichtungsgleichung einer Ebene eingesetzt, so erhält man

$$\boldsymbol{p} = \boldsymbol{p}_1 + \lambda_1(\boldsymbol{p}_2 - \boldsymbol{p}_1) + \lambda_2(\boldsymbol{p}_3 - \boldsymbol{p}_1),$$

Dreipunktegleichung einer Ebene genannt.

BEISPIEL 11/19

a) Gegeben sei der Punkt $P_1(1;\ 2;\ 3)$ sowie die Vektoren

$$\boldsymbol{a} = 3\boldsymbol{i} + 2\boldsymbol{j} - \boldsymbol{k} \quad \text{und} \quad \boldsymbol{b} = 2\boldsymbol{i} + \boldsymbol{j} + 3\boldsymbol{k}.$$

Die Parametergleichung der Ebene ist dann

$$\boldsymbol{p} = \boldsymbol{i} + 2\boldsymbol{j} + 3\boldsymbol{k} + \lambda_1(3\boldsymbol{i} + 2\boldsymbol{j} - \boldsymbol{k}) + \lambda_2(2\boldsymbol{i} + \boldsymbol{j} + 3\boldsymbol{k})$$

bzw.

$$\boldsymbol{p} = (1 + 3\lambda_1 + 2\lambda_2)\,\boldsymbol{i} + (2 + 2\lambda_1 + \lambda_2)\,\boldsymbol{j} + (3 - \lambda_1 + 3\lambda_2)\,\boldsymbol{k}.$$

b) Die Parametergleichung der Ebene ist für die Punkte $P_1(3;\ 1;\ 2)$, $P_2(4;\ 2;\ 5)$, $P_3(3;\ 4;\ 1)$ anzugeben. Es gilt

$$\boldsymbol{p} = 3\boldsymbol{i} + \boldsymbol{j} + 2\boldsymbol{k} + \lambda_1(\boldsymbol{i} + \boldsymbol{j} + 3\boldsymbol{k}) + \lambda_2(3\boldsymbol{j} - \boldsymbol{k}).$$

11.3.2. Allgemeine Form der Gleichung einer Ebene

(1) Allgemeine Form der Gleichung einer Ebene in parameterfreier Darstellung

Aus der Punktrichtungsgleichung einer Ebene

$$\boldsymbol{p} = \boldsymbol{p}_1 + \lambda_1 \boldsymbol{a} + \lambda_2 \boldsymbol{b}$$

bzw.

$$\boldsymbol{p} - \boldsymbol{p}_1 = \lambda_1 \boldsymbol{a} + \lambda_2 \boldsymbol{b}$$

mit

$$\boldsymbol{p} = x\boldsymbol{i} + y\boldsymbol{j} + z\boldsymbol{k}, \qquad \boldsymbol{p}_1 = x_1\boldsymbol{i} + y_1\boldsymbol{j} + z_1\boldsymbol{k},$$

$$\boldsymbol{a} = a_x\boldsymbol{i} + a_y\boldsymbol{j} + a_z\boldsymbol{k}, \quad \boldsymbol{b} = b_x\boldsymbol{i} + b_y\boldsymbol{j} + b_z\boldsymbol{k}$$

erhält man die Koordinatendarstellung

$$(x - x_1)\,\boldsymbol{i} + (y - y_1)\,\boldsymbol{j} + (z - z_1)\boldsymbol{k}$$

$$= \lambda_1(a_x\boldsymbol{i} + a_y\boldsymbol{j} + a_z\boldsymbol{k}) + \lambda_2(b_x\boldsymbol{i} + b_y\boldsymbol{j} + b_z\boldsymbol{k}).$$

Da die Vektoren $(\boldsymbol{p} - \boldsymbol{p}_1)$, $\boldsymbol{a}$, $\boldsymbol{b}$ in der Ebene E^2 liegen, also komplanar und damit linear abhängig sind, ist die aus den Koordinaten dieser Vektoren gebildete Determinante gleich Null.
Es gilt also

$$\begin{vmatrix} (x - x_1) & a_x & b_x \\ (y - y_1) & a_y & b_y \\ (z - z_1) & a_z & b_z \end{vmatrix} = 0.$$

Die Berechnung der Determinante ergibt eine lineare Gleichung mit den Variablen x, y, z der Form

$$Ax + By + Cz + D = 0.$$

Sie heißt **allgemeine Form der Gleichung einer Ebene** (parameterfreie Darstellung).
Im einzelnen ist

$$A = \begin{vmatrix} a_y & b_y \\ a_z & b_z \end{vmatrix}, \quad B = -\begin{vmatrix} a_x & b_x \\ a_z & b_z \end{vmatrix}, \quad C = \begin{vmatrix} a_x & b_x \\ a_y & b_y \end{vmatrix},$$

$$D = \begin{vmatrix} x_1 & y_1 & z_1 \\ a_x & a_y & a_z \\ b_x & b_y & b_z \end{vmatrix}$$

Entsprechend erhält man *aus der Dreipunktegleichung* der Ebene eine allgemeine Gleichung einer Ebene (in parameterfreier Darstellung):
Aus

$$\boldsymbol{p} - \boldsymbol{p}_1 = \lambda_1(\boldsymbol{p}_2 - \boldsymbol{p}_1) + \lambda_2(\boldsymbol{p}_3 - \boldsymbol{p}_1)$$

erhält man

$$(x - x_1)\,\boldsymbol{i} + (y - y_1)\,\boldsymbol{j} + (z - z_1)\,\boldsymbol{k}$$
$$= \lambda_1(x_2 - x_1)\,\boldsymbol{i} + \lambda_1(y_2 - y_1)\,\boldsymbol{j} + \lambda_1(z_2 - z_1)\,\boldsymbol{k}$$
$$+ \lambda_2(x_3 - x_1)\,\boldsymbol{i} + \lambda_2(y_3 - y_1)\,\boldsymbol{j} + \lambda_2(z_3 - z_1)\,\boldsymbol{k}.$$

Da die Vektoren $(\boldsymbol{p} - \boldsymbol{p}_1)$, $(\boldsymbol{p}_2 - \boldsymbol{p}_1)$, $(\boldsymbol{p}_3 - \boldsymbol{p}_1)$ in einer Ebene liegen, sind sie linear abhängig, d. h., die aus den Koordinaten gebildete Determinante ist gleich Null.

$$\begin{vmatrix} (x - x_1) & (x_2 - x_1) & (x_3 - x_1) \\ (y - y_1) & (y_2 - y_1) & (y_3 - y_1) \\ (z - z_1) & (z_2 - z_1) & (z_3 - z_1) \end{vmatrix} = 0.$$

Diese Determinante kann umgeformt werden und ist in folgender Form sehr praktikabel:

$$\begin{vmatrix} 1 & x & y & z \\ 1 & x_1 & y_1 & z_1 \\ 1 & x_2 & y_2 & z_2 \\ 1 & x_3 & y_3 & z_3 \end{vmatrix} = 0.$$

Die Berechnung dieser Determinante (durch Entwicklung nach den Elementen der ersten Zeile) führt zu einer linearen Gleichung der Form

$$Ax + By + Cz + D = 0.$$

BEISPIEL 11/20

Die im Beispiel 11/19 angegebenen Ebenengleichungen sollen in die allgemeine Form übergeführt werden.

a) Es sind $\boldsymbol{p}_1 = \boldsymbol{i} + 2\boldsymbol{j} + 3\boldsymbol{k}$, $\boldsymbol{a} = 3\boldsymbol{i} + 2\boldsymbol{j} - \boldsymbol{k}$, $\boldsymbol{b} = 2\boldsymbol{i} + \boldsymbol{j} + 3\boldsymbol{k}$.
Die Gleichung der Ebene in Determinantenform ist

$$\begin{vmatrix} (x - 1) & 3 & 2 \\ (y - 2) & 2 & 1 \\ (z - 3) & -1 & 3 \end{vmatrix} = 0.$$

Die allgemeine Gleichung der Ebene ist $7x - 11y - z + 18 = 0$.

b) Gegeben sind die Punkte $P_1(3;\ 1;\ 2)$, $P_2(4;\ 2;\ 5)$. $P_3(3;\ 4;\ 1)$.
Die Gleichung der Ebene in Determinantenform ist

$$\begin{vmatrix} 1 & x & y & z \\ 1 & 3 & 1 & 2 \\ 1 & 4 & 2 & 5 \\ 1 & 3 & 4 & 1 \end{vmatrix} = 0.$$

Die Berechnung der Determinante durch Entwickeln nach den Elementen der ersten Zeile und Anwenden der SARRUSschen Regel ergibt

$$1 \cdot \begin{vmatrix} 3 & 1 & 2 \\ 4 & 2 & 5 \\ 3 & 4 & 1 \end{vmatrix} - x \cdot \begin{vmatrix} 1 & 1 & 2 \\ 1 & 2 & 5 \\ 1 & 4 & 1 \end{vmatrix} + y \cdot \begin{vmatrix} 1 & 3 & 2 \\ 1 & 4 & 5 \\ 1 & 3 & 1 \end{vmatrix} - z \cdot \begin{vmatrix} 1 & 3 & 1 \\ 1 & 4 & 2 \\ 1 & 3 & 4 \end{vmatrix}$$

$$= -23 + 10x - y + 3z = 0.$$

Die allgemeine Gleichung der Ebene ist $10x - y + 3z - 23 = 0$.

(2) Allgemeine Form der Gleichung einer Ebene in vektorieller Darstellung

Gegeben sei ein Punkt P_1 in der Ebene E^2 und ein Vektor $\boldsymbol{n}$, der auf der Ebene E^2 senkrecht steht. Der Vektor $\boldsymbol{n}$ heißt **Normalenvektor** der Ebene E^2. Da der Vektor $\boldsymbol{p} - \boldsymbol{p}_1$ in der Ebene E^2 liegt, steht er auf $\boldsymbol{n}$ senkrecht, d. h., das Skalarprodukt beider Vektoren ist Null. Es gilt

$$\boldsymbol{n} \cdot (\boldsymbol{p} - \boldsymbol{p}_1) = 0,$$

allgemeine Form der Gleichung einer Ebene in vektorieller Darstellung genannt (Bild 11/30). Durch Einsetzen der Vektoren in die allgemeine Form der Gleichung einer Ebene in vektorieller Darstellung erhält man die **allgemeine Form der Gleichung einer Ebene in vektorfreier Darstellung.**

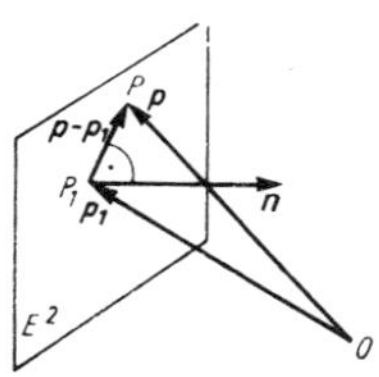

Bild 11/30

Es sei

$$\boldsymbol{p} = x\boldsymbol{i} + y\boldsymbol{j} + z\boldsymbol{k},$$

$$\boldsymbol{p}_1 = x_1\boldsymbol{i} + y_1\boldsymbol{j} + z_1\boldsymbol{k}, \quad \boldsymbol{n} = A\boldsymbol{i} + B\boldsymbol{j} + C\boldsymbol{k}.$$

Dann gilt

$$\boldsymbol{n} \cdot (\boldsymbol{p} - \boldsymbol{p}_1) = 0$$

bzw.

$$(A\boldsymbol{i} + B\boldsymbol{j} + C\boldsymbol{k}) \cdot [(x - x_1)\,\boldsymbol{i} + (y - y_1)\,\boldsymbol{j} + (z - z_1)\,\boldsymbol{k}] = 0$$

$$A(x - x_1) + B(y - y_1) + C(z - z_1) = 0$$

$$Ax + By + Cz + D = 0,$$

wobei $D = -Ax_1 - By_1 - Cz_1$ ist.

BEISPIEL 11/21

Gegeben seien der Punkt $P_1(2;\ 3;\ -1)$ und der Normalenvektor $\boldsymbol{n} = \boldsymbol{i} + 2\boldsymbol{j} + 2\boldsymbol{k}$ der Ebene E^2. Es soll die allgemeine Form der Gleichung der Ebene in Koordinatendarstellung angegeben werden. Durch Einsetzen der entsprechenden Vektoren in die allgemeine Form der Gleichung der Ebene in vektorieller Darstellung erhält man

$$\begin{aligned} &\boldsymbol{n} \cdot (\boldsymbol{p} - \boldsymbol{p}_1) = 0 \\ &(\boldsymbol{i} + 2\boldsymbol{j} + 2\boldsymbol{k}) \cdot (x\boldsymbol{i} + y\boldsymbol{j} + z\boldsymbol{k} - 2\boldsymbol{i} - 3\boldsymbol{j} + \boldsymbol{k}) = 0 \\ &x - 2 + 2y - 6 + 2z + 2 = 0 \\ &x + 2y + 2z - 6 = 0, \end{aligned}$$

die allgemeine Form der Gleichung dieser Ebene in vektorfreier Darstellung.

11.3.3. Achsenabschnittsform der Gleichung einer Ebene

Aus der allgemeinen Form der Gleichung einer Ebene in vektorfreier Darstellung erhält man in Analogie zur allgemeinen Form der Gleichung einer Geraden (↗ 11.2.3.) die Achsenabschnittsform der Gleichung einer Ebene:
Dividiert man die Gleichung

$$Ax + By + Cz + D = 0, \quad D \neq 0$$

bzw.

$$Ax + By + Cz = -D$$

durch $-D$, so ergibt sich

$$\frac{x}{-\frac{D}{A}} + \frac{y}{-\frac{D}{B}} + \frac{z}{-\frac{D}{C}} = 1.$$

Setzt man

$$-\frac{D}{A} = a, \qquad -\frac{D}{B} = b, \qquad -\frac{D}{C} = c,$$

so erhält man die **Achsenabschnittsform der Gleichung einer Ebene**

$$\frac{x}{a} + \frac{y}{b} + \frac{z}{c} = 1.$$

Durch Angabe der Abschnitte a, b, c auf der x-, y- bzw. z-Achse ist die Ebene im räumlichen kartesischen Koordinatensystem leicht zu skizzieren.

BEISPIEL 11/22

Die allgemeine Gleichung der Ebene $x + 2y + 2z - 6 = 0$ ist in die Achsenabschnittsform zu überführen:
Die Division jedes Summanden durch 6 ergibt

$$\frac{x}{6} + \frac{y}{3} + \frac{z}{3} = 1.$$

(Veranschaulichung in Bild 11/31)

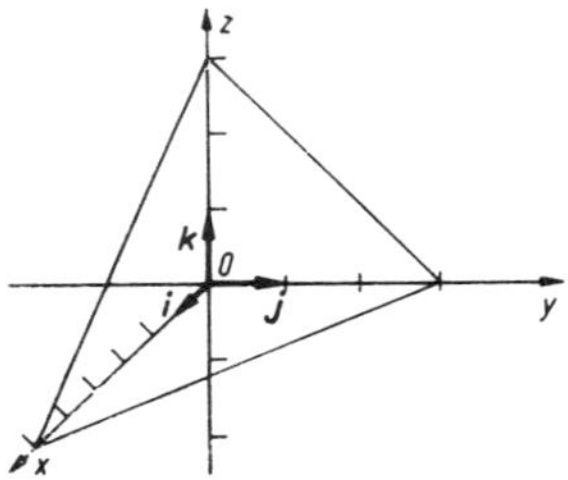

Bild 11/31

11.3.4. Hessesche Normalform der Gleichung einer Ebene

Da jede Ebene durch unendlich viele Gleichungen der allgemeinen Form in vektorieller Darstellung beschrieben werden kann, soll eine Normierung durch Einführen eines Normaleneinheitsvektors

$$\boldsymbol{e}_n = \frac{\boldsymbol{n}}{\|\boldsymbol{n}\|}$$

erfolgen.

Die Gleichung $\boldsymbol{e}_n \cdot (\boldsymbol{p} - \boldsymbol{p}_1) = 0$ heißt **Hessesche Normalform einer Ebene in vektorieller Darstellung,** wenn die Vektoren Elemente des dreidimensionalen Vektorraums V^3 sind. Sie kann in die **Hessesche Normalform einer Ebene in Koordinatendarstellung** übergeführt werden:

Es sei $\boldsymbol{n} = A\boldsymbol{i} + B\boldsymbol{j} + C\boldsymbol{k}$, dann ist $\|\boldsymbol{n}\| = \sqrt{A^2 + B^2 + C^2}$, und für die HESSEsche Normalform gilt dann

$$\boldsymbol{e}_n \cdot (\boldsymbol{p} - \boldsymbol{p}_1) = 0 \quad \text{bzw.} \quad \boldsymbol{e}_n \cdot \boldsymbol{p} = \boldsymbol{e}_n \cdot \boldsymbol{p}_1$$

$$\frac{\boldsymbol{n}}{\|\boldsymbol{n}\|} \cdot \boldsymbol{p} = \frac{\boldsymbol{n}}{\|\boldsymbol{n}\|} \cdot \boldsymbol{p}_1 .$$

Nun ist $\boldsymbol{n} \cdot \boldsymbol{p} = Ax + By + Cz$; es sei $\boldsymbol{n} \cdot \boldsymbol{p}_1 = -D$; damit ergibt sich

$$\frac{Ax + By + Cz + D}{\sqrt{A^2 + B^2 + C^2}} = 0.$$

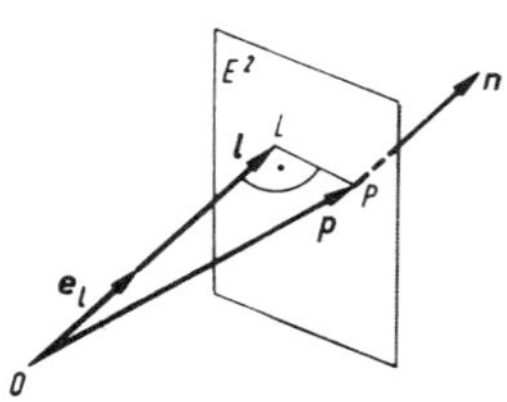

Bild 11/32

Wird vom Koordinatenursprung aus das Lot auf die Ebene E^2, die nicht durch den Koordinatenursprung geht, gefällt, so sei $\overrightarrow{OL} = \boldsymbol{l}$ und sein Einheitsvektor $\boldsymbol{e}_l$ (Bild 11/32). Der Vektor $\boldsymbol{l}$ habe die gleiche Richtung wie der Normalenvektor $\boldsymbol{n}$.

Nach der HESSEschen Normalform einer Ebene in vektorieller Darstellung gilt dann

$$\boldsymbol{e}_l \cdot (\boldsymbol{p} - \boldsymbol{l}) = 0 \quad \text{bzw.} \quad \boldsymbol{e}_l \cdot \boldsymbol{p} = \boldsymbol{e}_l \cdot \boldsymbol{l},$$

wobei $\boldsymbol{e}_l \cdot \boldsymbol{l} = l$ ist.

Also ist

$$\boldsymbol{e}_l \cdot \boldsymbol{p} = l \quad \text{bzw.} \quad \boldsymbol{e}_l \cdot \boldsymbol{p} - l = 0.$$

Sind $\cos\alpha_1$, $\cos\alpha_2$, $\cos\alpha_3$ die Richtungscosinus des Vektors $\boldsymbol{e}_l$, gilt also $\boldsymbol{e}_l = \cos\alpha_1 \boldsymbol{i} + \cos\alpha_2 \boldsymbol{j} + \cos\alpha_3 \boldsymbol{k}$, dann ergibt sich für $\boldsymbol{e}_l \cdot \boldsymbol{p} - l = 0$

$$x\cos\alpha_1 + y\cos\alpha_2 + z\cos\alpha_3 - l = 0.$$

BEISPIEL 11/23

Durch $\boldsymbol{n} = 2\boldsymbol{i} + \boldsymbol{j} + 2\boldsymbol{k}$ und $P_1(2; 3; 1)$ sei die Ebene E^2 festgelegt. Es soll die HESSEsche Normalform der Ebenengleichung angegeben werden.

Es gilt $\dfrac{\boldsymbol{n}}{\|\boldsymbol{n}\|} \cdot (\boldsymbol{p} - \boldsymbol{p}_1) = 0$

bzw.

$$\frac{(2\boldsymbol{i} + \boldsymbol{j} + 2\boldsymbol{k}) \cdot [(x-2)\,\boldsymbol{i} + (y-3)\boldsymbol{j} + (z-1)\,\boldsymbol{k}]}{\sqrt{4+1+4}} = 0$$

$$\frac{2(x-2) + 1(y-3) + 2(z-1)}{3} = 0$$

$$\frac{2x + y + 2z - 9}{3} = 0$$

In der HESSEschen Normalform dieser Ebene in Koordinatendarstellung sind $\cos\alpha_1 = \dfrac{2}{3}$, $\cos\alpha_2 = \dfrac{1}{3}$, $\cos\alpha_3 = \dfrac{2}{3}$ die Richtungscosinus des Normaleneinheitsvektors und $l = 3$ der Abstand des Koordinatenursprungs von der Ebene (Bild 11/33).

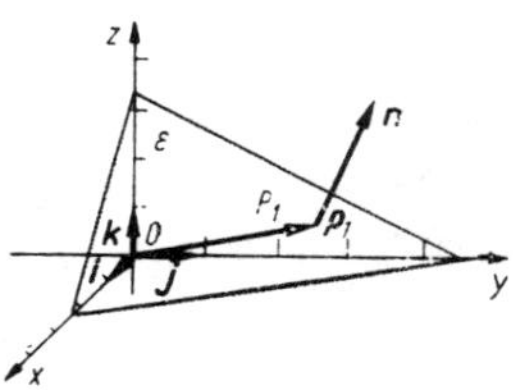

Bild 11/33

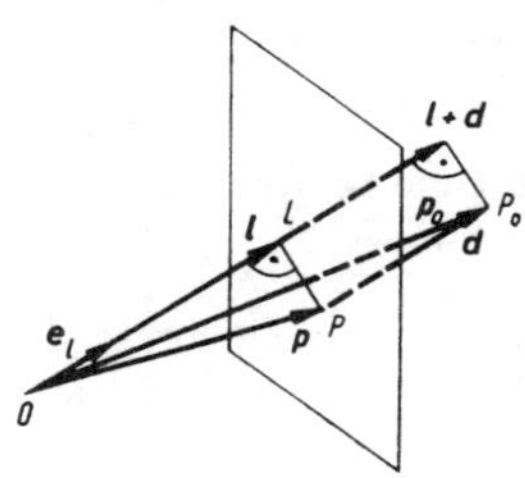

Bild 11/34

11.3.5. Abstand eines Punkts von einer Ebene

Mit Hilfe der HESSEschen Normalform kann der Abstand d eines Punkts P_0 von der Ebene E^2 ermittelt werden (Bild 11/34). Die Projektion des Vektors $\boldsymbol{p}_0$ auf den Normaleneinheitsvektor $\boldsymbol{e}_l$ ist

$$\boldsymbol{e}_l \cdot \boldsymbol{p}_0 = l + d$$

bzw.

$$\frac{\boldsymbol{n}}{\|\boldsymbol{n}\|} \cdot \boldsymbol{p}_0 = l + d.$$

Danach ist

$$d = \boldsymbol{e}_l \cdot \boldsymbol{p}_0 - l$$

bzw.

$$d = \frac{Ax_0 + By_0 + Cz_0 + D}{\sqrt{A^2 + B^2 + C^2}}.$$

Setzt man die Koordinaten des Punkts P_0 in die HESSEsche Normalform einer Ebene in Koordinatendarstellung ein, so erhält man den Abstand d des Punkts P_0 von der Ebene.

BEISPIEL 11/24

Der Abstand des Punkts $P_0(6;\ 6;\ 6)$ von der Ebene mit der Gleichung $\frac{2x + y + 2z - 9}{3} = 0$ (↗ Beispiel 11/23) ist zu ermitteln.

Für d gilt

$$d = \frac{2x_0 + y_0 + 2z_0 - 9}{3} = \frac{2 \cdot 6 + 6 + 2 \cdot 6 - 9}{3} = 7.$$

11.3.6. Schnittpunkt einer Geraden mit einer Ebene

Es seien die Gerade g mit $\boldsymbol{p}_\mathrm{I} = \boldsymbol{p}_1 + \lambda \boldsymbol{a}$ und die Ebene E^2 mit

$$\boldsymbol{p}_\mathrm{II} = \boldsymbol{p}_2 + \lambda_1 \boldsymbol{b} + \lambda_2 \boldsymbol{c}$$

gegeben.

Da der Schnittpunkt sowohl der Geraden als auch der Ebene angehört, muß zur Ermittlung des Durchstoßpunkts $\boldsymbol{p}_\mathrm{I} = \boldsymbol{p}_\mathrm{II}$ gelten, d. h.,

$$\boldsymbol{p}_1 + \lambda \boldsymbol{a} = \boldsymbol{p}_2 + \lambda_1 \boldsymbol{b} + \lambda_2 \boldsymbol{c}.$$

Sind die Vektoren in Koordinatendarstellung gegeben durch

$$\boldsymbol{p}_1 = x_1 \boldsymbol{i} + y_1 \boldsymbol{j} + z_1 \boldsymbol{k}, \qquad \boldsymbol{p}_2 = x_2 \boldsymbol{i} + y_2 \boldsymbol{j} + z_2 \boldsymbol{k},$$
$$\boldsymbol{a} = a_x \boldsymbol{i} + a_y \boldsymbol{j} + a_z \boldsymbol{k}, \qquad \boldsymbol{b} = b_x \boldsymbol{i} + b_y \boldsymbol{j} + b_z \boldsymbol{k},$$
$$\boldsymbol{c} = c_x \boldsymbol{i} + c_y \boldsymbol{j} + c_z \boldsymbol{k},$$

so ist

$$\begin{aligned}
&(x_1 - x_2)\boldsymbol{i} + (y_1 - y_2)\boldsymbol{j} + (z_1 - z_2)\boldsymbol{k} \\
&= (-\lambda a_x + \lambda_1 b_x + \lambda_2 c_x)\boldsymbol{i} \\
&\quad + (-\lambda a_y + \lambda_1 b_y + \lambda_2 c_y)\boldsymbol{j} \\
&\quad + (-\lambda a_z + \lambda_1 b_z + \lambda_2 c_z)\boldsymbol{k}.
\end{aligned}$$

Durch Koordinatenvergleich erhält man

$$\begin{aligned}
x_1 - x_2 &= -\lambda a_x + \lambda_1 b_x + \lambda_2 c_x \\
y_1 - y_2 &= -\lambda a_y + \lambda_1 b_y + \lambda_2 c_y \\
z_1 - z_2 &= -\lambda a_z + \lambda_1 b_z + \lambda_2 c_z.
\end{aligned}$$

Die Lösung des Gleichungssystems ergibt die Parameter λ, λ_1, λ_2. Zur Ermittlung der Koordinaten des Schnittpunkts reicht es, nur λ zu berechnen, weil damit die Koordinaten des Schnittpunkts aus der Geradengleichung bestimmt werden können. λ_1 und λ_2 können zur Überprüfung dienen.

BEISPIEL 11/25

Es soll der Schnittpunkt S der Geraden g mit

$$\boldsymbol{p} = 2\boldsymbol{i} + 2\boldsymbol{j} + \boldsymbol{k} + \lambda(4\boldsymbol{i} - 2\boldsymbol{j} + 4\boldsymbol{k})$$

mit der Ebene E^2 mit

$$\boldsymbol{p} = \boldsymbol{i} - \boldsymbol{j} + 2\boldsymbol{k} + \lambda_1(-2\boldsymbol{i} + \boldsymbol{j} + \boldsymbol{k}) + \lambda_2(-\boldsymbol{i} + \boldsymbol{j} + 3\boldsymbol{k})$$

ermittelt werden. Man erhält für $\boldsymbol{p}_{\text{Gerade}} = \boldsymbol{p}_{\text{Ebene}}$ folgendes Gleichungssystem

$$\begin{aligned} 2 - 1 &= -4\lambda - 2\lambda_1 - \lambda_2 \\ 2 + 1 &= 2\lambda + \lambda_1 + \lambda_2 \\ 1 - 2 &= -4\lambda + \lambda_1 + 3\lambda_2 . \end{aligned}$$

Die Berechnung von λ ergibt $\lambda = 3$. Der Ortsvektor des Schnittpunkts S ist $\boldsymbol{p} = 14\boldsymbol{i} - 4\boldsymbol{j} + 13\boldsymbol{k}$.
Zur Überprüfung der Richtigkeit der Rechnung werden die Parameter λ_1 und λ_2 berechnet: $\lambda_1 = -10$, $\lambda_2 = 7$. Durch Einsetzen von λ_1 und λ_2 in die Ebenengleichung erhält man den gleichen Ortsvektor für den Schnittpunkt.

11.3.7. Neigungswinkel einer Geraden gegen eine Ebene

Gegeben seien die Gerade g mit der Gleichung $\boldsymbol{p} = \boldsymbol{p}_1 + \lambda\boldsymbol{a}$ und die Ebene E^2 mit der allgemeinen Gleichung in vektorieller Darstellung $\boldsymbol{n} \cdot (\boldsymbol{p} - \boldsymbol{p}_1) = 0$ (Bild 11/35).

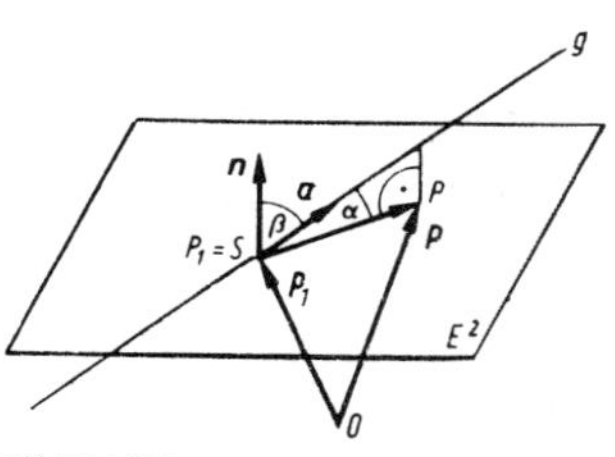

Bild 11/35

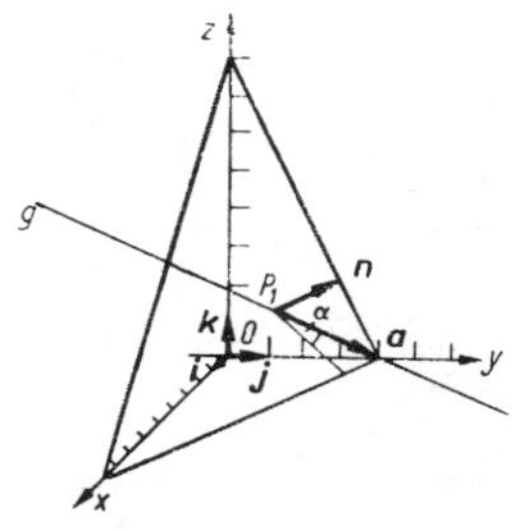

Bild 11/36

Im Schnittpunkt $S = P_1$ der Geraden g mit der Ebene E^2 bilden der Richtungsvektor $\boldsymbol{a}$ der Geraden und der Normalenvektor $\boldsymbol{n}$ der Ebene den Winkel β, der den Neigungswinkel α der Geraden g gegen die Ebene E^2 zu 90° ergänzt (α und β sind Komplementwinkel).

Nach Definition ist das Skalarprodukt der Vektoren $\boldsymbol{a}$, $\boldsymbol{n}$

$$\boldsymbol{n} \cdot \boldsymbol{a} = \|\boldsymbol{n}\| \, \|\boldsymbol{a}\| \cos \beta .$$

Mit $\beta = 90° - \alpha$ $(0° \leqq \alpha \leqq 90°)$ gilt

$$\boldsymbol{n} \cdot \boldsymbol{a} = \|\boldsymbol{n}\| \, \|\boldsymbol{a}\| \cos (90° - \alpha)$$

bzw.

$$\boldsymbol{n} \cdot \boldsymbol{a} = \|\boldsymbol{n}\| \, \|\boldsymbol{a}\| \sin \alpha .$$

Daraus erhält man

$$\sin \alpha = \left| \frac{\boldsymbol{n} \cdot \boldsymbol{a}}{\|\boldsymbol{n}\| \, \|\boldsymbol{a}\|} \right| ,$$

woraus die Größe des Neigungswinkels α zu ermitteln ist. In *Koordinatendarstellung* der Vektoren erhält man, wenn $\boldsymbol{n} = A\boldsymbol{i} + B\boldsymbol{j} + C\boldsymbol{k}$ und $\boldsymbol{a} = a_x\boldsymbol{i} + a_y\boldsymbol{j} + a_z\boldsymbol{k}$ sind,

$$\sin \alpha = \left| \frac{Aa_x + Ba_y + Ca_z}{\sqrt{A^2 + B^2 + C^2} \sqrt{a_x^2 + a_y^2 + a_z^2}} \right| .$$

BEISPIEL 11/26

Die Gleichung der Ebene E^2 sei gegeben durch $\boldsymbol{n} \cdot (\boldsymbol{p} - \boldsymbol{p}_1) = 0$ mit $\boldsymbol{n} = \boldsymbol{i} + 2\boldsymbol{j} + \boldsymbol{k}$, $\boldsymbol{p}_1 = 2\boldsymbol{i} + 2\boldsymbol{j} + 2\boldsymbol{k}$, die Gleichung der Geraden g durch $\boldsymbol{p} = 2\boldsymbol{i} + 2\boldsymbol{j} + 2\boldsymbol{k} + \lambda(-\boldsymbol{i} + 2\boldsymbol{j} - 2\boldsymbol{k})$. Es soll die Größe des Neigungswinkels α ermittelt werden, den die Gerade mit der Ebene bildet.
Die Größe des Neigungswinkels α wird berechnet durch

$$\sin \alpha = \left| \frac{\boldsymbol{n} \cdot \boldsymbol{a}}{\|\boldsymbol{n}\| \, \|\boldsymbol{a}\|} \right| = \frac{-1 + 4 - 2}{\sqrt{1 + 4 + 1} \sqrt{1 + 4 + 4}} = \frac{1}{\sqrt{6} \sqrt{9}} = \frac{\sqrt{6}}{18} ;$$

$$\sin \alpha \approx 0{,}1361 .$$

Dann ist $\alpha \approx 7{,}8°$.
Veranschaulichung in Bild 11/36; zur Zeichnung der Ebene wird die Gleichung in die Achsenabschnittsform gebracht:

$$\frac{x}{8} + \frac{y}{4} + \frac{z}{8} = 1$$

11.3.8. Schnittwinkel zweier Ebenen

Die Ebenen E_1^2, E_2^2 seien durch die allgemeinen Gleichungen in vektorieller Darstellung gegeben:

$$E_1^2\colon \ \boldsymbol{n}_1 \cdot (\boldsymbol{p} - \boldsymbol{p}_1) = 0$$

$$E_2^2\colon \ \boldsymbol{n}_2 \cdot (\boldsymbol{p} - \boldsymbol{p}_2) = 0 .$$

Die Größe des Schnittwinkels beider Ebenen kann mit Hilfe des Skalarprodukts der Normalenvektoren $\boldsymbol{n}_1$, $\boldsymbol{n}_2$ ermittelt werden: Es gilt

$$\cos\alpha = \frac{\boldsymbol{n}_1 \cdot \boldsymbol{n}_2}{\|\boldsymbol{n}_1\|\,\|\boldsymbol{n}_2\|}.$$

In *Koordinatendarstellung:* Es seien $\boldsymbol{n}_1 = A_1\boldsymbol{i} + B_1\boldsymbol{j} + C_1\boldsymbol{k}$, $\boldsymbol{n}_2 = A_2\boldsymbol{i} + B_2\boldsymbol{j} + C_2\boldsymbol{k}$ die Normalenvektoren der Ebenen E_1^2, E_2^2, dann kann aus

$$\cos\alpha = \frac{A_1A_2 + B_1B_2 + C_1C_2}{\sqrt{A_1^2 + B_1^2 + C_1^2}\sqrt{A_2^2 + B_2^2 + C_2^2}}$$

die Größe des Winkels α ermittelt werden (Bild 11/37).

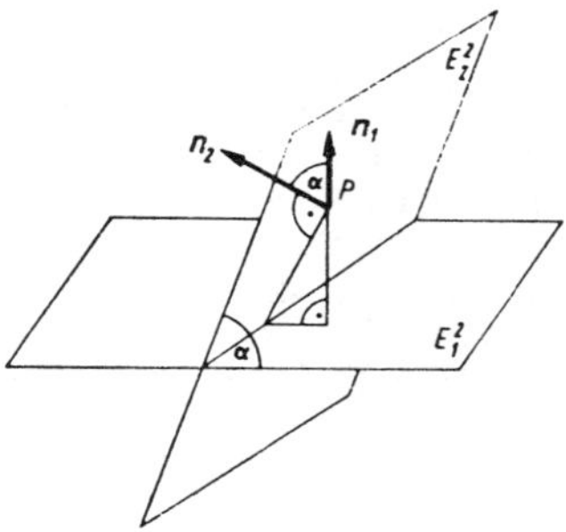

Bild 11/37

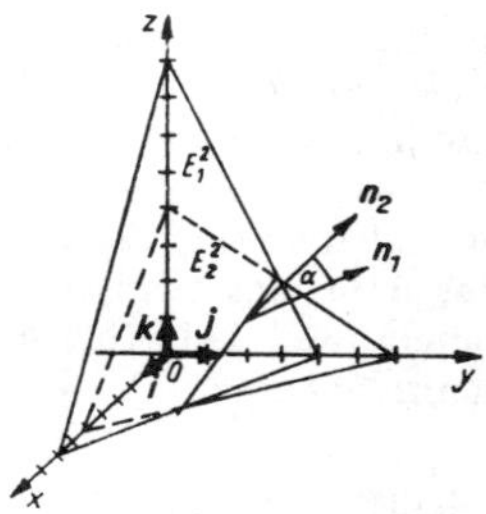

Bild 11/38

BEISPIEL 11/27

Die Ebenen E_1^2, E_2^2 seien durch ihre allgemeinen Gleichungen in Koordinatendarstellung gegeben:

$$E_1^2:\quad 2x + 4y + 2z - 16 = 0$$
$$E_2^2:\quad 4x + 4y + 6z - 24 = 0.$$

Die Normalenvektoren sind dann

$$\boldsymbol{n}_1 = 2\boldsymbol{i} + 4\boldsymbol{j} + 2\boldsymbol{k},$$
$$\boldsymbol{n}_2 = 4\boldsymbol{i} + 4\boldsymbol{j} + 6\boldsymbol{k}.$$

Damit erhält man

$$\cos\alpha = \frac{\boldsymbol{n}_1 \cdot \boldsymbol{n}_2}{\|\boldsymbol{n}_1\|\,\|\boldsymbol{n}_2\|} = \frac{8 + 16 + 12}{\sqrt{24}\sqrt{68}} \approx 0{,}8911.$$

Die Größe des Schnittwinkels der Ebenen E_1^2, E_2^2 ist $\alpha \approx 27°$. Veranschaulichung in Bild 11/38

11.3.9. Gleichung der Schnittgeraden zweier Ebenen

Gegeben seien die Ebenengleichungen in Parameterform

$$E_1^2:\ \boldsymbol{p}_{\mathrm{I}} = \boldsymbol{p}_1 + \lambda_1\boldsymbol{a} + \lambda_2\boldsymbol{b}$$
$$E_2^2:\ \boldsymbol{p}_{\mathrm{II}} = \boldsymbol{p}_2 + \mu_1\boldsymbol{c} + \mu_2\boldsymbol{d}.$$

Da die Punkte der Schnittgeraden beiden Ebenengleichungen angehören, gilt zur Ermittlung der Gleichung der Schnittgeraden $\boldsymbol{p}_{\mathrm{I}} = \boldsymbol{p}_{\mathrm{II}}$, d. h.,

$$\boldsymbol{p}_1 + \lambda_1 \boldsymbol{a} + \lambda_2 \boldsymbol{b} = \boldsymbol{p}_2 + \mu_1 \boldsymbol{c} + \mu_2 \boldsymbol{d}$$

bzw.

$$\boldsymbol{p}_1 - \boldsymbol{p}_2 = -\lambda_1 \boldsymbol{a} - \lambda_2 \boldsymbol{b} + \mu_1 \boldsymbol{c} + \mu_2 \boldsymbol{d}.$$

In *Koordinatendarstellung* erhält man

$$x_1 - x_2 = -\lambda_1 a_x - \lambda_2 b_x + \mu_1 c_x + \mu_2 d_x$$

$$y_1 - y_2 = -\lambda_1 a_y - \lambda_2 b_y + \mu_1 c_y + \mu_2 d_y$$

$$z_1 - z_2 = -\lambda_1 a_z - \lambda_2 b_z + \mu_1 c_z + \mu_2 d_z.$$

In diesem Gleichungssystem von drei Gleichungen mit vier Variablen $\lambda_1, \lambda_2, \mu_1, \mu_2$ besteht zwischen den Parametern lineare Abhängigkeit. Bestimmt man drei der vier Parameter und setzt diese Ausdrücke in die Parametergleichungen der Ebenen ein, so erhält man eine Gleichung mit einem Parameter, also eine Gleichung für die Schnittgerade. Es genügt, eine Beziehung zwischen den Parametern einer Ebenengleichung zu ermitteln, weil dadurch schon eine Geradengleichung angegeben werden kann.

BEISPIEL 11/28

Es soll eine Gleichung für die Schnittgerade zwischen den Ebenen E_1^2, E_2^2 ermittelt werden.

$$E_1^2\colon \boldsymbol{p}_{\mathrm{I}} = 2\boldsymbol{i} + 4\boldsymbol{j} + 6\boldsymbol{k} + \lambda_1(-4\boldsymbol{i} - \boldsymbol{j} - 2\boldsymbol{k}) + \lambda_2(-2\boldsymbol{i} + \boldsymbol{j} - 2\boldsymbol{k})$$

$$E_2^2\colon \boldsymbol{p}_{\mathrm{II}} = 6\boldsymbol{i} + \boldsymbol{j} + 2\boldsymbol{k} + \mu_1(-\boldsymbol{i} + \boldsymbol{j} + 2\boldsymbol{k}) + \mu_2(2\boldsymbol{i} - \boldsymbol{j} - \boldsymbol{k}).$$

Aus der Bedingung $\boldsymbol{p}_{\mathrm{I}} = \boldsymbol{p}_{\mathrm{II}}$ folgt in Koordinatendarstellung

$$4\lambda_1 + 2\lambda_2 - \mu_1 + 2\mu_2 = -4$$

$$\lambda_1 - \lambda_2 + \mu_1 - \mu_2 = 3$$

$$2\lambda_1 + 2\lambda_2 + 2\mu_1 - \mu_2 = 4.$$

Durch geeignete Umformungen erhält man eine lineare Abhängigkeit zwischen λ_1 und λ_2: $\lambda_2 = \frac{5}{3}\lambda_1 - \frac{1}{3}$.

Durch Einsetzen von λ_2 in die Gleichung der Ebene E_1^2 entsteht eine Gleichung der Schnittgeraden:

$$\boldsymbol{p} = \frac{8}{3}\boldsymbol{i} + \frac{11}{3}\boldsymbol{j} + \frac{16}{3}\boldsymbol{k} + \lambda_1\left(-\frac{22}{3}\boldsymbol{i} + \frac{2}{3}\boldsymbol{i} - \frac{4}{3}\boldsymbol{k}\right).$$

11.4. Analytische Geometrie des Kreises und der Kugel

Zur Definition des Begriffs »Kreis« ↗ 10.1.13.1., zur Definition des Begriffs »Kugel« ↗ 10.3.6.

11.4.1. Allgemeine Form der Gleichung eines Kreises bzw. einer Kugel

(1) Ebene	Raum
Liegt der Mittelpunkt M eines Kreises	Liegt der Mittelpunkt M einer Kugel

im Koordinatenursprung und ist $\boldsymbol{p}$ der Ortsvektor eines Punkts

der Kreislinie ($\boldsymbol{p} \in V_0^2$),	der Kugeloberfläche ($\boldsymbol{p} \in V_0^3$),

dann heißt die Gleichung $\boldsymbol{p}^2 - r^2 = 0$ **Mittelpunktsgleichung**

eines Kreises	**einer Kugel**

in Vektordarstellung.

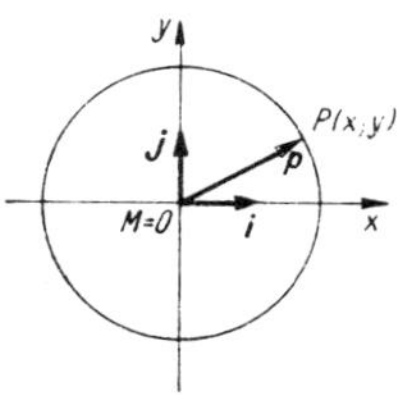

Bild 11/39

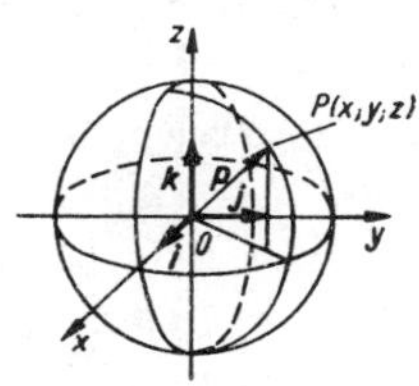

Bild 11/40

Nach Ersetzen des Vektors

$\boldsymbol{p} = x\boldsymbol{i} + y\boldsymbol{j}$	$\boldsymbol{p} = x\boldsymbol{i} + y\boldsymbol{j} + z\boldsymbol{k}$

erhält man die **Mittelpunktsgleichung**

eines Kreises	**einer Kugel**

in vektorfreier Darstellung (Koordinatendarstellung):

$(x\boldsymbol{i} + y\boldsymbol{j}) \cdot (x\boldsymbol{i} + y\boldsymbol{j}) = r^2$ bzw. $x^2 + y^2 = r^2$	$(x\boldsymbol{i} + y\boldsymbol{j} + z\boldsymbol{k}) \cdot (x\boldsymbol{i} + y\boldsymbol{j} + z\boldsymbol{k}) = r^2$ bzw. $x^2 + y^2 + z^2 = r^2$

(2) Ist der Mittelpunkt M eines Kreises bzw. einer Kugel durch den Ortsvektor $\boldsymbol{p}_M$ festgelegt, dann heißt

$$(\boldsymbol{p} - \boldsymbol{p}_M)^2 - r^2 = 0$$

allgemeine Form der Gleichung

eines Kreises | **einer Kugel**

in Vektordarstellung.

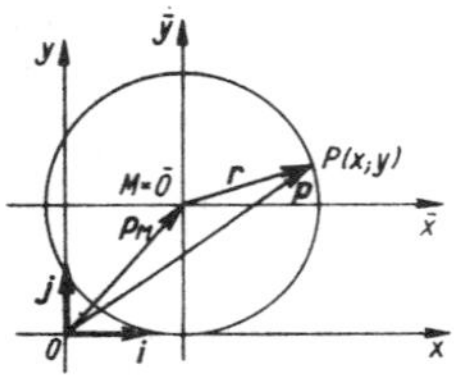

Bild 11/41

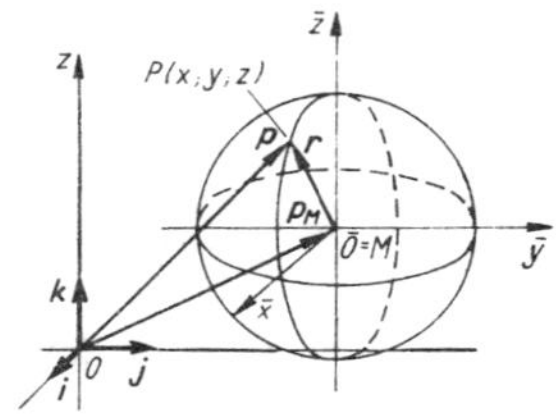

Bild 11/42

Nach Einsetzen der Vektoren

$\boldsymbol{r} = x\boldsymbol{i} + y\boldsymbol{j}$ | $\boldsymbol{r} = x\boldsymbol{i} + y\boldsymbol{j} + z\boldsymbol{k}$

$\boldsymbol{p}_M = x_M\boldsymbol{i} + y_M\boldsymbol{j}$ | $\boldsymbol{p}_M = x_M\boldsymbol{i} + y_M\boldsymbol{j} + z_M\boldsymbol{k}$

erhält man die **allgemeine Form der Gleichung**

eines Kreises | **einer Kugel**

in vektorfreier Darstellung (Koordinatendarstellung):

$(x - x_M)^2 + (y - y_M)^2 = r^2.$ | $(x - x_M)^2 + (y - y_M)^2 + (z - z_M)^2 = r^2.$

Nach dem Ausmultiplizieren entsteht

$x^2 + y^2 + Cx + Dy + E = 0,$ | $x^2 + y^2 + z^2 + Cx + Dy + Ez + F = 0,$

eine Gleichung 2. Grades mit 2 bzw. 3 Variablen.

BEISPIEL 11/29

a) Gegeben seien $M(2;\, 1)$ und $\boldsymbol{r} = 4.$ | Gegeben seien $M(2;\, 1;\, 3)$ und $\boldsymbol{r} = 4.$

Dann ist $(\boldsymbol{p} - 2\boldsymbol{i} - \boldsymbol{j})^2 - 16 = 0$ | $(\boldsymbol{p} - 2\boldsymbol{i} - \boldsymbol{j} - 3\boldsymbol{k})^2 - 16 = 0$

die allgemeine Form der Gleichung

eines Kreises | einer Kugel

in Vektordarstellung.

In vektorfreier Darstellung erhält man

$(x - 2)^2 + (y - 1)^2 = 16$ | $(x - 2)^2 + (y - 1)^2 + (z - 3)^2 = 16$

bzw. nach Ausmultiplizieren

$x^2 + y^2 - 4x - 2y - 11 = 0$ | $x^2 + y^2 + z^2 - 4x - 2y - 6z - 2 = 0.$

b) Ist die Gleichung eines Kreises bzw. einer Kugel als Gleichung 2. Grades mit 2 bzw. 3 Variablen gegeben, dann können mit Hilfe der *quadratischen Ergänzung* die Koordinaten des Mittelpunkts und die Länge des Radius ermittelt werden:

$x^2 + y^2 - 6x + 8y = 11$	$x^2 + y^2 + z^2 - 8x - 2y + 2z = 7$
$(x-3)^2 + (y+4)^2$	$(x-4)^2 + (y-1)^2 + (z+1)^2$
$= 11 + 9 + 16 = 36$	$= 7 + 16 + 1 + 1 = 25$
$M(3; -4), \quad r = 6$	$M(4; 1; -1), \quad r = 5$

(3) Ein Punkt $P_1(x_1; y_1)$ | Ein Punkt $P_1(x_1; y_1; z_1)$

liegt $\begin{Bmatrix}\text{innerhalb}\\ \text{außerhalb}\end{Bmatrix}$

eines Kreises, wenn	einer Kugel, wenn
$x_1^2 + y_1^2 \lessgtr r^2$ gilt.	$x_1^2 + y_1^2 + z_1^2 \lessgtr r^2$ gilt.
Für alle Punkte der **Kreisfläche** gilt	Für alle Punkte des **Kugelkörpers** gilt
$x^2 + y^2 \leqq r^2$	$x^2 + y^2 + z^2 \leqq r^2$

(4) Liegen drei Punkte einer **Ebene** auf einem **Kreis**, dann kann die allgemeine Form der Gleichung dieses Kreises in vektorfreier Darstellung angegeben werden. Da die Koordinaten der gegebenen Punkte die Kreisgleichung erfüllen müssen, erhält man ein Gleichungssystem aus drei Gleichungen mit drei Variablen.

BEISPIEL 11/30

Es soll die allgemeine Form der Gleichung des Kreises angegeben werden, auf dem die Punkte $P_1(17; 12)$, $P_2(14; -9)$, $P_3(-7; -6)$ liegen.
Da die Punkte die allgemeine Kreisgleichung erfüllen müssen, gilt

$$(17 - x_M)^2 + (12 - y_M)^2 = r^2$$
$$(14 - x_M)^2 + (-9 - y_M)^2 = r^2$$
$$(-7 - x_M)^2 + (-6 - y_M)^2 = r^2.$$

Nach Umformung der einzelnen Gleichungen erhält man ein Gleichungssystem von 3 Gleichungen mit 3 Variablen:

$$x_M^2 + y_M^2 - 34x_M - 24y_M + 433 = r^2$$
$$x_M^2 + y_M^2 - 28x_M + 18y_M + 277 = r^2$$
$$x_M^2 + y_M^2 + 14x_M + 12y_M + 85 = r^2$$

Durch Anwendung des Additionsverfahrens erhält man ein Gleichungssystem von 2 Gleichungen mit 2 Variablen, z. B.

$$4x_M + 3y_M - 29 = 0$$
$$21x_M - 3y_M - 96 = 0$$

und daraus $25x_M = 125$ bzw. $x_M = 5$.
Dann ist $y_M = 3$, $r = 15$.
Die allgemeine Form der Gleichung des Kreises, auf dem P_1, P_2, P_3 liegen, ist $(x - 5)^2 + (y - 3)^2 = 225$.

11.4.2. Kreis und Gerade in der $x;y$-Ebene

(1) Lagebeziehungen zwischen Kreis k und Gerade g:

I. $k \cap g = \{P_1; P_2\}$	g schneidet den Kreis k in den Punkten P_1, P_2.
II. $k \cap g = \{P_1\}$	g berührt den Kreis k im Punkt P_1.
III. $k \cap g = \emptyset$	g meidet den Kreis k.

Zur Berechnung der Schnittpunktskoordinaten ist ein Gleichungssystem – bestehend aus einer quadratischen Gleichung mit 2 Variablen und einer linearen Gleichung mit 2 Variablen – zu lösen. In der dabei auftretenden Diskriminantendiskussion ergeben sich die Fälle

I. zwei reelle Lösungen; d. h. zwei Schnittpunkte.	II. eine reelle Doppellösung; d. h. einen Berührungspunkt.	III. keine reelle Lösung; d. h. keinen gemeinsamen Punkt.

BEISPIEL 11/31

Der Kreis k mit der Gleichung $x^2 + y^2 = 36$ und die Gerade g mit

$y = 2x + 3$	$y = \frac{4}{\sqrt{20}}x + \frac{36}{\sqrt{20}}$	$y = -\frac{1}{2}x + 7$
haben zwei Schnittpunkte; denn	**haben einen Berührungspunkt; denn**	**haben keinen gemeinsamen Punkt; denn**
$x^2 + (2x + 3)^2 = 36$	$x^2 + \frac{(4x + 36)^2}{20} = 36$	$x^2 + \left(-\frac{1}{2}x + 7\right)^2 = 36$
ergibt	**ergibt**	**ergibt**
$x_1 \approx 1{,}4, \quad x_2 \approx -3{,}8$	$x_1 = x_2 = -4$	$x_{1;2} = \frac{14}{5} \pm \sqrt{-\frac{64}{25}}$
$y_1 \approx 5{,}8, \quad y_2 \approx -4{,}6$	$y_1 = \sqrt{20}$	**keine reellen**
$P_1(1{,}4;\ 5{,}8)$ $P_2(-3{,}8;\ -4{,}6)$	$P_1(-4;\ \sqrt{20})$	**Lösungen**

(2) Gleichung einer Tangente an einen Kreis k in einem Punkt P_1

Liegt der Mittelpunkt M eines Kreises im Koordinatenursprung, dann gilt für die Gleichung einer Tangente an k im Punkt P_1 in vektorieller Darstellung

$$\boldsymbol{p} \cdot \boldsymbol{p}_1 - r^2 = 0 \quad \text{bzw.} \quad \boldsymbol{p} \cdot \boldsymbol{p}_1 = r^2.$$

Wegen der Orthogonalität von Tangente und Berührungsradius ist das Skalarprodukt aus $\mathbf{p}_1$ und $\overrightarrow{P_1P}$ gleich Null:

$$\mathbf{p}_1 \cdot \overrightarrow{P_1P} = 0.$$

Da $\overrightarrow{P_1P} = \mathbf{p} - \mathbf{p}_1$ ist, gilt $(\mathbf{p} - \mathbf{p}_1) \cdot \mathbf{p}_1 = 0$ bzw. $\mathbf{p} \cdot \mathbf{p}_1 - \mathbf{p}_1^2 = 0$. Da der Punkt P_1 die Mittelpunktsgleichung eines Kreises erfüllt, ist $\mathbf{p}_1^2 = r^2$, so daß die Tangentengleichung die Form $\mathbf{p} \cdot \mathbf{p}_1 - r^2 = 0$ erhält (Bild 11/43).

Tangentengleichung in *Koordinatendarstellung:* $xx_1 + yy_1 = r^2$.

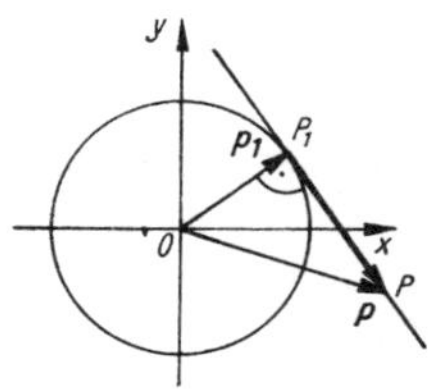

Bild 11/43

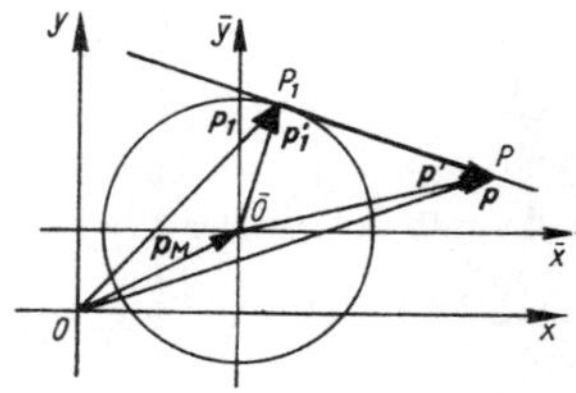

Bild 11/44

Liegt der Mittelpunkt M eines Kreises nicht im Koordinatenursprung, dann gilt für die Gleichung einer Tangente an k in P_1 in vektorieller Darstellung $\mathbf{p}' \cdot \mathbf{p}_1' = r^2$ (Bild 11/44) bzw. mit $\mathbf{p}' = \mathbf{p} - \mathbf{p}_M$ und $\mathbf{p}_1' = \mathbf{p}_1 - \mathbf{p}_M$

$$(\mathbf{p} - \mathbf{p}_M) \cdot (\mathbf{p}_1 - \mathbf{p}_M) = r^2,$$

in *Koordinatendarstellung*

$$(x - x_M)(x_1 - x_M) + (y - y_M)(y_1 - y_M) = r^2.$$

BEISPIEL 11/32

Im Punkt $P_1(6;\ y_1 > 0)$ soll an den Kreis k mit der Gleichung

$$x^2 + y^2 - 4x - 2y - 20 = 0$$

die Tangente gelegt und deren Gleichung angegeben werden.
Für $x_1 = 6$ und $y > 0$ ist $y_1 = 4$. Mit Hilfe der quadratischen Ergänzung erhält man die Mittelpunktsgleichung des Kreises

$$(x - 2)^2 + (y - 1)^2 = 25.$$

Dann ist die Gleichung der Tangente

$$\begin{aligned}(x - 2)(6 - 2) + (y - 1)(4 - 1) &= 25\\ 4x + 3y \qquad &= 36 \quad \text{(Bild 11/45).}\end{aligned}$$

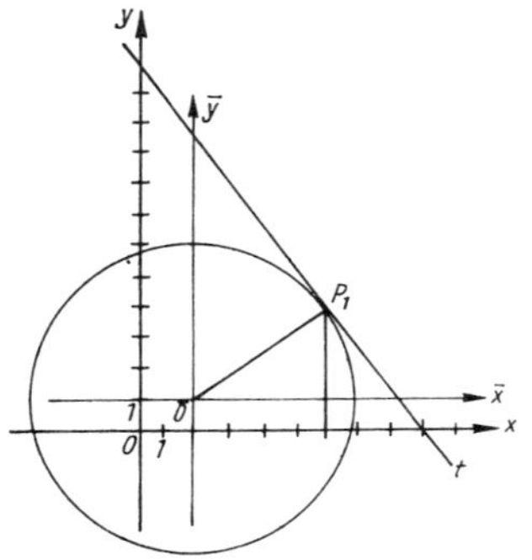

Bild 11/45

(3) Gleichungen der Tangenten an einen Kreis von einem Punkt P_0 außerhalb des Kreises

Nach 10.1.13.4.(4) können vom Punkt P_0 aus zwei Tangenten an den Kreis k gelegt werden. Ein Berührungspunkt muß sowohl auf der Tangente als auch auf dem Kreis liegen, d. h., die Koordinaten eines Berührungspunkts P_1 müssen sowohl die Tangentengleichung als auch die Kreisgleichung erfüllen. Zur Berechnung der Koordinaten der Berührungspunkte ist ein Gleichungssystem – bestehend aus einer Gleichung 2. Grades und einer linearen Gleichung – zu lösen.

BEISPIEL 11/33

Es sollen an den Kreis k mit der Gleichung $x^2 + y^2 + 2x - 4y = 20$ vom Punkt $P_0(6;\ 1)$ die Tangenten gezeichnet und deren Gleichungen angegeben werden (Bild 11/46).
Mit Hilfe der quadratischen Ergänzung erhält man die Mittelpunktsgleichung des Kreises

$$(x + 1)^2 + (y - 2)^2 = 20 + 1 + 4$$

$$\text{bzw.}\quad \text{für } P_1\ (x_1 + 1)^2 + (y_1 - 2)^2 = 25$$

Werden in die entsprechende Tangentengleichung

$$(x_0 + 1)(x_1 + 1) + (y_0 - 2)(y_1 - 2) = 25$$

die Koordinaten des Punktes $P_0(6;\ 1)$ eingesetzt, so erhält man ein Gleichungssystem mit den Variablen x_1, y_1:

$$(x_1 + 1)^2 + (y_1 - 2)^2 = 25$$

$$(6 + 1)(x_1 + 1) + (1 - 2)(y_1 - 2) = 25$$

mit den Lösungen $x_{11} = 3$, $x_{12} = 2$; $y_{11} = 5$, $y_{12} = -2$
Die Gleichungen der Tangenten sind $4x + 3y = 27$ und $3x - 4y = 14$.

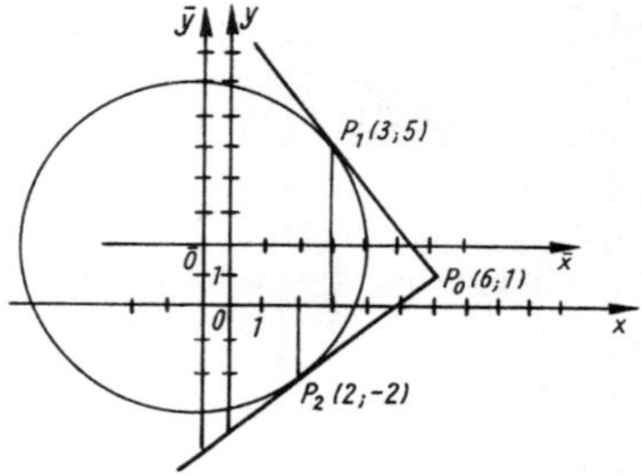

Bild 11/46

11.4.3. Zwei Kreise

(1) Lagebeziehung zweier Kreise k_1, k_2:

I. $k_1 \cap k_2 = \{P_1;\, P_2\}$	Die Kreise schneiden einander in den Punkten P_1, P_2.
II. $k_1 \cap k_2 = \{P_1\}$	Die Kreise berühren einander im Punkt P_1.
III. $k_1 \cap k_2 = \emptyset$	Die Kreise haben keinen Punkt gemeinsam.

Zur Berechnung der Schnittpunktskoordinaten ist ein Gleichungssystem von zwei quadratischen Gleichungen mit zwei Variablen zu lösen, d. h., es sind die geordneten Paare reeller Zahlen zu ermitteln, die die beiden Gleichungen erfüllen:

$$x^2 + y^2 + A_1x + B_1y + C_1 = 0$$
$$x^2 + y^2 + A_2x + B_2y + C_2 = 0.$$

Bei Anwendung des Additionsverfahrens zur Lösung eines Gleichungssystems erhält man eine lineare Gleichung

$$(A_1 - A_2)\,x + (B_1 - B_2)\,y + (C_1 - C_2) = 0.$$

Sie ist die Gleichung einer Geraden (**Potenzgerade** genannt). Die Koordinaten der gesuchten Schnittpunkte müssen auch diese Gleichung erfüllen. Deshalb erhält man die gesuchten Punkte als Schnittpunkte dieser Geraden mit einem der beiden Kreise.
In der dabei auftretenden Diskriminantendiskussion ergeben sich die Fälle

I. zwei reelle Lösungen; d. h. zwei Schnittpunkte.	II. eine reelle Doppellösung; d. h. einen Berührungspunkt. Berührung von innen, außen wenn $\overline{M_1M_2} = \begin{matrix} r_1 - r_2 \\ r_1 + r_2 \end{matrix}$ ist.	III. keine reelle Lösung; d. h. keinen gemeinsamen Punkt.

BEISPIEL 11/34

Es sind die Schnittpunkte der Kreise k_1, k_2 mit den Gleichungen

k_1: $x^2 + y^2 + x - y - 12 = 0$

k_2: $x^2 + y^2 + 3x - 2y - 17 = 0$

zu ermitteln.
Die allgemeinen Formen der Kreisgleichungen sind

$$k_1: \left(x + \frac{1}{2}\right)^2 + \left(y - \frac{1}{2}\right)^2 = 12{,}5 \quad \text{(I)}$$

$$k_2: \left(x + \frac{3}{2}\right)^2 + (y - 1)^2 = 20{,}25 \quad \text{(II)}$$

(Zum Zeichnen der Kreise zweckmäßig)

Nach Anwendung des Additionsverfahrens erhält man

(III) $2x - y - 5 = 0$ bzw. $y = 2x - 5$.

Wird (III) in (II) eingesetzt, ergibt sich eine quadratische Gleichung $5x^2 - 21x + 18 = 0$, deren Lösungen $x_1 = 3$, $x_2 = 1{,}2$ sind. Nach (III) werden die Ordinaten der Schnittpunkte berechnet: $y_1 = 1$, $y_2 = -2{,}6$. Die Schnittpunkte beider Kreise sind $S_1(3; 1)$, $S_2(1{,}2; -2{,}6)$ (Bild 11/47).

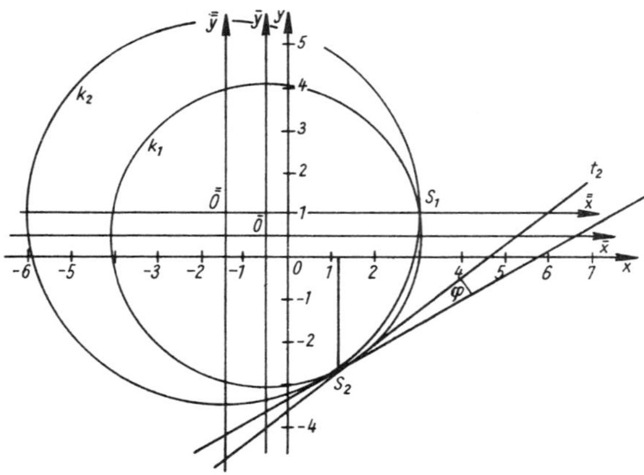

Bild 11/47

(2) Unter dem **Schnittwinkel** zweier Kreise versteht man den Winkel, den die Tangenten an die beiden Kreise im Schnittpunkt bilden.
Ist m_1 bzw. m_2 der Anstieg der Tangente t_1 bzw. t_2 in einem Schnittpunkt, dann wird der Schnittwinkel φ mit Hilfe der Beziehung

$$\tan \varphi = \frac{m_2 - m_1}{1 + m_1 m_2}$$

ermittelt.

BEISPIEL 11/35

Um den Schnittwinkel der in Beispiel 11/34 gegebenen Kreise im Schnittpunkt $S_2(1{,}2;\ -2{,}6)$ zu ermitteln, werden zunächst die Gleichungen der Tangenten in S_2 angegeben:

an k_1:

$$\left(x+\frac{1}{2}\right)\left(1{,}2+\frac{1}{2}\right)+\left(y-\frac{1}{2}\right)\left(-2{,}6-\frac{1}{2}\right)=12{,}5$$

bzw.

$$1{,}7x-3{,}1y=10{,}1$$

an k_2:

$$\left(x+\frac{3}{2}\right)\left(1{,}2+\frac{3}{2}\right)+(y-1)(-2{,}6-1)=20{,}25$$

bzw.

$$2{,}7x-3{,}6y=12{,}6.$$

Die Richtungsfaktoren der Tangenten sind $m_1 \approx 0{,}55$, $m_2 = 0{,}75$. Dann gilt:

$$\tan\varphi=\frac{0{,}75-0{,}55}{1+0{,}75\cdot 0{,}55}\approx 0{,}1416,\quad \varphi\approx 8{,}1°.$$

11.5. Analytische Geometrie der Kegelschnitte

In 10.2.3.7. werden einige Probleme der Lehre von den Kegelschnitten darstellend geometrisch behandelt.

11.5.1. Ellipse und Hyperbel

(1) Eine **Ellipse** | Eine **Hyperbel**

ist die Menge aller Punkte einer Ebene, die von zwei festen Punkten dieser Ebene, den Brennpunkten F_1, F_2,

eine konstante Abstandssumme | einen konstanten Betrag der Abstandsdifferenzen

haben.

Es gilt

$\overline{PF_1}+\overline{PF_2}=2a$ | $\left|\overline{PF_1}-\overline{PF_2}\right|=2a$

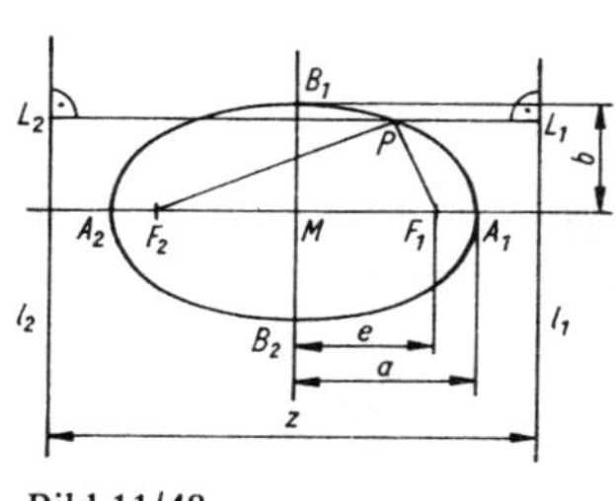

Bild 11/48

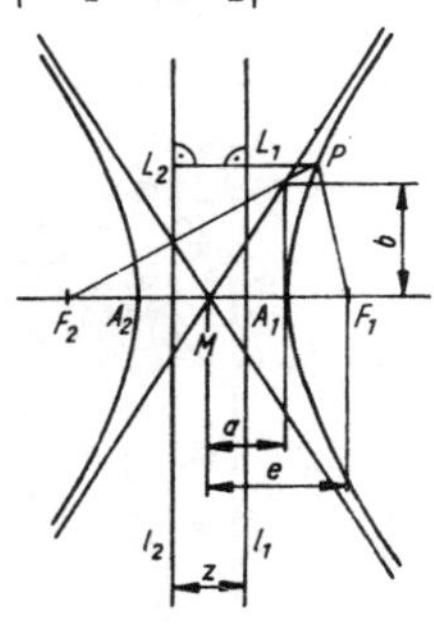

Bild 11/49

Ausgezeichnete Punkte, Strecken bzw. Geraden tragen bei Ellipse bzw. Hyperbel besondere Bezeichnungen:

Bezeichnung	Ellipse	Hyperbel
M	Mittelpunkt	
F_1, F_2	Brennpunkte	
A_1, A_2	Hauptscheitel	Scheitel
B_1, B_2	Nebenscheitel	–
$\overline{A_1A_2} = 2a$	große Achse, Hauptachse	Achse
$\overline{B_1B_2} = 2b$	kleine Achse, Nebenachse	–
$\overline{MA_1} = \overline{MA_2} = a$	große Halbachse	Halbachse
$\overline{MB_1} = \overline{MB_2} = b$	kleine Halbachse	–
$\overline{MF_1} = \overline{MF_2} = e$	lineare Exzentrizität	
$\overline{PF_i}:\overline{PL_i} = \varepsilon$	numerische Exzentrizität	
$(i = 1; 2)$	$(\varepsilon < 1)$	$(\varepsilon > 1)$
l_1, l_2	Leitlinien	
$z = \dfrac{2a}{\varepsilon}$	Leitlinienabstand	

Man beachte, daß hier unter Achsen stets Strecken zu verstehen sind. Ellipse und Hyperbel können *punktweise* mit Hilfe der Definition *konstruiert* werden.

BEISPIEL 11/36

a) Gegeben seien die Längen der Strecken $2a$, $2e$ mit $2a > 2e$. Es soll eine Ellipse konstruiert werden (Bild 11/50).
Konstruktionsvorschrift für einen beliebigen Punkt P der Ellipse: Zeichne je einen Kreis um F_2 mit Radius $\overline{KQ}$ bzw. um F_1 mit Radius $\overline{LQ}$! Die Schnittpunkte P_1, P_2 beider Kreise sind Punkte der Ellipse.

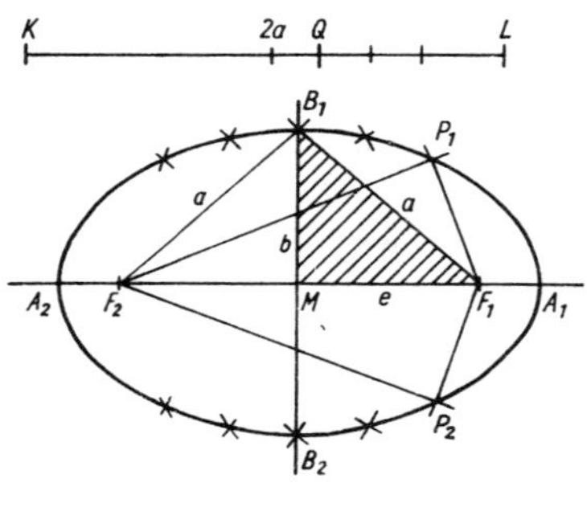

Bild 11/50

b) Gegeben seien die Längen der Strecken $2a$, $2e$ mit $2a < 2e$. Es soll eine Hyperbel konstruiert werden (Bild 11/51).
Konstruktionsvorschrift für einen beliebigen Punkt P der Hyperbel: Es sei Q ein Punkt auf dem Strahl aus K durch L. Zeichne je einen Kreis um F_2 mit Radius $\overline{KQ}$ bzw. um F_1 mit Radius $\overline{LQ}$! Die Schnittpunkte P_1, P_2 beider Kreise sind Punkte der Hyperbel.

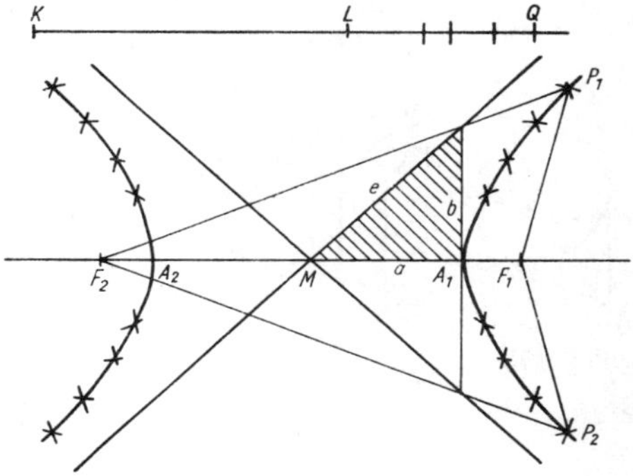

Bild 11/51

In Bild 11/51 sind zwei durch den Mittelpunkt der Hyperbel verlaufende Geraden eingezeichnet, die sich der Hyperbel unbegrenzt nähern. Eine Gerade heißt **Asymptote** einer Hyperbel, wenn der Abstand der Kurvenpunkte von dieser Geraden für unbegrenzt wachsende bzw. fallende Argumente gegen Null strebt.

(2) Gleichungen für Ellipse und Hyperbel in Mittelpunktslage

Aus den Gleichungen

$\overline{PF_1} + \overline{PF_2} = 2a$	$\lvert\overline{PF_1} - \overline{PF_2}\rvert = 2a$

erhält man nach Einführen eines kartesischen Koordinatensystems, dessen Koordinatenursprung im Mittelpunkt des Kegelschnitts liegt und dessen Koordinatenachsen mit den Achsen des Kegelschnitts übereinstimmen, unter Nutzung der Beziehung (↗ Bild 11/50 bzw. 11/51)

$b^2 = a^2 - e^2$	$b^2 = e^2 - a^2$

eine Gleichung

einer Ellipse	einer Hyperbel
$b^2x^2 + a^2y^2 = a^2b^2$ bzw.	$b^2x^2 - a^2y^2 = a^2b^2$ bzw.
$\dfrac{x^2}{a^2} + \dfrac{y^2}{b^2} = 1$	$\dfrac{x^2}{a^2} - \dfrac{y^2}{b^2} = 1$

Man beachte, daß diese Gleichungen nicht Zuordnungsvorschriften für Funktionen sind.
Beide Kegelschnitte sind achsensymmetrisch bezüglich beider Koordinatenachsen.

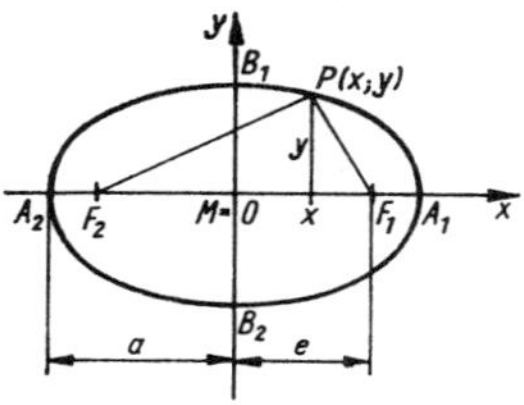

Bild 11/52

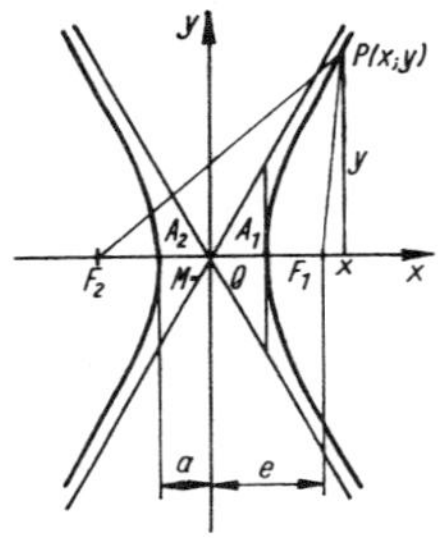

Bild 11/53

Gleichungen der Asymptoten der Hyperbel:

$$y = \frac{b}{a}x \quad \text{bzw.} \quad y = -\frac{b}{a}x$$

Durch die Gleichung

$$y = \frac{b}{a}\sqrt{a^2 - x^2} \qquad \Big| \qquad y = \frac{b}{a}\sqrt{x^2 - a^2}$$

wird eine Funktion beschrieben, deren Graph die in der oberen Halbebene liegende Teilfigur des Kegelschnitts ist; durch die Gleichung

$$y = -\frac{b}{a}\sqrt{a^2 - x^2} \qquad \Big| \qquad y = -\frac{b}{a}\sqrt{x^2 - a^2}$$

wird eine Funktion beschrieben, deren Graph die in der unteren Halbebene liegende Teilfigur des Kegelschnitts ist.

BEISPIEL 11/37

Es ist die Gleichung einer Ellipse in Mittelpunktslage anzugeben, wenn gegeben sind

a) $2a = 8, \quad 2b = 4$: $\quad \frac{x^2}{16} + \frac{y^2}{4} = 1$

b) $a = 10, \quad e = 3$: $\quad \frac{x^2}{100} + \frac{y^2}{91} = 1$; da $b^2 = a^2 - e^2$ ist.

c) $b = 3, \quad e = 4$: $\quad \frac{x^2}{25} + \frac{y^2}{9} = 1$; da $a^2 = b^2 + e^2$ ist.

(Bild 11/54)

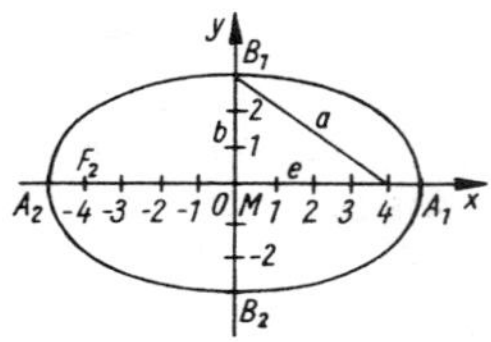

Bild 11/54

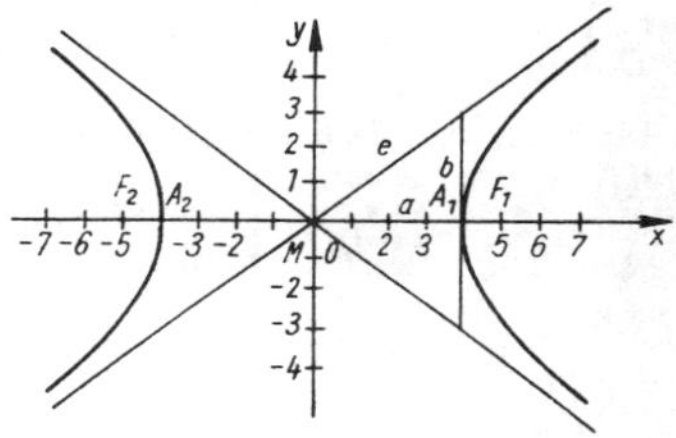

Bild 11/55

BEISPIEL 11/38

Es ist die Gleichung einer Hyperbel in Mittelpunktslage anzugeben, wenn gegeben sind

a) $2a = 8$, $2b = 6$: $\frac{x^2}{16} - \frac{y^2}{9} = 1$ (Bild 11/55)

Es ist $e^2 = a^2 + b^2 = 16 + 9 = 25$.
Gleichungen der Asymptoten sind $y = \frac{3}{4}x$ bzw. $y = -\frac{3}{4}x$.

b) $a = 6$, $e = 8$: $\frac{x^2}{36} - \frac{y^2}{28} = 1$

Sind die Koordinaten zweier Punkte einer Ellipse bzw. Hyperbel gegeben und befindet sich die Ellipse bzw. die Hyperbel in Mittelpunktslage, dann kann eine Gleichung des Kegelschnitts angegeben werden. Dabei ist ein System zweier quadratischer Gleichungen mit den Variablen a, b zu lösen.

BEISPIEL 11/39

a) Es ist eine Gleichung der Ellipse anzugeben, die durch die Punkte $P_1(4; 2)$ und $P_2(1; 4)$ geht.
Werden die Koordinaten der Punkte in die Ellipsengleichung eingesetzt, erhält man das Gleichungssystem

$$\frac{16}{a^2} + \frac{4}{b^2} = 1$$

$$\frac{1}{a^2} + \frac{16}{b^2} = 1,$$

das durch geeignete Umformungen (Multiplikation der ersten Gleichung mit 4 und anschließende Subtraktion der zweiten Gleichung)

$$\frac{64}{a^2} + \frac{16}{b^2} = 4$$

$$\frac{1}{a^2} + \frac{16}{b^2} = 1$$

$$\frac{63}{a^2} \qquad = 3$$

nach a^2 aufgelöst wird: $a^2 = 21$.

Dann ist $b^2 = \frac{84}{5}$. Damit ist $\frac{x^2}{21} + \frac{5y^2}{84} = 1$ eine Gleichung der Ellipse, die durch die Punkte P_1 und P_2 verläuft.

b) Es ist eine Gleichung der Hyperbel anzugeben, die durch die Punkte $P_1(5;\ 3)$ und $P_2(8;\ -10)$ verläuft.
Bei Lösung des Gleichungssystems

$$\frac{25}{a^2} - \frac{9}{b^2} = 1$$

$$\frac{64}{a^2} - \frac{100}{b^2} = 1$$

erhält man $a^2 = \frac{148}{7}$, $b^2 = \frac{148}{3}$. Damit ist $\frac{7x^2}{148} - \frac{3y^2}{148} = 1$ eine Gleichung der Hyperbel, die durch die Punkte P_1 und P_2 verläuft.

Werden in einer Kegelschnittgleichung die Variablen ausgetauscht:

$b^2y^2 + a^2x^2 = a^2b^2$	$b^2y^2 - a^2x^2 = a^2b^2$
bzw.	bzw.
$\frac{y^2}{a^2} + \frac{x^2}{b^2} = 1,$	$\frac{y^2}{a^2} - \frac{x^2}{b^2} = 1,$

so werden die Kurven[1] an der Geraden mit der Gleichung $y = x$ gespiegelt. F_1, F_2, A_1, A_2 liegen auf der Ordinatenachse.

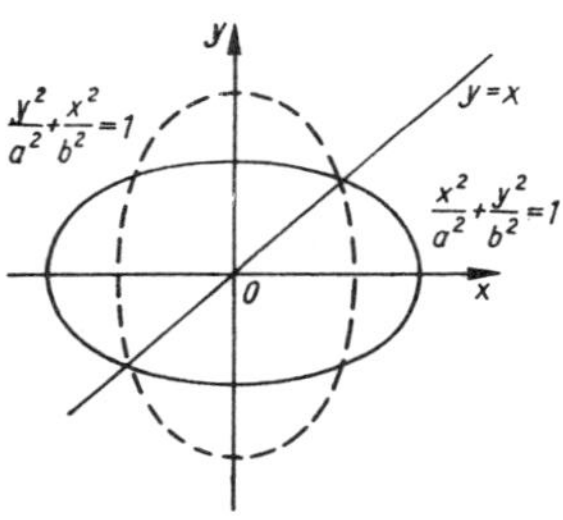

Bild 11/56

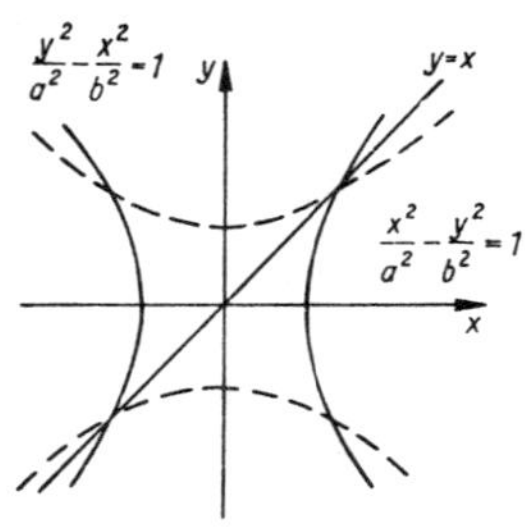

Bild 11/57

Für $b = a$ ergeben sich folgende **Sonderfälle:**

Aus einer Ellipse entsteht ein **Kreis** mit der Gleichung $x^2 + y^2 = a^2$ (Radius a).	Aus einer Hyperbel entsteht eine **gleichseitige Hyperbel** mit der Gleichung $x^2 - y^2 = a^2;\quad e = a\sqrt{2}$.

[1]) Unter einer **Kurve** wird hier eine zusammenhängende Punktmenge im zweidimensionalen EUKLIDischen Raum (↗ 7.4.2.) verstanden. Durch eine Vorschrift wird eindeutig festgelegt, ob ein Punkt zur Kurve gehört. Als Vorschrift dient oft eine Gleichung mit zwei Variablen.

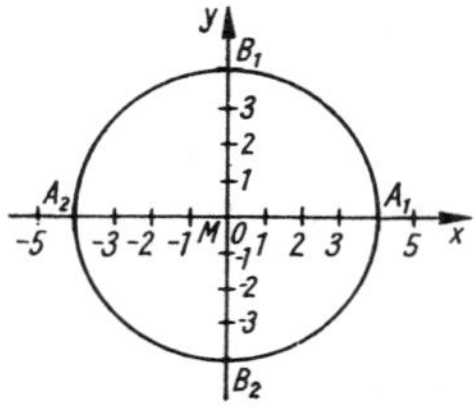

Bild 11/58

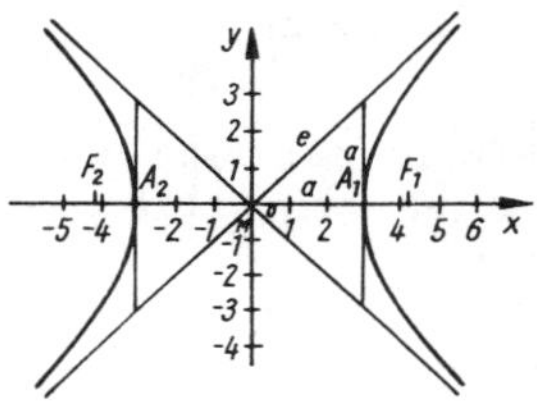

Bild 11/59

11.5.2. Parabel

(1) Eine Parabel ist die Menge aller Punkte einer Ebene, die von einem festen Punkt, dem Brennpunkt F, und einer festen Geraden dieser Ebene, der Leitlinie, jeweils gleichen Abstand haben.
Es gilt $\overline{PF} = \overline{PL}$.

Besondere Bezeichnungen bei einer Parabel:

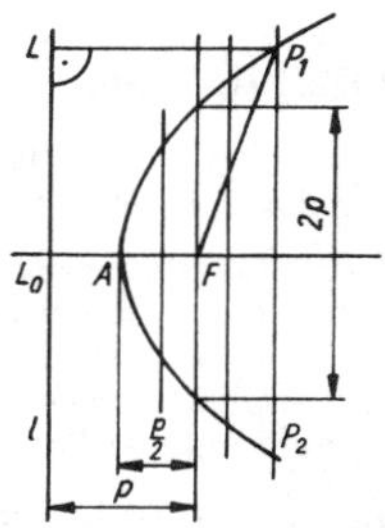

Bild 11/60

F	Brennpunkt
A	Scheitel
l	Leitlinie
$\overline{L_0F} = p$	Halbparameter
$2p$	Parameter (Länge der Sehne, die im Brennpunkt auf der Parabelachse senkrecht steht)
$g(AF)$	Achse

$\overline{PF} : \overline{PL} = \varepsilon$ numerische Exzentrizität ($\varepsilon = 1$)
Punktweise Konstruktion einer Parabel auf Grund der Definition in Beispiel 11/40.

BEISPIEL 11/40

Gegeben seien eine Gerade l und ein Punkt F außerhalb von l. Es soll eine Parabel konstruiert werden (Bild 11/60).
Konstruktionsvorschrift für einen beliebigen Punkt P der Parabel: Zeichne zu l eine Parallele in beliebigem Abstand $r \geqq \frac{1}{2}\overline{L_0F}$ und einen Kreis um F mit Radius r! Beider Schnittpunkte P_1, P_2 sind Parabelpunkte.

(2) **Gleichung einer Parabel in Scheitellage**

Aus der Gleichung $\overline{PF} = \overline{PL}$ erhält man nach Einführen eines kartesischen Koordinatensystems, dessen Koordinatenursprung im Scheitel der Parabel liegt und dessen Abszissenachse mit der Parabelachse übereinstimmt, die Gleichung

$$\sqrt{\left(x - \frac{p}{2}\right)^2 + y^2} = x + \frac{p}{2}$$

bzw.

$$y^2 = 2px.$$

Diese Gleichung ist nicht Zuordnungsvorschrift für eine Funktion. Beide Äste der Parabel sind zueinander achsensymmetrisch bezüglich der x-Achse.
Durch die Gleichung

$y = \sqrt{2px}$ | $y = -\sqrt{2px}$

wird eine Funktion beschrieben, deren Graph der in der

oberen | unteren

(zur x-Achse gehörenden) Halbebene liegende Ast der Parabel ist.

Eine Parabel ist in Richtung des $\left\{\begin{matrix}\text{positiven}\\ \text{negativen}\end{matrix}\right\}$ Teils der Abszissenachse geöffnet, falls $p \gtrless 0$ ist.

BEISPIEL 11/41

Es ist eine Gleichung der Parabel anzugeben, deren Achse die x-Achse ist und deren Parameter a) $2p = 8$, b) $2p = -4$ ist.

a) Die Gleichung der Parabel: $y^2 = 8x$; der Scheitel liegt im Koordinatenursprung, die Parabel ist in Richtung des positiven Teils der x-Achse geöffnet (nach rechts geöffnet).
b) Die Gleichung der Parabel: $y^2 = -4x$; der Scheitel liegt im Koordinatenursprung, die Parabel ist nach links geöffnet.

Sind die Koordinaten eines Punktes der Parabel gegeben und befindet sich die Parabel in Scheitellage, dann kann p ermittelt und ihre Gleichung angegeben werden.

BEISPIEL 11/42

Es ist die Gleichung der Parabel anzugeben, die durch den Punkt $P_1(2; -4)$ verläuft.
Werden die Koordinaten des Punktes in die Parabelgleichung eingesetzt: $16 = 2p \cdot 2$, dann ist $2p = 8$, und die Gleichung $y^2 = 8x$ ist die gesuchte Parabelgleichung. Der Brennpunkt hat die Koordinaten $F(2; 0)$. $x = -2$ ist die Gleichung der Leitlinie.

Werden in einer Parabelgleichung die Variablen ausgetauscht; $x^2 = 2py$, so werden die Parabeln an der Geraden mit der Gleichung $y = x$ gespiegelt. F liegt dann auf der Ordinatenachse.

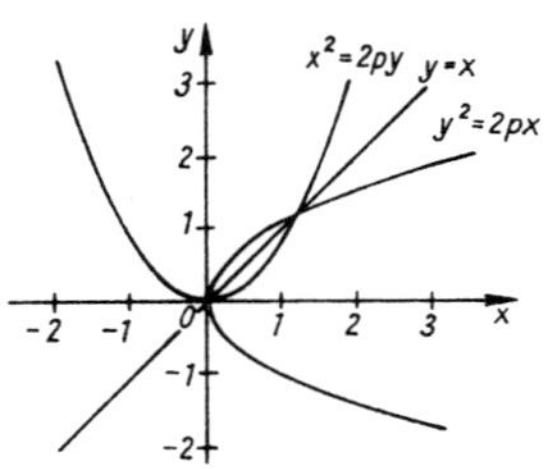

Bild 11/61

11.5.3. Gleichungen bei achsenparalleler Lage der Kegelschnitte

Liegen der Mittelpunkt M einer Ellipse bzw. einer Hyperbel bzw. der Scheitel A einer Parabel nicht im Koordinatenursprung, verlaufen aber die Achsen der Kegelschnitte parallel zu den entsprechenden Koordinatenachsen, dann erhält man durch Koordinatentransformation [vgl. 11.1.3.]

die Mittelpunktsgleichung einer Ellipse bzw. Hyperbel mit $M(x_M; y_M)$

$$\frac{(x - x_M)^2}{a^2} \pm \frac{(y - y_M)^2}{b^2} = 1$$

Das obere Vorzeichen gilt für eine Ellipse, das untere für eine Hyperbel.

die Scheitelgleichung einer Parabel mit $A(x_A; y_A)$

$$(y - y_A)^2 = 2p(x - x_A)$$

BEISPIEL 11/43

a) $M(2; 3)$ sei der Mittelpunkt einer Ellipse in achsenparalleler Lage mit den Halbachsen $a = 5$, $b = 3$.
Dann ist deren Gleichung

$$\frac{(x - 2)^2}{25} + \frac{(y - 3)^2}{9} = 1.$$

$A_1(7; 3)$, $A_2(-3; 3)$ sind die Hauptscheitel,
$B_1(2; 6)$, $B_2(2; 0)$ sind die Nebenscheitel,
$F_1(6; 3)$, $F_2(-2; 3)$ sind die Brennpunkte der Ellipse (Bild 11/62).

b) $M(-1; 2)$ sei der Mittelpunkt einer Hyperbel in achsenparalleler Lage mit den Scheiteln $A_1(3; 2)$, $A_2(-5; 2)$ und den Brennpunkten $F_1(4; 2)$, $F_2(-6; 2)$ (Bild 11/63).
Dann ist deren Gleichung $\dfrac{(x + 1)^2}{16} - \dfrac{(y - 2)^2}{9} = 1$, da $b^2 = e^2 - a^2 = 25 - 16 = 9$ ist.

c) $A(-2; -1)$ sei der Scheitel einer Parabel in achsenparalleler Lage. Der Halbparameter sei $p = 3$ (Bild 11/64). Dann ist deren Gleichung $(y + 1)^2 = 6(x + 2)$.

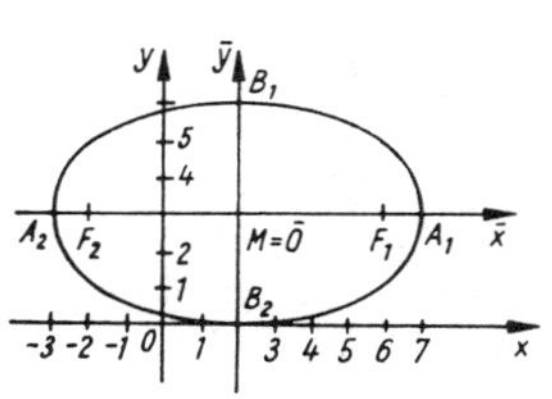

Bild 11/62

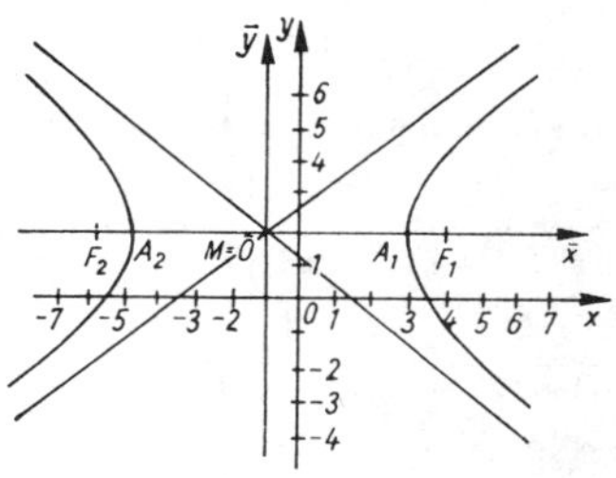

Bild 11/63

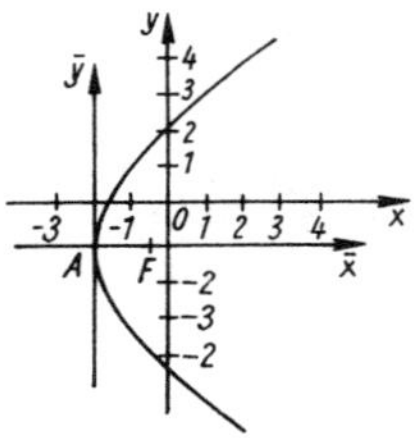

Bild 11/64

Werden die Gleichungen der in achsenparalleler Lage befindlichen Kegelschnitte durch Ausmultiplizieren und Zusammenfassen umgeformt, so erhält man *quadratische Gleichungen mit zwei Variablen*. Die Gleichung in Beispiel

43a) ergibt $9x^2 + 25y^2 - 36x - 150y + 36 = 0$,
43b) $9x^2 - 16y^2 + 18x + 64y - 199 = 0$,
43c) $y^2 - 6x + 2y - 11 = 0$.

Eine Gleichung der Form

$$Ax^2 + By^2 + Cx + Dy + E = 0$$

heißt **allgemeine Form** einer Kegelschnittgleichung.
Wenn $A \neq B$ und $A \cdot B \gtreqless 0$ gelten, dann ist der Kegelschnitt

eine $\begin{cases} \text{Ellipse} \\ \text{Parabel} \\ \text{Hyperbel} \end{cases}$

Mit Hilfe von quadratischen Ergänzungen kann die allgemeine Form einer Kegelschnittgleichung in die Gleichung eines Kegelschnitts in achsenparalleler Lage gebracht werden.

BEISPIEL 11/44

a) Aus der Gleichung

$$2x^2 + 3y^2 + 4x - 12y - 22 = 0$$

bzw.

$$2(x^2 + 2x) + 3(y^2 - 4y) = 22$$

erhält man mittels quadratischer Ergänzung

$$2(x + 1)^2 + 3(y - 2)^2 = 22 + 2 + 12 = 36$$

bzw.

$$\frac{(x + 1)^2}{18} + \frac{(y - 2)^2}{12} = 1.$$

Das ist die Gleichung einer Ellipse in achsenparalleler Lage mit dem Mittelpunkt $M(-1;\ 2)$ und den Halbachsen $a = 3\sqrt{2}$, $b = 2\sqrt{3}$ und der linearen Exzentrizität $e = \sqrt{6}$.

b) Aus der Gleichung

$$2x^2 - y^2 + 8x + 6y - 9 = 0$$

bzw.

$$2(x^2 + 4x) - (y^2 - 6y) = 9$$

erhält man mittels quadratischer Ergänzung

$$2(x + 2)^2 - (y - 3)^2 = 9 + 8 - 9 = 8$$

bzw.

$$\frac{(x + 2)^2}{4} - \frac{(y - 3)^2}{8} = 1.$$

Das ist die Gleichung einer Hyperbel in achsenparalleler Lage mit dem Mittelpunkt $M(-2;\ 3)$, der Achse $a = 2$ und der linearen Exzentrizität $e = 2\sqrt{3}$.

c) Aus der Gleichung

$$y^2 - 6x - 4y + 22 = 0$$

bzw.

$$y^2 - 4y = 6x - 22$$

erhält man mittels quadratischer Ergänzung

$$(y - 2)^2 = 6x - 22 + 4 = 6x - 18$$

$$(y - 2)^2 = 6(x - 3).$$

Das ist die Gleichung einer Parabel in achsenparalleler Lage mit dem Scheitel $A(3;\ 2)$ und dem Parameter $2p = 6$.

11.5.4. Scheitelgleichungen der Kegelschnitte

(1) Unter einem **Parameter** wird die Länge der Sehne verstanden, die in einem Brennpunkt auf der (Haupt-) Achse eines Kegelschnitts senkrecht steht. Er wird mit $2p$ bezeichnet (vgl. Scheitellage einer Parabel in 11.5.2.).

Parameter $2p$ einer

Ellipse

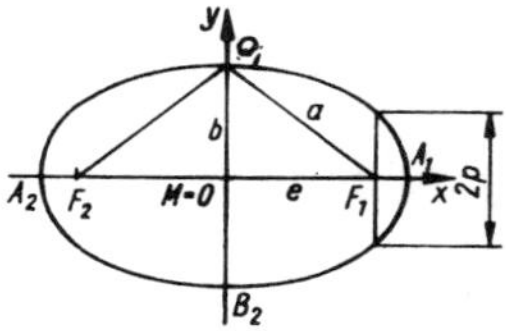

Bild 11/65

Hyperbel

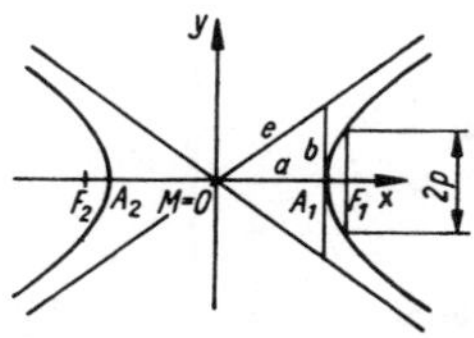

Bild 11/66

Aus der Gleichung

$$b^2x^2 + a^2y^2 = a^2b^2$$

bzw.

$$y = \sqrt{b^2 - \frac{b^2}{a^2}x^2}$$

$$b^2x^2 - a^2y^2 = a^2b^2$$

bzw.

$$y = \sqrt{\frac{b^2}{a^2}x^2 - b^2}$$

erhält man mit $x = e$ und

$$e^2 = a^2 - b^2$$

$$y_F = \frac{b^2}{a} = p$$

$$e^2 = a^2 + b^2$$

$$y_F = \frac{b^2}{a} = p$$

und damit die Länge der Sehne

$$2p = \frac{2b^2}{a}$$

$$2p = \frac{2b^2}{a}$$

(2) Werden durch eine Verschiebung (Translation) in Richtung der Abszissenachse Ellipse bzw. Hyperbel aus der Mittelpunktslage in Scheitellage gebracht, dann können auch für Ellipse und Hyperbel **Scheitelgleichungen** angegeben werden.

Ist $M(a; 0)$ der Mittelpunkt einer Ellipse (Bild 11/67), dann gilt

$$\frac{(x-a)^2}{a^2} + \frac{y^2}{b^2} = 1 \quad \text{bzw.}$$

$$y^2 = \frac{2b^2}{a}x - \frac{b^2}{a^2}x^2$$

Ist $M(-a; 0)$ der Mittelpunkt einer Hyperbel (Bild 11/68), dann gilt

$$\frac{(x+a)^2}{a^2} - \frac{y^2}{b^2} = 1 \quad \text{bzw.}$$

$$y^2 = \frac{2b^2}{a}x + \frac{b^2}{a^2}x^2$$

und mit $p = \dfrac{b^2}{a}$ erhält man die Scheitelgleichung der

Ellipse

$$y^2 = 2px - \frac{p}{a}x^2.$$

Hyperbel

$$y^2 = 2px + \frac{p}{a}x^2.$$

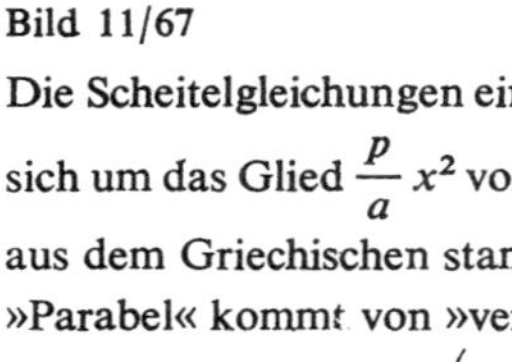

Bild 11/67

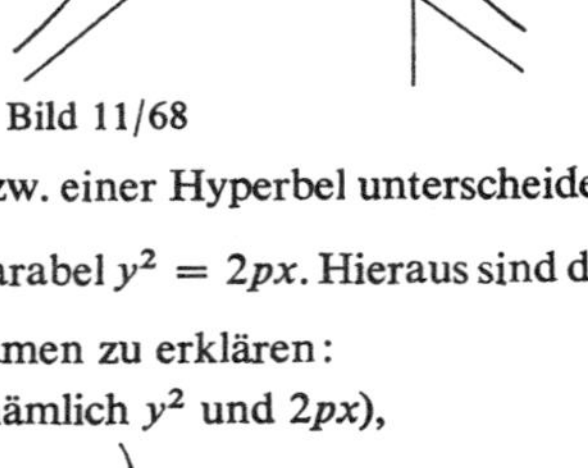

Bild 11/68

Die Scheitelgleichungen einer Ellipse bzw. einer Hyperbel unterscheiden sich um das Glied $\frac{p}{a}x^2$ von der einer Parabel $y^2 = 2px$. Hieraus sind die aus dem Griechischen stammenden Namen zu erklären:

»Parabel« kommt von »vergleichen« (nämlich y^2 und $2px$),

»Ellipse« von »fehlen« $\left(\text{nämlich } \frac{p}{a}x^2 \text{ an } 2px\right)$,

»Hyperbel« von »übertreffen« $\left(\text{nämlich } 2px \text{ um } \frac{p}{a}x^2\right)$.

(3) Wird in der Scheitelgleichung

der Ellipse	der Hyperbel
$y^2 = 2px - \frac{b^2}{a^2} x^2$	$y^2 = 2px + \frac{b^2}{a^2} x^2$

b^2 ersetzt durch

$b^2 = a^2 - e^2$,	$b^2 = e^2 - a^2$,

so erhält man

$y^2 = 2px - \frac{a^2 - e^2}{a^2} x^2$	$y^2 = 2px + \frac{e^2 - a^2}{a^2} x^2$
$y^2 = 2px - x^2 + \frac{e^2}{a^2} x^2$	$y^2 = 2px + \frac{e^2}{a^2} x^2 - x^2$

und mit $\frac{e}{a} = \varepsilon$ (numerische Exzentrizität)

$$y^2 = 2px - (1 - \varepsilon^2)\, x^2,$$

eine gemeinsame Gleichung für alle Kegelschnitte in Scheitellage, **gemeinsame Scheitelgleichung** der Kegelschnitte genannt, mit

$0 < \varepsilon < 1$	für eine Ellipse,
$\varepsilon = 1$	für eine Parabel,
$\varepsilon > 1$	für eine Hyperbel.

11.5.5. Kegelschnitt und Gerade

(1) Wenn die Gleichungen eines Kegelschnitts und einer Geraden bekannt sind und die gemeinsamen Punkte (Schnittpunkte) von Kegelschnitt und Gerade ermittelt werden sollen, dann ist ein Gleichungssystem von zwei Gleichungen, von denen eine eine quadratische Gleichung ist, mit zwei Variablen zu lösen. Hierbei eignet sich das Substitutionsverfahren (↗ 5.7.3.), das auf eine quadratische Gleichung mit einer Variablen führt, aus der die Abszissen der Schnittpunkte berechnet werden können. Die Ordinaten der gemeinsamen Punkte erhält man durch Einsetzen der Abszissenwerte in die Geradengleichung.
Um das Schnittverhalten von Kegelschnitt und Gerade zu diskutieren, genügt es, die Diskriminante D dieser quadratischen Gleichung mit einer Variablen (↗ 5.4.5.) zu untersuchen: Ist

$D > 0$,	$D = 0$,	$D < 0$,

dann gibt es

genau zwei reelle Lösungen, d. h., Kegelschnitt und Ge-	genau eine reelle Lösung, d. h., Kegelschnitt und Ge-	keine reelle Lösung d. h., Kegelschnitt und Gerade haben

rade haben zwei Schnittpunkte. Die Gerade ist **Sekante** des Kegelschnitts.	rade haben einen Berührungspunkt. Die Gerade ist **Tangente** des Kegelschnitts.	keine gemeinsamen Punkte.

BEISPIEL 11/45

a) Um die Schnittpunkte der Ellipse mit der Gleichung $\frac{x^2}{25} + \frac{y^2}{16} = 1$ mit der Geraden mit der Gleichung $y = \frac{2}{3}x + 2$ zu ermitteln, ist die Gleichung $\frac{x^2}{25} + \frac{\left(\frac{2}{3}x + 2\right)^2}{16} = 1$ zu lösen. Die Umformung dieser Gleichung führt auf die Normalform $x^2 + \frac{600}{244}x - \frac{2700}{244} = 0$, deren Lösungen $x_1 \approx 2{,}32$, $x_2 \approx -4{,}78$ sind. Aus der Geradengleichung erhält man dann $y_1 \approx 3{,}55$, $y_2 \approx -1{,}19$. $S_1(2{,}32;\ 3{,}55)$ und $S_2(-4{,}78;\ -1{,}19)$ sind die gesuchten Schnittpunkte (Bild 11/69).

b) Die Gerade mit der Gleichung $y = x + 1{,}5$ berührt die Parabel mit der Gleichung $y^2 = 6x$ im Punkt $T(1{,}5;\ 3)$, denn es gilt $(x + 1{,}5)^2 = 6x$, deren Lösung $x_1 = x_2 = 1{,}5$ ist. Aus der Geradengleichung erhält man dann $y_1 = 3$ (Bild 11/70).

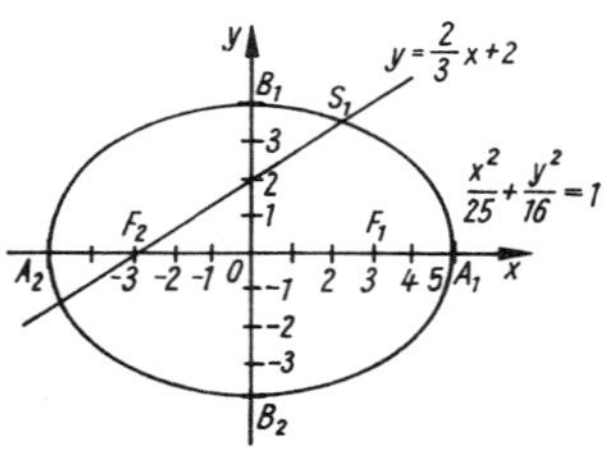

Bild 11/69

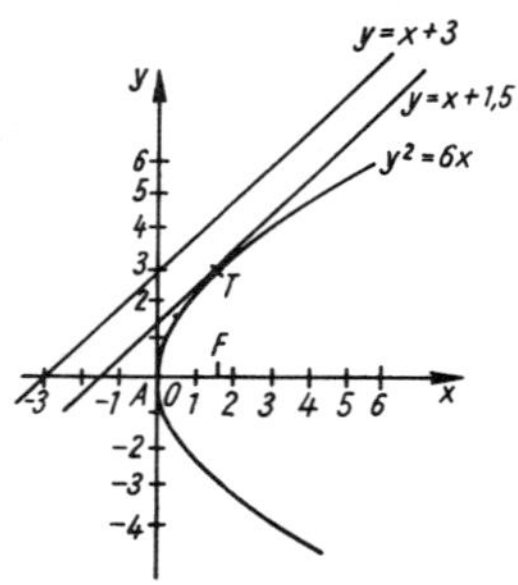

Bild 11/70

c) Die Gerade mit der Gleichung $y = x + 3$ schneidet die Parabel $y^2 = 6x$ nicht, denn die Gleichung $(x + 3)^2 = 6x$ bzw. $x^2 + 9 = 0$ hat im Reellen keine Lösung (Bild 11/70).

(2) Mit Hilfe der Differentialrechnung können **Gleichungen der Tangenten in einem Punkt $P_B(x_B;\ y_B)$ an einen Kegelschnitt** hergeleitet werden, die hier angegeben werden:

Tangentengleichungen bei

Mittelpunktslage der Ellipse	Hyperbel	Scheitellage der Parabel
$\frac{xx_B}{a^2} + \frac{yy_B}{b^2} = 1$	$\frac{xx_B}{a^2} - \frac{yy_B}{b^2} = 1$	$yy_B = p(x + x_B)$

Tangentengleichungen bei achsenparalleler Lage

$\frac{(x-x_M)(x_B-x_M)}{a^2} \pm \frac{(y-y_M)(y_B-y_M)}{b^2} = 1$ (oberes Vorzeichen gilt für eine Ellipse, unteres Vorzeichen für eine Hyperbel.)	$(y-y_A)(y_B-y_A)$ $= p(x+x_B-2x_A)$

BEISPIEL 11/46

a) Es soll eine Gleichung der Tangente an die Ellipse mit der Gleichung $\frac{x^2}{25}+\frac{y^2}{16}=1$ im Punkt $P_B(3;\ y_B>0)$ angegeben werden.
Es ist $y_B^2 = 16\left(1-\frac{9}{25}\right)$; $\quad y_B = \frac{16}{5} = 3{,}2.$
Dann gilt für die Gleichung der Tangente an die Ellipse im Punkt $P_B(3;\ 3{,}2)$:

$$\frac{3x}{25}+\frac{3{,}2y}{16}=1 \quad \text{bzw.} \quad y=-\frac{3}{5}x+5.$$

b) Es soll eine Gleichung der Tangente an die Parabel mit der Gleichung $(y-1)^2 = 4(x-2)$ im Punkt $P_B(6;\ y>0)$ angegeben werden.
Aus $(y_B-1)^2 = 4(6-2)$ erhält man $y_B = 5$.
Dann gilt für die Gleichung der Tangente an die Parabel im Punkt $P_B(6;\ 5)$:

$$(y-1)(5-1) = 2(x+6-4) \quad \text{bzw.} \quad y=\frac{1}{2}x+2.$$

Sätze über Tangenten an Kegelschnitte

Eine Tangente t in einem Punkt P_B an eine

Ellipse	Hyperbel	Parabel
steht stets senkrecht auf der Halbierenden des Winkels, den die Brennstrahlen[1]) bilden.	halbiert stets den Winkel, den die Brennstrahlen[1]) bilden.	steht stets senkrecht auf der Halbierenden des Winkels zwischen dem Brennstrahl[1]) und der Parallelen zur Parabelachse durch P_B.

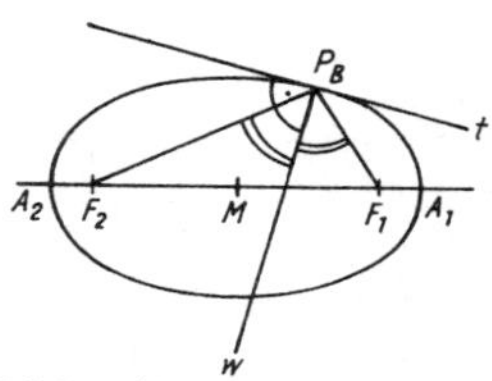

Bild 11/71

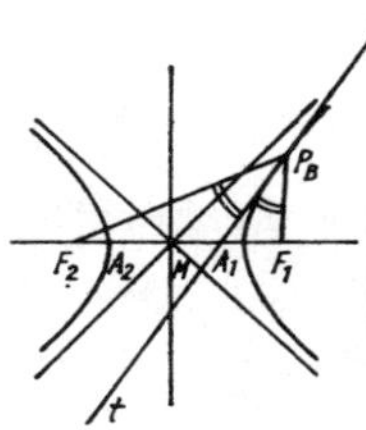

Bild 11/72

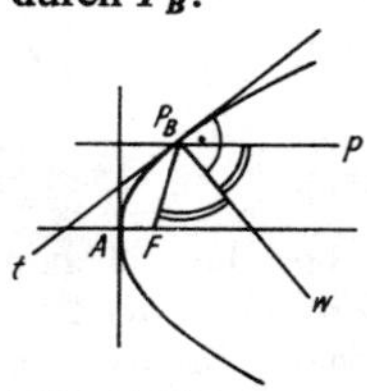

Bild 11/73

[1]) Unter einem »Brennstrahl« werde der Strahl aus P_B durch einen Brennpunkt F des Kegelschnitts verstanden.

(3) Um die Gleichungen der **Tangenten** angeben zu können, die **von einem Punkt P_0 aus an einen Kegelschnitt** gelegt werden, sind zunächst die Koordinaten der Berührungspunkte zu ermitteln. Da die Koordinaten der Berührungspunkte sowohl die entsprechende Kegelschnittgleichung als auch die zugehörige Tangentengleichung erfüllen müssen, ist ein System von zwei Gleichungen mit zwei Variablen zu lösen. Anschließend ist die gesuchte Tangentengleichung anzugeben.

BEISPIEL 11/47

Es sind die Gleichungen der Tangenten anzugeben, die vom Punkt $P_0(-3;\ -6)$ aus an die gleichseitige Hyperbel mit der Gleichung $x^2 - y^2 = 9$ gelegt werden können.
Aus dem Gleichungssystem

$$x_B^2 - y_B^2 = 9$$
$$-3x_B + 6y_B = 9$$

erhält man nach Substitution $y_B = \dfrac{x_B + 3}{2}$ die quadratische Gleichung $x_B^2 - 2x_B - 15 = 0$, deren Lösungen $x_{B1} = 5$ und $x_{B2} = -3$ sind. Die zugehörigen Ordinaten sind $y_{B1} = 4$ bzw. $y_{B2} = 0$.

Die in den Berührungspunkten $P_{B1}(5;\ 4)$ bzw. $P_{B2}(-3;\ 0)$ an die gleichseitige Hyperbel gelegten Tangenten haben die Gleichungen

$$y = \frac{5}{4}x - \frac{9}{4} \quad \text{bzw.} \quad x = -3.$$

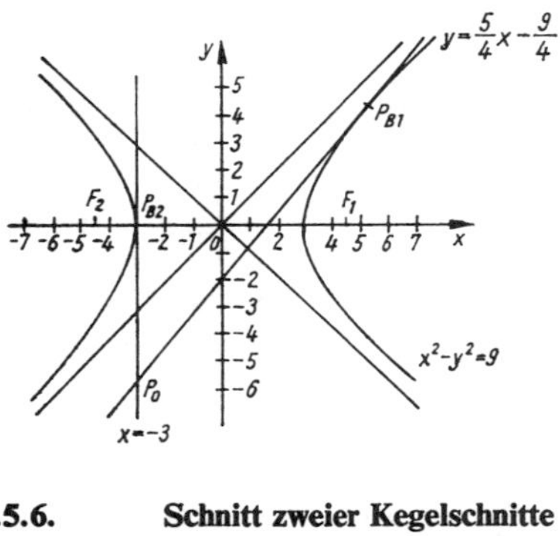

Bild 11/74

11.5.6. Schnitt zweier Kegelschnitte

(1) Sind die Gleichungen zweier Kegelschnitte gegeben und sollen die Koordinaten der Schnittpunkte dieser Kegelschnitte ermittelt werden, dann ist ein System von zwei quadratischen Gleichungen mit zwei Variablen zu lösen. Die geordneten Paare $(x_S;\ y_S)$, die das Gleichungssystem erfüllen, sind die **Schnittpunkte** beider Kegelschnitte.
(2) Unter dem **Schnittwinkel** zweier Kegelschnitte versteht man den Schnittwinkel der Tangenten im Schnittpunkt an diese Kegelschnitte

(↗ 11.2.8.). Sind die Gleichungen der Tangenten bekannt, dann kann mit Hilfe der Richtungsfaktoren m_1, m_2 durch

$$\tan\delta = \frac{m_2 - m_1}{1 + m_1 m_2}$$

der Schnittwinkel δ berechnet werden.

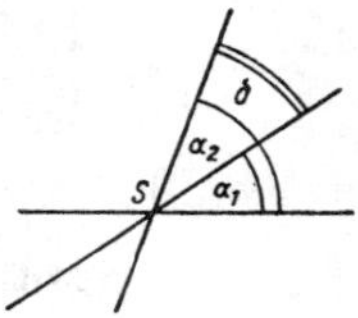

Bild 11/75

BEISPIEL 11/48

a) Um die Schnittpunkte der Ellipse mit der Gleichung $\frac{x^2}{25} + \frac{y^2}{9} = 1$ mit der Parabel mit der Gleichung $y^2 = \frac{144}{25}(x - 2)$ zu ermitteln, ist das Gleichungssystem

$$\frac{x^2}{25} + \frac{y^2}{9} = 1$$

$$y^2 = \frac{144}{25}(x - 2)$$

zu lösen.
Mit Hilfe des Substitutionsverfahrens erhält man eine quadratische Gleichung $x^2 + 16x - 57 = 0$, deren Lösungen $x_1 = 3$ und $x_2 = -19$ sind. -19 liegt außerhalb des Definitionsbereichs $-5 \leqq x \leqq 5$. Zu $x = 3$ gehören die Ordinaten $y_1 = 2{,}4$ und $y_2 = -2{,}4$. Ellipse und Parabel schneiden einander in den Punkten $S_1(3;\ 2{,}4)$ und $S_2(3;\ -2{,}4)$.

b) Um einen Schnittwinkel beider Kegelschnitte in $S_1(3;\ 2{,}4)$ zu berechnen, werden die Tangentengleichungen an Parabel und Ellipse angegeben:
Für die Tangentengleichung an die

Parabel gilt:

$$yy_1 = p(x + x_1 - 2x_A)$$
$$2{,}4\,y = 2{,}88(x + 3 - 4)$$
$$y = 1{,}2x - 1{,}2$$

Ellipse gilt:

$$\frac{xx_1}{a^2} + \frac{yy_1}{b^2} = 1$$
$$\frac{3x}{25} + \frac{12y}{5 \cdot 9} = 1$$
$$y = -0{,}45x + 3{,}75$$

Nach der Schnittwinkelformel erhält man mit $m_1 = 1{,}2$ und $m_2 = -0{,}45$

$$\tan\delta = \frac{m_2 - m_1}{1 + m_1 m_2} = \frac{-0{,}45 - 1{,}2}{1 - 0{,}45 \cdot 1{,}2} = \frac{-1{,}65}{0{,}46} \approx -3{,}587$$

Daraus ergibt sich $\delta \approx 74{,}4°$ und $\delta \approx 105{,}6°$.

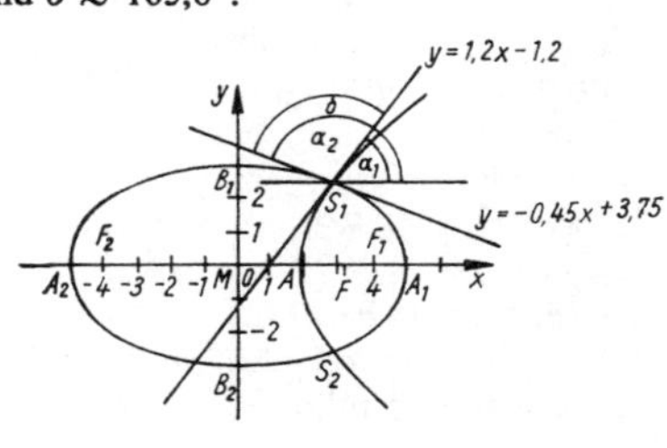

Bild 11/76

12. Infinitesimalrechnung (Differential- und Integralrechnung)

12.1. Ableitung einer Funktion

12.1.1. Ableitung einer Funktion an einer Stelle

(1) Nach 11.2.1. versteht man unter dem **Anstieg einer Geraden**, d. h. unter dem Anstieg des Graphen einer linearen Funktion, den Tangens des Winkels, den die Gerade mit der positiven Richtung der x-Achse bildet (Bild 12/1):

$$\tan \alpha = \frac{y_1 - y_0}{x_1 - x_0} \quad (x_1 \neq x_0),$$

wenn die Gerade durch $P_0(x_0; y_0)$ und $P_1(x_1; y_1)$ verläuft.

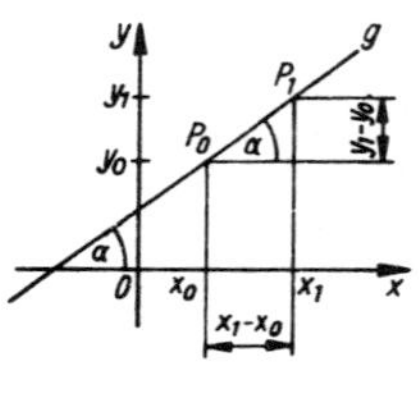

Bild 12/1

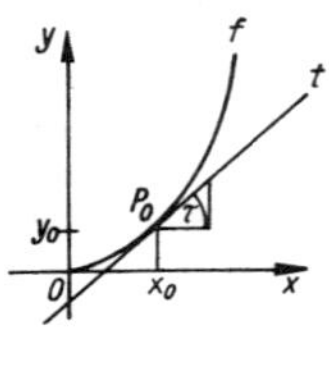

Bild 12/2

Unter dem **Anstieg des Graphen einer Funktion f in einem Punkt P_0** versteht man den **Anstieg einer Tangente** an den Graphen von f im Punkt P_0. Er charakterisiert den Verlauf des Graphen der Funktion an der Stelle x_0 (Bild 12/2).

(2) Um den Anstieg einer Tangente an den Graphen der Funktion f, die in einer Umgebung von x_0 definiert ist, im Punkt P_0 zu ermitteln, sind folgende **Schritte** durchzuführen:

1. Verbindet man den Punkt $P_0(x_0; f(x_0))$ mit dem Punkt $P_1(x_0 + h; f(x_0 + h))$, so entsteht eine **Sekante** dieses Graphen der Funktion durch die Punkte P_0 und P_1 (Bild 12/3). Der Anstieg der Sekante ist für $h \neq 0$

   $$\tan \sigma = \frac{f(x_0 + h) - f(x_0)}{h}.$$

   Er wird mit m bezeichnet.
   Bleibt der Punkt P_0 fest und durchläuft der Argumentzuwachs h die Zahlen einer Nullfolge (h_n) mit $h_n \neq 0$ für alle n, dann »wandert« der

Punkt P_1 nach P_0, die Sekante »nähert sich immer mehr« einer Grenzlage, die durch die Gerade t charakterisiert ist (Bild 12/4).

Bild 12/3

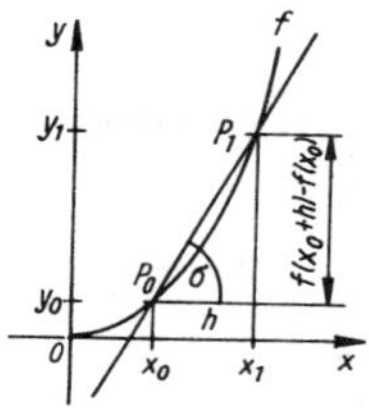

Bild 12/4

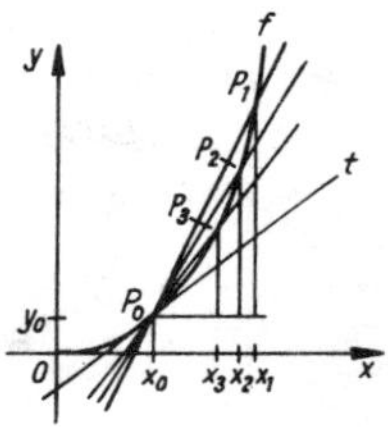

Zu jedem h gehört ein m. Die Menge der geordneten Paare $(h; m)$ mit $h \neq 0$ ist eine Funktion, die Differentialquotient der Funktion f an der Stelle x_0 genannt wird.

Wenn die Funktion f in der Umgebung von x_0 definiert ist, so heißt die Funktion d mit

$$d(h) = \frac{f(x_0 + h) - f(x_0)}{h} \quad (h \neq 0)$$

Differenzenquotient der Funktion f an der Stelle x_0.

2. Der Differenzenquotient ist umzuformen.
3. Hat die Funktion d einen Grenzwert, d. h., existiert der Grenzwert

$$\lim_{h \to 0} \frac{f(x_0 + h) - f(x_0)}{h} \quad (h \neq 0),$$

so ist die Funktion f an der Stelle x_0 differenzierbar.

Die **Funktion f** ist **an der Stelle x_0 differenzierbar**, wenn f in einer Umgebung von x_0 definiert ist und der Grenzwert

$$\lim_{h \to 0} \frac{f(x_0 + h) - f(x_0)}{h} \quad (h \neq 0)$$

existiert.

Wenn f eine an der Stelle x_0 differenzierbare Funktion ist, heißt der Grenzwert

$$\lim_{h \to 0} \frac{f(x_0 + h) - f(x_0)}{h} \quad (h \neq 0)$$

die **1. Ableitung** oder der **Differentialquotient der Funktion f an der Stelle** x_0 und wird mit $f'(x_0)$ bezeichnet (gelesen: f Strich von x_0).

BEISPIEL 12/1

Es soll gezeigt werden, daß die Funktion f mit $f(x) = x^2 + 3x$ an der Stelle $x_0 = 0{,}8$ differenzierbar ist.
Der Funktionswert an der Stelle $x_0 = 0{,}8$ ist $f(0{,}8) = 3{,}04$, der Funktionswert an der Stelle $(x_0 + h)$ ist

$$f(0{,}8 + h) = (0{,}8 + h)^2 + 3 \cdot (0{,}8 + h).$$

1. Schritt: Differenzenquotient der Funktion f an der Stelle 0,8 ist

$$d(h) = \frac{f(x_0 + h) - f(x_0)}{h}$$

$$= \frac{(0{,}8 + h)^2 + 3 \cdot (0{,}8 + h) - 3{,}04}{h}$$

mit $h \neq 0$.

2. Schritt: Umformen des Differenzenquotienten:

$$d(h) = \frac{0{,}64 + 1{,}6h + h^2 + 2{,}4 + 3h - 3{,}04}{h}$$

$$= \frac{h^2 + 4{,}6h}{h}$$

$$d(h) = h + 4{,}6$$

3. Schritt: Grenzwert des Differenzenquotienten für $h \to 0$:

$$\lim_{h \to 0} (h + 4{,}6) = 4{,}6.$$

Das bedeutet, die Funktion $f(x) = x^2 + 3x$ ist an der Stelle 0,8 differenzierbar. Es ist $f'(0{,}8) = 4{,}6$.

Die geometrische Veranschaulichung zeigt, daß die Tangente an den Graphen der Funktion f mit $f(x) = x^2 + 3x$ im Punkt $P_0(0{,}8; 3{,}04)$ den Anstieg 4,6 hat (Bild 12/5). Der Winkel α, den die Tangente mit der positiven Richtung der x-Achse einschließt, ist $\alpha \approx 77{,}7°$; denn $\tan 77{,}7° \approx 4{,}6$.
Eine Gleichung der Tangente wird mit Hilfe der Punktrichtungsgleichung angegeben:

$$f'(0{,}8) = \frac{y - y_0}{x - x_0}$$

bzw.

$$4{,}6 = \frac{y - 3{,}04}{x - 0{,}8}$$

$$y = 4{,}6x - 0{,}64$$

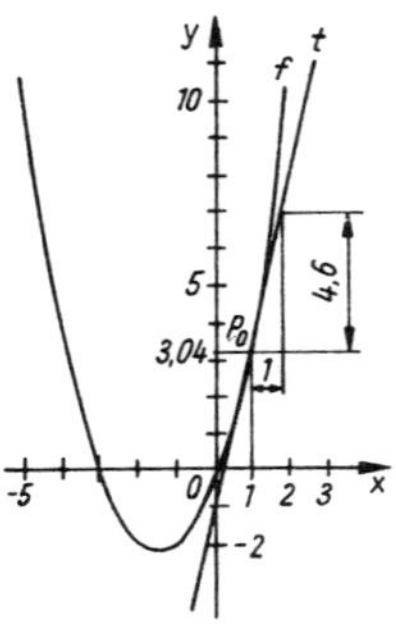

Bild 12/5

12.1.2. Ableitung einer Funktion in einem Intervall

Ist eine Funktion f in einem Intervall I definiert und ist f an jeder Stelle des Intervalls differenzierbar, so sagt man, f ist **im Intervall I differenzierbar.**

Dann ist auch die 1. Ableitung von f eine Funktion.
Man beachte:

Die Ableitung einer Funktion f

an einer Stelle x_0 ist eine **Zahl.**	im Intervall I ist eine **Funktion.**

Man nennt eine Funktion f eine **differenzierbare Funktion**, wenn sie für jedes Argument ihres Definitionsbereichs differenzierbar ist.

BEISPIEL 12/2

Die Funktion f mit $f(x) = x^3$ ist an jeder Stelle des Definitionsbereichs differenzierbar, f ist eine differenzierbare Funktion, damit erhält man $f'(x) = 3x^2$.
Ist $y = x^3$ gegeben, so schreibt man $y' = 3x^2$ für die 1. Ableitung der gegebenen Funktion.

12.1.3. Differentiale

Die Funktion f sei eine differenzierbare Funktion.
Der *Differenzenquotient* gibt für einen vorgegebenen Argumentzuwachs $h = \Delta x$ den *Anstieg der Sekante* des Graphen der Funktion f durch die Punkte P_0 und P_1 im Intervall $x_0 < x < x_0 + \Delta x$ an (Bild 12/6).

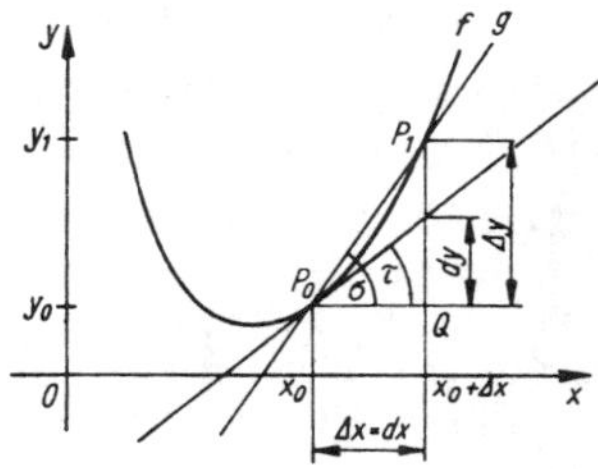

Bild 12/6

Dem Argumentzuwachs Δx ist ein Zuwachs Δy der Funktionswerte zugeordnet:

$$\Delta y = f(x_0 + \Delta x) - f(x_0).$$

Der *Differenzenquotient* ist dann

$$\tan \sigma = \frac{\Delta y}{\Delta x} = \frac{f(x_0 + \Delta x) - f(x_0)}{\Delta x} \quad (\Delta x \neq 0).$$

Da der *Differentialquotient* der Grenzwert des Differenzenquotienten ist $\left(f'(x) = \lim\limits_{\Delta x \to 0} \frac{\Delta y}{\Delta x}\right)$ und da der Differentialquotient den *Anstieg der Tangente* für jedes Argument des Definitionsbereichs ergibt, kann bei gleichem Argumentzuwachs ($\Delta x = dx$) der Anstieg der Tangente veran-

schaulicht werden (Bild 12/6). Man nennt den Zuwachs $\overline{P_0Q_1} = \Delta x = \mathrm{d}x$ des Arguments das **Differential von** x und $\mathrm{d}y$ das **Differential der Funktion** f in x_0 bzw. im Intervall I.
Deshalb kann der Differentialquotient $\frac{\mathrm{d}y}{\mathrm{d}x}$ (gelesen: $\mathrm{d}y$ nach $\mathrm{d}x$) als Quotient der beiden Differentiale $\mathrm{d}x$ und $\mathrm{d}y$ aufgefaßt werden. Die 1. Ableitung an der Stelle x_0 wird auch mit $\left.\frac{\mathrm{d}y}{\mathrm{d}x}\right|_{x=x_0}$ bezeichnet (gelesen: $\mathrm{d}y$ nach $\mathrm{d}x$ an der Stelle x_0).

12.1.4. Zusammenhang zwischen Stetigkeit und Differenzierbarkeit einer Funktion f an einer Stelle x_0

Satz: Für jede Funktion f gilt:

Wenn die Funktion f an der Stelle x_0 differenzierbar ist, so ist f in x_0 stetig.
Das heißt, aus der Differenzierbarkeit der Funktion f in x_0 folgt die Stetigkeit von f in x_0, oder anders ausgedrückt: Die Stetigkeit der Funktion f in x_0 ist eine notwendige Bedingung (↗ 1.5.1.) für die Differenzierbarkeit von f in x_0.
Formulierung dieses Satzes als Kontraposition (↗ 1.3.6.):

Für jede Funktion f gilt:

Ist f in x_0 nicht stetig, so ist f in x_0 nicht differenzierbar.

Formulierung der Umkehrung des Satzes:

Für jede Funktion f gilt:

Wenn die Funktion f an der Stelle x_0 stetig ist, so ist f an der Stelle x_0 differenzierbar.
Am Beispiel der Funktion f mit $f(x) = |x|$ kann gezeigt werden, daß diese Aussage falsch ist. Das bedeutet, aus der Stetigkeit von f an der Stelle x_0 folgt **nicht** die Differenzierbarkeit von f in x_0. Die Stetigkeit von f in x_0 ist **nicht hinreichend** für die Differenzierbarkeit von f in x_0.
Zusammengefaßt mit dem oben angegebenen Satz:

> Die Stetigkeit von f an der Stelle x_0 ist notwendig, aber nicht hinreichend für die Differenzierbarkeit von f in x_0.

12.2. Differentiationsregeln

12.2.1. Regeln für die Differentiation einer Summe, eines Produkts und eines Quotienten von Funktionen

Es seien u, v, w differenzierbare Funktionen.

(1) **Ableitung einer Summe von Funktionen**

> Die Funktion f mit $f(x) = u(x) + v(x)$ ist differenzierbar, und es gilt:
>
> $$f'(x) = u'(x) + v'(x) \quad \textbf{(Summenregel)}.$$

Beweis:

- Bildung des Differenzenquotienten ($h \neq 0$):

$$d(h) = \frac{f(x+h) - f(x)}{h}$$

$$= \frac{[u(x+h) + v(x+h)] - [u(x) + v(x)]}{h}$$

- Umformung des Differenzenquotienten:

$$d(h) = \frac{u(x+h) + v(x+h) - u(x) - v(x)}{h}$$

$$= \frac{u(x+h) - u(x)}{h} + \frac{v(x+h) - v(x)}{h}$$

- Bestimmung des Grenzwertes des Differenzenquotienten für $h \to 0$:

$$\lim_{h\to 0} \frac{f(x+h) - f(x)}{h} = \lim_{h\to 0} \frac{u(x+h) - u(x)}{h} + \lim_{h\to 0} \frac{v(x+h) - v(x)}{h}$$

$f'(x) = u'(x) + v'(x)$, w. z. b. w.

Die Summenregel gilt für beliebig viele Summanden:

Die Funktionen $u_1, u_2, \ldots, u_n$ seien differenzierbare Funktionen,

dann ist die Summe dieser Funktionen, $f(x) = \sum_{k=1}^{n} u_k(x)$,

differenzierbar, und es gilt: $f'(x) = \sum_{k=1}^{n} u'_k(x)$.

(2) **Ableitung eines Produkts von Funktionen**

Die Funktion f mit $f(x) = u(x) \cdot v(x)$ ist differenzierbar, und es gilt:

$$f'(x) = u'(x) \cdot v(x) + u(x) \cdot v'(x) \quad \textbf{(Produktregel).}$$

Beweis:

- Bildung des Differenzenquotienten ($h \neq 0$):

$$d(h) = \frac{f(x+h) - f(x)}{h} = \frac{u(x+h) \cdot v(x+h) - u(x) \cdot v(x)}{h}$$

- Umformung des Differenzenquotienten:

Zur Bildung von Differenzenquotienten $\frac{u(x+h)-u(x)}{h}$ bzw. $\frac{v(x+h)-v(x)}{h}$ wird im Zähler des Differenzenquotienten das Glied $u(x)\cdot v(x+h)$ subtrahiert und anschließend addiert:

$$d(h)=\frac{u(x+h)\cdot v(x+h)-u(x)\cdot v(x+h)+u(x)\cdot v(x+h)-u(x)\cdot v(x)}{h}$$

$$=\frac{u(x+h)-u(x)}{h}\cdot v(x+h)+u(x)\cdot\frac{v(x+h)-v(x)}{h}$$

- Bestimmung des Grenzwertes des Differenzenquotienten für $h\to 0$:

$$\lim_{h\to 0}\frac{f(x+h)-f(x)}{h}=\lim_{h\to 0}\left[\frac{u(x+h)-u(x)}{h}\cdot v(x+h)\right]+\lim_{h\to 0}\left[u(x)\cdot\frac{v(x+h)-v(x)}{h}\right]$$

$$f'(x)=u'(x)\cdot v(x)+u(x)\cdot v'(x),\quad \text{w. z. b. w.}$$

Die Produktregel gilt auch für mehr als zwei Faktoren:
Die Funktionen u, v, w seien differenzierbare Funktionen, dann ist das Produkt dieser Funktion, $f(x)=u\cdot v\cdot w$, differenzierbar, und es gilt:

$$f'(x)=u'vw+uv'w+uvw'.$$

(3) **Ableitung eines Quotienten zweier Funktionen**

Die Funktion f mit $f(x)=\frac{u(x)}{v(x)}$ $[v(x)\neq 0]$ ist differenzierbar, und es gilt:

$$f'(x)=\frac{u'(x)\cdot v(x)-u(x)\cdot v'(x)}{[v(x)]^2}\qquad \textbf{(Quotientenregel).}$$

Beweis:

- Bildung des Differenzenquotienten ($h\neq 0$):

$$d(h)=\frac{f(x+h)-f(x)}{h}=\frac{1}{h}\left[\frac{u(x+h)}{v(x+h)}-\frac{u(x)}{v(x)}\right]$$

- Umformung des Differenzenquotienten:

$$d(h)=\frac{1}{h}\cdot\frac{u(x+h)\cdot v(x)-u(x)\cdot v(x+h)}{v(x+h)\cdot v(x)}$$

Im Zähler des Differenzenquotienten wird das Glied $u(x) \cdot v(x)$ subtrahiert und anschließend addiert; damit gelingt es, Differenzenquotienten der Funktionen u bzw. v zu bilden:

$$d(h) = \frac{1}{v(x+h)\,v(x)} \cdot \frac{u(x+h)\,v(x) - u(x)\,v(x) + u(x)\,v(x) - u(x)\,v(x+h)}{h}$$

$$= \frac{1}{v(x+h)\,v(x)} \cdot \left[\frac{u(x+h)-u(x)}{h} \cdot v(x) - u(x) \cdot \frac{v(x+h)-v(x)}{h}\right]$$

- Bestimmung des Grenzwertes des Differenzenquotienten für $h \to 0$:

$$\lim_{h\to 0} \frac{f(x+h)-f(x)}{h} = \lim_{h\to 0} \frac{1}{v(x+h)\,u(x)}$$

$$\cdot \left[\lim_{h\to 0}\left(\frac{u(x+h)-u(x)}{h} \cdot v(x)\right) - \lim_{h\to 0}\left(u(x) \cdot \frac{v(x+h)-v(x)}{h}\right)\right]$$

$$f'(x) = \frac{u'(x) \cdot v(x) - u(x) \cdot v'(x)}{[v(x)]^2}, \quad \text{w. z. b. w.}$$

Speziell gilt:

Wenn $f(x) = \dfrac{1}{v(x)}$ mit $v(x) \neq 0$ ist, ist $f'(x) = -\dfrac{v'(x)}{[v(x)]^2}$.

12.2.2. Differentiation von rationalen Funktionen

(1) Differentiation von Potenzfunktionen mit natürlichen Exponenten

Jede Potenzfunktion $f(x) = x^n$ mit $n \in \mathbf{N}$ und $n \geqq 1$ ist differenzierbar, und es gilt

$$f'(x) = nx^{n-1}.$$

Beweis:

- Bildung des Differenzenquotienten: $(h \neq 0)$

$$d(h) = \frac{f(x+h)-f(x)}{h} = \frac{(x+h)^n - x^n}{h}$$

- Umformung des Differenzenquotienten:

$$d(h) = \frac{x^n + \binom{n}{1} x^{n-1}h + \binom{n}{2} x^{n-2}h^2 + \ldots + \binom{n}{n} h^n - x^n}{h}$$

$$= nx^{n-1} + \frac{n(n-1)}{2} x^{n-2} + \ldots + h^{n-1}$$

- Bestimmung des Grenzwertes des Differenzenquotienten für $h \to 0$:

$$\lim_{h \to 0} \frac{f(x+h) - f(x)}{h} = \lim_{h \to 0} \left(nx^{n-1} + \frac{n(n-1)}{2} x^{n-2} h + \ldots + h^{n-1} \right)$$

$f'(x) = nx^{n-1}$, w. z. b. w.

(2) **Differentiation einer konstanten Funktion** $f(x) = c$

Jede konstante Funktion $f(x) = c$ ist differenzierbar, und es gilt:

$$f'(x) = 0.$$

Beweis:

- Bildung des Differenzenquotienten:

$$d(h) = \frac{c - c}{h} = \frac{0}{h} = 0 \quad (h \neq 0)$$

- Grenzwert des Differenzenquotienten:

$$\lim_{h \to 0} 0 = 0,$$

also $f'(x) = 0$, w. z. b. w.

(3) **Differentiation der Funktion** $f(x) = a \cdot u(x)$

Ist die Funktion u differenzierbar, so ist auch die Funktion f mit $f(x) = a \cdot u(x)$ differenzierbar, und es gilt:

$$f'(x) = a \cdot u'(x).$$

Beweis:

- Bildung des Differenzenquotienten ($h \neq 0$):

$$d(h) = \frac{f(x+h) - f(x)}{h} = \frac{a \cdot u(x+h) - a \cdot u(x)}{h}$$

- Umformung des Differenzenquotienten:

$$d(h) = a \cdot \frac{u(x+h) - u(x)}{h}$$

- Bestimmung des Grenzwertes des Differenzenquotienten für $h \to 0$:

$$\lim_{h \to 0} \left[a \cdot \frac{u(x+h) - u(x)}{h} \right] = a \cdot \lim_{h \to 0} \frac{u(x+h) - u(x)}{h}$$

$$f'(x) = a \cdot u'(x), \quad \text{w. z. b. w.}$$

BEISPIEL 12/3

Die Funktionen f werden differenziert:

a) $f(x) = x^4$ $\qquad f'(x) = 4x^3$
b) $f(x) = 3x^2$ $\qquad f'(x) = 3 \cdot 2 \cdot x = 6x$
c) $f(x) = 6$ $\qquad f'(x) = 0$
d) $f(x) = \frac{3}{2}x^2$ $\qquad f'(x) = 3x$

(4) Ableitung einer ganzrationalen Funktion

Mit Hilfe der Summenregel und der Regel für die Differentiation von Potenzfunktionen mit natürlichen Exponenten $n \geqq 1$ können ganzrationale Funktionen (↗ 6.1.2.) differenziert werden.

BEISPIEL 12/4

Es werden die Ableitungen der folgenden Funktionen gebildet:

a) $f(x) = 2x^3 + 5x^2 - x + 3;$ $\qquad f'(x) = 6x^2 + 10x - 1$

b) $f(x) = \frac{1}{2}x^4 - \frac{3}{5}x^2 + \frac{1}{4};$ $\qquad f'(x) = 2x^3 - \frac{6}{5}x$

(5) Differentiation von Potenzfunktionen mit negativen ganzzahligen Exponenten

Die Regel für die Differentiation von Potenzfunktionen mit natürlichen Exponenten gilt auch für die Differentiation von Potenzfunktionen mit negativen ganzzahligen Exponenten.
Es sei

$$f(x) = x^{-n} \quad \text{mit} \quad x \in \mathbf{R},\ x \neq 0, \quad n \in \mathbf{N},\ n \geqq 1.$$

Da $f(x) = x^{-n} = \frac{1}{x^n}$ ist, wird die Quotientenregel angewendet mit $u(x) = 1$, $v(x) = x^n$. Damit erhält man

$$f'(x) = \frac{0 \cdot x^n - 1 \cdot nx^{n-1}}{(x^n)^2} = -nx^{-n-1}$$

BEISPIEL 12/5

Die Funktionen f werden differenziert: $(x \neq 0)$

a) $f(x) = \frac{1}{x^3} = x^{-3};$ $\qquad f'(x) = -3x^{-4} = -\frac{3}{x^4}$

b) $f(x) = \frac{2}{3}x^{-5};$ $\qquad f'(x) = -\frac{10}{3}x^{-6} = -\frac{10}{3x^6}$

(6) Unter Anwendung der Summen-, Produkt-, Quotientenregel sowie der Regel für die Differentiation von Potenzfunktionen mit ganzzahligen Exponenten können **rationale Funktionen differenziert** werden.

BEISPIEL 12/6

Die Funktionen f werden differenziert:

a) $f(x) = 2x(3x^2 - 1)$, Anwendung der Produktregel

$$f'(x) = 2(3x^2 - 1) + 2x \cdot 6x = 6x^2 - 2 + 12x^2 = 18x^2 - 2$$

b) $f(x) = \dfrac{2x^2 - 1}{3x}$ $(x \neq 0)$, Anwendung der Quotientenregel

$$f'(x) = \frac{4x \cdot 3x - 3(2x^2 - 1)}{9x^2} = \frac{12x^2 - 6x^2 + 3}{9x^2}$$

$$= \frac{6x^2 + 3}{9x^2} = \frac{2x^2 + 1}{3x^2}$$

(7) Aus vorgegebenen Bedingungen kann die Gleichung einer rationalen Funktion angegeben werden.

BEISPIEL 12/7

Der Grad von f sei 2. Von dieser Funktion seien bekannt:

$$f(1) = 1, f(2) = 6, f(-1) = 9.$$

Die Gleichung der Funktion sei $f(x) = a_2x^2 + a_1x + a_0$. Aus diesen Bedingungen wird das Gleichungssystem mit den Variablen a_2, a_1, a_0 gebildet:

Für $x = 1$ erhält man: $a_2 + a_1 + a_0 = 1$ (Gleichung I),
für $x = 2$: $4a_2 + 2a_1 + a_0 = 6$ (Gleichung II),
für $x = -1$: $a_2 - a_1 + a_0 = 9$ (Gleichung III).

Aus Gleichung I und II ergibt sich $3a_2 + a_1 = 5$, aus Gleichung I und III $-2a_1 = 8$.
Dann ist $a_1 = -4$, $a_2 = 3$, $a_0 = 2$, so daß eine Gleichung der Funktion $f(x) = 3x^2 - 4x + 2$ ist.

12.2.3. Beziehung zwischen den Ableitungen zueinander inverser Funktionen; Differentiation von Wurzelfunktionen

(1) Beziehung zwischen den Ableitungen zueinander inverser Funktionen (↗ 6.1.3.)

Wenn f eine eineindeutige differenzierbare Funktion ist, dann ist die zu f inverse Funktion f^{-1} differenzierbar, und es gilt

$$f'(x) \cdot f^{-1\prime}(y) = 1 \quad \text{bzw.} \quad \frac{\mathrm{d}y}{\mathrm{d}x} \cdot \frac{\mathrm{d}x}{\mathrm{d}y} = 1\,.$$

(2) Differentiation von Wurzelfunktionen

Die Wurzelfunktionen $f(x) = \sqrt[n]{x}$ sind Potenzfunktionen mit gebrochenen Exponenten $f(x) = x^{\frac{1}{n}}$ $(x \in \mathbf{R},\ x \geqq 0,\ n \in \mathbf{N},\ n > 1)$. Die Potenzfunktionen $f(x) = x^{\frac{1}{n}}$ und $g(y) = y^n$ sind zueinander inverse Funktionen (Bild 12/7).

Es sei f eine Wurzelfunktion mit $f(x) = x^{\frac{1}{n}} = \sqrt[n]{x}$ mit $x \geqq 0$, $n \in \mathbf{N}$, $n > 1$. Dann gilt

$$f'(x) = \frac{1}{n} \cdot x^{\frac{1}{n}-1}$$

Beweis:

(1) Die zu f inverse Funktion ist $x = y^n = g(y)$ $(y > 0)$. Sie ist eine eineindeutige differenzierbare Funktion.

Für alle y gilt:

$$g'(y) = ny^{n-1} \quad [g'(y) \neq 0].$$

(2) Da zwischen den Ableitungen zueinander inverser Funktionen die Beziehung

$$f'(x) \cdot f^{-1\prime}(y) = f'(x) \cdot g'(y) = 1$$

gilt, ist

$$f'(x) = \frac{1}{f^{-1\prime}(y)} = \frac{1}{g'(y)} = \frac{1}{ny^{n-1}} = \frac{1}{n} \cdot y^{1-n},$$

und nach Ersetzen von y durch $x^{\frac{1}{n}}$ ist

$$f'(x) = \frac{1}{n}\left(x^{\frac{1}{n}}\right)^{1-n} = \frac{1}{n} x^{\frac{1}{n}-1}, \quad \text{w. z. b. w.}$$

Die für die Differentiation von Potenzfunktionen mit natürlichen Exponenten gültige Regel gilt auch für die Differentiation von Wurzelfunktionen.

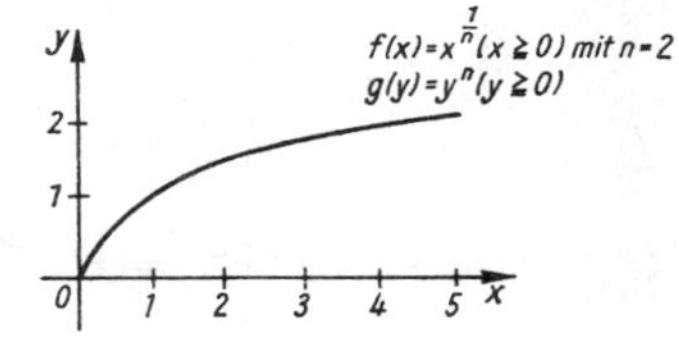

Bild 12/7

BEISPIEL 12/8

Die Funktionen f werden differenziert: $(x > 0)$

a) $f(x) = \sqrt{x} = x^{\frac{1}{2}}$; $\quad f'(x) = \frac{1}{2}x^{-\frac{1}{2}} = \frac{1}{2\sqrt{x}}$

b) $f(x) = 3\sqrt{x} - 2\sqrt[4]{x} = 3x^{\frac{1}{2}} - 2x^{\frac{1}{4}}$

$$f'(x) = 3 \cdot \frac{1}{2}x^{-\frac{1}{2}} - 2 \cdot \frac{1}{4}x^{-\frac{3}{4}} = \frac{3}{2\sqrt{x}} - \frac{1}{2\sqrt[4]{x^3}}$$

12.2.4. Ableitung der Verkettung von Funktionen (Kettenregel); Differentiation von Potenzfunktionen mit rationalen Exponenten

(1) Die Funktion u kann mit der Funktion v verkettet werden, wenn der Definitionsbereich $D(u)$ der äußeren Funktion gemeinsame Elemente mit dem Wertebereich $W(v)$ der inneren Funktion hat (↗ 6.3.2.). Man schreibt $u \circ v(x) = u(v(x))$, wenn die Funktion f mit $y = f(x) = u(z)$ ist mit $z = v(x)$.

Für die Ableitung verketteter Funktionen gilt:

Sind u, v differenzierbare Funktionen, dann ist die Funktion $f(x) = u(v(x))$ differenzierbar, und es gilt

$$f'(x) = u'(v(x)) \cdot v'(x) \quad \textbf{(Kettenregel)}$$

bzw.

$$\frac{dy}{dx} = \frac{dy}{dz} \cdot \frac{dz}{dx}.$$

Für mehrfach verkettete Funktionen gilt:

$$\frac{dy}{dx} = \frac{dy}{dz} \cdot \frac{dz}{du} \cdot \frac{du}{dv} \cdot \ldots \cdot \frac{dr}{dx}.$$

BEISPIEL 12/9

Die Funktionen f werden differenziert:

a) $f(x) = (2x + 3)^3$, $\quad u(z) = z^3$ mit $z = v(x) = 2x + 3$

$f'(x) = u'(z) \cdot v'(x) = 3z^2 \cdot 2 = 6(2x + 3)^2$

b) $f(x) = \sqrt{3x^2 - 2x} = (3x^2 - 2x)^{\frac{1}{2}}$; $\quad u(z) = z^{\frac{1}{2}}$ mit $z = 3x^2 - 2x$

$$f'(x) = \frac{1}{2}(3x^2 - 2x)^{-\frac{1}{2}} \cdot (6x - 2) = \frac{3x - 1}{\sqrt{3x^2 - 2x}}$$

(2) **Differentiation von Potenzfunktionen mit rationalen Exponenten**

Jede Funktion f mit $f(x) = x^{\frac{m}{n}}$ $(x \geqq 0, m, n \in \mathbb{N}, m > 1, n \geqq 2)$ ist für jedes positive x differenzierbar, und es gilt

$$f'(x) = \frac{m}{n} x^{\frac{m}{n} - 1}$$

Beweis.

Die Funktion $f(x) = x^{\frac{m}{n}} = \left(x^{\frac{1}{n}}\right)^m$ ist eine verkettete Funktion mit $u(z) = z^m$ und $z = v(x) = x^{\frac{1}{n}}$.

Die Funktion v ist für jedes $x > 0$ differenzierbar; es gilt $v'(x) = \frac{1}{n} x^{\frac{1}{n}-1}$.
Dann ist auch die Funktion f für jedes $x > 0$ differenzierbar. Nach der Kettenregel ist

$$f'(x) = u'(z) \cdot v'(x) = mz^{m-1} \cdot \frac{1}{n} x^{\frac{1}{n}-1}$$

$$= \frac{m}{n} \left(x^{\frac{1}{n}}\right)^{m-1} \cdot x^{\frac{1}{n}-1}$$

$$= \frac{m}{n} x^{\frac{m}{n}-\frac{1}{n}} \cdot x^{\frac{1}{n}-1} = \frac{m}{n} x^{\frac{m}{n}-1}. \quad \text{w. z. b. w.}$$

Für Potenzfunktionen mit *negativen rationalen Exponenten* gilt: Jede Funktion $f(x) = x^{-\frac{m}{n}}$ $(x > 0,\ m, n \in \mathbf{N},\ m \geqq 1,\ n \geqq 2)$ ist differenzierbar, und es gilt

$$f'(x) = -\frac{m}{n} x^{-\frac{m}{n}-1} \quad (x > 0).$$

Der Beweis ist analog dem Beweis für die Ableitung der Potenzfunktionen mit positiven rationalen Exponenten zu führen, wenn $u(z) = z^{-m}$ gesetzt wird.
Damit ist gezeigt worden, daß jede Potenzfunktion mit rationalen Exponenten für jedes positive x differenzierbar ist.

Zusammenfassung

Jede Potenzfunktion f mit $f(x) = x^r$ $(r \in \mathbf{Q})$ ist differenzierbar, und es gilt $f'(x) = rx^{r-1}$.

Dabei sind folgende Einschränkungen zu beachten:

- Wenn r eine negative ganze Zahl ist, hat diese Regel für alle x mit $x \neq 0$ Gültigkeit.
- Wenn r keine ganze Zahl ist, gilt diese Regel für alle x mit $x > 0$.

BEISPIEL 12/10

Die Funktionen f werden differenziert:

a) $f(x) = x^{\frac{4}{3}} = \sqrt[3]{x^4}$; $\quad f'(x) = \frac{4}{3} x^{\frac{1}{3}} = \frac{4}{3}\sqrt[3]{x} \quad (x \geqq 0)$

b) $f(x) = x^{-\frac{2}{3}} = \frac{1}{\sqrt[3]{x^2}}$; $\quad f'(x) = -\frac{2}{3} x^{-\frac{5}{3}} = \frac{-2}{3\sqrt[3]{x^5}} \quad (x > 0)$

c) $f(x) = (2x^3 - 1)^{\frac{3}{5}}$; $(2x^3 - 1 > 0)$

$$f'(x) = \frac{3}{5}(2x^3 - 1)^{-\frac{2}{5}} \cdot 6x^2 = \frac{18x^2}{5\sqrt[5]{(2x^3 - 1)^2}}$$

12.2.5. Differentiation von Logarithmusfunktionen

(1) Jede Logarithmusfunktion $f(x) = \log_a x$ mit $a > 0$, $a \neq 1$, $x > 0$ ist differenzierbar, und es gilt

$$f'(x) = \frac{1}{x}\log_a e = \frac{1}{x \cdot \ln a}.$$

Beweis:

- Bildung des Differenzenquotienten: $(h \neq 0)$

$$d(h) = \frac{f(x+h) - f(x)}{h} = \frac{\log_a(x+h) - \log_a x}{h}$$

- Umformung des Differenzenquotienten: Bei Anwendung des Logarithmengesetzes 2 in 3.4.6. erhält man

$$d(h) = \frac{1}{h}\log_a \frac{x+h}{x} = \frac{1}{h}\log_a\left(1 + \frac{h}{x}\right).$$

Nach Erweitern mit x und Anwenden des 3. Logarithmengesetzes ergibt sich

$$d(h) = \frac{1}{x} \cdot \frac{x}{h} \cdot \log_a\left(1 + \frac{h}{x}\right) = \frac{1}{x}\log_a\left(1 + \frac{h}{x}\right)^{\frac{x}{h}}.$$

- Bestimmung des Grenzwertes des Differenzenquotienten für $h \to 0$:

$$\lim_{h\to 0}\frac{f(x+h) - f(x)}{h} = \frac{1}{x} \cdot \lim_{h\to 0}\left[\log_a\left(1 + \frac{h}{x}\right)^{\frac{x}{h}}\right]$$

Wird bei der Berechnung des Grenzwertes $\frac{h}{x} = n$ gesetzt, so erhält der Logarithmand die Form $(1 + n)^{\frac{1}{n}}$

In 6.9.2. wurde der Grenzwert

$$\lim_{n\to\infty}\left[\log_a(1 + n)^{\frac{1}{n}}\right] = \log_a e$$

bestimmt.

Somit ist $f'(x) = \frac{1}{x} \cdot \log_a e$ bzw. $f'(x) = \frac{1}{x} \cdot \frac{\ln e}{\ln a}$, und da $\ln e = 1$ ist, gilt $f'(x) = \frac{1}{x \cdot \ln a}$, w. z. b. w.

Die **Ableitung der Funktion der natürlichen Logarithmen**

$$f(x) = \ln x = \log_e x \quad (x > 0)$$

ist

$$f'(x) = \frac{1}{x}.$$

BEISPIEL 12/11

Die Funktionen f werden differenziert: ($x > 0$ für a bis d)

a) $f(x) = \log_2 x$; $\quad f'(x) = \dfrac{1}{x \ln 2}$

b) $f(x) = \lg x = \log_{10} x$; $\quad f'(x) = \dfrac{1}{x \ln 10}$

c) $f(x) = x \cdot \ln x$; $\quad f'(x) = \ln x + x \cdot \dfrac{1}{x} = 1 + \ln x$

d) $f(x) = \dfrac{\log_a x}{x}$; $\quad f'(x) = \dfrac{\dfrac{1 \cdot x}{x \ln a} - \log_a x}{x^2}$

$$= \frac{1 - \ln a \log_a x}{x^2 \ln a} = \frac{1}{x^2 \ln a} - \frac{\log_a x}{x^2}$$

e) $f(x) = \log_a (x + 3)$; $\quad f'(x) = \dfrac{1}{(x + 3) \ln a} \; (x > -3)$

(2) Differenzieren einer Funktion nach vorangegangenem Logarithmieren

Da die Ableitung der Logarithmusfunktion $f(x) = \ln x$ besonders einfach zu bilden ist, ergeben sich beim Bilden der Ableitungen solcher Funktionen, in deren Funktionsgleichungen die Variable sowohl in der Basis als auch im Exponenten auftritt, Vorteile, wenn beide Seiten der Funktionsgleichung zur Basis e logarithmiert werden, bevor unter Anwenden der Kettenregel die Ableitung ermittelt wird.
Es sei

$$y = f(x) = u(x)^{z(x)}.$$

Durch Logarithmieren der Gleichung erhält man

$$\ln y = \ln u(x)^{z(x)} = z(x) \cdot \ln u(x).$$

Anwenden von Kettenregel und Produktregel ergibt

$$\frac{1}{y} \cdot y' = z'(x) \cdot \ln u(x) + z(x) \cdot \frac{u'(x)}{u(x)}$$

und nach Ersetzen von $y = u(x)^{z(x)}$

$$y' = f'(x) = u(x)^{z(x)} \cdot \left[z'(x) \cdot \ln u(x) + z(x) \cdot \frac{u'(x)}{u(x)} \right]$$

BEISPIEL 12/12

Die Funktionen f werden differenziert:

a) $y = f(x) = x^x (x > 0)$; Logarithmieren: $\ln y = x \ln x$

Differenzieren: $\frac{1}{y} y' = \ln x + x \cdot \frac{1}{x}$

$y' = f'(x) \qquad = x^x(1 + \ln x)$

b) $y = f(x) = \sqrt[x]{x} = x^{\frac{1}{x}} \quad (x > 0, \ x \neq 1)$

Logarithmieren: $\ln y = \ln x^{\frac{1}{x}} = \frac{1}{x} \ln x = \frac{\ln x}{x}$

Differenzieren: $\frac{1}{y} \cdot y' = \frac{\frac{1}{x} \cdot x - \ln x}{x^2} = \frac{1 - \ln x}{x^2}$

$$y' = f'(x) = \sqrt[x]{x} \cdot \frac{1 - \ln x}{x^2}$$

12.2.6. Differentiation von Exponentialfunktionen

Jede Exponentialfunktion $f(x) = a^x$ $(a > 0)$ ist für alle reellen x differenzierbar, und es gilt

$$f'(x) = a^x \ln a.$$

Beweis:

Die Exponentialfunktion $f(x) = a^x$ $(a > 0)$ und die Logarithmusfunktion $g(x) = \log_a x$ mit $a > 0$, $a \neq 1$, $x > 0$ sind zueinander inverse Funktionen (↗ 6.7.3.).

Für die Ableitungen zueinander inverser Funktionen gilt

$$f'(x) \cdot f^{-1\prime}(y) = 1 \quad \text{bzw.} \quad f'(x) \cdot g'(y) = 1$$

[↗ 12.2.3.(1)].

Ist $y = f(x) = a^x$ $(a > 0)$, so ist $x = \log_a y = g(y) = f^{-1}(y)$. Nach 12.2.5.(1) gilt

$$x' = f^{-1\prime}(y) = \frac{1}{y \ln a}.$$

Also ist

$$f'(x) = \frac{1}{f^{-1\prime}(y)} = \frac{1}{\frac{1}{y \ln a}} = y \ln a$$

und mit $y = a^x$ ist deren Ableitung $y' = f'(x) = a^x \cdot \ln a$.

Die **Ableitung der natürlichen Exponentialfunktion** $f(x) = e^x$ ist $f'(x) = e^x \ln e$, und da $\ln e = 1$ ist, gilt $f'(x) = e^x$; d. h., für jede reelle Zahl ist die Ableitung der e-Funktion gleich der Funktion selbst.

BEISPIEL 12/13

Die Funktionen f werden differenziert:

a) $f(x) = x^a + a^x;$ $\quad f'(x) = ax^{a-1} + a^x \ln a$

b) $f(x) = 2x^3a^x;$ $\quad f'(x) = 2 \cdot 3x^2a^x + 2x^3a^x \ln a$

$\qquad = 2x^2a^x(3 + x \ln a)$

c) $f(x) = \dfrac{x^5 - 2x}{a^x};$ $\quad f'(x) = \dfrac{(5x^4 - 2)\, a^x - a^x \ln a(x^5 - 2x)}{a^{2x}}$

$\qquad = \dfrac{5x^4 - 2 - x^5 \ln a + 2x \ln a}{a^x}$

d) $f(x) = a^{2x};$ $\quad f'(x) = a^{2x} \ln a \cdot 2 = 2 \ln a \cdot a^{2x}$

e) $f(x) = e^{3x-2};$ $\quad f'(x) = 3e^{3x-2}$

12.2.7. Differentiation von Winkelfunktionen

(1) Die Funktion $f(x) = \sin x$ ist für alle reellen x differenzierbar, und es gilt

$$f'(x) = \cos x.$$

Beweis:

- Bildung des Differenzenquotienten: $(h \neq 0)$

$$d(h) = \frac{f(x+h) - f(x)}{h} = \frac{\sin(x+h) - \sin x}{h}$$

- Umformung des Differenzenquotienten:

Nach Anwenden des Additionstheorems

$$\sin \alpha - \sin \beta = 2 \cos \frac{\alpha + \beta}{2} \sin \frac{\alpha - \beta}{2}$$

mit $\alpha = x + h$ und $\beta = x$ bzw. $\dfrac{\alpha + \beta}{2} = x + \dfrac{h}{2}$ und $\dfrac{\alpha - \beta}{2} = \dfrac{h}{2}$ erhält man

$$d(h) = \frac{2 \cos\left(x + \frac{h}{2}\right) \sin \frac{h}{2}}{h.} = \cos\left(x + \frac{h}{2}\right) \cdot \frac{\sin \frac{h}{2}}{\frac{h}{2}}$$

- Bestimmung des Grenzwertes des Differenzenquotienten für $h \to 0$:

$$\lim_{h \to 0} \frac{f(x+h) - f(x)}{h} = \lim_{h \to 0} \cos\left(x + \frac{h}{2}\right) \cdot \lim_{h \to 0} \frac{\sin \frac{h}{2}}{\frac{h}{2}}$$

Nach 6.9.2.(2) ist der Grenzwert

$$\lim_{h \to 0} \frac{\sin \frac{h}{2}}{\frac{h}{2}} = 1.$$

Also ist $f'(x) = \lim\limits_{h \to 0} \cos\left(x + \frac{h}{2}\right) = \cos x$, w. z. b. w.

(2) Die Funktion $f(x) = \cos x$ ist für alle reellen x differenzierbar, und es gilt

$$f'(x) = -\sin x.$$

Beweis:

Da $\cos x = \sin\left(x + \frac{\pi}{2}\right)$ ist, gilt für die Ableitung der Funktion

$$f(x) = \cos x = \sin\left(x + \frac{\pi}{2}\right)$$

$$f'(x) = \cos\left(x + \frac{\pi}{2}\right) = -\sin x, \quad \text{w. z. b. w.}$$

(3) Die Funktion $f(x) = \tan x$ ist an jeder Stelle ihres Definitionsbereichs differenzierbar, und es gilt

$$f'(x) = \frac{1}{\cos^2 x} = 1 + \tan^2 x \quad \left[x \neq (2k+1)\frac{\pi}{2};\ k \in \mathbf{Z}\right]$$

Beweis:

Da $\tan x = \frac{\sin x}{\cos x}$ ist, gilt für $f(x) = \tan x$ nach Anwenden der Quotientenregel

$$f'(x) = \frac{\cos^2 x - \sin x \cdot (-\sin x)}{\cos^2 x} = \frac{\cos^2 x + \sin^2 x}{\cos^2 x}$$

$$= \frac{1}{\cos^2 x} = 1 + \tan^2 x, \quad \text{w. z. b. w.}$$

(4) Die Funktion $f(x) = \cot x$ ist an jeder Stelle ihres Definitionsbereichs differenzierbar, und es gilt

$$f'(x) = -\frac{1}{\sin^2 x} = -(1 + \cot^2 x) \quad (x \neq k\pi;\ k \in \mathbf{Z}).$$

Der Beweis erfolgt analog dem Beweis für die Ableitung der Tangensfunktion.

BEISPIEL 12/14

Die Funktionen f werden differenziert:

a) $f(x) = \sin x + \cos x;$ $\quad f'(x) = \cos x - \sin x$

b) $f(x) = \sin 2x;$ $\quad f'(x) = 2 \cos 2x$

c) $f(x) = x^3 \cdot \sin x;$ $\quad f'(x) = 3x^2 \sin x + x^3 \cos x$

d) $f(x) = \dfrac{1}{\tan x};$ $\quad f'(x) = \dfrac{-(1 + \tan^2 x)}{\tan^2 x} = -\dfrac{1}{\tan^2 x} - 1$

e) $f(x) = \cos^2 (3x - 2);$ $\quad f'(x) = 2 \cos (3x - 2) \cdot [-\sin (3x - 2)]\, 3$
$= -3 \sin [2(3x - 2)]$

12.2.8. Differentiation von Arcusfunktionen

Die Funktion $f(x) = \arcsin x$ ist im Intervall $-1 < x < 1$ differenzierbar, und es gilt

$$f'(x) = \frac{1}{\sqrt{1 - x^2}}.$$

Beweis:

Die Funktionen $y = f(x) = \arcsin x$ $(-1 < x < 1)$ und $x = f^{-1}(y) = \sin y$ sind zueinander invers.
Die Ableitung von $x = f^{-1}(y) = \sin y$ ist $x' = f^{-1}(y) = \cos y$. Nach 12.2.3.(1) gilt für die Ableitungen zueinander inverser Funktionen $f'(x) \cdot f^{-1\prime}(y) = 1$.
Demnach ist

$$f'(x) = \frac{1}{f^{-1\prime}(y)} = \frac{1}{\cos y} = \frac{1}{\sqrt{1 - \sin^2 y}}$$

und mit $\sin y = x$ ist

$$f'(x) = \frac{1}{\sqrt{1 - x^2}} \text{ w. z. b. w.}$$

Entsprechend erhält man

$$(\operatorname{arccos} x)' = -\frac{1}{\sqrt{1 - x^2}} \qquad (-1 < x < 1)$$

$$(\arctan x)' = \frac{1}{1 + x^2} \qquad (-\infty < x < +\infty)$$

$$(\operatorname{arccot} x)' = -\frac{1}{1 + x^2} \qquad (-\infty < x < +\infty)$$

BEISPIEL 12/15

Die Funktionen f werden differenziert:

a) $f(x) = \arcsin \frac{x}{x+1}$;

$$f'(x) = \frac{1}{\sqrt{1 - \left(\frac{x}{x+1}\right)^2}} \cdot \frac{x + 1 - x}{(x+1)^2} = \frac{1}{\sqrt{2x+1} \cdot (x+1)}$$

b) $f(x) = \arctan \sqrt{x^2 - 1} \quad (|x| > 1)$

$$f'(x) = \frac{1}{1 + x^2 - 1} \cdot \frac{2x}{2\sqrt{x^2 - 1}} = \frac{1}{x \cdot \sqrt{x^2 - 1}}$$

12.2.9. Ableitungen höherer Ordnung

(1) Die Ableitung f' einer differenzierbaren Funktion f kann selbst differenzierbar sein.
Ist f eine differenzierbare Funktion, f' in einer Umgebung von x_0 definiert und existiert der Grenzwert $\lim\limits_{h \to 0} \frac{f'(x_0 + h) - f'(x_0)}{h}$, so ist die Funktion f an der Stelle x_0 zweimal differenzierbar. Der Grenzwert $\lim\limits_{h \to 0} \frac{f'(x_0 + h) - f'(x_0)}{h}$ heißt die **2. Ableitung** (oder der **2. Differentialquotient**) der Funktion f an der Stelle x_0 und wird mit $f''(x_0)$ (gelesen: f zwei Strich von x_0) oder $\left.\frac{d^2y}{dx^2}\right|_{x=x_0}$ (gelesen: d zwei y nach dx Quadrat an der Stelle x_0) bezeichnet.
Existiert der Grenzwert $\lim\limits_{h \to 0} \frac{f'(x + h) - f'(x)}{h}$ für jedes $x \in I$, so heißt die Menge der geordneten Paare $(x; f''(x))$ die 2. Ableitung der Funktion f im Intervall I.
In entsprechender Weise kann die 3., 4., ..., n-te Ableitung der Funktion f gebildet werden.
Bezeichnung

der 3. Ableitung: $y''' = f'''(x) = \frac{d^3y}{dx^3}$,

der 4. Ableitung: $y^{(4)} = f^{(4)}(x) = \frac{d^4y}{dx^4}$,

...

der n-ten Ableitung: $y^{(n)} = f^{(n)}(x) = \frac{d^ny}{dx^n}$

BEISPIEL 12/16

Von den Funktionen f werden Ableitungen höherer Ordnung gebildet:

a) $f(x) = 3x^4 + 2x^3 - \sqrt{5}\,x^2 + \frac{1}{2}x - 7$

$f'(x) = 12x^3 + 6x^2 - 2\sqrt{5}\,x + \frac{1}{2}$

$f''(x) = 36x^2 + 12x - 2\sqrt{5}$

$f'''(x) = 72x + 12$

$f^{(4)}(x) = 72$

$f^{(5)}(x) = 0$

b) $f(x) = \frac{2x}{x^2 - 1}$

$f'(x) = \frac{2(x^2 - 1) - 2x \cdot 2x}{(x^2 - 1)^2} = \frac{-2x^2 - 2}{(x^2 - 1)^2}$

$f''(x) = \frac{-4x(x^2 - 1)^2 - (-2x^2 - 2) \cdot 2(x^2 - 1) \cdot 2x}{(x^2 - 1)^4}$

$= \frac{4x(x^2 + 3)}{(x^2 - 1)^3} = \frac{4x^3 + 12x}{(x^2 - 1)^3}$

$f'''(x) = \frac{(12x^2 + 12)(x^2 - 1)^3 - 3(x^2 - 1)^2 \cdot 2x(4x^3 + 12x)}{(x^2 - 1)^6}$

$= \frac{-12x^4 - 72x^2 - 12}{(x^2 - 1)^4} = -12 \cdot \frac{x^4 + 6x^2 + 1}{(x^2 - 1)^4}$

...

c) $f(x) = 2 \sin x + \cos 2x$

$f'(x) = 2 \cos x - 2 \sin 2x$

$f''(x) = -2 \sin x - 4 \cos 2x$

$f'''(x) = -2 \cos x + 8 \sin 2x$

$f^{(4)}(x) = 2 \sin x + 16 \cos 2x$

...

(2) Sind die Funktionswerte der Ableitungen einer *ganzrationalen* Funktion eines festgelegten Grades gegeben, so kann eine Gleichung dieser Funktion angegeben werden.

BEISPIEL 12/17

Es ist eine Gleichung einer rationalen Funktion 3. Grades anzugeben, für die gilt:

$$f(1) = 6, \quad f'(0) = 3, \quad f''(-1) = 2, \quad f'''(x) = 6.$$

Es sei f eine solche Funktion 3. Grades mit

$$f(x) = a_3x^3 + a_2x^2 + a_1x + a_0.$$

Dann sind die Ableitungen 1. bis 3. Ordnung:

$f'(x) \;\; = 3a_3x^2 + 2a_2x + a_1$

$f''(x) \; = 6a_3x + 2a_2$

$f'''(x) = 6a_3.$

Aus den gegebenen Bedingungen erhält man

$6a_3 = 6; \qquad a_3 = 1$

$6 \cdot 1 \cdot (-1) + 2a_2 = 2; \qquad a_2 = 4$

$3 \cdot 1 \cdot 0 + 2 \cdot 4 \cdot 0 + a_1 = 3; \quad a_1 = 3$

$1 \cdot 1 + 4 \cdot 1 + 3 \cdot 1 + a_0 = 6; \quad a_0 = -2.$

Die Gleichung der ganzen rationalen Funktion ist

$$f(x) = x^3 + 4x^2 + 3x - 2.$$

12.3. Kurvendiskussionen

Zu einer Kurvendiskussion in einem vorgegebenen Definitionsbereich gehören

- die Ermittlung der Nullstellen der Funktion,
- die Ermittlung der Koordinaten des Schnittpunkts des Graphen der Funktion mit der y-Achse,
- die Untersuchung des Verhaltens der Funktion für $x \to \pm \infty$,
- die Ermittlung der Polstellen einer gebrochenrationalen Funktion und die Angabe von Gleichungen für Asymptoten,
- die Untersuchung des Monotonieverhaltens der Funktion, die Ermittlung der Koordinaten von Extrempunkten und die Untersuchung der Beschränktheit des Wertebereichs,
- die Untersuchung von Konvex- bzw. Konkavbögen und die Ermittlung der Koordinaten der Wendepunkte,
- die Untersuchung von Symmetrieeigenschaften und der Periodizität der Funktion,
- die Zeichnung des Graphen der Funktion.

12.3.1. Nullstellen von Funktionen

Nach 6.2.5. führt die Berechnung von Nullstellen einer Funktion f mit $y = f(x)$ auf die Ermittlung der reellen Lösungen der Gleichung $f(x_N) = 0$.

(1) Nullstellen ganzrationaler Funktionen

Die Nullstellen der Funktion

$$f(x) = a_nx^n + a_{n-1}x^{n-1} + \ldots + a_1x + a_0$$

sind die Lösungen der Gleichung

$$a_n x^n + a_{n-1} x^{n-1} + \ldots + a_1 x + a_0 = 0.$$

Lösungsverfahren ↗ 5.4.

BEISPIEL 12/18

Die Nullstellen der Funktion f mit $f(x) = x^3 + x^2 - 6x$ sind die Lösungen der Gleichung $x^3 + x^2 - 6x = 0$.
Nach Ausklammern von x auf der linken Seite der Gleichung erhält man

$$x(x^2 + x - 6) = 0.$$

Da ein Produkt zweier reeller Zahlen a, b genau dann Null ist $(a \cdot b = 0)$, wenn $a = 0$ oder $b = 0$ ist, ist $x_1 = 0$ oder $x^2 + x - 6 = 0$. Die Lösungen der quadratischen Gleichung sind $x_2 = 2$ und $x_3 = -3$.
Die Nullstellen der Funktion f sind dann $x_{N1} = 0$, $x_{N2} = 2$, $x_{N3} = -3$.

(2) **Nullstellen gebrochenrationaler Funktionen**

Eine gebrochenrationale Funktion $f(x) = \dfrac{u(x)}{v(x)}$ mit den ganzrationalen Funktionen u, v ist nur für diejenigen x definiert, für die $v(x) \neq 0$ ist.
Nullstellen der Funktion $f(x) = \dfrac{u(x)}{v(x)}$ sind diejenigen Stellen x, für die $u(x) = 0$ und $v(x) \neq 0$ gilt.

BEISPIEL 12/19

Zur Ermittlung der Nullstellen der Funktion f mit $f(x) = \dfrac{x^2 - 4}{2x}$ wird die Gleichung $x^2 - 4 = 0$ gelöst. Die Lösungen sind $x_1 = 2$ und $x_2 = -2$. Man erhält $v(2) = 4$ bzw. $v(-2) = -4$, also $v(x) \neq 0$.
Die Zahlen 2 und -2 sind Nullstellen der gegebenen gebrochenrationalen Funktion f.

(3) **Nullstellen von Wurzelfunktionen**

Die Berechnung der Nullstellen von Wurzelfunktionen führt zur Lösung von Wurzelgleichungen (↗ 5.4.7.). Wurzelgleichungen, die Quadratwurzeln enthalten, werden durch Quadrieren beider Seiten der Gleichung gelöst. Das ist nicht immer eine äquivalente Umformung, weil beim Quadrieren die Lösungsmenge der Gleichung vergrößert werden kann. Deshalb ist es stets erforderlich zu überprüfen, ob die Lösungen die Wurzelgleichung erfüllen.

BEISPIEL 12/20

Um die Nullstellen der Funktion f mit $f(x) = \sqrt{3x - 11} - \sqrt{x} - 3$ zu ermitteln, ist die Wurzelgleichung

$$\sqrt{3x - 11} - \sqrt{x} - 3 = 0 \quad \left(x \geqq \frac{11}{3}\right)$$

bzw.

$$\sqrt{3x - 11} = \sqrt{x} + 3$$

zu lösen.
Durch Quadrieren beider Seiten erhält man

$$3x - 11 = x + 6\sqrt{x} + 9$$

bzw.

$$x - 10 = 3\sqrt{x}.$$

Erneutes Quadrieren ergibt

$$x^2 - 20x + 100 = 9x$$

bzw.

$$x^2 - 29x + 100 = 0.$$

Nach der Lösungsformel für die Normalform der quadratischen Gleichung erhält man $x_1 = 25$, $x_2 = 4$.
Die Probe zeigt, daß nur die Zahl 25 Lösung der Wurzelgleichung ist.
$x_N = 25$ ist Nullstelle der gegebenen Funktion f.

(4) Nullstellen von Winkelfunktionen

Die Berechnung von Nullstellen von Winkelfunktionen führt auf das Lösen von goniometrischen Gleichungen (↗ 5.5.3.)

BEISPIEL 12/21

Zur Ermittlung der Nullstellen der Funktion

$$f(x) = \tan\left(x - \frac{\pi}{6}\right) - \frac{1}{3}\sqrt{3}$$

werden die Lösungen der Gleichung

$$\tan\left(x - \frac{\pi}{6}\right) - \frac{1}{3}\sqrt{3} = 0$$

bzw.

$$\tan\left(x - \frac{\pi}{6}\right) = \frac{1}{3}\sqrt{3}$$

gesucht. Es gilt $\tan z = \frac{1}{3}\sqrt{3}$ mit $z = x - \frac{\pi}{6}$.

Man erhält $z = \frac{\pi}{6}$ und daraus $x - \frac{\pi}{6} = \frac{\pi}{6}$.

Die Lösungen der goniometrischen Gleichung sind unter Berücksichtigung der Periodizität der Tangensfunktion

$$x_k = \frac{\pi}{3} + k\pi \quad (k \in \mathbf{Z}).$$

Das sind auch die Nullstellen der gegebenen Funktion f.

12.3.2. Koordinaten des Schnittpunkts des Graphen einer Funktion mit der y-Achse

Der Schnittpunkt des Graphen einer Funktion mit der y-Achse hat die Koordinaten $P(0; f(0))$. Es wird der Funktionswert an der Stelle 0 gesucht.

BEISPIEL 12/22

Der Graph der Funktion $f(x) = x^2 + 3x - 4$ schneidet die y-Achse im Punkt $P(0;\ -4)$, denn für $x = 0$ ist der Funktionswert $f(0) = -4$.

12.3.3. Verhalten rationaler Funktionen für $x \to \pm\infty$

Zur Untersuchung des Verhaltens *rationaler Funktionen* im Unendlichen wählt man eine beliebige wachsende (bzw. fallende) Folge (x_n) und untersucht das Verhalten der zu den Folgengliedern gehörenden Funktionswerte. Dabei wird in den Polynomen die höchste Potenz von x ausgeklammert.

(1) **Ganzrationale Funktionen**

Das Verhalten der Funktion f mit

$$f(x) = a_n x^n + a_{n-1}x^{n-1} + \ldots + a_1 x + a_0$$

sei für $x \to \pm\infty$ zu untersuchen.
Durch Ausklammern der höchsten Potenz von x erhält man

$$f(x) = x^n \left(a_n + \frac{a_{n-1}}{x} + \ldots + \frac{a_1}{x^{n-1}} + \frac{a_0}{x^n}\right).$$

Wird der Grenzwert für $x \to \pm\infty$ gebildet, so ergibt sich für

geradzahliges n | ungeradzahliges n

$$\lim_{x\to\pm\infty} f(x) = \lim_{x\to\pm\infty} \left[x^n \left(a_n + \ldots + \frac{a_0}{x^n}\right)\right]$$

$= \lim\limits_{x\to\pm\infty} f(x) = +\infty$ | $= \lim\limits_{x\to\pm\infty} f(x) = \pm\infty$.

BEISPIEL 12/23

Für $f(x) = x^4 - 2x^3 + 5x$ ist

$$\lim_{x\to\pm\infty} f(x) = \lim_{x\to\pm\infty} \left[x^4\left(1 - \frac{2}{x} + \frac{5}{x^3}\right)\right] = +\infty$$

Für $f(x) = 2x^3 - 4x^2 - 3$ ist

$$\lim_{x\to\pm\infty} f(x) = \lim_{x\to\pm\infty} \left[x^3\left(2 - \frac{4}{x} - \frac{3}{x^3}\right)\right] = \pm\infty$$

(2) Gebrochenrationale Funktionen

Das Verhalten der Funktion f mit

$$f(x) = \frac{a_n x^n + a_{n-1} x^{n-1} + \ldots + a_1 x + a_0}{b_m x^m + b_{m-1} x^{m-1} + \ldots + b_1 x + b_0}$$

sei für $x \to \pm\infty$ zu untersuchen.

Durch Ausklammern der höchsten Potenz von x im Zähler und im Nenner der Funktionsgleichung erhält man

$$f(x) = \frac{x^n \left(a_n + \frac{a_{n-1}}{x} + \ldots + \frac{a_1}{x^{n-1}} + \frac{a_0}{x^n}\right)}{x^m \left(b_m + \frac{b_{m-1}}{x} + \ldots + \frac{b_1}{x^{m-1}} + \frac{b_0}{x^m}\right)}.$$

1. Ist f eine *echt* gebrochenrationale Funktion ($n < m$), dann ergibt sich bei der Grenzwertbildung stets $\lim\limits_{x \to \pm\infty} f(x) = 0$ (Beispiel 12/24a). Die x-Achse ist Asymptote des Graphen der Funktion.
2. Ist f eine *unecht* gebrochenrationale Funktion mit $n = m$, dann ist bei der Grenzwertbildung $\lim\limits_{x \to \pm\infty} f(x) = \frac{a_n}{b_n}$ (Beispiel 12/24b). Die Gerade $y = \frac{a_n}{b_n}$ ist Asymptote des Graphen der Funktion.

   Ist f eine *unecht* gebrochenrationale Funktion mit $n > m$, dann erhält man bei der Grenzwertbildung, wenn

$n - m$ gerade und		$n - m$ ungerade und	
$\frac{a_n}{b_m} > 0$ ist,	$\frac{a_n}{b_m} < 0$ ist,	$\frac{a_n}{b_m} > 0$ ist,	$\frac{a_n}{b_m} < 0$ ist,
$\lim\limits_{x \to \pm\infty} f(x) = +\infty$	$\lim\limits_{x \to \pm\infty} f(x) = -\infty$;	$\lim\limits_{x \to +\infty} f(x) = +\infty$; $\lim\limits_{x \to -\infty} f(x) = -\infty$	$\lim\limits_{x \to +\infty} f(x) = -\infty$; $\lim\limits_{x \to -\infty} f(x) = +\infty$
Beispiel 12/24c			Beispiel 12/24d

BEISPIEL 12/24

Das Verhalten der Funktionen f im Unendlichen ist zu untersuchen:

a) $f(x) = \frac{2x - 5}{x^2 + 1}$; $\quad \lim\limits_{x \to \pm\infty} f(x) = \lim\limits_{x \to \pm\infty} \left[\frac{1}{x} \cdot \frac{2 - \frac{5}{x}}{1 + \frac{1}{x^2}}\right] = 0$

b) $f(x) = \frac{2x^2 - 3x}{5x^2 + 7}$; $\quad \lim\limits_{x \to \pm\infty} f(x) = \lim\limits_{x \to \pm\infty} \frac{2 - \frac{3}{x}}{5 + \frac{7}{x^2}} = \frac{2}{5}$

c) $f(x) = \dfrac{2x^3 - 7x}{3x - 2}$; $\lim\limits_{x \to \pm\infty} f(x) = \lim\limits_{x \to \pm\infty} \left[x^2 \cdot \dfrac{\left(2 - \dfrac{7}{x^2}\right)}{\left(3 - \dfrac{2}{x}\right)} \right] = +\infty$

d) $f(x) = \dfrac{3x^2 - 4x}{1 - 2x}$;

$$\lim_{x \to +\infty} f(x) = \lim_{x \to +\infty} \left[-x \cdot \frac{\left(3 - \frac{4}{x}\right)}{\left(2 - \frac{1}{x}\right)} \right] = -\infty$$

$$\lim_{x \to -\infty} f(x) = \lim_{x \to -\infty} \left[-x \cdot \frac{\left(3 - \frac{4}{x}\right)}{\left(2 - \frac{1}{x}\right)} \right] = +\infty$$

12.3.4. Polstellen rationaler Funktionen

(1) Eine Zahl x_P, für die $v(x_P) = 0$ und $u(x_P) \neq 0$ gilt, nennt man **Polstelle** einer rationalen Funktion $f(x) = \dfrac{u(x)}{v(x)}$. Die Gleichung $x = x_P$ ist eine Gleichung einer Asymptote.

(2) Zur Untersuchung des **Verhaltens einer Funktion in der Umgebung einer Polstelle** wählt man eine beliebige Folge (x_n) mit $x_n \neq x_P$ für alle n und $\lim\limits_{n \to \infty} x_n = x_P$, die entweder von rechts (für $x_n > x_P$) oder von links (für $x_n < x_P$) gegen x_P konvergiert; z. B. könnte die Folge $(x_n) = \left(x_P + \dfrac{1}{2^n}\right)$ bzw. $(x_n) = \left(x_P - \dfrac{1}{2^n}\right)$ gewählt werden.

Die Folge $(f(x_n))$ der Funktionswerte wächst oder fällt dann unbeschränkt. Bei Annäherung an die Polstelle nähert sich der Graph der Funktion f immer mehr der Geraden $x = x_P$.

Dabei können folgende Fälle auftreten:

Pol ungerader Ordnung | Pol gerader Ordnung

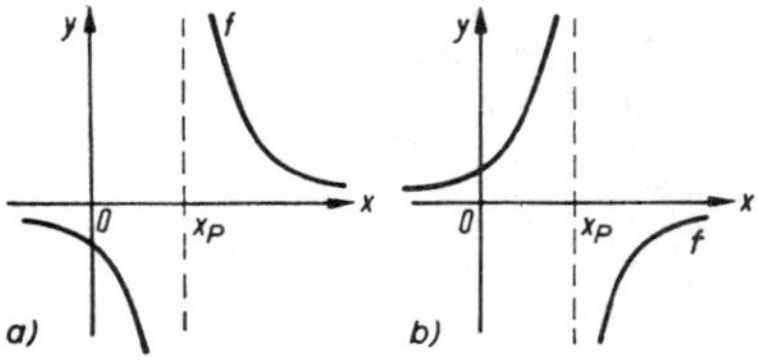

Bild 12/8

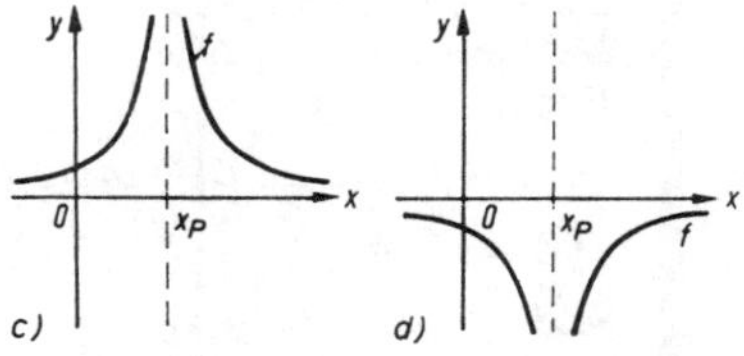

Bild 12/9

BEISPIEL 12/25

Die Funktion $f(x) = \dfrac{x^2 - 2x}{x^2 - 4}$ hat an der Stelle $x_P = 2$ eine Polstelle, an der Stelle $x = -2$ jedoch nicht.
Aus $x^2 - 4 = 0$ erhält man $x_1 = 2$, $x_2 = -2$ als Lösungen.
$u(2) \quad = 4 + 4 = 8 \neq 0$; 2 ist Polstelle,
$u(-2) = 4 - 4 = 0$; -2 ist nicht Polstelle.
$x = 2$ ist die Gleichung einer Asymptote an den Graph der Funktion.
Untersuchung des Verhaltens der Funktion f bei **Annäherung an die Polstelle:**
Bei *Annäherung von rechts* wird die Folge (x_n) mit $x_n = x_P + \dfrac{1}{2^n}$ gewählt.
Die Folge der zugehörigen Funktionswerte $(f(x_n))$ mit

$$f(x_n) = \frac{x_n^2 + 2x_n}{x_n^2 - 4} = \frac{\left(2 + \frac{1}{2^n}\right)^2 + 2\left(2 + \frac{1}{2^n}\right)}{\left(2 + \frac{1}{2^n}\right)^2 - 4} = \frac{8 \cdot 2^n + 6 + \frac{1}{2^n}}{4 + \frac{1}{2^n}}$$

hat den Grenzwert $\lim\limits_{n \to \infty} f(x_n) = +\infty$.

Man schreibt $\lim\limits_{\substack{x \to 2 \\ x > 2}} f(x) = \lim\limits_{\substack{x \to 2 \\ x > 2}} \dfrac{x^2 + 2x}{x^2 - 4} = +\infty$.

Bei *Annäherung von links* wird die Folge (x_n) mit $x_n = x_P - \dfrac{1}{2^n}$ gewählt.
Die Folge der zugehörigen Funktionswerte $(f(x_n))$ mit

$$f(x_n) = \frac{8 \cdot 2^n - 6 + \frac{1}{2^n}}{-4 + \frac{1}{2^n}}$$

hat den Grenzwert $\lim\limits_{n \to \infty} f(x_n) = -\infty$.
Man schreibt

$$\lim_{\substack{x \to 2 \\ x < 2}} f(x) = \lim_{\substack{x \to 2 \\ x < 2}} \frac{x^2 + 2x}{x^2 - 4} = -\infty.$$

12.3.5. Extrema von Funktionen; Mittelwertsatz der Differentialrechnung

(1) Eine Funktion f hat an der Stelle x_E

ein **Maximum (globales Maximum,** einen größten Funktionswert),	ein **Minimum (globales Minimum,** einen kleinsten Funktionswert),

wenn für jedes $x \in D(f)$ mit $x \neq x_E$ gilt

$f(x) < f(x_E)$.	$f(x) > f(x_E)$.

Sie hat an der Stelle x_E

ein **lokales Maximum,**	ein **lokales Minimum,**

wenn es ein $\varepsilon > 0$ gibt, so daß für jedes $x \neq x_E$ aus der ε-Umgebung $(x_E - \varepsilon < x < x_E + \varepsilon)$ gilt

$f(x) < f(x_E)$. | $f(x) > f(x_E)$.

Als Oberbegriff für »Maximum« und »Minimum« verwendet man den Begriff **»Extremum«**. Die Stelle, an der ein Maximum oder ein Minimum vorliegt, nennt man **Extremstelle.**

(2) Wenn eine Funktion f an der Stelle x_E differenzierbar ist und in x_E ein lokales Extremum hat, so gilt $f'(x_E) = 0$. $f'(x_E) = 0$ ist eine **notwendige Bedingung für das Vorhandensein lokaler Extrema.**

BEISPIEL 12/26

Die Ableitung der Funktion f mit $f(x) = x^2 - 4x + 1$ ist $f'(x) = 2x - 4$. Die Graphen beider Funktionen f und f' sind in Bild 12/10 untereinander dargestellt.

Die lokale Extremstelle wird als Lösung der Gleichung $2x - 4 = 0$ ermittelt: $x_E = 2$. Zugehöriger Funktionswert ist das Extremum $y_E = f(2) = -3$.

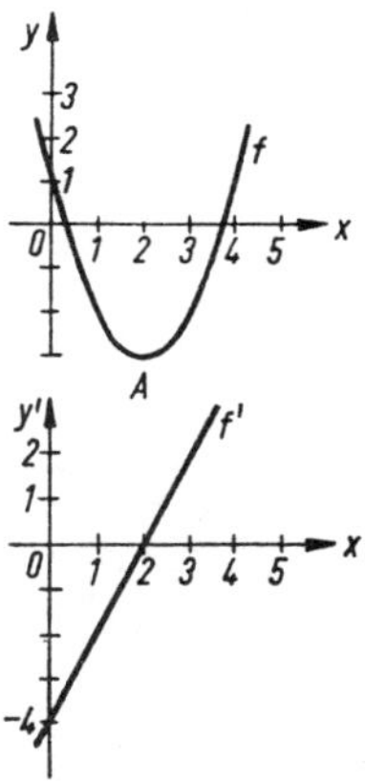

Bild 12/10

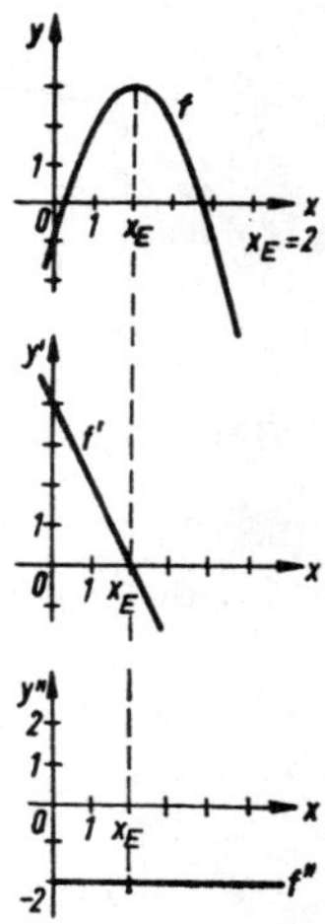

Bild 12/11

Die Bedingung $f'(x_E) = 0$ ist **notwendig,** jedoch nicht hinreichend. Denn die Funktion $f(x) = |x|$ z. B. hat an der Stelle 0 ein lokales Minimum, sie ist jedoch dort nicht differenzierbar. Ein **hinreichendes Kriterium** für das Vorhandensein lokaler Extrema:

Eine Funktion f sei an der Stelle x_E zweimal differenzierbar.

Wenn $f'(x_E) = 0$ und $f''(x_E) < 0$,	Wenn $f'(x_E) = 0$ und $f''(x_E) > 0$,

so hat f an der Stelle x_E

ein **lokales Maximum.**	ein **lokales Minimum.**

BEISPIEL 12/27

Die Ableitungen der Funktion f mit $f(x) = -x^2 + 4x - 1$ sind $f'(x) = -2x + 4, f''(x) = -2$.
Aus $f'(x) = 0$ erhält man eine Extremstelle $x_E = 2$. Der zugehörige Funktionswert ist $f(2) = 3$.
Da $f''(x) = -2$ ist (d. h., für jedes x ist f'' kleiner als Null), hat die Funktion an der Stelle 2 ein lokales Maximum. Es ist zugleich globales Maximum. In Bild 12/11 sind die Graphen der Funktionen f, f', f'' untereinander gezeichnet.

(3) Mittelwertsatz der Differentialrechnung

Wenn eine Funktion f im Intervall $a < x < b$ differenzierbar ist, so gibt es eine Zahl ξ mit $a < \xi < b$, für die

$$\frac{f(b) - f(a)}{b - a} = f'(\xi)$$

gilt.

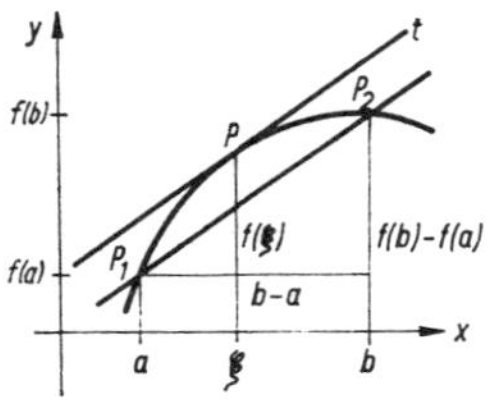

Geometrische Deutung: Im Graphen der Funktion f gibt es mindestens einen Punkt $P(\xi; f(\xi))$ im Intervall $a < x < b$, in dem die Tangente an den Graphen der Funktion f parallel zu der Sekante durch die Punkte $P_1(a; f(a))$ und $P_2(b; f(b))$ verläuft.

Bild 12/12

BEISPIEL 12/28

Es sei $f(x) = \frac{1}{2} x^2$. Es soll eine Zahl ξ bestimmt werden, so daß die Tangente an die Parabel im Punkt $P\left(\xi; \frac{1}{2}\xi^2\right)$ parallel zur Sekante durch die Punkte $P_1(0; 0)$, $P_2(3; 4{,}5)$ verläuft.
Nach dem Mittelwertsatz gilt

$$f'(\xi) = \frac{f(b) - f(a)}{b - a}.$$

Da $f'(x) = x$ ist, erhält man $\xi = \frac{4{,}5 - 0}{3 - 0} = 1{,}5$. Im Punkt $P(1{,}5; 1{,}125)$ verläuft die Tangente an die Parabel parallel zu der Sekante durch P_1 und P_2 (Bild 12/13).

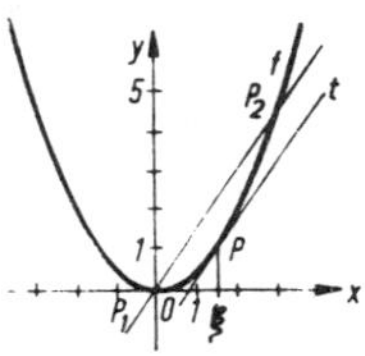

Bild 12/13

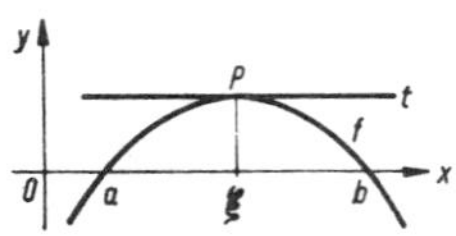

Bild 12/14

Ein Spezialfall des Mittelwertsatzes ist der **Satz von Rolle:**

Wenn eine Funktion f im Intervall $a < x < b$ differenzierbar ist und wenn gilt $f(a) = f(b) = 0$, so gibt es wenigstens eine Zahl ξ, für die $f'(\xi) = 0$ gilt (Bild 12/14).

(4) Eine hinreichende Bedingung für Monotonie

Wenn eine Funktion f im Intervall I differenzierbar ist und wenn für alle $x \in I$ gilt

$f'(x) \geqq 0,$	$f'(x) \leqq 0,$

so ist f in I

monoton wachsend.	**monoton fallend.**

Geometrische Veranschaulichung in Bild 12/15

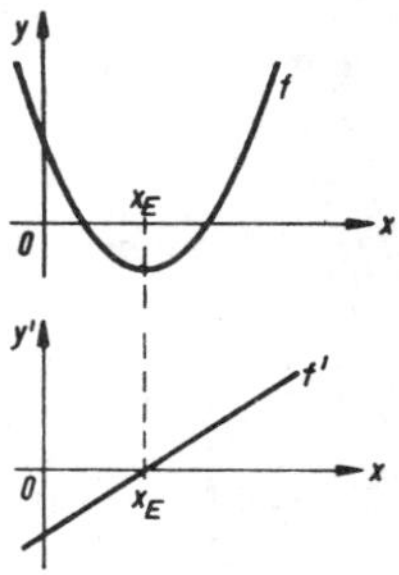

Bild 12/15

12.3.6. Konvexität und Konkavität von Funktionen; Wendepunkte von Funktionen

(1) Es sei f eine differenzierbare Funktion. Dann heißt f im Intervall I

lokal konkav,	**lokal konvex,**

wenn f' für jedes $x \in I$

monoton fallend ist.	monoton wachsend ist.

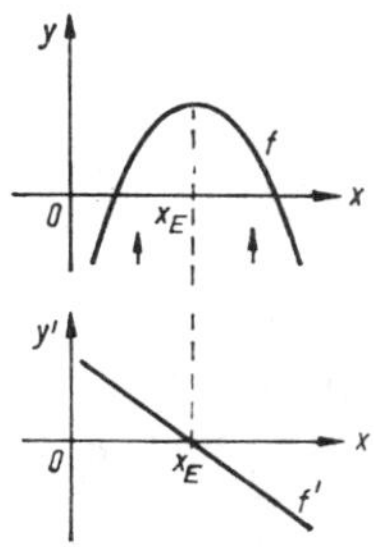

Bild 12/16

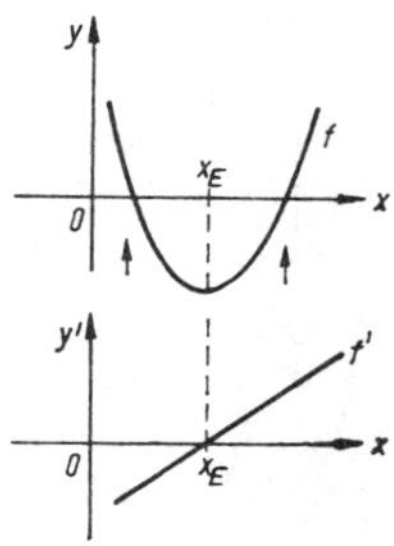

Bild 12/17

Dabei wird der Graph der Funktion in Richtung der positiven y-Achse (»von unten«) betrachtet.

BEISPIEL 12/29

Die Funktion $f(x) = x^3$ ist

für jedes $x < 0$ lokal konkav,	für jedes $x > 0$ lokal konvex,

denn $f'(x) = 3x^2$ ist

für jedes $x < 0$ monoton fallend.	für jedes $x > 0$ monoton wachsend.

Veranschaulichung in Bild 12/18

(2) **Hinreichende (nicht notwendige) Bedingung für lokale Konvexität (Konkavität) von Funktionen**

Wenn f eine an der Stelle x_0 zweimal differenzierbare Funktion ist und wenn gilt

$f''(x_0) < 0,$	$f''(x_0) > 0,$

so ist f in x_0

lokal konkav.	lokal konvex.

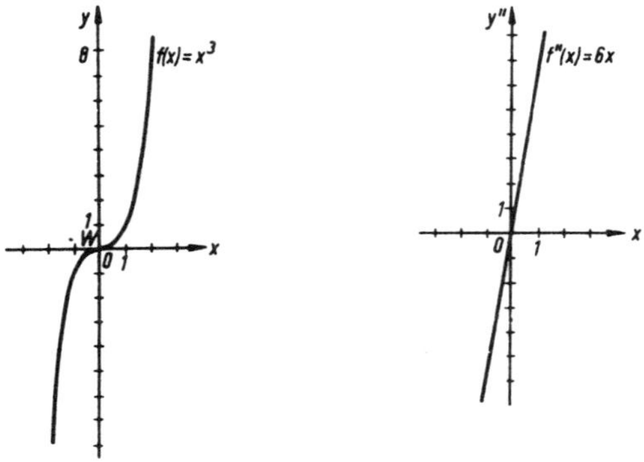

Bild 12/18

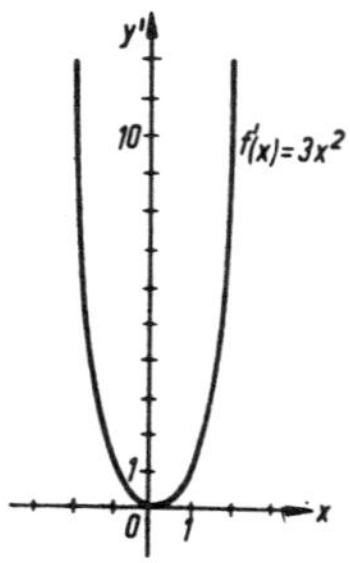

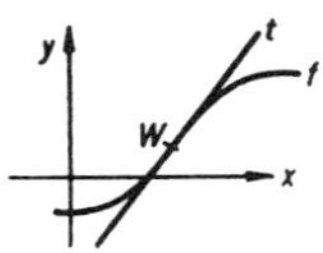

Bild 12/19

(3) Wendepunkte von Funktionen

Jeder Punkt im Graphen einer Funktion, der einen konkav gekrümmten Teil einer Kurve von einem konvex gekrümmten Teil trennt, heißt **Wendepunkt** (Bild 12/19).
Hinreichende Bedingung für die Existenz eines Wendepunkts einer Funktion f ist $f'''(x_W) \neq 0$.
Notwendige (und hinreichende) Bedingung für das Vorhandensein von Wendestellen (der Argumente, der Abszissen der Wendepunkte) einer Funktion:

> Eine Funktion f sei an der Stelle x_W dreimal differenzierbar. Wenn $f''(x_W) = 0$ und $f'''(x_W) \neq 0$ gilt, so hat f an der Stelle x_W einen Wendepunkt.

Die Tangente, die in einem Wendepunkt an den Graphen der Funktion gezeichnet werden kann, heißt **Wendetangente** (Bild 12/19). Mit Hilfe der Punktrichtungsgleichung kann eine Gleichung einer Wendetangente angegeben werden:

$$\frac{y - y_W}{x - x_W} = f'(x_W).$$

Gilt außer der notwendigen und hinreichenden Bedingung für das Vorhandensein von Wendestellen noch die Bedingung $f'(x_W) = 0$, dann liegt ein Wendepunkt mit einer zur x-Achse parallelen Tangente vor, der **Stufenpunkt** (oder Terrassenpunkt oder Horizontalwendepunkt) genannt wird (z. B. hat die Funktion $f(x) = x^3$ in $x_W = 0$ einen Stufenpunkt) (vgl. Bild 12/18).

BEISPIEL 12/30

Die Funktion $f(x) = x^3 - x^2 - 8x + 12$ hat an der Stelle $x_W = \frac{1}{3}$ einen Wendepunkt.
Denn

$$f'(x) = 3x^2 - 2x - 8$$
$$f''(x) = 6x - 2$$
$$f'''(x) = 6 \neq 0,$$

d. h. die hinreichende Bedingung für das Vorliegen eines Wendepunkts, ist erfüllt.
Notwendige Bedingung für das Bestimmen der Wendestelle: $f''(x) = 0$.
Es muß die Gleichung $6x - 2 = 0$ gelöst werden: $x_W = \frac{1}{3}$.
Zugehöriger Funktionswert: $f(x_W) = \frac{250}{27} \approx 9{,}3$.
Der Wendepunkt W hat die Koordinaten $W\left(\frac{1}{3}; 9{,}3\right)$.
Der Anstieg der Wendetangente ist $f'\left(\frac{1}{3}\right) = -\frac{25}{3}$.

Eine Gleichung für die Wendetangente wird mit Hilfe der Punktrichtungsgleichung angegeben:

$$\frac{y - 9{,}3}{x - \frac{1}{3}} = -\frac{25}{3}.$$

Die Umformung ergibt $y = g(x) = -\frac{25}{3}x + 12$.

12.3.7. Symmetrieeigenschaften und Periodizität von Funktionen; Darstellung des Graphen einer Funktion

Die im Verlauf der Kurvendiskussion festgestellten Daten über charakteristische Punkte und über das charakteristische Verhalten werden in einer **Wertetabelle** zusammengefaßt. Erforderlichenfalls sind weitere Funktionswerte zu vorgegebenen Argumenten zu berechnen.
Mit Hilfe der Koordinaten der Punkte kann der **Graph der Funktion** in einem ebenen kartesischen Koordinatensystem gezeichnet werden.
Dabei sind auftretende Symmetrieeigenschaften (↗ 6.2.2.) und vorhandene Periodizität (↗ 6.2.4.) der Funktion zu berücksichtigen.

12.3.8. Muster einer Kurvendiskussion

BEISPIEL 12/31

Die gebrochenrationale Funktion f mit $f(x) = \frac{u(x)}{v(x)} = \frac{x^4 - 10x^2 + 9}{x^3}$ ist zu diskutieren.

Definitionsbereich:

$$x \in \mathbf{R}, \qquad -5 \leqq x \leqq 5 \quad (x \neq 0)$$

Ableitungen:

$$f'(x) = \frac{x^4 + 10x^2 - 27}{x^4} \quad (x \neq 0)$$

$$f''(x) = \frac{-20x^2 + 108}{x^5} \quad (x \neq 0)$$

$$f'''(x) = \frac{60x^2 - 540}{x^6} \quad (x \neq 0)$$

1. **Nullstellen:** Bedingungen sind $u(x) = 0$ und $v(x) \neq 0$.

Es ist die Gleichung $x^4 - 10x^2 + 9 = 0$ mit Hilfe der Substitution $x^2 = z$ zu lösen. Aus $z^2 - 10z + 9 = 0$ erhält man $z_1 = 9$, $z_2 = 1$.
Die Lösungen

$$x_{N1} = 3, \qquad x_{N2} = -3, \qquad x_{N3} = 1, \qquad x_{N4} = -1$$

dieser »biquadratischen Gleichung« sind die Nullstellen der Funktion f, denn es ist

$$v(3) = 27 \neq 0, \qquad v(-3) = -27 \neq 0,$$
$$v(1) = 1 \neq 0, \qquad v(-1) = -1 \neq 0.$$

2. **Schnittpunkt des Graphen der Funktion f mit der y-Achse:**
An der Stelle 0 ist die Funktion f nicht definiert (siehe 4.).

3. **Verhalten im Unendlichen:**
f ist eine unecht gebrochenrationale Funktion mit $n > m$, $n - m$ ist ungerade.
Für $x \neq 0$ gilt

$$f(x) = x \cdot \left(1 - \frac{10}{x^2} + \frac{9}{x^4}\right),$$

also ist

$$\lim_{x \to +\infty} f(x) = \lim_{x \to +\infty} \left[x \cdot \left(1 - \frac{10}{x^2} + \frac{9}{x^4}\right)\right] = +\infty$$

$$\lim_{x \to -\infty} f(x) = \lim_{x \to -\infty} \left[x \cdot \left(1 - \frac{10}{x^2} + \frac{9}{x^4}\right)\right] = -\infty.$$

Gleichung der Asymptote: $y = x$

4. **Polstellen:** Bedingungen sind $v(x) = 0$ und $u(x) \neq 0$.

Aus $x^3 = 0$ folgt $x_P = 0$; es ist $u(0) = 9 \neq 0$.
Die Funktion f hat an der Stelle 0 eine Polstelle.
Die Gleichung der Asymptote ist $x = 0$.
Verhalten der Funktion f *bei Annäherung* an die Polstelle *von rechts:*

Es wird die Folge (x_n) mit $x_n = x_P + \frac{1}{2^n} = 0 + \frac{1}{2^n} = \frac{1}{2^n}$ gewählt. Die Folge der zugehörigen Funktionswerte ist $(f(x_n))$ mit

$$f(x_n) = \frac{\left(\frac{1}{2^n}\right)^4 - 10\left(\frac{1}{2^n}\right)^2 + 9}{\left(\frac{1}{2^n}\right)^3} = (2^n)^3 \left[\left(\frac{1}{2^n}\right)^4 - \frac{10}{(2^n)^2} + 9\right],$$

deren Grenzwert für $n \to \infty$

$$\lim_{n \to \infty} f(x_n) = \lim_{n \to \infty} \left[2^{3n}\left(9 - \frac{10}{2^{2n}} + \frac{1}{2^{4n}}\right)\right] = +\infty$$

ist.
Bei Annäherung an die Polstelle *von links* wird die Folge (x_n) mit

$$x_n = x_P - \frac{1}{2^n} = 0 - \frac{1}{2^n} = -\frac{1}{2^n}$$

gewählt. Die Folge der zugehörigen Funktionswerte ist $(f(x_n))$ mit

$$f(x_n) = \frac{\left(-\frac{1}{2^n}\right)^4 - 10\left(-\frac{1}{2^n}\right)^2 + 9}{\left(-\frac{1}{2^n}\right)^3} = -2^{3n}\left(9 - \frac{10}{2^{2n}} + \frac{1}{2^{4n}}\right),$$

deren Grenzwert für $n \to \infty$

$$\lim_{n \to \infty} f(x_n) = \lim_{n \to \infty} \left[-2^n\left(9 - \frac{10}{2^{2n}} + \frac{1}{2^{4n}}\right)\right] = -\infty.$$

5. Lokale Extrempunkte: Notwendige Bedingung ist $f'(x) = 0$.

Wenn $f'(x) = \frac{u_1(x)}{v_1(x)}$ ist, so muß $u_1(x) = 0$ und $v_1(x) = 0$ sein. Die reellen Lösungen der (biquadratischen) Gleichung $x^4 + 10x^2 - 27 = 0$ sind die Nullstellen der Funktion f' und damit die Extremstellen der Funktion f. Man erhält

$$x_{E1} \approx 1{,}49, \qquad x_{E2} \approx -1{,}49.$$

Da $f''(1{,}49) \approx 8{,}7 > 0$ ist, liegt ein lokales Minimum vor.
Da $f''(-1{,}49) \approx -8{,}7 < 0$ ist, liegt ein lokales Maximum vor.
Die zu den Extremstellen gehörenden Funktionswerte sind $f(1{,}49) \approx -2{,}5$, $f(-1{,}49) \approx 2{,}5$.
Die *lokalen Extrempunkte* der Funktion f sind

$E_1(1{,}49;\ -2{,}5)$ Minimumpunkt	$E_2(-1{,}49;\ 2{,}5)$ Maximumpunkt

Monotonieintervalle:

$-\infty < x \leqq -1{,}49$	monoton wachsend
$-1{,}49 \leqq x < 0$	monoton fallend
$0 < x \leqq 1{,}49$	monoton fallend
$1{,}49 \leqq x < +\infty$	monoton wachsend

Die *globalen Extrempunkte* liegen an den Enden des Definitionsbereichs (↗ Wertetabelle).

6. Wendepunkte: Notwendige Bedingung ist $f''(x) = 0$.

Wenn $f''(x) = \frac{u_2(x)}{v_2(x)}$ ist, so muß $u_2(x) = 0$ und $v_2(x) \neq 0$ sein.
Die Lösungen der Gleichung $-20x^2 + 108 = 0$ sind die Wendestellen der Funktion f. $x_{W1} \approx 2{,}3$, $x_{W2} \approx -2{,}3$
Es ist $v_2(2{,}3) \neq 0$ und $v_2(-2{,}3) \neq 0$.
Ferner ist $f'''(2{,}3) \approx -1{,}5 \neq 0$, $f'''(-2{,}3) \approx -1{,}5 \neq 0$.
Die Funktionswerte in den Wendestellen sind $f(2{,}3) \approx -1{,}3$, $f(-2{,}3) \approx 1{,}3$.
Damit sind die Wendepunkte der Funktion f

$$W_1(2{,}3;\ -1{,}3), \qquad W_2(-2{,}3;\ 1{,}3).$$

7. Symmetrieeigenschaften; Graph der Funktion:

Der Graph der Funktion f ist zentrisch symmetrisch zum Koordinatenursprung. Eine Vertauschung des Vorzeichens des Arguments bewirkt eine Vertauschung des Vorzeichens des Funktionswertes. Es genügt deshalb, die Wertetabelle nur für positive reelle Argumente aufzustellen.

Wertetabelle

x	0	1	1,49	2	2,3	3	4	5
y	nicht def.	0	−2,5	−1,9	−1,3	0	1,6	3,1
	P	N	E		W	N		

Wertebereich: $y \in \mathbf{R}$, $\quad -3{,}1 \leqq y \leqq 3{,}1$.

Graph der Funktion im Intervall $-5 \leqq x \leqq 5$.

Bild 12/20

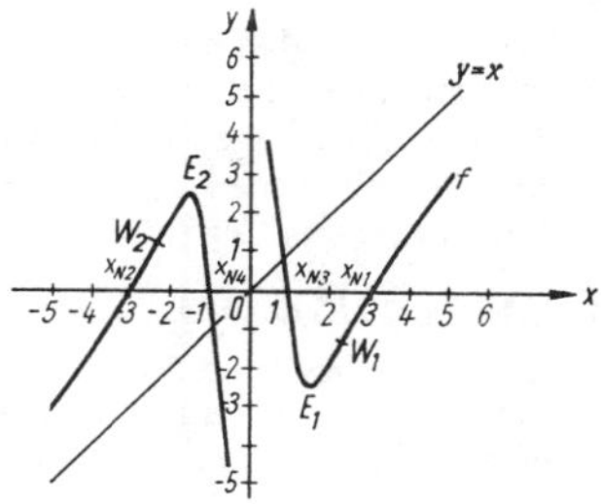

12.4. Extremwertaufgaben

In der Praxis treten Problemstellungen auf, die z. B. das möglichst große Volumen eines Körpers, die möglichst kleine Oberfläche eines anderen Körpers unter gewissen Bedingungen zu ermitteln verlangen. Solche Aufgabenstellungen zur Berechnung von »Bestwerten« (größtmöglicher Nutzeffekt, bestmögliche Ausnutzung, ...) führen, wenn der Zusammenhang der Größen mathematisch dargestellt werden kann, auf das Problem, den (globalen) Extremwert einer »Zielfunktion« unter gewissen »Nebenbedingungen« zu ermitteln.
Diese der Praxis entstammenden Aufgaben enthalten in der mathematischen Darstellung Größen. Es sollte angestrebt werden, erst eine allgemeine Lösung mit Hilfe der Größen zu formulieren, bevor die numerische Lösung mit den gegebenen Daten erfolgt.

Schrittfolge für das Lösen von Extremwertaufgaben

1. Erfasse den Sachverhalt! Überlege: Welche Größen sind gegeben? Welche Größe wird gesucht?
   Überlege: Welche Größe soll ein Extremum werden?
   Wenn möglich, veranschauliche den Sachverhalt durch eine Skizze!
   Nutze die Variablen zur Bezeichnung der Zahlenwerte der Größen!
2. Überlege, wie die Größe, die ein Extremum annehmen soll, durch andere Größen der Aufgabe in Form einer Funktionsgleichung ausgedrückt werden kann! Diese Funktion, die im allgemeinen mehr als eine unabhängige Variable enthält, wird »**Zielfunktion**« genannt.
3. Reduziere die Anzahl der unabhängigen Variablen in der Zielfunktion durch Berücksichtigung der **Nebenbedingungen**, so daß die Zielfunktion eine Funktion mit einer Variablen ist! Überlege dabei, welcher Zusammenhang zwischen den unabhängigen Variablen und den gegebenen Größen besteht! Lege den Definitionsbereich der Zielfunktion (mit einer Variablen) fest!

4. Berechne die Extremstellen und die zugehörigen Extremwerte der Zielfunktion!
   Weise die Art der Extrema nach!
   Untersuche die Funktionswerte in den Randpunkten des Definitionsbereichs hinsichtlich globaler Extrema!
   Berechne die anderen gesuchten Größen in den Nebenbedingungen!
5. Formuliere das Ergebnis!

BEISPIEL 12/32

In der Stanzerei eines Betriebes entstehen Blechabfälle in der Form gleichseitiger Dreiecke mit der Seitenlänge a. Aus diesem Material sollen rechteckige Dynamobleche mit möglichst großem Flächeninhalt hergestellt werden. Dabei soll eine Rechteckseite auf einer Dreieckseite liegen. Welche Maße können die Dynamobleche erhalten?

Lösungsweg:

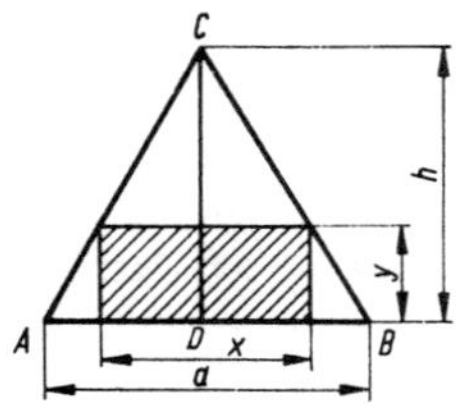

Bild 12/21

1. Gegeben: Länge der Seite eines gleichseitigen Dreiecks, Bezeichnung a
   Gesucht: Längen der Seiten eines Rechtecks, Bezeichnung x, y
   Der Flächeninhalt eines Rechtecks soll ein Maximum werden.
   Skizze in Bild 12/21
2. Der Flächeninhalt eines Rechtecks wird berechnet durch
   $A = \varphi(x, y) = x \cdot y$ *Zielfunktion*
   φ ist eine Funktion mit zwei Variablen
3. Berücksichtigung der *Nebenbedingung:* Mit Hilfe des Strahlensatzes (2. Teil) [↗ 10.1.6.1.(2)] besteht eine Beziehung zwischen x, y des Rechtecks und a, h des Dreiecks:

$$\frac{a}{x} = \frac{h}{h - y} \quad \text{bzw.} \quad y = h - \frac{h \cdot x}{a}$$

Wird y in die Zielfunktion $A = \varphi(x, y) = x \cdot y$ eingesetzt, so erhält man eine Zielfunktion mit einer Variablen

$$A = f(x) = hx - \frac{h}{a}x^2 \quad \text{mit} \quad h = \frac{a}{2}\sqrt{3}$$

Definitionsbereich von f: $x \in \mathbf{R}$, $0 < x < a$.

4. Ableitungen: $f'(x) = h - \frac{2h}{a}x$

$$f''(x) = -\frac{2h}{a}$$

Notwendige Bedingung für das Vorhandensein lokaler Extremstellen: $f'(x) = 0$. Die Nullstellen der Funktion f' sind die Lösungen der Gleichung

$$h - \frac{h}{a} \cdot 2x = 0$$

$$x_E = \frac{a}{2}.$$

Das hinreichende Kriterium $f''(x_E) < 0$ ist erfüllt: $f''(x) = -\frac{2h}{a}$ mit $h = \frac{a}{2}\sqrt{3}$ ergibt $f''(x) = -\sqrt{3}$, d. h., f hat an der Stelle $x_E = \frac{a}{2}$ ein lokales Maximum. Der Funktionswert an der Stelle $x_E = \frac{a}{2}$ ist $f\left(\frac{a}{2}\right) = \frac{ah}{4}$ bzw.

$$A_E = \frac{a}{4} \cdot \frac{a}{2}\sqrt{3} = \frac{a^2}{8}\sqrt{3}.$$

Die Funktionswerte in den Randpunkten des Definitionsbereichs sind $f(0) = 0$; $f(a) = 0$, d. h., das lokale Maximum an der Stelle $x_E = \frac{a}{2}$ ist zugleich das globale Maximum.

Berechnung von y:

$$y = h - \frac{h \cdot \frac{a}{2}}{a} = \frac{h}{2}.$$

5. Das Rechteck mit dem größtmöglichen Flächeninhalt hat Seiten, deren Längen halb so groß sind wie die Länge der Seite und die der Höhe des Dreiecks.

12.5. Umkehrung der Differentiation; unbestimmtes Integral

12.5.1. Umkehrung der Differentiation

(1) Zu jeder differenzierbaren Funktion $F(x)$ kann genau eine Ableitung $F'(x)$ gebildet werden.
Umkehrung der Differentiation:

Wenn die Funktionen F und f im Intervall I definiert sind und wenn gilt $F'(x) = f(x)$ für jedes $x \in I$, so heißt F eine **Stammfunktion** der Funktion f im Intervall I.

BEISPIEL 12/33

Es sei $f(x) = 2x$. Dann ist $F(x) = x^2$ eine Stammfunktion von f; denn $F'(x) = 2x$.

(2) **Regeln für das Aufsuchen von Stammfunktionen**

f und g seien stetige Funktionen. Dann gilt:

- Wenn F_1 eine Stammfunktion von f_1 und F_2 eine Stammfunktion von f_2 ist, dann ist $F_1 + F_2$ eine Stammfunktion von $f_1 + f_2$.
- Wenn F eine Stammfunktion von f und c eine reelle Zahl ist, so ist cF eine Stammfunktion von cf.

● Eine Stammfunktion der Potenzfunktion $f(x) = x^r$ ist die Funktion

$$F(x) = \frac{1}{r+1} \cdot x^{r+1} \text{ mit } r \in \mathbf{R} \text{ und } r \neq -1\text{; denn } F'(x) = f(x).$$

(Weitere Stammfunktionen ↗ 12.7.3.)

12.5.2. Unbestimmtes Integral

Kennt man (wenigstens) eine Stammfunktion F einer gegebenen Funktion f, so erhält man die Menge G aller Stammfunktionen von f durch Addition einer Konstanten c (c sei eine beliebige reelle Zahl).

BEISPIEL 12/34

Es sei $f(x) = 2x$. Dann gilt für die Menge G aller Stammfunktionen

$$G(x) = F(x) + c = x^2 + c.$$

Die Menge aller Stammfunktionen von f im Intervall I heißt das **unbestimmte Integral** von f und wird mit

$$\int f(x)\,\mathrm{d}x = F(x) + c$$

bezeichnet. (Gelesen: Integral f von x dx)

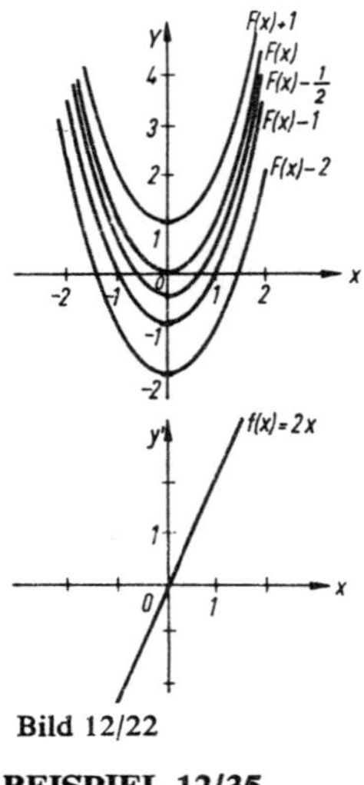

Bild 12/22

Das unbestimmte Integral einer Funktion ist wieder eine Funktion. Diese Operation heißt **Integration** [von integrare (lat.) wiederherstellen], $f(x)$ der **Integrand**, x die **Integrationsvariable**, c die **Integrationskonstante.**

Das unbestimmte Integral kann als Schar der Graphen von Funktionen, die sich durch eine additive Konstante unterscheiden, geometrisch gedeutet werden. Die Graphen der einzelnen Funktionen entstehen durch Verschiebung der Stammfunktion $F(x)$ in Richtung der y-Achse (Bild 12/22).

Es gilt stets $[F(x) + c]' = f(x)$.

Aus der Kurvenschar kann ein Graph ausgewählt werden, wenn ein Punkt $P_1(x_1;\ G(x_1))$ gegeben ist, durch den der Graph verlaufen soll.

BEISPIEL 12/35

Gegeben sei $f(x) = 2x$. Dann ist das unbestimmte Integral $\int 2x\,\mathrm{d}x = x^2 + c$. Aus der Kurvenschar soll der Graph ausgewählt werden, der durch den Punkt $P_1(2;\ 7)$ geht.

Aus $G(x_1) = x_1^2 + c$ erhält man mit $x_1 = 2$ und $G(x_1) = 7$ die Integrationskonstante $c = 7 - 4 = 3$, d. h., durch den Punkt $P_1(2;\ 7)$ verläuft der Graph der Funktion $G(x) = x^2 + 3$.

12.6. Das bestimmte Integral

12.6.1. Flächeninhalt von Punktmengen

Ebene geometrische Objekte (Rechtecksfläche, Dreiecksfläche, Trapezfläche, Kreisfläche, ...) werden als Punktmengen der Ebene aufgefaßt. Diese Punktmengen enthalten die Punktmenge der begrenzenden Figur (Rechteck, Dreieck, Trapez, Kreis, ...) und alle Punkte im Innern der Figur.
Der (elementare) Flächeninhalt geradlinig begrenzter Punktmengen kann mit Hilfe von Formeln, Zerlegung in Dreiecke bzw. Trapeze berechnet werden (↗ 10.1.9.3.).
Um den (allgemeinen) Flächeninhalt einer krummlinig begrenzten Punktmenge berechnen zu können, wird [vgl. 10.1.13.7.(2)]

- das Intervall $a \leqq x \leqq b$ in gleich lange Teilintervalle zerlegt,
- in jedem Teilintervall das achsenparallele Rechteck aus Teilintervalllänge und kleinstem Funktionswert gebildet, deren Vereinigung eine Vielecksfläche ergibt, die der Punktmenge **einbeschrieben** ist,
- in jedem Teilintervall das achsenparallele Rechteck aus Teilintervalllänge und größtem Funktionswert gebildet, deren Vereinigung eine Vielecksfläche ergibt, die der Punktmenge **umbeschrieben** ist.

Durch fortgesetzte Halbierung (z. B.) des Intervalls verdoppelt sich die Anzahl der Teilintervalle, der Flächeninhalt der einbeschriebenen Vielecksfläche vergrößert sich, der Flächeninhalt der umbeschriebenen Vielecksflächen verkleinert sich (Bild 12/23).

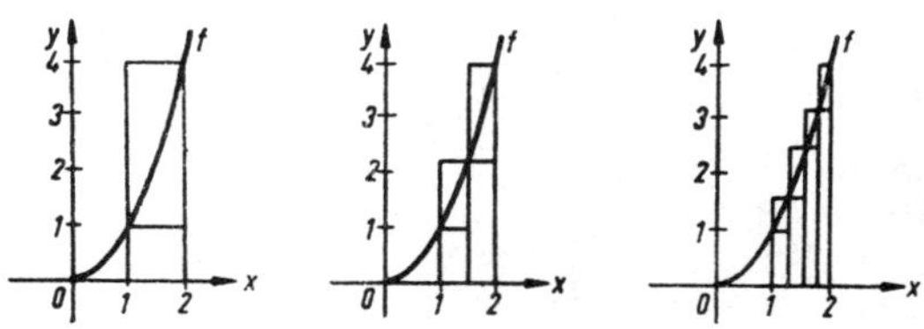

Bild 12/23

Es entstehen zwei Zahlenfolgen, die Folge (s_n) für die Inhalte der einbeschriebenen Vielecksflächen und die Folge (S_n) für die Inhalte der umbeschriebenen Vielecksflächen. Beide Zahlenfolgen konvergieren für wachsendes n gegen denselben Grenzwert, der dem Flächeninhalt der Punktmenge entspricht.

12.6.2. Definition des bestimmten Integrals

Der in 12.6.1. dargestellten Flächeninhaltsberechnung liegt folgendes mathematisches Problem zugrunde:
Es sei f eine im Intervall $a \leqq x \leqq b$ stetige oder monotone Funktion.
Das Intervall $a \leqq x \leqq b$ wird durch fortgesetzte Halbierung in 2^n äquidistante Teilintervalle der Breite $\Delta x = \frac{b-a}{2^n}$ zerlegt. In jedem Teilintervall gibt es einen kleinsten Funktionswert m_i und einen größten Funktionswert M_i.
Für jedes Teilintervall werden die Produkte $m_i \cdot \Delta x$ und $M_i \cdot \Delta x$ und anschließend die Summen

$$s_n = \sum_{i=1}^{2^n} m_i \cdot \Delta x \quad \text{und} \quad S_n = \sum_{i=1}^{2^n} M_i \cdot \Delta x \quad \text{gebildet.}$$

Durchläuft n die Menge der natürlichen Zahlen, erhält man zwei Zahlenfolgen (s_n) und (S_n).
(s_n) ist monoton wachsend und nach oben beschränkt, (S_n) ist monoton fallend und nach unten beschränkt.
Da monotone beschränkte Zahlenfolgen stets konvergieren (↗ 6.8.7.), existieren die Grenzwerte $\lim\limits_{n\to\infty} s_n$ und $\lim\limits_{n\to\infty} S_n$. Wenn gilt $\lim\limits_{n\to\infty} s_n = \lim\limits_{n\to\infty} S_n$, heißt der Grenzwert das bestimmte Integral der Funktion f im Intervall $a \leqq x \leqq b$.

Definition

Es sei f eine im Intervall $a \leqq x \leqq b$ definierte Funktion, die in jedem abgeschlossenen Teilintervall von $a \leqq x \leqq b$ einen kleinsten und einen größten Funktionswert m_i bzw. M_i hat. Haben die Folgen (s_n) und (S_n), die bei einer Verfeinerung der Zerlegung als Summen der Produkte $m_i \Delta x$ bzw. $M_i \Delta x$ entstehen, einen gemeinsamen Grenzwert für $n \to \infty$, dann heißt dieser Grenzwert das **bestimmte Integral** der Funktion f im Intervall $a \leqq x \leqq b$. Es wird mit $\int\limits_a^b f(x)\,\mathrm{d}x$ bezeichnet (gelesen: Integral f von x dx von a bis b).

a wird die *untere*, b die *obere Integrationsgrenze* genannt, $a \leqq x \leqq b$ ist das *Integrationsintervall.*
Man beachte: Das bestimmte Integral ist eine Zahl, das unbestimmte Integral ist eine Funktion (vgl. 12.5.2.).
Damit kann der Begriff »**Flächeninhalt einer Punktmenge**, die vom Graphen der Funktion f, von der x-Achse und den Parallelen zur y-Achse durch a und b begrenzt wird«, durch das bestimmte Integral

$$\int\limits_a^b f(x)\,\mathrm{d}x$$

ausgedrückt werden (Bild 12/24). Man sagt, diese Punktmenge ist **quadrierbar.**

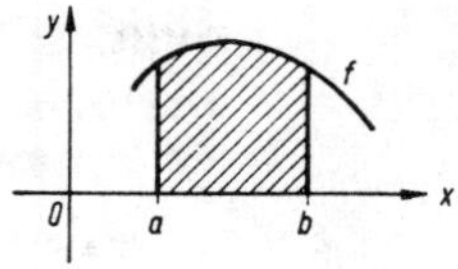

Bild 12/24

12.6.3. Regeln für das Rechnen mit bestimmten Integralen

Es gelten folgende Regeln:

$$\int_a^b f(x)\,\mathrm{d}x = -\int_b^a f(x)\,\mathrm{d}x$$

$$\int_a^a f(x)\,\mathrm{d}x = 0$$

$$\int_a^b f(x)\,\mathrm{d}x = \int_a^c f(x)\,\mathrm{d}x + \int_c^b f(x)\,\mathrm{d}x,$$

wobei c eine beliebige Zahl im Intervall $a \leqq x \leqq b$ ist.

12.6.4. Mittelwertsatz der Integralrechnung

Es sei f eine im Intervall $a \leqq x \leqq b$ stetige Funktion. Dann gibt es in diesem Intervall mindestens eine Stelle ξ, für die gilt

$$\int_a^b f(x)\,\mathrm{d}x = (b - a)\,f(\xi).$$

Veranschaulichung in Bild 12/25.

Bild 12/25

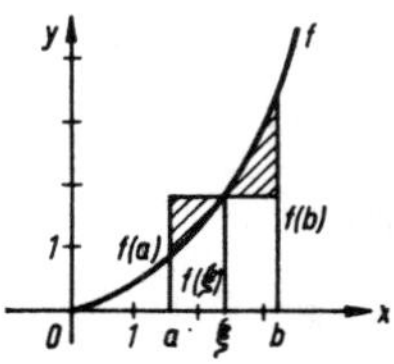

Bild 12/26

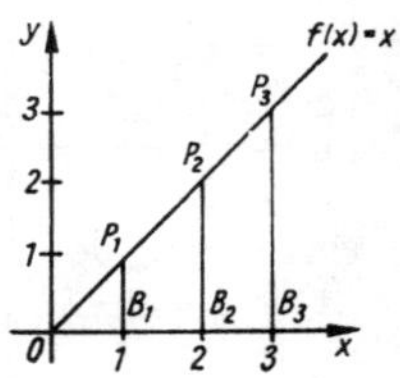

Der Flächeninhalt der Punktmenge, die vom Graphen der Funktion f, der x-Achse und den Parallelen zur y-Achse durch a und b begrenzt wird, ist gleich dem Flächeninhalt des Rechtecks mit den Seiten $(b - a)$ und $f(\xi)$.

Die in Bild 12/25 schraffierten Flächen sind inhaltsgleich.

12.7. Hauptsatz der Differential- und Integralrechnung

12.7.1. Das bestimmte Integral als Funktion der oberen Grenze; der Hauptsatz

Wenn die obere Grenze b eines bestimmten Integrals als Variable x aufgefaßt wird, so wird jedem Wert dieser Grenze ein anderer Wert des bestimmten Integrals zugeordnet. Es entstehen geordnete Paare, die zu einer Menge Φ zusammengefaßt werden können, wobei die Integrationsvariable mit t bezeichnet wird:

$$\Phi(x) = \int_a^x f(t)\,\mathrm{d}t.$$

BEISPIEL 12/36

Der Flächeninhalt der Dreiecke OB_iP_i ($i = 1, 2, \ldots, n$) kann als bestimmtes Integral mit variabler oberer Grenze dargestellt werden: (Bild 12/26)

x	1	2	3	4	5	…
$\int_0^x t\,\mathrm{d}t$	$\frac{1}{2}$	$\frac{4}{2}$	$\frac{9}{2}$	$\frac{16}{2}$	$\frac{25}{2}$	

$$\int_0^x t\,\mathrm{d}t = \frac{x^2}{2}$$

Wenn f eine im Intervall $a \leqq x \leqq b$ stetige Funktion ist, dann ist die Funktion Φ eine Stammfunktion von f in diesem Intervall; d. h., es gilt $\Phi'(x) = f(x)$.

Beweis:

- Bildung des Differenzenquotienten der Funktion Φ an der Stelle x_0:

$$d(h) = \frac{\Phi(x_0 + h) - \Phi(x_0)}{h} = \frac{\int_a^{x_0+h} f(t)\,\mathrm{d}t - \int_a^{x_0} f(t)\,\mathrm{d}t}{h}$$

- Umformung des Differenzenquotienten:

$$d(h) = \frac{1}{h} \cdot \left[\int_a^{x_0+h} f(t)\,\mathrm{d}t + \int_{x_0}^{a} f(t)\,\mathrm{d}t\right]$$

$$= \frac{1}{h} \cdot \left[\int_{x_0}^{a} f(t)\,\mathrm{d}t + \int_a^{x_0+h} f(t)\,\mathrm{d}t\right] = \frac{1}{h}\int_{x_0}^{x_0+h} f(t)\,\mathrm{d}t$$

Nach dem Mittelwertsatz der Integralrechnung ist

$$\frac{1}{h} \cdot \int\limits_{x_0}^{x_0+h} f(t)\,\mathrm{d}t = \frac{1}{h} \cdot [(x_0 + h) - x_0] f(\xi_h) = f(\xi_h)$$

mit $x_0 \leqq \xi_h \leqq x_0 + h$.

- Bestimmung des Grenzwerts des Differenzenquotienten für $h \to 0$:
Wenn $h \to 0$, dann $\xi_h \to x_0$.

Da f stetig ist, ist der Grenzwert des Differenzenquotienten

$$\lim_{h\to 0} \frac{\Phi(x_0 + h) - \Phi(x_0)}{h} = \lim_{h\to 0} \left[\frac{1}{h} \cdot \int\limits_{x_0}^{x_0+h} f(t)\,\mathrm{d}t \right] = f(x_0)$$

bzw.

$\Phi'(x_0) = f(x_0)$, d. h.,

Φ ist eine Stammfunktion der Funktion f, w. z. b. w.

Jede im Intervall $a \leqq x \leqq b$ stetige Funktion f hat in diesem Intervall eine Stammfunktion, die mit F bezeichnet wird.

Damit wird eine *Beziehung zwischen dem bestimmten Integral und einer Stammfunktion* hergestellt.
Die Menge aller Stammfunktionen wurde in 12.5.2. als *unbestimmtes Integral* bezeichnet.

12.7.2. Berechnung bestimmter Integrale

Da die Funktion Φ mit $\Phi(x) = \int\limits_a^x f(t)\,\mathrm{d}t$ eine Stammfunktion von f im Intervall $a \leqq x \leqq b$ ist, gilt $\int\limits_a^b f(t)\,\mathrm{d}t = \Phi(b)$.

Da sich zwei Stammfunktionen Φ, F um eine Konstante c unterscheiden, gilt $\Phi(x) = F(x) + c$.
Für $x = b$ erhält man $\Phi(b) = F(b) + c$.

Da $\Phi(a) = \int\limits_a^a f(t)\,\mathrm{d}t = 0$ und da $\Phi(a) = F(a) + c$ ist, ist $c = -F(a)$,

d. h., $\Phi(b) = F(b) - F(a)$ bzw.

$$\int\limits_a^b f(t)\,\mathrm{d}t = F(b) - F(a),$$

nach Umbenennung der Variablen erhält man

$$\int\limits_a^b f(x)\,\mathrm{d}x = F(b) - F(a).$$

Damit wurde der **Hauptsatz der Differential- und Integralrechnung** hergeleitet.

Ist f eine im Intervall $a \leqq x \leqq b$ stetige Funktion und F eine Stammfunktion von f, so ist das bestimmte Integral

$$\int_a^b f(x)\,dx = [F(x)]_a^b = F(b) - F(a).$$

Dadurch ist die Berechnung des bestimmten Integrals auf das Aufsuchen einer Stammfunktion zurückgeführt und der Zusammenhang zwischen Differentialrechnung und Integralrechnung hergestellt worden.

BEISPIEL 12/37

a) $$\int_1^2 x^2\,dx = \left[\frac{x^3}{3}\right]_1^2 = \frac{8}{3} - \frac{1}{3} = \frac{7}{3}$$

b) $$\int_2^4 \frac{1}{x^2}\,dx = \int_2^4 x^{-2}\,dx = \left[\frac{x^{-1}}{-1}\right]_2^4 = \left[-\frac{1}{x}\right]_2^4 = \frac{1}{4}$$

c) $$\int_1^3 \sqrt{x}\,dx = \int_1^3 x^{\frac{1}{2}}\,dx = \left[\frac{x^{\frac{3}{2}}}{\frac{3}{2}}\right]_1^3 = \frac{2}{3}\,[\sqrt{x^3}]_1^3 = \frac{2}{3}(\sqrt{3^3} - \sqrt{1^3})$$

$$= \frac{2}{3}(3\sqrt{3} - 1) = 2\left(\sqrt{3} - \frac{1}{3}\right)$$

12.7.3. Grundintegrale

(1) Zur Berechnung eines bestimmten Integrals muß eine Stammfunktion aufgesucht werden. Jede Regel der Differentialrechnung für elementare Funktionen führt auf eine Regel für das unbestimmte Integral. Diese werden **Grundintegrale** genannt.

$$\int x^n\,dx = \frac{x^{n+1}}{n+1} + c \quad (n \neq -1)$$

$$\int x^{-1}\,dx = \ln|x| + c \quad (x \neq 0)$$

$$\int e^x\,dx = e^x + c$$

$$\int a^x\,dx = \frac{a^x}{\ln a} + c \quad (a \neq 1)$$

$$\int \sin x\,dx = -\cos x + c$$

$$\int \cos x\,dx = \sin x + c$$

$$\int \frac{dx}{\cos^2 x} = \tan x + c \quad \left(x \neq (2k+1)\frac{\pi}{2}\right)$$

$$\int \frac{dx}{\sin^2 x} = -\cot x + c \quad (x \neq 2k\pi)$$

$$\int \frac{dx}{\sqrt{1-x^2}} = \begin{cases} \arcsin x + c & (|x| < 1) \\ -\arccos x + c & (|x| < 1) \end{cases}$$

$$\int \frac{dx}{1+x^2} = \begin{cases} \arctan x + c \\ -\operatorname{arccot} x + c \end{cases}$$

BEISPIEL 12/38

a) $\int\limits_1^2 \frac{1}{x}\, dx = \int\limits_1^2 x^{-1}\, dx = [\ln |x|]_1^2 = \ln 2 - \ln 1 = \ln 2$

b) $\int\limits_{-1}^1 e^x\, dx = [e^x]_{-1}^1 = e^1 - e^{-1} = e - \frac{1}{e} = \frac{e^2 - 1}{e}$

c) $\int\limits_1^2 2^x\, dx = \left[\frac{2^x}{\ln 2}\right]_1^2 = \frac{4}{\ln 2} - \frac{2}{\ln 2} = \frac{2}{\ln 2}$

d) $\int\limits_0^\pi \sin x\, dx = [-\cos x]_0^\pi = -(\cos \pi - \cos 0) = -(-1 - 1) = 2$

(2) Für das **Rechnen mit bestimmten Integralen** gelten folgende **Sätze:** f und g seien im Intervall $a \leqq x \leqq b$ stetige Funktionen, $k \in \mathbf{R}$. Dann ist

$$\int\limits_a^b k \cdot f(x)\, dx = k \cdot \int\limits_a^b f(x)\, dx$$

$$\int\limits_a^b [f(x) + g(x)]\, dx = \int\limits_a^b f(x)\, dx + \int\limits_a^b g(x)\, dx$$

BEISPIEL 12/39

a) $\int\limits_1^2 2x^4\, dx = 2\int\limits_1^2 x^4\, dx = 2\left[\frac{x^5}{5}\right]_1^2 = 2 \cdot \left(\frac{32}{5} - \frac{1}{5}\right) = \frac{62}{5}$

b) $\int\limits_2^3 (x^3 + x^2)\, dx = \int\limits_2^3 x^3\, dx + \int\limits_2^3 x^2\, dx = \left[\frac{x^4}{4}\right]_2^3 + \left[\frac{x^3}{3}\right]_2^3$

$$= \left(\frac{81}{4} - 4\right) + \left(9 - \frac{8}{3}\right) = \frac{271}{12}$$

12.8. Einige Integrationsmethoden

12.8.1. Elementar integrierbare Funktionen

Zu jeder in einem Intervall stetigen Funktion gibt es eine Stammfunktion, die jedoch nicht immer elementar ist.
Eine im offenen Intervall I stetige Funktion ist **in I elementar integrierbar,** wenn sie in I eine elementare Stammfunktion hat. Jede rationale Funktion ist elementar integrierbar. Es gibt jedoch keine Regeln, nach denen entschieden werden kann, ob eine stetige Funktion in I elementar integrierbar ist. Es gibt aber Regeln für die Umformung von Integralen, durch die Integrale auf Grundintegrale zurückgeführt werden können. Dabei werden die Rechenregeln der Differentialrechnung genutzt.
Bei der Berechnung von bestimmten Integralen ist es oft zweckmäßig, die Zurückführung der Integrale auf Grundintegrale am unbestimmten Integral vorzunehmen, weil dabei eine Transformation der Integrationsgrenzen nicht erforderlich ist.

12.8.2. Integration durch Substitution

Aus der Regel für die Differentiation einer verketteten Funktion (↗ 12.2.4. Kettenregel) ergibt sich die Regel für die Integration mittels Substitution:

(1) Es seien u, v im Intervall I stetige Funktionen. Wenn U eine Stammfunktion von u und der Wertebereich von v in I enthalten ist, dann ist $U(v(x))$ eine Stammfunktion von $u(v(x)) \cdot v'(x)$. Danach gilt

$$\int u(v(x)) \cdot v'(x)\,\mathrm{d}x = U(v(x)) + c$$

bzw.

$$\int u(z)\,\mathrm{d}z = U(v(x)) + c$$

mit

$$z = v(x),\ \mathrm{d}z = v'(x)\,\mathrm{d}x$$

(2) Ist v eine lineare Funktion, so gilt

$$\int f(x)\,\mathrm{d}x = \int u(z)\,\mathrm{d}z$$

mit

$$z = ax + b,\ \mathrm{d}z = a\,\mathrm{d}x,\ \text{bzw. } \mathrm{d}x = \frac{\mathrm{d}z}{a}$$

$$\text{Dann ist } \int f(x)\,\mathrm{d}x = \int u(ax+b)\,\mathrm{d}x = \int u(z)\frac{\mathrm{d}z}{a}$$

$$= \frac{1}{a}\int u(z)\,\mathrm{d}z = \frac{1}{a}U(z) + c = \frac{1}{a}U(ax+b) + c$$

$$= \frac{1}{a}F(x) + c$$

(lineare Substitution)

BEISPIEL 12/40

a) $\int [(x^3 + 2x)^2 \cdot (3x^2 + 2)\,dx] = \dfrac{(x^3 + 2x)^3}{3} + c.$

Es ist $u = z^2$ mit $z = x^3 + 2x$ und $dz = (3x^2 + 2)\,dx$
Probe durch Differenzieren:

$$\left[\frac{(x^3 + 2x)^3}{3} + c\right]' = \frac{3(x^3 + 2x)^2\,(3x^2 + 2)}{3}$$

b) $\int \sqrt{2x + 3}\,dx = \int \sqrt{z} \cdot \dfrac{1}{2}\,dz = \dfrac{z^{\frac{3}{2}}}{\frac{3}{2}} \cdot \dfrac{1}{2} + c = \dfrac{1}{3}\sqrt{z^3} + c$

$$= \frac{1}{3}\sqrt{(2x + 3)^3} + c$$

Es ist $u(z) = \sqrt{z} = z^{\frac{1}{2}}$ mit $z = 2x + 3$ und $dz = 2\,dx$ bzw. $dx = \dfrac{1}{2}\,dz$
Probe durch Differenzieren:

$$\left[\frac{1}{3}\sqrt{(2x + 3)^3} + c\right]' = \frac{1}{3} \cdot \frac{3}{2}(2x + 3)^{\frac{1}{2}} \cdot 2 = \sqrt{2x + 3}$$

(3) Integration der Funktion $f(x) = \dfrac{v'(x)}{v(x)}$:
Es gilt

$$\int f(x)\,dx = \int \frac{v'(x)\,dx}{v(x)} = \int \frac{dz}{z} = \ln|z| + c = \ln|v(x)| + c,$$

wobei $z = v(x)$ und $dz = v'(x)\,dx$ sind.

BEISPIEL 12/41

a) $\int \dfrac{2x - 5}{x^2 - 5x + 3}\,dx = \int \dfrac{dz}{z} = \ln|z| + c = \ln|x^2 - 5x + 3| + c$

Es ist $z = v(x) = x^2 - 5x + 3,\ dz = (2x - 5)\,dx$

b) $\int \tan x\,dx = \int \dfrac{\sin x}{\cos x}\,dx = -\int \dfrac{dz}{z} = -\ln|z| + c$

$$= -\ln|\cos x| + c$$

Es ist $z = v(x) = \cos x,\ dz = -\sin x\,dx$

12.8.3. Partielle Integration

Aus der Regel für die Differentiation eines Produkts zweier Funktionen u, v [↗ 12.2.1.(2)] erhält man die Regel für die partielle Integration:

$$\int u(x) \cdot v'(x)\,dx = u(x) \cdot v(x) - \int v(x) \cdot u'(x)\,dx$$

BEISPIEL 12/42

a) $\int x \cdot \sin x \, dx = -x \cdot \cos x + \int \cos x \cdot 1 \, dx = -x \cdot \cos x + \sin x + c$

Es ist

$u(x) = x \quad v'(x) = \sin x$

$u'(x) = 1 \quad v(x) = -\cos x$

b) $\int \ln |x| \, dx = \int \ln |x| \cdot 1 \, dx = x \ln |x| - \int \frac{1}{x} \cdot x \, dx$

$$= x \ln |x| - \int dx = x \ln |x| - x + c$$

$$= x (\ln |x| - 1) + c$$

Es ist

$u(x) = \ln x \qquad v'(x) = 1$

$u'(x) = \frac{1}{x} \qquad v(x) = x$

12.8.4. Integration rationaler Funktionen durch Partialbruchzerlegung

Der Term $\frac{u}{v}$ in einer Gleichung einer echt gebrochenen rationalen Funktion $f(x) = \frac{u(x)}{v(x)}$ kann auf folgende Weise in eine Summe von Quotienten zerlegt werden:

1. Es werden die Nullstellen der Funktion v ermittelt.
2. Die Zähler der Quotienten werden durch Koeffizientenvergleich bestimmt.

Hier wird der Sonderfall betrachtet, die Funktion v habe n verschiedene reelle Nullstellen $x_1, x_2, \ldots, x_n$.
Dann gilt

$$f(x) = \frac{u(x)}{v(x)} = \frac{A_1}{x - x_1} + \frac{A_2}{x - x_2} + \ldots + \frac{A_n}{x - x_n}.$$

BEISPIEL 12/43

Um das Integral $\int\limits_4^7 \frac{x - 5}{x^2 - 5x + 6}$ zu berechnen, wird zunächst der Integrand des unbestimmten Integrals in eine Summe von Quotienten zerlegt.

1. Die Nullstellen der Funktion v sind die Lösungen der quadratischen Gleichung $x^2 - 5x + 6 = 0$, $x_1 = 2$, $x_2 = 3$.
2. Nun wird angesetzt:

$$\frac{x - 5}{x^2 - 5x + 6} = \frac{A_1}{x - 2} + \frac{A_2}{x - 3}.$$

Daraus erhält man

$$\frac{x-5}{x^2-5x+6} = \frac{A_1(x-3)+A_2(x-2)}{(x-2)(x-3)}$$

bzw. im Zähler

$$x-5 = A_1x - 3A_1 + A_2x - 2A_2$$
$$x-5 = (A_1+A_2)\,x - (3A_1+2A_2)$$

und durch Koeffizientenvergleich

$$A_1 + A_2 = 1; \qquad A_2 = 1 - A_1$$
$$3A_1 + 2A_2 = 5$$

Die Lösungen dieses Gleichungssystems sind $A_1 = 3$, $A_2 = -2$. Somit gilt

$$\frac{x-5}{x^2-5x+6} = \frac{3}{x-2} + \frac{-2}{x-3}.$$

Damit läßt sich das unbestimmte Integral angeben

$$\begin{aligned}\int \frac{x-5}{x^2-5x+6}\,\mathrm{d}x &= \int \frac{3}{x-2}\,\mathrm{d}x - \int \frac{2}{x-3}\,\mathrm{d}x\\ &= 3\ln|x-2| - 2\ln|x-3| + c\\ &= \ln|x-2|^3 - \ln|x-3|^2 + c\\ &= \ln\frac{|x-2|^3}{|x-3|^2} + c.\end{aligned}$$

Das bestimmte Integral ist dann

$$\int_4^7 \frac{x-5}{x^2-5x+6}\,\mathrm{d}x = \left[\ln\frac{|x-2|^3}{|x-3|^2}\right]_4^7 = \ln\frac{5^3}{4^2} - \ln\frac{2^3}{1^2}$$

$$= \ln 125 - \ln 16 - \ln 8 \approx -0{,}0237$$

12.9. Anwendungen des bestimmten Integrals

12.9.1. Berechnung des Flächeninhalts von Punktmengen

Das bestimmte Integral wird zur Berechnung des Flächeninhalts von Punktmengen, die von dem Graphen einer Funktion, der x-Achse und den Parallelen zur y-Achse durch a und b begrenzt sind, angewendet (Bild 12/24). Man sagt dafür oft kurz: Es wird der Inhalt der »Fläche unter der Kurve $y = f(x)$« berechnet.
Die Punktmengen können verschiedene Lage haben.

(1) Lage der Punktmenge oberhalb der x-Achse

Die in Bild 12/24 schraffierte Punktmenge (Fläche) wird durch das bestimmte Integral $A = \int_a^b f(x)\,\mathrm{d}x$ berechnet.

BEISPIEL 12/44

a) Um den Flächeninhalt der Punktmenge zu berechnen, die vom Graphen der Funktion $f(x) = e^x$, von der x-Achse und den Geraden $x = 0$ und $x = 2$ begrenzt wird (Bild 12/27), ist das bestimmte Integral $\int_0^2 e^x \,dx$ zu berechnen. Man erhält

$$A = \int_0^2 e^x \,dx = [e^x]_0^2 = e^2 - e^0 = e^2 - 1 \approx 6{,}4.$$

Der Flächeninhalt dieser Punktmenge unter der Kurve $y = e^x$ ist ungefähr 6,4.

Hinweis: Es ist zweckmäßig, den Flächeninhalt als Zahl anzugeben. Wie in 5.1.9.3.(2) dargestellt, ist der Flächeninhalt einer Punktmenge eine Größe, die aus Zahlenwert und Einheit besteht. Bei Anwendungsaufgaben ergibt sich die Einheit aus den gewählten Koordinateneinheiten und muß im Ergebnis angegeben werden. Wäre im Beispiel a) die Koordinateneinheit 1 cm gewesen, dann wäre der Flächeninhalt der betrachteten Punktmenge $A \approx 6{,}4\,\text{cm}^2$

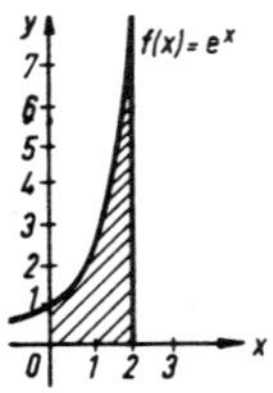

Bild 12/27

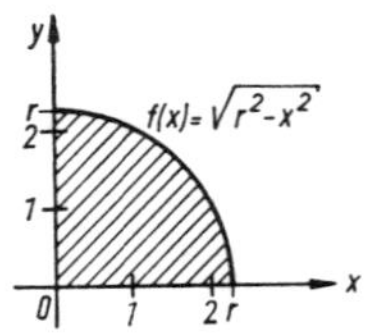

Bild 12/28

b) Um den Flächeninhalt eines Kreises mit dem Radius r zu berechnen, wird zunächst der Flächeninhalt eines Viertelkreises berechnet, der von dem Graphen der Funktion $f(x) = \sqrt{r^2 - x^2}$, der x-Achse und der y-Achse begrenzt wird (Bild 12/28).
Das unbestimmte Integral $\int \sqrt{r^2 - x^2}\,dx$ ergibt mit der Substitution $x = r \sin t$, $dx = r \cos t \,dt$

$$\int \sqrt{r^2 - x^2}\,dx = r^2 \cdot \left[\int dt - \int \sin^2 t \,dt\right]$$

mit

$$\int \sin^2 t \,dt = r^2 \cdot \left[\frac{t}{2} - \frac{1}{2} \sin t \cos t\right] + c$$

(partielle Integration) und der Rücksubstitution $t = \arcsin \frac{x}{r}$ schließlich

$$\int \sqrt{r^2 - x^2}\,dx = \frac{r^2}{2} \arcsin \frac{x}{r} + \frac{x}{2} \sqrt{r^2 - x^2} + c.$$

Der Flächeninhalt eines *Viertelkreises* ist

$$A = \int_0^r \sqrt{r^2 - x^2}\,dx = \left[\frac{r^2}{2}\arcsin\frac{x}{r} + \frac{x}{2}\sqrt{r^2 - x^2}\right]_0^r$$

$$= \frac{r^2}{2}\arcsin 1 + \frac{r}{2}\cdot 0 - \frac{r^2}{2}\arcsin 0 - 0$$

$$= \frac{r^2}{2}\cdot\frac{\pi}{2} = \frac{\pi}{4}r^2;$$

der Flächeninhalt eines Kreises mit dem Radius r ist dann $A_K = \pi r^2$.

(2) Lage der Punktmenge unterhalb der x-Achse

Die Punktmenge M (↗ Bild 12/29) wird an der x-Achse gespiegelt; man erhält die Punktmenge M', die zu M kongruent ist. Dadurch kann die Berechnung des Flächeninhalts einer Punktmenge, die unterhalb der x-Achse liegt, auf die Berechnung des Flächeninhalts der kongruenten Punktmenge, die oberhalb der x-Achse liegt, zurückgeführt werden. Dabei gilt $A = \left|\int_a^b f(x)\,dx\right|$.

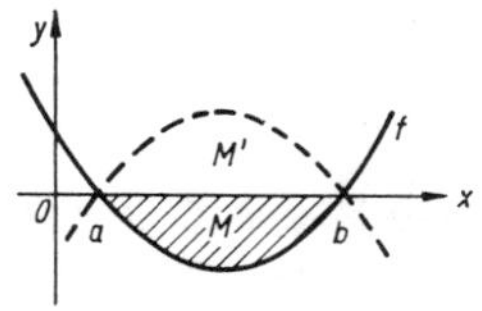

Bild 12/29

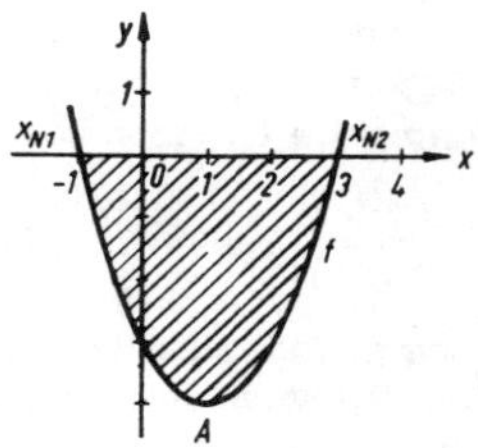

Bild 12/30

BEISPIEL 12/45

Die Punktmenge, die vom Graphen der Funktion $f(x) = x^2 - 2x - 3$ und von der x-Achse begrenzt wird, liegt unterhalb der x-Achse (Bild 12/30). Um den Flächeninhalt dieser Punktmenge zu berechnen, werden zunächst die Nullstellen der Funktion f ermittelt; sie sind die Lösungen der Gleichung $x^2 - 2x - 3 = 0$; $x_{N1} = -1$, $x_{N2} = 3$.
Damit sind die Integrationsgrenzen festgelegt, und es gilt

$$A = \left|\int_{-1}^{3}(x^2 - 2x - 3)\,dx\right| = \left|\left[\frac{x^3}{3} - x^2 - 3x\right]_{-1}^{3}\right|$$

$$= \left|(9 - 9 - 9) - \left(-\frac{1}{3} - 1 + 3\right)\right| = \left|-\frac{32}{3}\right| = \frac{32}{3}$$

Der Flächeninhalt dieser Punktmenge ist $\frac{32}{3}$.

(3) Lage der Punktmenge teils oberhalb, teils unterhalb der x-Achse

Zunächst ist die im Integrationsintervall liegende Nullstelle x_N zu ermitteln. Dann sind nach (1) bzw. (2) die Flächeninhalte der Teilpunktmengen zu berechnen. Für die in Bild 12/31 durch Schraffur gekennzeichnete Punktmenge gilt

$$A = \int_a^{x_N} f(x)\,\mathrm{d}x + \left| \int_{x_N}^{b} f(x)\,\mathrm{d}x \right|.$$

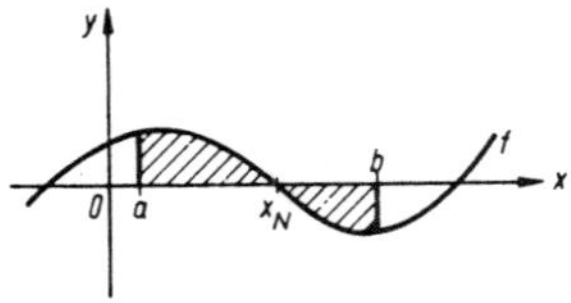

Bild 12/31

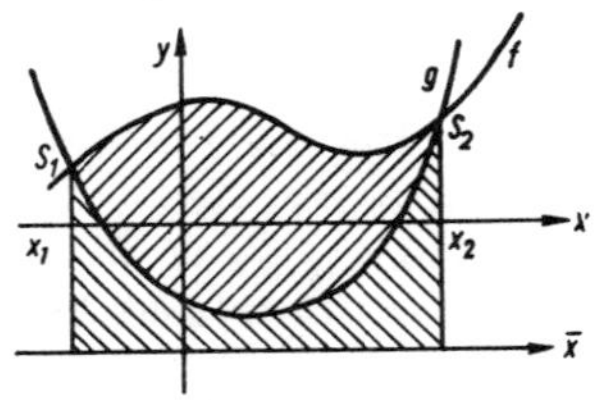

Bild 12/32

(4) Berechnung des Flächeninhalts von Punktmengen, die von den Graphen zweier Funktionen eingeschlossen werden

Die Abszissen der Schnittpunkte der Graphen beider Funktionen f, g ergeben die Integrationsgrenzen. Dann gilt für den Flächeninhalt der von beiden Graphen begrenzten Punktmenge in Bild 12/32

$$A = \int_{x_1}^{x_2} [f(x) - g(x)]\,\mathrm{d}x,$$

auch wenn Nullstellen im Integrationsintervall liegen. Denn durch eine Parallelverschiebung der x-Achse um d nach unten erreicht man, daß die zu berechnende Fläche ganz oberhalb der $\bar{x}$-Achse liegt, und es ist

$$A = \int_{x_1}^{x_2} [(f(x) + d) - (g(x) + d)]\,\mathrm{d}x$$

$$= \int_{x_1}^{x_2} [f(x) - g(x)]\,\mathrm{d}x.$$

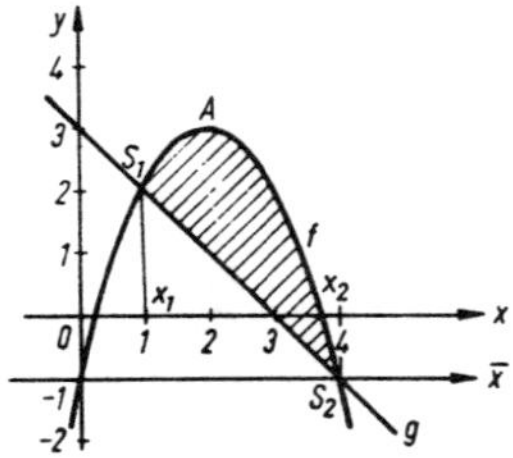

BEISPIEL 12/46

Es ist der Flächeninhalt der Punktmenge zu berechnen, die von den Graphen der Funktionen $f(x) = -x^2 + 4x - 1$ und $g(x) = -x + 3$ begrenzt wird (Bild 12/33).

Bild 12/33

Die Abszissen der Schnittpunkte beider Graphen sind die Lösungen der Gleichung $-x^2 + 4x - 1 = -x + 3$, nämlich $x_1 = 1$, $x_2 = 4$. Dann ist

$$A = \int_1^4 [f(x) - g(x)]\,dx$$

$$A = \int_1^4 [(-x^2 + 4x - 1) - (-x + 3)]\,dx$$

$$= \int_1^4 (-x^2 + 5x - 4)\,dx$$

$$= \left[-\frac{x^3}{3} + \frac{5x^2}{2} - 4x\right]_1^4 = \frac{9}{2}$$

12.9.2. Berechnung der Länge eines Kurvenbogens

Es sei die Gleichung einer im Intervall $a \leqq x \leqq b$ differenzierbaren Funktion f gegeben.
Um die Länge des Kurvenbogens im Graph dieser Funktion zwischen den Punkten P_1, P_2 (Bild 12/34) berechnen zu können, wird der Kurvenbogen C in kleinere Kurvenstücke C_i zerlegt. Werden die Endpunkte Q_i jedes Kurvenstücks durch Geraden verbunden, entstehen Sehnen mit den Längen S_i. Alle Sehnen bilden einen Polygonzug, dessen Länge sich aus der Summe der Längen der Sehnen ergibt:

$$s_n = S_1 + S_2 + \ldots + S_n = \sum_{i=1}^{n} S_i.$$

Je größer die Anzahl der Punkte Q_i ist, d. h., je größer die Anzahl der Sehnen ist, desto kleiner ist die Länge jeder Sehne. Je »feiner« die Zerlegung des Intervalls $a \leqq x \leqq b$ ist, um so besser nähert sich die Summe der Längen aller einbeschriebenen Polygonzüge der Länge des Kurvenbogens C. Die Summen der Längen dieser Polygonzüge haben obere Schranken. Ihre kleinste obere Schranke wird die **Bogenlänge** s des Kurvenbogens C genannt. Dann heißt der Kurvenbogen C **rektifizierbar.**
Die Länge eines beliebigen Sehnenelements S_i ist (Bild 12/35)

$$S_i = \sqrt{(\Delta x)^2 + (\Delta y)^2} = \sqrt{1 + \left(\frac{\Delta y}{\Delta x}\right)^2} \cdot \Delta x.$$

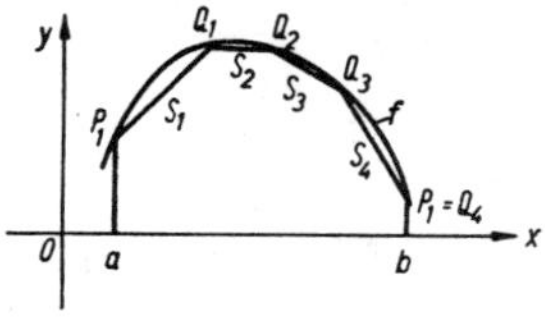

Bild 12/34

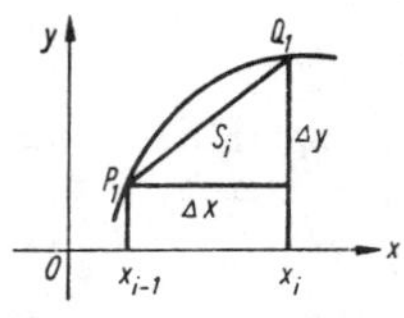

Bild 12/35

Die Länge des Polygonzuges ist dann

$$s_n = \sum_{i=1}^{n} S_i = \sum_{i=1}^{n} \sqrt{1 + \left(\frac{\Delta y}{\Delta x}\right)^2} \cdot \Delta x.$$

Bei Bildung des Grenzwertes für $n \to \infty$ erhält man die Bogenlänge s des Graphen einer differenzierbaren Funktion im Intervall $a \leqq x \leqq b$

$$s = \lim_{n \to \infty} \sum_{i=1}^{n} \sqrt{1 + \left(\frac{\Delta y}{\Delta x}\right)^2} \cdot \Delta x$$

nach der Definition des bestimmten Integrals

$$s = \int_a^b \sqrt{1 + [f'(x)]^2}\, \mathrm{d}x.$$

Das Differential $\mathrm{d}s = \sqrt{1 + [f'(x)]^2}\, \mathrm{d}x$ heißt *Bogenelement*.

BEISPIEL 12/47

Berechnung der Länge des Kreisumfangs (Radius r): [10.1.13.7.(1)]
Zur Berechnung derLänge eines Viertelkreisbogens ist das bestimmte Integral

$s = \int_0^r \sqrt{1 + [f'(x)]^2}\, \mathrm{d}x$ mit $f(x) = \sqrt{r^2 - x^2}$ zu berechnen.

Da $f'(x) = -\dfrac{x}{\sqrt{r^2 - x^2}}$ und $[f'(x)]^2 = \dfrac{x^2}{r^2 - x^2}$ ist, gilt für s

$$s = \int_0^r \sqrt{1 + \frac{x^2}{r^2 - x^2}}\, \mathrm{d}x = \int_0^r \frac{r\, \mathrm{d}x}{\sqrt{r^2 - x^2}}.$$

Das unbestimmte Integral $\displaystyle\int \frac{r\, \mathrm{d}x}{\sqrt{r^2 - x^2}} = \int \frac{r\, \mathrm{d}x}{r\sqrt{1 - \left(\frac{x}{r}\right)^2}}$ ergibt

bei Substitution $z = \dfrac{x}{r}$, $\mathrm{d}z = \dfrac{\mathrm{d}x}{r}$ bzw. $\mathrm{d}x = r\, \mathrm{d}z$

$$\int \frac{r\, \mathrm{d}z}{\sqrt{1 - z^2}} = r \arcsin z + c = r \arcsin \frac{x}{r} + c.$$

Somit erhält man für s

$$s = r \left[\arcsin \frac{x}{r}\right]_0^r = r\,(\arcsin 1 - \arcsin 0) = r \cdot \frac{\pi}{2}$$

und für den Kreisumfang $u = 4s = 2\pi r$.

12.9.3. Berechnung des Flächeninhalts des Mantels von Rotationskörpern

Es sei $f(x)$ eine im Intervall $a \leqq x \leqq b$ differenzierbare Funktion mit nichtnegativen Funktionswerten. Bei Rotation des Graphen der Funktion f um die x-Achse entsteht die Mantelfläche eines Rotationskörpers (Bild 12/36).

Bild 12/36

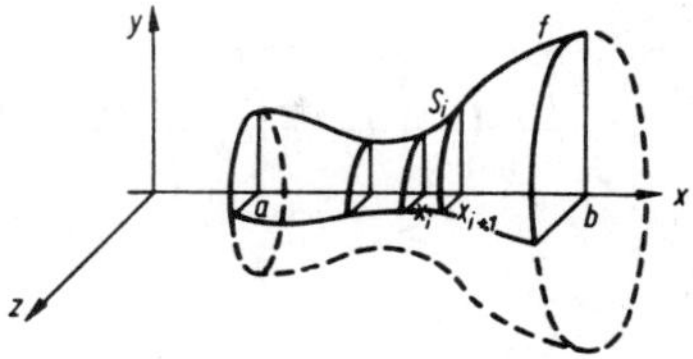

Wird das Intervall $a \leqq x \leqq b$ in Teilintervalle $x_i \leqq x \leqq x_{i+1}$ zerlegt und der zugehörige Polygonzug gebildet, so entstehen bei Rotation der Sehnen des Polygonzuges um die x-Achse Kegelstümpfe mit dem Flächeninhalt $M_i = \pi S_i[f(x_i) + f(x_{i+1})]$. Die Summe dieser Flächeninhalte nähert sich »immer mehr« dem Flächeninhalt des Mantels des Rotationskörpers, je »feiner« die Zerlegung des Intervalls $a \leqq x \leqq b$ ist.
Der Flächeninhalt des Mantels eines Rotationskörpers ist dann unter Verwendung des Bogenelements $\mathrm{d}s$ (↗ 12.9.2.)

$$A_M = 2\pi \int_a^b f(x)\sqrt{1 + [f'(x)]^2}\,\mathrm{d}x.$$

Das Differential $\mathrm{d}A = 2\pi f(x)\sqrt{1 + [f'(x)]^2}\,\mathrm{d}x$ heißt **Oberflächenelement.**

BEISPIEL 12/48

Bei Rotation des Graphen der Funktion $f(x) = \sqrt{r^2 - x^2}$ in den Grenzen $-r$, r erhält man die Oberfläche einer Kugel mit dem Radius r:

$$A_K = 2\pi \int_{-r}^{r} \sqrt{r^2 - x^2} \cdot \sqrt{1 + \frac{x^2}{r^2 - x^2}}\,\mathrm{d}x = 2\pi \int_{-r}^{r} r\,\mathrm{d}x$$

$$= 2\pi r[x]_{-r}^{r} = 2\pi r(r + r) = 2\pi r \cdot 2r = 4\pi r^2.$$

12.9.4. Berechnung des Rauminhalts von Rotationskörpern

Es sei f eine im Intervall $a \leqq x \leqq b$ stetige Funktion. Wenn die Menge der zu f gehörenden Ordinaten um die x-Achse rotiert, entsteht ein **Rotationskörper.** Jede Ordinate beschreibt dabei einen Kreis um x_i mit Radius $f(x_i)$, dessen Flächeninhalt $q(x) = \pi[f(x_i)]^2$ ist. q ist eine

»Querschnittsfunktion«. Wird das Intervall $a \leqq x \leqq b$ in Teilintervalle $x_i \leqq x \leqq x_{i+1}$ zerlegt, so entstehen »Scheiben« des Rotationskörpers von der Höhe $x_{i+1} - x_i$, der Grundfläche mit dem Inhalt $\underline{q}(x_i) = \pi [f(x_i)]^2$ und der Deckfläche mit dem Inhalt $\bar{q}(x_{i+1}) = \pi [f(x_{i+1})]^2$ (Bild 12/37).

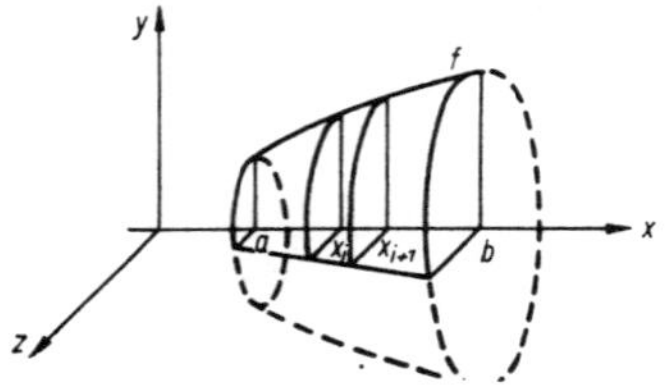

Bild 12/37

Jeder solcher Scheibe kann ein Zylinder mit der gleichen Höhe $x_{i+1} - x_i$ und der Grundfläche $\underline{q}(x_i)$ einbeschrieben und ein anderer Zylinder von dieser Höhe und der Grundfläche $\bar{q}(x_{i+1})$ umbeschrieben werden.
Je »feiner« die Zerlegung des Intervalls $a \leqq x \leqq b$ in Teilintervalle ist, um so mehr nähert sich die Summe der Volumina der einbeschriebenen Zylinder und die Summe der Volumina der umbeschriebenen Zylinder einem gemeinsamen Grenzwert. Es ergibt sich für das Volumen des Rotationskörpers bei Rotation der zu f gehörenden Ordinatenmenge um die x-Achse

$$V_x = \pi \int_a^b [f(x)]^2 \, \mathrm{d}x \quad (\text{mit } a < b).$$

Entsprechend erhält man bei Rotation um die y-Achse

$$V_y = \pi \int_c^d [g(y)]^2 \, \mathrm{d}y \quad (\text{mit } c < d).$$

BEISPIEL 12/49

Gegeben sei $f(x) = \sqrt{r^2 - x^2}$, die Integrationsgrenzen seien 0 und r. Dann entsteht bei Rotation der zu f gehörenden Ordinatenmenge um die x-Achse eine Halbkugel, deren Volumen

$$V_H = \pi \int_0^r (r^2 - x^2) \, \mathrm{d}x = \pi \left[r^2 x - \frac{x^3}{3} \right]_0^r$$

$$= \pi \left(r^3 - \frac{r^3}{3} \right) = \frac{2}{3} \pi r^3$$

ist. Das Volumen einer Kugel ist $V_K = 2 V_H = \dfrac{4}{3} \pi r^3$.

13. Aus der Informatik

13.1. Informatik – eine junge Wissenschaftsdisziplin

In den letzten drei Jahrzehnten hat sich die Wissenschaftsdisziplin *Informatik* stürmisch entwickelt.
In dem jahrhundertelangen Bemühen der Menschen, Maschinen zur Ausführung von Rechnungen zu konstruieren, gelang im Jahre 1941 dem deutschen Bauingenieur Konrad Zuse (geb. 1910) der Bau der ersten programmgesteuerten Rechenanlage Z 3. In dem Bestreben, die im Bauwesen erforderlichen, oft wiederkehrenden Rechnungen von einer Maschine ausführen zu lassen, wurden die mechanischen Bauteile von Ziffernrechenmaschinen [**Digitalrechner** genannt, von digit (engl.) Ziffer] durch elektrische Bauteile, vor allem Relais, ersetzt. Durch Verwendung von Elektronenröhren wurde 1946 in den USA der erste elektronische Rechner ENIAC (Abkürzung für **E**lectronic **N**umerical **I**ntegrator **a**nd **C**omputer) konstruiert. Damit begann eine stürmische technische Entwicklung.
Zwei Probleme standen zur Bearbeitung: Die Arbeitsgeschwindigkeit dieser Anlagen zu erhöhen und ihre Informationsspeicher so groß wie möglich zu machen. Die »Röhrenrechner«, Rechenanlagen der 1. Generation, mit einer Arbeitsgeschwindigkeit von 10^3 Elementaroperationen je Sekunde, wurden um das Jahr 1958 von transistorisierten Rechenanlagen, den Rechenanlagen der 2. Generation, abgelöst. Um das Jahr 1966 wurden dann die seit Anfang der 60er Jahre auf Grund der Entwicklung der Mikroelektronik geschaffenen Rechenanlagen mit integrierten Schaltkreisen mit 10^6 Elementaroperationen je Sekunde eingesetzt, die man als Rechenanlagen der 3. Generation bezeichnet. Die schnelle Weiterentwicklung der Mikroelektronik ermöglichte die Konstruktion von Rechenanlagen der 4. Generation am Anfang der 70er Jahre; das sind Computer (engl. Rechner), die weniger Platz einnehmen, ein geringeres Gewicht haben und wesentlich weniger Energie aufnehmen. So wurde es möglich, auch Kleincomputer zu entwickeln.
Heute gibt es verschiedenste **Computer** (auch Datenverarbeitungsanlagen oder Rechner genannt). Ihnen allen ist gemeinsam, daß über eine Tastatur oder Lochkarten Ziffern, Buchstaben und andere Zeichen eingegeben werden können. Damit ist es möglich, Zahlen und Text, d. h. Daten, in den Computer einzugeben, die vom Computer »verarbeitet« werden: Der Computer speichert, rechnet und berechnet, vergleicht,

prüft, sortiert und gibt Daten aus (auf Bildschirm oder durch Druck). Alle Berechnungen und Vergleiche werden in der Zentraleinheit eines Computers ausgeführt, die aus Hauptspeicher, Steuerwerk und Rechenwerk besteht. Auf die technische Ausrüstung eines Computers und die technische Realisierung der Operationen, die *Hardware*, kann hier nicht eingegangen werden.

Heute stehen moderne Computer unterschiedlicher Größe und Leistungsfähigkeit als unentbehrliche Helfer in Wissenschaft, Technik und Ökonomie zur Verfügung. Um sie zu nutzen und effektiv einzusetzen, werden qualifizierte Kräfte benötigt, die die Grundlagen der Datenverarbeitung beherrschen. Wenn auch von den Herstellern der Computer Programmunterlagen, die *Software*, mitgeliefert werden, so ist es doch erforderlich, daß sich der Nutzer mit den Programmierungsmöglichkeiten vertraut macht.

In einen Großcomputer können mehrere Nutzer über *Terminals* (Datenplätze, Tastatur mit Bildschirm oder Druckern gekoppelt) ihre Programme gleichzeitig eingeben, die vom Computer getrennt bearbeitet werden. Man nennt dieses rationelle Verfahren »Timesharing«.

Besondere Bedeutung haben in jüngster Zeit *Kleincomputer* gewonnen, die einen Dialog mit dem Computer ermöglichen (Lösen mathematischer Aufgaben ohne langwierige Rechnungen, Test eines Programms oder eines Programmabschnitts, Bearbeitung eines Lernprogramms, Spiele gegen den Computer). Zu den Kleincomputern gehören die *Heimcomputer*, die mit einem Fernsehgerät und einem Kassettenrecorder gekoppelt werden können.

Mit der Entwicklung automatisierter Informationssysteme entstand eine eigenständige Wissenschaftsdisziplin, die sich mit der Informationsverarbeitung im weiteren Sinne beschäftigt und **Informatik** genannt wird. Sie nutzt mathematische Grundlagen (z. B. Mengenlehre, mathematische Logik, Algebra, Graphentheorie, Numerik, Wahrscheinlichkeitstheorie) ebenso wie Ingenieurwissenschaften (z. B. Gerätetechnik der digitalen Informationsverarbeitung), die Programmiertechnik, Automatentheorie und Informationstheorie. Die Informatik nur als »Computer-Science« (Wissenschaft von der Theorie und der Konstruktion der Computer, ihrer Wirkungsweise und Anwendungen) zu verstehen, wäre zu eng. Die Informatik beschäftigt sich auch mit der Integration des Computers in das gesellschaftliche Leben, indem sie abstrahierte Anwendungsaufgaben behandelt, deren Analyse theoretische Grundlagen zu effektiven Lösungen aktueller Aufgaben und zur Erschließung neuer Anwendungsgebiete liefert.

Insofern bestehen von der Informatik Beziehungen zu anderen Wissenschaften, wie zur Kybernetik, Sprachtheorie, Ökonomie, Psychologie, Dokumentationswissenschaft (im Bibliothekswesen), für die manchmal auch der Begriff »Informatik« verwendet wird, die jedoch ein wichtiges Anwendungsgebiet ist.

So versteht man unter *Informatik* die Wissenschaft von der Struktur und der Organisation von Informationsverarbeitungsprozessen unter Nutzung von Computern in einer Mensch-Maschine-Kommunikation.
Aus dem umfangreichen Stoff der Informatik soll in den folgenden Abschnitten Wesentliches über das Programmieren und Programmiersprachen im allgemeinen und über die Programmiersprache BASIC und einige ihrer Anwendungen auf mathematischem Gebiet im besonderen dargestellt werden. Auf die Arbeit an einem Kleincomputer kann hier nicht eingegangen werden, weil die Vielzahl der Systeme ausführliche Erläuterungen erforderte. Der interessierte Leser sei auf die Bedienungsanleitung für sein Gerät verwiesen.

13.2. Zur Programmierung, über Programmiersprachen

13.2.1. Zum Algorithmusbegriff: Programmablaufpläne

(1) Soll ein Computer zur Bearbeitung eines mathematischen Problems genutzt werden, dann muß ihm jeder einzelne Schritt genau vorgeschrieben werden, und die Reihenfolge der Schritte ist genau festzulegen. Eine solche Vorschrift nennt man einen Algorithmus.
In vereinfachter Darstellung versteht man unter einem **Algorithmus** eine Vorschrift, die aus endlich vielen, eindeutig festgelegten, stets ausführbaren Operationen besteht, deren Reihenfolge genau festgelegt ist, und die die Lösungen aller Aufgaben eines bestimmten Typs ergibt.

BEISPIEL 13/1

a) Für den Term $\frac{a+b}{c}$ kann eine genaue Vorschrift zur Berechnung dieses Terms für beliebige reelle Zahlen a, b, $c (c \neq 0)$ angegeben werden:
1. Bilde die Summe $a + b$!
2. Dividiere die Summe durch c!

b) Die Berechnung einer der beiden Lösungen der quadratischen Gleichung $x^2 + px + q = 0$ erfolgt nach der Vorschrift
$-\frac{p}{2} + \sqrt{\left(\frac{p}{2}\right)^2 - q}$ (↗ 5.4.5.), in Worten:
1. Dividiere p durch 2!
2. Speichere $\frac{p}{2}$!
3. Rufe $\frac{p}{2}$ aus dem Speicher zurück!
4. Quadriere $\frac{p}{2}$!
5. Subtrahiere von $\left(\frac{p}{2}\right)^2$ die Zahl q! Nenne die Differenz D!
6. Ziehe die Quadratwurzel aus D!
7. Subtrahiere $\frac{p}{2}$ von der Quadratwurzel aus D! Rufe dabei $\frac{p}{2}$ aus dem Speicher zurück!

Beim Lösen von Gleichungen durch Verbesserung eines bekannten Näherungswertes für die Lösung einer Gleichung ist neben den in 5.6. angegebenen Methoden das *Iterationsverfahren* von Bedeutung. Man versteht unter Iteration die wiederholte Ausführung ein und derselben Rechenvorschrift. Um einen Iterationsalgorithmus für eine vorliegende Gleichung der Form $f(x) = 0$ angeben zu können, ist diese in die Form $x = \varphi(x)$ zu überführen, so daß beim Einsetzen des Näherungswertes x_0 als Argument der Funktion φ der Funktionswert x_1 berechnet werden kann: $x_1 = \varphi(x_0)$, beim Einsetzen des ermittelten Funktionswertes x_1 als Argument der Funktion φ der Funktionswert x_2 berechnet werden kann: $x_2 = \varphi(x_1)$ usw. Allgemein erhält man durch den Iterationsalgorithmus

$$x_{i+1} = \varphi(x_i)$$

immer bessere Näherungswerte für eine Lösung der Gleichung $f(x) = 0$, wenn für alle x im Näherungsintervall $|\varphi'(x)| < 1$ gilt.

BEISPIEL 13/2

Das Lösen der Gleichung $x^n = a (a \in \mathbf{R}, a > 0)$ führt auf die Berechnung der n-ten Wurzel aus a, $x = \sqrt[n]{a}$.
Es sei x_i ein bekannter Näherungswert für x. Dann ist x_{i+1} mit $i = 0, 1, \ldots$ ein besserer Näherungswert, für den gilt

$$x_{i+1} = \left(\frac{a}{(n-1) \cdot x_i^{n-1}} + x_i\right) \cdot \frac{n-1}{n}.$$

Es sei x_0 ein bekannter Näherungswert, dann gilt speziell für

$\sqrt{a}$ $(n = 2)$	$\sqrt[3]{a}$ $(n = 3)$
$x_1 = \left(\frac{a}{x_0} + x_0\right) \cdot \frac{1}{2}$	$x_1 = \left(\frac{a}{2x_0^2} + x_0\right) \cdot \frac{2}{3}$
$x_2 = \left(\frac{a}{x_1} + x_1\right) \cdot \frac{1}{2}$	$x_2 = \left(\frac{a}{2x_1^2} + x_1\right) \cdot \frac{2}{3}$
usw.	usw.

Ein Algorithmus kann
- verbal beschrieben (↗ Beispiel 13/1),
- graphisch in einem Programmablaufplan (abgekürzt PAP, auch Flußdiagramm oder Flußplan genannt) veranschaulicht werden.

(2) Zur Planung des Rechenablaufs in einem **Programmablaufplan** werden standardisierte Sinnbilder verwendet:
Organisationskästchen zur Symbolisierung des Anfangs und des Endes eines Programmablaufplanes (Bild 13/1).
Ein- bzw. **Ausgabekästchen** enthalten die Größen, die in die Rechnung ein- bzw. nach der Rechnung ausgegeben werden sollen. Sie enthalten die Daten, die in den Computer »eingelesen« werden müssen, bzw. die

Ergebnisse, die am Ende der Rechnung »ausgedruckt« werden sollen (Bild 13/2).

Operationskästchen enthalten die Operationen, die der Algorithmus vorschreibt. Dabei verwendet man oft das **Ergibtzeichen**: = (gelesen: » ... ergibt sich aus ...«). Der rechts vom Ergibtzeichen berechnete Term wird durch die links davon stehende Variable bezeichnet (Bild 13/3). Operationskästchen haben je einen Eingang und einen Ausgang.

Kästchen für Unterprogramme veranschaulichen Programmteile, für die gesonderte Programme aufgestellt werden können oder für die schon Programme vorliegen zur Bearbeitung von immer wiederkehrenden Standardaufgaben (Bild 13/4).

Verzweigungskästchen enthalten einen Vergleich oder einen Test in Form einer Frage, auf die entweder mit ja oder nein geantwortet werden kann. Ein Verzweigungskästchen hat einen Eingang und zwei Ausgänge (mit j für ja bzw. mit n für nein bezeichnet) (Bild 13/5).

Konnektoren veranschaulichen die Unterbrechung eines Programmablaufplans und seine Fortsetzung an einer anderen Stelle (z. B. auf einer anderen Seite); durch die im Kreis angegebene Ziffer wird die Verbindung zwischen beiden Programmteilen bezeichnet (Bild 13/6).

Programmlinien verbinden die einzelnen Sinnbilder, dem Algorithmus entsprechend (Bild 13/7).

Sinnbilder für Programmablaufpläne

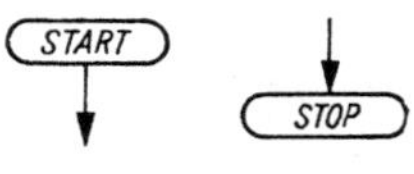

Bild 13/1

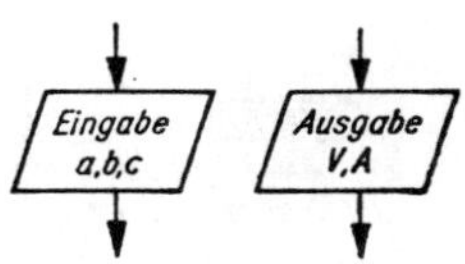

Bild 13/2

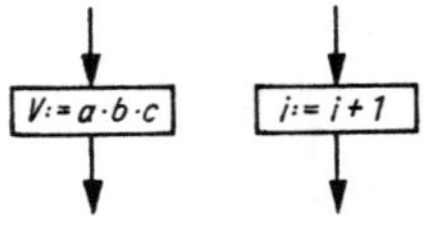

Bild 13/3

Bild 13/4

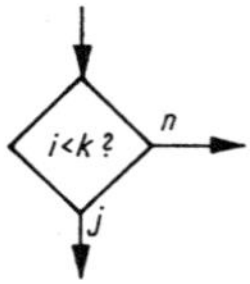

Bild 13/5

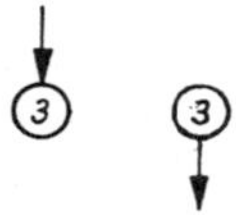

Bild 13/6

Bild 13/7

BEISPIEL 13/3

Für folgende mathematische Aufgaben werden Programmablaufpläne angegeben:

a) Berechnung des Volumens und des Oberflächeninhalts eines Quaders; es gelten die Formeln

$V = abc$ bzw.

$A = 2(ab + bc + ca)$

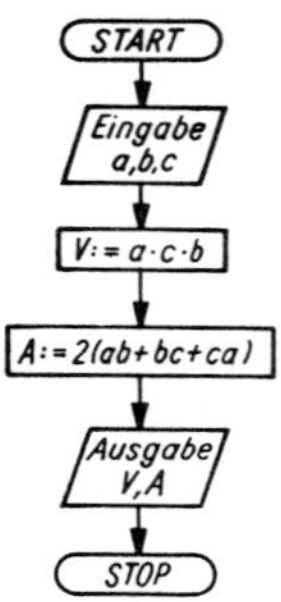

Bild 13/8

b) Berechnung der Summe der ersten 100 natürlichen Zahlen; es gilt $s = \sum_{i=1}^{100} i$

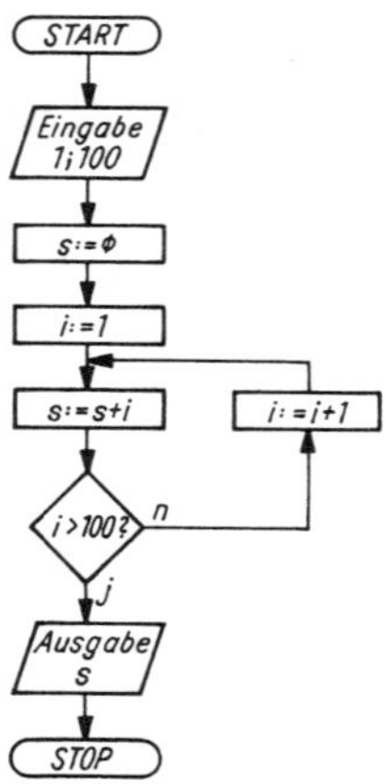

Bild 13/9

c) Berechnung des Skalarprodukts zweier Vektoren

$$s = \boldsymbol{a} \cdot \boldsymbol{b} = \sum_{i=1}^{n} a_i b_i$$

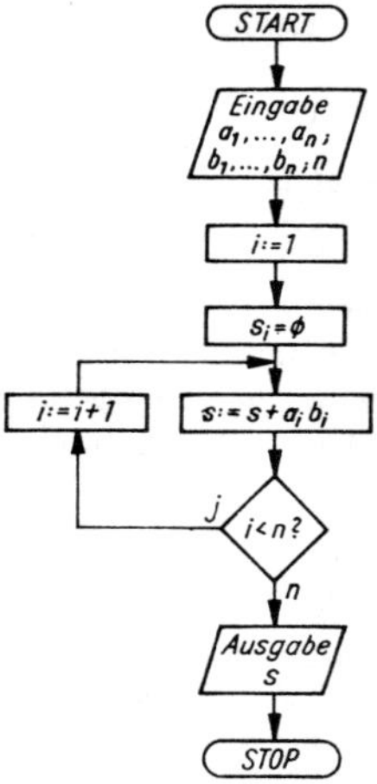

Bild 13/10

d) Berechnung der Kubikwurzel $\sqrt[3]{a}$ mit $a > 0$ mit der Genauigkeit ε (↗ Beispiel 13/2)

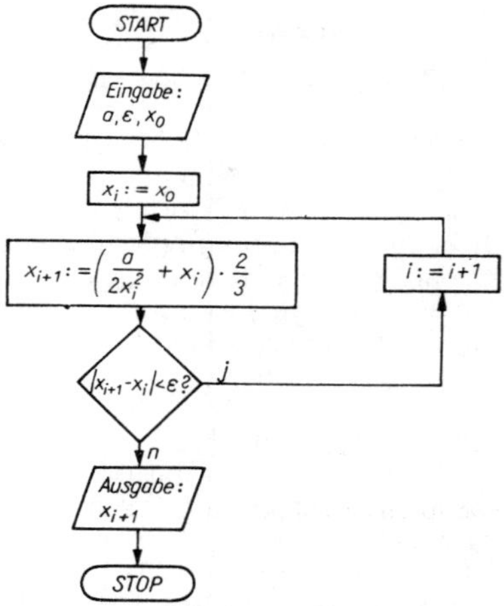

Bild 13/11

e) Unter den drei rationalen Zahlen a, b, c soll die größte Zahl g ermittelt werden.

Lösung:

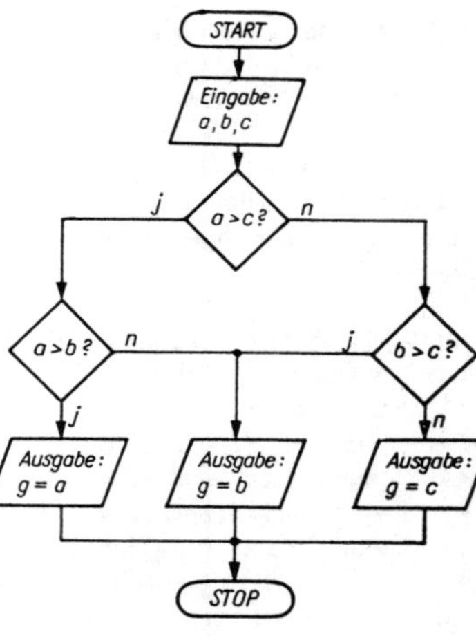

Bild 13/12

$g := a$, wenn $a > c$ und $a > b$	$g := b$, wenn $a > c$ und $a < b$ bzw. wenn $a < c$ und $b > c$	$g := c$, wenn $a < c$ und $b < c$

13.2.2. Zum Programmieren

(1) Soll ein mathematisches Problem mit Hilfe eines Computers gelöst werden, dann muß dafür ein Programm in einer Sprache geschrieben werden, die der Computer »versteht«.
Unter einem **Programm** versteht man eine Folge von Anweisungen zur Rechnung und Organisation, die dem Computer mitteilen, wie das gestellte Problem gelöst wird. Dazu werden Daten in den Computer eingegeben, Berechnungen mit diesen Daten ausgeführt und die Ergebnisse ausgegeben.

Man unterscheidet nach dem Aufbau der Programme
- *lineare Programme*, bei denen die Berechnungen nacheinander erfolgen (vgl. Beispiel 13/3 a),
- *verzweigte Programme*, bei denen auf Grund des Ergebnisses eines Vergleichs oder eines Tests einer von zwei möglichen Wegen weitergegangen wird (vgl. Beispiel 13/3 e),
- *zyklische Programme*, wenn eine Verzweigung wiederholt durchlaufen wird (vgl. Beispiele 13/3 b, c, d).

(2) Zur Erarbeitung eines Programms für ein mathematisches Problem sind folgende Schritte zu durchlaufen:

1. **Erkennen des Problems:** Der Bearbeiter muß das Problem erkannt und verstanden haben. Das zeigt sich darin, daß er die Problematik mit eigenen Worten wiedergeben kann.
2. **Bearbeiten des Problems:** Der Bearbeiter muß die Bedingungen analysieren und Methoden suchen, die zur Lösung des Problems führen können. Es erfolgt die mathematische Durchdringung und Aufbereitung. Das Ergebnis der Bearbeitung soll ein *Algorithmus* sein, mit dem das Problem gelöst wird.
   Dabei ist zu beachten, daß nicht alle Probleme mit Hilfe von Algorithmen gelöst werden können, weil es Probleme gibt, für die es nachweisbar keine Algorithmen gibt oder für die noch keine Algorithmen gefunden wurden.
   Dabei können verbale Beschreibungen und Programmablaufpläne gute Dienste leisten. Es entsteht ein *Programmentwurf.*
3. **Erarbeiten eines Programms:** Der Bearbeiter muß die einzelnen Anweisungen in der richtigen Reihenfolge (unter Nutzung des Programmentwurfs) niederschreiben; das kann von innen nach außen oder von außen nach innen erfolgen.

4. **Eingeben und Testen des Programms:** Der Bearbeiter gibt sein Programm in den Computer ein und prüft die Richtigkeit durch Abarbeitung des Programms; evtl. aufgetretene Fehler werden lokalisiert und beseitigt. Dabei ist ein Kleincomputer sehr nützlich, weil er im Dialog evtl. auftretende Fehler sofort meldet.
5. **Speichern des Programms:** Für eine spätere Nutzung speichert der Bearbeiter sein Programm auf einem Datenträger (z. B. Magnetbandkassette, Lochstreifen, Ausgabe über Drucker).
6. **Dokumentation:** Der Bearbeiter bewahrt den Programmentwurf, den Ausdruck und das auf einem Datenträger gespeicherte Programm für eine evtl. spätere Nutzung auf.

Jedes Programm hat im allgemeinen folgenden Aufbau:

1. Im *Kopf* wird die Problematik genannt, die mit dem folgenden Programm gelöst wird.
2. In einem *Deklarationsteil* werden Konstanten, Variablen und Unterprogramme festgelegt.
3. Im *Block* werden die Anweisungen zur Ausführung der Operationen in genauer Reihenfolge aufgeschrieben.
4. Mit der *Anweisung* END wird ein Programm beendet.
5. In *Kommentaren* können Programmerläuterungen gegeben werden, die vom Computer nicht beachtet werden.

(3) Ein Computer »versteht« nur die eigens für ihn geschaffene Sprache. In der Zeit der Einführung der Datenverarbeitung mußte ein Programmierer alle Operationen in kleinste Teile, Elementaroperationen genannt, zerlegen und verschlüsselt dem Computer mitteilen. Ein solches **maschinenorientiertes Programm** ist unrationell, weil

- sich ein Programmierer erst in die komplizierten technischen Besonderheiten jedes Maschinentyps einarbeiten muß,
- die logische Struktur des Programms verlorengehen kann; die Zerlegung in Einzelschritte erschwert die Kontrolle und Lesbarkeit.

Um alle Probleme kürzer und übersichtlicher niederschreiben und dadurch größere Aufgaben bewältigen zu können, wurden **problemorientierte Programmiersprachen** geschaffen. Dabei braucht sich der Programmierer nicht um den Datentransport in der Maschine zu kümmern. Er muß das Verfahren zur Lösung des vorliegenden Problems finden und formuliert seine Anweisungen in einer Programmiersprache, die seiner Fachsprache verwandt ist. Es wurden folgende »klassische« höhere Programmiersprachen geschaffen, die sich an der englischen Sprache orientieren:

Für wissenschaftliche und technische Probleme 1954 in den USA die Sprache FORTRAN (Abkürzung für **For**mula **Tran**slation), 1960 in Westeuropa die Sprache ALGOL 60 (**Algo**rithmic **L**anguage), für ökonomische Probleme 1960 die Sprache COBOL (**Co**mmon **B**usiness

Oriented **L**anguage), für technische und ökonomische Probleme 1965 die Sprache PL/1 (**P**rogramming **L**anguage).
Da sich diese Sprachen für jugendliche Anfänger als zu schwer erwiesen, schufen JOHN G. KEMENY und THOMAS E. KURTZ vom Dartmouth College (USA) im Jahre 1964 die Sprache BASIC [**B**eginner's **A**ll-purpose **S**ymbolic **I**nstruction **C**ode (engl.) symbolischer Allzweck-Befehlscode für Anfänger], die die großen technischen Möglichkeiten moderner Computer auszunutzen gestattet (↗ 13.3.). Sie ermöglicht die Gestaltung eines Dialogs zwischen Nutzer und Computer zu wissenschaftlich-technischen Problemen, auch zur Testung von Programmen.
Dialogsysteme verfügen neben der Problemsprache, in der die Lösung des Problems durch Anweisungen formuliert wird, noch über eine Kommandosprache, die der Führung des Dialogbetriebs dient. Von BASIC wurden den technischen Möglichkeiten der verschiedenen Computertypen entsprechend unterschiedliche Versionen geschaffen.
Von manchen Nutzern wird beklagt, daß BASIC den systematischen Programmentwurf (strukturierte Programmierung genannt) behindere. Unter *strukturierter Programmierung* versteht man die schrittweise Verfeinerung des algorithmischen Konzepts, wozu in höheren Programmiersprachen Prozeduren (Unterprogramme) dienen. Eine moderne Programmiersprache, die strukturierte Programmierung fordert, ist PASCAL. Sie wurde nach Analyse der Vorteile und der Nachteile der »klassischen« Programmiersprachen von N. WIRTH 1971 geschaffen. BASIC und PASCAL sind *dialogorientierte Sprachen.*

13.3. Die Programmiersprache BASIC

13.3.1. BASIC-Interpreter eines Computers; BASIC-Kommandos

(1) Die international weit verbreitete Dialogprogrammiersprache BASIC ist einfach handhabbar und dennoch leistungsfähig, weil sie mit einer geringen Anzahl von Anweisungen es ermöglicht, wissenschaftlich-technische Probleme adäquat niederzuschreiben. Sie verwendet dabei die allgemeine mathematische Notation, dient zur Lösung vielfältiger numerischer Probleme, besitzt eine Bibliothek mathematischer Standardfunktionen, gestattet verschiedene Möglichkeiten der Anfertigung des Druckbildes einschließlich der Darstellung von Funktionsgraphen und ermöglicht eine Zeichenkettenverarbeitung (z. B. in Lehr- bzw. Lernprogrammen).
Ein Computer »versteht« die Programmiersprache BASIC, wenn er mit einem **Interpreter** (engl. Übersetzer) geladen ist, der vom Hersteller mitgeliefert wird. Dann ist eine äußerst zweckmäßige Programmtestung und Programmbearbeitung *im Dialog* möglich.
(2) Nach der Einführung der Sprache BASIC durch KEMENY und KURTZ entstanden bald verschiedene **Versionen,** die die Originalversion auf Grund der technischen Möglichkeiten der Computer oder

wegen der zu bewältigenden Probleme weiterentwickelten. So gibt es z. B. eine Version, die auch eine Bibliothek von Matrixfunktionen besitzt. Deshalb ist es notwendig, daß sich der Nutzer dieser Sprache vor Beginn seiner Arbeit über die auf seinem Computer verwendete BASIC-Version informiert (in einem Programmierhandbuch) und sich mit der Bedienungsanleitung seines Gerätes vertraut macht. Dort erfährt er die BASIC-Kommandos, die ohne Zeilennummer gegeben werden für

- die Eingabe von Programmen,
- das Listen von Programmen (z. B. durch das Kommando LIST),
- das Ändern von Programmen (das ist rechnerspezifisch),
- das Abarbeiten von Programmen (z. B. durch das Kommando RUN),
- das Speichern von Programmen auf Datenträgern und das Einlesen von Datenträgern (rechnerspezifisch).

(3) In den folgenden Abschnitten wird das Grundlegende der Dialogprogrammiersprache BASIC dargestellt. Die als Bilder bezeichneten Ausdrucke von Beispielprogrammen wurden mit Hilfe eines Kleincomputers erprobt. Dabei wurden numerische Probleme behandelt. Auf Einzelheiten der Zeichenkettenverarbeitung wird hier nicht eingegangen.

13.3.2. Grundelemente der Sprache BASIC

(1) Wie jede Programmiersprache besitzt auch BASIC eine Menge von Bausteinen, aus denen die (grammatikalischen) Sätze der Sprache gebildet werden können. Jeder solche Satz entspricht in BASIC einer **Anweisung.** Die Bausteine entsprechend den Vokabeln einer natürlichen Sprache. Dabei gibt es Begriffe mit einer genau festgelegten Bedeutung und solche, die frei wählbar sind. Jede Programmiersprache besitzt auch eine Grammatik. Durch syntaktische Regeln wird angegeben, wie die Sätze der Sprache gebildet werden können.

(2) In BASIC sind folgende **Zeichen** zugelassen:

- *Alphanumerische Zeichen*
  Alle Groß- und Kleinbuchstaben des lateinischen Alphabets, die arabischen Ziffern, wobei die Null zur Unterscheidung vom Buchstaben O durchgestrichen wird: Ø
- Die *Zeichen für arithmetische Operationen*
  + (Addition), − (Subtraktion), * (Multiplikation), / (Division), ∧ (Potenzieren)
- Die *Zeichen für Vergleiche*
  = (gleich), > (größer), < (kleiner), > = (größer oder gleich), < = (kleiner oder gleich), < > (ungleich)
- *Sonderzeichen*
  · (Dezimalpunkt), , (Komma), ; (Semikolon), " (Anführungsstriche), ((öffnende Klammer),) (schließende Klammer), ␣ (Leerzeichen)
- *Graphikzeichen* (rechnerspezifisch)

(3) Es werden folgende **Konstanten** unterschieden:

- *Numerische Konstanten;* das sind im Programm festgelegte Zahlen, die auftreten als
  - · Integerkonstanten (ganze Zahlen),
  - · Realkonstanten (reelle Zahlen).

  Die Realkonstanten können sein

  Festpunktzahlen, bei denen die Stellung des Dezimalpunkts festliegt, oder

  Gleitpunktzahlen, bei denen die Stellung des Dezimalpunkts von der dargestellten Zehnerpotenz abhängt (↗ 4.4.2., halblogarithmische Form einer reellen Zahl)
- *Zeichenkettenkonstanten;* das sind im Programm auftretende konkrete Zeichenketten [auch String genannt; string (engl.) Schnur].

Hinweise:

1. Die Zahlenwerte der numerischen Konstanten werden im Dezimalsystem dargestellt. Eine Null vor dem Dezimalpunkt wird nicht mitgeschrieben.
2. Der Teil der Gleitpunktzahl, der die signifikanten Ziffern enthält, heißt *Mantisse.*
3. In der Gleitpunktdarstellung bedeutet der Buchstabe E eine Zehnerpotenz mit dem nachfolgend angegebenen zweistelligen Exponenten.
4. Zeichenketten müssen bei der Eingabe am Anfang und am Ende durch ein Anführungszeichen gekennzeichnet werden.

BEISPIEL 13/4

a) Beispiele für

- Integerkonstanten: 7, −168
- Festpunktzahlen: 33.547, −6.Ø5, .25
- Gleitpunktzahlen: 8.7E+Ø3, −3.45E+12, 6.51E−Ø5
- Zeichenkettenkonstanten: "keine reellen Loesungen", "12622" (numerische Zeichenkette), "" (leere Zeichenkette)

b) Vergleich der BASIC-Notation mit der mathematischen Bezeichnungsweise

BASIC-Notation	Mathematische Bezeichnung
5.83	5,83
8.7E+Ø3	$8{,}7 \cdot 10^3$
6.3E−Ø2	$6{,}3 \cdot 10^{-2}$
5 * 7	$5 \cdot 7$
64/8	64:8
3 ∧ 5	3^5
5 <> 7	$5 \neq 7$

(4) Um ein Programm für viele Aufgaben des gleichen Typs nutzen zu können, werden **Variablen** eingeführt. Wie in der Mathematik erhält

auch im BASIC-Programm jede Variable einen Namen. Unter diesem Namen wird ihr im Computer ein Speicherplatz zur Verfügung gestellt. Man sagt auch, eine Variable ist ein Name für einen Speicherplatz. Einen Wert erhält die Variable erst durch die Eingabe bzw. durch die Zuweisung eines Wertes zur Variablen im Laufe der Programmabarbeitung. Dieser *aktuelle Wert* der Variablen befindet sich dann im reservierten Speicherplatz und ist von dort abrufbar.
Im Verlaufe eines Programms können für eine Variable Wertzuweisungen *mehrmals* erfolgen, so daß (im Gegensatz zur Mathematik) eine Variable während der Programmabarbeitung unterschiedliche Werte annehmen kann.

Es werden folgende Variablen unterschieden:

- *Numerische Variablen* in der Form
  - *einfacher Variabler* zur Bezeichnung von Zahlen; ihre Bezeichnungen bestehen aus einem Großbuchstaben oder aus zwei Großbuchstaben oder aus einem Großbuchstaben und einer Ziffer, z. B. N, AL, X1.
    Variablenbezeichnungen sollten leicht verständlich sein. Für griechische Buchstaben, die auf der Tastatur eines Kleincomputers nicht vorhanden sind, wähle man z. B. AL für alpha. Buchstabenfolgen, die der BASIC-Interpreter als Aufruf für spezielle Operationen erkennt (Schlüsselwörter genannt), dürfen nicht als Variablenbezeichnung verwendet werden, z. B. IF, GO, DEF, INT
    indizierter Variabler zur Bezeichnung von Feldern (↗ 13.3.4.); ihre Bezeichnungen bestehen aus einem oder zwei Großbuchstaben mit höchstens drei Indizes, die in Klammern geschrieben werden, z. B. A(8) für a_8, C(I, J) für $c_{i,j}$, GH(C) für gh_c.
- *Zeichenkettenvariablen* [auch Stringvariablen genannt, string (engl.) Schnur, Band] zur Bezeichnung von Zeichenketten; ihre Bezeichnungen bestehen aus einem Großbuchstaben, dem das Zeichen $ unmittelbar folgt.

Hinweise:

1. Variablenbezeichnungen beginnen stets mit einem Großbuchstaben.
2. Jede numerische Variable muß **vor** ihrer Verwendung in einem Ausdruck [↗ (5)] entweder in einer Eingabeanweisung oder durch eine Ergibtanweisung festgelegt worden sein; denn dadurch hat sie einen Wert erhalten, der nun zur Berechnung in diesem Ausdruck verwendet werden kann.
3. Zeichenkettenvariablen dürfen beliebig lang sein, müssen aber mit dem Zeichen $ am Ende ihres Namens gekennzeichnet sein. Der Computer nimmt nur die ersten beiden Zeichen zur internen Unterscheidung verschiedener Variablen.

(5) Es werden folgende **Ausdrücke** unterschieden:

- *logische Ausdrücke* (↗ 1.4.1. und 1.4.3.); sie enthalten die logischen Operatoren NOT, AND, OR und die Vergleichsoperatoren [↗ (2)]. Sie liefern einen logischen Wert, der W oder F sein kann. Sie treten in der Programmiersprache BASIC nur hinter dem Schlüsselwort IF auf.
  Mit Hilfe der Vergleichsoperatoren kann ein Größenvergleich zwischen zwei Zahlen oder zwei Zeichenketten (entsprechend der lexikographischen Ordnung) ausgeführt werden.
- *numerische Ausdrücke* (in der Mathematik Terme genannt); sie enthalten Konstanten, Variablen, Funktionsaufrufe [↗(6)] und deren Verknüpfungen mittels arithmetischer Operatoren. Die Berechnung eines numerischen Ausdrucks erfolgt unter Berücksichtigung des Rangs der Operatoren. Die Priorität der Operatoren ist folgendermaßen festgelegt: Höchste Priorität, Rang 1: das Potenzieren, Rang 2: das negative Vorzeichen, Rang 3: die Multiplikation und die Division, Rang 4: die Addition und die Subtraktion. Im Falle gleichen Rangs zweier Operatoren erfolgt die Abarbeitung von links nach rechts.
  Überschreitet der Betrag des Ergebnisses einer Berechnung den größten angebbaren Wert des Computers, dann gibt der BASIC-Interpreter die Fehlermeldung OV [numerical overflow (engl.) numerischer Überlauf]. Enthält der Ausdruck eine Division durch Null, gibt der BASIC-Interpreter die Fehlermeldung /Ø an.

BEISPIEL 13/5

BASIC-Notation	Mathematische Bezeichnung
NOT (P < Q)	$\neg (p < q)$
A ≦ X AND X < B	$a \leqq x < b$
2 * A ∧ 3 + 5	$2a^3 + 5$
(A ∧ 2 + B ∧ 2) ∧ 3	$(a^2 + b^2)^3$
(G * T ∧ 2)/2	$\frac{g}{2} t^2$
(2 * X)/(X ∧ 3 + 1)	$\frac{2x}{x^3 + 1}$
A/B/C oder A/(B * C)	$\frac{a}{b \cdot c}$
PI * R ∧ 2 * H/3	$\frac{\pi}{3} r^2 h$

(6) In numerischen Ausdrücken können **Funktionen** aufgerufen werden. Man unterscheidet

- *Standardfunktionen*, die anstelle von Konstanten oder Variablen in Anweisungen eingesetzt werden können. Ihre Bezeichnungen bestehen aus zwei oder drei Großbuchstaben; das Argument wird in runde Klammern eingeschlossen. In BASIC gibt es folgende Standardfunktionen:

BASIC-Notation	Mathematische Bezeichnung	Name	Hinweis
ABS(X)	$y = \|x\|$	Betragsfunktion	
SGN(X)	$y = \operatorname{sgn} x$	Vorzeichenfunktion	1
SQR(X)	$y = \sqrt{x}$	Quadratwurzelfunktion	
EXP(X)	$y = e^x$	Exponentialfunktion	
LN(X)	$y = \ln x$	Logarithmusfunktion	
SIN(X)	$y = \sin x$	Sinusfunktion	2
COS(X)	$y = \cos x$	Cosinusfunktion	2
TAN(X)	$y = \tan x$	Tangensfunktion	2
ATN(X)	$y = \arctan x$	Arcustangensfunktion	2
INT(X)	$y = [x]$	Integerfunktion	3
RND(X)		Erzeugung von Zufallszahlen	4

Hinweise:

1. Für die Funktion mit der Gleichung $y = \operatorname{sgn} x$ gilt

$$\operatorname{sgn} x = \begin{cases} +1 & \text{für} \quad x > 0 \\ 0 & \text{für} \quad x = 0 \\ -1 & \text{für} \quad x < 0 \end{cases}$$

   Zwischen der Betrags- und der Vorzeichenfunktion besteht die Beziehung

   $\operatorname{sgn} x \cdot |x| = x$, in BASIC-Notation: X = SGN(X) * ABS(X)

2. Bei den Winkelfunktionen ist das Argument im Bogenmaß anzugeben.
3. Der Wert der Integerfunktion mit der Gleichung $y = [x]$ ist die größte ganze Zahl, die nicht größer als x ist, z. B. ist $[5{,}73] = 5$, $[-2{,}1] = -3$.
4. Die BASIC-Funktion RND(X) [Abkürzung für random number (engl.) zufällige Zahl] erzeugt eine Zufallszahl, d. h. eine Zahl, die der Nutzer des Programms nicht vorhersagen kann oder will, z. B. bei der Programmierung von Spielen, wenn elektronisch gewürfelt werden soll, oder in Lehr- oder Lernprogrammen, wenn der Computer eine Frage »ziehen« soll.

BEISPIEL 13/6

BASIC-Notation	Mathematische Bezeichnung
TAN(X ∧ 2).	$\tan x^2$
SIN(SQR(1 + X ∧ 2))	$\sin \sqrt{1 + x^2}$
EXP(2 ∧ X)	e^{2x}

– *Nutzerfunktionen;* das sind numerische Funktionen für häufig im Programm zu berechnende Ausdrücke. Sie werden vor der ersten

Verwendung im Programm durch die Anweisung DEF FN vereinbart. Diese Anweisung hat das Format

DEF FN name [(parameter)] = ausdruck.

Erläuterung:

name: zweiter Teil des Funktionsnamens, der wie der Name einer numerischen Variablen gebildet wird

parameter: Name einer numerischen Variablen, die im folgenden Ausdruck verwendet werden kann.

ausdruck: numerischer Ausdruck, der die Berechnungsvorschrift für den Funktionswert angibt. Er kann numerische Variablen des Programms und weitere Funktionsaufrufe enthalten.

Hinweise:

1. Unter dem **Format** wird eine formale Beschreibung von Kommandos, Anweisungen und BASIC-Funktionen verstanden. Es besteht aus einem Schlüsselwort, das in Großbuchstaben, und Text, der in Kleinbuchstaben geschrieben wird. In runden Klammern stehen notwendige Angaben, in eckigen Klammern stehen nicht erforderliche Angaben. Beim Schreiben der entsprechenden Anweisungen müssen die runden Klammern auftreten.
2. Die Länge der DEF FN-Anweisung darf eine BASIC-Zeile nicht überschreiten.

BEISPIEL 13/7

Da die Umkehrfunktion von $y = \cos\alpha$ nicht zu den Standardfunktionen gehört, muß die Berechnung der Größe eines Winkels bei gegebenem Funktionswert (z. B. mit Hilfe des Cosinussatzes, ↗ Beispiel 10/21 b) über $\arctan\alpha$ erfolgen.
Es sei $x = \cos\alpha$, dann gilt wegen $\sin^2\alpha + \cos^2\alpha = 1$

$\sin\alpha = \sqrt{1 - \cos^2\alpha}$ bzw. $\sin\alpha = \sqrt{1 - x^2}$.

Da $\tan\alpha = \dfrac{\sin\alpha}{\cos\alpha}$ ist, gilt $\tan\alpha = \dfrac{\sqrt{1 - x^2}}{x}$.

Dann ist $\alpha = \arccos x = \arctan\dfrac{\sqrt{1 - x^2}}{x}$.

Mit Hilfe der Standardfunktionen ATN(X) und SQR(X) wird eine Nutzerfunktion für $\arccos x$ definiert:

DEF FN AC(X) = ATN((SQR(1 − X * X))/X),

wobei X im Bogenmaß angegeben wird (↗ Beispiel 13/8 c).

13.3.3. Zum Aufbau von Programmen

(1) Ein BASIC-Programm besteht aus einer Folge von Programmzeilen, die jeweils die Anweisungen enthalten. Jede Programmzeile beginnt mit einer Zeilennummer, einer natürlichen Zahl außer Null. Es

ist zweckmäßig, die Numerierung mit 10 zu beginnen und in Zehnerschritten weiterzugehen, damit später, wenn es erforderlich sein sollte, weitere Zeilen eingefügt werden können.
Der Zeilennummer folgt mindestens eine Anweisung. Mehrere Anweisungen in einer Zeile werden durch Doppelpunkt (:) voneinander getrennt. Die maximale Länge einer Programmzeile ist gerätebedingt. Bei manchen Geräten kann sie bis zu 72 Zeichen lang sein, also fast zwei Bildschirmzeilen füllen, wobei der Computer die Regeln der Silbentrennung in der deutschen Sprache nicht beachtet.
Der Computer arbeitet das Programm nach steigender Zeilennummer ab. Er beginnt mit der Zeile, die die niedrigste Zeilennummer trägt, auch wenn sie am Schluß hinzugefügt wurde. Eine besondere Anweisung für den *Beginn* eines Programms ist bei BASIC nicht erforderlich. Das *Ende* eines Programms wird mit der Anweisung **END** angegeben. Sie bewirkt, daß der Computer die Programmabarbeitung abschließt und in den Kommando-Modus übergeht.
In den folgenden Ausführungen wird eine Auswahl von BASIC-Anweisungen für den Programm-Modus vorgestellt und mit Hilfe von Programmen zu kleinen mathematischen Aufgaben erläutert. Diese Programme wurden an einem Kleinrechner getestet. Als Beleg für die Richtigkeit der Programme wird der Ausdruck der Lösung eines Zahlenbeispiels beigefügt. Natürlich sind auch andere Möglichkeiten der Programmgestaltung als die hier angegebenen denkbar.

Will der Programmierer Mitteilungen an den Leser dem Programm beifügen (z. B. welches Problem mit diesem Programm gelöst wird, wer das Programm erarbeitet hat u. a.), die nicht bearbeitet werden sollen, dann gibt er die **Kommentaranweisung** REM [kommentar] [Abkürzung für remark (engl.) Bemerkung], wobei kommentar ein beliebiger Text sein kann. Zur Abkürzung kann statt REM ein Ausrufezeichen (!) eingegeben werden.

Ein BASIC-Programm besteht aus drei *Hauptbestandteilen:*
- Anweisungen zur Eingabe von Daten über die Tastatur bzw. Bildschirm
- Anweisungen zur Bearbeitung von Daten (Wertzuweisungen für Variablen)
- Anweisungen zur Ausgabe von Daten über Bildschirm bzw. Drucker.

(2) Die **Dateneingabe** erfolgt meist mit Hilfe der Anweisung vom Format
INPUT ["hinweis";] variable [, variable] ...,
wobei unter variable eine numerische oder Zeichenkettenvariable verstanden wird, für die ein Wert eingegeben werden soll, und unter hinweis eine Zeichenkettenvariable in Anführungsstrichen steht, die Informationen für den Programmanwender enthält. Das Komma dient als Trennzeichen zwischen Variablen bzw. Werten. Durch diese Eingabeanweisung wird die laufende Programmbearbeitung unterbrochen. Über die Tastatur sind Werte einzugeben, die den in der INPUT-An-

weisung aufgeführten Variablen zugewiesen werden. Danach wird der Programmlauf fortgesetzt.
Zur Verarbeitung größerer Datenmengen dienen die DATA- und die READ-Anweisung, auf die hier nicht eingegangen werden soll.
(3) Die **Wertzuweisung für Variablen** erfolgt mit Hilfe der Anweisung vom Format

[LET] variable = ausdruck,

wobei unter variable die Bezeichnung einer einfachen, indizierten Variablen oder Zeichenkettenvariablen, unter ausdruck ein Ausdruck von demselben Typ wie die Variable verstanden wird. Das Zeichen = ist ein *Zuweisungsoperator* (kein Gleichheitszeichen). Der aktuelle Wert des rechts vom Zuweisungszeichen stehenden Ausdrucks wird ermittelt und der links vom Zuweisungszeichen stehenden Variablen zugewiesen. Variable und Ausdruck dürfen nicht vertauscht werden. Das Schlüsselwort LET kann weggelassen werden. Diese Anweisung kann auch im Kommando-Modus ausgeführt werden; sie trägt dann keine Zeilennummer.
(4) Die **Datenausgabe** erfolgt mit Hilfe der Anweisung vom Format

PRINT [ausdruck [trennzeichen ausdruck] ...]

[print (engl.) drucken], wobei ausdruck ein numerischer oder Zeichenkettenausdruck ist und trennzeichen ein Semikolon (;) sein muß, wenn fortlaufende Ausgabe auf einer Zeile gewünscht wird. Soll jedoch die Ausgabe der Daten in drei Druckzonen zu je 13 bzw. 14 Zeichen (bei 40 Zeichen je Bildschirmzeile) erfolgen, dann ist das Trennzeichen ein Komma (,). Steht nach dem Ausdruck kein Trennzeichen, werden die Werte in einer Liste untereinander ausgegeben.
Zur Vereinfachung kann das Wort PRINT bei der Eingabe durch ein Fragezeichen (?) ersetzt werden. Bei einer Programmanzeige durch LIST wird ? durch PRINT angegeben.
Folgen nach PRINT keine Ausdrücke, wird eine Leerzeile ausgegeben. Auf weitere Möglichkeiten der übersichtlichen Gestaltung der Ausgabe im Bildschirm- oder Druckbild kann hier nicht eingegangen werden.

BEISPIEL 13/8

a) Programm zur Berechnung des Volumens V und des Oberflächeninhalts F eines Quaders

```
LIST

10 PRINT "Berechnungen am Quader"
20 INPUT A,B,C
30 PRINT
40 PRINT "A=";A;"B=";B;"C=";C
50 V=A*B*C
60 F=2*(A*B+B*C+C*A)
70 PRINT
80 PRINT "V=";V;"F=";F
90 END
OK
```

Bild 13/13 a

Mit diesem Programm sind das Volumen und der Oberflächeninhalt des Quaders mit den Kantenlängen $a = 2{,}61$ cm, $b = 3{,}54$ cm, $c = 1{,}03$ cm zu berechnen.

Erläuterung:

In Zeile 10 erhält das Programm einen Namen.
In Zeile 20 werden die Variablen A, B, C eingeführt, für die bei der Programmabarbeitung Werte angefordert werden (↗ Bild 13/13 b, das Fragezeichen).
Die Zeile 30 liefert eine Leerzeile.
In Zeile 40 werden den Variablen A, B, C die in der Aufgabe gegebenen Werte zugewiesen und ausgedruckt.
Die Zeilen 50 bzw. 60 weisen der Variablen V bzw. F die auf der rechten Seite vom Zuweisungszeichen stehenden berechneten Werte zu.
Die Zeile 70 liefert wieder eine Leerzeile.
Die Zeile 80 enthält die Ausgabeanweisung für V bzw. F.
Das Bild 13/13 b zeigt die Ausgabe auf dem Bildschirm

```
>RUN
Berechnungen am Quader
? 2.61,3.54,1.03

A= 2.61 B= 3.54 C= 1.03

V= 9.51658 F= 31.1478
OK
```

Bild 13/13 b

Ergebnis: Das Volumen des Quaders ist $V \approx 9{,}52$ cm³, sein Oberflächeninhalt ist $F \approx 31{,}1$ cm².

b) Berechnung von Funktionswerten der Funktion f mit der Gleichung $y = f(x) = x^3 + 5x^2 - 10x - 3$

```
>LIST

10 PRINT"Berechnung von Funktionswerten"
20 PRINT
30 INPUT X
40 Y=X^3+5*X^2-10*X-3
50 PRINT "X=";X;"Y=";Y
60 PRINT
70 END
OK
```

Bild 13/14 a

Dieses Programm fordert, jeden Funktionswert einzeln zu berechnen, indem das ganze Programm abgearbeitet wird. Sollte einmal vergessen worden sein, die RUN-Taste zu drücken, meldet der Computer einen syntaktischen Fehler (?SN ERROR) (Bild 13/14 b).

c) Für die in Beispiel 10/21 b gestellte Aufgabe der Berechnung der Größe des Winkels α eines Dreiecks bei gegebenen Seitenlängen (Anwendung des Cosinussatzes) soll ein Programm geschrieben werden.

```
>RUN
Berechnung von Funktionswerten

? -2
X=-2 Y= 29

OK
>-1.5
?SN ERROR
OK
>RUN
Berechnung von Funktionswerten

? -1.5
X=-1.5 Y= 19.875
```

Bild 13/14 b

Da arccos *x* nicht BASIC-Standardfunktion ist, sind Umformungen vorzunehmen, die im Beispiel 13/7 dargestellt sind. In Zeile 8∅ wird der berechnete Winkel im Bogenmaß, in Zeile 9∅ im Gradmaß angegeben.

```
>LIST

10 PRINT "Winkelberechnung mit Kosinussatz"

20 INPUT A,B,C
30 PRINT
40 PRINT "A=";A;"B=";B;"C=";C
50 PRINT
60 X=(B*B+C*C-A*A)/(2*B*C)
70 Y= SQR(1-X*X)/X
80 AB=ATN(Y)
90 AL=AB*180/PI
100 PRINT"AB=";AB;"AL=";AL
110 END
OK
>
```

Bild 13/15 a

Ausdruck in Bild 13/15b

```
>RUN
Winkelberechnung mit Kosinussatz
? 6.3,5.7,4.5

A= 6.3 B= 5.7 C= 4.5

AB= 1.31358 AL= 75.2628
OK
```

Bild 13/15 b

(5) Bei der Lösung mathematischer Probleme sind manchmal Anweisungen in bestimmten Programmteilen mehrmals zu durchlaufen, verschiedene Fälle zu untersuchen oder das Programm an einer anderen Stelle fortzusetzen. Solche Programme sind *verzweigt*. Man benötigt

Anweisungen zur Steuerung des Programmablaufs:

1. Wenn in einem Programm dieselbe Rechnung mit mehr als einem Datensatz bei konstanter Schrittweite durchzuführen ist, dann wird zur Rationalisierung ein **Zyklus** in Form einer **Wiederholungsanweisung (Schleife)** verwendet. Sie hat das Format
   FOR laufvariable = anfwert TO endwert STEP schrittweite
   ⋮
   NEXT [laufvariable].
   Dabei bedeuten
   laufvariable: die numerische Variable, deren Wert nach jedem Schleifendurchlauf um die Schrittweite verändert wird
   anfwert: der Anfangswert für die numerische Variable
   endwert: der Endwert für die numerische Variable
   schrittweite: Konstante, um die die Laufvariable nach jedem Durchlauf erhöht wird (Standardwert: 1)

Die zwischen FOR und NEXT stehenden Anweisungen werden so oft wiederholt, bis der angegebene Endwert erreicht ist. Nach dem letzten Schleifendurchlauf wird das Programm mit der nach NEXT folgenden Anweisung fortgesetzt.
Mit FOR ... NEXT-Anweisungen können Funktionswertetabellen rationell programmiert (↗ Beispiel 13/9) oder Vektoren bzw. Matrizen in den Computer eingelesen werden (↗ Beispiele 13/12a bzw. 13/12b).
Innerhalb einer durch FOR und NEXT begrenzten Schleife kann eine weitere FOR ... NEXT-Schleife liegen. Die innere Schleife muß aber vollständig von der äußeren Schleife eingeschlossen sein (»ineinander geschachtelt«), z. B.

```
13Ø FOR K = 1 TO M    ──────────────┐
15Ø FOR P = 1 TO N    ──┐  innerer  │  äußerer
17Ø NEXT P            ──┘  Zyklus   │  Zyklus
2ØØ NEXT K            ──────────────┘
```

(aus Bild 13/24)
Wenn zwei Schleifen an derselben Stelle eines Programms enden, kann ein gemeinsamer Abschluß beider Schleifen mit *einem* NEXT erfolgen, wobei die Laufvariablen in der richtigen Reihenfolge geschrieben werden müssen: zuerst die vom inneren Zyklus, dann die vom äußeren Zyklus.

BEISPIEL 13/9

a) Programm zur Berechnung der Funktionswerte für die Funktion mit der Gleichung $y = \sqrt{2x^2 + 1}$ im Intervall $0 \leqq x < 3$ für Argumente x, die um 0,2 wachsen; Anlage einer Tabelle für x, den Radikanden q und y
b) Für die in 3.1.7.3. angegebene Berechnung des Binomialkoeffizienten mit Hilfe der Formel

$$\binom{n}{k} = \frac{n \cdot (n-1) \cdot \ldots \cdot (n-k+1)}{k!}$$

```
>LIST

10 PRINT "Funktionswertetabelle"
20 PRINT
30 PRINT "X","Q","Y"
40 FOR X=0 TO 3 STEP .2
50 Q=2*X*X+1
60 Y=SQR(2*X*X+1)
70 PRINT X,Q,Y
80 NEXT X
90 END
OK

>RUN
Funktionswertetabelle

X              Q              Y
 0              1              1
 .2             1.08           1.03923
 .4             1.32           1.14891
 .6             1.72           1.31149
 .8             2.28           1.50997
 1              3              1.73205
 1.2            3.88           1.96977
 1.4            4.92           2.21811
 1.6            6.12           2.47386
 1.8            7.48           2.73496
 2              9              3
 2.2            10.68          3.26803
 2.4            12.52          3.53836
 2.6            14.52          3.81051
 2.8            16.68          4.08412
OK
```

Bild 13/16

ist in Bild 13/17a ein Programm mit Hilfe einer FOR … NEXT-Schleife dargestellt.

```
>LIST

10 PRINT "n ueber k"
20 PRINT
30 INPUT "n=";N
40 INPUT "k=";K
50 PRINT
60 C=1
70 NP=N+1
80 FOR I=1 TO K
90 NP=NP-1
100 C=C*NP/I
110 NEXT I
120 PRINT N;"ueber";K;"ist gleich";C
130 END
OK
```

Bild 13/17 a

In der Zeile 1ØØ wird C der berechnete Wert aus $\frac{C \cdot NP}{I}$ zugewiesen, wobei NP um 1 verringert wird und I von 1 bis K läuft.

```
>RUN
n ueber k

n= 45
k= 5

 45 ueber 5 ist gleich 1.22176E+06
OK
```

Bild 13/17 b

Das Ergebnis der Rechnung $\binom{45}{5}$ ist die Anzahl der Kombinationen von 45 Elementen zur 5. Klasse.

(2) Ein BASIC-Programm wird zeilenweise abgearbeitet, d. h., es hat prinzipiell eine lineare Struktur. Im Verlauf der Bearbeitung einer mathematischen Aufgabe muß jedoch manchmal davon abgewichen werden. Das ist dann der Fall, wenn

- ein Programmteil mehrmals durchlaufen werden soll [↗ (1) FOR- und NEXT-Anweisungen].
- das Programm an einer anderen Stelle fortgesetzt werden soll. Diese **unbedingte Verzweigung** (auch Sprung genannt) wird mit dem Schlüsselwort GOTO angewiesen und hat das Format

  GOTO zeilennummer,

  wobei unter zeilennummer die Nummer derjenigen Zeile ist, von der an die Ausführung des Programms fortgesetzt werden soll. Man sollte beachten, daß bei mehreren GOTO-Anweisungen in einem Programm die Übersichtlichkeit leidet. Deshalb sollten solche Sprünge im Programm möglichst vermieden werden.
- der weitere Verlauf eines Programms von einem Test abhängt, durch den entschieden werden kann, ob eine Bedingung erfüllt ist oder nicht (↗ Bild 13/5 in einem Programmablaufplan). Diese **bedingte Verzweigung** wird mit Hilfe der Anweisung vom Format

  IF bedingung THEN zeilennummer [: ELSE zeilennummer]

  programmiert, wobei
  bedingung ein Vergleichs- oder logischer Ausdruck ist. Ist sein Wert Null oder F, dann ist die Bedingung nicht erfüllt. Ist sein Wert ungleich Null oder W, dann ist die Bedingung erfüllt.
  zeilennummer diejenige Zeilennummer ist, von der an das Programm fortgesetzt werden soll.
  Die eckige Klammer im Format gibt an, daß der ELSE-Zweig auch fehlen kann. An Stelle einer Zeilennummer kann auch eine Anweisung gegeben werden (mit Ausnahme einer neuen IF-Anweisung).

Eine IF ... THEN-Anweisung wird besonders dann verwendet, wenn die Anzahl der Durchläufe durch eine Programmschleife nicht bekannt ist; denn dann kann die Schleife nicht mit FOR ... NEXT programmiert werden. Hinter IF steht dann eine ***Abbruchbedingung***.

BEISPIEL 13/10

a) Programm zur Berechnung des größten gemeinsamen Teilers zweier natürlicher Zahlen a, $b (a \neq 0, b \neq 0)$
In 3.1.6.5. wird zur Ermittlung des ggT zweier natürlicher Zahlen der EUKLIDische Algorithmus genutzt. Im Beispiel 3/19 wird der ggT der Zahlen 27720 und 546 bestimmt. Die dort angegebenen Schritte können in einer Tabelle übersichtlich zusammengestellt werden:

A	B	Rest R
27720	546	420
546	420	126
420	126	42
126	42	0
42		

Es sei A > B, dann gilt für den Rest R = A − B · [A : B], wobei [A : B] der ganzzahlige Wert des Quotienten aus A und B ist: z. B. in Zeile 3 gilt

$$R = 420 - 126 \cdot \left[\frac{420}{126}\right] = 420 - 126 \cdot 3 = 420 - 378 = 42.$$

Nun muß der Wert aus der Spalte B in die A-Spalte und der Rest R in die B-Spalte übernommen werden.
Das erfordert in BASIC folgende Programmierung: (↗ Bild 13/18)

```
40 C = INT(A/B)
60 R = A − B * C
70 A = B : B = R : GOTO 40
```

```
>LIST

10 PRINT "Der ggT von A und B"
20 INPUT A,B
30 A1=A: B1=B
40 C=INT(A/B)
50 IF A=B*C THEN 80
60 R=A-B*C
70 A=B: B=R: GOTO 40
80 PRINT"Der ggT von";A1;"und";B1;"ist";
B
90 END
OK
>RUN
Der ggT von A und B
? 27720,546
Der ggT von 27720 und 546 ist 42
OK
```

Bild 13/18

b) Programm zur Lösung quadratischer Gleichungen, die in Normalform gegeben sind (↗ 5.4.5.)

```
LIST

10 PRINT "Quadratische Gleichungen der F
orm X^2+P*X+Q=0"
20 PRINT
30 INPUT P,Q
40 PRINT "P=";P;"Q=";Q
50 PRINT
60 D=P*P/4-Q
70 IF D<0 THEN 110
80 W=SQR(D)
90 PRINT "X1=";-P/2+W;"X2=";-P/2-W:GOTO1
20
100 PRINT
110 PRINT "keine reellen Loesungen"
120 END
OK
>RUN
Quadratische Gleichungen der Form X^2+P*
X+Q=0

? 5,6
P= 5 Q= 6

X1=-2 X2=-3
OK
>RUN
Quadratische Gleichungen der Form X^2+P*
X+Q=0

? 4,13
P= 4 Q= 13

keine reellen Loesungen
OK
```

Bild 13/19

In Zeile 7Ø wird geprüft, ob die Diskriminante D kleiner als 0 ist.
Da der Computer fortlaufenden Text über fast zwei Bildschirmzeilen zu schreiben gestattet, ist es möglich, daß eine Bildschirmausgabe wie in Zeile 1Ø erfolgt. Der Programmierer hätte den Text auf zwei PRINT-Anweisungen verteilen sollen:

1Ø PRINT "Quadratische Gleichungen"

11 PRINT "der Form X ∧ 2 + P ∗ X + Q = Ø".

c) Für das in Beispiel 13/2 angegebene Iterationsverfahren zur näherungsweisen Bestimmung der dritten Wurzel aus a, für das im Beispiel 13/3 d ein Programmablaufplan angegeben wird, soll ein Programm geschrieben werden.

```
>LIST

10 PRINT "Berechnung der dritten Wurzel
aus a"
20 PRINT "mit der vorgeschriebenen Genau
igkeit E"
30 PRINT
40 INPUT "a=";A
50 INPUT "E=";E
60 INPUT "X0=";X0
70 PRINT
80 PRINT "Angenommener Naeherungswert X0
=";X0
90 PRINT
100 X1=(A/2/X0/X0+X0)*2/3
110 IF ABS(X1-X0)<E THEN160
120 PRINT "X1=";X1
130 X0=X1
140 GOTO100
150 PRINT
160 PRINT"Die dritte Wurzel aus a=";A;"i
st X1=";X1
170 END
OK
>RUN
Berechnung der dritten Wurzel aus a
mit der vorgeschriebenen Genauigkeit E

a= 41
E= 1E-06
X0= 3

Angenommener Naeherungswert X0= 3

X1= 3.51852
X1= 3.44961
X1= 3.44822
Die dritte Wurzel aus a= 41 ist X1= 3.44
822
OK
>
```

Bild 13/20

(6) Unterprogramme

Treten in einem BASIC-Programm bestimmte Programmabschnitte an verschiedenen Stellen auf, dann ist es rationell, wenn diese Anweisungen als Unterprogramm (Subroutinen) nur einmal geschrieben zu werden brauchten und dann an den betreffenden Stellen mit Hilfe der Anweisung vom Format

GOSUB zeilennummer

aufgerufen werden. Das Unterprogramm wird mit der Anweisung RETURN abgeschlossen. Dann wird das Hauptprogramm mit der auf GOSUB folgenden Anweisung fortgesetzt.

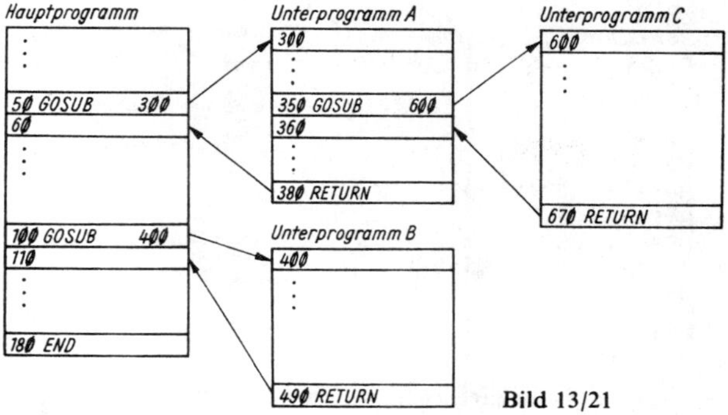

Bild 13/21

BEISPIEL 13/11

Es ist ein Programm zur Berechnung der Anzahl *C* der Kombinationen von *n* Elementen zur *k*-ten Klasse ohne Wiederholung (↗ 3.1.7.3.) zu schreiben. Damit ist die Anzahl *C* der Kombinationen von 18 Elementen zur 5. Klasse ohne Wiederholung zu berechnen.

```
LIST

10 PRINT "Berechnung der Anzahl C von
K ombinationen"
20 PRINT "von N Elementen zur K-ten Klas
se"
30 PRINT
40 INPUT "N=";N
50 INPUT "K=";K
55 N1=N
60 GOSUB 200
70 NF=F
80 N=N-K
90 GOSUB 200
100 DF=F
110 N=K
120 GOSUB 200
130 KF=F
140 C=NF/(KF*DF)
150 PRINT "NF=";NF;"KF=";KF;"DF=";DF
160 PRINT "C(";N1;",";K;")=";C
170 END
200 REM Berechnung der Fakultaet von N"
210 I=0
220 F=1
230 I=I+1
240 F=F*I
250 IF I<N THEN 230
260 PRINT "N=";"F=";F
270 RETURN
OK
```

```
>RUN
Berechnung der Anzahl C von  Kombination en
von N Elementen zur K-ten Klasse

N= 18
K= 5
N=F= 6.40237E+15
N=F= 6.22702E+09
N=F= 120
NF= 6.40237E+15 KF= 120 DF= 6.22702E+09
C( 18 , 5 )= 8568
OK
```

Bild 13/22

Da in der entsprechenden Formel $C(n, k) = C_n^{(k)} = \frac{n!}{k! \cdot (n-k)!}$ $(n, k \in \mathbf{N}, n \neq k)$ mehrmals Fakultäten zu berechnen sind, wird das Programm zur Berechnung der Fakultät von n als Unterprogramm (Zeilen 2ØØ bis 27Ø) angefügt.

13.3.4. Feldverarbeitung

(1) Unter einem **Feld** versteht man einen Satz von zusammenhängenden Speicherplätzen in einem Computer, der für

- eine Liste (eindimensionales Feld, Vektor ↗ Abschnitt 7.) oder
- eine Tabelle (zweidimensionales Feld, Matrix ↗ Abschnitt 8.) reserviert ist.

Elemente einer Liste tragen einen Index, z. B. x_i, Elemente einer Tabelle zwei Indizes, z. B. a_{ik}. In BASIC werden solche Variablen indizierte Variablen [↗ 13.3.2.(4)] genannt.

(2) Zur **Feldvereinbarung** dient die Anweisung vom Format
DIM feldname (index [, index] ...) ...

wobei feldname eine Bezeichnung ist, die nach den Regeln für Variablen gewählt wurde, index ein numerischer Ausdruck für die Dimension ist.
Es gibt z. B. DIM A(4) an, daß unter dem Namen A ein eindimensionales Feld vereinbart wurde, das 4 Elemente hat; durch DIM B(3,4) wird ein zweidimensionales Feld vereinbart, A ist der Name einer Tabelle, die aus 3 Zeilen und 4 Spalten besteht. In dem Element B(2,3) gibt der 1. Index die Zeilennummer, der 2. Index die Spaltennummer an.

BEISPIEL 13/12

a) Programm zur Berechnung des Skalarprodukts zweier Vektoren; mit diesem Programm soll die Aufgabe im Beispiel 7/13 gelöst werden (Bild 13/23).

```
LIST

10 PRINT "Skalarprodukt S zweier Vektoren
  A und B"
20 INPUT "N=";N
30 PRINT
40 DIM A(N),B(N)
50 FOR I=1 TO N
60 PRINT "A(";I;")=";:INPUT A(I)
70 NEXT I
80 PRINT
90 FOR J=1 TO N
100 PRINT "B(";J;")=";:INPUT B(J)
110 NEXT J
120 PRINT
130 S=0
140 FOR K=1 TO N
150 S=S+A(K)*B(K)
160 NEXT K
170 PRINT "S=";S
180 END
OK
>RUN
Skalarprodukt S zweier Vektoren A und B
N= 4

A( 1 )=? 5
A( 2 )=? 3
A( 3 )=? 2
A( 4 )=? 1

B( 1 )=? 1
B( 2 )=? 2
B( 3 )=? 5
B( 4 )=? 3

S= 24
OK
```

Bild 13/23

b) Programm für die Multiplikation einer Matrix mit einem Vektor; mit diesem Programm soll die Aufgabe im Beispiel 8/14 gelöst werden (Bild 13/24).

Mit Hilfe der Anweisungen in den Zeilen 50 bis 90 wird die Matrix A, mit Hilfe der Anweisungen in den Zeilen 100 bis 120 wird der Vektor V eingelesen. Die Berechnung und die Ausgabe des Resultatsvektors erfolgt durch die Anweisungen 130 bis 200 komponentenweise.

Manche Computer verfügen über eine Bibliothek von Matrixfunktionen in BASIC, wodurch die Eingabe, Berechnung und Ausgabe der Matrizen stark vereinfacht wird.

```
LIST

10 PRINT"Multiplikation einer Matrix A
mit einem Vektor V"
20 INPUT "M,N";M,N
30 DIM A(M,N)
40 DIM V(N):DIM R(N)
50 FOR I=1 TO M
60 FOR J=1 TO N
70 PRINT "A(";I;",";J;")=";:INPUT A(I,J)
80 NEXT J
90 NEXT I
100 FOR I=1 TO N
110 PRINT "V(";I;")=";:INPUT V(I)
120 NEXTI
130 FOR K=1 TO M
140 S=0
150 FOR P=1 TO N
160 S=S+A(K,P)*V(P)
170 NEXT P
180 R(K)=S
190 PRINT "R(K)=";R(K)
200 NEXT K
210 END
OK
```

```
>RUN
Multiplikation einer Matrix A mit einem
Vektor V
M,N 3,4
A( 1 , 1 )=? 2
A( 1 , 2 )=? 1
A( 1 , 3 )=? 3
A( 1 , 4 )=? 0
A( 2 , 1 )=? 4
A( 2 , 2 )=? 2
A( 2 , 3 )=? -1
A( 2 , 4 )=? 6
A( 3 , 1 )=? 3
A( 3 , 2 )=? 2
A( 3 , 3 )=? 5
A( 3 , 4 )=? 1
V( 1 )=? 1
V( 2 )=? 3
V( 3 )=? 4
V( 4 )=? 2
R(K)= 17
R(K)= 18
R(K)= 31
OK
```

Bild 13/24

13.3.5. Zur Steuerung des Programmablaufs durch den Nutzer

(1) Nach der Erarbeitung eines BASIC-Programms soll es getestet, im Dialog verbessert und schließlich eingesetzt werden. Ohne auf Einzelheiten der Eingabe und der Korrektur von Programmen sowie der Gestaltung eines Dialogs bei verschiedenen Computertypen einzugehen, sollen für den Nutzer wichtige Kenntnisse zusammengestellt werden.
Der BASIC-Interpreter hat zwei typische Arbeitszustände:

- Der *Kommando-Modus* dient zur Programmbearbeitung (z. B. Programm starten, unterbrechen, fortsetzen, speichern, laden, anzeigen, ändern)
- Im *Programm-Modus* werden die Anweisungen des gestarteten Programms abgearbeitet.

(2) Bevor ein Programm in den Computer eingelesen wird, sollte geprüft werden, welche Speicherkapazität der Computer zur Verfügung stellt.
Die **Speicherkapazität** von Computern wird in Kilobyte angegeben. Es gilt 1 kByte = 2^{10} Bytes = 1024 Bytes. 1 Byte ist die kleinste adressierbare Informationseinheit. Ein Kleincomputer hat eine Speicherkapazität von etwa 16 kBytes.
1 Byte = 8 bit [Abkürzung für **bi**nary digi**t** (engl.) Dualzahl]. 8 bit gestatten 256 Codierungsmöglichkeiten (2^8 = 256). Jedem Zeichen (und jeder Taste des Computers) wird nach einem internationalen Code (ASCII-Code, Abkürzung für **A**merican **S**tandard **C**ode for **I**nformation **I**nterchange) umkehrbar eindeutig ein Byte zugeordnet.
Mit dem Kommando FRE kann die Größe des freien Speicherplatzes im Computer angefordert werden.

(3) In BASIC gibt es Kommandos bzw. Anweisungen für

- *Programmeingabe, -anzeige und -start* (Auswahl) mit den Funktionen

NEW	Löschen von Programmen
CLS	Löschen des Bildschirms
CLOAD "progname"	Einlesen eines auf Kassette abgespeicherten Programms in den Arbeitsspeicher des Computers
LIST	Programmanzeige
RUN	Programmstart

- *Programmunterbrechung* (Auswahl)

STOP	Programmabbruch

– *Programmänderung* (Auswahl)

EDIT zeilennummer	Anfordern einer Zeile zum Zwecke der Änderung
DELETE zeilennummer	Streichen der Programmzeile mit der angegebenen Zeilennummer
RENUMBER	Neunumerieren von Programmzeilen

– *Programmausgabe* (Auswahl)

CSAVE "progname"	Speichern eines Programms auf Kassette

Sachwortverzeichnis